民 三 科學技術叢書

# 電路學（下）

王　醴　著

國家圖書館出版品預行編目資料

電路學/王醴著. --初版. --臺北市:
三民, 民85
冊; 公分
參考書目:面
含索引
ISBN 957-14-2398-X (上冊:平裝)
ISBN 957-14-2501-X (下冊:平裝)

1.電路

448.62 85006070

國際網路位址 http://sanmin.com.tw

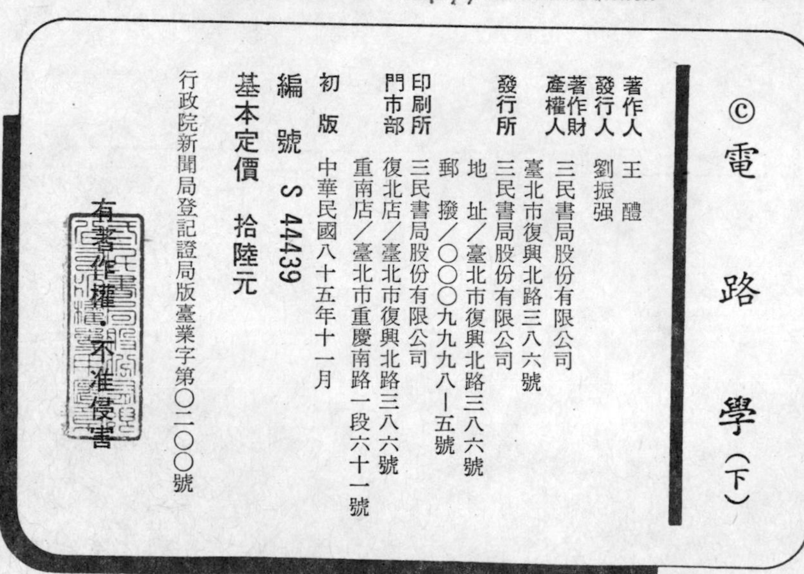

© 電路學(下)

著作人 王 醴
發行人 劉振强
著作財產權人 三民書局股份有限公司
臺北市復興北路三八六號
發行所 三民書局股份有限公司
地 址/臺北市復興北路三八六號
郵 撥/〇〇九九九八一五號
印刷所 三民書局股份有限公司
門市部 復北店/臺北市復興北路三八六號
重南店/臺北市重慶南路一段六十一號
初 版 中華民國八十五年十一月
編 號 S 44439
基本定價 拾陸元
行政院新聞局登記證局版臺業字第〇二〇〇號


ISBN 957-14-2501-X (下冊:平裝)

# 序

本書「電路學」的課程內容，是按照教育部所頒布電機工程科系課程的標準內容所撰寫，另外加上一些重要的補充內容。由於「電路學」是連續兩個學期必修的課程，總共六個學分，也是學習電機工程以及電子工程上的課程，如「電子學」、「電機機械」、「電力系統」、「電機概論」等必修或選修課程的必要基礎，因此本書儘可能以淺顯的文字來敘述，使讀者能明瞭如何由電工學或物理中電學部份的基礎逐漸進入電路的領域中。換言之，「電路學」這門課的先修科目應該是電工學或電工原理，但是有些學校直接跳過這些基礎科目，因此如果同學不太明白本書的內容說明，可以再回去翻一翻這些方面的書或參考本書最後所列的參考書籍。由於「電路學」習題以往偏向數量多而且繁雜的計算，本書則將重要的例題解法列在正文中，每章習題則採各節數題的方式處理，雖然數量不多，但已經將文中的重點囊括進去，希望讀者能將全部的習題解出，授課的老師也可不必再以勾習題的方式篩選重要的題目，但可以將題目數據適當地變換，以訓練同學們活用定理與題目。

本書能順利完成，本人首先要感謝我的母親——黃玉霞女士，在我人生多變的路途上給予我的教養與支持，使我仍能有勇氣努力往前邁進。也感謝我已逝的父親——王德清先生，在我研讀佛學上的引導，衷心期盼他在天之靈能蒙佛接引，往生在西方阿彌陀佛的極樂佛國。在研讀佛學上，我也要深深地感謝我的上師——蓮生活佛，由基督、靈學、道學、顯教、密教引導我瞭解更多的宇宙眞理，在「敬師、重法、實修」的精神下，成爲本人在遇到許多挫折時的一盞明燈。也要感謝本人的妻子——陳英瑛，認識她是一種特殊的緣份，也促使我在許多方面的改變；感謝我的孩子——王聖聞，這個在未出生前我就已經夢到的孩子，增添了生活上的許多歡笑，也讓我學習到一個人由出生成長過程的艱辛，使我更加需要感謝父母恩情的偉大。對於目前服務於新竹中鋼結構工地的姊姊王鈴鶴以及國立雲林技術學院電機系的哥哥王耀諄，在此也要一併感謝。同時也要感謝母校高雄工專電機科的老師與臺大電機所電力組的老師的教導，以及成大電機系毛齊武老師的推薦參與「電路學」的撰寫。

總之，要感謝的人實在是太多了，當然更要感謝三民書局給予本人一個機會，能將我數年來學習與教授「電路學」的心得與想法以文字表達出來，文字錯誤之處在所難免，煩請不吝指正。

王　醴

謹識於臺南市國立成功大學電機系

中華民國 85 年 6 月

# 電路學（下）

## 目　次

序

## 第參部份　頻域弦波穩態電路分析

### 第六章　弦波函數與相量概念



### 第七章　弦波穩態電路

## 第八章 交流功率與能量



# 第肆部份 其他特殊電路分析

## 第九章 耦合電路

## 第十章 對稱平衡三相電路及不平衡三相電路



## 第十一章 非正弦波的分析



# 第伍部份 其他電路補充教材

## 第十二章 共振電路與濾波器

# 第參部份

## 頻域弦波穩態
## 電路分析

# 第六章　弦波函數與相量概念

自本章開始，本書整個電路學的分析領域，將要慢慢地進入交流的電路分析中。在本章以前的數個章節中，除了第 5.5 節的弦式輸入電源外，電源的部份大多偏向直流電源，在分析上多以代數式或微分方程式來求解。自本章起，我們將介紹一般交流電源下的電路分析法，目標不再往第 5.5 節或第五章附錄中的基本微分方程式法求解，而是以一種簡單的代數式來解決交流電路的問題，所形成的新量稱爲相量(the phasor)。這個「相量」的中文發音雖然與數學上的「向量」(the vector) 發音相同，但是在處理上卻是分析穩態交流的工具，本章將分以下數個小節做介紹。

- 6.1 節——介紹基本弦波函數如何產生，以及弦波函數的定義與基本特性。
- 6.2 節——定義一個週期函數的重要量：平均值與有效值。
- 6.3 節——定義一個週期函數的另一類重要的量：波形因數與波峰因數。
- 6.4 節——介紹數學上有關複數的基本運算，包含基本的加、減、乘、除等。
- 6.5 節——説明如何將一個簡單的弦波函數表示爲相量。

## 6.1 弦波函數的產生與特性

在第 5.5 節或第五章附錄的電路弦波響應中，電源的數學表示式部份已經將弦波（the sinusoidal wave）的電壓或電流方程式寫出，在此先將該函數以 sin 的型式表示如下：

$$F(t)=F_m\sin(\omega t+\theta^\circ) \tag{6.1.1}$$

接著以 cos 的函數表示如下：

$$F(t)=F_m\cos(\omega t+\theta^\circ) \tag{6.1.2}$$

（6.1.1）式及（6.1.2）式中的各個弦波參數說明如下：

⑴$F(t)$：爲弦波函數表示的量，與時間變數 $t$ 有關，該量的大小與時間 $t$ 呈現正弦或餘弦變化。

⑵$F_m$：爲函數$F(t)$的峰值（the peak value），其單位可視指定的函數電壓（V），電流（A），甚至功率（W）的不同來使用，該峰值是由水平軸（或時間軸）的$F(t)$零值開始量起，一直到$F(t)$最大值間的大小。峰值可以是正值，也可以是負值，一般在表示式中多半以正值表示。另外有一種重要的量，爲量測波形$F(t)$的正峰值到負峰值間之大小，稱爲峰對峰值（the peak-to-peak value）$F_{pp}$，其值爲峰值 $F_m$ 的兩倍，以方程式表示如下：

$$F_{pp}=2F_m \tag{6.1.3}$$

⑶$\omega$：波弦$F(t)$的角頻率(the angular frequency)，單位爲(rad/s)。其關係式如下：

$$\omega=2\pi f=\frac{2\pi}{T}\quad \text{rad/s} \tag{6.1.4}$$

式中 $f$ 稱爲頻率或每秒之週波數（cycles/s），單位爲赫茲（Hertz, Hz）；$T$ 爲週期（period），單位爲秒，恰爲頻率 $f$ 的倒數：

$$T=\frac{1}{f}\quad \text{s} \tag{6.1.5}$$

一個週期性弦式波形$F(t)$的量會以一定的時間重複出現，該重複的時間與$F(t)$的關係可由下式簡單表示：

$$F(t)=F(t+T) \tag{6.1.6}$$

式中當 $T>0$，且滿足（6.1.6）式中最小的 $T$ 值，則該 $T$ 值稱爲該週期性波形 $F(t)$的週期。

(4)$\theta^{\circ}$：稱爲函數$F(t)$的相位（the phase）、相位角（the phase angle）或簡稱相角，單位由符號的上標來看，是以度（degree）爲單位。$\theta^{\circ}$之大小或正負值，不會對週期性波形$F(t)$造成形狀的改變，僅使該波形產生時間軸上的前進或後退移動，其移動的大小或前後是以函數$F(t)$之波形相位等於零時爲參考。一般均假設時間軸右方爲時間正軸，時間越大表示越晚，時間越小表示越早。因此若 $\theta^{\circ}$ 爲正值，表示相位較早，則使該波形比函數$F(t)$相位等於零時超前（lead），該波形在時間軸上是左移 $\theta^{\circ}$的大小；反之，若 $\theta^{\circ}$爲負值，表示相位較晚，則波形比函數$F(t)$的相位等於零時落後，該波形在時間軸上爲右移$\theta^{\circ}$的大小。以使用單位來看，由於(6.1.1)式或（6.1.2）式之 sin 或 cos 函數內的值必須以同一個單位運算，$\omega t$ 的單位是：$(\text{rad/s})(\text{s})=\text{rad}$，是以弳（radian，rad）爲單位的，而 $\theta^{\circ}$之單位是以度來表示的。我們可以將 $\theta^{\circ}$轉換爲以弳爲單位的 $\theta^{r}$，其轉換式爲：

$$\theta^{r}=\frac{\pi}{180^{\circ}}\ \theta^{\circ} \tag{6.1.7}$$

同理，也可將以 rad 爲單位的 $\omega t$，乘以（$180^{\circ}/\pi$），即可轉換爲以度爲單位的大小，以利弦波函數$F(t)$在相同單位下的運算。

有一個問題先讓我們想一想，第五章 5.5 節的弦波響應的弦波電源表示式中，有一個量 $t_0$ 爲何不在第六章的正弦或餘弦的函數式中出現呢？我們回想一下，$t=t_0$ 是做什麼用的？在第五章中所談論的是自然響應與激發響應，$t=t_0$ 的條件是屬於初值能量的關係，表示在第五章電路中，運用 $t=t_0$ 的條件可以計算電容器初值電壓 $V_0$

或電感器初值電流 $I_0$ 對電路的影響。但是本章是以弦式波形爲主，電路均假設已經到達穩態，因此一些電路儲能元件初值條件對電路的影響可以視同消失不見了。故初始動作時間 $t_0$ 可以略去，不再放置於正弦或餘弦的函數表示式中。

請參考圖 6.1.1 所示之正弦波形，注意其正峰值爲 $F_m$，負峰值爲 $-F_m$，峰對峰值 $F_{pp}=F_m-(-F_m)=2F_m$，以及週期爲 $T=2\pi$ 之量。特別注意時間軸上有兩個刻度，一個以 $\omega t$ 爲變數，另一個在括號中以時間 $t$ 爲變數，它們的數值表示不太相同。圖 6.1.1 是一個純正弦波，沒有發生相移，因此在此圖中以(6.1.1)式表示時，$\theta°=0$。

**圖 6.1.1　一個正弦波形的表示圖**

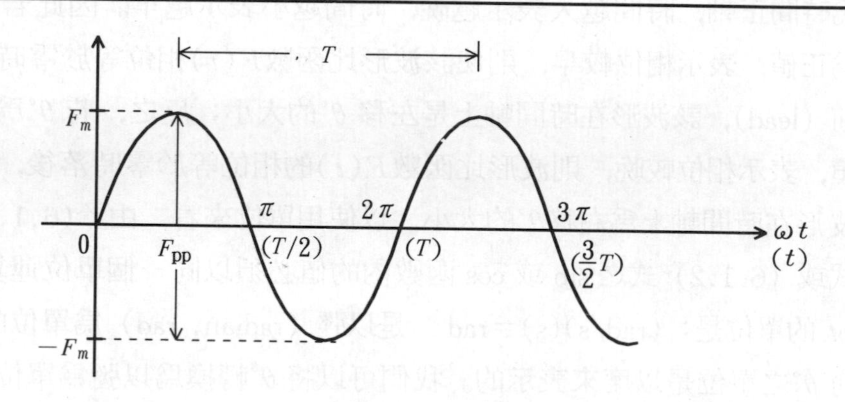


弦式波形的峰值以及週期等量，比較容易由波形上看出來，至於相角就比較複雜。爲了要更瞭解相移對波形影響的情形，請參考圖 6.1.2 所示的三個波形。圖 6.1.2 中的三個波形，分別比正弦波形相位超前（$A$ 曲線）、相位落後（$B$ 曲線）以及相同相位（$C$ 曲線）的三種情況。分析圖 6.1.2 中的三條弦式曲線如下：

(1) $C$ 曲線與圖 6.1.1 完全相同，因此這是 $\theta°=0$ 的情況。

(2) $A$ 曲線較 $C$ 曲線左移，其餘參數不變，$A$ 曲線起始點的時間 $t_A$ 爲負值，因此 $A$ 曲線比 $C$ 曲線快動作，因此 $A$ 曲線較 $C$ 曲線超前一個相角，在（6.1.1）式中，其相角 $\theta°=\phi_A°$ 爲一個正值。

(3)$B$ 曲線較 $C$ 曲線右移，其餘參數不變，$B$ 曲線起始點的時間爲 $t_B$，此爲一正值，因此動作時間上較 $C$ 曲線慢，故 $B$ 曲線較 $C$ 曲線落後一個正值的相角 $\phi_B^\circ$，在(6.1.1)式中表示式之相角則爲 $\theta^\circ=-\phi_B^\circ$。

**圖6.1.2　三條曲線的相位比較**

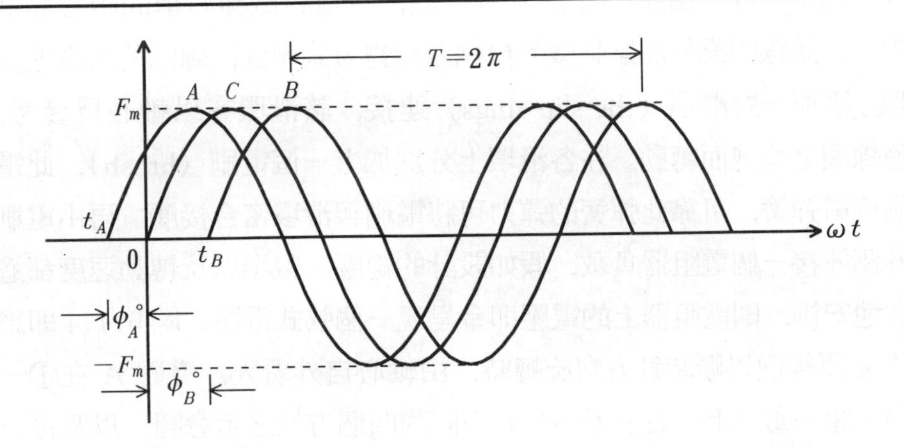


由上述的說明得知，以相位等於零的 sin 函數爲參考波形而言，若起始時間爲負值，則相位較參考正弦波超前，(6.1.1) 式中的相角則爲正值，稱爲相位超前（phase leading）；反之，若起始時間爲正值，則相位較參考正弦波落後，(6.1.1) 式中的相角爲負值，稱爲相位落後（phase lagging）；若起始時間由零開始，則與參考正弦波形同相位，(6.1.1)式之相位爲零，稱爲同相位或簡稱同相（in phase）。若以文字說明，則稱 $A$ 曲線超前 $C$ 曲線相角 $\phi_A^\circ$，$C$ 曲線超前 $B$ 曲線相角 $\phi_B^\circ$；反之，也可稱 $B$ 曲線落後 $C$ 曲線相角 $\phi_B^\circ$，$C$ 曲線落後 $A$ 曲線相角 $\phi_A^\circ$，其中兩個相角 $\phi_A^\circ$ 及 $\phi_B^\circ$ 均爲正值。

在弦波函數下，不論以 sin 函數或者 cos 函數表示，因爲兩者僅差 90 度的相位（亦即 sin 落後 cos90 度，或 cos 超前 sin90 度），因此 (6.1.1) 式及 (6.1.2) 式之間可以相互轉換。此種弦式波形之電源，最常見於家中的插座，即 110 伏特的交流電源。但是這種特殊的弦波電源究竟是如何產生的呢？我們可以由直流發電機及交流同步電機的基本觀念來看。

首先以直流發電機（the direct-current generator）的內部電壓產生方式說明，如圖 6.1.3 所示，一對磁極固定於電機機械鐵心上，北極（N 極）與南極（S 極）間有一個平面式的 $n$ 匝線圈，分成 $A$、$B$ 兩個部份，每一個部份帶有 $n$ 根導體，以這對磁極對稱的中心點爲軸心，該線圈靠外加原動機的機械力旋轉方式轉動，線圈的末端連接點分別與一對滑環（the slip rings）連接，該滑環亦以軸心爲參考，隨線圈之旋轉而轉動。在各滑環上分別加上一個電刷（brush），此電刷接有彈簧，可靠此彈簧的彈力可將電刷與滑環密合接觸。再由電刷外側連接一個電阻器負載，假如設計的線圈、磁場以及轉動速度都適當地安排，則電阻器上的電壓即會呈現一個弦式電壓，圖 6.1.4 即爲該 $n$ 匝線圈以順時針方向旋轉時，由軸心自外看入，導體 $A$ 在①—②—③—④（上—右—下—左）不同的四個方位之示意圖，以及每一個位置所對應的產生電壓 $V_s(t)$ 關係。分析如下：

(1)導體 $A$ 在位置①及位置③的地方時，由於導體 $A$ 之切線速度分別與磁場方向（圖 6.1.3 中的電機內部磁場方向是由 N 極到 S 極）完全相同及完全相反。因此對 $A$、$B$ 兩部份的導體而言，無切割磁力線的情形發生，因此感應電壓 $V_s(t)$ 爲零。感應電壓的方程式如下：

$$\vec{V}_s = \vec{v} \times \vec{B} \cdot \vec{L} \tag{6.1.8}$$

式中 $\vec{V}_s$ 爲感應電壓，單位是V；$\vec{v}$ 爲切線速度，單位是m/s，$\vec{B}$ 是磁通密度，單位是 $Wb/m^2$；$\vec{L}$ 是導體有效長度，單位是 m；× 是兩個向量的交叉乘積（cross product）運算符號；• 是兩個向量的點乘積（dot product）的運算符號。(6.1.8) 式所表示的感應電壓方向，就在同時垂直於速度向量與磁通密度方向的方向上，以圖 6.1.4來看，導體在位置①與位置③時，切線速度恰與磁通方向平行，故(6.1.8)式等號右側前兩個向量的交叉乘積爲零，無感應

## 圖6.1.3　一個產生交流弦式電壓波形的發電機

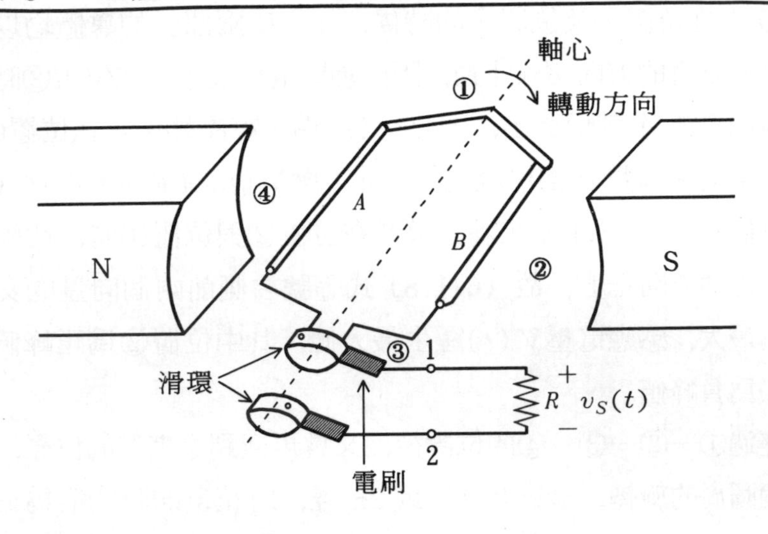


## 圖6.1.4　對應於圖6.1.3中位置的導體與電壓

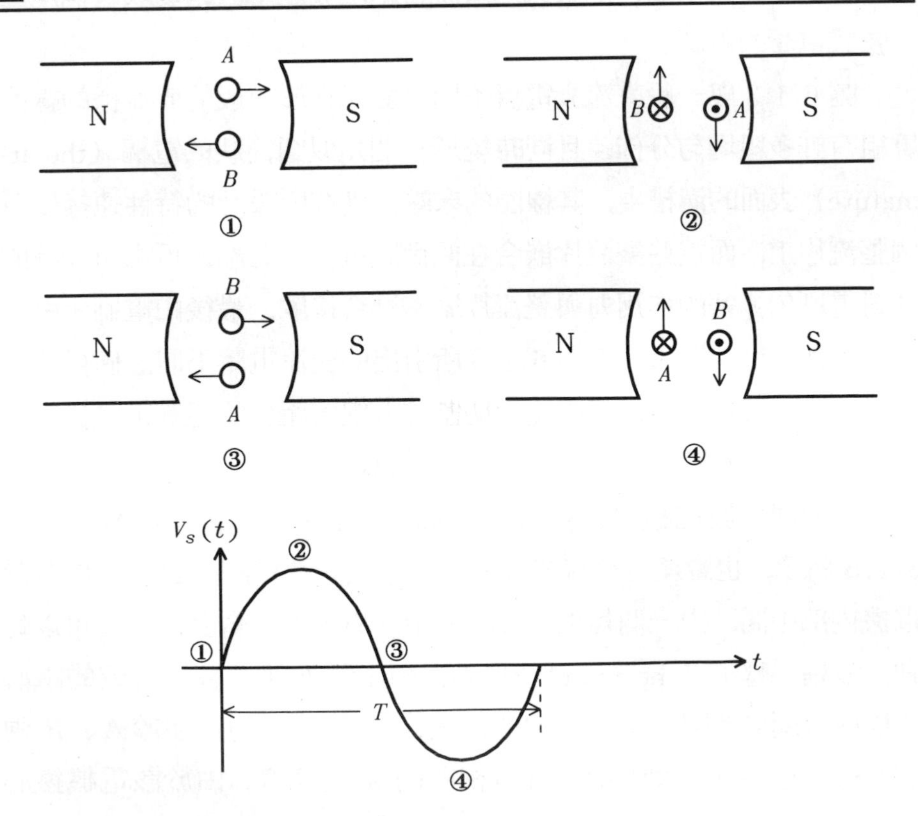

電壓產生。

(2)導體 $A$ 在位置②及位置④的時候，$A$、$B$ 兩部份的導體均以與磁場互相垂直的方向切線運動，因此感應電壓最大，在位置②時感應電流由導體 $A$ 部份流出，因此 $V_s(t)$ 爲正電壓峰值；在位置④時，感應電流由導體 $B$ 部份流出，因此電壓 $V_s(t)$ 爲最負的電壓（負電壓峰值）。以圖 6.1.4 來看，導體在位置②與位置④時，切線速度恰與磁通方向垂直，故（6.1.8）式等號右側前兩個向量的交叉乘積爲最大，感應電壓 $V_s(t)$ 產生最大値，其中位置②爲正峰値，位置④爲負峰値。

(3)在經過①—②—③—④的位置後，又會再回到原來①的位置，完成一個圓周的旋轉，恰爲 360 度或 $2\pi$ 弳，所花費的時間恰爲一個週期 $T$。

(4)若再繼續旋轉下去，則弦式電壓就持續地發生下去，變成一個產生弦式電壓的電源。

圖 6.1.3 與一般直流發電機不同之處，在於一般的直流機的線圈繞組有許多組均勻分佈，且同時繞於一個類似圓筒狀的電樞（the armature）表面的溝槽中，其線圈的末端分別按所設計的特性連接於多個整流片上，而這些整流片嵌合在圓筒狀電樞之底部，再由所設計的數對電刷依彈簧的作用力與整流片緊密壓合接觸，最後由電刷所引出的電壓即爲直流電壓，與圖 6.1.3 所引出的交流電壓不同。値得注意的是，直流機在線圈內部因旋轉切割磁力線所產生的感應電壓仍爲交流弦式電壓，與圖 6.1.3 之產生方式的原理相同。

交流同步發電機（the synchronous generator）基本架構，如圖 6.1.5 所示，也會產生交流弦式電壓。這類發電機的一對磁極放置於電機內部中間，由一個外加的機械力矩（原動機）轉動，因爲可以轉動，故稱爲轉子（the rotor）。另外，轉子的外部由疊片合成的鐵心所構成，簡單地開了兩個軸向的溝槽，放入 $n$ 匝的線圈於 $A$、$B$ 兩個部份，亦即每一個溝槽均帶有相同的 $n$ 根導體。由於該電機鐵心的部份爲固定，因此稱爲定子（the stator）或電樞。同步機這種固定電樞、轉動磁場的架構恰與直流電機之固定磁場、轉動電樞的方式相反，主要在於同步機是使用於大功率、高電壓上，固定電樞的方式有助於傳送較大的功率及承受較高的電壓，也可以免除由電刷與滑環在接觸時所產生的問題。

圖6.1.5　交流同步發電機的基本架構

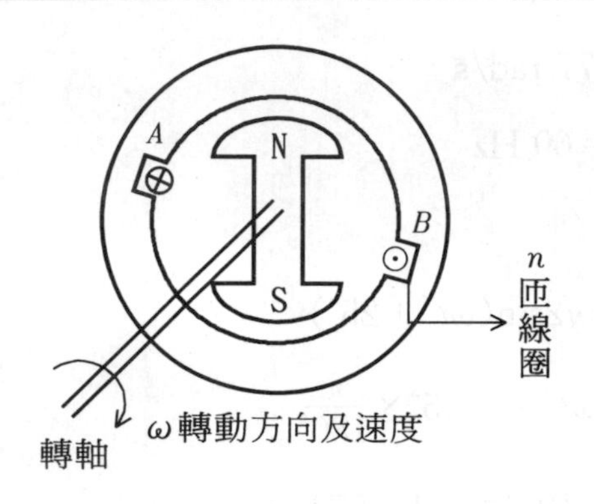


請仔細注意圖 6.1.5 中的磁極表面形狀，故意做成類似靴子的型狀，這個原因與直流機內部之產生弦式電壓重點類似，因爲直流機的旋轉導體切割固定的磁力線，或是同步機的旋轉磁力線切割固定的導體，其先決條件在於這種導體與磁力線的相對運動關係必須是呈現純弦式的變化（此點對同步機或一般交流機是成立的，但對直流機而言，因爲目標是要產生直流電壓，故並不限制內部一定要純弦式的磁通切割波形），如此感應電壓才可是純弦式的波形，這些均是電機設計上的一大關鍵，若無法成爲純弦式波形，則諧波量（將在第十一章中說明）將會出現在電機機械上，此諧波會對一些電器設備造成另外一種嚴重影響，但是適當地導體安排、接線或機械構造上的變通，可以將非純弦式的磁通切割所造成的諧波量加以抑制及減少，這些介紹已超出本書的範圍，有興趣的讀者可自行參考電機設計或電機諧波抑制的相關書籍，在此將不多做說明。

【例 6.1.1】假設一個正弦式波形之表示式爲:

$$v_s(t)=110\sqrt{2}\sin(377t+25^\circ)\quad \text{V}$$

求該波形之: (a)峰值, (b)週期, (c)角頻率 (rad/s), (d)頻率 (Hz), (e)相角, (f)由零值上升之起始時間, (g)峰對峰值。

【解】(a)峰值 $=110\sqrt{2}=155.563$ V

(b)週期 $=T=\dfrac{2\pi}{\omega}=\dfrac{2\pi}{377}=0.0166$ s

(c)角頻率 $=\omega=377$ rad/s

(d)頻率 $=f=\dfrac{\omega}{2\pi}=60$ Hz

(e)相角 $=\theta=25^\circ$

(f) $v_s(t)=0=110\sqrt{2}\sin(\omega t'+25^\circ)$

$\therefore \omega t'+25^\circ=0$, $\omega t'=-25^\circ\times\dfrac{\pi}{180^\circ}$

$\therefore t'=-1.1574\times10^{-3}=-1.1574$ ms

(g)峰對峰值 $=2\times F_m=2\times110\sqrt{2}=311.126$ V ◎

【例 6.1.2】有三個電壓波形, 其函數如下:

$$v_A(t)=30\sin(\omega t+25^\circ)\quad \text{V}$$

$$v_B(t)=-20\cos(\omega t+40^\circ)\quad \text{V}$$

$$v_C(t)=-60\sin(\omega t+75^\circ)\quad \text{V}$$

試求各電壓互相超前或落後之角度。

【解】先將 $v_B$ 及 $v_C$ 表示爲正峰值及 sin 型函數:

$$v_B=20\cos(\omega t+40^\circ-180^\circ)=20\sin(\omega t+40^\circ-180^\circ+90^\circ)$$

$$=20\sin(\omega t-50^\circ)\quad \text{V}$$

$$v_C=60\sin(\omega t+75^\circ-180^\circ)=60\sin(\omega t-105^\circ)\quad \text{V}$$

$\therefore$ ① $v_A$ 超前 $v_B$　$25^\circ-(-50^\circ)=75^\circ$

$v_A$ 超前 $v_C$　$25^\circ-(-105^\circ)=130^\circ$

②$v_B$ 落後 $v_A$　$75°$

$v_B$ 超前 $v_C$　$130° - 75° = 55°$

③$v_C$ 落後 $v_A$　$130°$

$v_C$ 落後 $v_B$　$55°$

◎

## 【本節重點摘要】

(1)弦波的函數以 sin 的型式表示如下：

$$F(t) = F_m \sin(\omega t + \theta°)$$

以 cos 的函數表示如下：

$$F(t) = F_m \cos(\omega t + \theta°)$$

各個弦波參數說明如下：

①$F(t)$：為弦波函數表示的量，與時間變數 $t$ 有關，該量的大小與時間 $t$ 呈現正弦或餘弦變化。

②$F_m$：為函數$F(t)$的峰值，峰值是由水平軸（或時間軸）的$F(t)$零值量起，到$F(t)$最大值間的大小。另外有一種重要的量，為量測波形$F(t)$的正峰值到負峰值間之大小，稱為峰對峰值 $F_{pp}$，其值為峰值 $F_m$ 的兩倍：

$$F_{pp} = 2F_m$$

③$\omega$：波弦$F(t)$的角頻率，單位為（rad/s）。關係式如下：

$$\omega = 2\pi f = \frac{2\pi}{T}$$

式中 $f$ 稱為頻率或每秒之週波數，單位為赫茲（Hz）；$T$ 為週期，單位為秒，恰為頻率 $f$ 的倒數：

$$T = \frac{1}{f} \quad \text{s}$$

一個週期性弦式波形$F(t)$的量會以一定的時間重複出現：

$$F(t) = F(t + T)$$

式中當 $T>0$，且滿足（6.1.6）式中最小的 $T$ 值，則 $T$ 稱為該週期性波形$F(t)$的週期。

④$\theta°$：稱為函數$F(t)$的相位、相位角或簡稱相角，單位由符號的上標來看，是以度為單位。若 $\theta°$ 為正值，表示相位較早，則使該波形比函數$F(t)$相位等於零時超前，該波形在時間軸上是左移 $\theta°$的大小；反之，若 $\theta°$ 為負

值，表示相位較晚，則波形較函數$F(t)$相位等於零時落後，該波形在時間軸上為右移 $\theta^\circ$的大小。將 $\theta^\circ$轉換為以弳為單位的 $\theta^r$，其轉換式為：

$$\theta^r=\frac{\pi}{180^\circ}\theta^\circ$$

將 $\omega t$ 乘以（$180^\circ/\pi$），即可轉換為以度為單位的大小。

(2)以相位等於零的 sin 函數為參考波形而言，若起始時間為負值，則相位較參考正弦波超前，相角則為正值，稱為相位超前；反之，若起始時間為正值，則相位較參考正弦波落後，相角為負值，稱為相位落後；若起始時間由零開始，則與參考正弦波形同相位，相位為零，稱為同相位，簡稱同相。

**【思考問題】**

(1)除了 sin 或 cos 兩個函數可表示弦式波形外，有沒有其他的函數可以表示弦式波形的?

(2)除了直流電機內部與同步機發電機外，請再舉出其他產生弦式波形的電機。

(3)當相角爲 +180 度或 −180 度時，弦式波形會發生什麼樣的改變?

(4)直流電源可否看成頻率爲零的弦式電源？爲什麼?

(5)若一個直流電壓源串聯一個每 $T$ 秒開啓、每 $T$ 秒閉合的開關，此電路是否可看成週期爲 $2T$ 的弦式電源？爲什麼?

# 6.2　平均值及有效值

若一個隨時間 $t$ 變化的函數 $F(t)$，具有一個固定正值的週期 $T$，其波形不斷地連續重覆出現，稱爲週期性函數（the periodic function)，其數學表示式已經在第 6.1 節中介紹過，重寫如下：

$$F(t)=F(t+T) \tag{6.2.1}$$

例如圖 6.1.1 所示之正弦波，在一個固定的時間 $T$ 秒或$\omega t=2\pi$ 弳下，該波形不斷地連續重覆出現，此波形即是一個週期性函數。此外餘弦 cos 波也與 sin 波形相同，呈現週期性的改變，故此類弦式波形均是週期性函數。雖然弦式波形的基本參數，如：峰值、角頻率（或週期）、相角等，均已在第 6.1 節介紹過，但是許多特殊週期性函數波形的參數表示，除了峰值、角頻率（或週期）、相角等之外，在應用上須考慮週期性函數 $F(t)$ 其他量的定義。本節將介紹兩種最常用的量，即平均值（the average value），以及有效值（the effective value），其中有效值又可稱爲均方根值（the root-mean-square value）。茲分下面兩部份說明。

## 6.2.1 平均值

平均值，顧名思義，即爲一種平均的量。在未說明前，請先參考圖 6.2.1 之週期性函數波形。此波形爲一個方波（the square wave），其週期爲 $T$，在時間區間〔0, $T/2$〕內，$F(t)$ 與時間軸所圍成之面積爲 $A_1$，在時間區間〔$T/2$, $T$〕中，$F(t)$ 與時間軸所圍成的面積爲 $A_2$。先假設面積 $A_1$ 與面積 $A_2$ 大小不同。因爲面積 $A_1$ 在時間軸之上，而面積 $A_2$ 在時間軸之下，所以 $F(t)$ 對時間軸區間〔0, $T$〕中所圍成之淨值面積（the net area）爲：

$$A_{net} = A_1 - A_2 \tag{6.2.2}$$

將淨值面積 $A_{net}$ 除以所經過之總時間（即 $T-0=T$，恰等於週期值 $T$），則爲函數 $F(t)$ 在時間區間〔0, $T$〕之平均值爲：

$$\text{average}[F(t)] = F_{av} = \frac{A_{net}}{T} = \frac{A_1 - A_2}{T} \tag{6.2.3}$$

若 $A_1 = A_2$，正負面積相同，則（6.2.3）式之平均值 $F_{av}$ 將爲零；若 $A_1 > A_2$，正面積大於負面積，則平均值 $F_{av}$ 將大於零；若 $A_1 < A_2$，正面積小於負面積，則平均值 $F_{av}$ 將小於零。將（6.2.2）式擴大表示，假設時間區間〔0, $T$〕的時間軸之上有數個面積 $A_u$ 之和，假設等於 $\Sigma A_u$；時間軸之下亦有數個面積 $A_d$ 之和，假設等於 $\Sigma A_d$，則（6.2.3）式應改寫爲：

$$F_{av} = \frac{1}{T}(\Sigma A_u - \Sigma A_d) \tag{6.2.4}$$

圖6.2.1 一個週期性函數波形

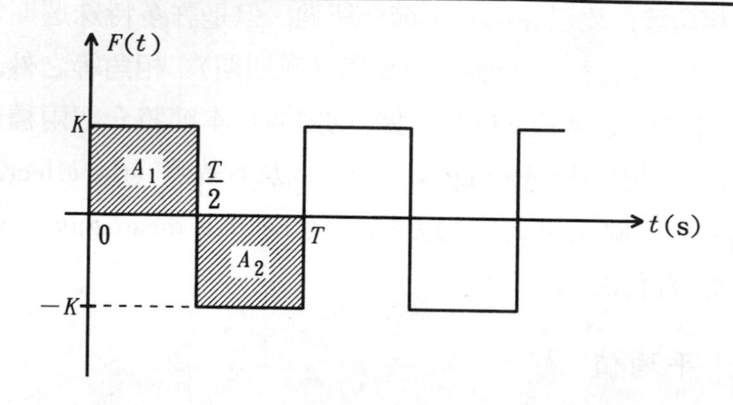


由 (6.2.3) 式或 (6.2.4) 式之表示式得知，在一個週期 $T$ 內，若時間軸之上所圍成面積之和大於時間軸之下所圍成面積之和，則平均值 $F_{av}$ 必爲正值；反之，若時間軸之下的總面積大於時間軸之上的總面積，則平均值 $F_{av}$ 必爲負數；當時間軸之上與時間軸之下的面積和大小相同時，則該函數之平均值 $F_{av}$ 必爲零。以圖 6.2.1 之方波以及第 6.1 節之圖 6.1.1 正弦波而言，在一個週期 $T$ 內，其時間軸上下所圍成的面積大小相同，因此其平均值 $F_{av}$ 必爲零值。

這種以面積大小的方式求出平均值的方法並不方便，因爲不是每個函數都是很容易用觀察的方法計算其面積，進而求得平均值的。尤其是當函數 $F(t)$ 的表示式較特殊時，利用積分的方法，求出函數在時間軸上下所圍成的面積大小，進而求出 $F(t)$ 的平均值是一個較正式的計算過程。以積分方式求平均值 $F_{av}$ 的方式如下：

$$F_{av}=\frac{1}{T}\int_{0}^{T}F(t)dt=\frac{1}{T}\int_{t_x}^{t_x+T}F(t)dt \tag{6.2.5}$$

式中第一個等號右側是比較簡單的平均值計算式，直接將 $F(t)$ 由時間 0 到 $T$ 對時間 $t$ 積分，積分區間大小爲週期 $T$；第二個等號右側則是比較標準的表示式，平均值計算可以將 $F(t)$ 由任意的時間 $t_X$ 積分至 $t_X+T$，也是一個週期的積分區間。我們試著利用 (6.2.5) 式，先計算圖6.2.1的方波以及圖6.1.1的正弦波，以確認其平均值爲零：

**(1)圖 6.2.1 的方波平均值**

$$F_{av}=\frac{1}{T}\left[\int_0^T F(t)dt\right]=\frac{1}{T}\left[\int_0^{T/2} Kdt+\int_{T/2}^T(-K)dt\right]$$
$$=\frac{1}{T}\left[K\left(\frac{T}{2}-0\right)+(-K)\left(T-\frac{T}{2}\right)\right]$$
$$=\frac{K}{T}\left(\frac{T}{2}+\frac{T}{2}-T\right)=0 \tag{6.2.6}$$

**(2)圖 6.1.1 的正弦波平均值**

$$F_{av}=\frac{1}{T}\int_0^T F(t)dt$$
$$=\frac{1}{T}\left[\int_0^{T/2} F_m\sin(\omega t)dt+\int_{T/2}^T F_m\sin(\omega t)dt\right]$$
$$=\frac{F_m}{T}\left[\left(\frac{-1}{\omega}\right)\cos(\omega t)\Big|_0^{T/2}+\left(\frac{-1}{\omega}\right)\cos(\omega t)\Big|_{T/2}^T\right]$$
$$=\frac{-F_m}{\omega T}\left[\cos\left(\frac{\omega T}{2}\right)-1+\cos(\omega T)-\cos\left(\frac{\omega T}{2}\right)\right]$$
$$=\frac{-F_m}{2\pi}[-1+1]=0 \tag{6.2.7}$$

接著，我們考慮電子電路之電源供應器中，將交流弦波電源以理想的半波整流器（the half-wave rectifier）以及全波整流器（the full-wave rectifier）或橋式整流器（bridge rectifier）整流後，所得的脈動直流波形的平均值。爲什麼稱爲脈動直流呢？原因是整流後的電壓或電流值均爲正值，或均爲負值，只有一種極性，故爲直流量；但是該直流量並非固定常數，而是隨時間變動的，故稱脈動直流。假設電源爲理想的純正弦波，相移等於零，經過半波與全波整流的結果分別畫在圖 6.2.2(a)與(b)中。此波形若以直流電表量測，直流電表上的電壓或電流讀值即爲該波形的平均值。其大小分別計算如下：

**(1)半波整流平均值**

$$F_{av}=\frac{1}{T}\int_0^T F(t)dt=\frac{1}{T}\left[\int_0^{T/2} F_m\sin(\omega t)dt+\int_{T/2}^T 0dt\right]$$

$$=\frac{F_m}{T}\left[\left(\frac{-1}{\omega}\right)\cos(\omega t)\Big|_0^{T/2}\right]=\frac{-F_m}{\omega T}\left[\cos\left(\frac{\omega T}{2}\right)-1\right]$$

$$=\frac{-F_m}{2\pi}\left[\cos(\pi)-1\right]=\frac{-F_m}{2\pi}(-2)$$

$$=\frac{F_m}{\pi}=0.318F_m \tag{6.2.8}$$

(2)全波整流平均值

$$F_{av}=\frac{1}{T}\int_0^T F(t)\,dt=\frac{1}{T/2}\int_0^{T/2}F_m\sin(\omega t)\,dt$$

$$=\frac{2F_m}{T}\left[\left(\frac{-1}{\omega}\right)\cos(\omega t)\Big|_0^{T/2}\right]$$

$$=\frac{2F_m}{\pi}=0.637F_m=2\text{ 倍半波整流之 }F_{av} \tag{6.2.9}$$

圖6.2.2　一個正弦波經(a)半波整流(b)全波整流後的波形

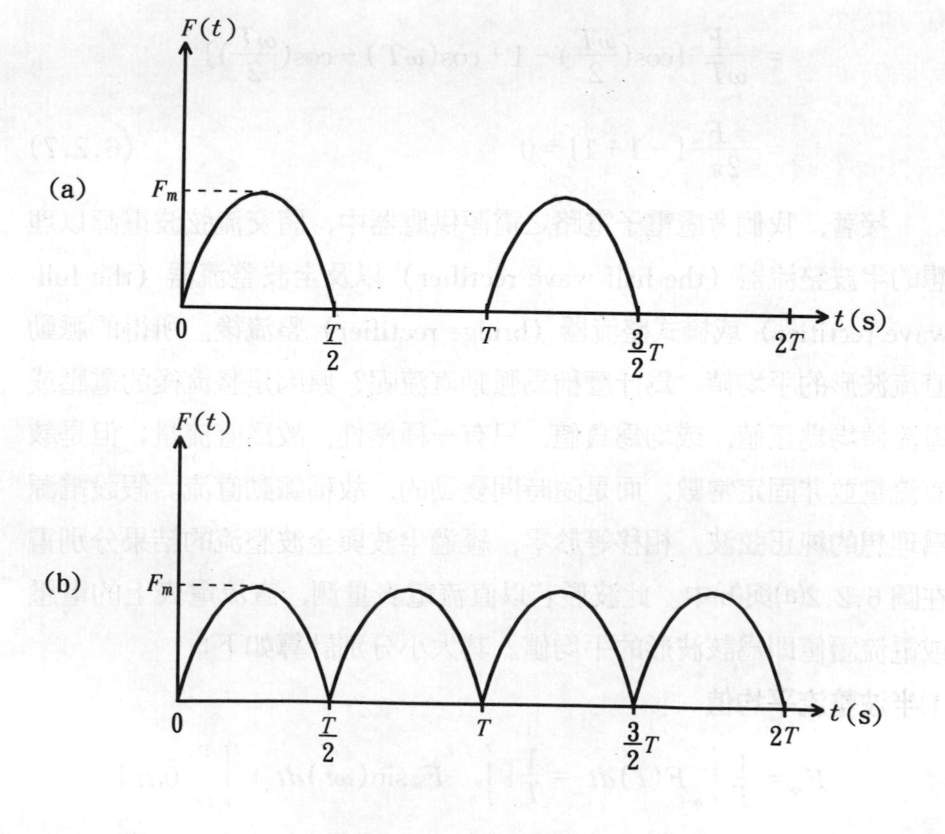

(6.2.5) 式之求平均值計算法，除可求出一個電路的週期性電壓以及週期性電流之平均值外，功率的平均值計算也是一大用途，但是功率的平均值計算與有效值有關，將留在有效值的部份再做說明。

## 6.2.2　有效值或均方根值

有效值的重要意義可由圖 6.2.3 中，一個電阻器 $R$ 分別接在直流電源與弦波電源上，產生相同的功率消耗來瞭解。在圖 6.2.3(a)的電阻器 $R$ 連接至一獨立的直流電壓源 $V_{dc}$，流出之電流為 $I_{dc}$，配合簡單的歐姆定理計算，電阻器 $R$ 之功率消耗 $P_R$ 為：

$$P_R = V_{dc} I_{dc} = V_{dc}\left(\frac{V_{dc}}{R}\right) = \frac{(V_{dc})^2}{R} = (I_{dc})^2 R \quad \text{W} \qquad (6.2.10)$$

由於電阻器 $R$ 的電壓 $V_{dc}$ 及電流 $I_{dc}$ 均為定值常數，因此消耗之功率值 $P_R$ 亦為一個定值常數，此值即是電阻器 $R$ 所消耗的平均功率，也是瞬時功率，無需代入 (6.2.5) 式另外求出其平均值。圖 6.2.3(b)所示，為(a)圖的相同電阻器 $R$，連接至另一個獨立的交流弦波電壓源 $v_{ac}(t)$，該電源流出之電流為 $i_{ac}(t)$，則電阻器所消耗的瞬時功率 $p_R(t)$ 為：

$$p_R(t) = \frac{[v_{ac}(t)]^2}{R} = [i_{ac}(t)]^2 R \quad \text{W} \qquad (6.2.11)$$

上式由於電壓 $v_{ac}(t)$ 及電流 $i_{ac}(t)$，都是屬於週期性的關係式，因此將電壓或電流平方後，不論乘以 $R$ 或除以 $R$，瞬時功率的結果亦為一個週期性的函數，可以代入 (6.2.5) 式中求出其平均功率如下：

$$\begin{aligned}
\text{average}[p_R(t)] = P_R &= \frac{1}{T}\int_0^T p_R(t)\,dt = \frac{1}{T}\int_0^T \frac{[v_{ac}(t)]^2}{R}\,dt \\
&= \left(\frac{1}{R}\right)\frac{1}{T}\int_0^T [v_{ac}(t)]^2 dt \\
&= \frac{1}{T}\int_0^T [i_{ac}(t)]^2 R\,dt \\
&= (R)\frac{1}{T}\int_0^T [i_{ac}(t)]^2 dt \quad \text{W} \qquad (6.2.12)
\end{aligned}$$

圖6.2.3 (a)直流電源與(b)弦波電源在同一個電阻器產生之相同功率消耗

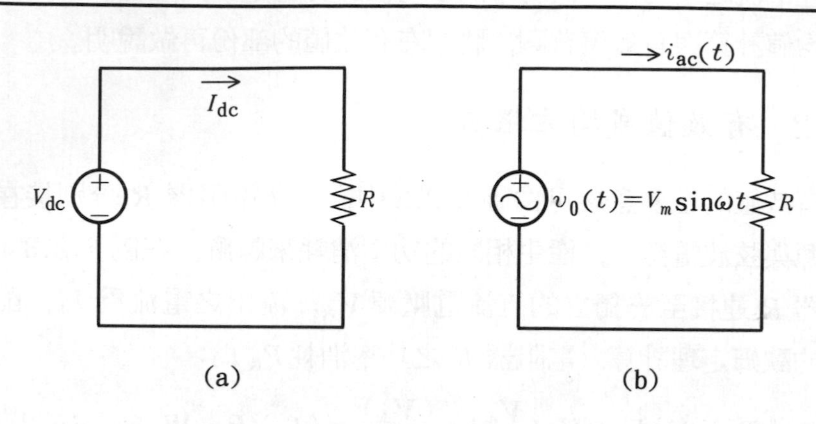


若以淨值面積針對 (6.2.12) 式中電壓 (電流) 平方所表示的關係, 則為: 在一個週期 $T$ 內, 由$[v_{ac}(t)]^2([i_{ac}(t)]^2)$對時間軸所圍成的淨值面積除以週期 $T$, 再除以 (乘以) 電阻器值 $R$。不論 (6.2.12) 式用電壓平方表示或用電流平方表示, 當除去電阻器 $R$ 的量後, 所餘留下來的積分項及週期 $T$ 的方程式, 即是瞬間電壓平方或瞬間電流平方的平均值。且讓我們將 (6.2.12) 式的正弦電壓輸入關係式所得的平均功率, 與 (6.2.10) 式的直流電壓輸入關係式所得的平均功率對照, 若直流電壓與交流弦波電壓兩者對相同電阻器 $R$ 所提供的功率$P_R$ 相同, 或者電阻器 $R$ 受直流及弦波交流電壓作用產生相同的功率消耗, 則可以得到下面重要的關係式:

$$(V_{dc})^2=\frac{1}{T}\int_0^T[v_{ac}(t)]^2dt \quad V^2 \tag{6.2.13a}$$

或

$$V_{dc}=\sqrt{\frac{1}{T}\int_0^T[v_{ac}(t)]^2dt} \quad V \tag{6.2.13b}$$

以及

$$(I_{dc})^2=\frac{1}{T}\int_0^T[i_{ac}(t)]^2dt \quad A^2 \tag{6.2.14a}$$

或

$$I_{dc}=\sqrt{\frac{1}{T}\int_0^T [i_{ac}(t)]^2 dt} \quad \text{A} \tag{6.2.14b}$$

(6.2.13b) 式及 (6.2.14b) 式兩式代表了一個非常重要的意義，它們表示當一個具有週期性的交流弦式波形，加在一個電阻器上時，若要產生一個與固定常數直流量相當的功率消耗，則其關係式是：將弦波函數平方後，取一個週期的平均值，然後再開平方根，應與直流量相同。這種將弦波函數平方後，取一個週期的平均值，然後再取平方根的量，即是該交流弦波函數一種特別重要的量，它的符號及名稱有許多種，如下表示：

(1)以下標 eff 或 EFF 的符號表示，稱爲有效值（有效作功的值）。

(2)以下標 RMS 或 rms 的符號表示，稱爲均方根值（函數先平方、再取平均、最後再開平方根的值）。

(3)或者直接以大寫的英文字表示，代表它是與直流常數相當的量。

有效值或均方根值的表示式如下：

$$F=F_{eff}=F_{rms}=\sqrt{\frac{1}{T}\int_0^T [F(t)]^2 dt} \tag{6.2.15}$$

請特別注意 (6.2.15) 式中的平方關係，函數$F(t)$不論是正值或負值，只要代入 (6.2.15) 式中，則積分符號內的值一定是大於或等於零的結果，因此表示$[F(t)]^2$與時間軸所圍成的淨值面積必在時間軸之上，其平均後所得的量也必爲正值，因此開平方根後所得的有效值不會是一個虛數，而是一個正實數。此有效值與平均值不同，平均值在一個週期內與時間軸所圍成的淨值面積有正、有負、有零，因此平均值即有正、負、零三種不同的情況出現。但是有效值是經過函數平方處理後的結果，必定是一個大於或等於零的值。由於有效值是等效的直流量，因此在弦式交流波形上，常用該值來代表弦波量的大小，而較少用弦波的峰值表示，也因此在弦波平均功率的計算上，可以採用直流功率等效的計算式來計算，非常方便。例如：家用插座的電壓爲 110 V、25 A，此 110 V 即代表該交流額定電壓的有效值，25 A 即代表該插座電流額定的有效值。若將電阻器 $R$ 消耗之平均功率 $P_{av}$ 以有效值表示，其方程式如下：

$$P_{av}=\frac{V_{eff}^2}{R}=I_{eff}^2R \quad \text{W} \tag{6.2.16}$$

式中 $V_{eff}$ 爲電阻器 $R$ 兩端電壓之有效值，$I_{eff}$ 則爲通過電阻器 $R$ 之電流有效值。我們可以發現（6.2.16）式與直流功率消耗在一個電阻器 $R$ 上的表示式相當一致。一個交流正弦波之有效值爲多少呢？將（6.1.1）式之電壓函數代入（6.2.15）式中可得：

$$\begin{aligned}
V_{eff}&=\sqrt{\frac{1}{T}\int_0^T[V_m\sin(\omega t)]^2dt}\\
&=\sqrt{\frac{(V_m)^2}{T}\int_0^T[\sin(\omega t)]^2dt}\\
&=V_m\sqrt{\frac{1}{T}\int_0^T\frac{1}{2}[1-\cos2(\omega t)]dt}\\
&=V_m\sqrt{\frac{1}{T}\left[\int_0^T(\frac{1}{2})dt-\int_0^T\cos(2\omega t)dt\right]}\\
&=V_m\sqrt{\frac{1}{T}\left[\frac{T}{2}-\frac{1}{2\omega}\int_0^T\cos(2\omega t)d(2\omega t)\right]}\\
&=V_m\sqrt{\frac{1}{2}-\frac{1}{2\omega T}\sin(2\omega t)\Big|_0^T}\\
&=V_m\sqrt{\frac{1}{2}-0}=\frac{V_m}{\sqrt{2}}=0.707V_m \quad \text{V}
\end{aligned} \tag{6.2.17}$$

式中應用了三角函數之等式關係：

$$[\sin(\omega t)]^2=\frac{[1-\cos(2\omega t)]}{2} \tag{6.2.18}$$

若電壓波形改爲餘弦函數，則（6.2.17）式中會產生 $[\cos(\omega t)]^2$ 的項，此時可以利用三角函數的等式關係如下：

$$[\cos(\omega t)]^2=\frac{[1+\cos(2\omega t)]}{2} \tag{6.2.19}$$

代入（6.2.17）式中，則$\cos(2\omega t)$項的積分結果亦會同於（6.2.17）式等於零的結果，因此其有效值亦爲電壓峰值 $V_m$ 除以$\sqrt{2}$。由此結果可以知道，不論弦式波形爲電壓或電流，不論以正弦或餘弦表示，不論頻率或相角爲何，只要按一個週期來計算，則其有效值均爲弦波峰值除以$\sqrt{2}$，這是一個相當重要的關係式。

至於其他波形的有效值計算，在此以圖 6.2.1 之方波以及圖 6.2.2(a)、(b)之半波整流以及全波整流的波形做介紹。

**(1)圖 6.2.1 方波之有效值**

$$F_{\text{eff}}=\sqrt{\frac{1}{T}\int_0^T[F(t)]^2dt}$$

$$=\sqrt{\frac{1}{T}\left[\int_0^{T/2}K^2dt+\int_{T/2}^{T}(-K)^2dt\right]}$$

$$=\sqrt{\frac{1}{T}\left[K^2\left(\frac{T}{2}-0\right)+(-K)^2\left(T-\frac{T}{2}\right)\right]}$$

$$=\sqrt{\frac{1}{T}\left[\frac{K^2T}{2}+\frac{K^2T}{2}\right]}=\sqrt{K^2}=K \qquad (6.2.20)$$

此結果與將方波波形的下半部移至上半部，或令函數$F(t)$經過一個理想全波整流器後，所產生之一個定值常數直流答案相同。

**(2)圖 6.2.2(a)半波整流波形之有效值**

$$F_{\text{eff}}=\sqrt{\frac{1}{T}\int_0^T[F(t)]^2dt}=\sqrt{\frac{1}{T}\int_0^{T/2}[F_m\sin(\omega t)]^2dt}$$

$$=\sqrt{\frac{F_m^2}{T}\int_0^{T/2}[\sin(\omega t)]^2dt}$$

$$=F_m\sqrt{\frac{1}{T}\int_0^{T/2}\frac{1}{2}[1-\cos(2\omega t)]\,dt}$$

$$=F_m\sqrt{\frac{1}{T}\left[\int_0^{T/2}\left(\frac{1}{2}\right)dt-\frac{1}{2\omega}\int_0^{T/2}\cos(2\omega t)\,d(2\omega t)\right]}$$

$$=F_m\sqrt{\frac{1}{T}\left[\frac{1}{2}\left(\frac{T}{2}-0\right)-\frac{1}{2\omega}\sin(2\omega t)\right]\Bigg|_0^{T/2}}$$

$$= F_m \sqrt{\frac{1}{T}\left[\frac{T}{4}-0\right]} = F_m \sqrt{\frac{1}{4}} = \frac{F_m}{2} \qquad (6.2.21)$$

此式表示正弦波經過一個理想的半波整流器後，其有效值只有峰值的一半。

(3)圖 6.2.2(b)全波整流之有效值

$$F_{\text{eff}} = \sqrt{\frac{1}{(T/2)}\int_0^{T/2}[F(t)]^2 dt}$$

$$= \sqrt{\frac{1}{(T/2)}\int_0^{T/2}[F_m \sin(\omega t)]^2 dt}$$

$$= \sqrt{\frac{F_m^{\ 2}}{(T/2)}\int_0^{T/2}[\sin(\omega t)]^2 dt}$$

$$= F_m \sqrt{\frac{1}{(T/2)}\int_0^{T/2}\frac{1}{2}[1-\cos(2\omega t)]\,dt}$$

$$= F_m \sqrt{\left(\frac{1}{T/2}\right)\left[\int_0^{T/2}\left(\frac{1}{2}\right)dt - \frac{1}{2\omega}\int_0^{T/2}\cos(2\omega t)\,d(2\omega t)\right]}$$

$$= F_m \sqrt{\frac{1}{(T/2)}\left[\frac{1}{2}\left(\frac{T}{2}-0\right) - \frac{1}{2\omega}\sin(2\omega t)\Big|_0^{T/2}\right]}$$

$$= F_m \sqrt{\frac{1}{(T/2)}\left[\frac{T}{4}-0\right]} = F_m \sqrt{\frac{1}{2}} = \frac{F_m}{\sqrt{2}} \qquad (6.2.22)$$

此式表示一個正弦波形經過一個理想的全波整流器後，其有效值爲峰值除以$\sqrt{2}$，與一個純正弦波之有效值大小相同。

圖 6.2.4　例 6.2.1 之波形

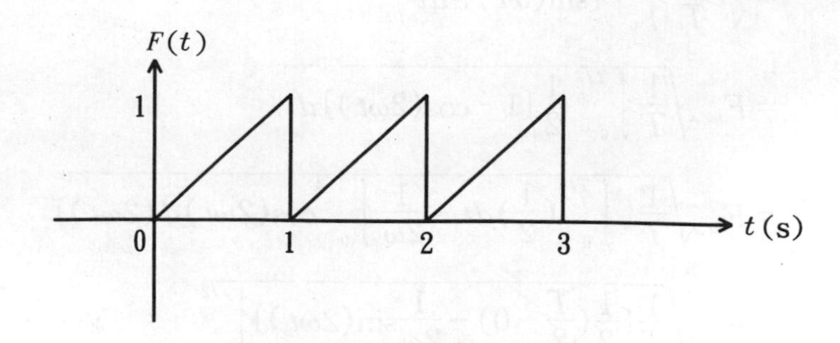

【例6.2.1】(a)求圖6.2.4所示週期性波形之平均值及有效值，(b)若 $F(t)$爲電壓（V）加到1 Ω電阻器兩端，求電阻之功率消耗。

【解】(a)$F_{av}=\frac{1}{T}\int_0^T F(t)dt=\frac{1}{1}\int_0^1 tdt=\frac{t^2}{2}\Big|_0^1=\frac{1}{2}$

$$F_{rms}=\sqrt{\frac{1}{T}\int_0^T F^2(t)dt}=\sqrt{\frac{1}{1}\int_0^1 t^2dt}=\sqrt{\frac{t^3}{3}\Big|_0^1}=\sqrt{\frac{1}{3}}=\frac{1}{\sqrt{3}}$$

(b)$P=\frac{V_{rms}^2}{R}=\frac{F_{rms}^2}{R}=\frac{(1/\sqrt{3})^2}{1}=\frac{1}{3}$ W　◎

【例6.2.2】試求 $\sin^2\omega t$ 之平均值及有效值。

【解】$\because \sin^2\omega t=\frac{1}{2}[1-\cos(2\omega t)]$，$\cos^2\omega t=\frac{1}{2}[1+\cos(2\omega t)]$

$$\therefore 平均值=\frac{1}{T}\int_0^T\frac{1}{2}[1-\cos(2\omega t)]dt=\frac{1}{2T}[\int_0^T 1dt-\int_0^T\cos 2\omega tdt]$$

$$=\frac{1}{2T}\cdot T=\frac{1}{2}$$

$$有效值=\sqrt{\frac{1}{T}\int_0^T(\frac{1}{2})^2(1-\cos 2\omega t)^2dt}$$

$$=\sqrt{\frac{1}{4T}\int_0^T(1-2\cos 2\omega t+\cos^2 2\omega t)dt}$$

$$=\sqrt{\frac{1}{4T}\int_0^T[1-2\cos 2\omega t+\frac{1}{2}(1+\cos 4\omega t)]dt}$$

$$=\sqrt{\frac{1}{4T}\int_0^T(\frac{3}{2}-2\cos 2\omega t+\frac{1}{2}\cos 4\omega t)dt}$$

$$=\sqrt{\frac{1}{4T}\cdot\frac{3}{2}T}=\sqrt{\frac{3}{8}}=\frac{\sqrt{3}}{2\sqrt{2}}=\frac{\sqrt{6}}{4}$$　◎

## 【本節重點摘要】

(1)假設時間區間[0, T]的時間軸之上有數個面積 $A_u$ 之和，假設等於 $\Sigma A_u$；時間軸之下亦有數個面積 $A_d$ 之和，假設等於 $\Sigma A_d$，則平均值應為：

$$F_{av}=\frac{1}{T}(\Sigma A_u-\Sigma A_d)$$

(2)以積分方式求平均值的方式如下：

$$F_{av}=\frac{1}{T}\int_0^T F(t)dt=\frac{1}{T}\int_{t_x}^{t_x+T} F(t)dt$$

(3)週期性函數$F(t)$的有效值或均方根值的表示式如下：

$$F=F_{eff}=F_{rms}=\sqrt{\frac{1}{T}\int_0^T [F(t)]^2 dt}$$

(4)若將電阻器 $R$ 消耗之平均功率$P_{av}$以有效值表示，其方程式如下：

$$P_{av}=\frac{V_{eff}^2}{R}=I_{eff}^2 R \quad \text{W}$$

式中$V_{eff}$為電阻器$R$兩端電壓之有效值，$I_{eff}$則為通過電阻器$R$之電流有效值。

(5)不論弦式波形為電壓或電流，不論以正弦或餘弦表示，不論頻率或相角為何，只要按一個週期來計算，則其有效值均為弦波峰值除以$\sqrt{2}$。

## 【思考問題】

(1)若一個函數具有無限大的週期，如何求平均值及有效值?

(2)若一個波形無法分辨其週期，或一個非週期性函數，如何求平均值及有效值?

(3)那一種波形的有效值等於平均值？試舉例說明。

(4)直流電壓源與交流弦波電壓源串聯形成的電路電壓，如何求平均值及有效值？有何特性?

(5)若一個函數具有固定的週期，但無適合的基本函數表示該波形，試問如何求該波形的平均值及有效值?

## 6.3 波形因數與波峰因數

一個週期性波形之兩個重要的量：平均值與有效值，已經在 6.2 節說明過了。本節將再介紹兩個也是重要的週期性波形的定義：波形因數（the form factor）以及波峰因數（the crest factor）。

## 6.3.1 波形因數

一個週期性函數$F(t)$之波形因數 $F_f$ 定義爲：該週期函數之有效值（或均方根值）對該週期函數經理想全波整流後平均值的比值，其表示式如下：

$$F_f=\frac{F_{\mathrm{eff}}\text{ or }F_{\mathrm{rms}}}{[F_{\mathrm{av}}]^*}=\frac{\sqrt{\frac{1}{T}\int_0^T[F(t)]^2dt}}{[\frac{1}{T}\int_0^T F(t)dt]^*} \tag{6.3.1}$$

式中＊代表計算平均值時是以函數$F(t)$經過理想的全波整流後的平均值表示。

舉例來說：以弦波函數，其有效值$F_{\mathrm{eff}}$爲峰值$F_m$除以$\sqrt{2}$，如（6.2.17）式所表示，即$F_{\mathrm{eff}}=(F_m/\sqrt{2})$；而弦波經理想的全波整流後，其平均值 $F_{\mathrm{av}}$爲峰值 $F_m$ 乘以（$2/\pi$），即$F_{\mathrm{av}}=F_m(2/\pi)$，如（6.2.9）式所表示，將 $F_{\mathrm{eff}}$及 $F_{\mathrm{av}}$這兩個數據代入（6.3.1）式，可得弦波函數之波形因數爲：

$$F_f(\text{弦波})=\frac{F_m/\sqrt{2}}{F_m(2/\pi)}=\frac{\pi}{2\sqrt{2}}=1.11 \tag{6.3.2}$$

1.11 這個值在使用上相當重要，例如在將交流電壓利用全波整流器整流成直流時，只要將交流的有效值電壓大小除以 1.11 倍，即可求得全波整流後的直流電壓平均值。若讀者不小心將（6.3.1）式的分母代入弦波的平均值零，則它的波形因數 $F_f$ 不就是變成無限大了嗎？是不是非常不合理呢？

若以圖 6.2.1 所示之方波計算其波形因數，則其有效值 $F_{\mathrm{eff}}$如（6.2.20）式所示，恰爲波形之振幅 $K$，將方波經全波整流後所得的大小亦爲 $K$ 的等效直流量，因此其波形因數爲：

$$F_f(\text{方波})=\frac{K}{K}=1 \tag{6.3.3}$$

## 6.3.2 波峰因數

一個週期性函數$F(t)$其波峰因數 $F_c$ 定義爲：該週期性函數的峰值對該週期函數有效值（或均方根值）之比值，其表示式如下：

$$F_c=\frac{F_m}{F_{\text{eff}}\text{ or }F_{\text{rms}}}=\frac{F_m}{\sqrt{\frac{1}{T}\int_0^T[F(t)]^2dt}} \tag{6.3.4}$$

再舉弦波函數爲例，弦波函數的有效值 $F_{\text{eff}}$爲峰值 $F_m$ 的 $1/\sqrt{2}$，即 $F_{\text{eff}}=F_m/\sqrt{2}$，代入（6.2.5）式可得弦波函數的波峰因數 $F_c$ 爲：

$$F_c(\text{弦波})=\frac{F_m}{F_m/\sqrt{2}}=\sqrt{2}=1.414 \tag{6.3.5}$$

若以圖 6.2.1 之方波來看，方波雖無峰值 $F_m$，但 $K$ 即是該波形的最大值，而方波之有效值 $F_{\text{eff}}$由（6.2.20）式知亦等於 $K$，因此方波之波峰因數爲：

$$F_c(\text{方波})=\frac{K}{K}=1 \tag{6.3.6}$$

【例 6.3.1】如圖 6.3.1 所示之波形，求：(a)波形因數，(b)波峰因數。

圖 6.3.1　例 6.3.1 之波形

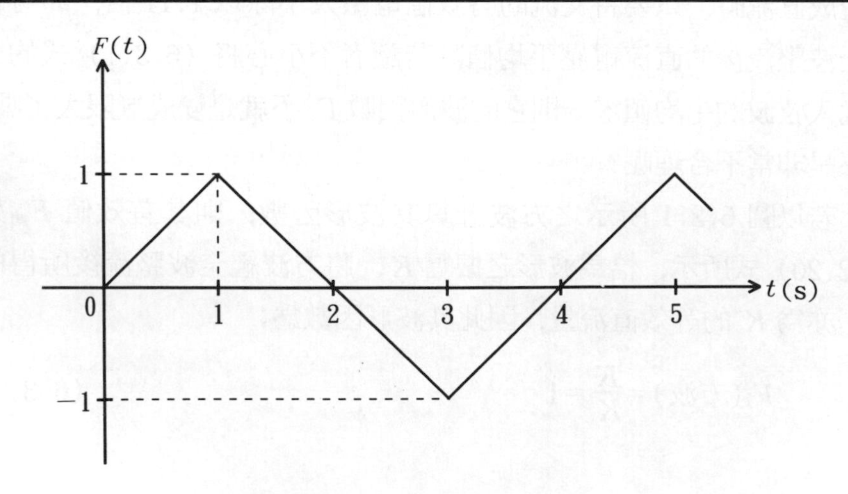

【解】(a)$0 \leq t \leq 1 \quad F(t)=t$

$1 \leq t \leq 3 \quad F(t)=2-t$

$3 \leq t \leq 4 \quad F(t)=t-4$

$$\therefore F_{\mathrm{rms}}^2=\frac{1}{4}\left[\int_0^1 t^2 dt+\int_1^3 (2-t)^2 dt+\int_3^4 (t-4)^2 dt\right]$$

$$=\frac{1}{4}\left[\left(\frac{t^3}{3}\right)\Big|_0^1+\left(4t-2t^2+\frac{t^3}{3}\right)\Big|_1^3+\left(\frac{t^3}{3}-4t^2+16t\right)\Big|_3^4\right]$$

$$=\frac{1}{4}\left[\left(\frac{1}{3}-0\right)+\left(3-\frac{7}{3}\right)+\frac{1}{3}\right]=\frac{1}{4}\times\frac{4}{3}=\frac{1}{3}$$

$$\therefore F_{\mathrm{rms}}=\sqrt{\frac{1}{3}}$$

$$F_{\mathrm{av}}{}^*=\frac{1}{2}\left[\int_0^1 t\,dt+\int_1^2 (2-t)\,dt\right]=\frac{1}{2}\left[\left(\frac{t^2}{2}\right)\Big|_0^1+\left(-\frac{1}{2}\right)(2-t)^2\Big|_1^2\right]$$

$$=\frac{1}{2}\left[\left(\frac{1}{2}-0\right)+\left(0+\frac{1}{2}\right)\right]=\frac{1}{2}$$

$$\therefore F_f=\frac{F_{\mathrm{rms}}}{F_{\mathrm{av}}{}^*}=\frac{\sqrt{\frac{1}{3}}}{\frac{1}{2}}=1.1547$$

(b)$F_c=\dfrac{F_m}{F_{\mathrm{rms}}}=\dfrac{1}{\sqrt{\frac{1}{3}}}=\sqrt{3}=1.732$ ◎

## 【本節重點摘要】

(1)一個週期性函數$F(t)$之波形因數 $F_f$ 定義為：該週期函數之有效值（或均方根值）對該週期函數經理想全波整流後平均值的比值，其表示式如下：

$$F_f=\frac{F_{\mathrm{eff}}\text{ or }F_{\mathrm{rms}}}{[F_{\mathrm{av}}]^*}=\frac{\sqrt{\frac{1}{T}\int_0^T [F(t)]^2 dt}}{\left[\frac{1}{T}\int_0^T F(t)dt\right]^*}$$

式中 $*$ 代表計算平均值時是以函數$F(t)$經理想的全波整流後的平均值表示。

(2)弦波函數其有效值為$F_{\mathrm{eff}}=(F_m/\sqrt{2})$；而弦波經理想的全波整流後，其平均值 $F_{\mathrm{av}}=F_m(2/\pi)$，故弦波函數之波形因數為：

$$F_f(\text{弦波})=\frac{F_m/\sqrt{2}}{F_m(2/\pi)}=\frac{\pi}{2\sqrt{2}}=1.11$$

⑶將交流電壓利用全波整流器整流成直流時，只要將交流的有效值電壓大小除以 1.11，即可求得全波整流後的直流電壓平均值。

⑷一個週期性函數 $F(t)$ 其波峰因數 $F_c$ 定義為：該週期性函數的峰值對該週期函數有效值（或均方根值）之比值，其表示式如下：

$$F_c=\frac{F_m}{F_{\text{eff}}\text{ or }F_{\text{rms}}}=\frac{F_m}{\sqrt{\frac{1}{T}\int_0^T[F(t)]^2dt}}$$

⑸弦波函數的有效值為 $F_{\text{eff}}=F_m/\sqrt{2}$，故弦波函數的波峰因數 $F_c$ 為：

$$F_c(\text{弦波})=\frac{F_m}{F_m/\sqrt{2}}=\sqrt{2}=1.414$$

**【思考問題】**

⑴爲什麼波形因數的分母要用全波整流後的平均值表示，其意義爲何？改半波整流後的平均值好不好？

⑵任何一個週期性函數都有波形因數與波峰因數嗎？

⑶所有三角波的波形因數與波峰因數完全相同嗎？

⑷兩個弦波函數，其中一個的頻率是另一個的兩倍，波形因數與波峰因數會不會一樣？爲什麼？

⑸若兩個週期性函數的波形因數與波峰因數完全相同，這兩個函數有何關係？

## 6.4　複數及複數的運算

在弦波交流電源作用的電路上，當電壓或電流以弦波函數表示時，除了峰值、角頻率以及相位的關係外，對於電路元件如電阻器 $R$、電感器 $L$ 以及電容器 $C$ 等，均會產生不同的特性，例如在第五章附錄中的弦波響應就已談到電感器 $L$ 對弦波電源的角頻率 $\omega$ 會變成一種電感抗（$j\omega L$），電容器 $C$ 對弦波頻率 $\omega$ 則會產生 $-j[1/(\omega C)]$ 的電容抗，這二種電抗均是虛數（the imaginary numbers）。

然而電阻器 $R$ 對弦波頻率 $\omega$ 卻保持原來的實數（the real number）值 $R$，對於電路上同時含有實數及虛數如此複雜的關係時，就需要利用到複數（the complex numbers）的計算，才可對一個電路在受弦波電源作用下的結果做一個完整計算。本節即是針對基本複數的觀念及運算做一個簡單的複習，以做爲分析交流弦式電源電路的基礎。

## 6.4.1　複數的基本定義

首先說明複數平面的概念。複數平面是指一個由兩個互相垂直的軸，即水平的實數軸與垂直的虛數軸，所形成的二維平面，該平面上的一個數或點即稱爲複數。複數平面的參考原點位在兩個軸的交會點上。

一個複數既然位在實數軸與虛數軸的平面，因此表示該數最簡單的方法即是用實數及虛數同時來表示，這種表示法由於實數及虛數這兩個數是位在互相垂直的軸上，因此稱爲直角型式（the rectangular form）或卡提申型式（the Cartesian form）。位在複數面上的一個點，也可以由平面參考原點指向該點，形成一個向量（a vector），此向量與正的實數軸間會呈現一個夾角，利用向量的長度大小及與實數軸的夾角，就可表示這個複數，此種型式稱爲極型式（the polar form）或極座標型式。

這兩種型式的圖形請參考圖 6.4.1 所示，爲了和實數區別，本書中的複數均以上面一橫線的符號表示，例如 $\overline{C}$，$\overline{C}_1$，$\overline{C}_2$，…等。茲將兩種基本複數型式間的關係說明如下：

**(1)直角型式**

$\overline{C}=x+jy$，一個複數 $\overline{C}$ 以 $x$ 爲實軸座標，$y$ 爲虛軸座標，這兩個量均由複數平面的參考原點（0,0）量起，將該點的座標表示爲 $(x,y)$，括號中第一個數 $x$ 爲實數軸的座標，$x$ 稱爲複數的實部（the real part），第二個數 $y$ 爲虛數軸的量，$y$ 則稱爲複數的虛部（the imaginary part）。而 $j$ 爲虛數（the imaginary number）。

圖6.4.1 一個複數的直角型式與極型式表示

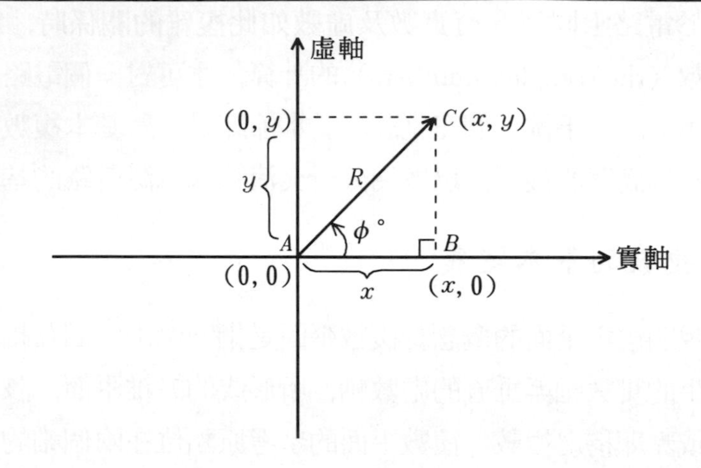


(2)**極型式**

$\overline{C}=R\angle\phi°$，由一個複數 $\overline{C}$ 的座標點（$x,y$）與複數平面參考原點（0,0）連接的線段，該線段的長度 $R$，稱爲該複數的大小（the magnitude），由該原點（0,0）指向該複數 $\overline{C}$ 會形成一個向量，由正實軸量起至該向量間形成的夾角爲 $\phi°$，稱爲複數的相角（the phase angle）。

## 6.4.2 虛數 $j$ 的定義

一般在數學上談到虛數時，常用符號 $i$ 來表示虛數，然而電路學中的電流符號也習慣用 $i$ 來表示，爲避免和電流的使用符號混淆，虛數在電路學中常用符號 $j$ 來表示。虛數 $j$ 的基本定義爲 $-1$ 的開平方根：

$$j=\sqrt{-1} \tag{6.4.1}$$

有關虛數 $j$ 的方程式如下：

$$j^2=j\cdot j=\sqrt{-1}\cdot\sqrt{-1}=\sqrt{(-1)^2}=-1 \tag{6.4.2}$$

$$j^3=j^2\cdot j=(-1)\cdot j=-j \tag{6.4.3}$$

$$j^4=j^3\cdot j=(-j)\cdot j=-j^2=-(-1)=1 \tag{6.4.4}$$

$$\frac{1}{j}=\frac{j}{j\cdot j}=\frac{j}{-1}=-j \tag{6.4.5}$$

在表示虛數時，常將符號 $j$ 放置於數字的前面，例如：$j1$、$j10$、$-j8$ 等。又虛數 $j$ 的一次方至四次方的值，已分別列在 (6.4.1) 式～(6.4.4)式中，而比四次方高的數值，則按該次方數除以 4 以後的餘數值對應 (6.4.1) 式～(6.4.4)式中的次方數即可，因為虛數的次方數是每四次循環一次，例如：$j^5=j$，$j^{10}=j^2=1$，$j^{31}=j^3=-j$ 等。

## 6.4.3　複數平面的四個象限

如圖 6.4.2 所示，實數軸與虛數軸將一個複數平面分成四大區間，此種區間稱為象限 (quadrants)，四個象限由正實軸開始逆時鐘方向旋轉，分別為第一象限 (the first quadrant)、第二象限 (the second quadrant)、第三象限 (the third quadrant) 以及第四象限 (the fourth quadrant)。四個象限與直角座標 $(x, y)$ 之 $x$ 及 $y$ 的數值正、負有關，也與極型式 $R\angle\phi°$ 中的角度 $\phi°$ 所在的範圍有關，分別敘述如下：

圖 6.4.2　複數平面的四個象限

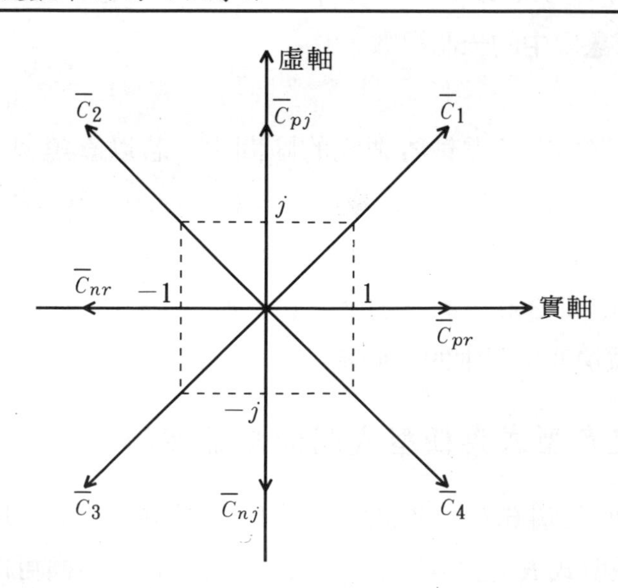

⑴第一象限

介在正實軸與正虛軸所圍成的區域內，若以直角座標$(x, y)$表示，則$x$及$y$之量均為正值，即$x>0$，$y>0$；若以極型式表示，則$\phi°$的範圍應在0°到+90°或是−270°到−360°之間，亦即$90°>\phi°>0°$或$-270°>\phi°>-360°$。如圖 6.4.2 中的複數$\overline{C}_1$即是第一象限中的一個複數。

⑵第二象限

介在負實軸與正虛軸之間所圍成的區域內，此象限內的直角座標$(x, y)$中，$x$為負數，$y$為正數，即$x<0$，$y>0$；以極型式表示，則向量與正實軸間的夾角應介在+90°到+180°間或是−180°到−270°間，亦即$180°>\phi°>90°$或者$-180°>\phi°>-270°$，如圖 6.4.2 中的複數$\overline{C}_2$即為第二象限中的一個複數。

⑶第三象限

介在負實軸與負虛軸所圍成的區間中，以直角型式$(x, y)$表示時，$x$及$y$的值均為負數，即$x<0$，$y<0$；以極型式$R\angle\phi°$表示時，角度$\phi°$是位於+180°到+270°之間，或者是−90°至−180°之間，即$270°>\phi°>-180°$或者$-90°>\phi°>-180°$。如圖 6.4.2 中的複數$\overline{C}_3$即是第三象限中的一個複數。

⑷第四象限

介在正實軸與負虛軸所圍成的區間中，若以直角型$(x, y)$表示，則$x$為正數，$y$為負數，亦即$x>0$，$y<0$；若以極型式表示，則極座標的向量與正實軸間夾角大小為+270°到+360°之間，或者0°到−90°之間，即$360°>\phi°>270°$或$0°>\phi°>-90°$，如圖 6.4.2 中的複數$\overline{C}_4$即為第四象限中的一個複數。

## 6.4.4 直角型式與極型式間的座標轉換

讓我們回到圖 6.4.1 之複數平面上，相同的複數$\overline{C}$以直角型式$(x, y)$與極型式$R\angle\phi°$分別表示時，它們之間的轉換可由直角三角形△$ABC$ 各邊對等的關係得到。假設∠$B$ 爲位在$B$ 的角度爲 90 度，恰爲直角；$R$ 爲該三角形$AC$ 邊的大小，即爲三角形的斜邊。例如該三角形的水平邊長度恰爲 $x$，可以用三角形斜邊長度 $R$ 投影至水平軸的關係得到：

$$x = R\cos\phi^\circ \tag{6.4.6}$$

同理，三角形△$ABC$ 之垂直邊長度爲$y$，也可以利用斜邊 $R$ 投影至垂直軸求得：

$$y = R\sin\phi^\circ \tag{6.4.7}$$

因此，將一個複數 $\overline{C}$ 由極座標型式轉換爲直角座標型式時，其轉換式即是：

$$\overline{C} = R\underline{\angle\phi^\circ} = (R\cos\phi^\circ) + j(R\sin\phi^\circ) = x + jy \tag{6.4.8}$$

反之，要將直角座標型式轉換爲極座標型式時，則直角三角形△$ABC$ 之斜邊$R$ 可用畢氏定理得到：

$$R = \sqrt{x^2 + y^2} \tag{6.4.9}$$

相角 $\phi^\circ$，即∠$A$，是位在 $A$ 的角度，恰爲斜邊 $R$ 與水平邊$x$ 之夾角，可由垂直邊與水平邊的比值取反正切求得：

$$\phi^\circ = \tan^{-1}\left(\frac{y}{x}\right) \pm (\mathrm{FLAG})\cdot 180^\circ \tag{6.4.10}$$

式中當 $x<0$ 時 FLAG = 1，須對反正切$\tan^{-1}(y/x)$修正 180°，可以加 180°，也可以減 180°；當 $x>0$ 時 FLAG = 0，無須對反正切的量$\tan^{-1}(y/x)$修正。FLAG 稱爲旗號，主要是因爲複數平面有四個象限，若單純以$\tan^{-1}(y/x)$計算相角$\phi^\circ$時，則對於位在第二象限之（$x<0$，$y>0$）區間，以及第三象限（$x<0$，$y<0$）區間的角度會發生錯誤。例如第二象限的角度因負值 $y$ 除以正值$x$ 後，還是一個負值，取反正切會變成爲一個負數的角度，轉變成與第四象限的區間角度相同。而第三象限的角度因爲是負值 $y$ 除以負值$x$ 後，還是一個正值，再取反正切，反而呈現正角度，變成與第一象限相同的區間角度。因此在計算角度 $\phi^\circ$時，要注意實部 $x$ 的正負號，以便修正極

座標的角度。幸好目前市面販售之計算器（calculators）均有內部轉換功能，例如利用功能鍵 R→P 就是將直角座標轉換爲極座標，P→R 就是將極座標轉換爲直角座標的功能鍵。歸納上述，將直角座標轉換爲極座標之轉換式爲：

$$\overline{C} = x + jy = \sqrt{x^2 + y^2} \angle \tan^{-1}\left(\frac{y}{x}\right) \pm (\text{FLAG}) \cdot 180^\circ = R\angle \phi^\circ \quad (6.4.11)$$

## 6.4.5 複數平面實軸虛軸上常用的特殊值

如圖 6.4.2 所示的複數平面，在實數軸與虛數軸上的量是在複數運算時常使用到的數，知道它們的變換及關係有利於我們往後的電路計算，茲分正、負的實軸、虛軸量分四點敘述如下：

**(1)正實數軸的複數**

$$\overline{C}_{pr} = C_{pr}\angle 0^\circ = C_{pr} + j0$$

位於正實數軸的複數，其虛部 $y = 0$，相角 $\phi^\circ = 0^\circ$。該數與一個純正實數相同，其中 $1 = 1\angle 0^\circ$。

**(2)負實數軸的複數**

$$\overline{C}_{nr} = C_{nr}\angle \pm 180^\circ = -C_{nr} + j0$$

位於負實數軸的複數，其虛部 $y = 0$，相角 $\phi^\circ = \pm 180^\circ$。此數與一個純負實數相同，其中 $-1 = 1\angle \pm 180^\circ$。

**(3)正虛數軸的複數**

$$\overline{C}_{pi} = C_{pi}\angle 90^\circ = 0 + jC_{pi}$$

位於正虛數軸的複數，其實部 $x = 0$，相角 $\phi^\circ = 90^\circ$。此數爲一個純正虛數，其中 $+j1 = 1\angle 90^\circ$。

**(4)負虛數軸的複數**

$$\overline{C}_{ni} = C_{ni}\angle -90^\circ = 0 - jC_{ni}$$

位於負虛數軸的複數，其實部 $x = 0$，相角 $\phi^\circ = -90^\circ$。此數爲一個純負虛數，其中 $-j1 = 1\angle -90^\circ$。

### 6.4.6　複數間的基本數學運算

令兩個複數 $\overline{C}_1$ 及 $\overline{C}_2$，其個別的直角座標與極座標表示式爲：$\overline{C}_1 = x_1 + jy_1 = R_1\angle\phi_1^\circ$以及 $\overline{C}_2 = x_2 + jy_2 = R_2\angle\phi_2^\circ$，它們間的基本數學運算分爲下述幾項：

**(1)加減運算**

利用直角座標型式做運算，可以比較簡單完成，其運算式爲：

$$\begin{aligned}\overline{C}_1 \pm \overline{C}_2 &= (x_1 + jy_1) \pm (x_2 + jy_2)\\ &= (x \pm x_2) + j(y_1 \pm y_2)\end{aligned} \tag{6.4.12}$$

式中說明了複數的加減運算可將實部與虛部分開，先個別做實數的代數加減運算後，再將結果以實數及虛數合併的方式合成爲一個新的複數。

**(2)乘法運算**

利用極座標型式運算，可以比較簡單完成，其運算式爲：

$$\overline{C}_1 \cdot \overline{C}_2 = R_1\angle\phi_1^\circ \cdot R_2\angle\phi_2^\circ = R_1R_2\angle\phi_1^\circ + \phi_2^\circ \tag{6.4.13}$$

式中說明兩複數相乘時，其極座標結果的大小爲兩個複數極座標大小相乘之乘積，而結果的相位角則爲兩個複數相位角的代數相加之和。若將此兩複數改以直角座標型式相乘，則結果爲：

$$\begin{aligned}\overline{C}_1 \cdot \overline{C}_2 &= (x_1 + jy_1) \cdot (x_2 + jy_2)\\ &= x_1x_2 - y_1y_2 + jx_2y_1 + jx_1y_2\\ &= (x_1x_2 - y_1y_2) + j(x_1y_2 + x_2y_1)\end{aligned} \tag{6.4.14}$$

比較（6.4.13）式與（6.4.14）式後，可以發現雖然兩式都是表達複數相乘的運算，但是（6.4.14）式較（6.4.13）式之表示式複雜了許多。

**(3)除法運算**

利用極座標型式運算，可以比較簡單完成，其運算式爲：

$$\frac{\overline{C}_1}{\overline{C}_2} = \frac{R_1\angle\phi_1^\circ}{R_2\angle\phi_2^\circ} = \frac{R_1}{R_2}\angle\phi_1^\circ - \phi_2^\circ \tag{6.4.15}$$

式中說明了兩個複數做除法運算時，其極座標結果的大小為兩個複數大小相除，即分子的大小除以分母的大小；而結果的相位則為兩個複數相位之差，即分子的相位減去分母的相位。若改用直角座標型式做兩個複數的除法，則其結果為：

$$\frac{\overline{C}_1}{\overline{C}_2}=\frac{x_1+jy_1}{x_2+jy_2}=\frac{x_1+jy_1}{x_2+jy_2}\left(\frac{x_2-jy_2}{x_2-jy_2}\right)$$

$$=\frac{x_1x_2+jx_2y_1-jx_1y_2-j(j)y_1y_2}{x_2\cdot x_2+jx_2y_2-jx_2y_2-j(j)y_2\cdot y_2}$$

$$=\frac{(x_1x_2+y_1y_2)+j(x_2y_1-x_1y_2)}{(x_2)^2+(y_2)^2}$$

$$=\frac{x_1x_2+y_1y_2}{(x_2)^2+(y_2)^2}+j\,\frac{x_2y_1-x_1y_2}{(x_2)^2+(y_2)^2} \qquad (6.4.16)$$

式中第二個等號後面小括號內的分子分母均相同，是與前一項分母複數的共軛值，此小括號的目標在對複數的分數有理化，使分母的量變成實數值，此種步驟在複數的分數運算上相當重要。但是由(6.4.15)式及(6.4.16)式的結果可以比較出，除法運算同於乘法運算的情形，利用極座標型式表示是較方便的方式。

**(4)共軛複數的運算**

若一個複數 $\overline{C}$，其直角座標以及極座標表示式為：

$$\overline{C}=R\angle\phi°=x+jy$$

則其共軛複數定義為：

$$\overline{C}^*=(R\angle\phi°)^*=R\angle-\phi°$$

$$=(x+jy)^*=x-jy \qquad (6.4.17)$$

亦即一個複數的共軛複數是將原複數的極座標相角正負極性符號反過來，或將直角座標的虛部正負極性符號反過來，以右上標的星號 * 代表複數的共軛值。其相關運算式為：

$$\overline{C}+\overline{C}^*=(x+jy)+(x-jy)=2x+j0=2x \qquad (6.4.18)$$

$$\overline{C}-\overline{C}^*=(x+jy)-(x-jy)=0+j2y=j2y \qquad (6.4.19)$$

$$\overline{C}\cdot\overline{C}^*=(x+jy)\cdot(x-jy)$$

$$= x \cdot x + x \cdot jy + x(-jy) - jy(jy)$$

$$= x^2 + y^2 = R^2 \qquad (6.4.20a)$$

或

$$\overline{C} \cdot \overline{C}^* = R\angle\phi° \cdot R\angle -\phi° = R^2\angle 0° = R^2 \qquad (6.4.20b)$$

$$\frac{\overline{C}}{\overline{C}^*} = \frac{x+jy}{x-jy} = \frac{x+jy}{x-jy}\left(\frac{x+jy}{x+jy}\right) = \frac{x^2+(jy)^2+j2xy}{x^2+y^2}$$

$$= \frac{(x^2-y^2)+j(2xy)}{x^2+y^2} \qquad (6.4.21a)$$

或

$$\frac{\overline{C}}{\overline{C}^*} = \frac{R\angle\phi°}{R\angle -\phi°} = 1\angle 2\phi° \qquad (6.4.21b)$$

$$\frac{\overline{C}^*}{\overline{C}} = \frac{x-jy}{x+jy} = \frac{x-jy}{x+jy}\left(\frac{x-jy}{x-jy}\right) = \frac{x^2+(-jy)^2-j2xy}{x^2+y^2}$$

$$= \frac{(x^2-y^2)+j(-2xy)}{x^2+y^2} \qquad (6.4.22a)$$

或

$$\frac{\overline{C}^*}{\overline{C}} = \frac{R\angle -\phi°}{R\angle\phi°} = 1\angle -2\phi° \qquad (6.4.22b)$$

由（6.4.18）式及（6.4.19）式可以反推出一個複數的實部及虛部與其共軛複數的關係如下：

$$x = \frac{\overline{C}+\overline{C}^*}{2} \qquad (6.4.23)$$

$$y = \frac{\overline{C}-\overline{C}^*}{j2} = \frac{-j(\overline{C}-\overline{C}^*)}{2} \qquad (6.4.24)$$

**【例 6.4.1】** 若 $\overline{C}_1 = 4 + j3$，$\overline{C}_2 = 5\angle 10°$，求(a)$\overline{C}_1 + \overline{C}_2$，(b)$\overline{C}_1 - \overline{C}_2$，(c)$\overline{C}_1 \cdot \overline{C}_2$，(d)$\overline{C}_1/\overline{C}_2$，(e)$\overline{C}_1{}^*$，(f)$\overline{C}_2{}^*$。

**【解】** 將 $\overline{C}_1$ 及 $\overline{C}_2$ 兩種座標表示出來：

$$\overline{C}_1 = 4 + j3 = \sqrt{4^2+3^2}\angle \tan^{-1}\frac{3}{4} = 5\angle 36.87°$$

$$\overline{C}_2 = 5\angle 10° = 5\cos 10° + j5\sin 10° = 4.92 + j0.868$$

(a)$\overline{C}_1+\overline{C}_2=(4+j3)+(4.92+j0.868)=8.92+j3.868$

$=9.722\angle 23.44^\circ$

(b)$\overline{C}_1-\overline{C}_2=(4+j3)-(4.92+j0.868)=-0.92+j2.132$

$=2.322\angle 113.34^\circ$

(c)$\overline{C}_1\cdot\overline{C}_2=5\angle 36.87^\circ\cdot 5\angle 10^\circ=25\angle 46.87^\circ=17.091+j18.245$

(d)$\dfrac{\overline{C}_1}{\overline{C}_2}=\dfrac{5\angle 36.87^\circ}{5\angle 10^\circ}=1\angle 26.87^\circ=0.892+j0.452$

(e)$\overline{C}_1{}^*=4-j3=5\angle -36.87^\circ$

(f)$\overline{C}_2{}^*=5\angle -10^\circ=4.924-j0.868$ ◎

**【例 6.4.2】** 試求下列各複數運算之結果。

(a)$\dfrac{4\angle 60^\circ}{2+j3}-8\angle 30^\circ$，(b)$30\angle 10^\circ+(2-j3)\cdot 8\angle 75^\circ$。

**【解】** (a)$\dfrac{4\angle 60^\circ}{2+j3}-8\angle 30^\circ=\dfrac{4\angle 60^\circ}{3.60555\angle 56.31^\circ}-8\angle 30^\circ$

$=1.1094\angle 3.69^\circ-8\angle 30^\circ$

$=(1.1071+j0.0714)-(6.9282+j4)$

$=-5.8211-j3.9286=7.0228\angle -145.985^\circ$

(b)$30\angle 10^\circ+(2-j3)\cdot 8\angle 75^\circ$

$=(29.544+j5.2094)+3.60555\angle -56.31^\circ\cdot 8\angle 75^\circ$

$=(29.544+j5.2094)+28.844\angle 18.69^\circ$

$=(29.544+j5.2094)+(27.323+j9.243)$

$=56.867+j14.4524=58.675\angle 14.26^\circ$ ◎

## 【本節重點摘要】

(1)兩種基本複數型式間的關係：

①直角型式：$\overline{C}=x+jy$，一個複數 $\overline{C}$ 以 $x$ 為實軸座標，$y$ 為虛軸座標，這兩個量均由複數平面的參考原點（0,0）量起，將該點的座標表示為 $(x, y)$，括號中第一個數 $x$ 為實數軸的座標，$x$ 稱為複數的實部，第二個

數 $y$ 為虛數軸的量，$y$ 則稱為複數的虛部。而 $j$ 為虛數。

②極型式：$\overline{C}=R\angle\phi^\circ$，由一個複數 $\overline{C}$ 的座標點（$x,y$）與複數平面參考原點（0,0）連接的線段，該線段的長度 $R$，稱為該複數的大小，由該原點（0,0）指向該複數 $\overline{C}$ 會形成一個向量，由正實軸量起至該向量間形成的夾角為 $\phi^\circ$，稱為複數的相角。

(2)虛數 $j$ 的基本定義為 $-1$ 的開平方根：

$$j=\sqrt{-1}$$

有關虛數 $j$ 的方程式如下：

$$j^2=j\cdot j=\sqrt{-1}\cdot\sqrt{-1}=\sqrt{(-1)^2}=-1$$

$$j^3=j^2\cdot j=(-1)\cdot j=-j$$

$$j^4=j^3\cdot j=(-j)\cdot j=-j^2=-(-1)=1$$

$$\frac{1}{j}=\frac{j}{j\cdot j}=\frac{j}{-1}=-j$$

因為虛數的次方數是每四次循環一次，高次方則按該次方數除以 4 以後的餘數值為虛數的次方數即可。

(3)複數平面的四個象限

實數軸與虛數軸將一個複數平面分成四大區間，此種區間稱為象限，四個象限由正實軸開始逆時鐘方向旋轉，分別為第一象限、第二象限、第三象限以及第四象限。分別敘述如下：

①第一象限：介在正實軸與正虛軸所圍成的區域內，若以直角座標（$x,y$）表示，則 $x>0$，$y>0$；若以極型式表示，則 $90^\circ>\phi^\circ>0^\circ$ 或 $-270^\circ>\phi^\circ>-360^\circ$。

②第二象限：介在負實軸與正虛軸之間所圍成的區域內，以直角座標（$x,y$）表示，則 $x<0$，$y>0$；以極型式表示，則 $180^\circ>\phi^\circ>90^\circ$ 或者 $-180^\circ>\phi^\circ>-270^\circ$。

③第三象限：介在負實軸與負虛軸所圍成的區間中，以直角型式（$x,y$）表示時，則 $x<0$，$y<0$；以極型式表示時，則 $270^\circ>\phi^\circ>180^\circ$ 或者 $-90^\circ>\phi^\circ>-180^\circ$。

④第四象限：介在正實軸與負虛軸所圍成的區間中，若以直角型式（$x,y$）表示，則 $x>0$，$y<0$；若以極型式表示，則 $360^\circ>\phi^\circ>270^\circ$ 或 $0^\circ>\phi^\circ>-90^\circ$。

⑷將一個複數由極座標型式轉換為直角座標型式時，其轉換式即是：

$$\overline{C}=R\angle\underline{\phi^\circ}=(R\cos\phi^\circ)+j(R\sin\phi^\circ)=x+jy$$

⑸將直角座標轉換為極座標之轉換式為：

$$\overline{C}=x+jy=\sqrt{x^2+y^2}\angle\underline{\tan^{-1}(y/x)\pm(\text{FLAG})\cdot 180^\circ}=R\angle\underline{\phi^\circ}$$

式中當 $x<0$ 時，FLAG＝1；當 $x>0$ 時，FLAG＝0。

⑹複數間的基本數學運算

令兩個複數 $\overline{C}_1$ 及 $\overline{C}_2$，其個別的直角座標與極座標表示式為：

$\overline{C}_1=x_1+jy_1=R_1\angle\underline{\phi_1^\circ}$以及 $\overline{C}_2=x_2+jy_2=R_2\angle\underline{\phi_2^\circ}$，它們間的基本數學運算分為下述幾項：

①加減運算：

$$\overline{C}_1\pm\overline{C}_2=(x_1+jy_1)\pm(x_2+jy_2)=(x_1\pm x_2)+j(y_1\pm y_2)$$

②乘法運算：

$$\overline{C}_1\cdot\overline{C}_2=R_1\angle\underline{\phi_1^\circ}\cdot R_2\angle\underline{\phi_2^\circ}=R_1R_2\angle\underline{\phi_1^\circ+\phi_2^\circ}$$

③除法運算：

$$\frac{\overline{C}_1}{\overline{C}_2}=\frac{R_1\angle\underline{\phi_1^\circ}}{R_2\angle\underline{\phi_2^\circ}}=\frac{R_1}{R_2}\angle\underline{\phi_1^\circ-\phi_2^\circ}$$

⑺共軛複數的運算

若一個複數 $\overline{C}$，其直角座標以及極座標表示式為：

$$\overline{C}=R\angle\underline{\phi^\circ}=x+jy$$

則其共軛複數為：

$$\overline{C}^*=(R\angle\underline{\phi^\circ})^*=R\angle\underline{-\phi^\circ}=(x+jy)^*=x-jy$$

一個複數的共軛複數是將原複數的極座標相角正負極性符號反過來，或將直角座標的虛部正負極性符號反過來，以右上標的星號 * 代表複數的共軛值。

⑻一個複數的實部及虛部與其共軛複數的關係如下：

$$x=\frac{\overline{C}+\overline{C}^*}{2}$$

$$y=\frac{\overline{C}-\overline{C}^*}{j2}=\frac{-j(\overline{C}-\overline{C}^*)}{2}$$

## 【思考問題】

⑴除了複數的計算外，交流弦波電路還可以用什麼方法計算？

⑵虛數在電路學上的物理意義爲何？

(3)實數電壓（電流）與虛數電壓（電流）差別在那裡？請以實際電路說明之。

(4)若電源不是弦波時，會不會也要應用到虛數？

(5)爲何直流穩態或直流暫態分析時，不會用到虛數，一定要等到弦波時才用？

## 6.5　弦波函數之相量形式

本節將說明相量（the phasor）在弦波函數上的重要應用，對於同時含有實數及虛數的弦波複數量而言，相量可簡化電路分析過程中受實數、虛數交叉運算上的困難度。

首先將目標轉回第 5.3 節中的優勒等式，以及第 5.5 節中 sin 及 cos 函數的表示式，重寫如下：

$$\varepsilon^{\pm j\theta^\circ} = \cos\theta^\circ \pm j\sin\theta^\circ \tag{6.5.1}$$

$$\cos\theta^\circ = \mathrm{Re}\{\varepsilon^{\pm j\theta^\circ}\} = \mathrm{Re}\{\cos\theta^\circ \pm j\sin\theta^\circ\} \tag{6.5.2}$$

$$\pm\sin\theta^\circ = \mathrm{Im}\{\varepsilon^{\pm j\theta^\circ}\} = \mathrm{Im}\{\cos\theta^\circ \pm j\sin\theta^\circ\} \tag{6.5.3}$$

一般弦式波形的電壓或電流不外是用正弦或餘弦表示，假設一個電路僅有一個弦波電源，讓我們先以正弦函數表示，可寫爲：

$$F(t) = F_m\sin(\omega t + \phi^\circ) \tag{6.5.4}$$

上式可用（6.5.3）式代入改寫爲：

$$F(t) = F_m\mathrm{Im}\{\varepsilon^{j(\omega t+\phi^\circ)}\} = F_m\mathrm{Im}\{\varepsilon^{j\omega t}\varepsilon^{j\phi^\circ}\} \tag{6.5.5}$$

式中的弦式波形峰值 $F_m$ 爲一個實數，可用$\sqrt{2}$倍的有效值即$\sqrt{2}F_{\mathrm{eff}}$或$\sqrt{2}F$ 取代，並將其併入Im{ }的括號內，再將指數項 $\varepsilon^{j\omega t}$移至括號內的最後部份，其結果變成：

$$F(t) = \mathrm{Im}\{\sqrt{2}F\varepsilon^{j\phi^\circ}\varepsilon^{j\omega t}\} \tag{6.5.6}$$

式中括號 { } 內的項變得很複雜。但是請先注意：（6.5.4）式是屬於時域（time domain）的原始表示式。

現在將慢慢引入相量的觀念。因爲目前假設僅有一個電源在電路中，因此整個電路中各電路元件的角頻率必只有唯一的一個，即等於 $\omega$。既然整個電路的角頻率皆相同，因此可將（6.5.6）式中電路的共用參數：角頻率 $\omega$，予以去掉，只剩下兩個基本參數：$F$、$\phi°$當做必要的相量參數，這是觀念由 C. Steinmetz 所提出的一種簡化技術，其相量型式為：

$$\mathbf{F} = F\angle\phi° \tag{6.5.7}$$

式中粗體的文字符號在本書中是代表一個相量的標示，它是一個與時間 $t$ 有關的量；等號右側第一項 $F$ 為該弦波函數的有效值，第二項 $\phi°$則為該弦波函數的相位角。（6.5.7）式即為（6.5.4）式之相量表示式（the phasor representation），也是與極座標的表示式相同，但是極座標型式與時間無關，而相量卻是一個與時間 $t$ 有關的量。（6.5.7）式相量也可以轉換成直角座標的型式，變成含有實數及虛數的複數關係：

$$\mathbf{F} = F\angle\phi° = F\cos\phi° + jF\sin\phi° \tag{6.5.8}$$

由（6.5.4）式轉換成（6.5.7）式的關係稱為相量轉換（the phasor transformation），而由（6.5.7）式轉換為（6.5.4）式則稱為反相量轉換（the inverse phasor transformation），以方程式表示如下：

$$F(t) = \sqrt{2}F\sin(\omega t + \phi°) \quad \Leftrightarrow \quad \mathbf{F} = F\angle\phi° \tag{6.5.9}$$

式中的符號 $\Leftrightarrow$ 代表左側的時域表示與右側的相量表示式的相互轉換，請注意互換過程中角頻率 $\omega$ 的去除及回復，以及相量側的有效值及與時域側有效值乘以$\sqrt{2}$倍的關係。有些書上的相量轉換關係式為：

$$F(t) = F_m\sin(\omega t + \phi°) \quad \Leftrightarrow \quad \mathbf{F} = F_m\angle\phi°$$

這是直接將峰值 $F_m$ 當做相量的大小，轉換回時域時無需再乘以$\sqrt{2}$的常數，此種轉換法雖然更簡易，但（6.5.9）式中以有效值來當做相量的大小，對於往後的計算功率上有更大的方便性，因此本書仍以（6.5.9）式當做相量與時域函數的轉換式。

另外一項重要的問題是有關以餘弦 cos 表示時域函數的問題。我們假設電路亦有單一個電源，若時域函數改以 cos 表示如下：

$$F(t)=F_m\cos(\omega t+\phi^\circ) \tag{6.5.10}$$

將（6.5.2）式代入（6.5.10）式，並將峰值 $F_m$ 改以$\sqrt{2}$倍的有效值 $F$ 取代，仿照處理 sin 的方法表示，可寫爲：

$$F(t)=F_m\mathrm{Re}\{\varepsilon^{j(\omega t+\phi^\circ)}\}=\mathrm{Re}\{\sqrt{2}F\varepsilon^{j\phi^\circ}\varepsilon^{j\omega t}\} \tag{6.5.11}$$

同理，我們可以照樣仿照處理 sin 的方式，因爲整個電路僅有一個角頻率 $\omega$，可將角頻率去掉，直接將（6.5.10）式的時域表示式與（6.5.7）式做相量轉換及反相量轉換，其合併表示式爲：

$$F(t)=\sqrt{2}F\cos(\omega t+\phi^\circ) \quad \Leftrightarrow \quad \mathbf{F}=F\angle\phi^\circ \tag{6.5.12}$$

注意：（6.5.9）式與（6.5.12）式兩個轉換式間是完全無關的，前式是假設以單一個 sin 的電源爲電路輸入，後式則假設以單一個 cos 電源爲電路的激勵電源。倘若一個電路有多個相同頻率的電源，其弦波型式全部爲 sin 或全部爲 cos 函數，則這兩式均可分別適用於相量轉換或相量的反轉換。但是多個相同角頻率的弦波電源型式中，有的以 sin 表示，有的以 cos 表示，則做相量轉換時必須選取 sin 或 cos 中的一種函數做爲全體電源的轉換基準。例如選取 sin 時，所有 cos 函數內的角度均要增加 90°，以便換成 sin 的波形；反之，若選取 cos 爲基準，則所有 sin 函數內的角度均要減去 90°，以便換成 cos 的函數。當全部電源函數型式及頻率完全一致時，才可直接利用相量轉換，至於多個電源的型式不同，角頻率也不相同時，則須等到第七章 7.7 節的交流網路分析時，才可以知道重疊定理在此時之重要應用。一般書上的相量轉換不是取 cos 就是取 sin 爲轉換基準，其實相量轉換不見得一定要以那一個弦波函數爲準，只要知道應用的技巧，（6.5.9）式及（6.5.12）式均可以採用，就看那一種型式最方便、最省時（例如當 sin 的電源較多的時候，就將全部電源轉換以 sin 爲主；cos 的電源較多的時候，就將全部電源轉換以 cos 爲主），以達到相量轉換的目的。

　　當弦波電源之相量轉換完成後，它可以表示爲極座標型式或直角座標型式。電路的元件在弦波電源作用下，除了電阻器之特性仍爲一個實數外，其餘的電感器及電容器均呈現虛數的電抗性，其中電感器呈現正虛數的電感抗，電容器呈現負虛數的電容抗，此將在第七章中說明。因此在運算上整個電路可以改用複數的加減乘除來做基本的代數計算，等到求出某一對節點間的電壓或某一個支路的電流複數值時，可以將該複數量轉換爲以極座標型式表示，最後再將極座標的參數配合原來的角頻率，將其反相量轉換爲時域表示式，這就是所求的時域答案。

總而言之，相量的轉換主要在於將時域的複雜函數，改以代數式做簡易的求解，當一個電路經過相量域的複數處理過後，其結果也將是一個複數，將此複數再轉換爲極座標表示後，加入角頻率的參數，則時域的結果很快便可獲得。

正弦穩態下的電壓或電流波形，經由以上相量轉換式轉換爲相量之過程非常容易了解，其實相量的觀念在複數平面上，它是變成一種隨時間變數 $t$ 改變之旋轉相量（the rotating phasor)。例如一個弦波函數:

$$F_C(t)=\sqrt{2}F\cos(\omega t+\phi^\circ)=\mathrm{Re}\{\sqrt{2}Fe^{j(\omega t+\phi^\circ)}\}$$

$$F_S(t)=\sqrt{2}F\sin(\omega t+\phi^\circ)=\mathrm{Im}\{\sqrt{2}Fe^{j(\omega t+\phi^\circ)}\}$$

當 $\omega t_0=0$ 時，若 $0^\circ<\phi^\circ<90^\circ$，相角 $\omega t_0+\phi^\circ=\phi^\circ$位在實軸逆時鐘方向 $\phi^\circ$之位置，則

$$F_C(t_0)=\mathrm{Re}\{\sqrt{2}Fe^{j\phi^\circ}\}=\sqrt{2}F\cos\phi^\circ$$

$$F_S(t_0)=\mathrm{Im}\{\sqrt{2}Fe^{j\phi^\circ}\}=\sqrt{2}F\sin\phi^\circ$$

之量如圖 6.5.1 之 $a$ 點所示，位在複數平面第 I 象限。

當 $\omega t_1=90^\circ$時，$\omega t_1+\phi^\circ=90^\circ+\phi^\circ$，表示相角比 $\phi^\circ$往逆時鐘方向前移動 90°，此時:

$$F_C(t_1)=\mathrm{Re}\{\sqrt{2}Fe^{j(90^\circ+\phi^\circ)}\}=\sqrt{2}F\cos(90^\circ+\phi^\circ)$$

$$F_S(t_1)=\mathrm{Im}\{\sqrt{2}Fe^{j(90^\circ+\phi^\circ)}\}=\sqrt{2}F\sin(90^\circ+\phi^\circ)$$

之量如圖 6.5.2 所示之 $b$ 點，位在複數平面第 II 象限。

圖6.5.1　$\omega t_0=0$ 之相量圖

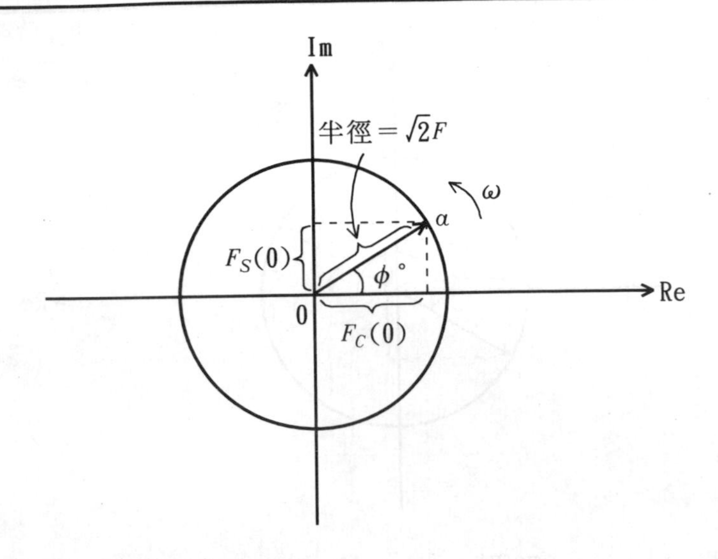


圖6.5.2　$\omega t_1=90°$ 之相量圖

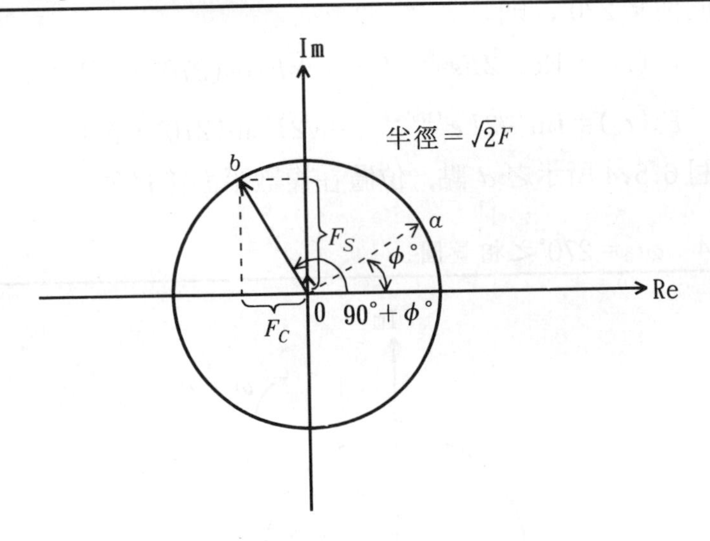


當 $\omega t_2=180°$時，$\omega t_2+\phi°=180°+\phi°$，表示相角比 $\phi°$往逆時鐘方向前移動 180°，此時

$$F_C(t_2)=\text{Re}\{\sqrt{2}Fe^{j(180°+\phi°)}\}=\sqrt{2}F\cos(180°+\phi°)$$

$$F_S(t_2)=\text{Re}\{\sqrt{2}Fe^{j(180°+\phi°)}\}=\sqrt{2}F\sin(180°+\phi°)$$

之量如圖 6.5.3 所示之 $c$ 點，位置在複數平面第Ⅲ象限。

圖6.5.3 $\omega t_2=180°$之相量圖

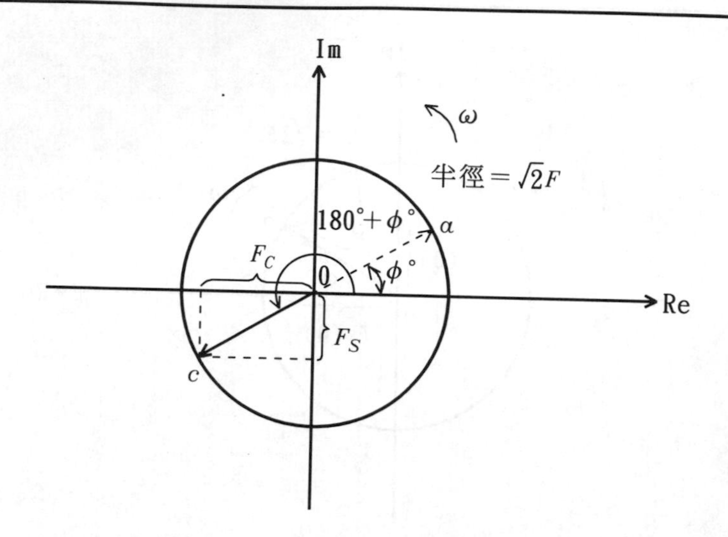


同理，當 $\omega t_3=270°$時，$\omega t_3+\phi°=270°+\phi°$，表示相角比 $\phi°$以逆時鐘方向前移 270°，則

$$F_C(t_3)=\mathrm{Re}\{\sqrt{2}Fe^{j(270°+\phi°)}\}=\sqrt{2}F\cos(270°+\phi°)$$

$$F_S(t_3)=\mathrm{Im}\{\sqrt{2}Fe^{j(270°+\phi°)}\}=\sqrt{2}F\sin(270°+\phi°)$$

之量如圖 6.5.4 所示之 $d$ 點，位置在複數平面第Ⅳ象限。

圖6.5.4 $\omega t_3=270°$之相量圖

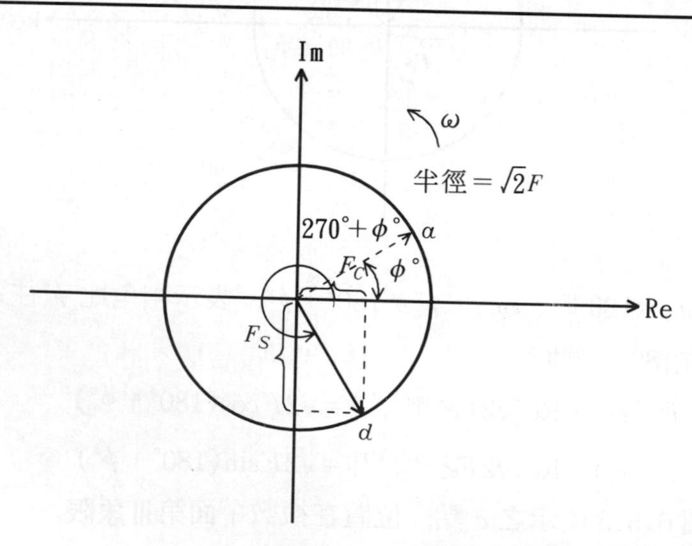

由以上四圖之結果配合$F_C(t)$及$F_S(t)$之量得知，相量$\mathbf{F}=F\angle\phi^\circ$在表示上雖然略去了時間及角頻率之關係，但事實上它仍然與時間 $t$ 有關，在任何一個瞬間 $t_X$ 函數 $F(t_X)$之大小，可由$\mathbf{F}=F\angle\phi^\circ$中的量，先計算 $\omega t_X+\phi^\circ$之值，再將 $\omega t_X+\phi^\circ$之值代入 cos 或 sin 函數，再將此函數值乘以$\sqrt{2}F$，即得$F(t_X)$大小。其中以$\sqrt{2}F$ 爲大小並以角度 $\omega t_X+\phi^\circ$投影在實軸之量，即爲 cos 函數之結果；以$\sqrt{2}F$ 爲大小並以角度$\omega t_X+\phi^\circ$投影在虛軸之量，即爲 sin 函數之結果。這種投影的大小與時間的關係，就是一個以 cos 或 sin 函數變化的量，與弦波函數表示的結果得合。若將旋轉相量圖與時間波形圖合併在一起，則更可了解它們的相互關係，如圖 6.5.5 所示。

**圖6.5.5　$F_C(t)$與$F_S(t)$與相量之關係**

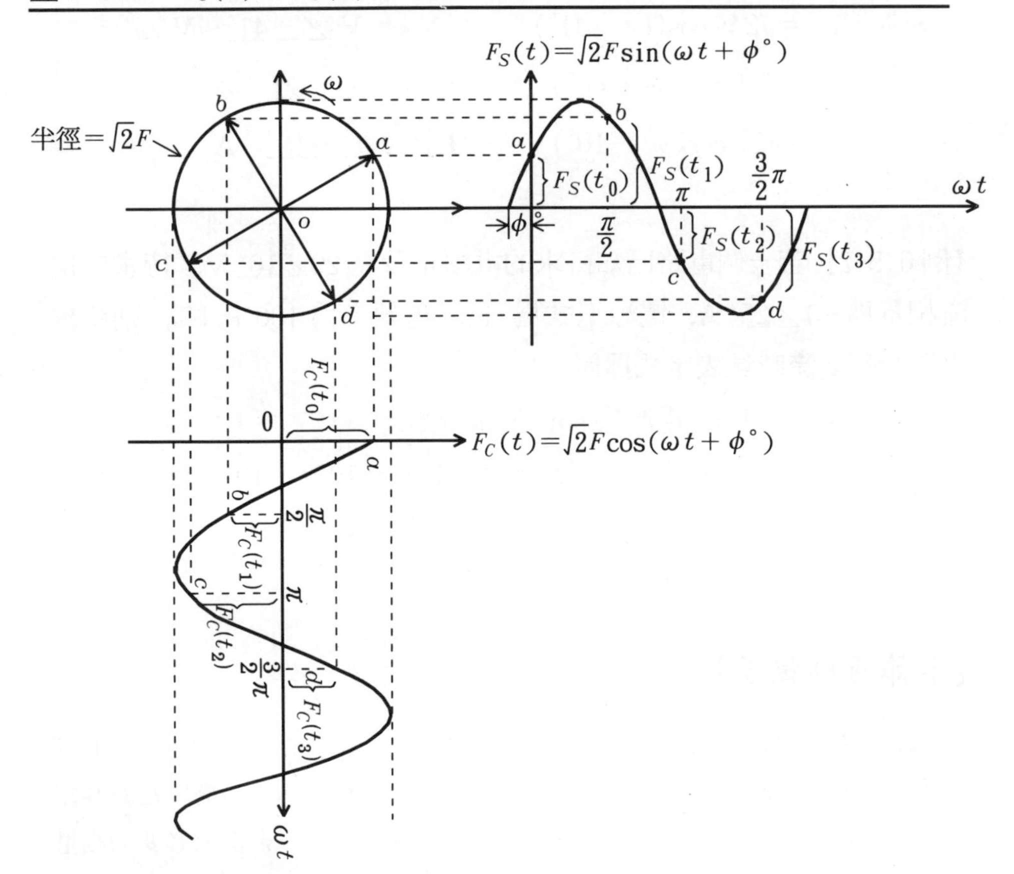

【例 6.5.1】若一個電路含有以下的電源:

$$v_{S1}=\sqrt{2}V_1\cos(\omega t+20°)$$

$$v_{S2}=\sqrt{2}V_2\sin(\omega t+49°)$$

$$i_{S1}=\sqrt{2}I_1\cos(\omega t-60°)$$

$$i_{S2}=\sqrt{2}I_2\cos(\omega t-10°)$$

求各電源轉換爲相量的表示式。

【解】因爲四個電源中有三個是以 cos 型式表示,故將 $v_S$ 改爲 cos 函數表示爲:

$$v_{S2}(t)=\sqrt{2}V_2\cos(\omega t+49°-90°)=\sqrt{2}V_2\cos(\omega t-41°)$$

∴四個電源之相量表示分別如下:

$$v_{S1}=\sqrt{2}V_1\cos(\omega t+20°)\quad\Leftrightarrow\quad \mathbf{V}_{S1}=V_1\underline{/20°}\ \text{V}$$

$$v_{S2}=\sqrt{2}V_2\cos(\omega t-41°)\quad\Leftrightarrow\quad \mathbf{V}_{S2}=V_2\underline{/-41°}\ \text{V}$$

$$i_{S1}=\sqrt{2}I_1\cos(\omega t-60°)\quad\Leftrightarrow\quad \mathbf{I}_{S1}=I_1\underline{/-60°}\ \text{A}$$

$$i_{S1}=\sqrt{2}I_2\cos(\omega t-10°)\quad\Leftrightarrow\quad \mathbf{I}_{S2}=I_2\underline{/-10°}\ \text{A}$$ ◎

【例 6.5.2】若一個電路已知待求的電壓相量爲 $20\underline{/10°}$ V,待求之電流相量爲 $-1\underline{/25°}$ A,電源型式爲 sin,角頻率爲 100 rad/s,則待求之電壓與電流時域表示式爲何?

【解】$\omega=100$ rad/s,電源爲 sin 型式,故:

$$\mathbf{V}=20\underline{/10°}\quad\Leftrightarrow\quad v(t)=\sqrt{2}\times 20\sin(100t+10°)\ \ \text{V}$$

$$\mathbf{I}=-1\underline{/25°}=1\underline{/25°-180°}=1\underline{/-155°}$$

$$\Leftrightarrow\quad i(t)=\sqrt{2}\sin(100t-155°)\ \ \text{A}$$ ◎

## 【本節重點摘要】

(1)假設僅有一個電源在電路中,因此整個電路中各電路元件的角頻率必只有唯一的一個,即等於 $\omega$。既然整個電路的角頻率皆相同,因此可將電路的共用參數:角頻率 $\omega$,予以去掉,只剩下兩個基本參數:$F$、$\phi°$當做必要的相量參數，其相量型式為：

$$\mathbf{F} = F\angle\phi^\circ$$

式中粗體的文字符號代表一個相量的標示，它是一個與時間 $t$ 有關的量；等號右側第一項 $F$ 為該弦波函數的有效值，第二項 $\phi^\circ$則為該弦波函數的相位角。

(2)相量也可以轉換成直角座標的型式，變成含有實數及虛數的複數關係：

$$\mathbf{F} = F\angle\phi^\circ = F\cos\phi^\circ + jF\sin\phi^\circ$$

(3)相量轉換與反相量轉換，以方程式表示如下：

$$F(t) = \sqrt{2}F\sin(\omega t + \phi^\circ) \quad \Leftrightarrow \quad \mathbf{F} = F\angle\phi^\circ$$

式中的符號⇔代表左側的時域表示與右側的相量表示式的相互轉換。請注意互換過程中角頻率 $\omega$ 的去除及回復，以及相量側的有效值及與時域側有效值乘以$\sqrt{2}$倍的關係。

(4)倘若一個電路有多個相同頻率的電源，其弦波型式全部為 sin 或全部為 cos 函數，則相量轉換或相量的反轉換可分別適用。但是多個相同角頻率的弦波電源型式中，有的以 sin 表示，有的以 cos 表示，則做相量轉換時必須選取 sin 或 cos 中的一種函數做為全體電源的轉換基準。

(5)當弦波電源之相量轉換完成後，它可以表示為極座標型式或直角座標型式。電路的元件在弦波電源作用下，除了電阻器之特性仍為一個實數外，其餘的電感器及電容器均呈現虛數的電抗性，其中電感器呈現正虛數的電感抗，電容器呈現負虛數的電容抗，因此在運算上整個電路可以改用複數來做基本的加減乘除代數計算。等到求出某一對節點間的電壓或某一個支路的電流複數值時，可以將該複數量轉換為以極座標型式表示，最後再將極座標的參數配合原來的角頻率，將其反相量轉換為時域表示式，這就是所求的時域答案。

## 【思考問題】

(1)當電源不是弦波函數時，相量轉換如何派上用場?

(2)一個電路含有多個不同頻率的電源時，如何應用相量求解電路?

(3)除了相量轉換外，您有沒有想出其他解決弦波函數的問題?

(4)電源的弦波功率可不可以用相量轉換?

(5)當弦波電源頻率是可變時，相量轉換可否適用?

# 習　題

/6.1節/

1.請將下面各波形轉換爲基本正弦及餘弦表示式後，再求各波形之峰值、峰對峰值、角頻率、週期、相角、由零值上升之起始時間：

(a) $v_1(t) = -100\cos(30t + 40°)$　V

(b) $v_2(t) = 20\sin(20t - 89°)$　V

(c) $i_1(t) = -110\sqrt{2}\sin(50t + 45°)$　A

(d) $i_2(t) = 20\sqrt{2}\cos(377t + 30°)$　A

2.試利用「超前」以及「落後」之表示法，說明下面三個波形之相位關係：

$$v_1(t) = 20\sqrt{2}\cos(377t + 45°) \quad \text{V}$$
$$i_1(t) = -20\sin(377t - 10°) \quad \text{A}$$
$$i_2(t) = -4\cos(377t + 145°) \quad \text{A}$$

圖 P6.3

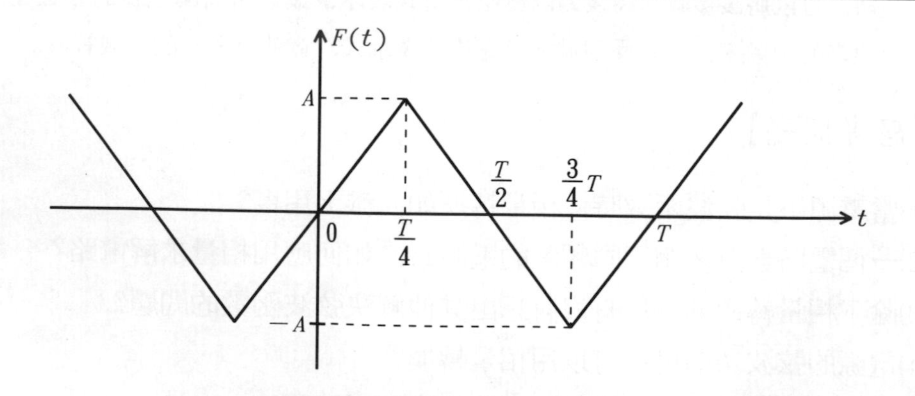

/6.2 節/

3. 試求圖 P6.3 所示波形之平均值及有效值。

4. 試求圖 P6.3 經過(a)理想半波整流以及(b)理想全波整流後之平均值及有效值。

/6.3 節/

5. 試求圖 P6.3 之波形因數與波峰因數。(利用第 4 題之結果)

6. 試求圖 P6.6 之波形因數及波峰因數。

圖 P6.6

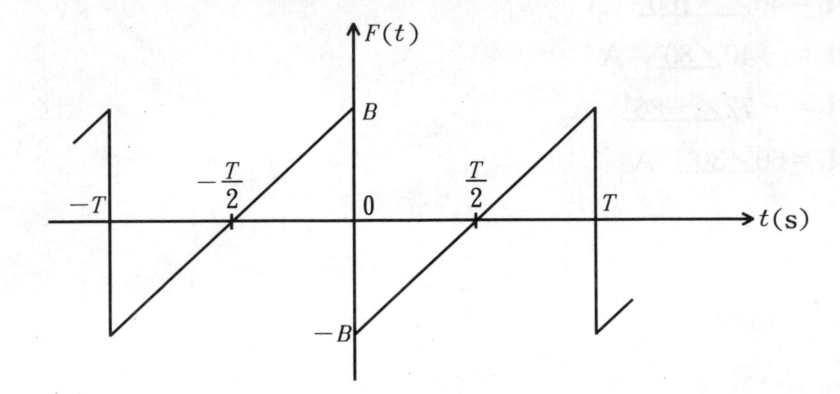


/6.4 節/

7. 試求下列的複數運算:

(a)$\frac{(20+j5)^*}{2\angle 30^\circ}+(6+j7)$

(b)$2\angle 80^\circ+\frac{6\angle 30^\circ}{6+j8}$

8. 試求下列的複數運算:

(a)$\frac{3+j5}{1+j4}+(6+j8)$

(b)$\frac{(8\angle -70^\circ)^*}{4\angle 30^\circ}+5\angle 80^\circ$

/6.5 節/

9.試將下列各弦式電壓波形轉換爲相量表示（以正弦爲基準）：

(a)$v_1(t)=40\cos(50t+20°)$ V

(b)$v_2(t)=-120\sin(60t+38°)$ V

(c)$v_3(t)=-80\cos(160t-90°)$ V

(d)$v_4(t)=25\sin(377t+10°)$ V

10.試利用反相量轉換法，將下列各相量轉換爲時域之波形函數，假設頻率爲 120 Hz，相量轉換以 cos 爲基準：

(a)$\mathbf{I}_1=40\angle -160°$ A

(b)$\mathbf{I}_2=-40\angle 80°$ A

(c)$\mathbf{I}_3=-72\angle -86°$ A

(d)$\mathbf{I}_4=60\angle 30°$ A

# 第七章　弦波穩態電路

本章中，將利用第六章相量的觀念及形式、相量轉換與反相量轉換的技巧，分析弦波電源下，電路之穩態特性。本章將分爲以下數節探討這類弦波穩態電路的重要基本架構及特質：

- 7.1 節——建立單一個基本電路元件如電阻器 $R$、電感器 $L$ 以及電容器 $C$ 等元件的相量形式與基本概念。
- 7.2 節——由單一個電路元件電壓與電流的相量關係，建立弦波穩態電路的阻抗與導納的觀念。
- 7.3 節～7.5 節——擴展單一個基本電路元件至電路之基本架構，變成如串聯、並聯、串並聯等電路。
- 7.6 節——分析弦波穩態電路下，電路的串聯與電路的並聯兩者間，等效轉換的關係。
- 7.7 節——本章最後將拓展第三章的數個基本電路理論，應用到交流弦波穩態電路上，由分析簡單電路的電壓、電流的相量計算，以擴大至更複雜的交流電路中，此也將做爲第八章弦波穩態的功率分析基礎。

## 7.1　*RLC* 電路之相量形式

本節將探討電路三個最基本的元件：電阻器、電感器、電容器，在弦波穩態下的相量形式及特性，以做爲分析交流電路的基礎，茲分下述三部份逐一說明之。

### 7.1.1 電阻器的相量形式

如圖 7.1.1 所示，一個獨立弦波電壓源 $v_R(t)$ 加在一個電阻器 $R$ 的兩端，流過電阻器 $R$ 的電流爲 $i_R(t)$。假設電壓源 $v_R(t)$ 的電壓爲正弦型式，有效值爲 $V_R$，角頻率爲 $\omega$，相位角爲 $\theta_R°$，其表示式爲：

$$v_R(t)=\sqrt{2}V_R\sin(\omega t+\theta_R°) \quad \text{V} \tag{7.1.1}$$

**圖 7.1.1 一個弦波電壓源加在一個電阻器兩端**

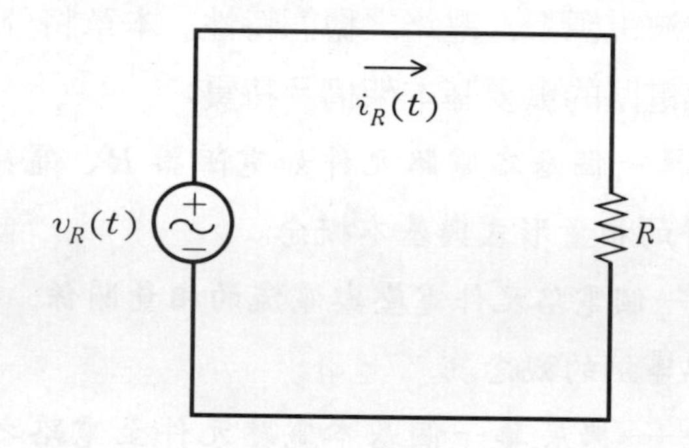


根據歐姆定理，電阻器電壓 $v_R(t)$ 與電流 $i_R(t)$ 的關係爲：

$$v_R(t)=Ri_R(t) \quad \text{V} \tag{7.1.2}$$

因爲電阻器 $R$ 是一個常數，因此通過電阻器之電流 $i_R(t)$ 由(7.1.2)式可得：

$$\begin{aligned} i_R(t)&=\frac{v_R(t)}{R}=\frac{\sqrt{2}V_R}{R}\sin(\omega t+\theta_R°) \\ &=\sqrt{2}I_R\sin(\omega t+\theta_R°) \quad \text{A} \end{aligned} \tag{7.1.3}$$

式中 $I_R=V_R/R$ 爲電流 $i_R(t)$ 之有效值。由 (7.1.3) 式的結果，說明了電阻器 $R$ 之兩端電壓 $v_R(t)$ 與通過之電流 $i_R(t)$ 相位大小相同，其電流峰值比電壓峰值差了 $R$ 倍，但是角頻率在電壓與電流均相同。電阻器電壓與電流之時域波形如圖 7.1.2(a)所示。

以上三式均是以時域（time domain）的關係表示，若是將電阻器的電壓與電流改以相量表示，則(7.1.1)式的電壓相量與(7.1.3)

式的電流相量形式分別爲：

$$\mathbf{V}_R = V_R \angle \theta_R^\circ \quad \text{V} \tag{7.1.4}$$

$$\mathbf{I}_R = I_R \angle \theta_R^\circ \quad \text{A} \tag{7.1.5}$$

電阻器電壓與電流的相量圖如圖 7.1.2(b)所示。將電壓相量 $\mathbf{V}_R$ 除以電流相量 $\mathbf{I}_R$，即以（7.1.4）式除以（7.1.5）式，可以得到以相量表示阻礙電流通過之電阻性關係：

$$\frac{\mathbf{V}_R}{\mathbf{I}_R} = \frac{V_R \angle \theta_R^\circ}{I_R \angle \theta_R^\circ} = \frac{V_R}{I_R} \angle 0^\circ = R \angle 0^\circ = R + j0 \quad \Omega \tag{7.1.6}$$

式中

$$R = \frac{V_R}{I_R} = \frac{V_{Rm}}{I_{Rm}} \quad \Omega \tag{7.1.7}$$

其中 $V_{Rm}$及$I_{Rm}$爲電阻器兩端電壓及通過電流的峰值，分別是有效值 $V_R$ 及 $I_R$ 的$\sqrt{2}$倍。(7.1.6）式說明了電阻器的阻礙電流通過特性，在弦 波穩態下仍保持一個定值實數的常數，與角頻率$\omega$無關。若將電流相量除以電壓相量可求得一個引導電流通過的電導量，其關係式爲：

$$\frac{\mathbf{I}_R}{\mathbf{V}_R} = \frac{I_R \angle \theta_R^\circ}{V_R \angle \theta_R^\circ} = \frac{I_R}{V_R} \angle 0^\circ = \frac{1}{R} \angle 0^\circ$$

$$= G \angle 0^\circ = G + j0 \quad \text{S} \tag{7.1.8}$$

圖 7.1.2　電阻器電壓與電流的(a)時域波形和(b)相量圖

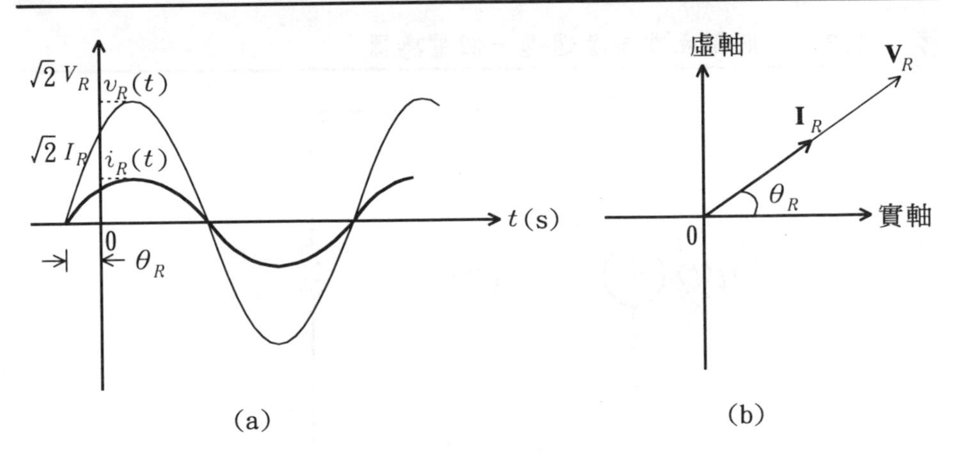

式中

$$G = \frac{1}{R} = \frac{I_R}{V_R} = \frac{I_{Rm}}{V_{Rm}} \quad \text{S} \tag{7.1.9}$$

此電導 $G$ 亦為一個實數常數，與電阻 $R$ 之特性相反，兩者在弦波穩態下的特性均不受角頻率 $\omega$ 的影響。事實上，一般實驗室中所用的電阻器，有的以導線繞在圓筒狀的絕緣體上，此時該電阻器會帶有一些電感性及電容性的效應，此時的特性會受外加電源頻率的高、低而有所變化，這部份的特性，請參考下面有關電感器 $L$ 及電容器 $C$ 在弦波穩態下的說明。

## 7.1.2 電感器的相量形式

如圖 7.1.3 所示，一個獨立弦波電流源 $i_L(t)$ 接在一個電感器 $L$ 兩端，電感器兩端的電壓為 $v_L(t)$。假設該弦波電流源的電壓函數為正弦型式，有效值為 $I_L$，角頻率為 $\omega$，相位角為 $\theta_L°$，其表示式可寫為:

$$i_L(t) = \sqrt{2} I_L \sin(\omega t + \theta_L°) \quad \text{A} \tag{7.1.10}$$

根據第 4.5 節，電感器電壓 $v_L(t)$ 與電流 $i_L(t)$ 的關係為:

$$v_L(t) = L\frac{di_L(t)}{dt} \quad \text{V} \tag{7.1.11}$$

圖 7.1.3 一個獨立電流源通過一個電感器

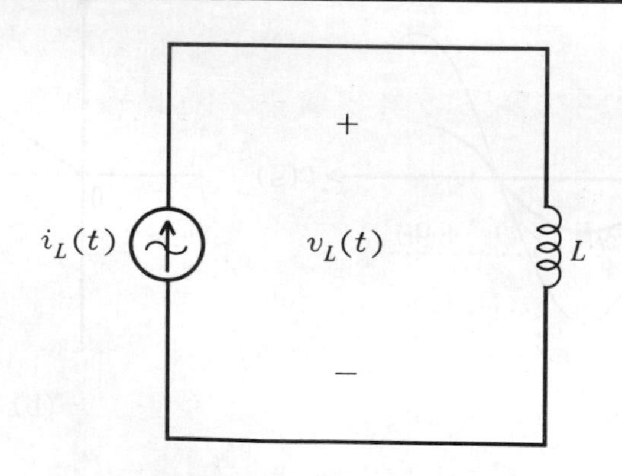

將（7.1.10）式代入（7.1.11）式後，可得電感器兩端電壓$v_L(t)$之時域表示式爲：

$$v_L(t)=L\frac{d}{dt}[\sqrt{2}I_L\sin(\omega t+\theta_L{}^\circ)]$$

$$=L[\sqrt{2}I_L\cos(\omega t+\theta_L{}^\circ)\cdot\omega]$$

$$=\sqrt{2}I_L(\omega L)\cos(\omega t+\theta_L{}^\circ)\quad \text{V} \tag{7.1.12}$$

由於 cos 函數可以用 sin 函數表示，且 cos 函數比 sin 函數超前 90°，因此（7.1.12）式可重新寫爲：

$$v_L(t)=\sqrt{2}I_L(\omega L)\cos(\omega t+\theta_L{}^\circ)$$

$$=\sqrt{2}V_L\sin(\omega t+\theta_L{}^\circ+90^\circ)\quad \text{V} \tag{7.1.13}$$

式中$V_L=I_L(\omega L)$爲電感器兩端電壓$v_L(t)$之有效值。（7.1.10）式及（7.1.13）式兩式分別是電感器電流與電壓之時域寫法，我們可以發現相位角的差異，同時以 sin 函數表示時，電壓$v_L(t)$的相角比電流$i_L(t)$的相角超前了 90°，或是說電流的相角比電壓的相角落後了 90°，這是電感器在弦波穩態下一項基本而且重要的特性，其電壓與電流時域的波形如圖 7.1.4(a)所示。

將(7.1.10)式及(7.1.13)式兩式改以相量表示，其寫法分別爲：

$$\mathbf{I}_L=I_L\angle\theta_L{}^\circ\quad \text{A} \tag{7.1.14}$$

$$\mathbf{V}_L=V_L\angle\theta_L{}^\circ+90^\circ$$

$$=I_L(\omega L)\angle\theta_L{}^\circ+90^\circ\quad \text{V} \tag{7.1.15}$$

兩相量圖如圖 7.1.4(b)所示。將電壓相量 $\mathbf{V}_L$ 除以電流相量 $\mathbf{I}_L$，成爲一個阻礙電流通過的量，該量定義爲電感抗(the inductive reactance)，其表示式爲：

$$\frac{\mathbf{V}_L}{\mathbf{I}_L}=\frac{I_L(\omega L)\angle\theta_L{}^\circ+90^\circ}{I_L\angle\theta_L{}^\circ}=\omega L\angle 90^\circ$$

$$=j\omega L=jX_L\quad \Omega \tag{7.1.16}$$

式中

$$X_L=\omega L=(2\pi f)L=\frac{V_L}{I_L}=\frac{V_{Lm}}{I_{Lm}}\quad \Omega \tag{7.1.17}$$

圖 7.1.4 電感器電壓與電流的(a)時域波形和(b)相量圖

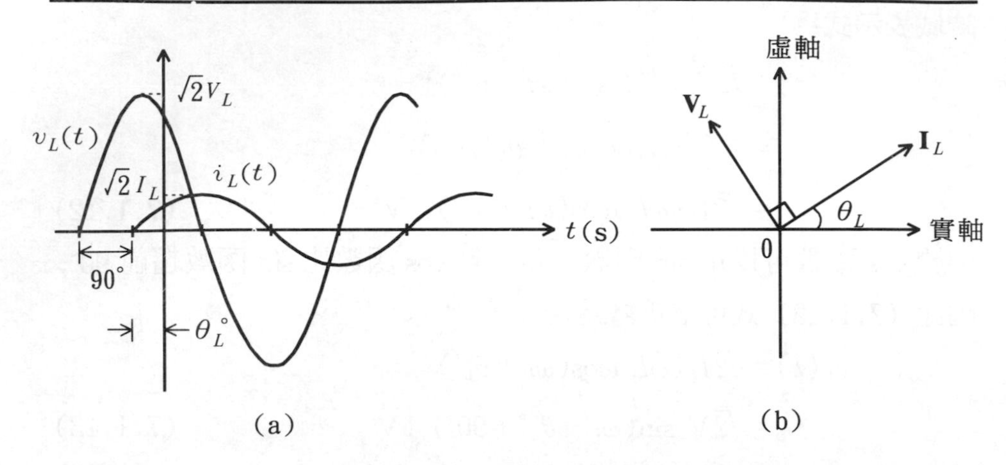


即為電感抗的量，其中的 $V_{Lm}$及$I_{Lm}$分別代表電感器兩端電壓$v_L(t)$及通過電流$i_L(t)$的峰值，分別等於有效值 $V_L$ 及$I_L$ 的$\sqrt{2}$倍，$j=1\angle 90^\circ$ 表示此種阻礙電流通過的量是一個虛數，也是一種電壓超前電流 90° 的關係，與電阻器所呈現之純實數值不同。若將電感器之電流相量 $\mathbf{I}_L$ 除以電壓相量 $\mathbf{V}_L$，可得電感器本身一種引導電流通過的特性，稱為電感納（the inductive susceptance），其表示式為：

$$\frac{\mathbf{I}_L}{\mathbf{V}_L}=\frac{I_L\angle\theta_L^\circ}{V_L\angle\theta_L^\circ+90^\circ}=\frac{I_L\angle\theta_L^\circ}{I_L(\omega L)\angle\theta_L^\circ+90^\circ}$$
$$=\frac{1}{\omega L}\angle-90^\circ=-j\left(\frac{1}{\omega L}\right)=-jB_L \quad \text{S} \qquad (7.1.18)$$

式中

$$B_L=\frac{1}{\omega L}=\frac{1}{2\pi fL}=\frac{1}{X_L}=\frac{I_L}{V_L}=\frac{I_{Lm}}{V_{Lm}} \quad \text{S} \qquad (7.1.19)$$

即為電感納的量，恰為電感抗量的倒數。由電感抗 $X_L$ 及電感納$B_L$ 的方程式可以知道，這兩者均為頻率 $f$ 或角頻率$\omega$ 以及電感量$L$ 的函數，只是呈現互為倒數的特性而已，因此以下僅以電感抗 $X_L$ 之特性做說明。電感抗 $X_L$ 之特性由（7.1.17）式得知，該量是角頻率 $\omega$ 與電感量$L$ 的乘積，分析如下：

(1)當電感量 $L$ 是常數時，電感抗 $X_L$ 隨外加電源角頻率$\omega$ 之上升而升高，或隨角頻率之下降而減少，亦即電感抗 $X_L$ 與角頻率 $\omega$ 呈現一個線性的關係。

(2)當角頻率 $\omega$ 是一常數時，則電感抗 $X_L$ 會隨電感量 $L$ 之變動而改變。此種變動電感量的情形譬如旋轉電機的電扇、發電機等，其電感量 $L$ 是一個隨旋轉角度位置不同而改變的量，因此電機本身的電抗值 $X_L$ 也會隨轉子旋轉位置的不同而改變，電感抗 $X_L$ 與電感量 $L$ 兩者呈現線性的關係。

(3)當角頻率 $\omega$ 與電感量 $L$ 均爲常數時，其電感抗 $X_L$ 亦是一個常數；而當角頻率 $\omega$ 及電感量 $L$ 均變化時，整個電抗值 $X_L$ 隨電感量 $L$ 與角頻率 $\omega$ 的乘積值改變而變化，因此電感抗值變成一種非線性的關係，此情形分析上較爲複雜，需視電感量 $L$ 與角頻率 $\omega$ 的乘積變化決定。

(4)當角頻率 $\omega$ 趨近於無限大，而電感量 $L$ 是一個有限常數時，電感抗 $X_L$ 亦會趨近於無限大，相當於一個開路狀態；反之，當角頻率 $\omega$ 爲零而電感量 $L$ 亦是有限值時，即變成直流分析狀態下，其電感抗變成一個零值的等效短路。前者電感抗的開路狀態與第五章的直流暫態分析時，開關動作瞬間，無初值電流的電感器特性情形相同，而後者的短路狀態則與暫態電路之電感器充滿電能的狀態一致。換句話說，開關動作瞬間的頻率可視爲無限大的情況，而開關動作完畢一段夠長的時間後，可視爲到達直流穩態零頻率的情形。此與電子電路以方波測試一個電路響應之情況相同，在方波由低電位（狀態 0）變換至高電位（狀態 1）瞬間或由高電位（狀態 1）變換至低電位（狀態 0）瞬間，此種瞬間狀態變化最爲劇烈，可看出電子電路在高頻響應的變化情形；當方波位於水平的高電位（狀態 1）或低電位（狀態 0）的固定值時，此狀態因爲沒有變化，可看出電子電路在低頻響應的特性，其道理完全相同。

### 7.1.3 電容器的相量形式

如圖 7.1.5 所示，爲一個獨立弦波電壓源$v_C(t)$連接至一個電容器 $C$，流入電容器的電流爲$i_C(t)$。假設該獨立電壓源爲一正弦式函數波形，有效值爲 $V_C$，角頻率爲 $\omega$，相角爲 $\theta_C°$，其表示式爲：

$$v_C(t)=\sqrt{2}V_C\sin(\omega t+\theta_C°) \quad \text{V} \tag{7.1.20}$$

**圖7.1.5 一個弦波電壓一個電容器之連接**

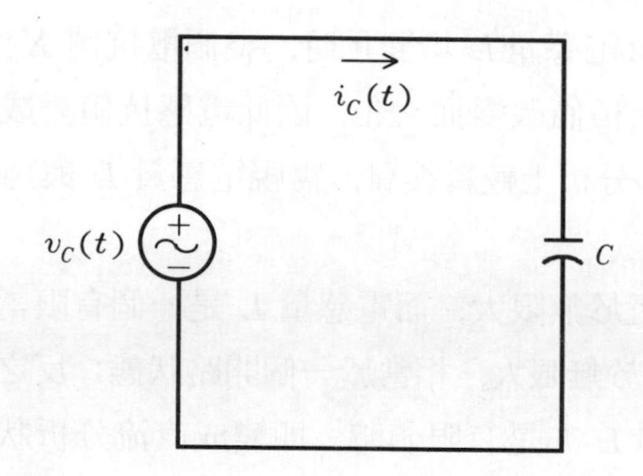


一個電容器兩端電壓與流入電流的關係式如第 4.1 節所示爲：

$$i_C(t)=C\frac{dv_C(t)}{dt} \quad \text{A} \tag{7.1.21}$$

將（7.1.20）式的電壓表示式代入（7.1.21）式的微分項中可得：

$$\begin{aligned} i_C(t)&=C\frac{dv_C(t)}{dt}=C\frac{d}{dt}[\sqrt{2}V_C\sin(\omega t+\theta_C°)] \\ &=\sqrt{2}V_C(\omega C)\cos(\omega t+\theta_C°) \quad \text{A} \end{aligned} \tag{7.1.22}$$

因爲 cos 函數超前 sin 函數 90°，可將（7.1.22）式中的 cos 函數改用 sin 函數表示如下：

$$\begin{aligned} i_C(t)&=\sqrt{2}V_C(\omega C)\sin(\omega t+\theta_C°+90°) \\ &=\sqrt{2}I_C\sin(\omega t+\theta_C°+90°) \quad \text{A} \end{aligned} \tag{7.1.23}$$

式中$I_C=V_C(\omega C)$爲流入電容器電流之有效值。由（7.1.23）式之相位角可以知道，電容器之電流相位總是超前外加電壓相位 90°或是電容電壓相位總是落後電流相位 90°，此爲電容器電壓$v_C(t)$與電流$i_C(t)$間相當重要的基本特性，其電壓與電流時域之波形如圖 7.1.6(a)所示。

**圖7.1.6　電容器電壓與電流的(a)時域波形和(b)相量圖**

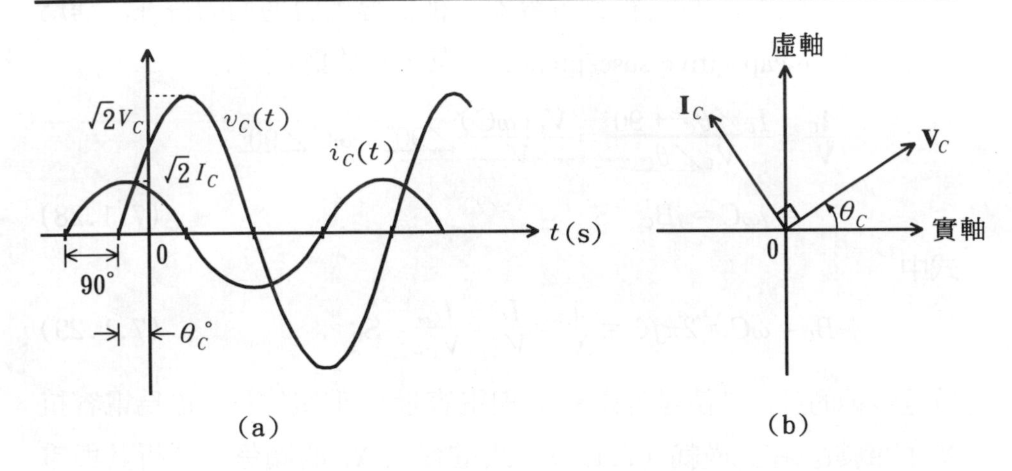


將（7.1.20）式的電壓與（7.1.23）式的電流以相量表示如下：

$$\mathbf{V}_C = V_C\angle\theta_C^\circ \quad \text{V} \tag{7.1.24}$$

$$\mathbf{I}_C = I_C\angle\theta_C^\circ + 90^\circ$$

$$= V_C(\omega C)\angle\theta_C^\circ + 90^\circ \quad \text{A} \tag{7.1.25}$$

電容器電壓與電流之相量繪在圖 7.1.6(b)中。仿照電感器的方法，將電容器電壓相量 $\mathbf{V}_C$ 除以電流相量 $\mathbf{I}_C$，所得的值代表電容器一種阻礙電流通過的量，稱爲電容抗（the capacitive reactance），其表示式爲：

$$\frac{\mathbf{V}_C}{\mathbf{I}_C} = \frac{V_C\angle\theta_C^\circ}{I_C\angle\theta_C^\circ + 90^\circ} = \frac{V_C}{V_C(\omega C)}\angle -90^\circ$$

$$= \frac{1}{\omega C}\angle -90^\circ = -j\,\frac{1}{\omega C} = -jX_C \quad \Omega \tag{7.1.26}$$

式中

$$X_C = \frac{1}{\omega C} = \frac{V_C}{I_C} = \frac{V_{Cm}}{I_{Cm}} \quad \Omega \tag{7.1.27}$$

即爲電容抗之量，其中 $V_{Cm}$ 及 $I_{Cm}$ 分別爲電容器兩端電壓及通過電流的峰值，其數值分別爲有效值 $V_C$ 及 $I_C$ 的 $\sqrt{2}$ 倍。而負虛數：$-j=1\angle-90°$，代表電容器電壓相位落後電流相位 90°，或稱電流相位超前電壓相位 90°，也代表電容抗是一個負值的虛數。由（7.1.27）式得知，電容抗 $X_C$ 是角頻率 $\omega$ 與電容值 $C$ 乘積的倒數。若將電流相量 $\mathbf{I}_C$ 除以電壓相量 $\mathbf{V}_C$，則可得到電容器一種引導電流通過的特性，稱爲電容納（the capacitive susceptance），其表示式爲：

$$\frac{\mathbf{I}_C}{\mathbf{V}_C}=\frac{I_C\angle\theta_C°+90°}{V_C\angle\theta_C°}=\frac{V_C(\omega C)}{V_C}\angle 90°=\omega C\angle 90°$$

$$=j\omega C=jB_C \quad \text{S} \qquad (7.1.28)$$

式中

$$B_C=\omega C=2\pi fC=\frac{1}{X_C}=\frac{I_C}{V_C}=\frac{I_{Cm}}{V_{Cm}} \quad \text{S} \qquad (7.1.29)$$

爲電容納的量，其值是角頻率 $\omega$ 與電容量 $C$ 乘積的量，恰爲電容抗 $X_C$ 的倒數。在此僅就（7.1.27）式電容抗 $X_C$ 的關係式分析其與電容量 $C$ 以及角頻率 $\omega$ 變動時的關係：

(1)當電容量 $C$ 爲一定值常數時，電容抗大小 $X_C$ 與角頻率 $\omega$ 呈現反比例的關係，亦即當角頻率 $\omega$ 上升時，電容抗 $X_C$ 下降；而角頻率 $\omega$ 下降時，電容抗 $X_C$ 上升。

(2)當角頻率 $\omega$ 爲一個常數時，電容抗量 $X_C$ 與電容量 $C$ 之值呈現反比例的關係，亦即當電容值 $C$ 增大時，電容抗 $X_C$ 下降；反之，當電容量 $C$ 減少時，電容抗 $X_C$ 增大。

(3)當角頻率 $\omega$ 與電容值 $C$ 均爲常數時，則電容抗 $X_C$ 亦爲常數；當角頻率 $\omega$ 與電容值 $C$ 均爲變數時，則電容抗 $X_C$ 之變化較複雜，呈現非線性之特性，須視電容量與角頻率兩者乘積大小之倒數而定。

(4)當電容量 $C$ 是一個有限常數，而角頻率 $\omega$ 趨近於無限大或極高頻率時，則電容抗 $X_C$ 趨近於零值，形成一個等效短路的特性；反之，當頻率趨近於零或直流穩態情況時，電容抗量 $X_C$ 趨近於無限大，相當於一個等效開路狀態。此種情形與電感器之於暫態電路的情況相反，因爲在暫態電路中，開關動作的瞬間（相當於變化很快的高頻情形），電容器之電壓不能瞬間改變，因此若無初值電壓存在，則電容器相當於一個短路狀態；反之，當開關動作一段夠長的時間後，整個電路到達穩態（相當於變化很小的低頻狀況），此時電容器充滿了電能，電流無法流入電容器，因此相當於一個等效開路狀態。雖然一個爲弦波穩態分析，一個爲直流暫態分析，但是它們都說明了電容器在頻率變動時的重要特性。

**【例 7.1.1】** 一個 5 Ω 的電阻器，兩端加上一個弦式電壓 $v_S(t) = 120\sqrt{2}\sin(200t + 40°)$ V，求流過該電阻器時域表示之電流值，以及電壓、電流相量圖。

**【解】** $v_S(t) = 120\sqrt{2}\sin(200t + 40°) \quad \Leftrightarrow \quad \mathbf{V}_S = 120\angle 40° \quad \text{V}$

$$R = 5\ \Omega,\ \therefore i_R(t) = \frac{v_S(t)}{R} = \frac{120\sqrt{2}}{5}\sin(200t + 40°)$$

$$= 24\sqrt{2}\sin(200t + 40°) \quad \text{A}$$

$$\mathbf{I}_R = 24\angle 40° \ \text{A}$$

相量圖如圖 7.1.7 所示。 ◎

**圖 7.1.7　例 7.1.1 之相量圖**

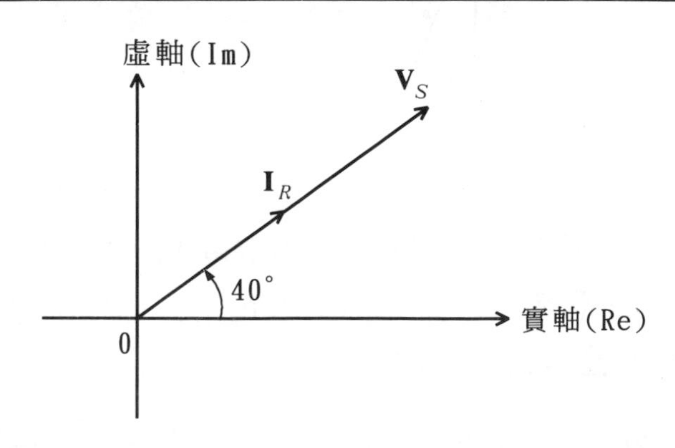

【例 7.1.2】若一個 10 H 電感器兩端電壓爲 $v_S(t)=500\sqrt{2}\sin(10t+20°)$ V，求通過電感器之電流時域表示式以及電壓、電流相量圖。

【解】 $v_S(t)=500\sqrt{2}\sin(10t+20°) \Leftrightarrow \mathbf{V}_S=500\angle 20°$ V

$$L=10\text{ H},\ \therefore X_L=\omega L=10\times 10=100\ \Omega$$

由（7.1.17）式可求出電感器電流之有效値爲:

$$I_L=\frac{V_L}{X_L}=\frac{500}{100}=5\text{ A}$$

又電感器電流落後電壓 90°,

$$\therefore \mathbf{I}_L=5\angle 20°-90°=5\angle -70°\text{ A}$$

$$\therefore i_L(t)=5\sqrt{2}\sin(10t-70°)\quad\text{A}$$

相量圖如圖 7.1.8 所示。 ◎

圖7.1.8 例 7.1.2之相量圖

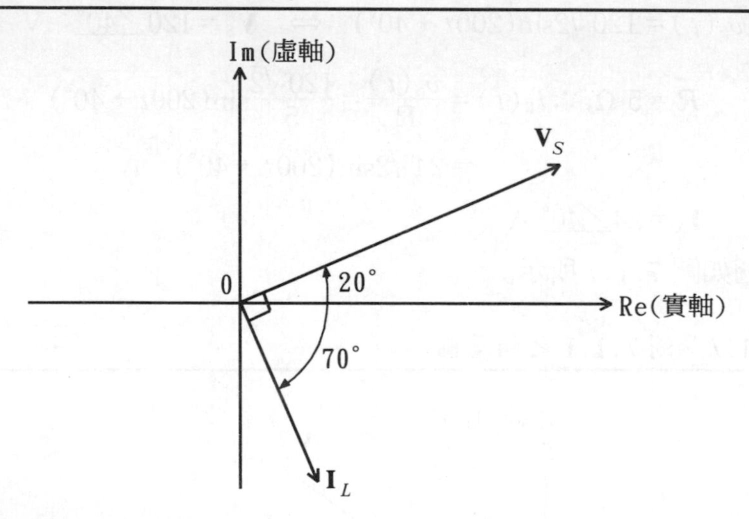


【例 7.1.3】若一個 20 F 之電容器，兩端電壓爲 $v_S(t)=7\sqrt{2}\cos(20t+80°)$ V，求該電容器流過之電流以及電壓、電流相量圖。

【解】 $v_S(t)=7\sqrt{2}\cos(20t+80°) \Leftrightarrow \mathbf{V}_S=7\angle 80°$ V

$$\omega=20,\ C=20\text{ F},\ \therefore X_C=\frac{1}{\omega C}=\frac{1}{20\times 20}=\frac{1}{400}=2.5\text{ m}\Omega$$

由 (7.1.27) 式，可求出電流之有效值為：

$$I_C=\frac{V_C}{X_C}=\frac{7}{2.5\times10^{-3}}=2800\ \text{A}$$

而電流相角必超前電壓相角 90°，故

$$\mathbf{I}_C=2800\angle 80^\circ+90^\circ=2800\angle 170^\circ\ \text{A}$$

$$\therefore i_C(t)=2800\sqrt{2}\cos(20t+170^\circ)\quad \text{A}$$

相量圖如圖 7.1.9 所示。◎

**圖7.1.9　例 7.1.3 之相量圖**

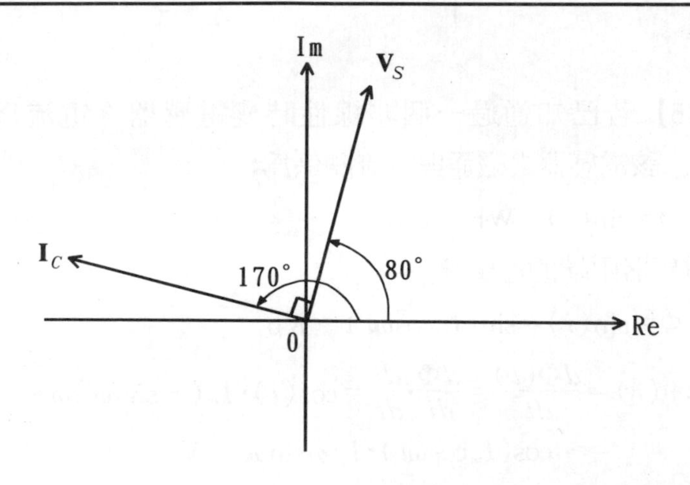


【例 7.1.4】一個時變電容器 $C(t)$ 之電容數值與時間關係如圖 7.1.10 所示。若加在該電容器兩端之電壓為定值 $V_0$，試求通過該電容之電流表示式。

【解】由圖知電容之大小變化關係為：

$$C(t)=C_m\sin(\omega t)=C_m\sin t\quad \text{F}$$

$$(\omega=\frac{2\pi}{2\pi}=1\ \text{rad/s})$$

$$q(t)=CV_0=C_mV_0\sin t\quad \text{C}$$

$$i=\frac{dq(t)}{dt}=C_mV_0\cos t\quad \text{A}$$

◎

圖 7.1.10 例 7.1.4 之時變電容器特性

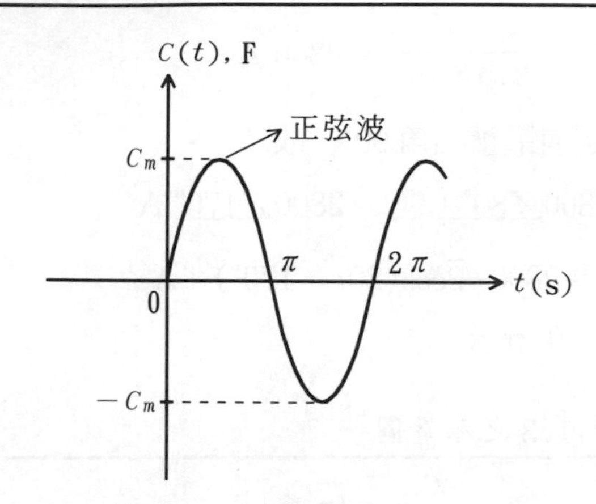


【例 7.1.5】若已知通過一個非線性時變電感器之電流爲 $i(t)=I_m\cos\omega t$，該電感器之磁通與電流關係爲：

$$\Phi=\sin(i) \quad \text{Wb}$$

試求該電感器兩端的電壓值。

【解】 $\Phi=\sin(i)=\sin(I_m\cos\omega t) \quad \text{Wb}$

$$\therefore v(t)=\frac{d\Phi(t)}{dt}=\frac{d\Phi}{di}\cdot\frac{di}{dt}=\cos(i)\cdot I_m(-\sin\omega t)\omega$$

$$=-\cos(I_m\cos\omega t)\cdot I_m\omega\sin\omega t \quad \text{V}$$ ◎

【例 7.1.6】一個弦式電流源，其函數表示爲 $i_S(t)=I_m\sin\omega t$ A。當該電流源流過一個時變電阻器 $R(t)=R_0+R_m\cos\omega_0 t$ Ω，試求該電阻器兩端的電壓若干？

【解】由歐姆定理知：

$$v(t)=R(t)i_S(t)=(R_0+R_m\cos\omega_0 t)(I_m\sin\omega t)$$

$$=R_0I_m\sin\omega t+R_mI_m\sin\omega t\cos\omega_0 t$$

$$=R_0I_m\sin\omega t+R_mI_m\left\{\frac{1}{2}\sin[(\omega+\omega_0)t]+\frac{1}{2}\sin[(\omega-\omega_0)t]\right\}$$

$$= R_0 I_m \sin\omega t + \frac{R_m I_m}{2}\sin[(\omega + \omega_0)t]$$

$$+ \frac{R_m I_m}{2}\sin[(\omega - \omega_0)t] \quad \text{V}$$

若 $\omega = \omega_0$ 時，則

$$v(t) = R_0 I_m \sin\omega t + \frac{R_m I_m}{2}\sin 2\omega t \quad \text{V}$$

由上述計算結果知，當弦式電流通過一個時變電阻器時，該電阻器兩端之電壓亦含有弦式量，並可由電流源頻率與電阻器時變頻率合成爲電壓之頻率關係。◎

## 【本節重點摘要】

(1)電阻器的時域形式與相量形式

假設電阻器兩端的電壓 $v_R(t)$ 的表示式為：

$$v_R(t) = \sqrt{2} V_R \sin(\omega t + \theta_R{}^\circ) \quad \text{V}$$

通過電阻器之電流 $i_R(t)$ 為：

$$i_R(t) = \sqrt{2} I_R \sin(\omega t + \theta_R{}^\circ) \quad \text{A}$$

式中 $I_R = V_R/R$。將電阻器的電壓與電流改以相量表示，則電壓相量與電流相量形式分別為：

$$\mathbf{V}_R = V_R\angle\theta_R{}^\circ \quad \text{V}$$

$$\mathbf{I}_R = I_R\angle\theta_R{}^\circ \quad \text{A}$$

將電壓相量 $\mathbf{V}_R$ 除以電流相量 $\mathbf{I}_R$，可以得到電阻器一種以相量表示的阻礙電流通過關係：

$$\frac{\mathbf{V}_R}{\mathbf{I}_R} = \frac{V_R\angle\theta_R{}^\circ}{I_R\angle\theta_R{}^\circ} = \frac{V_R}{I_R}\angle 0^\circ = R\angle 0^\circ = R + j0 \quad \Omega$$

式中

$$R = \frac{V_R}{I_R} = \frac{V_{Rm}}{I_{Rm}} \quad \Omega$$

其中 $V_{Rm}$ 及 $I_{Rm}$ 為電阻器兩端電壓及通過電流的峰值，分別是有效值 $V_R$ 及 $I_R$ 的 $\sqrt{2}$ 倍。若將電流相量除以電壓相量可求得一種引導電流通過的電導量，其關係式為：

$$\frac{\mathbf{I}_R}{\mathbf{V}_R} = \frac{I_R\angle\theta_R{}^\circ}{V_R\angle\theta_R{}^\circ} = \frac{I_R}{V_R}\angle 0^\circ = \frac{1}{R}\angle 0^\circ = G\angle 0^\circ = G + j0 \quad \text{S}$$

式中

$$G=\frac{1}{R}=\frac{I_R}{V_R}=\frac{I_{Rm}}{V_{Rm}}\quad \text{S}$$

此電導 $G$ 亦為一個實數常數，與電阻 $R$ 之特性相反。

(2)電感器的時域波形與相量形式

假設通過電感器之弦波電流表示式為：

$$i_L(t)=\sqrt{2}I_L\sin(\omega t+\theta_L^\circ)\quad \text{A}$$

電感器兩端電壓 $v_L(t)$ 之時域表示式為：

$$v_L(t)=\sqrt{2}I_L(\omega L)\cos(\omega t+\theta_L^\circ)=\sqrt{2}V_L\sin(\omega t+\theta_L^\circ+90^\circ)\quad \text{V}$$

式中 $V_L=I_L(\omega L)$ 為電感器兩端電壓 $v_L(t)$ 之有效值。將電感器電流與電壓改以相量表示，其寫法分別為：

$$\mathbf{I}_L=I_L\angle\theta_L^\circ\quad \text{A}$$

$$\mathbf{V}_L=V_L\angle\theta_L^\circ+90^\circ=I_L(\omega L)\angle\theta_L^\circ+90^\circ\quad \text{V}$$

將電壓相量 $\mathbf{V}_L$ 除以電流相量 $\mathbf{I}_L$，成為一個阻礙電流通過的量，該量定義為電感抗：

$$\frac{\mathbf{V}_L}{\mathbf{I}_L}=\frac{I_L(\omega L)\angle\theta_L^\circ+90^\circ}{I_L\angle\theta_L^\circ}=\omega L\angle 90^\circ=j\omega L=jX_L\quad \Omega$$

式中

$$X_L=\omega L=(2\pi f)L=\frac{V_L}{I_L}=\frac{V_{Lm}}{I_{Lm}}\quad \Omega$$

即為電感抗的量，其中的 $V_{Lm}$ 及 $I_{Lm}$ 分別代表電感器兩端電壓 $v_L(t)$ 及通過電流 $i_L(t)$ 的峰值，分別等於有效值 $V_L$ 及 $I_L$ 的 $\sqrt{2}$ 倍。若將電感器之電流相量 $\mathbf{I}_L$ 除以電壓相量 $\mathbf{V}_L$，可得電感器本身一種引導電流通過的特性，稱為電感納：

$$\frac{\mathbf{I}_L}{\mathbf{V}_L}=\frac{I_L\angle\theta_L^\circ}{V_L\angle\theta_L^\circ+90^\circ}=\frac{I_L\angle\theta_L^\circ}{I_L(\omega L)\angle\theta_L^\circ+90^\circ}$$

$$=\frac{1}{\omega L}\angle-90^\circ=-j\left(\frac{1}{\omega L}\right)=-jB_L\quad \text{S}$$

式中

$$B_L=\frac{1}{\omega L}=\frac{1}{2\pi fL}=\frac{1}{X_L}=\frac{I_L}{V_L}=\frac{I_{Lm}}{V_{Lm}}\quad \text{S}$$

即為電感納的量，恰為電感抗量的倒數。

(3)電容器的時域波形與相量形式

假設電容器兩端的電壓表示式為：

$$v_C(t)=\sqrt{2}V_C\sin(\omega t+\theta_C^\circ)\quad \text{V}$$

電容器流入電流的關係式：

$$i_C(t)=\sqrt{2}V_C(\omega C)\sin(\omega t+\theta_C^\circ+90^\circ)=\sqrt{2}I_C\sin(\omega t+\theta_C^\circ+90^\circ)\quad \text{A}$$

式中$I_C=V_C(\omega C)$為流入電容器電流之有效值。將電容器電壓與電流以相量表示如下：

$$\mathbf{V}_C=V_C\angle\theta_C^\circ\quad \text{V}$$

$$\mathbf{I}_C=I_C\angle\theta_C^\circ+90^\circ=V_C(\omega C)\angle\theta_C^\circ+90^\circ\quad \text{A}$$

將電容器電壓相量 $\mathbf{V}_C$ 除以電流相量 $\mathbf{I}_C$，所得的值代表電容器一種阻礙電流通過的量，稱為電容抗：

$$\frac{\mathbf{V}_C}{\mathbf{I}_C}=\frac{V_C\angle\theta_C^\circ}{I_C\angle\theta_C^\circ+90^\circ}=\frac{V_C}{V_C(\omega C)}\angle-90^\circ$$

$$=\frac{1}{\omega C}\angle-90^\circ=-j\frac{1}{\omega C}=-jX_C\quad \Omega$$

式中

$$X_C=\frac{1}{\omega C}=\frac{V_C}{I_C}=\frac{V_{Cm}}{I_{Cm}}\quad \Omega$$

即為電容抗之量，其中 $V_{Cm}$及$I_{Cm}$分別為電容器兩端電壓及通過電流的峰值，其數值分別為有效值 $V_C$ 及 $I_C$ 的$\sqrt{2}$倍。將電流相量 $\mathbf{I}_C$ 除以電壓相量 $\mathbf{V}_C$，則可得到電容器引導電流通過的特性，稱為電容納：

$$\frac{\mathbf{I}_C}{\mathbf{V}_C}=\frac{I_C\angle\theta_C^\circ+90^\circ}{V_C\angle\theta_C^\circ}=\frac{V_C(\omega C)}{V_C}\angle90^\circ=\omega C\angle90^\circ$$

$$=j\omega C=jB_C\quad \text{S}$$

式中

$$B_C=\omega C=2\pi fC=\frac{1}{X_C}=\frac{I_C}{V_C}=\frac{I_{Cm}}{V_{Cm}}\quad \text{S}$$

為電容納的量，其值是角頻率 $\omega$ 與電容量$C$ 乘積的量，恰為電容抗 $X_C$ 的倒數。

## 【思考問題】

(1)若弦波穩態下，一個電路元件電壓相量與電流相量的相角差值不是 $0^\circ$，也不是 $\pm 90^\circ$，請問該電路元件如何分辨?

(2)若弦波穩態下，一個電路元件阻礙電流通過的特性，在某一頻率範圍會隨頻率上升而增高，另一頻率範圍則會隨頻率上升而降低，請問該電路元件如何分辨?

⑶弦波穩態下，對於參數會隨時間改變的元件如何以相量分析？
⑷弦波穩態下，對於電子半導體元件如何以相量分析？
⑸弦波穩態下，對於參數如峰值、角頻率或相角會隨時間改變的電源，如何以相量分析？

## 7.2 阻抗與導納

在第 7.1 節中，已說明了三種基本電路元件 $R$、$L$、$C$ 在弦波穩態下的特性，電阻器 $R$ 之電壓與電流相量同相位，電感器 $L$ 兩端的電壓相量相角超前電流相量相角 90°，而電容器 $C$ 之電流相量相角超前兩端電壓相量相角 90°。$R$、$L$、$C$ 三個基本元件所呈現的特性差異，例如阻礙電流通過的特性中，電阻器 $R$ 仍是一實數電阻 $R$，電感器 $L$ 卻是一個正虛數的電感抗 $j\omega L$，電容器 $C$ 卻是另一種負虛數的電容抗 $-j\dfrac{1}{\omega C}$，其中電感抗大小隨頻率成正比例之改變，而電容抗大小則隨頻率成反比例之特性。若觀察引導電流通過的特性，電阻器 $R$ 仍是一實數值的電導 $G=\dfrac{1}{R}$，電感器 $L$ 則為一個負虛數的電感納 $-j\dfrac{1}{\omega L}$，電容器 $C$ 則為一個正虛數的電容納 $j\omega C$，其中電導、電感納與電容納分別為電阻、電感抗及電容抗之倒數。本節以下將分兩部份說明阻抗及導納與上述各電阻、電抗、電導以及電納間的關係。最後，並以電阻器、電感器以及電容器之阻抗與導納表示做一番說明。

### 7.2.1 阻抗（the impedance）

在弦波穩態下，既然阻礙電流通過的量包含有實數的電阻以及虛數的電感抗或電容抗，因此將電阻與電抗合成為一種新的量稱為阻抗(the impedance)，中文的「阻抗」是分別取「電阻」及「電抗」兩個名詞第二個字的合成來稱呼的，該阻抗亦為阻礙電流通過的一種量，亦即爲電壓相量對電流相量的比值，以符號 $\overline{Z}$ 表示。茲以圖7.2.1(a)所示的弦式波形時域下的電路做說明。該電路在節點 $a$、$b$ 兩端的電壓爲 $v(t)$，其有效值爲 $V$、相角爲 $\theta_V°$，及流入節點 $a$ 之電流爲 $i(t)$，其有效值爲 $I$、相角爲 $\theta_I°$。而圖 7.2.1(b)則爲(a)圖轉換在相量域（phasor domain）或頻域下的等效圖形，其中電壓已換成相量 $\mathbf{V} = V\angle\theta_V°$，電流也更改爲相量 $\mathbf{I} = I\angle\theta_I°$，因此在節點 $a$、$b$ 間看入之等效阻抗值爲電壓相量 $\mathbf{V}$ 對電流相量 $\mathbf{I}$ 的比值，表示如下：

$$\overline{Z} = \frac{\mathbf{V}}{\mathbf{I}} = \frac{V\angle\theta_V°}{I\angle\theta_I°} = \frac{V}{I}\angle\theta_V° - \theta_I° = Z\angle\theta_Z° \quad \Omega \qquad (7.2.1)$$

圖7.2.1　(a)時域表示(b)相量（頻域）表示之電壓與電流

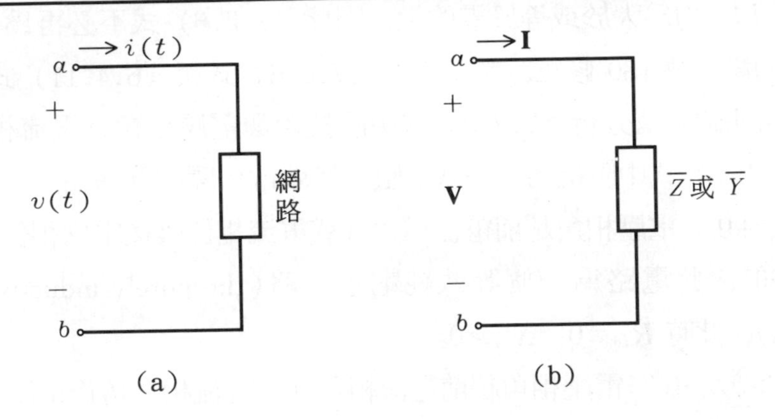


式中

$$Z = \frac{V}{I} = \frac{V_m/\sqrt{2}}{I_m/\sqrt{2}} = \frac{V_m}{I_m} \quad \Omega \qquad (7.2.2)$$

$$\theta_Z° = \theta_V° - \theta_I° \qquad (7.2.3)$$

其中 $V_m$ 及 $I_m$ 分別爲電壓與電流的峰值。$\overline{Z}$ 表示阻抗是一個複數，而非一個相量，這是因爲阻抗大小（the magnitude）$Z$ 爲電壓與電流大小（峰值或有效值）之比值，阻抗角（the impedance angle）$\theta_Z°$ 等於電壓相角減去電流相角，因此阻抗並不是一個相量，與時間 $t$ 無關，兩者不可混爲一談。阻抗角在第八章中將會有另一個名詞與其等效，稱爲功率因數角（the power factor angle），與計算交流有效功率

（或實功率）有關，屆時再做詳細說明。若將（7.2.1）式之阻抗極座標型式改寫成含有實部及虛部之直角座標型式，則變成：

$$\overline{Z} = Z\angle\theta_Z{}^\circ = Z\cos\theta_Z{}^\circ + jZ\sin\theta_Z{}^\circ$$

$$= R_{eq} + jX_{eq} \quad \Omega \tag{7.2.4}$$

式中

$$Z = \sqrt{R_{eq}^2 + X_{eq}^2} \quad \Omega \tag{7.2.5}$$

$$\theta_Z{}^\circ = \tan^{-1}(\frac{X_{eq}}{R_{eq}}) \tag{7.2.6}$$

$R_{eq}$及 $X_{eq}$分別是由電路節點 $a$、$b$ 兩端看入之等效電阻值及等效電抗值，也分別等於阻抗之實部與虛部大小。注意：由於實際電路之等效電阻值 $R_{eq}$均爲大於或等於零的量，因此（7.2.6）式不必再爲 $R_{eq}$小於零的條件做 180°修正，請讀者將（7.2.6）式與（6.4.11）式做比較即可明瞭。茲分析（7.2.3）式中阻抗角與電壓相角、電流相角以及（7.2.6）式中阻抗角與等效電阻、等效電抗間的關係如下：

(1) $\theta_Z{}^\circ = 90^\circ$：電壓相角超前電流相角（或電流相位落後電壓相位）恰爲90°，此電路爲一個等效純電感電路（the purely inductive circuit），此時 $R_{eq}=0$，$X_{eq}>0$。

(2) $90^\circ > \theta_Z{}^\circ > 0^\circ$：電壓相角超前電流相角（或電流相角落後電壓相角）在0°至90°的範圍內，此電路稱爲以電感性爲主的電路（the predominantly inductive circuit），此時 $R_{eq}>0$，$X_{eq}>0$。

(3) $\theta_Z{}^\circ = 0^\circ$：電壓相位與電流相位完全相同，此電路稱爲等效純電阻性的電路（the purely resistive circuit），此時 $R_{eq}>0$，$X_{eq}=0$。

(4) $0^\circ > \theta_Z{}^\circ > -90^\circ$：電壓相位落後電流相位（或電流相位超前電壓相位）在0°至90°的範圍內，此電路稱爲以電容性爲主的電路（the predominantly capacitive circuit），此時 $R_{eq}>0$，$X_{eq}<0$。

(5) $\theta_Z{}^\circ = -90^\circ$：電壓相位落後電流相位（或電流相位超前電壓相位）恰爲90°，此電路爲一個等效純電容電路（the purely capacitive circuit），此時 $R_{eq}=0$，$X_{eq}<0$。

複數阻抗 $\overline{Z}$ 與 $R_{eq}$、$X_{eq}$兩個量及阻抗大小 $Z$、阻抗角 $\theta_Z°$的關係可由圖 7.2.2(a)(b)的阻抗三角形（the impedance triangle）來說明。圖 7.2.2(a)適合於 $X_{eq}>0$ 的情形；(b)圖則適合於 $X_{eq}<0$ 的條件。一個直角三角形△$ABC$，∠$B$ 爲直角，三角形的斜邊長度 $AC$ 爲阻抗大小$Z$，水平邊長度 $AB$ 爲等效電阻値$R_{eq}$，垂直邊長度 $BC$ 爲等效電抗値$X_{eq}$，斜邊與水平邊的夾角爲 $\theta_Z°$。由於該三角形每一邊均與阻抗的量有關，因此稱爲阻抗三角形。若 $\theta_Z°>0°$，則取(a)圖的正等效電抗 $X_{eq}$；若 $\theta_Z°<0°$，則取(b)圖的負値等效電抗 $X_{eq}$；若 $\theta_Z°=0°$，則阻抗三角形不復存在，只剩下一個水平邊 $R_{eq}$，因此阻抗三角形的阻抗角 $\theta_Z°$可由水平邊爲參考軸量起，順時鐘方向爲負角度如(b)圖，逆時鐘方向爲正角度如(a)圖。

**圖 7.2.2　阻抗三角形(a)$X_{eq}>0$　(b)$X_{eq}<0$**

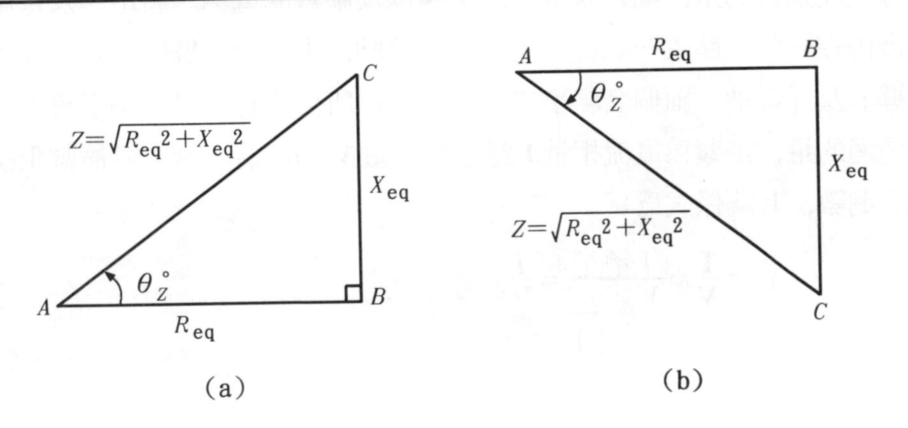


由於在（7.2.4）式中是將等效電阻 $R_{eq}$與等效電抗 $X_{eq}$相加，因此等效電阻可視爲一個電阻値爲 $R_{eq}$的等效方塊，而等效電抗也可視爲電抗値爲 $X_{eq}$的另一個等效方塊，兩個方塊串接在一起，以使相同的電流 $I$ 得以通過兩方塊，而且共同分攤了節點 $a$、$b$ 兩端的電壓 $V$，如圖 7.2.3 所示。

圖7.2.3 等效電阻與等效電抗之等效阻抗合成

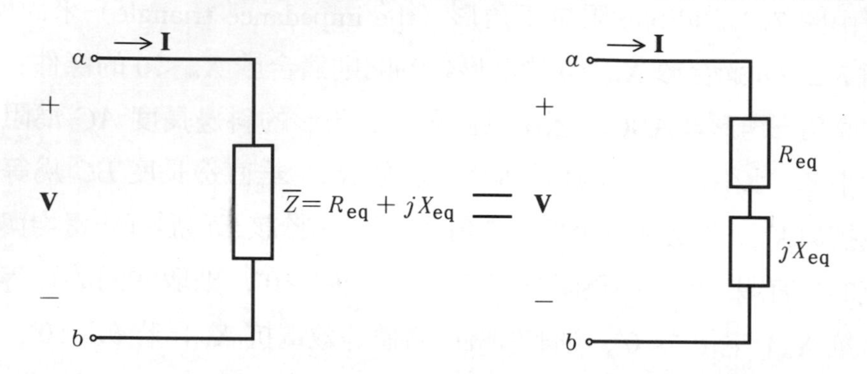


## 7.2.2 導納（the admittance）

(7.2.1) 式是定義阻抗用的，另一個與阻抗成倒數、且具有引導電流通過的量，則包含實數的電導以及虛數的電納。將電導及電納合併在一起，產生一個新的量，稱爲導納，中文的「導納」是取「電導」及「電納」兩個名詞第二個字的合併所得，它也是一個引導電流通過的量，定義爲電流相量 **I** 對電壓相量 **V** 的比值，恰等於複數阻抗的倒數，其關係式爲：

$$\overline{Y} = \frac{\mathbf{I}}{\mathbf{V}} = \frac{I\angle\theta_I^\circ}{V\angle\theta_V^\circ} = \frac{I}{V}\angle\theta_I^\circ - \theta_V^\circ$$
$$= Y\angle\theta_Y^\circ = \frac{1}{\overline{Z}} \quad \text{S} \tag{7.2.7}$$

式中

$$Y = \frac{I}{V} = \frac{I_m/\sqrt{2}}{V_m/\sqrt{2}} = \frac{I_m}{V_m} = \frac{1}{Z} \quad \text{S} \tag{7.2.8}$$

$$\theta_Y^\circ = \theta_I^\circ - \theta_V^\circ = -(\theta_V^\circ - \theta_I^\circ) = -\theta_Z^\circ \tag{7.2.9}$$

$Y$ 稱爲導納的大小（the magnitude），恰爲阻抗大小 $Z$ 的倒數；$\theta_Y^\circ$ 稱爲導納角（the admittance angle），恰爲阻抗角的負值，亦爲電流相角減去電壓相角的大小。導納 $\overline{Y}$ 爲一個複數，雖然是兩個相量的比值，但是與複數阻抗一樣，不可看成是相量，因爲它與時間 $t$ 無關。導納 $\overline{Y}$ 與阻抗 $\overline{Z}$ 利用相同的處理方式，將極座標型式的導納改爲直角座標的表示，可以得到下列的表示式：

$$\begin{aligned}\overline{Y} &= Y\underline{/\theta_Y^\circ} = Y\cos\theta_Y^\circ + jY\sin\theta_Y^\circ \\ &= G_{eq} + jB_{eq} \quad \text{S} \end{aligned} \tag{7.2.10}$$

式中

$$Y = \sqrt{G_{eq}^2 + B_{eq}^2} \quad \text{S} \tag{7.2.11}$$

$$\theta_Y^\circ = \tan^{-1}\left(\frac{B_{eq}}{G_{eq}}\right) \tag{7.2.12}$$

$G_{eq}$及 $B_{eq}$分別爲由節點 $a$、$b$ 看入之等效電導及等效電納，它們也分別等於複數導納的實部與虛部。一個複數導納 $\overline{Y}$，其大小 $Y$ 與導納角$\theta_Y^\circ$，以及等效電導 $G_{eq}$及等效電納 $B_{eq}$間的關係，可由圖 7.2.4(a)及(b)的直角三角形得到，水平邊爲等效電導值 $G_{eq}$，垂直邊爲等效電納值 $B_{eq}$，斜邊爲導納大小 $Y$，斜邊與水平邊的夾角爲導納角 $\theta_Y^\circ$，由於每一邊均與導納的量有關，故此三角形稱爲導納三角形（the admittance triangle），其中(a)圖適用於 $B_{eq}>0$ 的情形；而(b)圖則可用於 $B_{eq}<0$ 的情況；但當 $B_{eq}=0$ 時，導納三角形不存在，只剩下水平邊的等效電導值。導納角 $\theta_Y^\circ$是由水平邊所量起，順時鐘方向爲負角度，逆時鐘方向爲正角度。圖 7.2.5 所示，則是得自（7.2.10）式之複數導納爲等效電導及等效電納的代數和，對於同一個外加電壓相量 **V**，由節點 $a$、$b$ 看入之複數導納，可視爲一個等效電導 $G_{eq}$與一個等效電納 $B_{eq}$以並聯的方式連接，共同吸收了電流相量 **I**。

### 7.2.3　電阻器 $R$、電感器 $L$ 及電容器 $C$ 之阻抗與導納

以下將以三種基本電路元件，說明阻抗及導納的表示，假設所外加的電壓時域表示式爲：

$$v_S(t) = \sqrt{2}V_S\sin(\omega t + \theta^\circ) \quad \text{V} \tag{7.2.13}$$

其相量表示式爲：

$$\mathbf{V}_S = V_S\underline{/\theta^\circ} \quad \text{V} \tag{7.2.14}$$

圖 7.2.4 導納三角形(a)$B_{eq}>0$ (b)$B_{eq}<0$

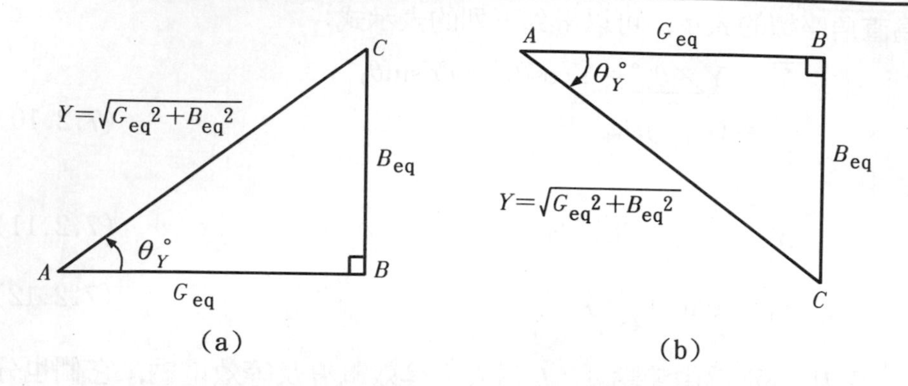


圖 7.2.5 等效電導與等效電納之等效導納合成

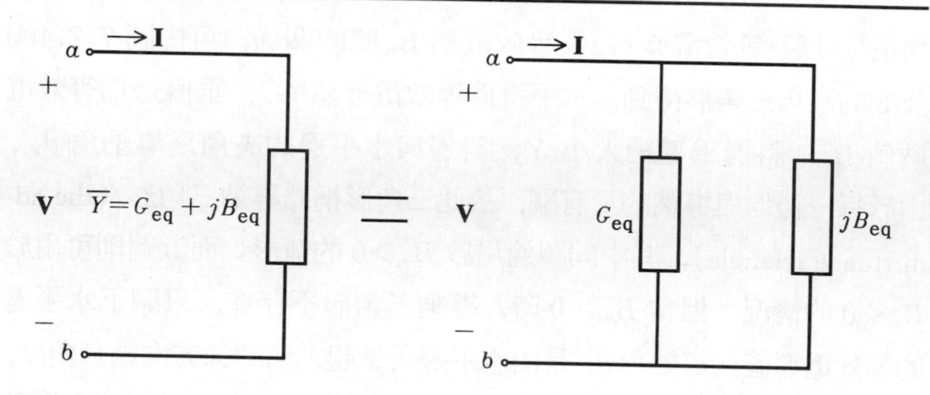


(1)電阻器 $R$

電阻器之電壓相位與電流相位相同，相量圖如圖 7.2.6(a)所示，因此電流之時域及相量表示式分別為：

$$i_R(t)=\sqrt{2}I_R\sin(\omega t+\theta^\circ) \quad \text{A} \tag{7.2.15}$$

$$\mathbf{I}_R=I_R\angle\theta^\circ \quad \text{A} \tag{7.2.16}$$

式中

$$I_R=\frac{V_S}{R} \quad \text{A} \quad 或 \quad R=\frac{V_S}{I_R} \quad \Omega \tag{7.2.17}$$

電阻器 $R$ 之阻抗及導納分別為：

$$\overline{Z}_R=\frac{\mathbf{V}_S}{\mathbf{I}_R}=\frac{V_S\angle\theta^\circ}{I_R\angle\theta^\circ}=\frac{V_S}{I_R}\angle 0^\circ=R\angle 0^\circ=R+j0 \quad \Omega \tag{7.2.18}$$

圖 7.2.6　(a)電阻器(b)電感器(c)電容器之電壓與電流相量圖

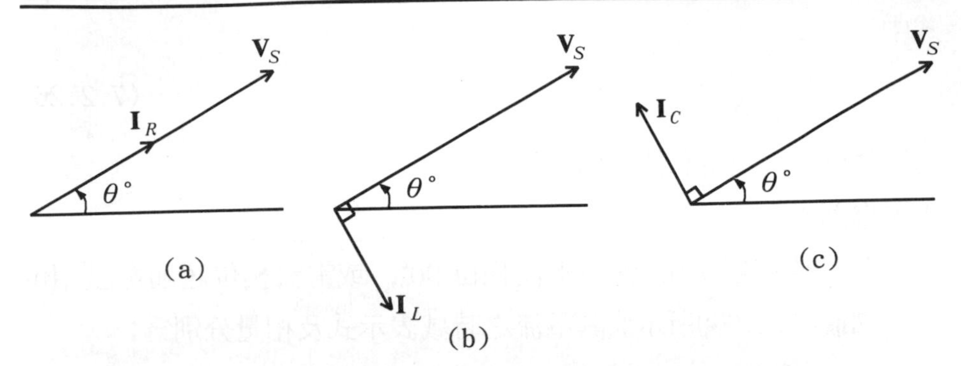


$$\overline{Y}_R = \frac{\mathbf{I}_R}{\mathbf{V}_S} = \frac{1}{\overline{Z}_R} = \frac{1}{R\angle 0°} = G\angle 0° = G + j0 \quad \text{S} \qquad (7.2.19)$$

式中

$$G = \frac{1}{R} \quad \text{S} \qquad (7.2.20)$$

即爲電阻器電導量，爲電阻值的倒數。

(2)**電感器 $L$**

電感器之電壓相位超前電流相位 90°，亦即電流相位落後電壓相位 90°，如圖 7.2.6(b)所示。因此電流之時域關係以及電流相量分別爲：

$$i_L(t) = \sqrt{2}I_L\sin(\omega t + \theta° - 90°) \quad \text{A} \qquad (7.2.21)$$

$$\mathbf{I}_L = I_L\angle \theta° - 90° \quad \text{A} \qquad (7.2.22)$$

式中

$$I_L = \frac{V_S}{\omega L} = \frac{V_S}{X_L} \quad \text{A} \quad 或 \quad X_L = \omega L = \frac{V_S}{I_L} \quad \Omega \qquad (7.2.23)$$

$X_L$ 稱爲電感抗。電感器 $L$ 之阻抗及導納分別爲：

$$\overline{Z}_L = \frac{\mathbf{V}_S}{\mathbf{I}_L} = \frac{V_S\angle \theta°}{I_L\angle \theta° - 90°} = \frac{V_S}{I_L}\angle 90° = \omega L\angle 90°$$

$$= X_L\angle 90° = 0 + j\omega L = 0 + jX_L \quad \Omega \qquad (7.2.24)$$

$$\overline{Y}_L = \frac{\mathbf{I}_L}{\mathbf{V}_S} = \frac{1}{\overline{Z}_L} = \frac{1}{\omega L\angle 90°} = \frac{1}{\omega L}\angle -90° = \frac{1}{X_L}\angle -90°$$

$$= 0 - j\frac{1}{\omega L} = 0 - jB_L \quad \text{S} \tag{7.2.25}$$

式中

$$B_L = \frac{1}{X_L} = \frac{1}{\omega L} \quad \text{S} \tag{7.2.26}$$

稱爲電感納，爲電感抗的倒數。

**(3)電容器 *C***

電容器之電壓相位落後電流相位 90°，或電流相位超前電壓相位 90°，如圖 7.2.6(c)所示。其電流之時域表示式及相量分別爲：

$$i_C(t) = \sqrt{2}I_C\sin(\omega t + \theta° + 90°) \quad \text{A} \tag{7.2.27}$$

$$\mathbf{I}_C = I_C\angle\theta° + 90° \quad \text{A} \tag{7.2.28}$$

式中

$$I_C = \frac{V_S}{X_C} = \frac{V_S}{[1/(\omega C)]} \quad \text{A} \quad 或 \quad X_C = \frac{1}{\omega C} = \frac{V_S}{I_C} \quad \Omega \tag{7.2.29}$$

$X_C$ 稱爲電容抗。電容器之阻抗及導納分別爲：

$$\overline{Z}_C = \frac{\mathbf{V}_S}{\mathbf{I}_C} = \frac{V_S\angle\theta°}{I_C\angle\theta° + 90°} = \frac{V_S}{I_C}\angle -90° = \frac{1}{\omega C}\angle -90°$$

$$= X_C\angle -90° = 0 - jX_C \quad \Omega \tag{7.2.30}$$

$$\overline{Y}_C = \frac{\mathbf{I}_C}{\mathbf{V}_S} = \frac{1}{\overline{Z}_C} = \frac{1}{[1/(\omega C)]\angle -90°} = \frac{1}{X_C\angle -90°}$$

$$= \omega C\angle 90° = 0 + jB_C \quad \text{S} \tag{7.2.31}$$

式中

$$B_C = \omega C = \frac{1}{X_C} \quad \text{S} \tag{7.2.32}$$

稱爲電容納，爲電容抗的倒數。

**【例 7.2.1】** 若一個弦波穩態下的網路，其兩端電壓相量爲 $\mathbf{V} = 40\angle 85°$ V，流入電壓正端之電流相量爲 $\mathbf{I} = 5\angle 12°$ A，求：(a)等效阻抗，(b)等效導納，(c)串聯等效之元件類型及數值，(d)並聯的等效元件類型及數值。(假設電源角頻率爲 377 rad/s)

【解】 $\mathbf{V}=40\angle 85^\circ$ V，$\mathbf{I}=5\angle 12^\circ$ A

(a) $\overline{Z}=\dfrac{\mathbf{V}}{\mathbf{I}}=\dfrac{40\angle 85^\circ}{5\angle 12^\circ}=8\angle 73^\circ\ \Omega$

(b) $\overline{Y}=\dfrac{\mathbf{I}}{\mathbf{V}}=\dfrac{1}{Z}=0.125\angle -73^\circ$ S

(c)由 $\overline{Z}=8\angle 73^\circ\ \Omega$ 展開成直角座標

$$\therefore \overline{Z}=2.339+j7.65\ \Omega=R_{eq}+jX_{eq}$$

$$X_{eq}=\omega L_{eq}=377\times L_{eq}$$

$$\therefore L_{eq}=\frac{7.65}{377}=0.0203\text{ H}$$

故串聯等效電路爲一個 2.339 Ω 之電阻器與一個 0.0203 H 之電感器串聯。

(d)由 $\overline{Y}=0.125\angle -73^\circ$ S 展開成直角座標

$$\therefore \overline{Y}=0.0365-j0.1195\text{ S}=G_{eq}-jB_{eq}$$

$$R_{eq}=\frac{1}{G_{eq}}=27.397\ \Omega$$

$$B_{eq}=\frac{1}{\omega L_{eq}}=\frac{1}{377\times L_{eq}}$$

$$\therefore L_{eq}=\frac{1}{377\times 0.1195}=0.0222\text{ H}$$

故並聯等效電路爲一個 27.397 Ω 之電阻器並聯一個 0.0222 H 之電感器。 ◎

【例7.2.2】一個網路，已知兩端電壓相量爲 $\mathbf{V}=110\angle 90^\circ$ V，兩端看入之導納大小爲 10 S，若電流相位超前電壓相位 75°，求(a)電流相量，以及(b)該網路之阻抗以及串聯等效元件數值。(假設角頻率爲 377 rad/s)

【解】 $\because \overline{Y}=Y\angle \theta_Y^\circ$，$\therefore Y=10$ S。又 $\mathbf{V}=110\angle 90^\circ$ V

(a) $\therefore \mathbf{I}=110\times 10\angle 90^\circ+75^\circ=1100\angle 165^\circ$ A

$$\overline{Z}=\frac{\mathbf{V}}{\mathbf{I}}=\frac{110\angle 90^\circ}{1100\angle 165^\circ}=0.1\angle -75^\circ$$
$$=0.02588-j0.09659\ \Omega=R_{eq}-jX_{eq}$$
$$\therefore R_{eq}=0.02588\ \Omega,\quad X_{eq}=0.09659=\frac{1}{\omega C_{eq}}$$
$$\therefore C_{eq}=\frac{1}{X_{eq}\cdot\omega}=\frac{1}{0.09659\times 377}=36.414\ \text{F}$$

(b)該網路等效為一個 0.02588 Ω 之電阻器串聯一個 36.414 F 之電容器。

◎

## 【本節重點摘要】

(1)阻抗：為弦波穩態下，阻礙電流通過的量，是將電阻與電抗合成，該阻抗量亦為電壓相量對電流相量的比值，以符號 $\overline{Z}$ 表示：

$$\overline{Z}=\frac{\mathbf{V}}{\mathbf{I}}=\frac{V\angle\theta_V^\circ}{I\angle\theta_I^\circ}=\frac{V}{I}\angle\theta_V^\circ-\theta_I^\circ=Z\angle\theta_Z^\circ\quad\Omega$$

式中

$$Z=\frac{V}{I}=\frac{(V_m/\sqrt{2})}{(I_m/\sqrt{2})}=\frac{V_m}{I_m}\quad\Omega$$
$$\theta_Z^\circ=\theta_V^\circ-\theta_I^\circ$$

其中 $V_m$ 及 $I_m$ 分別為電壓與電流的峰值。$\overline{Z}$ 表示阻抗是一個複數，而非一個相量，與時間 $t$ 無關。

(2)將阻抗極座標型式改寫成含有實部及虛部之直角座標型式：

$$\overline{Z}=Z\angle\theta_Z^\circ=Z\cos\theta_Z^\circ+jZ\sin\theta_Z^\circ=R_{eq}+jX_{eq}\quad\Omega$$

式中

$$Z=\sqrt{R_{eq}^2+X_{eq}^2}\quad\Omega$$
$$\theta_Z^\circ=\tan^{-1}\left(\frac{X_{eq}}{R_{eq}}\right)$$

$R_{eq}$及 $X_{eq}$分別是由電路節點 $a$、$b$ 兩端看入之等效電阻值及等效電抗值，也分別等於阻抗之實部與虛部大小。

(3)導納：與阻抗相反、且具有引導電流通過的量，包含有實數的電導以及虛數的電納，稱為導納，定義為電流相量 **I** 對電壓相量 **V** 的比值，恰等於複數阻抗的倒數，其關係式為：

$$\overline{Y}=\frac{\mathbf{I}}{\mathbf{V}}=\frac{I\angle\theta_I^\circ}{V\angle\theta_V^\circ}=\frac{I}{V}\angle\theta_I^\circ-\theta_V^\circ=Y\angle\theta_Y^\circ=\frac{1}{\overline{Z}}\quad \text{S}$$

式中

$$Y=\frac{I}{V}=\frac{I_m/\sqrt{2}}{V_m/\sqrt{2}}=\frac{I_m}{V_m}=\frac{1}{Z}\quad \text{S}$$

$$\theta_Y^\circ=\theta_I^\circ-\theta_V^\circ=-(\theta_V^\circ-\theta_I^\circ)=-\theta_Z^\circ$$

$Y$ 稱為導納的大小，恰為阻抗大小 $Z$ 的倒數；$\theta_Y^\circ$稱為導納角，恰為阻抗角的負值，亦為電流相角減去電壓相角的大小。導納 $\overline{Y}$ 為一個複數，雖然是兩個相量的比值，但是與複數阻抗一樣，不可看成是相量，因為它與時間 $t$ 無關。

(4)將複數導納的極座標型式改為直角座標的表示，可得：

$$\overline{Y}=Y\angle\theta_Y^\circ=Y\cos\theta_Y^\circ+jY\sin\theta_Y^\circ=G_{eq}+jB_{eq}\quad \text{S}$$

式中

$$Y=\sqrt{G_{eq}^2+B_{eq}^2}\quad \text{S}$$

$$\theta_Y^\circ=\tan^{-1}\left(\frac{B_{eq}}{G_{eq}}\right)$$

$G_{eq}$及 $B_{eq}$分別為由節點 $a$、$b$ 看入之等效電導及等效電納，它們也分別等於複數導納的實部與虛部。

## 【思考問題】

(1)阻抗角或導納角會不會超過 90°？若超過，那是什麼電路？
(2)阻抗值爲零或無限大，分別代表什麼電路？
(3)導納值爲零或無限大，分別代表什麼電路？
(4)實際交流弦波電壓源之看入阻抗如何計算？
(5)實際交流弦波電流源之看入導納如何計算？

# 7.3　串聯電路

前一節中，已經介紹過阻抗及導納的觀念，其中阻抗 $\overline{Z}$ 可以等效爲一個等效電阻$R_{eq}$串聯一個等效電抗 $X_{eq}$；而導納 $\overline{Y}$ 可以等效爲一個等效電導$G_{eq}$並聯一個等效電納 $B_{eq}$。事實上，由「等效」兩個字可以知道，一個阻抗方塊或導納方塊，可能包含若干個不同的電阻器、電感器以及電容器等，甚至可能包含將在第九章中談到的耦合電路及互感量等。一個電路方塊裡面也可能是許多複雜不同的組合，包含串聯、並聯、串並聯、並串聯、Y（或T）連接、Δ（或π）連接，以及其他可能的立體連接等。但是不論連接的方式如何，利用基本的串聯、並聯或串並聯的技巧予以簡化是必要的，另外也可以配合基本的克希荷夫電壓及電流定律、歐姆定律等方法合併化簡，其中最重要的是以相量法做弦式波形的代數處理，這也是分析技巧上的轉變。本節是從弦波穩態的串聯電路元件接法介紹起，第 7.4 節及第 7.5 節則分別介紹並聯電路及串並聯電路。

如圖 7.3.1 所示，一個獨立電壓源之電壓連接在節點 $a$、$b$ 間，其相量爲 $\mathbf{V}_S$，另外有 $n$ 個阻抗：$\overline{Z}_1,\overline{Z}_2,\cdots,\overline{Z}_n$，以串聯的方式亦連接至節點 $a$、$b$ 上。每一個阻抗兩端的電壓相量分別爲 $\mathbf{V}_1,\mathbf{V}_2,\cdots,\mathbf{V}_n$，通過之電流相量分別爲 $\mathbf{I}_1,\mathbf{I}_2,\cdots,\mathbf{I}_n$。假設電流相量 $\mathbf{I}$ 由電壓源正端流出，因爲 $n$ 個阻抗以串聯方式連接，因此該電流相量通過每一個阻抗元件：

$$\mathbf{I}=\mathbf{I}_1=\mathbf{I}_2=\cdots=\mathbf{I}_n \quad \text{A} \tag{7.3.1}$$

圖 7.3.1　具有 $n$ 個阻抗的串聯電路

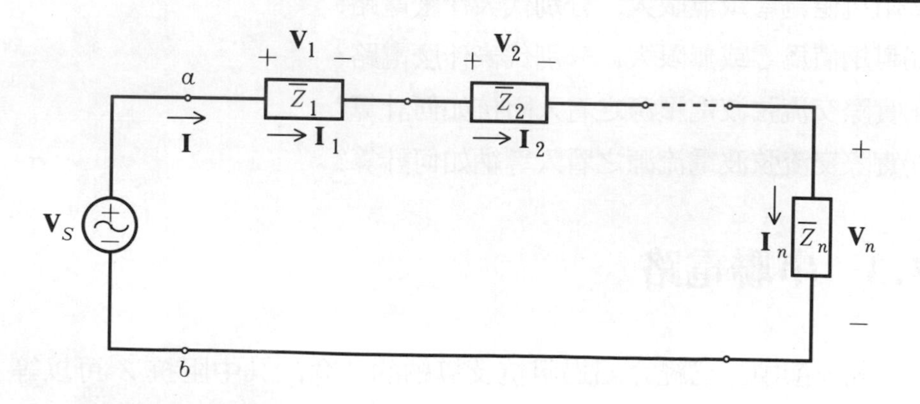

根據克希荷夫電壓定律 KVL，對圖 7.3.1 之迴路寫出之方程式爲：

$$\mathbf{V}_S = \mathbf{V}_1 + \mathbf{V}_2 + \cdots + \mathbf{V}_n = \sum_{i=1}^{n} \mathbf{V}_i \tag{7.3.2}$$

將每個阻抗元件兩端的電壓相量，以歐姆定律表示爲阻抗與電流相量的乘積如下：

$$\mathbf{V}_i = \overline{Z}_i \mathbf{I}_i \quad \text{V} \tag{7.3.3}$$

式中 $i = 1, 2, \cdots, n$。將（7.3.3）式代入（7.3.2）式之每個阻抗元件中，並以（7.3.1）式之電壓源流入電流相量 $\mathbf{I}$ 取代各阻抗元件之電流相量 $\mathbf{I}_i$，可得：

$$\begin{aligned}\mathbf{V}_S &= \overline{Z}_1\mathbf{I}_1 + \overline{Z}_2\mathbf{I}_2 + \cdots + \overline{Z}_n\mathbf{I}_n = \overline{Z}_1\mathbf{I} + \overline{Z}_2\mathbf{I} + \cdots + \overline{Z}_n\mathbf{I} \\ &= (\overline{Z}_1 + \overline{Z}_2 + \cdots + \overline{Z}_n)\mathbf{I} = \overline{Z}_T\mathbf{I} \quad \text{V}\end{aligned} \tag{7.3.4}$$

式中

$$\overline{Z}_T = \frac{\mathbf{V}_S}{\mathbf{I}} = \overline{Z}_1 + \overline{Z}_2 + \cdots + \overline{Z}_n = \sum_{i=1}^{n} \overline{Z}_i = R_T + jX_T \quad \Omega \tag{7.3.5}$$

$\overline{Z}_T$ 稱爲串聯電路中，由節點 $a$ 、$b$ 端看入之總阻抗(the total impedance)，或稱驅動點阻抗（the driving-point impedance），其結果可依複數加法將每個阻抗之實部（電阻部份）相加得到一個等效總電阻 $R_T$，將每個阻抗的虛部（電抗部份）相加得到一個等效總電抗 $X_T$，再將等效總電阻 $R_T$ 及等效總電抗 $X_T$ 合併爲一個新阻抗 $\overline{Z}_T$，此即爲總阻抗。按總阻抗的關係式，可能有下列幾種特殊情形：

**(1)總阻抗為一個純電阻**

$$\overline{Z}_T = R_T + j0 \quad \Omega$$

此電路可能有兩種情況，一種表示電路除了電阻外，虛數的電抗部份由於正、負大小相同的關係，相互抵銷；另一種情況爲所有阻抗內部僅含電阻成份，導致總電抗爲零，成爲一個純等效電阻。第一點所談的電抗正、負值相互抵銷，變成純電阻之情形，將是一種電路共振（the resonance）的現象。

**(2)總阻抗為一個純電抗**

$$\overline{Z}_T = 0 + jX_T \quad \Omega$$

由於實際電路元件之電阻值爲大於或小於零的量，多個阻抗元件串接在一起後，無法產生電阻相互抵銷的情況，因此總阻抗爲一個純電抗時，表示所有電路元件均爲電抗元件。若總阻抗是一個正值純電抗，表示電路元件中電感性元件之阻抗較電容性之阻抗爲大；反之，若總阻抗爲一個負值純電抗，則表示串聯迴路中的電容抗比電感抗之值大。

**(3)總阻抗為零值**

$$\overline{Z}_T = 0 + j0 \quad \Omega$$

不僅總電阻爲零，而且總電抗亦爲零，此情形的一種可能爲(2)之特例，表示每一個元件均爲電抗元件，而且電抗元件之值因正、負號大小相同而互相抵銷；另一種情形爲每個電路元件均爲特殊的短路情況，因此總阻抗爲零。

**(4)總阻抗為一個以電感性為主的電路**

$$\overline{Z}_T = R_T + jX_T \quad \Omega \qquad X_T > 0 \quad \Omega$$

此情況爲總電阻及總電抗均不爲零，且總電抗之值爲一個正數，此情形的一種可能是整個電路僅有電阻性及電感性元件存在；另一種可能是三種電路元件均存在，但是總電感抗大於總電容抗的量，因此使整個電路變成是以電感性爲主的電路。

**(5)總阻抗為一個以電容性為主的電路**

$$\overline{Z}_T = R_T - jX_T \quad \Omega \qquad X_T > 0 \quad \Omega$$

此情形與(4)的狀況相反，總電阻及總電抗均不爲零，且總電抗值爲一個負數，此情形的一種可能是整個電路僅有電阻性及電容性元件而已；另一種可能是三種電路元件均存在，但是總電容抗大於總電感抗的量，因此使整個電路變成是以電容性爲主的電路。

此串聯電路之總阻抗計算法與第 2.5 節中直流電路之串聯電路等總電阻計算法相同，只是多了虛數電抗部份的處理工作。由總阻抗的求得，代入（7.3.4）式也可推導出電壓源流入之電流相量 **I**:

$$\mathbf{I}=\frac{\mathbf{V}_S}{\overline{Z}_T}=\frac{\mathbf{V}_S}{\overline{Z}_1+\overline{Z}_2+\cdots+\overline{Z}_n} \quad \text{A} \tag{7.3.6}$$

將該電流相量 **I** 代入（7.3.3）式，或將電流相量 **I** 乘以每一個串聯電路中的阻抗，則第 $i$ 個阻抗兩端的電壓相量 $\mathbf{V}_i$ 爲：

$$\mathbf{V}_i=\overline{Z}_i\frac{\mathbf{V}_S}{\overline{Z}_1+\overline{Z}_2+\cdots+\overline{Z}_n}=\frac{\overline{Z}_i}{\overline{Z}_1+\overline{Z}_2+\cdots+\overline{Z}_n}\mathbf{V}_S=\frac{\overline{Z}_i}{\overline{Z}_T}\mathbf{V}_S \quad \text{V} \tag{7.3.7}$$

(7.3.7) 式即是以相量表示的分壓器法則（the voltage-division principle)。當我們要求解第 $i$ 個阻抗的電壓相量時，只要將該阻抗值除以所有阻抗串聯在一起的總阻抗，再乘以該串聯阻抗兩端的電壓相量，便是所要求的阻抗的電壓相量。由（7.3.7）式可以知道，阻抗越大的電路元件，所分得的電壓越多，越小的阻抗分得的電壓越少。在設計電路時，可以用來計算欲加入之阻抗大小，以達成電壓分配的目的。

若有兩個導納 $\overline{Y}_1,\overline{Y}_2$ 以串聯的方式接至一個獨立電壓源 $\mathbf{V}_S$，兩個導納兩端的電壓相量分別爲 $\mathbf{V}_1$、$\mathbf{V}_2$，通過的電流相量分別爲 $\mathbf{I}_1$、$\mathbf{I}_2$，若要求其合併後之總導納 $\overline{Y}_T$ 以及每一個導納兩端的電壓相量 $\mathbf{V}_1$、$\mathbf{V}_2$ 時，做法如下：

**(1)總導納之計算，可由總阻抗倒數的方法，以阻抗變換而得**

$$\overline{Y}_T=\frac{1}{\overline{Z}_T}=\frac{1}{\overline{Z}_1+\overline{Z}_2}=\frac{1}{(1/\overline{Y}_1)+(1/\overline{Y}_2)}=\frac{\overline{Y}_1\,\overline{Y}_2}{\overline{Y}_1+\overline{Y}_2} \quad \text{S} \tag{7.3.8}$$

**(2)每個元件兩端之電壓計算也可利用阻抗的倒數關係求得**

$$\mathbf{V}_1=\frac{\overline{Z}_1}{\overline{Z}_1+\overline{Z}_2}\mathbf{V}_S=\frac{(1/\overline{Y}_1)}{(1/\overline{Y}_1)+(1/\overline{Y}_2)}\mathbf{V}_S$$

$$=\frac{\overline{Y}_2}{\overline{Y}_1+\overline{Y}_2}\mathbf{V}_S \quad \text{V} \tag{7.3.9}$$

$$\mathbf{V}_2=\frac{\overline{Y}_1}{\overline{Y}_1+\overline{Y}_2}\mathbf{V}_S \quad \text{V} \tag{7.3.10}$$

【例 7.3.1】若一個弦波穩態電路，有三個阻抗串聯在一起，已知：

$$\overline{Z}_1 = 10\underline{/30^\circ}\ \Omega,\ \overline{Z}_2 = 70\underline{/-40^\circ}\ \Omega,\ \overline{Z}_3 = 9\underline{/10^\circ}\ \Omega$$

求該電路看入之等效阻抗值若干?

【解】

$$\overline{Z}_1 = 10\underline{/30^\circ} = 8.66 + j5\ \Omega$$

$$\overline{Z}_2 = 70\underline{/-40^\circ} = 53.623 - j44.995\ \Omega$$

$$\overline{Z}_3 = 9\underline{/10^\circ} = 8.863 + j1.563\ \Omega$$

$$\begin{aligned}\therefore \overline{Z}_T &= \overline{Z}_1 + \overline{Z}_2 + \overline{Z}_3 \\ &= (8.66 + 53.623 + 8.863) + j(5 - 44.995 + 1.563) \\ &= 71.146 + j(-38.432) = 80.863\underline{/-28.377^\circ}\ \Omega\end{aligned}$$

◎

【例 7.3.2】若在例 7.3.1 中的串聯阻抗兩端的總電壓相量為 $\mathbf{V} = 100\underline{/40^\circ}$ V，求各阻抗兩端電壓之相量若干?

【解】利用分壓定律求解，假設 $\overline{Z}_1, \overline{Z}_2, \overline{Z}_3$ 兩端之電壓相量分別為：$\mathbf{V}_1, \mathbf{V}_2, \mathbf{V}_3$，則：

$$\mathbf{V}_1 = \frac{\overline{Z}_1}{\overline{Z}_T}\mathbf{V} = \frac{10\underline{/30^\circ}}{80.863\underline{/-28.377^\circ}} \times 100\underline{/40^\circ}$$

$$= 12.366\underline{/98.377^\circ}\ \text{V}$$

$$\mathbf{V}_2 = \frac{\overline{Z}_2}{\overline{Z}_T}\mathbf{V} = \frac{70\underline{/-40^\circ}}{80.863\underline{/-28.377^\circ}} \times 100\underline{/40^\circ}$$

$$= 86.566\underline{/28.377^\circ}\ \text{V}$$

$$\mathbf{V}_3 = \frac{\overline{Z}_3}{\overline{Z}_T}\mathbf{V} = \frac{9\underline{/10^\circ}}{80.863\underline{/-28.377^\circ}} \times 100\underline{/40^\circ}$$

$$= 11.13\underline{/78.377^\circ}\ \text{V}$$

◎

【例 7.3.3】一個限流電阻器 $R$ 與一個螺管線圈串聯，一起接至一個 110 V，60 Hz 之家用插座。已知該限流電阻與螺管線圈兩端電壓均為 60 V，電流通過限流電阻器之值為 0.4 A。求 $R$ 之值以及該螺管線圈等效的串聯電阻值 $R_S$ 以及等效串聯電感值 $L_S$。

**【解】** 由於是串聯電路，總阻抗

$$\overline{Z}_T = R + (R_S + j\omega L_S) = (R + R_S) + j\omega L_S \quad \Omega$$

$$= \sqrt{(R+R_S)^2 + (\omega L_S)^2} \angle \tan^{-1}\frac{\omega L_S}{R + R_S} \quad \Omega$$

由歐姆定理：$\overline{Z}_T = \dfrac{\mathbf{V}_S}{\mathbf{I}}$

$$\therefore Z_T = \sqrt{(R+R_S)^2 + (\omega L_S)^2} = \frac{110}{0.4} = 275\ \Omega \qquad ①$$

又　$R = \dfrac{60}{0.4} = 150\ \Omega$　②

$$Z_S = \frac{60}{0.4} = 150\ \Omega = \sqrt{R_S^2 + (\omega L_S)^2} \qquad ③$$

由①式可得：$(150 + R_S)^2 + (377L_S)^2 = (275)^2 = 75625$　①′

③式可得：$R_S^2 + (377L_S)^2 = (150)^2 = 22500$　③′

由①′式減去③′式可得：

$$(150 + R_S)^2 - R_S^2 = 75625 - 22500 = 53125$$

$$R_S^2 + 300R_S + 150^2 - R_S^2 = 53125$$

$\therefore R_S = 102.0833\ \Omega$，代入③′式可得：

$$377L_S = \sqrt{(150)^2 - (102.0833)^2} = 109.904\ \Omega$$

$$\therefore L_S = 0.2915\ \text{H}$$

◎

## 【本節重點摘要】

(1)一個獨立電壓源之電壓連接在節點 $a$、$b$ 間，其相量為 $\mathbf{V}_S$，另外有 $n$ 個阻抗：$\overline{Z}_1, \overline{Z}_2, \cdots, \overline{Z}_n$，以串聯的方式亦連接至節點 $a$、$b$ 上。每一個阻抗兩端的電壓分別為 $\mathbf{V}_1, \mathbf{V}_2, \cdots, \mathbf{V}_n$，通過之電流分別為 $\mathbf{I}_1, \mathbf{I}_2, \cdots, \mathbf{I}_n$。因此通過每一個阻抗元件之電流相量 $\mathbf{I}$：

$$\mathbf{I} = \mathbf{I}_1 = \mathbf{I}_2 = \cdots = \mathbf{I}_n \quad \text{A}$$

根據克希荷夫電壓定律 KVL 寫出之方程式為：

$$\mathbf{V}_S = \mathbf{V}_1 + \mathbf{V}_2 + \cdots + \mathbf{V}_n = \sum_{i=1}^{n} \mathbf{V}_i$$

將每個阻抗元件兩端的電壓，以歐姆定律表示為阻抗與電流相量的乘積如下：

$$\mathbf{V}_i=\overline{Z}_i\mathbf{I}_i \quad \text{V}$$

式中 $i=1,2,\cdots,n$。將電壓源流入電流 $I$ 取代各阻抗元件之電流 $I_i$，可得：

$$\mathbf{V}_S=\overline{Z}_1\mathbf{I}_1+\overline{Z}_2\mathbf{I}_2+\cdots+\overline{Z}_n\mathbf{I}_n=\overline{Z}_1\mathbf{I}+\overline{Z}_2\mathbf{I}+\cdots+\overline{Z}_n\mathbf{I}$$

$$=(\overline{Z}_1+\overline{Z}_2+\cdots+\overline{Z}_n)\mathbf{I}=\overline{Z}_T\mathbf{I} \quad \text{V}$$

式中總阻抗：

$$\overline{Z}_T=\frac{\mathbf{V}_S}{\mathbf{I}}=\overline{Z}_1+\overline{Z}_2+\cdots+\overline{Z}_n=\sum_{i=1}^{n}\overline{Z}_i=R_T+jX_T \quad \Omega$$

(2)以相量表示的分壓器法則，其中第 $i$ 個阻抗兩端的電壓相量 $\mathbf{V}_i$ 為：

$$\mathbf{V}_i=\overline{Z}_i\frac{\mathbf{V}_S}{\overline{Z}_1+\overline{Z}_2+\cdots+\overline{Z}_n}=\frac{\overline{Z}_i}{\overline{Z}_1+\overline{Z}_2+\cdots+\overline{Z}_n}\mathbf{V}_S=\frac{\overline{Z}_i}{\overline{Z}_T}\mathbf{V}_S \quad \text{V}$$

阻抗越大的電路元件，所分得的電壓越多，越小的阻抗分得的電壓越少。

(3)兩導納 $\overline{Y}_1,\overline{Y}_2$ 以串聯的方式接至一個獨立電壓源 $V_S$，兩導納兩端的電壓分別為 $V_1$、$V_2$，通過的電流分別為 $I_1$、$I_2$，若要求其合併後之總導納 $\overline{Y}_T$ 以及每一個導納兩端的電壓 $V_1$、$V_2$ 時，做法如下：

①總導納之計算，可由總阻抗倒數的方法，以阻抗變換而得：

$$\overline{Y}_T=\frac{1}{\overline{Z}_T}=\frac{1}{\overline{Z}_1+\overline{Z}_2}=\frac{1}{(1/\overline{Y}_1)+(1/\overline{Y}_2)}=\frac{\overline{Y}_1\overline{Y}_2}{\overline{Y}_1+\overline{Y}_2} \quad \text{S}$$

②每個元件兩端之電壓計算也可利用阻抗的倒數關係求得：

$$\mathbf{V}_1=\frac{\overline{Z}_1}{\overline{Z}_1+\overline{Z}_2}\mathbf{V}_S=\frac{(1/\overline{Y}_1)}{(1/\overline{Y}_1)+(1/\overline{Y}_2)}\mathbf{V}_S=\frac{\overline{Y}_2}{\overline{Y}_1+\overline{Y}_2}\mathbf{V}_S \quad \text{V}$$

$$\mathbf{V}_2=\frac{\overline{Y}_1}{\overline{Y}_1+\overline{Y}_2}\mathbf{V}_S \quad \text{V}$$

## 【思考問題】

(1)非線性元件串聯在電路時，如何將電路做串聯分析？
(2)相互磁通耦合的元件串聯在電路時，如何將電路做串聯分析？
(3)相依電源串聯在電路時，如何將電路做串聯分析？
(4)以時間控制的開關串聯在電路時，如何將電路做串聯分析？
(5)一個開路元件串聯在電路時，是否無法將電路做串聯分析？

## 7.4　並聯電路

前一節中，已介紹過弦波穩態下串聯電路的觀念。本節探討同樣是弦波穩態下，並聯電路的電壓及電流相量關係。如圖 7.4.1 所示，一個獨立電流源連接在節點 $a$、$b$ 間，其電流相量爲 $\mathbf{I}_S$，另外有 $n$ 個導納 $\overline{Y}_1$，$\overline{Y}_2$，…，$\overline{Y}_n$，以並聯的方式亦連接在節點 $a$、$b$ 間。每一個導納兩端的電壓相量分別爲 $\mathbf{V}_1$，$\mathbf{V}_2$，…，$\mathbf{V}_n$，通過之電流相量分別爲 $\mathbf{I}_1$，$\mathbf{I}_2$，…，$\mathbf{I}_n$。假設節點 $a$ 對節點 $b$ 之電壓相量爲 $\mathbf{V}$，因爲 $n$ 個導納以並聯的方式連接，因此該電壓相量 $\mathbf{V}$ 等於每一個導納元件上兩端的電壓：

$$\mathbf{V} = \mathbf{V}_1 = \mathbf{V}_2 = \cdots = \mathbf{V}_n \quad \text{V} \tag{7.4.1}$$

根據克希荷夫電流定律 KCL 對圖 7.4.1 寫出節點 $a$ 之節點方程式爲：

$$\mathbf{I}_S = \mathbf{I}_1 + \mathbf{I}_2 + \cdots + \mathbf{I}_n = \sum_{i=1}^{n} \mathbf{I}_i \quad \text{A} \tag{7.4.2}$$

將每個導納元件通過的電流相量 $\mathbf{I}_i$，以歐姆定律表示爲導納與電壓相量 $\mathbf{V}$ 的乘積如下：

$$\mathbf{I}_i = \overline{Y}_i \mathbf{V}_i \quad \text{A} \tag{7.4.3}$$

圖 7.4.1　具有 $n$ 個導納的並聯電路

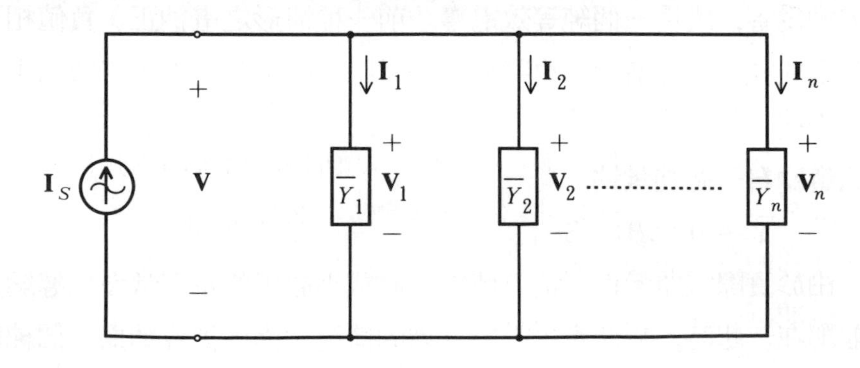

再將 (7.4.3) 式代入 (7.4.2) 式之每個導納元件的電流中, 並以 (7.4.1) 式之相同電壓相量 $\mathbf{V}$ 取代各導納元件兩端的電壓相量 $\mathbf{V}_i$, 可得:

$$\mathbf{I}_S = \overline{Y}_1\mathbf{V}_1 + \overline{Y}_2\mathbf{V}_2 + \cdots + \overline{Y}_n\mathbf{V}_n = \overline{Y}_1\mathbf{V} + \overline{Y}_2\mathbf{V} + \cdots + \overline{Y}_n\mathbf{V}$$
$$= (\overline{Y}_1 + \overline{Y}_2 + \cdots + \overline{Y}_n)\mathbf{V} = \overline{Y}_T\mathbf{V} \quad \text{A} \qquad (7.4.4)$$

式中

$$\overline{Y}_T = \frac{\mathbf{I}_S}{\mathbf{V}} = \overline{Y}_1 + \overline{Y}_2 + \cdots + \overline{Y}_n = \sum_{i=1}^{n} \overline{Y}_i$$
$$= G_T + jB_T \quad \text{S} \qquad (7.4.5)$$

$\overline{Y}_T$為該並聯電路由節點$a$、$b$ 間看入之總導納(the total admittance)或稱驅動點導納 (the driving-point admittance), 其結果可將總流入之電流相量除以節點 $a$、$b$ 間的電壓相量, 或依複數加法將每個導納之實部 (電導部份) 相加得到一個等效總電導 $G_T$, 將每個阻抗的虛部 (電納部份) 相加得到一個等效總電納 $B_T$, 再將總電導 $G_T$ 及總電納$B_T$ 合併為一新導納 $\overline{Y}_T$, 即為總導納。依照前一節總阻抗的分析法, 總導納的關係式可能有下列幾種情形:

**(1)總導納為一個純電導**

$$\overline{Y}_T = G_T + j0 \quad \text{S}$$

此電路有兩種可能狀況, 一種表示虛數的電納由於正、負大小相同的關係相互抵銷; 一種情形則為所有阻抗內部僅含電導成份, 導致總電納為零, 成為一個純等效電導。前一種情形之電納正、負值相互抵銷變成純電導之情形, 也將是一種電路共振現象, 本書將於第十二章中介紹。

**(2)總導納為一個純電納**

$$\overline{Y}_T = 0 + jB_T \quad \text{S}$$

由於實際電路元件之電導值為大於或小於零的量, 當多個導納元件並聯在一起時, 無法產生電導互銷的情況, 因此總導納為一個純電納時, 表示所有電路元件均為電納元件。若總導納是一個正值純電納，表示電路元件中的電容性元件之總電納成份較電感性之電納成份大；反之，若總導納爲一個負值純電納，則表示並聯電路中的總電感納較總電容納爲大。

**(3)總導納為零值**

$$\overline{Y}_T = 0 + j0 \quad \text{S}$$

不僅總電導爲零，而且總電納亦爲零，此情形的一種可能爲(2)之特例，表示每一個電路元件均爲電納元件，而且電納元件之值因正、負號大小相同而互相抵銷；另一種情形爲每個並聯的電路元件均爲特殊的開路情況，因此總導納爲零。

**(4)總導納為一個以電容性為主的電路**

$$\overline{Y}_T = G_T + jB_T \quad \text{S} \qquad B_T > 0 \quad \text{S}$$

此時總電導及總電納均不爲零，且總導納虛部爲一個正數，此情形的一種可能是整個電路僅有電導性及電容性元件而已；另一種可能是三種電路元件均存在，但是總電容納大於總電感納的量，因此使整個電路變成是以電容性爲主的電路。

**(5)總導納為一個以電感性為主的電路**

$$\overline{Y}_T = G_T - jB_T \quad \text{S} \qquad B_T > 0 \quad \text{S}$$

此情形與(4)的狀況相反，總電導及總電納均不爲零，且總導納虛部爲一個負虛數，此情形的一種可能是整個電路僅有電導性及電感性元件而已；另一種可能是三種電路元件均存在，但是總電感納大於總電容納的量，因此使整個電路變成是以電感性爲主的電路。

此並聯電路之總導納計算法與第 2.8 節中直流電路之並聯電路等總電導計算法相同，只是多了虛數電納部份的處理工作。由總導納的求得，代入（7.4.4）式，也可以推導出電源兩端之電壓相量：

$$\mathbf{V} = \frac{\mathbf{I}_S}{\overline{Y}_T} = \frac{\mathbf{I}_S}{\overline{Y}_1 + \overline{Y}_2 + \cdots + \overline{Y}_n} \quad \text{V} \qquad (7.4.6)$$

將該電壓相量 $\mathbf{V}$ 代入（7.4.3）式，或將電壓相量 $\mathbf{V}$ 乘以每一個元件的導納值，則流過第 $i$ 個導納的電流相量 $\mathbf{I}_i$ 爲：

$$\mathbf{I}_i = \overline{Y}_i \frac{\mathbf{I}_S}{\overline{Y}_1 + \overline{Y}_2 + \cdots + \overline{Y}_n} = \frac{\overline{Y}_i}{\overline{Y}_1 + \overline{Y}_2 \cdots + \overline{Y}_n} \mathbf{I}_S$$

$$= \frac{\overline{Y}_i}{\overline{Y}_T} \mathbf{I}_S \quad \text{A} \qquad (7.4.7)$$

(7.4.7) 式即是以相量表示的分流器法則 (the current-division principle)。當我們要求解第 $i$ 個導納的電流相量 $\mathbf{I}_i$ 時，可以將該導納值除以所有導納並聯在一起時的總導納，再乘以流入該並聯導納的總電流相量 $\mathbf{I}_S$，便是所要求的導納電流相量。由 (7.4.7) 式可以知道，導納越大的元件所分得的電流越多，越小的導納分得的電流越少。在設計電路時，可以用來計算欲並聯加入之導納大小，以達成電流分配的目的。

若一個電路僅有兩個阻抗 $\overline{Z}_1$、$\overline{Z}_2$ 並聯在一起，而且僅由一個電流源 $\mathbf{I}_S$ 供電時，假設通過的電流相量分別爲 $\mathbf{I}_1$、$\mathbf{I}_2$，若要求等效合併之阻抗以及各電路元件之電流時，可以如下處理：

**(1)等效阻抗 $\overline{Z}_{eq}$**

由 (7.4.5) 式之寫法可以變通爲：

$$\overline{Z}_{eq} = \frac{1}{\overline{Y}_{eq}} = \frac{1}{\overline{Y}_1 + \overline{Y}_2} = \frac{1}{(1/\overline{Z}_1) + (1/\overline{Z}_2)} = \frac{\overline{Z}_1 \overline{Z}_2}{\overline{Z}_1 + \overline{Z}_2} \quad \Omega \qquad (7.4.8)$$

此式與兩電阻並聯在一起，求等效電阻的方法類似，是將兩個元件之阻抗相乘除以兩個阻抗相加，比直流的電阻多了虛數部份的處理。(7.4.8) 式在應用於電路簡化上功用很大，讀者應特別記住該式的使用。

**(2)阻抗元件之電流**

由 (7.4.7) 式可以改寫爲：

$$\mathbf{I}_1 = \frac{\overline{Z}_2}{\overline{Z}_1 + \overline{Z}_2} \mathbf{I}_S \quad \text{A} \qquad (7.4.9)$$

$$\mathbf{I}_2 = \frac{\overline{Z}_1}{\overline{Z}_1 + \overline{Z}_2} \mathbf{I}_S \quad \text{A} \qquad (7.4.10)$$

此二式也同於（7.4.8）式一樣，是處理兩個阻抗並聯時的重要方程式，與處理兩個電阻器之並聯時之分流情況一樣，分母取兩阻抗之和，分子則取對方的阻抗，再乘以流入該並聯阻抗之總電流，即可得到本身所得的分配電流大小。

由本節的方程式（7.4.1）式～(7.4.7)式的表示，可以發現與前一節串聯電路的（7.3.1）式～(7.3.7)式之內容相類似，這是因為串聯電路與並聯電路間有對偶性（the duality）的關係存在。表 7.4.1 就列出了它們間的相互對應關係，讀者可以自行對照。

**表 7.4.1　串聯電路與並聯電路間的對偶性關係**

| 串聯電路 | 並聯電路 |
|---|---|
| 電壓源 $\mathbf{V}_S$ | 電流源 $\mathbf{I}_S$ |
| 阻抗 $\overline{Z}_i$，$i=1,2,\cdots,n$ | 導納 $\overline{Y}_i$，$i=1,2,\cdots,n$ |
| 總阻抗 $\overline{Z}_T=\sum_{i=1}^{n}\overline{Z}_i$ | 總導納 $\overline{Y}_T=\sum_{i=1}^{n}\overline{Y}_i$ |
| 電源流入之電流 $\mathbf{I}=\frac{\mathbf{V}_S}{\overline{Z}_T}$ | 電源兩端的電壓 $\mathbf{V}=\frac{\mathbf{I}_S}{\overline{Y}_T}$ |
| 分壓定律 $\mathbf{V}_i=\frac{\overline{Z}_i}{\overline{Z}_T}\mathbf{V}_S$ | 分流定律 $\mathbf{I}_i=\frac{\overline{Y}_i}{\overline{Y}_T}\mathbf{I}_S$ |

**【例 7.4.1】** 三個導納，其值分別為 $\overline{Y}_1=5\angle 30^\circ$ S，$\overline{Y}_2=4\angle -25^\circ$ S，$\overline{Y}_3=6\angle 70^\circ$ S，同時並聯在節點 1、2 端，求：(a)由節點 1、2 端看入之總導納。(b)若一個 $40\angle -78^\circ$ A 之電流源由節點 1 注入，求各導納之電流相量。

**【解】** (a) $\overline{Y}_1=5\angle 30^\circ=4.33+j2.5$ S

$\overline{Y}_2=4\angle -25^\circ=3.625-j1.69$ S

$\overline{Y}_3=6\angle 70^\circ=2.052+j5.638$ S

$$\overline{Y}_T=\overline{Y}_1+\overline{Y}_2+\overline{Y}_3$$

$$=(4.33+3.625+2.052)+j(2.5-1.69+5.638)$$

$= 10.007 + j6.448 = 11.904\angle 32.796° \text{ S}$

(b)假設流過 $\overline{Y}_1$, $\overline{Y}_2$, $\overline{Y}_3$ 之電流相量分別為 $\mathbf{I}_1$, $\mathbf{I}_2$, $\mathbf{I}_3$, 則:

$$\mathbf{I}_1 = \frac{\overline{Y}_1}{\overline{Y}_T}40\angle -78° = \frac{5\angle 30°}{11.904\angle 32.796°}40\angle -78°$$

$$= 16.801\angle -80.796° \text{ A}$$

$$\mathbf{I}_2 = \frac{\overline{Y}_2}{\overline{Y}_T}40\angle -78° = \frac{4\angle -25°}{11.904\angle 32.796°}40\angle -78°$$

$$= 13.441\angle -135.796° \text{ A}$$

$$\mathbf{I}_3 = \frac{\overline{Y}_3}{\overline{Y}_T}40\angle -78° = \frac{6\angle 70°}{11.904\angle 32.796°}40\angle -78°$$

$$= 20.161\angle -40.796° \text{ A}$$ ◎

**【例 7.4.2】** 一個電壓源電壓為 $v_S(t) = 40\sqrt{2}\sin(100t + 40°)$ V，注入一個網路之電流為 $i(t) = 20\sqrt{2}\sin(100t + 80°)$ A，已知該網路中有一個 20 F 電容並聯在電壓源兩端，求該網路除去 20 F 後之等效導納值。

**【解】**

$$v_S(t) = 40\sqrt{2}\sin(100t + 40°) \quad \Leftrightarrow \quad \mathbf{V}_S = 40\angle 40° \text{ V}$$

$$i(t) = 20\sqrt{2}\sin(100t + 80°) \quad \Leftrightarrow \quad \mathbf{I} = 20\angle 80° \text{ A}$$

$$\overline{Y}_T = \frac{\mathbf{I}}{\mathbf{V}_S} = \frac{20\angle 80°}{40\angle 40°} = 0.5\angle 40° = 0.383 + j0.3214 \text{ S}$$

$$B_C = \omega C = 100 \times 20 \times 10^{-6} = 2 \times 10^{-3} \text{ S}$$

$$\therefore \overline{Y} = \overline{Y}_T - jB_C = 0.383 + j0.3214 - j2 \times 10^{-3}$$

$$= 0.383 + j0.3194 = 0.4987\angle 39.826° \text{ S}$$ ◎

**【例 7.4.3】** 一個電阻器 $R$ 與一個電路簡單元件（$R$、$L$ 或 $C$）並聯在 $110\angle 40°$ V 之電壓源，已知流入該簡單元件之電流為 $2\angle 130°$ A，由電源流出之電流有效值為 7 A，求 $R$ 及該簡單元件之值。（假設 $\omega = 100$ rad/s）

**【解】** $\because \mathbf{V}_S = 110\angle 40^\circ$ V，而簡單元件之電流相位超前 $\mathbf{V}_S$ 90°，故知該元件必爲電容器，電流必超前 $R$ 之電流 90°，

$\therefore$ 總電流大小 $= 7 = \sqrt{I_R{}^2 + 2^2}$

$\therefore I_R = \sqrt{45} = 6.7082$ A

$\mathbf{I}_R = I_R\angle 40^\circ = 6.7082\angle 40^\circ$ A

$$\therefore R = \frac{V_S}{I_R} = \frac{110}{6.7082} = 66.3978\ \Omega$$

故簡單元件爲：

$$\overline{Z} = \frac{\mathbf{V}_S}{2\angle 130^\circ} = \frac{110\angle 40^\circ}{2\angle 130^\circ} = 55\angle -90^\circ = -j\,\frac{1}{\omega C}$$

$$\therefore \frac{1}{\omega C} = 55,\quad \therefore C = \frac{1}{100 \times 55} = 1.8181 \times 10^{-4}\ \text{F} = 181.818\ \mu\text{F}$$ ◎

**【例 7.4.4】** (a)利用迴路與節點特性，建立電路對偶之表格。(b)利用(a)所建立之表格求下面二圖之對偶圖形。

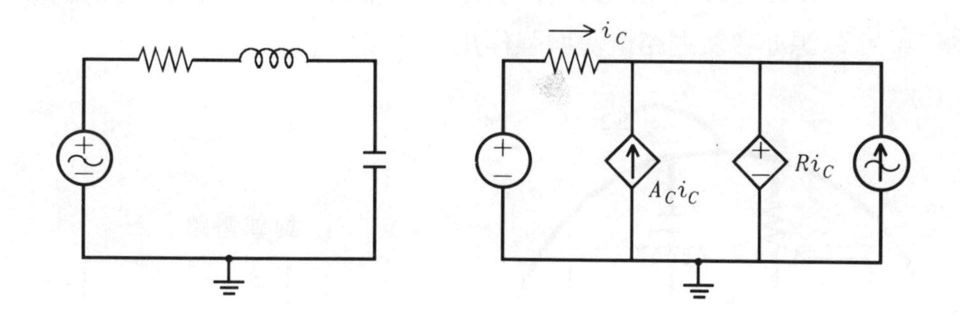


**【解】**

(a)電路之迴路與節點特性對偶表，如下所列：

| 節點特性 | 迴路特性 |
|---|---|
| 電導 $G$ | 電阻 $R$ |
| 電容 $C$ | 電感 $L$ |
| 電感 $L$ | 電容 $C$ |
| 電流源 $I_s$ | 電壓源 $V_s$ |
| 電流控制之電流源 CCCS | 電壓控制之電壓源 VCVS |
| 電壓控制之電流源 VCCS | 電流控制之電壓源 CCVS |
| 節點電壓 | 迴路電流 |
| 節點 | 網目 |
| 節點對 | 迴路 |
| 串聯路徑 | 並聯路徑 |
| 開路 | 短路 |
| 參考點 | 環繞整個電路之迴路 |

要點：1.平面電路中，無耦合電感存在時，$N+1$ 個節點與 $M$ 個網目電路其對偶電路爲 $M+1$ 個節點與 $N$ 個網目。
2.利用繪圖法在原圖元件垂直方向畫出其對偶元件。
3.由於節點與迴路對偶，若電源使節點極性變正，則其對偶電源亦會使迴路電流增強作用。

(b)

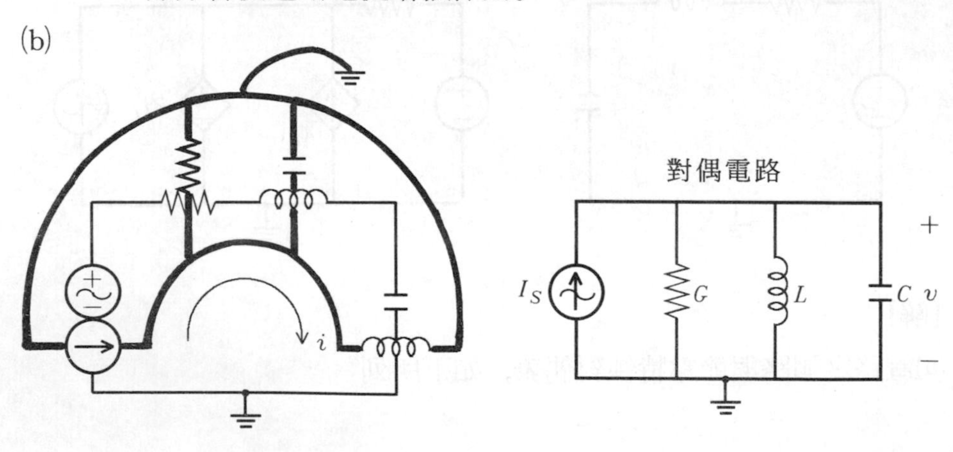

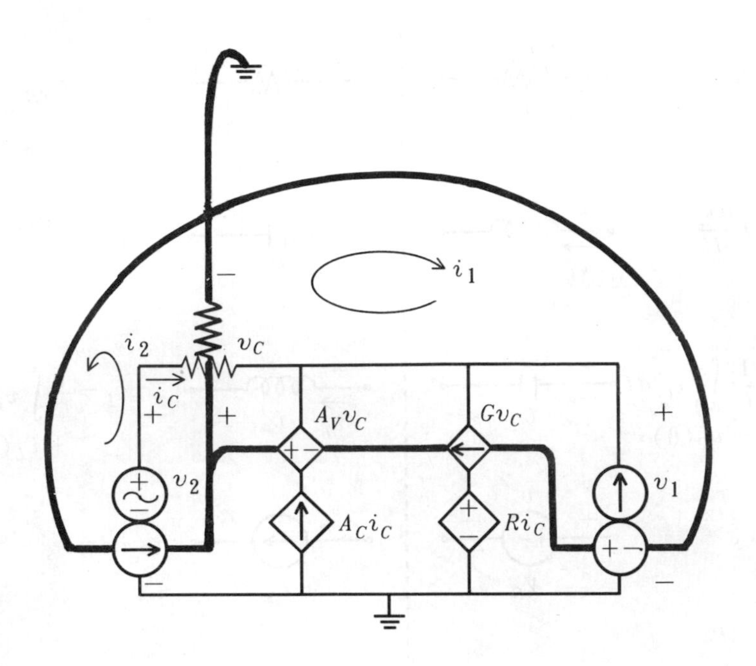


對偶電路：

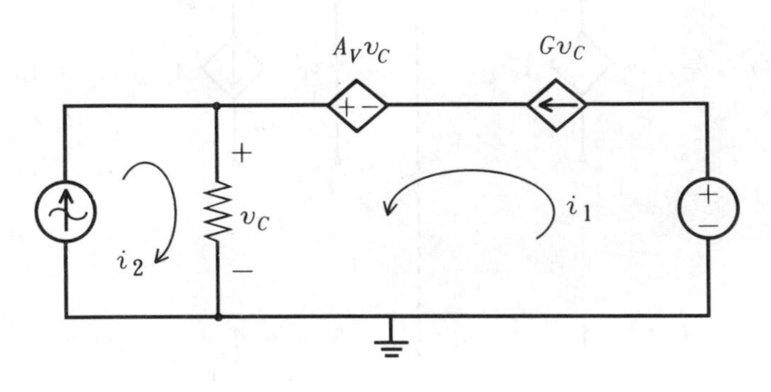


◎

**【例 7.4.5】** 試建立電阻 ($R$)、電感 ($L$)、電容 ($C$)、電壓源、電流源之電壓、電流相互對偶性之交流、直流關係與圖形。

**【解】** (a)直流之時域對偶性：

| | |
|---|---|
| $v_R = Ri_R$ (+ $v_R$ −, $i_R$, $R$) | (+ $v_R$ −, $i_R$, $G$) $i_R = Gv_R$ |
| $v_L = L\dfrac{di_L}{dt}$ (+ $v_L$ −, $i_L$, $L$) | (+ $v_C$ −, $i_C$, $C$) $v_C = C\dfrac{dv_C}{dt}$ |
| $v_C = \dfrac{1}{C}\int_0^t i_C\,dt + v_C(0)$ (+ $v_C$ −, $i_C$, $C$) | (+ $v_L$ −, $i_L$, $L$) $i_L = \dfrac{1}{C}\int v_L\,dt + i_L(0)$ |
| $v = V_S$ (+ $v$ −, $V_S$) | ($i$, $I_S$) $i = I_S$ |
| $v = A_C v_C$ ($v_C$, $v$, $A_C v_C$) | ($i_C$, $i$, $A_C i_C$) $i = A_C i_C$ |
| $v = Ri_C$ ($i_C$, $v$, $v = Ri_C$) | ($v_C$, $i$, $Gv_C$) $i = Gv_C$ |

(b)交流之頻域（相量）對偶性：

| | |
|---|---|
| $\mathbf{V}_R = R\mathbf{I}_R$ | $\mathbf{I}_R = G\mathbf{V}_R$ |
| $\mathbf{V}_L = j\omega L\mathbf{I}_L$ | $\mathbf{I}_C = j\omega C\mathbf{V}_C$ |
| $\mathbf{V}_C = \dfrac{1}{j\omega C}\mathbf{I}_C$ | $\mathbf{I}_L = \dfrac{1}{j\omega L}\mathbf{V}_L$ |
| $\mathbf{V} = \mathbf{V}_S$ | $\mathbf{I} = \mathbf{I}_S$ |
| $\mathbf{V} = A_C\mathbf{V}_C$ | $\mathbf{I} = A_C\mathbf{I}_C$ |
| $\mathbf{V} = R\mathbf{I}_C$ | $\mathbf{I} = G\mathbf{V}_C$ |

◎

## 【本節重點摘要】

(1)一個獨立電流源連接在節點 $a$、$b$ 間，其相量為 $\mathbf{I}_S$，另外有 $n$ 個導納 $\overline{Y}_1$，$\overline{Y}_2$，…，$\overline{Y}_n$，以並聯的方式亦連接在節點 $a$、$b$ 間。每一個導納兩端的電壓相量分別為 $\mathbf{V}_1$，$\mathbf{V}_2$，…，$\mathbf{V}_n$，通過之電流分別為 $\mathbf{I}_1$，$\mathbf{I}_2$，…，$\mathbf{I}_n$。假設節點 $a$ 對節點 $b$ 之電壓相量為 $\mathbf{V}$，因為 $n$ 個導納以並聯的方式連接，因此該電壓 $\mathbf{V}$ 等於每一個導納元件上兩端的電壓：

$$\mathbf{V} = \mathbf{V}_1 = \mathbf{V}_2 = \cdots = \mathbf{V}_n \quad \mathrm{V}$$

根據克希荷夫電流定律 KCL 寫出節點 $a$ 之節點方程式為：

$$\mathbf{I}_S = \mathbf{I}_1 + \mathbf{I}_2 + \cdots + \mathbf{I}_n = \sum_{i=1}^{n} \mathbf{I}_i \quad \mathrm{A}$$

將每個導納元件通過的電流相量 $\mathbf{I}_i$，以歐姆定律表示為導納與電壓相量 $\mathbf{V}$ 的乘積如下：

$$\mathbf{I}_i = \overline{Y}_i \mathbf{V}_i \quad \mathrm{A}$$

將相同電壓相量 $\mathbf{V}$ 取代各導納元件兩端的電壓相量 $\mathbf{V}_i$，可得：

$$\begin{aligned}\mathbf{I}_S &= \overline{Y}_1\mathbf{V}_1 + \overline{Y}_2\mathbf{V}_2 + \cdots + \overline{Y}_n\mathbf{V}_n = \overline{Y}_1\mathbf{V} + \overline{Y}_2\mathbf{V} + \cdots + \overline{Y}_n\mathbf{V} \\ &= (\overline{Y}_1 + \overline{Y}_2 + \cdots + \overline{Y}_n)\mathbf{V} = \overline{Y}_T\mathbf{V} \quad \mathrm{A}\end{aligned}$$

式中總導納：

$$\overline{Y}_T = \frac{\mathbf{I}_S}{\mathbf{V}} = \overline{Y}_1 + \overline{Y}_2 + \cdots + \overline{Y}_n = \sum_{i=1}^{n} \overline{Y}_i = G_T + jB_T \quad \mathrm{S}$$

(2)以相量表示的分流器法則，流過第 $i$ 個導納的電流相量 $\mathbf{I}_i$ 為：

$$\mathbf{I}_i = \overline{Y}_i \frac{\mathbf{I}_S}{\overline{Y}_1 + \overline{Y}_2 + \cdots + \overline{Y}_n} = \frac{\overline{Y}_i}{\overline{Y}_1 + \overline{Y}_2 + \cdots + \overline{Y}_n}\mathbf{I}_S = \frac{\overline{Y}_i}{\overline{Y}_T}\mathbf{I}_S \quad \mathrm{A}$$

導納越大的元件所分得的電流越多，越小的導納分得的電流越少。

(3)一個電路僅有兩個阻抗 $\overline{Z}_1$，$\overline{Z}_2$ 並聯在一起，而且僅由一個電流源 $\mathbf{I}_S$ 供電時，假設通過的電流相量分別為 $\mathbf{I}_1$，$\mathbf{I}_2$，若要求等效合併之阻抗以及各電路元件之電流時，可以如下處理：

①等效阻抗 $\overline{Z}_{eq}$：

$$\overline{Z}_{eq} = \frac{1}{\overline{Y}_{eq}} = \frac{1}{\overline{Y}_1 + \overline{Y}_2} = \frac{1}{(1/\overline{Z}_1) + (1/\overline{Z}_2)} = \frac{\overline{Z}_1\overline{Z}_2}{\overline{Z}_1 + \overline{Z}_2} \quad \Omega$$

②阻抗元件之電流：

$$\mathbf{I}_1 = \frac{\overline{Z}_2}{\overline{Z}_1 + \overline{Z}_2}\mathbf{I}_S \quad \mathrm{A}$$

$$\mathbf{I}_2=\frac{\overline{Z}_1}{\overline{Z}_1+\overline{Z}_2}\mathbf{I}_S \quad \text{A}$$

(4)串聯電路與並聯電路間的對偶性關係：見表 7.4.1。

【思考問題】

(1)非線性元件並聯在電路時，如何將電路做並聯分析？

(2)相互磁通耦合的元件並聯在電路時，如何將電路做並聯分析？

(3)相依電源並聯在電路時，如何將電路做並聯分析？

(4)以時間控制的開關並聯在電路時，如何將電路做並聯分析？

(5)一個短路元件並聯在電路時，是否無法將電路做並聯分析？

## 7.5　串並聯電路

本節將合併第 7.3 節之串聯電路，以及第 7.4 節之並聯電路兩者的架構，分析一個簡單的單電源串並聯的電路，最後再擴大爲單電源並串聯電路的分析，以利弦波穩態電路之求解。

如圖 7.5.1 所示，一個獨立電壓源接在節點 $a$、$b$ 間，其電壓相量爲 $\mathbf{V}_S$，節點 $a$、$c$ 間連接了一個阻抗 $\overline{Z}_1$，在節點 $b$、$c$ 間則並聯了兩個阻抗 $\overline{Z}_2, \overline{Z}_3$。由圖 7.5.1 之電路可知，電源 $\mathbf{V}_S$ 先與阻抗 $\overline{Z}_1$ 串聯，再和兩個阻抗 $\overline{Z}_2, \overline{Z}_3$ 並聯，因此該電路是一個先串聯後並聯的電路，亦即是一個單電源串並聯電路。由前面兩節的分析得知，單一個電源的電路可先將由電源看入之數個阻抗或導納予以合併成爲一個總阻抗或總導納後，再利用歐姆定理計算電源端點之電壓或流入之電流，最後再以分壓器法則或分流器法則計算各電路元件兩端的電壓或通過之電流值。因此圖 7.5.1 之分析步驟按程序列出如下：

(1)利用（7.4.8）式，計算並聯阻抗 $\overline{Z}_2$，$\overline{Z}_3$ 之合併等效值 $\overline{Z}_{23}$：

$$\overline{Z}_{23}=\overline{Z}_2 // \overline{Z}_3=\frac{\overline{Z}_2\overline{Z}_3}{\overline{Z}_2+\overline{Z}_3} \quad \Omega \tag{7.5.1}$$

圖7.5.1 一個單電源串並聯電路

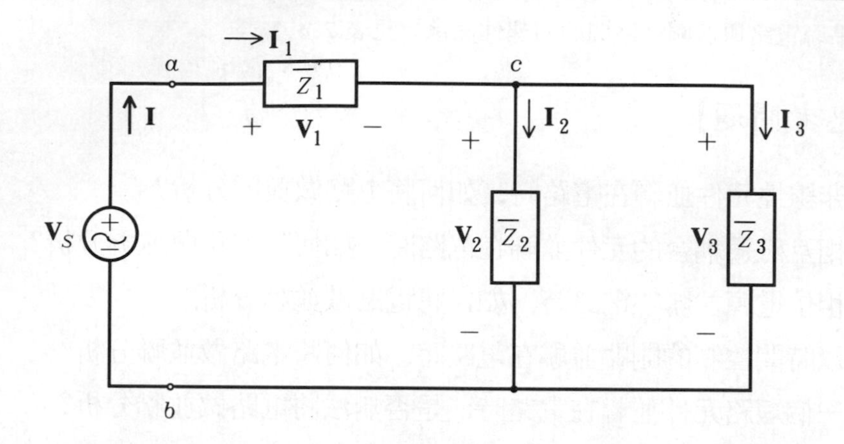


(2)再將等效阻抗 $\overline{Z}_{23}$與阻抗 $\overline{Z}_1$ 串聯，以求出由電源端看入之總阻抗 $\overline{Z}_T$：

$$\overline{Z}_T = \overline{Z}_1 + \overline{Z}_{23} = \overline{Z}_1 + \frac{\overline{Z}_2\overline{Z}_3}{\overline{Z}_2 + \overline{Z}_3} \quad \Omega \tag{7.5.2}$$

(3)將電源電壓相量 $\mathbf{V}_S$ 除以總阻抗 $\overline{Z}_T$，以計算由節點 $a$ 流入之總電流相量 $\mathbf{I}$：

$$\mathbf{I} = \frac{\mathbf{V}_S}{\overline{Z}_T} \quad \text{A} \tag{7.5.3}$$

(4)總電流相量 $\mathbf{I}$ 流經阻抗 $\overline{Z}_1$，因此該阻抗之電壓相量 $\mathbf{V}_1$ 及電流相量 $\mathbf{I}_1$ 分別爲：

$$\mathbf{V}_1 = \overline{Z}_1\mathbf{I} = \frac{\overline{Z}_1}{\overline{Z}_T}\mathbf{V}_S \quad \text{V} \tag{7.5.4}$$

（分壓器法則）

$$\mathbf{I}_1 = \mathbf{I} \quad \text{A} \tag{7.5.5}$$

(7.5.4) 式中第二個等號後的表示式，其實就是利用了分壓定律，而 (7.5.5) 式則是屬於串聯電路電流相同的觀念。

(5)利用(4)相同的方法，可以求出等效阻抗 $\overline{Z}_{23}$兩端之電壓相量，此電壓即爲節點 $c$ 對節點 $b$ 之相對電壓 $\mathbf{V}_{cb}$，亦是並聯阻抗 $\overline{Z}_2$，$\overline{Z}_3$ 相同

的電壓相量 $\mathbf{V}_2$、$\mathbf{V}_3$，至於阻抗 $\overline{Z}_2$，$\overline{Z}_3$ 的電流 $\mathbf{I}_2$、$\mathbf{I}_3$，可以利用歐姆定理或分流器法則求出：

$$\mathbf{V}_{cb}=\mathbf{V}_2=\mathbf{V}_3=\overline{Z}_{23}\mathbf{I}=\frac{\overline{Z}_{23}}{\overline{Z}_T}\mathbf{V}_S \quad \text{V} \tag{7.5.6}$$

（分壓器法則）

$$\mathbf{I}_2=\frac{\mathbf{V}_2}{\overline{Z}_2}=\frac{\overline{Z}_3}{\overline{Z}_2+\overline{Z}_3}\mathbf{I} \quad \text{A} \tag{7.5.7}$$

（分流器法則）

$$\mathbf{I}_3=\frac{\mathbf{V}_3}{\overline{Z}_3}=\frac{\overline{Z}_2}{\overline{Z}_2+\overline{Z}_3}\mathbf{I} \quad \text{A} \tag{7.5.8}$$

（分流器法則）

(7.5.6) 式中第四個等號後的表示式，即是利用了分壓器法則，而 (7.5.7) 式及 (7.5.8) 式第二個等號後面的表示式，即是利用了 (7.4.9) 及 (7.4.10) 兩式的分流器法則。

考慮另一個與圖 7.5.1 相互對偶的圖形，如圖 7.5.2 所示。一個獨立的電流源連接在節點 $a$、$b$ 上，其電流相量為 $\mathbf{I}_S$，一個導納 $\overline{Y}_1$ 也連接在節點 $a$、$b$ 上，其電壓相量及電流相量分別爲 $\mathbf{V}_1$、$\mathbf{I}_1$，另外兩個導納 $\overline{Y}_2$、$\overline{Y}_3$ 分別連接於節點 $a$、$c$ 及節點 $c$、$b$ 間，其電壓相量及電流相量分別爲 $\mathbf{V}_2$、$\mathbf{I}_2$ 及 $\mathbf{V}_3$、$\mathbf{I}_3$。由該圖架構得知，電流源相量 $\mathbf{I}_S$ 先與導納 $\overline{Y}_1$ 並聯，再和導納 $\overline{Y}_2$ 串聯在一起，最後再串聯導納 $\overline{Y}_3$。因此該電路是一個先並聯後串聯的電路，亦即稱爲單電源並串聯電路。我們將依照前面的串並聯電路由合併總導納，計算電壓相量，再計算分支電壓相量、電流相量的方法一步一步分析，如下所列的步驟：

(1)計算由導納 $\overline{Y}_2$ 及 $\overline{Y}_3$ 串聯後所形成的等效導納 $\overline{Y}_{23}$：

$$\overline{Y}_{23}=\frac{\overline{Y}_2\overline{Y}_3}{\overline{Y}_2+\overline{Y}_3} \quad \text{S} \tag{7.5.9}$$

(2)將等效導納 $\overline{Y}_{23}$與導納 $\overline{Y}_1$ 並聯，成爲由電源端看入之總導納 $\overline{Y}_T$：

$$\overline{Y}_T=\overline{Y}_1+\overline{Y}_{23}=\overline{Y}+\frac{\overline{Y}_2\overline{Y}_3}{\overline{Y}_2+\overline{Y}_3} \quad \text{S} \tag{7.5.10}$$

圖7.5.2 一個單電源並串聯電路

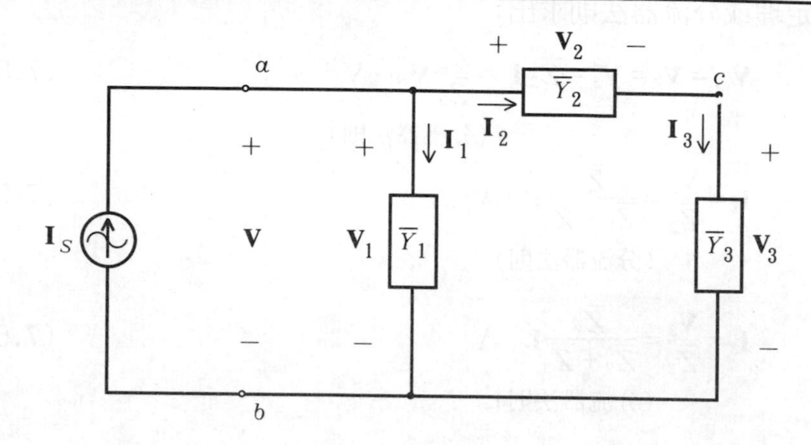


(3)利用歐姆定理求出節點 $a$、$b$ 間的相對電壓相量 $\mathbf{V}_{ab}$，此即是電源兩端的電壓相量 $\mathbf{V}$：

$$\mathbf{V}=\frac{\mathbf{I}_S}{\overline{Y}_T}\quad \text{V} \tag{7.5.11}$$

(4)利用歐姆定理或分流器法則求出導納 $\overline{Y}_1$ 的電流相量 $\mathbf{I}_1$，其兩端的電壓相量 $\mathbf{V}_1$ 即爲電源兩端電壓相量 $\mathbf{V}$：

$$\mathbf{I}_1=\overline{Y}_1\mathbf{V}=\frac{\overline{Y}_1}{\overline{Y}_1+\overline{Y}_{23}}\mathbf{I}_S\quad \text{A} \tag{7.5.12}$$

(分流器法則)

$$\mathbf{V}_1=\mathbf{V}=\frac{\mathbf{I}_S}{\overline{Y}_T}\quad \text{V} \tag{7.5.13}$$

(5)應用分流器法則求出導納 $\overline{Y}_2$ 及 $\overline{Y}_3$ 的電流相量 $\mathbf{I}_2$、$\mathbf{I}_3$，電壓相量 $\mathbf{V}_2$、$\mathbf{V}_3$ 則可用歐姆定理或分壓器法則求得：

$$\mathbf{I}_2=\mathbf{I}_3=\overline{Y}_{23}\mathbf{V}=\frac{\overline{Y}_{23}}{\overline{Y}_1+\overline{Y}_{23}}\mathbf{I}_S\quad \text{A} \tag{7.5.14}$$

(分流器法則)

$$\mathbf{V}_2=\frac{\mathbf{I}_2}{\overline{Y}_2}=\frac{\overline{Y}_3}{\overline{Y}_2+\overline{Y}_3}\mathbf{V}\quad \text{V} \tag{7.5.15}$$

(分壓器法則)

$$\mathbf{V}_3=\frac{\mathbf{I}_3}{\overline{Y}_3}=\frac{\overline{Y}_2}{\overline{Y}_2+\overline{Y}_3}\mathbf{V}\quad \text{V} \tag{7.5.16}$$

（分壓器法則）

【例 7.5.1】如圖 7.5.3 所示之串並聯電路，求負載 $\overline{Z}_L$ 兩端的電壓相量 $\mathbf{V}_L$。

圖 7.5.3　例 7.5.1 之電路

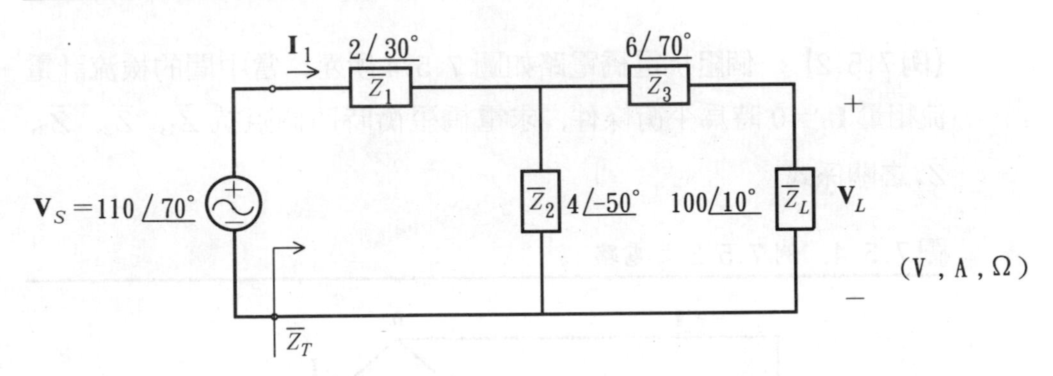


【解】先求 $\overline{Z}_T$：

$$\begin{aligned}\overline{Z}_{3L}&=\overline{Z}_3+\overline{Z}_L=6\angle 70^\circ+100\angle 10^\circ\\&=(2.052+j5.638)+(98.48+j17.365)\\&=100.532+j23.003\ \Omega=103.13\angle 12.888^\circ\ \Omega\end{aligned}$$

$$\begin{aligned}\overline{Z}_{23L}&=\overline{Z}_2/\!/\overline{Z}_{3L}=\frac{\overline{Z}_{3L}\cdot\overline{Z}_2}{\overline{Z}_{3L}+\overline{Z}_2}\\&=\frac{103.13\angle 12.888^\circ\cdot 4\angle -50^\circ}{(2.571-j3.064)+(100.532+j23.003)}\\&=\frac{412.52\angle -37.112^\circ}{105.013\angle 10.945^\circ}=3.928\angle -48.057^\circ\ \Omega\\&=2.625-j2.922\ \Omega\end{aligned}$$

$$\begin{aligned}\overline{Z}_T&=\overline{Z}_1+\overline{Z}_{23L}=1.732+j1+2.625-j2.922\\&=4.357-j1.922=4.762\angle -23.8^\circ\ \Omega\end{aligned}$$

$$\mathbf{I}_1=\frac{\mathbf{V}_S}{\overline{Z}_T}=\frac{110\angle 70^\circ}{4.762\angle -23.8^\circ}=23.0995\angle 93.8^\circ\ \text{A}$$

$$\mathbf{I}_L=\mathbf{I}_1\times\frac{\overline{Z}_2}{\overline{Z}_2+\overline{Z}_{3L}}=23.0995\angle 93.8^\circ\times\frac{4\angle -50^\circ}{105.013\angle 10.945^\circ}$$

$$=0.8799\angle 32.855^\circ\ \text{A}$$

$$\therefore \mathbf{V}_L=\mathbf{I}_L\times\overline{Z}_L=0.8799\angle 32.855^\circ\cdot 100\angle 10^\circ$$

$$=87.99\angle 42.855^\circ\ \text{V}$$

◎

**【例 7.5.2】** 一個阻抗電橋電路如圖 7.5.4 所示，當中間的檢流計電流相量 $\mathbf{I}_D=0$ 時爲平衡條件，求電橋平衡時四個阻抗 $\overline{Z}_1$，$\overline{Z}_2$，$\overline{Z}_3$，$\overline{Z}_4$ 之關係式。

**圖 7.5.4　例 7.5.2 之電路**

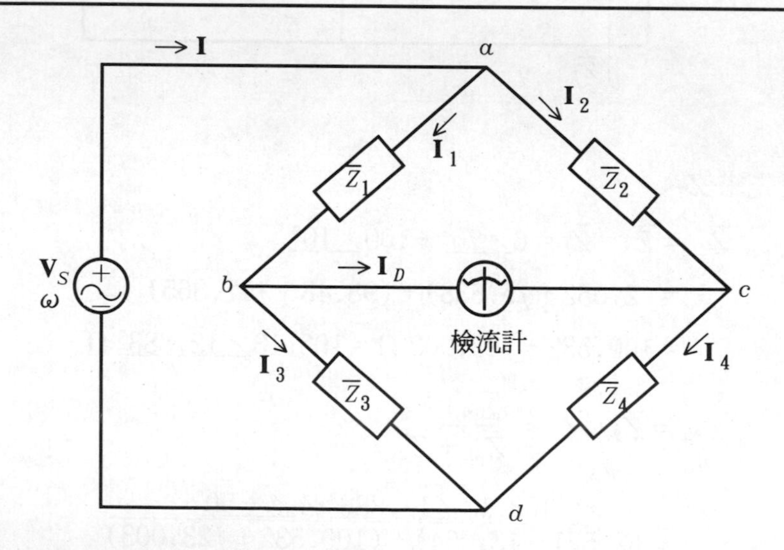


**【解】** 當 $\mathbf{I}_D=0$ 時，$\mathbf{I}_1=\mathbf{I}_3$，$\mathbf{I}_2=\mathbf{I}_4$，

故：$ab$ 臂與 $ac$ 臂之電壓相量相同 $\Rightarrow$ $\mathbf{V}_{ab}=\mathbf{V}_{ac}$ ①

　　$bd$ 臂與 $cd$ 臂之電壓相量相同 $\Rightarrow$ $\mathbf{V}_{bd}=\mathbf{V}_{cd}$ ②

由①式知：$\overline{Z}_1\mathbf{I}_1=\overline{Z}_2\mathbf{I}_2$ ③

由②式知：$\overline{Z}_3\mathbf{I}_3=\overline{Z}_4\mathbf{I}_4$ ④

將③式除以④式，並將 $\mathbf{I}_D=0$ 時之 $\mathbf{I}_1=\mathbf{I}_3$ 及 $\mathbf{I}_2=\mathbf{I}_4$ 之條件代入，可得：

$$\frac{\overline{Z}_1\mathbf{I}_1}{\overline{Z}_3\mathbf{I}_3}=\frac{\overline{Z}_2\mathbf{I}_2}{\overline{Z}_4\mathbf{I}_4} \quad\Rightarrow\quad \frac{\overline{Z}_1}{\overline{Z}_3}=\frac{\overline{Z}_2}{\overline{Z}_4}$$

或 $\overline{Z}_1\overline{Z}_4=\overline{Z}_2\overline{Z}_3$

（注意：交叉阻抗之相乘值相等，爲一般電橋平衡條件。）

若其中一個臂的阻抗 $\overline{Z}_4$ 未知，其他三個阻抗爲已知，則

$$\overline{Z}_4=\frac{\overline{Z}_2\overline{Z}_3}{\overline{Z}_1} \quad \Omega$$

可以求出。◎

**【例7.5.3】** 如圖7.5.5所示之並串聯電路，已知 $A$、$B$ 均爲簡單元件，$\mathbf{V}_S$ 之有效值爲100 V，且 $\mathbf{V}_S$ 超前元件 $A$ 之電流 $i_A$。若 $i_T(t)=10\sqrt{2}\sin(500t+20°)$ A，$i_B(t)=8\sqrt{2}\sin(500t+110°)$ A。求：(a) $i_A(t)$，(b)元件 $A$、$B$ 之值。

**圖7.5.5 例7.5.3之電路**

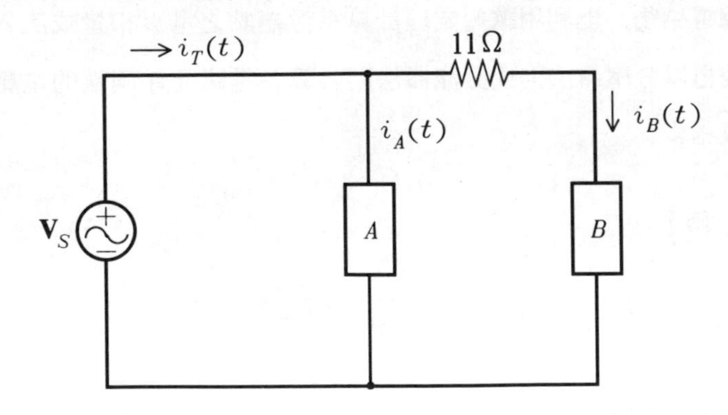


**【解】** (a) $\mathbf{I}_T=10\angle 20°$ A，$\mathbf{I}_B=8\angle 110°$ A

$$\therefore \mathbf{I}_A=\mathbf{I}_T-\mathbf{I}_B=10\angle 20°-8\angle 110°$$

$$=(9.397+j3.42)-(-2.736+j5.175)$$

$$=12.133-j1.755=12.259\angle -8.23° \text{ A}$$

$$\therefore i_A(t) = 12.259\sqrt{2}\sin(500t - 8.23°) \text{ A}$$

(b)由於 $\mathbf{V}_S$ 超前 $\mathbf{I}_A$，且元件 $A$ 爲簡單元件，故知 $\mathbf{V}_S$ 必超前 $\mathbf{I}_A$ 90°，因此 $A$ 爲電感器：

$$\therefore \mathbf{V}_S = 100\underline{/90° + (-8.23°)} = 100\underline{/81.77°} \text{ V}$$

$$\overline{Z}_A = \frac{\mathbf{V}_S}{\mathbf{I}_A} = \frac{100\underline{/81.77°}}{12.259\underline{/-8.23°}} = 8.157\underline{/90°} = \omega L\underline{/90°}$$

$$\therefore L = \frac{8.157}{\omega} = \frac{8.157}{500} = 0.0163 = 16.3 \text{ mH} \text{——元件 } A$$

$$\overline{Z}_B = \frac{\mathbf{V}_S}{\mathbf{I}_B} - 11 = \frac{100\underline{/81.77°}}{8\underline{/110°}} - 11 = 12.5\underline{/-28.23°} - 11$$

$$= 11 - j5.91 - 11 = -j5.91 \ \Omega = -j\frac{1}{\omega C}$$

$$\therefore C = \frac{1}{5.91 \times 500} = 3.384 \times 10^{-4} = 338.4 \ \mu\text{F} \text{——元件 } B$$ ◎

## 【本節重點摘要】

(1)單一個電源的電路可先將由電源看入之數個阻抗或導納予以合併成為一個總阻抗或總導納後，再利用歐姆定理計算電源端點之電壓相量或流入之電流相量，最後再以分壓器法則或分流器法則計算各電路元件兩端的電壓相量或通過之電流相量。

## 【思考問題】

(1)在弦波穩態電路中，發生電路元件斷開時，如何利用串並聯技巧分析電路？

(2)在弦波穩態電路中，發生電路元件短路時，如何利用串並聯技巧分析電路？

(3)在串聯迴路中，既有阻抗元件，又有導納元件時，如何分析電路？

(4)在並聯支路中，既有阻抗元件，又有導納元件時，如何分析電路？

(5)是不是單電源的任何串並聯電路都可以求解出答案來？爲什麼？

# 7.6 串聯和並聯等效關係

圖 7.6.1(a)所示的方塊為一個被動電路，沒有任何電源在方塊內，只有數個阻抗或導納的連接而已。經過串聯電路、並聯電路或串並聯、並串聯之簡化，可以將該方塊化簡成為一個等效電阻 $R_{eq}$與等效電抗 $\pm jX_{eq}$串接在一起的等效阻抗 $\overline{Z}_{eq}$，如圖 7.6.1(b)所示。該等效阻抗 $\overline{Z}_{eq}$也可以利用端電壓相量 **V** 除以流入之電流相量 **I** 來求得：

$$\overline{Z}_{eq} = Z_{eq}\angle\phi_Z^{\circ} = \frac{\mathbf{V}}{\mathbf{I}} = R_{eq} \pm jX_{eq} \quad \Omega \tag{7.6.1}$$

式中 $\pm jX_{eq}$之正、負號分別表示電感抗 $+jX_L$ 及電容抗 $-jX_C$ 之特性。亦即由節點 $a$、$b$ 看入之等效電抗值，可以是電容抗也可以是電感抗，甚至可以是零值或正負無限大的值：零值的可能是正值電感抗與負值電容抗大小相同，因此互相抵銷的電路共振情形，也可能是電路中並無電抗元件存在；正無限大的電抗值發生在電路含有電感性的元件而且電源頻率為無限大的特殊情況；至於負無限大的情形是指電路含有電容性元件且電源工作在頻率為零的直流情況下。但是等效電阻值 $R_{eq}$卻是一個大於或等於零的量，因為在實際電路元件上目前不會出現負的電阻值，其中零值的電阻值表示電路不含電阻性元件，或是單純的短路（或是特殊的元件，如超導體等）。

若將（7.6.1）式倒過來以等效導納 $\overline{Y}_{eq}$表示，則該導納變成一個等效電導 $G_{eq}$與一個等效電納 $B_{eq}$並聯在節點 $a$、$b$ 兩端，如圖 7.6.1(c)所示。該等效導納 $\overline{Y}_{eq}$其實也可以由電流相量 **I** 除以電壓相量 **V** 來得到：

$$\begin{aligned}\overline{Y}_{eq} &= Y_{eq}\angle\phi_Y^{\circ} = \frac{1}{\overline{Z}_{eq}} = \frac{1}{Z_{eq}\angle\phi_Z^{\circ}} = \frac{\mathbf{I}}{\mathbf{V}} \\ &= G_{eq} \pm jB_{eq} \quad \text{S}\end{aligned} \tag{7.6.2}$$

式中 $\pm jB_{eq}$之正、負號分別表示電容納 $jB_C$ 及電感納 $-jB_L$ 之特性。

亦即由節點 $a$、$b$ 看入之等效電納值，可以是電感納也可以是電容納，甚至可以是零值或正負無限大的值：零值表示正值的電容納與負值的電感納大小相同相互抵銷的電路共振情形，或者電路中不含此類電納（或電抗）元件；正無限大的電納值表示電路中含有電容性的元件而且電源頻率爲無限大的特殊情況；負無限大的電納值表示電路中含有電感性元件且電源頻率工作在零值的直流情形下。但是等效電導量 $G_{eq}$ 卻是一個大於或等於零值的量，零值的電導量表示電路不含電導（電阻）性元件，或是單純的開路。

(7.6.1) 式是以串聯阻抗所表示的等效電路，如圖 7.6.1(b)所示，而(7.6.2)式卻是以並聯導納所表示的等效電路，示在圖7.6.1(c)中，兩者同時是圖 7.6.1(a)之等效電路，因此這兩種電路的參數間，應該會有互爲等效的特性。茲將這兩個等效電路的參數變換關係以下面兩部份說明之。

圖7.6.1　(a)一個被動網路(b)串聯等效電路(c)並聯等效電路

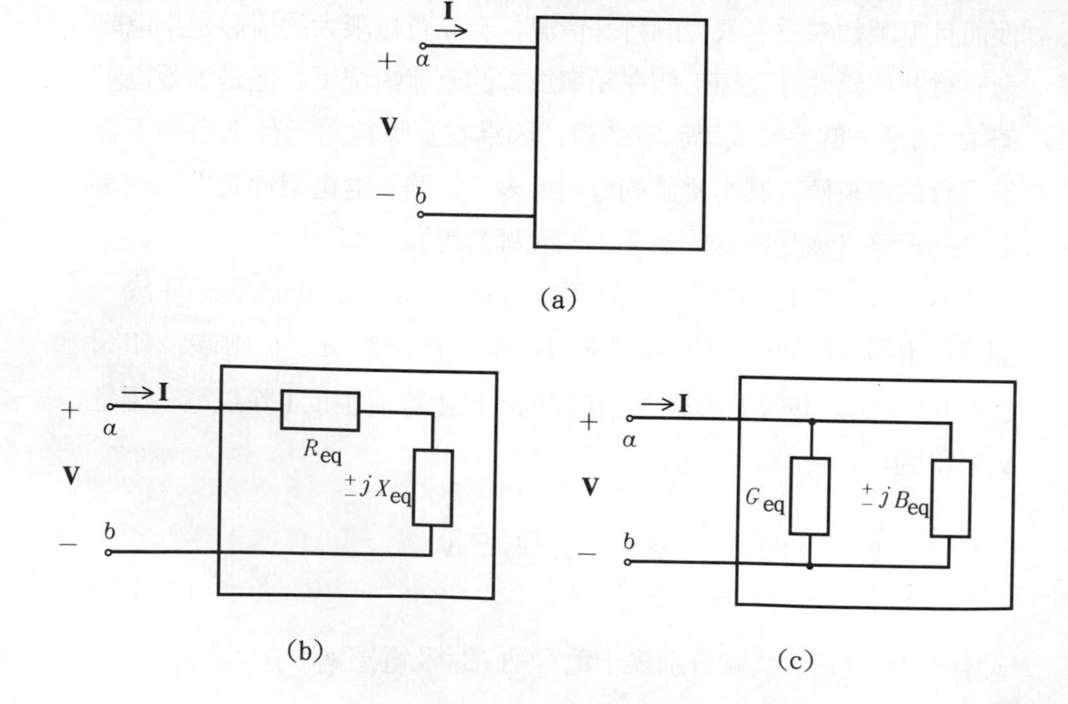

### 7.6.1 由並聯電路參數所表示的串聯等效電路

將串聯阻抗參數 $R_{eq} \pm jX_{eq}$以並聯導納的兩參數 $G_{eq}$、$B_{eq}$表示之關係式為:

$$\overline{Z}_{eq} = R_{eq} \pm jX_{eq} = \frac{1}{\overline{Y}_{eq}} = \frac{1}{G_{eq} \pm jB_{eq}}$$

$$= \frac{1}{G_{eq} \pm jB_{eq}} \ \frac{G_{eq} \mp jB_{eq}}{G_{eq} \mp jB_{eq}} = \frac{G_{eq} \mp jB_{eq}}{G_{eq}^2 + B_{eq}^2}$$

(有理化)

$$= \left(\frac{G_{eq}}{G_{eq}^2 + B_{eq}^2}\right) \mp j\left(\frac{B_{eq}}{G_{eq}^2 + B_{eq}^2}\right) \quad \Omega \tag{7.6.3}$$

式中

$$R_{eq} = \frac{G_{eq}}{G_{eq}^2 + B_{eq}^2} \quad \Omega \tag{7.6.4}$$

$$\pm jX_{eq} = \mp j \frac{B_{eq}}{G_{eq}^2 + B_{eq}^2} \quad \Omega \tag{7.6.5}$$

(7.6.3) 式中第四個等號右側的式子，利用了複數的有理化過程，使分母的量變成兩個實數個別平方的和 $G_{eq}^2 + B_{eq}^2$，此量亦是一個實數。(7.6.4) 式及 (7.6.5) 式說明了串聯等效電阻 $R_{eq}$及等效電抗 $X_{eq}$如何由並聯導納的兩個參數 $G_{eq}$、$B_{eq}$表示。其中 (7.6.5) 式特別將串聯等效電抗量正、負號的對應關係與並聯導納之正、負號關係列出，以說明一個重要的串聯與並聯等效電路間電抗或電納轉換的特性:

(1)當並聯等效之電納量為 $-jB_{eq}$ (電感性) 時，轉換為串聯的等效電抗量會變成 $+jX_{eq}$ (亦為電感性)。

(2)當並聯等效之電納值為 $+jB_{eq}$ (電容性) 時，轉換為串聯的等效電抗量會變成 $-jX_{eq}$ (亦為電容性)。

此(1)(2)兩點說明了由並聯電路轉換為串聯電路時，轉換前後之電路特性不變的觀念：並聯電路若原為等效 $RL$ 電路，轉換後的串聯等效電路亦為 $RL$ 電路；並聯電路原為等效 $RC$ 電路，轉換後的串聯等效電路亦為 $RC$ 電路。

## 7.6.2 由串聯電路參數所表示之並聯等效電路

並聯等效導納參數 $G_{eq}$及 $B_{eq}$以串聯等效電路參數 $R_{eq}$及 $X_{eq}$之表示式如下：

$$\overline{Y}_{eq}=G_{eq}\pm jB_{eq}=\frac{1}{\overline{Z}_{eq}}=\frac{1}{R_{eq}\pm jX_{eq}}$$

$$=\frac{1}{R_{eq}\pm jX_{eq}}\frac{R_{eq}\mp jX_{eq}}{R_{eq}\mp jX_{eq}}=\frac{R_{eq}\mp jX_{eq}}{R_{eq}^2+X_{eq}^2}$$

（有理化）

$$=(\frac{R_{eq}}{R_{eq}^2+X_{eq}^2})\mp j(\frac{X_{eq}}{R_{eq}^2+X_{eq}^2})\quad S \tag{7.6.6}$$

式中

$$G_{eq}=\frac{R_{eq}}{R_{eq}^2+X_{eq}^2}\quad S \tag{7.6.7}$$

$$\pm jB_{eq}=\mp j\frac{X_{eq}}{R_{eq}^2+X_{eq}^2}\quad S \tag{7.6.8}$$

(7.6.6) 式第四個等號右側的表示式，是利用了複數的有理化過程，使分母之值轉變成爲$R_{eq}^2+X_{eq}^2$，變成一個實數。(7.6.7)式及(7.6.8)式兩式說明了如何利用串聯阻抗的參數 $R_{eq}$、$X_{eq}$來表示並聯等效電路的參數 $G_{eq}$、$B_{eq}$。值得注意的是 (7.6.8) 式的電納與電抗正負極性的關係：

(1)當串聯電路之等效電抗值爲 $-jX_{eq}$（電容性）時，轉換爲並聯等效電路之電納值爲 $+jB_{eq}$（亦爲電容性）。

(2)當串聯電路之等效電抗值爲 $+jX_{eq}$（電感性）時，轉換爲並聯等效電路之電納值爲 $-jB_{eq}$（亦爲電感性）。

(1)(2)兩點亦說明了串聯電路轉換爲並聯電路間的關係：若串聯電路原爲等效 $RC$ 電路，轉換爲並聯等效電路後，亦爲 $RC$ 電路；若串聯電路原爲等效 $RL$ 電路，轉換爲並聯等效電路後，亦爲一個 $RL$ 電路。

綜合本節兩部份的分析，我們可以結論出串聯等效電路與並聯等效電路間的互換，均保留了原電路的特性：原電路是以電感性爲主的

等效 $RL$ 電路，則轉換後亦爲一個等效 $RL$ 電路；原電路是以電容性爲主的等效 $RC$ 電路，轉換後亦爲一個等效 $RC$ 電路。不可能的情況是：原電路爲等效 $RL$ 電路，轉換後變成等效 $RC$ 電路；或原電路爲等效 $RC$ 電路，轉換後得到一個等效 $RL$ 電路。

**【例 7.6.1】** 一個 5000 Ω 電阻器與 10 H 電感器串聯，接至角頻率爲 500 rad/s 之電源，求：(a)等效串聯阻抗，(b)轉換爲等效並聯元件之數值。

**【解】** (a) $\overline{Z}=5000+j\omega L=5000+j500\times 10=5000+j5000$

$$=5000\sqrt{2}\underline{/45^\circ}\ \Omega$$

(b) $\overline{Y}=\dfrac{1}{\overline{Z}}=\dfrac{1}{5000\sqrt{2}\underline{/45^\circ}}=1.414\times 10^{-4}\underline{/-45^\circ}$

$$=1\times 10^{-4}-j1\times 10^{-4}\ \text{S}=G_{eq}+jB_{eq}$$

$\therefore G_{eq}=1\times 10^{-4}\ \Omega$ 　或　 $R_{eq}=\dfrac{1}{G_{eq}}=10^4\ \Omega=10\ \text{k}\Omega$

$B_{eq}=\dfrac{1}{\omega L_{eq}}$，$\therefore L_{eq}=\dfrac{1}{1\times 10^{-4}\times 500}=20\ \text{H}$

故並聯等效電路爲 10 kΩ 電阻器與 20 H 之電感器並聯。◎

**【例 7.6.2】** 一個 1000 Ω 之電阻器與一個 10 μF 電容器並聯在角頻率爲 100 rad/s 之電源，求：(a)等效並聯導納值，(b)轉換爲串聯電路時，元件之數值。

**【解】** (a) $\overline{Y}=G+j\omega C=\dfrac{1}{1000}+j100\times 10\times 10^{-6}=1\times 10^{-3}+j1\times 10^{-3}$

$$=\sqrt{2}(1\times 10^{-3})\underline{/45^\circ}\ \text{S}$$

(b) $\overline{Z}=\dfrac{1}{\overline{Y}}=\dfrac{1}{\sqrt{2}\times 1\times 10^{-3}}\underline{/-45^\circ}=707.106\underline{/-45^\circ}$

$$=500-j500=R_{eq}-j\frac{1}{\omega C_{eq}}$$

$\therefore R_{eq}=500\ \Omega$

$$C_{\text{eq}}=\frac{1}{500\times\omega}=\frac{1}{500\times 100}=2\times 10^{-5}\ \text{F}=20\ \mu\text{F}$$

故串聯等效電路爲 500 Ω 電阻器與 20 μF 電容器之串聯。◎

## 【本節重點摘要】

(1)一個被動電路，可以化簡成為一個等效電阻 $R_{\text{eq}}$與等效電抗 $\pm jX_{\text{eq}}$串接在一起的等效阻抗 $\overline{Z}_{\text{eq}}$，該等效阻抗也可以利用端電壓相量 **V** 除以流入之電流相量 **I** 來求得：

$$\overline{Z}_{\text{eq}}=Z_{\text{eq}}\angle\phi_Z^\circ=\frac{\mathbf{V}}{\mathbf{I}}=R_{\text{eq}}\pm jX_{\text{eq}}\quad \Omega$$

式中 $\pm jX_{\text{eq}}$之正、負號分別表示電感抗 $+jX_L$ 及電容抗 $-jX_C$ 之特性。

(2)一個被動電路可以化簡成為等效導納 $\overline{Y}_{\text{eq}}$，則該導納變成一個等效電導 $G_{\text{eq}}$與一個等效電納 $B_{\text{eq}}$並聯在一起，該等效導納其實也可以由電流相量 **I** 除以電壓相量 **V** 來得到：

$$\overline{Y}_{\text{eq}}=Y_{\text{eq}}\angle\phi_Y^\circ=\frac{1}{\overline{Z}_{\text{eq}}}=\frac{1}{Z_{\text{eq}}\angle\phi_Z^\circ}=\frac{\mathbf{I}}{\mathbf{V}}=G_{\text{eq}}\pm jB_{\text{eq}}\quad \text{S}$$

式中 $\pm jB_{\text{eq}}$之正、負號分別表示電容納 $jB_C$ 及電感納 $-jB_L$ 之特性。

(3)將串聯阻抗參數 $R_{\text{eq}}\pm jX_{\text{eq}}$以並聯導納的兩參數 $G_{\text{eq}}$、$B_{\text{eq}}$表示之關係式為：

$$\overline{Z}_{\text{eq}}=R_{\text{eq}}\pm jX_{\text{eq}}=\frac{1}{\overline{Y}_{\text{eq}}}=\frac{1}{G_{\text{eq}}\pm jB_{\text{eq}}}=\frac{1}{G_{\text{eq}}\pm jB_{\text{eq}}}\,\frac{G_{\text{eq}}\mp jB_{\text{eq}}}{G_{\text{eq}}\mp jB_{\text{eq}}}=\frac{G_{\text{eq}}\mp jB_{\text{eq}}}{G_{\text{eq}}^2+B_{\text{eq}}^2}$$

$$=\left(\frac{G_{\text{eq}}}{G_{\text{eq}}^2+B_{\text{eq}}^2}\right)\mp j\left(\frac{B_{\text{eq}}}{G_{\text{eq}}^2+B_{\text{eq}}^2}\right)\quad \Omega$$

式中

$$R_{\text{eq}}=\frac{G_{\text{eq}}}{G_{\text{eq}}^2+B_{\text{eq}}^2}\quad \Omega$$

$$\pm jX_{\text{eq}}=\mp j\,\frac{B_{\text{eq}}}{G_{\text{eq}}^2+B_{\text{eq}}^2}\quad \Omega$$

(4)並聯等效導納參數 $G_{\text{eq}}$及 $B_{\text{eq}}$以串聯等效電路參數 $R_{\text{eq}}$及 $X_{\text{eq}}$之表示式如下：

$$\overline{Y}_{\text{eq}}=G_{\text{eq}}\pm jB_{\text{eq}}=\frac{1}{\overline{Z}_{\text{eq}}}=\frac{1}{R_{\text{eq}}\pm jX_{\text{eq}}}=\frac{1}{R_{\text{eq}}\pm jX_{\text{eq}}}\,\frac{R_{\text{eq}}\mp jX_{\text{eq}}}{R_{\text{eq}}\mp jX_{\text{eq}}}=\frac{R_{\text{eq}}\mp jX_{\text{eq}}}{R_{\text{eq}}^2+X_{\text{eq}}^2}$$

$$=\left(\frac{R_{\text{eq}}}{R_{\text{eq}}^2+X_{\text{eq}}^2}\right)\mp j\left(\frac{X_{\text{eq}}}{R_{\text{eq}}^2+X_{\text{eq}}^2}\right)\quad \text{S}$$

式中

$$G_{\text{eq}}=\frac{R_{\text{eq}}}{R_{\text{eq}}^2+X_{\text{eq}}^2}\quad \text{S}$$

$$\pm jB_{\text{eq}}=\mp j\,\frac{X_{\text{eq}}}{R_{\text{eq}}^2+X_{\text{eq}}^2}\quad \text{S}$$

⑸串聯等效電路與並聯等效電路間的互換，均保留了原電路的特性：原電路是以電感性為主的等效 $RL$ 電路，則轉換後亦為一個等效 $RL$ 電路；原電路是以電容性為主的等效 $RC$ 電路，轉換後亦為一個等效 $RC$ 電路。

**【思考問題】**

⑴若被動網路含有互感元件時，可否達成串聯與並聯電路的轉換？
⑵若被動網路含有非線性元件時，可否達成串聯與並聯電路的轉換？
⑶若被動網路含有開路或短路元件時，可否達成串聯與並聯電路的轉換？
⑷說明串聯電路與並聯電路等效轉換的功效與用途。
⑸串聯電路與並聯電路等效轉換前後的功率與能量會變動嗎？

## 7.7　交流網路分析（利用基本網路理論解交流電路）

基本網路理論在第三章的直流電路中已經介紹過，內容包含八個定理，再次介紹如下：重疊定理、電壓源及電流源轉換（含受控電源之介紹）、網目分析法、節點分析法、戴維寧定理（含諾頓定理）、互易定理、密爾曼定理以及最大功率轉移定理等。這些定理除了可以適用直流電路之求解分析外，對於交流弦波穩態電路也可以派上用場。因爲在交流弦波穩態電路上，有相量的轉換應用，使得電路的時域表示式轉變成簡單的相量代數式，在求解過程中完全以極座標或直角座標的複數方法計算，最後的相量結果再利用反相量轉換爲時域表示式，如此即可完成交流電路的分析工作。上述的八個定理中，除了最大功率轉移定理將在第八章 8.7 節中說明外，其餘的七個定理加上 Y－Δ 轉換，將逐一在本節中說明它們在交流弦波穩態電路上的分析應用。

### 7.7.1 重疊定理

在第 3.1 節中，重疊定理僅介紹了它的基本定義以及由多個直流電源和電阻器所構成電路之實例應用，本節將擴大該定理在混合直流及交流弦波電源等不同工作頻率作用下的電路分析，這也是重疊定理特別重要的功能之一，而且它也是電路分析工具中唯一能處理含有不同電源頻率的方法。一般網目分析法或節點分析法僅能用於單一個工作頻率之分析（包含零頻率的直流），因爲在那類的分析法中，所列出的聯立方程式是以相量及阻抗或導納的關係表示，它們均是在單一電源頻率下所得到的。

然而重疊定理只要是線性網路，不論電源是否爲同一個頻率，只要將電源一個一個地單獨作用，在單一個電源作用期間令其他的電源關閉（理想獨立電壓源爲短路，理想獨立電流源爲開路），則待求的電路的節點電壓或支路電流便可以用代數相加的方法，將各電源所提供的個別分量相加在一起而求得。其中要注意的是:

⑴當電源爲直流時，頻率爲零，因此電路之電感器爲短路，電容器則爲開路，電阻器不變。

⑵當電源爲弦式波形，頻率爲 $\omega$ 時，則電感器及電容器若以阻抗表示則應換成該頻率下的電抗值 $j\omega L$ 及 $-j\dfrac{1}{\omega C}$，電阻器仍保持不變。

⑶每當一個弦式波形電源頻率不同時，就要改換電感抗及電容抗之值一次。

⑷若電源中有若干個相同的弦式波形之電源具有相同頻率時，雖然有的是 sin 函數有的是 cos 函數，但是它們的電源頻率是一樣的，因此電感器及電容器之表示電抗值在此類電源下均相同，這類的電源可以稍微以 90°的角度調整一下電源型式，就可以利用節點電壓法，網目電流法或其他前面所列的化簡方法來處理這種單一頻率電源作用下的部份特性。若數個電源的頻率相同，在用重疊定理求解時，是用相量方法合成待求的電壓或電流相量，再反相量轉換到時

域表示出答案；但是當電源頻率不同時，則不可用相量法合成結果，必須一個一個電源用相量求解，分別反相量轉換到時域，最後再將各時域結果合成爲待求的電壓或電流才是正確的答案。

茲舉圖 7.7.1(a)做重疊定理在混合電源頻率之說明。該圖是將原圖 3.1.1(a)之直流電源 $V_{S1}$、$V_{S2}$ 及 $I_S$ 分別改成 $v_{S1}$、$v_{S2}$ 及 $i_S$（其中 $v_{S1}$爲直流電源，$v_{S2}$及 $i_S$ 爲弦式電源），三個電阻器 $R_a$、$R_b$ 及 $R_c$ 分別改成 $R$、$L$ 及 $C$，由圖 7.7.1(a)中的三個電源，依序按重疊定理分析通過電感器的電流 $i_X(t)$，各電源所提供的電流分別爲：

(1)僅 $v_{S1}=V$ V 作用，其餘的電源 $v_{S2}$ 及 $i_S$ 爲關閉。其中 $v_{S2}$ 以短路代替，$i_S$ 以開路代替。另外由於直流電源頻率爲零，因此電感器 $L$ 爲短路，電容器 $C$ 爲開路，圖 7.7.1(b)即爲此時之等效電路。既然電感器 $L$ 被短路，電流源 $i_S$ 又開路，因此由電源 $v_{S1}$ 提供給 $i_X(t)$的電流 $i_{X1}(t)$爲：

$$i_{X1}(t)=\frac{V}{R}\quad \text{A}$$

(2)僅電源 $v_{S2}$ 作用，$v_{S2}$ 的弦波電源關係式轉換爲相量表示式爲：

$$v_{S2}(t)=\sqrt{2}V_{S2}\sin(\omega_v t+\theta_v^\circ)\quad\Leftrightarrow\quad \mathbf{V}_{S2}=V_{S2}\angle\theta_v^\circ\quad \text{V}$$

其餘的電源 $v_{S1}$ 及 $i_S$ 關閉，其中 $v_{S1}$ 以短路代替，$i_S$ 以開路代替，由於電源頻率爲 $\omega_v$，因此電感器 $L$ 之電抗值爲 $j\omega_v L$，電容器之電抗值爲 $-j\dfrac{1}{\omega_v C}$，如圖 7.7.1(c)所示。由於電源 $v_{S2}$ 受電流源 $i_S$ 開路之影響，因此電感器 $L$ 無電流通過，故由電源 $v_{S2}$ 所提供給 $i_X(t)$的電流分量 $i_{X2}(t)$爲：

$$\mathbf{I}_{X2}=0\quad\Leftrightarrow\quad i_{X2}(t)=0\quad \text{A}$$

(3)僅電流源 $i_S$ 作用，$i_S$ 的弦波電源關係式轉換爲相量表示式爲：

$$i_S(t)=\sqrt{2}I_S\sin(\omega_i t+\theta_i^\circ)\quad\Leftrightarrow\quad \mathbf{I}_S=I_S\angle\theta_i^\circ\quad \text{A}$$

其餘電壓源 $v_{S1}$ 及 $v_{S2}$ 關閉，因此兩個電壓源 $v_{S1}$ 及 $v_{S2}$ 以短路取代，由於電源角頻率爲 $\omega_i$，因此電感器 $L$ 之電抗值爲 $j\omega_i L$，電容

## 圖7.7.1 混合直流電源與弦波電源之重疊定理電路分析

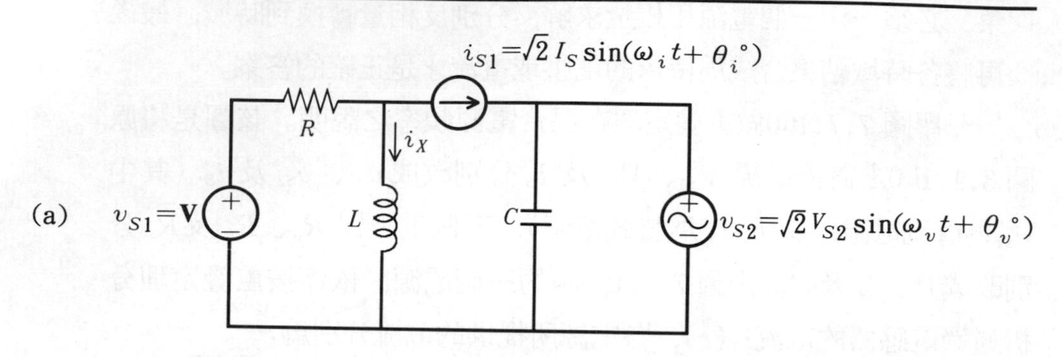


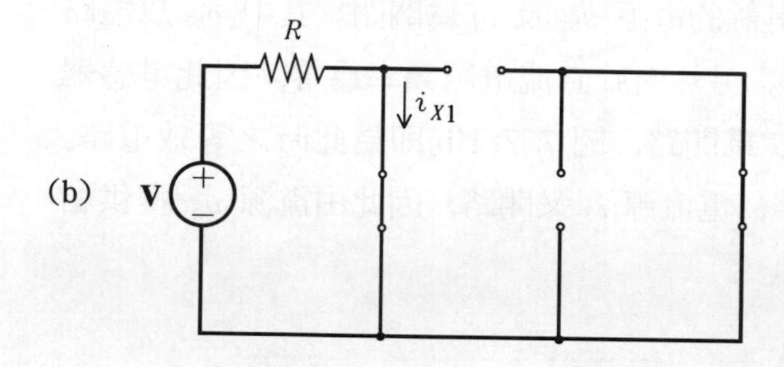


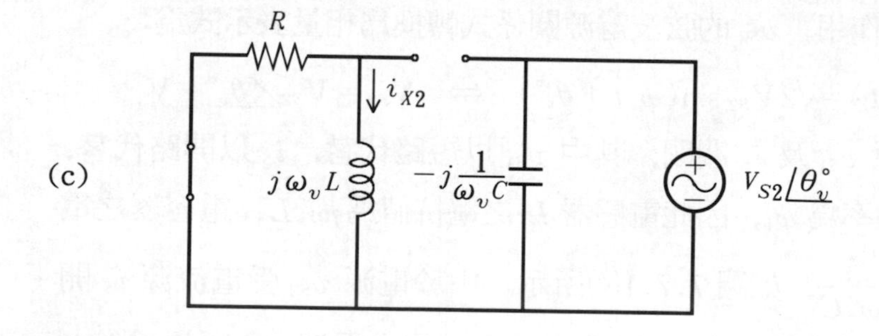


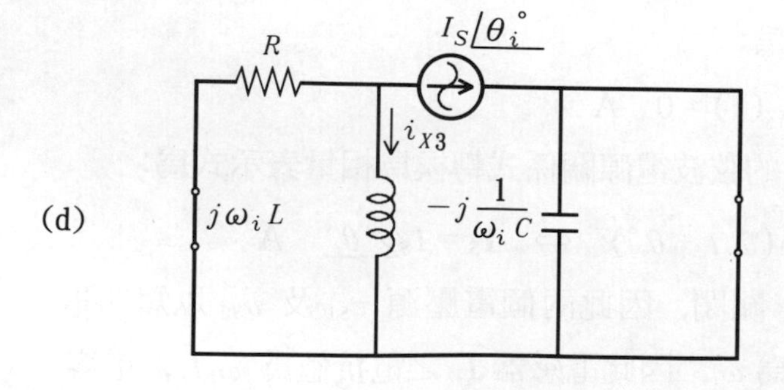

器之電抗值爲 $-j\frac{1}{\omega_i C}$，如圖7.7.1(d)所示。由該圖可以得知，電流源 $i_S$ 提供予電感器電流 $i_X(t)$ 之分量 $i_{X3}(t)$，可用分流器法則來計算：

$$\begin{aligned}\mathbf{I}_{X3} &= -\frac{R}{R+j\omega_i L}\mathbf{I}_S \\ &= \frac{R\angle 180^\circ}{\sqrt{R^2+(\omega_i L)^2}\angle \tan^{-1}[(\omega_i L)/R]} I_S\angle\theta_i^\circ \\ &= \frac{RI_S}{\sqrt{R^2+(\omega_i L)^2}}\angle 180^\circ+\theta_i^\circ-\tan^{-1}\left(\frac{\omega_i L}{R}\right) \\ &= I_{X3}\angle\phi^\circ \quad\Leftrightarrow\quad i_{X3}(t)=\sqrt{2}I_{X3}\sin(\omega_i t+\phi^\circ) \quad \text{A}\end{aligned}$$

綜合三個電源分別對電源 $i_X(t)$ 所提供的分量結果，流過電感器 $L$ 之電流爲：

$$\begin{aligned}i_X(t) &= i_{X1}(t)+i_{X2}(t)+i_{X3}(t) \\ &= \frac{V}{R}+0+\sqrt{2}I_{X3}\sin(\omega_i t+\phi^\circ) \quad \text{A}\end{aligned}$$

## 7.7.2　電壓源與電流源之轉換（含受控電源之介紹）

電壓源與電流源間的轉換，在第 3.2 節中已介紹過直流獨立電源、受控（或相依）電源及電阻間之轉換關係，本節擬將此關係式改以弦波相量及阻抗表示，以使交流電源間的轉換技巧，得以應用於弦波穩態電路分析上。

**(1)獨立電源的轉換**

如圖 7.7.2 所示，(a)圖爲一個實際獨立弦波電壓源的等效模型，一個電壓相量爲 $\mathbf{V}_S$ 的理想電壓源，串聯一個阻抗 $\overline{Z}_S$，接在節點 $a$、$b$ 兩端；(b)圖則爲一個實際獨立弦波電流源的等效模型，一個電流相量爲 $\mathbf{I}_S$ 的理想電流源與一個阻抗 $\overline{Z}_S$ 並聯在節點 $a$、$b$ 間。若圖 7.7.2 (a)與(b)爲等效轉換，則兩者在端點 $a$、$b$ 間的電壓相量 $\mathbf{V}$ 與電流相量 $\mathbf{I}$ 的關係，可由端點 $a$、$b$ 的開路（OC）條件及短路（SC）條件必須相同而得：

圖 7.7.2　(a)獨立電壓源與(b)獨立電流源間的轉換

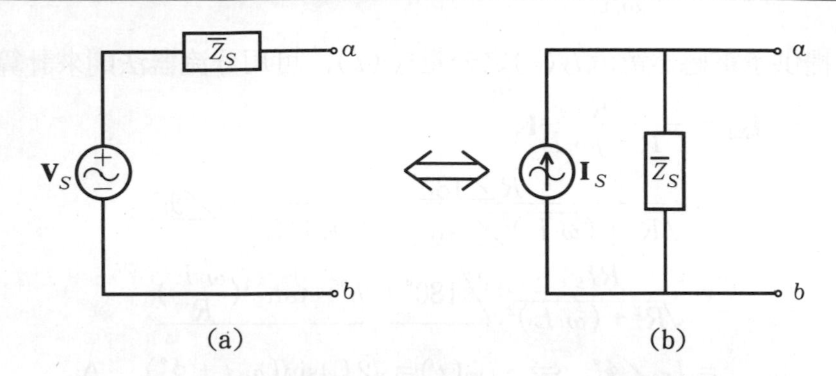


$$\mathbf{V}_{OC}=\mathbf{V}_{ab}=\mathbf{V}_S=\overline{Z}_S\mathbf{I}_S \quad \text{V} \tag{7.7.1}$$

$$\mathbf{I}_{SC}=\mathbf{I}_{ab}=\frac{\mathbf{V}_S}{\overline{Z}_S}=\mathbf{I}_S \quad \text{A} \tag{7.7.2}$$

(7.7.1) 式說明了只要將電流源之電流相量乘以並聯的阻抗就可以轉換為電壓源之電壓相量；(7.7.2) 式則說明了只要將電壓源之電壓相量除以串聯阻抗，就可以轉換為電流源之電流相量。

**(2)受控電源的轉換**

圖 7.7.3 所示為四種受控電源的等效電路模型，其中圖(a)及圖(b)分別為電壓控制之電壓源（VCVS）及電壓控制之電流源（VCCS）；而圖(c)及圖(d)則分別為電流控制之電壓源（CCVS）及電流控制之電流源（CCCS）。值得注意的是，控制訊號源在電路轉換的前後不能改變，因此圖(a)及圖(b)含有同一類電壓控制訊號源相量 $\mathbf{V}_C$，因此可以相互轉換；而圖(c)及圖(d)則含有另一類相同的電流控制訊號源相量 $\mathbf{I}_C$，因此也可以相互轉換。轉換的條件與獨立電源相同，都是在端點條件開路及短路時數值必須相同，茲分電壓控制及電流控制兩類來分別說明。

(A)電壓控制

$$\mathbf{V}_{OC}=\mathbf{V}_{ab}=(\mathbf{V}=K_V\mathbf{V}_C)=(\overline{Z}_S{}'\mathbf{I}=\overline{Z}_S{}'K_Y\mathbf{V}_C) \quad \text{V} \tag{7.7.3}$$

(VCVS)　←　(VCCS)

$$\mathbf{I}_{SC}=\mathbf{I}_{ab}=(\frac{\mathbf{V}}{\overline{Z}_S{}'}=\frac{K_V\mathbf{V}_C}{\overline{Z}_S{}'})=(\mathbf{I}_S=K_Y\mathbf{V}_C)\quad \text{A} \qquad (7.7.4)$$

(VCVS) → (VCCS)

(7.7.3) 式可用於電壓控制電流源(VCCS)轉換爲電壓控制電壓源(VCVS)，而(7.7.4)式則可用於電壓控制電壓源(VCVS)轉換爲電壓控制電流源(VCCS)上。

(B)電流控制

$$\mathbf{V}_{OC}=\mathbf{V}_{cd}=(\mathbf{V}=K_Z\mathbf{I}_C)=(\overline{Z}_S{}'\mathbf{I}=\overline{Z}_S{}'K_I\mathbf{I}_C)\quad \text{V} \qquad (7.7.5)$$

(CCVS) ← (CCCS)

$$\mathbf{I}_{SC}=\mathbf{I}_{cd}=(\frac{\mathbf{V}}{\overline{Z}_S{}'}=\frac{K_Z\mathbf{I}_C}{\overline{Z}_S{}'})=(\mathbf{I}=K_I\mathbf{I}_C)\quad \text{A} \qquad (7.7.6)$$

(CCVS) →(CCCS)

(7.7.5)式可用於電流控制電流源(CCCS)轉換爲電流控制電壓源(CCVS)；而(7.7.6)式可用於電流控制電流源(CCCS)轉換爲電流控制電壓源(CCVS)上。

**圖 7.7.3　相依(或受控)電源的轉換**

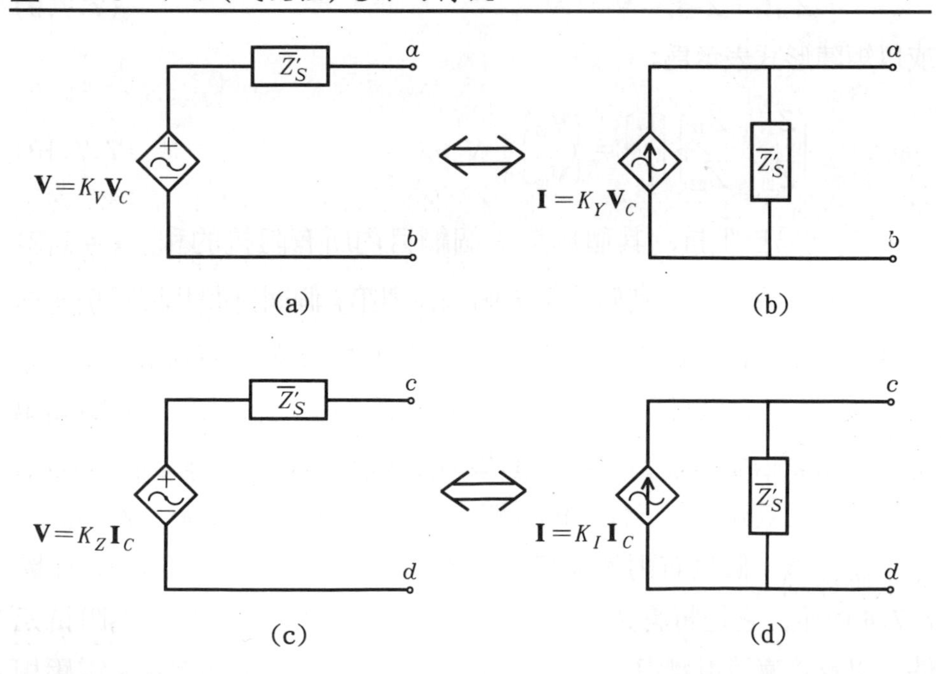

## 7.7.3 網目分析法

網目分析法在第 3.3 節中，所敘述的是單純直流電源與電阻間的關係式，在本節中將把電源改爲弦波相量表示，網目電流改爲電流相量表示，電阻改爲阻抗，以對弦波穩態電路做進一步分析。

對於單一個電源工作頻率，$n$ 個網目之網目電流方程式，在弦波穩態之矩陣表示式爲：

$$[\overline{Z}]_{n\times n}[\mathbf{I}]_{n\times 1}=[\mathbf{V}]_{n\times 1}\quad \text{V} \tag{7.7.7}$$

式中 $[\overline{Z}]$ 稱爲阻抗矩陣，它是由 $n$ 列及 $n$ 行之阻抗元素所構成的方矩陣；$[\mathbf{I}]$ 稱爲電流相量向量，它是由 $n$ 個網目電流相量所構成之行向量；$[\mathbf{V}]$ 稱爲電壓相量向量，是由 $n$ 個網目內部之電壓源電壓相量所合成之行向量。以兩個網目不含受控電源，且電路只含單一個工作頻率而言，其關係式如下：

$$\overline{Z}_{11}\mathbf{I}_1+\overline{Z}_{12}\mathbf{I}_2=\mathbf{V}_{11}\quad \text{V} \tag{7.7.8}$$

$$\overline{Z}_{21}\mathbf{I}_1+\overline{Z}_{22}\mathbf{I}_2=\mathbf{V}_{22}\quad \text{V} \tag{7.7.9}$$

或以矩陣形式表示爲：

$$\begin{bmatrix}\overline{Z}_{11} & \overline{Z}_{12}\\ \overline{Z}_{21} & \overline{Z}_{22}\end{bmatrix}\begin{bmatrix}\mathbf{I}_1\\ \mathbf{I}_2\end{bmatrix}=\begin{bmatrix}\mathbf{V}_{11}\\ \mathbf{V}_{22}\end{bmatrix}\quad \text{V} \tag{7.7.10}$$

式中 $\overline{Z}_{ii}$ 稱爲自阻抗，其值爲第 $i$ 個網目內所有阻抗的和，$i=1,2$；$\overline{Z}_{ij}=\overline{Z}_{ji}$ 稱爲互阻抗，其值爲第 $i$ 個網目與第 $j$ 個網目間共用阻抗和的負值，$i,j=1,2$，且 $i\neq j$；$\mathbf{I}_i$ 爲第 $i$ 個網目之網目電流相量，$i=1,2$；$\mathbf{V}_{ii}$ 爲第 $i$ 個網目內部所有電壓源電壓相量之代數和，以驅動第 $i$ 個網目電流流動爲正值，$i=1,2$。注意：(7.7.10) 式之表示只適用於單一個電源頻率工作下的電路，對於不同的頻率電源不適用。

在此舉一個具有兩個網目，但不含受控電源之電路爲例。如圖 7.7.4 所示，它是將第 3.3 節中圖 3.3.1 之電路電阻元件改爲阻抗元件，以及將直流電壓電流標示改爲弦波相量所得。兩個電壓源電壓相

量分別爲 $\mathbf{V}_{S1}$、$\mathbf{V}_{S2}$，兩個網目①②之網目電流相量分別爲 $\mathbf{I}_1$、$\mathbf{I}_2$，以及三個阻抗分別爲 $\overline{Z}_a$，$\overline{Z}_b$，$\overline{Z}_c$。利用第 3.3 節已經說明的寫法，將該電路之網目電流方程式表示爲：

$$(\overline{Z}_a+\overline{Z}_c)\mathbf{I}_1-\overline{Z}_c\mathbf{I}_2=\mathbf{V}_{S1} \quad \text{V} \tag{7.7.11}$$

$$-\overline{Z}_c\mathbf{I}_1+(\overline{Z}_b+\overline{Z}_c)\mathbf{I}_2=\mathbf{V}_{S2} \quad \text{V} \tag{7.7.12}$$

或以矩陣形式寫成：

$$\begin{bmatrix}(\overline{Z}_a+\overline{Z}_c) & -\overline{Z}_c \\ -\overline{Z}_c & (\overline{Z}_b+\overline{Z}_c)\end{bmatrix}\begin{bmatrix}\mathbf{I}_1 \\ \mathbf{I}_2\end{bmatrix}=\begin{bmatrix}\mathbf{V}_{S1} \\ \mathbf{V}_{S2}\end{bmatrix} \text{V} \tag{7.7.13}$$

其中阻抗矩陣是對稱矩陣，因爲不含受控電源。(7.7.13) 式電流相量解法可參考第 3.3 節最後有關魁雷瑪法則之求解線性代數方程式之應用部份，在此僅舉該例做一個說明。

**圖 7.7.4　不含相依電源之兩網目電路**

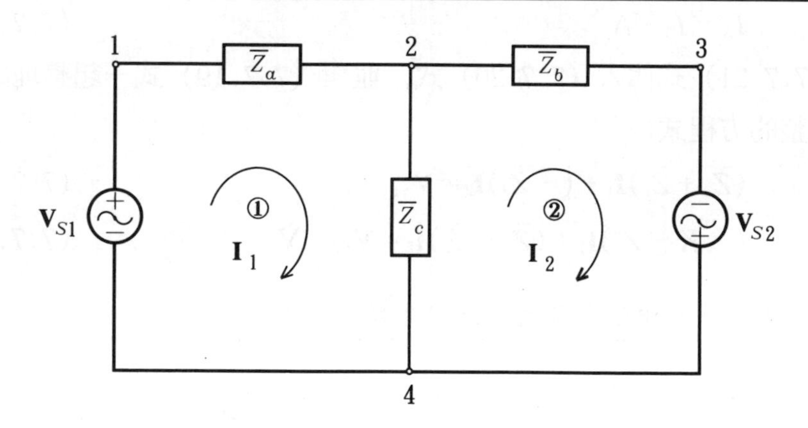


$$\Delta=\begin{vmatrix}(\overline{Z}_a+\overline{Z}_c) & -\overline{Z}_c \\ -\overline{Z}_c & (\overline{Z}_b+\overline{Z}_c)\end{vmatrix} \tag{7.7.14}$$

$$\Delta_1=\begin{vmatrix}\mathbf{V}_{S1} & -\overline{Z}_c \\ \mathbf{V}_{S2} & (\overline{Z}_b+\overline{Z}_c)\end{vmatrix} \tag{7.7.15}$$

$$\Delta_2=\begin{vmatrix}(\overline{Z}_a+\overline{Z}_c) & \mathbf{V}_{S1}\\ -\overline{Z}_c & \mathbf{V}_{S2}\end{vmatrix} \tag{7.7.16}$$

$$\mathbf{I}_1=\frac{\Delta_1}{\Delta}\quad \text{A} \tag{7.7.17}$$

$$\mathbf{I}_2=\frac{\Delta_2}{\Delta}\quad \text{A} \tag{7.7.18}$$

若網路含有受控電源，而以網目電流法做分析時，則（7.7.8）式～（7.7.10）式之簡單表示式不能適用，需以克希荷夫電壓定律 KVL 一步一步列出方程式求解，受控電源的電壓、電流關係，也必須變換成爲網目電流的變數。舉圖 7.7.5 爲例做一說明。

圖 7.7.5 係將圖 3.3.4 之電阻及直流電壓電流轉換爲弦波穩態下的阻抗及相量而得。兩個網目之迴路電壓方程式爲：

$$\overline{Z}_a\mathbf{I}_1+\overline{Z}_c(\mathbf{I}_1-\mathbf{I}_2)=\mathbf{V}_{S1}\quad \text{V} \tag{7.7.19}$$

$$\overline{Z}_b\mathbf{I}_2+\overline{Z}_c(\mathbf{I}_2-\mathbf{I}_1)=\mathbf{V}_{S2}+\mathbf{V}=\mathbf{V}_{S2}+K\mathbf{I}_X\quad \text{V} \tag{7.7.20}$$

由圖 7.7.5 知，控制電流 $I_X$ 與網目電流之關係爲：

$$I_X=I_1\quad \text{A} \tag{7.7.21}$$

將（7.7.21）式代入（7.7.20）式，並與（7.7.19）式一起整理成如下完整的方程式：

$$(\overline{Z}_a+\overline{Z}_c)\mathbf{I}_1+(-\overline{Z}_c)\mathbf{I}_2=\mathbf{V}_{S1}\quad \text{V} \tag{7.7.22}$$

$$(-K-\overline{Z}_c)\mathbf{I}_1+(\overline{Z}_b+\overline{Z}_c)\mathbf{I}_2=\mathbf{V}_{S2}\quad \text{V} \tag{7.7.23}$$

圖7.7.5　含有相依電源之兩網目電路

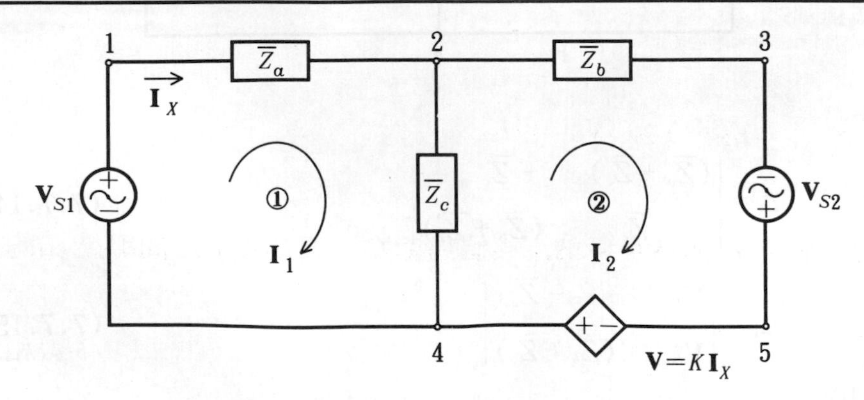

以矩陣形式表示爲：

$$\begin{bmatrix} (\overline{Z}_a+\overline{Z}_c) & -\overline{Z}_c \\ (-K-\overline{Z}_c) & (\overline{Z}_b+\overline{Z}_c) \end{bmatrix} \begin{bmatrix} \mathbf{I}_1 \\ \mathbf{I}_2 \end{bmatrix} = \begin{bmatrix} \mathbf{V}_{S1} \\ \mathbf{V}_{S2} \end{bmatrix} \quad \text{V} \qquad (7.7.24)$$

由（7.7.24）式之阻抗矩陣可以得知，當含有受控電源，且 $K \neq 0$ 時，該矩陣爲非對稱，但當受控電源關閉 $K=0$ 時，則阻抗矩陣變成對稱矩陣，電路之表示式（7.7.24）式則與（7.7.13）式相同。

## 7.7.4 節點分析法

在第 3.4 節之節點分析法，是用於直流電源及電阻器所構成之電路上，本節所介紹的節點分析法是擴大到弦波穩態的電路分析上，電源大多是以電流源相量表示，節點電壓亦以相量表示，而電路元件多爲導納表示。對於單一個電源工作頻率，含有 $n$ 個節點電壓之電壓方程式以矩陣形式表示之基本方程式爲：

$$[\overline{Y}]_{n\times n}[\mathbf{V}]_{n\times 1} = [\mathbf{I}]_{n\times 1} \quad \text{A} \qquad (7.7.25)$$

式中 $[\overline{Y}]$ 爲導納矩陣，它是由 $n$ 列及 $n$ 行之導納元素所構成之方矩陣；$[\mathbf{V}]$ 爲 $n$ 個節點電壓相量所構成之行向量；$[\mathbf{I}]$ 則爲電流源流入或流出 $n$ 個節點之電流相量合成的行向量。以單一個電源工作頻率下，含有兩個節點電壓不含受控電源之電路爲例，其方程式爲：

$$\overline{Y}_{11}\mathbf{V}_1 + \overline{Y}_{12}\mathbf{V}_2 = \mathbf{I}_{11} \quad \text{A} \qquad (7.7.26)$$

$$\overline{Y}_{21}\mathbf{V}_1 + \overline{Y}_{22}\mathbf{V}_2 = \mathbf{I}_{22} \quad \text{A} \qquad (7.7.27)$$

以矩陣形式表示爲：

$$\begin{bmatrix} \overline{Y}_{11} & \overline{Y}_{12} \\ \overline{Y}_{21} & \overline{Y}_{22} \end{bmatrix} \begin{bmatrix} \mathbf{V}_1 \\ \mathbf{V}_2 \end{bmatrix} = \begin{bmatrix} \mathbf{I}_{11} \\ \mathbf{I}_{22} \end{bmatrix} \quad \text{A} \qquad (7.7.28)$$

式中 $\overline{Y}_{ii}$ 稱爲自導納，其值爲所有與第 $i$ 個節點連接導納之和，$i=1,2$；$\overline{Y}_{ij}=\overline{Y}_{ji}$ 稱爲互導納，其值爲節點 $i$ 與節點 $j$ 之間導納和的負值，$i$，$j=1,2$，其中 $i \neq j$；$\mathbf{V}_i$ 爲第 $i$ 個節點對參考點之相對電壓相量，$i=1,2$；$\mathbf{I}_{ii}$ 爲所有與第 $i$ 個節點連接之電流源電流相量代數和，以流入節點之電流為正值，$i=1,2$。注意：（7.7.28）式只適用於所有電源的頻率均為相同下的情形，對於不同頻率下的電源不適用。

茲舉圖 7.7.6 之單一個電源工作頻率，不含受控電源之兩個節點電壓電路做一個說明。該圖係將第 3.4 節的圖 3.4.1 中直流電流及電壓全部改為弦波相量表示，電阻則改用導納表示。該電路兩個節點電壓方程式之寫法為：

$$(\overline{Y}_a+\overline{Y}_b)\mathbf{V}_1+(-\overline{Y}_b)\mathbf{V}_2=\mathbf{I}_a \quad \text{A} \tag{7.7.29}$$

$$(-\overline{Y}_b)\mathbf{V}_1+(\overline{Y}_b+\overline{Y}_c)\mathbf{V}_2=-\mathbf{I}_b \quad \text{A} \tag{7.7.30}$$

以矩陣表示為：

$$\begin{bmatrix}(\overline{Y}_a+\overline{Y}_b) & -\overline{Y}_b \\ -\overline{Y}_b & (\overline{Y}_b+\overline{Y}_c)\end{bmatrix}\begin{bmatrix}\mathbf{V}_1 \\ \mathbf{V}_2\end{bmatrix}=\begin{bmatrix}\mathbf{I}_a \\ -\mathbf{I}_b\end{bmatrix} \quad \text{A} \tag{7.7.31}$$

圖 7.7.6 之電路因不含受控電源，因此（7.7.31）式中之導納矩陣是一個對稱矩陣。

**圖 7.7.6　不含相依或受控電源之兩節點電壓電路**

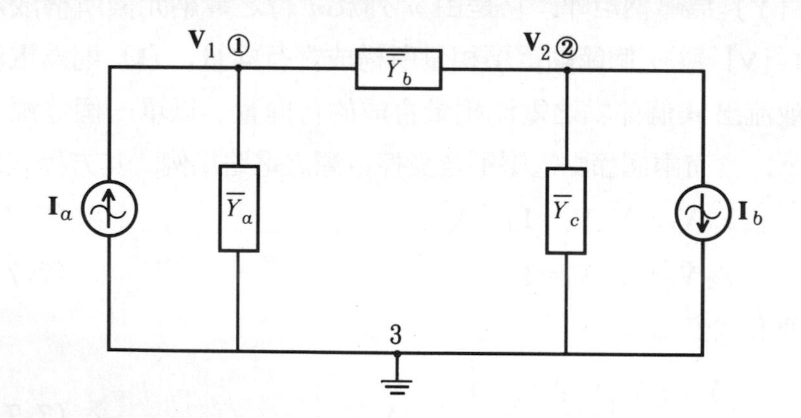


再舉一個單一電源工作頻率下，含有受控電源的例子做說明，如圖 7.7.7 所示，該圖是由圖 3.4.3 轉變而得，只比圖 7.7.6 多一個受控電流源加在節點 1、2 間而已，其節點電壓方程式必須一步一步寫出如下：

圖7.7.7　含有相依或受控電源之兩節點電壓電路

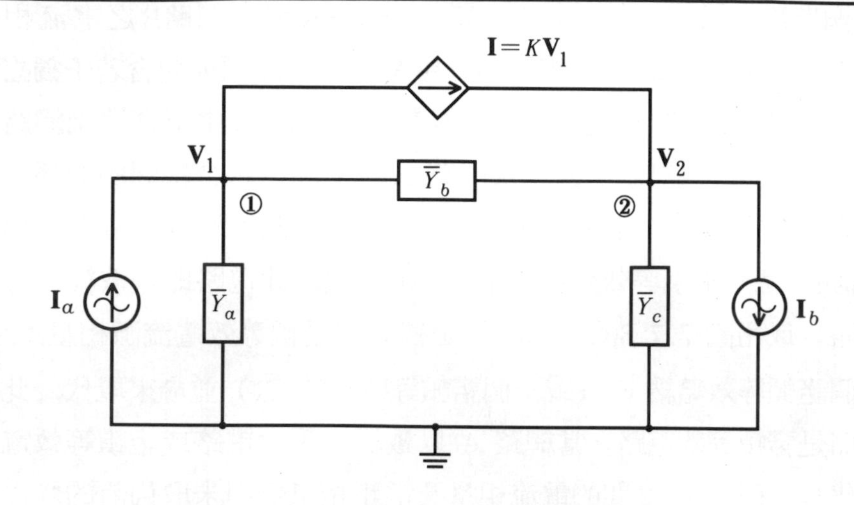


$$\overline{Y}_a\mathbf{V}_1+\overline{Y}_b(\mathbf{V}_1-\mathbf{V}_2)=\mathbf{I}_a-\mathbf{I}=\mathbf{I}_a-K\mathbf{V}_1 \quad \text{A} \qquad (7.7.32)$$

$$\overline{Y}_c\mathbf{V}_2+\overline{Y}_b(\mathbf{V}_2-\mathbf{V}_1)=\mathbf{I}-\mathbf{I}_b=K\mathbf{V}_1-\mathbf{I}_b \quad \text{A} \qquad (7.7.33)$$

將這兩式之相同節點電壓變數合併在一起，整理可得:

$$(\overline{Y}_a+\overline{Y}_b+K)\mathbf{V}_1+(-\overline{Y}_b)\mathbf{V}_2=\mathbf{I}_a \quad \text{A} \qquad (7.7.34)$$

$$(-\overline{Y}_b-K)\mathbf{V}_1+(\overline{Y}_b+\overline{Y}_c)\mathbf{V}_2=-\mathbf{I}_b \quad \text{A} \qquad (7.7.35)$$

以矩陣方式寫爲:

$$\begin{bmatrix}(\overline{Y}_a+\overline{Y}_b+K) & -\overline{Y}_b \\ -\overline{Y}_b-K & (\overline{Y}_b+\overline{Y}_c)\end{bmatrix}\begin{bmatrix}\mathbf{V}_1 \\ \mathbf{V}_2\end{bmatrix}=\begin{bmatrix}\mathbf{I}_a \\ -\mathbf{I}_b\end{bmatrix} \quad \text{A} \qquad (7.7.36)$$

我們由（7.7.36）式之導納矩陣可以發現，當含有相依電源，且 $K\neq 0$ 時，該矩陣爲非對稱矩陣，這是一般含有受控電源的特性；但是當受控電源關閉，$K=0$ 時，則該導納矩陣變成對稱，（7.7.36）式的答案自然與（7.7.31）式的結果一樣了。

## 7.7.5　戴維寧定理及諾頓定理

在第 3.5 節中，戴維寧定理及諾頓定理均是用在含有直流電源及電阻器之電路分析上，本節將該定理轉移應用在以弦波相量及阻抗或導納所表示的交流弦波穩態電路分析上。如圖 7.7.8(a)所示，網路 $A$ 及網路$B$共同連接於節點1、2間，由網路$A$流向網路$B$之電流相量爲 $\mathbf{I}$，節點 1 對節點 2 之電壓相量爲 $\mathbf{V}$。網路 $A$ 可能包含若干獨立電源、受控電源及阻抗或導納等，但是只要網路 $B$ 中不含控制網路$A$中受控電源的控制訊號，以及網路 $B$、$A$ 間無耦合線圈的關係，則網路 $A$ 可以用圖 7.7.8(b)所示的一個獨立的戴維寧等效電壓源相量 $\mathbf{V}_{TH}$與一個戴維寧等效阻抗 $\overline{Z}_{TH}$串聯來取代，此電路即是戴維寧等效電路；或用圖 7.7.8(c)所示的一個獨立的諾頓等效電流源相量 $\mathbf{I}_N$ 與一個諾頓等效導納 $\overline{Y}_N$（或一個諾頓等效阻抗 $\overline{Z}_N$）並聯來取代，此電路即是諾頓等效電路。當網路 $A$ 以戴維寧等效電路或諾頓等效電路取代後，節點 1、2 間的電流相量及電壓相量仍與未取代前的條件相同。注意：不論是戴維寧定理或是諾頓定理所獲得的等效電路，僅適用單一個電源工作頻率下。

圖 7.7.9(a)、(b)爲求戴維寧等效電路參數之做法。(a)圖是將網路 $B$ 與網路$A$ 切離，直接量測節點 1、2 間的開路電壓相量 $\mathbf{V}_{OC}$，此電壓相量即是戴維寧等效電壓源電壓相量 $\mathbf{V}_{TH}$；(b)圖也是將網路 $B$ 與網路 $A$ 切離，並關閉網路 $A$ 中所有的獨立電源，將獨立電壓源短路、獨立電流源開路，直接由節點 1、2 端量測看入之阻抗，此阻抗即爲戴維寧等效阻抗 $\overline{Z}_{TH}$，但是此法僅適用於網路 $A$ 中不含受控電源的情形。若網路 $A$ 含有受控電源，則宜用圖 7.7.10(a)或(b)的方法。圖 7.7.10(a)爲先關閉網路 $A$ 中的獨立電源但仍保留受控電源，由節點 1、2 端點連接一個與原網路 $A$ 中獨立電源相同頻率的輔助電壓源 $\mathbf{V}_S'$，求出流入的電流 $\mathbf{I}'$，再用電壓相量 $\mathbf{V}_S'$除以電流相量 $\mathbf{I}'$，此求得的阻抗即爲戴維寧等效阻抗；(b)圖與(a)圖做法相同，但是在節點 1、2 間連接一個 $1\angle 0°$安培的輔助電流源，此電流源頻率也必須與原網路 A 中獨立電源之頻率相同，量測節點 1、2 間的電壓相量 $\mathbf{V}'$，此電壓相量除以電流源大小 1 安培，即爲由節點 1、2 看入之阻抗，亦即等於戴維寧等效阻抗 $\overline{Z}_{TH}$。

圖 7.7.8　(a)$A$、$B$ 兩網路之連接(b)網路 $A$ 改為戴維寧等效電路
(c)網路 $A$ 改為諾頓等效電路

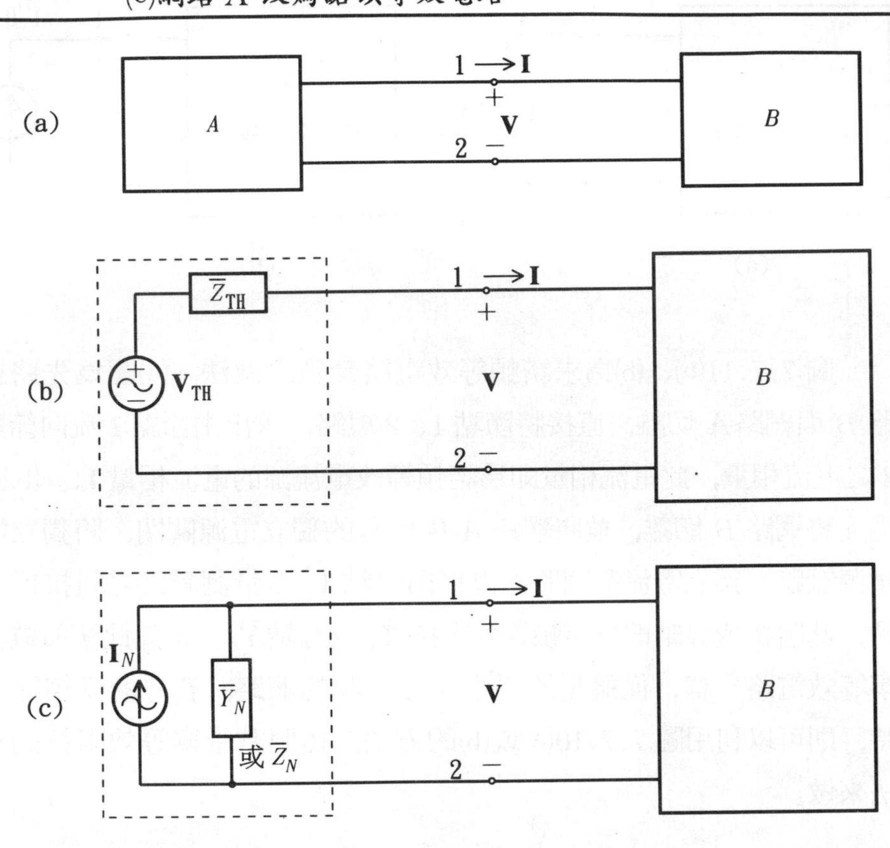


圖 7.7.9　求戴維寧等效電路的參數做法

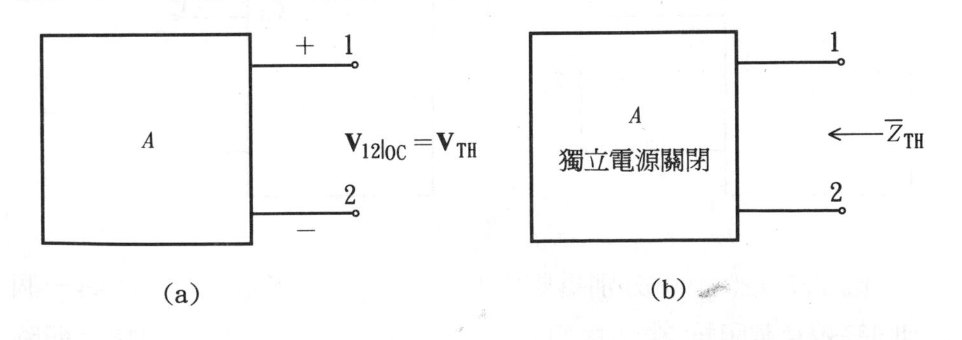

圖 7.7.10 網路 $A$ 含有受控電源時的戴維寧阻抗求法

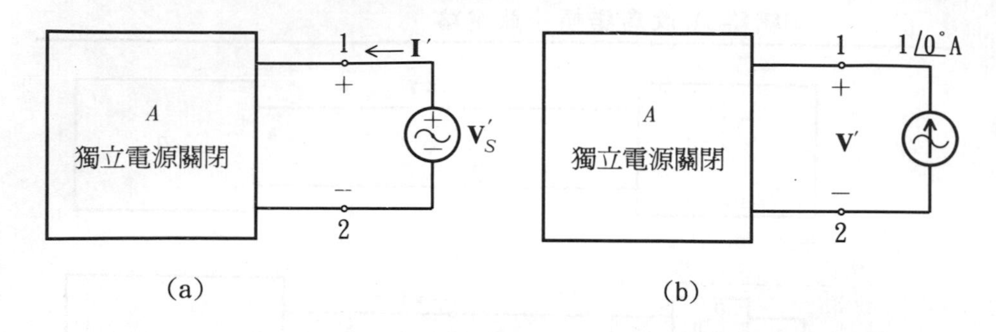


圖 7.7.11(a)、(b)爲求諾頓等效電路參數之做法。(a)圖爲先將網路 $B$ 與網路 $A$ 切離，直接將節點 1、2 短路，求出由節點 1 流向節點 2 之電流相量，此電流相量即爲諾頓等效電流源的電流相量 $\mathbf{I}_N$。(b)圖爲先將網路 $B$ 切離，並將網路 $A$ 中所有的獨立電源關閉，將獨立電壓源短路、獨立電流源開路，直接由端點 1、2 量測看入之阻抗或導納，此阻抗或導納即爲諾頓等效阻抗 $\overline{Z}_N$ 或導納 $\overline{Y}_N$。當然此法與戴維寧等效電路一樣，僅適用於不含受控電源的網路，若考慮受控電源時，則可以利用圖 7.7.10(a)或(b)的方法，仿照戴維寧等效阻抗的求法來做。

圖 7.7.11 求諾頓等效電路參數的做法

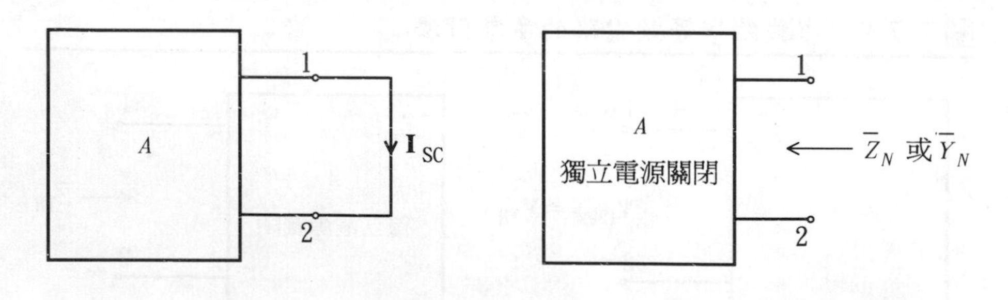


圖 7.7.12(a)、(b)分別爲戴維寧等效電路與諾頓等效電路與一個相同等效負載阻抗 $\overline{Z}_L$ 連接的情形。由於這兩個等效電路同樣是網路 $A$ 之等效電路，因此端點電壓相量 $\mathbf{V}$ 及電流相量 $\mathbf{I}$ 應相同，因此：

$$\mathbf{V}=\mathbf{V}_{\text{TH}}\frac{\overline{Z}_L}{\overline{Z}_{\text{TH}}+\overline{Z}_L}=\mathbf{I}_N\frac{\overline{Z}_N\overline{Z}_L}{\overline{Z}_N+\overline{Z}_L}\quad \text{V} \tag{7.7.37}$$

$$\mathbf{I}=\frac{\mathbf{V}_{\text{TH}}}{\overline{Z}_{\text{TH}}+\overline{Z}_L}=\mathbf{I}_N\frac{\overline{Z}_N}{\overline{Z}_N+\overline{Z}_L}\quad \text{A} \tag{7.7.38}$$

由比較上面兩式的係數後，可以得到戴維寧等效電路與諾頓等效電路之參數轉換關係式為：

$$\mathbf{V}_{\text{TH}}=\overline{Z}_N\mathbf{I}_N=\frac{\mathbf{I}_N}{\overline{Y}_N}\quad \text{V} \tag{7.7.39}$$

$$\overline{Z}_{\text{TH}}=\overline{Z}_N=\frac{1}{\overline{Y}_N}\quad \Omega \tag{7.7.40}$$

此二式與實際電壓源與實際電流源間的轉換關係式相同。

圖 7.7.12 (a)戴維寧等效電路(b)諾頓等效電路與負載連接

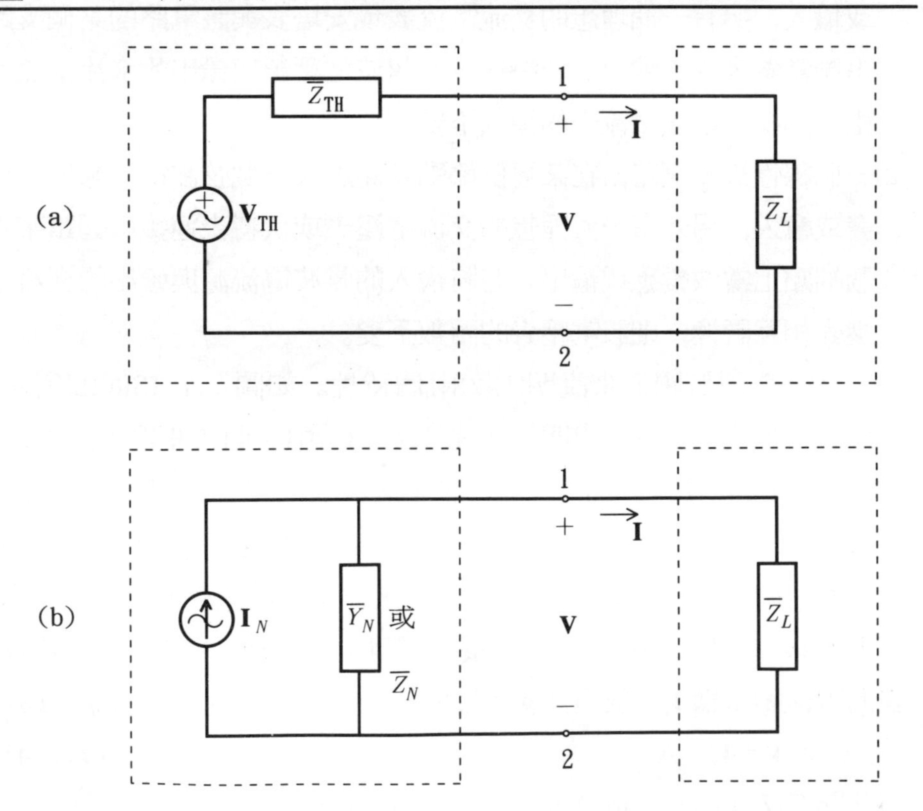

### 7.7.6 互易定理

互易定理在第 3.6 節中已將該定理應用於直流電壓、電流及電阻、電導的關係上，並已在上冊第三章附錄中用數學式證明其關係，本節僅將其定理意義擴大到弦波穩態相量及阻抗導納的關係上。

互易定理主要是在說明一個線性被動電路中的激發與其響應間的關係，若一個電路具有互易的特性稱為互易電路。互易定理中所謂的激發，可以看成是電路中的某一個弦波電壓源或弦波電流源的輸入，而所謂的響應可以當做是該網路中某兩個節點的弦波電壓相量或某支路通過的弦波電流相量。互易定理即在說明下面其中的一種特性：

(1)一個線性被動網路，在某兩個節點端加入一個弦波電壓源做為激發或輸入，另有一個理想的交流電流表或安培表與該電路的某個支路串聯當做響應或輸出。若將輸入的弦波電壓源與輸出的交流電流表相互調換，則該電流表的讀數不變。

(2)一個線性被動網路，在某兩個節點端點加入一個弦波電流源做為激發或輸入，另外有一個理想的交流電壓表或伏特表連接於網路某兩個端點上當做響應或輸出。若將輸入的弦波電流源與輸出的交流電壓表相互調換，則該電壓表的讀數不變。

茲分為兩個圖形來說明(1)(2)兩個特性。如圖 7.7.13(a)(b)所示，即為特性(1)之一個圖示說明。在圖 7.7.13(a)中一個弦波電壓源 $\mathbf{V}_S$ 連接在網目 $j$ 的節點 $j$、$j'$間，一個交流電流表則連接於網目 $k$ 的節點 $k$、$k'$間，通過電流表的電流相量為 $\mathbf{I}_k$。若將弦波電壓源與交流電流表互換，則變成圖 7.7.13(b)的電路，此時弦波電壓源 $\mathbf{V}_S$ 接在網目 $k$ 的節點 $k$、$k'$間，而電流表則改接在網目 $j$ 之節點 $j$、$j'$間，通過電流表的電流相量為 $\mathbf{I}_j$，依照互易定理的觀念，兩個電流相量的關係為：

$$\mathbf{I}_j = \mathbf{I}_k \quad \text{A} \tag{7.7.41}$$

因此圖 7.7.13(a)(b)的兩個電流表的讀數相同。

再看圖7.7.14(a)(b)所示的電路，即為互易定理特性(2)之圖示說明。在圖 7.7.14(a)中，一個弦波電流源 $\mathbf{I}_S$ 接在節點 $x$、$y$ 間，一個電壓表則連接在節點 $p$、$q$ 間，其電壓相量為 $\mathbf{V}_{pq}$。若將電流源與電壓表互換，則變成圖 7.7.14(b)所示之電路，其中電流源 $\mathbf{I}_S$ 改接在節點 $p$、$q$ 間，電壓表則改接在節點 $x$、$y$ 間，電壓相量為 $\mathbf{V}_{xy}$，依互易定理的觀念，電壓表兩端的電壓相同，其相量為：

$$\mathbf{V}_{xy} = \mathbf{V}_{pq} \quad \text{V} \tag{7.7.42}$$

因此圖 7.7.14(a)(b)之兩電壓表讀數相同。以上互易定理(1)(2)的特性，只有在網路為線性被動時才成立，由電壓表或電流表結果可以判斷電路特性是否滿足線性被動的條件。

圖 7.7.13　互易定理的弦波電路應用(1)

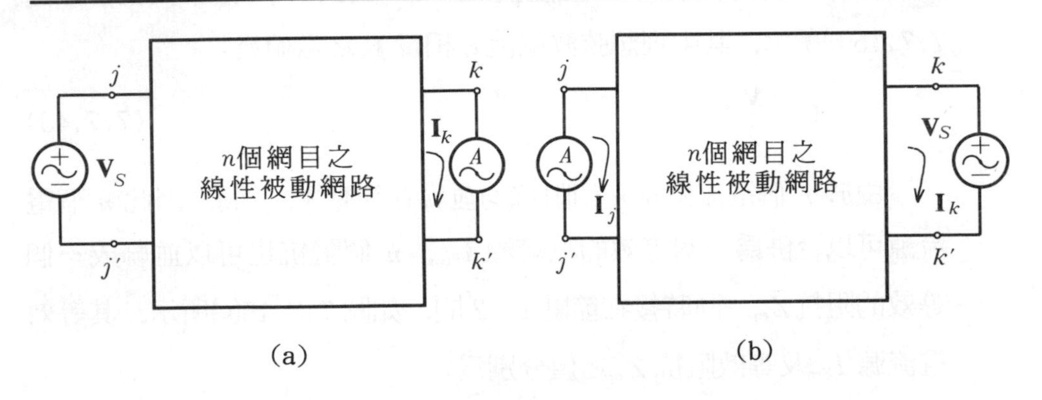


圖 7.7.14　互易定理的弦波電路應用(2)

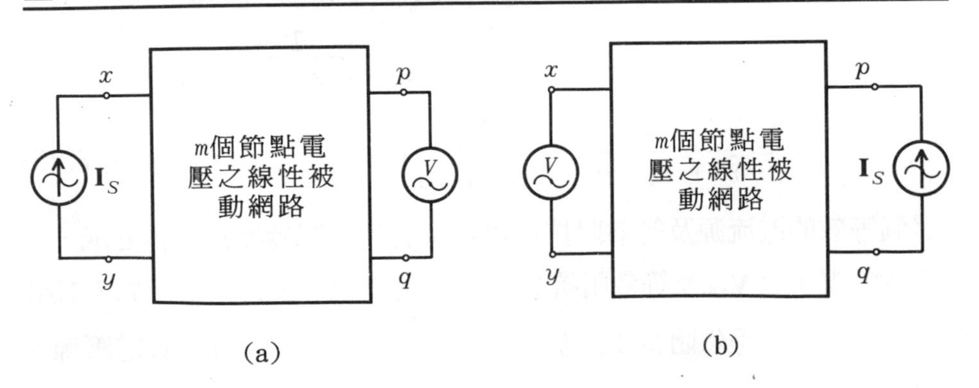

### 7.7.7 密爾曼定理

密爾曼定理在第 3.7 節已介紹過，當時是應用於多個直流電壓源與電阻器串聯，然後轉換成單一個等效直流電壓源及單一個等效電阻器之關係。本節將擴大此一關係到弦波電源及阻抗的關係上。

如圖 7.7.15(a)所示，爲 $n$ 個相同頻率的實際弦波電壓源並聯於節點 1、2 間的圖形，其中每一個實際弦波電壓源均以一個理想弦波電壓源 $\mathbf{V}_{Si}$，$i=1,2,\cdots,n$，分別串聯一個阻抗 $\overline{Z}_i$，$i=1,2,\cdots,n$，來表示。利用電壓源轉換爲電流源的觀念，可以將這 $n$ 個實際電壓源轉換爲 $n$ 個實際電流源，每個電流源以一個理想的弦波電流源 $\mathbf{I}_{Si}$，$i=1,2,\cdots,n$，分別並聯一個阻抗 $\overline{Z}_i$，$i=1,2,\cdots,n$，來代表，如圖 7.7.15(b)所示，其中理想弦波電流源相量 $\mathbf{I}_{Si}$之數值爲：

$$\mathbf{I}_{Si}=\frac{\mathbf{V}_{Si}}{\overline{Z}_i}\quad \text{A} \tag{7.7.43}$$

由於 $n$ 個電流源及 $n$ 個阻抗均並聯在節點 1、2 間，因此 $n$ 個電流源可以合併爲一個等效的電流源 $\mathbf{I}_{Seq}$，$n$ 個阻抗也可以並聯成一個等效的阻抗 $\overline{Z}_{eq}$，同時接在節點 1、2 間，如圖 7.7.15(c)所示，其等效電流源 $I_{Seq}$及等效阻抗 $\overline{Z}_{eq}$之值分別爲：

$$\mathbf{I}_{Seq}=\frac{\mathbf{V}_{S1}}{\overline{Z}_1}+\frac{\mathbf{V}_{S2}}{\overline{Z}_2}+\cdots+\frac{\mathbf{V}_{Sn}}{\overline{Z}_n}=\sum_{i=1}^{n}\frac{\mathbf{V}_{Si}}{\overline{Z}_i}=\sum_{i=1}^{n}\overline{Y}_i\mathbf{V}_{Si}\quad \text{A} \tag{7.7.44}$$

$$\overline{Z}_{eq}=\overline{Z}_1/\!/\overline{Z}_2/\!/\cdots/\!/\overline{Z}_n=\frac{1}{(1/\overline{Z}_1)+(1/\overline{Z}_2)+\cdots+(1/\overline{Z}_n)}$$

$$=\frac{1}{\overline{Y}_1+\overline{Y}_2+\cdots+\overline{Y}_n}=\frac{1}{\overline{Y}_{eq}}\quad \Omega \tag{7.7.45}$$

這個等效的電流源及等效阻抗可以再次利用電源轉換法，轉變成一個等效的電壓源 $\mathbf{V}_{Seq}$及等效阻抗 $\overline{Z}_{eq}$串聯在節點 1、2 間，如圖 7.7.15(d)所示，圖中的等效阻抗 $\overline{Z}_{eq}$已如（7.7.45）式所列，而等效電壓源的電壓 $\mathbf{V}_{Seq}$則爲：

圖 7.7.15　密爾曼定理在多個弦波電源上的轉換

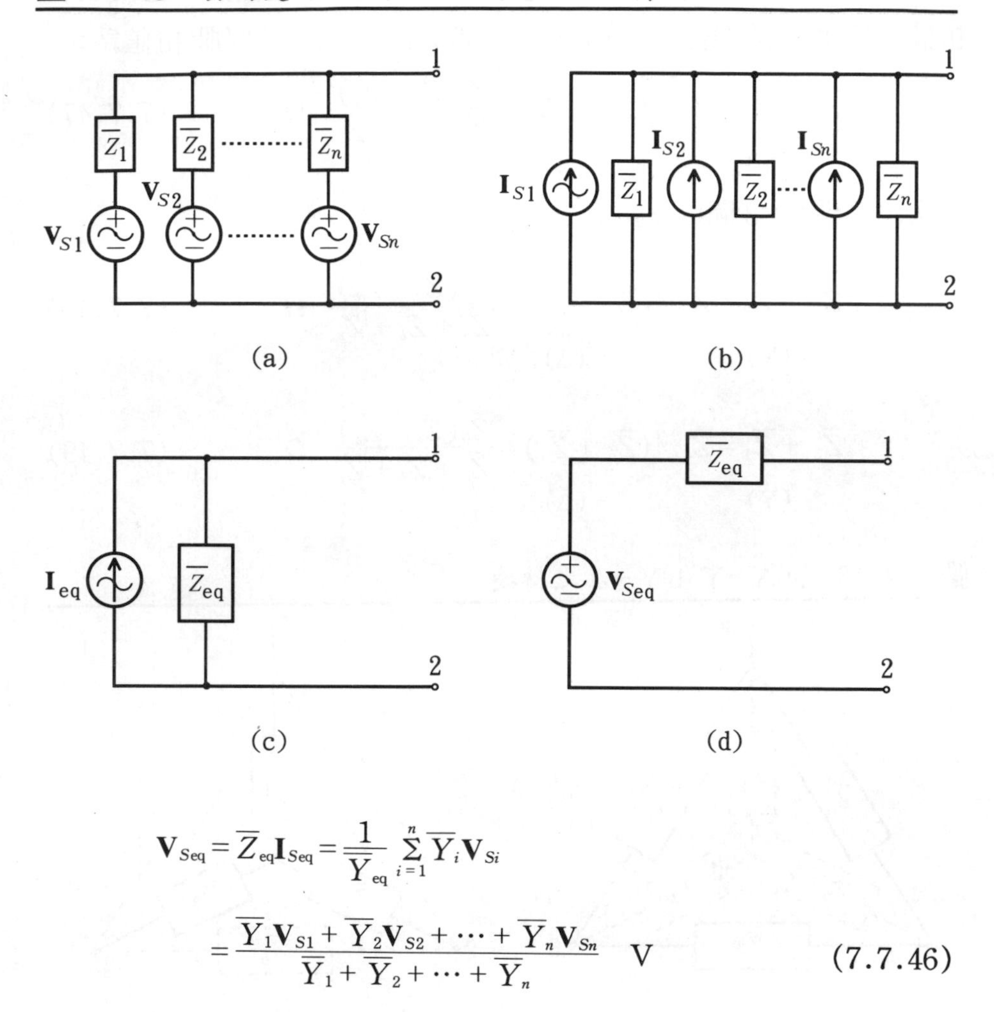


$$\mathbf{V}_{Seq} = \overline{Z}_{eq}\mathbf{I}_{Seq} = \frac{1}{\overline{Y}_{eq}} \sum_{i=1}^{n} \overline{Y}_i \mathbf{V}_{Si}$$

$$= \frac{\overline{Y}_1\mathbf{V}_{S1} + \overline{Y}_2\mathbf{V}_{S2} + \cdots + \overline{Y}_n\mathbf{V}_{Sn}}{\overline{Y}_1 + \overline{Y}_2 + \cdots + \overline{Y}_n} \quad \text{V} \tag{7.7.46}$$

## 7.7.8　Y－Δ 轉換

在第 2.12 節中已述及三個電阻器接成 Y 連接（或稱 T 連接）與 Δ 連接（或稱 π 連接）時彼此間的轉換方法，本節將擴大該轉換法至阻抗的關係式上。如圖 7.7.16(a)，實線的表示為一個 Δ 連接，它是由三個阻抗 $\overline{Z}_a$，$\overline{Z}_b$，$\overline{Z}_c$ 所構成，虛線為一個 Y 連接，它則是由三個阻抗 $\overline{Z}_1$，$\overline{Z}_2$，$\overline{Z}_3$ 所構成。由於 Δ 連接與 Y 連接是等效電路，因此由任兩個端點看入之阻抗值在 Δ 連接與 Y 連接間必須對應相同。以下的三個等式是將 Y 連接之阻抗值放於第一個等號左側，Δ 連接之阻抗值放於第一個或第二個等號右側。首先節點 1、2 間的阻抗值爲：

$$\underset{(\mathrm{Y})}{\overline{Z}_1 + \overline{Z}_2} = \underset{(\Delta)}{\overline{Z}_a // (\overline{Z}_b + \overline{Z}_c)} = \frac{\overline{Z}_a(\overline{Z}_b + \overline{Z}_c)}{\overline{Z}_a + \overline{Z}_b + \overline{Z}_c} \quad \Omega \tag{7.7.47}$$

其次，節點 2、3 間以及節點 3、1 間的阻抗值分別爲：

$$\underset{(\mathrm{Y})}{\overline{Z}_2 + \overline{Z}_3} = \underset{(\Delta)}{\overline{Z}_c // (\overline{Z}_a + \overline{Z}_b)} = \frac{\overline{Z}_c(\overline{Z}_a + \overline{Z}_b)}{\overline{Z}_a + \overline{Z}_b + \overline{Z}_c} \quad \Omega \tag{7.7.48}$$

$$\underset{(\mathrm{Y})}{\overline{Z}_3 + \overline{Z}_1} = \underset{(\Delta)}{\overline{Z}_b // (\overline{Z}_c + \overline{Z}_a)} = \frac{\overline{Z}_b(\overline{Z}_c + \overline{Z}_a)}{\overline{Z}_a + \overline{Z}_b + \overline{Z}_c} \quad \Omega \tag{7.7.49}$$

圖 7.7.16　(a)Δ→Y (b)Y→Δ 之轉換

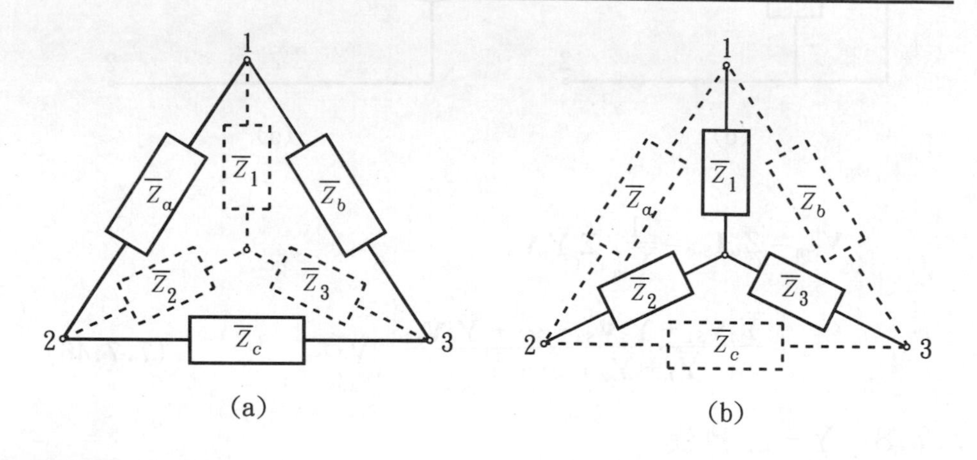


將 (7.7.49) 式減去 (7.7.48) 式，可消去阻抗 $\overline{Z}_3$，得到另一組阻抗 $\overline{Z}_1$ 及 $\overline{Z}_2$ 間的關係式：

$$\overline{Z}_1 - \overline{Z}_2 = \frac{\overline{Z}_a(\overline{Z}_b - \overline{Z}_c)}{\overline{Z}_a + \overline{Z}_b + \overline{Z}_c} \quad \Omega \tag{7.7.50}$$

將 (7.7.47) 式加上 (7.7.50) 式，可以消去阻抗 $\overline{Z}_2$，因此阻抗 $\overline{Z}_1$ 可求出如下：

$$\overline{Z}_1=\frac{\overline{Z}_a\overline{Z}_b}{\overline{Z}_a+\overline{Z}_b+\overline{Z}_c}\quad \Omega \tag{7.7.51}$$

將（7.7.47）式減去（7.7.50）式可消去阻抗 $\overline{Z}_1$，因此阻抗 $\overline{Z}_2$ 可求出如下：

$$\overline{Z}_2=\frac{\overline{Z}_a\overline{Z}_c}{\overline{Z}_a+\overline{Z}_b+\overline{Z}_c}\quad \Omega \tag{7.7.52}$$

由（7.7.51）式所求出的阻抗 $\overline{Z}_1$，代入（7.7.49）式，可得阻抗 $\overline{Z}_3$ 如下：

$$\overline{Z}_3=\frac{\overline{Z}_b\overline{Z}_c}{\overline{Z}_a+\overline{Z}_b+\overline{Z}_c}\quad \Omega \tag{7.7.53}$$

由（7.7.51）式～(7.7.53)式之表示形式，我們可以歸納由 Δ 連接轉換爲 Y 連接的簡易記法，要求以 Δ 連接參數來表示 Y 連接的參數時，則每一個 Y 連接阻抗之分母爲 Δ 連接之三個阻抗和，分子則爲 Δ 連接中，與待求的 Y 連接阻抗之兩相鄰阻抗的乘積，亦即分子 Δ 連接的兩阻抗與 Y 連接的阻抗爲同在一節點上，以文字表示爲：

$$\text{Y 連接的阻抗值}=\frac{\text{與 Δ 連接兩相鄰阻抗的乘積}}{\text{Δ 連接三個阻抗的和}}\quad \Omega \tag{7.7.54}$$

若 Δ 連接的三個阻抗值爲相同，則等效的 Y 連接每一阻抗亦相同，這種阻抗在電力系統稱爲平衡三相負載。令 Δ 連接中每一阻抗爲 $\overline{Z}_\Delta$，Y 連接的每一個等效阻抗爲 $\overline{Z}_Y$，則其關係式爲：

$$\overline{Z}_Y=\frac{\overline{Z}_\Delta\overline{Z}_\Delta}{3\overline{Z}_\Delta}=\frac{\overline{Z}_\Delta}{3}\quad \Omega \tag{7.7.55}$$

該式說明轉換後的等效 Y 連接阻抗僅爲原 Δ 連接阻抗的三分之一。以上是由 Δ 連接轉換爲 Y 連接的方程式推導，接著我們推導由 Y 連接轉換爲 Δ 連接的關係式。如圖 7.7.16(b)所示，實線爲 Y 連接阻抗，虛線爲 Δ 連接阻抗，將（7.7.51）式～(7.7.53)式等號左右兩側，不重複的兩兩相乘後加在一起，與前面的方式一樣，將 Δ 連接的結果放於第一個等號左側，Y 連接的結果放於第一個等號右側，其表示式為：

$$\overline{Z}_1\overline{Z}_2+\overline{Z}_2\overline{Z}_3+\overline{Z}_3\overline{Z}_1 = \frac{\overline{Z}_a{}^2\overline{Z}_b\overline{Z}_c+\overline{Z}_a\overline{Z}_b{}^2\overline{Z}_c+\overline{Z}_a\overline{Z}_b\overline{Z}_c{}^2}{(\overline{Z}_a+\overline{Z}_b+\overline{Z}_c)^2}$$

(Y) (Δ)

$$= \frac{\overline{Z}_a\overline{Z}_b\overline{Z}_c\ (\overline{Z}_a+\overline{Z}_b+\overline{Z}_c)}{(\overline{Z}_a+\overline{Z}_b+\overline{Z}_c)^2}$$

$$= \frac{\overline{Z}_a\overline{Z}_b\overline{Z}_c}{(\overline{Z}_a+\overline{Z}_b+\overline{Z}_c)}\quad \Omega^2 \tag{7.7.56}$$

再將該式分別除以（7.7.53）式、（7.7.52）式以及（7.7.51）式，消去必要的項後，可以得到 Δ 連接阻抗參數以 Y 連接阻抗參數表示的方程式如下：

$$\overline{Z}_a = \frac{\overline{Z}_1\overline{Z}_2+\overline{Z}_2\overline{Z}_3+\overline{Z}_3\overline{Z}_1}{\overline{Z}_3}\quad \Omega \tag{7.7.57}$$

$$\overline{Z}_b = \frac{\overline{Z}_1\overline{Z}_2+\overline{Z}_2\overline{Z}_3+\overline{Z}_3\overline{Z}_1}{\overline{Z}_2}\quad \Omega \tag{7.7.58}$$

$$\overline{Z}_c = \frac{\overline{Z}_1\overline{Z}_2+\overline{Z}_2\overline{Z}_3+\overline{Z}_3\overline{Z}_1}{\overline{Z}_1}\quad \Omega \tag{7.7.59}$$

由這三個方程式的表示式也可以發現，當 Δ 連接阻抗參數以 Y 連接的阻抗參數表示時，每一個 Δ 連接阻抗分子的量完全一樣，都是 Y 連接阻抗參數中，為任兩個阻抗相乘後的和。對應圖 7.7.16(b)所示，每一個 Δ 連接阻抗分母所對應的值恰為該 Δ 連接阻抗中的對面的 Y 連接阻抗值，例如 Δ 連接阻抗 $\overline{Z}_a$ 對面為 Y 連接阻抗 $\overline{Z}_3$，阻抗 $\overline{Z}_b$ 對面為 $\overline{Z}_2$，阻抗 $\overline{Z}_c$對面為阻抗 $\overline{Z}_1$，呈現一種有趣的對應關係，其簡單記憶法為：

$$\Delta\text{ 連接的阻抗} = \frac{\text{Y 連接阻抗任兩個乘積後的總和}}{\Delta\text{ 連接元件對面的 Y 連接阻抗}}\quad \Omega \tag{7.7.60}$$

若令Δ連接每一個阻抗均為$\overline{Z}_\Delta$，Y連接的阻抗均為$\overline{Z}_Y$，在這種三相平衡負載情況下，它們間的關係為：

$$\overline{Z}_{\Delta}=\frac{3\overline{Z}_Y\overline{Z}_Y}{\overline{Z}_Y}=3\overline{Z}_Y \quad \Omega \tag{7.7.61}$$

該式與（7.7.55）式一樣，都是表示了 Y 連接的阻抗值恰為 Δ 連接阻抗的三分之一。

**【例 7.7.1】** 如圖 7.7.17 所示之電路，試用電源轉換技巧，將該電路表示出網目電流方程式，並解出 $\mathbf{I}_1$。

**圖 7.7.17　例 7.7.1 之電路**

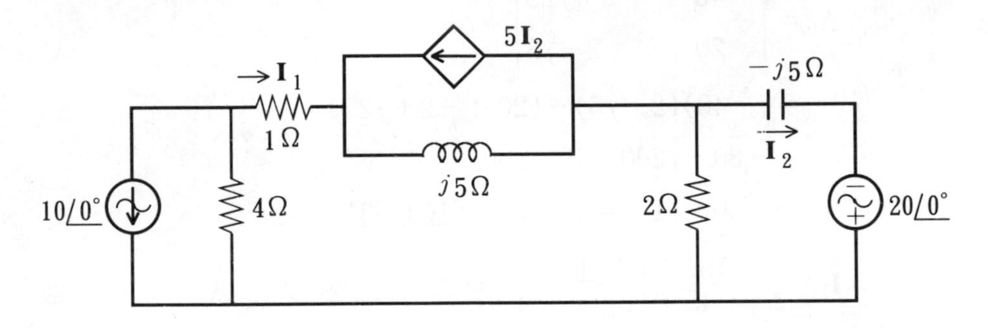


**【解】** 將 $10\angle 0°$ 與 4 Ω 之並聯轉換為串聯電路，並將 $5\mathbf{I}_2$ 與 $j5$ 並聯轉換為串聯電路成為下圖：

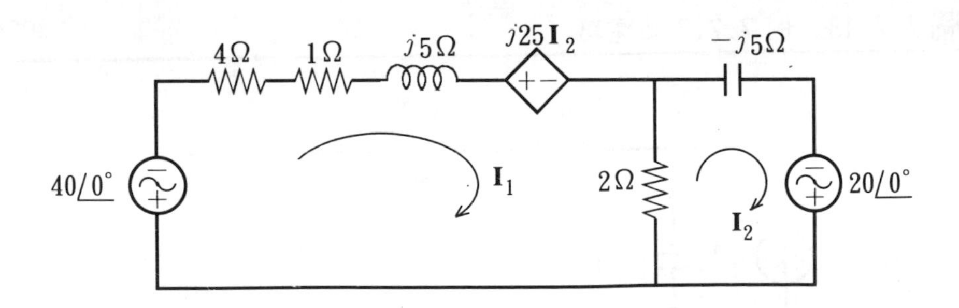


迴路 1 之 KVL 為：

$$40+(5+j5)\mathbf{I}_1+j25\mathbf{I}_2+2(\mathbf{I}_1-\mathbf{I}_2)=0$$

或

$$(7+j5)\mathbf{I}_1+(-2+j25)\mathbf{I}_2=-40 \qquad ①$$

迴路 2 之 KVL 爲:

$$2(\mathbf{I}_2-\mathbf{I}_1)+(-j5)\mathbf{I}_2-20=0$$

或 $$-2\mathbf{I}_1+(2-j5)\mathbf{I}_2=20 \quad ②$$

$$\therefore \Delta=\begin{vmatrix} 7+j5 & -2+j25 \\ -2 & 2-j5 \end{vmatrix}$$

$$=(7+j5)(2-j5)-(-2)(-2+j25)$$

$$=14+25+j10-j35-4+j50$$

$$=35+j25=43.012\angle 35.54^\circ$$

$$\Delta_1=\begin{vmatrix} -40 & -2+j25 \\ 20 & 2-j5 \end{vmatrix}$$

$$=(-40)(2-j5)-(20)(-2+j25)$$

$$=-80+j200+40-j50$$

$$=-40+j150=155.242\angle 104.93^\circ$$

$$\therefore \mathbf{I}_1=\frac{\Delta_1}{\Delta}=\frac{155.242\angle 104.93^\circ}{43.012\angle 35.54^\circ}=3.609\angle 69.39^\circ \ \text{A} \quad ◎$$

【例 7.7.2】如圖 7.7.18 所示之電路，試利用電源轉換技巧，將該電路以節點電壓方程式表示，並解出相量 $\mathbf{V}_2$ 之值。

圖 7.7.18 例 7.7.2 之電路

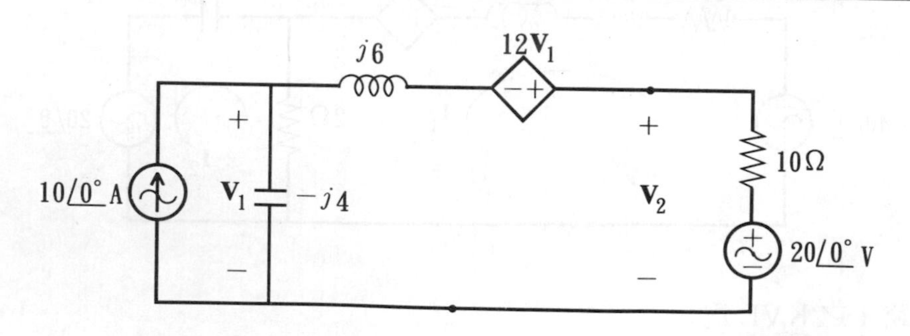

【解】將中間的 $j6$ 與 $4\mathbf{V}_1$ 之串聯電路轉換爲並聯電路，並將 10 Ω 與 $20\angle 0°$ 電路轉換爲並聯電路如下：

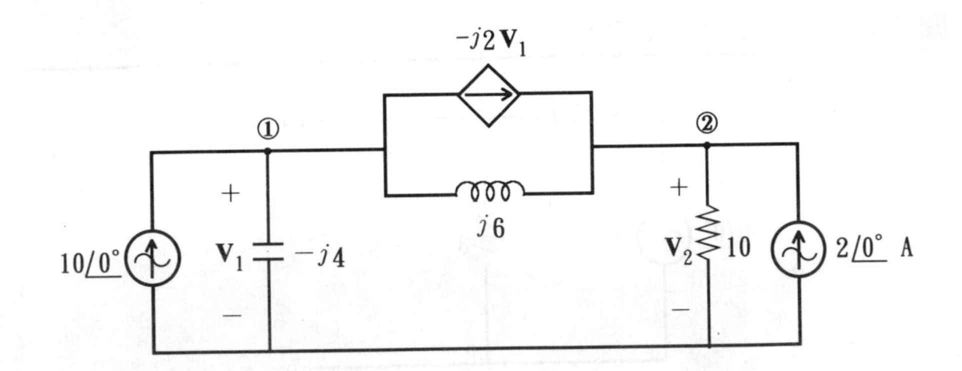


節點①之 KCL 爲：

$$\frac{\mathbf{V}_1}{-j4}+\frac{\mathbf{V}_1-\mathbf{V}_2}{j6}=10\angle 0°+j2\mathbf{V}_1$$

或　　$-j1.9166\mathbf{V}_1-j0.1666\mathbf{V}_2=10\angle 0°$

節點②之 KCL 爲：

$$\frac{\mathbf{V}_2-\mathbf{V}_1}{j6}+\frac{\mathbf{V}_2}{10}=2-j2\mathbf{V}_1$$

或　　$j2.1666\mathbf{V}_1+(0.1-j0.1666)\mathbf{V}_2=2$

$$\Delta=\begin{vmatrix}-j1.91666 & -j0.1666\\ j2.1666 & 0.1-j0.1666\end{vmatrix}$$

$$=(-j0.191666-0.319444)-0.361111$$

$$=-0.680555-j0.191666=0.707\angle -164.27°$$

$$\Delta_2=\begin{vmatrix}-j1.91666 & 10\\ j2.1666 & 2\end{vmatrix}=-j3.83333-j21.666$$

$$=-j25.5=25.5\angle -90°$$

$$\therefore \mathbf{V}_2=\frac{\Delta_2}{\Delta}=\frac{25.5\angle -90°}{0.707\angle -164.27°}=36.068\angle 74.27°\ \ \text{V}$$ ◎

【例 7.7.3】如圖 7.7.19 所示之電路，求 $a$、$b$ 端之：(a)戴維寧等效電路，(b)諾頓等效電路。

圖 7.7.19 例 7.7.3 之電路

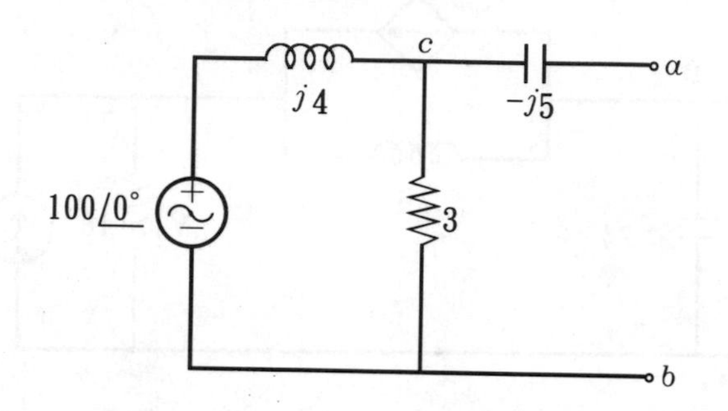


【解】 $\mathbf{V}_{TH}=\mathbf{V}_{cb}=100\angle 0^\circ\times\dfrac{3}{3+j4}=100\angle 0^\circ\times\dfrac{3\angle 0^\circ}{5\angle 53.13^\circ}$

$=60\angle -53.13^\circ$ V

將 $100\angle 0^\circ$ 短路，則 $ab$ 端看入之阻抗為：

$$\overline{Z}_{TH}=(j4/\!/3)+(-j5)=\frac{j12}{3+j4}-j5=\frac{j12-j5(3+j4)}{3+j4}$$

$$=\frac{j12-j15+20}{3+j4}=\frac{20-j3}{3+j4}=\frac{20.223\angle -8.53^\circ}{5\angle 53.13^\circ}$$

$$=4.045\angle -61.66^\circ=1.92+j(-3.56)\quad\Omega$$

$$\mathbf{I}_N=\frac{\mathbf{V}_{TH}}{\overline{Z}_{TH}}=\frac{60\angle -53.13^\circ}{4.045\angle -61.66^\circ}=14.833\angle 8.53^\circ\quad\text{A}$$

(a)戴維寧等效電路

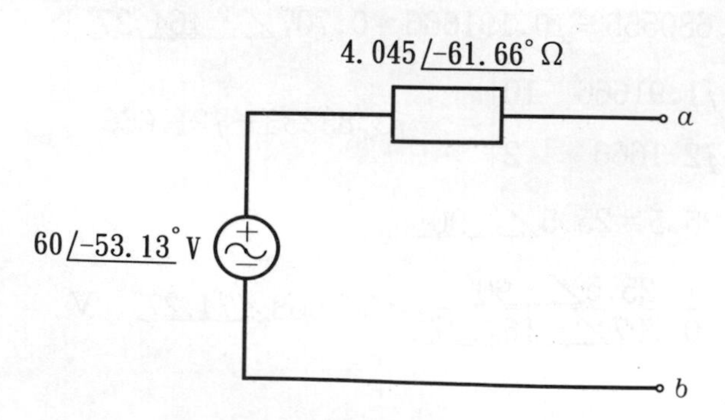

(b)

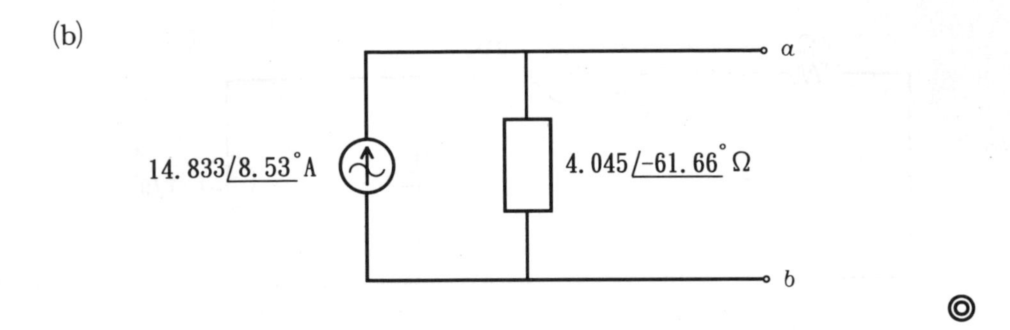


◎

【例 7.7.4】如圖 7.7.20 所示之電路，求 $a$、$b$ 端之戴維寧等效電路。

圖 7.7.20　例 7.7.4 之電路

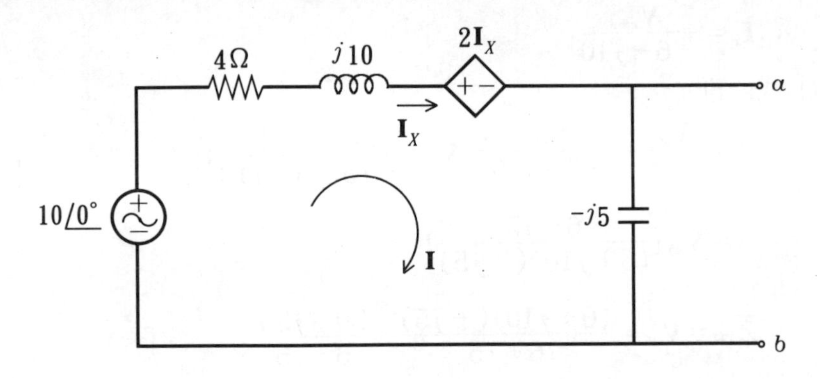


【解】先求 $\mathbf{V}_{TH}$，KVL 方程式爲：

$$-10+(4+j10)\mathbf{I}+2\mathbf{I}_x-j5\mathbf{I}=0,\ \mathbf{I}_x=\mathbf{I}$$

$$\therefore (4+j10+2-j5)\mathbf{I}=10$$

$$\mathbf{I}=\frac{10}{6+j5}=\frac{10\angle 0^\circ}{7.81\angle 39.8^\circ}=1.28\angle -39.8^\circ\ \text{A}$$

$$\therefore V_{TH}=-j5\cdot\mathbf{I}=5\angle -90^\circ\cdot 1.28\angle -39.8^\circ$$

$$=6.4\angle 129.8^\circ\quad \text{V}$$

再將 $10\angle 0^\circ$ 短路，在 $a$、$b$ 端接上 $1\angle 0^\circ$ 之電流源，如下圖所示：

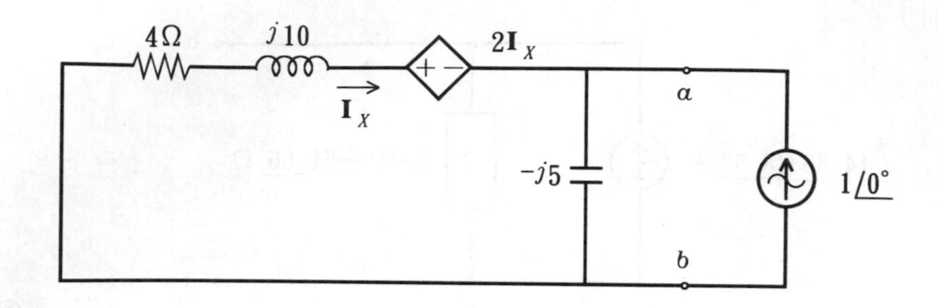


KCL 在節點 $a$ 之方程式為:

$$1\angle 0^\circ=\frac{\mathbf{V}_{ab}}{-j5}-\mathbf{I}_x \quad ①$$

又 $\mathbf{V}_{ab}=-\mathbf{I}_x(4+j10)-2\mathbf{I}_x=(-6-j10)\mathbf{I}_x$

$$\therefore \mathbf{I}_x=\frac{\mathbf{V}_{ab}}{-6-j10}$$

代入①式, 則

$$1=\frac{\mathbf{V}_{ab}}{-j5}-\frac{\mathbf{V}_{ab}}{-6-j10}=\mathbf{V}_{ab}\left(\frac{1}{-j5}+\frac{1}{6+j10}\right)$$

$$=\mathbf{V}_{ab}\left[\frac{6+j5}{(6+j10)(-j5)}\right]$$

$$\overline{Z}_{\text{TH}}=\mathbf{V}_{ab}=\frac{(6+j10)(-j5)}{6+j5}=\frac{50-j30}{6+j5}$$

$$=\frac{58.31\angle -30.96^\circ}{7.81\angle 39.8^\circ}=7.466\angle -70.76^\circ \quad \Omega$$

故戴維寧等效電路為:

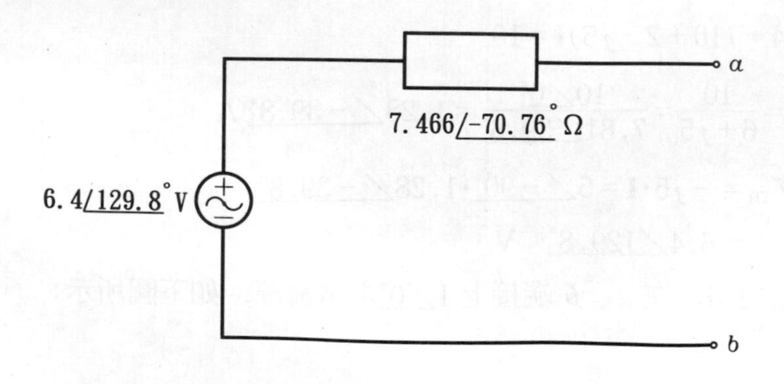


◎

【例 7.7.5】如圖 7.7.21 所示之電路，求$i(t)$，當：(a)$\omega=2$ rad/s，(b)$\omega=4$ rad/s 時。

圖 7.7.21　例 7.7.5 之電路

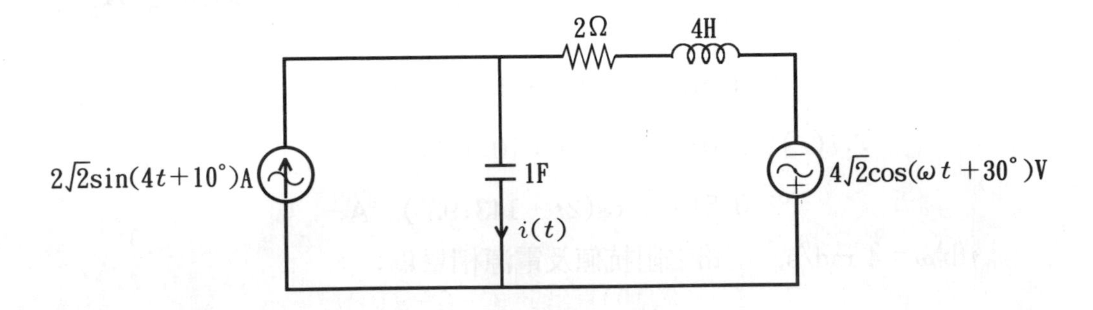


【解】(a)$\omega=2$ rad/s 時，利用重疊定理求解$i(t)$：

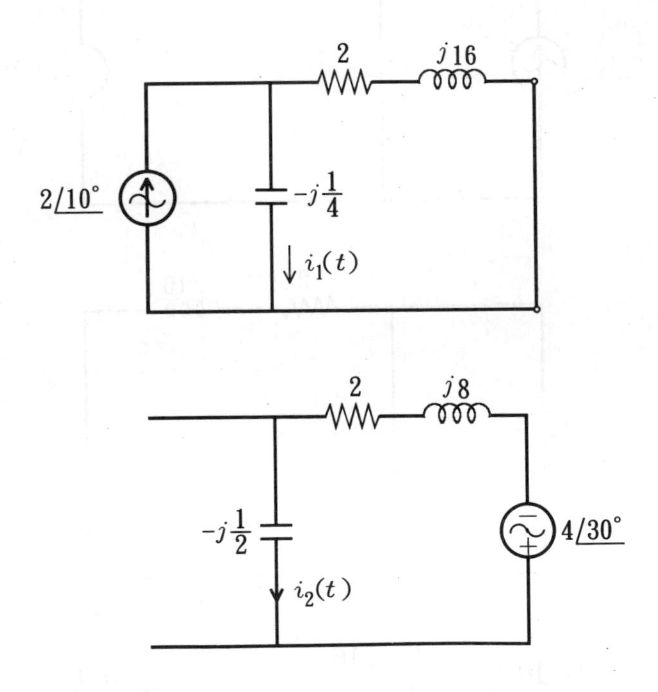


$$\mathbf{I}_1=2\angle 10°\times\frac{2+j16}{2+j16-j\dfrac{1}{4}}=2\angle 10°\times\frac{2+j16}{2+j15.75}$$

$$= 2\angle 10^\circ \times \frac{16.125\angle 82.87^\circ}{15.876\angle 82.76^\circ} = 2.031\angle 10.11^\circ \quad \text{A}$$

$$\therefore i_1(t) = 2.031\sqrt{2}\sin(4t + 10.11^\circ) \quad \text{A}$$

$$\mathbf{I}_2 = \frac{-4\angle 30^\circ}{2 + j8 - j\dfrac{1}{2}} = \frac{4\angle 210^\circ}{7.762\angle 75.69^\circ} = 0.515\angle 134.93^\circ \quad \text{A}$$

$$\therefore i_2(t) = 0.515\sqrt{2}\cos(2t + 134.93^\circ) \quad \text{A}$$

$$\therefore i(t) = 2.031\sqrt{2}\sin(4t + 10.11^\circ) + 0.515\sqrt{2}\cos(2t + 143.93^\circ) \quad \text{A}$$

(b)$\omega = 4$ rad/s，電路之阻抗值及電源相量爲：

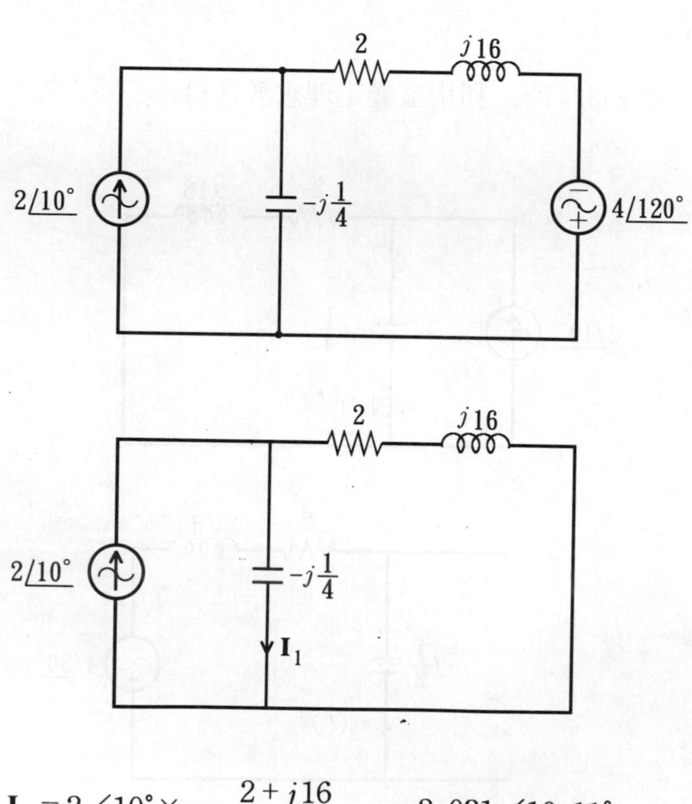


$$\mathbf{I}_1 = 2\angle 10^\circ \times \frac{2 + j16}{-j\dfrac{1}{4} + 2 + j16} = 2.031\angle 10.11^\circ$$

$$= 1.999 + j0.3565 \quad \text{A}$$

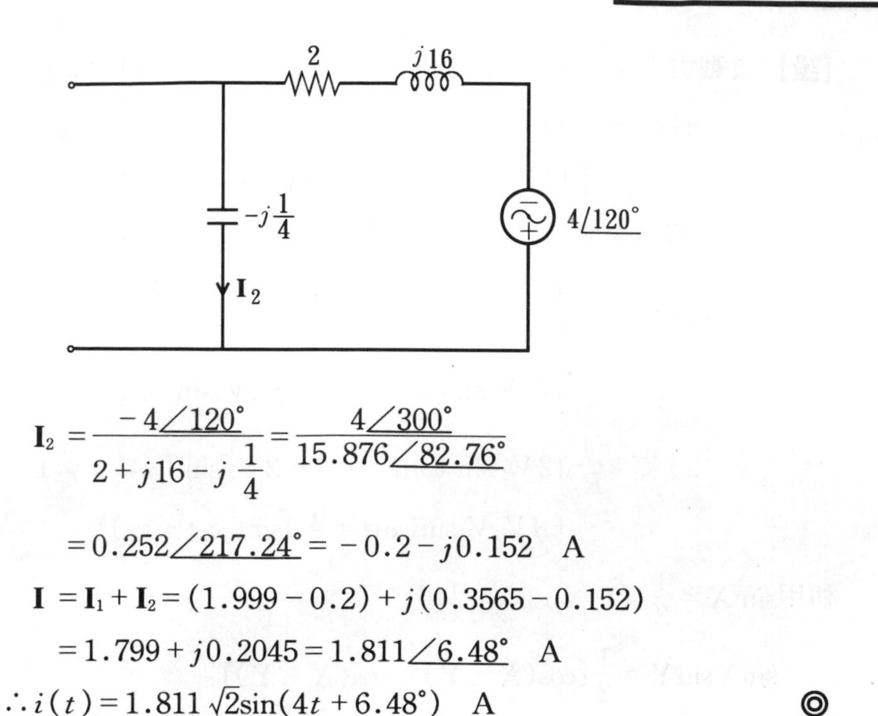


$$\mathbf{I}_2=\frac{-4\angle 120°}{2+j16-j\dfrac{1}{4}}=\frac{4\angle 300°}{15.876\angle 82.76°}$$

$$=0.252\angle 217.24°=-0.2-j0.152 \quad \text{A}$$

$$\mathbf{I}=\mathbf{I}_1+\mathbf{I}_2=(1.999-0.2)+j(0.3565-0.152)$$

$$=1.799+j0.2045=1.811\angle 6.48° \quad \text{A}$$

$$\therefore i(t)=1.811\sqrt{2}\sin(4t+6.48°) \quad \text{A}$$

◎

【例 7.7.6】如圖 7.7.22 所示之電路，試證明當 $\omega_1 \neq \omega_2$ 時，負載電阻 $R_L$ 所吸收之功率爲兩個電源個別提供功率之和（此爲功率之重疊定理）。

圖 7.7.22　例 7.7.6 之電路

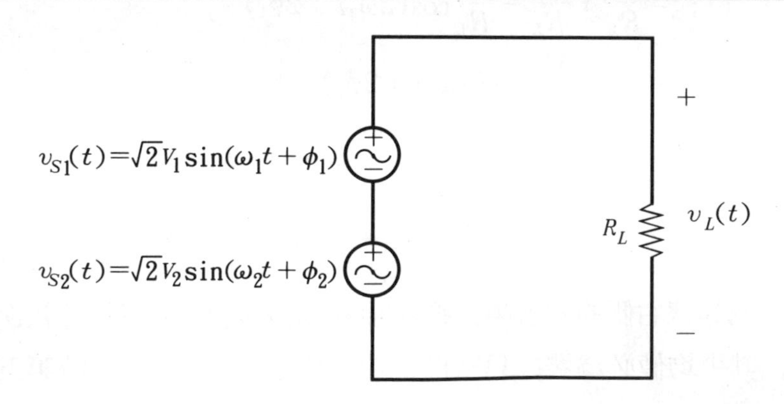

【證】負載電阻 $R_L$ 兩端之電壓 $v_L(t)$ 爲 $v_{S1}(t)$ 與 $v_{S2}(t)$ 之和:

$$v_L(t)=v_{S1}(t)+v_{S2}(t)$$

$$=\sqrt{2}V_1\sin(\omega_1 t+\phi_1)+\sqrt{2}V_2\sin(\omega_2 t+\phi_2)$$

負載 $R_L$ 所吸收之瞬時功率 $p_L(t)$ 爲:

$$p_L(t)=\frac{v_L{}^2(t)}{R_L}$$

$$=\frac{1}{R_L}[\sqrt{2}V_1\sin(\omega_1 t+\phi_1)+\sqrt{2}V_2\sin(\omega_2 t+\phi_2)]^2$$

$$=\frac{1}{R_L}[2V_1^2\sin^2(\omega_1 t+\phi_1)+2V_2^2\sin^2(\omega_2 t+\phi_2)$$

$$+4V_1V_2\sin(\omega_1 t+\phi_1)\sin(\omega_2 t+\phi_2)] \qquad ①$$

利用 $\sin^2 X=\frac{1}{2}(1-\cos 2X)$ 以及

$$\sin X\sin Y=\frac{1}{2}[\cos(X-Y)-\cos(X+Y)]$$

代入①式可得:

$$p_L(t)=\frac{1}{R_L}\{V_1{}^2[1-\cos(2\omega_1 t+2\phi_1)]$$

$$+V_2{}^2[1\times\cos(2\omega_2 t+\phi_2)]$$

$$+2V_1V_2[\cos(\omega_1 t-\omega_2 t+\phi_1-\phi_2)$$

$$-\cos(\omega_1 t+\omega_2 t+\phi_1+\phi_2)]\}$$

$$=\frac{V_1{}^2}{R_L}+\frac{V_2{}^2}{R_L}-\frac{V_1{}^2}{R_L}\cos(2\omega_1 t+2\phi_1)$$

$$-\frac{V_2{}^2}{R_L}\cos(2\omega_2 t+2\phi_2)$$

$$+\frac{2V_1V_2}{R_L}\cos[(\omega_1-\omega_2)t+(\phi_1-\phi_2)]$$

$$-\frac{2V_1V_2}{R_L}\cos[(\omega_1+\omega_2)t+(\phi_1+\phi_2)] \qquad ②$$

②式第二個等號右側的六項中，後四項在 $\omega_1\neq\omega_2$ 時全部是餘弦函數的關係，其平均值必爲零，只有前二項是常數。當 $\omega_1=\omega_2$ 時第五項爲 $\frac{2V_1V_2}{R_L}\cos(\phi_1-\phi_2)$ 亦爲一個常數，因此可以推論:

當 $\omega_1 = \omega_2$ 時，$P_{av} = \dfrac{V_1^2}{R_L} + \dfrac{V_2^2}{R_L} + \dfrac{2V_1V_2}{R_L}\cos(\phi_1 - \phi_2)$　W　③

當 $\omega_1 \neq \omega_2$ 時，$P_{av} = \dfrac{V_1^2}{R_L} + \dfrac{V_2^2}{R_L}$　W　④

④式等號右側第一項爲 $v_{S2}(t)$ 短路時，由 $v_{S1}(t)$ 所提供 $R_L$ 之功率；右側第二項則爲 $v_{S1}(t)$ 短路時，由 $v_{S2}(t)$ 所提供給 $R_L$ 之功率，滿足重疊定理之功率合成關係。故得證。

※當電源：①sin 或 cos 型式，相同或不同頻率，②全部爲 cos 型式，但頻率彼此不同，③全部爲 sin 型式，但頻率彼此不同時，我們稱這類電源彼此正交（orthogonal），對於正交函數的電源，其等效的有效值爲各電源合併（電壓源串聯，電流源並聯）在一起時，各電源有效值個別平方之和再取平方根，如下表示：

$$F_{rms} = \sqrt{\sum_{i=1}^{N} F_{rmsi}^2} \quad ⑤$$

式中 $N$ 爲電源個數，$F_{rmsi}$ 爲各電源有效值（V 或 A）。故當數個正交電壓源同時串聯在同一個負載電阻 $R_L$ 上時，$R_L$ 之總吸收平均功率爲：

$$P_{av} = \frac{V_{rms}^2}{R_L} = \frac{1}{R}\sum_{i=1}^{N} V_{rmsi}^2 = \sum_{i=1}^{N}\frac{V_{rmsi}^2}{R} = \sum_{i=1}^{N} P_{avi} \text{ W} \quad ⑥$$

⑥式表示正交函數之電源合併作用在同一個負載上時，該負載所消耗之平均功率恰等於個別電源作用時消耗功率之總和，與功率重疊定理之說法相同。◎

**【例7.7.7】** 試求當(a)$\omega_4 = 30$ rad/s，(b)$\omega_4 = 20$ rad/s 時，負載電阻 $R_L = 10\ \Omega$ 所吸收之平均功率。

**【解】** (a)$\omega_4 = 30$ rad/s，4 個電源完全正交，利用功率重疊定理：

$$\therefore P_L = \frac{10^2}{10} + \frac{50^2}{10} + \frac{40^2}{10} + \frac{60^2}{10} = 780 \text{ W}$$

(b)$\omega_4 = 20$ rad/s，此時 $v_{S3}$ 與 $v_{S4}$ 沒有正交，先將 $v_{S4}$ 與 $v_{S3}$ 合併爲

圖7.7.23 例7.7.7之電路

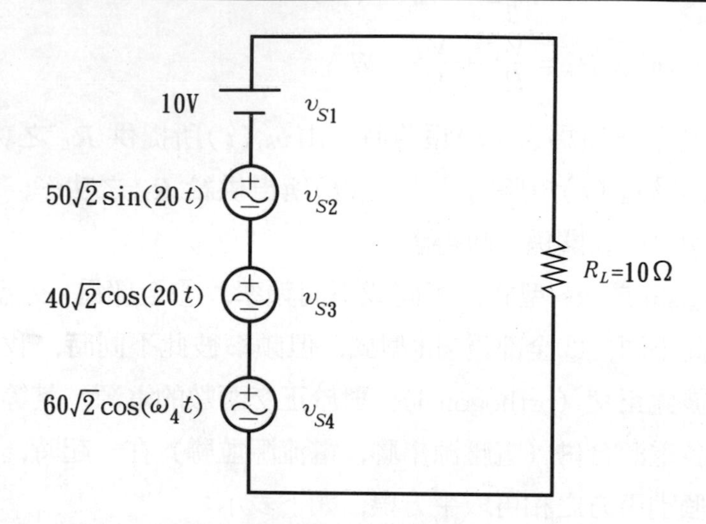


$$v_{S34}=(40\sqrt{2}+60\sqrt{2})\cos(20t)=100\sqrt{2}\cos(20t)\quad \text{V}$$

此時 $v_{S1}$，$v_{S2}$，$v_{S34}$完全正交，再次取用功率重疊定理：

$$P_L=\frac{10^2}{10}+\frac{50^2}{10}+\frac{100^2}{10}=1260\ \text{W}$$ ◎

【例7.7.8】試證明圖7.7.24爲互易電路。

圖7.7.24 例7.7.8之電路

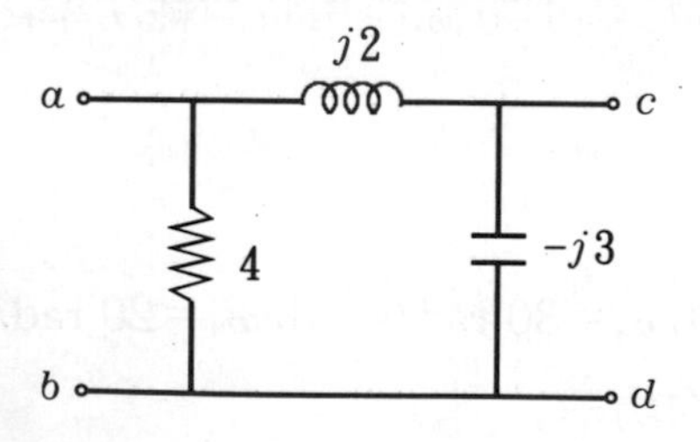


【解】(1)在 $a$、$b$ 端加上一個電流源相量 $\mathbf{I}_S$，則 $\mathbf{V}_{cd}$之電壓相量爲：

$$\mathbf{V}_{cd}=\mathbf{I}_S\times\frac{4}{4+j(2-3)}\times(-j3)=\mathbf{I}_S\times(\frac{-j12}{4-j1})\quad \text{V}$$

若改將 $\mathbf{I}_S$ 之電流源裝在 $c$、$d$ 兩端，則 $\mathbf{V}_{ab}$之電壓相量為：

$$\mathbf{V}_{ab}=\mathbf{I}_S\times\frac{(-j3)}{4+j(2-3)}\times 4=\mathbf{I}_S\times(\frac{-j12}{4-j1})\quad \text{V}$$

$\mathbf{V}_{ab}=\mathbf{V}_{cd}$，故知圖 7.7.24 為互易電路。

⑵在 $a$、$b$ 端加上一個電壓源相量 $\mathbf{V}_S$，將 $c$、$d$ 端短路，則流經 $c$、$d$ 短路線之電流相量為：

$$\mathbf{I}_{cd}=\frac{\mathbf{V}_S}{j2}\quad \text{A}$$

同理在 $c$、$d$ 端加上電壓源相量 $\mathbf{V}_S$，並將 $a$、$b$ 端短路，則流經 $a$、$b$ 短路線之電流相量為：

$$\mathbf{I}_{ab}=\frac{\mathbf{V}_S}{j2}\quad \text{A}$$

因 $\mathbf{I}_{cd}=\mathbf{I}_{ab}$，故知圖 7.7.24 為互易電路　◎

**【例 7.7.9】** 如圖 7.7.25 所示之電路，試利用密爾曼定理求出負載 $Z_L$ 之電流值。

圖 7.7.25　例 7.7.9 之電路

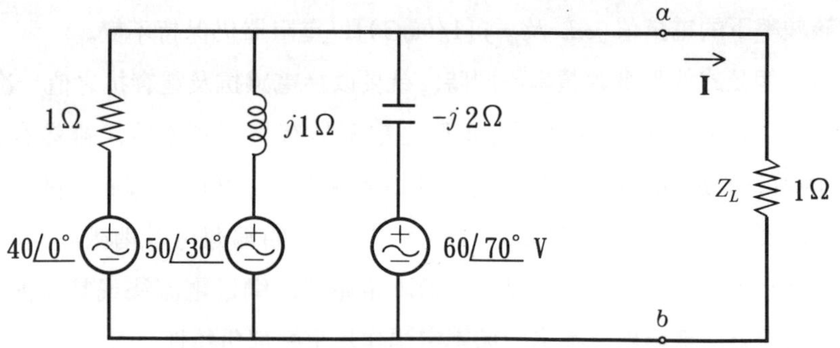

**【解】**

$$\overline{Z}_{\text{eq}}=1/\!/j1/\!/-j2=\frac{1}{1+(-j1)+(j0.5)}=\frac{1}{1-j0.5}$$

$$=0.8944\angle+26.565^\circ=0.8+j0.4\quad \Omega$$

$$\mathbf{V}_{Seq}=\frac{40\angle 0^\circ\cdot 1+50\angle 30^\circ\cdot(-j1)+60\angle 70^\circ\cdot(+j0.5)}{1-j0.5}$$

$$=\frac{40+(25-j43.3)+(-28.19+j10.26)}{1.118\angle -26.565^\circ}$$

$$=\frac{36.81-j33.04}{1.118\angle -26.565^\circ}=\frac{49.463\angle -41.91^\circ}{1.118\angle -26.565^\circ}$$

$$=44.24\angle -15.345^\circ \quad \text{V}$$

$$\therefore \mathbf{I}=\frac{\mathbf{V}_{Seq}}{1+Z_{eq}}=\frac{44.24\angle -15.345^\circ}{1.8+j0.4}$$

$$=\frac{44.24\angle -15.345^\circ}{1.8439\angle 12.5288^\circ}=23.9925\angle -27.8738^\circ \quad \text{A}$$ ◎

## 【本節重點摘要】

(1)重疊定理

該定理可以在混合直流及交流弦波電源等不同工作頻率作用下的電路做分析，這也是重疊定理特別重要的功能之一，而且它也是電路分析工具中唯一能處理含有不同電源頻率的方法。其中要注意的是：

①當電源為直流時，頻率為零，因此電路之電感器為短路，電容器則為開路，電阻器不變。

②當電源為弦式波形，頻率為 $\omega$ 時，則電感器及電容器若以阻抗表示則應換成該頻率下的電抗值 $j\omega L$ 及 $-j[1/(\omega C)]$，電阻器仍保持不變。

③每當一個弦式波形電源頻率不同時，就要改換電感抗及電容抗之值一次。

④若電源中有若干個相同的弦式波形之電源具有相同頻率時，雖然有的是 sin 函數有的是 cos 函數，但是它們的電源頻率是一樣的，因此電感器及電容器之表示電抗值在此類電源下均相同，這類的電源可以稍微以 90°的角度調整一下電源型式，就可以利用節點電壓法，網目電流法或其他前面所列的化簡方法來處理這種單一頻率電源作用下的部份特性。

⑤若數個電源的頻率相同，在用重疊定理求解時，是用相量方法合成待求的電壓或電流相量，再反相量轉換到時域表示出答案；但是當電源頻率不同時，則不可用相量法合成結果，必須一個一個電源用相量求解，分別反相量轉換到時域，最後再將各時域結果合成為待求的電壓或電流才是正確的

答案。

⑵電壓源與電流源之轉換（含受控電源之介紹）

①獨立電源的轉換

一個實際獨立弦波電壓源的等效模型，一個相量為 $\mathbf{V}_S$ 的理想電壓源，串聯一個阻抗 $\overline{Z}_S$，接在節點 $a$、$b$ 兩端；一個實際獨立弦波電流源的等效模型，一個相量 $\mathbf{I}_S$ 的理想電流源與一個阻抗 $\overline{Z}_S$ 並聯在節點 $a$、$b$ 間。等效轉換在端點 $a$、$b$ 間的電壓相量 $\mathbf{V}$ 與電流相量 $\mathbf{I}$ 的關係，可由端點 $a$、$b$ 的開路（OC）條件及短路（SC）條件必須相同而得：

$$\mathbf{V}_{OC}=\mathbf{V}_{ab}=\mathbf{V}_S=\overline{Z}_S\mathbf{I}_S \quad \text{V}$$

$$\mathbf{I}_{SC}=\mathbf{I}_{ab}=\frac{\mathbf{V}_S}{\overline{Z}_S}=\mathbf{I}_S \quad \text{A}$$

②受控電源的轉換

四種受控電源分別為電壓控制之電壓源（VCVS）及電壓控制之電流源（VCCS）、電流控制之電壓源（CCVS）及電流控制之電流源（CCCS）。值得注意的是，控制訊號源在電路轉換的前後不能改變，轉換的條件是在端點條件開路及短路時數值必須相同，茲分電壓控制及電流控制兩類來分別說明。

(a)電壓控制

$$\mathbf{V}_{OC}=\mathbf{V}_{ab}=(\mathbf{V}=K_V\mathbf{V}_C)=(\overline{Z}_S{}'\mathbf{I}=\overline{Z}_S{}'K_Y\mathbf{V}_C) \quad \text{V}$$

$$\mathbf{I}_{SC}=\mathbf{I}_{ab}=\left(\frac{\mathbf{V}}{\overline{Z}_S{}'}=\frac{K_V\mathbf{V}_C}{\overline{Z}_S{}'}\right)=(\mathbf{I}=K_Y\mathbf{V}_C) \quad \text{A}$$

(b)電流控制

$$\mathbf{V}_{OC}=\mathbf{V}_{cd}=(\mathbf{V}=K_Z\mathbf{I}_C)=(\overline{Z}_S{}'\mathbf{I}=\overline{Z}_S{}'K_I\mathbf{I}_C) \quad \text{V}$$

$$\mathbf{I}_{SC}=\mathbf{I}_{cd}=\left(\frac{\mathbf{V}}{\overline{Z}_S{}'}=\frac{K_Z\mathbf{I}_C}{\overline{Z}_S{}'}\right)=(\mathbf{I}=K_I\mathbf{I}_C) \quad \text{A}$$

⑶網目分析法

對於單一個電源工作頻率，$n$ 個網目之網目電流方程式，在弦波穩態之矩陣表示式為：

$$[\overline{Z}]_{n\times n}[\mathbf{I}]_{n\times 1}=[\mathbf{V}]_{n\times 1} \quad \text{V}$$

式中〔$\overline{Z}$〕稱為阻抗矩陣，它是由 $n$ 列及 $n$ 行之阻抗元素所構成的方矩陣；〔$\mathbf{I}$〕稱為電流相量向量，它是由 $n$ 個網目電流相量所構成之行向量；〔$\mathbf{V}$〕稱為電壓相量向量，是由 $n$ 個網目內部之電壓源電壓所合成之行向量。

電路含有相依電源做網目分析時，則需以克希荷夫電壓定律 KVL 一步一步列出方程式求解，受控電源的電壓、電流關係，也必須變換成為網目電流的變數。

(4)節點分析法

單一個電源工作頻率下，含有 $n$ 個節點電壓之電壓方程式以矩陣形式表示之基本方程式為：

$$[\overline{Y}]_{n\times n}[\mathbf{V}]_{n\times 1}=[\mathbf{I}]_{n\times 1} \quad \text{A}$$

式中 $[\overline{Y}]$ 為導納矩陣，它是由 $n$ 列及 $n$ 行之導納元素所構成之方矩陣；$[\mathbf{V}]$ 為 $n$ 個節點電壓相量所構成之行向量；$[\mathbf{I}]$ 則為電流源流入或流出 $n$ 個節點之電流相量合成的行向量。

電路含有相依電源做節點分析時，則需以克希荷夫電流定律 KCL 一步一步列出方程式求解，受控電源的電壓、電流關係，也必須變換成為節點電壓的變數。

(5)戴維寧定理及諾頓定理

網路 $A$ 及網路 $B$ 共同連接於節點 1、2 間，由網路 $A$ 流向網路 $B$ 之電流相量為 $\mathbf{I}$，節點 1 對節點 2 之電壓相量為 $\mathbf{V}$。網路 $A$ 可能包含若干獨立電源、受控電源及阻抗或導納等，但是只要網路 $B$ 中不含控制網路 $A$ 中受控電源的控制訊號，以及網路 $B$、$A$ 間無耦合線圈的關係，則網路 $A$ 可以用一個獨立的戴維寧等效電壓源 $\mathbf{V}_{TH}$ 與一個戴維寧等效阻抗 $\overline{Z}_{TH}$ 串聯來取代，此電路即是戴維寧等效電路；或用一個獨立的諾頓等效電流源 $\mathbf{I}_N$ 與一個諾頓等效導納 $\overline{Y}_N$（或一個諾頓等效阻抗 $\overline{Z}_N$）並聯來取代，此電路即是諾頓等效電路。

戴維寧等效電路與諾頓等效電路之參數轉換關係式為：

$$\mathbf{V}_{TH}=\overline{Z}_N\mathbf{I}_N=\frac{\mathbf{I}_N}{\overline{Y}_N} \quad \text{V}$$

$$\overline{Z}_{TH}=\overline{Z}_N=\frac{1}{\overline{Y}_N} \quad \Omega$$

(6)互易定理

互易定理中所謂的激發，可以看成是電路中的某一個弦波電壓源或弦波電流源的輸入，而所謂的響應可以當做是該網路中某兩個節點的弦波電壓或某支路通過的弦波電流。互易定理即在說明下面其中的一種特性：

①一個線性被動網路，在某兩個節點端加入一個弦波電壓源做為激發或輸入，另有一個理想的交流電流表或安培表與該電路的某個支路串聯當做響應或輸出。若將輸入的弦波電壓源與輸出的交流電流表相互調換，則該電流表的讀數不變。

②一個線性被動網路，在某兩個節點端點加入一個弦波電流源做為激發或輸入，另外有一個理想的交流電壓表或伏特表連接於網路某兩個端點上當做響應或輸出。若將輸入的弦波電流源與輸出的交流電壓表相互調換，則該電壓表的讀數不變。

(7)密爾曼定理

$n$ 個相同工作頻率的實際弦波電壓源並聯於節點 1、2 間，其中每一個實際弦波電壓源均以一個理想弦波電壓源 $\mathbf{V}_{Si}$，$i=1,2,\cdots,n$，分別串聯一個阻抗 $\overline{Z}_i$，$i=1,2,\cdots,n$，來表示。利用電壓源轉換為電流源的觀念，可以將這 $n$ 個實際電壓源轉換為單一個電壓源與等效阻抗的串聯，參數如下：

$$\overline{Z}_{\text{eq}}=\overline{Z}_1/\!/\overline{Z}_2/\!/\cdots/\!/\overline{Z}_n=\frac{1}{(1/\overline{Z}_1)+(1/\overline{Z}_2)+\cdots+(1/\overline{Z}_n)}$$

$$=\frac{1}{\overline{Y}_1+\overline{Y}_2+\cdots+\overline{Y}_n}=\frac{1}{\overline{Y}_{\text{eq}}}\quad\Omega$$

$$\mathbf{V}_{S\text{eq}}=\overline{Z}_{\text{eq}}\mathbf{I}_{S\text{eq}}=\frac{1}{\overline{Y}_{\text{eq}}}\sum_{i=1}^{n}\overline{Y}_i\mathbf{V}_{Si}=\frac{\overline{Y}_1\mathbf{V}_{S1}+\overline{Y}_2\mathbf{V}_{S2}+\cdots+\overline{Y}_n\mathbf{V}_{Sn}}{\overline{Y}_1+\overline{Y}_2+\cdots+\overline{Y}_n}\quad\text{V}$$

(8)Y－Δ 轉換

由 Δ 連接轉換為 Y 連接的簡易記法，以文字表示為：

$$\text{Y 連接的阻抗值}=\frac{\text{與 Δ 連接兩相鄰阻抗的乘積}}{\text{Δ 連接三個阻抗的和}}\quad\Omega$$

Δ 連接阻抗參數以 Y 連接阻抗參數表示的方程式，其簡單記憶法為：

$$\text{Δ 連接的阻抗}=\frac{\text{Y 連接阻抗任兩個乘積後的總和}}{\text{Δ 連接元件對面的 Y 連接阻抗}}\quad\Omega$$

## 【思考問題】

(1)請列出基本網路定理在直流及弦波穩態的應用對照表。

(2)是否所有基本網路定理在直流可以用的，弦波穩態也可以用？

(3)開關、暫態問題在弦波穩態上該用那一種定理處理？

(4)直流功率的重疊定理不可以適用，但在弦波穩態上的功率計算卻可以用，爲什麼？有什麼限制條件？

⑸網路含有時變元件時，那些基本網路定理可以用，請指出來。

# 習　題

/7.1節/

1. 一個 20 Ω 電阻器，接在一個電流爲$i(t)=40\sqrt{2}\sin(377t+80°)$ A 之電流源兩端，試求該電阻器兩端電壓之時域表示式爲何，並繪出其相量圖。
2. 家用插座之電壓爲$v(t)=100\sqrt{2}\cos(377t+45°)$ V，跨在一個 2 mH 電感器上，試求通過該電感器之電流時域表示式，並以相量圖表示電壓及電流。
3. 一個高頻率的弦波電流產生器，其電流函數爲$i(t)=4\sqrt{2}\sin(5000t-10°)$ A，連接在一個 0.5 μF 電容器兩端，試求電容兩端電壓之關係式，並繪出其相量圖。

/7.2節～7.5節/

4. 已知一個簡單電路元件兩端電壓爲$v(t)=45\sqrt{2}\cos(1000t+10°)$ V，流入電壓正端之電流爲$i(t)=-10\sqrt{2}\cos(1000t-170°)$ A，試求：(a)交流電壓表與交流電流表量測$v(t)$及$i(t)$之讀值，(b)該元件之特性及數值，(c)若角頻率改爲 4000 rad/s 時之電壓表與電流表讀數，(d)該元件之功率消耗。
5. 一個未知簡單元件接在$v(t)=420\sqrt{2}\sin(377t+20°)$之電源上，已知電流表讀數爲 5 A，且電壓波形超前電流波形，試求：(a)該元件之特性及數值，(b)電流波形之時域表示，(c)該元件之阻抗，(d)若電源頻率加倍，試求電流表之讀數。
6. 一個弦波穩態下之電路，已知電壓源電壓相量爲 $\mathbf{V}=100\angle -30°$ V，流入電壓正端之電流相量爲 $80\angle 60°$ A，電源頻率爲 50 Hz，試求：(a)該電路之等效阻抗，(b)該電路之特性與元件數值，(c)以交流電壓表及交流電流表量測之讀數，(d)若頻率減半，試求電壓表與電流表之新讀數，以及新阻抗值。

7. 一個 5 Ω 電阻器與 4 μF 電容器串聯在一起，接至一個 $v_S(t) = 220\sqrt{2}\cos(377t + 40°)$ V 之電源，試求：(a)迴路之電流相量及電流時域表示式，(b)各元件之電壓相量，(c)阻抗三角形，(d)電壓三角形，(e)電阻之功率消耗。

8. 試利用分壓定律求第 7 題之電阻器與電容器兩端電壓，與第 7 題之結果驗證。

9. (a)第 7 題之電路中，若另外串接一個電感器，試求該電感器之值，以使整個電路之電壓相量與電流相量爲同相位。(b)若串聯電感器使第 7 題之阻抗大小不變，阻抗角之絕對值亦不變，再求此時之電感量值。

10. 三個元件：$R = 5$ Ω，$L = 0.6$ mH，$C = 10$ μF 串聯在一起，與一個電壓源 $v_S(t) = 100\sqrt{2}\cos(1000t + 40°)$ V 連接，試求：(a)總阻抗，(b)迴路電流相量 $\mathbf{I}$ 及時域表示，(c)各元件兩端電壓相量。

11. 同於第 10 題的三個元件，此時三個元件並聯在一起，由一個電流源 $i_S(t) = 50\sqrt{2}\sin(2000t + 20°)$ A 供電，試求：(a)總導納，(b)三個元件兩端之電壓相量及時域表示，(c)各元件流入之電流相量。

12. 如圖 P7.12 所示之電路，試求：(a)$a$、$b$ 端看入之總阻抗，(b)電流相量 $\mathbf{I}_1$、$\mathbf{I}_2$ 及 $\mathbf{I}_T$，(c)當頻率減半時之總阻抗。

13. 如圖 P7.13 所示之橋式電路，試求：(a)由 $c$、$d$ 端看入之阻抗，(b)當電源關閉時，由 $a$、$b$ 端看入之阻抗，(c)$\mathbf{V}_{ab}$、$\mathbf{V}_{cd}$、$\mathbf{I}_1$、$\mathbf{I}_2$ 之值。

14. 如圖 P7.14 所示之串聯電路，若理想電壓表讀數已知爲 $V_R = 6$ V，$V_L = 4$ V，$V_T = 10$ V，$A = 2$ A，試求：(a) $V_C$ 之讀數，(b)該電路之相量圖，(c)電流源相量 $\mathbf{I}_S$ 與 $\mathbf{V}_T$ 之夾角，(d)$R$、$L$、$C$ 之值。

## 圖 P7.12

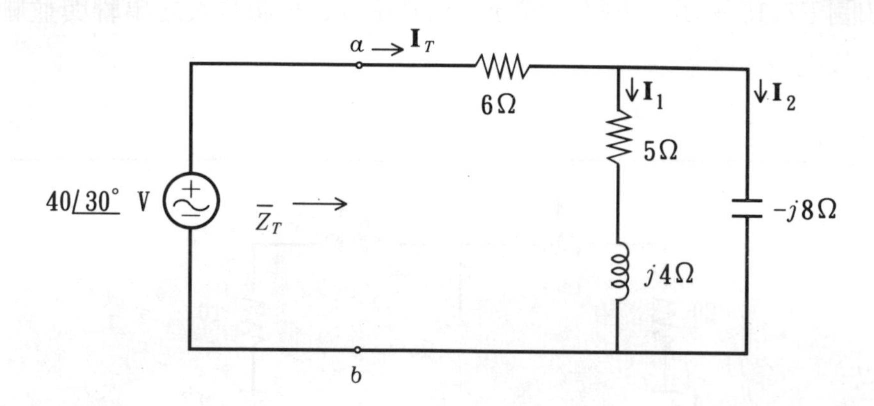


## 圖 P7.13

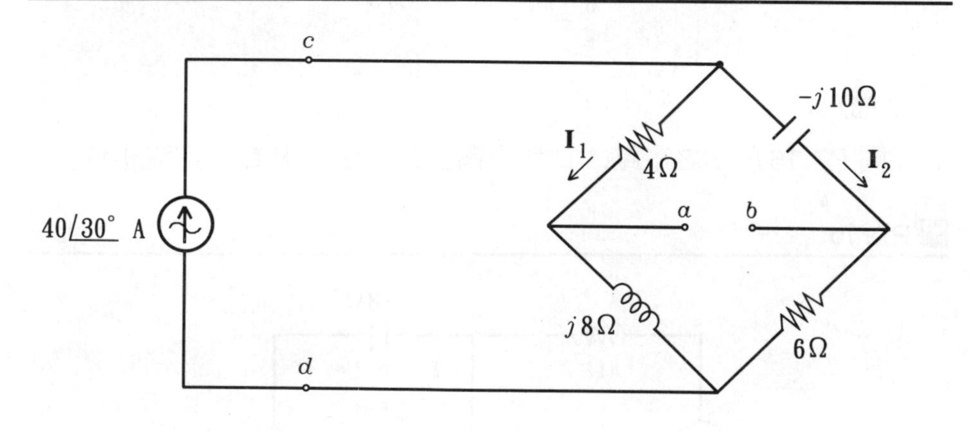


## 圖 P7.14

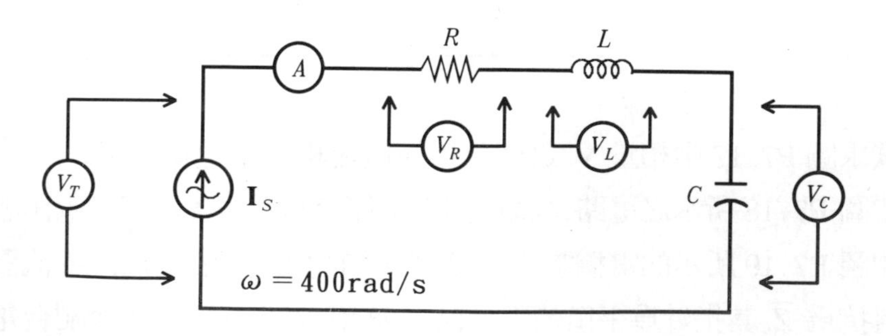

/7.6 節/

15.如圖 P7.15 所示之電路，試分別求其由 $a$、$b$ 端看入之串聯與並聯等效電路。

圖 P7.15

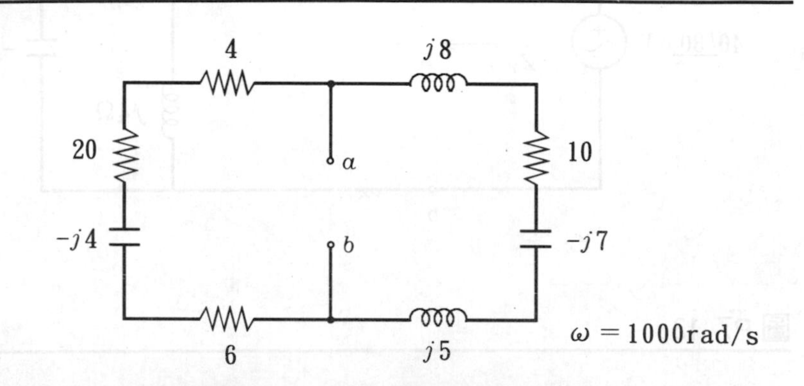


/7.7 節/

16.如圖 P7.16 所示之電路，試利用網目分析法，求 $\mathbf{I}_1$ 之電流相量。

圖 P7.16

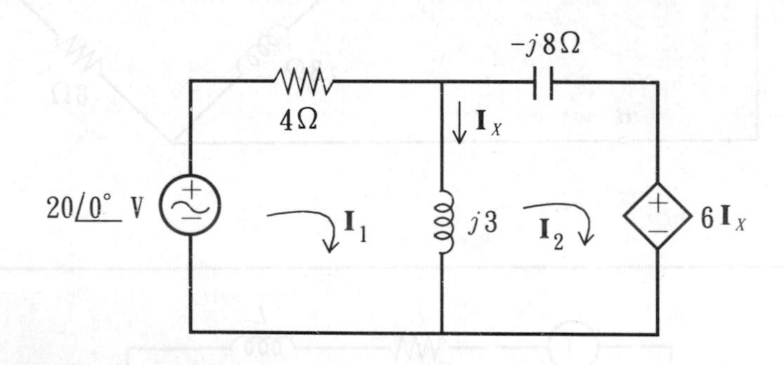


17.試求圖 P7.17 中相量 $\mathbf{V}_1$ 之值，以使電流相量 $\mathbf{I}_2$ 之值爲零。

18.如圖 P7.18 所示之電路，試用節點電壓分析法求 $\mathbf{V}_2$ 之電壓相量。

19.如圖 P7.19 所示的電橋電路以量測未知的 $L$ 及 $R$ 使用，檢流計之阻抗爲 $\overline{Z}_C$ 其指針爲平衡的零值時，可用 $R_0$ 及 $C_0$ 之參數配合電源頻率 $\omega$ 計算 $L$ 及 $R$，試求當整個電橋平衡時，$L$ 及 $R$ 之計算公式。

## 圖 P7.17

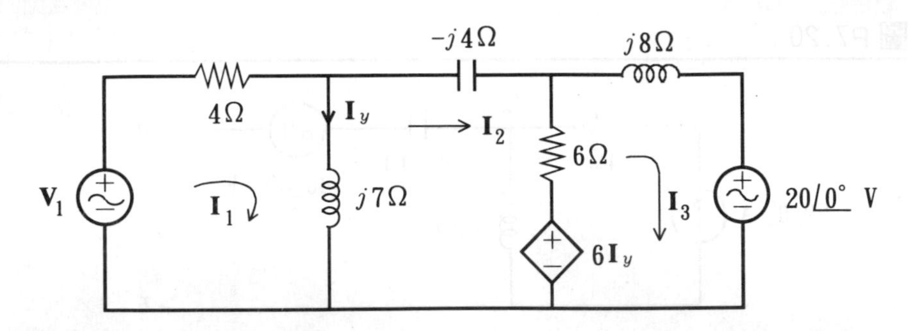


## 圖 P7.18

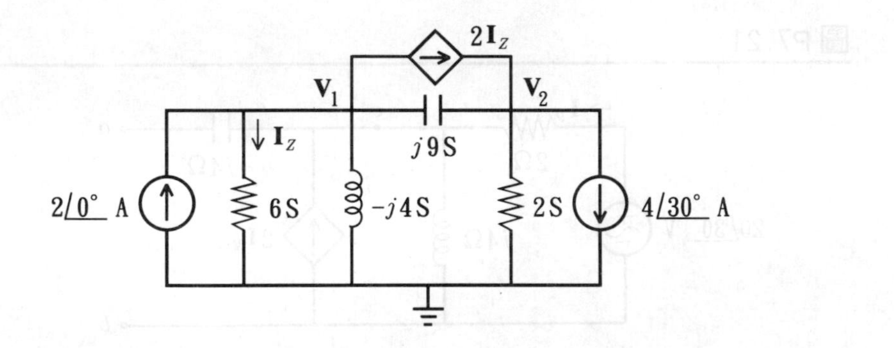


## 圖 P7.19

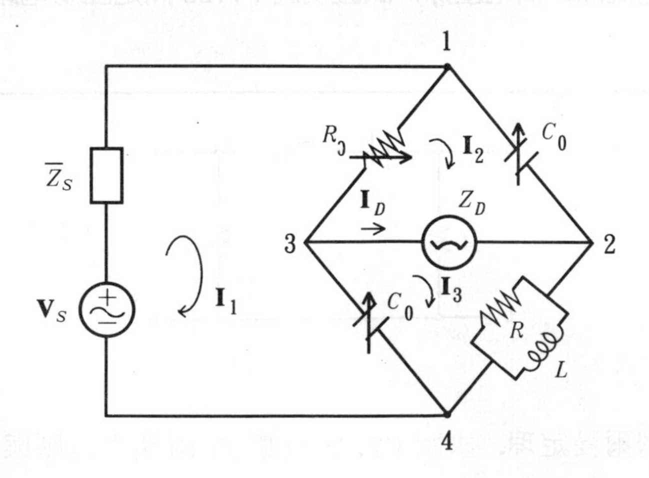

20.試求圖 P7.20 $a$、$b$ 兩端之戴維寧與諾頓等效電路。

圖 P7.20

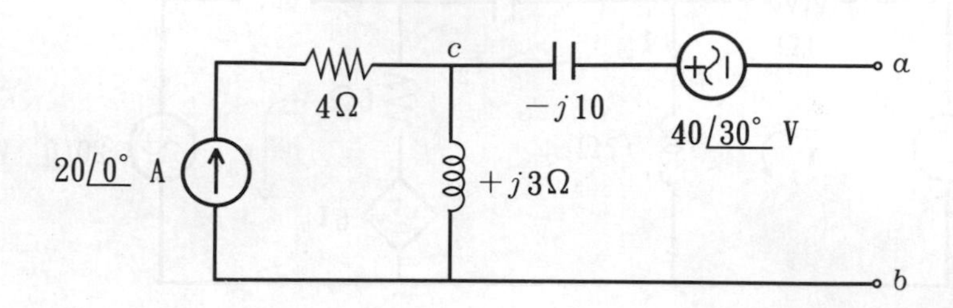


21.試求圖 P7.21 所示電路，由 $a$、$b$ 兩端看入之戴維寧等效電路。

圖 P7.21

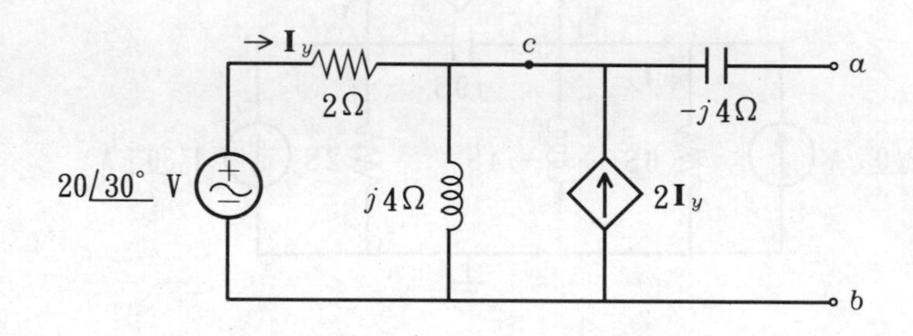


22.利用(a)電流源，(b)電壓源，試證明圖 P7.22 滿足互易電路之特性。

圖 P7.22

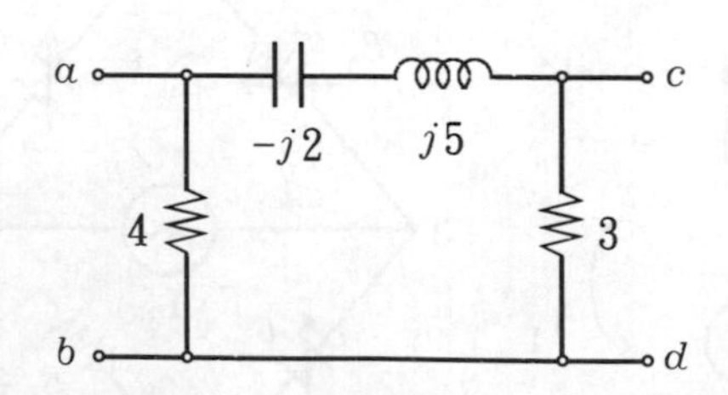


23.試利用密爾曼定理，求圖 P7.23 負載 $\overline{Z}_L$ 兩端之電壓與通過之電流。

圖 P7.23

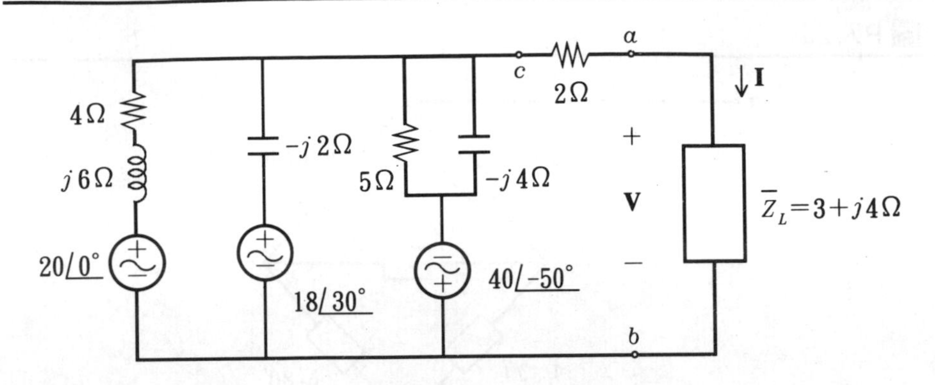


24.如圖 P7.24 所示之電路，試利用重疊定理，求出電流 **I**。

圖 P7.24

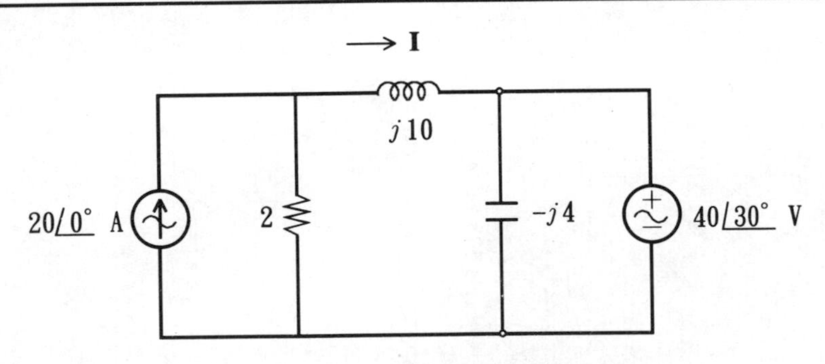


25.如圖 P7.25 所示之電路，試利用重疊定理，求出電壓 $v(t)$。

圖 P7.25

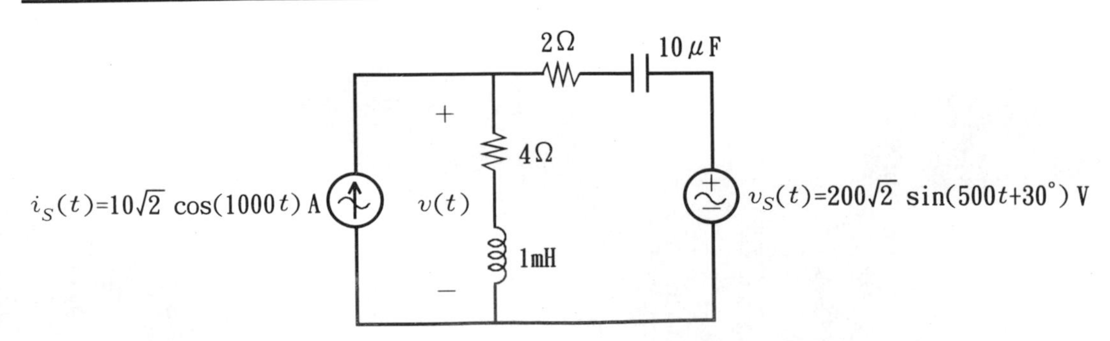

26.試利用 Y－Δ 轉換法，求圖 P7.26 由 $a$、$b$ 端看入之阻抗大小。

圖 P7.26

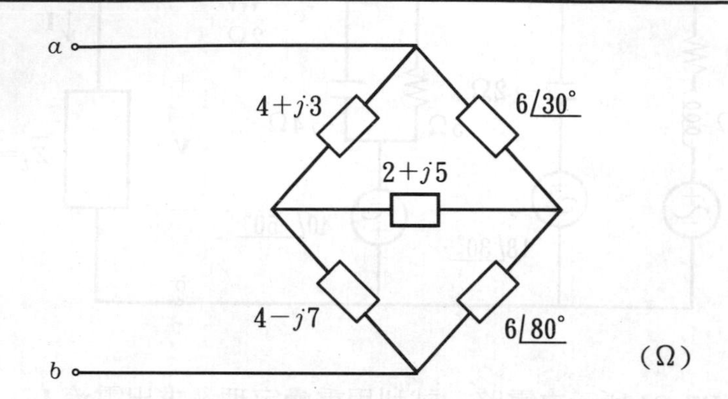

# 第八章　交流功率與能量

本章主要是分析在交流弦波穩態下，電路的功率與能量計算。電路中的三種基本電路元件，除了電阻器外，電感器、電容器在直流與交流下的電壓、電流以及功率、能量的特性不會相同。直流電路中的電感器與電容器在穩態下，前者是短路，後者是開路，只有在暫態分析時，才會發現兩個儲能元件的充電、放電特性。交流弦波穩態下，牽扯的問題更廣，電源參數的峰值、角頻率、相角等，對於電感器與電容器之影響就不會一樣。簡單來看，第七章中已經知道電感器在弦波穩態下的電壓相位超前電流相位 90°，然而電容器在弦波穩態下的電壓相位卻落後電流相位 90°，這種特性也將會影響它們的功率與能量特性。本章就要針對功率與能量以及相關的參數，對交流弦波穩態電路做探討。本章的內容分爲數小節如下所列。

- 8.1 節——定義一般電路在弦波穩態下的功率。
- 8.2 節——分析電阻器在弦波穩態下的功率與能量。
- 8.3 節——分析電感器在弦波穩態下的功率與能量。
- 8.4 節——分析電容器在弦波穩態下的功率與能量。
- 8.5 節——定義弦波穩態下的複數功率、實功率、虛功率、功率因數等。
- 8.6 節——說明並證明如何在弦波穩態電路中，使電源將其最大的實功率轉移給負載。
- 8.7 節——說明弦波穩態電路中如何改善功率因數。

# 8.1 一般電路的功率

圖 8.1.1(a)爲一個網路節點 $a$、$b$ 兩端加入一個交流弦波電壓 $v(t)$ 或通入交流弦波電流 $i(t)$ 之時域示意圖。圖 8.1.1(b)則爲圖 8.1.1(a)將弦波電壓及電流以相量表示的電路頻域圖。假設弦波電壓及電流之時域及相量表示式爲:

$$v(t)=\sqrt{2}V\sin(\omega t+\theta^\circ) \quad \Leftrightarrow \quad \mathbf{V}=V\angle\theta^\circ \quad \text{V} \tag{8.1.1}$$

$$i(t)=\sqrt{2}I\sin(\omega t+\theta^\circ\pm\phi^\circ) \quad \Leftrightarrow \quad \mathbf{I}=I\angle\theta^\circ\pm\phi^\circ \quad \text{A} \tag{8.1.2}$$

式中 $\theta^\circ$ 爲電壓在時間 $t$ 等於零的初值角度，而 $\phi^\circ$ 則爲電壓與電流之相角差，兩角度均假設爲正値，因此符號 ± 中的正號表示電流相位超前電壓相位，負號則表示電流相位落後電壓相位。將電壓相量 $\mathbf{V}$ 除以電流相量 $\mathbf{I}$ 可以計算圖 8.1.1 中由端點 $a$、$b$ 看入的阻抗:

$$\overline{Z}=\frac{\mathbf{V}}{\mathbf{I}}=\frac{V\angle\theta^\circ}{I\angle\theta^\circ\pm\phi^\circ}=Z\angle\mp\phi^\circ=R\mp jX \quad \Omega \tag{8.1.3}$$

**圖 8.1.1　一個電路以(a)時域(b)相量（頻域）的電壓與電流表示**

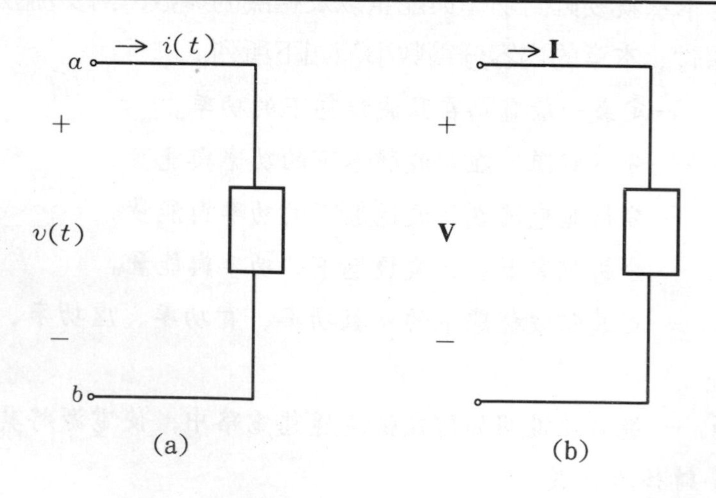

式中

$$Z = |\overline{Z}| = \frac{V}{I} = \sqrt{R^2 + X^2} \quad \Omega \tag{8.1.4}$$

$$\phi^\circ = \tan^{-1}(\frac{X}{R}) \tag{8.1.5}$$

$$R = Z\cos\phi^\circ \quad \Omega \tag{8.1.6}$$

$$X = Z\sin\phi^\circ \quad \Omega \tag{8.1.7}$$

在 (8.1.3) 式中的阻抗 $\mp jX$ 符號之正號對應於電流相量角度中 $\pm\phi^\circ$ 之負號，表示此時的電路是一個以電感性為主的電路，電流相位落後電壓相位；阻抗 $\mp jX$ 符號中的負號則對應於電流相量角度中 $\pm\phi^\circ$ 之正號，表示此時的電路是以電容性為主的電路，電流相位超前電壓相位。

圖 8.1.1(a)以時域之瞬時電壓 $v(t)$ 乘以瞬時電流 $i(t)$ 所得的量即為該網路由節點 $a$、$b$ 所吸收的瞬時功率（the instantaneous power）$p(t)$：

$$\begin{aligned} p(t) &= v(t)\cdot i(t) = \sqrt{2}V\sin(\omega t + \theta^\circ)\cdot\sqrt{2}I\sin(\omega t + \theta^\circ \pm \phi^\circ) \\ &= 2VI\sin(\omega t + \theta^\circ)\sin(\omega t + \theta^\circ \pm \phi^\circ) \quad \text{W} \end{aligned} \tag{8.1.8}$$

利用三角函數等式的關係：

$$\sin(X)\sin(Y) = \frac{1}{2}[\cos(X - Y) - \cos(X + Y)] \tag{8.1.9}$$

式中 $X$、$Y$ 為任意實數，則 (8.1.8) 式中的兩正弦函數乘積可簡化為下式：

$$\begin{aligned} p(t) &= VI[\cos(\mp\phi^\circ) - \cos(2\omega t + 2\theta^\circ \pm \phi^\circ)] \\ &= VI\cos(\phi^\circ) - VI\cos(2\omega t + 2\theta^\circ \pm \phi^\circ) \quad \text{W} \end{aligned} \tag{8.1.10}$$

由於餘弦 cos 函數對正角度或負角度之結果均相同，因此 (8.1.10) 式第二個等號右側第一項之餘弦函數內直接寫為角度關係，不附上角度之正負號，該式等號右側第一項為一個常數，第二項則為一個以兩倍電源角頻率 $\omega$ 做弦式變化之量。(8.1.10) 式之瞬時功率表示式，可按第 6.2 節中函數積分一個週期後除以一個週期大小之平均值計算法，求得輸入該電路或該電路吸收的平均功率 $P_{av}$ 為：

$$P = P_{av} = \frac{1}{T}\int_0^T p(t)dt$$

$$= \frac{1}{T}\int_0^T VI\cos(\phi°)dt +$$

$$\frac{1}{T}\int_0^T (-VI)\cos(2\omega t + 2\theta° \pm \phi°)dt$$

$$= VI\cos(\phi°) + 0 = VI\cos(\phi°) \quad \text{W} \tag{8.1.11}$$

式中第三個等號右側第一項的常數，其一個週期平均值計算仍爲原數值；第二項之兩倍電源角頻率弦式變化量，不論是以 sin 或 cos 函數表示，積分一個週期的平均值必爲零。

由（8.1.11）式可以得知，一個交流網路所吸收的平均功率 $P_{av}$ 爲該網路兩端電壓的有效值 $V$，乘以流入該網路電流的有效值 $I$，再乘以電壓相角與電流相角夾角的餘弦。若定義 $\phi°$爲電壓相角減去電流相角或稱阻抗角，則 $\phi°$的範圍是自純電容器的 $-90°$變化至純電感器之 $+90°$間。由於 cos（$\phi°$）的數值不論角度的正負如何，只要 $\phi°$在 $-90° \sim +90°$間，cos（$\phi°$）總是會落在 0 至 1 之間，故一個交流網路所吸收的平均功率 $P_{av}$是一個大於或等於零的數值。這種所吸收的功率是一種能作功的功率，與直流電路的功率相似，同樣以瓦特或瓦（watts, W）爲單位，因此其名詞歸納有：

(1)**平均功率（the average power）**

瞬時功率的平均值。

(2)**有功功率（the active power）**

眞正作功的功率，以和不作功的功率區分。

(3)**實功（the real power）**

實際會消耗的功率，以和虛功（the imaginary power）區分。

(4)**電阻性的功率（the resistive power）**

只有電阻性元件部份會消耗的功率，以和電抗性的功率區分等等。

除了平均功率外，以上的這些名詞將在本章後面幾節中談到。

$\cos(\phi°)$在交流電路上是一個重要的量，定義爲功率因數（the power factor），簡稱爲功因，以符號 PF 或 $F_p$ 表示：

$$\mathrm{PF}=F_p=\cos(\phi°)=\frac{P}{VI} \tag{8.1.12}$$

式中分母 $VI$ 的乘積將在第 8.5 節中定義爲視在功率（the apparent power），相角 $\phi°$在此時又稱爲功率因數角簡稱功因角（the power factor angle）。對於不同的電路特性，功率因數在表示時必須加上「超前」（中文也可稱爲「領先」或「引前」）（leading），或「滯後」（中文也可稱爲「落後」）（lagging），以及「單位功因」（unity）的字眼，以區別之，這些字眼是以電壓相位爲參考，針對電流相位相對於電壓相位間的關係而命名的，不可忽略不寫，尤其是「超前」與「落後」的關係：

**(1)超前功因（leading power factor）**

這是對於以電容性爲主的網路而言的，其電流相位超前電壓相位（或電壓相位落後電流相位），因此稱爲超前功因。功因角的範圍爲 $-90°\leq\phi°<0°$。例如：功率因數爲 0.8 超前，或寫成 PF = 0.8 leading。又純電容之功率因數爲$\cos(-90°)=0$ leading 。

**(2)單位功因（unity power factor）**

這是對於純電阻網路而言的，其電壓相位與電流相位相同，功因角 $\phi°$爲 0°，因爲$\cos(\phi°)=1$，因此稱爲單位功因。例如：功率因數爲 1 或寫成 PF = 1 unity。有時因爲功因爲 1 的值比較特殊，因此常省略 unity 不寫。

**(3)落後功因（lagging power factor）**

這是對於以電感性爲主的網路而言的，其電流相位落後電壓相位（或電壓相位超前電流相位），因此稱爲落後功因，功因角 $\phi°$的範圍爲 $90°\geq\phi°>0°$。例如：功率因數爲 0.9 落後，或寫成 0.9 lagging。純電感之功率因數爲$\cos(90°)=0$ lagging。

【例 8.1.1】若某一個網路兩端電壓爲 $v(t)=380\sqrt{2}\sin(377t+42°)$ V，流入電壓正端之電流 $i(t)=50\sqrt{2}\sin(377t+25°)$ A，求該網路：(a)吸收之瞬時功率，(b)吸收之平均功率，(c)功率因數，(d)等效串聯的阻抗。

【解】 $v(t)=380\sqrt{2}\sin(377t+42°) \Leftrightarrow \mathbf{V}=380\underline{/42°}$ V

$i(t)=50\sqrt{2}\sin(377t+25°) \Leftrightarrow \mathbf{I}=50\underline{/25°}$ A

(a) $p(t)=v(t)i(t)=380\sqrt{2}\times50\sqrt{2}\sin(377t+42°)\sin(377t+25°)$

$=38000\sin(377t+42°)\sin(377t+25°)$ W

(b) $P_{av}=VI\cos\phi=380\times50\times\cos(42°-25°)=18169.79$ W

(c) $\mathrm{PF}=\cos(42°-25°)=0.956$ lagging

(d) $\overline{Z}=\dfrac{\mathbf{V}}{\mathbf{I}}=\dfrac{380\underline{/42°}}{50\underline{/25°}}=7.6\underline{/17°}=7.268+j2.222$ Ω ◎

【例 8.1.2】一個網路已知等效串聯阻抗爲 $5+j12$ Ω，求：(a)功率因數，(b)流入網路之電流有效值爲 50 A 時，消耗之平均功率以及兩端電壓有效值。

【解】 $\overline{Z}=5+j12=13\underline{/\tan^{-1}\frac{12}{5}}=13\underline{/67.38°}$ Ω

(a) $\theta_V-\theta_I=\theta_Z=67.38°$，$\theta_V>\theta_I$

$\therefore \mathrm{PF}=\cos(67.38°)=0.3846$ lagging

(b) $I=50$ A, $V=ZI=13\times50=650$ V

$P=VI\cos\phi=650\times50\times0.3846=12499.5\approx12500$ W ◎

## 【本節重點摘要】

(1)假設一個電路弦波電壓及電流之時域及頻域相量表示式為：

$v(t)=\sqrt{2}V\sin(\omega t+\theta°) \Leftrightarrow \mathbf{V}=V\underline{/\theta°}$ V

$i(t)=\sqrt{2}I\sin(\omega t+\theta°\pm\phi°) \Leftrightarrow \mathbf{I}=I\underline{/\theta°\pm\phi°}$ A

其瞬時功率（the instantaneous power） $p(t)$為：

$$p(t)=v(t)\cdot i(t)=\sqrt{2}V\sin(\omega t+\theta^\circ)\cdot\sqrt{2}I\sin(\omega t+\theta^\circ\pm\phi^\circ)$$
$$=VI\cos(\phi^\circ)-VI\cos(2\omega t+2\theta^\circ\pm\phi^\circ)\quad \text{W}$$

平均功率 $P_{av}$為：

$$P=P_{av}=\frac{1}{T}\int_0^T p(t)dt$$
$$=\frac{1}{T}\int_0^T VI\cos(\phi^\circ)dt+\frac{1}{T}\int_0^T(-VI)\cos(2\omega t+2\theta^\circ\pm\phi^\circ)dt$$
$$=VI\cos(\phi^\circ)\quad \text{W}$$

(2)一個交流網路所吸收的平均功率 $P_{av}$為該網路兩端電壓的有效值 $V$，乘以流入該網路電流的有效值 $I$，再乘以電壓相角與電流相角夾角的餘弦。

(3)由於$\cos(\phi^\circ)$的數值不論角度的正負如何，只要 $\phi^\circ$在 $-90^\circ\sim+90^\circ$間，$\cos\phi^\circ$總是落在 0 至 1 之間，故一個交流網路所吸收的平均功率 $P_{av}$是一個大於或等於零的數值。這種所吸收的功率是一種能作功的功率，其名詞歸納有：

①平均功率：瞬時功率的平均值。

②有功功率：真正作功的功率，以和不作功的功率區分。

③實功：實際會消耗的功率，以和虛功區分。

④電阻性的功率：只有電阻性元件部份會消耗的功率，以和電抗性的功率區分等等。

(4)$\cos(\phi^\circ)$在交流電路上是一個重要的量，定義為功率因數，簡稱為功因，以符號 PF 或 $F_p$ 表示：

$$\text{PF}=F_p=\cos(\phi^\circ)=\frac{P}{VI}$$

(5)相角 $\phi^\circ$在此時又稱為功率因數角簡稱功因角。對於不同的電路特性，功率因數在表示時必須加上「超前」或「滯後」，以及「單位功因」的字眼，以區別之，這些字眼是以電壓相位為參考，針對電流相位相對於電壓相位間的關係而命名的，尤其是「超前」與「落後」的關係：

①超前功因：這是對於以電容性為主的網路而言的，其電流相位超前電壓相位，因此稱為超前功因。功因角的範圍為 $-90^\circ\leq\phi^\circ<0^\circ$。

②單位功因：這是對於純電阻網路而言的，其電壓相位與電流相位相同，功因角 $\phi^\circ$為 $0^\circ$，因為$\cos(\phi^\circ)=1$，因此稱為單位功因。

③落後功因：這是對於以電感性為主的網路而言的，其電流相位落後電壓相位，因此稱為落後功因，功因角 $\phi°$的範圍為 $90° \geq \phi° > 0°$。

【思考問題】

(1)任何弦波穩態電路的吸收平均功率一定大於或等於零嗎？有沒有例外的？弦波暫態電路的平均功率呢？

(2)若一個電路的電壓與電流的相角差值，超過 $\pm 90°$，那是什麼電路？功率如何計算？

(3)直流電源與弦波電源混合的電路，瞬時與平均功率如何計算？

(4)量測平均功率時，直流功率表與交流功率表的接線與構造有何不同？

(5)若一個負載在直流電源下量測的直流功率，與交流電源下的量測交流功率相同，請問兩電源間的數值有何關係？

## 8.2 電阻消耗的功率與能量

如圖 8.2.1(a)所示，爲一個電阻器 $R$ 連接在節點 $a$、$b$ 兩端，其節點 $a$、$b$ 間的電壓 $v_R(t)$及流入節點 $a$ 之電流 $i_R(t)$均爲弦式波形。圖 8.2.1(b)則爲(a)圖之相量頻域表示。假設電阻器電壓及電流之表示式分別爲：

$$v_R(t) = \sqrt{2}V_R\sin(\omega t + \theta_R°) \quad \Leftrightarrow \quad \mathbf{V}_R = V_R\angle\theta_R° \quad \text{V} \tag{8.2.1}$$

$$i_R(t) = \sqrt{2}I_R\sin(\omega t + \theta_R°) \quad \Leftrightarrow \quad \mathbf{I}_R = I_R\angle\theta_R° \quad \text{A} \tag{8.2.2}$$

式中 $\theta_R°$爲電壓與電流在 $t=0$ 時的初始相位。電阻值 $R$ 與電壓及電流的關係，可由歐姆定理表示爲：

$$R = \frac{V_R}{I_R} = \frac{1}{(I_R/V_R)} = \frac{1}{G} \quad \Omega \tag{8.2.3}$$

式中 $G$ 爲電阻器$R$ 之電導，恰爲電阻值 $R$ 的倒數。在第 7.1 節中我們已經介紹過電阻器電壓與電流的相量關係，其電壓相角與電流相角相同，兩個相量均爲同相位，茲分析電阻器之各項特性如下：

(1)**功因角**

因電壓相位及電流相位相同，因此功因角爲零度。

$$\phi^\circ = \theta_V{}^\circ - \theta_I{}^\circ = 0^\circ \tag{8.2.4}$$

(2)**功率因數**

電阻器之功率因數爲單位功因。

$$\mathrm{PF}_R = \cos(\phi^\circ) = \cos(0^\circ) = 1 \text{ unity} \tag{8.2.5}$$

(3)**瞬時功率**

利用瞬時電壓$v_R(t)$乘以瞬時電流$i_R(t)$可得瞬時功率如下：

$$\begin{aligned} p_R(t) &= v_R(t)\cdot i_R(t) \\ &= \sqrt{2}V_R\sin(\omega t + \theta_R{}^\circ)\cdot\sqrt{2}I_R\sin(\omega t + \theta_R{}^\circ) \\ &= 2V_R I_R[\sin(\omega t + \theta_R{}^\circ)]^2 \\ &= V_R I_R[\cos(0^\circ) - \cos(2\omega t + 2\theta_R{}^\circ)] \\ &= V_R I_R[1 - \cos(2\omega t + 2\theta_R{}^\circ)] \\ &= R(I_R)^2[1 - \cos(2\omega t + 2\theta_R{}^\circ)] \\ &= \frac{(V_R)^2}{R}[1 - \cos(2\omega t + 2\theta_R{}^\circ)] \quad \mathrm{W} \end{aligned} \tag{8.2.6}$$

圖 8.2.1　電阻器之電壓與電流以(a)時域(b)相量（頻域）的表示

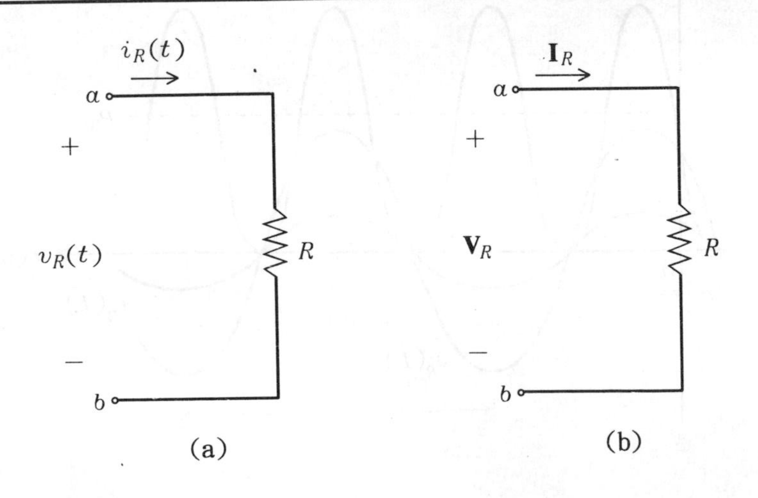

注意：瞬時功率$p_R(t)$是以二倍的電壓或電流角頻率做弦式變化。若$\theta_R^\circ=0^\circ$，則當$2\omega t=\pm\pi$或$\omega t=\pm\frac{\pi}{2}$時，瞬時電壓及瞬時電流同時到達最大的正、負峰值，此時電阻器$R$之功率亦達到最大值，其值爲：

$$p_{R,\max}=2V_R I_R=\sqrt{2}V_R\sqrt{2}I_R=2R(I_R)^2$$
$$=2\frac{(V_R)^2}{R}\quad \text{W} \tag{8.2.7}$$

若$\theta_R^\circ=0^\circ$，且當$2\omega t=0$，$\pm 2\pi$或$\omega t=0$，$\pm\pi$時，電阻器$R$之瞬時電壓與瞬時電流同時到達零點，因此瞬時功率爲最小的零值：

$$p_{R,\min}=V_R I_R(0)=0\quad \text{W} \tag{8.2.8}$$

**(4)平均功率**

將瞬時功率$p_R(t)$對時間$t$做一個週期$T$的積分，再除以週期$T$，可得電阻器消耗的平均功率爲：

$$P_R=\frac{1}{T}\int_0^T p_R(t)\,dt=V_R I_R[1-0]$$
$$=V_R I_R=R(I_R)^2=\frac{(V_R)^2}{R}\quad \text{W} \tag{8.2.9}$$

圖8.2.2　電阻器的瞬間電壓、電流、功率以及平均功率波形

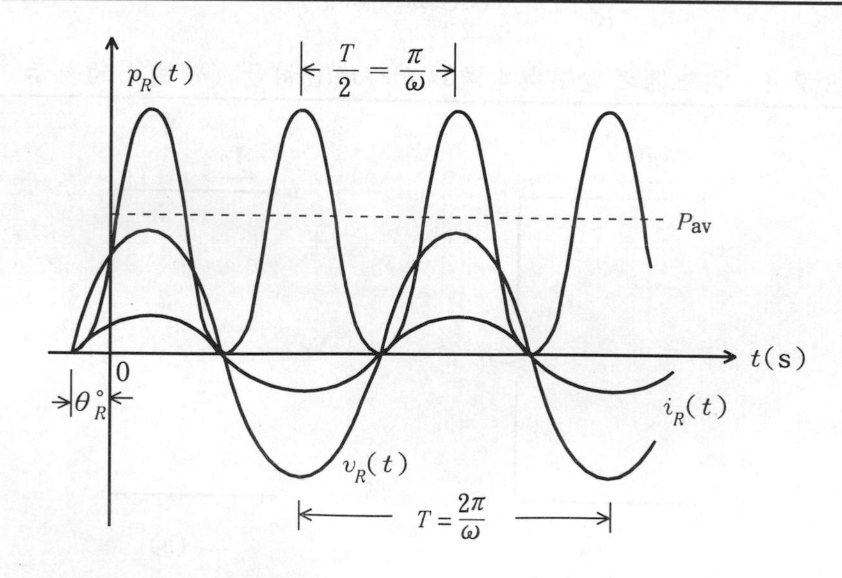

綜合電阻器的瞬間電壓、電流、功率以及平均功率的方程式，繪出圖形如圖 8.2.2 所示。

⑸**瞬時能量**

按第 1.3 節的方程式計算電阻器之能量，由於電阻器不是一個儲能元件，無法儲存能量，因此無初值能量$w_R(t_0)$，故總電阻能量爲：

$$\begin{aligned} w_R(t) &= \int_{t_0}^{t} p_R(\tau)d\tau + w_R(t_0) \\ &= \int_{t_0}^{t} V_R I_R[1-\cos(2\omega\tau+2\theta_R°)]d\tau + 0 \\ &= V_R I_R\left\{\tau\Big|_{t_0}^{t} - \frac{1}{2\omega}\sin(2\omega\tau+2\theta_R°)\Big|_{t_0}^{t}\right\} \\ &= V_R I_R\left\{(t-t_0) - \frac{1}{2\omega}[\sin(2\omega t+2\theta_R°) \right. \\ &\qquad \left. -\sin(2\omega t_0+2\theta_R°)]\right\} \quad \text{J} \qquad (8.2.10) \end{aligned}$$

式中 $t_0$ 代表開始計算能量的初始時間。若 $t_0=0$ s 且 $\theta_R°=0°$，則電阻器 $R$ 之瞬時能量關係可簡化爲一個簡單的方程式：

$$\begin{aligned} w_R(t) &= V_R I_R[t-\frac{1}{2\omega}\sin(2\omega t)] \\ &= R(I_R)^2[t-\frac{1}{2\omega}\sin(2\omega t)] \\ &= \frac{(V_R)^2}{R}[t-\frac{1}{2\omega}\sin(2\omega t)] \quad \text{J} \qquad (8.2.11) \end{aligned}$$

由上式得知，電阻器 $R$ 之能量消耗是隨時間 $t$ 不斷地增加的。

**【例 8.2.1】** 一個 10 Ω 電阻器，連接至家用插座，其電壓表示式爲：

$$v(t)=110\sqrt{2}\sin(377t+45°) \quad \text{V}$$

求：(a)電阻器之瞬時電流，(b)平均消耗功率，(c)功率因數，(d)最大及最小瞬時功率消耗，(e)若$v(t)$之初始相角爲零，試表示由 $t=0$ 開始之能量消耗。

**【解】** (a) $i(t)=\dfrac{v(t)}{R}=\dfrac{110\sqrt{2}\sin(377t+45^\circ)}{10}$

$=11\sqrt{2}\sin(377t+45^\circ)$ A

(b) $P_{av}=I^2R=\dfrac{V^2}{R}=\dfrac{110^2}{10}=1210$ W

(c) PF = 1 unity

(d) $p_{R,\max}=110\sqrt{2}\times 11\sqrt{2}=2420$ W, $p_{R,\min}=0$ W

(e) $w_R(t)=P_{av}[t-\dfrac{1}{2\omega}\sin(2\omega t)]=1210[t-\dfrac{1}{754}\sin(754t)]$ J ◎

## 【本節重點摘要】

(1)假設電阻器電壓及電流之表示式分別為:

$$v_R(t)=\sqrt{2}V_R\sin(\omega t+\theta_R^\circ) \Leftrightarrow \mathbf{V}_R=V_R\angle\theta_R^\circ \quad \text{V}$$

$$i_R(t)=\sqrt{2}I_R\sin(\omega t+\theta_R^\circ) \Leftrightarrow \mathbf{I}_R=I_R\angle\theta_R^\circ \quad \text{A}$$

式中 $\theta_R^\circ$為電壓與電流在 $t=0$ 時的初始相位。

茲分析電阻器之各項特性如下:

①功因角: 因電壓相位及電流相位相同, 因此功因角為零度。

$$\phi^\circ=\theta_V^\circ-\theta_I^\circ=0^\circ$$

②功率因數: 電阻器之功率因數為單位功因。

$$\text{PF}_R=\cos(\phi^\circ)=\cos(0^\circ)=1 \text{ unity}$$

③瞬時功率: 利用瞬時電壓$v_R(t)$乘以瞬時電流$i_R(t)$可得瞬時功率。

$$p_R(t)=v_R(t)\cdot i_R(t)=\frac{(V_R)^2}{R}[1-\cos(2\omega t+2\theta_R^\circ)] \quad \text{W}$$

若 $\theta_R^\circ=0^\circ$, 則當 $2\omega t=\pm\pi$ 或 $\omega t=\pm\dfrac{\pi}{2}$時, 瞬時電壓及瞬時電流同時到達最大的正、負峰值, 此時電阻器 $R$ 之功率亦達到最大值, 其值為:

$$p_{R,\max}=2V_RI_R=\sqrt{2}V_R\sqrt{2}I_R=2R(I_R)^2=2\frac{(V_R)^2}{R} \quad \text{W}$$

若當 $2\omega t=0$, $\pm2\pi$ 或 $\omega t=0$, $\pm\pi$ 時, 電阻器 $R$ 之瞬時電壓與瞬時電流同時到達零點, 因此瞬時功率為最小的零值:

$$p_{R,\min}=V_RI_R(0)=0 \quad \text{W}$$

④平均功率: 將瞬時功率$p_R(t)$對時間 $t$ 做一個週期 $T$ 的積分, 再除以週期

$T$ 可得電阻器消耗的平均功率為：

$$P_R=\frac{1}{T}\int_0^T p_R(t)dt=V_R I_R=R(I_R)^2=\frac{(V_R)^2}{R}\quad \text{W}$$

⑤瞬時能量：

$$w_R(t)=\int_{t_0}^{t} p_R(\tau)d\tau+w_R(t_0)$$

$$=V_R I_R\left\{(t-t_0)-\frac{1}{2\omega}[\sin(2\omega t+2\theta_R{}^\circ)-\sin(2\omega t_0+2\theta_R{}^\circ)]\right\}\quad \text{J}$$

式中 $t_0$ 代表開始計算能量的初始時間。

## 【思考問題】

(1)若一個隨時間開啓、閉合的開關，連接在弦波電源與電阻器之間，請問如何求出該電阻器的功率及能量?

(2)若一個時變電阻器接在弦波電源上，請問如何求出該電阻的功率及能量?

(3)相同的電阻器，在直流電壓源爲 $V$ 下的產熱較快，還是交流電壓源有效值爲 $V$ 的產熱較快?

(4)當一個弦波電源含有任意高次諧波頻率時，會不會對電阻器產生較多的熱?

(5)一個弦波電源在相位角可變時，以那一個角度大小爲初值角時最會使電阻器消耗能量?

# 8.3　電感中的功率與能量

如圖 8.3.1(a)所示，爲一個電感器 $L$ 連接在節點 $a$、$b$ 兩端，其節點 $a$、$b$ 間的電壓 $v_L(t)$及流入節點 $a$ 之電流 $i_L(t)$均爲弦式波形。圖 8.3.1(b)則爲(a)圖之相量頻域表示。假設電感器兩端的電壓$v_L(t)$及流過的電流$i_L(t)$之表示式分別爲：

$$v_L(t)=\sqrt{2}V_L\sin(\omega t+\theta_L{}^\circ+90^\circ)$$

$$\Leftrightarrow\quad \mathbf{V}_L=V_L\angle\theta_L{}^\circ+90^\circ\quad \text{V}\qquad(8.3.1)$$

**圖8.3.1 電感器之電壓與電流以(a)時域(b)相量（頻域）的表示**

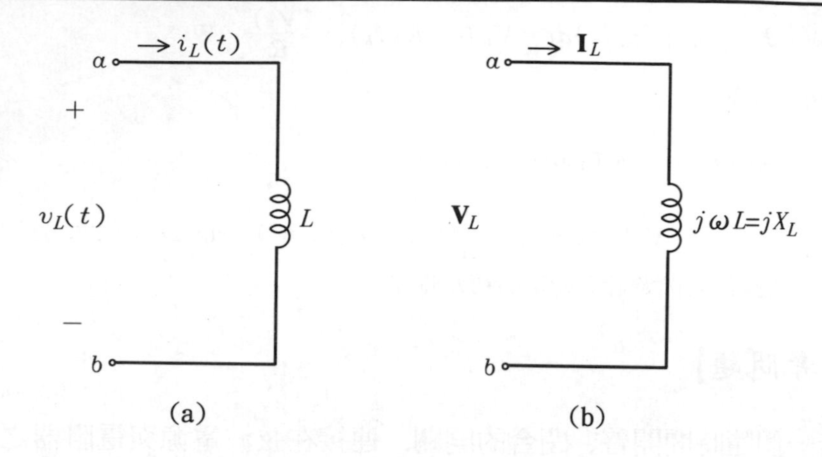


$$i_L(t) = \sqrt{2}I_L\sin(\omega t + \theta_L{}^\circ) \quad \Leftrightarrow \quad \mathbf{I}_L = I_L\angle\theta_L{}^\circ \quad \text{A} \qquad (8.3.2)$$

式中 $\theta_L{}^\circ$爲電流$i_L(t)$在時間 $t = 0$ s 時之初始相角，$V_L$、$I_L$ 分別爲電壓與電流的有效值。電感抗$X_L$可由電感器之電壓對電流的比值求得：

$$X_L = \omega L = \frac{V_L}{I_L} = \frac{1}{(I_L/V_L)} = \frac{1}{B_L} \quad \Omega \qquad (8.3.3)$$

式中 $B_L$ 爲電感器$L$ 之電感納，恰爲電感抗 $X_L$ 的倒數。在第 7.1 節中我們已經介紹過電感器之電壓與電流的相量關係，其電壓相角超前與電流相角 90°（或電流相位落後電壓相位 90°），茲分析電感器之各項特性如下：

**⑴功因角**

因電感器電壓相位超前電流相位 90°，因此功因角爲 90°度。

$$\phi^\circ = \theta_V{}^\circ - \theta_I{}^\circ = 90^\circ \qquad (8.3.4)$$

**⑵功率因數**

電感器之功率因數爲落後的零值。

$$\text{PF}_L = \cos(\phi^\circ) = \cos(90^\circ) = 0 \text{ lagging} \qquad (8.3.5)$$

**⑶瞬時功率**

將電感器之瞬時電壓$v_L(t)$乘以瞬時電流$i_L(t)$可得

$$p_L(t) = v_L(t) \cdot i_L(t)$$

$$= \sqrt{2}V_L\sin(\omega t + \theta_L^\circ + 90^\circ)\cdot\sqrt{2}I_L\sin(\omega t + \theta_L^\circ)$$
$$= 2V_L I_L\sin(\omega t + \theta_L^\circ + 90^\circ)\sin(\omega t + \theta_L^\circ)$$
$$= V_L I_L[\cos(90^\circ) - \cos(2\omega t + 2\theta_L^\circ + 90^\circ)]$$
$$= V_L I_L\sin(2\omega t + 2\theta_L^\circ) = X_L(I_L)^2\sin(2\omega t + 2\theta_L^\circ)$$
$$= \frac{(V_L)^2}{X_L}\sin(2\omega t + 2\theta_L^\circ) = Q_L\sin(2\omega t + 2\theta_L^\circ) \quad \text{W} \tag{8.3.6}$$

(8.3.6）式表示電感器的瞬時功率是以兩倍的電源角頻率變化，其中它的瞬時功率峰值大小爲：

$$Q_L = V_L I_L = X_L(I_L)^2 = \frac{(V_L)^2}{X_L} \quad \text{VAR} \tag{8.3.7}$$

式中的符號 $Q_L$ 稱爲電感器吸收的虛功（the imaginary power），單位爲乏（Volt-Ampere-Reactive，VAR），將在第 8.5 節中說明。

**(4)平均功率**

將電感器之瞬時功率 $p_L(t)$ 對時間 $t$ 做一個週期 $T$ 的積分再除以週期 $T$ 的大小，可得平均功率。

$$P_L = \frac{1}{T}\int_0^T p_L(t)dt$$
$$= \frac{1}{T}\int_0^T V_L I_L\sin(2\omega t + 2\theta_L^\circ)dt = 0 \quad \text{W} \tag{8.3.8}$$

(8.3.8）式表示一個電感器之平均功率爲零，配合（8.3.6）式之瞬時功率得知，一個電感器在電源角頻率爲 $\omega$ 之一個週期 $T$ 內，做兩次吸收功率兩次放出功率的動作，亦即每四分之一個週期，就變換一次瞬時功率吸放的動作，其程序可能是：吸—放—吸—放，或者是放—吸—放—吸，在瞬時功率一吸和一放之間的功率函數與時間軸圍成的面積大小均相同，因此平均功率爲零。

綜合電感器電壓 $v_L(t)$、電流 $i_L(t)$、瞬時功率 $p_L(t)$ 以及平均功率 $P_L$ 的觀念，圖 8.3.2 示出了它們之間關係，其中平均功率爲零，和時間軸重合故未能明顯看出。

圖8.3.2　電感器電壓、電流、瞬時功率以及平均功率的時域圖形

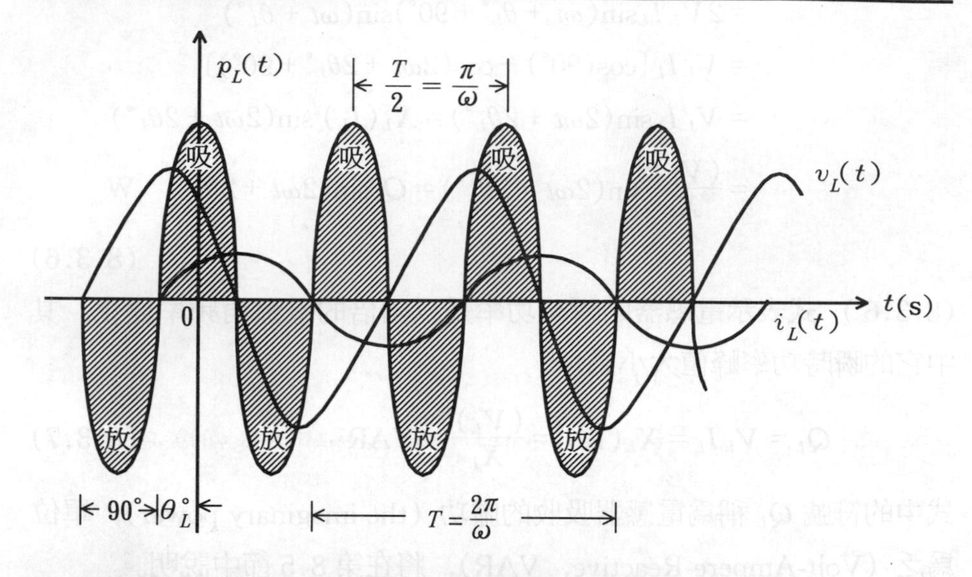


(5)**瞬時能量**

按第 1.3 節的方程式計算電感器之能量，由於電感器可儲存能量，因此假設其在 $t=t_0$ 的初值能量爲$w_L(t_0)$。

$$\begin{aligned} w_L(t) &= \int_{t_0}^{t} p_L(\tau)d\tau + w_L(t_0) \\ &= \int_{t_0}^{t} V_L I_L \sin(2\omega\tau + 2\theta_L°)d\tau + w_L(t_0) \\ &= V_L I_L \left[\frac{-1}{2\omega}\cos(2\omega\tau + 2\theta_L°)\Big|_{t_0}^{t}\right] + w_L(t_0) \\ &= \frac{V_L I_L}{2\omega}[-\cos(2\omega t + 2\theta_L°) + \cos(2\omega t_0 + 2\theta_L°)] \\ &\quad + w_L(t_0) \\ &= \frac{(\omega L)(I_L)^2}{2\omega}[-\cos(2\omega t + 2\theta_L°) + \cos(2\omega t_0 + 2\theta_L°)] \\ &\quad + w_L(t_0) \\ &= \frac{1}{2}L(I_L)^2[-\cos(2\omega t + 2\theta_L°) + \cos(2\omega t_0 + 2\theta_L°)] \\ &\quad + w_L(t_0) \quad \text{J} \end{aligned} \tag{8.3.9}$$

式中 $t_0$ 代表開始計算能量的初始時間。若 $t_0=0$，$\theta_L^\circ=0^\circ$ 且 $w_L(t_0)=0$，則電感器之瞬時能量可簡單寫為：

$$w_L(t)=\frac{1}{2}L(I_L)^2[1-\cos(2\omega t)] \quad \text{J} \tag{8.3.10}$$

上式亦可用一般電感器之能量計算公式取得：

$$\begin{aligned} w_L(t) &= \frac{1}{2}L[i_L(t)]^2=\frac{1}{2}L[\sqrt{2}I_L\sin(\omega t)]^2 \\ &= \frac{1}{2}L(2)(I_L)^2[\sin(\omega t)]^2 \\ &= \frac{1}{2}L(I_L)^2[1-\cos(2\omega t)] \quad \text{J} \end{aligned} \tag{8.3.11}$$

在條件為 $2\omega t=\pm\pi$ 或 $\omega t=\pm\frac{\pi}{2}$ 時，電感器的能量達到最大的峰值，其值為：

$$w_{L,\max}=\frac{1}{2}L(I_L)^2(1+1)=L(I_L)^2 \quad \text{J} \tag{8.3.12}$$

當 $\omega t=0$ 或 $\omega t=\pm\pi$ 時，電感器之能量為最小值，其值為：

$$w_{L,\min}=\frac{1}{2}L(I_L)^2(0)=0 \quad \text{J} \tag{8.3.13}$$

**(6)平均能量**

取 (8.3.9) 式瞬時能量之平均值，可得：

$$\begin{aligned} W_{L,\text{av}} &= \frac{1}{T}\int_0^T w_L(t)dt \\ &= \frac{1}{2}L(I_L)^2\left\{\frac{1}{T}\int_0^T[-\cos(2\omega\tau+2\theta_L^\circ) \right. \\ &\quad \left. +\cos(2\omega t_0+2\theta_L^\circ))]d\tau\right\}+\frac{1}{T}\int_0^T w_L(t_0)dt \\ &= \frac{1}{2}L(I_L)^2\{0+\cos(2\omega t_0+2\theta_L^\circ)\}+w_L(t_0) \\ &= \frac{1}{2}L(I_L)^2\cos(2\omega t_0+2\theta_L^\circ)+w_L(t_0) \quad \text{J} \end{aligned} \tag{8.3.14}$$

若 $t_0=0$，$\theta_L^\circ=0^\circ$ 且 $w_L(t_0)=0$，則電感器之平均能量可以簡單表示為：

$$W_{L,\text{av}}=\frac{1}{2}L(I_L)^2=\frac{Q_L}{2\omega} \quad \text{J} \tag{8.3.15}$$

此式與直流電感器電流所產生的儲存能量公式相同，因為電感器電流之有效值 $I$ 可視為一個等效的直流量。圖 8.3.3 所示為電感器瞬時能量與平均能量的關係，其中用了（8.3.10）式與（8.3.15）式兩個方程式。

圖 8.3.3 電感器瞬時能量與平均能量的時域波形

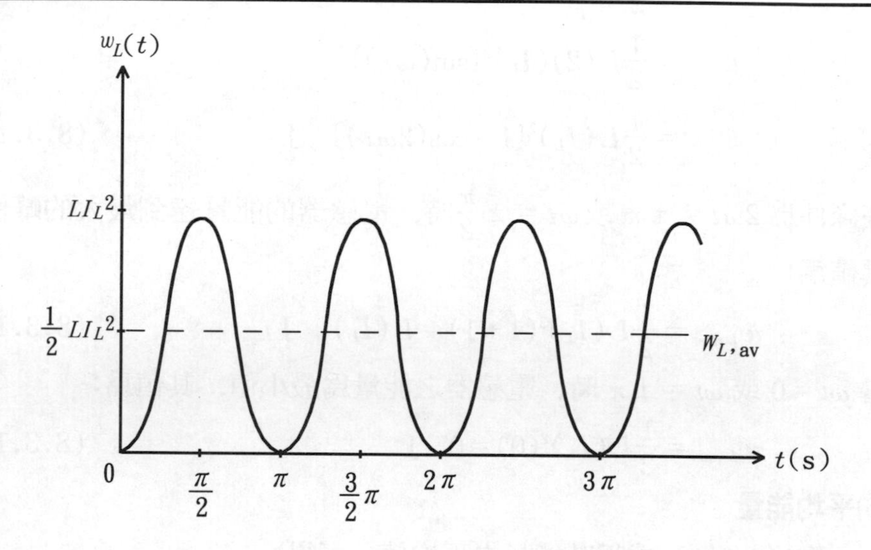


【例 8.3.1】一個 20 H 電感器直接連接在家用插座上，其電壓表示式為 $v(t)=110\sqrt{2}\sin(377t+25°)$ V，求：(a)電感器之電流，(b)電感器之電感抗，(c)功率因數，(d)瞬時以及平均吸收之功率，(e)最大瞬時吸收功率，(f)若電壓初始相角為零，電感器無初值能量，計算電感器之瞬時能量、最大能量、最小能量以及平均能量。

【解】 $L=20$ H，$\omega=377$ rad/s

(a) $i(t)=\dfrac{110\sqrt{2}}{20\times 377}\sin(377t+25°-90°)=0.0206\sin(377t-65°)$ A

(b) $X_L=\omega L=377\times 20=7540\ \Omega$

(c) $\text{PF}=\cos(90°)=0$ lagging

(d) $p(t)=v(t)i(t)=3.2046\sin(377t+25°)\sin(377t-65°)$

$\quad =1.602\sin(754t-130°)$ W

$P_{av}=0$ W

(e)$P_{max}=1.602$ W $=Q$

$P_{min}=0$ W

(f)$w_L(t)=\frac{1}{2}LI_L{}^2(1-\cos 2\omega t)=\frac{1}{2}\times L\times(\frac{0.0206}{\sqrt{2}})^2(1-\cos 754t)$

$=2.1218\times 10^{-3}(1-\cos 754t)$　J

$W_{L,max}=2.1218\times 10^{-3}\times 2=4.2436\times 10^{-3}$ J

$W_{L,min}=0$ J

$W_{L,av}=2.1218\times 10^{-3}$ J

◎

## 【本節重點摘要】

(1)假設電感器兩端的電壓$v_L(t)$及流過的電流$i_L(t)$之表示式分別為:

$$v_L(t)=\sqrt{2}V_L\sin(\omega t+\theta_L{}^\circ+90^\circ) \quad \Leftrightarrow \quad \mathbf{V}_L=V_L\angle\theta_L{}^\circ+90^\circ \quad \text{V}$$

$$i_L(t)=\sqrt{2}I_L\sin(\omega t+\theta_L{}^\circ) \quad \Leftrightarrow \quad \mathbf{I}_L=I_L\angle\theta_L{}^\circ \quad \text{A}$$

電感抗 $X_L$ 可由電感器之電壓對電流的比值求得:

$$X_L=\omega L=\frac{V_L}{I_L}=\frac{1}{(I_L/V_L)}=\frac{1}{B_L} \quad \Omega$$

茲分析電感器之各項特性如下:

①功因角: 因電感器電壓相位超前電流相位 90°, 因此功因角為 90°度。

$$\phi^\circ=\theta_V{}^\circ-\theta_I{}^\circ=90^\circ$$

②功率因數: 電感器之功率因數為落後的零值。

$$\text{PF}_L=\cos(\phi^\circ)=\cos(90^\circ)=0 \text{ lagging}$$

③瞬時功率: 將電感器之瞬時電壓$v_L(t)$乘以瞬時電流$i_L(t)$可得

$$p_L(t)=v_L(t)\cdot i_L(t)$$
$$=V_LI_L\sin(2\omega t+2\theta_L{}^\circ)=X_L(I_L)^2\sin(2\omega t+2\theta_L{}^\circ)$$
$$=\frac{(V_L)^2}{X_L}\sin(2\omega t+2\theta_L{}^\circ)=Q_L\sin(2\omega t+2\theta_L{}^\circ) \quad \text{W}$$

瞬時功率峰值大小為:

$$Q_L=V_LI_L=X_L(I_L)^2=\frac{(V_L)^2}{X_L} \quad \text{VAR}$$

式中的符號 $Q_L$ 稱為電感器吸收的虛功, 單位為乏。

④平均功率：將電感器之瞬時功率$p_L(t)$對時間 $t$ 做一個週期 $T$ 的積分再除以週期 $T$ 的大小，可得平均功率。

$$P_L=\frac{1}{T}\int_0^T p_L(t)dt=\frac{1}{T}\int_0^T V_L I_L\sin(2\omega t+2\theta_L{}^\circ)dt=0 \quad \text{W}$$

一個電感器在電源角頻率為 $\omega$ 之一個週期 $T$ 內，做兩次吸收功率兩次放出功率的動作，在瞬時功率一吸和一放之間的功率函數與時間軸圍成的面積大小均相同，因此平均功率為零。

⑤瞬時能量：按第 1.3 節的方程式計算電感器之能量，由於電感器可儲存能量，因此假設其在 $t=t_0$ 的初值能量為$w_L(t_0)$。

$$w_L(t)=\int_{t_0}^t p_L(\tau)d\tau+w_L(t_0)$$

$$=\frac{1}{2}L(I_L)^2[-\cos(2\omega t+2\theta_L{}^\circ)+\cos(2\omega t_0+2\theta_L{}^\circ)]+w_L(t_0) \quad \text{J}$$

若 $t_0=0$，$\theta_L{}^\circ=0^\circ$且$w_L(t_0)=0$，則電感器之瞬時能量可簡單寫為：

$$w_L(t)=\frac{1}{2}L(I_L)^2[1-\cos(2\omega t)] \quad \text{J}$$

上式亦可用一般電感器之能量計算公式取得：

$$w_L(t)=\frac{1}{2}L[i_L(t)]^2=\frac{1}{2}L(I_L)^2[1-\cos(2\omega t)] \quad \text{J}$$

⑥平均能量：取瞬時能量之平均值,可得：

$$W_{L,\text{av}}=\frac{1}{T}\int_0^T w_L(t)dt=\frac{1}{2}L(I_L)^2\cos(2\omega t_0+2\theta_L{}^\circ)+w_L(t_0) \quad \text{J}$$

若 $t_0=0$，$\theta_L{}^\circ=0^\circ$且$w_L(t_0)=0$，則電感器之平均能量可以簡單表示為：

$$W_L=\frac{1}{2}L(I_L)^2=\frac{Q_L}{2\omega} \quad \text{J}$$

## 【思考問題】

(1)一個弦波電壓源與一個電感器以開關連接，請問開關閉合的時間與平均功率及能量的關係。

(2)一個弦波穩態下的電感器，若在其附近有一個時變磁通，請問對該電感器的功率與能量有何影響?

(3)若一個電感器具有初值能量，被瞬間加到一個弦波電源上，請問該初值能量會發生什麼變化?

(4)弦波穩態下的電感器，對於鄰近它的線圈會不會產生感應電壓？

(5)若弦波穩態下的電感器的頻率被瞬間增加或減少，其他條件不變，對於功率與能量有何影響？

## 8.4 電容中的功率與能量

如圖 8.4.1(a)所示，為一個電容器 $C$ 連接在節點 $a$、$b$ 兩端，其節點 $a$、$b$ 間的電壓 $v_C(t)$ 及流入節點 $a$ 之電流 $i_C(t)$ 均為弦式波形。圖 8.4.1(b)則為(a)圖之相量頻域表示。假設電容器兩端的電壓 $v_C(t)$ 及流入的電流 $i_C(t)$ 之表示式分別為：

$$v_C(t)=\sqrt{2}V_C\sin(\omega t+\theta_C{}^\circ) \quad \Leftrightarrow \quad \mathbf{V}_C=V_C\angle\theta_C{}^\circ \quad \text{V} \tag{8.4.1}$$

$$i_C(t)=\sqrt{2}I_C\sin(\omega t+\theta_C{}^\circ+90^\circ)$$

$$\Leftrightarrow \quad \mathbf{I}_C=I_C\angle\theta_C{}^\circ+90^\circ \quad \text{A} \tag{8.4.2}$$

式中 $\theta_C{}^\circ$為電容器電壓$v_C(t)$在 $t=0$ s 時之初始相角，$V_C$、$I_C$ 分別為電容器電壓與電流的有效值。電容抗 $X_C$ 可由電容器之電壓對電流的比值關係表示為：

$$X_C=\frac{1}{\omega C}=\frac{V_C}{I_C}=\frac{1}{(I_C/V_C)}=\frac{1}{B_C} \quad \Omega \tag{8.4.3}$$

圖 8.4.1 電容器之電壓與電流以(a)時域(b)相量（頻域）的表示

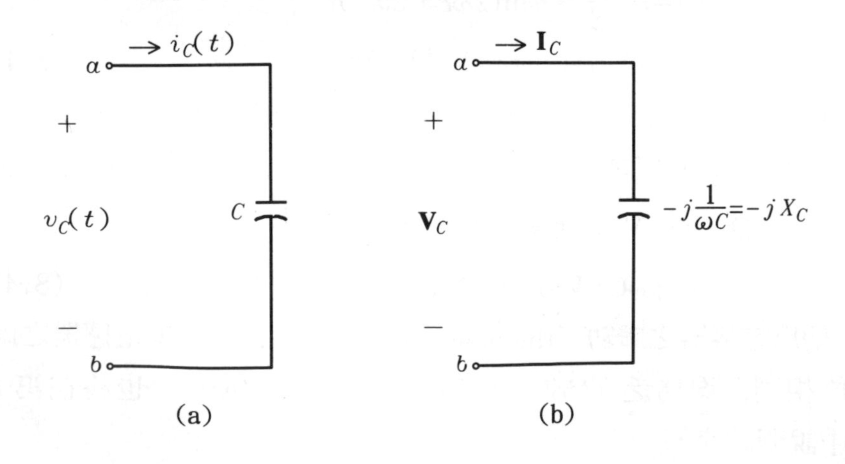

式中 $B_C$ 爲電容器 $C$ 之電容納，恰爲電容抗 $X_C$ 的倒數。在第 7.1 節中我們已經介紹過電容器之電壓與電流的相量關係，其電壓相角落後與電流相角 90°（或電流相位超前電壓相位 90°），茲分析電容器之各項特性如下：

(1)**功因角**

電容器因爲電流相位超前電壓相位 90°，因此功因角爲 −90°。

$$\phi° = \theta_V° - \theta_I° = -90° \tag{8.4.4}$$

(2)**功率因數**

電容器之功率因數爲一個超前的零值。

$$PF_C = \cos(\phi°) = \cos(-90°) = 0 \text{ leading} \tag{8.4.5}$$

(3)**瞬時功率**

將電容器之瞬時電壓 $v_C(t)$ 乘以瞬時電流 $i_C(t)$ 可得：

$$\begin{aligned} p_C(t) &= v_C(t) \cdot i_C(t) \\ &= \sqrt{2} V_C \sin(\omega t + \theta_C°) \cdot \sqrt{2} I_C \sin(\omega t + \theta_C° + 90°) \\ &= 2 V_C I_C \sin(\omega t + \theta_C°) \sin(\omega t + \theta_C° + 90°) \\ &= V_C I_C [\cos(90°) - \cos(2\omega t + 2\theta_C° + 90°)] \\ &= -V_C I_C \sin(2\omega t + 2\theta_C°) \\ &= -X_C (I_C)^2 \sin(2\omega t + 2\theta_C°) \\ &= \frac{-(V_C)^2}{X_C} \sin(2\omega t + 2\theta_C°) \\ &= Q_C \sin(2\omega t + 2\theta_C°) \quad \text{W} \end{aligned} \tag{8.4.6}$$

(8.4.6) 式表示電容器的瞬時功率是以兩倍的電源角頻率變化，其中它的瞬時功率峰值之負值爲：

$$\begin{aligned} Q_C &= -V_C I_C = -X_C (I_C)^2 = -\frac{(V_C)^2}{X_C} \\ &= -\omega C (V_C)^2 \quad \text{VAR} \end{aligned} \tag{8.4.7}$$

$Q_C$ 稱爲電容器之虛功（the imaginary power），單位與電感器之虛功單位相同，均爲乏（Volt-Ampere-Reactive，VAR），也將在第 8.5 節中說明。

**(4)平均功率**

將電容器之瞬時功率$p_C(t)$對時間 $t$ 積分一個週期$T$，再除以週期 $T$ 的大小，可得：

$$P_C=\frac{1}{T}\int_0^T p_C(t)dt$$

$$=\frac{1}{T}\int_0^T V_C I_C\sin(2\omega\tau+2\theta_C^\circ)d\tau=0 \quad \text{W} \qquad (8.4.8)$$

(8.4.8) 式表示一個電容器的吸收平均功率爲零。配合 (8.4.6) 式之瞬時功率得知，一個電容器 $C$ 在電源角頻率爲$\omega$ 之一個週期$T$ 內，與電感器一樣，也同樣做兩次吸收功率、兩次放出功率的動作，亦即每四分之一個週期，就變換一次瞬時功率吸放的動作，其程序與電感器類似，可能是：吸—放—吸—放，或者是放—吸—放—吸，在瞬時功率一吸及一放之間的功率函數與時間軸圍成的面積大小均相同，因此平均值爲零。

綜合電容器電壓$v_C(t)$、電流$i_C(t)$、瞬時功率$p_C(t)$以及平均功率 $P_C$ 的觀念，圖 8.4.2 示出了它們之間的關係，其中平均功率 $P_C$ 爲零，與時間軸重合故未能明顯看出。

**(5)瞬時能量**

按第 1.3 節的方程式計算電容器之能量，由於電容器可儲存能量，因此假設其在 $t=t_0$ 的初值能量爲$w_C(t_0)$。

$$w_C(t)=\int_{t_0}^{t} p_C(\tau)d\tau+w_C(t_0)$$

$$=\int_{t_0}^{t} V_C I_C\sin(2\omega\tau+2\theta_C^\circ)d\tau+w_C(t_0)$$

$$=V_C I_C\left[\frac{-1}{2\omega}\cos(2\omega\tau+2\theta_C^\circ)\Big|_{t_0}^{t}\right]+w_C(t_0)$$

$$=\frac{V_C I_C}{2\omega}\left[-\cos(2\omega t+2\theta_C^\circ)+\cos(2\omega t_0+2\theta_C^\circ)\right]$$

$$+w_C(t_0)$$

**圖 8.4.2 電容器電壓、電流、瞬時功率以及平均功率的時域圖形**

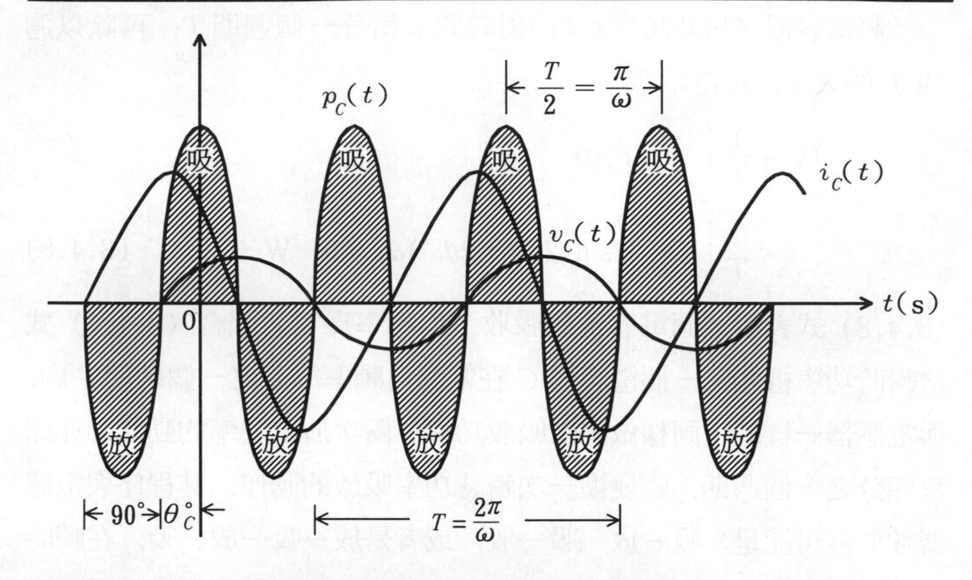


$$= \frac{(\omega C)(V_C)^2}{2\omega}[-\cos(2\omega t + 2\theta_C{}^\circ) + \cos(2\omega t_0 + 2\theta_C{}^\circ)] + w_C(t_0)$$

$$= \frac{1}{2}C(V_C)^2[-\cos(2\omega t + 2\theta_C{}^\circ) + \cos(2\omega t_0 + 2\theta_C{}^\circ)] + w_C(t_0) \quad \mathrm{J} \tag{8.4.9}$$

式中 $t_0$ 代表開始計算能量的初始時間。若 $t_0=0$，$\theta_C{}^\circ=0^\circ$ 且 $w_C(t_0)=0$，則電容器之瞬時能量 $w_C(t)$ 可以簡單寫為：

$$w_C(t) = \frac{1}{2}C(V_C)^2[1-\cos(2\omega t)] \quad \mathrm{J} \tag{8.4.10}$$

上式亦可用一般電容器計算能量的公式求得：

$$w_C(t) = \frac{1}{2}C[v_C(t)]^2 = \frac{1}{2}C[\sqrt{2}V_C\sin(\omega t)]^2$$

$$= \frac{1}{2}C(2)(V_C)^2[\sin(\omega t)]^2$$

$$= \frac{1}{2}C(V_C)^2[1-\cos(2\omega t)] \quad \mathrm{J} \tag{8.4.11}$$

在條件爲 $2\omega t = \pm\pi$ 或 $\omega t = \pm\frac{\pi}{2}$ 時，電容器的瞬時能量 $w_C(t)$ 達到最大值，其值爲：

$$w_{C,\max} = \frac{1}{2}C(V_C)^2(1+1) = C(V_C)^2 = \frac{Q_C}{\omega} \quad \text{J} \tag{8.4.12}$$

當 $\omega t = 0$ 或 $\omega t = \pm\pi$ 時，電容器之瞬時能量 $w_C(t)$ 爲最小值，其值爲：

$$w_{C,\min} = \frac{1}{2}C(V_C)^2(0) = 0 \quad \text{J} \tag{8.4.13}$$

**(6)平均能量**

取（8.4.9）式瞬時能量 $w_C(t)$ 之平均值可得

$$\begin{aligned} W_{C,\text{av}} &= \frac{1}{T}\int_0^T w_C(t)dt \\ &= \frac{1}{2}C(V_C)^2\left\{\frac{1}{T}\int_0^T \left[-\cos(2\omega\tau + 2\theta_C{}^\circ)\right.\right. \\ &\quad \left.\left. + \cos(2\omega t_0 + 2\theta_C{}^\circ)\right]d\tau\right\} + \frac{1}{T}\int_0^T w_C(t_0)dt \\ &= \frac{1}{2}C(V_C)^2\{0 + \cos(2\omega t_0 + 2\theta_C{}^\circ)\} + w_C(t_0) \\ &= \frac{1}{2}C(V_C)^2\cos(2\omega t_0 + 2\theta_C{}^\circ) + w_C(t_0) \quad \text{J} \end{aligned} \tag{8.4.14}$$

若 $t_0 = 0$，$\theta_C{}^\circ = 0^\circ$ 且 $w_C(t_0) = 0$，則電容器之平均能量 $W_{C,\text{av}}$ 可以簡單表示爲：

$$W_{C,\text{av}} = \frac{1}{2}C(V_C)^2 = \frac{-Q_C}{2\omega} \quad \text{J} \tag{8.4.15}$$

此式與直流電容器電壓所產生的儲存能量公式相同，因爲電容器電壓之有效值 $V_C$ 可視爲一個等效的直流量。圖 8.4.3 所示，爲電容器瞬時能量與平均能量的關係，其中利用了（8.4.10）式及（8.4.15）式兩個方程式。

**圖8.4.3 電容器瞬時能量與平均能量的時域波形**

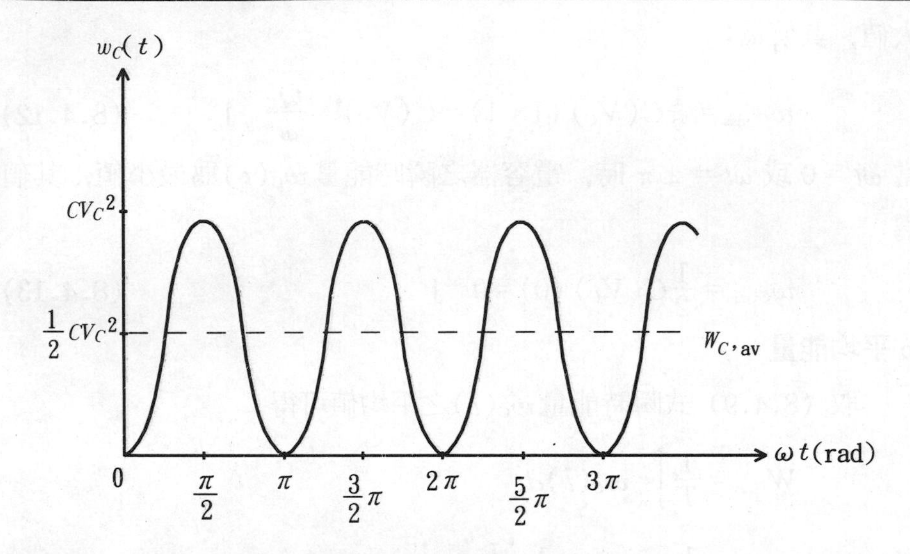


**【例8.4.1】** 一個 5 $\mu$F 之電容器接在家用插座上，插座之電壓表示式爲：$v(t)=110\sqrt{2}\sin(377t+60°)$ V，求：(a)電容器之電流，(b)電容抗，(c)功率因數，(d)電容器吸收之瞬時功率、平均功率以及最大功率，(e)若電壓初始相角爲零，電容器無初始能量，試計算電容器之瞬時能量，最大能量，最小能量以及平均能量。

**【解】** $C=5\ \mu\text{F}$，$\omega=377$ rad/s

(a)$i(t)=\dfrac{110\sqrt{2}}{\dfrac{1}{5\times10^{-6}\times377}}\sin(377t+60°+90°)$

$=0.20735\sqrt{2}\sin(377t+150°)$ A

(b)$X_C=\dfrac{1}{\omega C}=\dfrac{1}{5\times10^{-6}\times377}$

$=530.50397$ Ω

(c)PF $=\cos(-90°)=0$ leading

(d)$p_C(t)=v(t)i(t)=110\times0.20735\sin(754t+120°)$

$=22.8085\sin(754t+120°)$ W

$P_{av}=0$ W

$P_{max}=22.8085\text{ W}=-Q_C$

(e) $w_C(t)=\frac{1}{2}CV_C{}^2\times[1-\cos2\omega t]=\frac{1}{2}\times5\times10^{-6}\times110^2(1-\cos754t)$

$=0.03025(1-\cos754t)\quad\text{J}$

$W_{C,max}=2\times0.03025=0.0605\text{ J}$

$W_{C,min}=0\text{ J}$

$W_{C,av}=0.03025\text{ J}$

◎

## 【本節重點摘要】

(1)假設電容器兩端的電壓$v_C(t)$及流入的電流$i_C(t)$之表示式分別為:

$$v_C(t)=\sqrt{2}V_C\sin(\omega t+\theta_C{}^\circ)\quad\Leftrightarrow\quad\mathbf{V}_C=V_C\angle\theta_C{}^\circ\quad\text{V}$$

$$i_C(t)=\sqrt{2}I_C\sin(\omega t+\theta_C{}^\circ+90^\circ)\quad\Leftrightarrow\quad\mathbf{I}_C=I_C\angle\theta_C{}^\circ+90^\circ\quad\text{A}$$

電容抗 $X_C$ 可由電容器之電壓對電流的比值關係表示為:

$$X_C=\frac{1}{\omega C}=\frac{V_C}{I_C}=\frac{1}{(I_C/V_C)}=\frac{1}{B_C}\quad\Omega$$

茲分析電容器之各項特性如下:

①功因角:電容器因為電流相位超前電壓相位 90°,因此功因角為 -90°。

$$\phi^\circ=\theta_V{}^\circ-\theta_I{}^\circ=-90^\circ$$

②功率因數:電容器之功率因數為一個超前的零值。

$$\text{PF}_C=\cos(\phi^\circ)=\cos(-90^\circ)=0\text{ leading}$$

③瞬時功率:將電容器之瞬時電壓$v_C(t)$乘以瞬時電流$i_C(t)$可得

$$p_C(t)=v_C(t)\cdot i_C(t)$$

$$=V_CI_C\sin(2\omega t+2\theta_C{}^\circ)=X_C(I_C)^2\sin(2\omega t+2\theta_C{}^\circ)$$

$$=\frac{(V_C)^2}{X_C}\sin(2\omega t+2\theta_C{}^\circ)=Q_C\sin(2\omega t+2\theta_C{}^\circ)\quad\text{W}$$

瞬時功率峰值為:

$$Q_C=-V_CI_C=-X_C(I_C)^2=\frac{-(V_C)^2}{X_C}=-\omega C(V_C)^2\quad\text{VAR}$$

$Q_C$ 稱為電容器之虛功,單位與電感器之虛功單位相同,均為乏 (VAR)。

④平均功率:將電容器之瞬時功率$p_C(t)$對時間 $t$ 積分一個週期 $T$,再除以週期 $T$ 的大小,可得

$$P_C=\frac{1}{T}\int_0^T p_C(t)dt=\frac{1}{T}\int_0^T V_C I_C\sin(2\omega\tau+2\theta_C°)d\tau=0 \quad \text{W}$$

一個電容器 $C$ 在電源角頻率為 $\omega$ 之一個週期 $T$ 內，也同樣做兩次吸收功率、兩次放出功率的動作，在瞬時功率一吸及一放之間的功率函數與時間軸圍成的面積大小均相同，因此平均值為零。

⑤瞬時能量：假設電容器在 $t=t_0$ 的初值能量為 $w_C(t_0)$。

$$w_C(t)=\int_{t_0}^{t} p_C(\tau)d\tau+w_C(t_0)$$

$$=\frac{1}{2}C(V_C)^2[-\cos(2\omega t+2\theta_C°)+\cos(2\omega t_0+2\theta_C°)]+w_C(t_0) \quad \text{J}$$

式中 $t_0$ 代表開始計算能量的初始時間。若 $t_0=0$，$\theta_C°=0°$ 且 $w_C(t_0)=0$，則電容器之瞬時能量 $w_C(t)$ 可以簡單寫為：

$$w_C(t)=\frac{1}{2}C(V_C)^2[1-\cos(2\omega t)] \quad \text{J}$$

上式亦可用一般電容器計算能量的公式求得：

$$w_C(t)=\frac{1}{2}C[v_C(t)]^2=\frac{1}{2}C[\sqrt{2}V_C\sin(\omega t)]^2$$

$$=\frac{1}{2}C(2)(V_C)^2[\sin(\omega t)]^2=\frac{1}{2}C(V_C)^2[1-\cos(2\omega t)] \quad \text{J}$$

⑥平均能量：取瞬時能量 $w_C(t)$ 之平均值可得

$$W_{C,\text{av}}=\frac{1}{T}\int_0^T w_C(t)dt=\frac{1}{2}C(V_C)^2\cos(2\omega t_0+2\theta_C°)+w_C(t_0) \quad \text{J}$$

若 $t_0=0$，$\theta_C°=0°$ 且 $w_C(t_0)=0$，則電容器之平均能量 $W_{C,\text{av}}$ 可以簡單表示為：

$$W_{C,\text{av}}=\frac{1}{2}C(V_C)^2=\frac{-Q_C}{2\omega} \quad \text{J}$$

## 【思考問題】

(1)若電容器經過一個時變開關，連接在弦波電源上。試問如何求出開關閉合或開啓之變動率對電容器功率與能量的關係？

(2)電容器的極板間既然是絕緣材料，爲何能有電流通過？

(3)弦波穩態下的電容器是否仍滿足電壓連續的特性？

(4)若一個電容器有初值能量，試問當它在接上弦波電源後，該初值能量如何變化？

(5)若一個電容器接在可變頻率的弦波電源下，試問其瞬時功率與能量如何求出?

# 8.5　複功率

由第 8.2 節～第 8.4 節之電阻器 $R$、電感器 $L$ 以及電容器 $C$ 在弦波穩態下的功率與能量結果，得到以下數點結論：

(1)電阻器 $R$ 是一種非儲能元件，因此瞬時功率 $p_R(t)$ 及平均功率 $P_R$ 均為大於或等於零的量，其中的瞬時功率是以平均功率 $P_R$ 為對稱點以兩倍的電源角頻率在最大功率與最小功率間做弦式變化。顯而易見的，該元件在不論交流或直流電源下，它總是在消耗能量，該能量多半轉變成不作功的熱能散掉。

(2)電感器 $L$ 是一種儲能元件，其瞬時功率 $p_L(t)$ 是以兩倍的電源角頻率做弦式波形之變動，因此平均功率 $P_L$ 為零。在一個固定的週期內，吸收功率與放出功率大小相同，因此它不會像電阻器會消耗能量。在弦波電源下，它所儲存的能量變化是以平均能量 $W_{L,\text{av}}$ 為對稱點，並以兩倍電源角頻率在最大能量與最小能量間做弦式改變。

(3)電容器 $C$ 也是一種儲能元件，其瞬時功率 $p_C(t)$ 也是以兩倍的電源角頻率做弦式波形之變動，因此平均功率 $P_C$ 為零。在一個固定的週期內，吸收功率與放出功率大小相同，因此它也不會像電阻器會消耗能量。在弦波電源下，它所儲存的能量變化也是以平均能量 $W_{C,\text{av}}$ 為對稱點，並以兩倍電源角頻率在最大能量與最小能量間做弦式改變。

由上述結論得知，一個電路在弦波穩態下，只有電阻性的元件特性是一種會消耗功率及能量的元件，其瞬時功率與平均功率均不為零外，其他兩個電感性及電容性等電抗元件，雖不會消耗平均功率，平均功率為零，但會儲存能量，因此瞬時功率亦不為零。對於這種電抗元件的功率特性，需要另外定義一種功率的量，以配合整體電路之分析，這個量稱爲虛功（the imaginary power）或稱無效功率（the reactive power）。讓我們由弦波電壓及電流的觀念來談起。

如圖 8.5.1 所示，爲一個獨立電壓源連接於節點 $a$、$b$ 間，其電壓相量爲 $\mathbf{V}_S$，一個串聯電阻器 $R$ 及電抗器 $\pm jX$ 亦連接於節點 $a$、$b$ 間，形成一個等效阻抗 $\overline{Z}$，其中正號的電抗 $+jX$ 代表電感抗 $+jX_L$，負號電抗 $-jX$ 則代表電容抗 $-jX_C$。一個電流由節點 $a$ 流入，通過這個串聯的阻抗，其電流相量爲 $\mathbf{I}$。茲以圖 8.5.1 爲參考，分下面數個部份說明弦波穩態下，複數功率（或簡稱複功率）（the complex power）之基本概念。

圖 8.5.1　由串聯電阻及電抗所構成的電路

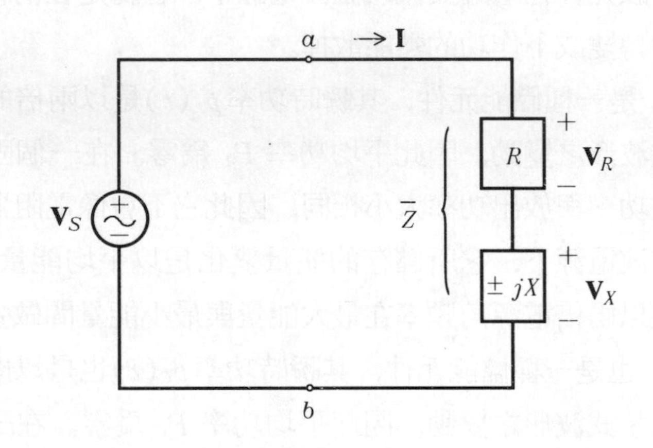


## 8.5.1　阻抗三角形（the impedance triangle）

如圖 8.5.2(a)(b)所示，(a)圖代表電阻器 $R$ 與電感抗 $+jX$ 串聯時的阻抗三角形；(b)圖則爲電阻器 $R$ 與電容抗 $-jX$ 串聯時的阻抗三角形。由於電阻器 $R$ 的特性是一個實數，電抗 $\pm jX$ 爲一個虛數，因此所形成的三角形爲直角三角形，水平邊爲電阻大小 $R$，垂直邊向上爲正電抗 $+jX$，阻抗角爲正值 $+\phi°$，如(a)圖所示；垂直邊向下爲負電抗 $-jX$，阻抗角爲負值 $-\phi°$，如(b)圖所示，斜邊長度即爲阻抗大小 $Z$。電阻 $R$，電抗 $\pm jX$，複數阻抗 $\overline{Z}$，阻抗大小 $Z$，阻抗角 $\phi°$間的關係式爲：

$$\overline{Z} = R \pm jX = Z\angle \pm\phi^\circ \quad \Omega \tag{8.5.1}$$

$$Z = \sqrt{R^2 + X^2} \quad \Omega \tag{8.5.2}$$

$$\pm\phi^\circ = \tan^{-1}\left(\frac{\pm X}{R}\right) \tag{8.5.3}$$

$$R = Z\cos(\phi^\circ) \quad \Omega \tag{8.5.4}$$

$$\pm X = Z\sin(\pm\phi^\circ) \quad \Omega \tag{8.5.5}$$

圖 8.5.2　以(a)電感性(b)電容性爲主的阻抗三角形

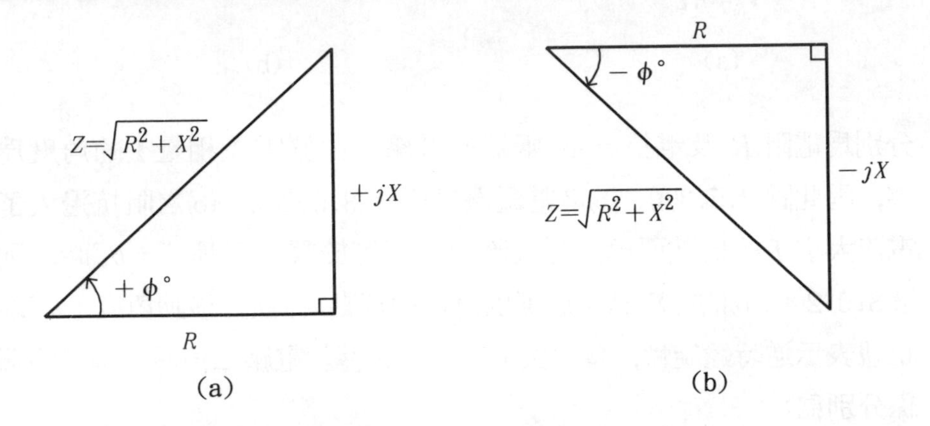


## 8.5.2　電壓三角形（the voltage triangle）

將圖 8.5.2(a)、(b)兩個直角三角形的每一個邊同時乘以電流相量 **I**，假設電流相位爲參考的零度，故電流相量 $\mathbf{I} = I\angle 0^\circ$，則其結果變成圖 8.5.3(a)、(b)之電壓三角形。以電源電壓相量 $\mathbf{V}_S$、電阻電壓相量 $\mathbf{V}_R$、電抗電壓相量 $\mathbf{V}_X$、電流相量 **I** 以及阻抗 $\overline{Z}$、電阻 $R$、電抗 $\pm jX$ 表示爲電壓三角形的三個電壓邊的關係式分別爲：

$$\mathbf{V}_S = \mathbf{V}_R + \mathbf{V}_X = (R \pm jX)\mathbf{I} = \overline{Z}\mathbf{I} = ZI\angle \pm\phi^\circ$$

$$= V_S\angle \pm\phi^\circ \quad \text{V} \tag{8.5.6}$$

式中

$$\mathbf{V}_R = R\mathbf{I} = RI\angle 0^\circ = V_R\angle 0^\circ \quad \text{V} \tag{8.5.7}$$

$$\mathbf{V}_X = (\pm jX)\mathbf{I} = XI\angle \pm 90^\circ = V_X\angle \pm 90^\circ \quad \text{V} \tag{8.5.8}$$

圖8.5.3 以(a)電感性(b)電容性爲主的電壓三角形

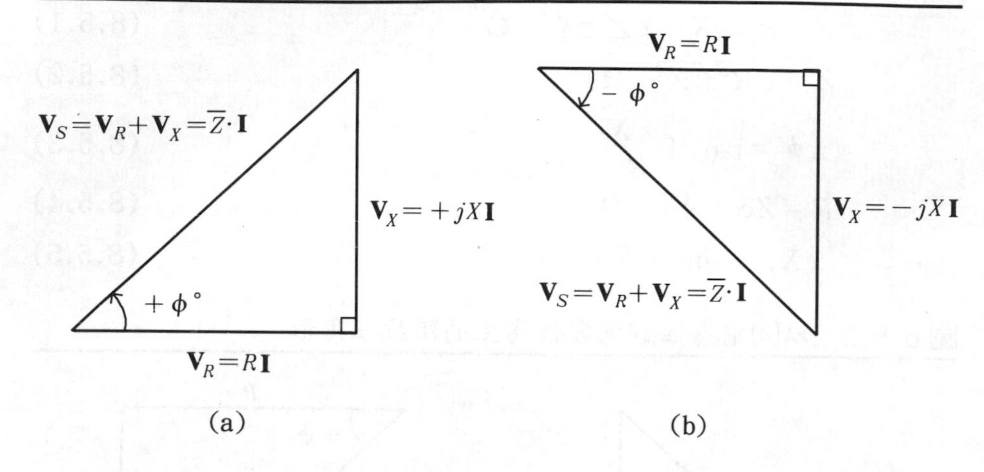


分別爲電阻 $R$ 及電抗 $\pm jX$ 兩端的電壓。由於電流相量 $\mathbf{I}$ 的角度爲零，因此圖 8.5.3(a)、(b)之電壓邊只比圖 8.5.2(a)、(b)之阻抗邊大了電流大小 $I$ 的倍數而已。若電流相位不等於零，而等於 $\pm\theta_I°$時，則圖8.5.2(a)、(b)的電壓三角形應以角$\phi°$的端點爲圓心，移動角度 $\pm\theta_I°$，正號表示逆時鐘旋轉，負號表示順時鐘旋轉。電壓三角形三個邊的關係分別爲：

$$V_S=\sqrt{(V_R)^2+(V_X)^2}\quad \text{V} \tag{8.5.9}$$

$$\pm\phi°=\tan^{-1}\left(\frac{\pm V_X}{V_R}\right) \tag{8.5.10}$$

$$V_R=V_S\cos(\phi°)=IR\quad \text{V} \tag{8.5.11}$$

$$\pm V_X=V_S\sin(\pm\phi°)=I\cdot(\pm X)\quad \text{V} \tag{8.5.12}$$

## 8.5.3 功率三角形（the power triangle）

將圖8.5.3(a)、(b)之電壓三角形每一個邊再乘以電流相量$\mathbf{I}$，相當於將圖 8.5.2(a)、(b)之阻抗三角形每一個邊乘以電流相量的平方 $\mathbf{I}^2$：

$$\mathbf{I}\cdot\mathbf{I}=I\angle 0°\cdot I\angle 0°=I^2\angle 0°=I^2=|\mathbf{I}|^2\quad \text{A}^2 \tag{8.5.13}$$

其結果如圖 8.5.4(a)(b)所示之功率三角形。該三角形的三個功率邊分別爲：

圖8.5.4　以(a)電感性(b)電容性爲主的功率三角形

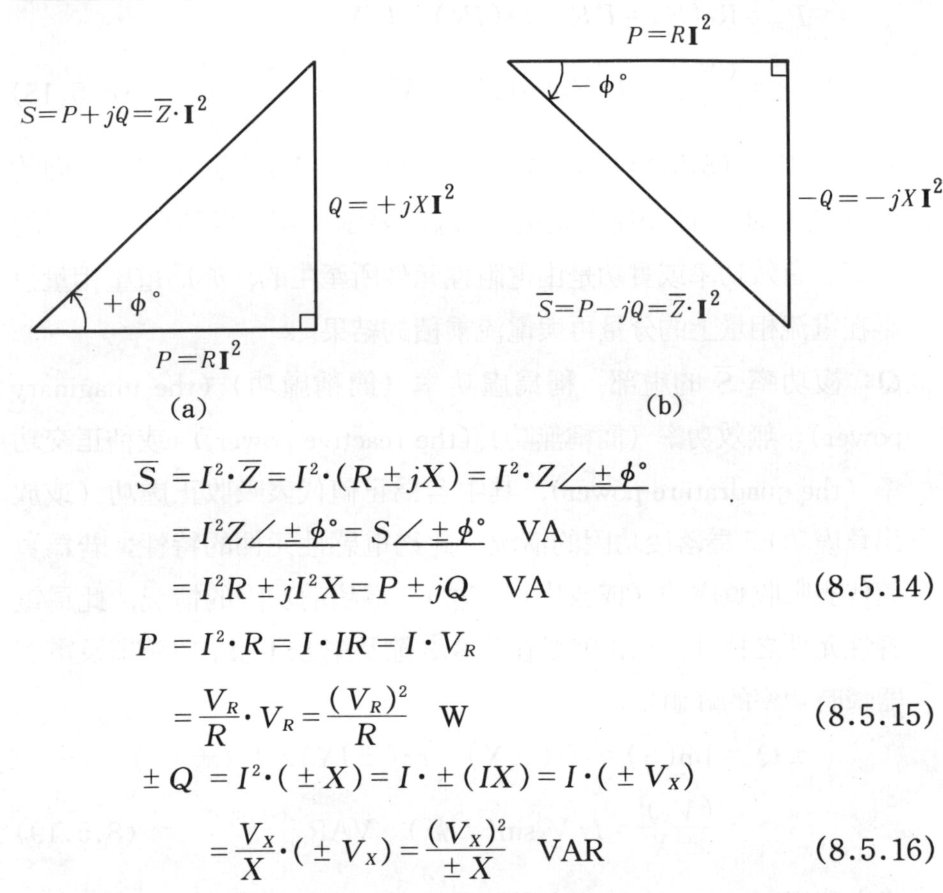


$$\begin{aligned}\overline{S} &= I^2\cdot\overline{Z} = I^2\cdot(R\pm jX) = I^2\cdot Z\angle\pm\phi° \\ &= I^2Z\angle\pm\phi° = S\angle\pm\phi° \quad \text{VA} \\ &= I^2R\pm jI^2X = P\pm jQ \quad \text{VA} \end{aligned} \tag{8.5.14}$$

$$\begin{aligned} P &= I^2\cdot R = I\cdot IR = I\cdot V_R \\ &= \frac{V_R}{R}\cdot V_R = \frac{(V_R)^2}{R} \quad \text{W} \end{aligned} \tag{8.5.15}$$

$$\begin{aligned} \pm Q &= I^2\cdot(\pm X) = I\cdot\pm(IX) = I\cdot(\pm V_X) \\ &= \frac{V_X}{X}\cdot(\pm V_X) = \frac{(V_X)^2}{\pm X} \quad \text{VAR} \end{aligned} \tag{8.5.16}$$

式中：

(1) $\overline{S}$ 稱爲複數功率簡稱爲複功率（the complex power），單位爲伏安（volt-ampere，VA），它是一個複數，其大小 $S$ 稱爲視在功率（the apparent power）：

$$S = I^2Z = I(IZ) = IV = \frac{V^2}{Z} \quad \text{VA} \tag{8.5.17}$$

其單位也是伏安。由（8.5.17）式得知，視在功率 $S$ 是將有效值電壓 $V$ 乘以有效值電流 $I$，單位爲伏安，而非瓦特。

(2) $P$：複功率 $\overline{S}$ 的實部，稱爲實功率（簡稱實功）（the real power）、有效功率（簡稱有功）（the active power）。它就是在第 8.2 節中電

阻器所消耗的平均功率 $P_{av}$：

$$P_{av}=\text{Re}(\overline{S})=I^2R=I\cdot(IR)=I\cdot V_R$$

$$=\frac{(V_R)^2}{R}=I\cdot V_S\cos(\phi^\circ)\quad \text{W} \tag{8.5.18}$$

式中利用了（8.5.11）式中電壓源電壓大小 $V_S$ 投影在電流方向的分量 $V_S\cos\phi^\circ$，此即爲電阻電壓 $V_R$，表示一個電路所吸收的平均功率、有效功率或實功是由電阻性元件所產生的，亦爲電壓相量投影在電流相量上的分量再與電流乘積的結果。

(3) $Q$：複功率 $\overline{S}$ 的虛部，稱爲虛功率（簡稱虛功）（the imaginary power）、無效功率（簡稱無功）（the reactive power）或稱正交功率（the quadrature power），其中若爲正值代表吸收正虛功（或放出負虛功），爲落後功因的情況，此爲電感性元件的特性；若爲負值代表吸收負虛功（或放出正虛功），爲超前功因的情況，此爲電容性元件之特性，它也就是在第 8.3 節及第 8.4 節中電感器及電容器瞬時功率的峰值：

$$\pm Q=\text{Im}(\overline{S})=I^2\cdot(\pm X)=I\cdot(\pm IX)=I\cdot(\pm V_X)$$

$$=\frac{(V_X)^2}{\pm X}=I\cdot V_S\sin(\pm\phi^\circ)\quad \text{VAR} \tag{8.5.19}$$

式中利用了（8.5.12）式中電源電壓 $V_S$ 投影在垂直於電流方向的分量 $V_S\sin(\pm\phi^\circ)$，此即爲電抗電壓 $\pm V_X$，表示一個電路所吸收或放出的虛功率或無效功率是由電抗元件所產生的。

綜合複功率 $\overline{S}$、視在功率 $S$、實功 $P$ 及虛功 $\pm Q$ 間的關係式爲：

$$\overline{S}=S\angle\pm\phi^\circ=P\pm jQ\quad \text{VA} \tag{8.5.20}$$

$$S=\sqrt{P^2+Q^2}\quad \text{VA} \tag{8.5.21}$$

$$\pm\phi^\circ=\tan^{-1}\left(\frac{\pm Q}{P}\right) \tag{8.5.22}$$

$$P=S\cos\phi^\circ\quad \text{W} \tag{8.5.23}$$

$$\pm Q=S\sin(\pm\phi^\circ)\quad \text{VAR} \tag{8.5.24}$$

## 8.5.4　以電壓相量及電流相量的關係式所表示的複功率

令交流弦波穩態下，一個阻抗之表示式爲$\overline{Z} = Z\angle \pm\phi^\circ\ \Omega$，角度正號代表電感性阻抗，負號代表電容性阻抗。假設通過該阻抗之電流相量爲$\mathbf{I} = I\angle\theta^\circ$，則跨於該阻抗兩端的電壓爲：

$$\mathbf{V} = \overline{Z}\mathbf{I} = Z\angle \pm\phi^\circ \cdot I\angle\theta^\circ = ZI\angle\theta^\circ \pm \phi^\circ$$
$$= V\angle\theta^\circ \pm \phi^\circ \quad \text{V} \tag{8.5.25}$$

將複功率以（8.5.20）式展開，配合電壓與電流的相量表示爲：

$$\overline{S} = S\angle \pm\phi^\circ = VI\angle \pm\phi^\circ = VI\angle\theta^\circ \pm \phi^\circ - \theta^\circ$$
$$= V\angle\theta^\circ \pm \phi^\circ \cdot I\angle -\theta^\circ = \mathbf{V}\cdot\mathbf{I}^* \quad \text{VA} \tag{8.5.26a}$$

或

$$\overline{S} = \mathbf{V}\cdot\mathbf{I}^* \quad \text{VA} \tag{8.5.26b}$$

式中

$$\mathbf{I}^* = I\angle -\theta^\circ \quad \text{A} \tag{8.5.27}$$

爲電流相量$\mathbf{I} = I\angle\theta^\circ = I_r + jI_i$之共軛複數值，其極座標表示法僅將原電流相量$I\angle\theta^\circ$之角度正、負符號相互調換，或將直角座標$\mathbf{I} = I_r + jI_i$之虛部正、負號相互調換。（8.5.26b）式是一個相當重要的方程式，它說明了一個電路或元件之複功率之求法，可由電壓相量乘以電流相量的共軛複數而得。

## 8.5.5　串聯電路的複功率

對於圖 8.5.5 之 $n$ 個串聯阻抗$\overline{Z}_1, \overline{Z}_2, \cdots, \overline{Z}_n$之複功率計算，可以先由克希荷夫電壓定律 KVL 計算節點 $a$、$b$ 端之電壓相量 $\mathbf{V}$ 與各阻抗兩端電壓相量 $\mathbf{V}_i$，$i = 1, 2, \cdots, n$ 間的關係：

$$\mathbf{V} = \mathbf{V}_1 + \mathbf{V}_2 + \cdots + \mathbf{V}_n = \sum_{i=1}^{n} \mathbf{V}_i \quad \text{V} \tag{8.5.28}$$

因爲通過每一個阻抗的電流相量均爲 $\mathbf{I}$，因此代入（8.5.26b）式可得：

圖 8.5.5 計算 $n$ 個串聯阻抗的複功率

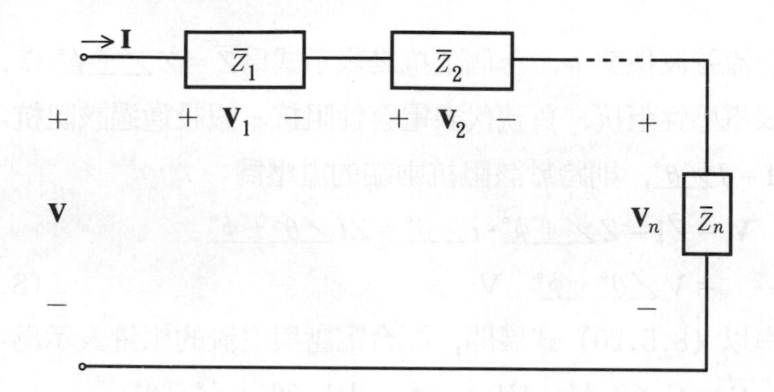


$$\begin{aligned}\overline{S} &= \mathbf{V}\cdot\mathbf{I}^* = (\mathbf{V}_1+\mathbf{V}_2+\cdots+\mathbf{V}_n)\cdot\mathbf{I}^* \\ &= \mathbf{V}_1\cdot\mathbf{I}^*+\mathbf{V}_2\cdot\mathbf{I}^*+\cdots+\mathbf{V}_n\cdot\mathbf{I}^* \\ &= \overline{S}_1+\overline{S}_2+\cdots+\overline{S}_n=\sum_{i=1}^{n}\overline{S}_i \quad \text{VA}\end{aligned} \tag{8.5.29}$$

式中 $\overline{S}_i$，$i=1,2,\cdots,n$ 分別爲每一個阻抗元件 $\overline{Z}_i$，$i=1,2,\cdots,n$ 之複功率。(8.5.29) 式說明了由節點 $a$、$b$ 端送入之總複功率，恰爲各串聯阻抗個別吸收複功率之和，滿足功率平衡的關係。

## 8.5.6 並聯電路的複功率

對於圖 8.5.6 之 $n$ 個並聯阻抗 $\overline{Z}_i$，$i=1,2,\cdots,n$ 之複功率計算，可以先由克希荷夫電流定律 KCL 計算節點 $a$ 端流入之總電流相量 $\mathbf{I}$ 與通過各阻抗電流相量 $\mathbf{I}_i$，$i=1,2,\cdots,n$ 間的關係：

$$\mathbf{I}=\mathbf{I}_1+\mathbf{I}_2+\cdots+\mathbf{I}_n=\sum_{i=1}^{n}\mathbf{I}_i \quad \text{A} \tag{8.5.30}$$

因爲跨在每一個阻抗兩端之電壓相量均爲 $\mathbf{V}$，代入 (8.5.26b) 式可得：

$$\begin{aligned}\overline{S} &= \mathbf{V}\mathbf{I}^* = \mathbf{V}(\mathbf{I}_1+\mathbf{I}_2+\cdots+\mathbf{I}_n)^* \\ &= \mathbf{V}(\mathbf{I}_1{}^*+\mathbf{I}_2{}^*+\cdots+\mathbf{I}_n{}^*) = \mathbf{V}_1\mathbf{I}_1{}^*+\mathbf{V}_2\mathbf{I}_2{}^*+\cdots+\mathbf{V}_n\mathbf{I}_n{}^* \\ &= \overline{S}_1+\overline{S}_2+\cdots+\overline{S}_n=\sum_{i=1}^{n}\overline{S}_i \quad \text{VA}\end{aligned} \tag{8.5.31}$$

式中$\overline{S_i}$，$i=1,2,\cdots,n$ 分別爲每一個並聯阻抗元件 $\overline{Z_i}$，$i=1,2,\cdots,n$ 之複功率。（8.5.31）式說明了由節點 $a$、$b$ 端送入之總複功率爲各並聯阻抗個別吸收複功率之和，同樣滿足功率平衡的關係。

圖8.5.6　計算 $n$ 個並聯阻抗的複功率

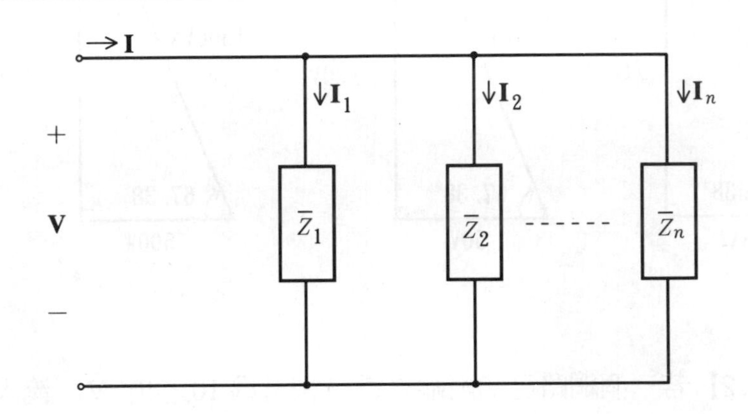


【例8.5.1】一個網路具有 5 Ω 與 $j$12 Ω 等效串聯阻抗，接至一個 $10\angle 0^\circ$ A 之電流源，求該網路：(a)電阻、電抗以及電源之電壓相量，(b)吸收之實功、虛功、視在功率以及複數功率，(c)功率因數，(d)阻抗三角形、電壓三角形以及功率三角形。

【解】$\overline{Z}=5+j12=13\angle 67.38^\circ\ \Omega$

(a)$\mathbf{V}=\overline{Z}\mathbf{I}=13\angle 67.38^\circ\cdot 10\angle 0^\circ=130\angle 67.38^\circ$ V

$\mathbf{V}_R=R\mathbf{I}=5\cdot 10\angle 0^\circ=50\angle 0^\circ$ V

$\mathbf{V}_X=j12\cdot\mathbf{I}=12\angle 90^\circ\cdot 10\angle 0^\circ=120\angle 90^\circ$ V

(b)$P=I^2\cdot R=10^2\cdot 5=500$ W

$Q=I^2\cdot X=10^2\cdot 12=1200$ VAR

$S=V\cdot I=130\times 10=1300$ VA

$\overline{S}=S\angle\phi^\circ=1300\angle 67.38^\circ=500+j1200$ VA

(c)PF $=\cos(67.38^\circ)=0.3846$ lagging

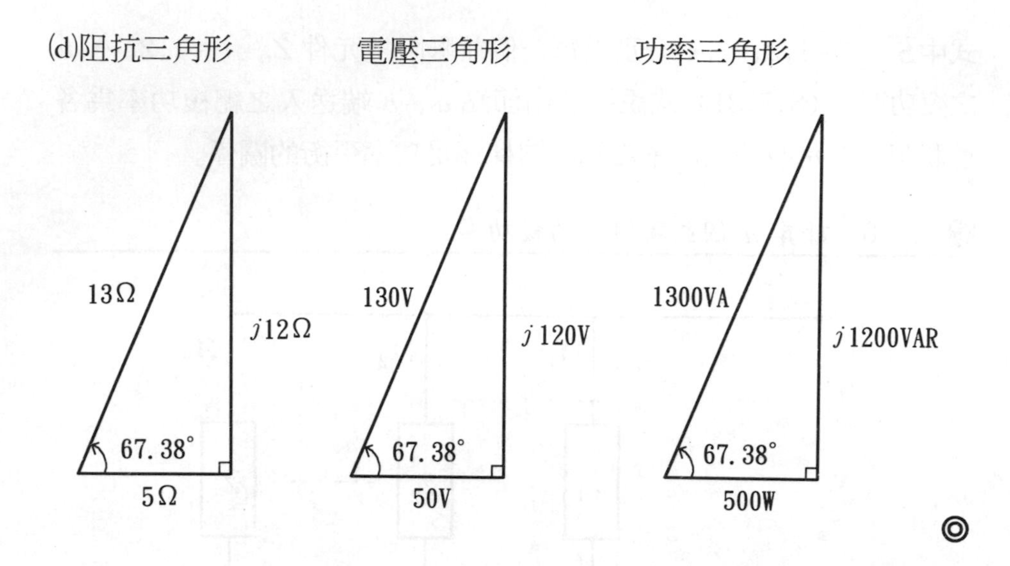


◎

【例 8.5.2】若一個網路已知兩端之電壓相量為 $10\angle 40^\circ$ V，流入電壓正端之電流相量為 $2\angle 70^\circ$ A，求該網路：(a)功率因數，(b)看入之等效阻抗，(c)吸收之複功率、實功率以及虛功率。

【解】(a) $\theta_V-\theta_I=40^\circ-70^\circ=-30^\circ$，$\theta_V<\theta_I$

$\therefore \mathrm{PF}=\cos(-30^\circ)=0.866$ leading

(b) $\overline{Z}=\dfrac{\mathbf{V}}{\mathbf{I}}=\dfrac{10\angle 40^\circ}{2\angle 70^\circ}=5\angle -30^\circ=4.33-j2.5\ \Omega$

(c) $\overline{S}=\mathbf{VI}^*=10\angle 40^\circ\cdot 2\angle -70^\circ=20\angle -30^\circ=17.32-j10$ VA

$P=17.32$ W

$Q=-j10$ VAR

◎

【例 8.5.3】如圖 8.5.7 所示之串聯電路，各元件吸收之複功率如圖示，求流入之電流相量以及由電源看入之總複功率，功率因數，阻抗。

【解】 $\overline{S}_1=60\angle 30^\circ=51.96+j30$ VA

$\overline{S}_2=100-j10$ VA

$P_3=60\ \mathrm{W}=VI\cdot\mathrm{PF}=S_3\cdot 0.8$

圖8.5.7 例8.5.3之電路

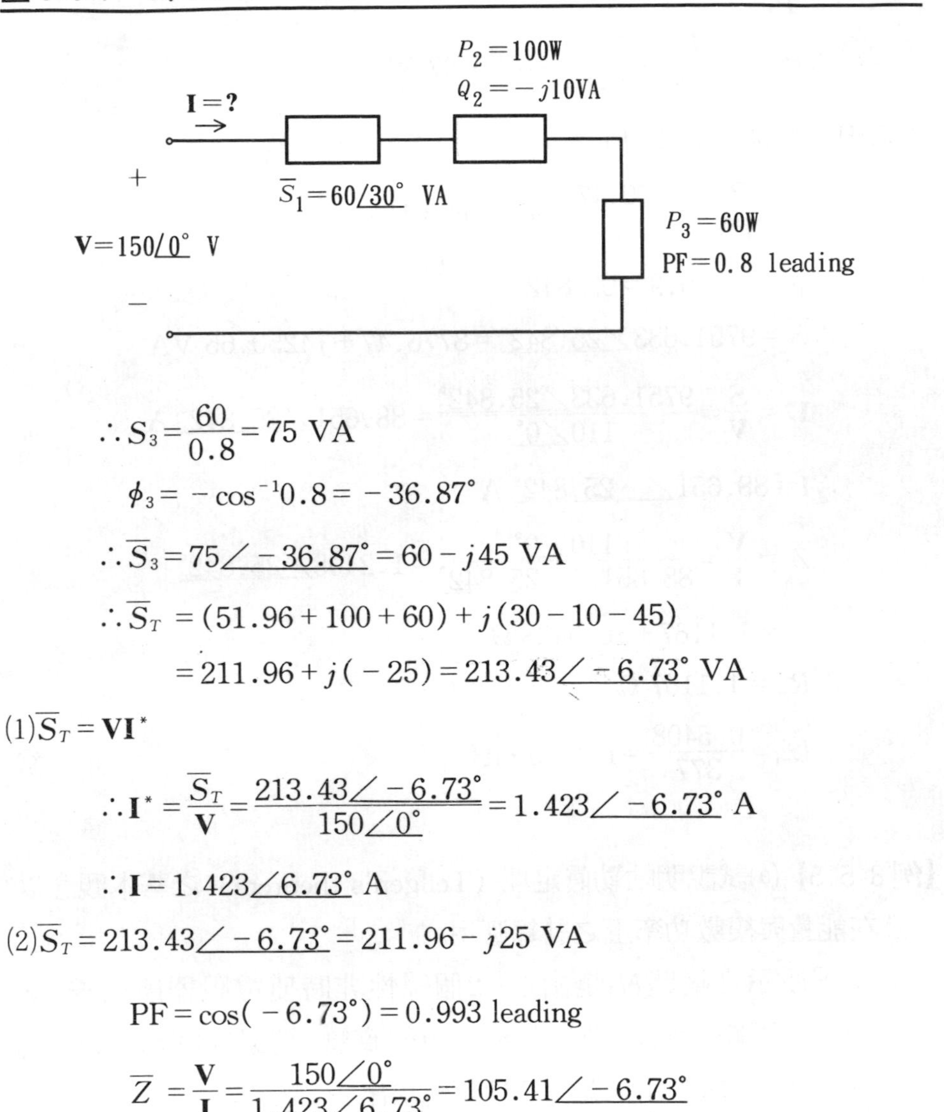


$$\therefore S_3=\frac{60}{0.8}=75\text{ VA}$$

$$\phi_3=-\cos^{-1}0.8=-36.87^\circ$$

$$\therefore \overline{S}_3=75\angle -36.87^\circ=60-j45\text{ VA}$$

$$\therefore \overline{S}_T=(51.96+100+60)+j(30-10-45)$$

$$=211.96+j(-25)=213.43\angle -6.73^\circ\text{ VA}$$

(1) $\overline{S}_T=\mathbf{V}\mathbf{I}^*$

$$\therefore \mathbf{I}^*=\frac{\overline{S}_T}{\mathbf{V}}=\frac{213.43\angle -6.73^\circ}{150\angle 0^\circ}=1.423\angle -6.73^\circ\text{ A}$$

$$\therefore \mathbf{I}=1.423\angle 6.73^\circ\text{ A}$$

(2) $\overline{S}_T=213.43\angle -6.73^\circ=211.96-j25\text{ VA}$

$$\text{PF}=\cos(-6.73^\circ)=0.993\text{ leading}$$

$$\overline{Z}=\frac{\mathbf{V}}{\mathbf{I}}=\frac{150\angle 0^\circ}{1.423\angle 6.73^\circ}=105.41\angle -6.73^\circ$$

$$=104.68-j12.35\ \Omega$$

◎

【例8.5.4】一個家用抽水馬達，額定為110V，60Hz，10hp(1hp＝746W)，滿載效率為85%，滿載之功因為0.9 lagging，求滿載時流入電流之相量（以電壓相量為0°做參考)，複功率，等效串聯阻抗。

**【解】** $\eta = \dfrac{P_{out}}{P_{in}}$, $P_{out} = 10 \times 746 = 7460$ W

$$\therefore P_{in(FL)} = \frac{P_{out}}{\eta_{FL}} = \frac{7460}{0.85} = 8776.47 \text{ W}$$

此為由電源流入之實功率。

$$S = \frac{P_{in}}{PF} = \frac{8776.47}{0.9} = 9751.633 \text{ VA}$$

$$\phi = \cos^{-1} 0.9 = 25.842°$$

$$\therefore \overline{S} = 9751.633\angle 25.842° = 8776.47 + j4250.65 \text{ VA}$$

$$\mathbf{I}^* = \frac{\overline{S}}{\mathbf{V}} = \frac{9751.633\angle 25.842°}{110\angle 0°} = 88.651\angle 25.842° \text{ A}$$

$$\therefore \mathbf{I} = 88.651\angle -25.842° \text{ A}$$

$$\overline{Z} = \frac{\mathbf{V}}{\mathbf{I}} = \frac{110\angle 0°}{88.651\angle -25.842°} = 1.2408\angle 25.842°$$

$$= 1.1167 + j0.5408\ \Omega$$

$$\therefore R_{eq} = 1.1167\ \Omega$$

$$L_{eq} = \frac{0.5408}{377} = 1.4346 \text{ mH}$$

◎

**【例 8.5.5】** (a)試說明帖勒貞定理（Tellgen's theorem）之基本觀念以及在能量與複數功率上之計算應用。

(b)如下圖所示之網路 $N_1$ 是由 $n-2$ 個線性非時變電阻器所構成。某同學做了兩組不同 $R_2$ 值以及輸入值的實驗，結果在圖右側，但 $\hat{V}_2$ 值忘了記錄。試利用帖勒貞定理幫他求出 $\hat{V}_2$ 之值。

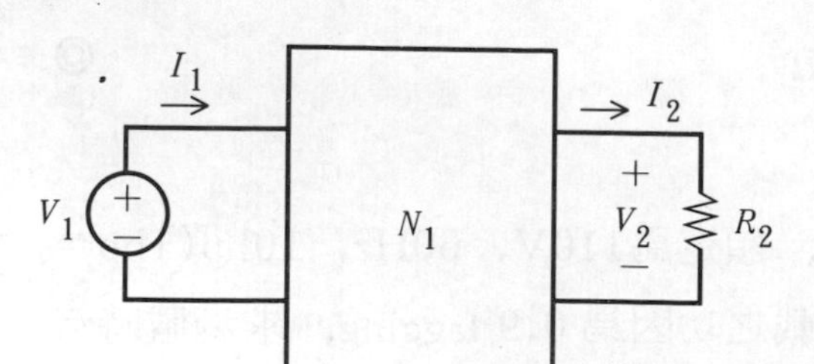


| $R_2 = 1\ \Omega$ | $\hat{R}_2 = 2\ \Omega$ |
|---|---|
| $V_1 = 4$ V | $\hat{V}_1 = 6$ V |
| $V_2 = 1$ V | $\hat{V}_2 = ?$ V |
| $I_1 = 1$ A | $\hat{I}_1 = 2$ A |

(c)如下圖所示之網路 $N_2$ 是一個含有 $n-3$ 個線性非時變之 $RLC$ 網路。一位學生選用相同的頻率做了兩次相同的量測實驗，結果列在下圖右側，但他也不小心忘了記錄$\hat{V}_3$之值，請幫他找出$\hat{V}_3$的答案。

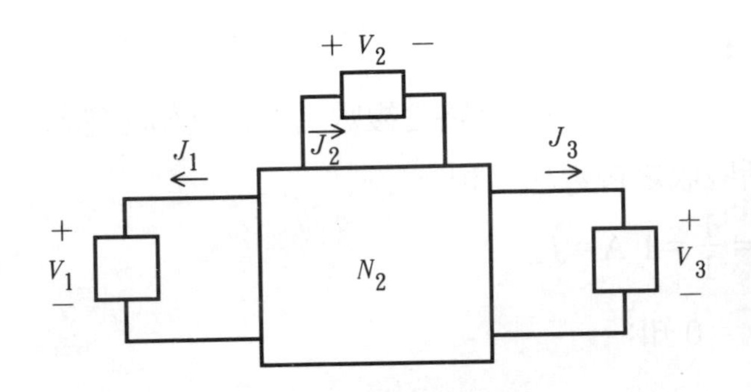


| 實驗 I | 實驗 II |
|---|---|
| $V_1=10\angle 5°$ V | $\hat{V}_1=7\angle -10°$ V |
| $V_2=5\angle 15°$ V | $\hat{V}_2=3\angle 5°$ V |
| $V_3=17\angle -10°$ V | $\hat{V}_3=?$ V |
| $J_1=5\angle 40°$ A | $\hat{J}_1=15\angle -35°$ A |
| $J_2=7\angle 45°$ A | $\hat{J}_2=5\angle -35°$ A |
| $J_3=5\angle -50°$ A | $\hat{J}_3=10\angle 30°$ A |

**【解】**(a)帖勒眞定理適用於可能包含線性或非線性、被動或主動、時變或非時變等元件的集成網路中。假設該網路含有 $b$ 個支路，其第 $k$ 個支路電壓 $V_k$ 極性及電流$J_k$ 之方向均選取相關一致的參考方向（例如 $V_k$ 之正極性端點爲$J_k$ 之流入方向）。若 $V_k$，$k=1, 2, \cdots, b$ 滿足 KVL，$J_k$，$k=1, 2, \cdots, b$，也滿足 KCL，則：

$$\sum_{k=1}^{b} V_k J_k = 0$$

上式是對應於某一組支路電壓 $V_1$，$V_2$，…，$V_b$，與支路電流 $J_1$，$J_2$，…，$J_b$ 的。若另一組滿足 KVL 之支路電壓爲 $\hat{V}_1$，$\hat{V}_2$，…，$\hat{V}_b$，其對應之支路電流滿足 KCL 爲 $\hat{J}_1$，$\hat{J}_2$，…，$\hat{J}_b$，則

$$\sum_{k=1}^{b} \hat{V}_k \hat{J}_k = 0,\quad \sum_{k=1}^{b} V_k \hat{J}_k = 0,\quad \sum_{k=1}^{b} \hat{V}_k J_k = 0$$

該定理在說明任何時間 $t$ 輸送至網路每一支路功率之總和必爲零，也可以說是滿足重要的能量守恆法則。若改應用於交流穩態電路，則滿足複數功率守恆之法則，假設含有 $b$ 個支路之一線性非時變電路僅含一個弦式電源在支路 1 之上，並假設該網路已達穩定狀態，則第 $k$ 個支路電壓以相量 $\mathbf{V}_k$ 表示，第 $k$ 個支路電流以相量 $\mathbf{J}_k$ 表示，$\mathbf{V}_1$，$\mathbf{V}_2$，…，$\mathbf{V}_k$ 與 $\mathbf{J}_1$，$\mathbf{J}_2$，…，$\mathbf{J}_k$ 均分別滿足 KVL 與 KCL。$\mathbf{J}_1^*$，$\mathbf{J}_2^*$，

…，$\mathbf{J}_k{}^*$ 也滿足 KCL，故

$$\sum_{k=1}^{b} \mathbf{V}_k \mathbf{J}_k{}^* = 0$$

由於只有支路 1 爲電源，故上式可改寫爲：

$$-\mathbf{V}_1 \mathbf{J}_1{}^* = \sum_{k=2}^{b} \mathbf{V}_k \mathbf{J}_k{}^*$$

式中等號左側代表支路 1 之電源，送入網路之複數功率，其值必等於等號右側 $b-1$ 個支路所吸收之複數功率和。

(b)$R_2 = 1\ \Omega$ 時，$I_2 = \dfrac{V_2}{R_2} = \dfrac{1}{1} = 1\ \text{A} = J_2$

由 $\sum_{k=1}^{n} V_k \hat{J}_k = 0$ 與 $\sum_{k=1}^{n} \hat{V}_k J_k = 0$ 知：

$$V_1 \hat{J}_1 + V_2 \hat{J}_2 + \sum_{k=3}^{n} V_k \hat{J}_k = \hat{V}_1 J_1 + \hat{V}_2 J_2 + \sum_{k=3}^{n} \hat{V}_k J_k$$

$$\therefore V_1 \hat{J}_1 + V_2 \hat{J}_2 = \hat{V}_1 J_1 + \hat{V}_2 J_2$$

將數值代入可得：

$$4 \times (-2) + 1 \times \left(\frac{\hat{V}_2}{\hat{R}_2}\right) = 6 \times (-1) + \hat{V}_2 \times \left(\frac{V_2}{R_2}\right)$$

$$\hat{V}_2\left(\frac{1}{\hat{R}_2} + \frac{1}{R_2}\right) = -6 + 8 = 2$$

$$\therefore \hat{V}_2 = \frac{2}{\left(\frac{1}{2} + \frac{1}{1}\right)} = \frac{2}{(3/2)} = \frac{4}{3}\ \text{V}$$

(c)由於量測之工作爲相同，因此網路 $N_2$ 內部之複數功率不變，$N_2$ 外部之三個元件複數功率和亦不變，故

$$\sum_{k=1}^{n} V_k J_k{}^* = 0 = \sum_{k=1}^{n} \hat{V}_k \hat{J}_k{}^*$$

或 $$\sum_{k=1}^{3} V_k J_k{}^* + \sum_{k=3}^{n} V_k J_k{}^* = \sum_{k=1}^{3} \hat{V}_k \hat{J}_k{}^* + \sum_{k=3}^{n} \hat{V}_k \hat{J}_k{}^*$$

$$V_1 J_1{}^* + V_2 J_2{}^* + V_3 J_3{}^* = \hat{V}_1 \hat{J}_1{}^* + \hat{V}_2 \hat{J}_2{}^* + \hat{V}_3 \hat{J}_3{}^*$$

或 $$10\angle 5^\circ \times 5\angle -40^\circ + 5\angle 15^\circ \cdot 7\angle -45^\circ + 17\angle -10^\circ \cdot 5\angle 50^\circ$$

$$= 7\angle -10^\circ \times 15\angle 35^\circ + 3\angle 5^\circ \cdot 5\angle 35^\circ + \hat{V}_3 \cdot 10\angle -30^\circ$$

$$50\angle -35^\circ + 35\angle -30^\circ + 85\angle 40^\circ$$
$$= 105\angle 25^\circ + 15\angle 40^\circ + \hat{V}_3 \cdot 10\angle -30^\circ$$
$$(40.957 - j28.678) + (30.311 - j17.5) + (65.113 + j54.37)$$
$$= (95.162 + j44.375) + (11.49 + j9.642) + \hat{V}_3 \cdot 10\angle -30^\circ$$
$$(29.729 - j45.825) = (84.62)\angle -57.026^\circ = \hat{V}_3 \cdot 10\angle -30^\circ$$
$$\therefore \hat{V}_3 = \frac{54.627\angle -57.026^\circ}{10\angle -30^\circ} = 5.4623\angle -27.026^\circ \text{ V}$$ ◎

**【例 8.5.6】** 有一個 20 kW 之負載，其功因爲 0.8 滯後，接於 480 V，60 Hz 之單相電源上，求：(a)電表電流，(b)功因角，(c)負載之等值串聯阻抗，電阻，電抗，與數值（H or F），(d)以電壓爲參考 0°，寫出電壓電流之表示式。

**【解】** (a) $P = VI\cos\theta = VI \cdot \text{PF}$

$$\therefore I = \frac{P}{V \cdot \text{PF}} = \frac{20 \times 10^3}{480 \times 0.8} = 52.0833 \text{ A}$$

(b) $\theta = \cos^{-1} 0.8 = 36.869^\circ$　（電壓超前電流之角度）

(c) $Z = \dfrac{V}{I} = \dfrac{480}{52.0833} = 9.216\ \Omega$

$$R = Z\cos\theta = 9.216 \times 0.8 = 7.3728\ \Omega$$
$$X = Z\sin\theta = 9.216 \times \sin(36.869^\circ) = 5.5296\ \Omega$$
$$X = \omega L = 2\pi \times 60 \times L$$
$$\therefore L = \frac{X}{2\pi \times 60} = 0.01466 \text{ H} = 14.6677 \text{ mH}$$

(d) $v(t) = 480\sqrt{2}\sin(377t + 0^\circ)$　V

$$i(t) = 52.0833\sqrt{2}\sin(377t - 36.869^\circ) \text{ A}$$ ◎

## 【本節重點摘要】

(1)電阻器 $R$、電感器 $L$ 以及電容器 $C$ 在弦波穩態下的功率與能量結論：

①電阻器 $R$ 是一種非儲能元件，因此瞬時功率及平均功率均為大於或等於零

之值,其中的瞬時功率是以平均功率為對稱點以兩倍的電源角頻率做最大功率與最小功率之弦式變化。該元件在不論交流或直流電源下,它總是在消耗能量。

②電感器 $L$ 是一種儲能元件,其瞬時功率是以兩倍的電源角頻率做改變之弦式波形,因此平均功率為零。在一個固定的週期內,吸收功率與放出功率大小相同,因此它不會像電阻器會消耗能量。在弦波電源下,它所儲存的能量變化是以平均能量為對稱點,並以兩倍電源角頻率在最大能量與最小能量間做弦式改變。

③電容器 $C$ 也是一種儲能元件,其瞬時功率也是以兩倍的電源角頻率做改變之弦式波形,因此平均功率為零。在一個固定的週期內,吸收功率與放出功率大小相同,因此它也不會像電阻器會消耗能量。在弦波電源下,它所儲存的能量變化也是以平均能量為對稱點,並以兩倍電源角頻率在最大能量與最小能量間做弦式改變。

(2)阻抗三角形

電阻 $R$,電抗 $\pm jX$,複數串聯阻抗 $\overline{Z}$,阻抗大小 $Z$,阻抗角 $\phi°$間的關係式為:

$$\overline{Z} = R \pm jX = Z\underline{/\pm\phi°} \quad \Omega$$

$$Z = \sqrt{R^2 + X^2} \quad \Omega$$

$$\pm\phi° = \tan^{-1}(\frac{\pm X}{R})$$

$$R = Z\cos(\phi°) \quad \Omega$$

$$\pm X = Z\sin(\pm\phi°) \quad \Omega$$

(3)電壓三角形

以電源電壓相量 $\mathbf{V}_S$、電阻電壓相量 $\mathbf{V}_R$、電抗電壓相量 $\mathbf{V}_X$、電流相量 $\mathbf{I}$ 以及阻抗 $\overline{Z}$、電阻 $R$、電抗 $\pm jX$ 表示為電壓三角形的三個電壓邊的關係式分別為:

$$\mathbf{V}_S = \mathbf{V}_R + \mathbf{V}_X = (R \pm jX)\mathbf{I} = \overline{Z}\mathbf{I} = ZI\underline{/\pm\phi°} = V_S\underline{/\pm\phi°} \quad \text{V}$$

式中

$$\mathbf{V}_R = R\mathbf{I} = RI\underline{/0°} = V_R\underline{/0°} \quad \text{V}$$

$$\mathbf{V}_X = (\pm jX)\mathbf{I} = XI\underline{/\pm 90°} = V_X\underline{/\pm 90°} \quad \text{V}$$

分別為電阻 $R$ 及電抗 $\pm jX$ 兩端的電壓。

(4)功率三角形

功率三角形的三個功率邊分別為：

$$\overline{S} = I^2 \cdot \overline{Z} = I^2R \pm jI^2X = P \pm jQ \quad \text{VA}$$

$$P = I^2 \cdot R = I \cdot V_R = \frac{(V_R)^2}{R} \quad \text{W}$$

$$\pm Q = I^2 \cdot (\pm X) = I \cdot (\pm V_X) = \frac{(V_X)^2}{\pm X} \quad \text{VAR}$$

(5)$\overline{S}$ 稱為複數功率簡稱為複功率，它是一個複數，其大小 $S$ 稱為視在功率：

$$S = I^2Z = I\ (IZ)\ = IV = \frac{V^2}{Z} \quad \text{VA}$$

其單位是伏安（volt-ampere, VA）。

(6)$P$：複功率 $\overline{S}$ 的實部，稱為實功率（簡稱實功）、有效功率（簡稱有功）。它就是在電阻器所消耗的平均功率 $P_{av}$：

$$P_{av} = \text{Re}(\overline{S}) = I^2R = I \cdot V_R = \frac{(V_R)^2}{R} = I \cdot V_S\cos(\phi°) \quad \text{W}$$

(7)$Q$：複功率 $\overline{S}$ 的虛部，稱為虛功率（簡稱虛功）、無效功率（簡稱無功）或稱正交功率，其中若為正值代表吸收正虛功（或放出負虛功），為落後功因的情況，此為電感性元件的特性；若為負值代表吸收負虛功（或放出正虛功），為超前功因的情況，此為電容性元件之特性，它也就是在電感器及電容器瞬時功率的峰值：

$$\pm Q = \text{Im}(\overline{S}) = I^2 \cdot (\pm X) = I \cdot (\pm V_X) = \frac{(V_X)^2}{\pm X}$$

$$= I \cdot V_S\sin(\pm\phi°) \quad \text{VAR}$$

(8)綜合複功率 $\overline{S}$、視在功率 $S$、實功 $P$ 及虛功 $\pm Q$ 間的關係式為：

$$\overline{S} = S\angle \pm\phi° = P \pm jQ \quad \text{VA}$$

$$S = \sqrt{P^2 + Q^2} \quad \text{VA}$$

$$\pm\phi° = \tan^{-1}\left(\frac{\pm Q}{P}\right)$$

$$P = S\cos\phi° \quad \text{W}$$

$$\pm Q = S\sin(\pm\phi°) \quad \text{VAR}$$

(9)以電壓相量及電流相量的關係式所表示的複功率：

$$\overline{S} = \mathbf{V} \cdot \mathbf{I}^* \quad \text{VA}$$

式中

$$\mathbf{I}^* = I\angle -\theta° \quad \text{A}$$

為電流相量 $\mathbf{I} = I\angle\theta° = I_r + jI_i$ 之共軛複數值，其極座標表示法僅將原電流相

量 $I\angle\theta°$之角度正、負符號相互調換，或將直角座標 $\mathbf{I}=I_r+jI_i$ 之虛部正、負號相互調換。

⑽串聯電路的複功率

$n$ 個串聯阻抗 $\overline{Z}_1$，$\overline{Z}_2$，…，$\overline{Z}_n$ 之複功率計算，可以先由克希荷夫電壓定律 KVL 計算節點 $a$、$b$ 端之電壓相量 $\mathbf{V}$ 與各阻抗兩端電壓相量 $\mathbf{V}_i$，$i=1$，2，…，$n$ 間的關係：

$$\mathbf{V}=\mathbf{V}_1+\mathbf{V}_2+\cdots+\mathbf{V}_n=\sum_{i=1}^{n}\mathbf{V}_i \quad \text{V}$$

因為通過每一個阻抗的電流相量均為 $\mathbf{I}$，可得總複功率為：

$$\begin{aligned}\overline{S}&=\mathbf{V}\cdot\mathbf{I}^*=(\mathbf{V}_1+\mathbf{V}_2+\cdots+\mathbf{V}_n)\cdot\mathbf{I}^*=\mathbf{V}_1\cdot\mathbf{I}^*+\mathbf{V}_2\cdot\mathbf{I}^*+\cdots+\mathbf{V}_n\cdot\mathbf{I}^*\\&=\overline{S}_1+\overline{S}_2+\cdots+\overline{S}_n=\sum_{i=1}^{n}\overline{S}_i \quad \text{VA}\end{aligned}$$

式中 $\overline{S}_i$，$i=1$，2，…，$n$ 分別為每一個阻抗元件 $\overline{Z}_i$，$i=1$，2，…，$n$ 之複功率。故由節點 $a$、$b$ 端送入之總複功率，恰為各串聯阻抗個別吸收複功率之和。

⑾並聯電路的複功率

$n$ 個並聯阻抗 $\overline{Z}_i$，$i=1$，2，…，$n$ 之複功率計算，可以先由克希荷夫電流定律 KCL 計算節點 $a$ 端流入之總電流相量 $\mathbf{I}$ 與通過各阻抗電流相量 $\mathbf{I}_i$，$i=1$，2，…，$n$ 間的關係：

$$\mathbf{I}=\mathbf{I}_1+\mathbf{I}_2+\cdots+\mathbf{I}_n=\sum_{i=1}^{n}\mathbf{I}_i \quad \text{A}$$

因為跨在每一個阻抗兩端之電壓相量均為 $\mathbf{V}$，可得總複功率為：

$$\begin{aligned}\overline{S}&=\mathbf{V}\mathbf{I}^*=\mathbf{V}(\mathbf{I}_1+\mathbf{I}_2+\cdots+\mathbf{I}_n)^*=\mathbf{V}(\mathbf{I}_1^*+\mathbf{I}_2^*+\cdots+\mathbf{I}_n^*)\\&=\mathbf{V}_1\mathbf{I}_1^*+\mathbf{V}_2\mathbf{I}_2^*+\cdots+\mathbf{V}_n\mathbf{I}_n^*=\overline{S}_1+\overline{S}_2+\cdots+\overline{S}_n=\sum_{i=1}^{n}\overline{S}_i \quad \text{VA}\end{aligned}$$

式中 $\overline{S}_i$，$i=1$，2，…，$n$ 分別為每一個並聯阻抗元件 $\overline{Z}_i$，$i=1$，2，…，$n$ 之複功率。故由節點 $a$、$b$ 端送入之總複功率為各並聯阻抗個別吸收複功率之和。

## 【思考問題】

⑴由一個負載吸收的複功率可否反推出負載的等效阻抗值?

⑵串並聯電路或並串聯電路由端點送入的總複功率，是否仍爲各元件的複功率和?

(3)一個弦波電壓源與一個直流電壓源串聯供電，請問如何由負載處分辨出負載吸收實功率的來源?

(4)一個電路的弦波電源是由許多不同的峰值、角頻率以及相位的串聯電壓源所連接而成，如何計算負載的總複功率?

(5)若負載會隨運轉時間增加而產生溫升，若電壓不變，請問負載經過長時間後的吸收複功率與剛加上電壓時的吸收複功率之差別如何推算?

## 8.6　最大功率轉移定理

前一節中已經談過交流弦波穩態下的功率爲實功率與虛功率所合成的複功率，本節將說明如何在單一工作頻率的交流弦波穩態電路中，得到最大的功率轉移，此處的功率乃是指實功率，而非虛功率或複功率。該定理主要是在於交流電路中做有用功率的應用，此處與第3.7節之直流電路最大功率轉移定理類似，但是交流電路中多了電抗元件，在分析上比直流電路複雜了許多，但是經過分析後，我們會發現一些有趣的結果。

如圖8.6.1所示，由節點 $a$、$b$ 兩端往左側看入之電路，可視爲相同電源工作頻率下，一個複雜的交流弦波穩態電路經過第7.7節中的戴維寧定理化簡後所得的等效電路，也可以視爲一個實際的電壓源，該等效電路爲一個固定的獨立電壓源 $\mathbf{V}_S = V_S\angle\theta_V°$ 串聯一個固定的阻抗 $\overline{Z}_S$。節點 $a$、$b$ 右側則爲一個等效負載阻抗 $\overline{Z}_L$，該負載阻抗可能因負載的變動而分爲可變或固定兩種，依分析情況而定。但是不論是固定或是可變的負載阻抗，其電阻部份及電抗部份大小均會影響負載電流 $\mathbf{I}$，進一步影響所吸收的實功率，因此以下將依數學的方法推導電源將實功率轉移至負載阻抗之關係式。

首先假設一個通用的情形，即負載阻抗爲 $\overline{Z}_L = R_L + jX_L$，其中電阻 $R_L$ 一般爲大於或等於零的量；而電抗 $X_L$ 若爲正值表示爲等效電感性元件，若爲負值則爲一個等效電容性元件，若等於零則表示無電抗存在。電源阻抗 $\overline{Z}_S$ 亦假設爲一個通用的阻抗，即 $\overline{Z}_S = R_S + jX_S$，其中電阻 $R_S$ 亦爲大於或等於零的量，電抗 $X_S$ 爲正值或負值分別表示是等效電感性或等效電容性元件，零電抗表示無電抗成份存在。圖 8.6.1 爲一個簡單串聯電路，因此通過串聯元件之電流相量爲：

$$\begin{aligned}\mathbf{I} &= \frac{\mathbf{V}_S}{\overline{Z}_T} = \frac{\mathbf{V}_S}{\overline{Z}_S + \overline{Z}_L} = \frac{\mathbf{V}_S}{(R_S + jX_S) + (R_L + jX_L)} \\ &= \frac{\mathbf{V}_S}{(R_S + R_L) + j(X_S + X_L)} = \frac{\mathbf{V}_S}{R_T + jX_T} \\ &= \frac{\mathbf{V}_S}{\overline{Z}_T} = I\angle\theta_I^\circ \quad \text{A} \end{aligned} \tag{8.6.1}$$

式中

$$\begin{aligned}\overline{Z}_T &= R_T + jX_T \\ &= \sqrt{(R_T)^2 + (X_T)^2} \angle \tan^{-1}\left(\frac{X_T}{R_T}\right) \quad \Omega \end{aligned} \tag{8.6.2}$$

$$R_T = R_S + R_L \quad \Omega \tag{8.6.3}$$

$$X_T = X_S + X_L \quad \Omega \tag{8.6.4}$$

分別爲由獨立電壓源看入之總阻抗、總電阻以及總電抗。

圖8.6.1 一個等效電源與一個負載的連接

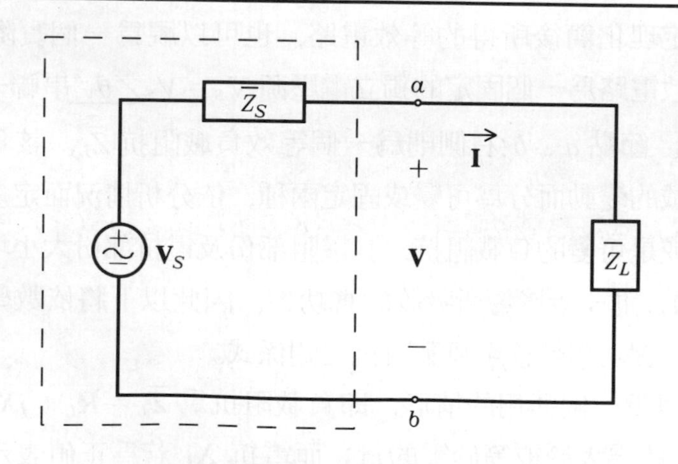

$$I = \frac{V_S}{\sqrt{(R_T)^2 + (X_T)^2}} = \frac{V_S}{\sqrt{(R_S + R_L)^2 + (X_S + X_L)^2}} \quad A \tag{8.6.5}$$

$$\theta_I^\circ = \theta_V^\circ - \tan^{-1}(\frac{X_T}{R_T}) = \theta_V^\circ - \tan^{-1}(\frac{X_S + X_L}{R_S + R_L}) \tag{8.6.6}$$

則分別爲電流相量 **I** 之大小及相角。將電流大小平方乘以負載阻抗的電阻部份$R_L$，即爲負載所吸收的功率或由電源傳送至負載的功率$P_L$：

$$P_L = I^2 R_L = (\frac{V_S}{\sqrt{(R_S + R_L)^2 + (X_S + X_L)^2}})^2 R_L$$

$$= \frac{V_S{}^2 R_L}{(R_S + R_L)^2 + (X_S + X_L)^2} \quad W \tag{8.6.7}$$

該負載功率 $P_L$ 與負載中的兩個參數有關，一個是負載電阻 $R_L$，一個是負載電抗 $X_L$。若這兩個量均是固定的，則負載功率 $P_L$ 亦爲一個固定值，負載的最大功率即是該固定值；若這兩個量是可變的，則依各種負載參數及情況分析如下：

**(1)若負載電阻 $R_L$ 及負載電抗 $X_L$ 均為可變時**

這是屬於基本的負載特性，此時負載最大可獲得的功率可將 (8.6.7) 式之負載功率 $P_L$ 對負載電阻大小 $R_L$ 偏微分令爲零，以及負載功率 $P_L$ 對負載電抗大小 $X_L$ 偏微分令爲零，同時解出這兩個等式而得，如下二式所示：

$$\frac{\partial P_L}{\partial R_L} = 0 \quad W/\Omega \tag{8.6.8}$$

$$\frac{\partial P_L}{\partial X_L} = 0 \quad W/\Omega \tag{8.6.9}$$

將 (8.6.7) 式之負載功率 $P_L$ 代入 (8.6.8) 式之偏微分式可得：

$$\frac{\partial P_L}{\partial R_L} = \frac{\partial}{\partial R_L}[\frac{V_S{}^2 R_L}{(R_S + R_L)^2 + (X_S + X_L)^2}]$$

$$= V_S{}^2 \frac{[(R_S + R_L)^2 + (X_S + X_L)^2] - 2R_L(R_S + R_L)}{[(R_S + R_L)^2 + (X_S + X_L)^2]^2}$$

$$= 0 \quad W/\Omega \tag{8.6.10}$$

將（8.6.7）式之負載功率 $P_L$ 代入（8.6.9）式之偏微分式可得:

$$\frac{\partial P_L}{\partial X_L}=\frac{\partial}{\partial X_L}\left[\frac{V_S{}^2R_L}{(R_S+R_L)^2+(X_S+X_L)^2}\right]$$

$$=V_S{}^2\frac{\{0\cdot[(R_S+R_L)^2+(X_S+X_L)^2]-R_L\cdot 2(X_S+X_L)\}}{[(R_S+R_L)^2+(X_S+X_L)^2]}$$

$$=0 \quad \text{W}/\Omega \qquad (8.6.11)$$

由（8.6.10）式及（8.6.11）式兩式之結果看來，這兩個方程式的分子要同時爲零，才可使（8.6.8）式及（8.6.9）式等號右側同時爲零，因此令分子同時爲零所形成的兩個聯立方程式如下:

$$(R_S+R_L)^2+(X_S+X_L)^2-2R_L(R_S+R_L)=0 \quad \Omega^2 \qquad (8.6.12)$$

$$2R_L(X_S+X_L)=0 \quad \Omega^2 \qquad (8.6.13)$$

由（8.6.13）式可知，若 $R_L=0$ 或 $X_S+X_L=0$ 均可使該式爲零，但是第一個條件是不存在的，因爲若負載電阻 $R_L$ 爲零，則負載功率亦爲零，沒有實功率傳送至負載，並無所謂最大功率轉移的情況發生；因此只有第二個條件成立，亦即:

$$X_L=-X_S \quad \Omega \qquad (8.6.14)$$

此式表示若 $X_S$ 爲電感性，$X_L$ 則爲電容性；若 $X_S$ 爲電容性，$X_L$ 則爲電感性，兩者的電抗相互抵銷，成爲一個等效短路，整個電路僅剩電壓源 $\mathbf{V}_S$ 以及兩個電阻 $R_S$ 及 $R_L$ 而已，此時由電壓源流入電流相量 $\mathbf{I}$ 與電源電壓相量 $\mathbf{V}_S$ 同相位，因此負載的功率因數或電源輸出的功率因數爲 1。將（8.6.14）式代入（8.6.12）式可得:

$$R_S{}^2+R_L{}^2+2R_SR_L-2R_SR_L-2R_L{}^2$$

$$=R_S{}^2-R_L{}^2=(R_S+R_L)(R_S-R_L)=0 \quad \Omega^2 \qquad (8.6.15)$$

故可求出負載電阻 $R_L$ 之解爲:

$$R_L=R_S \quad \Omega \qquad (8.6.16)$$

因此當負載阻抗爲:

$$\overline{Z}_L=R_L+jX_L=R_S+j(-X_S)$$

$$=R_S-jX_S=\overline{Z}_S{}^* \quad \Omega \qquad (8.6.17)$$

時，（8.6.8）式及（8.6.9）式同時爲零，可使負載獲得最大的功率。

(8.6.17) 式即是交流弦波穩態下產生最大功率轉移的負載條件，在此條件下，電源電抗 $X_S$ 與負載電抗 $X_L$ 串聯形成等效短路，整個圖 8.6.1 電路僅剩下電壓源 $V_S$、電源電阻 $R_S$ 以及負載電阻 $R_L$ 的串聯而已，故此時負載之最大功率爲：

$$P_{L,\max}=\frac{V_S{}^2R_L}{(R_S+R_L)^2}=\frac{V_S{}^2R_L}{(2R_L)^2}=\frac{V_S{}^2R_L}{4R_L{}^2}=\frac{V_S{}^2}{4R_L}\quad \text{W} \qquad (8.6.18)$$

**(2)當負載阻抗僅含可變的電阻部份，但是電抗為不等於零的固定值時**

此情況因爲只有負載電阻部份可變，而負載電抗部份固定不變，因此僅有 (8.6.8) 式之偏微分式可用，其結果在 (8.6.12) 式變爲：

$$R_S{}^2+2R_SR_L+R_L{}^2+(X_S+X_L)^2-2R_SR_L-2R_L{}^2$$
$$=R_S{}^2-R_L{}^2+(X_S+X_L)^2=0\quad \Omega^2 \qquad (8.6.19)$$

上式對負載電阻 $R_L$ 之解爲：

$$R_L=\sqrt{R_S{}^2+(X_S+X_L)^2}\quad \Omega \qquad (8.6.20)$$

該式表示當選擇負載電阻值 $R_L$，恰等於當電壓源關閉，由該負載電阻 $R_L$ 兩端看入之等效阻抗大小值時，即爲最大功率轉移的條件，其最大負載功率爲：

$$P_{L,\max}=\frac{V_S{}^2\sqrt{R_S{}^2+(X_S+X_L)^2}}{(R_S+\sqrt{R_S{}^2+(X_S+X_L)^2})^2+(X_S+X_L)^2}\quad \text{W}$$
$$(8.6.21)$$

**(3)若負載阻抗為一個純電阻 $R_L$ 時**

此情況爲(2)之特殊情形，負載電抗 $X_L$ 爲零，僅有負載電阻 $R_L$ 可變，因此 (8.6.8) 式之偏微分結果在 (8.6.12) 式中變成：

$$R_S{}^2+2R_SR_L+R_L{}^2+X_S{}^2-2R_LR_S-2R_L{}^2$$
$$=R_S{}^2-R_L{}^2+X_S{}^2=0\quad \Omega^2 \qquad (8.6.22)$$

該式之負載電阻 $R_L$ 的解爲：

$$R_L=\sqrt{R_S{}^2+X_S{}^2}=|\overline{Z}_S|\quad \Omega \qquad (8.6.23)$$

(8.6.23) 式說明了當負載爲純電阻 $R_L$ 時，選擇該電阻大小爲節點 $a$、$b$ 兩端看入之電源阻抗大小（電壓源關閉），可得最大功率轉移。

此時之最大功率值爲：

$$P_{L,\max}=\frac{V_S{}^2\sqrt{R_S{}^2+X_S{}^2}}{(R_S+\sqrt{R_S{}^2+X_S{}^2})^2+X_S{}^2}\quad \mathrm{W} \tag{8.6.24}$$

最大功率轉移定理可用於阻抗匹配(match)上，以使負載獲取最大功率。利用已知的電源等效電路參數，配合負載可變動的部份，即可達到最大的負載功率。一般在音響最後一級爲喇叭或揚聲器負載，其前一級可能是音頻放大器的輸出，在要求喇叭以最大功率輸出時，可以選擇不同喇叭的阻抗，例如有 8 Ω，4 Ω 等不同數值的喇叭阻抗，只要配合得當，最大功率可以順利地傳送至負載。但是有時電源阻抗與負載阻抗無法搭配非常精確時，此時可以利用將於第九章介紹的耦合電路或變壓器來達成。例如放大器輸出與喇叭負載間常用一個音頻變壓器當作兩者間的共同連接元件，以使放大器輸出功率，經由變壓器產生阻抗匹配，使負載獲得最大的功率輸出。

**【例 8.6.1】** 如圖 8.6.2 所示之電路，假設 $\overline{Z}_C=5+j7\ \Omega$，求在下面的條件下，負載阻抗 $\overline{Z}_L$ 之值，以使負載獲得最大功率：(a) $\overline{Z}_L$ 爲任意可變值，(b) $\overline{Z}_L$ 只有電阻可變，(c) $\overline{Z}_L$ 爲純電阻，(d)原負載阻抗下之功率。

圖 8.6.2　例 8.6.1 之電路

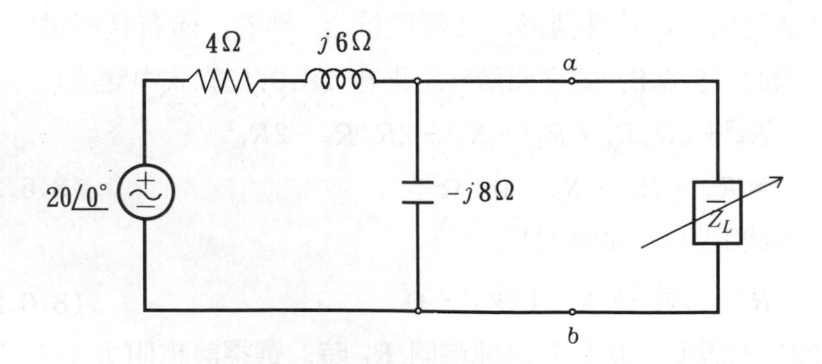

**【解】** 先求由節點 $a$、$b$ 端向左側看入之戴維寧等效電路：

$$\mathbf{V}_{TH}=20\angle 0^\circ\times\frac{-j8}{4+j6-j8}=20\angle 0^\circ\times\frac{8\angle -90^\circ}{4.472\angle -26.565^\circ}$$

$$=35.778\angle -63.435^\circ\ \text{V}$$

（注意：$\mathbf{V}_{TH}$之大小比電源電壓高）

$$\overline{Z}_{TH}=(-j8)/\!/(4+j6)$$

$$=\frac{48-j32}{4+j6-j8}=\frac{57.6888\angle -33.69^\circ}{4.472\angle -26.565^\circ}$$

$$=12.9\angle -7.125^\circ=12.8-j1.6\ \Omega$$

(a) $\overline{Z}_L$ 為任意值，$\therefore \overline{Z}_L=\overline{Z}_{TH}{}^*=12.8+j1.6\ \Omega$ 可獲最大功率

$$P_{L,\max}=\frac{(35.778)^2}{4\times 12.8}=25\ \text{W}$$

(b) $\overline{Z}_L$ 只有電阻可變，

$$R_L=\sqrt{R_S{}^2+(X_S+X_L)^2}=\sqrt{(12.8)^2+(-1.6+7)^2}$$

$$=13.892\ \Omega$$

$$\therefore \overline{Z}_T=(12.8-j1.6)+(13.892+j7)$$

$$=26.692+j5.4=27.233\angle 11.437^\circ\ \Omega$$

$$\therefore |\mathbf{I}|=\frac{35.778}{27.233}=1.313\ \text{A}$$

$$\therefore P_L=|\mathbf{I}|^2\cdot R_L=23.977\ \text{W}$$

(c) $\overline{Z}_L$ 為純電阻

$$\therefore R_L=\sqrt{R_S{}^2+X_S{}^2}=\sqrt{(12.8)^2+(1.6)^2}=12.899\ \Omega$$

$$\overline{Z}_T=(12.8-j1.6)+12.899=25.699-j1.6$$

$$=25.748\angle -3.56^\circ\ \Omega$$

$$|\mathbf{I}|=\frac{35.778}{25.748}=1.3895\ \text{A}$$

$$P_L=|\mathbf{I}|^2\cdot R_L=24.904\ \text{W}$$

(d)

$$\overline{Z}_T=(12.8-j1.6)+(5+j7)=17.8+j5.4$$

$$=18.6\angle 16.876^\circ\ \Omega$$

$$|\mathbf{I}|=\frac{35.778}{18.6}=1.9235\text{ A}$$

$$\therefore P_L=|\mathbf{I}|^2\cdot 5=18.5\text{ W}$$

由上面(a)(b)(c)(d)知，(a)(b)(c)之功率均比(d)大，顯示最大功率轉移定理之重要性，尤其(a)爲任意 $\overline{Z}_L$ 時，選擇 $\overline{Z}_L=\overline{Z}_{TH}{}^*$ 可得電路匹配之條件，故傳送之功率是最大的。 ◎

## 【本節重點摘要】

⑴若負載電阻 $R_L$ 及負載電抗 $X_L$ 均為可變時，則當負載阻抗為：

$$\overline{Z}_L=R_L+jX_L=R_S+j(-X_S)=R_S-jX_S=\overline{Z}_S{}^*\quad\Omega$$

可使負載獲得最大的功率為：

$$P_{L,\max}=\frac{V_S{}^2R_L}{(R_S+R_L)^2}=\frac{V_S{}^2R_L}{(2R_L)^2}=\frac{V_S{}^2R_L}{4R_L{}^2}=\frac{V_S{}^2}{4R_L}\quad\text{W}$$

⑵當負載阻抗僅含可變的電阻部份，但是電抗為不等於零的固定值時，則負載電阻 $R_L$ 之解為：

$$R_L=\sqrt{R_S{}^2+(X_S+X_L)^2}\quad\Omega$$

該式表示當選擇負載電阻值 $R_L$，等於當電壓源關閉，由該負載電阻 $R_L$ 兩端看入之等效阻抗大小值時，即為最大功率轉移的條件，其最大負載功率為：

$$P_{L,\max}=\frac{V_S{}^2\sqrt{R_S{}^2+(X_S+X_L)^2}}{(R_S+\sqrt{R_S+(X_S+X_L)^2})^2+(X_S+X_L)^2}\quad\text{W}$$

⑶若負載阻抗為一個純電阻 $R_L$ 時，則負載電阻 $R_L$ 的解為：

$$R_L=\sqrt{R_S{}^2+X_S{}^2}=|\overline{Z}_S|\quad\Omega$$

當負載為純電阻 $R_L$ 時，選擇該電阻大小為節點 $a$、$b$ 兩端看入之電源阻抗大小（電壓源關閉），可得最大功率轉移。此時之最大功率值為：

$$P_{L,\max}=\frac{V_S{}^2\sqrt{R_S{}^2+X_S{}^2}}{(R_S+\sqrt{R_S{}^2+X_S{}^2})^2+X_S{}^2}\quad\text{W}$$

## 【思考問題】

⑴若弦波電源頻率爲可變時，如何找到最大功率轉移的條件？
⑵若弦波電源僅含電抗時，最大功率轉移的條件是否不變？

(3)若弦波電源的電阻與電抗均為可變時，最大功率轉移的條件如何重新推導？

(4)有沒有辦法推導出最大複功率的轉移條件？

(5)有沒有辦法推導出最大虛功率的轉移條件？

## 8.7　功率因數的改善

功率因數在交流弦波穩態分析上是相當重要的一個參數，雖然在 8.1 節中已經說明它的基本定義，但是並未做詳細介紹，本節將再度深入探討它在複功率上的重要的影響及改善方式。

一般家用的電器設備，其電能是以仟瓦小時為計費單位標準，一仟瓦小時也稱為一個電度，相當於一個負載的實功率消耗一仟瓦並且經過一個小時長的時間，所消耗的總能量，這個能量是指負載內部之電阻性元件所消耗的實功率之總能量而言，而非複功率或虛功率的總能量。一個用戶的用電接線，是自電力系統的饋線經過配電變壓器降壓後連接到接戶線，再由接戶線連接瓦時計後，將電源引入用戶的負載開關電源側，最後將負載連接到開關的負載側，其中瓦時計讀數就是該用戶負載實功率消耗的電能度數，瓦時計的讀數中並沒有考慮負載之虛功影響，因為虛功之平均功率為零，只有在某個電壓週波內的四分之一個週波內吸收功率、另外四分之一個週波放出功率，這虛功是由電抗元件所產生的量，不會被瓦時計所累積計算。由整個電源至負載的過程中發現，該用戶電源能量的輸入是經由電線傳送給負載的，若負載同時吸收實功率與虛功率（負載可能為等效的 $RL$、$RC$ 或 $RLC$ 電路），則電線上除了流過與電壓同相位的實電流 $I_r$ 做實功率傳遞外，與電壓相位呈現 $\pm 90°$ 垂直之虛電流 $I_x$ 也必須同時流入以提供負載所需的虛功率。因此整個電線上的電流大小是負載實電流 $I_r$ 與虛電流 $I_x$ 的合成，表示如下：

$$\bar{\mathbf{I}}_{\text{line}} = I_r \pm jI_x = \sqrt{I_r^{\ 2} + I_x^{\ 2}} \angle \tan^{-1}(\frac{\pm I_x}{I_r}) \quad \text{A} \tag{8.7.1}$$

假設該電線上之等效電阻値爲 $R_{\text{line}}$，則電線之實功率消耗爲：

$$\begin{aligned} P_{\text{line}} &= |\bar{\mathbf{I}}_{\text{line}}|^2 R_{\text{line}} = (I_r^{\ 2} + I_x^{\ 2}) R_{\text{line}} \\ &= I_r^{\ 2} R_{\text{line}} + I_x^{\ 2} R_{\text{line}} = P_r + P_x \quad \text{W} \end{aligned} \tag{8.7.2}$$

式中 $P_r = I_r^{\ 2} R_{\text{line}}$及 $P_x = I_x^{\ 2} R_{\text{line}}$代表分別爲由實電流 $I_r$ 及虛電流 $I_x$ 所造成的電線實功率的損失。由此可知，負載吸收的虛功率所產生的虛電流，對電線實功率的損失也會提供一部份的影響，這份額外的損失實功率還是要由電源來供應。然而這種電線實功率的損失大部份會發生在瓦時計之電源端，對於負載會吸收虛功的用戶無法增加徵收額外的費用，但對電力公司而言，卻是無可避免的一種電能及金錢浪費，尤其是當負載電抗之吸收虛功增大時，電線之虛電流 $I_x$ 增大，電線的實功率損失亦隨之增大，電廠的發電機也必須額外發出相對的實功率來供應這些損失，但是這些損失多半變成熱而散失於空氣中，也有可能因過熱對導線產生絕緣劣化的破壞情形。有些書中甚至談到這種電線損失所造成的熱能，在美洲大陸國家冬天下雪時，是鳥類免費的取暖設備，因爲它們可以站在輸配電線上吸收這些實功率損失產生的熱能，但是電力公司對這些鳥也無從徵收取暖費，眞是一項非常有趣的說明。

由（8.1.12）式之功率因數配合（8.5.21）式之視在功率表示式，可將功率因數 PF 的量表示爲實功 $P$ 及虛功 $Q$ 的關係如下：

$$\text{PF} = \cos\phi^\circ = \frac{P}{VI} = \frac{P}{S} = \frac{P}{\sqrt{P^2 + Q^2}} \tag{8.7.3}$$

故電流大小 $I$ 與功因 PF 的關係爲：

$$I = \frac{P}{V \cdot \text{PF}} = \frac{P}{V\cos\phi^\circ} \quad \text{A} \tag{8.7.4}$$

由（8.7.3）式及（8.7.4）式可以知道，若負載吸收的虛功 $Q$ 越大，則功率因數 PF 越小，使線路電流 $I$ 越大，因此線路損失也越大，這樣的情況不是電力公司所實際期望的事情。因此提高功因或改善功因，以減少線路實功率損失是相當重要的一項工作。就改善功因的特性而言，以下將分爲三種不同的負載功因改善結果來說明:

**(1)負載改善為單位功因**

若負載改善後的功因爲 1，也就是使得負載虛功爲零，線路中無虛電流通過，故線路的電流值最小，因此線路損失也將會最小。如果不考慮電路共振的情況，這對減少線路的實功率損失而言無疑是最佳的一種選擇。然因顧及嚴重的電路串聯共振或並聯共振現象，此最佳的理想情況多半無法應用於實際線路上，只有由理論觀點來獲得。

**(2)負載改善為落後功因**

由於用戶的負載特性多半是含有導體或線圈的架構，如馬達、電熱器、電燈等，電阻性及電感性的成份佔得較重，故負載多爲落後的功因。因此實際電路改善功因時，多以一個或數個額定電壓符合要求的電容器直接並聯於負載兩端，由電容器送出虛功，直接供應負載中的電感性元件所必須吸收的虛功，如此線路上的流入的虛電流一定會比未改善前減少，故使得總電流量減小，線路損失亦隨之減少，因此由線路電源端輸入之功因自然可以提高，達到改善功因的目的。這種方法改善後的功因多半還是屬於落後功因，但是有的可以高達 PF＝0.95 （或 PF＝95％） 以上的情況，但是用戶多半爲了顧及功因改善設備的投資成本，一般只要求達到電力公司某一特定要求即可，此要求一般是指不被罰款的條件。由於功因太低，損失太大，有一些電力公司規定用戶最低功率因數的要求。例如臺灣電力公司按營業法對大用戶定出每月用電之平均功因要求爲:「平均功因不及 80％者，每低 1％當月電費應加收 0.3％；平均功因高過 80％者，每高 1％電費減收 0.15％」。

**(3)負載改善為超前功因**

若負載以超前功因的方式做改善，除(2)中所說的投資成本外，也要注意電壓過高的情形，因爲功因超前是處在以電容性爲主的電路下，過份的超前電流可能會使負載端的電壓高於電源端的電壓，致使負載承受高壓，除對設備使用壽命有不良影響外，導體的絕緣也是一大原因，故除非特殊必要，負載很少改善至超前功因的情況。

以下茲分爲兩個部份，說明改善負載功因的計算方式：

## 8.7.1 並聯方式的功因改善

如圖 8.7.1 所示，一個負載 $\overline{Z}_L$ 接在節點 $a$、$b$ 間，其複功率爲 $\overline{S}_L = P_L + jQ_L$，通過該負載的電流相量爲 $\mathbf{I}_L$。爲改善負載的功率因數，將一個功因改善元件 $\overline{Z}_C$ 亦接在節點 $a$、$b$ 間與負載並聯，該功因改善元件之電流相量爲 $\mathbf{I}_C$，吸收的複功率爲 $\overline{S}_C = P_C - jQ_C$。假設節點 $a$、$b$ 間的電源電壓相量爲 $\mathbf{V}$，角頻率爲 $\omega$，流入線路之電流相量爲 $\mathbf{I}$，則節點 $a$ 的 KCL 關係式爲：

$$\mathbf{I} = \mathbf{I}_L + \mathbf{I}_C \quad \text{A} \tag{8.7.5}$$

負載之阻抗角或功因角爲：

$$\phi_L{}^\circ = \cos^{-1}\left(\frac{P_L}{V \cdot I_L}\right) = \tan^{-1}\left(\frac{Q_L}{P_L}\right) \tag{8.7.6}$$

該功因角 $\phi_L{}^\circ$ 與負載實功 $P_L$、虛功 $Q_L$ 以及視在功率 $S_L$ 之功率三角形如圖 8.7.2 之直角三角形 $\triangle ABC$ 所示。當功因改善元件與負載並聯後，節點 $a$、$b$ 端送入之總複功率爲：

$$\begin{aligned}\overline{S} &= \overline{S}_L + \overline{S}_C = (P_L + jQ_L) + (P_C - jQ_C) \\ &= (P_L + P_C) + j(Q_L - Q_C) \\ &= P + jQ = S\angle\phi^\circ \quad \text{VA}\end{aligned} \tag{8.7.7}$$

式中

$$P = P_L + P_C \quad \text{W} \tag{8.7.8}$$

$$Q = Q_L - Q_C \quad \text{VAR} \tag{8.7.9}$$

$$S = \sqrt{P^2 + Q^2} = \sqrt{(P_L + P_C)^2 + (Q_L - Q_C)^2} \quad \text{VA} \tag{8.7.10}$$

$$\phi^\circ = \tan^{-1}\left(\frac{Q}{P}\right) = \tan^{-1}\left(\frac{Q_L - Q_C}{P_L + P_C}\right) \tag{8.7.11}$$

圖 8.7.1　並聯方式之功因改善

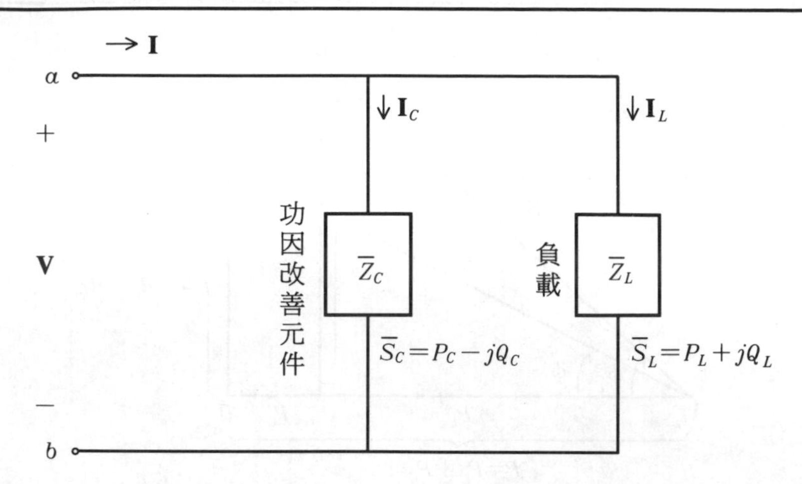


分別爲由節點 $a$、$b$ 看入的總實功、總虛功、總視在功率以及總功因角，它們相關的功率三角形如圖 8.7.2 中的直角三角形△$AED$。請注意圖 8.7.2 中△$AED$ 的水平邊長度 $AD = AC + CD$ 是由兩正實功 $P_L$ 及 $P_C$ 相加而得，其中 $P_L = AC$ 邊長度、$P_C = CD$ 邊長度；垂直邊長度 $DE = BC - Q_C$，是由於負載吸收正虛功 $Q_L = BC$ 邊長度，功因改善元件提供正虛功 $Q_C$ （或稱吸收負虛功 $-Q_C$），因此由 $BC$ 邊長度平行的方向向下減去 $Q_C$ 長度（即虛線所示），所得的長度結果即爲總虛功 $Q = DE$ 長度。斜邊 $AE$ 邊與水平的 $AD$ 邊之夾角即爲總功因角 $\phi°$，此角也是功因改善後的功因角。因爲 $\phi° < \phi_L°$，因此 $\text{PF} = \cos\phi° > \text{PF}_L = \cos\phi_L°$，確實達到改善功因的目的。若負載實功 $P_L$ 及虛功 $Q_L$ 爲已知，則負載功因 $\text{PF}_L$ 即爲已知，倘若欲達到某一特定要求的功因 $\text{PF} = \cos\phi°$，且功因改善元件之實功消耗 $P_C$ 爲已知時，則:

**⑴若功因改善元件為電容器**

此爲電感性負載的情況，$Q_L > 0$ 且 $Q_C > 0$，可由（8.7.11）式反推導出功因改善元件所提供的虛功量 $Q_C$ 爲:

$$
\begin{aligned}
Q_C &= Q_L - [\tan\phi° \cdot (P_L + P_C)] \\
&= Q_L - \tan[\cos^{-1}(\text{PF})](P_L + P_C) \quad \text{VAR} \qquad (8.7.12)
\end{aligned}
$$

圖8.7.2 功因改善前後的功率三角形

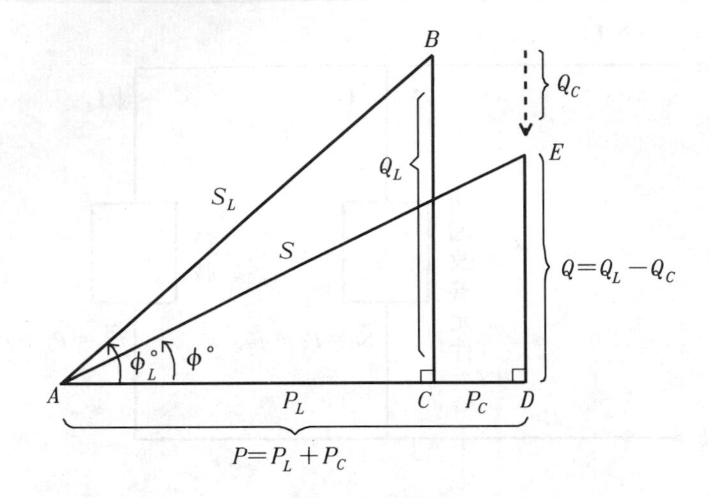


則電容器之電容量可由:

$$Q_C=\frac{V_{\text{cap}}^2}{[1/(\omega C)]}=\omega C V_{\text{cap}}^2=I_{\text{cap}}^2\left(\frac{1}{\omega C}\right)\quad \text{VAR} \tag{8.7.13}$$

推導求出爲:

$$C=\frac{Q_C}{\omega V_{\text{cap}}^2}=\frac{I_{\text{cap}}^2}{\omega Q_C}\quad \text{F} \tag{8.7.14}$$

式中 $V_{\text{cap}}$及 $I_{\text{cap}}$分別爲電容器兩端的電壓以及通過的電流有效值。

(a)若該電容器爲一個並聯 $RC$ 等效電路，即爲一個理想電容器 $C_{(p)}$與其洩漏電阻 $R_{(p)}$並聯，則 $V_{\text{cap}}=V$，電容值 $C_{(p)}$可由（8.7.12）式～(8.7.14)式求得，洩漏電阻值 $R_{(p)}$可由$R_{(p)}=(V_{\text{cap}})^2/P_C$ 求得。或利用複功率與電壓相量的關係 $\overline{S}=\mathbf{VI}^*$，推導出該功因改善元件之電流相量 $\mathbf{I}_C$，再利用電流相量 $\mathbf{I}_C$ 對電壓相量 $\mathbf{V}$ 的比值由導納計算而得:

$$\overline{Y}_{C(p)}=\frac{\mathbf{I}_C}{\mathbf{V}}=\frac{(\overline{S}_C/\mathbf{V})^*}{\mathbf{V}}=G_{(p)}+j\omega C_{(p)}$$

$$=\frac{1}{R_{(p)}}+j\omega C_{(p)}\quad \text{S} \tag{8.7.15}$$

(b)若該電容器爲一個 $RC$ 串聯等效電路，則可以利用電壓相量 $\mathbf{V}$ 對電流相量 $\mathbf{I}_C$ 的比值，計算串聯的等效阻抗值推算出電容量大小 $C_{(s)}$及串聯洩漏電阻值 $R_{(s)}$：

$$\overline{Z}_{C(s)}=\frac{\mathbf{V}}{\mathbf{I}_C}=\frac{\mathbf{V}}{(\overline{S}_C/\mathbf{V})^*}=R_{(s)}-j\frac{1}{\omega C_{(s)}}\quad \Omega \tag{8.7.16}$$

(c)當電容器爲理想元件時，只要令 $P_C=0$ 及 $V_{\text{cap}}=V$ 代入（8.7.12）式～(8.7.14)式，即可求出理想電容器之數值大小。

**(2)當功因改善元件為電感器時**

此爲電容性負載的情況，$Q_L<0$ 且 $Q_C<0$，由（8.7.12）式可以求出該功因改善電感器之虛功爲：

$$-Q_C=I_{\text{ind}}^2(\omega L)=\frac{V_{\text{ind}}^2}{\omega L}\quad \text{VAR} \tag{8.7.17}$$

因此電感量值爲：

$$L=\frac{-Q_C}{\omega I_{\text{ind}}^2}=\frac{-V_{\text{ind}}^2}{\omega Q_C}\quad \text{H} \tag{8.7.18}$$

式中 $V_{\text{ind}}$及 $I_{\text{ind}}$分別代表跨在電感器 $L$ 兩端的電壓及通過之電流有效值。

(a)若電感器爲一個等效並聯 $RL$ 電路，由電感器 $L_{(p)}$與內電阻 $R_{(p)}$所構成，則可令 $V_{\text{ind}}=V$，代入（8.7.17）及（8.7.18）兩式，可以計算出電感值 $L$，或可利用電流相量 $\mathbf{I}_C$ 除以電壓相量 $\mathbf{V}$ 算出等效導納值來求得：

$$\overline{Y}_{C(p)}=\frac{\mathbf{I}_C}{\mathbf{V}}=\frac{(\overline{S}_C/\mathbf{V})^*}{\mathbf{V}}=G_{(p)}-j\frac{1}{\omega L_{(p)}}$$

$$=\frac{1}{R_{(p)}}-j\frac{1}{\omega L_{(p)}}\quad \text{S} \tag{8.7.19}$$

(b)若電感器爲一個串聯 $RL$ 等效電路，則可以利用電壓相量 $\mathbf{V}$ 除以電流相量 $\mathbf{I}_C$ 之等效阻抗求得內電阻 $R_{(s)}$及電感量 $L_{(s)}$：

$$\overline{Z}_{C(s)}=\frac{\mathbf{V}}{\mathbf{I}_C}=\frac{\mathbf{V}}{(\overline{S}_C/\mathbf{V})^*}=R_{(s)}+j\omega L_{(s)}\quad \Omega \tag{8.7.20}$$

(c)若電感器爲理想元件，則可令 $P_C=0$ 及 $V_{ind}=V$，代入（8.7.17）式及（8.7.18）式兩式，即可算出理想電感量做爲功因改善用的數值。

## 8.7.2　串聯方式的功因改善

8.7.1 的並聯功因改善是比較合乎實際的，因爲一般常用的電源均是電壓源，負載也多爲固定電壓操作之型式。若以並聯方式改善功因，由於電壓源電壓相量 $\mathbf{V}$ 假設不變，則負載兩端電壓不變故仍能正常工作，且負載吸收的實功率 $P_L$ 也不變，只是負載所需的虛功率 $Q_L$ 改由並聯功因改善元件提供一部份罷了。

但是改用串聯方式做功因改善時，第一個問題就是負載兩端的電壓及通過的電流均會變動，負載吸收的實功虛功也會因此變動，那麼整個電路的功因雖可由外加元件改善，卻無法維持原本負載吸收複功率的情況，負載可能無法正常運轉，因此該法很少使用，本書僅將其方法略述如下。

如圖 8.7.3 所示的電路，電源電壓相量爲 $\mathbf{V}$，流入之電流相量爲 $\mathbf{I}$，開關 SW 原爲閉合的，因此節點 $a$、$c$ 爲短路，故負載 $\overline{Z}_L$ 兩端的電壓相量爲電源電壓相量，亦即 $\mathbf{V}_L=\mathbf{V}$，通過負載的電流相量爲電源電流相量，亦即 $\mathbf{I}_L=\mathbf{I}$。假設負載吸收之複功率爲 $\overline{S}_L=P_L+jQ_L$，因此負載電壓相量、電流相量、複功率與負載阻抗間的關係爲：

$$\overline{Z}_L=R_L+jX_L=\frac{\mathbf{V}_L}{\mathbf{I}_L}=\frac{\mathbf{V}_L}{(\overline{S}_L/\mathbf{V}_L)^*}\quad\Omega \tag{8.7.21}$$

由電源端看入之負載功率因數爲：

$$\text{PF}_L=\cos\phi_L^\circ=\cos\left[\tan^{-1}\left(\frac{X_L}{R_L}\right)\right]=\cos\left[\tan^{-1}\left(\frac{Q_L}{P_L}\right)\right] \tag{8.7.22}$$

爲了達到某一特定的功因 $\text{PF}=\cos\phi^\circ$ 的要求，於節點 $a$、$c$ 間接上一個功因改善元件 $\overline{Z}_C=R_C+jX_C$，並將開關 SW 開啓。此時電源電壓相量 $\mathbf{V}$ 跨於功因改善元件 $\overline{Z}_C$ 與負載 $\overline{Z}_L$ 所串聯的等效電路兩端。

圖8.7.3　串聯方式之功因改善

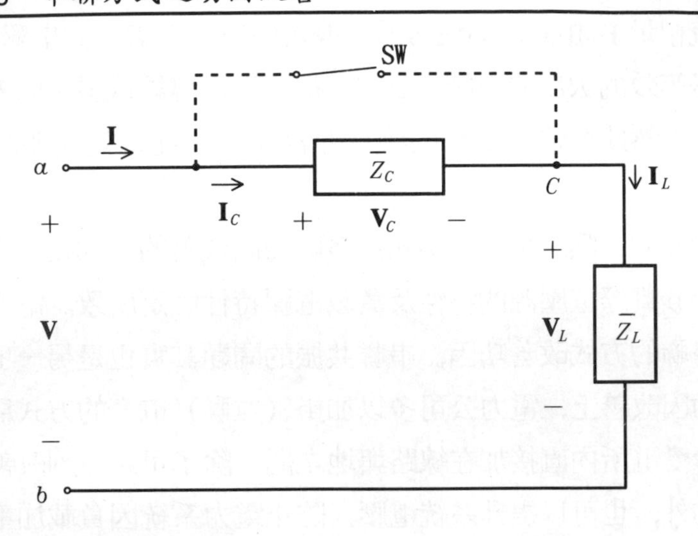


(a)此時若不考慮負載電壓、電流以及複功率的變動，僅考慮由電源端看入之功因改善，則單純可由阻抗的數值，即可推算出功因改善元件之參數，因爲此時由電源端看入之等效阻抗爲：

$$\overline{Z} = \overline{Z}_L + \overline{Z}_C = (R_L + jX_L) + (R_C + jX_C)$$
$$= (R_L + R_C) + j(X_L + X_C) \quad \Omega \qquad (8.7.23)$$

只要滿足下式的比例關係：

$$\phi^\circ = \tan^{-1}\left(\frac{X_L + X_C}{R_L + R_C}\right) \qquad (8.7.24)$$

則由電源端看入的功因即可達到所求的標準。由（8.7.24）式也可以知道，這種情況是具有無限多組功因改善元件參數$R_C$、$X_C$解的。

(b)若考慮負載電流相量 $\mathbf{I}_L$ 的大小與原來未改善功因前的電流相量的大小相同，則（8.7.24）式之參數限制爲：功因改善後，由電源端看入的等效阻抗大小，必須與原負載阻抗大小相同：

$$\sqrt{R_L^2 + X_L^2} = \sqrt{(R_L + R_C)^2 + (X_L + X_C)^2} \quad \Omega \qquad (8.7.25)$$

(c)若考慮負載電壓相量、電流相量以及複功率完全與功因改善前相同，則此負載的情況與並聯方式的功因改善的情況完全相同，（8.7.11）式可重新派上用場，所需的電容值或電感值都可利用並聯的相關方程式計算出來。此時功因改善元件的電流相量 $\mathbf{I}_C$ 與負載電流相量 $\mathbf{I}_L$ 相同，即使功因改善元件是等效 $RC$ 的串聯或並聯，或者是等效的 $RL$ 的串聯或並聯，都可以由導納或阻抗的方法計算得到。當然此種情況出現的機會非常小，在此只是簡要地說明罷了。

由(a)(b)(c)三點結果可以得知，串聯功因改善的方式較不方便，主要是受限於實際電壓源的特性及負載電壓特性固定所致。電力公司也很少用串聯的方式改善功因，串聯共振的問題其實也是另一項關鍵所在，在功因改善上，電力公司多以加掛（並聯）電容的方式爲之，將電容器於變電所內直接加在線路與地之間，除了可以達到改善功率因數的目的外，也可以提升系統電壓，防止電力系統因負載加重導致系統發生電壓穩定度（voltage stability ）的問題。

【例 8.7.1】若一條導線之線路等效電阻爲 $R_{\text{line}}=5\ \Omega$，當流過電流爲 $20\angle 45^\circ$ A 之電流時，試求分別由實電流與虛電流所造成之線路損失。

【解】$\mathbf{I}=20\angle 45^\circ=14.142+j14.142=I_r+jI_x \quad \text{A}$

$$\therefore P_r=(I_r)^2\cdot 5=1000\ \text{W}$$

$$P_x=(I_x)^2\cdot 5=1000\ \text{W}$$

實電流與虛電流均造成線路產生 1000 W 之損失

$$\therefore P_{\text{line}}=1000+1000=2000\ \text{W}$$

或利用 $P_{\text{line}}=|\mathbf{I}|^2\cdot 5=(20)^2\times 5=2000\ \text{W}$ ◎

【例 8.7.2】一個家用負載，自 110 V，60 Hz 之電源吸收 200 W，功因爲 0.8 lagging。現在希望用並聯補償的方式，將功因改善爲 0.9 lagging，求該補償元件及補償前後之線路電流。若：(a)補償元件爲理想元件時，(b)補償元件爲並聯等效電路，實功消耗爲 10 W。

**【解】** $S_L = \dfrac{P_L}{0.8} = \dfrac{200}{0.8} = 250$ VA

$\therefore Q_L = S_L \sin(\cos^{-1}0.8) = 150$ VAR

$\overline{S}_L = 250\angle 36.87^\circ = 200 + j150$ VA $= \mathbf{VI}^*$

$|\mathbf{I}| = \dfrac{S_L}{110} = 2.272727$ A←補償前之電流

(a) $P_L + P_C = 200 + 0 = 200$ W，$\theta = \cos^{-1}0.9 = 25.84^\circ$

$\therefore Q_L + Q_C = \tan\theta \cdot (P_L + P_C) = 96.864$ VAR

$\therefore Q_C = -Q_L + 96.864 = -53.135$ VAR←理想電容器

$V_{cap} = 110$ V，$\omega = 377$ rad/s

$|Q_C| = \dfrac{V_{cap}^2}{1/\omega C}$

$\therefore C = \dfrac{|Q_C|}{V_{cap}^2 \cdot \omega} = 11.648\ \mu$F

$\overline{S}_T = 200 + j96.864 = 222.265\angle 25.865^\circ = \mathbf{VI}^*$

$|\mathbf{I}| = \dfrac{S_T}{110} = 2.0206$ A←補償後之電流

(b) $P_L + P_C = 200 + 10 = 220$ W，$\theta = \cos^{-1}0.9 = 25.84^\circ$

$\therefore Q_L + Q_C = \tan\theta \cdot (P_L + P_C) = 106.55$ VAR

$\therefore Q_C = -Q_L + 106.55 = -43.449$ VAR

$R_{(p)} = \dfrac{(110)^2}{P_C} = \dfrac{(110)^2}{10} = 1210\ \Omega$

$C_{(p)} = \dfrac{|Q_C|}{\omega \cdot (V_{cap})^2} = \dfrac{43.449}{377 \times 110^2} = 9.524\ \mu$F

∴補償元件為一個 1210 Ω 之電阻器並聯一個 9.524 μF 之電容器

$\overline{S}_T = 220 + j106.55 = 244.444\angle 25.841^\circ = \mathbf{VI}^*$

$\therefore |\mathbf{I}| = \dfrac{S_T}{110} = 2.2222$ A←補償後之電流　◎

【例 8.7.3】一個 50 馬力（1 馬力 = 746 W）工業用馬達，接在 220 V，60 Hz 之電源上，已知其滿載效率爲 85%，滿載功因爲 90%，期望在滿載下提高功因爲 95%，採用(a)理想電容元件，(b)實際電容元件（串聯等效），功率消耗 200 W。試求元件之數值以及功因改善前後線路電流之百分比下降率。

【解】$P_{out} = 50 \times 746 = 37300$ W

$$P_L = P_{in(FL)} = \frac{P_{out}}{\eta} = 43882.353 \text{ W}$$

$$S_L = \frac{P_{in(FL)}}{\text{PF}} = 48758.17 \text{ VA}$$

$$Q_L = S_L \cdot \sin(\cos^{-1}0.9) = 21253.194 \text{ VAR}$$

$$\therefore \overline{S_L} = P_L + jQ_L = 43882.353 + j21253.194$$

$$= 48758.17\underline{/25.84^\circ} \text{ VA} = \mathbf{VI}^*$$

$$|\mathbf{I}| = \frac{48758.17}{220} = 221.628 \text{ A}$$

$\text{PF}' = 0.95$，$\therefore \theta' = \cos^{-1}0.95 = 18.1948^\circ$

(a)$P_L + P_C = P_L + 0 = 43882.353$ W

$$Q_L + Q_C = \tan\theta'(P_L + P_C) = 14423.432 \text{ VAR}$$

$$\therefore Q_C = -Q_L + 14423.432 = -6829.762 \text{ VAR}$$

$$\therefore C = \frac{|Q_C|}{\omega V_{cap}^2} = \frac{6829.762}{377 \times (220)^2} = 374.299\ \mu\text{F} \leftarrow \text{理想元件}$$

$$\overline{S_T} = (P_L + P_C) + j(Q_L + Q_C) = 43882.353 + j(14423.432)$$

$$= 46191.95\underline{/18.194^\circ}$$

$$\therefore |\mathbf{I}| = \frac{S_T}{220} = 209.963 \text{ A}$$

$$\text{電流下降率} = \frac{221.628 - 209.963}{221.628} \times 100\% = 5.263\%$$

(b)$P_L + P_C = P_L + 200 = 44082.353$ W

$$Q_L + Q_C = \tan\theta'(P_L + P_C) = 14489.11 \text{ VAR}$$

$$\therefore Q_C = -6764.087 \text{ VAR}$$

$\overline{S}_T = 44082.353 + j14489.11 = 46402.46\angle 18.194° = \mathbf{VI}^*$

$\therefore |\mathbf{I}| = \dfrac{S_T}{220} = 210.920\ \text{A}$

$\text{電流下降率} = \dfrac{221.628 - 210.92}{221.628} \times 100\% = 4.832\%$

$\overline{S}_C = P_C + jQ_C = 200 - j6764.087$

$= 6767.043\angle -88.306°\ \text{VA} = \mathbf{VI}_C^*$

假設 $\mathbf{V} = 220\angle 0°\ \text{V} = \mathbf{V}_C$

$\therefore \mathbf{I}_C = (\dfrac{\overline{S}_C}{\mathbf{V}_C})^* = 30.759\angle 88.306°$

$\therefore \overline{Z}_C = \dfrac{\mathbf{V}}{\mathbf{I}_C} = \dfrac{220\angle 0°}{30.759\angle 88.306°} = 7.1523\angle -88.306°$

$= 0.2114 - j7.149\ \Omega$

$$\left.\begin{aligned} &\therefore R_{(s)} = 0.2114\ \Omega \\ &C_{(s)} = \frac{1}{\omega \times X_C} = \frac{1}{377 \times 7.149} = 371.033\ \mu\text{F} \end{aligned}\right\}\text{實際電容元件參數}$$

◎

**【例 8.7.4】** 一部 20 馬力之感應馬達，連接至單相 380 V，60 Hz 電源，以額定之 75% 運轉，其效率爲 70%，功因爲 85% 滯後，試求：(a)並聯之電容值，以使其整體功因變成 0.95 滯後，(b)當將(a)所得之電容並聯上去後，該馬達改以滿載運轉，效率提高至 85%，功因也提升至 90%，則此時整體電路之功因改變至多少?

**【解】** (a) $P_{out} = 20 \times 746 \times 75\% = 11190\ \text{W}$

$P_{in} = \dfrac{P_{out}}{\eta} = \dfrac{11190}{70\%} = 15985.714\ \text{W}$

$\theta = \cos^{-1}0.85 = 31.788°$　(電壓超前電流之角度)

$S_{in} = \dfrac{P_{in}}{\cos\theta} = \dfrac{P_{in}}{\text{PF}} = \dfrac{15985.714}{0.85} = 18806.722\ \text{VA}$

$\therefore \overline{S}_{in} = 18806.722\angle 31.788° = 15985.714 + j9966.963\ \text{VA}$

$$S_{in}' = \frac{P_{in}}{\cos\theta'} = \frac{P_{in}}{PF'} = \frac{15985.714}{0.95} = 16827.067 \text{ VA}$$

$\theta' = \cos^{-1}0.95 = 18.195°$　(電壓超前電流角度)

$$\overline{S}_{in}' = 16827.067\angle 18.195° = 15985.714 + j5254.286 \text{ VA}$$

$$Q_C = \overline{S}_{in}' - \overline{S}_{in} = -j4712.677 \text{ VAR}$$

$$Q_C = \frac{V^2}{X_C} = 2\pi fCV^2$$

$$\therefore C = \frac{Q_C}{2\pi fV^2} = \frac{4712.677}{2\pi \times 60 \times (380)^2} = 86.57\ \mu\text{F}$$

(b) $P_{out} = 20 \times 746 \times 100\% = 14920$ W

$$P_{in} = \frac{P_{out}}{\eta} = \frac{14920}{0.85} = 17552.941 \text{ W}$$

$PF_M = 0.9$，$\therefore \theta_M = 25.842°$　(電壓超前電流角度)

$$S_M = \frac{P_{in}}{PF_M} = \frac{17552.941}{0.9} = 19503.268 \text{ VA}$$

$$\overline{S}_M = 19503.268\angle 25.842° = 17552.93 + j8501.298 \text{ VA}$$

$$Q_C = -j4712.677 \text{ VAR}$$

$$\therefore \overline{S}_T = \overline{S}_M + Q_C = 17552.93 + j(8501.298 - 4712.677)$$
$$= 17552.93 + j3788.621 = 17957.14\angle 12.2° \text{ VA}$$

$\therefore PF_T = \cos(12.2°) = 0.9774$ 滯後 ◎

**【例 8.7.5】** 已知一個單相負載為 10 kW，功因為 0.7 滯後，連接至一個 220 V，60 Hz 之交流電源。若欲將其功因改善至 0.95 滯後，試求所需並聯之電容值。

**【解】** $P = 10$ kW，PF $= 0.7$，$\therefore \theta$(功因角) $= \cos^{-1}0.7 = 45.573°$

$$\frac{Q}{P} = \tan\theta,\quad \therefore Q = P\tan\theta = 10 \times 10^3 \times \tan(45.573°)$$
$$= 10202.042 \text{ VAR}$$

並聯電容後，$P$ 不變，$\theta'$(新功因角) $= \cos^{-1}0.95 = 18.195°$

$$Q'(\text{新虛功}) = P\tan\theta' = 10\times10^3\times\tan(18.195°)$$
$$= 3286.86574 \text{ VAR}$$

$$\therefore Q_C = Q' - Q = -6915.176 \text{ VAR}$$

$$Q_C = -\frac{V^2}{X_C} = -\omega C\cdot V^2 = -2\pi fC\cdot V^2$$

$$\therefore C = \frac{-Q_C}{2\pi f\cdot V^2} = \frac{-(-6915.176)}{2\pi\times60\times220^2} = 378.989\ \mu\text{F}$$ ◎

**【例 8.7.6】** 一部 10 馬力之感應馬達，在滿載運轉時，其效率爲 80%，由 220 V，60 Hz 之單相交流電壓源吸收 100 A 之電流。以電壓爲 0°參考，試求：(a)將整個負載功因改善至 90% 滯後之並聯電容值，(b)功因改善後之電流大小，(c)功因改善後線路損失減少之百分率。

**【解】** 方法(A)：利用複數功率之計算

$\because$ 效率 $\eta = \frac{P_{out}}{P_{in}}$，$\therefore P_{in} = \frac{P_{out}}{\eta} = \frac{746\times10}{0.8} = 9325$ W

視在功率 $S_{in} = VI = 220\times100 = 22000$ VA

$$\therefore \text{PF} = \frac{P_{in}}{S_{in}} = \frac{9325}{22000} = 0.423 \quad (\text{滯後})$$

$$\theta = \cos^{-1}0.423 = 64.921°$$

$$Q_{in} = P_{in}\tan\theta = 9325\tan(64.921°) = 19925.752 \text{ VAR}$$

(a) $\text{PF}' = 0.9$，$\therefore \theta' = \cos^{-1}0.9 = 25.842°$

$$Q_{in}' = P_{in}\tan\theta' = 9325\tan(25.842°) = 4516.317 \text{ VAR}$$

$$Q_C = Q_{in}' - Q_{in} = -15409.435 \text{ VAR}$$

$$Q_C = -\frac{V^2}{X_C} = -2\pi fC\cdot V^2$$

$$\therefore C = \frac{-Q_C}{2\pi fV^2} = \frac{-(-15409.435)}{2\pi\times60\times220^2} = 844.52\ \mu\text{F}$$

(b) $\overline{S}_{in}' = P_{in} + jQ_{in}' = 9325 + j4516.317 = 10361.12\underline{/25.842°}$ VA

$$S_{in}' = \overline{V}_{in}\overline{I}_{in}'^{*}$$

$$\therefore I_{in}' = \left(\frac{\overline{S}_{in}}{V_{in}}\right)^* = \left(\frac{10361.12\angle 25.842^\circ}{220\angle 0^\circ}\right)^*$$

$$= 47.096\angle -25.842^\circ \text{ A}$$

$$\therefore |I_{in}'| = 47.096 \text{ A}$$

(c) $\because P_{loss} \propto I^2$

$$\therefore \left(\frac{I_{in}'}{I_{in}}\right)^2 = \left(\frac{S_{in}'/V_{in}}{S_{in}/V_{in}}\right)^2 = \left(\frac{S_{in}'}{S_{in}}\right)^2 = \left(\frac{10361.12}{22000}\right)^2 = 0.2218$$

$$\therefore \text{線路損失減少} 1 - \left(\frac{I_{in}'}{I_{in}}\right)^2 = \frac{I_{in}^2 - I_{in}'}{I_{in}^2} = 1 - \left(\frac{S_{in}'}{S_{in}}\right)^2$$

$$= 0.7782 = 77.82\%$$

方法(B)：電流計算法

$$\overline{I}_{in} = \left(\frac{22000\angle +64.921^\circ}{220\angle 0^\circ}\right)^* = 100\angle -64.921^\circ \text{ A}$$

$$= 42.387 - j90.572 \text{ A}$$

(a) $PF' = 0.9$，$\therefore \theta' = \cos^{-1}0.9 = 25.842^\circ$

實電流 42.387 A 不變，虛電流變為：

$$42.387\tan(25.842^\circ) = 20.529 \text{ A}$$

$$\therefore \overline{I}_{in}' = 42.387 - j20.529 = 47.096\angle -25.842^\circ \text{ A}$$

$$\overline{I}_C = \overline{I}_{in}' - \overline{I}_{in} = -j20.529 + j90.572 = j70.043 \text{ A}$$

$$\overline{I}_C = \frac{\overline{V}}{-jX_C} = j2\pi fC\,\overline{V}$$

$$\therefore C = \frac{\overline{I}_C}{j2\pi f\overline{V}} = \frac{j70.043}{j2\pi \times 60 \times 220} = 844.52\ \mu\text{F}$$

(b) $\overline{I}_{in}' = 47.096\angle -25.842^\circ$ A

$$\therefore |\overline{I}_{in}'| = 47.096 \text{ A}$$

(c) $1 - \left(\frac{|\overline{I}_{in}'|}{|\overline{I}_{in}|}\right)^2 = 1 - \left(\frac{47.096}{100}\right)^2 = 0.7782 = 77.82\%$

方法(C)：利用導納計算法

(a) $\overline{S}_{in} = 22000\angle 64.921^\circ$ VA

$$\because \overline{S}_{in} = VI^* = V(VY)^* = V^2Y^*$$

$$\therefore \overline{Y}_{in} = (\frac{\overline{S}_{in}}{V^2})^* = (\frac{22000\angle 64.921^\circ}{220^2})^* = 0.4545\angle -64.921^\circ \text{ S}$$

$$= 0.19265 - j0.41165 \text{ S}$$

$$\text{PF}' = 0.9,\ \theta' = \cos^{-1}0.9 = 25.842^\circ$$

功因改善後，電導值不變，電納值變為

$$B' = G\tan(\theta') = 0.19265\tan(25.842^\circ) = 0.093305 \text{ S}$$

$$\therefore \overline{Y}_{in}' = 0.19265 - j0.093305 = 0.214056\angle -25.842^\circ \text{ S}$$

$$jB_C = \overline{Y}_{in}' - \overline{Y}_{in} = -j0.093305 + j0.41165 = j0.318345$$

$$jB_C = j2\pi fC,\ \therefore C = \frac{B_C}{2\pi f} = \frac{0.318345}{2\pi \times 60} = 844.436\ \mu\text{F}$$

(b) $\overline{I}_{in}' = \overline{Y}_{in}' \cdot \overline{V} = 0.214056\angle -25.842^\circ \cdot 220\angle 0^\circ$

$$= 47.092\angle -25.842^\circ \text{ A}$$

$$|\overline{I}_{in}'| = 47.092 \text{ A}$$

(c) $1 - (\frac{|\overline{I}_{in}'|}{|\overline{I}_{in}|})^2 = 1 - (\frac{|\overline{Y}_{in}'\overline{V}|}{|\overline{Y}_{in}\overline{V}|})^2 = 1 - (\frac{|\overline{Y}_{in}'|}{|\overline{Y}_{in}|})^2$

$$= 1 - (\frac{0.214056}{0.4545})^2 = 0.77823 = 77.823\%$$

◎

## 【本節重點摘要】

(1)若負載同時吸收實功率與虛功率，則電線上除了流過與電壓同相位的實電流 $I_r$ 做實功率傳遞外，與電壓相位呈現 ±90°垂直之虛電流 $I_x$ 也必須同時流入。因此整個電線上的電流大小是負載實電流 $I_r$ 與虛電流 $I_x$ 的合成，表示如下：

$$\overline{I}_{line} = I_r \pm jI_x = \sqrt{I_r^2 + I_x^2}\angle \tan^{-1}(\frac{\pm I_x}{I_r}) \text{ A}$$

假設該電線上之等效電阻值為 $R_{line}$，則電線之實功率消耗為：

$$P_{line} = |\overline{I}_{line}|^2R_{line} = (I_r^2 + I_x^2)R_{line} = I_r^2R_{line} + I_x^2R_{line} = P_r + P_x \quad \text{W}$$

(2)將功率因數 PF 的量表示為實功 $P$ 及虛功 $Q$ 的關係如下：

$$\text{PF} = \cos\phi^\circ = \frac{P}{VI} = \frac{P}{S} = \frac{P}{\sqrt{P^2 + Q^2}}$$

故電流大小 $I$ 與功因 PF 的關係為：

$$I=\frac{P}{V\cdot PF}=\frac{P}{V\cos\phi^{\circ}}\quad A$$

若負載吸收的虛功 $Q$ 越大，則功率因數 PF 越小，使線路電流 $I$ 越大，因此線路損失也越大。

(3)若負載實功 $P_L$ 及虛功 $Q_L$ 為已知，則負載功因 $PF_L$ 即為已知，倘若欲達到某一特定要求的功因 $PF=\cos\phi^{\circ}$，且功因改善元件之實功消耗 $P_C$ 為已知時，則並聯功因改善時：

①若功因改善元件為電容器

此為電感性負載的情況，$Q_L>0$ 且 $Q_C>0$，功因改善元件所提供的虛功量 $Q_C$ 為：

$$\begin{aligned}Q_C&=Q_L-[\tan\phi^{\circ}\cdot(P_L+P_C)]\\&=Q_L-\tan[\cos^{-1}(PF)](P_L+P_C)\quad VAR\end{aligned}$$

則電容器之電容量可由：

$$Q_C=\frac{V_{cap}^2}{[1/(\omega C)]}=\omega CV_{cap}^2=I_{cap}^2(\frac{1}{\omega C})\quad VAR$$

推導求出為：

$$C=\frac{Q_C}{\omega V_{cap}^2}=\frac{I_{cap}^2}{\omega Q_C}\quad F$$

式中 $V_{cap}$ 及 $I_{cap}$ 分別為電容器兩端的電壓通過的電流。

②當功因改善元件為電感器時

此為電容性負載的情況，$Q_L<0$ 且 $Q_C<0$，功因改善電感器之虛功為：

$$-Q_C=I_{ind}^2(\omega L)=\frac{V_{ind}^2}{\omega L}\quad VAR$$

因此電感量值為：

$$L=\frac{-Q_C}{\omega I_{ind}^2}=\frac{V_{ind}^2}{\omega Q_C}\quad H$$

式中 $V_{ind}$ 及 $I_{ind}$ 分別代表通電感器 $L$ 兩端的電壓及通過之電流。

(4)串聯方式的功因改善

①此時僅考慮由電源端看入之功因改善，則單純可由阻抗的數值，即可推算出功因改善元件之參數，因為此時由電流端看入之等效阻抗為：

$$\overline{Z}=\overline{Z}_L+\overline{Z}_C=(R_L+jX_L)+(R_C+jX_C)$$

只要滿足比例關係：

$$\phi^{\circ}=\tan^{-1}(\frac{X_L+X_C}{R_L+R_C})$$

則由電源端看入的功因即可達到所求的標準。

②若考慮負載電流相量 $\mathbf{I}_L$ 的大小與原來未改善功因前的電流相量的大小相同，則功因改善後，由電源端看入的等效阻抗大小，必須與原負載阻抗大小相同：

$$\sqrt{R_L{}^2+X_L{}^2}=\sqrt{(R_L+R_C)^2+(X_L+X_C)^2}\quad \Omega$$

③若考慮負載電壓相量、電流相量以及複功率完全與功因改善前相同，則此負載的情況與並聯方式的功因改善的情況完全相同。

## 【思考問題】

(1)功因改善元件離負載越近越好，還是越遠越好？

(2)若負載實功與虛功均是機率性的分佈時，如何計算功因改善元件的參數？

(3)功因改善元件如何估算它的 VA 容量、耐壓與耐流值？

(4)可不可能直接由插座量出電源的功因？爲什麼？

(5)電力公司的每月平均功率因數如何計算？

# 習　題

## /8.1 節/

1. 一個網路外加電壓為 $v(t) = 400\sqrt{2}\cos(2000t + 30^\circ)$ V，流入電壓正端之電流為 $i(t) = 20\sqrt{2}\sin(2000t + 50^\circ)$ A，試求該網路之：(a)瞬時功率，(b)平均功率，(c)功率因數，(d)功因角，(e)等效串聯阻抗。
2. 一個網路之並聯導納為 $4 - j6$ S，已知流入該並聯導納端點之電流有效值為 20 A，試求該網路之：(a)功因角與功率因數，(b)平均功率，(c)兩端電壓。

## /8.2 節/

3. 一個 100 Ω 電阻器，被接到 $v(t) = 100\sqrt{2}\cos(1000t + 10^\circ)$ V 之電源，試求電阻器之：(a)瞬時電流，(b)平均功率消耗，(c)功率因數及功因角，(d)最大與最小瞬時功率，(e)若 $v(t)$ 之相角為零，由 $t = 0$ 開始計算之能量，(f)當頻率加倍時，重做(a)～(e)。

## /8.3 節/

4. 一個 2 H 電感器，連接在 $i(t) = 20\sqrt{2}\cos(20t + 50^\circ)$ A 之電流源上，試求該電感器之：(a)瞬時電壓，(b)平均功率消耗，(c)功率因數及功因角，(d)最大及最小瞬時功率，(e)若 $i(t)$ 之相角為零，由 $t = 0$ 開始計算之瞬時、最大、最小、平均能量，(f)若頻率加倍，重做(a)～(e)，(g)虛功。

## /8.4 節/

5. 一個 5 F 電容器連接至一個 $v(t) = 100\sqrt{2}\sin(10t + 20^\circ)$ V 之電壓源，試求該電容器之：(a)瞬時電流，(b)平均功率消耗，(c)功率因數與功因角，(d)最大與最小瞬時功率，(e)若 $v(t)$ 之相角爲零，由 $t=0$ 開始計算瞬時、最大、最小、平均能量，(f)若頻率減半，重做(a)～(e)，(g)虛功。

/8.5 節/

6. 試求下列負載之複功率：(a) $P = 20$ W，PF = 0.7 lagging，(b) $Q = 10$ VAR，$\theta = +20°$，(c) $S = 2000$ VA，$P = 600$ W，(d) $S = 3000$ VA，PF = 0.7 leading，(e) $Q = -200$ VAR，$S = 5000$ VA。

7. 如圖 P8.7 所示之電路，試求由 $a$、$b$ 端點輸入之總複功率以及電流相量 $\mathbf{I}$。

圖 P8.7

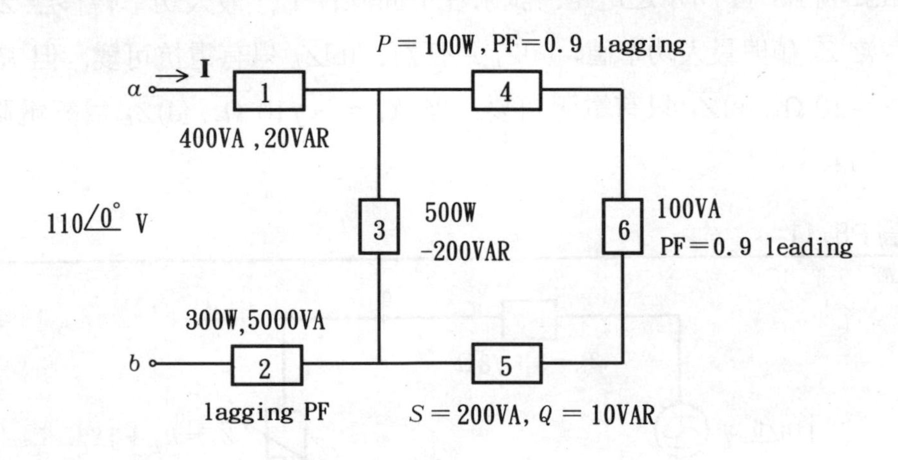


圖 P8.8

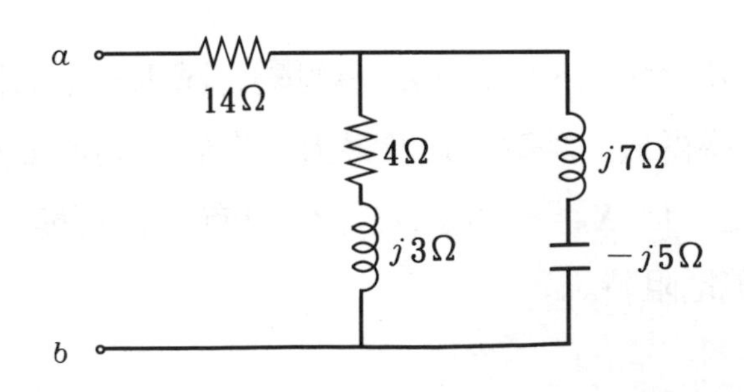

8. 已知圖 P8.8 所示電路消耗了 1000 W 之功率，試求該電路之功率三角形。

9. 一個未知阻抗並聯在 $6+j8\ \Omega$ 阻抗之兩側，已知合併之總視在功率爲 2000 VA，電壓爲 $50\angle 0^\circ$ V，合併後之功因爲 0.5 leading，試求該未知阻抗之值。

10. 一個串聯 $RLC$ 電路，$R=5\ \Omega$，$L=2$ H，$C=0.01$ F，接在 $\omega=10$ rad/s，$110\angle 0^\circ$ V 之電源，試求：(a)電源與各元件之功率，(b)元件之總複功率，(c)電流，(d)功因與功因角，(e)阻抗、電壓與功率三角形。

/8.6 節/

11. 如圖 P8.11 所示之電路，試求在下面條件下，最大功率轉移至 $\overline{Z}_L$ 之 $\overline{Z}_C$ 值與最大功率值：(a) $\overline{Z}_L$ 爲任意，(b) $\overline{Z}_L$ 只有電抗可變，但 $R_L=10\ \Omega$，(c) $\overline{Z}_L$ 只有電阻可變，但 $X_L=-j10\ \Omega$，(d) $\overline{Z}_L$ 爲線電阻時。

圖 P8.11

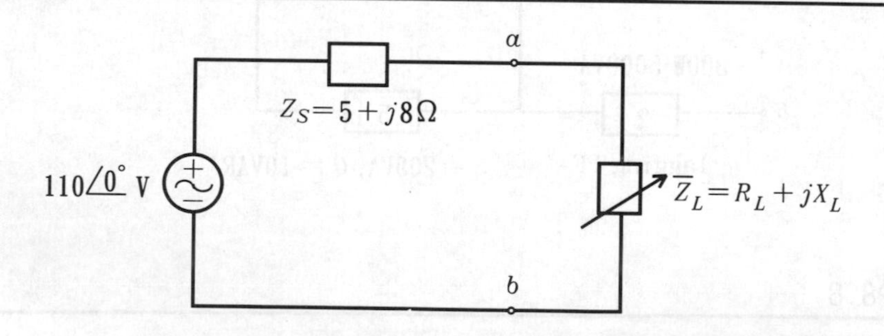


12. 若第 11 題中 $\overline{Z}_C=5-j8\ \Omega$，但 $\overline{Z}_s$ 爲可變，試求在下面條件下之 $\overline{Z}_s$ 值，以使 $\overline{Z}_L$ 獲得最大功率，以及最大功率值：(a) $\overline{Z}_s$ 爲任意，(b) $\overline{Z}_s$ 只有電阻可變，但 $X_S=-3\ \Omega$，(c) $\overline{Z}_s$ 只有電抗可變，但 $R_S=10\ \Omega$，(d) $\overline{Z}_s$ 爲純電阻時。

/8.7 節/

13. 一個負載爲 110 V，100 W，0.85 lagging，今要將功因改善，在其

兩端並聯一只電容器，試求：(a)功因改善至 0.95 lagging 時之電容值，(b)若電容器消耗 10 W 功率，重做(a)、(c)功因改善至 1.0 unity 與 0.9 leading 之理想電容值（假設電源角頻率爲 377 rad/s）。

14. 試求第 13 題(b)中電容器之並聯與串聯等效電路。

15. 效率爲 90% 之感應馬達，滿載輸出 200 W，但輸入之功因卻低至 0.75 lagging，今要提高功因至 0.9 lagging，試求電容量之值，假設電源爲單相 220 V，60 Hz 系統。

16. 一個負載爲 500 kW，380 V，60 Hz，在並聯加入 220 $\mu$F 電容後，將功因提升至 0.98 lagging，試求：(a)原負載之功因，(b)加入前與加入電容後之電源電流百分比減少率。

# 第肆部份

## 其他特殊電路分析

# 第九章　耦合電路

在本章之前，不論是單一個電感器或是多個電感器都未曾考慮與磁場間的交互作用，這是為了簡化電路分析工作時的假設。但是自本章起，多個電感器或線圈繞組間的磁場交互作用將開始納入考慮，以使電路的分析結果更加正確完備。磁場是一種由磁力線的分佈所形成的特定區域，當一個線圈或繞組有電流通過時，會在它的周圍建立起一個磁場，該磁場會與鄰近的其他線圈產生作用，例如會發生感應電壓或產生感應電流等。值得注意的是，這些線圈間彼此不做任何電氣的接觸或連接，卻可達到傳送功率或訊號的目的，這種情況即為磁場耦合的作用，這就好像廣播電臺的系統一樣，將音樂轉換為電波發射出去，卻可由家中的收音機來收聽音樂一般，都不做任何電氣接觸與連接。含有這種作用線圈的電路，稱為耦合電路。另外，本章因涉及到磁場及磁路的關係，由於實際磁性元件或鐵心之關係如磁通密度($B$)對磁場強度($H$)間或電流$i(t)$對磁通$\Phi(t)$間為非線性關係，為方便推導耦合電路各量間的方程式，本章均假設其關係為線性，此假設事實上僅在該元件特性曲線上的某一段才成立，但是為了配合線性分析方法的應用，該假設是分析磁耦合電路上的重要關鍵，研讀本章時務必注意此假設。

本章將分為下面的數個小節介紹耦合電路的概念：

●9.1 節——由電路的電壓與電流基本觀念，介紹自感與互感的定義。

- 9.2 節——定義兩線圈間的耦合係數。
- 9.3 節——說明兩個互感或多個互感間的極性概念。
- 9.4 節——配合自感與互感的電壓電流關係，表示出耦合電路的電壓方程式。
- 9.5 節——有了耦合電路的電壓方程式後，著手分析互感電路，包含串聯、並聯、串並聯等電路。
- 9.6 節——將不接觸的兩個線圈所形成的耦合電路，表示為電路元件連接的等效電路。
- 9.7 節——由耦合電路的基本觀念，說明理想變壓器的特性與條件。
- 9.8 節——由線圈電壓與電流的關係，將變壓器其中一個線圈的阻抗或負載阻抗，轉移至另一個線圈上，形成反射阻抗，此種轉換方式也將應用於實際變壓器的阻抗轉換上。

## 9.1 自感與互感

假設有兩個獨立的線圈 $a$、$b$ 彼此相鄰放置，線圈 $a$、$b$ 之匝數分別為 $N_a$、$N_b$，現在要觀察這兩個線圈間的磁場相互作用的關係。茲分以下兩部份來說明。

### 9.1.1 線圈 $a$ 對線圈 $b$ 的磁場感應作用關係

在圖 9.1.1 中，一個時變電流 $i_a(t)$ 由線圈 $a$ 之節點 $a$ 流入，自節點 $a'$ 流出。此該時變電流 $i_a(t)$ 在線圈 $a$ 的周圍建立起一群磁力線（或稱磁通）所形成的磁場，命名為 $\Phi_a(t)$，單位為韋伯（weber, Wb）。該磁通受電流的影響，亦是一個時變磁通，將會對鄰近它的線圈產生感應作用或稱磁通切割的作用，故圖 9.1.1 中 $\Phi_a(t)$ 除了對線圈 $b$ 外，對磁場發生源頭的線圈 $a$ 自己亦會發生感應作用。$\Phi_a(t)$ 對於切割線圈 $a$ 之磁通量，稱為漏磁通（the leakage flux），以符號 $\Phi_{al}$

$(t)$表示；對於切割線圈 $b$ 的磁通，稱為互磁通（the mutual flux）或共磁通（the common flux），以符號$\Phi_{ab}(t)$表示，注意互磁通符號下標 $ab$ 的順序，第一個字代表磁通的發生源，即線圈 $a$，第二個字代表受作用的線圈，即線圈 $b$。這些磁通間的關係為：

$$\Phi_a(t) = \Phi_{al}(t) + \Phi_{ab}(t) \quad \text{Wb} \tag{9.1.1}$$

**圖9.1.1　線圈 $a$ 對線圈 $b$ 的磁場感應作用關係**

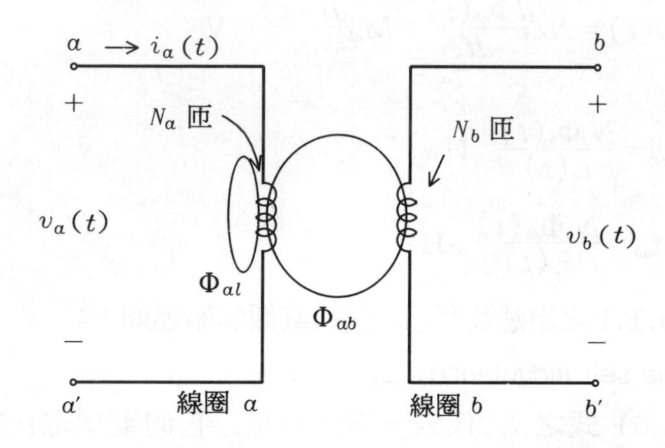


(9.1.1) 式說明了一個線圈通以電流產生磁通量的總和，不外乎是與本身線圈的交鏈磁通，以及與外部線圈交鏈磁通而已，不會有磁通突然消失不見的情形發生。既然 (9.1.1) 式中的每一項磁通均為時變，根據法拉第定律（Faraday's law）公式，兩個線圈均會受到磁通的感應，而產生時變的感應電勢，線圈 $a$ 兩端的電壓表示式為：

$$\begin{aligned} v_a(t) &= \frac{d\lambda_a(t)}{dt} = N_a \frac{d\Phi_a(t)}{dt} \\ &= N_a \frac{d\Phi_{al}(t)}{dt} + N_a \frac{d\Phi_{ab}(t)}{dt} \quad \text{V} \end{aligned} \tag{9.1.2}$$

式中忽略了一般法拉第定律中感應電壓的負號極性，只考慮電壓大小，其中第三個等號右側第一項為線圈 $a$ 受漏磁通切割所產生的感應電壓，第二項則為線圈 $a$ 受互磁通切割所產生的感應電壓。線圈 $b$ 兩端的電壓為：

$$v_b(t)=\frac{d\lambda_{ab}}{dt}=N_b\frac{d\Phi_{ab}(t)}{dt}\quad \text{V} \tag{9.1.3}$$

(9.1.3) 式表示線圈 $b$ 受線圈 $a$ 產生之磁通切割，僅有互磁通量會產生感應電壓而已。由本書第四章4.5節之(4.5.15)式或(4.5.19)式可以將 (9.1.2) 式及 (9.1.3) 式兩式改以電流變數$i_a(t)$表示：

$$v_a(t)=N_a\frac{d\Phi_a(t)}{dt}=L_a\frac{di_a(t)}{dt}\quad \text{V} \tag{9.1.4}$$

$$v_b(t)=N_b\frac{d\Phi_{ab}(t)}{dt}=M_{ab}\frac{di_a(t)}{dt}\quad \text{V} \tag{9.1.5}$$

式中

$$L_a=\frac{N_a\Phi_a(t)}{i_a(t)}\quad \text{H} \tag{9.1.6}$$

$$M_{ab}=\frac{N_b\Phi_{ab}(t)}{i_a(t)}\quad \text{H} \tag{9.1.7}$$

分別爲圖 9.1.1 之自感及互感。茲將其觀念略述如下：

⑴**自感**（the self inductance）$L_a$

(9.1.6) 式之 $L_a$ 代表一種電感量，它的電壓電流關係式爲 (9.1.4) 式，該式之寫法與 (4.5.19) 式之普通電感器電壓、電流式關係一致，我們稱該電感量爲線圈 $a$ 的自感，主要是因爲電流$i_a(t)$流過線圈 $a$，在線圈 $a$ 的周圍建立磁場產生磁通$\Phi_a(t)$，該磁通切割線圈 $a$ 之匝數$N_a$，使線圈 $a$ 兩端產生電壓 $v_a(t)$，完全以線圈 $a$ 自己本身爲考慮主體，因此稱爲自感。其定義按 (9.1.6) 式的寫法，表示自感 $L_a$ 是由電流 $i_a(t)$所建立之總磁通$\Phi_a(t)$鏈結到線圈 $a$ 的匝數$N_a$ 的量。

⑵**互感**（the mutual inductance）$M_{ab}$

(9.1.7) 式的 $M_{ab}$則代表另一種電感量，我們稱它爲互感。先由 (9.1.5) 式來看，電流$i_a(t)$流經線圈 $a$，在其周圍建立一個磁場，其總磁通爲$\Phi_a(t)$，總磁通的一部份$\Phi_{ab}(t)$與線圈 $b$ 相交鏈，切割到線圈 $b$ 的匝數$N_b$，使線圈 $b$ 兩端產生電壓 $v_b(t)$。磁場發生源的電流$i_a(t)$在線圈 $a$，而感應電壓$v_b(t)$卻發生在線圈 $b$，磁場作用源與被感應的電壓兩者位在不同的線圈上，彼此以互磁通$\Phi_{ab}(t)$作爲共同的路徑，因稱 $M_{ab}$爲互感。其定義按（9.1.7）式的寫法，表示互感 $M_{ab}$是電流 $i_a(t)$流經線圈 $a$，所建立總磁通的一部份$\Phi_{ab}(t)$，與線圈 $b$ 之匝數$N_b$ 所鏈結的量。

（9.1.6）式及（9.1.7）式兩式之自感與互感，也可配合第 4.5 節中的磁動勢、磁阻、磁通與線圈匝數及電流的關係：

$$F_m(t)=\Phi(t)\cdot R=N\cdot i(t) \quad \text{At} \tag{9.1.8}$$

改寫如下：

$$L_a=\frac{N_a\Phi_a(t)}{i_a(t)}=\frac{N_a}{i_a(t)}\ \frac{N_a i_a(t)}{R_a}=\frac{N_a^2}{R_a} \quad \text{H} \tag{9.1.9}$$

$$M_{ab}=\frac{N_b\Phi_{ab}(t)}{i_a(t)}=\frac{N_b}{i_a(t)}\ \frac{N_a i_a(t)}{R_{ab}}=\frac{N_a N_b}{R_{ab}} \quad \text{H} \tag{9.1.10}$$

$$\Phi_a(t)=\frac{N_a i_a(t)}{R_a} \quad \text{Wb} \tag{9.1.11}$$

$$R_a=\frac{l_a}{\mu_a A_a} \quad \text{At/Wb} \tag{9.1.12}$$

$$\Phi_{ab}(t)=\frac{N_a i_a(t)}{R_{ab}} \quad \text{Wb} \tag{9.1.13}$$

$$R_{ab}=\frac{l_{ab}}{\mu_{ab}A_{ab}} \quad \text{At/Wb} \tag{9.1.14}$$

其中 $R_a$ 代表磁動勢$N_a i_a(t)$建立總磁通$\Phi_a(t)$所須克服之磁阻，它是由磁通$\Phi_a(t)$經過的磁路平均長度 $l_a$、有效截面積 $A_a$ 以及磁路導磁係數$\mu_a$ 所表示。$R_{ab}$則代表磁動勢$N_a i_a(t)$建立互磁通 $\Phi_{ab}(t)$所須克服的磁阻，它是由互磁通 $\Phi_{ab}(t)$所經過的磁路平均長度 $l_{ab}$、有效截面積 $A_{ab}$以及磁路導磁係數$\mu_{ab}$所表示。

## 9.1.2　線圈 $b$ 對線圈 $a$ 的磁場感應作用關係

在圖 9.1.2 中，一個時變電流$i_b(t)$由線圈 $b$ 之節點$b$ 流入，往節點 $b'$流出。此時該時變電流$i_b(t)$在線圈 $b$ 的周圍建立一股由磁力線（或稱磁通）所形成的磁通$\Phi_b(t)$。該磁通受電流$i_b(t)$的影響，亦是一個時變磁通，它會對鄰近的線圈產生感應作用，除了線圈$a$外，對磁場發生源頭的線圈 $b$ 自己亦會發生感應作用。總磁通$\Phi_b(t)$對於切割到線圈 $b$ 本身之磁通量稱為漏磁通，以符號$\Phi_{bl}(t)$表示；對於切割到線圈 $a$ 的磁通稱為互磁通或共磁通，以符號$\Phi_{ba}(t)$表示，注意下標 $ba$ 的順序，第一個字代表磁通的發生源，即線圈 $b$；第二個字代表受作用的線圈，即線圈 $a$。總磁通與其他兩個磁通間的關係為：

$$\Phi_b(t) = \Phi_{bl}(t) + \Phi_{ba}(t) \quad \text{Wb} \tag{9.1.15}$$

**圖 9.1.2　線圈 $b$ 對線圈 $a$ 的磁場感應作用關係**

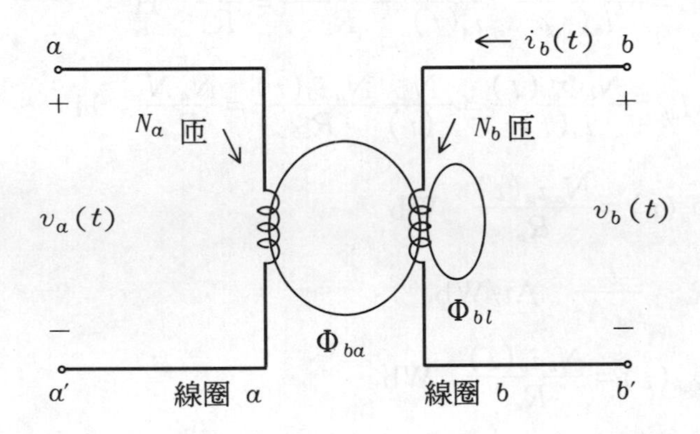


(9.1.15) 式說明了一個基本觀念，磁通量只有與產生該磁通本身的線圈交鏈以及外部的線圈交鏈外，不會有消失不見的情形發生。既然 (9.1.15) 式中的每一項磁通均為時變，根據法拉第定律的公式，兩個線圈均會受到磁通的切割感應，產生時變的感應電勢，線圈 $b$ 兩端的電壓表示式為：

$$\begin{aligned} v_b(t) &= \frac{d\lambda_b}{dt} = N_b \frac{d\Phi_b(t)}{dt} \\ &= N_b \frac{d\Phi_{bl}(t)}{dt} + N_b \frac{d\Phi_{ba}(t)}{dt} \quad \text{V} \end{aligned} \tag{9.1.16}$$

式中第三個等號右側第一項為受漏磁通切割所產生的感應電壓，第二項則為受互磁通切割所產生的感應電壓。線圈 $a$ 之兩端的感應電壓為：

$$v_a(t)=\frac{d\lambda_{ba}}{dt}=N_a\frac{d\Phi_{ba}(t)}{dt}\quad \text{V} \tag{9.1.17}$$

(9.1.17) 式表示線圈 $a$ 受線圈 $b$ 產生之磁通切割，僅有互磁通的量會切割線圈 $a$ 產生感應電壓而已。將 (9.1.16) 式與 (9.1.17) 式兩式改以電流變數 $i_b(t)$ 表示：

$$v_b(t)=N_b\frac{d\Phi_b(t)}{dt}=L_b\frac{di_b(t)}{dt}\quad \text{V} \tag{9.1.18}$$

$$v_a(t)=N_a\frac{d\Phi_{ba}(t)}{dt}=M_{ba}\frac{di_b(t)}{dt}\quad \text{V} \tag{9.1.19}$$

式中

$$L_b=\frac{N_b\Phi_b(t)}{i_b(t)}\quad \text{H} \tag{9.1.20}$$

$$M_{ba}=\frac{N_a\Phi_{ba}(t)}{i_b(t)}\quad \text{H} \tag{9.1.21}$$

分別爲圖 9.1.2 之自感及互感。茲將其觀念略述如下：

**(1)自感 $L_b$**

(9.1.20)式代表一種電感量，它的電壓電流關係式爲(9.1.18)式，該式之寫法與 (4.5.19) 式之普通電感器關係一致，我們稱該電感量爲自感，主要是因爲電流 $i_b(t)$ 流過線圈 $b$，在線圈 $b$ 的周圍建立磁場產生磁通 $\Phi_b(t)$，該磁通切割線圈 $b$ 之匝數 $N_b$，使線圈 $b$ 兩端產生電壓 $v_b(t)$，完全以線圈 $b$ 自己本身爲考慮主體，因此稱爲自感。其定義按 (9.1.20) 式的寫法，表示自感 $L_b$ 是由電流 $i_b(t)$ 所建立之總磁通 $\Phi_b(t)$ 鏈結到線圈 $b$ 匝數 $N_b$ 的量。

**(2)互感 $M_{ba}$**

(9.1.21) 式代表另一種電感量，我們稱它爲互感，先由 (9.1.19) 式來看，電流 $i_b(t)$ 流經線圈 $b$，在其周圍建立一個磁場，其總磁通量爲 $\Phi_b(t)$，總磁通的一部份 $\Phi_{ba}(t)$ 與線圈 $a$ 相交鏈，切割到線圈 $a$ 的匝數 $N_a$，使線圈 $a$ 兩端產生電壓 $v_a(t)$。磁場作用源電流 $i_b(t)$ 在線圈 $b$，而感應電壓 $v_a(t)$ 發生在線圈 $a$ 兩端，作用源與被感應的電壓兩個位在不同的線圈上，彼此以互磁通 $\Phi_{ba}(t)$ 作爲共通的磁通路徑，因稱爲互感。其定義按（9.1.21）式的寫法，表示互感 $M_{ba}$ 是由電流 $i_b(t)$ 所建立總磁通的一部份 $\Phi_{ba}(t)$ 與線圈 $a$ 之匝數 $N_a$ 所鏈結的量。

（9.1.20）式及（9.1.21）式兩式之自感與互感，也可配合第 4.5 節中的磁動勢、磁阻、磁通與線圈匝數以及電流的關係式將（9.1.8）式改寫如下：

$$L_b = \frac{N_b\Phi_b(t)}{i_b(t)} = \frac{N_b}{i_b(t)}\ \frac{N_b i_b(t)}{R_b} = \frac{N_b^{\ 2}}{R_b} \quad \text{H} \tag{9.1.22}$$

$$M_{ba} = \frac{N_a\Phi_{ba}(t)}{i_b(t)} = \frac{N_a}{i_b(t)}\ \frac{N_b i_b(t)}{R_{ba}} = \frac{N_a N_b}{R_{ba}} \quad \text{H} \tag{9.1.23}$$

式中

$$\Phi_b(t) = \frac{N_b i_b(t)}{R_b} \quad \text{Wb} \tag{9.1.24}$$

$$R_b = \frac{l_b}{\mu_b A_b} \quad \text{At/Wb} \tag{9.1.25}$$

$$\Phi_{ba}(t) = \frac{N_b i_b(t)}{R_{ba}} \quad \text{Wb} \tag{9.1.26}$$

$$R_{ba} = \frac{l_{ba}}{\mu_{ba} A_{ba}} \quad \text{At/Wb} \tag{9.1.27}$$

其中 $R_b$ 代表磁動勢 $N_b i_b(t)$ 建立總磁通 $\Phi_b(t)$ 所須克服之磁阻，它是由磁通 $\Phi_b(t)$ 經過的磁路平均長度 $l_b$、有效截面積 $A_b$ 以及磁路導磁係數 $\mu_b$ 所表示。$R_{ba}$ 則代表磁動勢 $N_b i_b(t)$ 建立互磁通 $\Phi_{ba}(t)$ 所須克服的磁阻，它是由互磁通 $\Phi_{ba}(t)$ 所經過的磁路平均長度 $l_{ba}$、有效截面積 $A_{ba}$ 以及磁路導磁係數 $\mu_{ba}$ 所表示。

由以上圖 9.1.1 及圖 9.1.2 可以知道，自感量 $L_a$ 與 $L_b$ 之電壓電流關係與本章之前所談的電感器相同，故本章以前的電感器關係不涉及互感的觀念，在方程式表示上非常簡單。自本章以後，兩個線圈間的電壓電流關係式就要加入互感 $M$ 所產生的感應關係，除非在互感爲零或兩組線圈以相互垂直的方式放置等特殊情況外，一般在描寫多個電感器或多組線圈間的電壓電流關係式時，互感的作用是不容被忽視的。若圖 9.1.1 及圖 9.1.2 之線圈 $a$ 及 $b$ 之相互作用關係爲對稱，

亦即線圈 $a$ 對線圈 $b$ 和線圈 $b$ 對線圈 $a$ 間的關係相同，則導磁係數 $\mu_{ab}=\mu_{ba}$，磁路平均長度 $l_{ab}=l_{ba}$，磁路有效截面積 $A_{ab}=A_{ba}$ 均相同，因此磁路磁阻亦相同，即 $R_{ab}=R_{ba}$，故由（9.1.10）式及（9.1.23）式兩式所表示的互感量 $M_{ab}$ 及 $M_{ba}$ 才會相同爲 $M$：

$$M=M_{ab}=M_{ba}=\frac{N_a N_b}{R_{ab}}=\frac{N_b N_a}{R_{ba}}\quad \text{H} \tag{9.1.28}$$

因爲一般磁路的磁通作用源與感應電壓的關係大多爲對稱，因此電路上常用符號 $M$ 來代表互感量，將下標忽略。若兩個以上的線圈要表示彼此間的互感時，才在互感的下標表示，也可以用極性（the polarity）或標點（the dotted marking）的方式表示兩線圈間的互感。這些標示將於第 9.3 節中說明。

將圖 9.1.1 及圖 9.1.2 所導出的自感 $L_a$ 及 $L_b$ 相除，利用（9.1.9）式及（9.1.22）式代入，可以得到一個重要結果：

$$\frac{L_a}{L_b}=\frac{(N_a^2/R_a)}{(N_b^2/R_b)}=\frac{N_a^2}{N_b^2}\frac{R_b}{R_a}=(\frac{N_a}{N_b})^2(1)=(\frac{N_a}{N_b})^2 \tag{9.1.29}$$

式中假設線圈 $a$ 及線圈 $b$ 本身的磁路之磁阻 $R_a$ 及 $R_b$ 時均相同，亦即當

$$R_a=\frac{l_a}{\mu_a A_a}=R_b=\frac{l_b}{\mu_b A_b}\quad \text{At/Wb} \tag{9.1.30}$$

則兩自感 $L_a$ 及 $L_b$ 的比值（$L_a/L_b$）恰與這兩個線圈匝數比的平方 $(N_a/N_b)^2$ 相同。(9.1.29) 式表示一個線圈的自感量與該線圈所繞的匝數平方成正比，繞的匝數越多，自感量越大；繞的匝數越少，則自感量越小。至於兩個線圈間互感量的多寡，除了和各線圈自感量有關外，還有一項重要的因數，就是耦合係數，與兩個線圈鄰近的緊密程度有關，將於下一節中介紹。

**【例 9.1.1】** 兩個線圈 $a$、$b$ 鄰近放置，已知自感分別爲 $L_a=5$ H，$L_b=3$ H，互感 $M=1$ H，若電流流入線圈 $a$、$b$ 之電流分別爲：

$$i_a(t) = 20\sqrt{2}\sin(377t + 42°) \quad A$$

$$i_b(t) = 25\sqrt{2}\sin(377t + 20°) \quad A$$

求線圈 $a$、$b$ 分別受 $i_a$ 及 $i_b$ 感應之電壓表示式。

**【解】** (a)當 $i_a$ 流入線圈 $a$ 時,

$$v_a(t) = L_a \frac{di_a}{dt} = 5 \times 20\sqrt{2} \times 377\cos(377t + 42°)$$

$$= 37700\sqrt{2}\cos(377t + 42°) \quad V$$

$$v_b(t) = M \frac{di_a}{dt} = 1 \times 20\sqrt{2} \times 377\cos(377t + 42°)$$

$$= 7540\sqrt{2}\cos(377t + 42°) \quad V$$

(b)當 $i_b$ 流入線圈 $b$ 時,

$$v_a(t) = M \frac{di_b}{dt} = 1 \times 25\sqrt{2} \times 377\cos(377t + 20°)$$

$$= 9425\sqrt{2}\cos(377t + 20°) \quad V$$

$$v_b(t) = L_b \frac{di_b}{dt} = 3 \times 25\sqrt{2} \times 377\cos(377t + 20°)$$

$$= 28275\sqrt{2}\cos(377t + 20°) \quad V$$

◎

## 【本節重點摘要】

(1)線圈 $a$ 對線圈 $b$ 的磁場感應作用關係:

線圈 $a$、$b$ 兩端的電壓以電流變數 $i_a(t)$ 表示:

$$v_a(t) = N_a \frac{d\Phi_a(t)}{dt} = L_a \frac{di_a(t)}{dt} \quad V$$

$$v_b(t) = N_b \frac{d\Phi_{ab}(t)}{dt} = M_{ab} \frac{di_a(t)}{dt} \quad V$$

式中自感與互感表示如下:

$$L_a = \frac{N_a\Phi_a(t)}{i_a(t)} \quad H$$

$$M_{ab} = \frac{N_b\Phi_{ab}(t)}{i_a(t)} \quad H$$

或寫成下式:

$$L_a = \frac{N_a\Phi_a(t)}{i_a(t)} = \frac{N_a}{i_a(t)} \frac{N_a i_a(t)}{R_a} = \frac{N_a^2}{R_a} \quad H$$

$$M_{ab}=\frac{N_b\Phi_{ab}(t)}{i_a(t)}=\frac{N_b}{i_a(t)}\frac{N_a i_a(t)}{R_{ab}}=\frac{N_a N_b}{R_{ab}}\quad \text{H}$$

(2)線圈 $b$ 對線圈 $a$ 的磁場感應作用關係：

線圈 $b$、$a$ 兩端的電壓以電流變數 $i_b(t)$ 表示：

$$v_b(t)=N_b\frac{d\Phi_b(t)}{dt}=L_b\frac{di_b(t)}{dt}\quad \text{V}$$

$$v_a(t)=N_a\frac{d\Phi_{ba}(t)}{dt}=M_{ba}\frac{di_b(t)}{dt}\quad \text{V}$$

式中自感與互感表示如下：

$$L_b=\frac{N_b\Phi_b(t)}{i_b(t)}\quad \text{H}$$

$$M_{ba}=\frac{N_a\Phi_{ba}(t)}{i_b(t)}\quad \text{H}$$

或寫成：

$$L_b=\frac{N_b\Phi_b(t)}{i_b(t)}=\frac{N_b}{i_b(t)}\frac{N_b i_b(t)}{R_b}=\frac{N_b^2}{R_b}\quad \text{H}$$

$$M_{ba}=\frac{N_a\Phi_{ba}(t)}{i_b(t)}=\frac{N_a}{i_b(t)}\frac{N_b i_b(t)}{R_{ba}}=\frac{N_a N_b}{R_{ba}}\quad \text{H}$$

(3)若線圈 $a$ 及 $b$ 之相互作用關係為對稱，亦即線圈 $a$ 對線圈 $b$ 和線圈 $b$ 對線圈 $a$ 間的關係相同，則導磁係數 $\mu_{ab}=\mu_{ba}$，磁路平均長度 $l_{ab}=l_{ba}$，磁路有效截面積 $A_{ab}=A_{ba}$ 均相同，因此 $R_{ab}=R_{ba}$，故互感量 $M_{ab}$ 及 $M_{ba}$ 才會相同為 $M$：

$$M=M_{ab}=M_{ba}=\frac{N_a N_b}{R_{ab}}=\frac{N_b N_a}{R_{ba}}\quad \text{H}$$

(4)將自感 $L_a$ 及 $L_b$ 相除，可以得到一個重要結果：

$$\frac{L_a}{L_b}=\frac{(N_a^2/R_a)}{(N_b^2/R_b)}=\frac{N_a^2}{N_b^2}\frac{R_b}{R_a}=(\frac{N_a}{N_b})^2(1)=(\frac{N_a}{N_b})^2$$

則兩自感 $L_a$ 及 $L_b$ 的比值（$L_a/L_b$）恰與這兩個線圈匝數比的平方（$N_a/N_b$)$^2$ 相同，同時該式表示一個線圈的自感量與該線圈所繞的匝數平方成正比。

## 【思考問題】

(1)火車在軌道上行走時，地球的磁場會不會影響兩鐵軌間的感應電壓？
(2)磁通量如何量測？如何避免受外在擾動磁場的影響使量測數值精確？
(3)電容器的數值會不會受磁場影響發生電容量改變的狀況？
(4)如何設計使數個線圈間的互感量爲零？
(5)時變磁通量與固定磁通量混合時，會不會使線圈感應電壓？

## 9.2 耦合係數

在本章 9.1 節中談過，當圖 9.1.1 及圖 9.1.2 中的線圈 $a$ 或線圈 $b$ 有電流通過時，所產生的總磁通中的一部份會鏈結到另外一個線圈上，該部份的磁通量稱爲共磁通或互磁通。該互磁通量對時間的變動率決定了感應電壓的多寡，因此互磁通在耦合電路上是相當重要的量。然而兩個鄰近的線圈耦合的緊密程度，決定了互磁通量的多寡，其線圈耦合的緊密程度是以耦合係數來訂定。

一個以上的線圈間所形成的耦合電路，其耦合係數（the coupling coefficient）定義爲兩個線圈間的共用的互磁通量對一個線圈產生之總磁通量的比值，以符號 $k$ 表示如下：

$$k \triangleq \frac{\Phi_m}{\Phi_t} = \frac{\Phi_m}{\Phi_l + \Phi_m} \tag{9.2.1}$$

式中

$$\Phi_m = k\Phi_k \quad \text{Wb} \tag{9.2.2}$$

$$\Phi_l = \Phi_t - \Phi_m = \Phi_t(1-k) \quad \text{Wb} \tag{9.2.3}$$

$\Phi_m$ 代表兩個線圈間的互磁通量，$\Phi_l$ 表示漏磁通量，$\Phi_t$ 則代表一個線圈的總磁通量。總磁通量 $\Phi_t$ 爲互磁通量 $\Phi_m$ 與漏磁通量 $\Phi_l$ 之和，三者的量均以公制的韋伯（webers，Wb）爲單位，因此耦合係數 $k$ 是一個沒有單位的比值。(9.2.2) 式及 (9.2.3) 式三個磁通量間的關係，也可以說是總磁通量 $\Phi_t$ 中無法與其他線圈做磁通鏈耦合成爲互磁通 $\Phi_m$ 者，就成爲漏磁通 $\Phi_l$。

就耦合係數 $k$ 的大小關係而言，它的數值範圍應爲 $0 \leq k \leq 1$，分析如下：

(1)**最大耦合係數** $k=1$

此情況爲 $\Phi_m = \Phi_t$，$\Phi_l = 0$，亦即互磁通等於總磁通，漏磁通爲零。由一個線圈通入電流後，所產生的總磁通量完全與另一個線圈交鏈，不發生任何磁通的洩漏，此情況爲這兩個線圈的完全耦合（the perfect coupled）的情況。

⑵**緊密耦合係數** $k \approx 1$

此情況爲 $\Phi_m \approx \Phi_t$，$\Phi_l \approx 0$，或 $\Phi_m \gg \Phi_l$，亦即互磁通接近於總磁通，而漏磁通趨近於零。由一個線圈通入電流後，所產生的總磁通幾乎完全與另一個線圈交鏈，故磁通洩漏極小，此爲這兩個線圈緊密耦合（the closely coupled）的情況。

⑶**稀疏耦合係數** $k \approx 0$

此情況爲 $\Phi_m \approx 0$，$\Phi_l \approx \Phi_t$，或 $\Phi_m \ll \Phi_l$，亦即互磁通趨近於零，故漏磁通接近於總磁通。由一個線圈通入電流後，所產生的總磁通幾乎完全不與另外一個線圈交鏈，磁通洩漏極大，此爲這兩個線圈稀疏耦合（the loosely coupled）的情況。

⑷**最小耦合係數** $k = 0$

此情況爲 $\Phi_m = 0$，$\Phi_l = \Phi_t$，亦即互磁通等於零，漏磁通等於總磁通。由一個線圈通入電流後，所產生的總磁通完全不與另外一個線圈交鏈，磁通洩漏最大，此爲這兩個線圈不耦合（the noncoupled）的情況。

以 9.1 節中的圖 9.1.1 來看，線圈 $a$ 之耦合係數爲：

$$k = \frac{\Phi_{ab}}{\Phi_a} = \frac{\Phi_{ab}}{\Phi_{al} + \Phi_{ab}} \qquad (9.2.4)$$

其互磁通與漏磁通可分別表示爲：

$$\Phi_{ab} = k\Phi_a \quad \text{Wb} \qquad (9.2.5)$$

$$\Phi_{al} = \Phi_a (1 - k) \quad \text{Wb} \qquad (9.2.6)$$

9.1 節中的圖 9.1.2 線圈 $b$ 之耦合係數爲：

$$k = \frac{\Phi_{ba}}{\Phi_b} = \frac{\Phi_{ba}}{\Phi_{bl} + \Phi_{ba}} \qquad (9.2.7)$$

其互磁通與漏磁通分別爲：

$$\Phi_{ba} = k\Phi_b \quad \text{Wb} \qquad (9.2.8)$$

$$\Phi_{bl}=\Phi_b(1-k)\quad \text{Wb} \tag{9.2.9}$$

四種耦合係數的分類對圖 9.1.1 及圖 9.1.2 分別爲:

(1)**最大耦合係數** $k=1$

圖 9.1.1 爲: $\Phi_{ab}=\Phi_a$, $\Phi_{al}=0$。

圖 9.1.2 爲: $\Phi_{ba}=\Phi_b$, $\Phi_{bl}=0$。

(2)**緊密耦合係數** $k\approx1$

圖 9.1.1 爲: $\Phi_{ab}\approx\Phi_a$, $\Phi_{al}\approx0$, 或 $\Phi_{ab}\gg\Phi_{al}$。

圖 9.1.2 爲: $\Phi_{ba}\approx\Phi_b$, $\Phi_{bl}\approx0$, 或 $\Phi_{ba}\gg\Phi_{bl}$。

(3)**稀疏耦合係數** $k\approx0$

圖 9.1.1 爲: $\Phi_{ab}\approx0$, $\Phi_{al}\approx\Phi_a$, 或 $\Phi_{ab}\ll\Phi_{al}$。

圖 9.1.2 爲: $\Phi_{ba}\approx0$, $\Phi_{bl}\approx\Phi_b$, 或 $\Phi_{ba}\ll\Phi_{bl}$。

(4)**最小耦合係數** $k=0$

圖 9.1.1 爲: $\Phi_{ab}=0$, $\Phi_{al}=\Phi_a$。

圖 9.1.2 爲: $\Phi_{ba}=0$, $\Phi_{bl}=\Phi_b$。

上述皆是代表耦合係數 $k$ 與總磁通 $\Phi_t$、互磁通 $\Phi_m$ 以及漏磁通 $\Phi_l$ 間重要的關係, 然而互磁通 $\Phi_m$ 與互感量 $M$ 亦有對應關係, 茲分析 推導如下。圖9.1.1之互感量$M$對自感量$L_a$的比值, 可由(9.1.7)式對 (9.1.6) 式之比值計算如下:

$$\frac{M}{L_a}=\frac{[N_b\Phi_{ab}(t)/i_a(t)]}{[N_a\Phi_a(t)/i_a(t)]}=\frac{N_b}{N_a}\frac{\Phi_{ab}(t)}{\Phi_a(t)}=\frac{N_b}{N_a}k \tag{9.2.10}$$

同理, 圖 9.1.2 之互感量 $M$ 對自感量 $L_b$ 的比值, 可由 (9.1.21) 式對 (9.1.20) 式之比值計算如下:

$$\frac{M}{L_b}=\frac{[N_a\Phi_{ba}(t)/i_b(t)]}{[N_b\Phi_b(t)/i_b(t)]}=\frac{N_a}{N_b}\frac{\Phi_{ba}(t)}{\Phi_b(t)}=\frac{N_a}{N_b}k \tag{9.2.11}$$

將 (9.2.10) 式及 (9.2.11) 式兩式相乘, 可得:

$$\frac{M}{L_a}\cdot\frac{M}{L_b}=(\frac{N_b}{N_a}k)\cdot(\frac{N_a}{N_b}k)=k^2 \tag{9.2.12}$$

因此互感量 $M$ 可由 (9.2.12) 式表示爲:

$$M=\sqrt{k^2L_aL_b}=k\ \sqrt{L_aL_b}\quad \text{H} \qquad (9.2.13)$$

再根據耦合係數 $k$ 的四種分類，可得 $k$ 與互感量 $M$ 間之關係為：

(1)**最大耦合係數** $k=1$

互感量 $M$ 為最大值的 $M_{max}=\sqrt{L_aL_b}$　H。

(2)**緊密耦合係數** $k\approx1$

互感量 $M$ 接近最大互感量的 $M_{max}$，亦即 $M\approx\sqrt{L_aL_b}$　H。

(3)**稀疏耦合係數** $k\approx0$

互感量 $M$ 趨近最小互感量 $M_{min}$，亦即 $M\approx0$　H。

(4)**最小耦合係數** $k=0$

互感量 $M$ 為最小值的 $M_{min}=0$　H。

由以上的數據得知，互感量 $M$ 受耦合係數 $k$ 的影響，其範圍應為：

$0\leq M\leq\sqrt{L_aL_b}$　H

**【例 9.2.1】** 若兩個耦合線圈之自感分別為 $L_a=5$ H，$L_b=10$ H，已知此兩線圈之耦合係數 $k=0.9$，求互感量 $M$ 之值。

**【解】** $M=k\ \sqrt{L_aL_b}=0.9\ \sqrt{5\times10}=6.364$ H

(注意：$L_a<M<L_b$)　◎

**【例 9.2.2】** 已知兩耦合線圈之自感量分別為 100 H 以及 250 H，互感量為 80 H，求此兩線圈之耦合係數及匝數比。

**【解】** (a) $M=k\ \sqrt{L_1L_2}$

$$\therefore k=\frac{M}{\sqrt{L_1L_2}}=\frac{80}{\sqrt{100\times250}}=0.506$$

(b)令 $L_1=100$ H，$L_2=250$ H

$$\because \frac{L_1}{L_2}=\left(\frac{N_1}{N_2}\right)^2$$

$$\therefore \frac{N_1}{N_2}=\sqrt{\frac{L_1}{L_2}}=\sqrt{\frac{100}{250}}=0.632$$　◎

## 【本節重點摘要】

⑴一個以上的線圈間所形成的耦合電路，其耦合係數定義為兩個線圈間的共用的互磁通量對一個線圈產生之總磁通量的比值，以符號 $k$ 表示如下：

$$k \triangleq \frac{\Phi_m}{\Phi_t} = \frac{\Phi_m}{\Phi_l + \Phi_m}$$

式中

$$\Phi_m = k\Phi_t \quad \text{Wb}$$

$$\Phi_l = \Phi_t - \Phi_m = \Phi_t(1-k) \quad \text{Wb}$$

$\Phi_m$ 代表兩個線圈間的互磁通量，$\Phi_l$ 表示漏磁通量，$\Phi_t$ 則代表一個線圈的總磁通量。

⑵耦合係數 $k$ 的大小數值範圍應為 $0 \leq k \leq 1$，分析如下：

①最大耦合係數 $k=1$：此情況為 $\Phi_m = \Phi_t$，$\Phi_l = 0$，亦即互磁通等於總磁通，漏磁通為零。此情況為這兩個線圈的完全耦合的情況。

②緊密耦合係數 $k \approx 1$：此情況為 $\Phi_m \approx \Phi_t$，$\Phi_l \approx 0$，或 $\Phi_m \gg \Phi_l$，亦即互磁通接近於總磁通，而漏磁通趨近於零。此為這兩個線圈緊密耦合的情況。

③稀疏耦合係數 $k \approx 0$：此情況為 $\Phi_m \approx 0$，$\Phi_l \approx \Phi_t$，或 $\Phi_m \ll \Phi_l$，亦即互磁通趨近於零，故漏磁通接近於總磁通。此為這兩個線圈稀疏耦合的情況。

④最小耦合係數 $k=0$：此情況為 $\Phi_m = 0$，$\Phi_l = \Phi_t$，亦即互磁通等於零，漏磁通等於總磁通。此為這兩個線圈不耦合的情況。

⑶互感量 $M$ 由兩自感量與耦合係數表示為：

$$M = \sqrt{k^2 L_a L_b} = k\sqrt{L_a L_b} \quad \text{H}$$

⑷根據耦合係數 $k$ 的四種分類，可得 $k$ 與互感量 $M$ 間之關係為：

①最大耦合係數 $k=1$：互感量 $M$ 為最大值的 $M_{max} = \sqrt{L_a L_b}$ H。

②緊密耦合係數 $k \approx 1$：互感量 $M$ 接近最大互感量 $M_{max}$，亦即 $M \approx \sqrt{L_a L_b}$ H。

③稀疏耦合係數 $k \approx 0$：互感量 $M$ 趨近最小互感量 $M_{min}$，亦即 $M \approx 0$ H。

④最小耦合係數 $k=0$：互感量 $M$ 為最小值的 $M_{min} = 0$ H。

⑸互感量 $M$ 受耦合係數 $k$ 的影響，其範圍應為：$0 \leq M \leq \sqrt{L_a L_b}$ H

【思考問題】

(1)三個線圈以上的耦合係數如何決定?

(2)耦合係數一定是正值嗎? 有沒有可能是負值?

(3)互感量一定是正值嗎? 有沒有可能是負值?

(4)兩個線圈任意放置於三度空間, 如何將這兩個線圈間的耦合係數表示爲兩線圈空間位置的關係?

(5)以電路的對耦來看, 電容器中的電場極板發射出的電力線, 會不會對鄰近該電容器的另外一個電容器發生耦合效應, 產生感應電流或電壓? 爲什麼?

## 9.3 互感的極性

耦合電路線圈兩端的感應電壓產生, 是由於時變磁通$\Phi(t)$切割線圈繞組之匝數而得, 若繞組線圈所繞的方向不同, 感應電壓的極性自然不同。在圖 9.1.1 及圖 9.1.2 的平面線圈畫法不易察覺繞組的方向性, 因此在 9.1 節及 9.2 節時並未考慮這種感應電壓的極性, 只以感應電壓量的大小來說明。本節將以更明確的方式, 繪出線圈繞組的繞線方向, 以及相對的感應電壓與線圈電流的關係。

如圖 9.3.1 所示, 爲兩組線圈 $a$、$b$ 繞在一個相同的鐵心 (core) 上, 鐵心左右兩側直立的部份可供線圈繞組放置, 稱爲鐵心的腳 (leg), 類似桌子的腳一般做支撐用。注意鐵心左腳上的線圈 $a$ 的起始點節點 $a$ 是先由鐵心上方由左向右拉過去, 繞進鐵心下面, 再由左腳的左邊拉出, 如此反覆拉線直到線圈尾端由左腳左邊拉到節點 $a'$ 爲止。此種繞法若站在鐵心左腳上方往下看, 會發現線圈 $a$ 是以逆時鐘的方向繞起來的。鐵心右腳上線圈 $b$ 的繞法, 其起始點節點 $b$ 也是先由鐵心上方由右向左拉過去, 繞進鐵心下面, 再由右腳的右邊拉出, 如此反覆拉線直到線圈尾端由右腳的右邊拉到節點 $b'$爲止。

圖 9.3.1 兩個線圈繞在同一個鐵心上

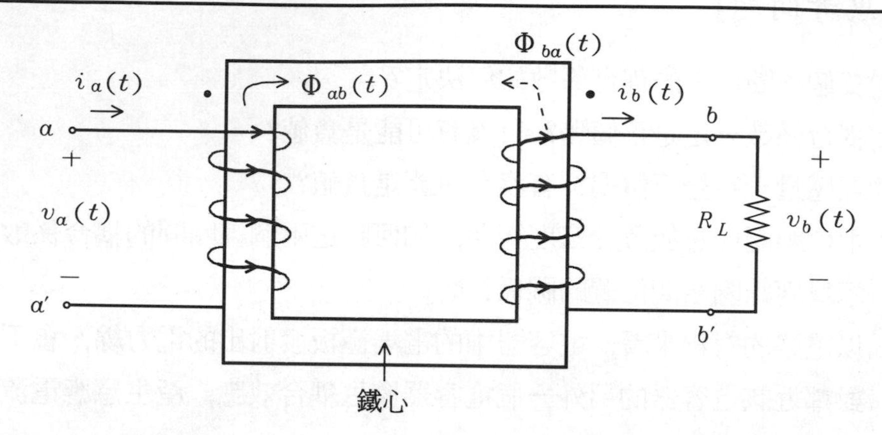


此種繞法若站在鐵心右腳上方往下看，會發現線圈 $b$ 是以順時鐘的方向繞起來的。

現在若有一個電壓$v_a(t)$瞬間加在節點 $a$、$a'$上，則會發生以下的數個步驟使這兩個線圈以磁場耦合的方式做連結：

(1)一個電流$i_a(t)$由節點 $a$ 流入，而自節點 $a'$流出，此時通過線圈 $a$ 的電流方向如圖 9.3.1 之箭號方向所標示，由正面看，這些電流方向皆是由左向右的（→），按安培右手定則，讓我們舉起右手，四指並攏，拇指與四指垂直，將右手握住線圈 $a$，四個指頭的指尖順著線圈電流方向指向右（→），則瞬間所產生的磁通方向即為拇指的方向，該磁通方向是由下往上（↑）的總磁通$\Phi_a(t)$，略去漏磁通$\Phi_{al}(t)$不計，則總磁通量$\Phi_a(t)$全部變成互磁通$\Phi_{ab}(t)$，與線圈 $b$ 完全交鏈。請注意，若以理想的弦波穩態電路來看，外加電壓$v_a(t)$應比線圈電流$i_a(t)$超前 90°，而產生的磁通量$\Phi_a(t)$與電流$i_a(t)$應是同相位。

(2)假設線圈 $b$ 之兩端節點$b$、$b'$間未接任何電路元件，由於線圈 $b$ 受互磁通$\Phi_{ab}(t)$切割，因此在節點 $b$、$b'$間會產生一個感應電壓 $v_b(t)$，若節點 $b$、$b'$間是開路，則線圈 $b$ 僅有電壓但是沒有電流通過，因此線圈 $b$ 不會產生任何磁通與互磁通$\Phi_{ab}(t)$作用。

(3)當一個負載電阻元件 $R_L$ 接在節點 $b$、$b'$間，則由於感應電壓 $v_b(t)$ 存在的關係，使該負載電阻 $R_L$ 通過一個電流 $i_b(t)$，該電流也就是線圈 $b$ 內部的電流。電流$i_b(t)$之流動方向，可由楞次定律 (Lenz's law) 決定。電流$i_b(t)$的方向必爲產生一個反抗互磁通$\Phi_{ab}(t)$變化之磁通$\Phi_{ba}(t)$，如圖 9.3.1 右側鐵心內的虛線所示，以反抗由線圈 $a$ 產生的互磁通瞬間加入線圈$b$。由於互磁通$\Phi_{ab}(t)$作用至線圈 $b$ 處時，瞬間的方向爲向下作用（↓），因此線圈 $b$ 內部的感應電流方向必須產生一個由下往上（↑）之抗磁通$\Phi_{ba}(t)$，以對抗互磁通在線圈 $b$ 內的瞬間增加，其瞬間電流在線圈 $b$ 的方向可以配合安培右手定則，將右手舉起，四指並攏與拇指垂直，拇指方向爲抗磁通$\Phi_{ba}(t)$的方向，則電流方向爲四指指尖的方向，如圖 9.3.1 右側所標示。線圈 $b$ 的電流在圖 9.3.1 右腳靠進讀者表面的方向爲向右（→），在負載電阻 $R_L$ 而言，電流$i_b(t)$爲由節點 $b$ 向節點$b'$流動，方向向下（↓）；在線圈 $b$ 的內部而言，電流$i_b(t)$爲由節點 $b'$向節點 $b$ 流動，方向向上（↑）。由電流流動的方向得知，節點 $b$ 比節點$b'$的電位高，$v_b(t)$的極性則如圖 9.3.1 所示。注意線圈 $b$ 的電流方向或負載電流方向是由楞次定律所決定的。

(4)歸納兩個線圈電流流動方向的特性，線圈 $a$ 之電流 $i_a(t)$瞬間由外部流入節點 $a$，在同一個瞬間，線圈 $b$ 之電流$i_b(t)$自節點 $b$ 流出；同理，若電流$i_a(t)$瞬間自節點 $a'$流入，電流$i_b(t)$必瞬間自節點 $b'$流出。若使電流$i_b(t)$瞬間自節點 $b$ 流入，電流$i_a(t)$必瞬間自節點 $a$ 流出；同理，若電流$i_b(t)$瞬間自節點 $b'$流入，電流$i_a(t)$必瞬間自節點 $a'$流出。爲表示這些電流間流入及流出的關係，我們可以同時在線圈的節點 $a$ 及節點$b$ 上用一黑點（·）標示，也可以同時在節點 $a'$及節點 $b'$上標示黑點（·），但只能兩者擇一標示，圖 9.3.1就選擇了前者的標示。黑點的意義除了表示電流$i_a(t)$及$i_b(t)$間的瞬間電流的流入流出關係外，也表示電壓$v_a(t)$及$v_b(t)$在黑點處具有相同極性，其瞬間爲同相位，這都是鐵心與線圈在理想上的假設。

以上(1)～(4)的步驟爲按圖 9.3.1 之線圈方向拉線的結果，現在如果我們將該圖右腳之線圈 $b$ 反過來繞，則會變成如圖 9.3.2 所示的繞法。此時鐵心右腳上的線圈 $b$ 的起始點節點 $b$，是先由鐵心下方由右向左拉過去，繞到鐵心上面，再由右腳的右邊拉入，如此反覆拉線直到線圈尾端由右腳右邊的上方拉到節點 $b'$ 爲止。線圈 $b$ 的此種繞法，若站在鐵心右腳上方往下看，會發現線圈 $b$ 是以逆時鐘的方向繞起來的，與線圈 $a$ 之繞法方向相同。我們這時也可以仿照圖 9.3.1 的方式，分四個步驟分析這兩個線圈以磁場耦合的方式做連結的結果。若將一個電壓 $v_a(t)$ 瞬間加在節點 $a$、$a'$ 上，則:

(1)產生一個電流 $i_a(t)$ 由節點 $a$ 流入，而自節點 $a'$ 流出。此時通過線圈 $a$ 的電流方向如圖 9.3.2 左側所標示，由正面看皆是由左向右的方向（→），按安培右手定則，當我們舉起右手，將四指並攏，並使拇指與四指垂直，此時將右手握住線圈 $a$，右手四個指頭指尖順著線圈電流的方向指向右方（→），則瞬間產生的磁通方向即爲拇指的方向，爲由下往上（↑）的總磁通 $\Phi_a(t)$。略去漏磁通 $\Phi_{al}(t)$ 不計，則總磁通全部變成互磁通 $\Phi_{ab}(t)$，與線圈 $b$ 完全交鏈。

**圖 9.3.2　將圖 9.3.1 線圈 $b$ 反繞的接線**

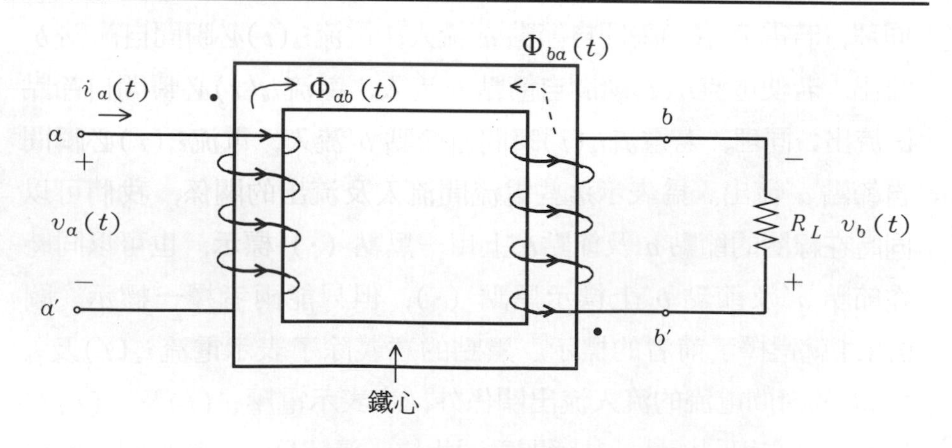

⑵假設線圈 $b$ 之兩端點$b$、$b'$未接任何電路元件，由於線圈 $b$ 受互磁通 $\Phi_{ab}(t)$的切割，因此在節點 $b$、$b'$間會產生一個感應電壓 $v_b(t)$。若節點 $b$、$b'$間是開路，則線圈 $b$ 僅有感應電壓產生，但是沒有電流通過。因此線圈 $b$ 此時不會產生任何磁通與互磁通相作用。

⑶當一個負載電阻元件 $R_L$ 接在節點$b$、$b'$間，則由於感應電壓 $v_b(t)$ 存在的關係，使該負載電阻瞬間通過一個電流$i_b(t)$，該電流之方向可由楞次定律決定：該電流會產生一個反抗互磁通$\Phi_{ab}(t)$之磁通$\Phi_{ba}(t)$，如圖 9.3.2 右側鐵心內部虛線所示，以反抗互磁通瞬間加入線圈 $b$，使線圈 $b$ 的磁通切割發生變化。由於互磁通$\Phi_{ab}(t)$作用至線圈 $b$ 處時，方向為向下作用（↓），因此感應電流之方向必須產生一個由下往上（↑）之抗磁通$\Phi_{ba}(t)$，以反抗互磁通在線圈 $b$ 之瞬間增加，其電流在線圈 $b$ 的方向如圖 9.3.2 右側所示，在右腳靠進讀者表面為方向向右（→），但在負載電阻 $R_L$ 而言，電流$i_b(t)$為由節點 $b'$向節點 $b$ 流動，方向向上（↑）；在線圈 $b$ 的內部而言，電流 $i_b(t)$為由節點 $b$ 向節點$b'$流動，方向向下（↓）。由電流流動的方向，我們也可以知道節點 $b'$比節點 $b$ 的電位高，故負載兩端的電壓極性如圖 9.3.2 右側所示。注意負載電流或線圈內部電流的方向是由楞次定律所決定的。

⑷歸納兩個線圈電流之流動方向特性，線圈 $a$ 之電流 $i_a(t)$瞬間由外部流入節點 $a$，在同一個瞬間線圈 $b$ 的電流 $i_b(t)$會自節點 $b'$流出；同理，若電流$i_a(t)$瞬間自節點 $a'$流入，電流$i_b(t)$必瞬間自節點 $b$ 流出。若電流$i_b(t)$瞬間自節點 $b$ 流入，電流$i_a(t)$必瞬間自節點 $a'$ 流出；同理，若電流$i_b(t)$瞬間自節點 $b'$流入，電流$i_a(t)$必瞬間自節點 $a$ 流出。為了表示這些電流間流入及流出的關係，可以同時在節點 $a$ 及節點$b'$上用一黑點（·）標示，也可以同時在節點 $a'$及節點 $b$ 上標示黑點（·），兩者擇一標示即可，圖 9.3.2 就採用了前者的標示。黑點的意義除了電流$i_a(t)$及$i_b(t)$間的瞬間流入流出的

關係外，也表示電壓$v_a(t)$及$v_b(t)$在黑點處具有相同極性，其瞬間爲同相位，這種說法也是基於理想的鐵心與繞阻的關係而得的。

圖 9.3.1 及圖 9.3.2 中的線圈 $a$ 之繞線方向相同，電壓$v_a(t)$亦相同，都是節點 $a$ 對節點$a'$之電壓。但是線圈 $b$ 之繞線在兩個圖中卻相反，電壓極性$v_b(t)$亦相反，在圖 9.3.1 中是節點 $b$ 對節點$b'$的電壓，但在圖 9.3.2 中則是節點 $b'$對節點 $b$ 的電壓。由黑點的標示可以得知，兩個圖的黑點所在的線圈端點總是正極性，表示線圈 $a$ 及線圈$b$ 在黑點標示端之瞬間電壓極性必相同，兩個黑點電壓爲同相位。同理，電流在黑點的關係，是流入一個線圈黑點之電流，必感應一個電流自另一個線圈的黑點流出，此流入及流出之電流必爲同相位。

在變壓器表示上，一般將圖 9.3.1 中兩黑點位在同一側（同在上側或同在下側）之變壓器稱爲減極性（the subtractive polarity）變壓器，以圖 9.3.3(a)所表示；將圖 9.3.2 兩黑點位在不同側之變壓器稱爲加極性（the additive polarity）變壓器，以圖 9.3.3(b)的電路表示。圖中兩線圈中間的兩條直線（有些書上爲三條直線）代表鐵心，表示變壓器的線圈一般繞在鐵心上。此極性在變壓器（transformer）元件上用途極大，尤其在做變壓器的串聯、並聯、串並聯以及將在第十章中介紹的三相電路如 Y 連接及 Δ 連接時，非常重要，千萬不能接錯，否則可能會造成電路故障，甚至燒毀元件的情況。

要判斷兩線圈間或一個變壓器線圈間的相對極性，除可用圖 9.3.1 及圖 9.3.2 中的安培右手定則外，在實驗室中常用以下三種方法來分辨線圈間或變壓器繞組間的相對極性：

**(1)直流法**

如圖 9.3.4 所示，將一只直流電壓表接於一個線圈的兩端，一個乾電池瞬間接在另一個線圈兩端後放開（或乾電池串聯一個開關，將開關瞬間關閉合後再瞬間開啓），若直流電壓表指針正擺（反擺），代表此時與電池正端相連接的端點，與直流電壓表正端（負端）連接的線圈端點爲具有相同極性。這是最簡單的測試極性法。

圖 9.3.3　(a)減極性變壓器(b)加極性變壓器

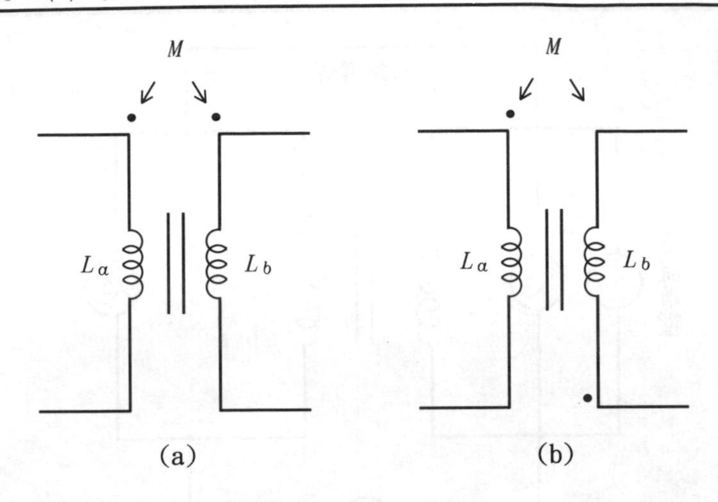


圖 9.3.4　以直流法做變壓器繞組之極性測試

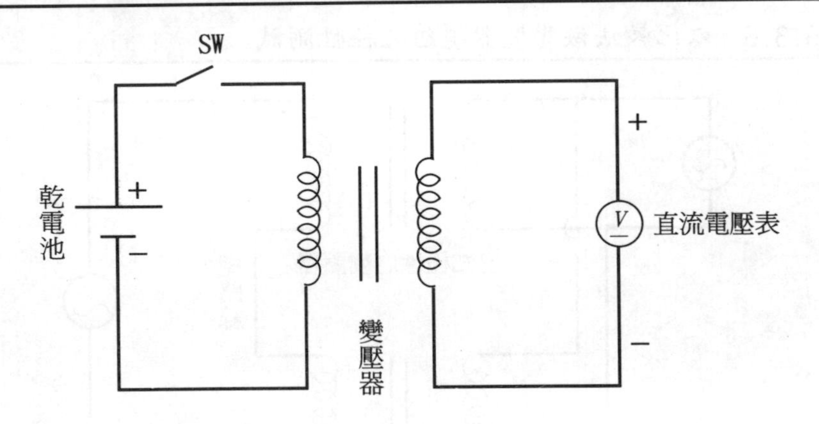


### ⑵交流法

如圖 9.3.5 所示，將一個線圈加上一個適當的已知的交流電壓(所謂適當是指比線圈額定的電壓值小的電壓範圍)，並且並聯一只交流電壓表，該電壓表讀數爲 $V_1$。另一個線圈則連接另一只適當的交流電壓表，讀數爲 $V_2$。再用一根導線將兩線圈中個別的任一端短路連接，短路端點除外的端子再接上一只交流電壓表讀數爲 $V_3$。若 $V_3$ 的數值爲 $V_1$ 與 $V_2$ 的和（差），則表示短路導線將 $V_1$ 與 $V_2$ 兩電壓串聯，因此該短路導線所連接的線圈端點極性相反（相同）。

圖 9.3.5 以交流法做變壓器繞組之極性測試

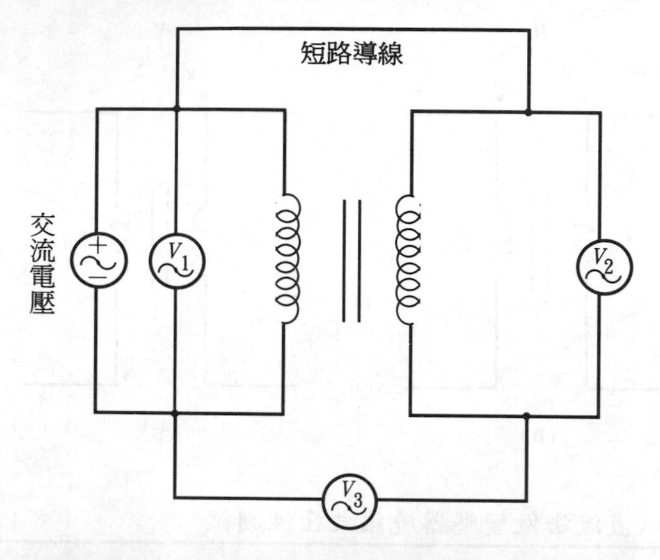


圖 9.3.6 以比較法做變壓器繞組之極性測試

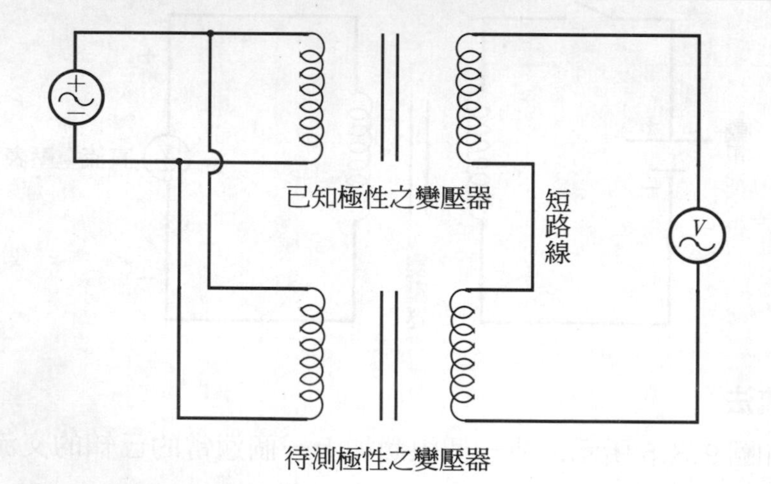


### (3)比較法

如圖 9.3.6 所示，兩個變壓器一次側及二次側電壓相同且爲已知，其中一個變壓器的極性爲已知，另一個變壓器的極性待測。將兩變壓器某一側線圈一起並接到一個適當的電壓源，兩變壓器另一側的線圈某端點則用一根短路導線串聯在一起，剩下未被短路的端點則連接一只交流電壓表。若該電壓表讀數爲串聯兩線圈電壓之和（差），則表示短路線所連接的端點爲相異（相同）極性，如此便可判斷待測變壓器的極性爲何了。

**【例 9.3.1】** 如圖 9.3.7 所示之電路電感器，試將各電感器標示出黑點極性符號。

**圖 9.3.7　例 9.3.1 之電感器**

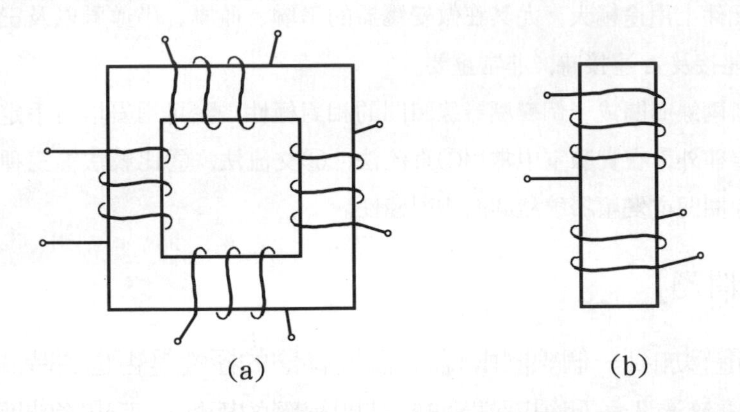


**【解】** 先將某一個線圈注入電流，再利用楞次定律觀察反對磁通之方向，以安培右手定則決定電流之流出點即可。

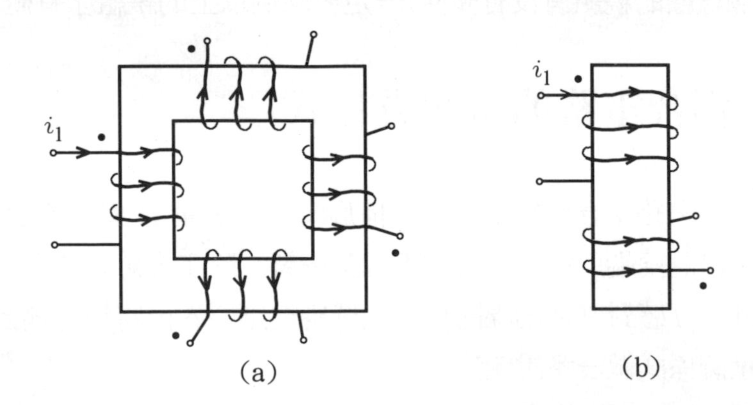


◎

## 【本節重點摘要】

(1)互感的極性可由黑點來標示：

黑點標示端之瞬間電壓極性必相同，兩個黑點電壓為同相位。電流在黑點的關係，是流入一個線圈黑點之電流，必感應一個電流自另一個線圈的黑點流出，此流入及流出之電流必為同相位。

(2)在變壓器表示上，兩黑點位在同一則（同在上側或同在下側）之變壓器稱為減極性變壓器；兩黑點位在不同側之變壓器稱為加極性變壓器。此極性在變壓器元件上用途極大，尤其在做變壓器的串聯、並聯、串並聯以及三相電路如Y連接及Δ連接時，非常重要。

(3)要判斷兩線圈間或一個變壓器線圈間的相對極性，除可用安培右手定則配合楞次定律外，在實驗室中常用①直流法，②交流法，③比較法等三種方法來分辨線圈間或變壓器繞組間的相對極性。

## 【思考問題】

(1)時變電壓加到一個線圈兩端時，請問線圈的極性是否也隨時間而變？
(2)時變電流流入一個線圈端點時，請問線圈的極性是否也隨時間而變？
(3)如何使減極性變壓器轉換成加極性變壓器？
(4)極性與互感量正負值有何關係？
(5)單一個線圈的繞組有沒有極性？一定要兩個以上的繞組才有極性嗎？

# 9.4 耦合電路的電壓方程式

當一個電路中含有線圈耦合之情形時，自感量 $L$ 與互感量 $M$ 同時存在，線圈兩端的電壓必受這兩個量影響，除了自感有基本的電壓降發生外，互感對其他的線圈也發生感應電壓。本節將針對耦合電路間的電壓關係式做一番說明。

如圖 9.4.1 所示之虛線方塊，一個耦合電路含有兩組線圈，其自感分別為 $L_1$ 及 $L_2$，兩線圈的互感量為 $M$。該耦合電路線圈間的相對極性爲一個減極性，黑點同時標示在線圈上方，與圖 9.3.3(a)相同。左側之線圈與一個獨立電壓源連接，該電壓源之電壓爲$v_1(t)$，內阻爲 $R_1$；右側之線圈亦連接一個獨立的電壓源，電壓爲$v_2(t)$，內阻爲 $R_2$。電流$i_1(t)$及$i_2(t)$分別由這兩個電壓源的正端流入耦合線圈的極性黑點。由圖 9.4.1 來看，若先不考慮互感的因素，該兩線圈的耦合電路變成由兩個獨立迴路所構成的個別電路，彼此電壓電流間並無任何關聯性存在。但是將兩線圈間的互感量 $M$ 計入考慮後，兩個迴路卻形成一個彼此互有關係的電路，其電壓方程式在彼此間會相互影響。

**圖 9.4.1　減極性的耦合電路**

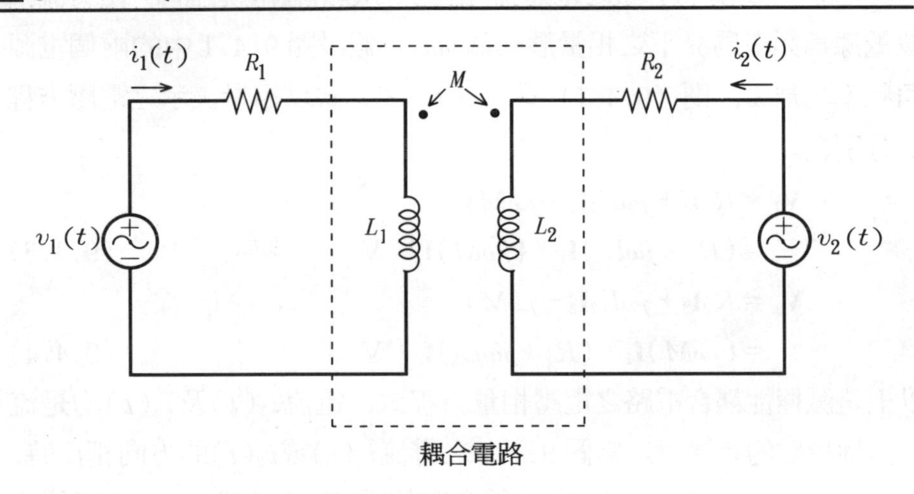


在圖 9.4.1 左側的電路以時域表示之 KVL 方程式爲：

$$v_1(t)=R_1i_1(t)+L_1\frac{di_1(t)}{dt}+M\frac{di_2(t)}{dt}\quad \text{V} \tag{9.4.1}$$

右側的電路以時域表示之 KVL 方程式爲：

$$v_2(t)=R_2i_2(t)+L_2\frac{di_2(t)}{dt}+M\frac{di_1(t)}{dt}\quad \text{V} \tag{9.4.2}$$

(9.4.1) 式及 (9.4.2) 式等號右側前兩項的電阻與電感壓降，與一般迴路壓降的寫法一樣，但是第三項由互感所造成的感應電壓就要利用前一節的重要觀念來寫：當電流流入一個耦合電路線圈的極性黑點時，就會在另一個耦合電路線圈的極性黑點端產生正極性電壓（或當電流流入一個耦合電路線圈的非極性黑點時，就會在另一個耦合電路線圈的非極性黑點端產生正極性電壓）。以迴路電流來看，只要知道這個感應的正極性電壓，在該迴路中是屬於壓降還是壓升，馬上就可以併入迴路方程式中一起表示出來。用這個方法測試，我們可以知道圖 9.4.1 中的兩個電流$i_1(t)$及$i_2(t)$均流入耦合電路的極性黑點，故會在兩個迴路的極性黑點產生正極性的電壓，對兩個迴路電流而言，極性黑點產生正極性的電壓均爲壓降，故（9.4.1）式及（9.4.2）式的感應電壓就可一併表示出來。

若以第七章 7.1 節之電感器相量表示，一個電感器 $L$ 在交流弦波電源角頻率爲$\omega$ 下之相量形式爲$j\omega L$，假設圖 9.4.1 中的兩個電源角頻率均爲 $\omega$，則（9.4.1）式及（9.4.2）式以相量表示之電壓方程式分別爲：

$$\begin{aligned}\mathbf{V}_1 &= R_1\mathbf{I}_1 + j\omega L_1\mathbf{I}_1 + j\omega M\mathbf{I}_2 \\ &= (R_1 + j\omega L_1)\mathbf{I}_1 + (j\omega M)\mathbf{I}_2 \quad \text{V}\end{aligned} \tag{9.4.3}$$

$$\begin{aligned}\mathbf{V}_2 &= R_2\mathbf{I}_2 + j\omega L_2\mathbf{I}_2 + j\omega M\mathbf{I}_1 \\ &= (j\omega M)\mathbf{I}_1 + (R_2 + j\omega L_2)\mathbf{I}_2 \quad \text{V}\end{aligned} \tag{9.4.4}$$

以上是減極性耦合電路之電壓相量方程式，電流$i_1(t)$及$i_2(t)$均是流向極性黑點的。注意：當圖 9.4.1 之電流$i_1(t)$或$i_2(t)$的方向相反時，則（9.4.1）式～(9.4.4）式中所含有的電流$i_1(t)$或$i_2(t)$項應該改取負號。

將（9.4.1）式與（9.4.2）式之時域表示式分別轉換爲（9.4.3）式及（9.4.4）式之相量表示式，有些書中談到可以直接令時域的微分運算子及積分運算子分別爲：

$$\frac{d}{dt} \quad \Leftrightarrow \quad j\omega \tag{9.4.5}$$

$$\int dt \quad \Leftrightarrow \quad \frac{1}{j\omega} \tag{9.4.6}$$

如此便可很容易地將時域與相量的對應量相互轉換，其中 $\omega$ 就是弦波穩態下的電源的角頻率，當然此種轉換方法在一個電路含有多個電源且各電源的角頻率均不同時就無法適用，必須改用其他的方法如第七章的重疊定理做電路分析。

加極性耦合電路如圖 9.4.2 所示，該圖之耦合電路只將圖 9.4.1 右側線圈的極性黑點改放在下方，左側線圈的黑點、電壓源極性及電流方向均不變。在圖 9.4.2 左方電路以時域表示之 KVL 方程式爲：

$$v_1(t)=R_1i_1(t)+L_1\frac{di_1(t)}{dt}-M\frac{di_2(t)}{dt}\ \text{V} \tag{9.4.7}$$

右側的電路以時域表示之 KVL 方程式爲：

$$v_2(t)=R_2i_2(t)+L_2\frac{di_2(t)}{dt}-M\frac{di_1(t)}{dt}\ \text{V} \tag{9.4.8}$$

圖 9.4.2　加極性的耦合電路

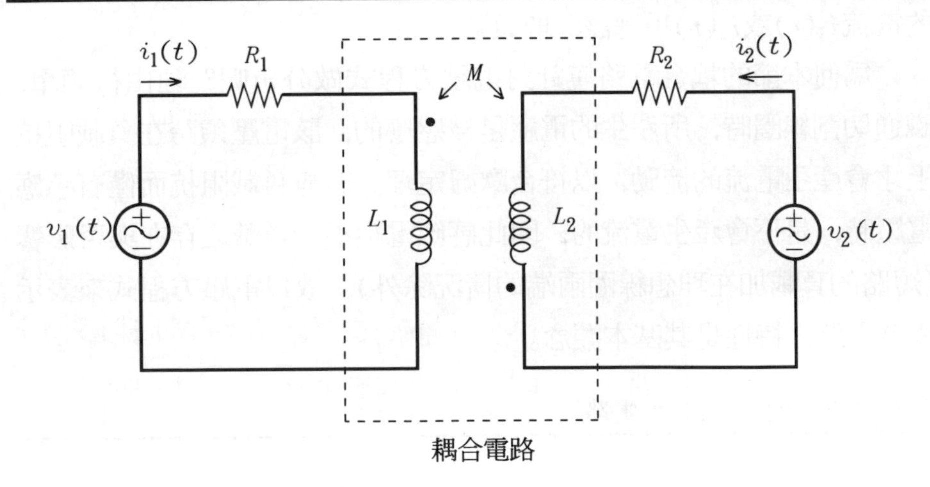


(9.4.7) 式及 (9.4.8) 式等號右側前兩項的電阻與電感壓降，與一般迴路壓降的寫法一樣，但是第三項由互感所造成的感應電壓可利用互感極性的觀念來寫。用互感極性的方法測試，我們可以知道圖 9.4.2 中的兩個迴路電流中，$i_1(t)$流入耦合電路的極性黑點，故會在迴路 2 的極性黑點產生正極性的電壓，對迴路 2 的電流$i_2(t)$而言，

此正極性的電壓是個壓升；同理，電流$i_2(t)$流入耦合電路的非極性黑點，故會在迴路 1 的非極性黑點產生正極性的電壓，對迴路 1 的電流$i_1(t)$而言，此正極性的電壓也是個壓升。故(9.4.7)式及(9.4.8)式的感應電壓就可一併表示出來。

假設圖 9.4.2 中的兩個電源角頻率均為 $\omega$，則 (9.4.7) 式及 (9.4.8) 式以相量表示之電壓方程式分別為：

$$\mathbf{V}_1 = R_1\mathbf{I}_1 + j\omega L_1\mathbf{I}_1 - j\omega M\mathbf{I}_2$$

$$= (R_1 + j\omega L_1)\mathbf{I}_1 - j\omega M\mathbf{I}_2 \quad \text{V} \tag{9.4.9}$$

$$\mathbf{V}_2 = R_2\mathbf{I}_2 + j\omega L_2\mathbf{I}_2 - j\omega M\mathbf{I}_1$$

$$= -j\omega M\mathbf{I}_1 + (R_2 + j\omega L_2)\mathbf{I}_2 \quad \text{V} \tag{9.4.10}$$

以上是加極性耦合電路之電壓相量方程式，電流$i_1(t)$是流向極性黑點的而電流$i_2(t)$卻是流向非極性黑點的。注意：當圖9.4.2之電流$i_1(t)$或 $i_2(t)$的方向相反時，則 (9.4.7) 式～(9.4.10) 式中所含有的電流$i_1(t)$或$i_2(t)$項應該改取負號。

為何本節的耦合電路僅針對電壓方程式做分析呢？理由很簡單，磁通切割線圈時，所產生的電壓是被感應的，該電壓須跨在負載阻抗上才會產生電流的流動，以符合歐姆定理。若無負載阻抗而僅有感應電壓時，是不會產生電流的，因此感應電壓不受負載之存在與否影響(短路的負載加在理想線圈兩端的情況除外)，故以電壓方程式來表示耦合電路之特性是其基本觀念。

圖9.4.3　例9.4.1之電路

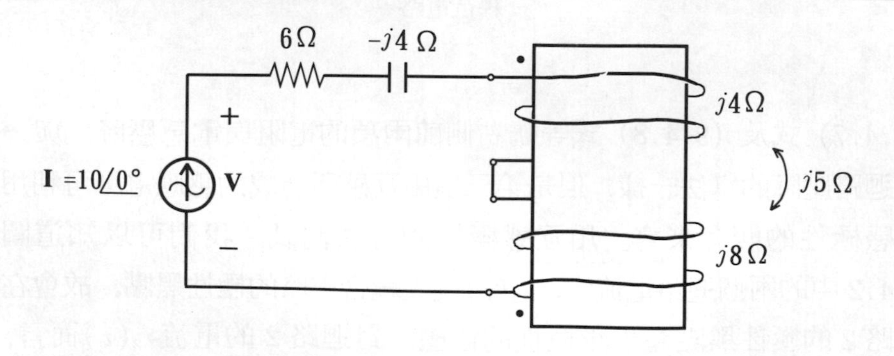

【例 9.4.1】如圖 9.4.3 所示之電路，求電壓相量 $\mathbf{V}$ 之值。

【解】
$$\mathbf{V}=6\cdot\mathbf{I}-j4\mathbf{I}+(j4\mathbf{I}-j5\mathbf{I})+(j8\mathbf{I}-j5\mathbf{I})$$
$$=[6+j(-4+4-5+8-5)]\mathbf{I}$$
$$=(6+j8)\mathbf{I}=10\angle 53.13^\circ\cdot 10\angle 0^\circ=100\angle 53.13^\circ \text{ V}$$
◎

【例 9.4.2】如圖 9.4.4 所示之電路，求電流相量 $\mathbf{I}$ 之值。

圖 9.4.4　例 9.4.2 之電路

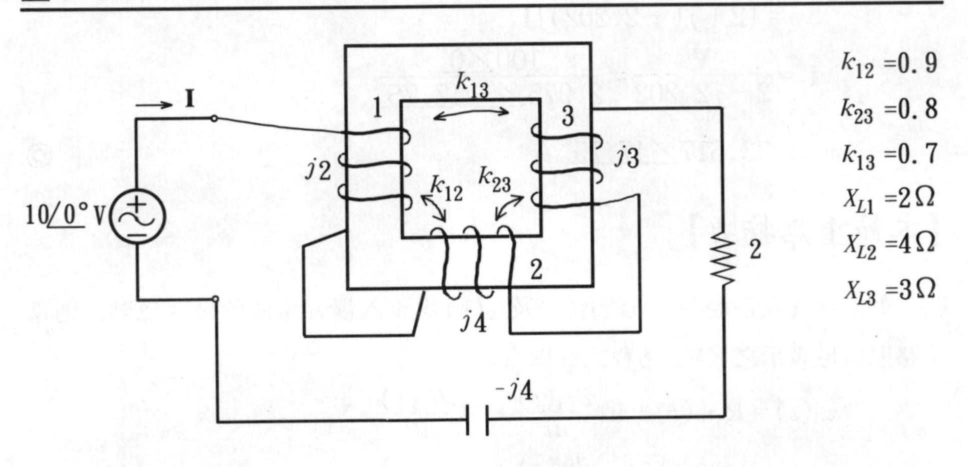


【解】先將三個電感器之極性及互感量求出：

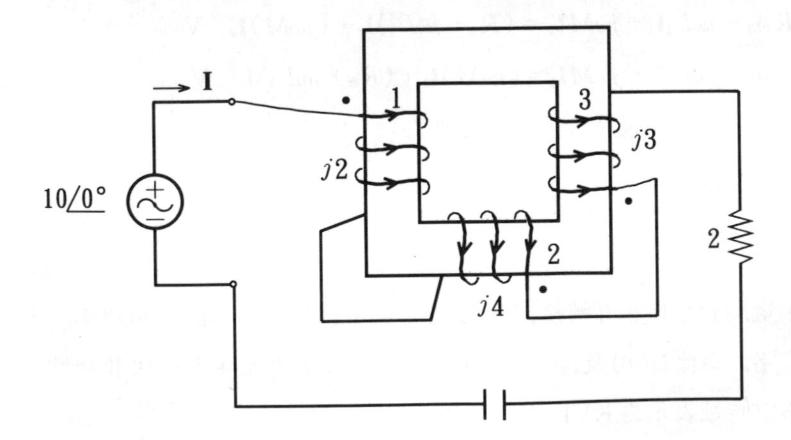

$$X_{M12}=k_{12}\sqrt{X_{L1}X_{L2}}=2.546\ \Omega$$

$$X_{M23}=k_{23}\sqrt{X_{L2}X_{L3}}=2.77\ \Omega$$

$$X_{M13}=k_{13}\sqrt{X_{L1}X_{L3}}=1.715\ \Omega$$

$$\begin{aligned}\mathbf{V} &=[j2\mathbf{I}-j2.546\mathbf{I}+(j1.715)\mathbf{I}]+[j4\mathbf{I}-j2.546\mathbf{I}-j2.77\mathbf{I}]\\ &\quad+[j3\mathbf{I}+j1.715\mathbf{I}+(-j2.77\mathbf{I})]+2\mathbf{I}-j4\mathbf{I}\\ &=[2+j(2-2.546+1.715+4-2.546-2.77+3+1.715\\ &\quad-2.77-4)]\mathbf{I}\\ &=[2+j(-2.202)]\mathbf{I}\end{aligned}$$

$$\therefore \mathbf{I}=\frac{\mathbf{V}}{2-j2.202}=\frac{100\angle 0^\circ}{2.975\angle -47.75^\circ}$$

$$=33.617\angle 47.75^\circ\ \text{A}$$

◎

## 【本節重點摘要】

(1)一個減極性耦合電路，電流$i_1(t)$及$i_2(t)$均流入耦合線圈的極性黑點，則電路以時域表示之 KVL 方程式分別為：

$$v_1(t)=R_1i_1(t)+L_1\frac{di_1(t)}{dt}+M\frac{di_2(t)}{dt}\quad \text{V}$$

$$v_2(t)=R_2i_2(t)+L_2\frac{di_2(t)}{dt}+M\frac{di_1(t)}{dt}\quad \text{V}$$

以相量表示之電壓方程式分別為：

$$\mathbf{V}_1=R_1\mathbf{I}_1+j\omega L_1\mathbf{I}_1+j\omega M\mathbf{I}_2=(R_1+j\omega L_1)\mathbf{I}_1+(j\omega M)\mathbf{I}_2\quad \text{V}$$

$$\mathbf{V}_2=R_2\mathbf{I}_2+j\omega L_2\mathbf{I}_2+j\omega M\mathbf{I}_1=(j\omega M)\mathbf{I}_1+(R_2+j\omega L_2)\mathbf{I}_2\quad \text{V}$$

(2)直接令時域的微分運算子及積分運算子分別為：

$$\frac{d}{dt}\quad\Leftrightarrow\quad j\omega$$

$$\int dt\quad\Leftrightarrow\quad\frac{1}{j\omega}$$

可將時域與相量的對應量相互轉換，其中$\omega$就是弦波穩態下的電源的角頻率。

(3)加極性耦合電路，電流$i_1(t)$及$i_2(t)$分別流入耦合線圈的極性黑點與非極性黑點，則電路以時域表示之 KVL 方程式分別為：

$$v_1(t)=R_1i_1(t)+L_1\frac{di_1(t)}{dt}-M\frac{di_2(t)}{dt}\quad \text{V}$$

$$v_2(t)=R_2i_2(t)+L_2\frac{di_2(t)}{dt}-M\frac{di_1(t)}{dt}\quad \text{V}$$

以相量表示之電壓方程式分別為：

$$\mathbf{V}_1=R_1\mathbf{I}_1+j\omega L_1\mathbf{I}_1-j\omega M\mathbf{I}_2=(R_1+j\omega L_1)\mathbf{I}_1-j\omega M\mathbf{I}_2\quad \text{V}$$

$$\mathbf{V}_2=R_2\mathbf{I}_2+j\omega L_2\mathbf{I}_2-j\omega M\mathbf{I}_1=-j\omega M\mathbf{I}_1+(R_2+j\omega L_2)\mathbf{I}_2\quad \text{V}$$

(4)感應電壓要利用一個重要的觀念來寫：當電流流入一個耦合電路線圈的極性黑點時，就會在另一個耦合電路線圈的極性黑點端產生正極性電壓（或當電流流入一個耦合電路線圈的非極性黑點時，就會在另一個耦合電路線圈的非極性黑點端產生正極性電壓）。以迴路電流來看，只要知道這個感應的正極性電壓，在該迴路中是屬於壓降還是壓升，馬上就可以併入迴路方程式中一起表示出來。

**【思考問題】**

(1)若一個耦合電路的電源爲直流電源，如何寫出電路的電壓方程式?

(2)若一個耦合電路的電源爲三角波或是方波電源，如何寫出電路的電壓方程式?

(3)若一個耦合電路的電源爲弦波電流源，如何寫出電路的電壓方程式?

(4)若一個耦合電路的電源爲弦波電壓源但是含有一個串聯的時變開關，如何寫出電路的電壓方程式?

(5)如何證明耦合電路的功率傳送爲守恆的?

## 9.5　互感電路

當一個電路中含有互感元件或耦合元件時，則該電路就是一個互感電路。本節將從基本的互感串聯、並聯以及串並聯等情形分析之，並以計算等效電感量爲一個示範，最後再以戴維寧定理求出一個含有互感元件之等效電路。

### 9.5.1　串聯電路

如圖 9.5.1(a)所示的電路，爲兩個線圈串聯在節點 $a$、$b$ 間的情形，其中兩線圈之自感量分別爲 $L_1$ 及 $L_2$，兩線圈間的互感量爲 $M$，極性如圖所示，黑點同樣位於各線圈的左側。若一個電壓 $v(t)$ 接在節點 $a$、$b$ 兩端，電流 $i(t)$ 由節點 $a$ 流入，則該電路電壓與電流的相量關係式爲：

$$\begin{aligned}\mathbf{V} &= \mathbf{V}_{ac} + \mathbf{V}_{cb} = (j\omega L_1\mathbf{I} + j\omega M\mathbf{I}) + (j\omega L_2\mathbf{I} + j\omega M\mathbf{I}) \\ &= j\omega(L_1 + L_2 + 2M)\mathbf{I} = j\omega L_{\text{eqs1}}\mathbf{I} \quad \text{V} \qquad (9.5.1)\end{aligned}$$

式中

$$L_{\text{eqs1}} = L_1 + L_2 + 2M \quad \text{H} \qquad (9.5.2)$$

稱爲圖 9.5.1(a)由節點 $a$、$b$ 端看入之等效電感量，其值爲兩自感量的和再加上兩倍的互感量。

圖 9.5.1　串聯互感電路

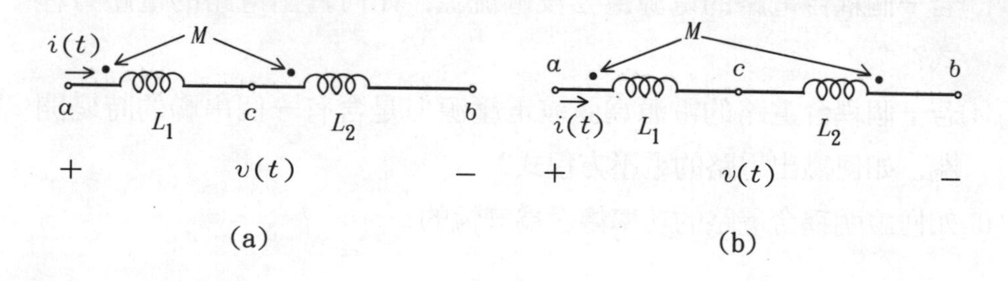


若將圖 9.5.1(a)右側的線圈極性反過來，即將黑點標示於右側，電壓電流均不變，如圖9.5.1(b)所示，則節點$a$、$b$兩端的電壓 $v(t)$ 與流入節點 $a$ 之電流 $i(t)$ 的相量關係爲：

$$\begin{aligned}\mathbf{V} &= \mathbf{V}_{ac} + \mathbf{V}_{cb} = (j\omega L_1\mathbf{I} - j\omega M\mathbf{I}) + (j\omega L_2\mathbf{I} - j\omega M\mathbf{I}) \\ &= j\omega(L_1 + L_2 - 2M)\mathbf{I} = j\omega L_{\text{eqs2}}\mathbf{I} \quad \text{V} \qquad (9.5.3)\end{aligned}$$

式中

$$L_{\text{eqs2}} = L_1 + L_2 - 2M \quad \text{H} \qquad (9.5.4)$$

稱爲圖 9.5.1(b)由節點 $a$、$b$ 兩端看入之等效電感量，其值爲兩自感量之和再減去兩倍的互感量。比較（9.5.2）式及（9.5.4）式後可以得知，串聯互感之極性方向相同，使總電感量增大；若極性相反，則使總電感量減少。又若互感量 $M$ 爲零，則圖 9.5.1(a)(b)與單純兩個電感器串聯一樣，總電感量爲兩電感（自感）量相加之和。

將（9.5.2）式減去（9.5.4）式，可得互感量 $M$ 之表示式爲：

$$M=\frac{L_{eqs1}-L_{eqs2}}{4} \quad \text{H} \tag{9.5.5}$$

該式說明兩個電感器 $L_1$、$L_2$ 間的互感量 $M$，可以由圖 9.5.1(a)、(b)兩種串聯的方式分別獲得兩種等效的電感量 $L_{eqs1}$及 $L_{eqs2}$，將等效電感量較大的值減去較小的值再除以 4，即可求得兩個電感器間的互感量 $M$。

將圖 9.5.1(a)、(b)兩個具有互感之串聯電感器電路擴大爲 $n$ 個具有互感量之串聯電感器電路，如圖 9.5.2(a)、(b)所示。圖 9.5.2 中電感器之自感量分別爲 $L_i$，$i=1, 2, \cdots, n$。電感器間的互感量分別爲 $M_{ij}$，$i$、$j=1, 2, \cdots, n$，其中 $i\neq j$。注意圖 9.5.2(a)之所有電感器互感極性的黑點皆在左側，而圖 9.5.2(b)中除了最左邊的電感器極性在左側外，其他 $n-1$ 個電感器的極性黑點全部改在右側。首先我們寫出圖 9.5.2(a)節點 0、$n$ 間的電壓電流相量 KVL 方程式爲：

$$\begin{aligned}\mathbf{V}_{0n}&=\mathbf{V}_{01}+\mathbf{V}_{12}+\cdots+\mathbf{V}_{n-1,n}\\&=(j\omega L_1\mathbf{I}+j\omega M_{12}\mathbf{I}+j\omega M_{13}\mathbf{I}+\cdots+j\omega M_{1n}\mathbf{I})+\\&\quad(j\omega M_{21}\mathbf{I}+j\omega L_2\mathbf{I}+j\omega M_{23}\mathbf{I}+\cdots+j\omega M_{2n}\mathbf{I})+\cdots+\\&\quad(j\omega M_{n1}\mathbf{I}+j\omega M_{n2}\mathbf{I}+j\omega M_{n3}\mathbf{I}+\cdots+j\omega L_n\mathbf{I})\\&=j\omega L_{eq1}\mathbf{I} \quad \text{V}\end{aligned} \tag{9.5.5}$$

式中

$$\begin{aligned}L_{eq1}=&(L_1+M_{12}+M_{13}+\cdots+M_{1n})+\\&(M_{21}+L_2+M_{23}+\cdots+M_{2n})+\cdots+\\&(M_{n1}+M_{n2}+M_{n3}+\cdots+L_n) \quad \text{H}\end{aligned} \tag{9.5.6}$$

圖9.5.2　$n$ 個具有互感量之串聯電感器電路

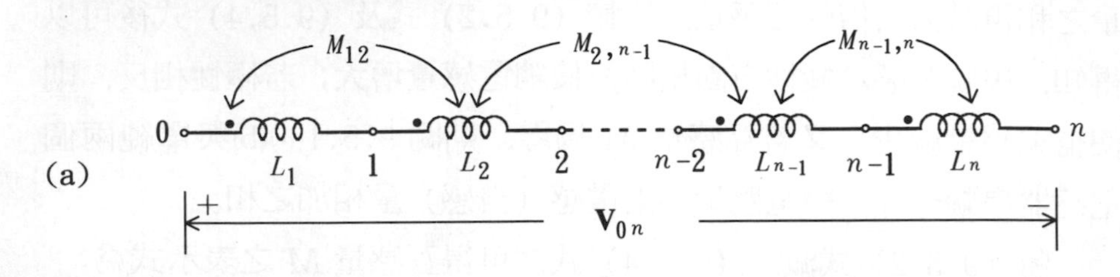


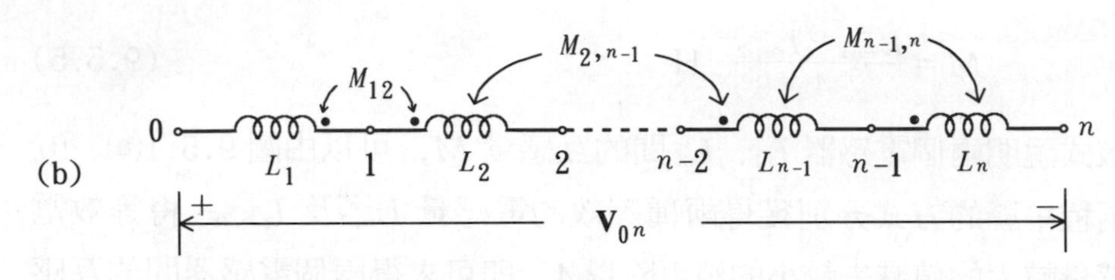


若 $M_{ij}=M_{ji}$, $i$、$j=1, 2, \cdots, n$, 且 $i\neq j$, 則 (9.5.6) 式可改寫爲:

$$L_{eq}=\sum_{k=1}^{n}L_k+\sum_{i=1,j=1,i\neq j}^{n}2M_{ij}\quad \mathrm{H} \tag{9.5.7}$$

同理, 圖 9.5.2(b)節點 0、$n$ 間之電壓相量之 KVL 關係式爲:

$$\begin{aligned}\mathbf{V}_{0n}&=\mathbf{V}_{01}+\mathbf{V}_{12}+\cdots+\mathbf{V}_{n-1,n}\\&=(j\omega L_1\mathbf{I}-j\omega M_{12}\mathbf{I}-j\omega M_{13}\mathbf{I}-\cdots-j\omega M_{1n}\mathbf{I})+\\&\quad(-j\omega M_{21}\mathbf{I}+j\omega L_2\mathbf{I}+j\omega M_{23}\mathbf{I}+\cdots+j\omega M_{2n}\mathbf{I})+\cdots+\\&\quad(-j\omega M_{n1}\mathbf{I}+j\omega M_{n2}\mathbf{I}+j\omega M_{n3}\mathbf{I}+\cdots+j\omega L_n\mathbf{I})\\&=j\omega L_{eq}\mathbf{I}\quad \mathrm{V}\end{aligned} \tag{9.5.8}$$

式中

$$\begin{aligned}L_{eq}&=(L_1-M_{12}-M_{13}-\cdots-M_{1n})+\\&\quad(-M_{21}+L_2+M_{23}+\cdots+M_{2n})+\cdots+\\&\quad(-M_{n1}+M_{n2}+M_{n3}+\cdots+L_n)\quad \mathrm{H}\end{aligned} \tag{9.5.9}$$

若 $M_{ij}=M_{ji}$, $i$、$j=1, 2, \cdots, n$, 且 $i\neq j$, 則 (9.5.9) 式可改寫爲:

$$L_{eq}=\sum_{k=1}^{n}L_k-\sum_{k=2}^{n}2M_{1k}+\sum_{i=2,j=2,i\neq j}^{n}2M_{ij}\quad \mathrm{H} \tag{9.5.10}$$

## 9.5.2　並聯電路

如圖 9.5.3(a)、(b)所示，爲兩個具有互感之電感器並聯於節點 $a$、$b$ 兩端，自感量分別爲 $L_1$ 及 $L_2$，通過的電流相量分別爲 $\mathbf{I}_1$ 及 $\mathbf{I}_2$，電感器間的互感量爲 $M$，一個電壓源接在節點 $a$、$b$ 間，電壓相量爲 $\mathbf{V}$。爲求由電壓源看入之等效電感量，可利用電壓相量除以總電流相量的方式，算出總電感抗來求得。因此圖 9.5.3(a)、(b)中的電壓源與兩電感器電流間之 KVL 關係式爲：

$$\mathbf{V} = j\omega L_1\mathbf{I}_1 \pm j\omega M\mathbf{I}_2 \quad \text{V} \tag{9.5.11}$$

$$\mathbf{V} = \pm j\omega M\mathbf{I}_1 + j\omega L_2\mathbf{I}_2 \quad \text{V} \tag{9.5.12}$$

式中符號 ± 中的上面的符號爲(a)圖使用，下方的符號爲(b)圖使用，以下的方程式均如此表示。再利用魁雷瑪法則求出電流相量與電壓相量的表示式爲：

$$\Delta = \begin{vmatrix} j\omega L_1 & \pm j\omega M \\ \pm j\omega M & j\omega L_2 \end{vmatrix} = (\omega M)^2 - \omega^2 L_1 L_2 \quad \Omega^2 \tag{9.5.13}$$

$$\mathbf{I}_1 = \begin{vmatrix} \mathbf{V} & \pm j\omega M \\ \mathbf{V} & \pm j\omega L_2 \end{vmatrix} \frac{1}{\Delta} = \frac{\mathbf{V}(j\omega)(L_2 \mp M)}{(\omega M)^2 - \omega^2 L_1 L_2} \quad \text{A} \tag{9.5.14}$$

$$\mathbf{I}_2 = \begin{vmatrix} j\omega L_1 & \mathbf{V} \\ \pm j\omega M & \mathbf{V} \end{vmatrix} \frac{1}{\Delta} = \frac{\mathbf{V}(j\omega)(L_1 \mp M)}{(\omega M)^2 - \omega^2 L_1 L_2} \quad \text{A} \tag{9.5.15}$$

圖 9.5.3　含有互感元件之並聯電路

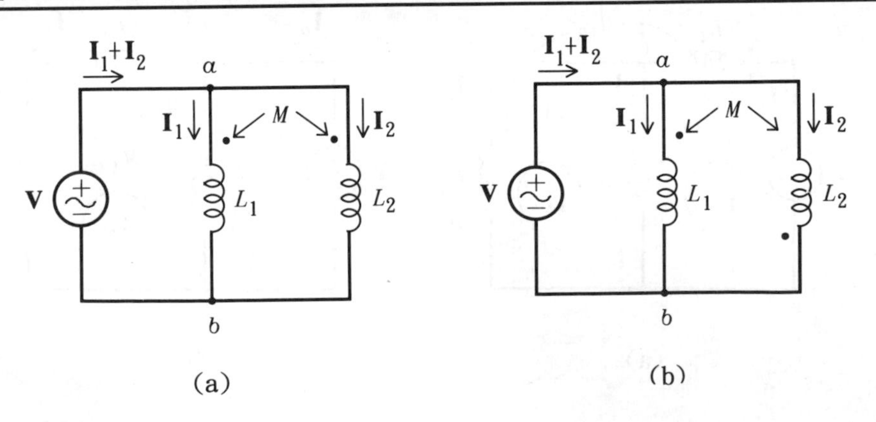

流入並聯電感器之總電流相量為：

$$\mathbf{I}_1+\mathbf{I}_2=\frac{\mathbf{V}(j\omega)(L_1+L_2\mp 2M)}{(\omega M)^2-\omega^2 L_1 L_2}\quad \text{A} \tag{9.5.16}$$

故由電源端看入之等效電感抗為：

$$j\omega L_{\text{eq}}=\frac{\mathbf{V}}{\mathbf{I}_1+\mathbf{I}_2}=\frac{(\omega M)^2-\omega^2 L_1 L_2}{j\omega(L_1+L_2\mp 2M)}$$

$$=j\omega\,\frac{(L_1L_2-M^2)}{(L_1+L_2\mp 2M)}\quad \Omega \tag{9.5.17}$$

因此並聯等效電感值為：

$$L_{\text{eq}}=\frac{L_1L_2-M^2}{L_1+L_2\mp 2M}\quad \text{H} \tag{9.5.18}$$

式中符號 $\mp$ 之上方負號為圖 9.5.3(a)具有同一側的互感極性並聯電感使用，下方正號則為圖 9.5.3(b)具有不同側互感極性並聯電感使用。由（9.5.18）式的結果可以發現，並聯電感器等效值的分母表示式恰為圖 9.5.1(a)、(b)串聯之等效電感量。

## 9.5.3 串並聯電路

如圖 9.5.4(a)、(b)所示，(a)圖為兩電感器 $L_2$ 與 $L_3$ 先並聯後，再和另一電感器 $L_1$ 串聯的電路，由電壓源來看這是一個串並聯電路；

圖 9.5.4 (a)串並聯(b)並串聯互感電路

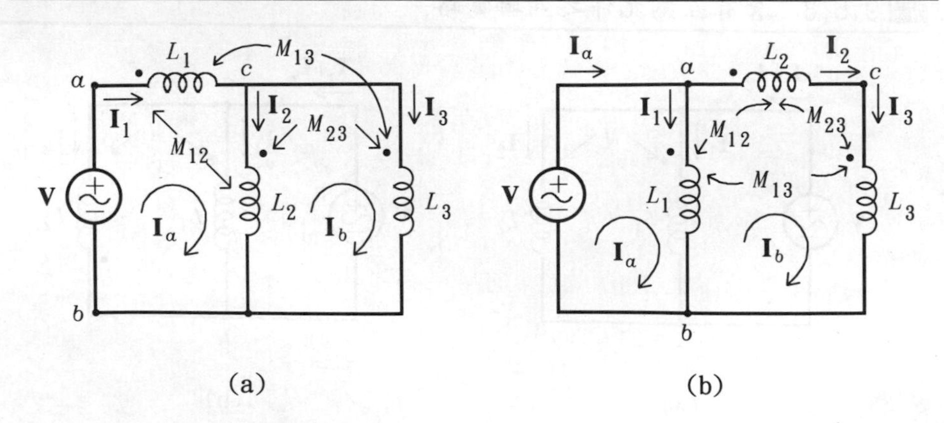

(b)圖則是兩個電感器 $L_2$ 及 $L_3$ 先串聯後，再與另一個電感器 $L_1$ 並聯的電路，由電壓源來看這是一個並串聯電路。這些電感器間均有互感存在。為分析由節點 $a$、$b$ 端看入之等效電感量，一個電壓源接在節點 $a$、$b$ 兩端，其相量為 $\mathbf{V}$。仿照計算並聯等效電感量的做法，推導出由節點 $a$、$b$ 端看入之等效電感抗量，即可獲得串並聯電路或並串聯電路之等效電感量。

令圖 9.5.4(a)、(b)兩個網目之電流相量分別為 $\mathbf{I}_a$ 及 $\mathbf{I}_b$，則圖 9.5.4(a)之兩個迴路電壓方程式分別為：

$$\begin{aligned}\mathbf{V}_{ab} &= \mathbf{V}_{ac} + \mathbf{V}_{cb}\\ &= [j\omega L_1\mathbf{I}_a + j\omega M_{21}(\mathbf{I}_a - \mathbf{I}_b) + j\omega M_{31}\mathbf{I}_b] +\\ &\quad [j\omega L_2(\mathbf{I}_a - \mathbf{I}_b) + j\omega M_{12}\mathbf{I}_a + j\omega M_{32}\mathbf{I}_b]\\ &= j\omega(L_1 + L_2 + 2M_{12})\mathbf{I}_a +\\ &\quad j\omega(-L_2 - M_{21} + M_{31} + M_{32})\mathbf{I}_b \quad \text{V} \end{aligned} \qquad (9.5.19)$$

$$\begin{aligned}0 &= \mathbf{V}_{bc} + \mathbf{V}_{cb}\\ &= [j\omega L_2(\mathbf{I}_b - \mathbf{I}_a) - j\omega M_{12}\mathbf{I}_a - j\omega M_{32}\mathbf{I}_b] +\\ &\quad [j\omega L_3\mathbf{I}_b + j\omega M_{13}\mathbf{I}_a + j\omega M_{23}(\mathbf{I}_a - \mathbf{I}_b)]\\ &= j\omega(-L_2 - M_{12} + M_{13} + M_{23})\mathbf{I}_a +\\ &\quad j\omega(L_2 + L_3 - 2M_{23})\mathbf{I}_b \quad \text{V}\end{aligned} \qquad (9.5.20)$$

式中已令 $M_{12}=M_{21}$、$M_{23}=M_{32}$、$M_{13}=M_{31}$。利用魁雷瑪法則，可以將電流相量 $\mathbf{I}_a$ 以電壓相量 $\mathbf{V}$ 的關係式表示如下：

$$\mathbf{I}_a = \frac{\begin{vmatrix}\mathbf{V} & j\omega(-L_2 - M_{21} + M_{31} + M_{32})\\ 0 & j\omega(L_2 + L_3 - 2M_{23})\end{vmatrix}}{\begin{vmatrix} j\omega(L_1 + L_2 + 2M_{12}) & j\omega(-L_2 - M_{12} + M_{31} + M_{32})\\ j\omega(-L_2 - M_{12} + M_{13} + M_{23}) & j\omega(L_2 + L_3 - 2M_{23})\end{vmatrix}}$$

$$= \frac{j\omega(L_2 + L_3 - 2M_{23})\mathbf{V}}{[-(L_1 + L_2 + 2M_{12})(L_2 + L_3 - 2M_{23}) + (-L_2 - M_{12} + M_{13} + M_{23})^2]\omega^2} \quad \text{A}$$

$$(9.5.21)$$

因此節點 $a$、$b$ 看入之等效電感抗為：

$$j\omega L_{eq}=\frac{\mathbf{V}}{\mathbf{I}_a}$$

$$=\frac{\omega^2[(-L_2-M_{12}+M_{13}+M_{23})^2-(L_1+L_2+2M_{12})(L_2+L_3-2M_{23})]}{j\omega(L_2+L_3-2M_{23})}$$

$$=j\omega\left[(L_1+L_2+2M_{12})-\frac{(-L_2-M_{12}+M_{13}+M_{23})^2}{L_2+L_3-2M_{23}}\right]\quad\Omega$$

(9.5.22)

故由節點 $a$、$b$ 看入之等效感量爲：

$$L_{eq}=L_1+L_2+2M_{12}-\frac{(-L_2-M_{12}+M_{13}+M_{23})^2}{L_2+L_3-2M_{23}}\quad \mathrm{H}$$

(9.5.23)

而圖 9.5.4(b)之迴路方程式爲：

$$\mathbf{V}=\mathbf{V}_{ab}=j\omega L_1(\mathbf{I}_a-\mathbf{I}_b)+j\omega M_{21}\mathbf{I}_b+j\omega M_{31}\mathbf{I}_b$$

$$=(j\omega L_1)\mathbf{I}_a+j\omega(-L_1+M_{21}+M_{31})\mathbf{I}_b\quad \mathrm{V}\qquad(9.5.24)$$

$$\mathbf{V}=\mathbf{V}_{ac}+\mathbf{V}_{cb}$$

$$=[j\omega L_2\mathbf{I}_b+j\omega M_{12}(\mathbf{I}_a-\mathbf{I}_b)+j\omega M_{32}\mathbf{I}_b]+$$

$$[j\omega L_3\mathbf{I}_b+j\omega M_{13}(\mathbf{I}_a-\mathbf{I}_b)+j\omega M_{23}\mathbf{I}_b]$$

$$=j\omega(M_{12}+M_{13})\mathbf{I}_a+$$

$$j\omega(L_2-M_{12}+2M_{32}+L_3-M_{13})\mathbf{I}_b\quad \mathrm{V}\qquad(9.5.25)$$

利用魁雷瑪法則可以解出電流相量 $\mathbf{I}_a$ 與電壓相量 $\mathbf{V}$ 的關係爲：

$$\mathbf{I}_a=\frac{\begin{vmatrix}\mathbf{V} & j\omega(-L_1+M_{21}+M_{31})\\ \mathbf{V} & j\omega(L_2+L_3-M_{12}-M_{13}+2M_{32})\end{vmatrix}}{\begin{vmatrix}j\omega L_1 & j\omega(-L_1+M_{21}+M_{31})\\ j\omega(M_{12}+M_{13}) & j\omega(L_2+L_3-M_{12}-M_{13}+2M_{32})\end{vmatrix}}$$

$$=\frac{\mathbf{V}(j\omega)(L_1+L_2+L_3-2M_{12}-2M_{13}+2M_{32})}{\omega^2[(M_{12}+M_{13})(-L_1+M_{21}+M_{31})-L_1(L_2+L_3-M_{12}-M_{13}+2M_{32})]}\quad \mathrm{A}$$

(9.5.26)

由電壓源兩端看入之總電感抗值爲：

$$j\omega L_{\text{eq}}=\frac{\mathbf{V}}{\mathbf{I}_a}$$

$$=\frac{\omega^2[(M_{12}+M_{13})(-L_1+M_{21}+M_{31})-L_1(L_2+L_3-M_{12}-M_{13}+2M_{32})]}{j\omega(L_1+L_2+L_3-2M_{12}-2M_{13}+2M_{32})}$$

$$=j\omega\frac{L_1(L_2+L_3-M_{12}-M_{13}+2M_{32})-(M_{12}+M_{13})(-L_1+M_{21}+M_{31})}{(L_1+L_2+L_3-2M_{12}-2M_{13}+2M_{32})}\ \Omega \tag{9.5.27}$$

因此圖 9.5.4(b)由節點 $a$、$b$ 看入之等效電感值為:

$$L_{\text{eq}}=\frac{L_1(L_2+L_3-M_{12}-M_{13}+2M_{32})-(M_{12}+M_{13})(-L_1+M_{21}+M_{31})}{L_1+L_2+L_3-2M_{12}-2M_{13}+2M_{32}}\ \text{H} \tag{9.5.28}$$

## 9.5.4　戴維寧定理之互感電路分析

本節最後將以戴維寧定理將一個含有互感的電路，加以簡化為單一的等效電壓源與一個等效電感器串聯之電路。如圖 9.5.5(a)所示，節點 $a$、$b$ 左側為一個電壓相量為 $\mathbf{V}$ 的獨立電壓源與三個電感器連接的電路，三個電感器之自感分別為 $L_1$、$L_2$、$L_3$，彼此間的互感為 $M_{12}$、$M_{23}$、$M_{31}$。圖 9.5.5(b)則為(a)圖經過戴維寧定理簡化後的等效電路，為一個電壓相量為 $\mathbf{V}_{\text{TH}}$的戴維寧等效電壓源與一個戴維寧等效電感 $L_{\text{TH}}$串聯的電路。

**圖9.5.5　戴維寧定理之互感電路應用**

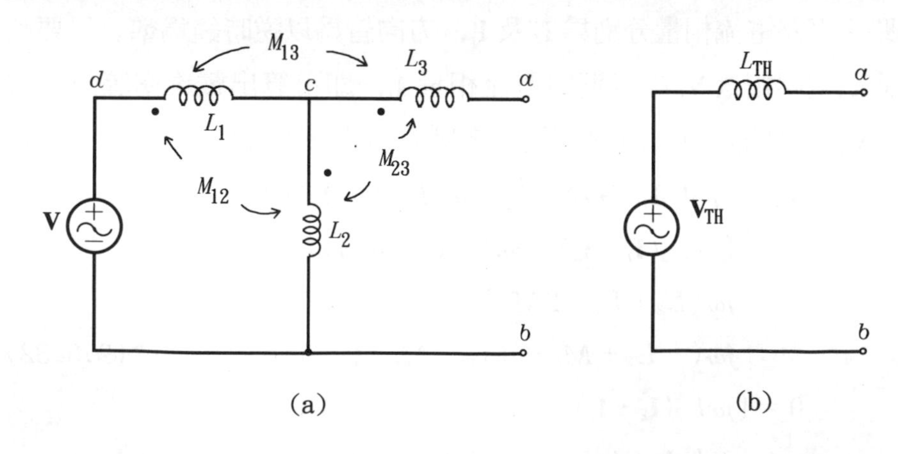

開路電壓相量 $\mathbf{V}_{ab}$即爲戴維寧等效源電壓 $\mathbf{V}_{TH}$，可以先解出迴路電流相量 $\mathbf{I}$，再求出開路電壓的方式得到。圖 9.5.5(a)之迴路方程式爲：

$$\begin{aligned}\mathbf{V} &= [j\omega L_1\mathbf{I} + j\omega M_{12}\mathbf{I}] + [j\omega L_2\mathbf{I} + j\omega M_{12}\mathbf{I}] \\ &= j\omega(L_1 + L_2 + 2M_{12})\mathbf{I} \quad \text{V} \end{aligned} \tag{9.5.29}$$

因此迴路電流相量 $\mathbf{I}$ 的解爲：

$$\mathbf{I} = \frac{\mathbf{V}}{j\omega(L_1 + L_2 + 2M_{12})} \quad \text{A} \tag{9.5.30}$$

故戴維寧等效電壓相量 $\mathbf{V}_{TH}$爲：

$$\begin{aligned}\mathbf{V}_{TH} &= \mathbf{V}_{ab} = \mathbf{V}_{ac} + \mathbf{V}_{cb} \\ &= [-j\omega M_{13}\mathbf{I} - j\omega M_{23}\mathbf{I}] + [j\omega L_2\mathbf{I} + j\omega M_{12}\mathbf{I}] \\ &= j\omega(L_2 + M_{12} - M_{13} - M_{23})\mathbf{I} \\ &= \frac{j\omega(L_2 + M_{12} - M_{13} - M_{23})\mathbf{V}}{j\omega(L_1 + L_2 + 2M_{12})} \\ &= \left(\frac{L_2 + M_{12} - M_{13} - M_{23}}{L_1 + L_2 + 2M_{12}}\right)\mathbf{V} \quad \text{V} \end{aligned} \tag{9.5.31}$$

至於求戴維寧等效阻抗 $\overline{Z}_{TH}$（或電感抗 $jX_{TH}$）之做法，可由圖 9.5.6 之方法測試得到。該圖係將圖 9.5.5(a)的電壓源相量 $\mathbf{V}$ 短路，再由節點 $a$、$b$ 間外接一個測試電壓源，其電壓相量爲 $\mathbf{V}_t$，令左右兩迴路之迴路電流相量分別爲 $\mathbf{I}_2$ 及 $\mathbf{I}_t$，方向皆爲以逆時鐘爲準。只要利用測試電壓相量 $\mathbf{V}_t$ 除以迴路電流相量 $\mathbf{I}_t$，即可算出戴維寧等效電抗量$j\,X_{TH}$。因此圖 9.5.6 之兩迴路電壓方程式分別爲：

$$\begin{aligned}\mathbf{V}_t &= [j\omega L_3\mathbf{I}_t + j\omega M_{13}\mathbf{I}_2 + j\omega M_{23}(\mathbf{I}_2 - \mathbf{I}_t)] + \\ &\quad [j\omega L_2(\mathbf{I}_t - \mathbf{I}_2) - j\omega M_{12}\mathbf{I}_2 - j\omega M_{23}\mathbf{I}_t] \\ &= j\omega(L_2 + L_3 - 2M_{23})\mathbf{I}_t + \\ &\quad j\omega(-L_2 + M_{23} + M_{13} - M_{12})\mathbf{I}_2 \quad \text{V} \end{aligned} \tag{9.5.32}$$

$$\begin{aligned}0 &= [j\omega L_2(\mathbf{I}_2 - \mathbf{I}_t) + j\omega M_{23}\mathbf{I}_t + j\omega M_{12}\mathbf{I}_2] + \\ &\quad [j\omega L_1\mathbf{I}_2 + j\omega M_{12}(\mathbf{I}_2 - \mathbf{I}_t) + j\omega M_{13}\mathbf{I}_t]\end{aligned}$$

圖9.5.6　求戴維寧等效阻抗之做法

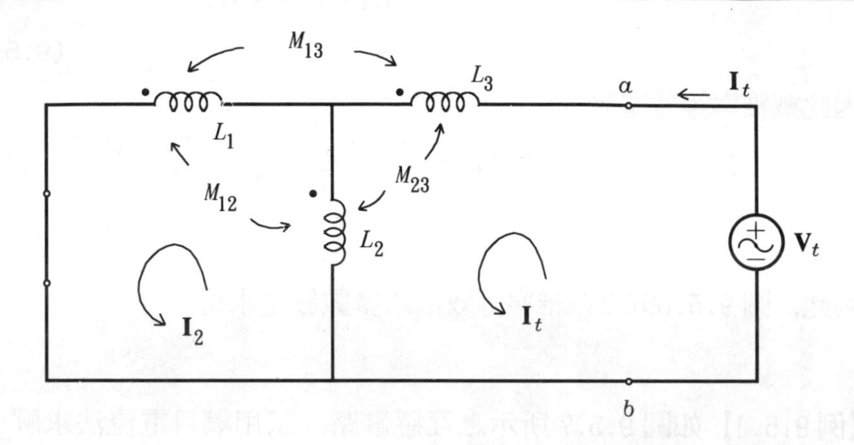


$$= j\omega(-L_2 + M_{23} + M_{13} - M_{12})\mathbf{I}_t + j\omega(L_1 + L_2 + 2M_{12})\mathbf{I}_2 \quad \text{V} \tag{9.5.33}$$

求迴路電流相量 $\mathbf{I}_t$ 之方法如下：

$$\Delta = \begin{vmatrix} j\omega(L_2 + L_3 - 2M_{23}) & j\omega(-L_2 + M_{23} + M_{13} - M_{12}) \\ j\omega(-L_2 + M_{23} + M_{13} - M_{12}) & j\omega(L_1 + L_2 + 2M_{12}) \end{vmatrix}$$

$$= \omega^2[(-L_2 + M_{23} + M_{13} - M_{12})^2 - (L_2 + L_3 - 2M_{23})(L_1 + L_2 + 2M_{12})] \tag{9.5.34}$$

$$\mathbf{I}_t = \begin{vmatrix} \mathbf{V}_t & j\omega(-L_2 + M_{23} + M_{13} - M_{12}) \\ 0 & j\omega(L_1 + L_2 + 2M_{12}) \end{vmatrix} \frac{1}{\Delta}$$

$$= \frac{\mathbf{V}_t(j\omega)(L_1 + L_2 + 2M_{12})}{\omega^2[(-L_2 + M_{13} + M_{23} - M_{12})^2 - (L_1 + L_2 + 2M_{12})(L_2 + L_3 - 2M_{23})]} \quad \text{A} \tag{9.5.35}$$

故戴維寧等效電感抗值為：

$$jX_{\text{TH}} = \frac{\mathbf{V}_t}{\mathbf{I}_t}$$

$$= \frac{\omega^2[(-L_2 + M_{13} + M_{23} - M_{12})^2 - (L_1 + L_2 + 2M_{12})(L_2 + L_3 - 2M_{23})]}{j\omega(L_1 + L_2 + 2M_{12})}$$

$$= j\omega\left[(L_2 + L_3 - 2M_{23}) - \frac{(-L_2 + M_{13} + M_{23} - M_{12})^2}{L_1 + L_2 + 2M_{12}}\right] \quad \Omega$$

(9.5.36)

因此戴維寧等效電感量爲:

$$L_{TH} = (L_2 + L_3 - 2M_{23}) - \frac{(-L_2 + M_{13} + M_{23} - M_{12})^2}{L_1 + L_2 + 2M_{12}} \quad H$$

(9.5.37)

到此, 圖 9.5.5(b)之戴維寧等效電路參數於是求得。

**【例 9.5.1】** 如圖 9.5.7 所示之互感電路, 試用網目電流法求解 $\mathbf{I}_1$ 之電流相量。

**圖 9.5.7　例 9.5.1 之電路**

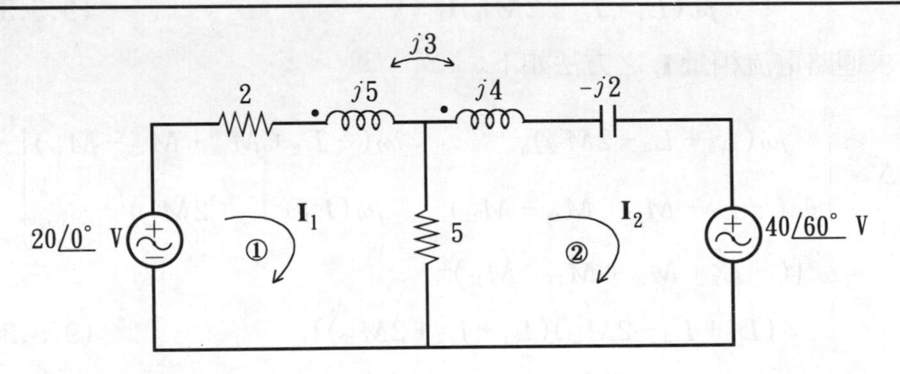


**【解】** 第①迴路之 KVL 方程式:

$$-20 = 2\mathbf{I}_1 + j5\mathbf{I}_1 + j3\mathbf{I}_2 + 5(\mathbf{I}_1 - \mathbf{I}_2)$$

或 $$(7 + j5)\mathbf{I}_1 + (-5 + j3)\mathbf{I}_2 = 20$$

第②迴路之 KVL 方程式:

$$5(\mathbf{I}_2 - \mathbf{I}_1) + j4\mathbf{I}_2 + j3\mathbf{I}_1 - j2\mathbf{I}_2 + 40\angle 60^\circ = 0$$

或 $$(-5 + j3)\mathbf{I}_1 + (5 + j2)\mathbf{I}_2 = -40\angle 60^\circ = -20 - j34.64$$

$$\therefore \Delta = \begin{vmatrix} 7 + j5 & -5 + j3 \\ -5 + j3 & 5 + j2 \end{vmatrix}$$

$$= 35 - 10 + j25 + j14 - 25 + 9 + j30$$

$$= 9 + j69 = 69.5845\angle 82.57^\circ$$

$$\therefore \mathbf{I}_1 = \begin{vmatrix} 20 & -5+j3 \\ -20-j34.64 & 5+j2 \end{vmatrix} \frac{1}{\Delta}$$

$$= \frac{1}{\Delta}(100 + j40 - 100 - 103.92 + j60 + j173.2)$$

$$= \frac{-103.92}{\Delta} + j273.2 = \frac{292.297\angle 110.83^\circ}{69.5845\angle 82.57^\circ}$$

$$= 42\angle 28.26^\circ \text{ A}$$ ◎

【例 9.5.2】如圖 9.5.8 所示之互感電路，試用節點電壓法，求 $\mathbf{V}_2$ 之電壓相量。

圖 9.5.8　例 9.5.2 之電路

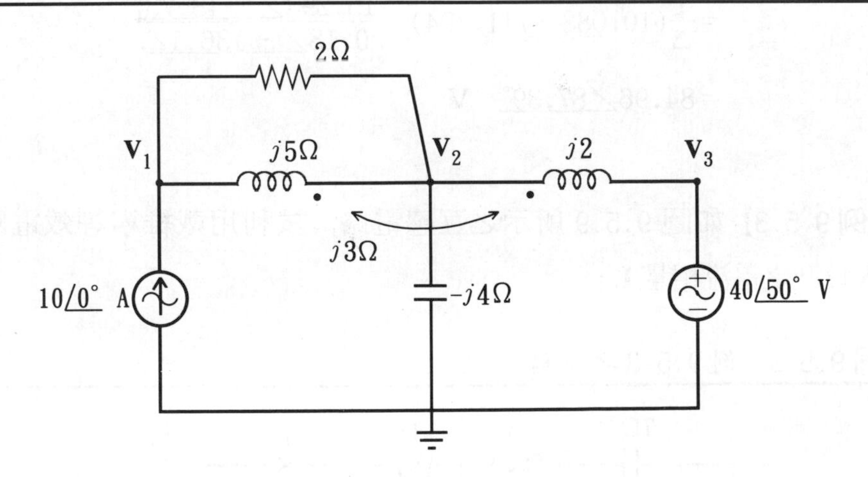


【解】由於 $\mathbf{V}_3 = 40\angle 50^\circ$為已知，故只有 $\mathbf{V}_1$ 與 $\mathbf{V}_2$ 未知。

$\mathbf{V}_1$ 節點之 KCL 方程式為：

$$\frac{\mathbf{V}_1 - \mathbf{V}_2}{j5} + \frac{\mathbf{V}_1 - \mathbf{V}_2}{2} = 10$$

或　$$(0.05 - j0.2)\mathbf{V}_1 - (0.5 - j0.2)\mathbf{V}_2 = 10$$

$\mathbf{V}_2$ 節點之 KCL 方程式爲:

$$\frac{\mathbf{V}_2-\mathbf{V}_1}{j5}+\frac{\mathbf{V}_2-\mathbf{V}_1}{2}+\frac{\mathbf{V}_2}{-j4}+\frac{\mathbf{V}_2-40\angle 50^\circ}{j2}=0$$

或
$$-(0.5-j0.2)\mathbf{V}_1+(0.5-j0.45)\mathbf{V}_2=20\angle -40^\circ$$
$$=15.32-j12.86$$

$$\Delta=\begin{vmatrix}0.5-j0.2 & -(0.5-j0.2)\\ -(0.5-j0.2) & 0.5-j0.45\end{vmatrix}$$
$$=(0.25-0.09-j0.1-j0.225)+(-0.25-0.04+j0.2)$$
$$=-0.13-j0.125=0.18\angle -136.12^\circ$$

$$\mathbf{V}_2=\begin{vmatrix}0.5-j0.2 & 10\\ -(0.5-j0.2) & 15.32-j12.86\end{vmatrix}\frac{1}{\Delta}$$
$$=\frac{1}{\Delta}[(7.66-2.572-j3.064-j6.43)+5-j2]$$
$$=\frac{1}{\Delta}(10.088-j11.494)=\frac{15.293\angle -48.73^\circ}{0.18\angle -136.12^\circ}$$
$$=84.96\angle 87.39^\circ \quad \text{V}$$

◎

【例 9.5.3】 如圖 9.5.9 所示之互感電路，試利用戴維寧等效電路，求負載之電流相量 $\mathbf{I}_L$。

圖 9.5.9 例 9.5.3 之電路

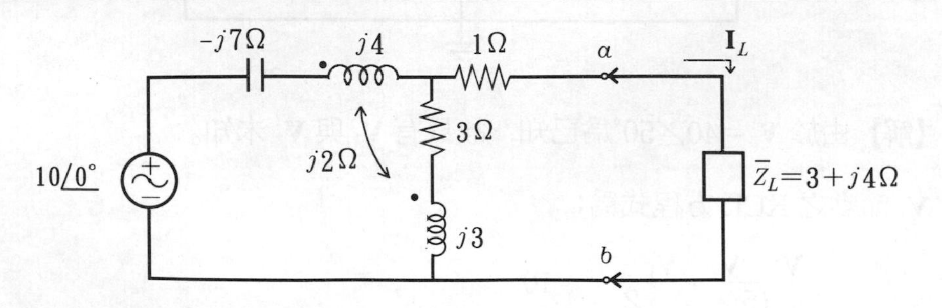


【解】 將負載開啓，不與節點 $a$、$b$ 連接，則電路如下：

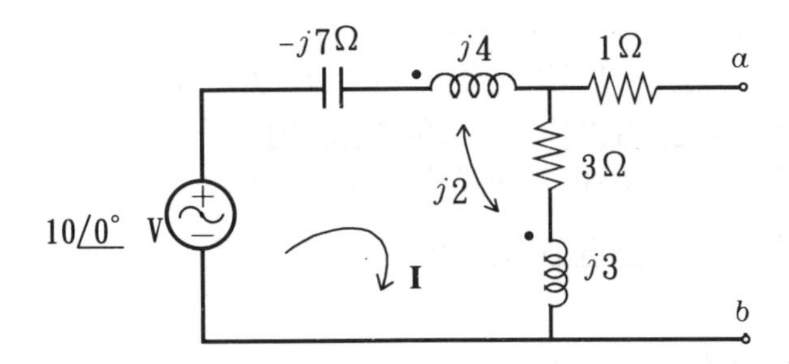


先求迴路電流 $\mathbf{I}$（由於互感存在，無法用分壓定理求解）：

$$-j7\mathbf{I}+(j4\mathbf{I}+j2\mathbf{I})+3\mathbf{I}+(j3\mathbf{I}+j2\mathbf{I})=10\angle 0°$$

或　　$(3+j4)\mathbf{I}=10$

$$\therefore \mathbf{I}=\frac{10\angle 0°}{(3+j4)}=\frac{10\angle 0°}{5\angle 53.13°}=2\angle -53.13° \text{ A}$$

$$\therefore \mathbf{V}_{ab}|_{OC}=\mathbf{V}_{TH}=3\mathbf{I}+j3\mathbf{I}+j2\mathbf{I}=(3+j5)\mathbf{I}$$

$$=5.83\angle 59.04°\cdot 2\angle -53.13°=11.662\angle 5.91° \quad \text{V}$$

$\overline{Z}_{TH}$無法直接求出，可用試驗電流源 $1\angle 0°$ A 接在 $a$、$b$ 端：

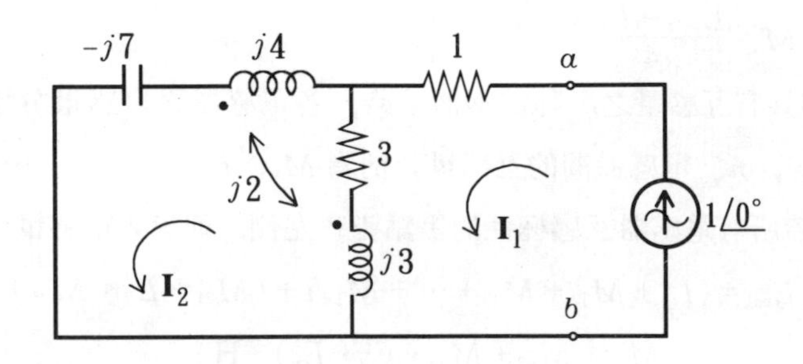


$\mathbf{I}_1=1\angle 0°$ A，KVL：

$$j4\mathbf{I}_2+j2(\mathbf{I}_2-1)-j7\mathbf{I}_2+j3(\mathbf{I}_2-1)+j2(\mathbf{I}_2)+3(\mathbf{I}_2-1)=0$$

$$\therefore (j4+j2-j7+j3+j2+3)\mathbf{I}_2=j2+j3+3$$

$$\mathbf{I}_2=\frac{(3+j5)}{(3+j4)}=\frac{5.83\angle 59.04°}{5\angle 53.13°}=1.166\angle 5.91° \quad \text{A}$$

$$\therefore \mathbf{V}_{ab}=1.1+j4\mathbf{I}_2+j2(\mathbf{I}_2-1)-j7\mathbf{I}_2$$

$$=(1-j2)-j1\mathbf{I}_2=1-j2-1.166\angle 95.91°$$

$$=1-j2+0.12-j1.1598=1.12-j3.1598=\overline{Z}_{TH}$$

$$\therefore \mathbf{I}_L=\frac{\mathbf{V}_{\mathrm{TH}}}{\overline{Z}_{\mathrm{TH}}+\overline{Z}_{\mathrm{L}}}=\frac{11.662\angle 5.91^\circ}{1.12-j3.1598+3+j4}$$

$$=\frac{11.662\angle 5.91^\circ}{4.12+j0.8402}=\frac{11.662\angle 5.91^\circ}{4.205\angle 11.526^\circ}$$

$$=2.7735\angle -5.616^\circ \quad \mathrm{A}$$

◎

## 【本節重點摘要】

(1)串聯電路

①兩線圈之自感量分別為 $L_1$ 及 $L_2$，兩線圈間的互感量為 $M$，極性黑點同樣位於各線圈的左側。則等效電感量為：

$$L_{\mathrm{eqs1}}=L_1+L_2+2M \quad \mathrm{H}$$

②兩線圈之自感量分別為 $L_1$ 及 $L_2$，兩線圈間的互感量為 $M$，極性黑點位於不同側，則等效電感量為：

$$L_{\mathrm{eqs2}}=L_1+L_2-2M \quad \mathrm{H}$$

③互感量 $M$ 之表示式為：

$$M=\frac{L_{\mathrm{eqs1}}-L_{\mathrm{eqs2}}}{4} \quad \mathrm{H}$$

④$n$ 個具有互感量之串聯電感器電路，各電感器之自感量分別為 $L_i$，$i=1$，2，…，$n$。電感器間的互感量分別為 $M_{ij}$，$i$、$j=1$，2，…，$n$，其中 $i\neq j$。若所有電感器互感極性的黑點皆在左側，則等效電感量為：

$$L_{\mathrm{eq1}}=(L_1+M_{12}+M_{13}+\cdots+M_{1n})+(M_{21}+L_2+M_{23}+\cdots+M_{2n})+\cdots+(M_{n1}+M_{n2}+M_{n3}+\cdots+L_n) \quad \mathrm{H}$$

若 $M_{ij}=M_{ji}$，$i$、$j=1$，2，…，$n$，且 $i\neq j$，則可改寫為：

$$L_{\mathrm{eq}}=\sum_{k=1}^{n}L_k+\sum_{i=1,j=1,i\neq j}^{n}2M_{ij} \quad \mathrm{H}$$

⑤若 $n$ 個電感器之極性只有第 1 個與其他 $n-1$ 個相反，則等效電感量為：

$$L_{\mathrm{eq}}=(L_1-M_{12}-M_{13}-\cdots-M_{1n})+(-M_{21}+L_2+M_{23}+\cdots+M_{2n})+\cdots+(-M_{n1}+M_{n2}+M_{n3}+\cdots+L_n) \quad \mathrm{H}$$

若 $M_{ij}=M_{ji}$，$i$、$j=1$，2，…，$n$，且 $i\neq j$，則可改寫為：

$$L_{\mathrm{eq}}=\sum_{k=1}^{n}L_k-\sum_{k=2}^{n}2M_{1k}+\sum_{i=2,j=2,i\neq j}^{n}2M_{ij} \quad \mathrm{H}$$

(2)並聯電路

兩個具有互感之電感器並聯，自感量分別為 $L_1$ 及 $L_2$，電感器間的互感量為 $M$，則等效電感量為：

$$L_{eq}=\frac{L_1L_2-M^2}{L_1+L_2\mp 2M} \quad \text{H}$$

式中符號 $\mp$ 之上方負號為同一側的互感極性並聯電感使用，下方正號則為不同側互感極性並聯電感使用。

(3)串並聯電路分析等效電感量的方法：

①寫出以相量表示的 KVL 或 KCL 方程式。

②整理成聯立方程式。

③利用魁雷瑪法則求解電壓或電流變數。

④將變數表示成電壓相量對電流相量的比值，形成等效電感抗。

⑤由等效電感抗轉換為等效電感量。

(4)戴維寧定理之互感電路分析

①戴維寧定理簡化後的等效電路，為一個電壓相量為 $\mathbf{V}_{TH}$ 的戴維寧等效電壓源與一個戴維寧等效電感 $L_{TH}$ 串聯的電路。

②開路電壓相量即為戴維寧等效電壓 $\mathbf{V}_{TH}$，可以先解出迴路電流相量變數，再求出開路電壓的方式得到。

③至於求戴維寧等效阻抗 $\overline{Z}_{TH}$（或電感抗 $jX_{TH}$）之做法，可將電路中的電壓源相量短路，電流源相量開路，再由端點外接一個測試電壓源，其電壓相量為 $\mathbf{V}_t$，令該測試電源流出的電流向量為 $\mathbf{I}_t$，只要利用測試電壓相量 $\mathbf{V}_t$ 除以迴路電流相量 $\mathbf{I}_t$，即可算出戴維寧等效電抗量 $jX_{TH}$，故戴維寧等效電感 $L_{TH}$ 便可得到。

## 【思考問題】

(1)那些定理可以應用於互感電路分析？

(2)一個互感電路含有時變互感時，如何計算等效電感值？

(3)電容器與電阻器加入互感電路時，對於等效電感量會不會有影響？

(4)混合直流電源與弦波電源的互感電路是一種什麼電路？如何分析？

(5)一個含有互感的電路，如何安排（原電路元件不變下，以其他附加元件串聯或並聯等任何方法），才可以使該電路失去互感效應？

# 9.6 耦合電路的等效電路

在第 9.5 節中，我們可以發現互感電路中的許多電感器，可以利用電壓方程式的關係，簡化爲單一個等效的電感器。本節亦將應用電壓方程式的推導，先將耦合電路轉變成一個不具互感作用的 T 型（或 Y 型）等效電路，此種轉換僅用一般的迴路方程式求解技巧即可獲得，無需再利用互感電壓計算的冗長表示項，此部份分爲減極性耦合電路之等效電路以及加極性耦合電路之等效電路兩部份做說明。本節最後再以另一種較少使用的Π型（或Δ型）等效電路做分析，並以電容器取代負值電感器，使等效電路得以實現。

## 9.6.1 減極性耦合電路之等效電路

如圖 9.6.1(a)所示，爲一個含有互感之兩線圈減極性耦合電路，假設兩線圈之自感量分別爲 $L_1$ 及 $L_2$，兩線圈彼此間的互感量爲 $M$，左側線圈外加電壓相量爲 $\mathbf{V}_1$，流入之電流相量爲 $\mathbf{I}_1$，右側線圈外加電壓相量爲 $\mathbf{V}_2$，流入之電流相量爲 $\mathbf{I}_2$，兩電流均流向互感極性黑點。我們可以試著將該電路之電壓方程式表示如下：

圖 9.6.1 減極性耦合電路

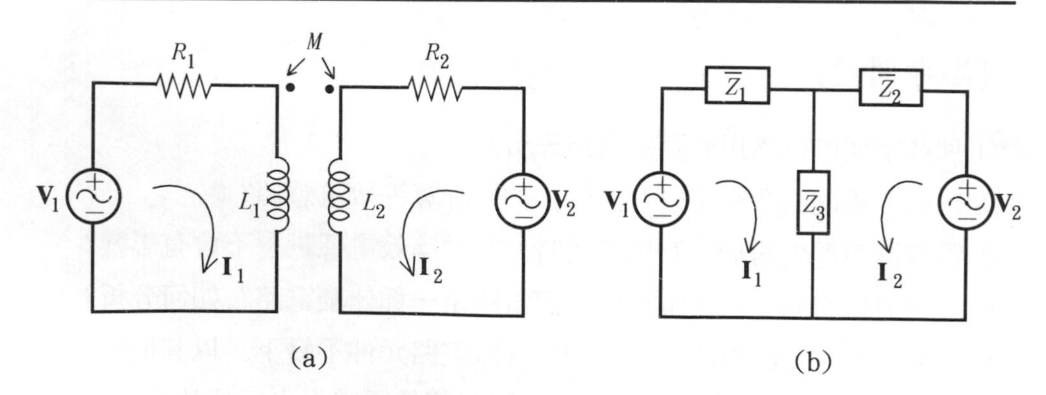

$$\mathbf{V}_1 = R_1\mathbf{I}_1 + j\omega L_1\mathbf{I}_1 + j\omega M\mathbf{I}_2$$
$$= (R_1 + j\omega L_1)\mathbf{I}_1 + (j\omega M)\mathbf{I}_2 \quad \text{V} \tag{9.6.1}$$
$$\mathbf{V}_2 = R_2\mathbf{I}_2 + j\omega L_2\mathbf{I}_2 + j\omega M\mathbf{I}_1$$
$$= (j\omega M)\mathbf{I}_1 + (R_2 + j\omega L_2)\mathbf{I}_2 \quad \text{V} \tag{9.6.2}$$

(9.6.1) 式及 (9.6.2) 式之寫法，非常類似兩個迴路之網目電流方程式，因此若以圖 9.6.1(b)之兩網目概要圖形寫出其網目電流方程式應爲：

$$\mathbf{V}_1 = \overline{Z}_1\mathbf{I}_1 + \overline{Z}_3(\mathbf{I}_1 + \mathbf{I}_2) = (\overline{Z}_1 + \overline{Z}_3)\mathbf{I}_1 + (\overline{Z}_3)\mathbf{I}_2 \quad \text{V} \tag{9.6.3}$$
$$\mathbf{V}_2 = \overline{Z}_2\mathbf{I}_2 + \overline{Z}_3(\mathbf{I}_1 + \mathbf{I}_2) = \overline{Z}_3\mathbf{I}_1 + (\overline{Z}_2 + \overline{Z}_3)\mathbf{I}_2 \quad \text{V} \tag{9.6.4}$$

將 (9.6.3) 式與 (9.6.1) 式中之電流相量 $\mathbf{I}_1$ 及 $\mathbf{I}_2$ 前面所帶的係數分別做一番比較，可以得到：

$$\overline{Z}_3 = j\omega M \quad \Omega \tag{9.6.5}$$
$$\overline{Z}_1 + \overline{Z}_3 = R_1 + j\omega L_1 \quad \Omega \tag{9.6.6}$$

將 (9.6.5) 式代入 (9.6.6) 式，可得：

$$\overline{Z}_1 = R_1 + j\omega L_1 - \overline{Z}_3 = R_1 + j\omega L_1 - j\omega M$$
$$= R_1 + j\omega(L_1 - M) \quad \Omega \tag{9.6.7}$$

同理，將 (9.6.4) 式與 (9.6.2) 式之電流相量 $\mathbf{I}_2$ 前面所帶的係數做一個比較可得：

$$\overline{Z}_2 + \overline{Z}_3 = R_2 + j\omega L_2 \quad \Omega \tag{9.6.8}$$

將 (9.6.5) 式代入 (9.6.8) 式，可得：

$$\overline{Z}_2 = R_2 + j\omega L_2 - \overline{Z}_3 = R_2 + j\omega L_2 - j\omega M$$
$$= R_2 + j\omega(L_2 - M) \quad \Omega \tag{9.6.9}$$

將 (9.6.5) 式、(9.6.7) 式以及 (9.6.9) 式三式的參數 $\overline{Z}_3$、$\overline{Z}_1$、$\overline{Z}_2$ 代回圖 9.6.1(b)中，可以變成圖 9.6.2 所示之兩網目電路。

注意圖 9.6.2 電路中間 T 型等效電路的三個電感器上，均無表示互感極性之黑點存在，代表這三個電感器是不具互感的電感器，該電路稱爲圖 9.6.1(a)原耦合電路之傳導性耦合等效電路 (the conductively coupled equivalent circuit)。意思就是說，原來以磁性耦合的電路，可以轉換爲一個以普通電流方式傳導的等效電路，不必再經由磁性耦合的方式來完成。

值得我們注意的是圖 9.6.2 中電路參數的正負特性：電阻 $R_1$ 及 $R_2$ 必爲正值，互感電抗 $j\omega M$ 也是正值，但是 $j\omega(L_1-M)$ 以及 $j\omega(L_2-M)$ 兩項，就看互感大小 $M$ 與兩自感大小 $L_1$、$L_2$ 的數值大小關係如何。由互感公式：$M=k\sqrt{L_1L_2}$ 得知，當耦合係數 $k$ 很小的時候，互感量 $M$ 可能會小於兩自感量 $L_1$ 與 $L_2$，因此圖 9.6.2 中的電路參數全爲正數，可以實際用電感器來實現；但當耦合係數 $k$ 增大至某一程度時，圖 9.6.2 中間的 T 型電感上方的電感（$L_1-M$）或（$L_2-M$），其中一個或兩個可能會變成負數，因此在實際上是無法以電感器實現的。

圖 9.6.2 對應於圖 9.6.1(a)之等效電路

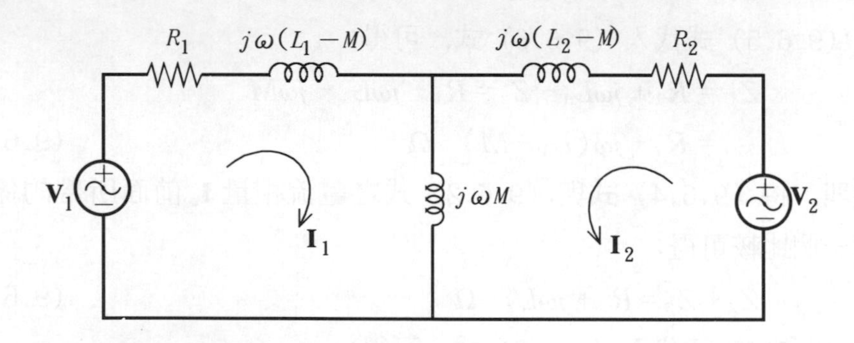


## 9.6.2 加極性耦合電路之等效電路

如圖 9.6.3 所示，爲一個含有互感之兩線圈加極性耦合電路，假設線圈之自感量分別爲 $L_1$ 及 $L_2$，兩線圈彼此間的互感量爲 $M$。左側線圈外加電壓相量爲 $\mathbf{V}_1$，流入之電流相量爲 $\mathbf{I}_1$，右側線圈外加電壓相量爲 $\mathbf{V}_2$，流入之電流相量爲 $\mathbf{I}_2$，其中電流 $\mathbf{I}_1$ 流向互感極性的黑點，而電流 $\mathbf{I}_2$ 自互感極性黑點流出。我們可以試著將該電路之電壓方程式表示如下：

圖9.6.3　加極性耦合電路

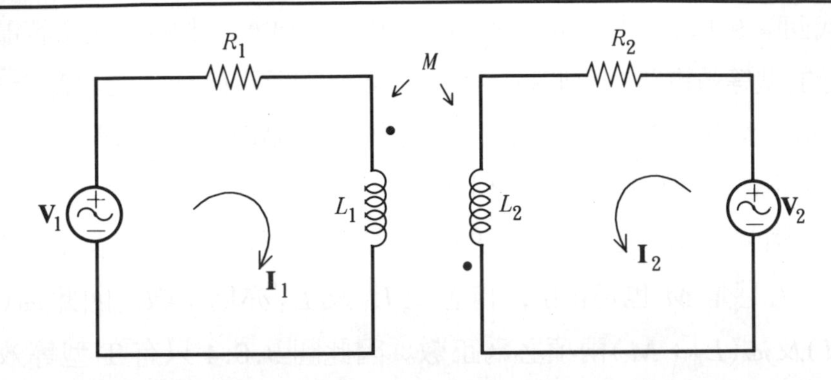


$$\mathbf{V}_1 = R_1\mathbf{I}_1 + j\omega L_1\mathbf{I}_1 - j\omega M\mathbf{I}_2$$

$$= (R_1 + j\omega L_1)\mathbf{I}_1 - j\omega M\mathbf{I}_2 \quad \text{V} \tag{9.6.10}$$

$$\mathbf{V}_2 = -j\omega M\mathbf{I}_1 + R_2\mathbf{I}_2 + j\omega L_2\mathbf{I}_2$$

$$= -j\omega M\mathbf{I}_1 + (R_2 + j\omega L_2)\mathbf{I}_2 \quad \text{V} \tag{9.6.11}$$

(9.6.10) 式以及 (9.6.11) 式之寫法，也非常類似兩個迴路之網目電流方程式，如 (9.6.3) 式以及 (9.6.4) 式所示。若將 (9.6.3) 式與 (9.6.10) 式之電流相量 $\mathbf{I}_1$ 及 $\mathbf{I}_2$ 前面所帶的係數做一個比較，可以得到:

$$\overline{Z}_3 = -j\omega M \quad \Omega \tag{9.6.12}$$

$$\overline{Z}_1 + \overline{Z}_3 = R_1 + j\omega L_1 \quad \Omega \tag{9.6.13}$$

將 (9.6.12) 式代入 (9.6.13) 式可得:

$$\overline{Z}_1 = R_1 + j\omega L_1 - \overline{Z}_3 = R_1 + j\omega L_1 - (-j\omega M)$$

$$= R_1 + j\omega(L_1 + M) \quad \Omega \tag{9.6.14}$$

同理，比較 (9.6.4) 式與 (9.6.11) 式中電流相量 $\mathbf{I}_2$ 之前面係數，可得:

$$\overline{Z}_2 + \overline{Z}_3 = R_2 + j\omega L_2 \quad \Omega \tag{9.6.15}$$

將 (9.6.12) 式代入 (9.6.15) 式，可得:

$$\overline{Z}_2 = R_2 + j\omega L_2 - \overline{Z}_3 = R_2 + j\omega L_2 - (-j\omega M)$$

$$= R_2 + j\omega(L_2 + M) \quad \Omega \tag{9.6.16}$$

若將（9.6.12）式、（9.6.14）式以及（9.6.16）式之參數 $\overline{Z}_3$、$\overline{Z}_1$、$\overline{Z}_2$ 代回圖 9.6.1(b)中，可以變成圖 9.6.4 之兩網目電路，注意該電路中間 T 型等效電路之三個電感器上，均無表示互感極性之黑點存在，代表這三個電感器是不具互感之電感器，該電路稱為圖 9.6.3 原加極性耦合電路之傳導性耦合等效電路。

判斷圖 9.6.4 之電路參數的正負特性如下：電阻 $R_1$ 及 $R_2$ 必為正值，互感量 $M$ 也是正值，自感量 $L_1$ 及 $L_2$ 亦為正數，因此 $j\omega(L_1+M)$ 及 $j\omega(L_2+M)$ 兩項必為正數。因此圖 9.6.4 只有 T 型等效電路中間的電感器 $-j\omega M$ 為負值外，其餘的元件數值皆為正數，故無法以實際正值電感器元件實現。

圖 9.6.4　對應於圖 9.6.3 之等效電路

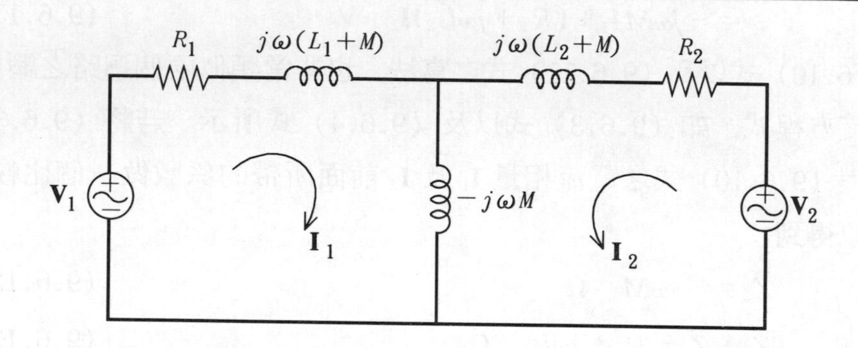


## 9.6.3　Π型等效電路

由減極性耦合電路與加極性耦合電路之 T 型等效電路結果發現，等效電路的轉換僅與相互耦合的電感器部份有關，與電阻器無關，故可將電阻器的部份提出，僅留下電感器做轉換即可。將（9.6.1）式與（9.6.2）式以及（9.6.10）式與（9.6.11）式同時以矩陣表示電壓相量與電流相量的關係如下：

$$\begin{bmatrix}\mathbf{V}_{11}\\ \mathbf{V}_{22}\end{bmatrix}=\begin{bmatrix}j\omega L_1 & \pm j\omega M\\ \pm j\omega M & j\omega L_2\end{bmatrix}\begin{bmatrix}\mathbf{I}_1\\ \mathbf{I}_2\end{bmatrix}\quad \text{V} \qquad (9.6.17)$$

式中 $\mathbf{V}_{11}$與 $\mathbf{V}_{22}$分別爲 $\mathbf{V}_1$ 與 $\mathbf{V}_2$ 扣除電阻器 $R_1$ 與 $R_2$ 電壓降 $\mathbf{I}_1R_1$ 與 $\mathbf{I}_2R_2$ 後之電壓相量，而 ± 符號中上面的正號爲減極性耦合電路使用，下面的負號則爲加極性耦合電路使用。將（9.6.17）式電壓相量與電流相量間的阻抗矩陣取反矩陣運算，可得電流相量 $\mathbf{I}_1$、$\mathbf{I}_2$ 以電壓相量 $\mathbf{V}_{11}$、$\mathbf{V}_{22}$表示的方程式如下：

$$\begin{bmatrix}\mathbf{I}_1\\ \mathbf{I}_2\end{bmatrix}=\begin{bmatrix}j\omega L_1 & \pm j\omega M\\ \pm j\omega M & j\omega L_2\end{bmatrix}^{-1}\cdot\begin{bmatrix}\mathbf{V}_{11}\\ \mathbf{V}_{22}\end{bmatrix}$$

$$=\frac{1}{(j\omega)^2(L_1L_2-M^2)}\begin{bmatrix}j\omega L_2 & \mp j\omega M\\ \mp j\omega M & j\omega L_1\end{bmatrix}\begin{bmatrix}\mathbf{V}_{11}\\ \mathbf{V}_{22}\end{bmatrix}$$

$$=\begin{bmatrix}\dfrac{L_2}{j\omega(L_1L_2-M^2)} & \dfrac{\mp M}{j\omega(L_1L_2-M^2)}\\ \dfrac{\mp M}{j\omega(L_1L_2-M^2)} & \dfrac{L_1}{j\omega(L_1L_2-M^2)}\end{bmatrix}\begin{bmatrix}\mathbf{V}_{11}\\ \mathbf{V}_{22}\end{bmatrix}\ \text{A} \tag{9.6.18}$$

對於圖 9.6.5 所示之Π型等效電路，我們可以利用節點壓方程式將電流相量 $\mathbf{I}_1$ 及 $\mathbf{I}_2$ 以電壓相量 $\mathbf{V}_{11}$及 $\mathbf{V}_{22}$表示如下：

$$\begin{bmatrix}\mathbf{I}_1\\ \mathbf{I}_2\end{bmatrix}=\begin{bmatrix}\overline{Y}_{11} & \overline{Y}_{12}\\ \overline{Y}_{21} & \overline{Y}_{22}\end{bmatrix}\begin{bmatrix}\mathbf{V}_{11}\\ \mathbf{V}_{22}\end{bmatrix}$$

$$=\begin{bmatrix}\dfrac{1}{j\omega L_A}+\dfrac{1}{j\omega L_C} & \dfrac{-1}{j\omega L_C}\\ \dfrac{-1}{j\omega L_C} & \dfrac{1}{j\omega L_B}+\dfrac{1}{j\omega L_C}\end{bmatrix}\begin{bmatrix}\mathbf{V}_{11}\\ \mathbf{V}_{22}\end{bmatrix}\ \text{A} \tag{9.6.19}$$

式中$\overline{Y}_{ii}$爲連接第 $i$ 個節點之總導納，而$\overline{Y}_{ij}$則爲連接節點 $i$ 與節點 $j$ 間導納總和的負值。對照（9.6.18）式與（9.6.19）式兩式導納矩陣的各個元素，可得 $L_A$、$L_B$ 以及 $L_C$ 分別以 $L_1$、$L_2$ 以及 $M$ 所表示之參數如下：

$$\frac{-1}{j\omega L_C}=\frac{\mp M}{j\omega(L_1L_2-M^2)} \tag{9.6.20a}$$

圖9.6.5 Π型等效電路

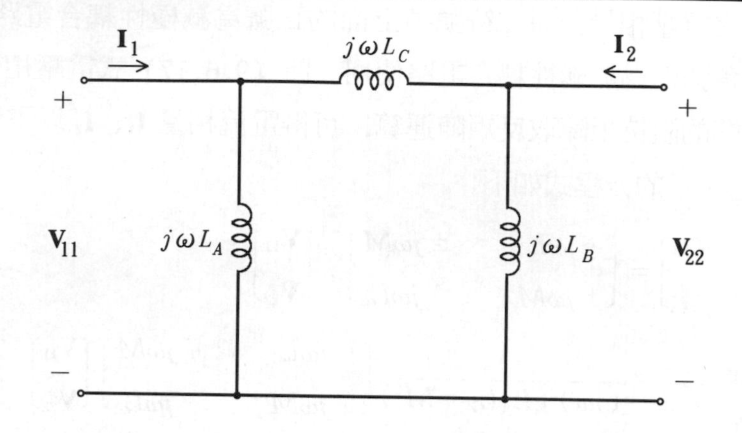


或

$$L_C=\frac{L_1L_2-M^2}{\pm M}\quad \text{H} \tag{9.6.20b}$$

$$\frac{1}{j\omega L_A}=\frac{L_2}{j\omega(L_1L_2-M^2)}-\frac{1}{j\omega L_C}=\frac{L_2\mp M}{j\omega(L_1L_2-M^2)} \tag{9.6.21a}$$

或

$$L_A=\frac{L_1L_2-M^2}{L_2\mp M}\quad \text{H} \tag{9.6.21b}$$

$$\frac{1}{j\omega L_B}=\frac{L_1}{j\omega(L_1L_2-M^2)}-\frac{1}{j\omega L_C}=\frac{L_1\mp M}{j\omega(L_1L_2-M^2)} \tag{9.6.22a}$$

或

$$L_B=\frac{L_1L_2-M^2}{L_1\mp M}\quad \text{H} \tag{9.6.22b}$$

上面三組方程式中不論是 ± 或是 ∓ 符號，其中上面的符號一律是給減極性耦合電路使用的，下面的符號則一律是給加極性耦合電路使用。

由（9.6.20b）式、（9.6.21b）式以及（9.6.22b）式所表示的參數方程式知，由於$M=k\sqrt{L_1L_2}$或 $M^2=k^2L_1L_2$，耦合係數 $k$ 的值除了理想的1會使 $L_A$、$L_B$、$L_C$ 均爲零外，其餘的 $k$ 值均能使這三個方程式的分子（$L_1L_2-M^2$）爲正值。在加極性耦合電路中，與 T 型等效電路結果一樣，三個方程式中除了 $L_C$ 表示式的分母爲負值外，其餘 $L_A$ 與 $L_B$ 表示式的分母均爲正值，因此Π型等效電路參數受 $L_C$

參數影響無法實際予以實現。然而對減極性耦合電路來說，其情況也與 T 型等效電路一樣，當耦合係數 $k$ 增大至某一程度時，圖 9.6.5 兩側的電感器 $L_A$ 或 $L_B$，其中一個或兩個可能會變成負數，因此在實際上是無法以電感器實現的。

### 9.6.4 以電容器特性表示之負值電感器

由以上分析結果可以明瞭，不論是耦合電路是轉換成 T 型等效電路或是轉換成 Π 型等效電路，在某些特殊條件下，這類等效電路中的電感器元件參數會有負值的情況發生。對於負值的電感器來說，雖然無法實際在電路上實現，但是由於耦合電路多半是使用在單一個電源頻率下，由負值電感器乘以交流電源的角頻率，所得的電感抗也是負值，但是這種負值電抗性卻可以利用電容器的負值電容抗取代。例如在減極性耦合電路之 T 型等效電路中，兩個水平臂的電感器（$L_1 - M$）及（$L_2 - M$）的值若小於零，假設電源角頻率爲 $\omega$，則這兩個負值電感器可用兩個正值電容器 $C_a$ 及 $C_b$ 取代，其值分別計算如下：

$$\omega(L_1 - M) = -\frac{1}{\omega C_a} \quad \Omega \tag{9.6.23a}$$

或

$$C_a = \frac{1}{\omega^2(M - L_1)} \quad \text{F} \tag{9.6.23b}$$

$$\omega(L_2 - M) = -\frac{1}{\omega C_b} \quad \Omega \tag{9.6.24a}$$

或

$$C_b = \frac{1}{\omega^2(M - L_2)} \quad \text{F} \tag{9.6.24b}$$

其他如加極性耦合電路的 T 型等效電路與 Π 型等效電路，以及減極性耦合電路的 Π 型等效電路之負值電感器也可以仿照此種方式，利用電容器的負電抗特性來取代，請讀者自行推導之。

【例 9.6.1】如圖 9.6.6 所示之互感電路，求其傳導性耦合等效電路之各元件參數。

圖 9.6.6 例 9.6.1 之電路

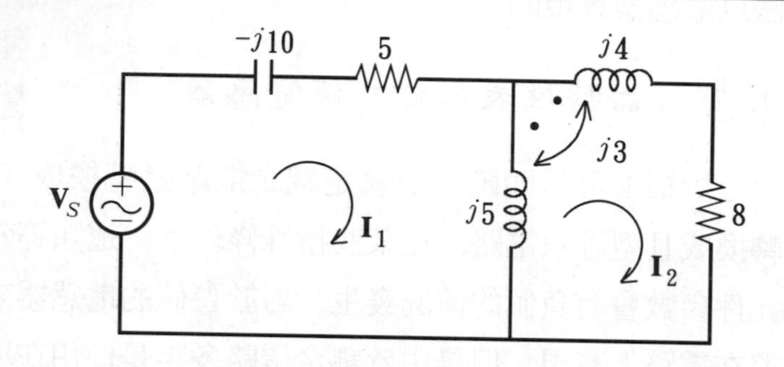


【解】寫出圖 9.6.6 兩個迴路之 KVL 方程式為：

$$-\mathbf{V}_S+(-j10)\mathbf{I}_1+5\mathbf{I}_1+j5(\mathbf{I}_1-\mathbf{I}_2)+j3\mathbf{I}_2=0$$

或 $$(5-j5)\mathbf{I}_1+(-j2)\mathbf{I}_2=\mathbf{V}_S \quad ①$$

$$j5(\mathbf{I}_2-\mathbf{I}_1)-j3\mathbf{I}_2+j4\mathbf{I}_2+j3(\mathbf{I}_1-\mathbf{I}_2)+8\mathbf{I}_2=0$$

或 $$(-j2)\mathbf{I}_1+(8+j3)\mathbf{I}_2=0 \quad ②$$

兩個迴路之傳導性等效電路如下：

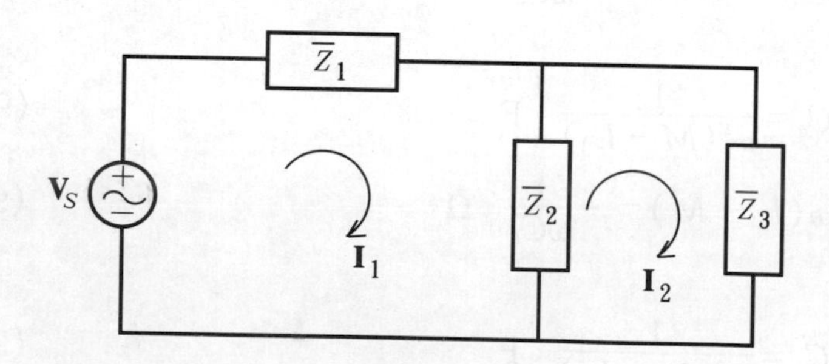


其 KVL 方程式為：

$$(\overline{Z}_1+\overline{Z}_2)\mathbf{I}_1-\overline{Z}_2\mathbf{I}_2=\mathbf{V}_S \quad ③$$

$$-\overline{Z}_2\mathbf{I}_1+(\overline{Z}_2+\overline{Z}_3)\mathbf{I}_2=0 \quad ④$$

將①、③以及②、④方程式之係數做比較可得：

$\overline{Z}_2 = j2\ \Omega$

$\overline{Z}_1 + \overline{Z}_2 = 5 - j5$

$\therefore \overline{Z}_1 = 5 - j5 - \overline{Z}_2 = 5 - j5 - j2 = 5 - j7\ \Omega$

$\overline{Z}_2 + \overline{Z}_3 = 8 + j3$

$\therefore \overline{Z}_3 = 8 + j3 - \overline{Z}_2 = 8 + j3 - j2 = 8 + j1\ \Omega$

故傳導性耦合等效電路為:

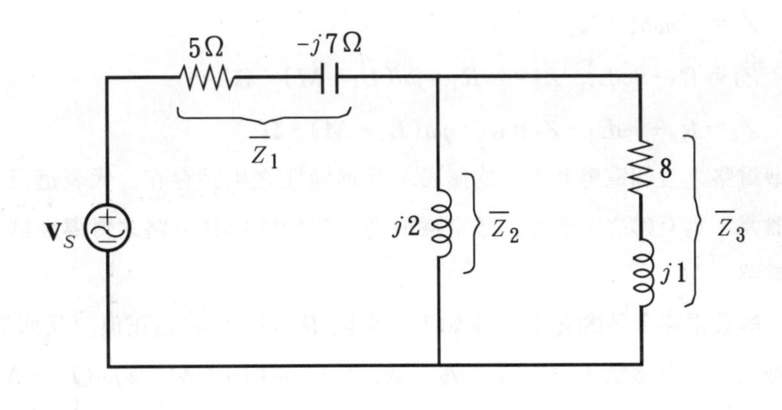


◎

## 【本節重點摘要】

(1)減極性耦合電路之等效電路

①假設兩線圈之自感量分別為 $L_1$ 及 $L_2$，兩線圈彼此間的互感量為 $M$，互感極性黑點在同一側，則其 T 型等效電路參數為：

$\overline{Z}_3 = j\omega M\quad \Omega$

$\overline{Z}_1 = R_1 + j\omega L_1 - \overline{Z}_3 = R_1 + j\omega(L_1 - M)\quad \Omega$

$\overline{Z}_2 = R_2 + j\omega L_2 - \overline{Z}_3 = R_2 + j\omega(L_2 - M)\quad \Omega$

②T 型等效電路的三個電感器上，均無表示互感極性之黑點存在，代表這三個電感器是不具互感的電感器，該電路稱為原耦合電路之傳導性耦合等效電路。

③電路參數的正負特性：電阻 $R_1$ 及 $R_2$ 必為正值，互感電抗 $j\omega M$ 也是正值，但是$j\omega(L_1 - M)$以及$j\omega(L_2 - M)$兩項，就看互感大小 $M$ 與兩自感大小 $L_1$、$L_2$ 的數值大小關係如何。

④當耦合係數 $k$ 很小的時候，互感量 $M$ 可能會小於兩自感量$L_1$與 $L_2$，因此電路參數全為正數，可以實際用電感器來實現；但當耦合係數 $k$ 增大至某一程度時，T 型等效電路上方的電感器（$L_1-M$）或（$L_2-M$），其中一個或兩個可能會變成負數，因此在實際上是無法以電感器實現的。

(2)加極性耦合電路之等效電路

①一個含有互感之兩線圈加極性耦合電路，假設線圈之自感量分別為 $L_1$ 及 $L_2$，兩線圈彼此間的互感量為 $M$，則其 T 型等效電路參數為：

$$\overline{Z}_3=-j\omega M \quad \Omega$$

$$\overline{Z}_1=R_1+j\omega L_1-\overline{Z}_3==R_1+j\omega(L_1+M) \quad \Omega$$

$$\overline{Z}_2=R_2+j\omega L_2-\overline{Z}_3=R_2+j\omega(L_2+M) \quad \Omega$$

②T 型電路之三個電感器上，均無表示互感極性之黑點存在，代表這三個電感器是不具互感之電感器，該電路稱為原加極性耦合電路之傳導性耦合等效電路。

③T 型等效電路參數的正負特性如下：電阻 $R_1$ 及 $R_2$ 必為正值，互感量 $M$ 也是正值，自感量 $L_1$ 及 $L_2$ 亦為正數，因此$j\omega(L_1+M)$及$j\omega(L_2+M)$兩項必為正數。

④T 型中間的電感器 $-j\omega M$ 為負值外，其餘的元件數值皆為正數，無法以實際正值電感器元件實現。

(3)Π型等效電路

①由減極性耦合電路與加極性耦合電路之 T 型等效電路結果發現，等效電路的轉換僅與相互耦合的電感器部份有關，與電阻器無關，故可將電阻器的部份提出，僅留下電感器做轉換即可。

②Π型等效電路參數為：

$$L_C=\frac{L_1L_2-M^2}{\pm M} \quad \text{H}$$

$$L_A=\frac{L_1L_2-M^2}{L_2\mp M} \quad \text{H}$$

$$L_B=\frac{L_1L_2-M^2}{L_1\mp M} \quad \text{H}$$

上面三組方程式中不論是 ± 或是 ∓ 符號，其中上面的符號一律是給減極性耦合電路使用的，下面的符號則一律是給加極性耦合電路使用。

③由於 $M=k\sqrt{L_1L_2}$或 $M^2=k^2L_1L_2$，耦合係數 $k$ 的值除了理想的 1 會使

$L_A$、$L_B$、$L_C$ 均為零外，其餘的 $k$ 值均能使這三個方程式的分子為正值。在加極性耦合電路中，與 T 型等效電路結果一樣，三個方程式中除了 $L_C$ 表示式的分母為負值外，其餘 $L_A$ 與 $L_B$ 表示式的分母均為正值，因此Ⅱ型等效電路參數受 $L_C$ 參數影響無法實際予以實現。然而對減極性耦合電路來說，其情況也與 T 型等效電路一樣，當耦合係數 $k$ 增大至某一程度時，兩側的電感器 $L_A$ 或 $L_B$，其中一個或兩個可能會變成負數，因此在實際上是無法以電感器實現的。

(4)以電容器特性表示之負值電感器

①對於負值的電感器來說，雖然無法實際電路上來實現，但是由於耦合電路多半是使用在單一個電源頻率下，由負值電感器乘以交流電源的角頻率，所得的電感抗也是負值，但是這種負值電抗性卻可以利用電容器的負值電容抗取代。

②減極性耦合電路之 T 型等效電路中，兩個水平電感器（$L_1-M$）或（$L_2-M$）的值若小於零，假設電源角頻率為 $\omega$，則這兩個負值電感器可用兩個電容器 $C_a$ 及 $C_b$ 取代，其值分別計算如下：

$$\omega(L_1-M)=-\frac{1}{\omega C_a}\quad\Omega$$

或 $$C_a=\frac{1}{\omega^2(M-L_1)}\quad\text{F}$$

$$\omega(L_2-M)=-\frac{1}{\omega C_b}\quad\Omega$$

或 $$C_b=\frac{1}{\omega^2\ (M-L_2)}\quad\text{F}$$

## 【思考問題】

(1)除了 T 型與Ⅱ型電路以外，耦合電路有沒有其他的等效電路？

(2)若改以電流源灌入兩個相互耦合的線圈，請問其等效電路爲何？

(3)T 型或Ⅱ型等效電路若無法實現正電感值的加極性耦合電路，但能實現正電感值的減極性電路，試求其臨界的耦合係數值 $k$。

(4)若兩個線圈的耦合電路，其中一個線圈通以電壓源，另一個線圈通以電流源，請問等效電路如何求出？

## 9.7 理想變壓器

若將兩個或兩個以上的線圈，繞在一個導磁係數極高的材質上，當做一種改變電壓或改變電流的設備，我們稱為變壓器（the transformer），9.3 節中的圖 9.3.1 或圖 9.3.2 所示的兩個線圈，繞在一個鐵心上就是一個簡單的變壓器圖形。本節先以較簡單的理想變壓器（the ideal transformer）做一個說明，下一節再談實際變壓器（the practical transformer）的基本觀念。

如圖 9.7.1 所示的電路，兩個耦合線圈 1、2，分別稱為一次繞組或一次側（the primary）以及二次繞組或二次側（the secondary），左側線圈 1 之匝數為 $N_1$，自感量為 $L_1$，電壓相量為 $\mathbf{V}_1$，由電壓正端流入線圈 1 之電流相量為 $\mathbf{I}_1$；右側線圈 2 之匝數為 $N_2$，自感量為 $L_2$，電壓相量為 $\mathbf{V}_2$，自電壓正端流出之電流相量為 $\mathbf{I}_2$，兩個線圈之互感量為 $M$。根據 KVL 寫出這兩個迴路之網目方程式為：

$$\mathbf{V}_1 = j\omega L_1\mathbf{I}_1 \pm j\omega M(-\mathbf{I}_2) = j\omega L_1\mathbf{I}_1 \mp j\omega M\mathbf{I}_2 \quad \text{V} \tag{9.7.1}$$

$$\mathbf{V}_2 = \pm j\omega M\mathbf{I}_1 + j\omega L_2(-\mathbf{I}_2) = \pm j\omega M\mathbf{I}_1 - j\omega L_2\mathbf{I}_2 \quad \text{V} \tag{9.7.2}$$

圖 9.7.1 理想變壓器之說明

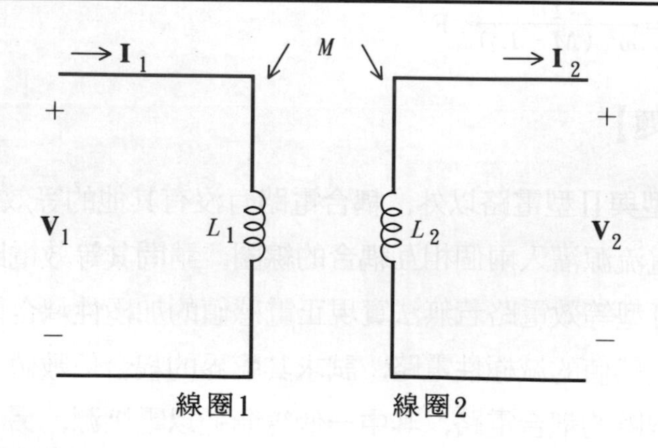

(9.7.1) 式及 (9.7.2) 式兩式中符號 $\mp$ 或 $\pm$ 之符號說明如下：第一個等號右側的寫法主要是配合前面幾節中的電流流向爲流入線圈使用，其中電流相量 $\mathbf{I}_2$ 取負號，表示該電流其實是由線圈 2 向外流的；第二個等號右側的寫法主要是直接由圖中的電流相量 $\mathbf{I}_2$ 的流向來寫，電流相量 $\mathbf{I}_2$ 取正號，表示該電流確爲向外流；不論互感電壓前面的 $\pm$ 符號怎麼寫，上面的符號均爲減極性變壓器使用，下面的符號則均爲加極性變壓器使用。圖 9.7.1 之電流相量 $\mathbf{I}_2$ 的方向向外，主要是等一下要配合說明變壓器功率流動的情形。

將 (9.7.1) 式除以 (9.7.2) 式，可以求得兩繞組端電壓的比值爲：

$$\frac{\mathbf{V}_1}{\mathbf{V}_2}=\frac{j\omega(L_1\mathbf{I}_1\mp M\mathbf{I}_2)}{j\omega(\pm M\mathbf{I}_1-L_2\mathbf{I}_2)}=\frac{L_1\mathbf{I}_1\mp M\mathbf{I}_2}{\pm M\mathbf{I}_1-L_2\mathbf{I}_2} \tag{9.7.3}$$

對於一個理想變壓器而言，線圈 1、2 間的磁通受極高的鐵心材質導磁係數影響，磁通完全交鏈，沒有洩漏的磁通存在，因此：

$$\Phi_1=\Phi_{12}+\Phi_{11}=\Phi_{12}\quad \text{Wb}\quad 且\quad \Phi_{11}=0\quad \text{Wb}$$

$$\Phi_2=\Phi_{21}+\Phi_{21}=\Phi_{21}\quad \text{Wb}\quad 且\quad \Phi_{21}=0\quad \text{Wb}$$

故兩線圈間的耦合係數 $k$ 之值爲：

$$k=\frac{\Phi_{12}}{\Phi_1}=1\quad 或\quad k=\frac{\Phi_{21}}{\Phi_2}=1 \tag{9.7.4}$$

因此理想變壓器之互感量 $M$ 之值爲：

$$M=k\sqrt{L_1L_2}=\sqrt{L_1L_2}=\sqrt{L_1}\sqrt{L_2}\quad \text{H} \tag{9.7.5}$$

將 (9.7.5) 式代入 (9.7.3) 式可得變壓器兩側電壓之比爲：

$$\frac{\mathbf{V}_1}{\mathbf{V}_2}=\frac{L_1\mathbf{I}_1\mp M\mathbf{I}_2}{\pm M\mathbf{I}_1-L_2\mathbf{I}_2}=\frac{\sqrt{L_1}\sqrt{L_1}\mathbf{I}_1\mp\sqrt{L_1}\sqrt{L_2}\mathbf{I}_2}{\pm\sqrt{L_1}\sqrt{L_2}\mathbf{I}_1-\sqrt{L_2}\sqrt{L_2}\mathbf{I}_2}$$

$$=\frac{\sqrt{L_1}}{\sqrt{L_2}}\left(\frac{\sqrt{L_1}\mathbf{I}_1\mp\sqrt{L_2}\mathbf{I}_2}{\pm\sqrt{L_1}\mathbf{I}_1-\sqrt{L_2}\mathbf{I}_2}\right)=\pm\frac{\sqrt{L_1}}{\sqrt{L_2}}=\pm\sqrt{\frac{L_1}{L_2}} \tag{9.7.6}$$

式中的符號 $\pm$ 上面的符號仍爲減極性變壓器使用，下面的符號則仍爲加極性變壓器使用，此符號表示減極性變壓器之兩個端電壓相量爲同相位，加極性變壓器之兩個端電壓相量爲反相 180°，而兩個電壓相量的比值大小均爲兩線圈自感量比值的平方根。利用（9.1.29）式將電感量 $L_a$ 及 $L_b$ 分別改爲 $L_1$ 及 $L_2$，匝數 $N_a$ 及 $N_b$ 分別改爲 $N_1$ 及 $N_2$，則該式變成：

$$\frac{L_1}{L_2}=(\frac{N_1}{N_2})^2$$

將其代入（9.7.6）式可得：

$$\frac{\mathbf{V}_1}{\mathbf{V}_2}=\pm\sqrt{\frac{L_1}{L_2}}=\pm\sqrt{(\frac{N_1}{N_2})^2}=\pm\frac{N_1}{N_2}=\pm a \tag{9.7.7}$$

式中 $a$ 稱爲匝數比（the turn ratio），簡稱匝比，它是一個實數，也是一個常數。由（9.7.7）式得知，當理想變壓器不論爲減極性或加極性時，兩側電壓相量之比值恆爲一個實數常數，減極性變壓器爲正實數，加極性變壓器爲負實數。又實際線圈匝數 $N$ 爲有限的量，因此兩個線圈之匝比，電壓相量比，或是自感之比值均爲一個有限的量，該些量均與匝比 $a$ 有關。（9.7.7）式若改寫成下式，則代表每一匝線圈所須承受的電壓，與設計變壓器有關。

$$\frac{\mathbf{V}_1}{N_1}=\frac{\mathbf{V}_2}{N_2}\quad \text{V/turn} \tag{9.7.8}$$

以上是變壓器兩側電壓的關係。接著，我們再看一看電流在變壓器線圈中是呈現怎樣的特性，讓我們先由自感量 $L$，磁阻 $R$ 與匝數 $N$ 間的觀念來看。（9.1.9）式及（9.1.22）式說明了三者間的關係爲：

$$L=\frac{N^2}{R}\quad \text{H} \tag{9.7.9}$$

其中磁阻 $R$ 又可寫爲：

$$R=\frac{l}{\mu A}\quad \text{At/Wb} \tag{9.7.10}$$

在前面的說明中得知，理想變壓器的磁路材質是一個具有導磁係數 $\mu$ 極大的量，可視爲具有無限大（$\mu\rightarrow\infty$）的極限值，因此（9.7.10）式的磁阻必趨近於零。將該量代入（9.7.9）式，則當匝數 $N$ 爲一個實際有限値時，自感量 $L$ 必趨近於無限大。故對理想變壓器而言，兩繞組之自感均趨近於無限大：

$$L_1 \to \infty \quad \text{H} \quad 且 \quad L_2 \to \infty \quad \text{H} \tag{9.7.11}$$

此時，由（9.7.1）式等號兩側同時除以 $j\omega L_1$，並令 $L_1 \to \infty$ H，（9.7.2）式等號兩側同時除以 $j\omega L_2$，並令 $L_2 \to \infty$ H，分別可以得以下二式：

$$\left.\frac{\mathbf{V}_1}{j\omega L_1}\right|_{L_1 \to \infty} = 0 = \mathbf{I}_1 \mp \frac{M}{L_1}\mathbf{I}_2 = \mathbf{I}_1 \mp \frac{\sqrt{L_1}\sqrt{L_2}}{\sqrt{L_1}\sqrt{L_1}}\mathbf{I}_2 = \mathbf{I}_1 \mp \sqrt{\frac{L_2}{L_1}}\mathbf{I}_2 \quad \text{A} \tag{9.7.12}$$

$$\left.\frac{\mathbf{V}_2}{j\omega L_2}\right|_{L_2 \to \infty} = 0 = \pm\frac{M}{L_2}\mathbf{I}_1 - \mathbf{I}_2 = \pm\frac{\sqrt{L_1}\sqrt{L_2}}{\sqrt{L_2}\sqrt{L_2}}\mathbf{I}_1 - \mathbf{I}_2 = \pm\sqrt{\frac{L_1}{L_2}}\mathbf{I}_1 - \mathbf{I}_2 \quad \text{A} \tag{9.7.13}$$

由上面這兩個方程式，可以找到兩側電流相量之比為：

$$\frac{\mathbf{I}_1}{\mathbf{I}_2} = \pm\sqrt{\frac{L_2}{L_1}} = \pm\sqrt{(\frac{N_2}{N_1})^2} = \pm\frac{N_2}{N_1} = \pm\frac{1}{a} \tag{9.7.14}$$

式中符號 ± 上面之正號代表減極性變壓器，以圖 9.7.1 而言流入變壓器之電流相量 $\mathbf{I}_1$ 與流出之電流相量 $\mathbf{I}_2$ 為同相位；下面的負號則表示加極性變壓器中兩個電流相量反相 180°。(9.7.14) 式也可改寫為：

$$N_1\mathbf{I}_1 = \pm N_2\mathbf{I}_2 \quad \text{At} \quad 或 \quad N_1\mathbf{I}_1 \mp N_2\mathbf{I}_2 = 0 \quad \text{At} \tag{9.7.15}$$

該式表示了兩線圈磁動勢（MMF）在變壓器磁路內部之平衡關係。

將電壓相量比的關係式（9.7.7）式與電流相量比的關係式（9.7.14）式合併為一式，可以寫成匝數比的關係如下：

$$a = \pm\frac{\mathbf{V}_1}{\mathbf{V}_2} = \pm\frac{\mathbf{I}_2}{\mathbf{I}_1} \tag{9.7.16}$$

該式是以圖 9.7.1 為參考，其中電壓相量比或電流相量比前面的符號 ± 中，上面的正號代表減極性變壓器使用，下面的負號則代表加極性變壓器使用。根據（9.5.16）式的關係，假設線圈 1 接上電源，線圈

2 接上負載，則按匝比 $a$ 之大小，將變壓器分類敘述如下：

(1)$a>1$

當匝數比大於 1 時，表示電壓相量 $\mathbf{V}_1>\mathbf{V}_2$，且 $\mathbf{I}_1<\mathbf{I}_2$，由電壓來看，該變壓器是將一個高電壓 $\mathbf{V}_1$ 降至一個低電壓 $\mathbf{V}_2$，產生電壓的衰減，因此通稱此種變壓器為降壓變壓器(the step-down transformer)。然而從電流來看，卻是將一個低電流 $\mathbf{I}_1$ 增大到一個高電流 $\mathbf{I}_2$，變成電流放大。舉例來說，一般的家電產品內部，將交流 110 V 電壓降壓、整流為直流電壓的變壓器，或電力公司變電所的變壓器、桿上配電用變壓器或配電用之比壓器（PT）均屬於此類。

(2)$a<1$

當匝數比小於 1 時，表示 $\mathbf{V}_1<\mathbf{V}_2$ 且 $\mathbf{I}_1>\mathbf{I}_2$，由電壓來看是將一個低電壓 $\mathbf{V}_1$ 增大為一個高電壓 $\mathbf{V}_2$，產生電壓放大，因此通稱此種變壓器為升壓變壓器（the step-up transformer)。然而從電流來看，卻是將一個高電流 $\mathbf{I}_1$ 減少到一個低電流 $\mathbf{I}_2$，變成電流的衰減。舉例而言，電廠將發電機發出的電能送至超高壓（extra high voltage，EHV）輸電線之變壓器，或配電儀表用的比流器（current transformer，CT）均屬於此類。

(3)$a=1$

當匝數比恰為 1 時，表示 $\mathbf{V}_1=\mathbf{V}_2$ 且 $\mathbf{I}_1=\mathbf{I}_2$，線圈兩側不論是電壓或電流的大小均相同，甚至完全同相，類似一個經過複製的電壓及電流一般。但是這兩組電壓及電流是經由互磁通耦合鏈結的，卻是隔離的兩組線圈，因此通稱此種變壓器為隔離變壓器（the isolated transformer)。由於是隔離用的變壓器，電壓及電流又相同，因此在許多接地點不同，或必須使用電氣隔離的場所，為保持原電壓及電流波形、大小、相位以及頻率等特性，常運用此類變壓器來達成。

最後，我們看一看功率在理想變壓器端點傳送的情形。一個理想變壓器輸入實功率與輸出實功率間的關係，可由（9.7.16）式將兩個電壓與電流的量合併在一起表示：

$$P_{in}=(V_1)(I_1)\cos\phi_1=(\pm V_2\frac{N_1}{N_2})(\pm I_2\frac{N_2}{N_1})\cos\phi_1$$
$$=V_2I_2\cos\phi_2=P_{out}\quad W \qquad (9.7.18)$$

式中

$$\phi_1=\theta_{V1}-\theta_{I1} \qquad (9.7.19)$$

$$\phi_2=\theta_{V2}-\theta_{I2} \qquad (9.7.20)$$

分別為線圈 1（輸入端）與線圈 2（輸出端）之功因角。由於電壓及電流相位相同（減極性變壓器）或電壓與電流相位相反（加極性變壓器），使得（9.7.18）式之輸入實功率 $P_{in}$與輸出實功率 $P_{out}$相同，故理想變壓器內部並不會有任何功率損失，輸入功率完全到達輸出端。注意：僅在理想變壓器的實功率才會如此，實際變壓器之實功率則非如此。

理想變壓器之特性可以歸納如下：

(1)所有繞組均無電阻存在，因此無電線銅損功率消耗。
(2)互磁通經過的路徑（如鐵心）無任何損失。
(3)磁路不會飽和，$B-H$ 曲線為一條直線。
(4)無漏磁通，磁通完全耦合，因此耦合係數為 1。
(5)導磁係數無限大，磁阻為零，因此各個自感均趨近於無限大，無需激磁電流即可建立互磁通。

上面的特性說明中，特性(1)、(2)即表示了（9.7.18）式的功率關係，特性(3)表示了重要的磁路線性特性，特性(4)、(5)則在本節電流相量中已經說明。至於變壓器之規格，一般是指實際變壓器的銘牌（name-plate）標示，將留到下一節中再說明。

**【例 9.7.1】** 一個理想變壓器，已知 $N_1=500$ 匝，$N_2=20$ 匝，若 $V_1=1000$ V，$I_2=200$ A，求：(a) $V_2$ 及 $I_1$ 若干，(b)繞組之額定 VA。

**【解】** (a) $a=\frac{N_1}{N_2}=\frac{500}{20}=25$

由公式 $\dfrac{V_1}{V_2}=\dfrac{I_2}{I_1}=\pm a$

$$\therefore V_2=\frac{V_1}{a}=\frac{1000}{25}=40\ \text{V}$$

$$I_1=\frac{I_2}{a}=\frac{200}{25}=8\ \text{A}$$

(b)繞組額定

$$\text{VA}=V_1I_1=1000\times 8=8000\ \text{VA}$$

或 $\quad \text{VA}=V_2I_2=40\times 200=8000\ \text{VA}$ ◎

【例 9.7.2】一個理想變壓器之電源與負載連接圖如圖 9.7.2 所示，求(a)$\mathbf{V}_1$，$\mathbf{I}_1$，$\mathbf{V}_2$，$\mathbf{I}_2$，(b)$\overline{S}_S$，$\overline{S}_L$，$\overline{S}_{ZS}$。

圖 9.7.2 例 9.7.2 之電路

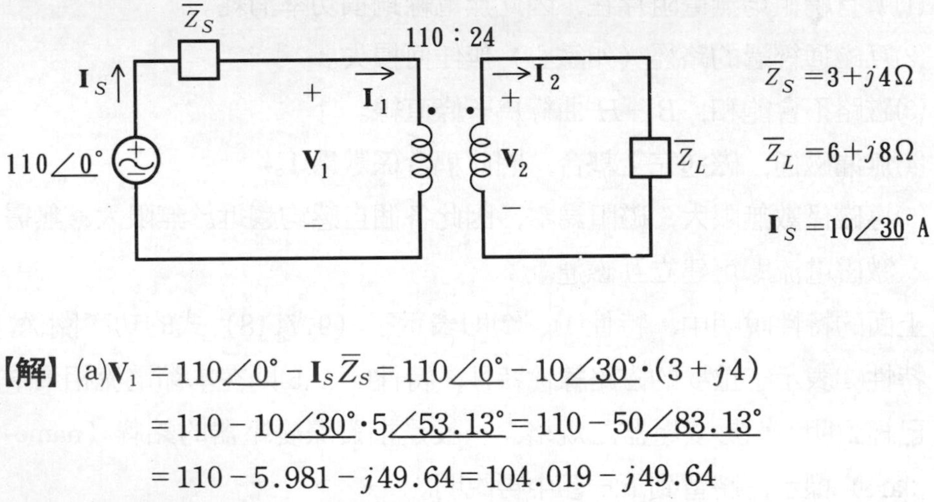

$\overline{Z}_S$; 110 : 24; $\mathbf{I}_S$; $\mathbf{I}_1$; $\mathbf{I}_2$; $110\angle 0^\circ$; $\mathbf{V}_1$; $\mathbf{V}_2$; $\overline{Z}_L$

$\overline{Z}_S=3+j4\,\Omega$

$\overline{Z}_L=6+j8\,\Omega$

$\mathbf{I}_S=10\angle 30^\circ\,\text{A}$

【解】(a)

$$\begin{aligned}\mathbf{V}_1&=110\angle 0^\circ-\mathbf{I}_S\overline{Z}_S=110\angle 0^\circ-10\angle 30^\circ\cdot(3+j4)\\&=110-10\angle 30^\circ\cdot 5\angle 53.13^\circ=110-50\angle 83.13^\circ\\&=110-5.981-j49.64=104.019-j49.64\\&=115.26\angle -25.51^\circ\ \ \text{V}\end{aligned}$$

$$\mathbf{I}_1=\mathbf{I}_S=10\angle 30^\circ\ \ \text{A}$$

$$\therefore \mathbf{V}_2=\frac{24}{110}\times 115\angle -25.51^\circ=25.091\angle -25.51^\circ\ \ \text{V}$$

$$\mathbf{I}_2=\frac{110}{24}\cdot 10\angle 30^\circ=45.8333\angle 30^\circ\ \ \text{A}$$

(b)$\overline{S}_S = 110\angle 0^\circ \cdot \mathbf{I}_S^* = 110\angle 0^\circ \cdot 10\angle -30^\circ = 1100\angle -30^\circ$

$= 952 - j550$　VA　(放出)

$\overline{S}_L = \mathbf{V}_2\mathbf{I}_2^* = 25.091\angle -25.51^\circ \cdot 45.8333\angle 30^\circ$

$= 1150.004\angle -55.51^\circ$

$= 651 - j947.86$　VA　(吸收)

$\overline{S}_{ZS} = (3+j4)(\mathbf{I}_S)^2 = (3+j4)100$

$= 300 + j400$　VA　(吸收)

檢驗：$P_S \approx P_{ZS} + P_L$

$Q_S \approx Q_{ZS} + Q_L$ ◎

**【例 9.7.3】** 如圖 9.7.3 所示之理想變壓器電路，試求在下面兩條件下由 $a$、$b$ 端看入之等效電阻值：(a)$x$ 與 $x'$開路，(b)$x$ 與 $x'$短路。

**圖 9.7.3　例 9.7.3 之電路**

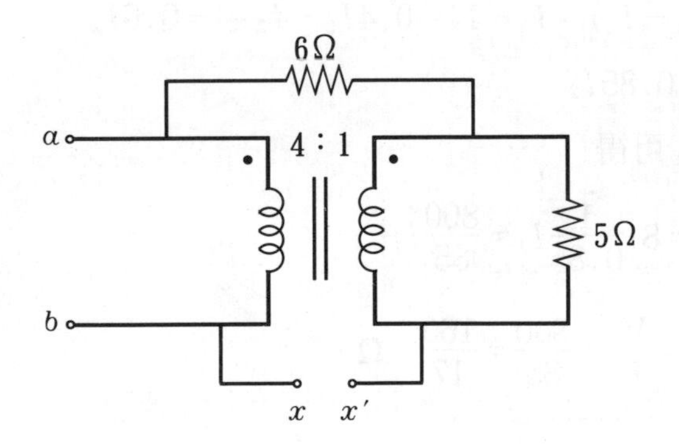


**【解】** (a)當 $x$ 與 $x'$開路時，6 Ω 無電流通過，

$\therefore R_{ab} = (4)^2 \times 5 = 16 \times 5 = 80\ \Omega$

(b)當 $x$ 與 $x'$短路時，假設迴路電流如下：

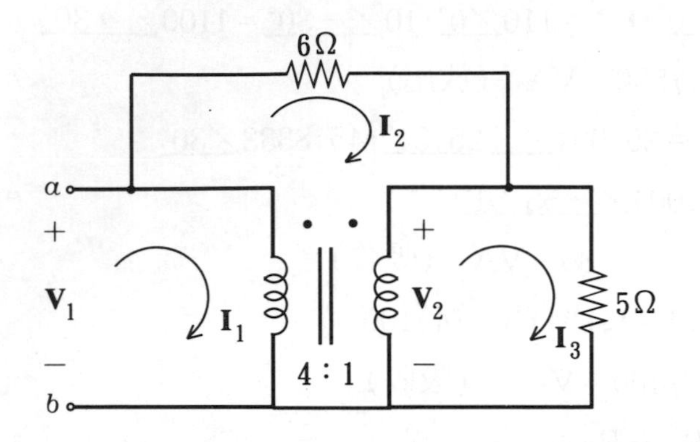


KVL 方程式：$-V_1+6I_2+V_2=0$，又 $V_1=4V_2$ 代入

$$\therefore 6I_2=-V_2+V_1=-V_2+4V_2=3V_2$$

故 $V_2=2I_2=5I_3$，$\therefore I_3=0.4I_2$

$$V_1=4V_2=4\cdot 2I_2=8I_2$$

$$\frac{I_1-I_2}{I_3-I_2}=\frac{1}{4}$$

$$4(I_1-I_2)=I_3-I_2=0.4I_2-I_2=-0.6I_2$$

$$\therefore I_1=0.85I_2$$

代入 $V_1=8I_2$ 可得

$$V_1=8\cdot\frac{1}{0.85}I_1=\frac{800}{85}I_1$$

$$\therefore R_{ab}=\frac{V_1}{I_1}=\frac{800}{85}=\frac{160}{17}\quad\Omega$$

◎

## 【本節重點摘要】

(1)兩個耦合線圈 1、2，分別稱為一次繞組或一次側以及二次繞組或二次側，左側線圈 1 之匝數為 $N_1$，自感量為 $L_1$，電壓相量為 $\mathbf{V}_1$，由電壓正端流入線圈 1 之電流相量為 $\mathbf{I}_1$；右側線圈 2 之匝數為 $N_2$，自感量為 $L_2$，電壓相量為 $\mathbf{V}_2$，由電壓正端流出之電流相量為 $\mathbf{I}_2$，兩個線圈之互感量為 $M$。根據 KVL 寫出這兩個迴路之網目方程式為：

$$\mathbf{V}_1=j\omega L_1\mathbf{I}_1\pm j\omega M(-\mathbf{I}_2)=j\omega L_1\mathbf{I}_1\mp j\omega M\mathbf{I}_2\quad \text{V}$$

$$\mathbf{V}_2 = \pm j\omega M\mathbf{I}_1 + j\omega L_2(-\mathbf{I}_2) = \pm j\omega M\mathbf{I}_1 - j\omega L_2\mathbf{I}_2 \quad \text{V}$$

式中符號 ∓ 或 ± 之符號，上面的符號均為減極性變壓器使用，下面的符號則均為加極性變壓器使用。

(2)兩繞組端電壓的比值為：

$$\frac{\mathbf{V}_1}{\mathbf{V}_2} = \pm\sqrt{\frac{L_1}{L_2}} = \pm\sqrt{(\frac{N_1}{N_2})^2} = \pm\frac{N_1}{N_2} = \pm a$$

式中 $a$ 稱為匝數比，簡稱匝比，它是一個實數，也是一個常數。

(3)兩側電流相量之比為：

$$\frac{\mathbf{I}_1}{\mathbf{I}_2} = \pm\sqrt{\frac{L_2}{L_1}} = \pm\sqrt{(\frac{N_2}{N_1})^2} = \pm\frac{N_2}{N_1} = \pm\frac{1}{a}$$

(4)將電壓相量比關係式與電流相量比的關係式合併為一式，可以寫成匝數比的關係如下：

$$a = \pm\frac{\mathbf{V}_1}{\mathbf{V}_2} = \pm\frac{\mathbf{I}_2}{\mathbf{I}_1}$$

(5)假設線圈 1 接上電源，線圈 2 接上負載，則按匝比 $a$ 之大小，將變壓器分類敘述如下：

①$a>1$：當匝數比大於 1 時，表示電壓相量 $\mathbf{V}_1>\mathbf{V}_2$，且 $\mathbf{I}_1<\mathbf{I}_2$，通稱此種變壓器為降壓變壓器。

②$a<1$：當匝數比小於 1 時，表示 $\mathbf{V}_1<\mathbf{V}_2$ 且 $\mathbf{I}_1>\mathbf{I}_2$，通稱此種變壓器為升壓變壓器。

③$a=1$：當匝數比恰為 1 時，表示 $\mathbf{V}_1=\mathbf{V}_2$ 且 $\mathbf{I}_1=\mathbf{I}_2$，線圈兩側不論是電壓或電流的大小均相同，甚至完全同相，通稱此種變壓器為隔離變壓器。

(6)功率在理想變壓器端點傳送的情形：

$$P_{in} = (V_1)(I_1)\cos\phi_1 = (\pm V_2\frac{N_1}{N_2})(\pm I_2\frac{N_2}{N_1})\cos\phi_1$$
$$= V_2 I_2\cos\phi_2 = P_{out} \quad \text{W}$$

表示輸入實功率 $P_{in}$與輸出實功率 $P_{out}$相同，故理想變壓器內部並不會有任何功率損失，輸入功率完全到達輸出端。

(7)理想變壓器之特性可以歸納如下：

①所有繞組均無電阻存在，因此無電線銅損功率消耗。

②互磁通經過的路徑（如鐵心）無任何損失。

③磁路不會飽和，$B-H$ 曲線為一條直線。

④無漏磁通，磁通完全耦合，因此耦合係數為 1。

⑤導磁係數無限大，磁阻為零，因此各個自感均趨近於無限大，無需激磁電流即可建立互磁通。

【思考問題】

(1)多繞組的變壓器中，電壓的相量比與電流的相量比如何表示？
(2)匝數比若為一個複數，有沒有意義？代表什麼特性？
(3)中間抽頭的變壓器如何定義匝比？以及如何定義電壓或電流比？
(4)溫度效應對變壓器有什麼影響，舉出溫度對電壓、電流或功率的影響程度。
(5)變壓器繞組的線徑的大小、鐵心的厚度等因素，對一個變壓器之使用有何影響？

## 9.8 反射阻抗

前一節已經說明了一個雙繞組理想變壓器，其一次側及二次側的電壓及電流相量關係，可用一次側及二次側的匝數比表示，因此兩繞組之間可以互相轉換，我們先由圖 9.8.1(a)來說明。

圖 9.8.1(a)在節點 1、1′間以及節點 2、2′間為一個理想變壓器元件，節點 1、1′左側連接了一個電壓相量為 $V_S$ 的獨立電壓源以及一個串聯阻抗$\overline{Z}_S$，節點2、2′右側則接上了一個負載阻抗$\overline{Z}_L$。根據理想變壓器一次側與二次側電壓與電流相量的關係，其迴路電壓方程式為：

$$\begin{aligned}\mathbf{V}_S &= \overline{Z}_S\mathbf{I}_1 + \mathbf{V}_1 = \overline{Z}_S\mathbf{I}_1 + (\pm\frac{N_1}{N_2})\mathbf{V}_2 \\ &= \overline{Z}_S\mathbf{I}_1 + (\pm\frac{N_1}{N_2})(\overline{Z}_L\mathbf{I}_2) = \overline{Z}_S\mathbf{I}_1 + (\pm\frac{N_1}{N_2})\overline{Z}_L(\pm\frac{N_1}{N_2}\mathbf{I}_1) \\ &= [\overline{Z}_S + (\frac{N_1}{N_2})^2\overline{Z}_L]\mathbf{I}_1 = (\overline{Z}_S + \overline{Z}_r)\mathbf{I}_1 \quad \text{V} \qquad (9.8.1)\end{aligned}$$

式中

$$\overline{Z}_r = (\frac{N_1}{N_2})^2\overline{Z}_L = a^2\overline{Z}_L \quad \Omega \qquad (9.8.2)$$

圖9.8.1　反射阻抗之說明

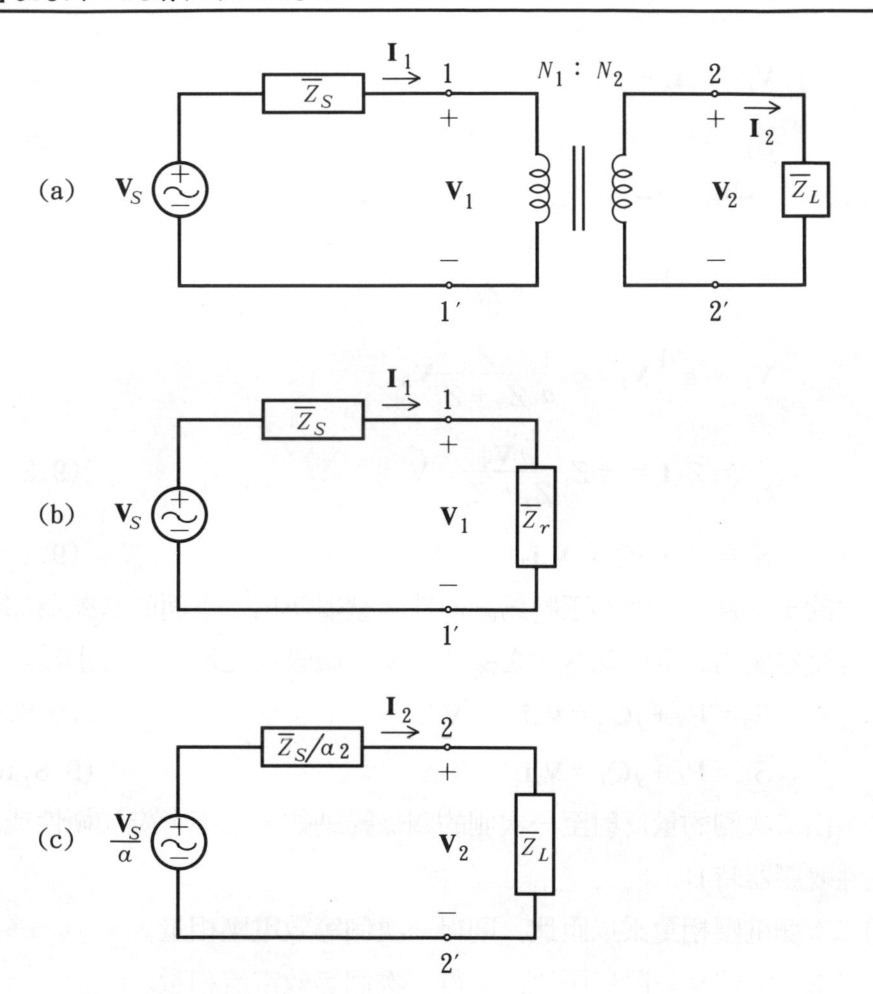


稱爲反射阻抗（the reflected impedance），它是指由節點 1、1′端向右看入之阻抗值，此值恰爲連接在節點 2、2′間負載阻抗值乘以匝比的平方。（9.8.1）式中的一次側與二次側電壓電流轉換，是利用了（9.7.16）式的關係式。反射阻抗也可以是電壓相量 $\mathbf{V}_1$ 對電流相量 $\mathbf{I}_1$ 的比值，由於它是由二次側反射至一次側的等效阻抗量，因此稱爲反射阻抗。圖 9.8.1(b)就是將二次側阻抗反射至一次側之等效電路圖，該圖可以很容易地計算出一次側輸入之電流，電壓以及複功率，其值分別爲：

$$\mathbf{I}_1 = \frac{\mathbf{V}_S}{\overline{Z}_S + \overline{Z}_r} \quad \text{A} \tag{9.8.3}$$

$$\mathbf{V}_1 = \overline{Z}_r\mathbf{I}_1 = \frac{\overline{Z}_r}{\overline{Z}_S + \overline{Z}_r}\mathbf{V}_S \quad \text{V} \tag{9.8.4}$$

$$\overline{S}_1 = P_1 + jQ_1 = \mathbf{V}_1\mathbf{I}_1^* \quad \text{VA} \tag{9.8.5}$$

同理，二次側輸出之電流、電壓及複功率分別爲：

$$\mathbf{I}_2 = \pm a\mathbf{I}_1 = \pm a\frac{\mathbf{V}_S}{\overline{Z}_S + \overline{Z}_r} \quad \text{A} \tag{9.8.6}$$

$$\mathbf{V}_2 = \pm\frac{1}{a}\mathbf{V}_1 = \pm\frac{1}{a}\frac{\overline{Z}_r}{\overline{Z}_S + \overline{Z}_r}\mathbf{V}_S$$

$$= \overline{Z}_L\mathbf{I}_2 = \pm Z_L\frac{a\mathbf{V}_S}{\overline{Z}_S + \overline{Z}_r} \quad \text{V} \tag{9.8.7}$$

$$\overline{S}_2 = P_2 + jQ_2 = \mathbf{V}_2\mathbf{I}_2^* \quad \text{VA} \tag{9.8.8}$$

式中的±符號，上面的正號爲減極性變壓器使用，下面的負號爲加極性變壓器使用。電壓源送出之複功率及負載吸收之複功率分別爲：

$$\overline{S}_S = P_S + jQ_S = \mathbf{V}_S\mathbf{I}_1^* \quad \text{VA} \tag{9.8.9}$$

$$\overline{S}_L = P_L + jQ_L = \mathbf{V}_2\mathbf{I}_2^* \quad \text{VA} \tag{9.8.10}$$

由二次側的量反射至一次側的關係歸納如下（不考慮加極性或減極性變壓器時）：

(1)二次側電壓相量乘以匝比，則得一次側等效電壓相量。

(2)二次側電流相量除以匝比，則得一次側等效電流相量。

(3)二次側阻抗（電阻或電抗）值乘以匝比平方，則得一次側等效阻抗（電阻或電抗）值。

(4)二次側導納（電導或電納）值除以匝比平方，則得一次側等效導納（電導或電納）值。

若要將一次側的量反射至二次側，則其間的關係亦可推導出來，茲歸納如下（不考慮加極性或減極性變壓器時）：

(1)一次側電壓相量除以匝比，則得二次側等效電壓相量。

(2)一次側電流相量乘以匝比，則得二次側等效電流相量。

(3)一次側阻抗（電阻或電抗）值除以匝比平方，則得二次側等效阻抗（電阻或電抗）值。

(4)一次側導納（電導或電納）值乘以匝比平方，則得二次側等效導納（電導或電納）值。

圖 9.8.1(c)即爲圖 9.8.1(a)將一次側反射至二次側之等效電路圖，其中我們可以看到一次側電源電壓相量 $\mathbf{V}_S$ 已經除以匝比 $a$，一次側電源阻抗 $\overline{Z}_S$ 也已經除以匝比平方，使整個電路變成轉換爲二次側的等效電路。以上的結果均是因爲理想變壓器的一次側、二次側電壓相量與電流相量僅與匝比 $a$ 有關所致。對於實際變壓器的特性，請看下面的說明。

理想變壓器，它的特性已列在前一節最後所述的五個重點，然而對於一個實際變壓器而言，這五點應該修改爲:

(1)所有繞組均存在導線電阻，因此電線銅損功率消耗不爲零。

(2)互磁通經過的路徑（如鐵心）含有損失，包含磁滯損失（the hysteresis losses）以及渦流損失（the eddy-current losses），這兩個損失合稱爲鐵心損失（the core losses）。

(3)磁路會發生飽和現象，$B-H$ 曲線爲非線性。

(4)漏磁通存在，磁通並非完全耦合，因此耦合係數小於 1。

(5)導磁係數不是無限大，磁阻並非零值，因此自感均爲有限值，需要激磁電流方可建立互磁通。

對於兩個繞組的實際變壓器電壓及電流相量關係，我們無法像前一節以匝數比的關係表示，在此我們試著以互感量以及兩繞組自感量的關係來推導。如圖 9.8.2 所示，虛線內爲一個雙繞組變壓器，一次側及二次側之自感量分別爲 $L_1$ 及 $L_2$，兩個繞組彼此間的互感量爲 $M$，繞組內的等效電阻分別爲 $R_1$ 及 $R_2$。一次側繞組 1、1′間接上一個實際電壓源，電壓相量爲 $\mathbf{V}_S$，阻抗爲 $\overline{Z}_S$，二次側繞組 2、2′間則連接一個負載，負載阻抗爲 $\overline{Z}_L$。假設電壓源正端流入一次側繞組之電流相量爲 $\mathbf{I}_1$，由二次側繞組流向負載的電流相量爲 $\mathbf{I}_2$。根據圖

9.8.2 之電流方向，兩個迴路之電壓方程式為：

$$\mathbf{V}_S = \overline{Z}_S\mathbf{I}_1 + R_1\mathbf{I}_1 + j\omega L_1\mathbf{I}_1 \pm j\omega M\mathbf{I}_2 \quad \text{V} \tag{9.8.11}$$

$$0 = \overline{Z}_L\mathbf{I}_2 + j\omega L_2\mathbf{I}_2 + R_2\mathbf{I}_2 \pm j\omega M\mathbf{I}_1 \quad \text{V} \tag{9.8.12}$$

式中符號 ± 中上面的正號及下面的負號分別代表圖 9.8.2 之變壓器為加極性及減極性時所使用。由（9.8.12）式可推導出電流相量 $\mathbf{I}_2$ 以電流相量 $\mathbf{I}_1$ 表示關係式為：

$$\mathbf{I}_2 = \mp\frac{j\omega M}{R_2 + j\omega L_2 + \overline{Z}_L}\mathbf{I}_1 = \mp\frac{j\omega M}{\overline{Z}_2 + \overline{Z}_L}\mathbf{I}_1 \quad \text{A} \tag{9.8.13}$$

式中

$$\overline{Z}_2 = R_2 + j\omega L_2 \quad \Omega \tag{9.8.14}$$

為二次側繞組不考慮互感量時之內部等效阻抗。有了（9.8.13）式的電流關係式後，將該式代入（9.8.11）式中，將電流相量 $\mathbf{I}_2$ 取代為電流相量 $\mathbf{I}_1$，使方程式中僅留下電流相量 $\mathbf{I}_1$ 的變數：

$$\begin{aligned}\mathbf{V}_S &= (\overline{Z}_S + R_1 + j\omega L_1)\mathbf{I}_1 \pm j\omega M\left(\mp\frac{j\omega M}{\overline{Z}_2 + \overline{Z}_L}\right)\mathbf{I}_1 \\ &= \left(\overline{Z}_S + \overline{Z}_1 - \frac{j^2\omega^2M^2}{\overline{Z}_2 + \overline{Z}_L}\right)\mathbf{I}_1 = \left(\overline{Z}_S + \overline{Z}_1 + \frac{\omega^2M^2}{\overline{Z}_2 + \overline{Z}_L}\right)\mathbf{I}_1 \\ &= (\overline{Z}_S + \overline{Z}_1 + \overline{Z}_r)\mathbf{I}_1 \quad \text{V}\end{aligned} \tag{9.8.15}$$

圖 9.8.2 實際變壓器之分析

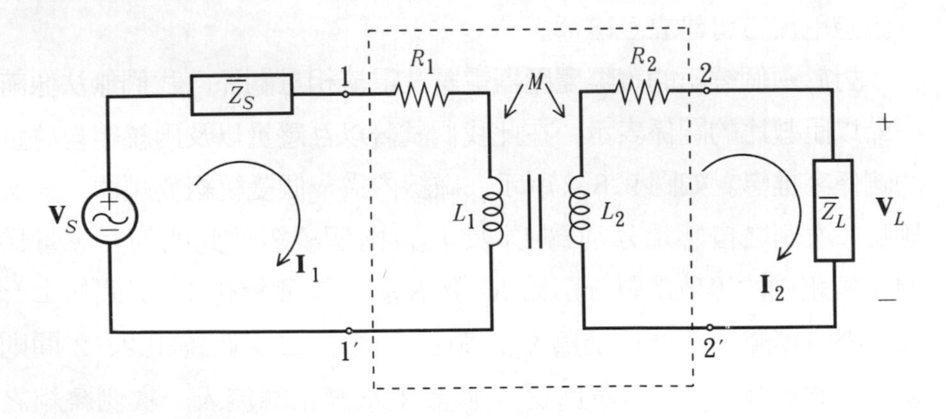

式中

$$\overline{Z}_1 = R_1 + j\omega L_1 \quad \Omega \tag{9.8.16}$$

$$\overline{Z}_r = \frac{\omega^2 M^2}{\overline{Z}_2 + \overline{Z}_L} \quad \Omega \tag{9.8.17}$$

$\overline{Z}_1$ 爲不考慮互感量時之一次側繞組內部串聯等效阻抗，$\overline{Z}_r$ 則稱爲二次側轉換至一次側之反射阻抗。與理想變壓器不同的是，實際變壓器之反射阻抗與互感抗之平方以及二次側迴路中的串聯等效阻抗有關。其中互感抗之量爲：

$$\begin{aligned} X_M &= \omega M = \omega k \sqrt{L_1 L_2} = k\sqrt{\omega^2 L_1 L_2} \\ &= k\sqrt{(\omega L_1)(\omega L_2)} = k\sqrt{X_1 X_2} \quad \Omega \end{aligned} \tag{9.8.18}$$

式中的 $X_1 = \omega L_1$ 及 $X_2 = \omega L_2$ 分別爲兩繞組自感抗之值。

(9.8.15) 式之等效電路如圖 9.8.3 所示，電壓源 $\mathbf{V}_S$ 變成直接與三個阻抗 $\overline{Z}_S$、$\overline{Z}_1$、$\overline{Z}_r$ 串聯在一起，因此電流相量 $\mathbf{I}_1$ 可以直接計算出來。再利用 (9.8.13) 式將電流相量 $\mathbf{I}_1$ 代入，則二次側電流相量 $\mathbf{I}_2$ 即可求出。當這兩個迴路電流相量均求得後，變壓器兩側的電壓相量及交流功率量亦可進一步推導出來。例如一次側輸入之電流相量、電壓相量以及複功率分別爲：

圖9.8.3　對應於圖 9.8.2 之等效電路

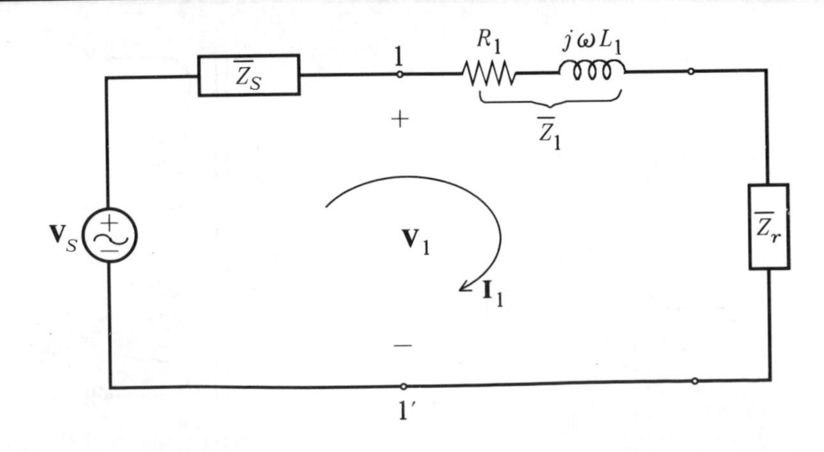

$$\mathbf{I}_1=\frac{\mathbf{V}_S}{\overline{Z}_S+\overline{Z}_1+\overline{Z}_r}\quad \text{A} \tag{9.8.19}$$

$$\mathbf{V}_1=\mathbf{V}_S-\overline{Z}_S\mathbf{I}_1=(\overline{Z}_1+\overline{Z}_r)\mathbf{I}_1=\frac{\overline{Z}_1+\overline{Z}_r}{\overline{Z}_S+\overline{Z}_1+\overline{Z}_r}\mathbf{V}_S\quad \text{A} \tag{9.8.20}$$

$$\overline{S}_1=P_1+jQ_1=\mathbf{V}_1\mathbf{I}_1^*\quad \text{VA} \tag{9.8.21}$$

二次側輸出的電流相量如（9.8.13）式所示，電壓相量以及複功率則分別為：

$$\mathbf{V}_2=\overline{Z}_L\mathbf{I}_2\quad \text{V} \tag{9.8.22}$$

$$\overline{S}_2=P_2+jQ_2=\mathbf{V}_2\mathbf{I}_2^*\quad \text{VA} \tag{9.8.23}$$

由電壓源輸出之複功率以及由負載吸收之複功率分別為：

$$\overline{S}_S=P_S+jQ_S=\mathbf{V}_S\mathbf{I}_1^*\quad \text{VA} \tag{9.8.24}$$

$$\overline{S}_L=P_L+jQ_L=\mathbf{V}_2\mathbf{I}_2^*\quad \text{VA} \tag{9.8.25}$$

以上是以電路方法所推導而得的一個實際變壓器方程式以及等效電路，在應用上，耦合係數越高，則漏磁通越小，因此常用導磁係數相當大的鐵心當做線圈繞組間磁通的路徑，因此稱為鐵心變壓器，其電路符號如圖 9.8.4(a)(b)所示，其中(a)圖為雙繞組變壓器，(b)圖則為三繞組變壓器，注意：在繞組中間用兩條直線平行於繞組的畫法（有些書上用三條直線），代表該變壓器是一個鐵心變壓器。由於使用的鐵心導磁係數極大，因此常將鐵心變壓器視為一個理想變壓器。

圖 9.8.4　鐵心變壓器的電路符號(a)雙繞組器(b)三繞組變壓器

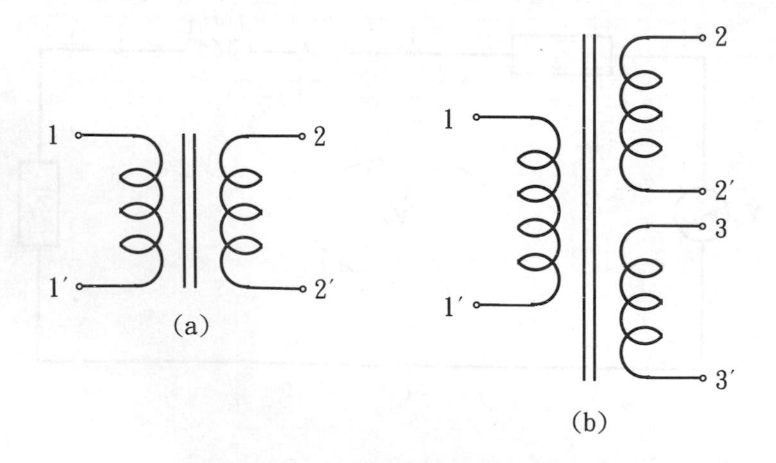

圖 9.8.5 爲一個結合理想變壓器與電路元件的實際變壓器模型，該模型與眞正的變壓器特性非常接近，在電機機械的變壓器分析場合使用非常多。茲將該模型之參數做一番說明，以做爲本章之結束。

**圖 9.8.5 結合理想變壓器與電路元件的實際變壓器模型**

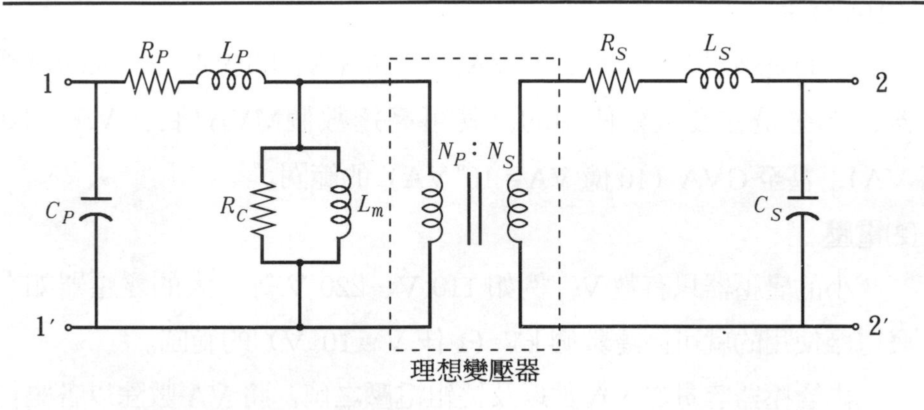


(1)$R_P$、$R_S$：即線圈繞組一次側及二次側內部等效電阻值。

(2)$L_P$、$L_S$：即線圈繞組一次側及二次側等效漏電感值。

(3)$C_P$、$C_S$：即線圈繞組一次側及二次側等效雜散電容（the stray capacitances）值，它們是由導線間所形成的等效電容效應而得，在高頻所使用的變壓器均帶有雜散電容效應。

(4)$N_P$、$N_S$：即線圈繞組一次側及二次側等效匝數值，與鐵心部份形成理想變壓器，將一次側及二次側之電壓及電流做轉換。

(5)$R_C$：與繞組一次側並聯，主要在考慮鐵心所造成的損失，包含磁滯損失以及渦流損失等鐵心損失。

(6)$L_m$：稱爲磁化電感量（the magnetizing inductance），在實際變壓器中，是利用流通於磁化電感量之磁動勢以克服鐵心磁阻的阻力，以建立鏈結線圈間的互磁通。通過 $L_m$ 的電流稱爲磁化電流（the magnetizing current）或稱爲激磁電流（the exciting current）。品質越佳的變壓器所需的磁化電流越小，此電流大小約爲 5% 的滿載電流（即變壓器繞組能承受最大安全的電流值），理想變壓器中因爲導磁係數趨近於無限大，磁阻接近零，因此無需激磁電流便足以建立互磁通。

實際變壓器的電路簡單說明如上，至於實際變壓器的規格，則多以額定 VA 容量與繞組的額定電壓爲主：

**⑴VA 容量**

小的變壓器大約只有數個 VA，如 10 VA、50 VA 等，大的變壓器，如果是在發電廠使用的，就可高達數個MVA(百萬VA = $10^6$ VA)，甚至 GVA（10 億 VA = $10^9$ VA）的範圍。

**⑵電壓**

小的變壓器只有數 V，例如 110 V、220 V 等，大的變壓器如在發電廠使用的就可高達數個 kV（1 仟 V = $10^3$ V）的範圍。

由變壓器容量之 VA 數以及繞組電壓之值，將 VA 數除以各繞組的額定電壓值，則可算出各變壓器繞組的額定電流。一般而言，雙繞組變壓器兩繞組額定值均等於變壓器的 VA 值，一個繞組輸入電能，一個繞組輸出電能。而多繞組變壓器的額定 VA 值及額定電壓值，一般會由各繞組自行規定，各繞組電流計算可如同雙繞組一樣由各繞組容量除以各繞組電壓額定，但是多繞組之能量傳送，一般是以一個爲主要輸入繞組，其容量較大，其他繞組爲輸出繞組，容量較小。但是輸入繞組的容量應與輸出繞組容量的和相等，以維持能量平衡或磁動勢平衡的觀念。多個變壓器也可以串聯或並聯使用，尤其在多相電路時採用最多，但要注意極性的連接，此將留在下一章中介紹。

**【例 9.8.1】** 如圖 9.8.6 所示之理想變壓器接線，試用反射阻抗求：
(a)$\mathbf{I}_1, \mathbf{I}_2, \mathbf{V}_1, \mathbf{V}_2$，(b)$\overline{S}_L, \overline{S}_S$。

**【解】** (a)$a = \dfrac{20}{1} = 20$，$\therefore a^2 = 400$

$$\overline{Z}_r = a^2 \cdot \overline{Z}_L = 400(4 + j3) = 1600 + j1200 \quad \Omega$$

圖 9.8.6　例 9.8.1 之電路

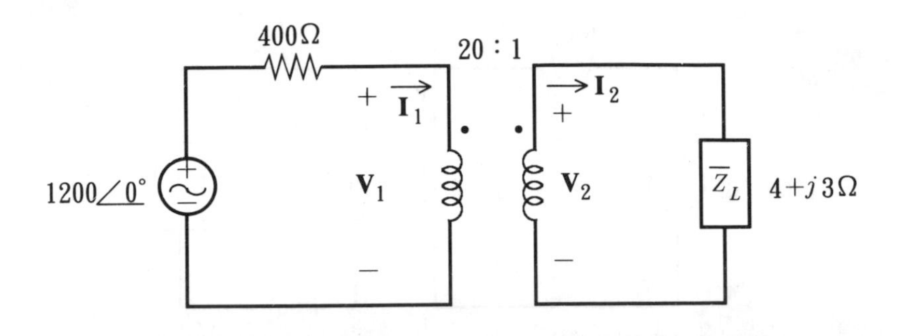


$$\therefore \overline{Z}_T = 400 + \overline{Z}_r = 400 + (1600 + j1200) = 2000 + j1200$$

$$= 2332.38\angle 30.96^\circ \quad \Omega$$

$$\therefore \mathbf{I}_1 = \frac{1200\angle 0^\circ}{\overline{Z}_T} = \frac{1200\angle 0^\circ}{2332.38\angle 30.96^\circ} = 0.5145\angle -30.96^\circ \quad \text{A}$$

$$\mathbf{V}_1 = 1200 - \mathbf{I}_1 \cdot 400 = 1200 - (176.48 - j105.87)$$

$$= 1023.52 + j105.87 = 1028.98\angle 5.91^\circ \quad \text{V}$$

$$\therefore \mathbf{I}_2 = a\mathbf{I}_1 = 20 \times 0.5145\angle -30.96^\circ = 10.29\angle -30.96^\circ \quad \text{A}$$

$$\mathbf{V}_2 = \frac{\mathbf{V}_1}{a} = \frac{1028.98\angle 5.91^\circ}{20} = 51.449\angle 5.91^\circ \quad \text{V}$$

(b)

$$\overline{S}_L = |\mathbf{I}_2|^2 \cdot (4 + j3) = (10.29)^2(4 + j3)$$

$$= 423.54 + j317.65 \quad \text{VA （吸收）}$$

$$\overline{S}_S = \mathbf{V}_S \cdot \mathbf{I}_1^* = 1200\angle 0^\circ \cdot 0.5145\angle 30.96$$

$$= 617.4\angle 30.96 = 529.44 + j317.61 \quad \text{VA （放出）}$$

◎

**【例 9.8.2】** 若將例 9.8.1 電路圖中的變壓器修改，變成圖 9.8.7 之電路，重做例 9.8.1 之問題。

**【解】** (a) $X_M = k\ \sqrt{X_{L1}X_{L2}} = 0.9\ \sqrt{100 \times 36} = 54 = \omega M$

$$\therefore \overline{Z}_r = \frac{(\omega M)^2}{\overline{Z}_L + \overline{Z}_2} = \frac{(54)^2}{4 + j3 + j36} = \frac{2916}{4 + j39}$$

$$= 74.379\angle -39.2^\circ = 57.64 - j47.01 \quad \Omega$$

圖9.8.7　例9.8.2之電路

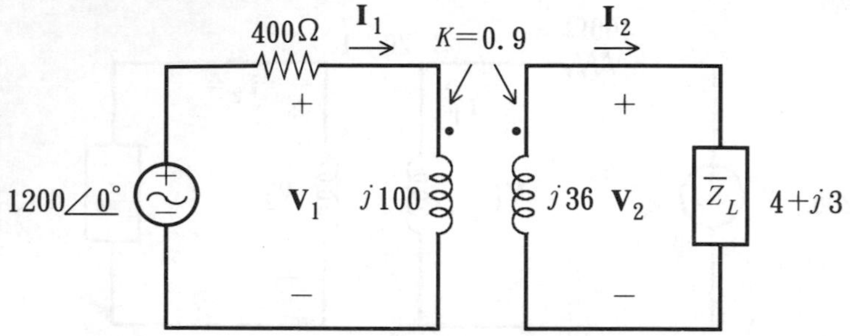

$$\overline{Z}_T = \overline{Z}_S + \overline{Z}_1 + \overline{Z}_r = 400 + j100 + (57.64 - j47.01)$$

$$= 457.64 + j53.99 = 460.81\underline{/6.73^\circ} \quad \Omega$$

$$\therefore \mathbf{I}_1 = \frac{1200^\circ}{\overline{Z}_T} = \frac{1200\underline{/0^\circ}}{460.81\underline{/6.73^\circ}} = 2.604\underline{/-6.73^\circ} \quad \text{A}$$

$$\mathbf{V}_1 = 1200 - 400\mathbf{I}_1 = 1200 - 400 \times 2.604\underline{/-6.73^\circ}$$

$$= 165.58 + j122.07 = 205.71\underline{/36.4^\circ} \quad \text{V}$$

$$\mathbf{I}_2 = \frac{j\omega M}{\overline{Z}_2 + \overline{Z}_L}\mathbf{I}_1 = \frac{j54}{4 + j39} \times 2.604\underline{/-6.73^\circ}$$

$$= \frac{54\underline{/90^\circ} \cdot 2.604\underline{/-6.73^\circ}}{39.2\underline{/84.14^\circ}} = 3.587\underline{/-0.87^\circ} \quad \text{A}$$

$$\mathbf{V}_2 = \overline{Z}_L \cdot \mathbf{I}_2 = 5\underline{/36.87^\circ} \cdot 3.587\underline{/-0.87^\circ}$$

$$= 17.935\underline{/36^\circ} \quad \text{V}$$

(b)

$$\overline{S}_L = \mathbf{V}_2\mathbf{I}_2^* = 17.935\underline{/36^\circ} \cdot 3.587\underline{/0.87^\circ}$$

$$= 64.332\underline{/36.87^\circ} = 51.466 + j38.6 \quad \text{VA}$$ （吸收）

$$\overline{S}_S = 1200\underline{/0^\circ} \cdot \mathbf{I}_1^* = 1200\underline{/0^\circ} \cdot 2.604\underline{/6.73^\circ}$$

$$= 3124.8\underline{/6.73^\circ} = 3103.27 + j366.198 \quad \text{VA}$$ （放出）◎

## 【本節重點摘要】

(1)理想變壓器

①反射阻抗之表示式：

$$\overline{Z}_r = (\frac{N_1}{N_2})^2\overline{Z}_L = a^2\overline{Z}_L \quad \Omega$$

反射阻抗也可以是一次側電壓相量 $V_1$ 對一次側電流相量 $I_1$ 的比值。

②由二次側的量反射至一次側的關係歸納如下（不考慮加減極性變壓器時）：

(a)二次側電壓相量乘以匝比，則得一次側等效電壓相量。

(b)二次側電流相量除以匝比，則得一次側等效電流相量。

(c)二次側阻抗（電阻或電抗）值乘以匝比平方，則得一次側等效阻抗（電阻或電抗）值。

(d)二次側導納（電導或電納）值除以匝比平方，則得一次側等效導納（電導或電納）值。

③一次側的量反射至二次側，茲歸納如下（不考慮加減極性變壓器時）：

(a)一次側電壓相量除以匝比，則得二次側等效電壓相量。

(b)一次側電流相量乘以匝比，則得二次側等效電流相量。

(c)一次側阻抗（電阻或電抗）值除以匝比平方，則得二次側等效阻抗（電阻或電抗）值。

(d)一次側導納（電導或電納）值乘以匝比平方，則得二次側等效導納（電導或電納）值。

(2)對於實際變壓器的特性應該修改為：

①所有繞組均存在導線電阻，因此電線銅損功率消耗不為零。

②互磁通經過的路徑（如鐵心）含有損失，包含磁滯損失（hysteresis losses）以及渦流損失（eddy-current losses），這兩個損失合稱為鐵心損失（core losses）。

③磁路會發生飽和現象，$B-H$ 曲線為非線性。

④漏磁通存在，磁通並非完全耦合，因此耦合係數小於 1。

⑤導磁係數不是無限大，磁阻並非零值，因此自感均為有限值，需要激磁電流方可建立互磁通。

(3)實際變壓器

①反射阻抗：

$$\overline{Z}_r = \frac{\omega^2 M^2}{\overline{Z}_2 + \overline{Z}_L} \quad \Omega$$

$\overline{Z}_r$ 則稱為二次側轉換至一次側之反射阻抗。

②互感抗之量為：

$$X_M = \omega M = \omega k\ \sqrt{L_1 L_2} = k\ \sqrt{\omega^2 L_1 L_2}$$

$$=k\sqrt{(\omega L_1)(\omega L_2)}=k\sqrt{X_1X_2}\quad\Omega$$

式中的 $X_1=\omega L_1$ 及 $X_2=\omega L_2$ 分別為兩繞組自感抗之值。

(4)實際變壓器的規格，則多以額定 VA 容量與繞組的額定電壓為主。由變壓器容量之 VA 數以及繞組電壓之值，將 VA 數除以各繞組的額定電壓值，則可算出各變壓器繞組的額定電流。

## 【思考問題】

(1)三個繞組以上的理想以及實際變壓器，其等效電路反射阻抗如何求出？

(2)請試將實際變壓器的一次側與二次側電壓、電流相量一起繪出來。

(3)當變壓器負載爲以電容性爲主時，會不會使變壓器的輸入功因恰爲1？若功因爲 1 表示變壓器什麼特性？

(4)依照電感器電流連續的觀念，若變壓器二次側的負載電流突然由有載的大電流變成無載的零電流，會發生什麼現象？

(5)理想變壓器的反射阻抗與實際變壓器的反射阻抗特性與原負載阻抗特性有什麼不同？那一個會保持原負載特性？那一個會發生轉變？

# 習　題

/9.1 節/

1. 若兩自感 $L_a = 5$ H，$L_b = 4$ H，試求這兩個線圈的匝數比值若干。
2. 若第 1 題兩自感間的互感量 $M = 1$ H，流入 $L_a$ 之電流爲 $i_a(t) = 5\sqrt{2}\sin(10t + 20°)$ A，流入 $L_b$ 之電流爲 $i_b(t) = 10\sqrt{2}\cos(10t + 50°)$ A，試求 $a$、$b$ 線圈受這兩個電流影響所產生的感應電壓。

/9.2 節/

3. 求第 2 題之兩線圈間的耦合係數。
4. 兩個耦合線圈，已知其耦合係數爲 0.8，兩線圈之匝數分別爲 100 匝及 500 匝，當 0.1 A 之電流流入 100 匝之線圈時，產生總磁通爲 100 mWb 之量，試求兩線圈分別之自感量以及彼此間之互感量若干。

/9.3 節/

5. 試求圖 P9.5 各耦合線圈中，將未標示出黑點極性之線圈極性標示出來。

圖 P9.5

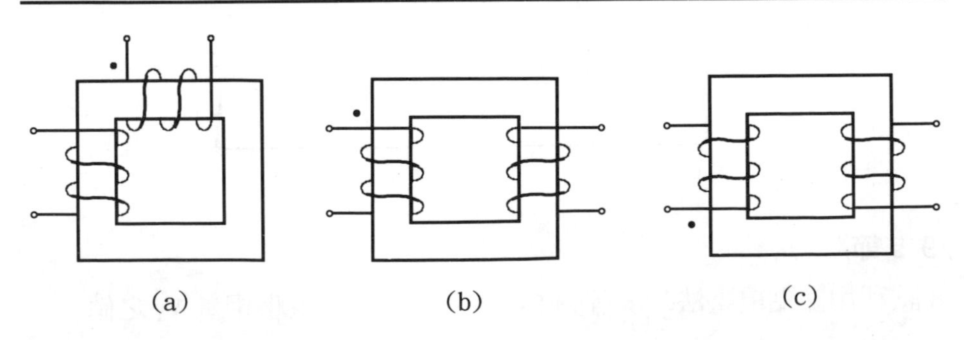

/9.4 節/

6.試寫出圖 P9.6 之電壓方程式，並求出電流相量 **I** 之值。

圖 P9.6

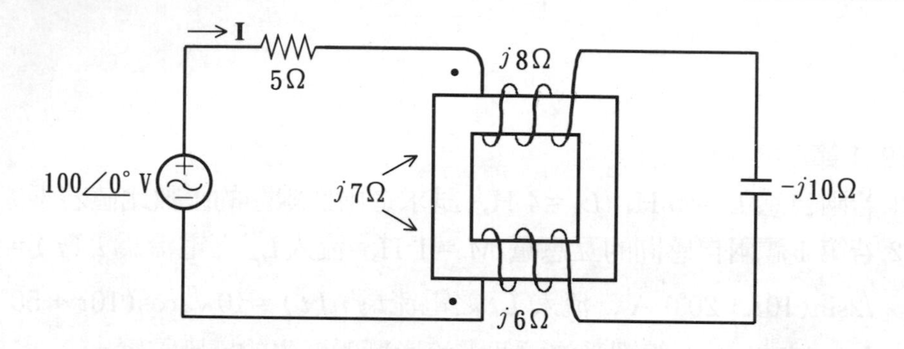


7.如圖 P9.7 所示之電路，試寫出其電壓方程式，並解出總電流相量 **I**。

圖 P9.7

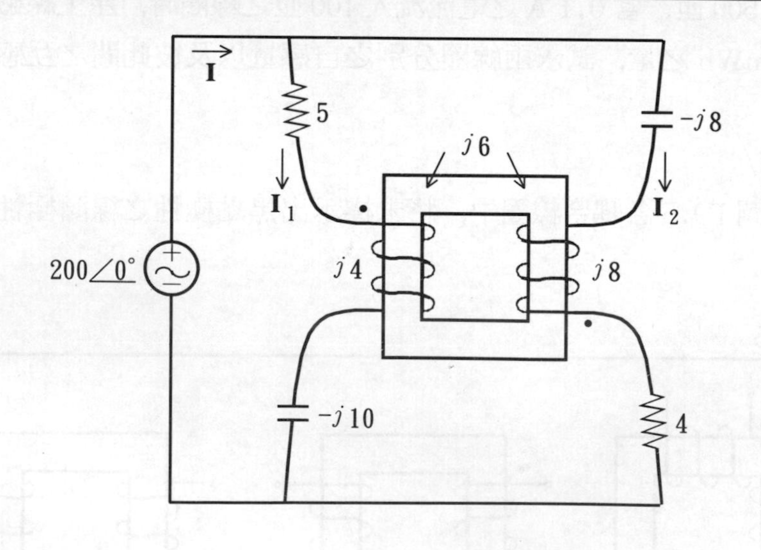


/9.5 節/

8.試利用節點電壓法，求解圖 P9.8 所示電路之電壓相量 $\mathbf{V}_1$ 之值。

圖 P9.8

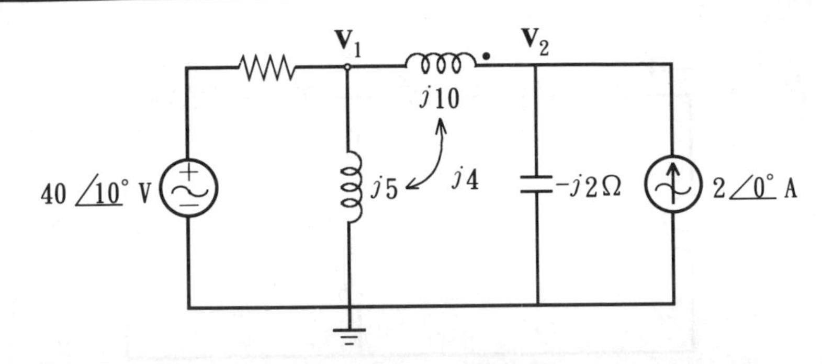


9.試利用迴路電流法，求解圖 P9.9 所示電路之電流相量 $\mathbf{I}_1$ 之值。

圖 P9.9

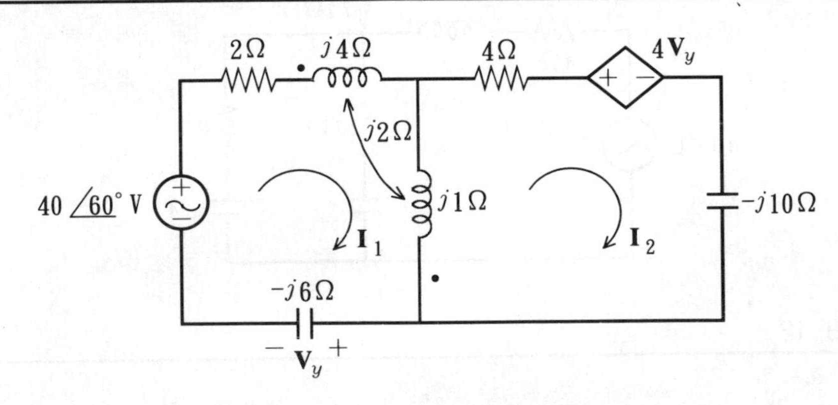


10.試求圖 P9.10 所示電路，由端點 $a$、$b$ 看入之諾頓及戴維寧等效電路，並相互驗證其結果。

/9.6 節/

11.試求圖 P9.11 所示電路之傳導性耦合等效電路之各元件參數。

12.試求圖 P9.12 所示電路之傳導性耦合等效電路之各元件參數。

/9.7 節、9.8 節/

13.試求圖 P9.13 中，由電源看入之總阻抗，以及 $\mathbf{I}_1$，$\mathbf{I}_2$ 與 $\mathbf{I}_3$ 之值。

14.試求圖 P9.14 中，含有理想變壓器電路之網目電流 $\mathbf{I}_1$。

圖 P9.10

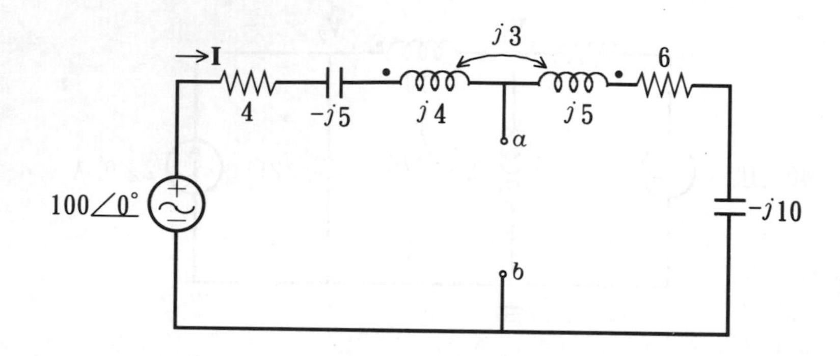


圖 P9.11

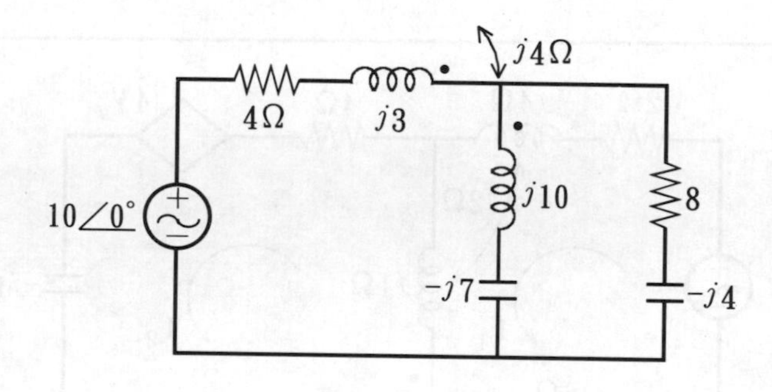


圖 P9.12

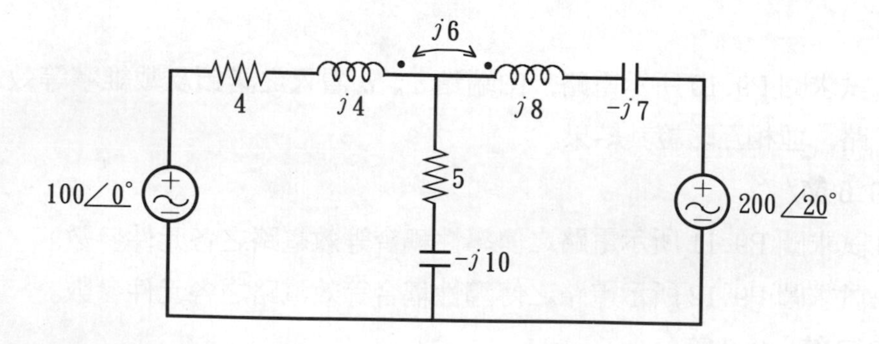

圖 P9.13

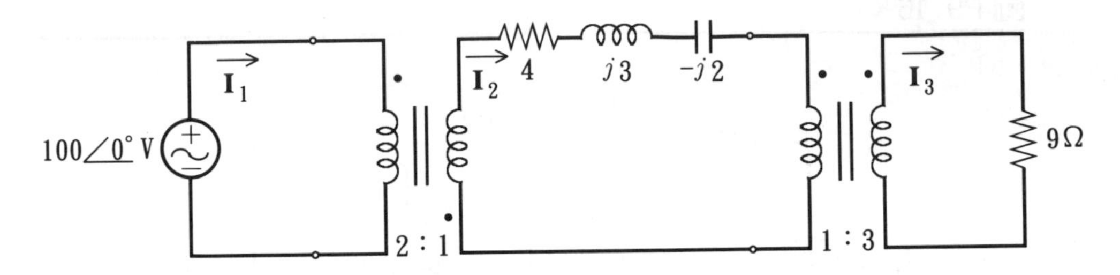


圖 P9.14

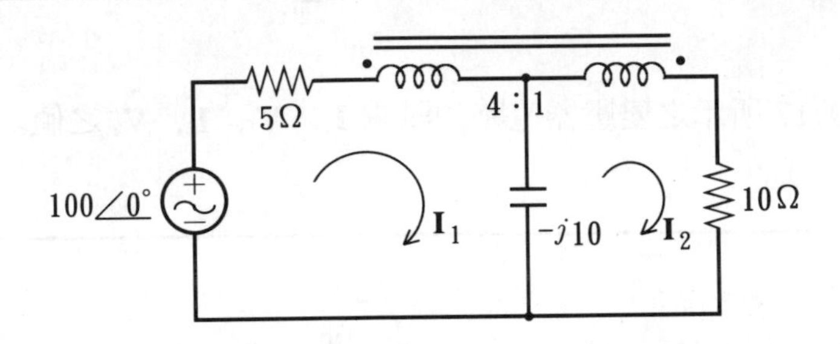


15.如圖 P9.15 所示之理想變壓器，欲使負載 $R_L$ 獲得最大功率，試求該理想變壓器之匝比應為多少？

圖 P9.15

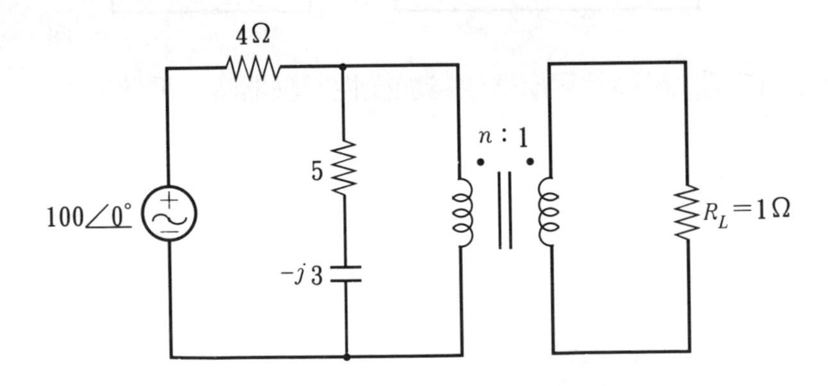

16.試用節點電壓分析法，求圖 P9.16 中理想變壓器之電壓 $\mathbf{V}_2$。

圖 P9.16

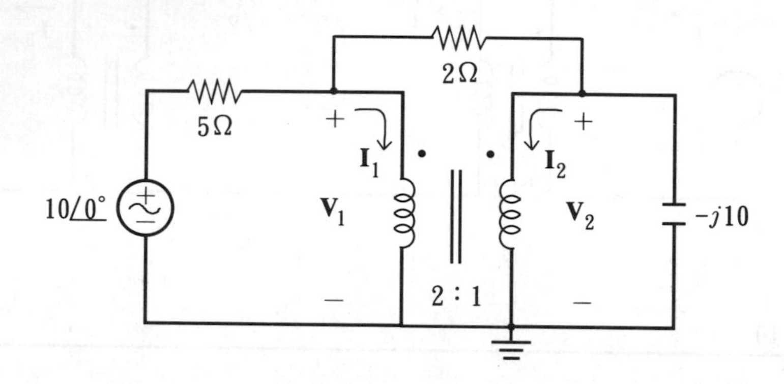


17.如圖 P9.17 所示之變壓器電路，試求 $\mathbf{I}_1$，$\mathbf{V}_1$，$\mathbf{I}_2$，$\mathbf{V}_2$ 之值。

圖 P9.17

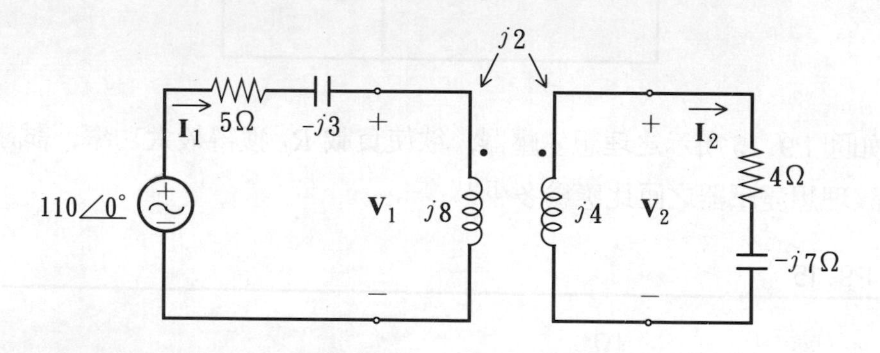


18.若第 17 題之減極性變壓器改為加極性變壓器時，重做第 17 題。

# 第十章　對稱平衡三相電路及不平衡三相電路

在本章之前的第六章到第九章中，所涉及的交流弦波穩態電路，大多是單一個電源或多個電源的情形，多電源間也並沒有特別的關係存在，彼此都是獨立的。一般家庭用電的 110 V 插座，或是冷氣機的 220 V 專用插座多爲此類的電壓源，我們可以將它們稱爲單相電源 (the single-phase sources)。若兩個電壓源或電流源波形之振幅、頻率完全相同，只有相角相差 90 度，將它們做適當的連接，則可以稱爲兩相電源（the two-phase sources)。若三個電壓源或電流源波形之振幅、頻率完全相同，彼此間只有相角差 120 度，將它們做適當的連接，則可以稱爲三相電源（the three-phase sources)。由於三個電源的振幅大小相同，均勻對稱地分布在相量平面上，故又可稱爲對稱電源（the symmetrical sources)。三相電路中，舉凡電力系統的發電、輸電、配電，甚至負載都是以三相電路爲基準做連接的。家中的電源插座雖然是單相，但是它也是得自於三相電源中的一相電源轉換而來，其中三相電力的傳送、由發電廠到住家用電之電壓高高低低的變化，均須仰賴第九章所介紹的變壓器。最容易看到的變壓器是屋外電線桿上所謂的桿上變壓器，或是最近實施配電地下化後，在人行道上可以明顯發現卻看不到連接線的埋入地下的變壓器，該變壓器是屬於單相變壓器（the single-phase transformers)；而發電廠、變電所、配電站之變壓器則屬於三相變壓器（the three-phase transformers)，這三相變壓器可由三個單相變壓器所組成，也可用單一個三相變壓器來構成。三相電源所連接的負載可能完全相同（此種負載的存在機率非常小，理論上常假設如此），也可能不一樣，造成負載電壓或電流大小也會有相同或相異的特殊情況發生。因此三相電路又可分爲平衡三相電路（the balanced three-phase circuits）以及不平衡三相電路（the unbalanced three-phase circuits），這也是本章將要討論的電路。

本章將分爲以下數個小節，爲平衡對稱三相電路與不平衡三相電路做一番介紹：

- ●10.1 節——介紹最基本的三相電源。
- ●10.2 節——定義何謂對稱平衡三相系統。
- ●10.3 節——介紹 Y 型接法三相電路。
- ●10.4 節——介紹 Δ 型接法三相電路。
- ●10.5 節——説明三相電路功率的計算及如何量測。
- ●10.6 節——介紹其他相電路的接線，以及電壓、電流關係。
- ●10.7 節——介紹平衡對稱電路以外的不對稱電源以及不平衡負載。
- ●10.8 節——利用網目電流法求解不平衡三相電路。

## 10.1 三相電源

三相電源的產生，可以由第六章產生單相電壓源的方式予以擴大，我們先談一談兩相電源的產生，然後再說明三相系統電壓的產生。

### 10.1.1 兩相系統

圖 6.1.3 及圖 6.1.5 是產生單相電壓源的簡單架構。圖 6.1.3 爲固定磁極、旋轉電樞的電機機械架構，在兩個固定磁極間放置圓形電樞鐵心，該旋轉的電樞僅放一組線圈。利用電樞線圈旋轉的方式，可以使磁通切割線圈有效導體 $A$ 及 $B$，有導體、有磁場以及兩者間的相對速度，因而在導體上會產生感應電壓。圖 6.1.5 則爲固定電樞、

旋轉磁極的電機機械架構，將一組線圈放置於固定的圓形鐵心上，磁極則放置於鐵心中間讓它旋轉，此種方式會使磁極之磁通切割固定的繞組，有導體、有磁場以及兩者間的相對速度，因而在導體上也會產生感應電壓。當這兩種架構的電機磁場與導體間發生弦式變化時，均會使導體產生弦波電壓，合成的電壓即為兩導體電壓之相加和，這是因為導體 $A$ 及 $B$ 的跨距剛好是 180°。

如果將圖 6.1.3 的旋轉電樞架構，加上另一組相同匝數的線圈，其有效導體 $C$ 及 $D$ 亦串聯在一起，放置於原導體 $A$ 及 $B$ 的中間，則形成圖 10.1.1(a)的架構；或將圖 6.1.5 的固定電樞架構，放置另一組相同匝數的導體 $C$ 及 $D$，恰位於導體 $A$ 及 $B$ 的中間，如圖 10.1.1(b)所示，這兩種架構就是兩相電源的基本產生方法。由於導體 $C$、$D$ 與導體 $A$、$B$ 空間位置相差 90°，因此受同一個磁極切割的影響，兩組線圈匝數又相同，因此兩線圈感應電壓波形 $v_{AB}(t)$ 及 $v_{CD}(t)$ 的振幅及頻率必相同，只在相位上相差 90°。若以圖 10.1.1(a)、(b)的導體安排順序，配合電樞或磁極的旋轉方向，則兩線圈的電壓波形應如圖 10.1.2 所示。圖中顯示線圈 $AB$ 比線圈 $CD$ 在受磁極切割時間上，相位超前 90°，因此感應電壓 $v_{AB}(t)$ 也會比 $v_{CD}(t)$ 超前 90 度。

**圖 10.1.1　(a)固定磁極、轉動電樞(b)固定電樞、轉動磁極的發電機**

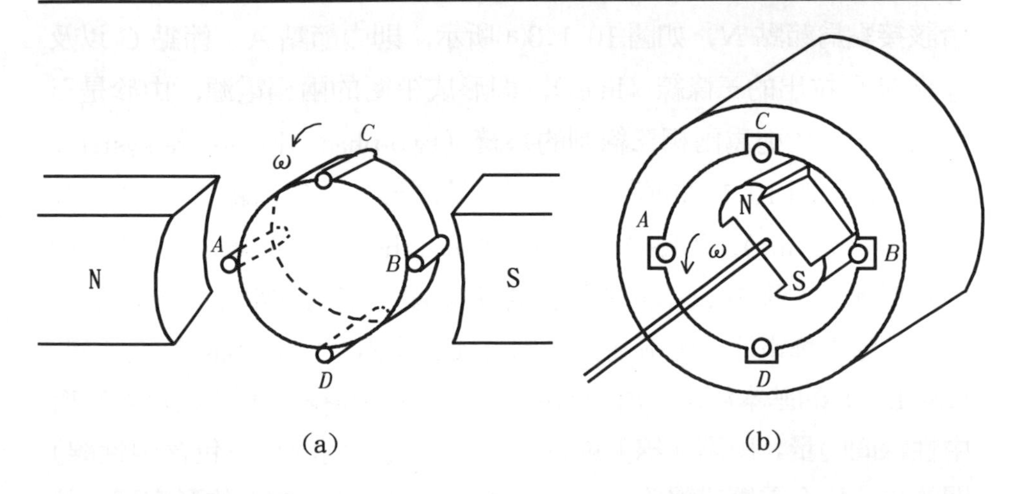

圖 10.1.2 對應於圖 10.1.1 中的繞組電壓

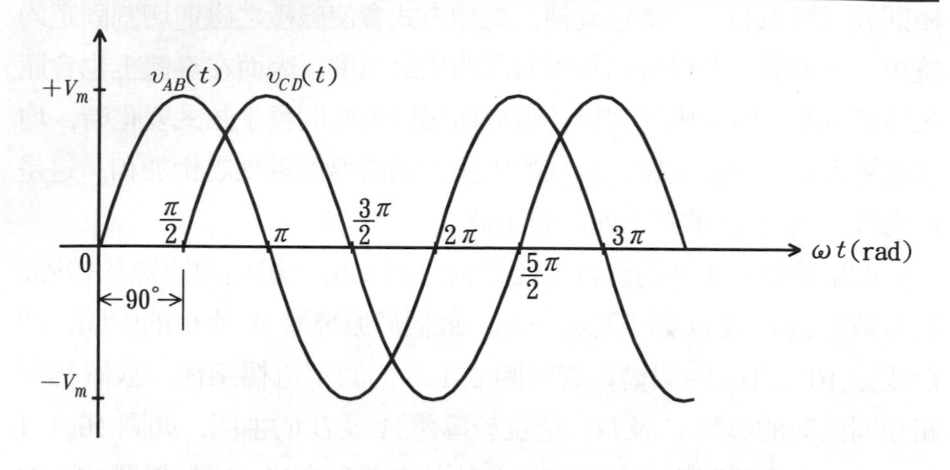


注意：由於圖 10.1.1(a)、(b)之磁極數均為 2，剛好是一對 N、S 磁極，因此感應電壓的相位角度（電角）必與磁極旋轉角度或電樞旋轉角度（機械角）相同，若磁極數不是兩個而是 $P$ 個（$P$ 必為偶數）時，只要將（$P/2$）乘以位移的機械角度，便可以推算感應電壓的相位電角了。例如四極發電機，$P=4$，當機械旋轉轉動 90°時，在電角上卻已經相移了（$P/2$）倍的 90°，即（4/2）90° = 180°了。

兩個獨立線圈被磁場切割所產生的弦波感應電壓，可視為兩個獨立的弦波電壓源。若將兩組線圈繞組中的節點 $B$ 及節點 $D$ 相連接，令該接點為節點 $N$，如圖 10.1.3(a)所示，則由節點 $A$、節點 $C$ 以及節點 $N$ 所拉出的三條線（lines），即形成平衡的兩相電源，由於是三條線拉出，故稱為兩相三線制的系統（two-phase three-wire system, 2ϕ3W），如圖 10.1.3(b)所示的電源接線圖形。一般稱線 $N$ 為中性線（the neutral line），節點 $N$ 稱為中性點（the neutral point），若將中性點接地，則圖 10.1.3(b)的輸出線上就產生了兩種電壓及電流。在未介紹這兩種電壓、電流前，我們先確定「相」(the phase) 與「線」(the line) 的基本觀念：所謂「相」就是指一條線（中性線除外）對中性線間的量；所謂「線」就是指線與線（此兩線均不包含中性線）間的量。配合電壓或電流名詞前面加上「相」或「線」的形容詞，就會形成下面的兩種電壓與電流。

在電壓部份，一種稱爲相電壓（the phase voltages）或線對中性點電壓（the line-to-neutral voltages），如線 $A$ 對線 $N$ 的電壓 $v_{AN}(t)$ 以及線 $C$ 對線 $N$ 的電壓 $v_{CN}(t)$，兩個電壓分別是繞組 $AB$ 及 $CD$ 兩端的電壓，故名爲相電壓；又它們都是線對中性點 $N$ 的電壓，故名爲線對中性點電壓。另一種稱爲線對線電壓（the line-to-line voltages）或簡稱線電壓（the line voltages），如線 $A$ 對線 $C$ 的電壓 $v_{AC}(t)$，都是屬於中性線以外，線與線間的電壓，故稱爲線電壓。

在電流部份，一種電流稱爲相電流（the phase currents），因爲是流過一個繞組的電流，或是通過線與中性線間的元件電流，因而得名。例如由節點 $B$ 往節點 $A$ 所流的電流 $i_{BA}(t)$ 通過相電源 $v_{AB}(t)$ 就是相電流；以及節點 $D$ 往節點 $C$ 流動的電流 $i_{DC}(t)$ 通過相電壓源 $v_{CD}(t)$ 也是相電流。另一種電流稱爲線電流（the line currents），即在線上流動的電流，因而得名。例如流在線 $A$、$C$、$N$ 的電流分別爲 $i_A(t)$、$i_C(t)$、$i_N(t)$ 均爲線電流。

圖 10.1.3　(a)節點 $B$、$D$ 短路形成節點 $N$(b)兩相三線系統電源

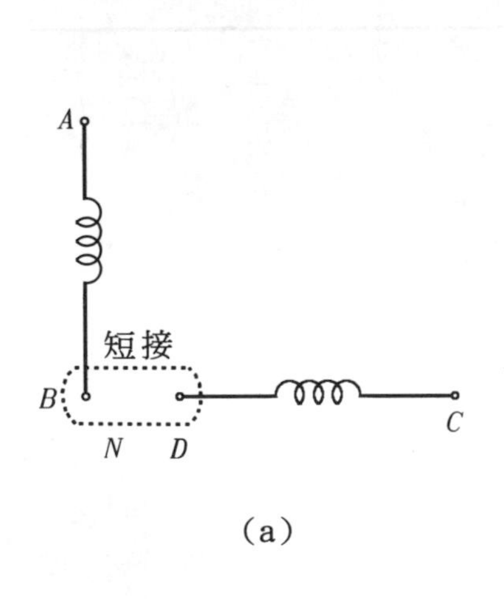


(a)

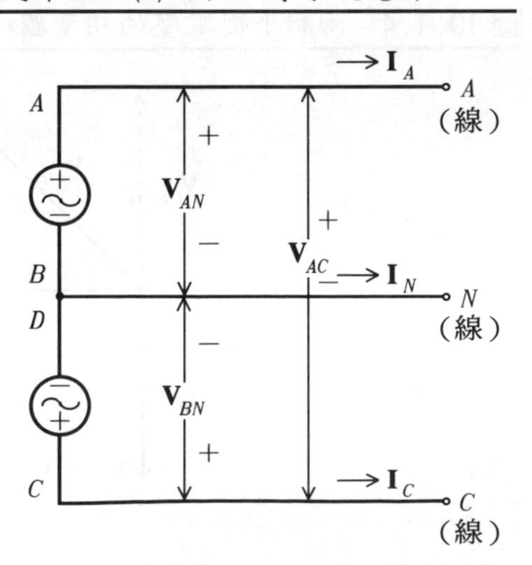


(b)

在圖 10.1.3(b)中的兩相電源中，電流部份的關係爲由相電源流入線，故線電流等於相電流：

$$i_A(t) = i_{BA}(t) \quad \Leftrightarrow \quad \mathbf{I}_A = \mathbf{I}_{BA} \quad \text{A} \tag{10.1.1}$$

$$i_C(t) = i_{DC}(t) \quad \Leftrightarrow \quad \mathbf{I}_C = \mathbf{I}_{DC} \quad \text{A} \tag{10.1.2}$$

線電壓與相電壓的關係可由圖 10.1.4 之相量圖由平行四邊形法以相量相加而得。圖 10.1.4 中假設相電壓 $v_{AB}(t) = v_{AN}(t)$，相角爲 0°；相電壓 $v_{CD}(t) = v_{CN}(t)$則爲相角 −90°，表示落後$v_{AB}(t)$ 90°，其相量表示分別爲：

$$\mathbf{V}_{AB} = \mathbf{V}_{AN} = V\angle 0° \quad \text{V} \tag{10.1.3}$$

$$\mathbf{V}_{CD} = \mathbf{V}_{CN} = V\angle -90° \quad \text{V} \tag{10.1.4}$$

式中電壓 $V$ 爲繞組 $AB$ 或 $CD$ 感應電壓的有效值，爲感應電壓峰值的 0.707 倍。將電壓相量 $\mathbf{V}_{CD}$ 反相 180°，變成 $-\mathbf{V}_{CD}$，再與電壓相量 $\mathbf{V}_{AB}$ 以向量合成爲線電壓相量 $\mathbf{V}_{AC}$：

$$\begin{aligned}\mathbf{V}_{AC} &= \mathbf{V}_{AN} - \mathbf{V}_{CN} = \mathbf{V}_{AB} + (-\mathbf{V}_{CD}) \\ &= V\angle 0° - V\angle -90° = V + jV \\ &= \sqrt{2}V\angle 45° \quad \text{V}\end{aligned} \tag{10.1.5}$$

**圖 10.1.4 兩相平衡電壓的相量圖**

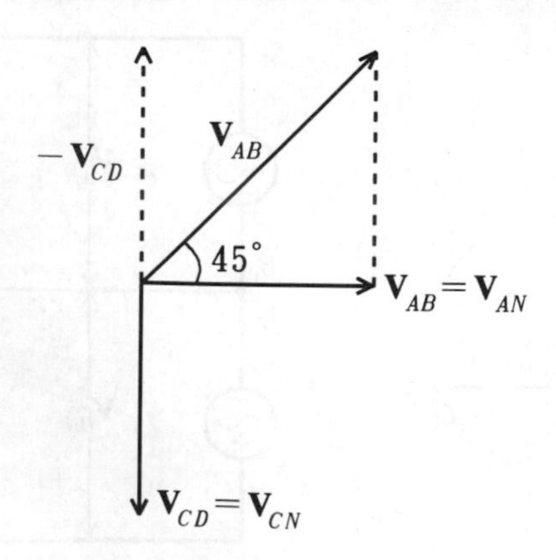

由結果得知：兩相平衡系統的線電壓相量 $\mathbf{V}_{AC}$的大小，為相電壓相量大小的$\sqrt{2}$倍，且相角超前線圈繞組 $AB$ 的電壓 $\mathbf{V}_{AN}$相角 45°，超前線圈繞組 $CD$ 的電壓 $\mathbf{V}_{CN}$相量 135°；而線電流相量 $\mathbf{I}_A$、$\mathbf{I}_C$ 分別與相電流相量 $\mathbf{I}_{BA}$、$\mathbf{I}_{DC}$相同。

## 10.1.2　三相系統

仿照兩相系統的弦波感應電壓產生方法，在圖 10.1.1(a)或(b)上多加上一組相同匝數的繞組，形成三個繞組，重新命名為 $a-a'$、$b-b'$、$c-c'$，並令這三個繞組均勻對稱地以圓周 360°的三等份，即 360°/3＝120°的分佈在(a)圖的電樞轉子上或(b)圖的電樞定子上，分別變成如圖 10.1.5(a)、(b)所示的架構。當圖 10.1.5(a)的電樞轉子轉動一個圓周 360°（機械角），或是圖 10.1.5(b)的磁極轉子轉動一個圓周 360°（機械角）時，三個繞組受磁場的磁通切割，導體與磁場發生相對地運動，繞組上的感應弦波電壓於是產生，該電壓也發生一個週期 360°（電角）的改變，如圖 10.1.6 所示，其中機械角與電角相同主要是因為極數 $P=2$ 的關係。

**圖 10.1.5**　(a)固定磁極(b)旋轉磁極的三相繞組安排

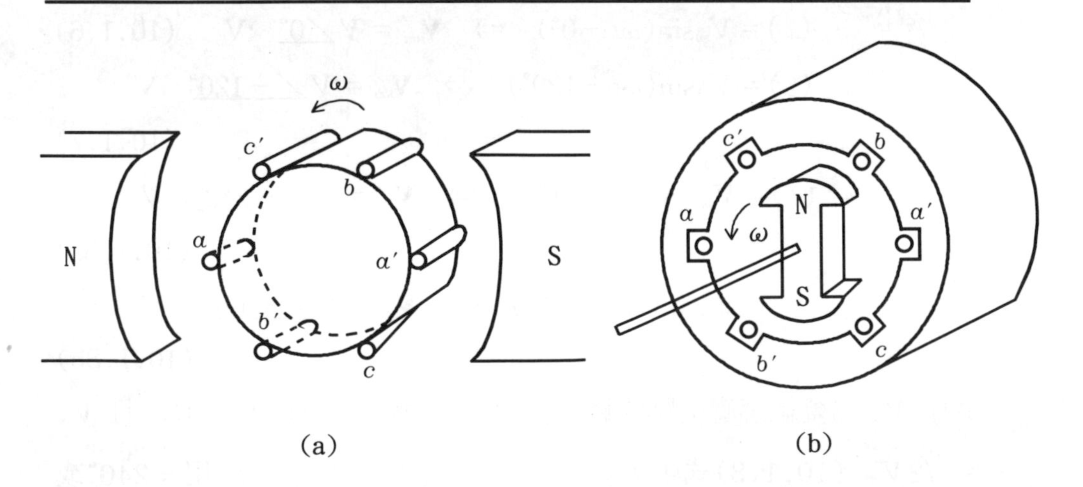

圖 10.1.6 對應於圖 10.1.5 三相繞組產生的感應電壓

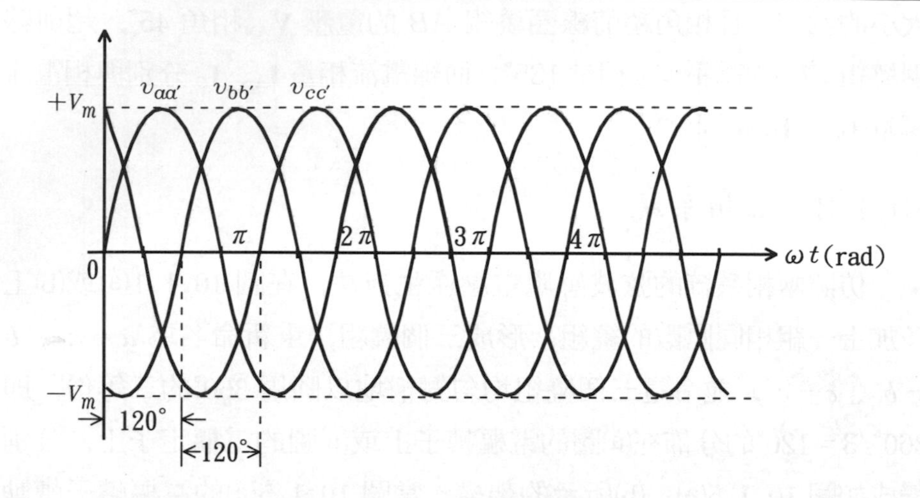


三相感應電壓發生的順序，受到繞組空間位置及轉動方向的影響，假設繞組 $a-a'$產生感應電壓的零點發生最早；經過電角 120°後，繞組 $b-b'$產生感應電壓的零點亦發生；再經過電角 120°後，繞組 $c-c'$產生感應電壓的零點亦發生；此三相電壓零點發生後，電壓由零值增加，開始呈現正弦變化。因此將三相感應電壓寫成瞬間的時域表示以及相量表示分別爲：

$$v_{aa'}(t) = V_m \sin(\omega t + 0°) \quad \Leftrightarrow \quad \mathbf{V}_{aa'} = V\angle 0° \text{ V} \tag{10.1.6}$$

$$v_{bb'}(t) = V_m \sin(\omega t - 120°) \quad \Leftrightarrow \quad \mathbf{V}_{bb'} = V\angle -120° \text{ V} \tag{10.1.7}$$

$$v_{cc'}(t) = V_m \sin(\omega t - 240°) \quad \Leftrightarrow \quad \mathbf{V}_{cc'} = V\angle -240° \text{ V} \tag{10.1.8a}$$

$$= V_m \sin(\omega t + 120°) \quad \Leftrightarrow \quad \mathbf{V}_{cc'} = V\angle +120° \text{ V} \tag{10.1.8b}$$

式中 $V_m$ 爲繞組感應電壓的峰值，$V$ 則爲感應電壓的有效值，且 $V_m = \sqrt{2}V$。(10.1.8)式中繞組$c-c'$感應電壓的角度可以用 $-240°$或 $+120°$表示，兩者皆代表複數平面上的同一個相角。將(10.1.6)～

(10.1.8) 式三式之感應電壓相量繪於同一個平面上，則會如圖 10.1.7(a)所示。其中三個相量皆以 $\omega$ 的角速度依逆時鐘方向旋轉，此種依 $a \to b \to c$ 的順序產生的感應電壓稱爲正相序（the positive phase sequence）電壓，也可稱爲 $ABC$ 或 $BCA$ 或 $CAB$ 相序電壓。

若將繞組 $b-b'$ 與 $c-c'$ 對調，轉子或磁極旋轉的方向不變，則原圖 10.1.6 之電壓波形只須將 $v_{bb'}(t)$ 與 $v_{cc'}(t)$ 互換即可，三個繞組電壓除了 $a-a'$ 的電壓 $v_{aa'}(t)$ 與（10.1.1）式相同外，繞組 $b-b'$ 與 $c-c'$ 之電壓關係亦應對調，故此時三相電壓的瞬時值與相量分別表示如下：

$$v_{aa'}(t)=V_m\sin(\omega t+0°) \quad \Leftrightarrow \quad \mathbf{V}_{aa'}=V\angle 0° \ \ \mathrm{V} \qquad (10.1.9)$$

$$v_{bb'}(t)=V_m\sin(\omega t-240°) \quad \Leftrightarrow \quad \mathbf{V}_{bb'}=V\angle -240° \ \ \mathrm{V} \qquad (10.1.10a)$$

$$=V_m\sin(\omega t+120°) \quad \Leftrightarrow \quad \mathbf{V}_{bb'}=V\angle +120° \ \ \mathrm{V} \qquad (10.1.10b)$$

$$v_{cc'}(t)=V_m\sin(\omega t-120°) \quad \Leftrightarrow \quad \mathbf{V}_{cc'}=V\angle -120° \ \ \mathrm{V} \qquad (10.1.11)$$

其相量圖分別如圖 10.1.7(b)所示，三個電壓相量亦以角速度 $\omega$ 依逆時鐘方向旋轉。此種依 $a \to c \to b$ 順序所產生感應電壓，稱爲負相序（the negative phase sequence）電壓，也可以稱爲 $ACB$ 或 $CBA$ 或 $BAC$ 相序電壓。事實上，將圖 10.1.7(a)之任兩個電壓相量對調，就會形成圖 10.1.7(b)的結果，或將圖 10.1.7(a)的旋轉方向相反，也會形成圖 10.1.7(b)的結果，這也就是說在三相交流電機中，任意調換兩相或兩條線（非中性線），其旋轉磁場方向或轉子轉動的方向必定會相反的原因。

以上由三個繞組感應電壓產生的三組等效電源，由於三組電壓振幅相同，頻率也相同，相位彼此相差 120°，只要適當地做連接，便能成爲以三相供電的電源，通稱爲三相平衡電源（the balanced three-phase sources），因爲是由繞組產生的感應電壓，故稱爲三相的相電壓。三個獨立相的相電壓得到後，將該電源連接三相負載，即可成爲三相系統（the three-phase system）。在下一節中，我們將介紹對稱平衡三相系統，這也是三相系統中極爲重要，而且是最簡單的一種系統。

圖 10.1.7　(a)正相序(b)負相序的相量圖

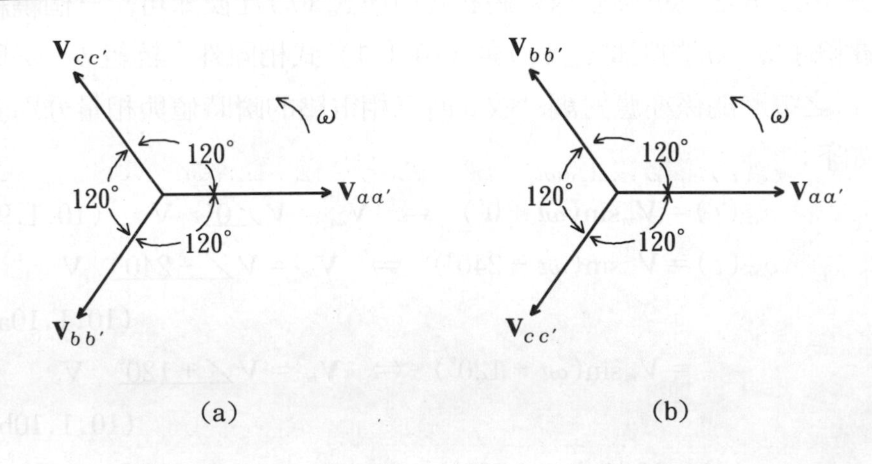


**【例 10.1.1】** 兩相平衡系統中，已知一相電壓爲 $v_A(t)=\sqrt{2}V\sin(\omega t+48°)$ V，求另一相之電壓以及線對線之電壓。

**【解】** (a) $v_A(t)=\sqrt{2}V\sin(\omega t+48°)$

$\therefore$ 另一相電壓比 $v_A(t)$ 超前或落後 90°：

$$v_B(t)=\sqrt{2}V\sin(\omega t+48°\pm 90°)$$

$$\therefore v_B(t)=\sqrt{2}V\sin(\omega t+138°)$$

或 $$v_B(t)=\sqrt{2}V\sin(\omega t-42°) \quad \text{V}$$

(b)線對線電壓爲相電壓大小之 $\sqrt{2}$ 倍，故 $V_L=\sqrt{2}V\cdot\sqrt{2}=2V$，相位則比其中一相超前的相電壓再超前 45°

$$\therefore v_{AB}(t)=2V\sin(\omega t+48°+45°)=2V\sin(\omega t+93°) \quad \text{V}$$

或 $$v_{AB}(t)=2V\sin(\omega t+138°+45°)=2V\sin(\omega t+183°) \quad \text{V}$$ ◎

**【例 10.1.2】** 若三相平衡系統中，已知 $A$ 相之電壓爲 $v_A(t)=\sqrt{2}V\sin(\omega t+45°)$ V，求其他兩相的電壓，若相序爲(a)正相序，(b)負相序。

**【解】** (a)正相序時：

$$v_A(t)=\sqrt{2}V\sin(\omega t+45°)\quad \text{V}$$

$$v_B(t)=\sqrt{2}V\sin(\omega t+45°-120°)=\sqrt{2}V\sin(\omega t-75°)\quad \text{V}$$

$$v_C(t)=\sqrt{2}V\sin(\omega t+45°+120°)=\sqrt{2}V\sin(\omega t+165°)\quad \text{V}$$

(b)負相序時：

$$v_B(t)=\sqrt{2}V\sin(\omega t+45°+120°)=\sqrt{2}V\sin(\omega t+165°)\quad \text{V}$$

$$v_C(t)=\sqrt{2}V\sin(\omega t+45°-120°)=\sqrt{2}V\sin(\omega t-75°)\quad \text{V}$$ ◎

## 【本節重點摘要】

(1)兩相系統

①所謂「相」就是指一條線（中性線除外）對中性線間的量；所謂「線」就是指線與線（此兩線均不包含中性線）間的量。配合電壓或電流名詞前面加上「相」或「線」的形容詞，就會形成下面的兩種電壓與電流。

(a)在電壓部份，一種稱為相電壓或線對中性點電壓。一種稱為線對線電壓或簡稱線電壓。

(b)在電流部份，一種電流稱為相電流，因為是流過一個繞組的電流，或是通過線與中性線間的元件電流。另一種電流稱為線電流，即在線上流動的電流。

②兩相平衡系統的線電壓相量 $\mathbf{V}_{AC}$ 大小，為相電壓相量大小的 $\sqrt{2}$ 倍，且相角超前線圈繞組 $AB$ 的電壓 $\mathbf{V}_{AN}$ 相角 45°，超前線圈繞組 $CD$ 的電壓 $\mathbf{V}_{CN}$ 相量 135°；而線電流相量 $\mathbf{I}_A$、$\mathbf{I}_C$ 分別與相電流相量 $\mathbf{I}_{BA}$、$\mathbf{I}_{DC}$ 相同。

(2)三相系統

①三個電壓相量以 $\omega$ 的角速度依逆時鐘方向旋轉，此種依 $a\rightarrow b\rightarrow c$ 的順序產生的感應電壓稱為正相序電壓，也可稱為 $ABC$ 或 $BCA$ 或 $CAB$ 相序電壓。

②三個電壓相量以角速度 $\omega$ 依逆時鐘方向旋轉。此種依 $a\rightarrow c\rightarrow b$ 順序所產生感應電壓，稱為負相序電壓，也可以稱為 $ACB$ 或 $CBA$ 或 $BAC$ 相序電壓。

③將正相序之任兩個電壓相量對調，就會形成負相序的結果，或將正相序的旋轉方向相反，也會形成負相序的結果，這也就是說在三相交流電機中，任意調換兩相或兩條線（非中性線），其旋轉磁場方向或轉子轉動的方向必定會相反的原因。

④三組電壓振幅相同，頻率也相同，相位彼此相差 120°，只要適當地做連接，便能成為以三相供電的電源，通稱為三相平衡電源，因為是由繞組產生的感應電壓，故稱為三相的相電壓。三個獨立相的相電壓得到後，將該電源連接三相負載，即可成為三相系統。

【思考問題】

⑴除了正相序、負相序以外，有沒有其他的相序？零相序是什麼？

⑵若兩相或三相的感應電壓不是正弦波時，相量的觀念如何應用？相序仍有意義嗎？

⑶三相系統與兩相系統可否並聯使用？爲什麼？

⑷發電機的獨立繞組個數與相數有何關係？

⑸當繞組被磁通切割時，會產生感應電壓，但是繞組的阻抗如何考慮進去呢？

## 10.2 對稱平衡三相系統

前一節談及三相電壓的產生，本節將把三相電壓的觀念，擴及到三相系統。三相系統包含：電源、傳輸線、負載等三種，我們將一一介紹如下。

### 10.2.1 三相電源

前一節的三相電壓函數中包含了三個主要的參數，亦即：振幅（或峰值）、頻率（或角頻率）、相位角。當三個由繞組所產生的弦式交流電壓或電流，其參數同時滿足下列的三個條件時，即稱爲對稱平衡三相電源：

(1)振幅或峰值相同；

(2)頻率或角頻率相同；

(3)三個電壓或電流相角相差 120°。

當三相系統中的三個電源參數，有一個條件不滿足時，即為非對稱平衡三相系統。

如圖 10.2.1(a)、(b)所示，分別為三相電壓源及電流源個別分開，未連接時的圖形。圖 10.2.1(c)、(d)則為電源基本接法中，電壓源與電流源的 Y 型連接方式，其中三個電壓源及電流源的尾端（$a'$，$b'$，$c'$）連接在一起，成為一個共同點 $n$，因此該種接法可以有三條線供電（稱為三相三線制或 3ϕ3W），也可以用四條線供電（稱為三相四線制或 3ϕ4W）。圖 10.2.1(e)、(f)則為電源基本接法中，電壓源與電流源的 Δ 型連接方式，其中三個電壓源及電流源的一相頭端（$a$，$b$，$c$）與下一相電源的尾端（$a'$，$b'$，$c'$）連接在一起，由於三個相電源並無共同的連接點，因此僅能以三相三線制供電。

若圖 10.2.1(a)的三個相電壓源電壓分別為：

$$v_{aa'}(t)=\sqrt{2}V\sin(\omega t+0°) \quad \Leftrightarrow \quad \mathbf{V}_{aa'}=V\angle 0° \ \text{V} \tag{10.2.1}$$

$$v_{bb'}(t)=\sqrt{2}V\sin(\omega t-120°) \quad \Leftrightarrow \quad \mathbf{V}_{bb'}=V\angle -120° \ \text{V} \tag{10.2.2}$$

$$v_{cc'}(t)=\sqrt{2}V\sin(\omega t+120°) \quad \Leftrightarrow \quad \mathbf{V}_{cc'}=V\angle +120° \ \text{V} \tag{10.2.3}$$

則為三相正相序平衡電壓源。若將 $v_{bb'}(t)$與 $v_{cc'}(t)$之正弦函數內的相角參數對調，則變為三相負相序平衡電壓源。同理，若圖 10.2.1(b)之三相電流源電流分別為：

$$i_{a'a}(t)=\sqrt{2}I\sin(\omega t+0°) \quad \Leftrightarrow \quad \mathbf{I}_{a'a}=I\angle 0° \ \text{A} \tag{10.2.4}$$

$$i_{b'b}(t)=\sqrt{2}I\sin(\omega t-120°) \quad \Leftrightarrow \quad \mathbf{I}_{b'b}=I\angle -120° \ \text{A} \tag{10.2.5}$$

$$i_{c'c}(t)=\sqrt{2}I\sin(\omega t+120°) \quad \Leftrightarrow \quad \mathbf{I}_{c'c}=I\angle +120° \ \text{A} \tag{10.2.6}$$

則為三相正相序平衡電流源。若將 $i_{b'b}(t)$ 與 $i_{c'c}(t)$ 之正弦函數內的相角參數對調，則為三相負相序平衡電流源。

**圖 10.2.1 三相電源的連接**

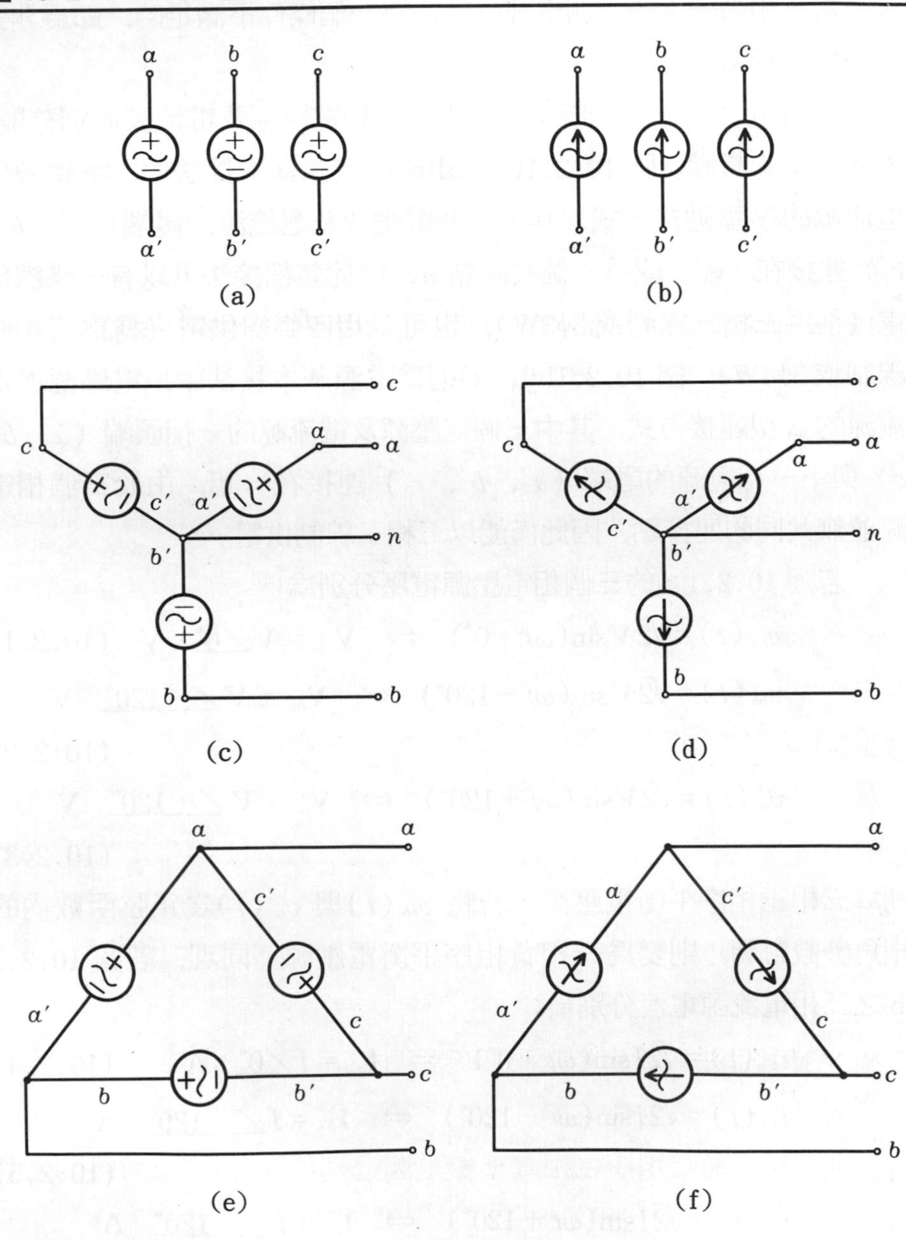

一般三相電源中，最常用的仍是電壓源，故圖 10.2.1(b)(d)(f)之電流源是比較特殊的三相電源，也因為通常負載所連接的開關有時會開啓，有時會閉合，故以電流源供電的方式較不可行。而三相電壓源中，又以 Y 連接最為方便而且實際，加上又有共用的中性點可用，因此圖 10.2.1(c)的 Y 連接電壓源較普遍，故在以下章節中的三相電壓源，除非另有提及，否則一律可視為 Y 連接的型式。

至於 Δ 連接的三相電壓源，因為恰巧形成一個迴路，按照克希荷夫電壓定律 KVL，對於一個迴路的電壓和必須為零的條件來看，若任何瞬間$v_{aa'}(t)+v_{bb'}(t)+v_{cc'}(t)$之和不為零，或是僅是極小的數值時，皆會違背了 KVL 定則，而且是代表不平衡的三相電壓源，在該迴路中會產生極大的迴路循環電流（the circulating curretnt）（此電流的大小理論上為無限大），致使電路燒毀。因此以 Δ 連接的三相電壓源中，極少使用甚至不用，以避免此種破壞性迴路循環電流不斷地流動。

以圖 10.2.1(c)的 Y 型連接三相平衡電壓源來看，這種電壓源裝上中性線時，雖然增加了中性線的成本（金錢投資），但是所形成的三相四線制供電系統，卻能將三條線（$a$、$b$、$c$）對中性點（$n$）的電壓（稱為相電壓），送至未知的負載，即使負載是不平衡的，靠中性線的幫助，仍舊會使負載電壓為平衡三相。但是當中性線開路或未接時，所形成的三相三線制供電，僅能提供線對線的平衡三相電壓(簡稱線電壓)，只要線電壓為三相平衡，即使中性線不存在，線（$a$、$b$、$c$）對節點 $n$ 所產生的相電壓依舊是平衡的。因此，Y 型連接的三相電壓源具有較多的優點，可同時提供線電壓及相電壓，三相平衡 Y 連接的線電壓與相電壓關係說明如下。

假設三相平衡電壓之相電壓有效值為 $V$，以 $a$ 相為零度相位參考，則正相序與負相序之相電壓相量圖分別如圖 10.2.2(a)與(b)之實線較短者所示。利用節點對節點相對電壓的關係，正相序的線電相量分別表示為：

$$\mathbf{V}_{ab}=\mathbf{V}_{aa'}-\mathbf{V}_{bb'}=V\angle 0^\circ-V\angle -120^\circ$$
$$=V-(-0.5-j0.866)V=(1.5+j0.866)V$$
$$=1.732V\angle 30^\circ=\sqrt{3}V\angle 30^\circ \quad \text{V} \tag{10.2.7}$$
$$\mathbf{V}_{bc}=\mathbf{V}_{bb'}-\mathbf{V}_{cc'}=V\angle -120^\circ-V\angle +120^\circ$$
$$=[(-0.5-j0.866)-(-0.5+j0.866)]V$$
$$=\sqrt{3}V\angle -90^\circ \quad \text{V} \tag{10.2.8}$$
$$\mathbf{V}_{ca}=\mathbf{V}_{cc'}-\mathbf{V}_{aa'}=V\angle +120^\circ-V\angle 0^\circ$$
$$=[(-0.5+j0.866)-1]V=(-1.5+j0.866)V$$
$$=\sqrt{3}V\angle +150^\circ \quad \text{V} \tag{10.2.9}$$

負相序的線電壓相量分別爲：

$$\mathbf{V}_{ab}=\mathbf{V}_{aa'}-\mathbf{V}_{bb'}=V\angle 0^\circ-V\angle +120^\circ$$
$$=[1-(-0.5+j0.866)]V=(1.5-j0.866)V$$
$$=\sqrt{3}V\angle -30^\circ \quad \text{V} \tag{10.2.10}$$
$$\mathbf{V}_{bc}=\mathbf{V}_{bb'}-\mathbf{V}_{cc'}=V\angle +120^\circ-V\angle -120^\circ$$
$$=[(-0.5+j0.866)-(-0.5-j0.866)]V$$
$$=\sqrt{3}V\angle +90^\circ \quad \text{V} \tag{10.2.11}$$

圖 10.2.2 Y 連接(a)正相序(b)負相序線電壓與相電壓關係

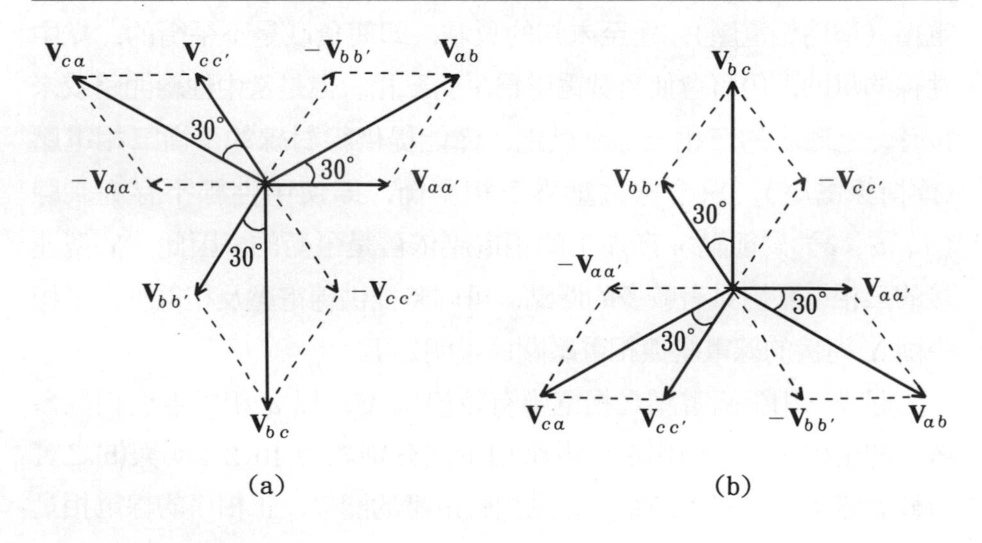

$$\mathbf{V}_{ca} = \mathbf{V}_{cc'} - \mathbf{V}_{aa'} = V\angle -120^\circ - V\angle 0^\circ$$
$$= [(-0.5 - j0.866) - 1]V$$
$$= \sqrt{3}V\angle -150^\circ \quad \text{V} \qquad (10.2.12)$$

這正相序與負相序的線電壓，除可用前述的兩相電壓相減得到外，也可以用平行四邊形作圖法，將要減去的電壓相量反相 180°，再與被減的電壓相量相加，則可如圖 10.2.2(a)、(b)的方法獲得線電壓的相量。由圖 10.2.2(a)、(b)的結果配合（10.2.7）式～(10.2.12)式等六式，我們可以歸納平衡三相電壓 Y 型連接的相電壓與線電壓的相量關係爲：「三相平衡 Y 連接線電壓的大小總是爲相電壓大小的$\sqrt{3}$倍，其下標第一字開頭的線電壓相量（如 $\mathbf{V}_{ab}$）的相角，總是與相同下標第一字開頭的相電壓相量（如 $\mathbf{V}_{aa'}$）的相角相差 30°，在電壓爲正相序時：線電壓超前相電壓 30°，在負相序電壓時：線電壓落後相電壓 30°」。以方程式簡單表示爲：

$$\mathbf{V}_L = \mathbf{V}_\phi \cdot [\sqrt{3}\angle \pm 30^\circ] \quad \text{V} \qquad (10.2.13)$$

式中 $\mathbf{V}_L$ 爲線電壓相量，$\mathbf{V}_\phi$ 爲相電壓相量，符號 ± 中上面的正號適用於正相序，下面的負號則適用於負相序。至於 Y 連接線電流與相電流關係，可由圖 10.2.1(c)的架構得知：「三相 Y 連接各相電壓源送出之相電流 $\mathbf{I}_\phi$ 等於流在線上的線電流 $\mathbf{I}_L$」，以簡單的方程式表示爲：

$$\mathbf{I}_L = \mathbf{I}_\phi \quad \text{A} \qquad (10.2.14)$$

至於圖 10.2.1(c)的 Δ 型連接平衡三相電壓源，因爲不含中性點，因此無中性線可以拉出來使用，它所拉出來的三條線均是線對線電壓，即線電壓。該線電壓又等於每一相電壓源的電壓，因此：「三相平衡 Δ 連接的線電壓相量等於相電壓相量」，以方程式簡單表示爲：

$$\mathbf{V}_L = \mathbf{V}_\phi \quad \text{V} \qquad (10.2.15)$$

三相 Δ 連接電壓源內部，由負端往正端流的電流爲相電流，其相量分別爲 $\mathbf{I}_{a'a}$、$\mathbf{I}_{b'b}$、$\mathbf{I}_{c'c}$，向外流動在線路上的電流爲線電流，其相量分別爲 $\mathbf{I}_a$、$\mathbf{I}_b$、$\mathbf{I}_c$，線電流與相電流之間的關係，可由 KCL 在節點 $a$、$b$、$c$ 分別列出方程式即可得到。假設三個電壓源內部之平衡相電流

有效值爲 $I$，並以 $a$ 相電流爲零度參考，則三個正相序線電流相量分別爲：

$$\mathbf{I}_a = \mathbf{I}_{a'a} - \mathbf{I}_{c'c} = I\angle 0^\circ - I\angle +120^\circ$$
$$= [1-(-0.5+j0.866)]I = (1.5-j0.866)I$$
$$= \sqrt{3}I\angle -30^\circ \text{ A} \qquad (10.2.16)$$
$$\mathbf{I}_b = \mathbf{I}_{b'b} - \mathbf{I}_{a'a} = I\angle -120^\circ - I\angle 0^\circ$$
$$= [(-0.5-j0.866)-1]I$$
$$= \sqrt{3}I\angle -150^\circ \text{ A} \qquad (10.2.17)$$
$$\mathbf{I}_c = \mathbf{I}_{c'c} - \mathbf{I}_{b'b} = I\angle +120^\circ - I\angle -120^\circ$$
$$= [(-0.5+j0.866)-(-0.5-j0.866)]I$$
$$= \sqrt{3}I\angle 90^\circ \text{ A} \qquad (10.2.18)$$

負相序線電流相量分別爲：

$$\mathbf{I}_a = \mathbf{I}_{a'a} - \mathbf{I}_{c'c} = I\angle 0^\circ - I\angle -120^\circ$$
$$= [1-(-0.5-j0.866)]I = (1.5+j0.866)I$$
$$= \sqrt{3}I\angle 30^\circ \text{ A} \qquad (10.2.19)$$
$$\mathbf{I}_b = \mathbf{I}_{b'b} - \mathbf{I}_{a'a} = I\angle 120^\circ - I\angle 0^\circ$$
$$= [(-0.5+j0.866)-1]I$$
$$= \sqrt{3}I\angle 150^\circ \text{ A} \qquad (10.2.20)$$
$$\mathbf{I}_c = \mathbf{I}_{c'c} - \mathbf{I}_{b'b} = I\angle -120^\circ - I\angle 120^\circ$$
$$= [(-0.5-j0.866)-(-0.5+j0.866)]I$$
$$= \sqrt{3}I\angle -90^\circ \text{ A} \qquad (10.2.21)$$

三相 Δ 連接的正相序與負相序線電流，除可用前述的兩個相電流相減得到外，也可以用平行四邊形作圖法，將減去的電流相量反相 180°，再與被減的電流相量相加，則可如圖 10.2.3(a)、(b)的方法獲得線電流相量。

由圖 10.2.3(a)、(b)的結果，配合（10.2.16）式～(10.2.21)式等六式，我們可以歸納平衡 Δ 連接三相電流的相電流與線電流的相量關係爲：「三相平衡 Δ 連接線電流大小爲相電流大小的$\sqrt{3}$倍，其下標第一字開頭的線電流（如 $\mathbf{I}_a$）的相角總是與對等下標第二字開頭的相電流（如 $\mathbf{I}_{a'a}$）相角差 30°，正相序爲線電流落後相電流 30°，負相序則爲線電流超前相電流 30°」，以方程式簡單表示爲：

$$\mathbf{I}_L = \mathbf{I}_\phi \cdot [\sqrt{3}\angle \mp 30^\circ] \quad \text{A} \tag{10.2.22}$$

式中 $\mathbf{I}_L$ 爲線電流相量，$\mathbf{I}_\phi$ 爲相電流相量，符號 ∓ 中上面的負號適用於正相序，下面的正號則適用於負相序。

圖 10.2.3 Δ 連接(a)正相序(b)負相序之線電流與相電流關係

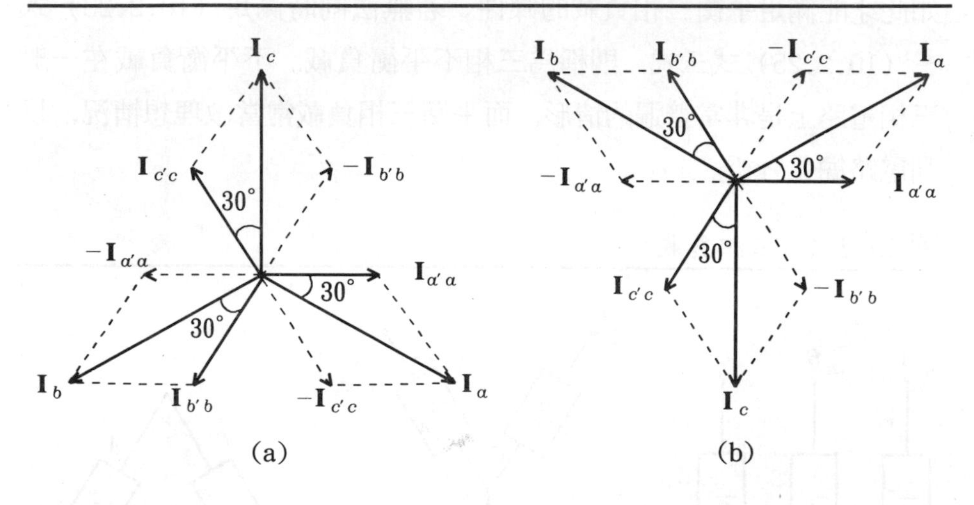


## 10.2.2 三相負載

三相負載是吸收三相電源的電能來作功的元件，像三相馬達即是一種將三相電源轉換爲機械能作功的機器。在三相系統中，負載可以看成三個獨立的等效相負載，其阻抗分別爲 $\overline{Z}_A = R_A + jX_A$、$\overline{Z}_B = R_B + jX_B$、$\overline{Z}_C = R_C + jX_C$，如圖 10.2.4(a)所示，假設三個相阻抗間並無互感磁通性耦合的情形存在。同於電源的兩種連接方式，圖 10.2.4(b)爲 Y 型連接的架構，三個阻抗連接在同一共同端 $N$ 上，因此該連接方式可分爲 $A$、$B$、$C$ 三線拉出之三相三線制負載或 $A$、$B$、$C$、$N$ 四線拉出之三相四線制負載型式。圖 10.2.4(c)則爲 Δ 連接之架構，由於三個阻抗沒有共同的連接點，因此只能以拉出 $A$、$B$、$C$ 三線之三相三線制做為負載。當三相負載阻抗滿足阻抗完全相同條件時，則稱為三相平衡負載：

$$\overline{Z}_A = \overline{Z}_B = \overline{Z}_C \quad \Omega \tag{10.2.23}$$

(10.2.23) 式表示阻抗實部的電阻部份要大小完全相同外，虛部的電抗部份也要大小以及極性完全相同，亦即：

$$R_A = R_B = R_C \quad \Omega \tag{10.2.24}$$

$$X_A = X_B = X_C \quad \Omega \tag{10.2.25}$$

如此才能滿足平衡三相負載的條件。若無法同時滿足 (10.2.23) 式～(10.2.25) 式三式，則稱為三相不平衡負載。不平衡負載在一般三相電路上是非常普遍的情形，而平衡三相負載常當做理想情況，以利電路簡化分析。

圖 10.2.4　三相負載

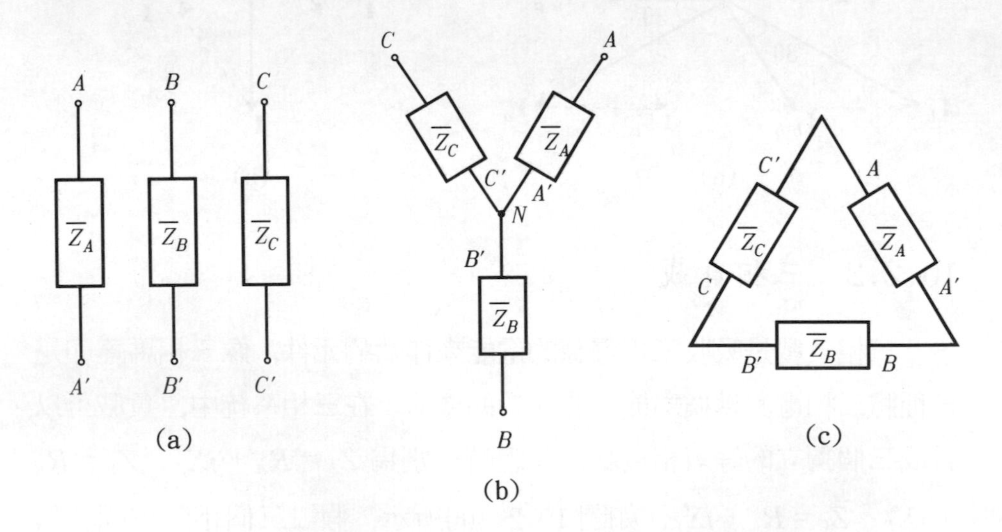


## 10.2.3　三相傳輸線

三相傳輸線主要是傳送三相電源的電力或電能給負載使用，假設三條基本傳輸線的阻抗分別為 $\overline{Z}_{LA} = R_{LA} + jX_{LA}$、$\overline{Z}_{LB} = R_{LB} + jX_{LB}$、$\overline{Z}_{LC} = R_{LC} + jX_{LC}$，如圖 10.2.5 所示，它可以提供三相三線制供電使

用。若有另外一條中性線存在時，則傳輸線可以改爲三相四線制供電。假設該中性線之阻抗爲 $\overline{Z}_{LN} = R_{LN} + jX_{LN}$，如圖 10.2.5 中的虛線所示。當三條基本傳輸線阻抗完全相同時，即是傳輸線平衡的條件：

$$\overline{Z}_{LA} = \overline{Z}_{LB} = \overline{Z}_{LC} \quad \Omega \qquad (10.2.26)$$

(10.2.26) 式亦表示，三條傳輸線阻抗的電阻大小部份，與電抗部份的大小與極性必須完全相同，亦即：

$$R_{LA} = R_{LB} = R_{LC} \quad \Omega \qquad (10.2.27)$$

$$X_{LA} = X_{LB} = X_{LC} \quad \Omega \qquad (10.2.28)$$

若傳輸線的阻抗能同時滿足 (10.2.26) 式～(10.2.28)式三式，則稱爲平衡三相傳輸線，否則即爲不平衡三相傳輸線。至於中性線之阻抗大小則與基本的三條傳輸線阻抗無關，在三相平衡條件下，中性線可以予以短路，也可以開路，不會影響平衡三相的關係。

圖 10.2.5　三相傳輸線

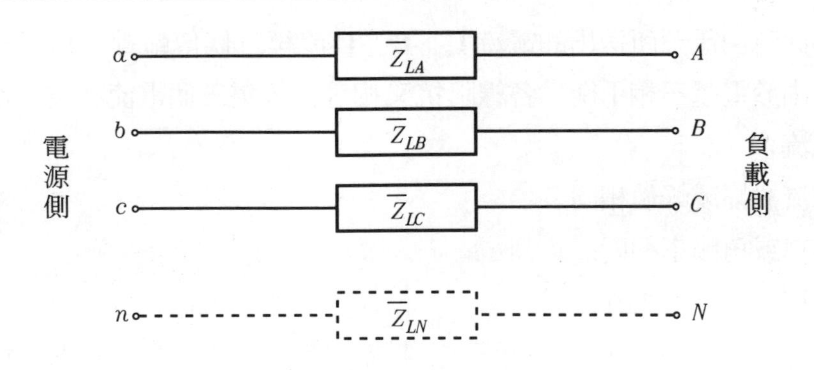


## 10.2.4　平衡三相系統與連接

當我們將三相電源放入圖 10.2.6 左側的電源方塊內，將三相負載放入圖 10.2.6 右側的方塊內，再將兩方塊用傳輸線予以連接，則一個三相系統便完成了由電源至負載的系統圖，如圖 10.2.6 完整的圖示。當圖 10.2.6 中的電源爲平衡三相電源，負載爲平衡三相負載，傳輸線爲平衡三相傳輸線時，則該三相系統則稱爲對稱平衡三相系

圖 10.2.6 平衡三相系統的連接

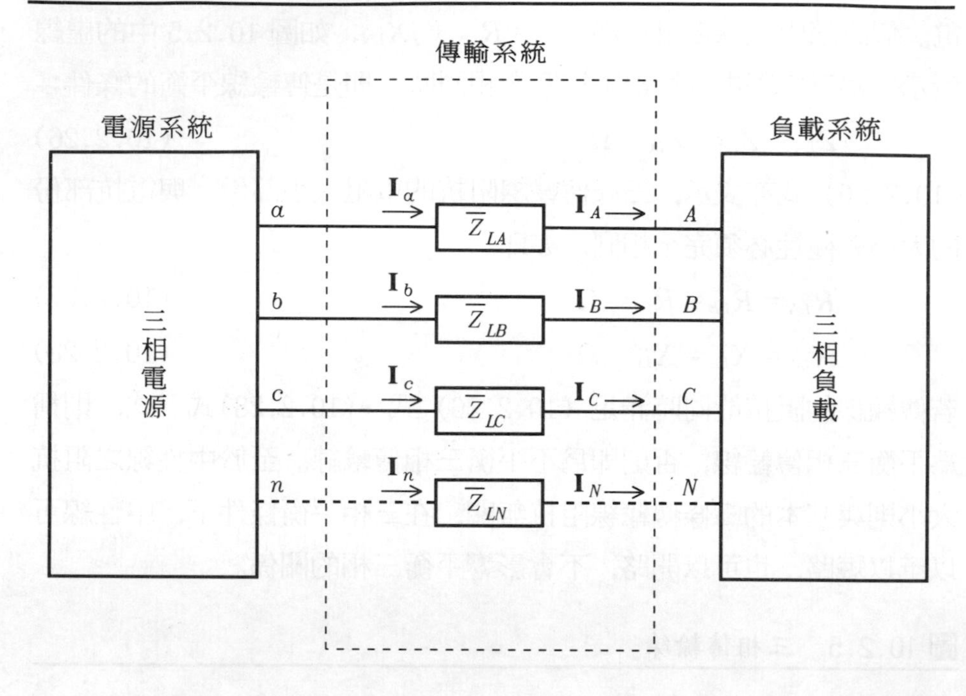


統。此時由電源所送出的電流 $\mathbf{I}_a$、$\mathbf{I}_b$、$\mathbf{I}_c$ 流經三條傳輸線，傳送至負載，由於電壓三相平衡，各線阻抗又相等，故這三個電流亦爲平衡三相電流：

⑴電流振幅或峰值相同。

⑵頻率或角頻率相同。

⑶電流相角相差 120°。

而中性線電流 $\mathbf{I}_N$ 受平衡三相電流影響，通過中性線的電流恆爲零。而由於負載阻抗相同之故，負載阻抗的各相電壓亦爲平衡三相電壓，傳輸線阻抗壓降亦爲三相平衡電壓。因此，負載及傳輸線所吸收的複功率包含實功率以及虛功率各相完全相同，電源各相所送出的複功率包含實功率及虛功率亦爲相同。此即爲對稱平衡三相系統的重要特性。

由上述得知，對稱平衡三相系統每一相的電壓及電流特性僅在相位相差 120°，其餘的複功率量均完全相同，因此在後面的章節中將會談到，當三相系統爲平衡時，可以只用其中的一相（通常選擇 $a$ 相）爲計算的基準，當這一相的電壓相量、電流相量均計算出來後，可將其電壓或電流相量的相角移動 120°及 240°，變成其他兩相的量，則三相的完整答案便全部獲得，此種方法稱爲單相等效電路法（single-phase equivalent circuit），是平衡對稱三相系統分析上一個重要的工具。

**【例 10.2.1】** 三相平衡 Y 連接之電壓源，若已知 $A$ 相之相電壓相量爲 $\mathbf{V}_A = 220\angle 38°$ V，求(a)正相序，(b)負相序時其他各相之相電壓，以及各線間之線電壓。

**【解】** (a)正相序時：

$$\mathbf{V}_B = 220\angle 38° - 120° = 220\angle -82° \quad \text{V}$$

$$\mathbf{V}_C = 220\angle 38° + 120° = 220\angle 158° \quad \text{V}$$

$$\mathbf{V}_{AB} = \sqrt{3}\mathbf{V}_A\angle +30° = 220\sqrt{3}\angle 38° + 30° = 220\sqrt{3}\angle 68° \quad \text{V}$$

$$\mathbf{V}_{BC} = 220\sqrt{3}\angle 68° - 120° = 220\sqrt{3}\angle -52° \quad \text{V}$$

$$\mathbf{V}_{CA} = 220\sqrt{3}\angle 68° + 120° = 220\sqrt{3}\angle 188° \quad \text{V}$$

(b)負相序時：

$$\mathbf{V}_B = 220\angle 38° + 120° = 220\angle 158° \quad \text{V}$$

$$\mathbf{V}_C = 220\angle 38° - 120° = 220\angle -82° \quad \text{V}$$

$$\mathbf{V}_{AB} = \sqrt{3}\mathbf{V}_A\angle -30° = 220\sqrt{3}\angle 38° - 30° = 220\sqrt{3}\angle 8° \quad \text{V}$$

$$\mathbf{V}_{BC} = 220\sqrt{3}\angle 8° + 120° = 220\sqrt{3}\angle 128° \quad \text{V}$$

$$\mathbf{V}_{CA} = 220\sqrt{3}\angle 8° - 120° = 220\sqrt{3}\angle -112° \quad \text{V}$$

◎

**【例 10.2.2】** 三相平衡 Δ 連接之電壓源，已知 $A$ 相之相電流相量 $\mathbf{I}_{BA} = 10\angle 45°$ A，求：(a)正相序，(b)負相序之其他各相電流以及向外流出之各線電流相量。

【解】(a)正相序：

$$\mathbf{I}_A = 10\angle 45^\circ \ \text{A}$$

$$\therefore \mathbf{I}_{CB} = 10\angle 45^\circ - 120^\circ = 10\angle -75^\circ \ \text{A}$$

$$\therefore \mathbf{I}_{AC} = 10\angle 45^\circ + 120^\circ = 10\angle 165^\circ \ \text{A}$$

$$\mathbf{I}_A = \mathbf{I}_{BA} - \mathbf{I}_{CA} = \sqrt{3}\mathbf{I}_{BA}\angle -30^\circ = 10\sqrt{3}\angle 45^\circ - 30^\circ$$

$$= 10\sqrt{3}\angle +15^\circ \ \text{A}$$

$$\mathbf{I}_B = 10\sqrt{3}\angle 15^\circ - 120^\circ = 10\sqrt{3}\angle -105^\circ \ \text{A}$$

$$\mathbf{I}_C = 10\sqrt{3}\angle 15^\circ + 120^\circ = 10\sqrt{3}\angle 135^\circ \ \text{A}$$

(b)負相序：

$$\mathbf{I}_{CB} = 10\angle 45^\circ + 120^\circ = 10\angle 165^\circ \ \text{A}$$

$$\mathbf{I}_{AC} = 10\angle 45^\circ - 120^\circ = 10\angle -75^\circ \ \text{A}$$

$$\mathbf{I}_A = \sqrt{3}\mathbf{I}_{BA}\angle +30^\circ = 10\sqrt{3}\angle 45^\circ + 30^\circ = 10\sqrt{3}\angle 75^\circ \ \text{A}$$

$$\mathbf{I}_B = 10\sqrt{3}\angle 75^\circ + 120^\circ = 10\sqrt{3}\angle 195^\circ \ \text{A}$$

$$\mathbf{I}_C = 10\sqrt{3}\angle 75^\circ - 120^\circ = 10\sqrt{3}\angle -45^\circ \ \text{A}$$

◎

## 【本節重點摘要】

(1)三相電源

①當三個由繞組所產生的弦式交流電壓或電流，其參數同時滿足下列的三個條件時，即稱為對稱平衡三相電源：(a)振幅或峰值相同；(b)頻率或角頻率相同；(c)三個電壓或電流相角相差 120°。

②三相電壓源 Y 型連接方式，有一個共同點 $n$，因此該種接法可以有三條線供電(稱為三相三線制或 3ϕ3W)，也可以用四條線供電(稱為三相四線制或 3ϕ4W)。電壓源的 Δ 型連接方式，無共同的連接點，因此僅能以三相三線制供電。

③平衡三相 Y 型連接的相電壓與線電壓的相量關係為：「三相 Y 連接線電壓的大小總是為相電壓大小的$\sqrt{3}$倍，其下標第一字開頭的線電壓相量(如 $\mathbf{V}_{ab}$)的相角，總是與相同下標第一字開頭的相電壓相量(如 $\mathbf{V}_{aa'}$)的相角相差

30°，在電壓為正相序時：線電壓超前相電壓 30°，在負相序電壓時：線電壓落後相電壓 30°」。以方程式簡單表示為：

$\mathbf{V}_L = \mathbf{V}_\phi \cdot [\sqrt{3}\angle \pm 30°]$　V

式中 $\mathbf{V}_L$ 為線電壓相量，$\mathbf{V}_\phi$ 為相電壓相量，符號 ± 中的正號適用於正相序，負號則適用於負相序。

④平衡三相 Y 連接線電流與相電流關係：「三相 Y 連接各相電壓源送出之相電流 $\mathbf{I}_\phi$ 等於流在線上的線電流 $\mathbf{I}_L$」，以簡單的方程式表示為：

$\mathbf{I}_L = \mathbf{I}_\phi$　A

⑤平衡三相 Δ 型連接，線電壓與相電壓的關係為：「三相 Δ 連接的線電壓相量等於相電壓相量」，以方程式簡單表示為：

$\mathbf{V}_L = \mathbf{V}_\phi$　V

⑥平衡三相 Δ 連接相電流與線電流的關係為：「三相 Δ 連接線電流大小為相電流大小的$\sqrt{3}$倍，其下標第一字開頭的線電流（如 $\mathbf{I}_a$）的相角總是與對等下標第二字開頭的相電流（如 $\mathbf{I}_{a'a}$）相角差 30°，正相序為線電流落後相電流 30°，負相序則為線電流超前相電流 30°」，以方程式簡單表示為：

$\mathbf{I}_L = \mathbf{I}_\phi \cdot [\sqrt{3}\angle(\mp 30°)]$　A

式中 $\mathbf{I}_L$ 為線電流相量，$\mathbf{I}_\phi$ 為相電流相量，符號 ∓ 中的負號適用於正相序，正號則適用於負相序。

(2)三相負載

①在三相系統中，負載可以看成三個獨立的等效相負載，其阻抗分別為 $\overline{Z}_A = R_A + jX_A$、$\overline{Z}_B = R_B + jX_B$、$\overline{Z}_C = R_C + jX_C$，三個相阻抗間並無互相電感磁通性耦合的情形存在。

②當三相負載阻抗滿足阻抗完全相同條件時，則稱為三相平衡負載：

$\overline{Z}_A = \overline{Z}_B = \overline{Z}_C$　Ω

此表示阻抗實部的電阻部份要大小完全相同外，虛部的電抗部份也要大小以及極性完全相同，亦即：

$R_A = R_B = R_C$　Ω

$X_A = X_B = X_C$　Ω

如此才能滿足平衡三相負載的條件。

(3)三相傳輸線

①三相傳輸線主要是傳送三相電源的電力或電能給負載使用，假設三條基本傳輸線的阻抗分別為 $\overline{Z}_{LA}=R_{LA}+jX_{LA}$、$\overline{Z}_{LB}=R_{LB}+jX_{LB}$、$\overline{Z}_{LC}=R_{LC}+jX_{LC}$，它可以提供三相三線制供電使用。若有另外一條中性線存在時，則傳輸線可以改為三相四線制供電。假設該中性線之阻抗為 $\overline{Z}_{LN}=R_{LN}+jX_{LN}$。

②當三條基本傳輸線阻抗完全相同時，即是傳輸線平衡的條件：

$$\overline{Z}_{LA}=\overline{Z}_{LB}=\overline{Z}_{LC}\quad\Omega$$

此表示，三條傳輸線阻抗的電阻大小部份，與電抗部份的大小與極性必須完全相同，亦即：

$$R_{LA}=R_{LB}=R_{LC}\quad\Omega$$

$$X_{LA}=X_{LB}=X_{LC}\quad\Omega$$

③至於中性線之阻抗大小則與基本的三條傳輸線阻抗無關，在三相平衡條件下，中性線可以予以短路，也可以開路，不會影響平衡三相的關係。

(4)平衡三相系統與連接

①當電源為平衡三相電源，負載為平衡三相負載，傳輸線為平衡三相傳輸線時，則該三相系統則稱為對稱平衡三相系統。

②由電源所送出的電流 $\mathbf{I}_a$、$\mathbf{I}_b$、$\mathbf{I}_c$ 流經三條傳輸線，傳送至負載，由於電壓三相平衡，各線阻抗又相等，故這三個電流亦為平衡三相電流：(a)電流振幅或峰值相同。(b)頻率或角頻率相同。(c)電流相角相差 120°。而中性線電流 $\mathbf{I}_N$ 受平衡三相電流影響，通過中性線的電流恆為零。

③由於負載阻抗相同之故，負載阻抗的各相電壓亦為平衡三相電壓，傳輸線阻抗壓降亦為三相平衡電壓。因此，負載及傳輸線所吸收的複功率包含實功率以及虛功率各相完全相同，電源各相所送出的複功率包含實功率及虛功率亦為相同。此即為對稱平衡三相系統的重要特性。

④當三相系統為平衡時，可以只其中的一相（通常選擇 $a$ 相）為計算的基準，當這一相的電壓相量、電流相量均計算出來後，可將其電壓或電流相量的相角移動 120°及 240°，變成其他兩相的量，則三相的完整答案便全部獲得，此種方法稱為單相等效電路法。

【思考問題】

(1)三相平衡電源只取出兩相供電，是不是仍爲平衡三相電源?

(2)傳輸線含有互感性耦合時，如何判定傳輸線是三相平衡的?

(3)若負載未知特性，但是最後造成電壓電流均爲三相平衡，可否確定負載爲平衡?

(4)若電源爲三相平衡，傳輸線不平衡，有沒有可能讓負載不平衡來達成三相系統的平衡?

(5)若負載阻抗與電源阻抗或傳輸線阻抗間含有互感時，能否達成三相平衡系統？爲什麼?

## 10.3　Y 型接法三相電路

前一節已經說明了三相電源除非特別指定，否則均假設爲 Y 型連接三相電壓源，也用線電壓及相電壓說明了 Y 型連接的電壓供應情況，對於 Δ 連接的情形，也以相電流及線電流來說明內部與外部電流的關係。至於負載連接，將先由本節平衡三相 Y 型連接談起，對於負載的 Δ 型連接則在下一節中再說明。

如圖 10.3.1 所示，三相平衡電壓源的三個主要端點 $a$、$b$、$c$ 經由傳輸線與一個 Y 型連接負載的三個主要端點 $A$、$B$、$C$ 連接，若不考慮節點 $n$ 與$N$ 的阻抗$\overline{Z}_{LN}$線路，這種以三條線供應三相電源的方式稱爲三相三線制。假設電路是一個平衡三相系統，故三相傳輸線阻抗均相等：$\overline{Z}_{LA}=\overline{Z}_{LB}=\overline{Z}_{LC}=\overline{Z}_{L}$，三相負載阻抗亦相同：$\overline{Z}_{A}=\overline{Z}_{B}=\overline{Z}_{C}=\overline{Z}_{Y}$。若自三相電源的中性點 $n$ 經由一條中性線（阻抗爲$\overline{Z_{LN}}$）與三相 Y 型連接負載之中性點 $N$ 相連接，則這種供電方式稱爲三相四線制。

由於傳輸線阻抗 $\overline{Z}_{L}$與負載阻抗 $\overline{Z}_{Y}$是串聯的，因此由一相電源在線與中性點間看入之串聯等效阻抗爲：

圖 10.3.1 三相平衡 Y 型連接電路

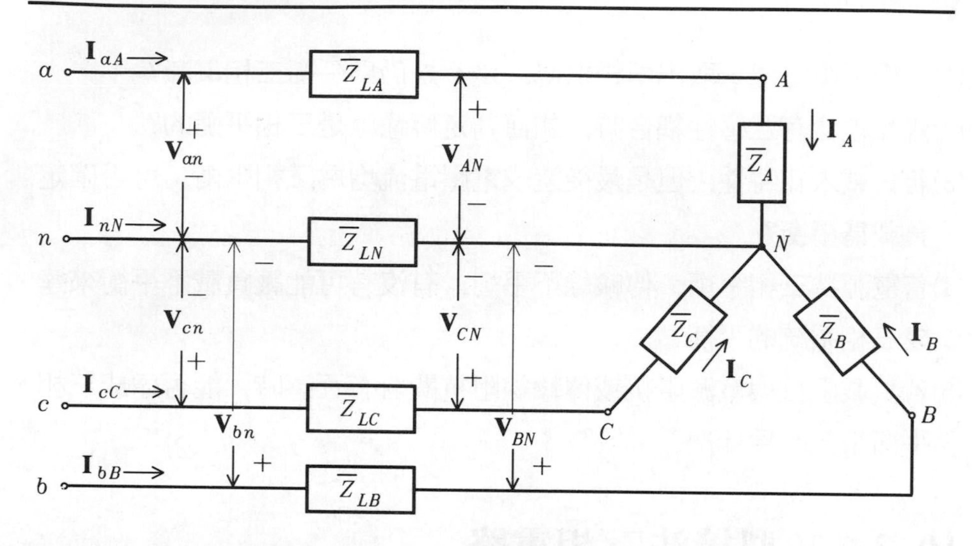


$$\overline{Z}_{\text{eq}}=\overline{Z}_L+\overline{Z}_Y=Z_{\text{eq}}\angle\phi^\circ \quad \Omega \tag{10.3.1}$$

式中 $Z_{\text{eq}}$爲該等效串聯阻抗的大小，$\phi^\circ$則爲其阻抗角。此時，我們利用KCL 在三相 Y 型連接負載的共用點$N$，寫出流向節點 $N$ 之電流方程式如下：

$$\frac{\mathbf{V}_{aN}}{\overline{Z}_{\text{eq}}}+\frac{\mathbf{V}_{bN}}{\overline{Z}_{\text{eq}}}+\frac{\mathbf{V}_{cN}}{\overline{Z}_{\text{eq}}}+\frac{\mathbf{V}_{nN}}{\overline{Z}_{LN}}=0 \quad \text{A} \tag{10.3.2}$$

由（10.3.2）式可以解出中性線兩端的電壓相量爲：

$$\mathbf{V}_{nN}=-\frac{\overline{Z}_{LN}}{\overline{Z}_{\text{eq}}}(\mathbf{V}_{aN}+\mathbf{V}_{bN}+\mathbf{V}_{cN})=0 \quad \text{V} \tag{10.3.3}$$

故知中性線兩端無電壓存在，其得自於每一條線的阻抗相同，又三相電壓源電壓又平衡之故。（10.3.3）式雖表示中性線兩端無電壓存在，亦即表示了通過中性線之電流爲零，前者可視爲節點 $n$、$N$ 爲短路，後者則視中性線爲開路，因此在三相平衡 Y 型連接的負載被考慮時，中性線可以爲任何值，包含開路、短路或其他阻抗。若將中性線改爲開路，亦不影響其三相平衡特性，且可節省導線材料的浪費，但是當該系統電壓源稍微有些許不平衡發生時，缺少了中性線，負載電壓就是不平衡的。若將中性線以短路線取代，雖然增加導線的費用，但是當負載或傳輸線阻抗不平衡時，由於有中性線的存在，依然可使平衡三相電壓傳送至與傳輸線連接的外側端點 $a$、$b$、$c$ 上，保持三個端點上電壓的固定。若僅有負載不平衡，則受中性線的幫助，負載三個端子總是能獲得平衡三相電壓。

由中性線阻抗電壓為零，節點 $n$ 與節點 $N$ 是相同電壓，則三相平衡電壓源端的線對中性點電壓相量 $\mathbf{V}_{an}$、$\mathbf{V}_{bn}$、$\mathbf{V}_{cn}$（相電壓）就分別直接跨接於各線的串聯等效阻抗上。假設以 $a$ 相的電壓為參考零度基準，且為正相序（$ABC$）電壓，則由電源端點往負載流動的電流分別計算如下：

$$\mathbf{I}_{aA}=\mathbf{I}_{AN}=\frac{\mathbf{V}_{an}}{\overline{Z}_{\text{eq}}}=\frac{V\angle 0^\circ}{Z_{\text{eq}}\angle\phi^\circ}=\frac{V}{Z_{\text{eq}}}\angle -\phi^\circ \quad \text{A} \qquad (10.3.4)$$

$$\mathbf{I}_{bB}=\mathbf{I}_{BN}=\frac{\mathbf{V}_{bn}}{\overline{Z}_{\text{eq}}}=\frac{V\angle -120^\circ}{Z_{\text{eq}}\angle\phi^\circ}=\frac{V}{Z_{\text{eq}}}\angle -120^\circ-\phi^\circ \quad \text{A} \qquad (10.3.5)$$

$$\mathbf{I}_{cC}=\mathbf{I}_{CN}=\frac{\mathbf{V}_{cn}}{\overline{Z}_{\text{eq}}}=\frac{V\angle 120^\circ}{Z_{\text{eq}}\angle\phi^\circ}=\frac{V}{Z_{\text{eq}}}\angle 120^\circ-\phi^\circ \quad \text{A} \qquad (10.3.6)$$

若以負相序（$ACB$）電壓考慮，則三相負載電流分別為：

$$\mathbf{I}_{aA}=\mathbf{I}_{AN}=\frac{V}{Z_{\text{eq}}}\angle -\phi^\circ \quad \text{A} \qquad (10.3.7)$$

$$\mathbf{I}_{bB}=\mathbf{I}_{BN}=\frac{V\angle 120^\circ}{Z_{\text{eq}}\angle\phi^\circ}=\frac{V}{Z_{\text{eq}}}\angle 120^\circ-\phi^\circ \quad \text{A} \qquad (10.3.8)$$

$$\mathbf{I}_{cC}=\mathbf{I}_{CN}=\frac{V\angle -120^\circ}{Z_{\text{eq}}\angle\phi^\circ}=\frac{V}{Z_{\text{eq}}}\angle -120^\circ-\phi^\circ \quad \text{A} \qquad (10.3.9)$$

當負載各相電流相量計算出來後，負載的相電壓就可以用電流相量乘以阻抗的方式求得：

$$\mathbf{V}_{AN}=\overline{Z}_A\mathbf{I}_{AN} \quad \text{V} \qquad (10.3.10)$$

$$\mathbf{V}_{BN}=\overline{Z}_B\mathbf{I}_{BN} \quad \text{V} \qquad (10.3.11)$$

$$\mathbf{V}_{CN}=\overline{Z}_C\mathbf{I}_{CN} \quad \text{V} \qquad (10.3.12)$$

負載端的線電壓則可以仿照第 10.2 節中三相電壓源的線電壓，用相電壓相減的方式求得：

$$\mathbf{V}_{AB}=\mathbf{V}_{AN}-\mathbf{V}_{BN}=\mathbf{V}_{AN}\cdot\sqrt{3}\underline{\angle\pm 30^\circ}\quad \text{V} \tag{10.3.13}$$

$$\mathbf{V}_{BC}=\mathbf{V}_{BN}-\mathbf{V}_{CN}=\mathbf{V}_{BN}\cdot\sqrt{3}\underline{\angle\pm 30^\circ}\quad \text{V} \tag{10.3.14}$$

$$\mathbf{V}_{CA}=\mathbf{V}_{CN}-\mathbf{V}_{AN}=\mathbf{V}_{CN}\cdot\sqrt{3}\underline{\angle\pm 30^\circ}\quad \text{V} \tag{10.3.15}$$

式中 ± 角度中上面的正號表示正相序使用，下面的負號則爲負相序使用。由（10.3.13）式～(10.3.15)式三式之結果得知，負載端的線電壓大小爲相電壓的$\sqrt{3}$倍，相角與相電壓差 ± 30°。

負載端正相序與負相序電壓相量，與電流相量的三相相量圖（phasor diagram）則分別如圖 10.3.2(a)、(b)所示。圖 10.3.2 中的電壓及電流差角 $\phi$°即爲阻抗角，其中假設負載爲電感性電路的正阻抗角，因此電壓相量超前電流相量。若阻抗角爲零，則圖 10.3.2(a)、(b)應爲電壓相量與電流相量同相的情況。若負載爲三相平衡而以電容性爲主的負載，則電流相量應超前電壓相量一個阻抗角。

**圖 10.3.2 負載端(a)正相序與(b)負相序的電壓相量與電流相量**

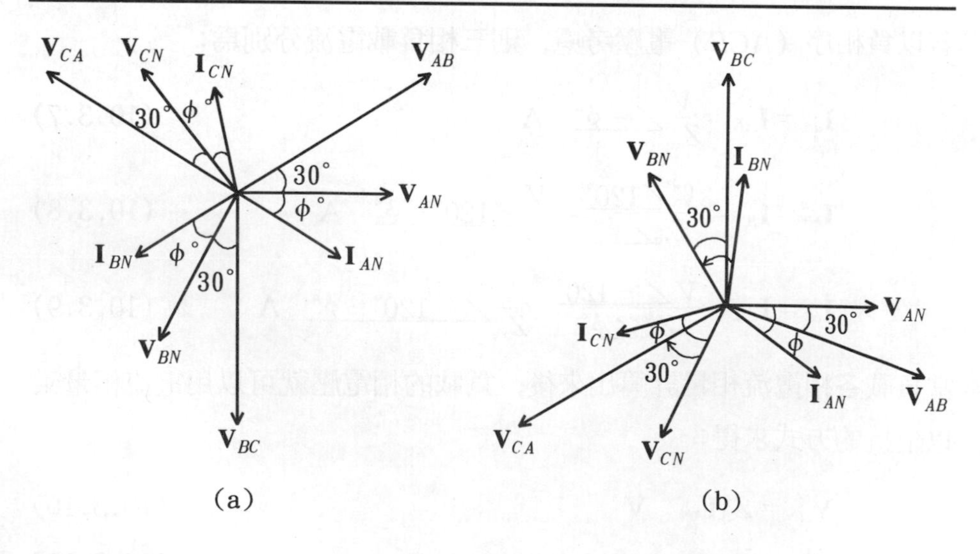

由方程式（10.3.4）式～(10.3.9)式六式可以發現，當系統為平衡三相時，不論相序為何，電流大小（有效值）均為電壓相量的大小(有效值）除以阻抗的大小，三相電流的相角均相差 120°。因此我們在處理三相 Y 型連接平衡負載時，可以選取其中的一相電路做為分析的基準（通常選擇 $a$ 相)，當該相電路的電壓相量以及電流相量均計算出來時，只要配合正負相序的關係，很快就可以將其他兩相的電壓相量以及電流相量表示出來。此種方法稱為單線等效電路法（the single-line equivalent circuit)。以圖 10.3.1 為例，其 $a$ 相的單線等效電路就如圖 10.3.3 所示，則流入傳輸線與負載 $a$ 相之電流與(10.3.2）式及（10.3.5）式兩式完全相同，至於 $b$ 相與 $c$ 相的電流則與 $a$ 相角度相差 120°或 − 120°則由正相序或負相序決定。

**圖 10.3.3　對應於圖 10.3.1 之 $a$ 相單線等效電路**

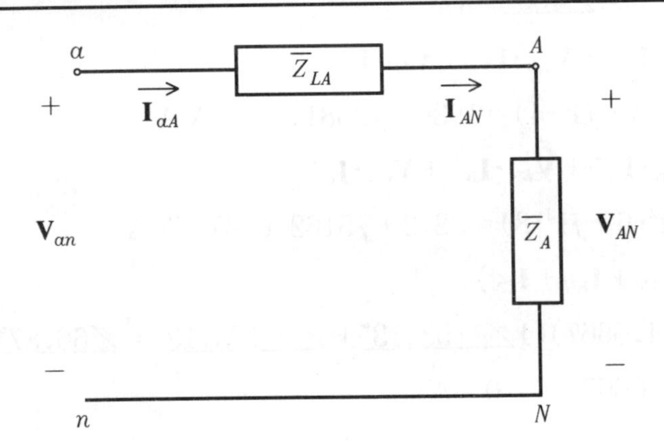


**【例 10.3.1】** 三相平衡正相序電源，線對中性點電壓為 220 V，經由傳輸線供應三相三線平衡 Y 連接負載，已知傳輸線阻抗每相為 $3+j4$ Ω，負載阻抗每相為 $6+j8$ Ω，試用單線等效電路法求：(a)各線之線電流，(b)傳輸線各線之壓降，(c)負載之相電壓與線電壓，(d)傳輸線總複功率，(e)負載總複功率，(f)若中性線存在，求中性線之電流。

**【解】** 令 $\mathbf{V}_{an}=220\angle 0°$　V

$$\overline{Z}_{TA}=\overline{Z}_{CA}+\overline{Z}_{A}=(3+j4)+(6+j8)=9+j12=15\angle 53.13°\quad \Omega$$

(a)$\mathbf{I}_A = \dfrac{\mathbf{V}_{an}}{\overline{Z}_{TA}} = \dfrac{220\angle 0^\circ}{15\angle 53.13^\circ} = 14.667\angle -53.13^\circ$ A

$\mathbf{I}_B = 14.667\angle -53.13^\circ - 120^\circ = 14.667\angle -173.13^\circ$ A

$\mathbf{I}_C = 14.667\angle -53.13^\circ + 120^\circ = 14.667\angle 66.87^\circ$ A

(b)$\mathbf{V}_{LA} = \overline{Z}_{LA} \cdot \mathbf{I}_A = 5\angle 53.13^\circ \cdot 14.667\angle -53.13^\circ = 73.333\angle 0^\circ$ V

$\mathbf{V}_{LB} = \overline{Z}_{LB} \cdot \mathbf{I}_B = 73.333\angle -120^\circ$ V

$\mathbf{V}_{LC} = \overline{Z}_{LC} \cdot \mathbf{I}_C = 73.333\angle +120^\circ$ V

(c)$\mathbf{V}_{AN} = \overline{Z}_A \cdot \mathbf{I}_A = 10\angle 53.13^\circ \cdot 14.667\angle -53.13^\circ = 146.667\angle 0^\circ$ V

$\mathbf{V}_{BN} = 146.667\angle -120^\circ$ V

$\mathbf{V}_{CN} = 146.667\angle +120^\circ$ V

$\mathbf{V}_{AB} = \sqrt{3}\mathbf{V}_{AN}\angle +30^\circ = 254.034\angle 30^\circ$ V

$\mathbf{V}_{BC} = 254.034\angle -90^\circ$ V

$\mathbf{V}_{CA} = 254.034\angle 150^\circ$ V

(d)$\overline{S}_L = \mathbf{V}_{LA} \cdot \mathbf{I}_A^* + \mathbf{V}_{LB} \cdot \mathbf{I}_B^* + \mathbf{V}_{LC} \cdot \mathbf{I}_C^*$

$= 3(\mathbf{I}^2 \cdot 3 + j\mathbf{I}^2 \cdot 4) = 1936 + j2581.333$ VA

(e)$\overline{S}_{\text{Load}} = \mathbf{V}_{AN} \cdot \mathbf{I}_A^* + \mathbf{V}_{BN} \cdot \mathbf{I}_B^* + \mathbf{V}_{CN} \cdot \mathbf{I}_C^*$

$= 3(\mathbf{I}^2 \cdot 6 + j\mathbf{I}^2 \cdot 8) = 3872 + j5162.6667$ VA

(f)$\mathbf{I}_N = -(\mathbf{I}_{AN} + \mathbf{I}_{RN} + \mathbf{I}_{CN})$

$= -(14.6667)(1\angle -53.13^\circ + \angle -173.13^\circ + \angle 66.87^\circ)$

$= -14.6667 \times 0 = 0$ A

◎

## 【本節重點摘要】

(1)假設電路是一個平衡三相 Y 連接系統，故三相傳輸線阻抗均相等：$\overline{Z}_{LA} = \overline{Z}_{LB} = \overline{Z}_{LC} = \overline{Z}_L$，三相負載阻抗亦相同：$\overline{Z}_A = \overline{Z}_B = \overline{Z}_C = \overline{Z}_Y$。若自三相電源的中性點 $n$ 經由一條中性線（阻抗為 $\overline{Z}_{LN}$）與三相 Y 型連接負載之中性點 $N$ 相連接，則這種供電方式稱為三相四線制。由於傳輸線阻抗 $\overline{Z}_L$ 與負載阻抗 $\overline{Z}_Y$ 是串聯的，因此由一相電源在線與中性點間看入之串聯等效阻抗為：

$$\overline{Z}_{eq} = \overline{Z}_L + \overline{Z}_Y = Z_{eq}\angle \phi^\circ \quad \Omega$$

式中 $Z_{eq}$為該等效串聯阻抗的大小，$\phi°$則為其阻抗角。

⑵利用 KCL 在三相 Y 型連接負載的共用點 $N$，寫出流向節點 $N$ 之電流方程式如下：

$$\frac{\mathbf{V}_{aN}}{\overline{Z}_{eq}}+\frac{\mathbf{V}_{bN}}{\overline{Z}_{eq}}+\frac{\mathbf{V}_{cN}}{\overline{Z}_{eq}}+\frac{\mathbf{V}_{nN}}{\overline{Z}_{LN}}=0 \quad \text{A}$$

中性線兩端的電壓相量為：

$$\mathbf{V}_{nN}=-\frac{\overline{Z}_{LN}}{\overline{Z}_{eq}}(\mathbf{V}_{aN}+\mathbf{V}_{bN}+\mathbf{V}_{cN})=0 \quad \text{V}$$

故知中性線兩端無電壓存在，其得自於每一條線的阻抗相同，又三相電壓源電壓又平衡之故。中性線兩端無電壓存在，亦即表示了通過中性線之電流為零，前者可視為節點 $n$、$N$ 為短路，後者則視中性線為開路，因此在三相平衡 Y 型連接的負載被考慮時，中性線可以為任何值，包含開路、短路或其他阻抗。

⑶由於中性線阻抗電壓為零，節點 $n$ 與節點$N$ 是相同電壓，則三相平衡電壓源端的線對中性點電壓相量 $\mathbf{V}_{an}$、$\mathbf{V}_{bn}$、$\mathbf{V}_{cn}$（相電壓）就分別直接跨接於各線的串聯等效阻抗上，則由電源端點往負載流動的電流分別可用歐姆定理計算得到。當負載各相電流相量計算出來後，負載的相電壓就可以用電流相量乘以阻抗的方式求得。負載端的線電壓則可以用相電壓相減的方式求得。負載端的線電壓大小為相電壓的$\sqrt{3}$倍，相角與相電壓差$\pm 30°$。

⑷當系統為平衡三相時，不論相序為何，電流大小（有效值）均為電壓相量的大小（有效值）除以阻抗的大小，三相電流的相角均相差 120°。因此我們在處理三相 Y 型連接平衡負載時，可以選取其中的一相電路做為分析的基準(通常選擇 $a$ 相)，當該相電路的電壓相量以及電流相量均計算出來時，只要配合正負相序的關係，很快就可以將其他兩相的電壓相量以及電流相量表示出來。此種方法稱為單線等效電路法。

## 【思考問題】

⑴若三相平衡電源，供應三相 Y 型負載，三線的電流均爲零，舉出所有可能的負載情況。

⑵若兩個平衡 Y 型負載並聯於三相平衡電源，若兩負載間有不同的互感量存在，請問系統仍爲平衡嗎?

(3)若三相 Y 型負載為不平衡，有沒有可能由設計中性線的阻抗值，來達到負載平衡的目的?

(4)若與平衡三相 Y 型負載連接的傳輸線也是平衡三相，但其中性線與其他三線間，含有不等的互感量，請問系統仍為平衡嗎?

(5)試以切集（cut set）的觀念，說明三相四線制的電流關係。

## 10.4 Δ 型接法三相電路

如圖 10.4.1 所示，三相平衡電壓源的三個主要端點 $a$、$b$、$c$ 經由三條傳輸線與一個 Δ 型連接的負載三個主要端點 $A$、$B$、$C$ 連接，這種以三條線供應三相電源的方式，如前一節所說的，稱為三相三線制。假設該系統是一個平衡三相系統，故三相傳輸線阻抗均相等：$\overline{Z}_{LA}=\overline{Z}_{LB}=\overline{Z}_{LC}=\overline{Z}_L$，三相負載各相阻抗相同：$\overline{Z}_{AB}=\overline{Z}_{BC}=\overline{Z}_{CA}=\overline{Z}_\Delta$。此種負載由於沒有中性點，因此僅能以三條線的方式做連接，無法考慮與電源側可能的中性點互相連接。讓我們先假設三相的傳輸線阻抗 $\overline{Z}_L$ 為理想的短路零值，以簡單分析該型三相負載電路的電壓及電流，在本節的最後，我們將再利用 Y－Δ 傳換的技巧，將傳輸線阻抗不為零的因素考慮進去。

由於假設傳輸線阻抗為零，此時由電源供電的三個端點 $a$、$b$、$c$ 與負載的三個端點 $A$、$B$、$C$ 相當於是分別短路在一起，因此三相平衡電壓源端的線對線電壓相量 $\mathbf{V}_{ab}$、$\mathbf{V}_{bc}$、$\mathbf{V}_{ca}$（線電壓），就分別直接跨接於 Δ 型連接的各相阻抗上。負載各相阻抗之值為 $\overline{Z}_\Delta=Z_\Delta\angle\phi°$，並以線電壓相量 $\mathbf{V}_{ab}$ 為參考零度基準，且假設電源為三相正相序（$ABC$）電壓，因此負載各相流動的電流分別如下：

$$\mathbf{I}_{AB}=\frac{\mathbf{V}_{ab}}{\overline{Z}_\Delta}=\frac{V\angle 0°}{Z_\Delta\angle\phi°}=\frac{V}{Z_\Delta}\angle-\phi°=I\angle-\phi° \quad \text{A} \qquad (10.4.1)$$

$$\mathbf{I}_{BC}=\frac{\mathbf{V}_{bc}}{\overline{Z}_\Delta}=\frac{V\angle-120°}{Z_\Delta\angle\phi°}=I\angle-120°-\phi° \quad \text{A} \qquad (10.4.2)$$

圖 10.4.1　三相 Δ 型接法電路

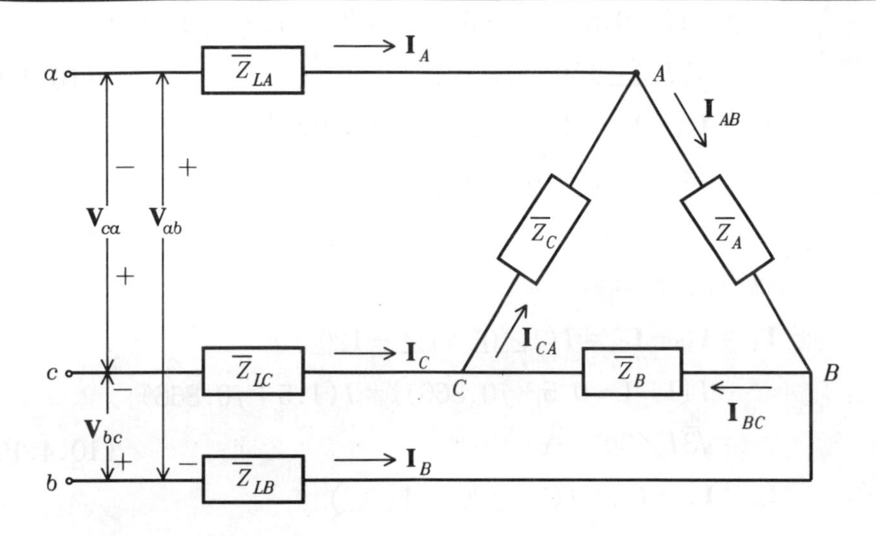


$$\mathbf{I}_{CA}=\frac{\mathbf{V}_{ca}}{\overline{Z}_\Delta}=\frac{V\angle 120^\circ}{Z_\Delta\angle\phi^\circ}=I\angle 120^\circ-\phi^\circ \quad \text{A} \tag{10.4.3}$$

式中 $V$ 爲線電壓之有效値，$I$ 則爲相電流之有效値，等於 $V/Z_\Delta$。若以三相負相序（$ACB$）電壓考慮，則負載各相電流分別爲：

$$\mathbf{I}_{AB}=\frac{\mathbf{V}_{ab}}{\overline{Z}_\Delta}=\frac{V\angle 0^\circ}{Z_\Delta\angle\phi^\circ}=I\angle-\phi^\circ \quad \text{A} \tag{10.4.4}$$

$$\mathbf{I}_{BC}=\frac{\mathbf{V}_{bc}}{\overline{Z}_\Delta}=\frac{V\angle 120^\circ}{Z_\Delta\angle\phi^\circ}=I\angle 120^\circ-\phi^\circ \quad \text{A} \tag{10.4.5}$$

$$\mathbf{I}_{CA}=\frac{\mathbf{V}_{ca}}{\overline{Z}_\Delta}=\frac{V\angle-120^\circ}{Z_\Delta\angle\phi^\circ}=I\angle-120^\circ-\phi^\circ \quad \text{A} \tag{10.4.6}$$

當負載各相電流計算出來後，由負載三個端點所流入的線電流，則可以用相電流相減的方式求得。爲方便表示起見，先假設負載相阻抗之阻抗角爲零度 $\phi^\circ=0^\circ$，則正相序的線電流分別爲：

$$\begin{aligned}\mathbf{I}_A&=\mathbf{I}_{AB}-\mathbf{I}_{CA}=I(1\angle 0^\circ-1\angle 120^\circ)\\&=I[1-(-0.5+j0.866)]=I(1.5-j0.866)\\&=\sqrt{3}I\angle-30^\circ \quad \text{A}\end{aligned} \tag{10.4.7}$$

$$\mathbf{I}_B = \mathbf{I}_{BC} - \mathbf{I}_{AB} = I(1\angle -120^\circ - 1\angle 0^\circ)$$
$$= I[(-0.5 - j0.866) - 1] = I(-1.5 - j0.866)$$
$$= \sqrt{3}I\angle -150^\circ \quad \text{A} \tag{10.4.8}$$
$$\mathbf{I}_C = \mathbf{I}_{CA} - \mathbf{I}_{BC} = I(1\angle 120^\circ - 1\angle -120^\circ)$$
$$= I[(-0.5 + j0.866) - (-0.5 - j0.866)]$$
$$= I(j1.732) = \sqrt{3}I\angle 90^\circ \quad \text{A} \tag{10.4.9}$$

負相序的線電流分別爲:

$$\mathbf{I}_A = \mathbf{I}_{AB} - \mathbf{I}_{CA} = I(1\angle 0^\circ - 1\angle -120^\circ)$$
$$= I[1 - (-0.5 - j0.866)] = I(1.5 + j0.866)$$
$$= \sqrt{3}I\angle 30^\circ \quad \text{A} \tag{10.4.10}$$
$$\mathbf{I}_B = \mathbf{I}_{BC} - \mathbf{I}_{AB} = I(1\angle 120^\circ - 1\angle 0^\circ)$$
$$= I[(-0.5 + j0.866) - 1] = I(-1.5 + j0.866)$$
$$= \sqrt{3}I\angle 150^\circ \quad \text{A} \tag{10.4.11}$$
$$\mathbf{I}_C = \mathbf{I}_{CA} - \mathbf{I}_{BC} = I(1\angle -120^\circ - 1\angle 120^\circ)$$
$$= I[(-0.5 - j0.866) - (-0.5 + j0.866)]$$
$$= I(-j1.732) = \sqrt{3}I\angle -90^\circ \quad \text{A} \tag{10.4.12}$$

由（10.4.7）式～(10.4.12)式六式，可以歸納線電流與相電流的關係如下:

(1)三相Δ連接的負載電流中，流入負載的某一個下標的線電流相量（如$\mathbf{I}_A$），其值等於與雙下標第一字相同的相電流相量（如$\mathbf{I}_{AB}$）減去雙下標第二字相同的相電流相量（如$\mathbf{I}_{CA}$），其中各相電流下標是依照 $A \rightarrow B \rightarrow C$ 排列的。

(2)三相平衡Δ型連接負載中，某一個特定下標之線電流相量$\mathbf{I}_L$（如$\mathbf{I}_A$）與下標第一字相同的相電流相量$\mathbf{I}_\phi$（如$\mathbf{I}_{AB}$）間的關係如下:

$$\mathbf{I}_L = \mathbf{I}_\phi \cdot \sqrt{3}\angle \mp 30^\circ \quad \text{A} \tag{10.4.13}$$

式中符號∓中上面的負號表示電源爲正相序時使用，下面的正號則爲負相序時使用。由（10.4.7）式～(10.4.12)式六式之結果得知，流入負載端的線電流大小爲相電流大小的$\sqrt{3}$倍，線電流相角則與相電流

相角差 ± 30°。

以上的分析結果是假設阻抗角爲零時所做的，倘若要將負載阻抗角考慮在(10.4.7)式～(10.4.13)式六式中，則只須將( ∓ $\phi$°，− $\phi$° 表示負載爲落後功因，＋ $\phi$°表示負載爲超前功因）加入各式的相電流及線電流相量的角度內即可。負載端正相序與負相序電壓相量與電流相量的三相相量圖則分別如圖 10.4.2(a)、(b)所示。圖中的相電壓（或線電壓）與相電流的差角 $\phi$°，即爲阻抗角，假設爲電感性電路的正角，因此電壓相量均超前電流相量。若阻抗角爲零，則圖 10.4.2 (a)、(b)應爲電壓相量與電流相量同相的情況。若負載爲三相平衡，並是以電容性爲主的負載，則電流相量應超前電壓相量一個阻抗角。

圖 10.4.2　Δ 連接負載(a)正相序(b)負相序的電壓電流相量

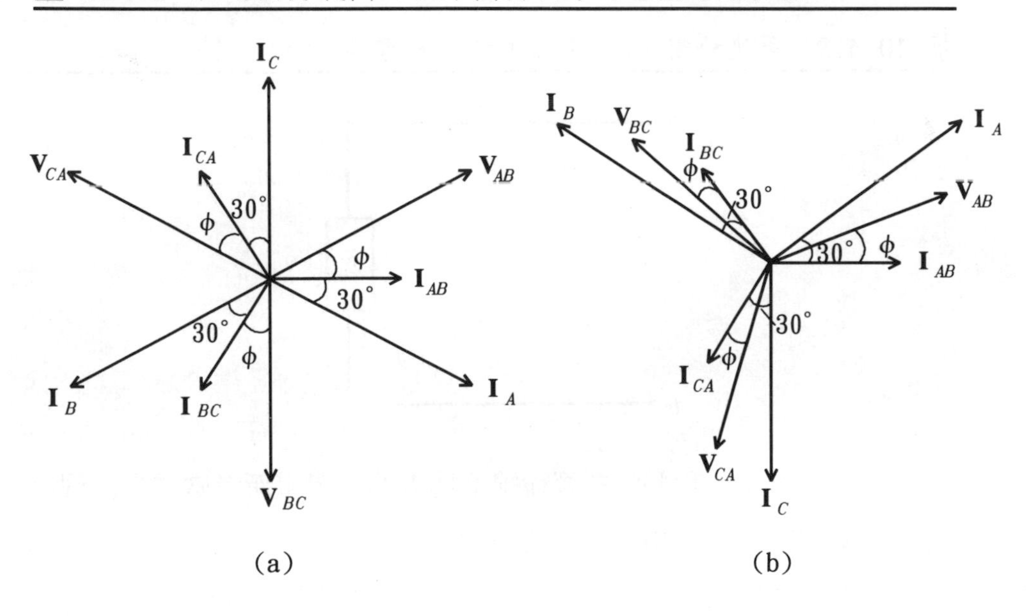


由方程式 (10.4.7) 式～(10.4.13)式六式可以發現，當系統爲平衡三相時，不論相序爲何，相電流的有效值均爲相電壓相量有效值除以相阻抗大小，各相的相角均相差 120°，各線的線電流大小亦相同，角度亦相差 120°，因此我們在處理 Δ 型連接平衡負載時，可以

取其中的一相電路做爲分析基準（通常選擇 $AB$ 間的相），當該相電路的電壓相量及電流相量均計算出來時，只要配合相序的關係，很快就可以將其他兩相的電壓相量、電流相量以及線電流相量表示出來。此種方法亦稱爲單相等效電路法，與前一節三相 Y 型電路稍有不同，前一節是在線與中性點間取出單相等效電路，而本節因爲負載無中性點，因此是以線與線間的阻抗當做一相來做分析。以圖 10.4.1 爲例，其 $AB$ 相間的單相等效電路便如圖 10.4.3 所示，則流入負載之 $AB$ 的相電流與（10.4.1）式或（10.4.4）式兩式完全相同，至於 $BC$ 相與 $CA$ 相的電流相量，其大小必則與 $AB$ 相的大小相同，角度則相差 120°或 −120°，由正負相序來決定。三個流入負載的線電流，則可由（10.4.13）式經由相電流求出。

**圖 10.4.3　對應於圖 10.4.1 之單相等效電路**

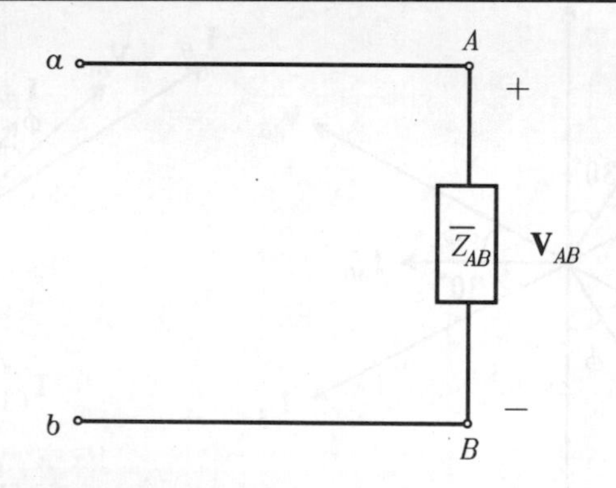


在本節最後，我們將把傳輸線不爲零的因素重新考慮進去，假設三個傳輸線阻抗完全相同，但是不爲零值。此時，負載端三相平衡 Δ 型連接的三個相同阻抗 $\overline{Z}_{\Delta}$，可以先用 Y − Δ 轉換法轉換爲：

$$\overline{Z}_{Y}=\frac{\overline{Z}_{\Delta}}{3}\quad \Omega \tag{10.4.14}$$

此時原圖 10.4.1 之電路變換成圖 10.4.4 之等效電路，各傳輸線阻抗 $\overline{Z}_{L}$ 可以和 Y 型連接阻抗 $\overline{Z}_{Y}$ 串聯，並予以相加，形成等效 Y 型等效阻抗 $\overline{Z}_{Yeq}$：

**圖 10.4.4　將 Δ 連接負載阻抗轉換爲 Y 連接負載阻抗與傳輸線阻抗串聯**

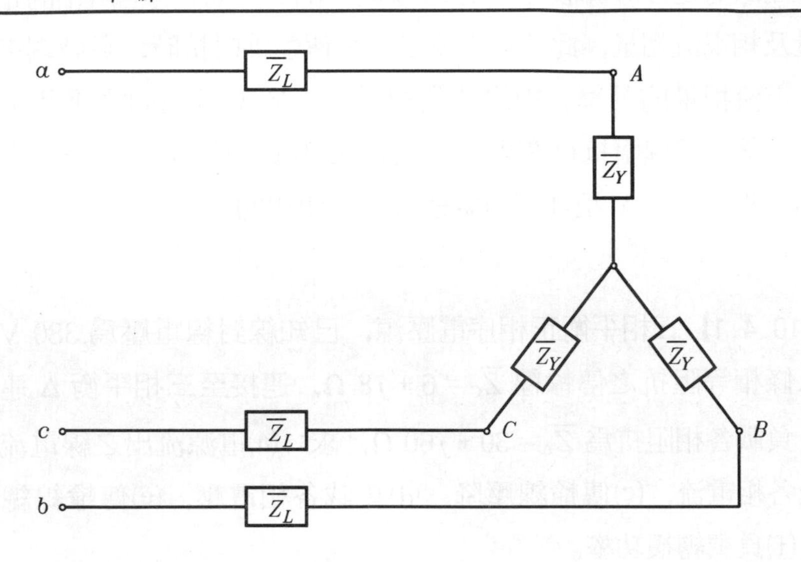


$$\overline{Z}_{Y\text{eq}} = \overline{Z}_L + \overline{Z}_Y \quad \Omega \tag{10.4.15}$$

此時有兩種方法運用，以計算眞正由電源流入之線電流：

(1)再次利用 Y－Δ 轉換法將 Y 型等效阻抗 $\overline{Z}_{Y\text{eq}}$轉換成新的 Δ 型相阻抗：

$$\overline{Z}_{\Delta\text{eq}} = 3\overline{Z}_{Y\text{eq}} \quad \Omega \tag{10.4.16}$$

再用三相電源中的一組線電壓相量除以相對（10.4.16）式的新 Δ 型相阻抗，算出新 Δ 型負載的一組相電流相量，再用（10.4.13）式推出其線電流相量，最後再計算其他兩相的線電流相量，此即眞正流入負載的三個線電流相量。

(2)直接利用 Y 型之單線等效電路，將三相電源的線電壓相量轉換成相電壓相量，求出其中一相的電流相量，再推出其他兩相的電流相量，此即眞正的三相線電流相量。

當眞正電源流入的線電流相量找到後，我們可以再回到圖10.4.1，利用迴路電壓方程式解出 Δ 型負載某一相的相電壓，例如 $AB$ 相的電壓爲：

$$\mathbf{V}_{AB}=\mathbf{V}_{ab}-\overline{Z}_{LA}\mathbf{I}_A+\overline{Z}_{LB}\mathbf{I}_B=\overline{Z}_{AB}\cdot\mathbf{I}_{AB}\quad \text{V} \tag{10.4.17}$$

再應用歐姆定理計算該相的電流相量，最後再推出其他兩相的相電壓相量及相電流相量，此時即完成了含有傳輸線阻抗時，負載端電壓相量及電流相量的計算。由這些過程發現，Y 型負載的電壓及電流計算，不論傳輸線阻抗存在與否，均比 Δ 型負載簡單了許多。因此在三相電路上，以 Y 型連接負載是最方便使用的。

**【例 10.4.1】** 三相平衡正相序電壓源，已知線對線電壓爲 380 V，經由三條相等阻抗之傳輸線 $\overline{Z}_C=6+j8\ \Omega$，連接至三相平衡 Δ 連接負載，負載各相阻抗爲 $\overline{Z}_\Delta=30+j60\ \Omega$，求：(a)電源流出之線電流，(b)負載各相電流，(c)傳輸線壓降，(d)負載各相電壓，(e)傳輸線總複功率，(f)負載總複功率。

**【解】** 令電源電壓 $\mathbf{V}_{ab}=380\angle 30^\circ$ V 爲參考相量。先將 Δ 接負載改爲等效 Y 接負載

$$\therefore \overline{Z}_Y=\frac{\overline{Z}_\Delta}{3}=\frac{30+j60}{3}=10+j20\quad\Omega$$

各線總阻抗爲：

$$\overline{Z}_{LT}=(6+j8)+(10+j20)=16+j28\quad\Omega$$

$$=32.249\angle 60.255^\circ\quad\Omega$$

$$\mathbf{V}_{an}=\frac{380}{\sqrt{3}}\angle 0^\circ\quad \text{V}$$

(a) $$\mathbf{I}_A=\frac{\mathbf{V}_{an}}{\overline{Z}_{LT}}=\frac{380/\sqrt{3}\angle 0^\circ}{32.249\angle 60.255^\circ}=6.8031\angle -60.255^\circ\quad \text{A}$$

$$\mathbf{I}_B=6.8031\angle -60.255^\circ-120^\circ=6.8031\angle -180.255^\circ\quad \text{A}$$

$$\mathbf{I}_C=6.8031\angle -60.255^\circ+120^\circ=6.8031\angle 59.745^\circ\quad \text{A}$$

(b) $$\mathbf{I}_{AB}=\frac{6.8031}{\sqrt{3}}\angle -60.255^\circ+30^\circ=3.7278\angle -30.255^\circ\quad \text{A}$$

$$\mathbf{I}_{BC}=3.7278\angle -150.255^\circ\quad \text{A}$$

$\mathbf{I}_{CA} = 3.7278\angle 89.745^\circ$ A

(c) $\mathbf{V}_{LA} = \overline{Z}_{LA} \cdot \mathbf{I}_A = (6 + j8) \cdot 6.8031\angle -60.255^\circ$

$= 68.031\angle -7.124^\circ$ V

$\mathbf{V}_{LB} = \overline{Z}_{LB} \cdot \mathbf{I}_B = 68.031\angle -127.124^\circ$ V

$\mathbf{V}_{LC} = \overline{Z}_{LC} \cdot \mathbf{I}_C = 68.031\angle 112.875^\circ$ V

(d) $\mathbf{V}_{AB} = \overline{Z}_{AB} \cdot \mathbf{I}_{AB} = (30 + j60)3.7278\angle -30.255^\circ$

$= 250.068\angle 33.18^\circ$ V

$\mathbf{V}_{BC} = \overline{Z}_{BC} \cdot \mathbf{I}_{BC} = 250.068\angle -86.82^\circ$ V

$\mathbf{V}_{CA} = \overline{Z}_{CA} \cdot \mathbf{I}_{CA} = 250.068\angle 153.18^\circ$ V

(e) $\overline{S}_{L\text{line}} = 3(\mathbf{I}_L^2 6 + j\mathbf{I}_L^2 \cdot 8) = 833.079 + j1110.77$ VA

(f) $\overline{S}_{\text{Load}} = 3(\mathbf{I}_\phi^2 \cdot 30 + j\mathbf{I}_\phi^2 \cdot 60) = 1250.68 + j2501.369$ VA

註：本例(a)～(f)也可改用另一種方法來做，將 Y 型連接 $\overline{Z}_{LT}$ 轉換爲 Δ 型連接，$\therefore \overline{Z}_\Delta' = 3\overline{Z}_{LT} = 3 \times 32.249\angle 60.255^\circ = 96.747\angle 60.255^\circ$ Ω。此等效 Δ 連接阻抗恰跨在三相電源上，故各相電流分別爲：

$$\mathbf{I}_{AB}' = \frac{\mathbf{V}_{ab}}{\overline{Z}_\Delta'} = \frac{380\angle 30^\circ}{96.747\angle 60.255^\circ} = 3.9278\angle -30.255^\circ \text{ A}$$

$$\mathbf{I}_{BC}' = 3.9278\angle -150.255^\circ \text{ A}$$

$$\mathbf{I}_{CA}' = 3.9278\angle 89.745^\circ \text{ A}$$

故由電源流入之線電流分別爲：

$$\mathbf{I}_A = \sqrt{3}\mathbf{I}_{AB}'\angle -30^\circ = \sqrt{3} \times 3.9278\angle -30.255^\circ - 30^\circ$$

$$= 6.8031\angle -60.255^\circ \text{ A}$$

$$\mathbf{I}_B = 6.0831\angle -180.255^\circ \text{ A}$$

$$\mathbf{I}_C = 6.0831\angle 59.745^\circ \text{ A}$$

至此，已與前面的部份相同，若再繼續計算，則答案完全一樣。◎

## 【本節重點摘要】

(1)三相平衡電壓源的三個主要端點 $a$、$b$、$c$ 經由傳輸線與一個 Δ 型連接的負載三個主要端點 $A$、$B$、$C$ 連接，假設該系統是一個平衡三相系統，故三相傳輸線阻抗均相等：$\overline{Z}_{LA}=\overline{Z}_{LB}=\overline{Z}_{LC}=\overline{Z}_L$，三相負載各相阻抗亦相同：$\overline{Z}_{AB}=\overline{Z}_{BC}=\overline{Z}_{CA}=\overline{Z}_\Delta$。假設傳輸線阻抗為零，此時由電源供電的三個端點 $a$、$b$、$c$ 與負載的三個端點 $A$、$B$、$C$ 相當於是分別短路在一起，因此三相平衡電壓源端的線對線電壓相量 $\mathbf{V}_{ab}$、$\mathbf{V}_{bc}$、$\mathbf{V}_{ca}$（線電壓），就分別直接跨接於 Δ 型連接的各相阻抗上。負載各相阻抗之值為 $\overline{Z}_\Delta=Z_\Delta\angle\phi°$，並以線電壓相量 $\mathbf{V}_{ab}$ 為參考零度基準，因此負載各相流動的電流分別為線電壓除以相阻抗。

(2)當負載各相電流計算出來後，由負載三個端點所流入的線電流，則可以用相電流相減的方式求得。茲歸納線電流與相電流的關係如下：

①三相 Δ 連接的負載電流中，流入負載的某一個下標的線電流相量（如 $\mathbf{I}_A$），其值等於與雙下標第一字相同的相電流相量（如 $\mathbf{I}_{AB}$）減去雙下標第二字相同的相電流相量（如 $\mathbf{I}_{CA}$），其中各相電流下標是依照 $A\rightarrow B\rightarrow C$ 排列的。

②三相平衡 Δ 型連接負載中，某一個特定下標之線電流相量 $\mathbf{I}_L$（如 $\mathbf{I}_A$）與下標第一字相同的相電流相量 $\mathbf{I}_\phi$（如 $\mathbf{I}_{AB}$）間的關係如下：

$$\mathbf{I}_L=\mathbf{I}_\phi\cdot\sqrt{3}\angle\mp 30° \quad \text{A}$$

式中符號 ∓ 中的負號表示電源為正相序時使用，正號則為負相序時使用。故流入負載端的線電流大小為相電流大小的$\sqrt{3}$倍，線電流相角則與相電流相角差 ±30°。

(3)當系統為平衡三相時，不論相序為何，相電流的有效值均為相電壓相量有效值除以相阻抗大小，各相的相角均相差 120°，各線的線電流大小亦相同，角度亦相差 120°，我們在處理 Δ 型連接平衡負載時，可以取其中的一相電路做為分析基準（通常選擇 $AB$ 間的相），當該相電路的電壓相量及電流相量均計算出來時，只要配合相序的關係，很快就可以將其他兩相的電壓相量、電流相量以及線電流相量表示出來。此種方法亦稱為單相等效電路法。

(4)假設三個傳輸線阻抗完全相同，但是不為零值。此時，負載端三相平衡 Δ 型連接的三個相同阻抗 $\overline{Z}_\Delta$，可以先用 Y－Δ 轉換法轉換為：

$$\overline{Z}_Y=\frac{\overline{Z}_\Delta}{3} \quad \Omega$$

各傳輸線阻抗 $\overline{Z}_L$ 可以和 Y 型連接阻抗 $\overline{Z}_Y$ 串聯，並予以相加，形成等效 Y 型等效阻抗 $\overline{Z}_{Yeq}$：

$$\overline{Z}_{Yeq}=\overline{Z}_L+\overline{Z}_Y \quad \Omega$$

此時有兩種方法運用，以計算真正由電源流入之線電流：

①再次利用 Y－Δ 轉換法將 Y 型等效阻抗 $\overline{Z}_{Yeq}$轉換成新的 Δ 型相阻抗：

$$\overline{Z}_{\Delta eq}=3\overline{Z}_{Yeq} \quad \Omega$$

再用三相電源中的一組線電壓相量除以相對的新 Δ 型相阻抗，算出新 Δ 型負載的一組相電流相量，再用相電流相量推出其線電流相量，最後計算其他兩相的線電流相量，此即真正流入負載的三個線電流相量。

②直接利用 Y 型之單線等效電路，將三相電源的線電壓相量轉換成相電壓相量，求出其中一相的電流相量，再推出其他兩相的電流相量，此即真正的三相線電流相量。

【思考問題】

⑴試用迴路電流分析法，求解 Δ 連接的相電流與線電流方程式。

⑵試用節點電壓分析法，求解 Δ 連接的相電流與線電流方程式。

⑶當三相 Δ 連接平衡負載阻抗與三相平衡傳輸線阻抗間，各相含有不等的互感量時，該電路仍是一個平衡電路嗎?

⑷若三相 Δ 連接負載阻抗不平衡，三相的傳輸線也不平衡，有沒有可能造成等效的平衡三相電路？為什麼?

⑸若將平衡三相 Δ 連接負載與三相平衡 Y 連接負載並聯在一起，什麼原因會使該等效的並聯電路不平衡?

## 10.5　三相功率及其量度

本節將分三個部份來說明三相功率測量的基本觀念：⑴瓦特表之基本量測；⑵三相功率的量測；以及⑶兩瓦特表法之三相功率量測。

### 10.5.1　瓦特表之基本量測

圖 10.5.1(a)為一瓦特表（the wattmeter）之基本外部架構示意圖，它包含了上方的指針以及刻度，以指示目前所量測的瓦特數。下方有兩對端子，各有一個端點標示 ± 的符號代表線圈之極性端，在左

方為電壓線圈（the voltage coil，VC）的端子，電壓為 $V$，正端在符號 ± 上；右方為電流線圈（the current coil，CC）的端子，電流 $i$ 流入標有符號 ± 的端子。事實上，一只瓦特表具有更多的電壓端子以及電流端子，內部分別用精密的分壓器及分流器予以連接，以使同一個瓦特表能應用於不同的負載電壓以及負載電流的範圍。此分壓器與分流器的情形，與電壓表及電流表內部的分壓器與分流器接法類似，可以利用第七章中的分壓器法則以及分流器法則計算。這電壓線圈與電流線圈的 ± 端點相當於 7.3 節所談的互感極性，因為這兩組線圈彼此會產生磁通耦合，所產生的合成力矩，會帶動指針擺動指示功率值。

**圖 10.5.1　瓦特表之構造**

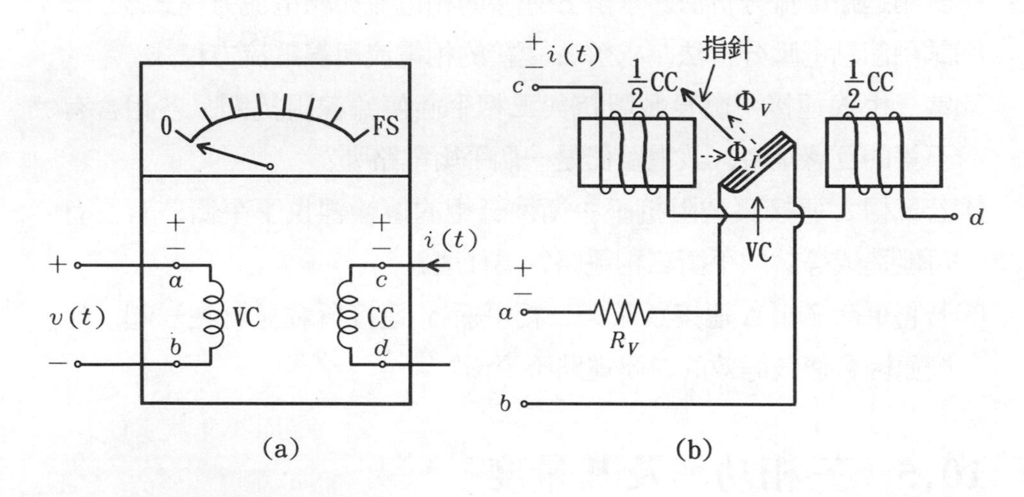


圖 10.5.1(b)則為瓦特表內部之簡要構造圖，當電流 $i$ 由端點 ± 流入，瓦特表內部則是將電流線圈一分為二，將一半的線圈分別繞在兩個鐵心上，而兩鐵心中間則放上一個帶有指針的可動線圈，該指針在平時未接線時予以歸零，而可動線圈的端點，則先與一個大分壓電阻 $R_V$ 串聯後，再連接到電壓線圈外部的兩個端點上。當電流 $i$ 流入電流線圈，電壓 $v$ 接在電壓線圈上時，由電流線圈所產生的磁通 $\Phi_I$ 便會與電壓線圈所產生的磁通 $\Phi_V$ 相作用，兩者產生一個轉矩使可動

線圈轉動至某一個角度。若設計恰當，則指針所指的數值即爲電壓 $v$ 與電流 $i$ 所代表的實功率。假設電流線圈所產生的磁通與通過的電流呈線性關係，亦即：

$$\Phi_I(t) = k_I \cdot i(t) \quad \text{Wb} \tag{10.5.1}$$

式中 $k_I$ 爲電流與所產生磁通間的比例常數。電壓線圈所產生的磁通也假設與所跨的電壓呈線性關係，亦即：

$$\Phi_V(t) = k_V \cdot v(t) \quad \text{Wb} \tag{10.5.2}$$

式中 $k_V$ 爲電壓與所產生磁通間的比例常數。因此可動線圈的指針平均角度，即與兩磁通相乘積的平均值成正比，亦即與電壓與電流乘積的平均值成正比，此平均值即爲平均的實功率：

$$\begin{aligned} \text{avg}[\Phi_I(t) \cdot \Phi_V(t)] &= \text{avg}[k_I \cdot i(t) \cdot k_V \cdot v(t)] \\ &= \text{avg}[k \cdot i(t) v(t)] \\ &= \text{avg}[k \cdot p(t)] \propto P \quad \text{W} \end{aligned} \tag{10.5.3}$$

式中 avg 爲 average 之簡寫，代表取平均值的量；$k = k_I k_V$ 爲指針讀數與眞正平均實功率間的比例調整常數。而負載平均實功率爲：

$$P = VI\cos\phi^\circ \quad \text{W} \tag{10.5.4}$$

式中 $V$、$I$ 分別爲弦式電壓 $v(t)$與電流 $i(t)$之有效值，而 $\phi^\circ$則爲電壓相量與電流相量間的差角。以上就是量測負載實功率消耗的瓦特表基本說明。

圖 10.5.2(a)、(b)則爲一個交流單相負載與瓦特表連接的簡單示意圖。其中圖 10.5.2(a)適合於量測低阻抗負載，圖(b)則適用於量測高阻抗負載，這兩個接法僅有差別在瓦特表電壓線圈接線的不同而已。以圖 10.5.2(a)來說，當負載阻抗甚小時，爲避免電流線圈的低阻抗影響瓦特表讀數的精確性，將該低負載阻抗與高阻抗電壓線圈並聯再與電流線圈串聯，則通過電流線圈的電流 $i$ 也會大部份通過低阻抗的負載，因此該連接方式的電壓線圈電壓 $V$ 爲眞正的負載電壓 $v_L$，電流線圈之電流 $i$ 則非常接近負載電流 $i_L$。若將低負載阻抗與電流線圈先串接再與電壓線圈並聯，如圖 10.5.2(b)所示，則電壓線圈的電

壓誤差會相當大，所量到的電流雖是負載電流，但是電壓線圈所量的電壓，卻是兩低阻抗串接後分得的電壓，已分不淸眞正的負載電壓了。

若以圖 10.5.2(b)來說，當負載阻抗甚大時，爲避免電壓線圈的高阻抗影響瓦特表讀數的精確性，將該高負載阻抗與低阻抗電流線圈先串聯，再與電壓線圈並聯，則通過電流線圈的電流 $i$ 與負載電流 $i_L$ 相同，因此該連接方式的電流線圈電流 $i$ 爲眞正的負載電流 $i_L$，電壓線圈之電壓 $v$ 則非常接近負載電壓 $v_L$。若將高負載阻抗與電壓線圈先並聯，再與電流線圈串聯，如圖 10.5.2(a)所示，則電流線圈的電流誤差相當大，電壓線圈所量到的電壓雖是負載電壓，但是電流線圈所量的電流，卻是兩個高阻抗並聯後的電流，已分不淸眞正的負載電流了。而前面所說的負載阻抗之高與低，其實是與電壓線圈與電流線圈的阻抗做比較的，若負載阻抗未知，則選用圖 10.5.2(a)、(b)任一種接線均可，對於要求精確的瓦特表讀數時，便要確知阻抗特性，以獲得較精確的答案。

**圖 10.5.2　交流單相負載與瓦特表連接的接線圖**

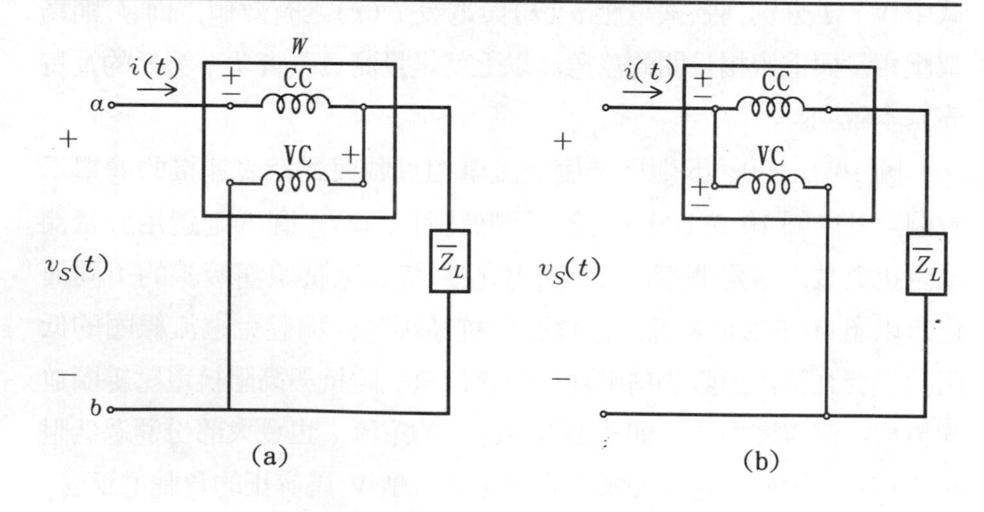

一般在實驗室做實驗時，除電壓範圍及電流範圍之選取外，以接近滿刻度（full scale，FS）的指示較佳，此種正常的指針由 0 往上擺動的情況為正偏（up scale）。若按圖 10.5.2(a)或(b)的接線發生指針反偏（down scale）的情形時，或指向負的瓦特數（某些瓦特表具有正、負瓦特兩種刻度），則表示電壓線圈或電流線圈的其中一個所產生的磁通方向相反，只要將其中一個線圈的端點反接即可，但是不可以兩個線圈同時反接，如此指針自然能以正偏的方式指示。通常所反接的線圈為電壓線圈，這是因為電壓線圈為並聯於負載的，改接比較簡單，而電流線圈是與負載串聯的，改接比較麻煩。

## 10.5.2　三相功率的量測

前面已談到量測單相交流負載的方式，是將一個瓦特表按圖 10.5.2 之接線，來量測負載所吸收的平均實功率。若將此方法應用到三相負載時，如果負載是平衡三相的情形，則只要將瓦特表連接在其中一相的負載阻抗上，將所量到的數值乘以三倍，即得負載三相總吸收的平均實功率。先以圖 10.5.3 之平衡三相 Y 型連接負載當做一個考慮，將瓦特表的電壓線圈與電流線圈如圖示接線，將該瓦特表連接在負載 $A$ 相之上。假設負載阻抗各相均為 $\overline{Z}_Y = Z_Y\angle\phi_Z^\circ$，線電壓大小為 $V_L = |\mathbf{V}_{AB}| = |\mathbf{V}_{BC}| = |\mathbf{V}_{CA}|$，相電壓大小為 $V_\phi = |\mathbf{V}_{AN}| = |\mathbf{V}_{BN}| = |\mathbf{V}_{CN}|$，線電壓大小為相電壓大小的$\sqrt{3}$倍，線電流大小為 $I_L = |\mathbf{I}_A| = |\mathbf{I}_B| = |\mathbf{I}_C|$，相電流大小為 $I_\phi = |\mathbf{I}_{AN}| = |\mathbf{I}_{BN}| = |\mathbf{I}_{CN}|$，線電流大小與相電流大小相同。則通過瓦特表電流線圈的電流為負載相電流大小 $I_\phi$，亦等於負載線電流大小 $I_L$：

$$I_\phi = I_L = \frac{V_\phi}{Z_Y} \quad \text{A} \tag{10.5.5}$$

瓦特表電壓線圈的電壓為負載相電壓 $V_\phi$，亦等於線電壓 $V_L$ 的 $1/\sqrt{3}$ 倍：

$$V_\phi = \frac{1}{\sqrt{3}} V_L \quad \text{V} \tag{10.5.6}$$

圖 10.5.3 平衡三相 Y 型負載之單一個瓦特表連接

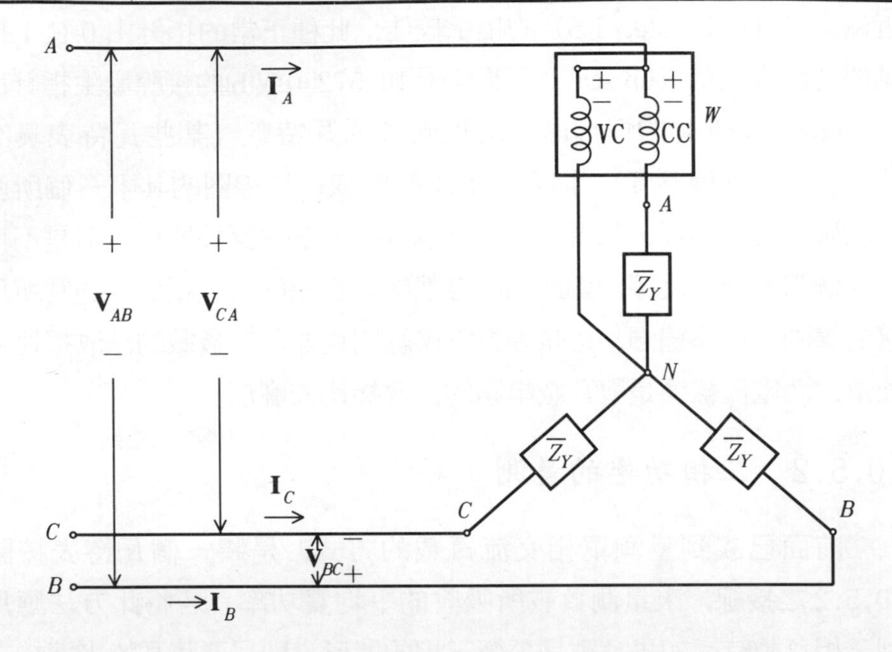


則瓦特表的讀數應爲一相所吸收的平均實功率：

$$P_{\phi}=V_{\phi}I_{\phi}\cos\phi_Z{}^{\circ}=\frac{1}{\sqrt{3}}V_L I_L\cos\phi_Z{}^{\circ}\quad \text{W} \tag{10.5.7}$$

三相平衡負載總吸收的平均實功率，爲一相吸收平均實功率的三倍，其值爲：

$$P_{3\phi}=3(P_{\phi})=3\frac{1}{\sqrt{3}}V_L I_L\cos\phi_Z{}^{\circ}=\sqrt{3}V_L I_L\cos\phi_Z{}^{\circ}\quad \text{W} \tag{10.5.8}$$

再以圖 10.5.4 之平衡三相 Δ 型連接負載當做一個考慮，將瓦特表的電壓線圈與電流線圈如圖示接線，將該瓦特表連接在負載 $AB$ 相之上。假設負載阻抗各相均爲 $Z_{\Delta}=Z_{\Delta}\angle\phi_Z{}^{\circ}$，線電壓大小與相電壓大小均爲 $V_{\phi}=V_L=|\mathbf{V}_{AB}|=|\mathbf{V}_{BC}|=|\mathbf{V}_{CA}|$，相電流大小爲 $I_{\phi}=|\mathbf{I}_{AB}|=|\mathbf{I}_{BC}|=|\mathbf{I}_{CA}|$，線電流大小爲相電流的$\sqrt{3}$倍，其值爲 $I_L=|\mathbf{I}_A|=|\mathbf{I}_B|=|\mathbf{I}_C|$。則通過瓦特表電流線圈的電流爲負載相電流，其大小爲線電流的 $1/\sqrt{3}$倍：

圖 10.5.4　平衡三相 Δ 型負載之單一個瓦特計連接

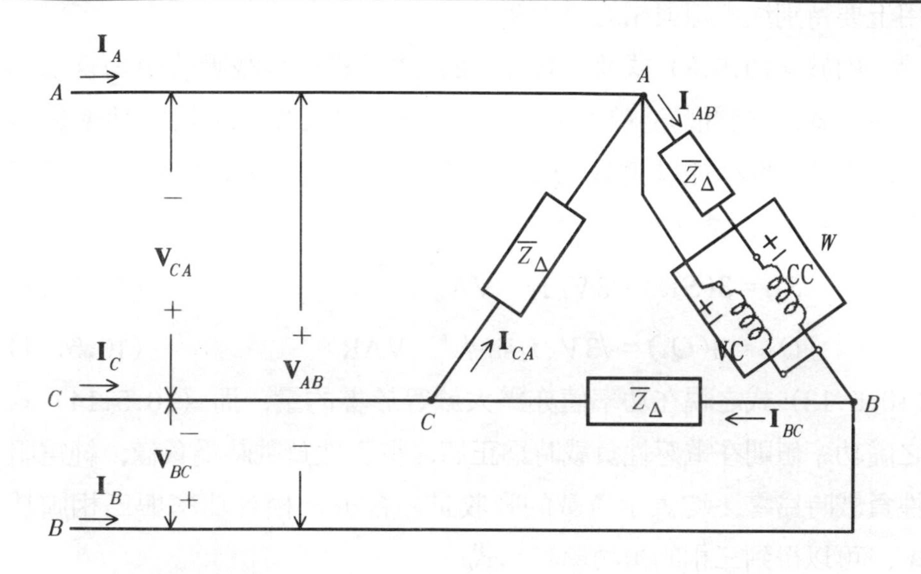


$$I_\phi = \frac{1}{\sqrt{3}} I_L = \frac{V_\phi}{Z_\Delta} \quad \text{A} \tag{10.5.9}$$

瓦特表電壓線圈的電壓大小爲負載相電壓大小，亦等於線電壓大小:

$$V_\phi = V_L \quad \text{V} \tag{10.5.10}$$

則瓦特表的讀數應爲一相負載所吸收的平均實功率:

$$P_\phi = V_\phi I_\phi \cos\phi_Z{}^\circ = V_L \frac{1}{\sqrt{3}} I_L \cos\phi_Z{}^\circ \quad \text{W} \tag{10.5.11}$$

三相平衡負載總吸收平均實功率，爲一相吸收平均實功率的三倍，其值爲:

$$\begin{aligned} P_{3\phi} &= 3(P_\phi) = 3V_L \frac{1}{\sqrt{3}} I_L \cos\phi_Z{}^\circ \\ &= \sqrt{3} V_L I_L \cos\phi_Z{}^\circ \quad \text{W} \end{aligned} \tag{10.5.12}$$

由（10.5.8）式及（10.5.12）式兩式可以發現，不論三相平衡負載是 Y 連接或是 Δ 連接，只要每相負載阻抗相同，線電壓與線電流相同，則所吸收的三相總平均實功率公式完全一樣，均爲$\sqrt{3}$倍的線電壓大小乘以線電流大小再乘以一相負載的功率因數，而且該值均爲大於等於零的量。值得我們注意的是，（10.5.8）式與（10.5.12）式的電壓及電流均爲線的量，只有功率因數是以負載相的量表示，因此在使用上要特別注意線與相的使用關係。

由於（10.5.8）式及（10.5.12）式兩式爲負載吸收平均實功率的表示式，它們很像（10.5.4）式單相負載吸收的平均實功率表示式，因此只要稍加以變換，三相負載所吸收的總視在功率 $S_{3\phi}$以及總虛功率$Q_{3\phi}$可以表示爲：

$$S_{3\phi}=3(S_{\phi})=\sqrt{3}V_L I_L \quad \text{VA} \tag{10.5.13}$$

$$Q_{3\phi}=3(Q_{\phi})=\sqrt{3}V_L I_L \sin\phi_Z^{\circ} \quad \text{VAR} \tag{10.5.14}$$

（10.5.13）式之視在功率值亦爲大於等於零的量，而（10.5.14）式之虛功率值則在電感性負載時爲正值，電容性負載時爲負值，純電阻性負載時爲零，均表示負載的吸收量。合併三相實功率與三相虛功率，可以得到三相的複功率表示式爲：

$$\overline{S}_{3\phi}=P_{3\phi}+jQ_{3\phi}=\sqrt{3}V_L I_L\cos\phi_Z^{\circ}+j\sqrt{3}V_L I_L\sin\phi_Z^{\circ}$$

$$=\sqrt{3}V_L I_L\underline{/\phi_Z^{\circ}}=S_{3\phi}\underline{/\phi_Z^{\circ}} \quad \text{VA} \tag{10.5.15}$$

以上是以相量法，由一相電路的平均實功率，推算平衡三相的總平均實功率。若將所求的平均實功率方法改用瞬時功率的方式計算，讓我們看一看會有什麼結果。茲以圖 10.5.3 之 Y 連接三相負載爲例，假設負載端 A 相的電壓相量爲參考零度，電源爲正相序，則三相負載各個相電壓及相電流的瞬時值分別爲：

$$v_{AN}(t)=\sqrt{2}V_{\phi}\sin(\omega t+0^{\circ}) \quad \text{V}$$

$$i_{AN}(t)=\sqrt{2}I_{\phi}\sin(\omega t-\phi_Z^{\circ}) \quad \text{A}$$

$$v_{BN}(t)=\sqrt{2}V_{\phi}\sin(\omega t-120^{\circ}) \quad \text{V}$$

$$i_{BN}(t)=\sqrt{2}I_{\phi}\sin(\omega t-120^{\circ}-\phi_Z^{\circ}) \quad \text{A}$$

$$v_{CN}(t)=\sqrt{2}V_{\phi}\sin(\omega t+120^{\circ}) \quad \text{V}$$

$$i_{CN}(t)=\sqrt{2}I_{\phi}\sin(\omega t+120^{\circ}-\phi_Z^{\circ}) \quad \text{A}$$

則三相負載所吸收的總瞬時功率爲：

$$p_{3\phi}(t)=v_{AN}(t)\cdot i_{AN}(t)+v_{BN}(t)\cdot i_{BN}(t)+v_{CN}(t)\cdot i_{CN}(t)$$

$$= 2V_\phi I_\phi[\sin(\omega t)\sin(\omega t - \phi_Z^\circ) + \sin(\omega t - 120^\circ)\sin(\omega t - 120^\circ - \phi_Z^\circ) + \sin(\omega t + 120^\circ)\sin(\omega t + 120^\circ - \phi_Z^\circ)] \quad \text{W} \tag{10.5.16}$$

利用三角函數的積化和差公式:

$$\sin(X)\sin(Y) = \frac{1}{2}[\cos(X - Y) - \cos(X + Y)]$$

可以將 (10.5.16) 式之三相總瞬時功率化簡為:

$$\begin{aligned} p_{3\phi}(t) &= V_\phi I_\phi[\cos(\omega t - \omega t + \phi_Z^\circ) - \cos(\omega t + \omega t - \phi_Z^\circ) + \\ &\quad \cos(\omega t - 120^\circ - \omega t + 120^\circ + \phi_Z^\circ) - \cos(\omega t - 120^\circ + \\ &\quad \omega t - 120^\circ - \phi_Z^\circ) + \cos(\omega t + 120^\circ - \omega t - 120^\circ + \phi_Z^\circ) - \\ &\quad \cos(\omega t + 120^\circ + \omega t + 120^\circ - \phi_Z^\circ)] \\ &= V_\phi I_\phi\{3\cos\phi_Z^\circ - [\cos(2\omega t - \phi_Z^\circ) + \cos(2\omega t - 240^\circ - \\ &\quad \phi_Z^\circ) + \cos(2\omega t + 240^\circ - \phi_Z^\circ)]\} \\ &= V_\phi I_\phi[3\cos\phi_Z^\circ + 0] = 3(V_\phi I_\phi \cos\phi_Z^\circ) \\ &= 3P_\phi = \sqrt{3}V_L I_L \cos\phi_Z^\circ \quad \text{W} \end{aligned} \tag{10.5.17}$$

式中

$$\cos(2\omega t - \phi_Z^\circ) + \cos(2\omega t - 240^\circ - \phi_Z^\circ) + \cos(2\omega t + 240^\circ - \phi_Z^\circ) = 0 \tag{10.5.18}$$

(10.5.18) 式的三個餘弦函數均具有兩倍角頻率 ($2\omega t$)，角度各差 240°，稱為平衡二次諧波弦式量，這三個餘弦量在任何一個瞬間之和恆為零。

(10.5.17) 式的瞬時三相總實功率的結果，亦可適用負相序及 Δ 型連接的負載。由該式發現，三相平衡負載所吸收的瞬時總功率等於平均吸收的總實功率，這是一項非常重要的結果，我們將其歸納如下:「三相平衡負載，不論是負載是 Y 連接或 Δ 連接，不管電源是正相序或負相序，該三相負載所吸收的總瞬時功率為一個定值常數，恰等於三相負載所吸收的平均實功率。」

為什麼 (10.5.17) 式如此重要呢? 以三相中的單相負載所吸收

瞬時功率來看，單相實功率瞬時值可包含兩項，即平均實功率與兩倍角頻率變化的脈動功率之和，以 $A$ 相來看，其瞬時功率爲：

$$p_\phi(t) = V_\phi I_\phi \cos(\phi_Z{}^\circ) - V_\phi I_\phi \cos(2\omega t - \phi_Z{}^\circ) \quad \mathrm{W}$$

但是將三個三相平衡的單相瞬時功率合成爲三相總實功率時，卻可抵銷該二次諧波脈動功率，成爲一個穩定的平均總實功率。這在實際電機機械上非常容易發現它的重要性，一般家用單相馬達的輸出轉矩(輸出功率除以角速度) 受兩倍角頻率脈動功率影響，不是一個定值，脈動性較大；而工廠用的三相馬達，由於大多是平衡三相，三相總平均實功率與瞬時總功率同樣爲一個固定值，表示任何瞬間的輸出總功率除以角速度所得的輸出轉矩必爲常數，因此轉矩極爲平穩。

利用一個瓦特表測量平衡三相總平均功率在做法上雖然很簡單，只要量出一相的平均實功率，將該實功率乘以三倍即可獲得三相總實功率。但是在實際接線上卻要拆掉該相的負載，才可將電流線圈串聯在該相上，電壓線圈則可不必拆開負載，只要並聯在該相負載兩端即可。當負載爲一個不可拆開的三相負載或三相負載不平衡時，前者如前述的三相馬達，整個三相繞組均固定在金屬做的外殼內，只留下數個接點供外部電源連接而已；後者常見於實際非理想的三相負載。此時就要改用其他特殊的接線以及一個以上的瓦特表，才可測量三相負載平均的實功率。請參考下一部份的說明。

### 10.5.3 兩瓦特表法之三相功率量測

爲了要量測實際不平衡的三相負載，或者三相負載平衡但相阻抗不可拆開的平均總實功率時，則採用兩個瓦特表做適當的連接就可解決這個問題，我們稱爲兩瓦特表法。在尚未介紹兩瓦特表法前，我們先試著由三相負載端點連接三個瓦特表來做說明。

如圖 10.5.5 所示，一個三相 Y 型連接負載與三個瓦特表做連接，我們注意到負載雖是 Y 型連接，但是它的相電壓及相電流是密封在虛線內部，僅由負載的端點 $A$、$B$、$C$ 留在外部做連接用，Y 型

連接負載的中性點 $N$ 亦封在虛線內，沒有拉出來與外面連接。三個瓦特表之電流線圈分別串聯在線 $A$、$B$、$C$ 上，因此電流線圈通過的電流爲線電流；三組電壓線圈之 ± 端點分別連接在電源的 $a$、$b$、$c$ 端點上，另一端點則三組共接在一起，以端點 $o$ 表示，代表 $o$ 點是一個開路浮接的點。那麼三組電壓線圈的電壓究竟是什麼呢？待會做過分析後就會知道了。由一個瓦特表的特性可知，瓦特表的讀數爲瞬時功率的平均值，而該瞬時功率又是瞬時電壓與瞬時電流的乘積，根據圖 10.5.5 之三個瓦特表接線之電壓及電流，可以得知三個瓦特表的讀數分別爲：

$$\begin{aligned} \mathbf{W}_A &= \text{avg}[p_A(t)] = \text{avg}[v_{aO}(t)i_A(t)] \\ &= \text{avg}[v_{AO}(t)i_A(t)] \quad \text{W} \end{aligned} \tag{10.5.19}$$

$$\begin{aligned} \mathbf{W}_B &= \text{avg}[p_B(t)] = \text{avg}[v_{bO}(t)i_B(t)] \\ &= \text{avg}[v_{BO}(t)i_B(t)] \quad \text{W} \end{aligned} \tag{10.5.20}$$

**圖 10.5.5　Y 型連接負載的三瓦特表連接**

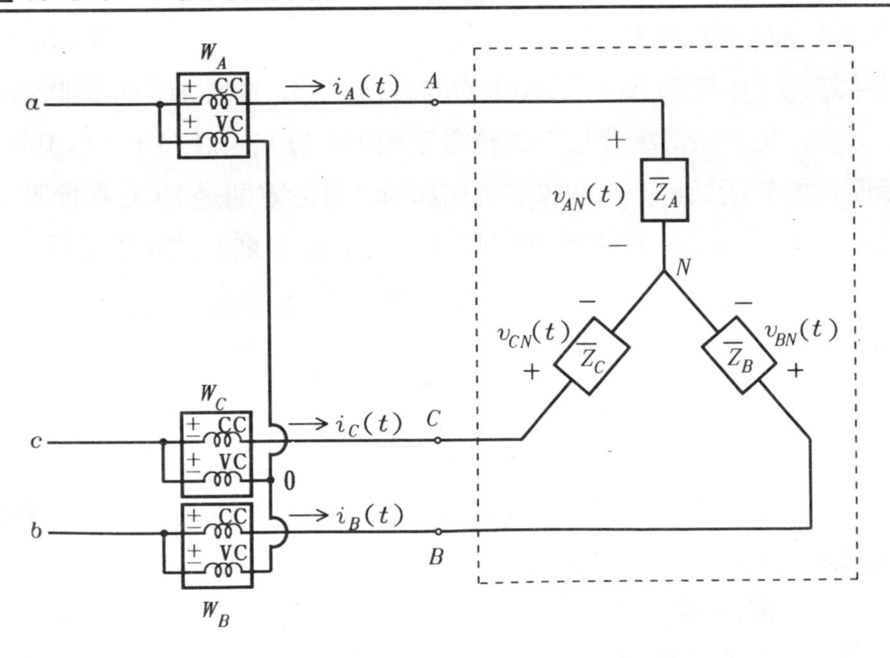

$$W_C = \text{avg}[p_C(t)] = \text{avg}[v_{cO}(t)i_C(t)]$$
$$= \text{avg}[v_{CO}(t)i_C(t)] \quad \text{W} \qquad (10.5.21)$$

式中假設三組電流線圈所產生的壓降予以忽略，故 $a$ 與 $A$，$b$ 與 $B$，$c$ 與 $C$ 均可分別視為相同的三個點。將（10.5.19）式～(10.5.21)式三式相加，可得三個瓦特表讀數的和為：

$$W_A + W_B + W_C$$
$$= \text{avg}[p_A(t)] + \text{avg}[p_B(t)] + \text{avg}[p_C(t)]$$
$$= \text{avg}[p_A(t) + p_B(t) + p_C(t)]$$
$$= \text{avg}[v_{AO}(t)i_A(t) + v_{BO}(t)i_B(t) + v_{CO}(t)i_C(t)]$$
$$= \text{avg}\{[v_{AN}(t) + v_{NO}(t)]i_A(t) + [v_{BN}(t) + v_{NO}(t)]i_B(t) + [v_{CN}(t) + v_{NO}(t)]i_C(t)\}$$
$$= \text{avg}\{v_{AN}(t)i_A(t) + v_{BN}(t)i_B(t) + v_{CN}(t)i_C(t) + [i_A(t) + i_B(t) + i_C(t)]v_{NO}(t)\}$$
$$= \text{avg}[v_{AN}(t)i_A(t) + v_{BN}(t)i_B(t) + v_{CN}(t)i_C(t)]$$
$$= \text{avg}[v_{AN}(t)i_A(t)] + \text{avg}[v_{BN}(t)i_B(t)] + \text{avg}[v_{CN}(t)i_C(t)]$$
$$= P_A + P_B + P_C \quad \text{W} \qquad (10.5.22)$$

式中應用了中性點 $N$ 對節點 $O$ 的電位 $v_{NO}(t)$，雖然並不知道此電位為多少，但是該電壓會被三個線電流相加 $i_A(t) + i_B(t) + i_C(t)$ 的和瞬時為零值所抵銷，三個線電流相加瞬時等於零則是 KCL 在節點 $N$ 或是切集（cutset）的基本應用而得。由（10.5.22）式可以發現，不論節點 $O$ 在那裡，三個瓦特計的讀數和必是 Y 型接負載三個相阻抗吸收平均功率的和，亦即該讀數和為三相負載吸收的總平均功率，亦為由端點 $A$、$B$、$C$ 看入之總吸收功率。

同理，如果將上述的方法應用至一個 Δ 型三相負載，三個瓦特表接線不變，僅將 Y 型負載改為 Δ 型負載，如圖 10.5.6 所示，則圖 10.5.6 三瓦特表讀數之和為：

$$W_A + W_B + W_C$$
$$= \text{avg}[v_{AO}(t)i_A(t)] + \text{avg}[v_{BO}(t)i_B(t)] + \text{avg}[v_{CO}(t)i_C(t)]$$

$$= \text{avg}[v_{AO}(t)i_A(t) + v_{BO}(t)i_B(t) + v_{CO}(t)i_C(t)]$$

$$= \text{avg}\{[v_{AB}(t) + v_{BO}(t)][i_{AB}(t) - i_{CA}(t)]$$

$$+ [v_{BC}(t) + v_{CO}(t)][i_{BC}(t) - i_{AB}(t)]$$

$$+ [v_{CA}(t) + v_{AO}(t)][i_{CA}(t) - i_{BC}(t)]\}$$

$$= \text{avg}\{v_{AB}(t)i_{AB}(t) + v_{BC}(t)i_{BC}(t) + v_{CA}(t)i_{CA}(t)$$

$$+ [v_{BO}(t) - v_{CO}(t)]i_{AB}(t)$$

$$+ [v_{CO}(t) - v_{AO}(t)]i_{BC}(t)$$

$$+ [v_{AO}(t) - v_{BO}(t)]i_{CA}(t)$$

$$- v_{BC}(t)i_{AB}(t) - v_{CA}(t)i_{BC}(t) - v_{AB}(t)i_{CA}(t)\}$$

$$= \text{avg}[v_{AB}(t)i_{AB}(t) + v_{BC}(t)i_{BC}(t) + v_{CA}(t)i_{CA}(t)]$$

$$= \text{avg}[v_{AB}(t)i_{AB}(t)] + \text{avg}[v_{BC}(t)i_{BC}(t)]$$

$$+ \text{avg}[v_{CA}(t)i_{CA}(t)]$$

$$= P_{AB} + P_{BC} + P_{CA} \quad \text{W} \qquad (10.5.23)$$

圖 10.5.6　Δ 型連接負載的三瓦特計連接

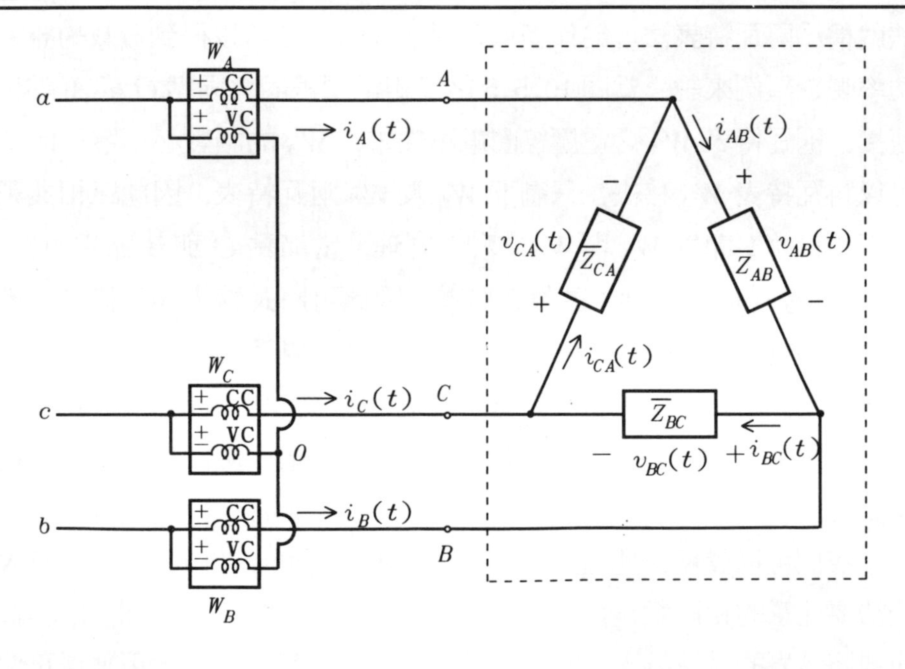

該三個瓦特表讀數和爲三相 Δ 型負載各相阻抗總吸收的平均功率，亦爲由端點$A$、$B$、$C$看入之總吸收功率。由(10.5.22)式及(10.5.23)式兩式可以歸納如下：「不論三相負載爲 Y 型或 Δ 型，負載阻抗爲平衡或不平衡，電源爲正相序或負相序，電源電壓及電流爲平衡或不平衡，圖 10.5.5 或圖 10.5.6 之三瓦特表法之連接，均能由三瓦特表讀數的和推算由端點 $A$、$B$、$C$ 送至負載的總平均實功率。」

注意：若三瓦特表中任一個瓦特表之指針反偏，只要將該表的電流線圈或電壓線圈其中一組端點反接，則可獲得正偏之讀數，但是在求三瓦特表讀數和時，必須將該原本反偏改接後爲正偏之瓦特表讀數視爲負值，再與其他瓦特表讀數相加，如此才可獲得眞正的三相負載平均總實功率。

三瓦特表法之三組電壓線圈共同連接的浮接點 $O$，事實上可以選擇爲負載端點 $A$、$B$、$C$ 中的任何一點，如此並不會影響三瓦特表之讀數總和實功率的結果，反而可以幫我們省下其中連接的一個瓦特表，變成只要兩個瓦特表就可以完成三相負載平均實功率的量測，此法就稱爲兩瓦特表法。爲什麼只要兩個瓦特表就可以得到負載的總實功率呢？舉例來說，當圖 10.5.5 之三組電壓線圈共同點 $O$ 與$A$ 點相連接，則瓦特表 $W_A$ 之電壓線圈電壓爲零，$W_A$ 的讀數必爲零，因此可以將瓦特表 $W_A$ 移去，只剩下 $W_B$ 及 $W_C$ 兩瓦特表，因此三相負載總平均實功率即爲 $W_B$ 與 $W_C$ 之和。同理，當節點 $O$ 與$B$ 點相連接，$W_B$ 之電壓線圈無電壓，讀數必爲零，因此可將瓦特表 $W_B$ 移去，總負載平均實功率爲 $W_A + W_C$。當節點 $O$ 與$C$ 點連接，則 $W_C$ 電壓線圈無電壓，讀數必爲零，總負載平均實功率爲 $W_A + W_B$。圖 10.5.7 就是將圖 10.5.5 節點 $O$ 與$C$ 點相連接後，所形成的兩瓦特表之接線。

我們可以發現，此兩瓦特表法之接線非常簡單明瞭，與三瓦特表接法要注意的相同點是：若兩瓦特表中任何一個瓦特表之指針反偏，只要將該表的電流線圈或電壓線圈其中一組端點反接，則可獲得正偏之讀數，但是在求兩瓦特表讀數之和時，必須要將該原本反偏改接後爲正偏之瓦特表讀數視爲負值，再與另一個瓦特表讀數相加，如此才可獲得眞正的三相負載平均總實功率。

圖 10.5.7 兩瓦特表法之接線

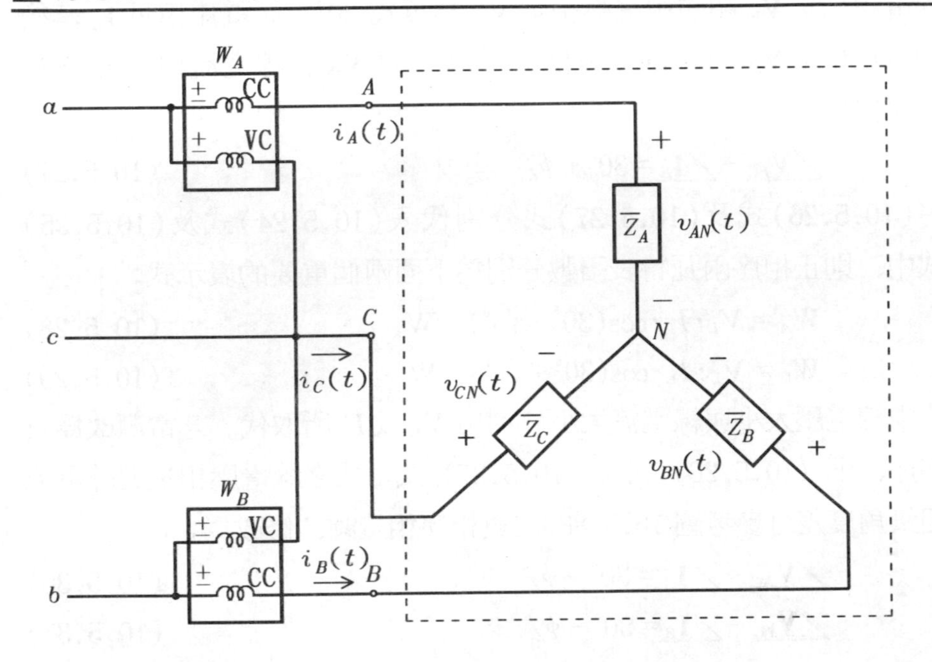


我們舉圖 10.5.7 之兩瓦特表法接線，來說明該法在負載三相平衡下的重要方程式。假設三相負載 Y 型阻抗各相之值均相同：$\overline{Z}_A = \overline{Z}_B = \overline{Z}_C = \overline{Z}_Y = Z_Y\angle\phi_Z^\circ$，阻抗角 $\phi_Z^\circ > 0$，爲電感性負載，電源電壓爲三相平衡正相序，線電壓大小爲 $V_L$，線電流亦爲三相平衡電流，大小爲 $I_L$，則圖 10.5.7 兩瓦特表之讀數應分別爲：

$$W_A = V_{AC} \cdot I_A \cdot \cos(\angle\mathbf{V}_{AC} - \angle\mathbf{I}_A) \quad \text{W} \tag{10.5.24}$$

$$W_B = V_{BC} \cdot I_B \cdot \cos(\angle\mathbf{V}_{BC} - \angle\mathbf{I}_B) \quad \text{W} \tag{10.5.25}$$

爲了要了解（10.5.24）式及（10.5.25）式兩式中餘弦函數中線電壓角度與線電流角度間的差値，我們可以參考圖 10.5.8(a)之平衡三相電壓電流正相序相量圖，先將線電壓相量 $\mathbf{V}_{CA}$ 反相 180° 可得線電壓相

量 $\mathbf{V}_{AC}$相量，圖中顯示相量 $\mathbf{V}_{AC}$落後相量 $\mathbf{V}_{AN}$角度爲 30°，而電流相量 $\mathbf{I}_A$ 落後電壓相量 $\mathbf{V}_{AN}$角度爲$\phi_Z$°，因此線電壓相量 $\mathbf{V}_{AC}$與線電流相量 $\mathbf{I}_A$ 之角度差爲：

$$\underline{/\mathbf{V}_{AC}} - \underline{/\mathbf{I}_A} = 30° - \phi_Z° \qquad (10.5.26)$$

線電壓相量 $\mathbf{V}_{BC}$超前相電壓相量 $\mathbf{V}_{BN}$角度爲 30°，而電流相量 $\mathbf{I}_B$ 落後相電壓相量 $\mathbf{V}_{BN}$角度 30°，因此線電壓相量 $\mathbf{V}_{BC}$與線電流相量 $\mathbf{I}_B$ 之角度差爲：

$$\underline{/\mathbf{V}_{BC}} - \underline{/\mathbf{I}_B} = 30° + \phi_Z° \qquad (10.5.27)$$

將(10.5.26)式及(10.5.27)式分別代入(10.5.24)式及(10.5.25)式中，則正相序兩瓦特表讀數分別爲下面兩個重要的表示式：

$$W_A = V_L \cdot I_L \cdot \cos(30° - \phi_Z°) \quad \text{W} \qquad (10.5.28)$$

$$W_B = V_L \cdot I_L \cdot \cos(30° + \phi_Z°) \quad \text{W} \qquad (10.5.29)$$

式中線電壓大小與線電流大小分別用 $V_L$ 及 $I_L$ 所取代。若電源改爲負相序，則 (10.5.26) 式及 (10.5.27) 式兩式之線電壓相量與線電流相量角度差可參考圖 10.5.8(b)之負相序相量圖，修改爲：

$$\underline{/\mathbf{V}_{AC}} - \underline{/\mathbf{I}_A} = 30° + \phi_Z° \qquad (10.5.30)$$

$$\underline{/\mathbf{V}_{BC}} - \underline{/\mathbf{I}_B} = 30° - \phi_Z° \qquad (10.5.31)$$

**圖 10.5.8　對應於圖 10.5.7 之(a)正相序(b)負相序電壓電流相量圖**

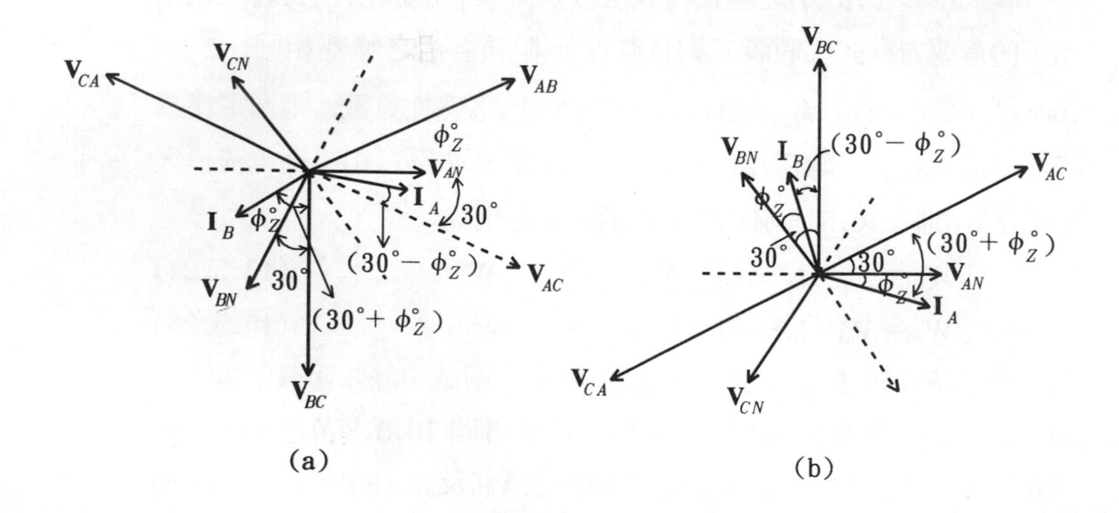

因此負相序之兩瓦特表讀數分別爲：

$$W_A = V_L \cdot I_L \cdot \cos(30° + \phi_Z°) \quad W \tag{10.5.32}$$

$$W_B = V_L \cdot I_L \cdot \cos(30° - \phi_Z°) \quad W \tag{10.5.33}$$

由 (10.5.28) 式、(10.5.29) 式、(10.5.32) 式以及 (10.5.33) 式四式，將阻抗角 $\phi_Z°$由純電感之 $+90°$，選擇一定的角度逐漸減少，減少至純電容之 $-90°$，則正相序與負相序兩瓦特表之正負極性及大小，列在下面的表 10.5.1 中（表中假設 $V_L I_L = 1$）。

**表 10.5.1　兩瓦特表在不同負載阻抗下的數值**

| | 正相序 | | 負相序 | | 負載阻抗特性 |
|---|---|---|---|---|---|
| $\phi_Z°$ | $W_A$ | $W_B$ | $W_A$ | $W_B$ | $Z\angle\phi_Z°$ |
| $+90°$ | $+1/2$ | $-1/2$ | $-1/2$ | $+1/2$ | 純電感 |
| $+60°$ | $+\sqrt{3}/2$ | 0 | 0 | $+\sqrt{3}/2$ | 以電感性為主 |
| $+30°$ | $+1$ | $+1/2$ | $+1/2$ | $+1$ | 以電感性為主 |
| $0°$ | $+\sqrt{3}/2$ | $+\sqrt{3}/2$ | $+\sqrt{3}/2$ | $+\sqrt{3}/2$ | 純電阻 |
| $-30°$ | $+1/2$ | $+1$ | $+1$ | $+1/2$ | 以電容性為主 |
| $-60°$ | 0 | $+\sqrt{3}/2$ | $+\sqrt{3}/2$ | 0 | 以電容性為主 |
| $-90°$ | $-1/2$ | $+1/2$ | $+1/2$ | $-1/2$ | 純電容 |

由表 10.5.1 的數值，我們可以歸納負載阻抗特性對兩瓦特表讀數的影響如下：

(1)正相序電源與負相序電源的兩瓦特表指針讀數與極性完全相同，只是兩瓦特表讀數相互對調而已。

(2)當兩瓦特表讀數指針完全相同時，負載阻抗必爲純電阻；當兩瓦特表指針一個正偏，一個反偏，且讀數完全相同時，則負載阻抗必爲純電抗性，不消耗實功率。

(3)當兩瓦特表讀數中有一個爲零時，若不考慮電流線圈的開路或電壓線圈的短路，則負載阻抗角必爲 $\pm 60°$。

(4)當兩瓦特表讀數中，一個的讀數爲另外一個讀數的兩倍時，則負載阻抗角必爲 $\pm 30°$。

(5)不考慮純電阻性負載情形時，只考慮瓦特表讀數之正負極性，則在正相序（負相序）電源下，負載若爲以電感性爲主的電路，$W_A$ 的讀數總是大於（小於）$W_B$ 的讀數；負載若爲以電容性爲主的電路，則 $W_A$ 的讀數總是小於（大於）$W_B$ 的讀數。

由上述第(1)點的說明可以知道，正負相序對兩瓦特表之讀數影響只是讀數對調罷了，因此對於總平均實功率之計算不會有所影響，其總平均實功率爲：

$$\begin{aligned} P_{3\phi} &= W_A + W_B \\ &= V_L \cdot I_L \cdot \cos(30° - \phi_Z°) + V_L \cdot I_L \cdot \cos(30° + \phi_Z°) \\ &= V_L \cdot I_L [\cos(30° - \phi_Z°) + \cos(30° + \phi_Z°)] \\ &= V_L \cdot I_L [2\cos(30°)\cos(\phi_Z°)] \\ &= V_L \cdot I_L [2 \cdot (\frac{\sqrt{3}}{2}) \cdot \cos\phi_Z°] \\ &= \sqrt{3} V_L I_L \cos\phi_Z° \quad \text{W} \end{aligned} \tag{10.5.34}$$

式中應用了三角函數 $2\cos X \cos Y = \cos(X + Y) + \cos(X - Y)$ 的關係。(10.5.34) 式恰與前面幾節所談的三相負載總平均實功率表示式相同。同理，若兩瓦特表裝在線 $B$ 與線 $C$ 上，或線 $C$ 與線 $A$ 上，不論電源爲正相序或負相序，則兩瓦特表讀數和分別爲：

$$P_{3\phi} = W_B + W_C = \sqrt{3} V_L I_L \cos\phi_Z° \quad \text{W} \tag{10.5.35}$$

$$P_{3\phi} = W_C + W_A = \sqrt{3} V_L I_L \cos\phi_Z° \quad \text{W} \tag{10.5.36}$$

若將原接在線 $A$ 與線 $B$ 之瓦特表讀數相減，則正相序 $A$ 線瓦特表讀數減去 $B$ 線瓦特表讀數之結果爲：

$$\begin{aligned} W_A - W_B &= V_L \cdot I_L [\cos(30° - \phi_Z°) - \cos(30° + \phi_Z°)] \\ &= V_L \cdot I_L [-2\sin(30°)\sin(-\phi_Z°)] \\ &= V_L \cdot I_L [-2 \cdot (\frac{1}{2}) \cdot (-\sin\phi_Z°)] \\ &= V_L I_L \sin\phi_Z° \quad \text{W} \end{aligned} \tag{10.5.37}$$

式中應用了三角函數的 $-2\sin X \sin Y = \cos(X + Y) - \cos(X - Y)$ 關係。負相序 $B$ 線瓦特表讀數減去 $A$ 線瓦特表讀數結果亦爲：

$$W_B - W_A = V_L \cdot I_L [\cos(30° - \phi_Z°) - \cos(30° + \phi_Z°)]$$
$$= V_L I_L \sin\phi_Z° \quad \text{W} \qquad (10.5.38)$$

同理，當瓦特表分別裝在 $B$ 線與 $C$ 線，正、負相序之兩瓦特表讀數相減的結果分別爲:

正相序　$W_B - W_C = V_L I_L \sin\phi_Z° \quad \text{W} \qquad (10.5.39)$

負相序　$W_C - W_B = V_L I_L \sin\phi_Z° \quad \text{W} \qquad (10.5.40)$

當瓦特表分別裝在 $C$ 線與 $A$ 線時，正、負相序之兩瓦特表讀數相減結果分別爲:

正相序　$W_C - W_A = V_L I_L \sin\phi_Z° \quad \text{W} \qquad (10.5.41)$

負相序　$W_A - W_C = V_L I_L \sin\phi_Z° \quad \text{W} \qquad (10.5.42)$

在正相序部份，將 (10.5.37) 式除以 (10.5.34) 式可得:

$$\frac{W_A - W_B}{W_A + W_B} = \frac{V_L I_L \sin\phi_Z°}{\sqrt{3} V_L I_L \cos\phi_Z°} = \frac{1}{\sqrt{3}} \tan\phi_Z° \qquad (10.5.43)$$

同理，將 (10.5.39) 式除以 (10.5.35) 式可得:

$$\frac{W_B - W_C}{W_B + W_C} = \frac{V_L \cdot I_L \sin\phi_Z°}{\sqrt{3} V_L \cdot I_L \cos\phi_Z°} = \frac{1}{\sqrt{3}} \tan\phi_Z° \qquad (10.5.44)$$

將 (10.5.41) 式除以 (10.5.36) 式可得:

$$\frac{W_C - W_A}{W_C + W_A} = \frac{V_L \cdot I_L \sin\phi_Z°}{\sqrt{3} V_L \cdot I_L \cos\phi_Z°} = \frac{1}{\sqrt{3}} \tan\phi_Z° \qquad (10.5.45)$$

在負相序部份，將 (10.5.38) 式除以 (10.5.34) 式可得:

$$\frac{W_B - W_A}{W_B + W_A} = \frac{V_L \cdot I_L \sin\phi_Z°}{\sqrt{3} V_L \cdot I_L \cos\phi_Z°} = \frac{1}{\sqrt{3}} \tan\phi_Z° \qquad (10.5.46)$$

同理，將 (10.5.40) 式除以 (10.5.35) 式可得:

$$\frac{W_C - W_B}{W_C + W_B} = \frac{V_L I_L \sin\phi_Z°}{\sqrt{3} V_L I_L \cos\phi_Z°} = \frac{1}{\sqrt{3}} \tan\phi_Z° \qquad (10.5.47)$$

將 (10.5.42) 式除以 (10.5.36) 式可得:

$$\frac{W_A - W_C}{W_A + W_C} = \frac{V_L I_L \sin\phi_Z°}{\sqrt{3} V_L I_L \cos\phi_Z°} = \frac{1}{\sqrt{3}} \tan\phi_Z° \qquad (10.5.48)$$

茲歸納（10.5.43）式～(10.5.45)式三式，則正相序阻抗角之正切值，可由下式求得：

$$\tan\phi_Z{}^\circ = \frac{\sqrt{3}(W_A - W_B)}{W_A + W_B} = \frac{\sqrt{3}(W_B - W_C)}{W_B + W_C} = \frac{\sqrt{3}(W_C - W_A)}{W_C + W_A} \tag{10.5.49}$$

也歸納（10.5.46）式～(10.5.48)式三式，則負相序阻抗角之正切值，可由下式求得：

$$\tan\phi_Z{}^\circ = \frac{\sqrt{3}(W_B - W_A)}{W_B + W_A} = \frac{\sqrt{3}(W_C - W_B)}{W_C + W_B} = \frac{\sqrt{3}(W_A - W_C)}{W_A + W_C} \tag{10.5.50}$$

在正相序時將（10.5.49）式取反正切，或負相序時將（10.5.50）式取反正切，則阻抗角 $\phi_Z{}^\circ$可以計算得到。若線電壓 $V_L$ 爲已知（大多數的三相負載狀況是如此），總平均實功率可由兩瓦特表讀數之和得知，則負載之線電流大小 $I_L$ 爲：

$$I_L = \frac{P_{3\phi}}{\sqrt{3}V_L\cos\phi_Z{}^\circ} = \frac{W_X + W_Y}{\sqrt{3}V_L\cos\phi_Z{}^\circ} \quad \text{A} \tag{10.5.51}$$

式中 $W_X$ 及 $W_Y$ 之下標$X$ 及 $Y$，可以是$A$ 及$B$，$B$ 及$C$ 或是$C$ 及$A$，視兩瓦特表接線而定。而負載相阻抗值的大小，若爲 Y 型連接時，其值爲：

$$Z_Y = \frac{V_L/\sqrt{3}}{I_L} = \frac{1}{\sqrt{3}}\frac{V_L}{I_L} \quad \Omega \tag{10.5.52}$$

若負載爲 Δ 型連接時，其相阻抗大小爲：

$$Z_\Delta = \frac{V_L}{I_L/\sqrt{3}} = \frac{1}{\sqrt{3}}\frac{V_L}{I_L} \quad \Omega \tag{10.5.53}$$

至此三相負載各相阻抗的參數或等效電路便可以推導出來了。

**【例 10.5.1】** 如圖 10.5.9 所示之兩瓦特計三相功率量測，若電源爲三相平衡正相序 220 V，負載阻抗每相爲 $\overline{Z}_Y = 50\underline{/60^\circ}\ \Omega$，求：(a)以

$\mathbf{V}_{AN}$相量爲參考之三相線電流、負載相電壓及線電壓，(b)三相之總實功率，(c)兩瓦特表讀數。

圖 10.5.9　例 10.5.1 之電路

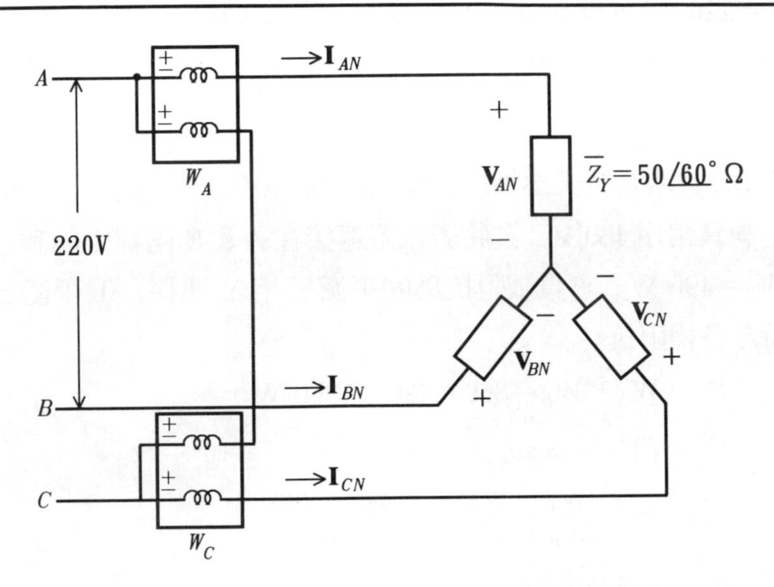


【解】(a) 負載相電壓：

$$\mathbf{V}_{AN} = \frac{220}{\sqrt{3}}\angle 0^\circ = 127\angle 0^\circ \quad \text{V}$$

$$\mathbf{V}_{BN} = 127\angle -120^\circ \quad \text{V}$$

$$\mathbf{V}_{CN} = 127\angle 120^\circ \quad \text{V}$$

負載相電流：

$$\therefore \mathbf{I}_{AN} = \frac{\mathbf{V}_{AN}}{\bar{Z}_Y} = \frac{127\angle 0^\circ}{50\angle 60^\circ} = 2.54\angle -60^\circ \quad \text{A}$$

$$\mathbf{I}_{BN} = 2.54\angle -60^\circ - 120^\circ = 2.54\angle -180^\circ \quad \text{A}$$

$$\mathbf{I}_{CN} = 2.54\angle -60^\circ + 120^\circ = 2.54\angle 60^\circ \quad \text{A}$$

負載線電壓：

$$\mathbf{V}_{AB} = 220\angle 30^\circ \quad \text{V}$$

$$\mathbf{V}_{BC} = 220\angle -90^\circ \quad \text{V}$$

$$\mathbf{V}_{CA} = 220\angle 150^\circ \quad \text{V}$$

(b) $P_T = \sqrt{3}\,V_L\,I_L\cos\theta = \sqrt{3}\times 220\times 2.54\times\cos(60^\circ) = 483.935\ \text{W}$

或 $P_T = 3\times I^2\times 50\cos(60^\circ) = 483.87\ \text{W}$

(c) $W_A = V_{AB} I_{AN} \cos(\underline{\angle V_{AB}} - \underline{\angle I_{AN}})$

$= 220 \times 2.54 \times \cos[30° - (-60°)] = 0 \text{ W}$

$W_C = V_{CB} I_{CN} \cos(\underline{\angle V_{CB}} - \underline{\angle I_{CN}})$

$= 220 \times 2.54 \times \cos(+90° - 60°) = 483.935 \text{ W}$

$\therefore P_T = W_A + W_C = 0 + 483.935 = 483.935 \text{ W}$ ◎

**【例 10.5.2】** 兩瓦特表連接於三相負載做三相功率量測。已知電源為三相平衡負相序 480 V，瓦特表正確連接在 $A$、$B$ 兩線上，$W_A = 860$ W，$W_B = 490$ W。求負載阻抗為(a)平衡三相 Y 連接，(b)平衡三相 Δ 連接時之各相阻抗。

**【解】** $P_T = W_A + W_B = 860 + 490 = 1350 \text{ W}$

$P_T = \sqrt{3} V_L I_L \cos\theta_Z$

$\tan\theta_Z = \sqrt{3}\,\dfrac{W_B - W_A}{W_B + W_A} = \sqrt{3}\,\dfrac{490 - 860}{490 + 860}$

$\therefore \theta_Z = -25.394°$

$\therefore I_L = \dfrac{P_T}{\sqrt{3} V_L I_L \cos\theta_Z} = \dfrac{1350}{\sqrt{3} \times 480 \times \cos(-25.394°)}$

$= 1.7975 \text{ A}$

(a) Y 連接負載，$\therefore V_\phi = \dfrac{V_L}{\sqrt{3}} = \dfrac{480}{\sqrt{3}}$ V

$\therefore |\overline{Z}_Y| = \dfrac{V_\phi}{I_L} = \dfrac{480/\sqrt{3}}{1.7975} = 154.174$

$\therefore \overline{Z}_Y = 154.174\underline{\angle -25.394°}\ \Omega$

(b) Δ 連接負載，$\therefore I_\phi = \dfrac{I_L}{\sqrt{3}} = \dfrac{1.7975}{\sqrt{3}}$ A

$|\overline{Z}_\Delta| = \dfrac{V_\phi}{I_\phi} = \dfrac{480}{1.7975/\sqrt{3}} = 462.523\ \Omega$

$\overline{Z}_\Delta = 462.523\underline{\angle -25.394°}\ \Omega$ 或 $\overline{Z}_\Delta = 3\overline{Z}_Y$ ◎

**【例 10.5.3】** 一個三相平衡正相序電源，線電壓爲 1100 V，供應兩個平衡三相負載，一個是 Y 連接，每相阻抗 $\overline{Z}_Y = 80\angle 60^\circ\ \Omega$，一個是 Δ 連接，每相阻抗 $60\angle 30^\circ\ \Omega$。若用兩瓦特表量測功率，求：(a)總線電流大小，(b)總實功率，(c)兩瓦特表讀數。

**【解】** 先將 Δ 連接阻抗轉換成等效 Y 連接阻抗：

$$\overline{Z}_Y{}' = \frac{1}{3}\overline{Z}_\Delta = 20\angle 30^\circ\ \Omega$$

故由電源各相看入之總阻抗爲

$$\overline{Z}_Y /\!/ \overline{Z}_Y{}' = 80\angle 60^\circ /\!/ 20\angle 30^\circ\ \Omega = \overline{Z}_{eq}$$

$$\overline{Z}_{eq} = (40 + j69.282) /\!/ (17.32 + j10) = \frac{1600\angle 90^\circ}{57.32 + j79.282}$$

$$= \frac{1600\angle 90^\circ}{97.8326\angle 54.133^\circ} = 16.354\angle 35.867^\circ\ \Omega$$

(a)線電流大小 $= \dfrac{1100/\sqrt{3}}{16.354} = 38.834\ \text{A}$

(b)$P_T = \sqrt{3}V_L I_L \cos\theta = \sqrt{3} \times 1100 \times 16.354 \times \cos(35.867^\circ)$

$= 25250.2457\ \text{W}$

(c)$W_1 = V_L I_L \cos(\theta + 30^\circ) = 1100 \times 16.354 \times \cos(35.867^\circ + 30^\circ)$

$= 7355.0768\ \text{W}$

$W_2 = V_L I_L \cos(\theta - 30^\circ) = 1100 \times 16.354 \times \cos(35.867^\circ - 30^\circ)$

$= 17895.169\ \text{W}$

檢驗：$P_T = W_1 + W_2$ ◎

## 【本節重點摘要】

(1)瓦特表之基本量測

當電流 $i$ 流入電流線圈，電壓 $v$ 接在電壓線圈上時，由電流線圈所產生的磁通 $\Phi_I$ 便會與電壓線圈所產生的磁通 $\Phi_V$ 相作用，兩者產生一個轉矩使可動線圈轉動至某一個角度。若設計恰當，則指針所指的數值即為電壓 $v$ 與電流 $i$ 所代表的實功率。可動線圈的指針平均角度，即與兩磁通相乘積的平均值成正比，亦即與電壓與電流乘積的平均值成正比，此平均值即為平均的實功率：

$$\text{avg}[\Phi_I(t)\cdot\Phi_V(t)]=\text{avg}[k_I\cdot i(t)\cdot k_V\cdot v(t)]=\text{avg}[k\cdot i(t)v(t)]$$
$$=\text{avg}[k\cdot p(t)]\propto P \quad \text{W}$$

式中 $k=k_Ik_V$ 為指針讀數與真正平均實功率間的比例調整常數。而負載平均實功率為:

$$P=VI\cos\phi^\circ \quad \text{W}$$

式中 $V$、$I$ 分別為弦式電壓 $v(t)$與電流 $i(t)$之有效值，而 $\phi^\circ$則為電壓相量與電流相量間的差角。

(2)瓦特表的讀數為一相所吸收的平均實功率:

$$P_\phi=V_\phi I_\phi\cos\phi_Z{}^\circ=\frac{1}{\sqrt{3}}V_L I_L\cos\phi_Z{}^\circ \quad \text{W}$$

三相平衡負載總吸收的平均實功率，為一相吸收平均實功率的三倍，其值為:

$$P_{3\phi}=3(P_\phi)=\sqrt{3}V_L I_L\cos\phi_Z{}^\circ \quad \text{W}$$

不論三相平衡負載是Y連接或Δ連接，只要每相負載阻抗相同，線電壓與線電流相同，則所吸收的三相總平均實功率公式一樣，均為$\sqrt{3}$倍的線電壓大小乘以線電流大小再乘以一相負載的功率因數,而且該值均為大於等於零的量。

(3)三相負載所吸收的總視在功率 $S_{3\phi}$以及總虛功率$Q_{3\phi}$可以表示為:

$$S_{3\phi}=3(S_\phi)=\sqrt{3}V_L I_L \quad \text{VA}$$

$$Q_{3\phi}=3(Q_\phi)=\sqrt{3}V_L I_L\sin\phi_Z{}^\circ \quad \text{VAR}$$

視在功率值亦為大於等於零的量，而虛功率值則在電感性負載時為正值，電容性負載時為負值，純電阻性負載時為零，均表示負載的吸收量。合併三相實功率與三相虛功率，可以得到三相的複功率表示式為:

$$\overline{S}_{3\phi}=P_{3\phi}+jQ_{3\phi}=\sqrt{3}V_L I_L\cos\phi_Z{}^\circ+j\sqrt{3}V_L I_L\sin\phi_Z{}^\circ$$
$$=\sqrt{3}V_L I_L\angle\phi_Z{}^\circ=S_{3\phi}\angle\phi_Z{}^\circ \quad \text{VA}$$

(4)三相平衡負載，不論是負載是Y連接或Δ連接，不管電源是正相序或負相序，該三相負載所吸收的總瞬時功率為一個定值常數，恰等於三相負載所吸收的平均實功率。

(5)不論三相負載為Y型或Δ型，負載阻抗為平衡或不平衡，電源為正相序或負相序，電源電壓及電流為平衡或不平衡，三瓦特表法之連接，均能由三瓦特表讀數的和推算由端點送至負載的總平均實功率。

(6)若三瓦特表中任一個瓦特表之指針反偏，只要將該表的電流線圈或電壓線圈其中一組端點反接，則可獲得正偏之讀數，但是在求三瓦特表讀數和時，必須將該原本反偏改接後為正偏之瓦特表讀數視為負值，再與其他瓦特表讀數相加，如此才可獲得真正的三相負載平均總實功率。

(7)假設三相負載 Y 型阻抗各相之值均相同：$Z_A = Z_B = Z_C = Z_Y = Z_Y \angle \phi_Z^\circ$，阻抗角 $\phi_Z^\circ > 0$，為電感性負載，電源電壓為三相平衡正相序，線電壓大小為 $V_L$，線電流亦為三相平衡電流，大小為 $I_L$，則兩瓦特表之讀數應分別為：

$$W_1 = V_L \cdot I_L \cdot \cos(30^\circ - \phi_Z^\circ) \quad \text{W}$$

$$W_2 = V_L \cdot I_L \cdot \cos(30^\circ + \phi_Z^\circ) \quad \text{W}$$

式中線電壓大小與線電流大小分別用 $V_L$ 及 $I_L$ 所取代。若電源改為負相序，則兩瓦特表讀數分別為：

$$W_1 = V_L \cdot I_L \cdot \cos(30^\circ + \phi_Z^\circ) \quad \text{W}$$

$$W_2 = V_L \cdot I_L \cdot \cos(30^\circ - \phi_Z^\circ) \quad \text{W}$$

(8)歸納負載阻抗特性對兩瓦特表讀數的影響如下：

①正相序電源與負相序電源的兩瓦特表指針讀數與極性完全相同，只是兩瓦特表讀數相互對調而已。

②當兩瓦特表讀數指針完全相同時，負載阻抗必為純電阻；當兩瓦特表指針一個正偏，一個反偏，且讀數完全相同時，則負載阻抗必為純電抗性，不消耗實功率。

③當兩瓦特表讀數中有一個為零時，若不考慮電流線圈的開路或電壓線圈的短路，則負載阻抗角必為 $\pm 60^\circ$。

④當兩瓦特表讀數中，一個的讀數為另外一個讀數的兩倍時，則負載阻抗角必為 $\pm 30^\circ$。

⑤不考慮純電阻性負載情形時，只考慮瓦特表讀數之正負極性，則在正相序（負相序）電源下，負載若為以電感性為主的電路，$W_A$ 的讀數總是大於（小於）$W_B$ 的讀數；負載若為以電容性為主的電路，則 $W_A$ 的讀數總是小於（大於）$W_B$ 的讀數。

(9)正相序阻抗角之正切值，可由下式求得：

$$\tan\phi_Z^\circ = \frac{\sqrt{3}(W_A - W_B)}{W_A + W_B} = \frac{\sqrt{3}(W_B - W_C)}{W_B + W_C} = \frac{\sqrt{3}(W_C - W_A)}{W_C + W_A}$$

負相序阻抗角之正切值，可由下式求得：

$$\tan\phi_Z^\circ=\frac{\sqrt{3}(W_B-W_A)}{W_B+W_A}=\frac{\sqrt{3}(W_C-W_B)}{W_C+W_B}=\frac{\sqrt{3}(W_A-W_C)}{W_A+W_C}$$

⑽若線電壓 $V_L$ 為已知，總平均實功率可由兩瓦特表讀數之和得知，則負載之線電流大小 $I_L$ 為：

$$I_L=\frac{P_{3\phi}}{\sqrt{3}V_L\cos\phi_Z^\circ}=\frac{W_X+W_Y}{\sqrt{3}V_L\cos\phi_Z^\circ}\quad \text{A}$$

式中 $W_X$ 及 $W_Y$ 之下標 $X$ 及 $Y$，可以是 $A$ 及 $B$，$B$ 及 $C$ 或是 $C$ 及 $A$，視兩瓦特表接線而定。而負載相阻抗值的大小，若為 Y 型連接時，其值為：

$$Z_Y=\frac{V_L/\sqrt{3}}{I_L}=\frac{1}{\sqrt{3}}\frac{V_L}{I_L}\quad \Omega$$

若負載為 Δ 型連接時，其相阻抗大小為：

$$Z_\Delta=\frac{V_L}{I_L/\sqrt{3}}=\frac{1}{\sqrt{3}}\frac{V_L}{I_L}\quad \Omega$$

**【思考問題】**

⑴要求出三相負載的各相等效阻抗值，需要那些已知條件？

⑵不平衡的三相負載，能否找出其平衡三相等效負載值？

⑶我們有沒有辦法由兩個或三個瓦特表的讀數，判定三相負載中的一相阻抗為開路或短路？

⑷由瓦特表的指針擺動觀念，請試著想出虛功表、視在功率表以及功因表的製作概念。

⑸若瓦特表的電壓線圈與電流線圈分別加在三相中不同相的電壓、電流量測點，請問該瓦特表會有那些情況的指針擺動？

## 10.6　其他多相電路

第 10.1 節中，已簡單地說明過兩相電源及三相電源之產生。一般稱三相及三相以上電路為多相電路（the polyphase circuits）。多相電路中的相數越多，複雜度越高，經濟成本常為主要考慮的因素。整體而言，三相電路是多相電路中最符合經濟效益的電路，複雜度最低，因此也最廣爲使用。本節將介紹常用的兩相電路（兩相電路雖然不是多相，但是基於完整多相概念，也將一併說明）、四相電路以及六相電路。這些電路將藉變壓器的極性觀念，達到將一相予以分相的目的。

## 10.6.1　兩相電路

圖 10.6.1(a)是將原圖 10.1.3(b)的畫法，把兩個電壓源改回原線圈繞組，並將兩相電壓源相角差 90°的觀念引入，在負載端加上兩相負載，再將電源中性點 $n$ 與負載中性點 $N$ 連接的情形。假設電源相電壓之相量 $\mathbf{V}_{an}$ 爲參考相量，角度爲零度，它比另一個相電壓相量 $\mathbf{V}_{bn}$ 超前 90°。故兩相電壓爲平衡，與負載相電壓相同：

$$\mathbf{V}_{an}=\mathbf{V}_{AN}=V_{\phi}\angle 0^{\circ}=V_{\phi}\quad \mathrm{V} \tag{10.6.1}$$

$$\mathbf{V}_{bn}=\mathbf{V}_{BN}=V_{\phi}\angle -90^{\circ}=-j\mathbf{V}_{an}\quad \mathrm{V} \tag{10.6.2}$$

圖 10.6.1　兩相電路(a)接線圖(b)相量圖

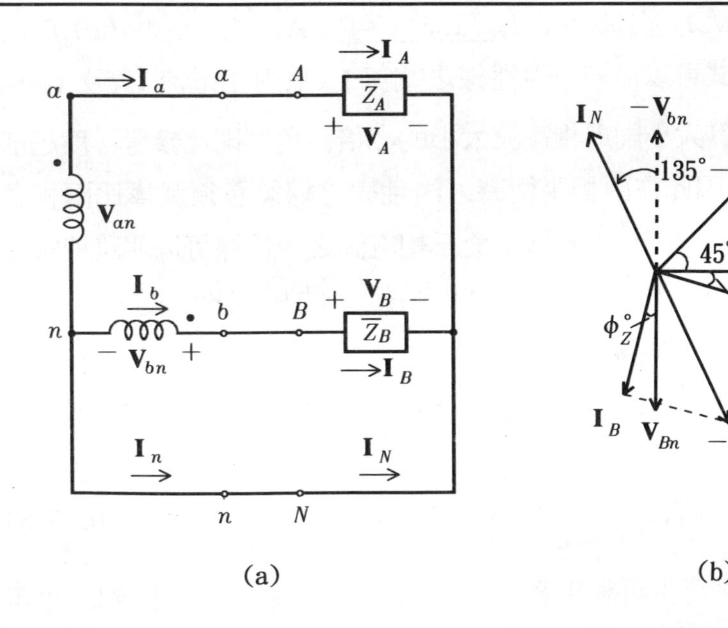

線電壓則為兩個相電壓相減，其值為：

$$\mathbf{V}_{ab}=\mathbf{V}_{AB}=\mathbf{V}_{AN}-\mathbf{V}_{BN}=V_\phi\angle 0^\circ-V_\phi\angle -90^\circ$$
$$=V_\phi-(-jV_\phi)=V_\phi+jV_\phi=\sqrt{2}V_\phi\angle 45^\circ$$
$$=V_L\angle 45^\circ \quad \text{V} \qquad (10.6.3)$$

由（10.6.3）式可以得知，線電壓相量 $\mathbf{V}_{AB}$之大小為相電壓大小的$\sqrt{2}$倍，角度則比電壓參考相量 $\mathbf{V}_{AN}$超前了 45°。假設兩相負載阻抗為平衡，亦即 $\overline{Z}=Z\angle\phi_Z^\circ=\overline{Z}_A=\overline{Z}_B\ \Omega$，因此相電流相量 $\mathbf{I}_\phi$ 等於線電流相量 $\mathbf{I}_L$，其值為：

$$\mathbf{I}_A=\frac{\mathbf{V}_{AN}}{Z\angle\phi_Z^\circ}=\frac{V_\phi\angle 0^\circ}{Z\angle\phi_Z^\circ}=\frac{V_\phi}{Z}\angle-\phi_Z^\circ=I_\phi\angle-\phi_Z^\circ \quad \text{A} \qquad (10.6.4)$$

$$\mathbf{I}_B=\frac{\mathbf{V}_{BN}}{Z\angle\phi_Z^\circ}=\frac{V_\phi\angle-90^\circ}{Z\angle\phi_Z^\circ}=\frac{V_\phi}{Z}\angle-90^\circ-\phi_Z^\circ$$
$$=I_\phi\angle-90^\circ-\phi_Z^\circ=-j\mathbf{I}_A \quad \text{A} \qquad (10.6.5)$$

由電源中性點 $n$ 往負載中性點 $N$ 所流的電流為：

$$\mathbf{I}_{nN}=-(\mathbf{I}_A+\mathbf{I}_B)=-\mathbf{I}_A-(-j\mathbf{I}_A)=(-1+j1)\mathbf{I}_A$$
$$=\sqrt{2}\mathbf{I}_A\angle 135^\circ=\sqrt{2}I_\phi\angle 135^\circ-\phi_Z^\circ \quad \text{A} \qquad (10.6.6)$$

由（10.6.6）式可以得知，中性線之電流 $\mathbf{I}_{nN}$為兩相電流 $\mathbf{I}_{AN}$及 $\mathbf{I}_{BN}$相加和的負值，其大小則為相電流大小的$\sqrt{2}$倍，角度則比參考零度超前了 $135^\circ-\phi_Z^\circ$。因此在兩相平衡時，中性線之線徑必須選擇比兩相負載導線之線徑大，而且不同於平衡三相電源之中性線可以開路或短路的情形。圖 10.6.1(b)所示，為兩相系統中的相電壓、線電壓、相（線）電流以及中性線電流的相量圖。平衡兩相系統之複功率為：

$$S_{2\phi}=\mathbf{V}_{AN}\cdot\mathbf{I}_{AN}^*+\mathbf{V}_{BN}\cdot\mathbf{I}_{BN}^*=2\mathbf{V}_\phi\cdot\mathbf{I}_\phi^* \quad \text{VA} \qquad (10.6.7)$$

總視在功率則為：

$$S_{2\phi}=2V_\phi I_\phi=2\left(\frac{V_L}{\sqrt{2}}\right)I_L=\sqrt{2}V_L I_L \quad \text{VA} \qquad (10.6.8)$$

兩相系統電源之產生可利用圖 10.1.1 的發電機繞組安排得到，也可以由三相系統電源經特殊的變壓器連接得到，此連接稱為史考特連接

(the Scott connection)，或使用單相電源經分相器得到。兩相電機的優點，比起單相電機擁有較高的起動力矩；比起對三相電機而言，則少使用了一組定子繞組，可以節省導體材料。

## 10.6.2　四相系統

四相系統電源可由兩組相關的兩相電源組成，或將兩相系統電源，利用相同匝數繞組之變壓器將兩相繞組電壓相量感應成另外兩組電壓相量，這兩組電壓相量與原兩相電壓分別相量反相 180°，因此一共產生四組互相呈 90°差角的電壓相量，以圖 10.6.2(a)之繞組表示。我們可以假設圖 10.6.2(a)之四相繞組得自於圖 10.6.1(a)之兩相繞組，亦即視圖 10.6.1(a)之繞組為變壓器之一次側，圖 10.6.2(a)之繞組為對等於該變壓器、且具有相同匝數之二次側。故當一次側電壓相量為（10.6.1）式及（10.6.2）式兩式所表示時，圖 10.6.2(a)四繞組之相電壓相量分別為：

$$\mathbf{V}_{an} = V_\phi\angle 0^\circ = V_\phi \quad \text{V} \tag{10.6.9}$$

$$\mathbf{V}_{bn} = V_\phi\angle -90^\circ = -j\mathbf{V}_{an} \quad \text{V} \tag{10.6.10}$$

$$\mathbf{V}_{cn} = V_\phi\angle -180^\circ = (-j)^2\mathbf{V}_{an} = -\mathbf{V}_{an} \quad \text{V} \tag{10.6.11}$$

$$\mathbf{V}_{dn} = V_\phi\angle -270^\circ = (-j)^3\mathbf{V}_{an} = j\mathbf{V}_{an} \quad \text{V} \tag{10.6.12}$$

由（10.6.9）式～(10.6.12)式四式中可以得知，電壓相量 $\mathbf{V}_{an}$與 $\mathbf{V}_{cn}$為同一組，角度相差 180°；$\mathbf{V}_{bn}$與 $\mathbf{V}_{dn}$為同一組，角度亦相差 180°，四組電壓相量恰構成將圓周 360°除以 4 的差角，即 90°，四相的相電壓為平衡。線電壓相量則可以用四個相電壓相量相減求得如下：

$$\mathbf{V}_{ab} = \mathbf{V}_{an} - \mathbf{V}_{bn} = V_\phi - (-jV_\phi) = V_\phi + jV_\phi$$

$$= \sqrt{2}V_\phi\angle 45^\circ \quad \text{V} \tag{10.6.13}$$

$$\mathbf{V}_{bc} = \mathbf{V}_{bn} - \mathbf{V}_{cn} = (-jV_\phi) - (-V_\phi) = V_\phi - jV_\phi$$

$$= \sqrt{2}V_\phi\angle -45^\circ \quad \text{V} \tag{10.6.14}$$

$$\mathbf{V}_{cd} = \mathbf{V}_{cn} - \mathbf{V}_{dn} = (-V_\phi) - (+jV_\phi) = -V_\phi - jV_\phi$$

$$= \sqrt{2}V_\phi \angle -135^\circ \quad \text{V} \qquad (10.6.15)$$

$$\mathbf{V}_{da} = \mathbf{V}_{dn} - \mathbf{V}_{an} = (jV_\phi) - (V_\phi) = -V_\phi + jV_\phi$$

$$= \sqrt{2}V_\phi \angle 135^\circ \quad \text{V} \qquad (10.6.16)$$

由（10.6.13）式～(10.6.16)式四式得知，線電壓相量亦爲平衡四相，線電壓大小爲相電壓大小的$\sqrt{2}$倍，線電壓相量超前下標第一字相同的相電壓相量 45°（例如：線電壓相量 $\mathbf{V}_{ab}$超前相電壓相量 $\mathbf{V}_{an}$相角 45°)。圖 10.6.2(a)之電源架構爲星型，與三相系統電源之 Y 型連接相似，皆有一個共同點 $n$ 將四個繞組連接在一起。而三相電源有另一種 Δ 型連接，是將各相電源繞組以頭接尾、頭接尾的方式形成一個迴路，在四相電源其實也可以如此連接，這樣的連接稱爲網型接法。但是四相網型接法與三相 Δ 型連接的問題一樣，都會因爲內部少許的不平衡，產生極大的循環電流，易使繞組燒毀，故網型四相電源連接在本書中不做敘述，僅考慮在負載側可能存在的網型連接情況。

圖 10.6.2(a)之負載端考慮爲類似四相電源的架構，此爲一個星型四相負載。假設負載阻抗爲四相平衡：$\overline{Z}_A = \overline{Z}_B = \overline{Z}_C = \overline{Z}_D = Z_S \angle \phi_Z^\circ$ Ω，$Z_S$ 之下標 $S$ 代表星（star）的意思，負載端的共同中性點 $N$ 與電源中性點$n$ 用一條中性線連接在一起。由於四相電源的相電壓相量爲平衡，受中性線直接短路影響，四相平衡各相的相電壓直接跨於四相平衡各相的負載上，所形成的電流爲負載相電流亦等於由電源送至負載的線電流。該電流亦爲平衡四相電流，其數値分別爲：

$$\mathbf{I}_A = \frac{\mathbf{V}_\phi}{Z_S \angle \phi_Z^\circ} = \frac{V_\phi \angle 0^\circ}{Z_S \angle \phi_Z^\circ} = \frac{V_\phi}{Z_S} \angle -\phi_Z^\circ = I_\phi \angle -\phi_Z^\circ \quad \text{A} \qquad (10.6.17)$$

$$\mathbf{I}_B = \frac{\mathbf{V}_{BN}}{Z_S \angle \phi_Z^\circ} = \frac{V_\phi \angle -90^\circ}{Z_S \angle \phi_Z^\circ} = I_\phi \angle -90^\circ - \phi_Z^\circ = -j\mathbf{I}_A \quad \text{A} \qquad (10.6.18)$$

$$\mathbf{I}_C = \frac{\mathbf{V}_{CN}}{Z_S \angle \phi_Z^\circ} = \frac{V_\phi \angle -180^\circ}{Z_S \angle \phi_Z^\circ} = I_\phi \angle -180^\circ - \phi_Z^\circ = -\mathbf{I}_A \quad \text{A} \qquad (10.6.19)$$

圖 10.6.2　四相系統(a)負載的星型連接(b)相量圖

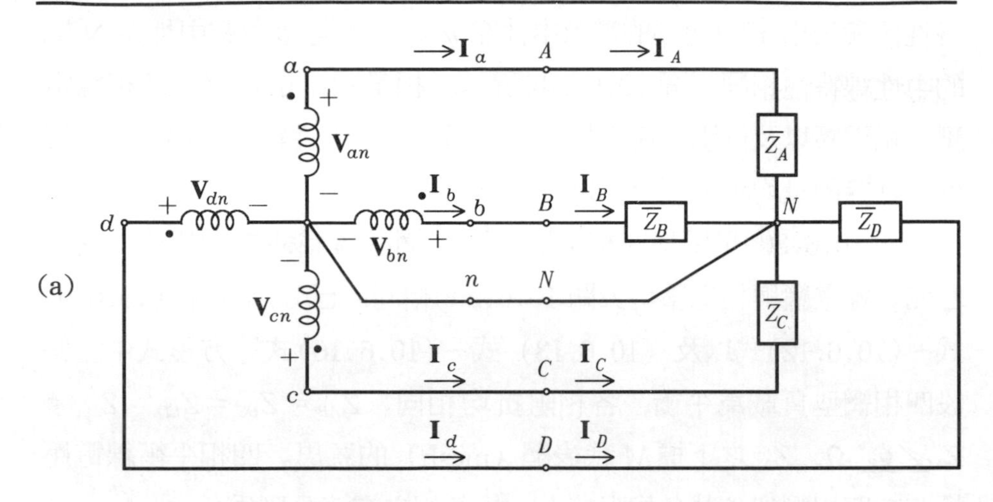


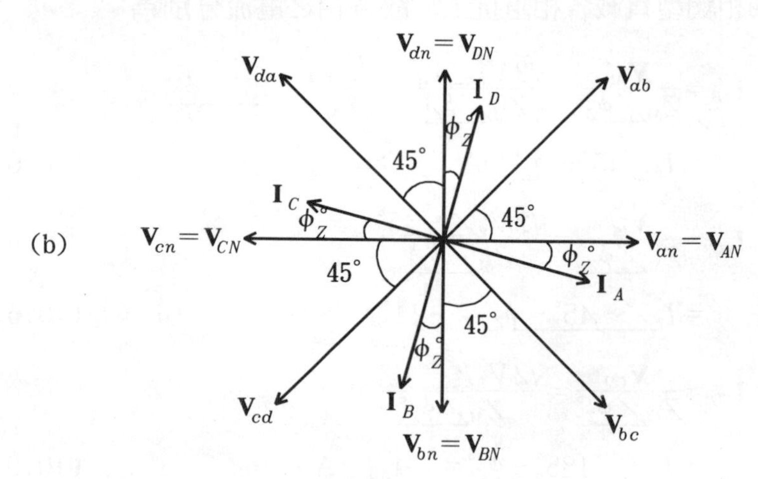


$$\mathbf{I}_D=\frac{\mathbf{V}_{DN}}{Z_S\angle\phi_Z{}^{\circ}}=\frac{V_\phi\angle-270^{\circ}}{Z_S\angle\phi_Z{}^{\circ}}=I_\phi\angle-270^{\circ}-\phi_Z{}^{\circ}=j\mathbf{I}_A\quad\text{A}\tag{10.6.20}$$

由電源中性點 $n$ 經由中性線流向負載中性點 $N$ 之中性線電流爲：

$$\begin{aligned}\mathbf{I}_{nN}&=-(\mathbf{I}_A+\mathbf{I}_B+\mathbf{I}_C+\mathbf{I}_D)\\&=-(\mathbf{I}_A-j\mathbf{I}_A-\mathbf{I}_A+j\mathbf{I}_A)=0\quad\text{A}\end{aligned}\tag{10.6.21}$$

由 (10.6.21) 式得知，四相系統當電源爲平衡、星型負載亦爲平衡時，線電流及相電流爲相同的平衡四相電流，因此中性線無電流通過，可以將該中性線予以開路，仍不會影響負載電壓電流之四相平衡特性，與三相Y型連接的電源中性點 $n$ 與Y型連接負載中性點 $N$ 間的中性線特性相同。圖 10.6.2(b)所示之相量圖，是將平衡四相線電壓、相電壓以及個別電流相量繪在一起，除了中性線電流爲零未畫出外，其餘的量均示在圖上，以供參考。

圖 10.6.3(a)是星型四相電源與四相網型負載連接之架構，其中左側之線電壓與相電壓均與圖 10.6.2(a)相同，已分別列在（10.6.9）式～(10.6.12)式以及（10.6.13）式～(10.6.16)式等方程式中。假設四相網型負載爲平衡，各相阻抗均相同：$Z_{AB}=Z_{BC}=Z_{CD}=Z_{DA}=Z_M\angle\phi_Z°\ \Omega$，$Z_M$ 之下標 $M$ 代表網（mesh）的意思。四相平衡線電壓恰跨在四相網型負載各相阻抗上，故各相之電流分別爲：

$$\mathbf{I}_{AB}=\frac{\mathbf{V}_{AB}}{Z_M\angle\phi_Z°}=\frac{\sqrt{2}V_\phi\angle 45°}{Z_M\angle\phi_Z°}=\frac{\sqrt{2}V_\phi}{Z_M}\angle 45°-\phi_Z°$$

$$=I_\phi\angle 45°-\phi_Z°\quad \text{A} \qquad (10.6.22)$$

$$\mathbf{I}_{BC}=\frac{\mathbf{V}_{BC}}{Z_M\angle\phi_Z°}=\frac{\sqrt{2}V_\phi\angle -45°}{Z_M\angle\phi_Z°}$$

$$=I_\phi\angle -45°-\phi_Z°=-j\mathbf{I}_{AB}\quad \text{A} \qquad (10.6.23)$$

$$\mathbf{I}_{CD}=\frac{\mathbf{V}_{CD}}{Z_M\angle\phi_Z°}=\frac{\sqrt{2}V_\phi\angle -135°}{Z_M\angle\phi_Z°}$$

$$=I_\phi\angle -135°-\phi_Z°=-\mathbf{I}_{AB}\quad \text{A} \qquad (10.6.24)$$

$$\mathbf{I}_{DA}=\frac{\mathbf{V}_{DA}}{Z_M\angle\phi_Z°}=\frac{\sqrt{2}V_\phi\angle 135°}{Z_M\angle\phi_Z°}$$

$$=I_\phi\angle 135°-\phi_Z°=j\mathbf{I}_{AB}\quad \text{A} \qquad (10.6.25)$$

四相網型負載之線電流，可由相電流相減求得，其結果分別爲：

$$\mathbf{I}_A=\mathbf{I}_{AB}-\mathbf{I}_{DA}=\mathbf{I}_{AB}-(j\mathbf{I}_{AB})$$

$$=\mathbf{I}_{AB}\sqrt{2}\angle -45°\quad \text{A} \qquad (10.6.26)$$

$$\mathbf{I}_B=\mathbf{I}_{BC}-\mathbf{I}_{AB}=(-j\mathbf{I}_{AB})-\mathbf{I}_{AB}=\mathbf{I}_{AB}\sqrt{2}\angle -135°$$

$$=\mathbf{I}_{BC}\sqrt{2}\angle -45°\quad \text{A} \qquad (10.6.27)$$

圖 10.6.3　四相電路(a)網型負載連接(b)相量圖

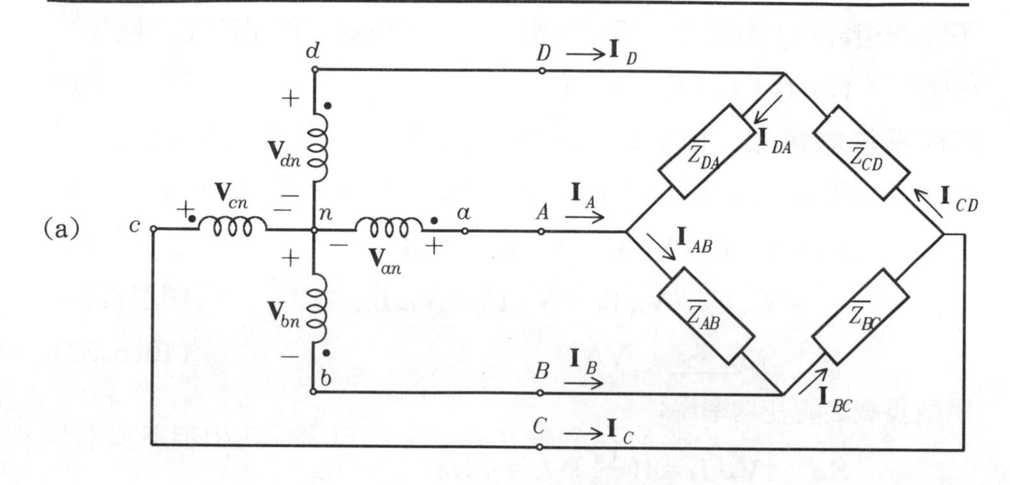


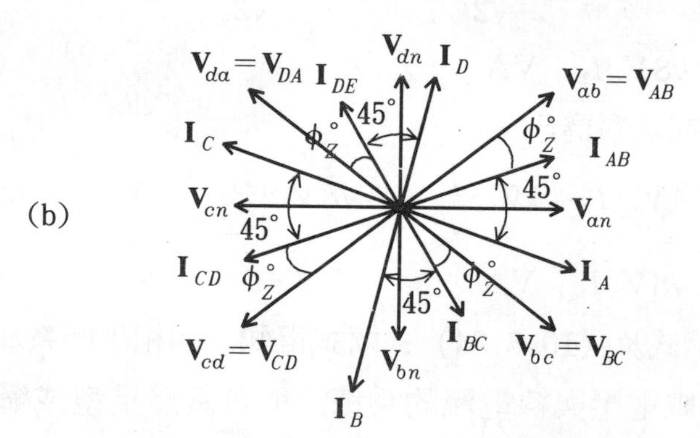


$$\mathbf{I}_C=\mathbf{I}_{CD}-\mathbf{I}_{BC}=(-\mathbf{I}_{AB})-(-j\mathbf{I}_{AB})=\mathbf{I}_{AB}\sqrt{2}\angle 135^\circ$$

$$=\mathbf{I}_{CD}\sqrt{2}\angle -45^\circ \quad \text{A} \qquad (10.6.28)$$

$$\mathbf{I}_D=\mathbf{I}_{DA}-\mathbf{I}_{CD}=(j\mathbf{I}_{AB})-(-\mathbf{I}_{AB})=\mathbf{I}_{AB}\sqrt{2}\angle 45^\circ$$

$$=\mathbf{I}_{DA}\sqrt{2}\angle -45^\circ \quad \text{A} \qquad (10.6.29)$$

由（10.6.26）式～(10.6.29)式四式可以歸納如下：四相平衡網型負載之線電流大小爲相電流大小的$\sqrt{2}$倍，線電流之計算爲與其下標相同第一字之相電流減去相同下標第二字之相電流（例如：$\mathbf{I}_A=\mathbf{I}_{AB}-\mathbf{I}_{DA}$），線電流之相角爲落後相同下標第一字相電流 45°（例如：$\mathbf{I}_A$ 落後 $\mathbf{I}_{AB}$爲 45°），其方程式表示如下：

$$\mathbf{I}_L = \mathbf{I}_\phi \cdot \sqrt{2}\underline{\angle -45^\circ} \quad \text{A} \tag{10.6.30}$$

不論四相負載平衡與否，四相線電流之和恆爲零，滿足KCL之關係：

$$\mathbf{I}_A + \mathbf{I}_B + \mathbf{I}_C + \mathbf{I}_D = 0 \quad \text{A} \tag{10.6.31}$$

四相系統線電壓、相電壓、線電流以及相電流的相量圖，如圖10.6.3(b)所示。四相平衡系統星型以及網型負載之複功率計算如下：

$$S_{4\phi} = \mathbf{V}_{AN}\mathbf{I}_A^* + \mathbf{V}_{BN}\mathbf{I}_B^* + \mathbf{V}_{CN}\mathbf{I}_C^* + \mathbf{V}_{DN}\mathbf{I}_D^* \qquad \text{(星型負載)}$$

$$= \mathbf{V}_{AB}\mathbf{I}_{AB}^* + \mathbf{V}_{BC}\mathbf{I}_{BC}^* + \mathbf{V}_{CD}\mathbf{I}_{CD}^* + \mathbf{V}_{DA}\mathbf{I}_{DA}^* \qquad \text{(網型負載)}$$

$$= S_{4\phi}\underline{\angle \phi_Z^\circ} \quad \text{VA} \tag{10.6.32}$$

星型負載之視在功率爲：

$$S_{4\phi} = 4V_\phi \cdot I_\phi = 4\left(\frac{V_L}{\sqrt{2}}\right) \cdot I_L = \sqrt{2}\sqrt{8}\left(\frac{V_L}{\sqrt{2}}\right) \cdot I_L$$

$$= \sqrt{8}V_L I_L \quad \text{VA} \tag{10.6.33}$$

網型負載之視在功率爲：

$$S_{4\phi} = 4V_\phi \cdot I_\phi = 4V_L \cdot \frac{I_L}{\sqrt{2}} = \sqrt{2}\sqrt{8}V_L \cdot \frac{I_L}{\sqrt{2}}$$

$$= \sqrt{8}V_L I_L \quad \text{VA} \tag{10.6.34}$$

由（10.6.33）式及（10.6.34）式兩式得知，四相平衡系統之總視在功率爲$\sqrt{8}$倍的線電壓與線電流的乘積，與負載爲星型或網型接法無關。此結果與三相系統平衡負載之 Y 型或 Δ 型接法類似，在三相系統中負載總視在功率均爲$\sqrt{3}$倍的線電壓與線電流的乘積。

**【例 10.6.1】** 一個兩相電源 $\mathbf{V}_A = 120\underline{\angle 0^\circ}$，$\mathbf{V}_B = 120\underline{\angle -90^\circ}$，利用兩組具有中間抽頭之相同變壓器將兩相電源轉換爲四相，若變壓器之匝比爲2:1，額定 VA 數爲 120 kVA，求滿載下二相及四相部份之：(a)相電壓、線電壓、相電流、線電流大小，(b)視在功率。

**【解】** (a)二相部份：相電壓 = 120 V

$$\text{相電流} = \text{線電流} = \frac{120 \times 10^3}{120} = 1000 \text{ A}$$

線電壓 = $120\sqrt{2}$ V，中性線電流 = $1000\sqrt{2}$ A

四相部分：相電壓 $= \dfrac{120}{4} = 30$ V

相電流 = 線電流 $= \dfrac{120 \times 10^3}{60} = 2000$ A

線電壓 $= 30\sqrt{2}$ V，中性線平衡時無電流。

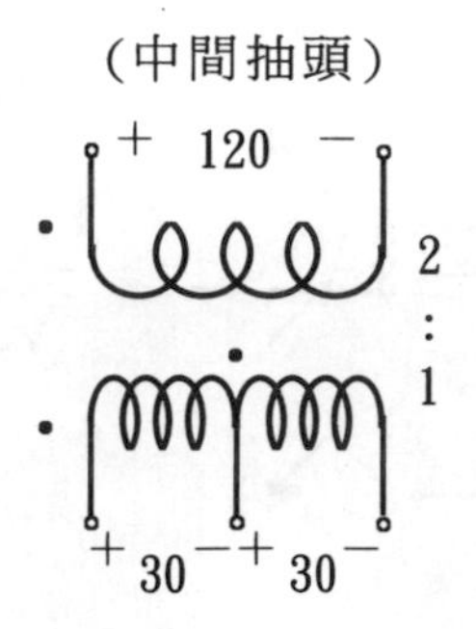


(b) $S_{2\phi} = 2V_\phi I_\phi = \sqrt{2}V_L I_L = \sqrt{2} \times 120\sqrt{2} \times 1000 = 240$ kVA

$S_{4\phi} = 4V_\phi I_\phi = \sqrt{8}V_L I_L = \sqrt{8} \times 30\sqrt{2} \times 2000 = 240$ kVA ◎

### 10.6.3　六相系統

六相系統可由三相電源經過三個單相變壓器繞組做適當的接線而得，一個變壓器繞組一次側輸入爲三相電源其中的一相，三個變壓器繞組一次側可以接成 Y 連接或 Δ 連接，使三個繞組獲得三相電壓；二次側繞組可以是中間抽頭的繞組，或者獨立分開的兩個繞組，視連接需要而定。假設三相電源爲對稱平衡，各變壓器繞組一次側及二次側匝數相同，則六相電源及電壓相量可由下面數種不同的變壓器接線得到：

**(1)六相星型接線**

如圖 10.6.4 所示，該種接線有中性點 $n$ 可供與星型六相負載中性點 $N$ 連接使用，因此可同時提供六相負載的線電壓及相電壓。

**(2)六相網型接線**

如圖 10.6.5 所示，僅有線電壓可提供予負載。

圖 10.6.4 六相星型接線(a)變壓器連接圖(b)相量圖

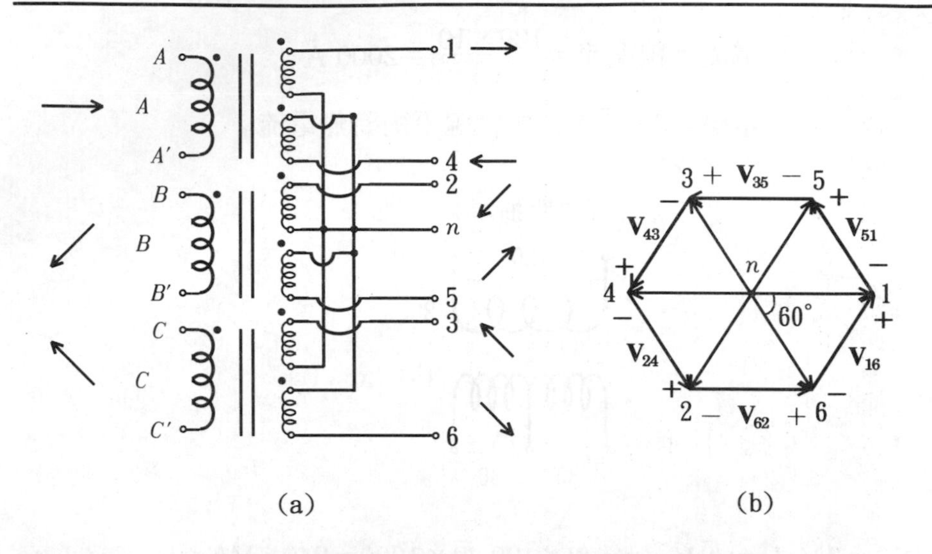


圖 10.6.5 六相網型接線(a)變壓器接線圖(b)相量圖

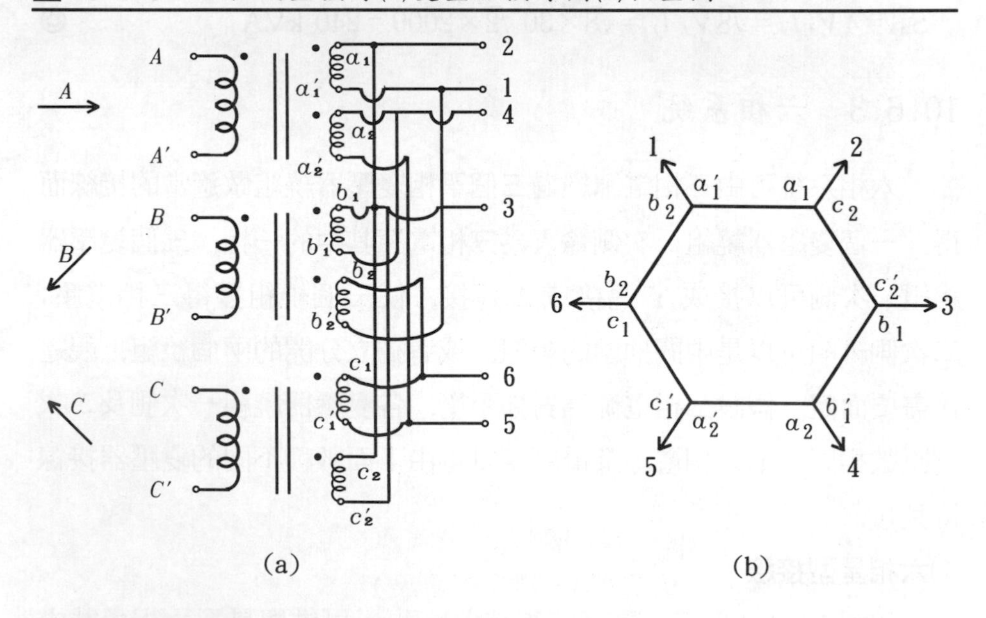


### (3)六相對徑接線

如圖 10.6.6 所示，使用二次側雙繞組接線或中間抽頭連接，無中性點 $n$ 拉出使用，故無相電壓予負載，僅提供負載線電壓使用。

圖 10.6.6　六相對徑接線(a)變壓器接線圖(b)相量圖

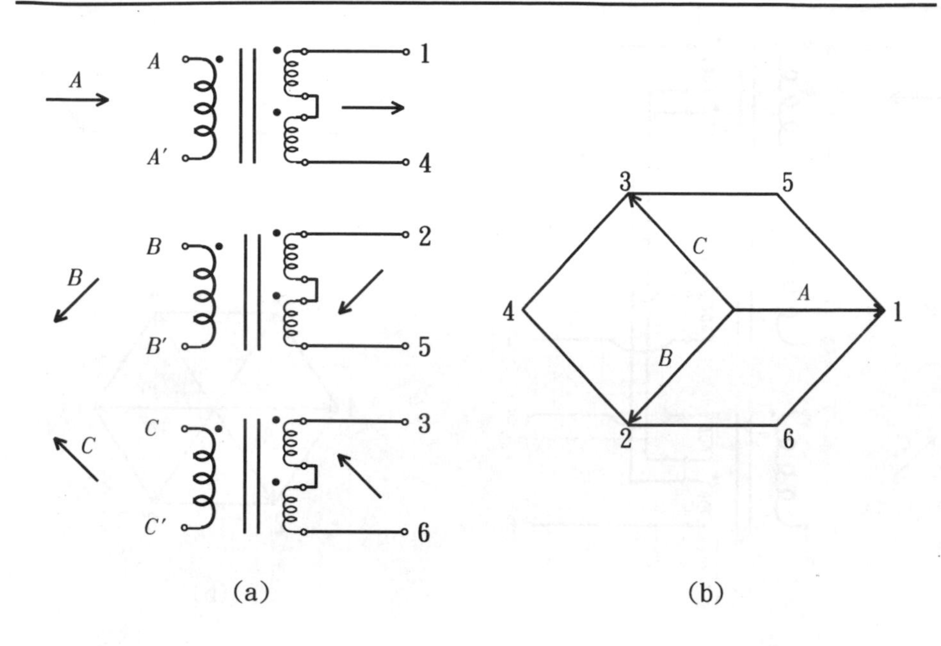


**(4)六相雙 Y 接線**

如圖 10.6.7 所示，顧名思義，此種接線係由二次側繞組接成兩個 Y 連接所合成，與圖 10.6.4(a)相同，只是兩個 Y 連接之共用點並未連接在一起，因此僅有線電壓可供使用。

**(5)六相雙 Δ 接線**

如圖 10.6.8 所示，顧名思義，此種接線係由兩個 Δ 連接所合成，僅提供線電壓予負載使用。

由於圖 10.6.4～圖 10.6.8 中，僅有圖 10.6.4 有相電壓與線電壓同時可供使用，故以圖 10.6.4 之電壓相量關係，列出六相電源含有中性點時線電壓與相電壓之關係如下（假設電源輸出端點中，第一線對中性點所形成之相電壓 $\mathbf{V}_{1n}$為參考零度）：

$$\mathbf{V}_{1n} = V_\phi \angle 0^\circ \quad \text{V} \tag{10.6.35}$$

$$\mathbf{V}_{2n} = \mathbf{V}_{1n} \cdot 1\angle -120^\circ = V_\phi \angle -120^\circ \quad \text{V} \tag{10.6.36}$$

$$\mathbf{V}_{3n} = \mathbf{V}_{1n} \cdot 1\angle +120^\circ = V_\phi \angle +120^\circ \quad \text{V} \tag{10.6.37}$$

$$\mathbf{V}_{4n} = \mathbf{V}_{1n} \cdot 1\angle -180^\circ = V_\phi \angle -180^\circ \quad \text{V} \tag{10.6.38}$$

圖 10.6.7　六相雙 Y 接線(a)變壓器接線圖(b)相量圖

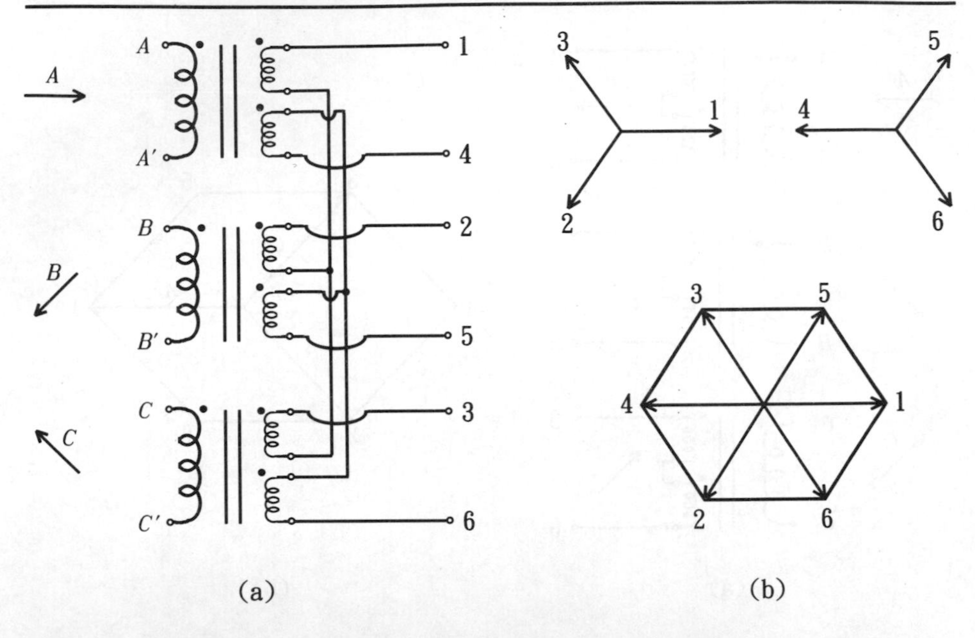


圖 10.6.8　六相雙 Δ 接線(a)變壓器接線圖(b)相量圖

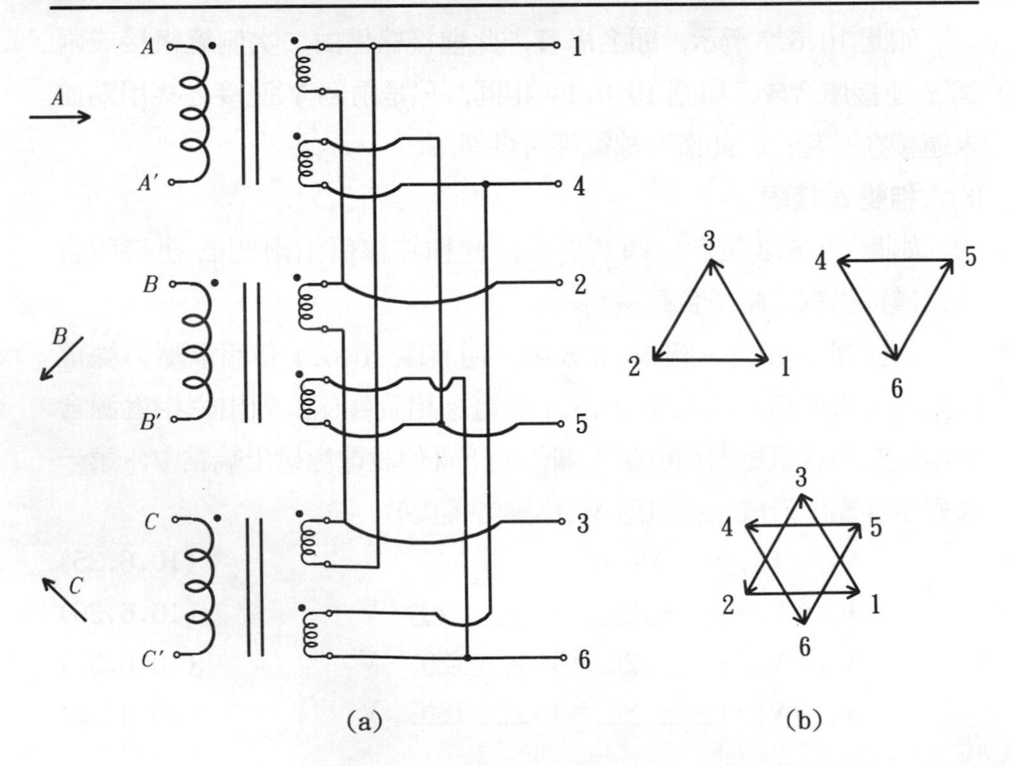

$$\mathbf{V}_{5n}=\mathbf{V}_{1n}\cdot 1\angle +60^\circ = V_\phi\angle +60^\circ \quad \text{V} \qquad (10.6.39)$$

$$\mathbf{V}_{6n}=\mathbf{V}_{1n}\cdot 1\angle -60^\circ = V_\phi\angle -60^\circ \quad \text{V} \qquad (10.6.40)$$

由（10.6.35）式～(10.6.40)式六式得知，平衡六相電源之相電壓大小相同，相角均差 60°，亦即將圓周 360°平均切成六份，每份的角度爲 360°/6＝60°。（10.6.35）式～(10.6.40)式六式中的前三個電壓，可視爲平衡正相序的三相電壓，而後三個電壓則分別爲前三個電壓的反相 180°，亦爲平衡三相，故恰組合成平衡六相系統電壓源。六相線電壓相量則爲兩個相電壓相量相減，分別表示如下：

$$\begin{aligned}\mathbf{V}_{16}&=\mathbf{V}_{1n}-\mathbf{V}_{6n}=\mathbf{V}_{1n}-\mathbf{V}_{1n}\cdot 1\angle -60^\circ\\&=\mathbf{V}_{1n}\cdot[1-1\angle -60^\circ]=\mathbf{V}_{1n}\cdot(0.5+j0.866)\\&=\mathbf{V}_{1n}\cdot 1\angle 60^\circ \quad \text{V} \qquad (10.6.41)\end{aligned}$$

$$\begin{aligned}\mathbf{V}_{62}&=\mathbf{V}_{6n}-\mathbf{V}_{2n}=\mathbf{V}_{1n}\cdot(1\angle -60^\circ)-\mathbf{V}_{1n}\cdot(1\angle -120^\circ)\\&=\mathbf{V}_{1n}\cdot(0.5-j0.866+0.5+j0.866)\\&=\mathbf{V}_{1n}\cdot 1\angle 0^\circ=\mathbf{V}_{1n} \quad \text{V} \qquad (10.6.42)\end{aligned}$$

$$\begin{aligned}\mathbf{V}_{24}&=\mathbf{V}_{2n}-\mathbf{V}_{4n}=\mathbf{V}_{1n}\cdot 1\angle -120^\circ-\mathbf{V}_{1n}\cdot 1\angle -180^\circ\\&=\mathbf{V}_{1n}\cdot(-0.5-j0.866+1)\\&=\mathbf{V}_{1n}\cdot 1\angle -60^\circ \quad \text{V} \qquad (10.6.43)\end{aligned}$$

$$\begin{aligned}\mathbf{V}_{43}&=\mathbf{V}_{4n}-\mathbf{V}_{3n}=\mathbf{V}_{1n}\cdot 1\angle -180^\circ-\mathbf{V}_{1n}\cdot 1\angle 120^\circ\\&=\mathbf{V}_{1n}\cdot(-1+0.5-j0.866)\\&=\mathbf{V}_{1n}\cdot 1\angle -120^\circ=-\mathbf{V}_{16} \quad \text{V} \qquad (10.6.44)\end{aligned}$$

$$\begin{aligned}\mathbf{V}_{35}&=\mathbf{V}_{3n}-\mathbf{V}_{5n}=\mathbf{V}_{1n}\cdot 1\angle -120^\circ-\mathbf{V}_{1n}\cdot 1\angle 60^\circ\\&=\mathbf{V}_{1n}\cdot(-0.5+j0.866-0.5-j0.866)\\&=\mathbf{V}_{1n}\cdot 1\angle -180^\circ=-\mathbf{V}_{62} \quad \text{V} \qquad (10.6.45)\end{aligned}$$

$$\begin{aligned}\mathbf{V}_{51}&=\mathbf{V}_{5n}-\mathbf{V}_{1n}=\mathbf{V}_{1n}\cdot 1\angle 60^\circ-\mathbf{V}_{1n}=\mathbf{V}_{1n}(0.5+j0.866-1)\\&=\mathbf{V}_{1n}\cdot 1\angle 120^\circ=-\mathbf{V}_{24} \quad \text{V} \qquad (10.6.46)\end{aligned}$$

由（10.6.41）式～(10.6.46)式六式結果得知，六相的線電壓大小均相同，相角各差 60°。（10.6.41）式～(10.6.46)式的前三個線電壓與後三個線電壓恰好反相 180°，形成平衡的六相電源，該六相線電壓之關係，亦可適用於圖 10.6.5～圖 10.6.8 的線電壓中。注意：所形成的六個線電壓恰與原來的六個相電壓相同，只是六組相電壓有共同的參考點 $n$，而六組線電壓則沒有。

與四相系統分析法相同，我們僅考慮簡單的六相平衡電源星型的接法，而負載則可分爲六相星型以及六相網型負載，個別分析負載線電壓、相電壓、線電流以及相電流及六相總複功率的計算。

圖 10.6.9(a)爲星型六相平衡電源與六相星型平衡負載的接線，其中將電源的中性點 $n$ 與負載的中性點 $N$ 加以連接。由於六相電源爲平衡，假設相電壓 $\mathbf{V}_{1n}$ 爲參考零度，則六組相電壓相量可如 (10.6.35) 式～(10.6.40) 式六式所表示，線電壓相量則如 (10.6.41) 式～(10.6.46)式六式所表示。負載爲平衡星型六相，假設阻抗大小及相角均相同，其值均爲 $Z_S\angle\phi_Z^\circ$ Ω。由於電源中性點與負載中性點以短路連接在一起，因此六相電源的各相電壓均跨在六相星型負載各相的阻抗兩端，故負載相電流與流入負載之線電流相同，可分別如下表示：

$$\mathbf{I}_{AN}=\frac{\mathbf{V}_{1n}}{Z_S\angle\phi_Z^\circ}=\frac{V_\phi\angle 0^\circ}{Z_S\angle\phi_Z^\circ}=\frac{V_\phi}{Z_S}\angle-\phi_Z^\circ=I_\phi\angle-\phi_Z^\circ \quad \text{A} \tag{10.6.47}$$

$$\mathbf{I}_{BN}=\frac{\mathbf{V}_{6n}}{Z_S\angle\phi_Z^\circ}=\frac{V_\phi\angle-60^\circ}{Z_S\angle\phi_Z^\circ}=I_\phi\angle-60^\circ-\phi_Z^\circ \quad \text{A} \tag{10.6.48}$$

$$\mathbf{I}_{CN}=\frac{\mathbf{V}_{2n}}{Z_S\angle\phi_Z^\circ}=\frac{V_\phi\angle-120^\circ}{Z_S\angle\phi_Z^\circ}=I_\phi\angle-120^\circ-\phi_Z^\circ \quad \text{A} \tag{10.6.49}$$

$$\mathbf{I}_{DN}=\frac{\mathbf{V}_{4n}}{Z_S\angle\phi_Z^\circ}=\frac{V_\phi\angle 180^\circ}{Z_S\angle\phi_Z^\circ}=I_\phi\angle 180^\circ-\phi_Z^\circ \quad \text{A} \tag{10.6.50}$$

$$\mathbf{I}_{EN}=\frac{\mathbf{V}_{3n}}{Z_S\angle\phi_Z^\circ}=\frac{V_\phi\angle 120^\circ}{Z_S\angle\phi_Z^\circ}=I_\phi\angle 120^\circ-\phi_Z^\circ \quad \text{A} \tag{10.6.51}$$

$$\mathbf{I}_{FN}=\frac{\mathbf{V}_{5n}}{Z_S\angle\phi_Z^\circ}=\frac{V_\phi\angle 60^\circ}{Z_S\angle\phi_Z^\circ}=I_\phi\angle 60^\circ-\phi_Z^\circ \quad \text{A} \tag{10.6.52}$$

中性線電流爲：

$$\mathbf{I}_{nN}=-(\mathbf{I}_{AN}+\mathbf{I}_{BN}+\mathbf{I}_{CN}+\mathbf{I}_{DN}+\mathbf{I}_{EN}+\mathbf{I}_{FN})=0 \quad \text{A} \tag{10.6.53}$$

圖 10.6.9　六相電源與星型負載(a)接線圖(b)相量圖

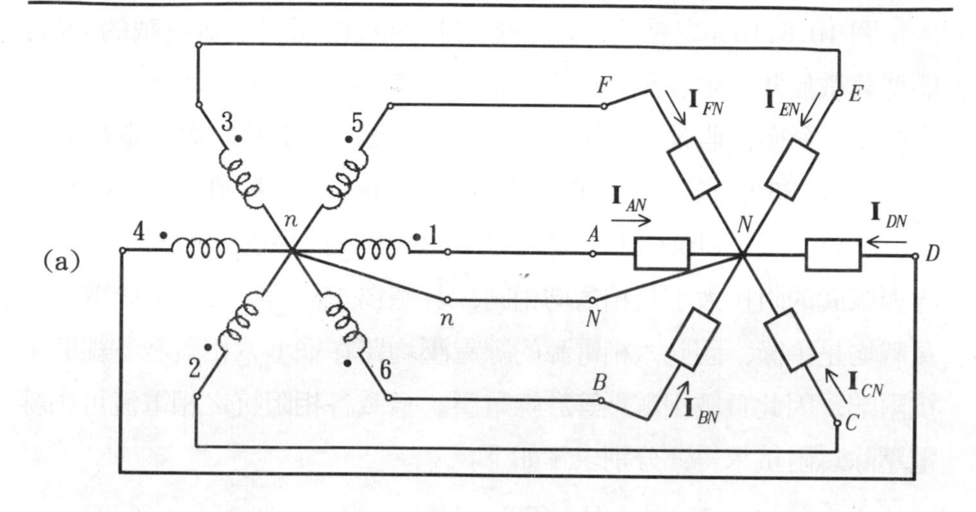


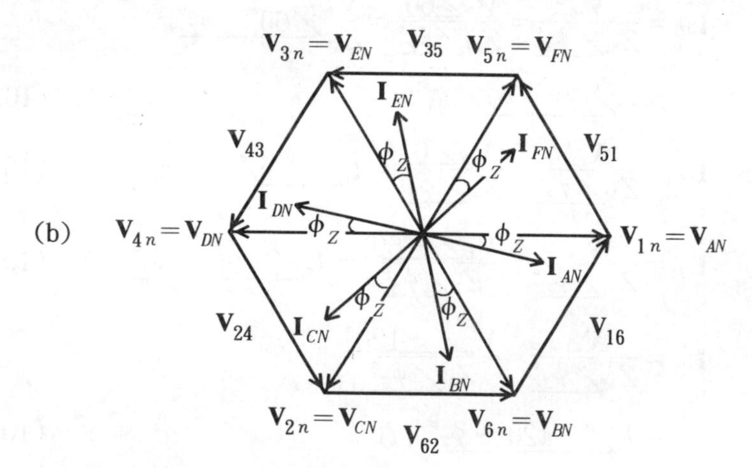


六相星型平衡負載之線電壓、相電壓以及相電流的相量圖如圖 10.6.5(b)所示，圖中的中性線電流爲零，沒有標示在圖上。六相平衡星型負載之總複功率表示式爲：

$$S_{6\phi}=6\mathbf{V}_{\phi}\mathbf{I}_{\phi}^{*}=S_{6\phi}\angle\phi_Z^{\circ}\quad \text{VA} \tag{10.6.54}$$

式中

$$S_{6\phi}=6V_{\phi}I_{\phi}=6V_LI_L\quad \text{VA} \tag{10.6.55}$$

爲六相平衡星型負載之總視在功率，恰爲六倍的線電壓與線電流乘積，這是因爲六相平衡星型負載線電壓大小與相電壓大小相同，且負載線電流等於相電流之故。

圖 10.6.10(a)爲星型六相平衡電源與六相網型平衡負載的接線，網型負載無共同中性點，故電源的中性點 $n$ 無法與負載連接。由於六相電源平衡，假設相電壓 $\mathbf{V}_{1n}$ 爲參考零度，則電源六組相電壓亦可如（10.6.35）式～（10.6.40）式六式所示，電源線電壓亦如(10.6.41) 式～(10.6.46)式六式所示。負載爲平衡六相網型，假設線與線間的阻抗大小及相角均相同，其值爲 $Z_M\angle\phi_Z^\circ\ \Omega$。由於電源與負載均是平衡，因此六相電源的線電壓均跨在網型六相負載各線間阻抗兩端，因此負載相電壓等於線電壓。負載各相阻抗之相電流可由線電壓除以阻抗求得，分別表示如下：

$$\mathbf{I}_{AB}=\frac{\mathbf{V}_{16}}{Z_M\angle\phi_Z^\circ}=\frac{V_L\angle 60^\circ}{Z_M\angle\phi_Z^\circ}=\frac{V_L}{Z_M}\angle 60^\circ-\phi_Z^\circ$$

$$=I_\phi\angle 60^\circ-\phi_Z^\circ\quad\text{A}\qquad(10.6.56)$$

$$\mathbf{I}_{BC}=\frac{\mathbf{V}_{62}}{Z_M\angle\phi_Z^\circ}=\frac{V_L\angle 0^\circ}{Z_M\angle\phi_Z^\circ}=I_\phi\angle-\phi_Z^\circ\quad\text{A}\qquad(10.6.57)$$

$$\mathbf{I}_{CD}=\frac{\mathbf{V}_{24}}{Z_M\angle\phi_Z^\circ}=\frac{V_L\angle-60^\circ}{Z_L\angle\phi_Z^\circ}=I_\phi\angle-60^\circ-\phi_Z^\circ\quad\text{A}\qquad(10.6.58)$$

$$\mathbf{I}_{DE}=\frac{\mathbf{V}_{43}}{Z_M\angle\phi_Z^\circ}=\frac{V_L\angle-120^\circ}{Z_M\angle\phi_Z^\circ}$$

$$=I_\phi\angle-120^\circ-\phi_Z^\circ\quad\text{A}\qquad(10.6.59)$$

$$\mathbf{I}_{EF}=\frac{\mathbf{V}_{35}}{Z_M\angle\phi_Z^\circ}=\frac{V_L\angle 180^\circ}{Z_M\angle\phi_Z^\circ}=I_\phi\angle 180^\circ-\phi_Z^\circ\quad\text{A}\qquad(10.6.60)$$

$$\mathbf{I}_{FA}=\frac{\mathbf{V}_{51}}{Z_M\angle\phi_Z^\circ}=\frac{V_L\angle 120^\circ}{Z_M\angle\phi_Z^\circ}=I_\phi\angle 120^\circ-\phi_Z^\circ\quad\text{A}\qquad(10.6.61)$$

流入網型負載之各線電流可由 KCL 在負載節點分別求出爲：

$$\mathbf{I}_A=\mathbf{I}_{AB}-\mathbf{I}_{FA}=I_\phi\cdot[1\angle 60^\circ-\phi_Z^\circ-1\angle 120^\circ-\phi_Z^\circ]$$

$$=I_\phi\angle-\phi_Z^\circ=\mathbf{I}_{BC}\quad\text{A}\qquad(10.6.62)$$

$$\mathbf{I}_B=\mathbf{I}_{BC}-\mathbf{I}_{AB}=I_\phi\cdot[1\angle-\phi_Z^\circ-1\angle 60^\circ-\phi_Z^\circ]$$

$$=I_\phi\angle-60^\circ-\phi_Z^\circ=\mathbf{I}_{CD}\quad\text{A}\qquad(10.6.63)$$

$$\mathbf{I}_C = \mathbf{I}_{CD} - \mathbf{I}_{BC} = I_\phi \cdot [1\angle -60° - \phi_Z° - 1\angle -\phi_Z°]$$
$$= I_\phi \angle -120° - \phi_Z° = \mathbf{I}_{DE} \quad \text{A} \qquad (10.6.64)$$
$$\mathbf{I}_D = \mathbf{I}_{DE} - \mathbf{I}_{CD} = I_\phi \cdot [1\angle -120° - \phi_Z° - 1\angle -60° - \phi_Z°]$$
$$= I_\phi \angle 180° - \phi_Z° = \mathbf{I}_{EF} \quad \text{A} \qquad (10.6.65)$$
$$\mathbf{I}_E = \mathbf{I}_{EF} - \mathbf{I}_{DE} = I_\phi \cdot [1\angle 180° - \phi_Z° - 1\angle -120° - \phi_Z°]$$
$$= I_\phi \angle 120° - \phi_Z° = \mathbf{I}_{FA} \quad \text{A} \qquad (10.6.66)$$
$$\mathbf{I}_F = \mathbf{I}_{FA} - \mathbf{I}_{EF} = I_\phi \cdot [1\angle 120° - \phi_Z° - 1\angle 180° - \phi_Z°]$$
$$= I_\phi \angle 60° - \phi_Z° = \mathbf{I}_{AB} \quad \text{A} \qquad (10.6.67)$$

圖 10.6.10　六相網型負載(a)接線圖(b)相量圖

(a)

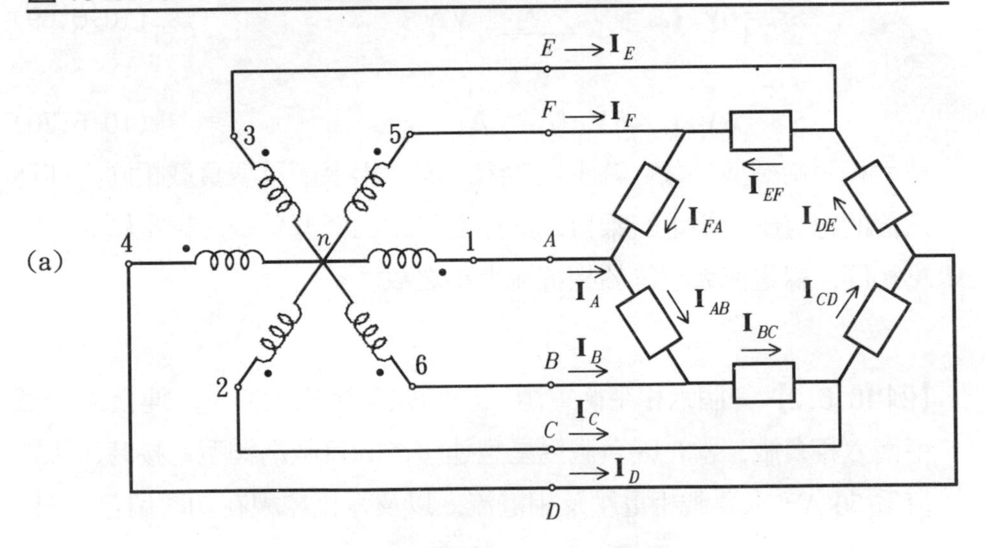


(b)

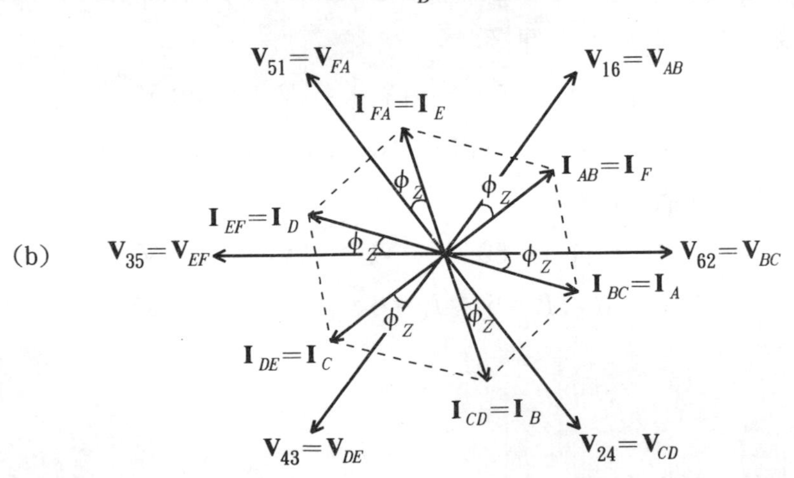

由（10.6.62）式～(10.6.67)式六式得知，六相網型平衡負載之線電流（如 $\mathbf{I}_A$）爲雙下標第一字相同之相電流（如 $\mathbf{I}_{AB}$）減去雙下標第二字相同之相電流（如 $\mathbf{I}_{FA}$）。若以 *ABCDEF* 順序來看，某一下標之線電流（如 $\mathbf{I}_B$），恰等於下兩個下標所形成的相電流（如 $\mathbf{I}_{CD}$）相同。而線電流大小與相電流大小相同，線電流角度則比雙下標第一字相同之相電流落後 60°，兩個電流的關係表示如下：

$$\mathbf{I}_L = \mathbf{I}_\phi \cdot 1\angle -60^\circ \quad \text{A} \qquad (10.6.68)$$

六相網型平衡負載之線電壓與相電壓相同，相電流及線電流各相量圖如圖 10.6.10(b)所示。六相平衡網型負載之總複功率爲：

$$S_{6\phi} = 6\mathbf{V}_\phi\, \mathbf{I}_\phi^{\,*} = S_{6\phi}\angle \phi_Z^\circ \quad \text{VA} \qquad (10.6.69)$$

式中

$$S_{6\phi} = 6V_\phi I_\phi = 6V_L I_L \quad \text{VA} \qquad (10.6.70)$$

爲六相平衡網型負載之總視在功率，與六相平衡星型負載相同，亦爲六倍的線電壓與線電流乘積，此亦因爲六相網型負載之線電壓與相電壓相同，線電流大小等於相電流大小之故。

**【例 10.6.2】** 一個六相平衡電源，已知線電壓爲 120 V，連接至一個平衡六相負載，當：(a)負載爲星型連接，(b)負載爲網型連接時，線電流爲 50 A，求負載相電壓及相電流，以及六相總視在功率值。

**【解】** (a)負載爲星型連接：

$$|\mathbf{I}_L| = |\mathbf{I}_\phi| = 50 \text{ A}, \quad |\mathbf{V}_L| = |\mathbf{V}_\phi| = 120 \text{ V}$$

$$\therefore S_{6\phi} = 6V_\phi I_\phi = 6V_L I_L = 6\times 120\times 50 = 36 \text{ kVA}$$

(b)負載爲網型連接：

$$|\mathbf{I}_\phi| = |\mathbf{I}_L| = 50 \text{ A}, \quad |\mathbf{V}_L| = |\mathbf{V}_\phi| = 120 \text{ V}$$

$$\therefore S_{6\phi} = 6V_\phi I_\phi = 6V_L I_L = 6\times 120\times 50 = 36 \text{ kVA}$$

◎

## 【本節重點摘要】

(1)兩相電路

①假設電源相電壓之相量 $\mathbf{V}_{an}$ 為參考相量，角度為零度，它比另一個相電壓相量 $\mathbf{V}_{bn}$ 超前 90°。

②兩相電壓為平衡，與負載相電壓相同。

③線電壓相量 $\mathbf{V}_{AB}$ 之大小為相電壓大小的 $\sqrt{2}$ 倍，角度則比電壓參考相量 $\mathbf{V}_{AN}$ 超前了 45°。

④假設兩相負載阻抗為平衡，因此相電流相量 $\mathbf{I}_{\phi}$ 等於線電流相量 $\mathbf{I}_{L}$。

⑤由電源中性點 $n$ 往負載中性點 $N$ 所流的電流 $\mathbf{I}_{nN}$ 為兩相電流 $\mathbf{I}_{AN}$ 及 $\mathbf{I}_{BN}$ 相加和的負值，其大小則為相電流大小的 $\sqrt{2}$ 倍，角度則比參考零度超前了 $(135° - \phi_{Z}°)$。

⑥平衡兩相系統之複功率為：

$$S_{2\phi} = \mathbf{V}_{AN} \cdot \mathbf{I}_{AN}^{*} + \mathbf{V}_{BN} \cdot \mathbf{I}_{BN}^{*} = 2\mathbf{V}_{\phi}\mathbf{I}_{\phi}^{*} \quad \text{VA}$$

總視在功率則為：

$$S_{2\phi} = 2V_{\phi}I_{\phi} = 2(\frac{V_L}{\sqrt{2}})I_L = \sqrt{2}V_L I_L \quad \text{VA}$$

⑦兩相系統電源之產生可利用發電機繞組安排得到，也可以由三相系統電源經特殊的變壓器連接得到，此連接稱為史考特連接，或使用單相電源經分相器得到。

(2)四相系統

①四相系統電源可由兩組相關的兩相電源組成，或將兩相系統電源，利用相同匝數繞組之變壓器將兩相繞組電壓相量感應成另外兩組電壓相量，這兩組電壓相量與原兩相電壓分別相量反相 180°，因此一共產生四組互相呈 90° 差角的電壓相量。

②電壓相量 $\mathbf{V}_{an}$ 與 $\mathbf{V}_{cn}$ 為同一組，角度相差 180°；$\mathbf{V}_{bn}$ 與 $\mathbf{V}_{dn}$ 為同一組，角度亦相差 180°，四組電壓相量恰構成將圓周 360° 除以 4 的差角，即 90°，四相的相電壓為平衡。

③線電壓相量則可以用四個相電壓相量相減求得，線電壓相量亦為平衡四相，線電壓大小為相電壓大小的 $\sqrt{2}$ 倍，線電壓相量超前下標第一字相同的相電壓相量 45°（例如：線電壓相量 $\mathbf{V}_{ab}$ 超前相電壓相量 $\mathbf{V}_{an}$ 相角 45°）。

④一個星型四相負載，假設負載阻抗為四相平衡，負載端的共同中性點 $N$ 與電源中性點 $n$ 用一條中性線連接在一起。由於四相電源的相電壓相量為平衡，受中性線直接短路影響，四相平衡各相的相電壓直接跨於四相平衡各相的負載上，所形成的電流為負載相電流亦等於由電源送至負載的線電流。由電源中性點 $n$ 經由中性線流向負載中性點$N$ 之中性線電流為零，四相系統當電源為平衡、星型負載亦為平衡時，線電流及相電流為相同的平衡四相電流，因此中性線無電流通過，可以將該中性線予以開路，仍不會影響負載電壓電流之四相平衡特性。

⑤星型四相電源與四相網型負載連接，假設四相網型負載為平衡，各相阻抗相同。四相平衡線電壓恰跨在四相網型負載各相阻抗上，故各相之電流可由歐姆定理求得。四相網型負載之線電流，可由相電流相減求得，線電流大小為相電流大小的$\sqrt{2}$倍，線電流之計算為與其下標相同第一字之相電流減去相同下標第二字之相電流（例如：$\mathbf{I}_A = \mathbf{I}_{AB} - \mathbf{I}_{DA}$），線電流之相角為落後相同下標第一字相電流 45°（例如：$\mathbf{I}_A$ 落後 $\mathbf{I}_{AB}$為 45°），其方程式表示如下：

$$\mathbf{I}_L = \mathbf{I}_\phi \cdot \sqrt{2}\angle -45^\circ \quad \text{A}$$

⑥不論四相負載平衡與否，四相線電流之和恆為零。

⑦四相負載複功率：

$$S_{4\phi} = \mathbf{V}_{AN}\mathbf{I}_A^* + \mathbf{V}_{BN}\mathbf{I}_B^* + \mathbf{V}_{CN}\mathbf{I}_C^* + \mathbf{V}_{DN}\mathbf{I}_D^* \quad \text{（星型負載）}$$

$$= \text{V}_{AB}\text{I}_{AB}^* + \text{V}_{BC}\text{I}_{BC}^* + \text{V}_{CD}\text{I}_{CD}^* + \text{V}_{DA}\text{I}_{DA}^* \quad \text{（網型負載）}$$

$$= S_{4\phi}\angle \phi_Z^\circ \quad \text{VA}$$

⑧星型負載之視在功率為：

$$S_{4\phi} = 4V_\phi \cdot I_\phi = 4\left(\frac{V_L}{\sqrt{2}}\right) \cdot I_L = \sqrt{2}\sqrt{8}\left(\frac{V_L}{\sqrt{2}}\right) \cdot I_L = \sqrt{8}V_L I_L \quad \text{VA}$$

網型負載之視在功率為：

$$S_{4\phi} = 4V_\phi \cdot I_\phi = 4V_L \cdot \left(\frac{I_L}{\sqrt{2}}\right) = \sqrt{2}\sqrt{8}V_L \cdot \left(\frac{I_L}{\sqrt{2}}\right) = \sqrt{8}V_L I_L \quad \text{VA}$$

四相平衡系統之總視在功率為$\sqrt{8}$倍的線電壓與線電流的乘積，與負載為星型或網型接法無關。

⑶六相系統

①六相系統可由三相電源經過三個單相變壓器繞組做適當的接線而得，一個

變壓器繞組一次側輸入為三相電源其中的一相，三個變壓器繞組一次側可以接成 Y 連接或 Δ 連接，使三個繞組獲得三相電壓；二次側繞組可以是中間抽頭的繞組，或者獨立分開的兩個繞組，視連接需要而定。

②假設三相電源為對稱平衡，各變壓器繞組一次側及二次側匝數相同，則六相電源及電壓相量可由下面數種不同的變壓器接線得到：

(a)六相星型接線：該種接線有中性點 $n$ 可供與星型六相負載中性點 $N$ 連接使用，因此可同時提供六相負載的線電壓及相電壓。

(b)六相網型接線：僅有線電壓可提供予負載。

(c)六相對徑接線：使用二次側雙繞組接線或中間抽頭連接，無中性點 $n$ 拉出使用，故無相電壓予負載，僅提供負載線電壓使用。

(d)六相雙 Y 接線：此種接線係由二次側繞組接成兩個 Y 連接所合成，與六相星型接線相同，只是兩個 Y 連接之共用點並未連接在一起，因此僅有線電壓可供使用。

(e)六相雙 Δ 接線：此種接線係由兩個 Δ 連接所合成，僅提供線電壓予負載使用。

③假設電源輸出端點中，第一線對中性點所形成之相電壓 $\mathbf{V}_{1n}$ 為參考零度，故平衡六相電源之相電壓大小相同，相角均差 60°，亦即將圓周 360° 平均切成六份，每份的角度為 360°/6 = 60°。

④六相線電壓相量則為兩個相電壓相量相減，六相的線電壓大小均相同，相角各差 60°。所形成的六個線電壓恰與原來的六個相電壓相同，只是六組相電壓有共同的參考點 $n$，而六組線電壓則沒有。

⑤星型六相平衡電源與六相星型平衡負載的接線，其中將電源的中性點 $n$ 與負載的中性點 $N$ 加以連接。由於六相電源為平衡，假設相電壓 $\mathbf{V}_{1n}$ 為參考零度，負載為平衡星型六相，假設阻抗大小及相角均相同。由於電源中性點與負載中性點以短路連接在一起，因此六相電源的各相電壓均跨在六相星型負載各相的阻抗兩端，故負載相電流與流入負載之線電流相同。中性線電流為零。六相平衡星型負載之總複功率表示式為：

$$S_{6\phi} = 6\mathbf{V}_\phi \mathbf{I}_\phi^* = S_{6\phi}\underline{/\phi_Z^\circ} \quad \text{VA}$$

式中

$$S_{6\phi} = 6V_\phi I_\phi = 6V_L I_L \quad \text{VA}$$

為六相平衡星型負載之總視在功率，恰為六倍的線電壓與線電流乘積，這是因為六相平衡星型負載線電壓大小與相電壓大小相同，且負載線電流等於相電流之故。

⑥星型六相平衡電源與六相網型平衡負載的接線，網型負載無共同中性點，故電源的中性點 $n$ 無法與負載連接。由於六相電源平衡，假設相電壓 $\mathbf{V}_{1n}$ 為參考零度，負載為平衡六相網型，假設線與線間的阻抗大小及相角均相同。由於電源與負載均是平衡，因此六相電源的線電壓均跨在網型六相負載各線間阻抗兩端，因此負載相電壓等於線電壓。負載各相阻抗之相電流可由線電壓除以阻抗求得。流入網型負載之各線電流可由 KCL 在負載節點分別求出，六相網型平衡負載之線電流（如 $\mathbf{I}_A$）為雙下標第一字相同之相電流（如 $\mathbf{I}_{AB}$）減去雙下標第二字相同之相電流（如 $\mathbf{I}_{FA}$）。若以 $ABCDEF$ 順序來看，某一下標之線電流（如 $\mathbf{I}_B$），恰等於下兩個下標所形成的相電流（如 $\mathbf{I}_{CD}$）相同。而線電流大小與相電流大小相同，線電流角度則比雙下標第一字相同之相電流落後 60°，兩個電流的關係表示如下：

$$\mathbf{I}_L = \mathbf{I}_\phi \cdot 1\angle -60^\circ \quad \text{A}$$

六相平衡網型負載之總複功率為：

$$S_{6\phi} = 6\mathbf{V}_\phi \mathbf{I}_\phi^* = S_{6\phi}\angle \phi_Z^\circ \quad \text{VA}$$

式中

$$S_{6\phi} = 6V_\phi I_\phi = 6V_L I_L \quad \text{VA}$$

為六相平衡網型負載之總視在功率，與六相平衡星型負載相同，亦為六倍的線電壓與線電流乘積，此亦因為六相網型負載之線電壓與相電壓相同，線電流大小等於相電流大小之故。

## 【思考問題】

(1)多相系統之相數爲奇數或偶數，對於線或相的電壓及電流會產生什麼影響？

(2)任何相數的多相電源，均可由變壓器的繞組連接轉換而得嗎？

(3)任何相數的星型或網型負載電路，均可像 Y 連接或 Δ 連接一樣互相轉換嗎？

(4)若多相電路的負載或傳輸線繞組間，彼此有互感量相互耦合時，對電壓與電流會產生什麼影響？

(5)若多相電路爲不平衡時，用節點電壓法或網目電流法求解較方便？爲什麼？

(6)多相電路有沒有分相序？若有，該如何分？

## 10.7　不對稱電源和不平衡負載

在本節以前的數節中，電源是針對平衡對稱的三相以及多相情況討論的，當時的負載則是以三相對稱平衡以及多相平衡的特性做說明。本節將跨越此類理想電源及理想負載的狀況，對一個實際系統上常會遇見的不對稱電源、不平衡負載以及不平衡的傳輸線，做一番介紹。

### 10.7.1　不對稱電源

理想對稱平衡的多相電源必須滿足以下條件：(1)電壓源或電流源各相之振幅或峰值相同；(2)各相之數學表示式同樣以正弦或餘弦函數表示；(3)各相之頻率或角頻率相同；(4)各相之相角依序相差（360°/$q$），$q$ 爲相數，只有兩相平衡對稱系統之差角較特殊爲 90°外，其餘的三相爲 120°；四相爲 90°；六相則爲 60°，依此類推，此項角度在前一節中均有談到。

在前幾節中的電源，除了兩相對稱平衡系統外，我們均可發現，多相系統之各相電壓或電流相量，均類似將一個圓形的蛋糕依其中心點，以一個圓周相等的角度及平均面積切割，圓周的中心點即爲各相電源的共同參考點，電源各相拉出的端點恰均勻對稱地分佈在蛋糕的圓周上，等於將一個圓面積同等份地切開。

只要無法滿足(1)～(4)中任何一項，該電源即爲非對稱電源。然而較容易發生無法滿足條件的，其中以(1)及(4)最常見。實際多相電源供電時，受到各相電源內部阻抗大小無法相同，以及電壓源或電流源產生的不精確特性，均會使(1)、(4)兩項不成立。例如：三相系統中，$a$、$b$ 兩相電壓及相角正常，而 $c$ 相卻是電壓大小較正常值小，或者 $c$ 相的相角與其他兩相差角並非 120°，皆是不對稱電源的情形。

此外，在電源端因連接開關之操作，致使產生的電源各相無法瞬間同步發生在輸出端點，因而在某一瞬間會產生缺相（或稱欠相）之問題，此情形亦爲不對稱電源之一例。例如三相電源供電時，僅提供其中的兩相或一相電壓或電流輸出，即爲欠相，也是不對稱電源的情況。

另外，純正弦波或餘弦波是理想條件下的電源，實際電源只可能盡量接近純弦式波形，卻無法爲純弦式波。因此產生的電源頻率除了基本的 60 Hz（美洲大陸系統或臺灣系統的電源頻率）或 50 Hz（中國大陸或歐洲系統的電源頻率）外，還可能存在奇數倍或偶數倍的諧波頻率，甚至非整數倍的諧波。但是多相電源之諧波頻率大多相同，因爲多相電源之產生多來自於同一類發電機同步運轉、且多相繞組同樣在相同的磁場中切割。例如：三相電源中的 $a$、$b$ 相均爲純 60 Hz 的頻率，而 $c$ 相電源中除了 60 Hz 的基本波頻率外，又增加了振幅較小的 120 Hz（二次諧波頻率 $= 2 \times 60$ Hz）或 180 Hz（三次諧波頻率 $= 3 \times 60$ Hz）的量，此時多相電源即爲非對稱。至於諧波的觀念將在第十一章中述及。

## 10.7.2 不平衡負載

多相負載之平衡條件爲：各相等效負載阻抗（或導納）大小相同，且阻抗角（或導納角）大小與極性亦相同。相同的說法是：各相負載之等效電阻（或電導）大小相同，且等效電抗（或電納）大小及特性（電感性或電容性）相同。值得注意的是：多相平衡負載不論是星型或網型，只要滿足上述說法，即爲多相平衡負載。

因此，不平衡多相負載，可能是只有其中一相負載的特性與其他相負載特性比較結果爲：⑴等效阻抗（或導納）大小不同；⑵阻抗角（或導納角）大小不同；⑶阻抗角（或導納角）正負極性不同；⑷等效電阻（或電導）大小不同；⑸等效電抗（或電納）大小不同；⑹等效電抗（或電納）的特性不同。在以上⑴～⑹點因素中，也有可能是某一相負載被開路或被短路，致使無法形成多相平衡負載。例如接觸不良（最常發生）、不小心誤接地、特性受周圍溫度、濕度、壓力等因素影響而轉變等，均是可能發生的情形。而其中最重要的觀念是：世界上沒有兩樣東西或物質（即使是相同的材質）的特性在任何瞬間是完全相同的，因此要找出滿足⑴～⑹點的理想平衡多相負載，實在是理論上假設的結果，用以簡化處理過程而已。

對於多相不平衡負載及不對稱電源的計算及分析，可以利用 C. L. Fourceste 所提出的對稱分量法（symmetrical components）加以分解成多相且具有對稱性分量的組合，此即是對稱分量法的基本觀念，例如三相系統的正相序、負相序以及零相序，就是當三相負載電壓或電流不平衡時，可以採用分析的方法，但是這些理論推導方法已超過本書的範圍，僅提供參考。

### 10.7.3　不平衡的傳輸線

多相電源要將能量送至多相負載，其中的連接線就是傳輸線，傳輸線的平衡與否也會影響整個系統是否平衡。由於傳輸線也是一種阻抗，故它與也是阻抗的負載特性類似，簡單說明如下。

多相傳輸線之平衡條件爲：各相傳輸線等效阻抗（或導納）大小相同，且阻抗角（或導納角）大小與極性亦相同。相同的說法是：各相傳輸線之等效電阻（或電導）大小相同，且等效電抗（或電納）大小及特性（電感性或電容性）相同。值得注意的是：多相平衡傳輸線與多相負載不同，傳輸線無星型或網型之分，只要滿足上述說法，即爲多相平衡傳輸線。

因此，不平衡多相傳輸線，可能是只有其中一條傳輸線的特性與其他相傳輸線特性比較結果爲：⑴等效阻抗（或導納）大小不同；⑵阻抗角（或導納角）大小不同；⑶阻抗角（或導納角）正負極性不同；⑷等效電阻（或電導）大小不同；⑸等效電抗（或電納）大小不同；⑹電抗等效（或電納）的特性不同（例如某一條線含有特殊的串聯電容補償時）。在以上⑴～⑹點因素中，也有可能是某一條傳輸線被開路（傳輸線被短路之機會不大），致使無法形成多相平衡系統。又例如接觸不良（最常發生）、傳輸線的中間不小心誤接地、雷打在傳輸線上、強風使架設傳輸線的鐵塔倒塌、線間短路（例如小鳥在傳輸線上……）、特性受周圍溫度（例如下雪覆蓋）、濕度、壓力、腐蝕（例如海水的鹽害或下水道）等因素影響而轉變等，均是可能發生的情形。若加上互感的觀念，則多相傳輸線的不平衡可以由線間彼此的互感量不同而發生，這類互感量的不同可能來自於傳輸線的不對稱安排，或與大地間的電容效應不同，或強電磁波的干擾而來。而其中最重要的觀念是：要找出滿足⑴～⑹點的理想平衡多相傳輸線，實在是理論上假設的結果，用以簡化處理過程而已。

## 【本節重點摘要】

⑴不對稱電源

①理想對稱平衡的多相電源必須滿足以下條件：⒜電壓源或電流源各相之振幅或峰值相同；⒝各相之數學表示式同樣以正弦或餘弦函數表示；⒞各相之頻率或角頻率相同；⒟各相之相角依序相差（$360°/q$），$q$ 為相數，只有兩相平衡對稱系統之差角較特殊為 90°外，其餘的三相為 120°；四相為 90°；六相則為 60°。

②只要無法滿足⒜～⒟中任何一項，該電源即為非對稱電源。然而較容易發生無法滿足條件的，其中以⒜及⒟最常見。

⑵不平衡負載

①多相負載之平衡條件為：各相負載等效阻抗（或導納）大小相同，且阻抗角（或導納角）大小與極性亦相同。相同的說法是：各相負載之等效電阻（或電導）大小相同，且等效電抗（或電納）大小及特性（電感性或電容

性）相同。多相平衡負載不論是星型或網型，只要滿足上述說法，即為多相平衡負載。

②不平衡多相負載，可能是只有其中一相負載的特性與其他相負載特性比較結果為：(a)等效阻抗（或導納）大小不同；(b)阻抗角（或導納角）大小不同；(c)阻抗角（或導納角）正負極性不同；(d)等效電阻（或電導）大小不同；(e)等效電抗（或電納）大小不同；(f)等效電抗（或電納）的特性不同。

(3)不平衡的傳輸線

①多相傳輸線之平衡條件為：各相傳輸線等效阻抗（或導納）大小相同，且阻抗角（或導納角）大小與極性亦相同。相同的說法是：各相傳輸線之等效電阻（或電導）大小相同，且等效電抗（或電納）大小及特性（電感性或電容性）相同。多相平衡傳輸線與多相負載不同，傳輸線無星型或網型之分，只要滿足上述說法，即為多相平衡傳輸線。

②不平衡多相傳輸線，可能是只有其中一條傳輸線的特性與其他相傳輸線特性比較結果為：(a)等效阻抗（或導納）大小不同；(b)阻抗角（或導納角）大小不同；(c)阻抗角（或導納角）正負極性不同；(d)等效電阻（或電導）大小不同；(e)等效電抗（或電納）大小不同；(f)等效電抗（或電納）的特性不同（例如某一條線含有特殊的串聯電容補償時）。

## 【思考問題】

(1)試說明如何補償才可使多相電源變爲平衡的方法。

(2)試說明如何補償才可使多相負載變爲平衡的方法。

(3)試說明如何補償才可使多相傳輸線變爲平衡的方法。

(4)若中性線電流存在時，是使多相系統更加平衡呢？或是使系統更加不平衡？

(5)有沒有多相直流系統？用在什麼地方？

## 10.8 不平衡三相電路的網目解法

本節將介紹如何利用網目電流分析法，以求解實際不平衡三相負載的電路，其中假設電源爲平衡對稱三相系統。事實上，兩種最基本且系統化的解電路方法：節點電壓法以及網目電流法，均是可以應用來求解不平衡電路的技巧，但是本節將專注於利用網目電流分析法求解三相不平衡負載。三相 Δ 型連接負載，則受傳輸線阻抗爲零與否，可選擇網目分析法或採用第 7.7 節最後一個部份的 Y－Δ 轉換法，配合歐姆定理以及 KCL，做適當的變換來求解。三相四線 Y 型連接負載則與三相三線 Y 型負載相同，可將傳輸線阻抗併入 Y 型負載的各相阻抗中，利用網目分析法求解，這些也將在本節中說明。

### 10.8.1 不平衡三相三線 Y 型連接負載

如圖 10.8.1 所示，三相平衡對稱電源經由三條傳輸線，送至一個三相三線式 Y 型連接的負載。由於是三相三線式負載，三相電源與傳輸線端點連接的電壓爲線電壓，其相量分別爲 $\mathbf{V}_{ab}$、$\mathbf{V}_{bc}$、$\mathbf{V}_{ca}$，爲三相對稱平衡電壓。假設三條傳輸線阻抗：$\overline{Z}_{LA}$、$\overline{Z}_{LB}$、$\overline{Z}_{LC}$均不相等，負載阻抗 $\overline{Z}_{A}$、$\overline{Z}_{B}$、$\overline{Z}_{C}$ 亦不相等。假設將各相傳輸線阻抗與負載各相阻抗串聯後，由電源端看入各相的等效阻抗 $\overline{Z}_{LA}+\overline{Z}_{A}=\overline{Z}_{eqA}$、$\overline{Z}_{LB}+\overline{Z}_{AB}=\overline{Z}_{eqB}$、$\overline{Z}_{LC}+\overline{Z}_{C}=\overline{Z}_{eqC}$爲不相等，則電源所承受的負載爲三相三線不平衡負載。此時，我們可由圖 10.8.1 發現，由三相電源與三相傳輸線及負載所形成的平面網路恰爲兩個網目，一個是由 $a$ —$A$ —$N$ —$B$ —$b$ —$a$ 所構成，一個則是由 $b$ —$B$ —$N$ —$C$ —$c$ —$b$ 所構成。雖然三相電源與負載各線分別有線電流 $I_A$、$I_B$、$I_C$ 通過，但是我們須假設兩個網目電流 $I_1$ 及 $I_2$ 通過這兩個網目。先解出網目電流相量後，再求出三相各線的電流相量。

這兩個網目電流方程式可由 KVL 寫出如下：

圖 10.8.1　不平衡三相三線 Y 型連接負載

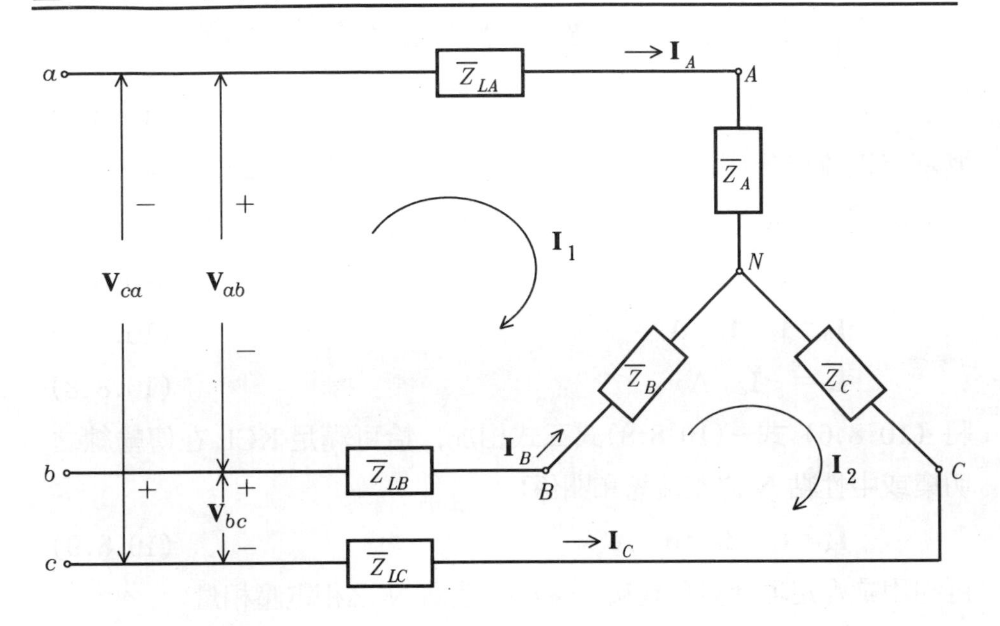


$$\mathbf{V}_{ab}=\mathbf{I}_1\overline{Z}_{\text{eq}A}+\overline{Z}_{\text{eq}B}\ (\mathbf{I}_1-\mathbf{I}_2)$$

$$=(\overline{Z}_{\text{eq}A}+\overline{Z}_{\text{eq}B})\mathbf{I}_1-\overline{Z}_{\text{eq}B}\mathbf{I}_2\quad \text{V} \tag{10.8.1}$$

$$\mathbf{V}_{bc}=(\mathbf{I}_2-\mathbf{I}_1)\overline{Z}_{\text{eq}B}+\overline{Z}_{\text{eq}C}\mathbf{I}_2$$

$$=-\overline{Z}_{\text{eq}B}\mathbf{I}_1+(\overline{Z}_{\text{eq}B}+\overline{Z}_{\text{eq}C})\mathbf{I}_2\quad \text{V} \tag{10.8.2}$$

由於（10.8.1）式及（10.8.2）式兩式的電壓相量及阻抗爲已知，因此網目電流相量 $\mathbf{I}_1$、$\mathbf{I}_2$ 可由魁雷瑪法則求出如下：

$$\Delta=\begin{vmatrix}\overline{Z}_{\text{eq}A}+\overline{Z}_{\text{eq}B} & -\overline{Z}_{\text{eq}B}\\ -\overline{Z}_{\text{eq}B} & \overline{Z}_{\text{eq}B}+\overline{Z}_{\text{eq}C}\end{vmatrix}$$

$$=(\overline{Z}_{\text{eq}A}+\overline{Z}_{\text{eq}B})(\overline{Z}_{\text{eq}B}+\overline{Z}_{\text{eq}C})-(\overline{Z}_{\text{eq}B})^2\quad \Omega^2 \tag{10.8.3}$$

$$\mathbf{I}_1=\frac{\begin{vmatrix}\mathbf{V}_{ab} & -\overline{Z}_{\text{eq}B}\\ \mathbf{V}_{bc} & \overline{Z}_{\text{eq}B}+\overline{Z}_{\text{eq}C}\end{vmatrix}}{\Delta}=\frac{\mathbf{V}_{ab}(\overline{Z}_{\text{eq}B}+\overline{Z}_{\text{eq}C})+\mathbf{V}_{bc}\overline{Z}_{\text{eq}B}}{\Delta}\quad \text{A}$$

$$\tag{10.8.4}$$

$$\mathbf{I}_2 = \frac{\begin{vmatrix} \overline{Z}_{\mathrm{eq}A} + \overline{Z}_{\mathrm{eq}B} & \mathbf{V}_{ab} \\ -\overline{Z}_{\mathrm{eq}B} & \mathbf{V}_{bc} \end{vmatrix}}{\Delta} = \frac{\mathbf{V}_{bc}(\overline{Z}_{\mathrm{eq}A} + \overline{Z}_{\mathrm{eq}B}) + \mathbf{V}_{bc}\overline{Z}_{\mathrm{eq}B}}{\Delta} \quad \mathrm{A} \tag{10.8.5}$$

當網目電流相量計算出來後，可以轉而應用到三個線電流相量上，這三個線電流相量等於流入負載之相電流相量：

$$\mathbf{I}_A = \mathbf{I}_1 \quad \mathrm{A} \tag{10.8.6}$$

$$\mathbf{I}_B = \mathbf{I}_2 - \mathbf{I}_1 \quad \mathrm{A} \tag{10.8.7}$$

$$\mathbf{I}_C = -\mathbf{I}_2 \quad \mathrm{A} \tag{10.8.8}$$

將（10.8.6）式～(10.8.8)式三式相加，恰可滿足 KCL 在傳輸線之切集或中性點 $N$ 之電流總和關係：

$$\mathbf{I}_A + \mathbf{I}_B + \mathbf{I}_C = 0 \quad \mathrm{A} \tag{10.8.9}$$

再利用歐姆定理計算負載端各線對中性點 $N$ 之相電壓相量：

$$\mathbf{V}_{AN} = \overline{Z}_A\mathbf{I}_A \quad \mathrm{V} \tag{10.8.10}$$

$$\mathbf{V}_{BN} = \overline{Z}_B\mathbf{I}_B \quad \mathrm{V} \tag{10.8.11}$$

$$\mathbf{V}_{CN} = \overline{Z}_C\mathbf{I}_C \quad \mathrm{V} \tag{10.8.12}$$

各傳輸線之線路阻抗壓降或電源端與負載端間之差值亦可表示為：

$$\mathbf{V}_{aA} = \overline{Z}_{LA}\mathbf{I}_A \quad \mathrm{V} \tag{10.8.13}$$

$$\mathbf{V}_{bB} = \overline{Z}_{LB}\mathbf{I}_B \quad \mathrm{V} \tag{10.8.14}$$

$$\mathbf{V}_{cC} = \overline{Z}_{LC}\mathbf{I}_C \quad \mathrm{V} \tag{10.8.15}$$

然而最重要的量為中性點電位差，它是三相電源中性點 $n$ 與負載中性點 $N$ 之相對電壓，由於圖 10.8.1 中的電源中性點 $n$ 未繪出，但是可以由三相對稱平衡之線電壓與相電壓關係，配合電壓雙下標之相對關係，寫出電源中性點 $n$ 與負載中性點 $N$ 之電位差為：

$$\begin{aligned}\mathbf{V}_{nN} &= \mathbf{V}_{na} + \mathbf{V}_{aA} + \mathbf{V}_{AN} = \mathbf{V}_{nb} + \mathbf{V}_{bB} + \mathbf{V}_{BN} \\ &= \mathbf{V}_{nc} + \mathbf{V}_{cC} + \mathbf{V}_{CN} \quad \mathrm{V}\end{aligned} \tag{10.8.16}$$

式中 $\mathbf{V}_{na}$、$\mathbf{V}_{nb}$、$\mathbf{V}_{nc}$分別為電源中性點 $n$ 到電源輸出端 $a$、$b$、$c$ 之電壓相量，亦為三相電源線對中性點 $n$ 電壓（相電壓）相量之負值。

在三相電源、負載以及傳輸線三者皆平衡狀況下，電源中性點 $n$ 與負載中性點 $N$ 爲等電位，因此（10.8.16）式恆爲零值。但是當負載阻抗或傳輸線阻抗不平衡時，負載的中性點 $N$ 會產生漂移，因此眞正的負載中性點會移動到某一相的阻抗中，可能是在負載阻抗內，也可能是在傳輸線阻抗中，就由三相阻抗的不平衡程度來決定了。

但是若將負載中性點 $N$ 與電源中性點 $n$ 以短路連接，強迫這兩個中性點電位相同，則負載成爲三相四線式，其電壓及電流計算請參考本節 10.8.2 部份的說明。

若是利用 Y－Δ 轉換，直接求出各線看入之等效阻抗 $\overline{Z}_{\text{eq}A}$、$\overline{Z}_{\text{eq}B}$、$\overline{Z}_{\text{eq}C}$後，將在電源端點 $a$、$b$、$c$ 之不平衡 Y 接等效阻抗轉換爲等效 Δ 接不平衡阻抗後，利用平衡的線對線電壓除以 Δ 接各相阻抗，先算 Δ 接各相阻抗電流相量後，再以 KCL 在節點 $a$、$b$、$c$ 推算線電流相量 $\mathbf{I}_A$、$\mathbf{I}_B$、$\mathbf{I}_C$，則圖 10.8.1 Y 型連接負載之電壓相量及電流相量可由（10.8.10）式～(10.8.15)式各式計算出來。此部份可參考本節 10.8.3 部份的處理過程。

## 10.8.2　不平衡三相四線 Y 型連接負載

圖 10.8.2 所示，爲三相四線 Y 型連接不平衡負載，由平衡對稱三相電源供電的情形，其中電源的中性點 $n$ 與負載的中性點 $N$ 由一條中性線連接在一起，這條中性線是比圖 10.8.1 多出來的一條線路。假設中性線阻抗 $\overline{Z}_{LN}$不爲零，且各線等效阻抗 $\overline{Z}_{\text{eq}A}=\overline{Z}_{LA}+\overline{Z}_A$、$\overline{Z}_{\text{eq}B}=\overline{Z}_{LB}+\overline{Z}_B$、$\overline{Z}_{\text{eq}C}=\overline{Z}_{LC}+\overline{Z}_C$ 亦不相等。此時圖 10.8.2 含中性線之 Y 型連接負載平面形成三個網目：$a-A-N-n-a$、$n-N-B-b-n$、$b-B-N-C-c-b$，假設該三個網目之電流相量分別爲 $\mathbf{I}_1$、$\mathbf{I}_2$、$\mathbf{I}_3$，則利用 KVL 對這三個網目所寫出的網目電流方程式如下：

$$\begin{aligned}\mathbf{V}_{an}&=\overline{Z}_{\text{eq}A}\mathbf{I}_1+\overline{Z}_{LN}(\mathbf{I}_1-\mathbf{I}_2)\\&=(\overline{Z}_{\text{eq}A}+\overline{Z}_{LN})\mathbf{I}_1-\overline{Z}_{LN}\mathbf{I}_2\quad \text{V}\end{aligned}\tag{10.8.17}$$

圖 10.8.2 不平衡三相四線 Y 型連接負載

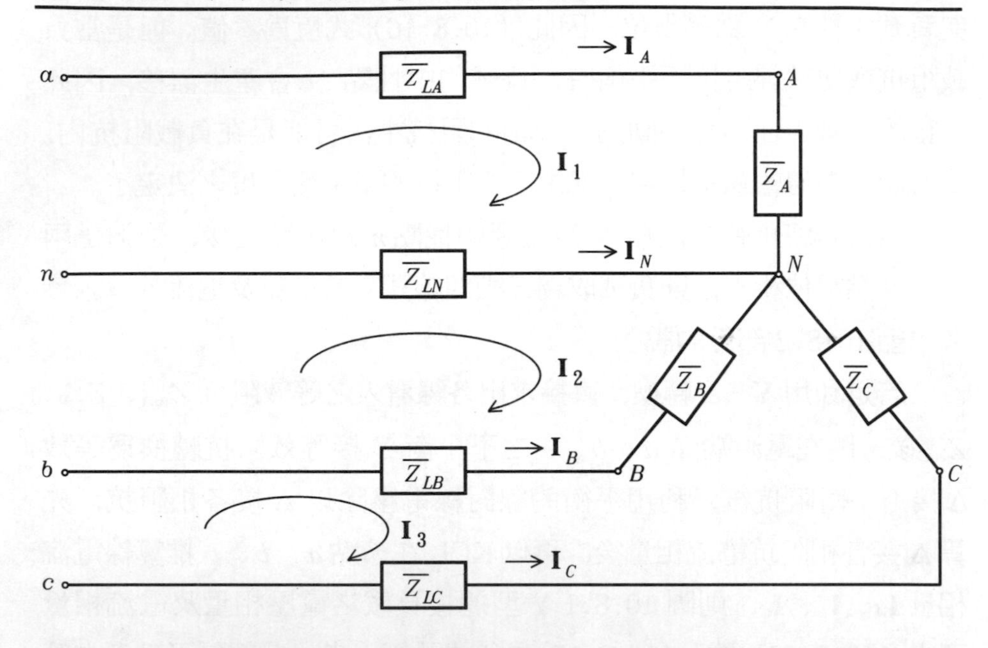


$$\mathbf{V}_{nb}=\overline{Z}_{LN}(\mathbf{I}_2-\mathbf{I}_1)+\overline{Z}_{\text{eq}B}(\mathbf{I}_2-\mathbf{I}_3)$$

$$=-\overline{Z}_{LN}\mathbf{I}_1+(\overline{Z}_{\text{eq}B}+\overline{Z}_{LN})\mathbf{I}_2-\overline{Z}_{\text{eq}B}\mathbf{I}_3\quad \text{V} \tag{10.8.18}$$

$$\mathbf{V}_{bc}=\overline{Z}_{\text{eq}B}(\mathbf{I}_3-\mathbf{I}_2)+\overline{Z}_{\text{eq}C}\mathbf{I}_3$$

$$=-\overline{Z}_{\text{eq}B}\mathbf{I}_2+(\overline{Z}_{\text{eq}B}+\overline{Z}_{\text{eq}C})\mathbf{I}_3\quad \text{V} \tag{10.8.19}$$

利用魁雷瑪法則，可以求出三個網目電流相量如下：

$$\Delta=\begin{vmatrix}\overline{Z}_{\text{eq}A}+\overline{Z}_{LN} & -\overline{Z}_{LN} & 0\\ -\overline{Z}_{LN} & \overline{Z}_{LN}+\overline{Z}_{\text{eq}B} & -\overline{Z}_{\text{eq}B}\\ 0 & -\overline{Z}_{\text{eq}B} & \overline{Z}_{\text{eq}B}+\overline{Z}_{\text{eq}C}\end{vmatrix} \tag{10.8.20}$$

$$\mathbf{I}_1=\frac{\begin{vmatrix}\mathbf{V}_{an} & -\overline{Z}_{LN} & 0\\ \mathbf{V}_{nb} & \overline{Z}_{LN}+\overline{Z}_{\text{eq}B} & -\overline{Z}_{\text{eq}B}\\ \mathbf{V}_{bc} & -\overline{Z}_{\text{eq}B} & \overline{Z}_{\text{eq}B}+\overline{Z}_{\text{eq}C}\end{vmatrix}}{\Delta}\ \text{A} \tag{10.8.21}$$

$$\mathbf{I}_2 = \frac{\begin{vmatrix} \overline{Z}_{eqA} + \overline{Z}_{LN} & \mathbf{V}_{an} & 0 \\ -\overline{Z}_{LN} & \mathbf{V}_{nb} & -\overline{Z}_{eqB} \\ 0 & \mathbf{V}_{bc} & \overline{Z}_{eqB} + \overline{Z}_{eqC} \end{vmatrix}}{\Delta} \text{ A} \tag{10.8.22}$$

$$\mathbf{I}_3 = \frac{\begin{vmatrix} \overline{Z}_{eqA} + \overline{Z}_{LN} & -\overline{Z}_{LN} & \mathbf{V}_{an} \\ -\overline{Z}_{LN} & \overline{Z}_{LN} + \overline{Z}_{eqB} & \mathbf{V}_{nb} \\ 0 & -\overline{Z}_{eqB} & \mathbf{V}_{bc} \end{vmatrix}}{\Delta} \text{ A} \tag{10.8.23}$$

將三個網目電流轉寫成三個線電流以及中性線電流關係:

$$\mathbf{I}_A = \mathbf{I}_1 \text{ A} \tag{10.8.24}$$

$$\mathbf{I}_B = \mathbf{I}_3 - \mathbf{I}_2 \text{ A} \tag{10.8.25}$$

$$\mathbf{I}_C = -\mathbf{I}_3 \text{ A} \tag{10.8.26}$$

$$\mathbf{I}_{nN} = \mathbf{I}_2 - \mathbf{I}_1 \text{ A} \tag{10.8.27}$$

三條傳輸線以及一條中性線之電流相量總和，滿足切集的關係或 KCL 在節點 $N$ 的關係:

$$\mathbf{I}_A + \mathbf{I}_B + \mathbf{I}_C + \mathbf{I}_{nN} = 0 \text{ A} \tag{10.8.28}$$

負載各相的電壓相量爲:

$$\mathbf{V}_{AN} = \overline{Z}_A \mathbf{I}_A \text{ V} \tag{10.8.29}$$

$$\mathbf{V}_{BN} = \overline{Z}_B \mathbf{I}_B \text{ V} \tag{10.8.30}$$

$$\mathbf{V}_{CN} = \overline{Z}_C \mathbf{I}_C \text{ V} \tag{10.8.31}$$

傳輸線壓降或電源與負載間之電壓相量差，以及中性線壓降或中性點間的電壓相量差爲:

$$\mathbf{V}_{aA} = \overline{Z}_{LA} \mathbf{I}_A \text{ V} \tag{10.8.32}$$

$$\mathbf{V}_{bB} = \overline{Z}_{LB} \mathbf{I}_B \text{ V} \tag{10.8.33}$$

$$\mathbf{V}_{cC} = \overline{Z}_{LC} \mathbf{I}_C \text{ V} \tag{10.8.34}$$

$$\mathbf{V}_{nN} = \overline{Z}_{LN} \mathbf{I}_{nN} \text{ V} \tag{10.8.35}$$

若電源中性點 $n$ 與負載中性點 $N$ 以阻抗爲零的短路連接，則 $\overline{Z}_{LN} = 0$ Ω，中性線壓降恆爲零，$\mathbf{V}_{nN} = 0$ V。此時直接將三相電源的線對中性電壓相量除以各線對中性點等效阻抗，即得線電流相量：

$$\mathbf{I}_A=\frac{\mathbf{V}_{an}}{\overline{Z}_{\text{eq}A}}=\frac{\mathbf{V}_{AN}}{\overline{Z}_{\text{eq}A}}\quad \text{A} \tag{10.8.36}$$

$$\mathbf{I}_B=\frac{\mathbf{V}_{bn}}{\overline{Z}_{\text{eq}B}}=\frac{\mathbf{V}_{BN}}{\overline{Z}_{\text{eq}B}}\quad \text{A} \tag{10.8.37}$$

$$\mathbf{I}_C=\frac{\mathbf{V}_{cn}}{\overline{Z}_{\text{eq}C}}=\frac{\mathbf{V}_{CN}}{\overline{Z}_{\text{eq}C}}\quad \text{A} \tag{10.8.38}$$

中性線電流相量可由（10.8.28）式求出如下：

$$\mathbf{I}_{nN}=-(\mathbf{I}_A+\mathbf{I}_B+\mathbf{I}_C)\quad \text{A} \tag{10.8.39}$$

由於中性線總是存在於三相四線系統中，因此無法以 Y－Δ 轉換法變成等效 Δ 型連接阻抗做處理，故除了中性線阻抗為零的簡單計算方法，否則仍需要以網目電流法做不平衡三相四線 Y 型連接負載之電壓與電流計算。

### 10.8.3 不平衡三相三線 Δ 型連接負載

圖 10.8.3 所示，為三相三線式不平衡 Δ 型連接負載，經由三條傳輸線，與三相對稱平衡電源連接的圖形。假設三相 Δ 型連接負載阻抗 $\overline{Z}_{AB}$、$\overline{Z}_{BC}$、$\overline{Z}_{CA}$ 不相等，三條傳輸線阻抗 $\overline{Z}_{LA}$、$\overline{Z}_{LB}$、$\overline{Z}_{LC}$ 亦不相同。此時在圖 10.8.3 的平面上，呈現三個網目：$a-A-B-b-a$、$b-B-C-c-b$、$A-B-C-A$。假設三個網目電流相量 $\mathbf{I}_1$、$\mathbf{I}_2$、$\mathbf{I}_3$ 分別以順時鐘的方向流過該三個網目，因此三個網目以 KVL 所表示之網目電流方程式為：

$$\begin{aligned}\mathbf{V}_{ab}&=\overline{Z}_{LA}\mathbf{I}_1+\overline{Z}_{AB}(\mathbf{I}_1-\mathbf{I}_3)+\overline{Z}_{LB}(\mathbf{I}_1-\mathbf{I}_2)\\&=(\overline{Z}_{LA}+\overline{Z}_{AB}+\overline{Z}_{LB})\mathbf{I}_1-\overline{Z}_{LB}\mathbf{I}_2-\overline{Z}_{AB}\mathbf{I}_3\quad \text{V}\end{aligned} \tag{10.8.40}$$

$$\begin{aligned}\mathbf{V}_{bc}&=\overline{Z}_{LB}(\mathbf{I}_2-\mathbf{I}_1)+\overline{Z}_{BC}(\mathbf{I}_2-\mathbf{I}_3)+\overline{Z}_{LC}\mathbf{I}_2\\&=-\overline{Z}_{LB}\mathbf{I}_1+(\overline{Z}_{LB}+\overline{Z}_{BC}+\overline{Z}_{LC})\mathbf{I}_2-\overline{Z}_{BC}\mathbf{I}_3\quad \text{V}\end{aligned} \tag{10.8.41}$$

$$\begin{aligned}0&=\overline{Z}_{CA}\mathbf{I}_3+\overline{Z}_{BC}(\mathbf{I}_3-\mathbf{I}_2)+\overline{Z}_{AB}(\mathbf{I}_3-\mathbf{I}_1)\\&=-\overline{Z}_{AB}\mathbf{I}_1-\overline{Z}_{BC}\mathbf{I}_2+(\overline{Z}_{AB}+\overline{Z}_{BC}+\overline{Z}_{CA})\mathbf{I}_3\quad \text{V}\end{aligned} \tag{10.8.42}$$

圖 10.8.3　不平衡三相三線 Δ 型連接負載

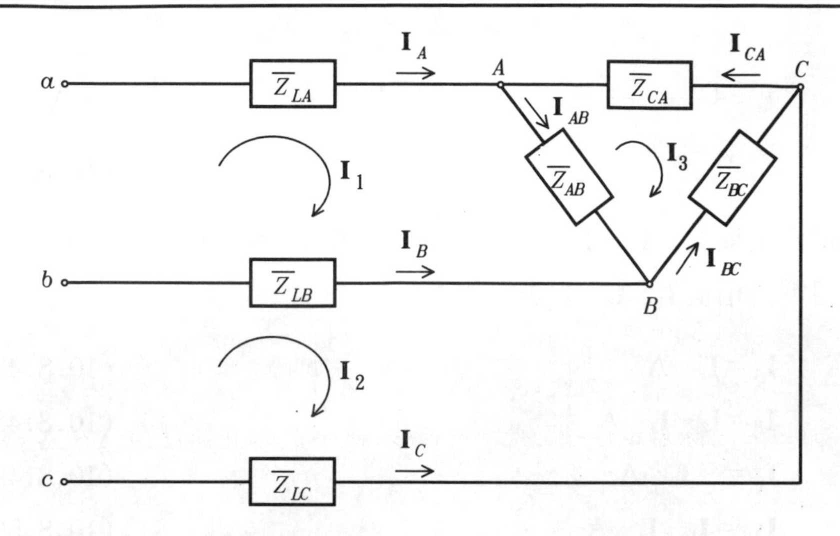


利用魁雷瑪法則，可以求出三個網目電流相量如下表示:

$$\Delta = \begin{vmatrix} \overline{Z}_{LA}+\overline{Z}_{AB}+\overline{Z}_{LB} & -\overline{Z}_{LB} & -\overline{Z}_{AB} \\ -\overline{Z}_{LB} & \overline{Z}_{LB}+\overline{Z}_{BC}+\overline{Z}_{LC} & -\overline{Z}_{BC} \\ -\overline{Z}_{AB} & -\overline{Z}_{BC} & \overline{Z}_{AB}+\overline{Z}_{BC}+\overline{Z}_{CA} \end{vmatrix} \tag{10.8.43}$$

$$\mathbf{I}_1 = \frac{\begin{vmatrix} \mathbf{V}_{ab} & -\overline{Z}_{LB} & -\overline{Z}_{AB} \\ \mathbf{V}_{bc} & \overline{Z}_{LB}+\overline{Z}_{BC}+\overline{Z}_{LC} & -\overline{Z}_{BC} \\ 0 & -\overline{Z}_{BC} & \overline{Z}_{AB}+\overline{Z}_{BC}+\overline{Z}_{CA} \end{vmatrix}}{\Delta} \ \text{A} \tag{10.8.44}$$

$$\mathbf{I}_2 = \frac{\begin{vmatrix} \overline{Z}_{LA}+\overline{Z}_{AB}+\overline{Z}_{LB} & \mathbf{V}_{ab} & -\overline{Z}_{AB} \\ -\overline{Z}_{LB} & \mathbf{V}_{bc} & -\overline{Z}_{BC} \\ -\overline{Z}_{AB} & 0 & \overline{Z}_{AB}+\overline{Z}_{BC}+\overline{Z}_{CA} \end{vmatrix}}{\Delta} \ \text{A} \tag{10.8.45}$$

$$\mathbf{I}_3 = \frac{\begin{vmatrix} \overline{Z}_{LA} + \overline{Z}_{AB} + \overline{Z}_{LB} & -\overline{Z}_{LB} & \mathbf{V}_{ab} \\ -\overline{Z}_{LB} & \overline{Z}_{LB} + \overline{Z}_{BC} + \overline{Z}_{LC} & \mathbf{V}_{bc} \\ -\overline{Z}_{AB} & -\overline{Z}_{BC} & 0 \end{vmatrix}}{\Delta} \text{ A} \tag{10.8.46}$$

將線電流相量 $\mathbf{I}_A$、$\mathbf{I}_B$、$\mathbf{I}_C$ 以及 Δ 型負載相電流相量 $\mathbf{I}_{AB}$、$\mathbf{I}_{BC}$、$\mathbf{I}_{CA}$以三個網目電流相量 $\mathbf{I}_1$、$\mathbf{I}_2$、$\mathbf{I}_3$ 表示如下：

$$\mathbf{I}_A = \mathbf{I}_1 \quad \text{A} \tag{10.8.47}$$

$$\mathbf{I}_B = \mathbf{I}_2 - \mathbf{I}_1 \quad \text{A} \tag{10.8.48}$$

$$\mathbf{I}_C = -\mathbf{I}_2 \quad \text{A} \tag{10.8.49}$$

$$\mathbf{I}_{AB} = \mathbf{I}_1 - \mathbf{I}_3 \quad \text{A} \tag{10.8.50}$$

$$\mathbf{I}_{BC} = \mathbf{I}_2 - \mathbf{I}_3 \quad \text{A} \tag{10.8.51}$$

$$\mathbf{I}_{CA} = -\mathbf{I}_3 \quad \text{A} \tag{10.8.52}$$

傳輸線壓降或電源端與負載端的電壓相量差值，以及負載各相的電壓相量可由電流相量與阻抗的乘積表示如下：

$$\mathbf{V}_{aA} = \overline{Z}_{LA}\mathbf{I}_A \quad \text{V} \tag{10.8.53}$$

$$\mathbf{V}_{bB} = \overline{Z}_{LB}\mathbf{I}_B \quad \text{V} \tag{10.8.54}$$

$$\mathbf{V}_{cC} = \overline{Z}_{LC}\mathbf{I}_C \quad \text{V} \tag{10.8.55}$$

$$\mathbf{V}_{AB} = \overline{Z}_{AB}\mathbf{I}_{AB} = \mathbf{V}_{ab} - \mathbf{V}_{aA} - \mathbf{V}_{Bb} \quad \text{V} \tag{10.8.56}$$

$$\mathbf{V}_{BC} = \overline{Z}_{BC}\mathbf{I}_{BC} = \mathbf{V}_{bc} - \mathbf{V}_{bB} - \mathbf{V}_{Cc} \quad \text{V} \tag{10.8.57}$$

$$\mathbf{V}_{CA} = \overline{Z}_{CA}\mathbf{I}_{CA} = \mathbf{V}_{ca} - \mathbf{V}_{cC} - \mathbf{V}_{Aa} \quad \text{V} \tag{10.8.58}$$

除了可以直接用 Δ 型負載做網目電流計算外，也可以將 Δ 型負載阻抗轉換為 Y 型，此時則變成圖 10.8.1 的等效電路，依舊可以使用網目電流法計算線電流，但是過程較麻煩許多。若傳輸線阻抗 $\overline{Z}_{LA}$、$\overline{Z}_{LB}$、$\overline{Z}_{LC}$為零，則三相平衡電壓直接跨在三個 Δ 型相阻抗上，三個相電流相量以及三個線電流相量可直接計算如下：

$$\mathbf{I}_{AB}=\frac{\mathbf{V}_{ab}}{\overline{Z}_{AB}}=\frac{\mathbf{V}_{AB}}{\overline{Z}_{AB}}\quad \text{A} \tag{10.8.59}$$

$$\mathbf{I}_{BC}=\frac{\mathbf{V}_{bc}}{\overline{Z}_{BC}}=\frac{\mathbf{V}_{BC}}{\overline{Z}_{BC}}\quad \text{A} \tag{10.8.60}$$

$$\mathbf{I}_{CA}=\frac{\mathbf{V}_{ca}}{\overline{Z}_{CA}}=\frac{\mathbf{V}_{CA}}{\overline{Z}_{CA}}\quad \text{A} \tag{10.8.61}$$

$$\mathbf{I}_{A}=\mathbf{I}_{AB}-\mathbf{I}_{CA}\quad \text{A} \tag{10.8.62}$$

$$\mathbf{I}_{B}=\mathbf{I}_{BC}-\mathbf{I}_{AB}\quad \text{A} \tag{10.8.63}$$

$$\mathbf{I}_{C}=\mathbf{I}_{CA}-\mathbf{I}_{BC}\quad \text{A} \tag{10.8.64}$$

將這些電流代入（10.8.53）式～(10.8.58)式六式，也可以計算三相 Δ 型連接不平衡負載的各相電壓相量以及傳輸線壓降。

【例 10.8.1】一個三相不平衡 Y 連接負載如圖 10.8.4 所示，各相阻抗分別爲：$\overline{Z}_A=10+j30\ \Omega$，$\overline{Z}_B=20+j10\ \Omega$，$\overline{Z}_C=30-j40\ \Omega$，電源爲三相平衡正相序 220 V。若兩瓦特計連接在 $A$ 線及 $B$ 線上，求：(a)負載之各線電流相量，(b)負載各線對中性線電壓相量，(c)總負載複功率，(d)兩瓦特表讀數（以 $\mathbf{V}_{an}$爲 0°參考）。

圖 10.8.4　例 10.8.1 之電路

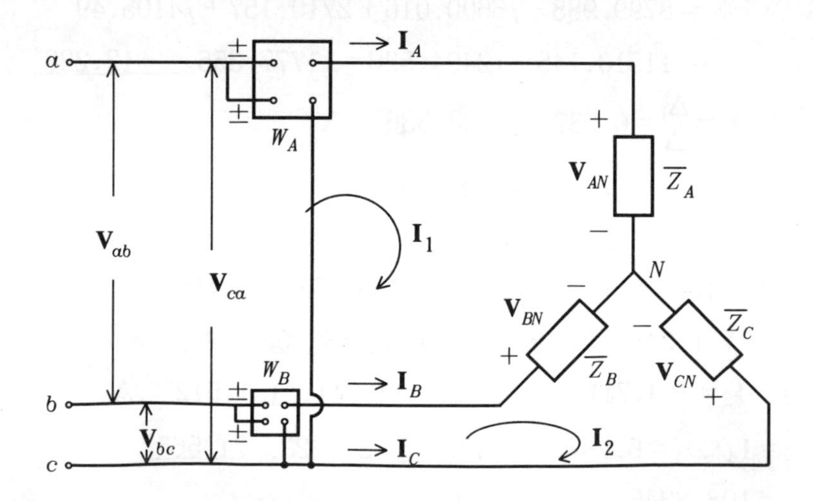

**【解】** 假設兩網目電流，$\mathbf{I}_1$ 及 $\mathbf{I}_2$

$$(\overline{Z}_A+\overline{Z}_B)\mathbf{I}_1-\overline{Z}_B\mathbf{I}_2=\mathbf{V}_{ab}$$

或 $$(30+j40)\mathbf{I}_1-(20+j10)\mathbf{I}_2=220\angle 30^\circ$$

$$-\overline{Z}_B\mathbf{I}_1+(\overline{Z}_B+\overline{Z}_C)\mathbf{I}_2=\mathbf{V}_{bc}$$

或 $$-(20+j10)\mathbf{I}_1+(50-j30)\mathbf{I}_2=220\angle -90^\circ$$

$$\therefore \Delta=\begin{vmatrix}30+j40 & -20-j10\\ -20-j10 & 50-j30\end{vmatrix}$$

$$=1500+1200+j2000-j900-400+100-j200-j200$$

$$=2400+j700=2500\angle 16.26^\circ\ \Omega$$

$$\Delta_1=\begin{vmatrix}220\angle 30^\circ & -20-j10\\ 220\angle -90^\circ & 50-j30\end{vmatrix}$$

$$=12828.094\angle -0.964^\circ+4919.35\angle -63.435^\circ$$

$$=12826.28-j215.822+2199.996-j4400$$

$$=15026.276-j4615.822=15719.249\angle -17.076^\circ$$

$$\Delta_2=\begin{vmatrix}30+j40 & 220\angle 30^\circ\\ -20-j10 & 220\angle -90^\circ\end{vmatrix}$$

$$=11000\angle -36.87^\circ+4919.35\angle 56.57^\circ$$

$$=8799.988-j6600.016+2710.157+j4105.49$$

$$=11510.145-j2494.526=11777.355\angle -12.228^\circ$$

$$\therefore \mathbf{I}_1=\frac{\Delta_1}{\Delta}=6.2877\angle -33.336^\circ\ \text{A}$$

$$\mathbf{I}_2=4.711\angle -28.488^\circ\ \text{A}$$

(a) $\mathbf{I}_A=\mathbf{I}_1=6.2877\angle -33.336^\circ$ A

$$\mathbf{I}_B=\mathbf{I}_2-\mathbf{I}_1=(4.5406-j2.247)-(5.253-j3.4554)$$

$$=-1.1124+j1.2084=1.6425\angle 132.63^\circ\ \text{A}$$

$$\mathbf{I}_C=-\mathbf{I}_2=-4.711\angle -28.488^\circ=4.711\angle 151.512^\circ\ \text{A}$$

(b) $\mathbf{V}_{AN}=\mathbf{I}_A\cdot\overline{Z}_A=6.2877\angle -33.336^\circ\cdot 31.623\angle 71.565^\circ$

$$=198.8345\angle 38.249^\circ\ \text{V}$$

$\mathbf{V}_{BN} = \mathbf{I}_B \cdot \overline{Z}_B = 1.6425\angle 132.63° \cdot 22.361\angle 26.565°$

$= 36.727\angle 159.195°$　V

$\mathbf{V}_{CN} = \mathbf{I}_C \cdot \overline{Z}_C = 4.711\angle 151.512° \cdot 50\angle -53.13°$

$= 235.55\angle 98.382°$　V

(c) $\overline{S}_A = |\mathbf{I}_A|^2(10 + j30) = (6.2877)^2(10 + j30)$

$= 395.352 + j1186.055$　VA

$\overline{S}_B = |\mathbf{I}_B|^2(20 + j10) = (1.6425)^2(20 + j10)$

$= 53.956 + j26.978$　VA

$\overline{S}_C = |\mathbf{I}_C|^2(30 - j40) = (4.711)^2(30 - j40)$

$= 665.806 - j887.74$　VA

$\therefore \overline{S}_T = \overline{S}_A + \overline{S}_B + \overline{S}_C = 1115.114 + j325.293$　VA

(d) $W_A = |\mathbf{V}_{AC}|\,|\mathbf{I}_A|\cos(\angle \mathbf{V}_{AC} - \angle \mathbf{I}_A)$

$= 220 \times 6.2877 \times \cos(150° - 180° + 33.336°)$

$= 1380.95$　W

$W_B = |\mathbf{V}_{BC}|\,|\mathbf{I}_B|\cos(\angle \mathbf{V}_{BC} - \angle \mathbf{I}_B)$

$= 220 \times 1.6425 \times \cos(-90° - 132.63°)$

$= -265.86$　W

檢驗：$P_T = 1115.114$　W

$W_A + W_B = 1115.09$　W　◎

**【例 10.8.2】** 如圖 10.8.5 所示之三相四線不平衡負載，各阻抗值已如圖所示。若電源爲三相平衡負相序，以 $\mathbf{V}_{an} = 380\angle 0°$ V 爲基準。求：(a)各線之電流相量，(b)負載各相電壓，(c)中性線電流相量 $\mathbf{I}_{nN}$，(d)總複功率。

**【解】**　$\mathbf{V}_{an} = 380\angle 0°$

$\therefore \mathbf{V}_{ab} = -\mathbf{V}_{bn} = -380\angle 120° = 380\angle -60°$　V

$\mathbf{V}_{ab} = \sqrt{3} \times 380\angle -30°$

$\mathbf{V}_{bc} = \sqrt{3} \times 380\angle -30° + 120° = 380\sqrt{3}\angle 90°$　V

圖 10.8.5

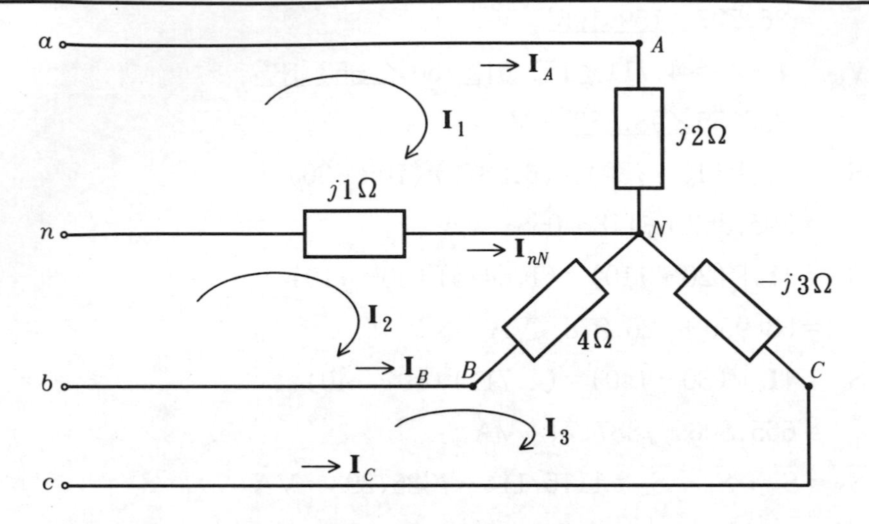


$$\therefore (j3)\mathbf{I}_1 - (j1)\mathbf{I}_2 + 0\mathbf{I}_3 = \mathbf{V}_{an} = 380 + j0 \quad ①$$

$$(-j1)\mathbf{I}_1 + (4+j1)\mathbf{I}_2 - 4\mathbf{I}_3 = \mathbf{V}_{nb} = 380\angle 60^\circ$$

$$= 190 - j329.089 \quad ②$$

$$0\mathbf{I}_1 + (-4)\mathbf{I}_2 + (4-j3)\mathbf{I}_3 = \mathbf{V}_{bc} = 380\sqrt{3}\angle 90^\circ$$

$$= j658.179 \quad ③$$

$$\Delta = \begin{vmatrix} j3 & -j1 & 0 \\ -j1 & 4+j1 & -4 \\ 0 & (-4) & 4-j3 \end{vmatrix}$$

$$= j3\begin{vmatrix} 4+j1 & -4 \\ -4 & 4-j3 \end{vmatrix} + j1\begin{vmatrix} -j1 & 0 \\ -4 & 4-j3 \end{vmatrix}$$

$$= j3(16+3+j4-j12-16) + j1(-j4-3)$$

$$= 28 + j6 = 28.636\angle 12.095^\circ$$

$$\Delta_1 = \begin{vmatrix} 380 & -j1 & 0 \\ 190-j329.089 & 4+j1 & -4 \\ j658.179 & (-4) & 4-j3 \end{vmatrix}$$

$$=380\begin{vmatrix}4+j1 & -4\\ -4 & 4-j3\end{vmatrix}+j1\begin{vmatrix}190-j329.089 & -4\\ j658.179 & 4-j3\end{vmatrix}$$

$$=380(16+3+j4-j12-16)$$

$$+j(760-987.267-j1316.356-j570+j2635.16)$$

$$=1140-j3040-j227.267-748.804$$

$$=391.196-j3267.267=3290.603\angle -83.17^\circ$$

$$\Delta_2=\begin{vmatrix}j3 & 380 & 0\\ -j1 & 190-j329.089 & -4\\ 0 & j658.179 & 4-j3\end{vmatrix}$$

$$=j3\begin{vmatrix}190-j329.089 & -4\\ j658.179 & 4-j3\end{vmatrix}+j1\begin{vmatrix}380 & 0\\ j658.109 & 4-j3\end{vmatrix}$$

$$=j3(760-987.267-j1316.356-j570)+$$

$$j(1520-j1140)$$

$$=-j681.801+5659.068+j1520+1140$$

$$=6799.068+j838.199=6850.54\angle 7.028^\circ$$

$$\Delta_3=\begin{vmatrix}j3 & -j1 & 380\\ -j1 & 4+j1 & 190-j329.089\\ 0 & -4 & j658.179\end{vmatrix}$$

$$=j3\begin{vmatrix}-j1 & 380\\ 4+j1 & 190-j329.089\end{vmatrix}+j1\begin{vmatrix}-j1 & 380\\ -4 & j658.179\end{vmatrix}$$

$$=j3(-j190-329.089-1520-j380)+$$

$$j(658.179+1520)$$

$$=1710-j5547.267+j2178.179=1710-j3369.088$$

$$=3778.208\angle -63.089^\circ$$

$$\mathbf{I}_1=\frac{\Delta_1}{\Delta}=\frac{3290.603\angle -83.17^\circ}{28.636\angle 12.095^\circ}$$

$$=114.91\angle -95.265^\circ=-10.478-j113.708\quad \text{A}$$

$$\mathbf{I}_2=\frac{\Delta_2}{\Delta}=\frac{6850.54\angle 7.028^\circ}{28.636\angle 12.095^\circ}$$

$$=239.228\angle -5.067^\circ=238.293-j21.128 \quad \text{A}$$

$$\mathbf{I}_3=\frac{\Delta_3}{\Delta}=\frac{3778.208\angle -63.089^\circ}{28.636\angle 12.095^\circ}$$

$$=131.939\angle -75.184^\circ=33.7389-j127.55 \quad \text{A}$$

(a) $\mathbf{I}_A=\mathbf{I}_1=114.91\angle -95.265^\circ=-10.478-j113.708 \quad \text{A}$

$\mathbf{I}_B=\mathbf{I}_2-\mathbf{I}_3=(238.293-j21.128)-(33.7389-j127.55)$

$=204.5541+j106.422=230.582\angle 27.49^\circ \quad \text{A}$

$\mathbf{I}_C=-\mathbf{I}_3=-33.7389+j127.55=131.936\angle 104.82^\circ \quad \text{A}$

(b) $\mathbf{V}_{AN}=\overline{Z}_A\cdot\mathbf{I}_A=j2\times 114.91\angle -95.265^\circ=229.82\angle -5.265^\circ \quad \text{V}$

$\mathbf{V}_{BN}=\overline{Z}_B\cdot\mathbf{I}_B=4\times 230.582\angle 27.49^\circ=922.328\angle 27.49^\circ \quad \text{V}$

$\mathbf{V}_{CN}=\overline{Z}_C\cdot\mathbf{I}_C=-j3\times 131.936\angle 104.82^\circ=395.808\angle 14.82^\circ \quad \text{V}$

(c) $\mathbf{I}_{nN}=\mathbf{I}_2-\mathbf{I}_1=(238.293-j21.128)-(-10.478-j113.708)$

$=248.771+j92.58=265.439\angle 20.41^\circ \quad \text{A}$

(d) $\overline{S}_A=|\mathbf{I}_A|^2\cdot j2=(114.91)^2\times j2=0+j26408.6162 \quad \text{VA}$

$\overline{S}_B=|\mathbf{I}_B|^2\cdot 4=(230.582)^2\times 4=212672.235+j0 \quad \text{VA}$

$\overline{S}_C=|\mathbf{I}_C|^2\cdot(-j3)=(131.936)^2\times(-j3)=0-j52221.32 \quad \text{VA}$

$\overline{S}_N=|\mathbf{I}_{nN}|^2\cdot j1=(265.439)^2\cdot j1=j70457.863 \quad \text{VA}$

$\overline{S}_T=212672.235+j(26408.6162-52221.32+70457.863)$

$=212672.235+j44645.16=217307.547\angle 11.855^\circ \quad \text{VA}$ ◎

【例 10.8.3】如圖 10.8.6 所示之電路，負載為三相 Δ 連接不平衡阻抗，以兩瓦特計法量測功率，若電源為三相平衡正相序 220 V 電壓，以 $\mathbf{V}_{ab}$ 相量為零度參考，求：(a)負載各相電流，(b)負載各線電流，(c)負載總複功率，(d)兩瓦特表讀數。

圖 10.8.6　例 10.8.3之電路

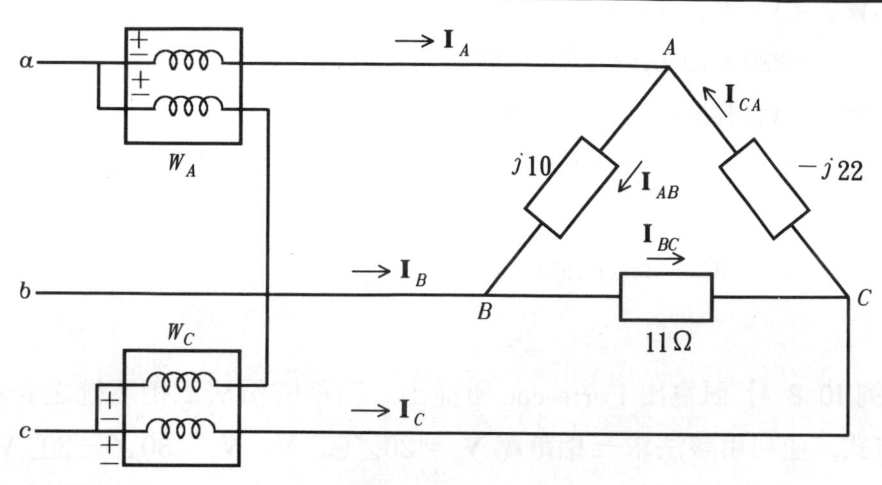


【解】 $\mathbf{V}_{ab}=\mathbf{V}_{AB}=220\angle 0^\circ$ V

$\mathbf{V}_{bc}=\mathbf{V}_{BC}=220\angle -120^\circ$ V

$\mathbf{V}_{ca}=\mathbf{V}_{CA}=220\angle 120^\circ$ V

(a) $\mathbf{I}_{AB}=\dfrac{\mathbf{V}_{AB}}{j10}=\dfrac{220\angle 0^\circ}{10\angle 90^\circ}=22\angle -90^\circ=-j22$ A

$\mathbf{I}_{BC}=\dfrac{\mathbf{V}_{BC}}{11}=\dfrac{220\angle -120^\circ}{110\angle 0^\circ}=20\angle -120^\circ=-10-j17.32$ A

$\mathbf{I}_{CA}=\dfrac{\mathbf{V}_{CA}}{-j22}=\dfrac{220\angle 120^\circ}{22\angle -90^\circ}=10\angle 210^\circ=-8.66-j5$ A

(b) $\mathbf{I}_A=\mathbf{I}_{AB}-\mathbf{I}_{CA}=-j22+8.66+j5=8.66-j17$

$=19.079\angle -63^\circ$ A

$\mathbf{I}_B=\mathbf{I}_{BC}-\mathbf{I}_{AB}=(-10-j17.32)-(-j22)=-10+j4.68$

$=11.041\angle 154.92^\circ$ A

$\mathbf{I}_C=\mathbf{I}_{CA}-\mathbf{I}_{BC}=(-8.66-j5)-(-10-j17.32)$

$=1.34+j12.32=12.393\angle 83.79^\circ$ A

(c) $\overline{S}_{AB}=|\mathbf{I}_{AB}|^2\times j10=(22)^2\times(j10)=0+j4840$ VA

$\overline{S}_{BC}=|\mathbf{I}_{BC}|^2\times 11=(20)^2\times 11=4400+j0$ VA

$\overline{S}_{CA}=|\mathbf{I}_{CA}|^2\times(-j22)=(10)^2\times(-j22)=0-j2200$ VA

$\overline{S}_T = \overline{S}_{AB} + \overline{S}_{BC} + \overline{S}_{CA} = 4400 + j2640 = 5131.24\angle 30.96° \quad \text{VA}$

(d) $W_A = V_{AB} I_A \cos(\angle \mathbf{V}_{AB} - \angle \mathbf{I}_A)$

$= 220 \times 19.079 \cos(0° + 63°) = 1905.57 \quad \text{W}$

$W_C = V_{CB} I_C \cos(\angle \mathbf{V}_{CB} - \angle \mathbf{I}_C)$

$= 220 \times 12.393 \cos(-120° + 180° - 83.79°) = 2494.793 \quad \text{W}$

檢驗：$P_T = 4400 \quad \text{W}$

$W_A + W_C = 4400.363 \quad \text{W}$ ◎

【例 10.8.4】試寫出 Fortescue 所提出之對稱成份法三相系統之表示方式，並利用該法求三相電壓 $\mathbf{V}_a = 20\angle 60°$ V，$\mathbf{V}_b = 30\angle -30°$ V，$\mathbf{V}_c = 90\angle 20°$ V 之對稱成份。

【解】(a)Fortescue 之三相對稱成份法表示如下：

①正相序系統（positive phase sequence system）：一個平衡三相系統之相量，與原不平衡系統具有相同之相序。

②負相序系統（negative phase sequence system）：亦爲一個平衡三相系統之相量，與原不平衡系統具有相反之相序。

③零相序系統（zero phase sequence system）：爲一個具有三個單相相量之系統，三個相量之大小與角度完全相同。

三個相序之相量圖如下：

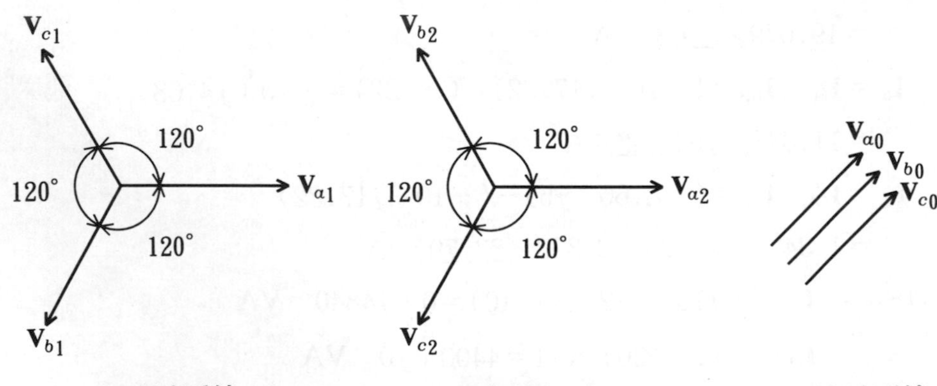

圖中 $\mathbf{V}_a$、$\mathbf{V}_b$、$\mathbf{V}_c$ 分別代表三相之電壓，下標 1、2、0 則分別代表正相序、負相序、零相序系統之量。故三相電壓之關係為：

$$\mathbf{V}_a = \mathbf{V}_{a0} + \mathbf{V}_{a1} + \mathbf{V}_{a2} \quad ①$$

$$\mathbf{V}_b = \mathbf{V}_{b0} + \mathbf{V}_{b1} + \mathbf{V}_{b2} \quad ②$$

$$\mathbf{V}_c = \mathbf{V}_{c0} + \mathbf{V}_{c1} + \mathbf{V}_{c2} \quad ③$$

由圖中知，正相序與負相序之三相電壓分別相差 120°，故以 $a = 1\angle 120°$ 為運算子，則 $a^2 = 1\angle 240°$，$a^3 = 1\angle 0°$，因此正相序之三個電壓關係為：

$$\mathbf{V}_{a1},\ \mathbf{V}_{b1} = a^2\mathbf{V}_{a1},\ \mathbf{V}_{c1} = a\mathbf{V}_{a1}$$

負相序之三個電壓關係為：

$$\mathbf{V}_{a2},\ \mathbf{V}_{b2} = a\mathbf{V}_{a2},\ \mathbf{V}_{c2} = a^2\mathbf{V}_{a2}$$

零相序之三個電壓關係為：

$$\mathbf{V}_{a0},\ \mathbf{V}_{b0} = \mathbf{V}_{a0},\ \mathbf{V}_{c0} = \mathbf{V}_{a0}$$

將以上的關係代入①～③式中，可得：

$$\mathbf{V}_a = \mathbf{V}_{a0} + \mathbf{V}_{a1} + \mathbf{V}_{a2}$$

$$\mathbf{V}_b = \mathbf{V}_{b0} + \mathbf{V}_{b1} + \mathbf{V}_{b2} = \mathbf{V}_{a0} + a^2\mathbf{V}_{a1} + a\mathbf{V}_{a2}$$

$$\mathbf{V}_c = \mathbf{V}_{c0} + \mathbf{V}_{c1} + \mathbf{V}_{c2} = \mathbf{V}_{a0} + a\mathbf{V}_{a1} + a^2\mathbf{V}_{a2}$$

以矩陣表示如下：

$$\begin{bmatrix}\mathbf{V}_a\\ \mathbf{V}_b\\ \mathbf{V}_c\end{bmatrix} = \begin{bmatrix}1 & 1 & 1\\ 1 & a^2 & a\\ 1 & a & a^2\end{bmatrix}\begin{bmatrix}\mathbf{V}_{a0}\\ \mathbf{V}_{a1}\\ \mathbf{V}_{a2}\end{bmatrix} = A\begin{bmatrix}\mathbf{V}_{a0}\\ \mathbf{V}_{a1}\\ \mathbf{V}_{a2}\end{bmatrix}$$

上式等號兩側同時乘以 $A^{-1}$，可得：

$$\begin{bmatrix}\mathbf{V}_{a0}\\ \mathbf{V}_{a1}\\ \mathbf{V}_{a2}\end{bmatrix} = \begin{bmatrix}1 & 1 & 1\\ 1 & a^2 & a\\ 1 & a & a^2\end{bmatrix}^{-1}\begin{bmatrix}\mathbf{V}_a\\ \mathbf{V}_b\\ \mathbf{V}_c\end{bmatrix} = \frac{1}{3}\begin{bmatrix}1 & 1 & 1\\ 1 & a & a^2\\ 1 & a^2 & a\end{bmatrix}\begin{bmatrix}\mathbf{V}_a\\ \mathbf{V}_b\\ \mathbf{V}_c\end{bmatrix}$$

由上式即可求出當 $\mathbf{V}_a$、$\mathbf{V}_b$、$\mathbf{V}_c$ 不平衡時之對稱成份電壓值。只要將上式之電壓 $\mathbf{V}$ 改為電流 $\mathbf{I}$，亦可求出三相電流不平衡下之電流對稱成份值。

(b)$\mathbf{V}_{a0}=\frac{1}{3}(\mathbf{V}_a+\mathbf{V}_b+\mathbf{V}_c)=\frac{1}{3}(20\angle 60^\circ+30\angle -30^\circ+90\angle 20^\circ)$

$=\frac{1}{3}(10+j17.32+25.98-j15+84.572+j30.782)$

$=\frac{1}{3}(120.552+j33.102)=41.671\angle 15.354^\circ\ \text{V}$

$\mathbf{V}_{a1}=\frac{1}{3}(\mathbf{V}_a+a\mathbf{V}_b+a^2\mathbf{V}_c)$

$=\frac{1}{3}[20\angle 60^\circ+30\angle -30^\circ+120^\circ+90\angle 20^\circ+240^\circ]$

$=\frac{1}{3}[10+j17.32+0+j30+(-15.628)-j88.633]$

$=\frac{1}{3}(-5.628-j41.313)=13.898\angle -97.758^\circ\ \text{V}$

$\mathbf{V}_{a2}=\frac{1}{3}(\mathbf{V}_a+a^2\mathbf{V}_b+a\mathbf{V}_c)$

$=\frac{1}{3}[20\angle 60^\circ+30\angle -30^\circ+240^\circ+90\angle 20^\circ+120^\circ]$

$=\frac{1}{3}[10+j17.32+(-25.98)-j15-68.944+j57.85]$

$=\frac{1}{3}(-84.924+j60.17)=34.693\angle 144.68^\circ\ \text{V}$

故對稱成份為：$\mathbf{V}_{a0}=41.671\angle 15.354^\circ\ \text{V}$

$\mathbf{V}_{a1}=13.898\angle -97.758^\circ\ \text{V}$

$\mathbf{V}_{a2}=34.693\angle 144.68^\circ\ \text{V}$ ◎

## 【本節重點摘要】

(1)不平衡三相三線 Y 型連接負載

①假設兩個網目電流 $\mathbf{I}_1$ 及 $\mathbf{I}_2$ 通過這兩個網目。先解出網目電流相量後，再求出三相各線的電流相量。

②當網目電流計算出來後，可以轉而應用到三個線電流上，這三個線電流等於流入負載之相電流。

③再利用歐姆定理計算負載端各線對中性點 $N$ 之相電壓相量。

④各傳輸線之線路阻抗壓降或電源端與負載端間之差值亦可表示出來。

⑤中性點電位差，它是三相電源中性點 $n$ 與負載中性點 $N$ 之相對電壓，可以由三相對稱平衡之線電壓與相電壓關係，配合電壓雙下標之相對關係，寫出電源中性點與負載中性點電位差。

(2)不平衡三相四線 Y 型連接負載

①含中性線之 Y 型連接負載平面形成三個網目，假設該三個網目之電流分別為 $\mathbf{I}_1$、$\mathbf{I}_2$、$\mathbf{I}_3$，則利用 KVL 對這三個網目所寫出的網目電流方程式。

②利用魁雷瑪法則，可以求出三個網目電流相量。

③將三個網目電流轉寫成三個線電流以及中性線電流關係。各相電壓可由歐姆定理寫出。

④若電源中性點 $n$ 與負載中性點 $N$ 以阻抗為零的短路線連接，則中性線壓降恆為零。此時直接將三相電源的線對中性點電壓除以各線對中性點等效阻抗，即得線電流。

⑤由於中性線總是存在於三相四線系統中，因此無法以 Y－Δ 轉換法變成等效 Δ 型連接阻抗做處理，故除非中性線阻抗為零的簡單計算方法，否則仍需要以網目電流法做不平衡三相四線 Y 型連接負載之電壓與電流計算。

(3)不平衡三相三線 Δ 型連接負載

①假設三個網目電流分別以順時鐘的方向流過該三個網目，因此三個網目以 KVL 所表示之網目電流方程式可以寫出。

②利用魁雷瑪法則，可以求出三個網目電流。

③將線電流以及 Δ 型負載相電流以三個網目電流表示。

④傳輸線壓降或電源端與負載端的電壓差值，以及負載各相電壓可由電流與阻抗的乘積表示。

⑤除了可以直接用 Δ 型負載做網目電流計算外，也可以將 Δ 型負載阻抗轉換為 Y 型，依舊可以使用網目電流法計算線電流。

⑥若傳輸線阻抗為零，則三相平衡電壓直接跨在三個 Δ 型相阻抗上，三個相電流以及三個線電流可直接由線電壓除以相阻抗計算。

## 【思考問題】

(1)試利用節點電壓分析法寫出本節三種電路的電壓電流關係式。

(2)若電源爲不平衡三相時，本節的方法可以適用嗎?

⑶假設三相傳輸線彼此間的互感量均為 $M$，重新用網目電流法寫出本節的方程式。

⑷若 Y 型連接三相負載（或 Δ 型連接三相負載），相與相負載間含有互感量，請問可以轉換為 Δ 型連接三相負載（或 Y 型連接三相負載）嗎?

⑸若本節的電源為三相平衡電流源，試用迴路電流法寫出本節的電壓流關係式。

# 習　題

/10.1 節/

1. 一個平衡三相電源，已知 $B$ 相電源電壓爲 $v_B(t)=110\sqrt{2}\sin(377t+10^\circ)$ V，試求在(a)正相序，(b)負相序時，其他兩相的電壓表示式。
2. 將第 1 題之三相電壓，改以相量表示出來。

/10.2 節/

3. 三相平衡 Y 連接之電源，已知 $C$ 相之相電壓相量爲 $\mathbf{V}_C=380\angle 18^\circ$ V，試求在(a)正相序，(b)負相序時，各相之相電壓與線電壓相量。
4. 三相平衡 Δ 連接之電源，若由 $B$ 相正端流出之電流相量爲 $\mathbf{I}_{CB}=50\angle 27^\circ$ A，試求在(a)正相序，(b)負相序時，各相之相電流相量，與線電流相量。

/10.3 節/

5. 一個三相平衡 Y 型連接負載，經由三相平衡傳輸線與三相平衡電源連接，電壓源已知 $\mathbf{V}_{bn}=220\angle 45^\circ$ V，負載阻抗每相 $\overline{Z}_L=25\angle 60^\circ\ \Omega$，傳輸線每線爲 $2\angle 15^\circ\ \Omega$，試分別求在正相序電源下之：(a)線電流，(b)負載相電壓與線電壓，(c)傳輸線壓降，(d)電源、傳輸線、負載之個別總複功率。
6. 若電源改爲負相序，重做第 5 題。

/10.4 節/

7. 三相平衡正相序電壓源，已知 $\mathbf{V}_{bc}=380\angle 75^\circ$ V，經由三相平衡傳輸線 $\overline{Z}_L=10\angle 15^\circ\ \Omega$，與三相平衡 Δ 連接負載相接，負載每相阻抗爲 $\overline{Z}_\Delta=60\angle 30^\circ\ \Omega$，試求：(a)線電流，(b)傳輸線各線壓降，(c)負載

各相電壓與電流，(d)電源、傳輸線及負載之個別總複功率。

8.若電源爲負相序，重做第 9 題。

/10.5 **節**/

9.兩瓦特表連接在線 $A$ 與線 $C$ 上，電源爲三相平衡正相序 220 V，已知負載爲 Y 型連接，每相阻抗爲 $50\angle 30^\circ\ \Omega$，試求兩瓦特表讀數及負載總實功率。

10.若第 9 題中之 Y 型連接，改爲 Δ 型連接，重做第 9 題。

11.兩瓦特表法量測三相Y型連接負載，已知 $W_A = 500\text{W}$，$W_B = -100\text{ W}$，電源爲三相平衡正相序 380 V 系統，試求負載阻抗與線電流大小。

12.若第 11 題改爲負相序電源，且負載爲 Δ 型連接，重做第 11 題。

13.兩瓦特計法接在 $A$、$B$ 線上以量測三相總功率，已知電源爲正相序，試求在下面功率因數下，以總實功率 $P_T$ 係數表示之兩瓦特表讀數。(a)PF = 0.8 lagging，(b)PF = 0.75 leading。

/10.6 **節**/

14.一個平衡二相電源，已知 $\mathbf{V}_{an} = 110\angle 0^\circ$ V，$\mathbf{V}_{bn} = 110\angle -90^\circ$ V，連接至一個平衡二相負載，各相阻抗爲 $20\angle 30^\circ\ \Omega$，試求：(a)線電壓相量，(b)負載各相電流，(c)中性線電流，(d)負載總複功率。

15.一個平衡四相電源，已知 $\mathbf{V}_{an} = 50\angle 0^\circ$ V，負載亦爲四相星型平衡負載，各相阻抗爲 $10\angle 60^\circ\ \Omega$，試求：(a)各相之相電壓相量，(b)線間之電壓相量，(c)負載之各相電流相量，(d)負載總視在功率。

16.一個平衡六相電源，選定 $\mathbf{V}_{1n} = 100\angle 0^\circ$ V，負載爲六相星型平衡負載，各相阻抗爲 $25\angle 45^\circ\ \Omega$，試求：(a)各相之相電壓相量，(b)線間之電壓相量，(c)負載各相電流相量，(d)負載總視在功率。

/10.7 **節**、10.8 **節**/

17.三相不平衡 Y 型連接負載，各相阻抗分別爲：$\overline{Z}_{AN} = 30 + j40\ \Omega$，$\overline{Z}_{BN} = 40 + j40\ \Omega$，$\overline{Z}_{CN} = 60 - j80\ \Omega$，若該三相負載連接至一個三相平衡正相序 220 V 電源，以 $\mathbf{V}_{ab}$爲 0°參考，試求：(a)負載各線電流，

(b)負載各相電壓，(c)兩瓦特表連接在 $A$、$C$ 線上之讀數，(d)總負載實功率。

18.一個三相平衡負相序 480 V 電源，以 $\mathbf{V}_{ab}$為 0°做參考，連接至一個不平衡 Δ 型連接負載，各相阻抗分別為：$\overline{Z}_{AB} = 30 - j40\ \Omega$，$\overline{Z}_{BC} = 100\ \Omega$，$\overline{Z}_{CA} = 10 - j10\ \Omega$，試求：(a)負載各相電流，(b)流入負載之線電流，(c)若兩瓦特表連接在 $A$、$B$ 線上之讀數，(d)總負載消耗之實功率。

# 第十一章　非正弦波的分析

自第六章以後到第十章，我們對於電路分析都集中於交流弦波穩態上，這種理想的純正弦波或餘弦波的電源波形，應是所有週期性波形中的一種特殊類型，它對電路所產生的響應，是產生成一個與自己波形及頻率相同，但是振幅卻是不同的量。本章將擴大這種理想波形到非弦式的波形上，以分析非純正的弦波對電路所產生的影響。

本章將分以下數節做介紹：

●11.1 節——定義基波與諧波。

●11.2 節——介紹傅氏級數在純非弦波函數的展開。

●11.3 節——由波形的特殊特性，將週期波形分爲對稱波與非對稱波，以利傅氏級數的分析。

●11.4 節——以數學方法分析非正弦波的量。

●11.5 節——將傅氏級數改用複數的型式表示。

●11.6 節——分析非正弦波的有效值。

●11.7 節——對分正弦波產生的量，定義諧波下的功率因數。

## 11.1　基波與諧波

一個週期爲 $T$ 秒之週期性函數$F$，在每經過 $T$ 秒後會重覆出現原波形，可以用數學式表示如下：

$$F(t)=F(t\pm kT) \tag{11.1.1}$$

式中時間變數 $t$ 之範圍爲 $-\infty \leq t \leq \infty$；而 $k$ 爲整數，$k=1,2,3,\cdots$。

以赫茲（Hz）或 cps（cycles per second）爲單位的頻率，通常以符號 $f$ 表示，$f$ 定義爲在一秒在內函數 $F$ 所經過的完整週波（cycles）數，其値爲週期 $T$ 的倒數：

$$f=\frac{1}{T} \quad \text{Hz} \tag{11.1.2}$$

角頻率 $\omega$ 則爲頻率 $f$ 的 $2\pi$ 倍：

$$\omega=2\pi f=2\pi \frac{1}{T} \quad \text{rad/s} \tag{11.1.3}$$

週期與頻率，都是第六章有關弦波穩態分析準備工作中，我們所已經說明過的。第六章以後到第十章中間，一個電路的電源的頻率通常只有一種，或者是正弦電源與餘弦電源同一個頻率操作。只有到第 7.7 節時，多個電源多種不同頻率的情況才在重疊定理應用上出現，這可看成是爲本章的非正弦式電源分析做準備的。我們此時可以談一談週期性函數的另一種寫法。

這種寫法是由法國數學家傅立葉（Jean B. J. Fourier）所提出的，當他在研究熱流問題時，發現一個週期性函數可以改用不同頻率的純正弦函數與純餘弦函數的代數和來得到。若定義（11.1.3）式的角頻率 $\omega$ 爲基本波（the fundamental wave）（或簡稱基波）頻率 $\omega_f$：

$$\omega_f=2\pi f=2\pi \frac{1}{T} \quad \text{rad/s} \tag{11.1.4}$$

則一週期性函數 $F(t)$ 表示爲傅立葉級數或傅氏級數（Fourier series）時，可以用下面的表示式來代表（本書將採用此表示法）：

$$\begin{aligned} F(t)=a_0 &+ a_1\cos\omega_f t + a_2\cos 2\omega_f t + \cdots + a_k\cos k\omega_f t + \cdots \\ &+ b_1\sin\omega_f t + b_2\sin 2\omega_f t + \cdots + b_k\sin k\omega_f t + \cdots \end{aligned} \tag{11.1.5}$$

有些書上的傅氏級數表示法爲：

$$F(t)=\frac{a_0}{2}+a_1\cos\omega_f t + a_2\cos 2\omega_f t + \cdots + a_k\cos k\omega_f t + \cdots$$

$$+b_1\sin\omega_f t+b_2\sin 2\omega_f t+\cdots+b_k\sin k\omega_f t+\cdots \tag{11.1.6}$$

(11.1.5) 式與 (11.1.6) 式兩式中等號右側第一項爲常數，不具正弦或餘弦頻率的關係，可視爲直流量 (the dc component)；等號右側第二項以後分爲餘弦的族群以及正弦的族群兩種，其中正弦與餘弦的函數頻率爲按照基波頻率整數倍地增加上去，除了基本頻率 $\omega_f$ 的項稱爲基波外，其他的稱爲諧波(theharmonics)。例如：整數$k=3$時，$a_3\cos3\omega_f t+b_3\sin3\omega_f t$ 即爲三次諧波量；整數 $k=4$ 時，$a_4\cos4\omega_f t+b_4\sin4\omega_f t$ 則爲四次諧波量；若整數 $k$ 是奇數，例如 $a_3\cos3\omega_f t+a_5\cos5\omega_f t+\cdots$，可稱爲奇次諧波 (the odd harmonics)；若整數 $k$ 是偶數，例如 $b_2\sin2\omega_f t+b_4\sin4\omega_f t+\cdots$，則可稱爲偶次諧波 (the even harmonics)。

理論上而言，(11.1.5) 式及 (11.1.6) 式兩式的傅立葉級數均具有無限多的正弦項與餘弦項函數組合，然而在實際電路計算或工程應用上，可視所能接受的誤差接近程度做取捨，將較高次的諧波量截斷，只保留重要的低次諧波量，即可近似原週期性函數波形。

## 【本節重點摘要】

(1)一個週期為 $T$ 秒之週期性函數 $F$，在每經過 $T$ 秒後會重覆出現原波形，可以用數學式表示如下：

$$F(t)=F(t\pm kT)$$

式中時間變數 $t$ 之範圍為 $-\infty\leq t\leq\infty$；而 $k$ 為整數，$k=1,2,3,\cdots$。

(2)若定義角頻率 $\omega$ 為基本波（或簡稱基波）頻率 $\omega_f$：

$$\omega_f=2\pi f=2\pi\frac{1}{T}\quad\text{rad/s}$$

則一週期性函數$F(t)$表示為傅立葉級數或傅氏級數時，可以用下面的表示式來代表：

$$F(t)=a_0+a_1\cos\omega_f t+a_2\cos2\omega_f t+\cdots+a_k\cos k\omega_f t+\cdots$$
$$+b_1\sin\omega_f t+b_2\sin2\omega_f t+\cdots+b_k\sin k\omega_f t+\cdots$$

式中

①等號右側第一項為常數，不具正弦或餘弦頻率的關係，可視為直流量；

②等號右側第二項以後分為餘弦的族群以及正弦的族群兩種，其中正弦與餘弦的函數頻率為按照基波頻率整數倍地增加上去，除了基本頻率 $\omega_f$ 的項外，其他的稱為諧波。

(3)傅氏級數整數 $k=3$ 時，$a_3\cos3\omega_f t+b_3\sin3\omega_f t$ 即為三次諧波量；整數 $k=4$ 時，$a_4\cos4\omega_f t+b_4\sin4\omega_f t$ 則為四次諧波量；若整數 $k$ 是奇數，例如 $a_3\cos3\omega_f t+a_5\cos5\omega_f t+\cdots$，可稱為奇次諧波；若整數 $k$ 是偶數，例如 $b_2\sin2\omega_f t+b_4\sin4\omega_f t+\cdots$，則可稱為偶次諧波。

**【思考問題】**

(1)一個純正弦波或純餘弦波的傅氏級數應該有幾項？是不是只有一項？這一項是不是它自己本身？

(2)諧波可不可以消除？有那些方法？

(3)諧波對電路或電器設備有什麼好處？有什麼壞處？請列舉一二說明。

(4)諧波是隨時間改變的量嗎？有沒有靜態諧波？有沒有動態諧波？

(5)若一個函數不是週期性函數時，有沒有傅氏級數？有沒有諧波？

(6)任何週期性函數一定有傅氏級數嗎？那些函數沒有？

# 11.2 傅氏級數

我們將前一節的傅立葉級數（Fourier series）簡稱爲傅氏級數，將（11.1.5）式改以下面較簡單的方程式表示：

$$F(t)=a_0+\sum_{k=1}^{\infty}a_k\cos k\omega_f t+\sum_{k=1}^{\infty}b_k\sin k\omega_f t \tag{11.2.1}$$

式中 $k$ 爲正整數，可由 1 增加到∞；$\omega_f$ 爲基本波的角頻率，單位爲 rad/s；$t$ 則爲時間變數，單位爲 s；至於傅氏級數的係數 $a_0$、$a_k$ 以及 $b_k$ 則爲常數。

若要求傅氏級數之常係數 $a_0$、$a_k$ 以及 $b_k$，一些正弦與餘弦在一個週期 $T$ 內積分的重要關係式，在此先簡要地介紹如下：

$$\int_0^T \sin k_1\omega_f t\, dt = 0 \tag{11.2.2}$$

$$\int_0^T \cos k_2\omega_f t\, dt = 0 \tag{11.2.3}$$

$$\int_0^T (\sin k_1\omega_f t)(\cos k_2\omega_f t)dt = 0 \tag{11.2.4}$$

$$\int_0^T (\sin k_1\omega_f t)(\sin k_2\omega_f t)dt = 0,\ k_1 \neq k_2 \tag{11.2.5a}$$

$$= \frac{T}{2},\ k_1 = k_2 \tag{11.2.5b}$$

$$\int_0^T (\cos k_1\omega_f t)(\cos k_2\omega_f t)dt = 0,\ k_1 \neq k_2 \tag{11.2.6a}$$

$$= \frac{T}{2},\ k_1 = k_2 \tag{11.2.6b}$$

讓我們分析（11.2.2）式～(11.2.6)式等五個方程式的寫法如下：

(1)五個方程式的積分上下限區間，是由下限的 0 到上限的週期 $T$，也可以改由下限的任意時間 $t_x$ 到上限的 $t_x + T$，或由下限的 $(-T/2)$ 到上限的 $(T/2)$。總之，上下限的區間範圍是一個完整的週期 $T$，而式中的 $k_1$ 及 $k_2$ 則爲任意整數。

(2)（11.2.2）式及（11.2.3）式兩式表示純正弦波及純餘弦波在整數倍的基波頻率下，對一個完整週期 $T$ 的積分之值恆爲零。這個說法可參考第六章 6.2 節之平均值定義的積分式，當一個純正弦波或純餘弦波在一個週期 $T$ 內對時間 $t$ 積分時，在時間軸上下所包圍的面積淨值恆爲零，因此純正弦波或純餘弦波的完整週期積分其值均爲零。

(3)而（11.2.4）式～(11.2.6)式等三式，可由三角函數積化和差關係式，驗證如下（式中的 $X$ 及 $Y$ 爲任意實數）：

$$\sin X\cos Y=\frac{1}{2}[\sin(X+Y)+\sin(X-Y)]$$

$$\cos X\cos Y=\frac{1}{2}[\cos(X+Y)+\cos(X-Y)]$$

$$\sin X\sin Y=-\frac{1}{2}[\cos(X+Y)-\cos(X-Y)]$$

具有（11.2.4）式～(11.2.6)式等三式的函數關係，稱爲正交性(orthogonality)，而積分式內兩小括號的函數稱爲彼此正交（orthogonal)。例如（11.2.4）式中的（$\sin k_1\omega_f t$）及（$\cos k_2\omega_f t$），不論 $k_1$ 或 $k_2$ 之值爲何，兩個函數互爲正交函數；又如（11.2.5）式中的($\sin k_1\omega_f t$）及（$\sin k_2\omega_f t$），當 $k_1$ 不等於 $k_2$ 時，彼此爲正交函數；又(11.2.6）式中的（$\cos k_1\omega_f t$）及（$\cos k_2\omega_f t$），當 $k_1$ 不等於 $k_2$ 時，彼此爲正交函數。

(11.2.2）式～(11.2.6)式等五式的關係是在求傅氏級數之常係數 $a_0$、$a_k$ 以及 $b_k$ 等參數時使用的，因爲利用（11.2.2）式及(11.2.3）式兩式積分一個週期爲零的關係，以及（11.2.4）式～(11.2.6）式三式積分正交性爲零的關係，即可將待求的傅氏級數之常係數：$a_0$、$a_k$ 以及 $b_k$ 等參數，表示爲方程式然後求解，其方程式分別推導如下：

**(1)直流項 $a_0$ 的計算**

只要將函數$F(t)$對時間 $t$ 的一個週期 $T$ 積分，則（11.2.1）式等號右側第二項及第三項會形成（11.2.2）式及（11.2.3）式兩式的積分式，變爲零值，即可求出 $a_0$，其關係式如下：

$$\begin{aligned}\int_0^T F(t)dt &= \int_0^T a_0 dt+\int_0^T\sum_{k=1}^{\infty}a_k\cos(k\omega_f t)dt\\&\quad+\int_0^T\sum_{k=1}^{\infty}b_k\sin(k\omega_f t)dt\\&=a_0(T-0)+0+0=a_0T \qquad (11.2.7)\end{aligned}$$

因此計算 $a_0$ 的公式可將（11.2.7）式等號右側的週期 $T$ 移至等號左側，變成下式：

$$a_0=\frac{1}{T}\int_0^T F(t)dt \tag{11.2.8}$$

由（11.2.8）式的表示式得知，傅氏級數的係數 $a_0$，恰爲週期性函數$F(t)$在一個週期 $T$ 內的平均值或等效直流值，因此 $a_0$ 又稱爲傅氏級數的直流項（the dc term）。

**⑵餘弦項係數 $a_k$ 之計算**

將（11.2.1）式乘上（$\cos k\omega_f t$）後，對時間 $t$ 做一個週期 $T$ 的積分，可得：

$$\begin{aligned}\int_0^T F(t)\cos k\omega_f t dt &= \int_0^T a_0\cos k\omega_f t dt + \\ &\quad \int_0^T \sum_{k=1}^{\infty} a_k \cos k\omega_f t \cos k\omega_f t dt + \\ &\quad \int_0^T \sum_{k=1}^{\infty} b_k \sin k\omega_f t \cos k\omega_f t dt \\ &= a_0\int_0^T \cos k\omega_f t dt + \\ &\quad \sum_{k-1}^{\infty} a_k \int_0^T \cos k\omega_f t \cos k\omega_f t dt + \\ &\quad \sum_{k=1}^{\infty} b_k \int_0^T \sin k\omega_f t \cos k\omega_f t dt \\ &= 0 + \sum_{\substack{n=1 \\ n\neq k}}^{\infty} a_n \cdot 0 + a_k\cdot\frac{T}{2} + \sum_{k=1}^{\infty} b_k \cdot 0 \\ &= a_k\frac{T}{2}\end{aligned} \tag{11.2.9}$$

將（11.2.9）式等號右側中的（$T/2$）移項到等號左側，則傅氏級數中餘弦函數的第 $k$ 個係數$a_k$ 可由下式計算得到：

$$a_k=\frac{2}{T}\int_0^T F(t)\cos k\omega_f t dt \tag{11.2.10}$$

請注意：（11.2.9）式等號右側第一項利用了（11.2.3）式的關係；第二項則應用了（11.2.6）式的關係；第三項則爲（11.2.4）式，正弦與餘弦乘積之正交函數的結果。在第二項中，除了當 $n=k$ 時，兩個餘弦函數乘積積分一個週期結果之值不爲零外，其餘的餘弦函數乘

積只要是 $n \neq k$ 者，積分一個週期之值一律為零。由（11.2.10）式知，要求出傅氏級數餘弦函數第 $k$ 個係數 $a_k$，可將原週期性函數 $F(t)$ 先乘上 $\cos k\omega_f t$，之後再對時間 $t$ 做一個週期 $T$ 的積分，然後再乘以 $(2/T)$，即得該傅氏級數的係數。

**(3)正弦項係數 $b_k$ 之計算**

該係數可仿照 $a_k$ 的計算，將原週期性函數 $F(t)$ 乘以 $\sin k\omega_f t$，然後再對時間 $t$ 做一個週期 $T$ 的積分，結果如下：

$$\begin{aligned}\int_0^T F(t)\sin k\omega_f t dt &= \int_0^T a_0 \sin k\omega_f t dt + \\ &\int_0^T \sum_{k=1}^{\infty} a_k \cos k\omega_f t \sin k\omega_f t dt + \\ &\int_0^T \sum_{k=1}^{\infty} b_k \sin k\omega_f t \sin k\omega_f t dt \\ &= a_0 \int_0^T \sin k\omega_f t dt + \\ &\sum_{k=1}^{\infty} a_k \int_0^T \cos k\omega_f t \sin k\omega_f t dt + \\ &\sum_{k=1}^{\infty} b_k \int_0^T \sin k\omega_f t \sin k\omega_f t dt \\ &= 0 + \sum_{k=1}^{\infty} a_k \cdot 0 + \sum_{\substack{n=1 \\ n\neq k}}^{\infty} b_n \cdot 0 + b_k \cdot \frac{T}{2} \\ &= b_k \cdot \frac{T}{2} \end{aligned} \tag{11.2.11}$$

將（11.2.11）式等號右側中的 $(T/2)$ 移項到等號左側，則傅氏級數中正弦函數的第 $k$ 個係數 $b_k$ 可由下式計算得到：

$$b_k = \frac{2}{T}\int_0^T F(t)\sin k\omega_f t dt \tag{11.2.12}$$

（11.2.11）式等號右側第一項利用了（11.2.2）式的關係；第二項則應用了（11.2.4）式正弦與餘弦乘積之正交函數為零的結果；第三項則為（11.2.5）式的關係。在第三項中，除了當 $n = k$ 時兩個正弦函數乘積對時間$t$積分一個週期$T$結果之值不爲零外，其餘的正弦函數乘積只要是$n \neq k$者，積分一個週期之值一律爲零。由（11.2.10）式知，要求出傅氏級數正弦函數第$k$個係數$b_k$，可將原週期性函數$F(t)$先乘上$\sin k\omega_f t$，之後再對時間$t$做一個週期$T$的積分，然後再乘以（$2/T$），即得該傅氏級數的係數。

**【例 11.2.1】** 如圖 11.2.1 之波形，求其傅氏級數。

**圖 11.2.1　例 11.2.1 之波形**

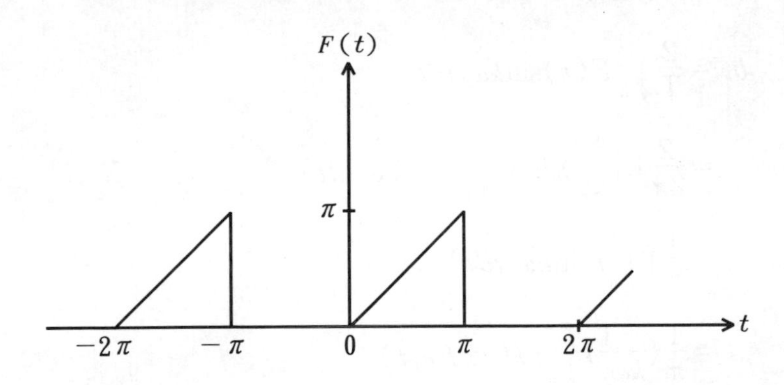


**【解】**

$$F(t) = t \quad 0 \leq t \leq \pi \quad T = 2\pi \text{ sec}$$

$$= 0 \quad -\pi \leq t \leq 0$$

$$a_0 = \frac{1}{T}\int_0^T F(t)dt = \frac{1}{2\pi}\left[\int_{-\pi}^{0} 0dt + \int_0^{\pi} tdt\right]$$

$$= \frac{1}{2\pi}\cdot\frac{t^2}{2}\Big|_0^{\pi} = \frac{1}{4\pi}\cdot(\pi^2 - 0) = \frac{\pi}{4}$$

$$a_k = \frac{2}{T}\int_0^T F(t)\cos k\omega_f t dt$$

$$= \frac{2}{2\pi}\left[\int_{-\pi}^{0} 0dt + \int_0^{\pi} t\cos k\omega_f t dt\right]$$

$$= \frac{1}{\pi}\left[\frac{1}{k\omega_f}\int_0^{\pi} td(\sin k\omega_f t)\right]$$

$$=\frac{1}{k\pi\omega_f}[t\sin k\omega_f t-\int \sin k\omega_f t dt]\Big|_0^\pi$$

$$=\frac{1}{k\pi\omega_f}[t\sin k\omega_f t+\frac{1}{k\omega_f}\cos k\omega_f t]\Big|_0^\pi$$

$$=\frac{1}{k\pi\omega_f}[0+\frac{1}{k\omega_f}\cos k\omega_f\pi-0-\frac{1}{k\omega_f}]$$

$$=\frac{1}{\pi(k\omega_f)^2}[(-1)^n-1]$$

$\therefore a_k=0$ $\qquad n$： 偶數

$=\dfrac{-2}{\pi(k\omega_f)^2}$ $\qquad n$：奇數

$$b_k=\frac{2}{T}\int_0^T F(t)\sin k\omega_f t dt$$

$$=\frac{2}{2\pi}[\int_{-\pi}^0 0dt+\int_0^\pi t\sin k\omega_f t dt]$$

$$=\frac{1}{\pi}[\int_0^\pi t\sin k\omega_f t dt]$$

$$=\frac{1}{\pi}(\frac{-1}{k\omega_f})\int_0^\pi td(\cos k\omega_f t)$$

$$=\frac{-1}{k\pi\omega_f}[t\cos k\omega_f t-\int \cos k\omega_f t dt]$$

$$=\frac{-1}{k\pi\omega_f}[t\cos k\omega_f t-\frac{1}{k\omega_f}\sin k\omega_f t]\Big|_0^\pi$$

$$=\frac{-1}{k\pi\omega_f}[\pi\cdot\cos k\omega_f\pi-0-0+0]=\frac{1}{k\omega_f}(-1)^{n+1}$$

$\therefore b_k=\dfrac{1}{k\omega_f}$ $\qquad k$：奇數

$=\dfrac{-1}{k\omega_f}$ $\qquad k$：偶數

$$\therefore F(t)=\frac{\pi}{4}+(\frac{-2}{\pi\omega_f^2})[\cos\omega_f t+\frac{1}{9}\cos 3\omega_f t+\frac{1}{25}\cos 5\omega_f t+\cdots]$$

$$+(\frac{1}{\omega_f})[\sin\omega_f t-\frac{1}{2}\sin 2\omega_f t+\frac{1}{3}\sin 3\omega_f t-\frac{1}{8}\sin 4\omega_f t+\cdots]$$

◎

【例 11.2.2】如圖 11.2.1 所示之週期性波形，試求其傅氏級數。

圖 11.2.2　例 11.2.2 之波形

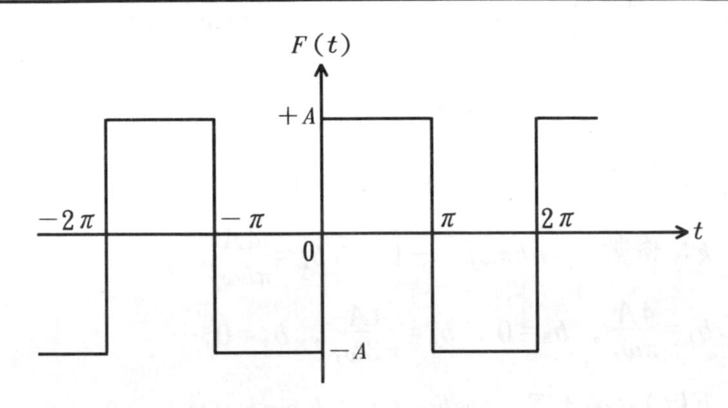


【解】
$$F(t)=A \qquad 0\leq t\leq \pi \qquad T=2\pi$$
$$=-A \qquad -\pi\leq t\leq 0$$

$$\therefore a_0=\frac{1}{T}\int_0^T F(t)dt=\frac{1}{2\pi}\left[\int_{-\pi}^{0}(-A)dt+\int_0^{\pi}Adt\right]$$
$$=\frac{1}{2\pi}\left[-A(0+\pi)+A(\pi-0)\right]=0$$

$$a_k=\frac{2}{T}\int_0^T F(t)\cos k\omega_f t dt$$
$$=\frac{2}{2\pi}\left[\int_{\pi}^{0}(-A)\cos k\omega_f t dt+\int_0^{\pi}A\cos k\omega_f t dt\right]$$
$$=\frac{1}{\pi}\left[(-A)\frac{\sin k\omega_f t}{k\omega_f}\bigg|_{-\pi}^{0}+A\,\frac{\sin k\omega_f t}{k\omega_f}\bigg|_0^{\pi}\right]$$
$$=\frac{1}{\pi}\left\{\frac{(-A)}{k\omega_f}(0+\sin k\omega_f\pi)+\frac{A}{k\omega_f}\left[\sin(k\omega_f\pi)-0\right]\right\}$$
$$=\frac{1}{\pi}\cdot 0=0$$

$$b_k=\frac{2}{T}\int_0^T F(t)\sin k\omega_f t dt$$
$$=\frac{2}{2\pi}\left[\int_{-\pi}^{0}(-A)\sin k\omega_f t dt+\int_0^{\pi}A\sin k\omega_f t dt\right]$$

$$= \frac{1}{\pi}\left[(-A)\frac{-\cos k\omega_f t}{k\omega_f}\Big|_{-\pi}^{0} + (A)\frac{-\cos k\omega_f t}{k\omega_f}\Big|_{0}^{\pi}\right]$$

$$= \frac{1}{\pi}\left[\frac{A}{k\omega_f}(1-\cos k\pi\omega_f) - \frac{A}{k\omega_f}(\cos k\pi\omega_f - 1)\right]$$

$$= \frac{2}{\pi}\frac{A}{k\omega_f}\left[1-\cos k\pi\omega_f\right]$$

$k$：偶數　$\cos k\pi\omega_f = 1 \quad \therefore b_k = 0$

$k$：奇數　$\cos k\pi\omega_f = -1 \quad \therefore b_k = \frac{4A}{\pi k\omega_f}$

$$\therefore b_1 = \frac{4A}{\pi\omega_f}，\ b_2 = 0，\ b_3 = \frac{4A}{\pi 3\omega_f}，\ b_4 = 0, \cdots$$

$$\therefore F(t) = a_0 + \sum_{k=1}^{n} a_k \cos k\omega_f t + \sum_{k=1}^{n} b_k \sin k\omega_f t$$

$$= 0 + 0 + \sum_{\substack{k=1 \\ k=\text{odd}}}^{n} \frac{4A}{k\pi\omega_f}\sin k\omega_f t$$

$$= \frac{4A}{\pi\omega_f}\sin\omega_f t + \frac{4A}{3\pi\omega_f}\sin 3\omega_f t + \frac{4A}{5\pi\omega_f}\sin 5\omega_f t + \cdots$$

本例由於波形爲奇對稱，故只含 $b_k$ 之係數，可參考下一節的簡單做法。

◎

## 【本節重點摘要】

⑴傅立葉級數改以下面較簡單的方程式表示：

$$F(t) = a_0 + \sum_{k=1}^{\infty} a_k \cos k\omega_f t + \sum_{k=1}^{\infty} b_k \sin k\omega_f t$$

式中 $k$ 為正整數，可由 1 增加到∞；$\omega_f$ 為基本波的角頻率；$t$ 則為時間變數；至於傅氏級數的係數 $a_0$、$a_k$ 以及 $b_k$ 則為常數。

⑵若要求傅氏級數之常係數 $a_0$、$a_k$ 以及 $b_k$，一些正弦與餘弦在一個週期內積分的重要關係式必須應用：

$$\int_0^T \sin k_1\omega_f t\,dt = 0$$

$$\int_0^T \cos k_2\omega_f t\,dt = 0$$

$$\int_0^T (\sin k_1\omega_f t)(\cos k_2\omega_f t)\,dt = 0$$

$$\int_0^T (\sin k_1\omega_f t)(\sin k_2\omega_f t)dt = 0,\ k_1 \neq k_2$$

$$= \frac{T}{2},\ k_1 = k_2$$

$$\int_0^T (\cos k_1\omega_f t)(\cos k_2\omega_f t)dt = 0,\ k_1 \neq k_2$$

$$= \frac{T}{2},\ k_1 = k_2$$

(3)直流項 $a_0$ 的計算:

將函數 $F(t)$ 對時間 $t$ 的一個週期 $T$ 積分，即可求出 $a_0$，其關係式如下:

$$a_0 = \frac{1}{T}\int_0^T F(t)dt$$

(4)餘弦項係數 $a_k$ 之計算:

傅氏級數中餘弦函數的第 $k$ 個係數 $a_k$ 可由下式計算得到:

$$a_k = \frac{2}{T}\int_0^T F(t)\cos k\omega_f t dt$$

(5)正弦項係數 $b_k$ 之計算:

傅氏級數中正弦函數的第 $k$ 個係數 $b_k$ 可由下式計算得到:

$$b_k = \frac{2}{T}\int_0^T F(t)\sin k\omega_f t dt$$

**【思考問題】**

(1)傅氏級數的係數 $a_0$ 可否由 $a_k$ 的方式計算，然後再令 $k=0$ 而得?

(2)傅氏級數 $a_k$ 與 $b_k$ 同時存在的意義爲何?

(3)傅氏級數只存在 $a_k$ 的意義爲何?

(4)傅氏級數只存在 $b_k$ 的意義爲何?

(5)傅氏級數只存在 $a_0$ 的意義爲何?

## 11.3　對稱及非對稱波

一個具有週期爲 $T$ 的週期性函數 $F(t)$，可以因爲波形的對稱特性關係，將傅氏級數的係數求法予以簡化；若波形無任何對稱性可言，則求解傅氏級數的係數 $a_0$、$a_k$ 以及 $b_k$ 等關係仍要按第 11.2 節的方程式處理。茲將週期性波形對稱的情形分爲以下兩類：

**⑴偶對稱（even symmetry）函數**

若週期性函數 $F(t)$ 具有以下的關係，則稱爲偶函數（the even functions），其波形爲偶對稱：

$$F(t) = F(-t) \tag{11.3.1}$$

式中 $t$ 爲時間變數，以沿著正時間軸進行，$-t$ 則爲沿著負時間軸前進。由（11.3.1）式得知，由時間軸的零點向正軸前進，與向時間負軸前進，所得的值在相同的 $t$ 秒距離皆相同，因此可將時間零點所形成的面視爲一面鏡子，它可將時間正軸的函數值，同時全部重現於時間的負軸上。亦即偶函數的特性是：正時間軸上的函數值與負時間軸上（以時間零點或函數軸爲鏡面做反射）的函數值完全相同。最常見的波形就是未產生相移的純餘弦（cosine）波，如圖 11.3.1(a)所示，我們可以想像一面鏡子以垂直於書面的方向插入於 $t=0$ 的 $y$ 軸線中，故 $t=0$ 就是一個鏡面，如此就能將正時間軸的量投影至負時間軸上。

圖 11.3.1 (a)偶對稱的餘弦波(b)奇對稱的正弦波

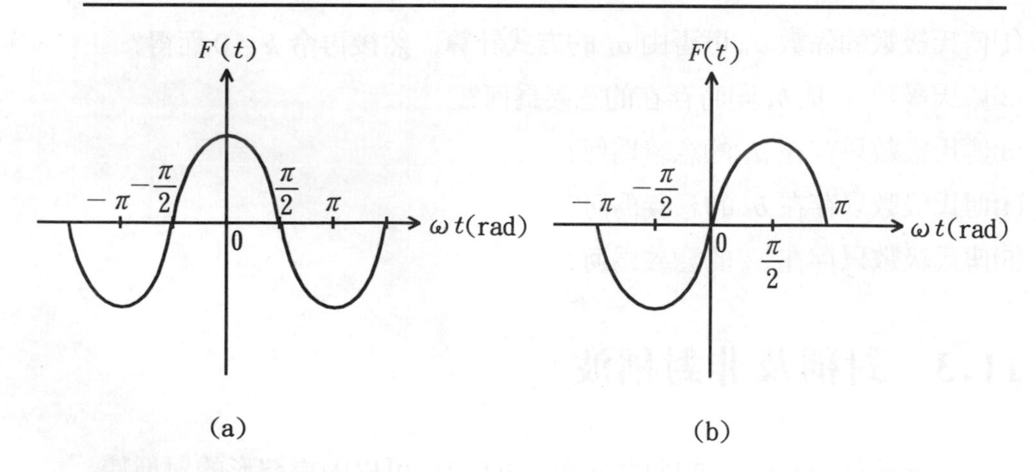

**(2)奇對稱（odd symmetry）函數**

若週期性函數$F(t)$具有以下的關係，則稱爲奇函數（the odd functions），其波形爲奇對稱：

$$F(t)=-F(-t) \tag{11.3.2}$$

式中 $t$ 與 $-t$ 均與（11.3.1）式相同，分別代表沿正時間軸以及負時間軸進行的時間變數。但是與（11.3.1）式不同的是，（11.3.2）式等號右側爲負號，就是將$F(-t)$再取反極性，即再將$F(-t)$的波形以函數零點這條線（即時間軸）爲一個鏡面，將其反射到鏡面去。與（11.3.1）式配合說明，可以得知，奇函數的特性是在正時間軸上的函數值與負時間軸上（以時間零點或函數軸爲鏡面做反射）的負函數值（再以函數零點或時間軸爲鏡面做反射）完全相同。最常見的波形就是未發生相移的純正弦（sine）波，如圖 11.3.1(b)所示，我們可以想像一個鏡面先放置於$t=0$ 的軸線上垂直放入書本，再將另一個鏡面放置於$F(t)=0$ 的軸線上垂直放入書本，如此就能將正時間軸的量先投影至負時間軸，然後再投影至負的函數值上。

茲將一個週期性波形爲偶對稱函數、奇對稱函數以及特殊的半波對稱函數等波形的傅氏級數係數關係，分爲三個部份個別分析如下。

## 11.3.1　偶函數之傅氏級數係數

**(1)$a_0$ 的計算**

(a)首先將積分上下限〔$0,T$〕改爲〔$-T/2,T/2$〕

$$a_0=\frac{1}{T}\int_0^T F(t)dt=\frac{1}{T}\int_{-T/2}^{T/2}F(t)dt \tag{11.3.3a}$$

(b)再將〔$-T/2,T/2$〕之積分上下限區間，拆成〔$-T/2,0$〕以及〔$0,T/2$〕兩段區間

$$a_0=\frac{1}{T}\left[\int_{-T/2}^{0}F(t)dt+\int_0^{T/2}F(t)dt\right] \tag{11.3.3b}$$

(c)將上式等號右側第一項積分內的所有時間變數 $t$ 改爲 $-\tau$，即

令 $t=-\tau$，注意積分下限改了極性，由 $-T/2$ 改爲 $T/2$，等號右側第二項積分則維持不變

$$a_0=\frac{1}{T}\left[\int_{T/2}^{0}F(-\tau)d(-\tau)+\int_{0}^{T/2}F(t)dt\right] \tag{11.3.3c}$$

(d)將上式等號右側第一項積分式內部的偶函數關係代入，即 $F(-\tau)=F(\tau)$，同時再將 $d(-\tau)$ 改爲 $d\tau$，因此積分上下限由〔$T/2,0$〕改爲〔$0,T/2$〕

$$a_0=\frac{1}{T}\left[\int_{0}^{T/2}F(\tau)d\tau+\int_{0}^{T/2}F(t)dt\right] \tag{11.3.3d}$$

(e)最後再令積分變數 $\tau=t$，則可得下面的結果：

$$a_0=\frac{1}{T}\left[\int_{0}^{T/2}F(t)dt+\int_{0}^{T/2}F(t)dt\right] \tag{11.3.3e}$$

$$=\frac{2}{T}\int_{0}^{T/2}F(t)dt \tag{11.3.3f}$$

(2)**$a_k$ 的計算**（仿照 $a_0$ 的做法）

$$a_k=\frac{2}{T}\int_{0}^{T}F(t)\cos k\omega_f t dt=\frac{2}{T}\int_{-T/2}^{T/2}F(t)\cos k\omega_f t dt$$

$$=\frac{2}{T}\left[\int_{-T/2}^{0}F(t)\cos k\omega_f t dt+\int_{0}^{T/2}F(t)\cos k\omega_f t dt\right]$$

$$=\frac{2}{T}\left[\int_{T/2}^{0}F(-\tau)\cos k\omega_f(-\tau)d(-\tau)\right.$$

$$\left.+\int_{0}^{T/2}F(t)\cos k\omega_f t dt\right]$$

$$=\frac{2}{T}\left[\int_{0}^{T/2}F(\tau)\cos k\omega_f \tau d\tau+\int_{0}^{T/2}F(t)\cos k\omega_f t dt\right]$$

$$=\frac{4}{T}\int_{0}^{T/2}F(t)\cos k\omega_f t dt \tag{11.3.4}$$

(3)**$b_k$ 的計算**（仿照 $a_0$ 的做法）

$$b_k=\frac{2}{T}\int_{0}^{T}F(t)\sin k\omega_f t dt=\frac{2}{T}\int_{-T/2}^{T/2}F(t)\sin k\omega_f t dt$$

$$=\frac{2}{T}\left[\int_{-T/2}^{0}F(t)\sin k\omega_f t dt+\int_{0}^{T/2}F(t)\sin k\omega_f t dt\right]$$

$$=\frac{2}{T}\left\{\int_{-T/2}^{0}F(-\tau)\sin[k\omega_f(-\tau)]d(-\tau)\right.$$

$$\left.+\int_{0}^{T/2}F(t)\sin k\omega_f t dt\right\}$$

$$=\frac{2}{T}\left[-\int_{T/2}^{0}F(-\tau)\sin k\omega_f \tau d(-\tau)\right.$$

$$\left.+\int_{0}^{T/2}F(t)\sin k\omega_f t dt\right]$$

$$=\frac{2}{T}\left[-\int_{0}^{T/2}F(\tau)\sin k\omega_f \tau d\tau+\int_{0}^{T/2}F(t)\sin k\omega_f t dt\right]$$

$$=\frac{2}{T}\left[-\int_{0}^{T/2}F(t)\sin k\omega_f t dt+\int_{0}^{T/2}F(t)\sin k\omega_f t dt\right]$$

$$=0 \tag{11.3.5}$$

由 (11.3.3) 式～(11.3.5)式三式得知，當週期性函數$F(t)$爲偶函數時，係數 $b_k$ 必爲零，而係數 $a_0$ 及 $a_k$ 可將原積分方程式上下限區間，由一個週期 $T$ 改爲一半的週期 ($T/2$)，再將方程式計算結果乘以兩倍即可。

## 11.3.2　奇函數的傅氏級數係數計算

仿照偶函數 $a_0$ 的計算方式，奇函數的傅氏級數係數求法如下：

**(1)$a_0$ 的計算**

$$a_0=\frac{1}{T}\int_{0}^{T}F(t)dt=\frac{1}{T}\int_{-T/2}^{T/2}F(t)dt$$

$$=\frac{1}{T}\left[\int_{-T/2}^{0}F(t)dt+\int_{0}^{T/2}F(t)dt\right]$$

$$=\frac{1}{T}\left[\int_{-T/2}^{0}-F(-t)dt+\int_{0}^{T/2}F(t)dt\right]$$

$$=\frac{1}{T}\left[\int_{T/2}^{0}-F(\tau)d(-\tau)+\int_{0}^{T/2}F(t)dt\right]$$

$$=\frac{1}{T}\left[-\int_{0}^{T/2}F(\tau)d\tau+\int_{0}^{T/2}F(t)dt\right]$$

$$=\frac{1}{T}\left[-\int_{0}^{T/2}F(t)dt+\int_{0}^{T/2}F(t)dt\right]=0 \qquad (11.3.6)$$

(2)$a_k$ 的計算

$$a_k=\frac{2}{T}\int_{0}^{T}F(t)\cos k\omega_f t dt=\frac{2}{T}\int_{-T/2}^{T/2}F(t)\cos k\omega_f t dt$$

$$=\frac{2}{T}\left[\int_{-T/2}^{0}F(t)\cos k\omega_f t dt+\int_{0}^{T/2}F(t)\cos k\omega_f t dt\right]$$

$$=\frac{2}{T}\left[\int_{-T/2}^{0}-F(-t)\cos k\omega_f t dt+\int_{0}^{T/2}F(t)\cos k\omega_f t dt\right]$$

$$=\frac{2}{T}\left\{-\int_{T/2}^{0}F(\tau)\cos[k\omega_f(-\tau)]d(-\tau)+\int_{0}^{T/2}F(t)\cos k\omega_f t dt\right\}$$

$$=\frac{2}{T}\left[-\int_{T/2}^{0}F(\tau)\cos k\omega_f \tau d(-\tau)+\int_{0}^{T/2}F(t)\cos k\omega_f t dt\right]$$

$$=\frac{2}{T}\left[-\int_{0}^{T/2}F(\tau)\cos k\omega_f \tau d\tau+\int_{0}^{T/2}F(t)\cos k\omega_f t dt\right]$$

$$=\frac{2}{T}\left[-\int_{0}^{T/2}F(t)\cos k\omega_f t dt+\int_{0}^{T/2}F(t)\cos k\omega_f t dt\right]$$

$$=0 \qquad (11.3.7)$$

(3)$b_k$ 的計算

$$b_k=\frac{2}{T}\int_{0}^{T}F(t)\sin k\omega_f t dt=\frac{2}{T}\int_{-T/2}^{T/2}F(t)\sin k\omega_f t dt$$

$$=\frac{2}{T}\left[\int_{-T/2}^{0}F(t)\sin k\omega_f t dt+\int_{0}^{T/2}F(t)\sin k\omega_f t dt\right]$$

$$=\frac{2}{T}\left[\int_{-T/2}^{0}-F(-t)\sin k\omega_f t dt+\int_{0}^{T/2}F(t)\sin k\omega_f t dt\right]$$

$$=\frac{2}{T}\left\{-\int_{T/2}^{0}F(\tau)\sin[k\omega_f(-\tau)]d(-\tau)\right.$$

$$+\int_0^{T/2} F(t)\sin k\omega_f t dt\}$$

$$=\frac{2}{T}\left[\int_{T/2}^{0} F(\tau)\sin k\omega_f \tau d(-\tau)+\int_0^{T/2} F(t)\sin k\omega_f t dt\right]$$

$$=\frac{2}{T}\left[\int_0^{T/2} F(\tau)\sin k\omega_f \tau d\tau+\int_0^{T/2} F(t)\sin k\omega_f t dt\right]$$

$$=\frac{2}{T}\left[\int_0^{T/2} F(t)\sin k\omega_f t dt+\int_0^{T/2} F(t)\sin k\omega_f t dt\right]$$

$$=\frac{4}{T}\int_0^{T/2} F(t)\sin k\omega_f t dt \tag{11.3.8}$$

由（11.3.6）式～(11.3.8)式三式得知，當週期性函數$F(t)$爲奇函數時，係數$a_0$及$a_k$必爲零，而係數$b_k$可將原積分方程式上下限區間由一個週期$T$改爲一半的週期（$T/2$），再將方程式計算結果乘以2倍即可。

## 11.3.3　半波對稱的傅氏級數係數計算

對於電力系統週期性波形而言，有一種較爲特殊的對稱波形，稱爲半波對稱（the half-wave symmetry），這種波形的函數條件如下：

$$F(t)=-F(t+\frac{1}{2}T) \tag{11.3.9}$$

或者

$$F(t)=-F(t-\frac{1}{2}T) \tag{11.3.10}$$

在下面的傅氏級數係數的推導過程中，我們將採用（11.3.9）式的條件做說明。此種半波對稱典型的波形如圖11.3.2(a)、(b)的方波所示。若以圖11.3.2(a)來看，它是屬於偶對稱，因此$b_k$必爲零，僅存在$a_0$及$a_k$。但是該波形一個週期的平均值爲零，因此$a_0$必爲零，故以下將不做$a_0$及$b_k$的推導，至於$a_k$的計算推導如下所列。

(1)先應用原始傅氏級數的公式計算，將原積分區間上下限〔0,$T$〕改爲〔$-T/2, T/2$〕

圖 11.3.2 半波對稱的波形(a)偶對稱(b)奇對稱

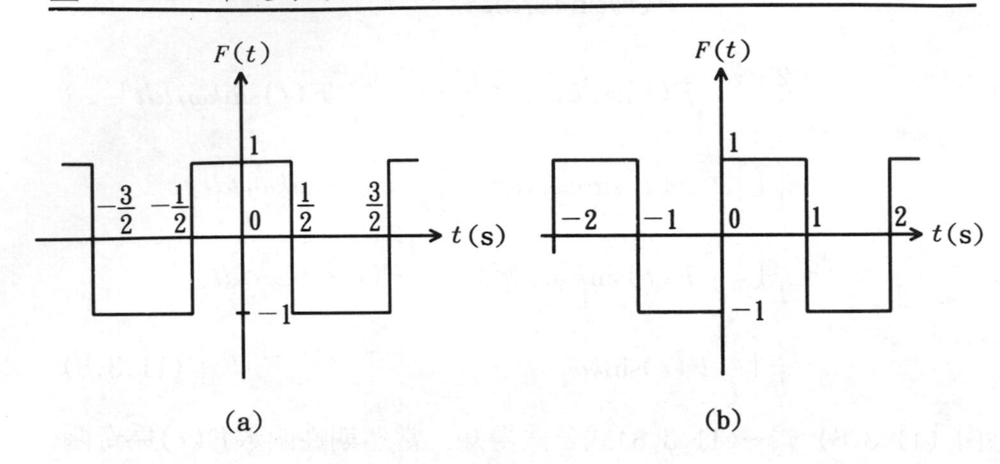


$$a_k=\frac{2}{T}\int_0^T F(t)\cos k\omega_f t dt=\frac{2}{T}\int_{-T/2}^{T/2}F(t)\cos k\omega_f t dt$$

(11.3.11a)

⑵將積分區間上下限〔$-T/2, T/2$〕拆成〔$-T/2, 0$〕以及〔$0, T/2$〕兩區間做積分

$$a_k=\frac{2}{T}\left[\int_{-T/2}^{0} F(t)\cos k\omega_f t dt+\int_0^{T/2} F(t)\cos k\omega_f t dt\right]$$

(11.3.11b)

⑶將（11.3.9）式的表示式代入上式的等號右側第一項積分式內，將 $F(t)$予以取代

$$a_k=\frac{2}{T}\left[\int_{-T/2}^{0} -F\left(t+\frac{T}{2}\right)\cos k\omega_f t dt+\int_0^{T/2} F(t)\cos k\omega_f t dt\right] \quad (11.3.11c)$$

⑷令上式第一項積分式的變數關係爲$t+(T/2)=\tau$，因此$dt=d\tau$，$t=\tau-(T/2)$，積分下限之變動爲：$t=-(T/2)\Rightarrow\tau=0$，積分上限變動爲$t=0\Rightarrow\tau=(T/2)$，結果如下：

$$a_k=\frac{2}{T}\left[\int_0^{T/2} -F(\tau)\cos k\omega_f[\tau-(T/2)]d\tau\right.$$

$$+\int_0^{T/2} F(t)\cos k\omega_f t dt]\qquad(11.3.11d)$$

(5)再將上式的第一項積分式內的積分變數做變換，令 $\tau = t$，使兩項積分式之積分變數變成相同

$$a_k=\frac{2}{T}[\int_0^{T/2} -F(t)\cos k\omega_f[t-(T/2)]dt + \int_0^{T/2} F(t)\cos k\omega_f t dt]\qquad(11.3.11e)$$

(6)上式由於積分變數相同，積分上下限也相同，因此兩項積分式可以予以合併爲一個積分式

$$a_k=\frac{2}{T}\{\int_0^{T/2} F(t)[\cos k\omega_f t-\cos k\omega_f(t-\frac{T}{2})]dt\}\qquad(11.3.11f)$$

爲了要處理(11.3.11f)式中兩個餘弦項的相減，我們先看看二個餘弦項函數中的$T/2$如何變換。先由公式$\omega_f = 2\pi f = 2\pi/T$開始，故知$T/2=(\pi/\omega_f)$，因此第二個餘弦項中的函數量爲$k\omega_f(T/2)=k\omega_f(\pi/\omega_f)=k\pi$，將它代入第二項的餘弦函數中，可得

$$\begin{aligned}\cos k\omega_f[t-(\frac{T}{2})] &= \cos(k\omega_f t-k\pi)\\ &= \cos k\omega_f t\cos k\pi - \sin k\omega_f t\sin k\pi\\ &= \cos k\omega_f t\cos k\pi = \pm\cos k\omega_f t\end{aligned}\qquad(11.3.12)$$

式中±符號中上面的正號是當 $k$ 爲偶數時使用，下面的負號則爲 $k$ 是奇數時使用。將（11.3.12）式代回原（11.3.11f）式中可得：

$$a_k=\frac{2}{T}\{\int_0^{T/2} F(t)[\cos k\omega_f t\mp\cos k\omega_f t]\}$$

$$=\frac{4}{T}\int_0^{T/2} F(t)\cos k\omega_f t dt，\text{當 } k \text{ 爲奇數時}\qquad(11.3.13a)$$

$$=0,\qquad \text{當 } k \text{ 爲偶數時}\qquad(11.3.13b)$$

由（11.3.13a）式及（11.3.13b）式兩個結果得知，圖 11.3.2 (a)之半波對稱波形，只會產生以餘弦函數爲主，而且爲奇次的諧波

量。這在電力電子設備上，如閘流體觸發控制半導體電路上最常見。

接著，我們再為圖 11.3.2(b)之半波對稱波形做分析，由於該波形為一個奇對稱波，因此傅氏級數之係數 $a_0$ 及 $a_k$ 皆為零，僅剩下係數 $b_k$ 而已。在此我們不做圖 11.3.2(b)之 $a_0$ 及 $a_k$ 計算，僅利用原始傅氏級數係數的計算公式來求 $b_k$，過程與前面圖 11.3.2(a)的計算過程類似，結果如下所列。

$$b_k = \frac{2}{T}\int_0^T F(t)\sin k\omega_f t dt = \frac{2}{T}\int_{-T/2}^{T/2} F(t)\sin k\omega_f t dt$$
$$= \frac{2}{T}\left[\int_{-T/2}^{0} F(t)\sin k\omega_f t dt + \int_0^{T/2} F(t)\sin k\omega_f t dt\right] \tag{11.3.14a}$$

(1)將（11.3.9）式代入上式第一個積分項中取代$F(t)$，變成

$$b_k = \frac{2}{T}\left[\int_{-T/2}^{0} -F(t+T/2)\cos k\omega_f t dt + \int_0^{T/2} F(t)\sin k\omega_f t dt\right] \tag{11.3.14b}$$

(2)上式等號右側第一個積分項中可令$t+(T/2)=\tau$，因此 $dt=d\tau$，$t=\tau-(T/2)$，積分區間之下限變成 $t=-T/2 \Rightarrow \tau=0$，積分上限變為$t=0 \Rightarrow \tau=(T/2)$，故上式整體結果變成

$$b_k = \frac{2}{T}\left[\int_0^{T/2} -F(\tau)\cos k\omega_f(\tau - T/2)d\tau + \int_0^{T/2} F(t)\sin k\omega_f t dt\right] \tag{11.3.14c}$$

(3)上式再令 $\tau=t$，代入第一個積分項，整個上式變成

$$b_k = \frac{2}{T}\left[\int_0^{T/2} -F(t)\sin k\omega_f(t - T/2)dt + \int_0^{T/2} F(t)\sin k\omega_f t dt\right] \tag{11.3.14d}$$

(4)此時上式的兩個積分項中的積分變數為相同，積分上下限亦相同，因此可以合併為下式

$$b_k=\frac{2}{T}\left\{\int_0^{T/2}F(t)\left[\sin k\omega_f t-\sin k\omega_f(t-T/2)\right]dt\right\}$$

(11.3.14e)

(5)仿前面圖 11.3.2(a)的做法，先求（11.3.14e）式等號右側第二項正弦量的關係，其表示式可改寫爲

$$\begin{aligned}\sin k\omega_f(t-T/2)&=\sin[k\omega_f t-k\pi]\\&=\sin k\omega_f t\cos k\pi-\cos k\omega_f t\sin k\pi\\&=\sin k\omega_f t\cos k\pi\\&=\pm\sin k\omega_f t\end{aligned}\qquad(11.3.15)$$

式中符號 ± 中上面的正號是當 $k$ 爲偶數時使用，下面的負號則是當 $k$ 爲奇數時使用。

(6)將（11.3.15）式代入（11.3.14e）式中，可得

$$b_k=\frac{2}{T}\left[\int_0^{T/2}F(t)(\sin k\omega_f t\mp\sin k\omega_f t)dt\right]$$

$$=\frac{4}{T}\int_0^{T/2}F(t)\sin k\omega_f t\,dt\text{，當 }k\text{ 爲奇數時}\qquad(11.3.16a)$$

$$=0\text{，}\qquad\text{當 }k\text{ 爲偶數時}\qquad(11.3.16b)$$

由（11.3.16a）式及（11.3.16b）式兩個結果得知，圖 11.3.2(b)之半波對稱波形，只有當 $k$ 爲奇數時，傅氏級數係數 $b_k$ 才存在，偶數的 $k$ 值均會使 $b_k$ 爲零。由以上結果知，此種對稱波形只會產生以正弦爲主之奇次諧波量。

**【例 11.3.1】** 若 $F(t)=t^2$，$-\pi\leq t\leq\pi$（週期爲 $2\pi$），求其傅氏級數。

**【解】** $F(t)=t^2$ 之波形如圖 11.3.3 所示，它是一個偶對稱波形，故 $b_k=0$

$$a_0=\frac{2}{T}\int_0^{T/2}F(t)dt=\frac{2}{2\pi}\int_0^{\pi}t^2dt=\frac{1}{\pi}\cdot\frac{t^3}{3}\bigg|_0^{\pi}=\frac{1}{\pi}\cdot\frac{\pi^3}{3}=\frac{\pi^2}{3}$$

$$a_k=\frac{4}{T}\int_0^{T/2}F(t)\cos k\omega_f t dt=\frac{4}{2\pi}\int_0^{\pi}t^2\cos k\omega_f t dt$$

$$=\frac{2}{\pi}\frac{1}{k\omega_f}\int_0^{\pi}t^2 d(\sin k\omega_f t)$$

$$=\frac{2}{\pi k\omega_f}\left[t^2\sin k\omega_f t-\int\sin k\omega_f t\,2tdt\right]\Big|_0^{\pi}$$

$$=\frac{2}{\pi k\omega_f}\left[t^2\sin k\omega_f t+\frac{2}{k\omega_f}\int td(\cos k\omega_f t)\right]\Big|_0^{\pi}$$

$$=\frac{2}{\pi k\omega_f}\left[t^2\sin k\omega_f t+\frac{2}{k\omega_f}(t\cos k\omega_f t)-\int\cos k\omega_f tdt\right]\Big|_0^{\pi}$$

$$=\frac{2}{\pi k\omega_f}\left[t^2\sin k\omega_f t+\frac{2t}{k\omega_f}\cos k\omega_f t-\frac{2}{(k\omega_f)^2}\sin k\omega_f t\right]\Big|_0^{\pi}$$

$$=\frac{2}{\pi k\omega_f}\left[\pi^2\cdot 0+\frac{2\pi}{k\omega_f}(-1)^n-\frac{2}{(k\omega_f)^2}\cdot 0-0-0+0\right]$$

$$=\frac{4\pi}{\pi(k\omega_f)^2}(-1)^n=\frac{4(-1)^n}{(k\omega_f)^2}$$

$$\therefore a_k=\begin{cases}\dfrac{4}{(k\omega_f)^2} & n\text{：偶數}\\[2ex] \dfrac{-4}{(k\omega_f)^2} & n\text{：奇數}\end{cases}$$

$$\therefore F(t)=\frac{\pi^2}{3}+\frac{4}{(\omega_f)^2}\left[-\cos\omega_f t+\frac{1}{4}\cos 2\omega_f t-\frac{1}{9}\cos 3\omega_f t+\cdots\right]$$ ◎

圖 11.3.3 $F(t)=t^2$ 之波形

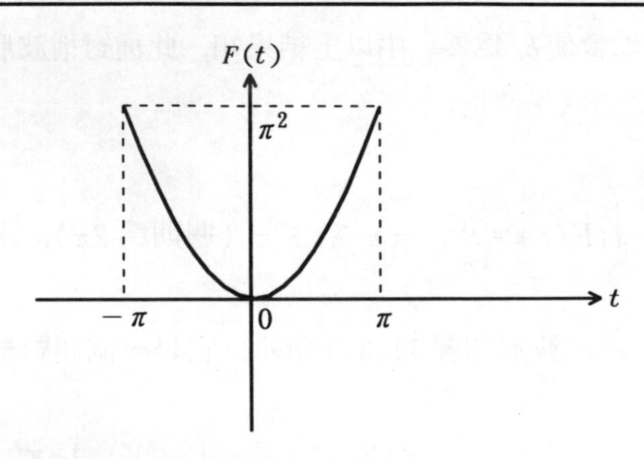

【例 11.3.2】如圖 11.3.4 所示之對稱波形，求其傅氏級數。

圖 11.3.4　例 11.3.2 之波形

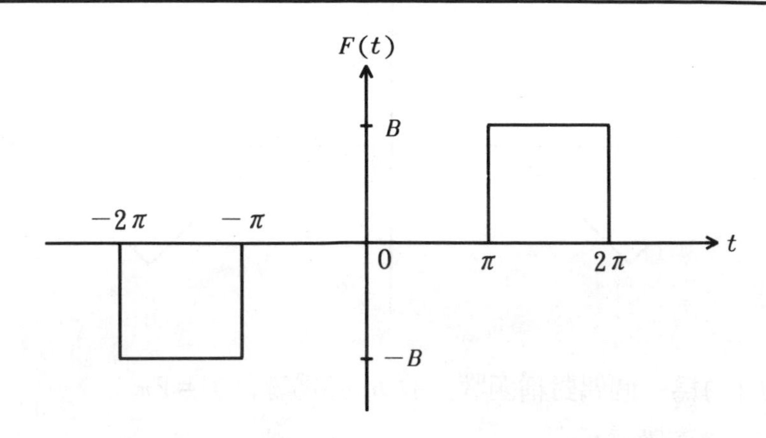


【解】$F(t)=\begin{cases}0 & 0\leq t\leq \pi \quad T=4\pi \\ B & \pi\leq t\leq 2\pi\end{cases}$

由於$F(t)$是奇對稱波形，故 $a_0$，$a_k$ 均為零

$$b_k=\frac{4}{T}\int_0^{T/2}F(t)\sin k\omega_f t dt$$

$$=\frac{4}{4\pi}\left[\int_0^{\pi}0dt+\int_{\pi}^{2\pi}B\sin k\omega_f tdt\right]$$

$$=\frac{B}{\pi}\left(\frac{-1}{k\omega_f}\right)\cos k\omega_f t\Big|_{\pi}^{2\pi}=\frac{-B}{\pi k\omega_f}\left[1-(-1)^n\right]$$

$$\therefore b_k=\frac{2B}{\pi k\omega_f} \qquad n\text{：奇數}$$

$$=0 \qquad n\text{：偶數}$$

$$\therefore F(t)=\frac{2B}{\pi\omega_f}\left(\sin\omega_f t+\frac{1}{3}\sin 3\omega_f t+\frac{1}{5}\sin 5\omega_f t+\cdots\right)$$

由於圖 11.3.1 也是半波對稱，故其傅氏級數只含奇次正弦項。　◎

【例 11.3.3】試求圖 11.3.5 波形之傅氏級數。

圖 11.3.5 例 11.3.3 之波形

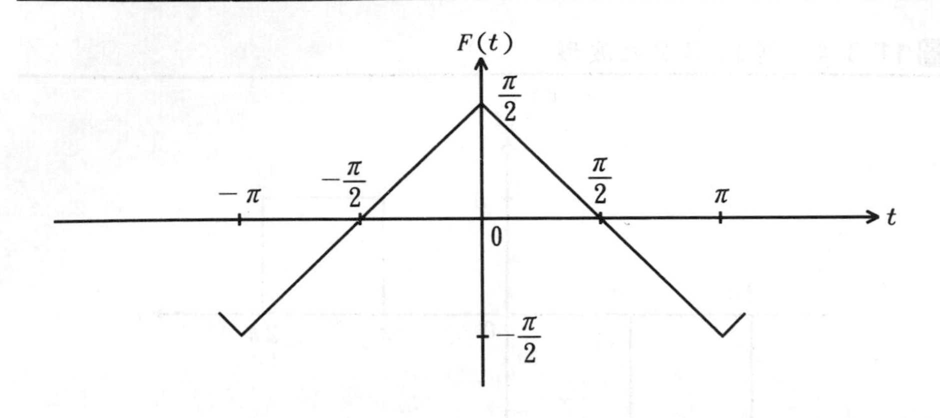


**【解】** $F(t)$為一個偶對稱函數，故 $b_k$ 必為零，$T=2\pi$

$0\leq t\leq\pi$ 之函數為：

$$m=\frac{-\frac{\pi}{2}-\frac{\pi}{2}}{\pi-0}=-1=\frac{F(t)-0}{t-\frac{\pi}{2}}$$

$$\therefore F(t)=(-1)(t-\frac{\pi}{2})=\frac{\pi}{2}-t$$

$$\therefore a_0=\frac{2}{T}\int_0^{T/2}F(t)dt=\frac{2}{2\pi}\int_0^{\pi}(\frac{\pi}{2}-t)dt$$

$$=\frac{1}{\pi}[\frac{\pi}{2}t-\frac{t^2}{2}]\Big|_0^{\pi}=\frac{1}{\pi}(\frac{\pi^2}{2}-\frac{\pi^2}{2}-0-0)=0$$

$$a_k=\frac{4}{T}\int_0^{T/2}F(t)\cos k\omega_f tdt=\frac{4}{2\pi}\int_0^{\pi}(\frac{\pi}{2}-t)\cos k\omega_f tdt$$

$$=\frac{2}{\pi}[\frac{\pi}{2}\int_0^{\pi}\cos k\omega_f tdt-\int_0^{\pi}t\cos k\omega_f tdt]$$

$$=\frac{2}{\pi}\{[\frac{\pi}{2}\cdot\frac{1}{k\omega_f}\sin k\omega_f t\Big|_0^{\pi}]-\frac{1}{k\omega_f}[t\sin k\omega_f t-\int\sin k\omega_f tdt]\}$$

$$=\frac{2}{\pi}(\frac{-1}{k\omega_f})[t\sin k\omega_f t+\frac{1}{k\omega_f}\cos k\omega_f t]\Big|_0^{\pi}$$

$$=\frac{-2}{\pi}\frac{1}{(k\omega_f)^2}((-1)^n-1)$$

$$\therefore a_k=\begin{cases}\dfrac{4}{\pi(k\omega_f)^2} & k\text{:奇數}\end{cases}$$

$$\therefore F(t)=\frac{4}{\pi(\omega_f)^2}[\cos\omega_f t+\frac{1}{9}\cos3\omega_f t+\frac{1}{25}\cos5\omega_f t+\cdots]$$

因爲$F(t)$爲偶函數，且爲半波對稱波形，故只含奇次之餘弦項。 ◎

## 【本節重點摘要】

(1)週期性波形對稱的情形分為以下兩類：

①偶對稱函數

若週期性函數$F(t)$具有以下的關係，則稱為偶函數，其波形為偶對稱：

$$F(t)=F(-t)$$

式中 $t$ 為時間變數，以沿著正時間軸進行，$-t$ 則為沿著負時間軸前進。

②奇對稱函數

若週期性函數$F(t)$具有以下的關係，則稱為奇函數，其波形為奇對稱：

$$F(t)=-F(-t)$$

式中 $t$ 與 $-t$ 分別代表沿正時間軸以及負時間軸進行的時間變數。

(2)偶函數之傅氏級數係數

$$a_0=\frac{2}{T}\int_0^{T/2}F(t)dt$$

$$a_k=\frac{4}{T}\int_0^{T/2}F(t)\cos k\omega_f tdt$$

$$b_k=0$$

(3)奇函數的傅氏級數係數計算

$$a_0=0$$

$$a_k=0$$

$$b_k=\frac{4}{T}\int_0^{T/2}F(t)\sin k\omega_f tdt$$

(4)半波對稱波形的函數條件如下：

$$F(t)=-F(t+\frac{1}{2}T)\quad\text{或}\quad F(t)=-F(t-\frac{1}{2}T)$$

(5)偶函數半波對稱

$$a_0=0$$

$$a_k=\frac{4}{T}\int_0^{T/2}F(t)\cos k\omega_f t dt\text{ ，當 }k\text{ 為奇數時}$$

$$a_k=0,\qquad\text{當 }k\text{ 為偶數時}$$

$$b_k=0$$

故偶函數半波對稱波形，只會產生以餘弦函數為主，而且為奇次的諧波量。

(6)奇函數半波對稱波形

$$a_0=0$$

$$a_k=0$$

$$b_k=\frac{4}{T}\int_0^{T/2}F(t)\sin k\omega_f t dt\text{ ，當 }k\text{ 為奇數時}$$

$$b_k=0,\qquad\text{當 }k\text{ 為偶數時}$$

故半波奇函數對稱波形，只有當 $k$ 為奇數時，傅氏級數係數 $b_k$ 才存在，偶數的 $k$ 值均會使 $b_k$ 為零。此種波形只會產生以正弦函數為主之奇次諧波量。

【思考問題】

(1)若一個週期函數波形無對稱性可言，會不會產生對稱性波形的傅氏級數係數的結果？

(2)直流成份爲零的波形一定是 $a_0$ 爲零嗎？有沒有例外的？

(3)$a_k$ 不爲零而 $b_k$ 爲零的波形一定是偶函數嗎？有沒有例外的？

(4)$a_k$ 爲零而 $b_k$ 不爲零的波形一定是奇函數嗎？有沒有例外的？

(5)有那一種方法可直接判斷一個週期性函數爲特殊的半波對稱或只是一般對稱的波形？

## 11.4 非正弦波的數學分析

在第 11.2 節已經介紹過一個週期性函數的傅氏級數表示式，第 11.3 節則進一步說明偶函數或奇函數甚至半波對稱函數的傅氏級數表示關係。本節將應用這些關係式，分析一個電路受非正弦波或受週期性函數電源激勵時所發生於網路電壓或電流的響應結果。

在尚未介紹說明前，我們先將傅氏級數之表示重寫如下：

$$F(t)=a_0+\sum_{k=1}^{\infty}a_k\cos k\omega_f t+\sum_{k=1}^{\infty}b_k\sin k\omega_f t \tag{11.4.1}$$

式中無限大的符號∞係指傅氏級數是以無限多的餘弦項以及正弦項做不同頻率的合成。若令該式中的∞值降爲 3，則變成下式：

$$\begin{aligned}F(t)&=a_0+a_1\cos\omega_f t+a_2\cos 2\omega_f t+a_3\cos 3\omega_f t\\&\quad+b_1\sin\omega_f t+b_2\sin 2\omega_f t+b_3\sin 3\omega_f t\\&=F_0+F_{C1}+F_{C2}+F_{C3}+F_{S1}+F_{S2}+F_{S3}\end{aligned} \tag{11.4.2}$$

式中

$$F_0=a_0 \tag{11.4.3}$$

$$F_{CN}=a_N\cos N\omega_f t\,,\ N=1,2,3 \tag{11.4.4}$$

$$F_{SN}=b_N\sin N\omega_f t\,,\ N=1,2,3 \tag{11.4.5}$$

(11.4.2) 式的表示方式，意思是在說明週期性函數$F(t)$包含四次諧波量以上的項均予以忽略，僅考慮直流量、基本波、二次以及三次的諧波量。

若令 (11.4.2) 式的函數爲電壓源輸入波形，由於 (11.4.2) 式是以相加的方式將七個分量電壓相加，相當於有七個不同類型的電壓源串聯在一起；相同的，若令 (11.4.2) 式的函數爲電流源輸入波形，則由於 (11.4.2) 式是以相加的方式將七個分量電流相加，相當於有七個不同類型的電流源並聯在一起。這種多電源多種不同頻率的電路，恰可應用重疊定理將獨立電源對某電路元件的作用，一個一個地考慮，然後將個別作用的結果相加，即得該電路元件的響應。但是電源中的正弦量與餘弦量含有相同頻率，因此使用重疊定理時，對於同一個頻率的正弦與餘弦電源要一起同時考慮它們對電路元件的響應，不可分開考慮。若一個電壓源的傅氏級數爲：

$$\begin{aligned}v(t)&=a_0+a_1\cos\omega_f t+a_2\cos 2\omega_f t+a_3\cos 3\omega_f t\\&=v_0(t)+v_1(t)+v_2(t)+v_3(t)\quad\text{V}\end{aligned} \tag{11.4.6}$$

則如圖 11.4.1 之串聯電壓源所示。若一個電流源的傅氏級數爲：

圖 11.4.1 以電壓源的串聯表示傅氏級數

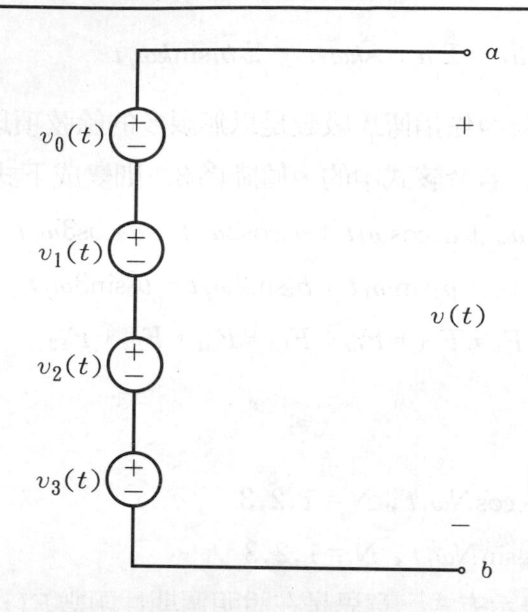


圖 11.4.2 以電流源的並聯表示傅氏級數

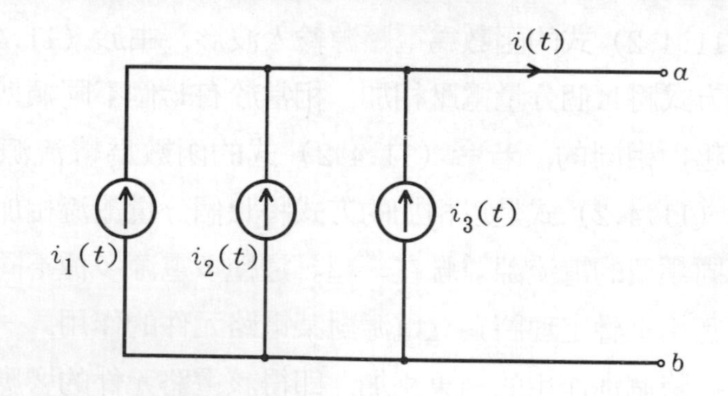


$$
\begin{aligned}
i(t) &= b_1\sin\omega_f t + b_2\sin 2\omega_f t + b_3\sin 3\omega_f t \\
&= i_1(t) + i_2(t) + i_3(t) \quad \text{A}
\end{aligned}
\tag{11.4.7}
$$

則如圖 11.4.2 之並聯電流源所示。此時,(11.4.6)式以及 (11.4.7) 式因爲各個電源中的頻率皆不同, 因此重疊定理可以直接應用上去。除了 (11.4.6) 式中的第一個電源爲直流外, 其他的餘弦電壓源以及 (11.4.7) 式中的正弦電流源可以使用第六章中的交流弦波穩態法配合重疊定理做電路分析。以下先舉一個例子做（11.4.6）式以及（11.4.7）式兩種電源的分析。

**【例 11.4.1】** (a)若一個電壓源之傅氏級數分析忽略四次及四次以上的諧波，其傅氏級數表示爲 $v(t)=5+4\cos2t+1\cos4t+0.25\cos6t$ V，加在一個 1 Ω 電阻器與 1 H 電感器串聯的負載電路兩端，求通過該負載的穩態電流。(b)若一個電流源之傅氏級數分析忽略四次及四次以上的諧波，其傅氏級數表示爲 $i(t)=12\sin t+6\sin2t+4\sin3t$ A，加在本例(a)的串聯負載電路兩端，求跨在該負載兩端的穩態電壓。

**【解】** (a) $\overline{Z}=R+j\omega L=1+j\omega \quad \Omega$

$$\overline{Y}=\frac{1}{\overline{Z}}=\frac{1}{(1+j\omega)} \quad \text{S}$$

(1) $v_0(t)=5$ V，$\omega_0=0$，$\overline{Y}_0=\dfrac{1}{(1+j0)}=1$ S

$i_0(t)=\overline{Y}_0 v_0(t)=1\cdot5=5$ A

(2) $v_1(t)=4\cos2t$，$\mathbf{V}_1=4\underline{/0^\circ}$，$\omega_1=2$

$$\overline{Y}_1=\frac{1}{(1+j2)}=0.45\underline{/-63.43^\circ} \quad \text{S}$$

$\mathbf{I}_1=\overline{Y}_1\mathbf{V}_1=0.45\underline{/-63.43^\circ}\cdot4\underline{/0^\circ}=1.79\underline{/-63.43^\circ}$ A

$i_1(t)=1.79\cos(2t-63.43^\circ)$ A

(3) $v_2(t)=1\cos4t$，$\mathbf{V}_2=1\underline{/0^\circ}$，$\omega_2=4$

$$\overline{Y}_2=\frac{1}{(1+j4)}=0.24\underline{/-75.96^\circ} \quad \text{S}$$

$\mathbf{I}_2=\overline{Y}_2\mathbf{V}_2=0.24\underline{/-75.96^\circ}\cdot1\underline{/0^\circ}=0.24\underline{/-75.96^\circ}$ A

$i_2(t)=0.24\cos(4t-75.96^\circ)$ A

(4) $v_3(t)=0.25\cos6t$，$\mathbf{V}_3=0.25\underline{/0^\circ}$，$\omega_3=6$

$$\overline{Y}_3=\frac{1}{(1+j6)}=0.16\underline{/-80.53^\circ} \quad \text{S}$$

$\mathbf{I}_3=\overline{Y}_3\mathbf{V}_3=0.16\underline{/-80.53^\circ}\cdot0.25\underline{/0^\circ}=0.04\underline{/-80.53^\circ}$ A

$i_3(t)=0.04\cos(6t-80.53^\circ)$ A

(5) $i(t)=i_0(t)+i_1(t)+i_2(t)+i_3(t)$

$=5+1.79\cos(2t-63.43°)+0.24\cos(4t-75.96°)$

$+0.04\cos(6t-80.53°)$ A

(b)

(1) $i_1(t)=12\sin t$, $\mathbf{I}_1=12\angle 0°$, $\omega_1=1$

$\overline{Z}=1+j1=1.414\angle 45°$ Ω

$\mathbf{V}_1=\overline{Z}_1\mathbf{I}_1=1.414\angle 45°\cdot 12\angle 0°=16.97\angle 45°$ V

$v_1(t)=16.97\sin(t+45°)$ V

(2) $i_2(t)=6\sin 2t$, $\mathbf{I}_2=6\angle 0°$, $\omega_2=2$

$\overline{Z}_2=1+j2=2.24\angle 63.43°$ Ω

$\mathbf{V}_2=\overline{Z}_2\mathbf{I}_2=2.24\angle 63.43°\cdot 6\angle 0°=13.42\angle 63.43°$ V

$v_2(t)=13.42\sin(2t+63.43°)$ V

(3) $i_3(t)=4\sin 3t$, $\mathbf{I}_3=4\angle 0°$, $\omega_3=3$

$\overline{Z}_3=1+j3=3.16\angle 71.57°$ Ω

$\mathbf{V}_3=\overline{Z}_3\mathbf{I}_3=3.16\angle 71.57°\cdot 4\angle 0°=12.65\angle 71.57°$ V

$v_3(t)=12.65\sin(3t+71.57°)$ V

(4) $v(t)=v_1(t)+v_2(t)+v_3(t)$

$=16.97\sin(t+45°)+13.42\sin(2t+63.43°)+$

$12.65\sin(3t+71.57°)$ V ◎

前面所舉的例子是針對傅氏級數中的特殊情況考慮，亦即當一個週期性函數經過傅氏級數的數學分析後，正弦與餘弦量可以分開處理的情形。但是當一個週期性函數經過傅氏級數分析後，含有正弦項與餘弦項以同一次諧波頻率同時存在的情況時，則按三角函數複角的關係處理，可以將同一次諧波頻率的正弦項與餘弦項再變換為只含餘弦項的情形。

假設傅氏級數中的第 $k$ 次諧波量之關係為 $a_k\cos k\omega_f t+b_k\sin k\omega_f t$，

將該量加號兩側的餘弦與正弦量同時除以再乘以$\sqrt{a_k^2+b_k^2}$，可得下式：

$$
\begin{aligned}
&a_k\cos k\omega_f t+b_k\sin k\omega_f t\\
&=\sqrt{a_k^2+b_k^2}\left(\frac{a_k}{\sqrt{a_k^2+b_k^2}}\cos k\omega_f t+\frac{b_k}{\sqrt{a_k^2+b_k^2}}\sin k\omega_f t\right) \quad (11.4.8)
\end{aligned}
$$

我們可視$\sqrt{a_k^2+b_k^2}$爲直角三角形的斜邊，其水平邊爲 $a_k$，垂直邊爲 $b_k$，因此水平邊與斜邊的夾角可假設爲 $\theta_k$，如圖 12.4.3 所示，則 (11.4.8) 式可改寫爲：

$$
\begin{aligned}
&a_k\cos k\omega_f t+b_k\sin k\omega_f t\\
&=\sqrt{a_k^2+b_k^2}(\cos\theta_k\cos k\omega_f t+\sin\theta_k\sin k\omega_f t)\\
&=A_k\cos(k\omega_f t-\theta_k) \quad (11.4.9)
\end{aligned}
$$

式中

$$A_k=\sqrt{a_k^2+b_k^2} \quad (11.4.10)$$

$$\theta_k=\tan^{-1}\left(\frac{b_k}{a_k}\right) \quad (11.4.11)$$

$A_k$ 爲將第 $k$ 次諧波的餘弦量與正弦量合成後的等效餘弦波的峰值，$\theta_k$ 則爲該等效餘弦波比參考角度落後的相角或斜邊 $A_k$ 與水平邊 $a_k$ 間的夾角。

**圖 11.4.3　$a_k$ 及 $b_k$ 所形成的直角三角形**

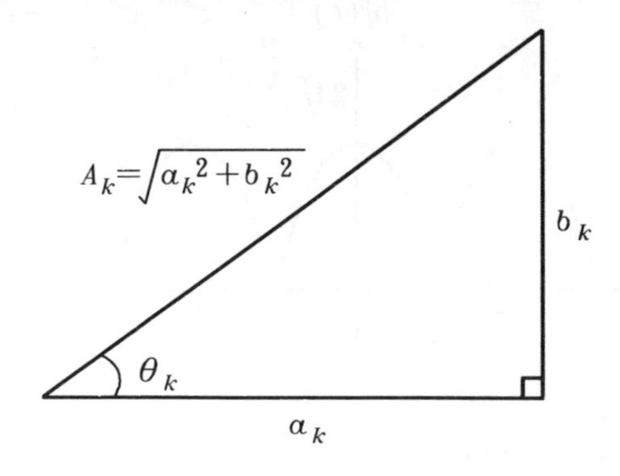

因此，原傅氏級數的表示式可以用餘弦函數的關係表示如下：

$$F(t) = a_0 + A_1\cos(\omega_f t - \theta_1) + A_2\cos(2\omega_f t - \theta_2) + A_3\cos(3\omega_f t - \theta_3) + \cdots$$

$$= a_0 + \sum_{k=1}^{\infty} A_k\cos(k\omega_f t - \theta_k) \qquad (11.4.12)$$

【例 11.4.2】一個交流電源爲 110 V，經過一個 110/24 V 理想變壓器降壓後，再經過一個理想全波橋式整流，加在一個簡單的 $RC$ 串聯電路上，如圖 11.4.4 所示，求電流 $i(t)$ 之響應爲何？

圖 11.4.4　例 11.4.2 之電路

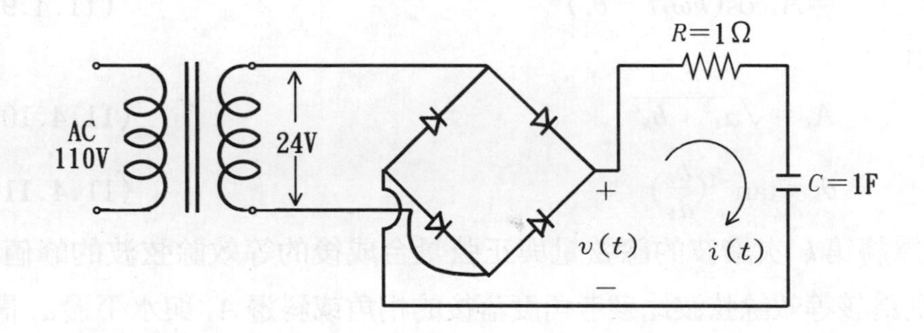


【解】 $v(t)$ 之波形假設爲：

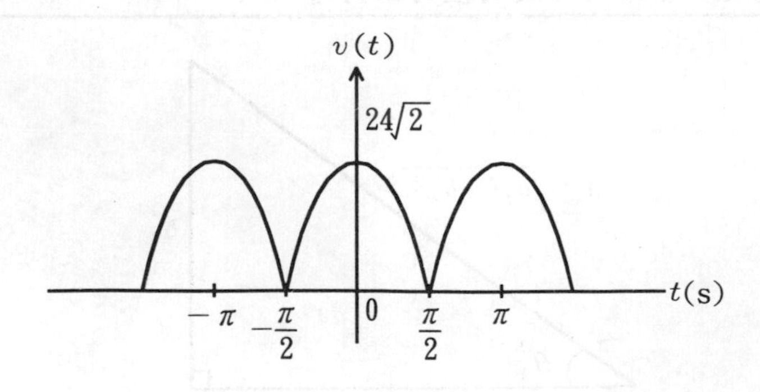


$$v(t) = 24\sqrt{2}\,|\cos t|$$

$$\omega_f = \frac{2\pi}{T} = \frac{2\pi}{\pi} = 2 \text{ rad/s}$$

$T=\pi$，$v(t)$爲偶函數波形，故 $b_k=0$

$$a_0=\frac{2}{T}\int_0^{T/2}v(t)dt=\frac{2}{\pi}\int_0^{\pi/2}\cos t dt=\frac{2}{\pi}\sin t\Big|_0^{\pi/2}=\frac{2}{\pi}\times 1=\frac{2}{\pi}$$

$$a_k=\frac{4}{T}\int_0^{T/2}F(t)\cos k\omega_f t dt=\frac{4}{\pi}\int_0^{\pi/2}\cos t\cos k\omega_f t dt$$

$$=\frac{4}{\pi}\int_0^{\pi/2}\frac{1}{2}[\cos(1+k\omega_f)t+\cos(1-k\omega_f)t]dt$$

$$=\frac{2}{\pi}\left[\frac{\sin(1+k\omega_f)t}{1+k\omega_f}+\frac{\sin(1-k\omega_f)t}{1-k\omega_f}\right]\Big|_0^{\pi/2}$$

$$=\frac{2}{\pi}\left[\frac{(-1)^k}{1+2k}+\frac{(-1)^k}{1-2k}\right]=\frac{4(-1)^k}{\pi(1+2k)(1-2k)}$$

$$\therefore v(t)=24\sqrt{2}\left[\left(\frac{2}{\pi}\right)+\sum_{k=1}^{n}\frac{4(-1)^k}{\pi(1+2k)(1-2k)}\cos 2kt\right]\ \text{V}$$

$$\therefore Ri(t)+\frac{1}{C}\int idt=v(t)$$

或
$$\frac{di(t)}{dt}+i(t)=\frac{dv(t)}{dt}$$

$$=24\sqrt{2}\cdot\left(\sum_{k=1}^{n}\frac{8k(-1)^{k+1}}{\pi(1+2k)(1-2k)}\sin 2kt\right)$$

令$i(t)=A_k\cos 2kt+B_k\sin 2kt$，代入上式左側：

$$(2k)[-A_k\sin 2kt+B_k\cos 2kt]+(A_k\cos 2kt+B_k\sin 2kt)$$

$$=24\sqrt{2}\sum_{k=1}^{\infty}\frac{8k(-1)^{k+1}}{\pi(1+2k)(1-2k)}\sin 2kt$$

$$-A_k(2k)+B_k=\sum_{k=1}^{\infty}\frac{192\sqrt{2}k(-1)^{k+1}}{\pi(1+2k)(1-2k)}\qquad ①$$

$$2k(B_k)+A_k=0\qquad ②$$

②×(+2k)+①　⇒　$B_k=\sum_{k=1}^{\infty}\frac{192\sqrt{2}k(-1)^{k+1}}{\pi(1+4k^2)(1+2k)(1-2k)}$

①×(−2k)+②　⇒　$A_k=\sum_{k=1}^{\infty}\frac{-384\sqrt{2}k^2(-1)^{k+1}}{\pi(1+4k^2)(1+2k)(1-2k)}$

$$\therefore i(t)=A_k\cos 2kt+B_k\sin 2kt$$

$$= \sum_{k=1}^{\infty} \frac{192\sqrt{2}k(-1)^{k+1}}{\pi(1+4k^2)(1+2k)(1-2k)}$$

$$(-2k\cos 2kt + \sin 2kt) \quad \text{A}$$

◎

【例 11.4.3】如圖11.4.5所示之$LC$串聯電路，若$v(t)=\frac{1}{3}t^3\text{V}$，$v(t+2\pi)=v(t)$，求電流$i(t)$之響應。

圖 11.4.5　例 11.4.3 之電路

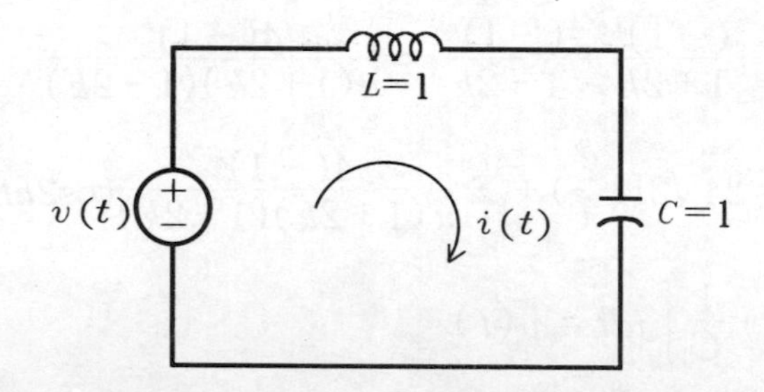


【解】KVL 方程式爲：

$$L\frac{di}{dt}+\frac{1}{C}\int idt = v(t) \quad 或 \quad \frac{d^2i}{dt^2}+\frac{1}{LC}i=\frac{dv(t)}{dt}=t^2$$

$$\therefore \frac{d^2i}{dt^2}+i=t^2=F(t) \qquad ①$$

其中 $t^2$ 爲週期性函數關係式

$\because t^2$ 爲偶函數，$\therefore b_k=0$，$\omega_f=\frac{2\pi}{T}=\frac{2\pi}{2\pi}=1$ rad/s

$$a_0=\frac{2}{T}\int_0^{T/2}F(t)dt=\frac{2}{2\pi}\int_0^{\pi}t^2dt=\frac{2}{2\pi}\cdot\frac{t^3}{3}\Big|_0^{\pi}=\frac{\pi^2}{3}$$

$$a_k=\frac{4}{T}\int_0^{T/2}F(t)\cos ktdt=\frac{4}{2\pi}\int_0^{\pi}t^2\cos ktdt$$

$$=\frac{2}{\pi}(\frac{1}{k}\int_0^{\pi}t^2d\sin kt)=\frac{2}{\pi k}(t^2\sin kt\Big|_0^{\pi}-\int_0^{\pi}\sin kt\,2tdt)$$

$$=\frac{2}{\pi k}[t^2\sin kt+\frac{2}{k}\int_0^{\pi}td(\cos kt)]$$

$$=\frac{2}{\pi k}\left[t^2\sin kt\Big|_0^\pi+\frac{2}{k}\left(t\cos kt\Big|_0^\pi-\int_0^\pi\cos ktdt\right)\right]$$

$$=\frac{2}{\pi k}\left[t^2\sin kt+\frac{2}{k}\left(t\cos kt-\frac{1}{k}\sin kt\right)\right]\Big|_0^\pi$$

$$=\frac{2}{\pi k}\left[0+\frac{2}{k}(\pi(-1)^n)-\frac{2}{k^2}\cdot 0-0-0+0\right]$$

$$=\frac{4}{k^2}(-1)^k$$

$$\therefore F(t)=\frac{\pi^2}{3}+\sum_{k=1}^{\infty}\frac{4(-1)^k}{k^2}\cos kt$$

(1)當$F(t)=\frac{\pi^2}{3}$時，$i_p(t)=K$ 代入①式：

$$K=\frac{\pi^2}{3}$$

(2)當$F(t)=\sum_{k=1}^{\infty}\frac{4(-1)^k}{k^2}\cos kt$ 時，假設$i_p(t)=A_k\cos kt+B_k\sin kt$，代入①式可得：

$$-A_kk^2\cos kt+k^2B_k\sin kt+A_k\cos kt+B_k\sin kt=\frac{4(-1)^k}{k^2}\cos kt$$

$$\therefore -A_kk^2+A_k=\frac{4(-1)^k}{k^2}$$

$$A_k=\frac{4(-1)^k}{(1-k^2)k^2}$$

$$-B_kk^2+B_k=0,\quad \therefore B_k=0$$

$$\therefore i(t)=\frac{\pi^2}{3}+\sum_{k=1}^{\infty}\frac{4(-1)^k}{(1-k^2)k^2}\cos kt \quad \text{A}$$

◎

## 【本節重點摘要】

(1)傅氏級數之表示重寫如下：

$$F(t)=a_0+\sum_{k=1}^{\infty}a_k\cos k\omega_f t+\sum_{k=1}^{\infty}b_k\sin k\omega_f t$$

式中無限大的符號∞係指傅氏級數是以無限多的餘弦項以及正弦項做不同頻率的合成。若函數$F(t)$為電壓源輸入波形，則該電壓源是以相加的方式將各個分量電壓源相加，相當於有許多不同類型的電壓源串聯在一起；相同的，若函數$F(t)$為電流源輸入波形，則該電流源是以相加的方式將各個分量電流源相加，相當於有許多不同類型的電流源並聯在一起。這種多電源多種不同頻率的電路，恰可應用重疊定理將獨立電源對某電路元件的作用，一個一個地考慮，然後將個別作用的結果相加，即得該電路元件的響應。

(2)當諧波電源中的正弦量與餘弦量含有相同頻率，在使用重疊定理時，對於同一個頻率的正弦與餘弦電源要一起同時考慮它們對電路元件的響應，不可分開考慮。

(3)當一個週期性函數經過傅氏級數分析後，含有正弦項與餘弦項以同一次諧波頻率同時存在的情況時，則按三角函數複角的關係處理，可以將同一次諧波頻率的正弦項與餘弦項再變換為只含餘弦項的情形。傅氏級數方程式的第 $k$ 次諧波項可改寫為：

$$a_k\cos k\omega_f t + b_k\sin k\omega_f t = \sqrt{a_k^{\,2} + b_k^{\,2}}\ (\cos\theta_k\cos k\omega_f t + \sin\theta_k\sin k\omega_f t)$$
$$= A_k\cos(k\omega_f t - \theta_k)$$

式中

$$A_k = \sqrt{a_k^{\,2} + b_k^{\,2}}$$

$$\theta_k = \tan^{-1}\left(\frac{b_k}{a_k}\right)$$

$A_k$ 為將第 $k$ 次諧波的餘弦量與正弦量合成後的等效餘弦波的峰值，$\theta_k$ 則為該等效餘弦波比參考角度落後的相角或斜邊 $A_k$ 與水平邊 $a_k$ 間的夾角。

(4)原傅氏級數的表示式可以用餘弦函數的關係表示如下：

$$F(t) = a_0 + A_1\cos(\omega_f t - \theta_1) + A_2\cos(2\omega_f t - \theta_2) + A_3\cos(3\omega_f t - \theta_3) + \cdots$$
$$= a_0 + \sum_{k=1}^{\infty} A_k\cos(k\omega_f t - \theta_k)$$

## 【思考問題】

(1)可否將原傅氏級數以正弦函數表示？有沒有什麼優點？

(2)選取高諧波次數的方法，是以何種因素爲考慮基準？

(3)重疊定理在傅氏級數不同頻率的電源處理中，可否直接應用功率的重疊關係計算負載功率？

(4)傅氏級數可不可能考慮暫態對電路的影響？

(5)傅氏級數的頻率會不會對電路產生共振？

# 11.5 傅氏級數的複數形式

前面幾節的傅氏級數表示式，皆爲三角函數的正弦項與餘弦項之相加合成關係，本節將應用已經談過的優勒等式（Euler's identity）將傅氏級數中的相關正弦項與餘弦項改以複數型式表示。

將優勒等式之表示式重寫如下：

$$e^{j\alpha}=\cos\alpha+j\sin\alpha \tag{11.5.1}$$

$$e^{-j\alpha}=\cos\alpha-j\sin\alpha \tag{11.5.2}$$

式中 $\alpha$ 爲任意實數。將（11.5.1）式及（11.5.2）式兩式相加除以2，可得餘弦項 cos 的表示，如（11.5.3）式所示；將（11.5.1）式減去(11.5.2)式再除以($j2$)則得正弦項sin的表示，如(11.5.4)式所示：

$$\cos\alpha=\frac{e^{j\alpha}+e^{-j\alpha}}{2} \tag{11.5.3}$$

$$\sin\alpha=\frac{e^{j\alpha}-e^{-j\alpha}}{j2} \tag{11.5.4}$$

將（11.5.3）式之餘弦量及（11.5.4）式之正弦量代入原傅氏級數表示式之中，可將傅氏級數改寫爲：

$$\begin{aligned}F(t)&=a_0+\sum_{k=1}^{\infty}\left[a_k\frac{e^{jk\omega_f t}+e^{-jk\omega_f t}}{2}+b_k\frac{e^{jk\omega_f t}-e^{-jk\omega_f t}}{j2}\right]\\&=a_0+\sum_{k=1}^{\infty}\left[e^{jk\omega_f t}\left(\frac{a_k-jb_k}{2}\right)+e^{-jk\omega_f t}\left(\frac{a_k+jb_k}{2}\right)\right]\\&=c_0+\sum_{k=1}^{\infty}\left[c_k e^{jk\omega_f t}+c_k^* e^{-jk\omega_f t}\right]\end{aligned} \tag{11.5.5}$$

式中

$$c_0=a_0 \tag{11.5.6}$$

$$c_k=\frac{a_k-jb_k}{2} \tag{11.5.7}$$

$$c_k^*=\frac{a_k+jb_k}{2}=\left(\frac{a_k-jb_k}{2}\right)^* \tag{11.5.8}$$

在（11.5.6）式中 $c_0=a_0$，表示週期性波形$F(t)$的直流成份或平均值；（11.5.7）式及（11.5.8）式中之 $c_k$ 及$c_k^*$ 均爲複數，其大小與傅氏級數係數 $a_k$、$b_k$ 之關係爲：

$$|c_k|=|c_k^*|=\left|\frac{a_k\pm jb_k}{2}\right|=\frac{\sqrt{a_k^2+b_k^2}}{2} \tag{11.5.9}$$

式中若以 $a_k$ 爲直角三角形的水平邊，$b_k$ 爲該三角形的垂直邊，則 $c_k$ 與$c_k^*$ 的大小爲該直角三角形斜邊大小$\sqrt{{a_k}^2+{b_k}^2}$的一半，直角三角形的圖可參考第 11.4 節的圖 11.4.3 所示。將（11.5.5）式等號右側中相加符號 Σ 內的量分開表示如下：

$$F(t)=c_0+\sum_{k=1}^{\infty}c_k e^{jk\omega_f t}+\sum_{k=1}^{\infty}c_k^* e^{-jk\omega_f t} \tag{11.5.10}$$

由於 $e^0=1$，故可將（11.5.10）式等號右側第一項的直流量與第二項合併在一起變成：

$$F(t)=\sum_{k=0}^{\infty}c_k e^{jk\omega_f t}+\sum_{k=1}^{\infty}c_k^* e^{-jk\omega_f t} \tag{11.5.11}$$

式中等號右側第一項的相加合成已改由 $k=0$ 開始累加，表示已經將直流項包含進去了。現在要看一看（11.5.11）式中的 $c_k^*$ 這個係數的變換，若將該係數之下標 $k$ 改爲 $-k$，則該係數會變成：

$$c_{-k}^*=\frac{a_{-k}+jb_{-k}}{2} \tag{11.5.12}$$

式中的係數$a_{-k}$及$b_{-k}$可由傅氏級數之基本計算公式，將整數$k$改爲 $-k$ 求之即可獲得，其值分別爲：

$$\begin{aligned}a_{-k}&=\frac{2}{T}\int_0^T F(t)\cos(-k\omega_f t)\,dt\\&=\frac{2}{T}\int_0^T F(t)\cos(k\omega_f t)\,dt=a_k\end{aligned} \tag{11.5.13}$$

$$\begin{aligned}b_{-k}&=\frac{2}{T}\int_0^T F(t)\sin(-k\omega_f t)\,dt\\&=\frac{2}{T}\left[-\int_0^T F(t)\sin(k\omega_f t)\,dt\right]=-b_k\end{aligned} \tag{11.5.14}$$

將（11.5.13）式及（11.5.14）式兩式代入（11.5.12）式可得:

$$c^*_{-k}=\frac{a_k-jb_k}{2}=c_k \tag{11.5.15}$$

因此當（11.5.11）式等號右側第二項中的整數 $k$ 全部改爲 $-k$，再將（11.5.15）式結果代入，可得:

$$F(t)=\sum_{k=0}^{\infty}c_k e^{jk\omega_f t}+\sum_{-k=1}^{\infty}c^*_{-k}e^{-j(-k)\omega_f t}=\sum_{k=0}^{\infty}c_k e^{jk\omega_f t}+\sum_{k=-1}^{-\infty}c_k e^{jk\omega_f t}$$
$$=\sum_{k=-\infty}^{\infty}c_k e^{jk\omega_f t} \tag{11.5.16}$$

（11.5.16）式即爲將原傅氏級數以指數或複數表示的結果，其中整數 $k$ 是由負無限大、零，再到無限大將 $c_k e^{jk\omega_f t}$一項一項地相加合成。至於（11.5.16）式中係數 $c_k$ 的求法，可由（11.5.7）式將 $a_k$ 及 $b_k$ 的計算公式代入求出如下:

$$\begin{aligned}c_k&=\frac{a_k-jb_k}{2}\\&=\frac{1}{2}\left[\frac{2}{T}\int_0^T F(t)\cos k\omega_f t dt-j\frac{2}{T}\int_0^T F(t)\sin k\omega_f t dt\right]\\&=\frac{1}{T}\left[\int_0^T F(t)(\cos k\omega_f t-j\sin k\omega_f t)dt\right]\\&=\frac{1}{T}\int_0^T F(t)e^{-jk\omega_f t}dt\end{aligned} \tag{11.5.17}$$

依據第 11.3 節的對稱週期性波形的關係，$c_k$ 可因整數 $k$ 爲奇數或偶數，該週期性波形是否爲奇對稱或偶對稱，或是波形是否爲半波對稱，以及是否同時具有半波奇對稱或半波偶對稱等關係，可由（11.5.7）式之 $a_k$ 與 $b_k$ 關係，取出實部或虛部來求得，分別敘述如下。

(1)**奇對稱波形**（原傅氏級數係數只含 $b_k$，而 $a_0$ 及 $a_k$ 均爲零）:

$$\begin{aligned}c_k&=\frac{-j}{2}\left[\frac{4}{T}\int_0^{T/2}F(t)\sin k\omega_f t dt\right]\\&=\frac{-j2}{T}\int_0^{T/2}F(t)\sin k\omega_f t dt\end{aligned} \tag{11.5.18}$$

(2)**偶對稱波形**（原傅氏級數係數只含 $a_0$ 及 $a_k$，而 $b_k$ 爲零）：

$$c_k=\frac{1}{2}\left[\frac{4}{T}\int_0^{T/2}F(t)\cos k\omega_f t\,dt\right]$$

$$=\frac{2}{T}\int_0^{T/2}F(t)\cos k\omega_f t\,dt \tag{11.5.19}$$

(3)**半波對稱波形**（當 $k$ 爲奇數時，原傅氏級數之 $a_k$ 及 $b_k$ 均存在；當 $k$ 爲偶數時，$a_k$ 與 $b_k$ 均爲零）：

$$c_k=\frac{1}{2}\left[\frac{4}{T}\int_0^{T/2}F(t)\cos k\omega_f t\,dt-j\frac{4}{T}\int_0^{T/2}F(t)\sin k\omega_f t\,dt\right]$$

$$=\frac{2}{T}\int_0^{T/2}F(t)(\cos k\omega_f t-j\sin k\omega_f t)dt$$

$$=\frac{2}{T}\int_0^{T/2}F(t)e^{-jk\omega_f t}dt \quad \text{（當 } k \text{ 爲奇數時）} \tag{11.5.20a}$$

$$=0 \quad \text{（當 } k \text{ 爲偶數時）} \tag{11.5.20b}$$

(4)**奇對稱且為半波對稱波形**（當 $k$ 爲奇數時，原傅氏級數之 $b_k$ 存在，當 $k$ 爲偶數時，$b_k$ 爲零；不論 $k$ 爲奇數或偶數，$a_k$ 均爲零）：

$$c_k=\frac{-j}{2}\left[\frac{8}{T}\int_0^{T/4}F(t)\sin k\omega_f t\,dt\right]$$

$$=\frac{-j4}{T}\int_0^{T/4}F(t)\sin k\omega_f t\,dt \quad \text{（當 } k \text{ 爲奇數時）} \tag{11.5.21a}$$

$$=0 \quad \text{（當 } k \text{ 爲偶數時）} \tag{11.5.21b}$$

(5)**偶對稱且為半波對稱波形**（當 $k$ 爲奇數時，原傅氏級數之 $a_k$ 存在，當 $k$ 爲偶數時，$a_k$ 爲零；不論 $k$ 爲奇數或偶數，$b_k$ 均爲零）：

$$c_k=\frac{1}{2}\left[\frac{8}{T}\int_0^{T/4}F(t)\cos k\omega_f t\,dt\right]$$

$$=\frac{4}{T}\int_0^{T/4}F(t)\cos k\omega_f t\,dt \quad \text{（當 } k \text{ 爲奇數時）} \tag{11.5.22a}$$

$$=0 \quad \text{（當 } k \text{ 爲偶數時）} \tag{11.5.22b}$$

**【例 11.5.1】** 如圖 11.5.1 之波形，求其傅氏級數之複數型式。

圖 11.5.1　例 11.5.1 之波形

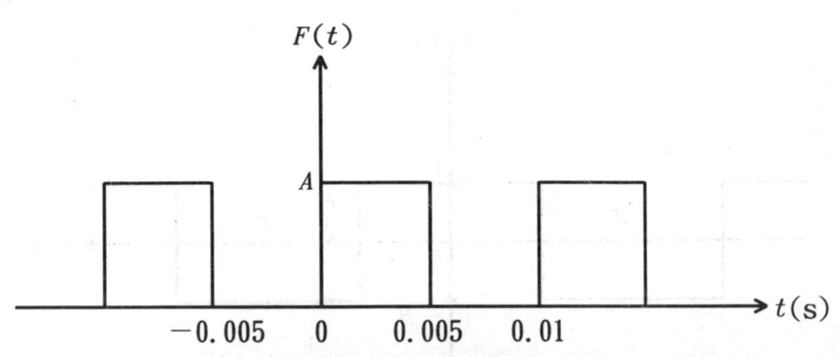


**【解】** $c_k=\frac{1}{T}\int_0^T F(t)e^{-jk\omega_f t}dt$

$\because \omega_f=2\pi_f=\frac{2\pi}{T}=\frac{2\pi}{0.01}=200\pi \text{ rad/s}$

$$\begin{aligned}\therefore c_k &=\frac{1}{0.01}\int_0^{0.005} Ae^{-jk200\pi t}dt\\ &=\frac{A}{0.01}\frac{1}{(-jk200\pi)}\int_0^{0.005} e^{-jk200\pi t}d(-jk200\pi t)\\ &=\frac{jA}{2\pi k}e^{-jk200\pi t}\Big|_0^{0.005}=\frac{jA}{2\pi k}(e^{-jk\pi}-1)\\ &=\begin{cases}0, & k\text{：偶數但 } k\neq 0\\ \frac{-jA}{\pi k}, & k\text{：奇數}\end{cases}\end{aligned}$$

$$c_0=\frac{1}{T}\int_0^T F(t)dt=\frac{1}{0.01}\int_0^{0.005}Adt=\frac{A}{2}$$

$$\begin{aligned}\therefore F(t)&=\sum_{k=-\infty}^{\infty}c_k e^{-j200\pi kt}\\ &=A\left[\cdots+\frac{(+j)e^{-j600\pi t}}{3\pi}+\frac{(+j)e^{-j200\pi t}}{\pi}+\frac{1}{2}\right.\\ &\left.\quad+\frac{(-j)e^{j200\pi t}}{\pi}+\frac{(-j)e^{j600\pi t}}{3\pi}+\cdots\right]\end{aligned}$$

◎

**【例 11.5.2】** 如圖 11.5.2 之偶對稱波形，求其傅氏級數之複數型式。

圖 11.5.2　例 11.5.2 之波形

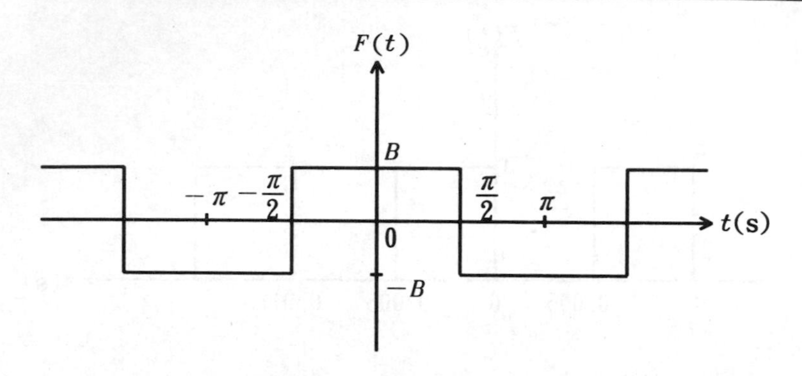


【解】 $T=2\pi$，$\omega_f=2\pi f=\dfrac{2\pi}{T}=1$ rad/s

(1)先用原始 $c_k$ 求法:

$$c_k=\frac{1}{T}\int_0^T F(t)e^{-jk\omega_f t}dt$$

$$=\frac{1}{2\pi}\left[\int_{-\pi/2}^{\pi/2}Be^{-jkt}dt+\int_{\pi/2}^{3\pi/2}(-B)e^{-jkt}dt\right]$$

$$=\frac{1}{2\pi}\left[\frac{B}{(-jk)}e^{-jkt}\Big|_{-\pi/2}^{\pi/2}+\frac{(-B)}{(-jk)}e^{-jkt}\Big|_{\pi/2}^{3\pi/2}\right]$$

$$=\frac{1}{2\pi}\left(\frac{B}{-jk}\right)\left[(e^{-jk\pi/2}-e^{+jk\pi/2})-(e^{-jk3\pi/2}-e^{-jk\pi/2})\right]$$

$$=\frac{1}{\pi}\left(\frac{B}{jk}\right)(e^{j\pi k/2}-e^{-jk\pi/2})$$

$\therefore c_k=0$　　　$k$ 為偶數或 $k=0$

$$c_k=\frac{2B}{\pi k}\left(\frac{e^{+jk\pi/2}-e^{-jk\pi/2}}{j2}\right)=\frac{2B}{\pi k}\left(\frac{e^{-jk\pi/2}-e^{jk\pi/2}}{j2}\right)=\frac{2B}{\pi k}\sin\frac{\pi k}{2}$$

$$=\begin{cases}\dfrac{2B}{\pi k} & k=1,5,9,\cdots\\[2ex] -\dfrac{2B}{\pi k} & k=3,7,11,\cdots\end{cases}$$

$$\therefore F(t)=\sum_{k=-\infty}^{\infty}c_k e^{jk\omega_f t}=\sum_{k=-\infty}^{\infty}c_k e^{jkt}$$

$$= [\cdots + \frac{2B}{3\pi} e^{-j3t} + (\frac{-2B}{\pi}) e^{-jt} + 0$$

$$+ (\frac{2B}{\pi}) e^{jt} + (\frac{-2B}{3\pi}) e^{j3t} + \cdots]$$

(2)用（11.5.19）式之 $c_k$ 求法：

$$c_k = \frac{2}{2\pi} \int_{-\pi/2}^{\pi/2} B \cos kt dt = \frac{B}{\pi} \frac{1}{k} \sin kt \Big|_{-\pi/2}^{\pi/2}$$

$$= \frac{B}{\pi k} (\sin \frac{\pi k}{2} - \sin \frac{-\pi k}{2}) = \frac{2B}{\pi k} \sin \frac{\pi k}{2}$$

$\therefore c_k = 0$　　$k$ 爲偶數或 $k = 0$

$$c_k = \begin{cases} \dfrac{2B}{\pi k} & k = 1, 5, 9, \cdots \\ \dfrac{-2B}{\pi k} & k = 3, 7, 11, \cdots \end{cases}$$

$c_0 = 0$

$$\therefore F(t) = [\cdots + (\frac{2B}{3\pi}) e^{-j3t} + (\frac{-2B}{\pi}) e^{-jt} + 0 + (\frac{2B}{\pi}) e^{jt}$$

$$+ (\frac{-2B}{3\pi}) e^{j3t} + \cdots]$$

◎

**【例 11.5.3】** 如圖 11.5.3 所示之波形，求其傅氏級數之複數型式。

**圖 11.5.3　例 11.5.3 之波形**

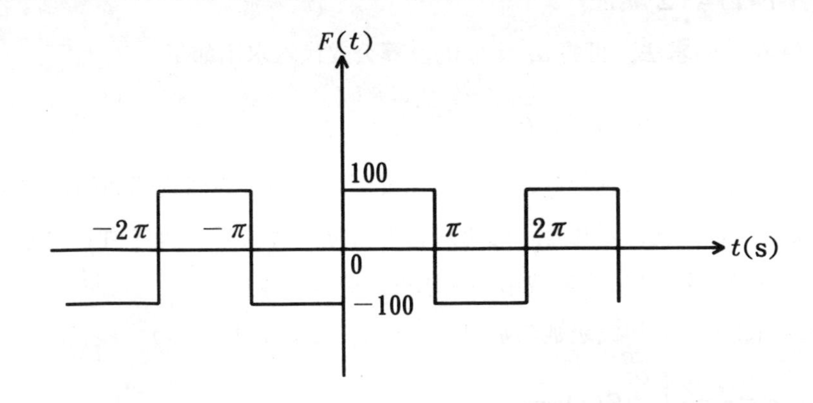

【解】 $T=2\pi$, $\omega_f=2\pi f=\dfrac{2\pi}{T}=1$ rad/s

因爲$F(t)=-F(t-\dfrac{T}{2})=-F(t-\pi)$故 $F(t)$爲奇函數，且爲半波對稱，可利用 (11.5.21) 式求出 $c_k$

$$c_k=\frac{-j4}{T}\int_0^{T/4}F(t)\sin ktdt$$
$$=\frac{-j2}{\pi}\int_0^{\pi/2}100\sin ktdt=\frac{-j200}{\pi}(\frac{-1}{k})\cos kt\Big|_0^{\pi/2}$$
$$=\frac{j200}{k\pi}\cos kt\Big|_0^{\pi/2}=\frac{j200}{k\pi}(\cos\frac{\pi k}{2}-1)$$
$$=\frac{-j200}{k\pi}\qquad k\text{：奇數}$$
$$=0\qquad k\text{：偶數}$$
$$c_0=0$$

$$\therefore F(t)=\sum_{k=-\infty}^{\infty}c_ke^{jkt}=\cdots+\frac{j200}{3\pi}e^{-j3t}+\frac{j200}{\pi}e^{-jt}+0+\frac{-j200}{\pi}e^{jt}+(\frac{-j200}{3\pi})e^{j3t}+\cdots$$ ◎

## 【本節重點摘要】

(1)傅氏級數的複數型式或指數型式為：

$$F(t)=\sum_{k=-\infty}^{\infty}c_ke^{jk\omega_f t}$$

式中係數 $c_k$ 的求法，可將 $a_k$ 及 $b_k$ 的計算公式代入求出如下：

$$c_k=\frac{1}{T}\int_0^{T}F(t)e^{-jk\omega_f t}dt$$

(2)$c_k$ 可因整數 $k$ 為奇數或偶數，該週期性波形是否為奇對稱或偶對稱，或是波形是否為半波對稱，以及是否同時具有半波奇對稱或半波偶對稱等關係，可由 $a_k$ 與 $b_k$ 關係，取出實部或虛部來求得，分別敘述如下：

①奇對稱波形（原傅氏級數係數只含 $b_k$，而 $a_0$ 及 $a_k$ 均為零）：

$$c_k=\frac{-j2}{T}\int_0^{T/2}F(t)\sin k\omega_f tdt$$

②偶對稱波形（原傅氏級數係數只含 $a_0$ 及 $a_k$，而 $b_k$ 為零）：

$$c_k=\frac{2}{T}\int_0^{T/2}F(t)\cos k\omega_f t dt$$

③半波對稱波形（當 $k$ 為奇數時，原傅氏級數之 $a_k$ 及 $b_k$ 均存在；當 $k$ 為偶數時，$a_k$ 與 $b_k$ 均為零）：

$$c_k=\frac{2}{T}\int_0^{T/2}F(t)e^{-jk\omega_f t}dt \qquad \text{（當 } k \text{ 為奇數時）}$$

$$c_k=0 \qquad \text{（當 } k \text{ 為偶數時）}$$

④奇對稱且為半波對稱波形（當 $k$ 為奇數時，原傅氏級數之 $b_k$ 存在，當 $k$ 為偶數時，$b_k$ 為零；不論 $k$ 為奇數或偶數，$a_k$ 均為零）：

$$c_k=\frac{-j4}{T}\int_0^{T/4}F(t)\sin k\omega_f t dt \qquad \text{（當 } k \text{ 為奇數時）}$$

$$c_k=0 \qquad \text{（當 } k \text{ 為偶數時）}$$

⑤偶對稱且為半波對稱波形（當 $k$ 為奇數時，原傅氏級數之 $a_k$ 存在，當 $k$ 為偶數時，$a_k$ 為零；不論 $k$ 為奇數或偶數，$b_k$ 均為零）：

$$c_k=\frac{4}{T}\int_0^{T/4}F(t)\cos k\omega_f t dt \qquad \text{（當 } k \text{ 為奇數時）}$$

$$c_k=0 \qquad \text{（當 } k \text{ 為偶數時）}$$

**【思考問題】**

(1)傅氏級數的複數型式有沒有比三角函數表示的型式好？它的優點在那邊？

(2)$c_k$ 的值什麼時候是純虛數？什麼時候是純實數？什麼時候是複數？

(3)$k$ 的選擇在原傅氏級數是由零到無限大，而在複數型式中是由負無限大到正無限大，那一個比較容易計算？爲什麼？

# 11.6　非正弦波的有效值

在第 11.4 節最後面的說明中，我們已經得知傅氏級數的表示式，除了可以用原來的直流項、正弦項以及餘弦項的相加合成外，若將正弦項與餘弦項屬於同一個諧波頻率的量合成爲一個等效餘弦項，則傅氏級數的表示式就會變成只有直流項與餘弦項的相加合成的結果，其

型式重寫如下:

$$F(t)=a_0+A_1\cos(\omega_f t-\theta_1)+A_2\cos(2\omega_f t-\theta_2)+\cdots$$
$$=a_0+\sum_{k=1}^{\infty}A_k\cos(k\omega_f t-\theta_k) \tag{11.6.1}$$

由於函數$F(t)$在 (11.6.1) 式之等號右側，除了第一項爲直流量外，其餘各項均爲餘弦量，而各餘弦量的峰值 $A_k$ 應爲其有效值$A_{\text{eff}k}$的$\sqrt{2}$倍，因此 (11.6.1) 式各餘弦項的峰值可用其有效值表示如下:

$$F(t)=a_0+\sqrt{2}A_{\text{eff1}}\cos(\omega_f t-\theta_1)+\sqrt{2}A_{\text{eff2}}\cos(2\omega_f t-\theta_2)+\cdots$$
$$=a_0+\sum_{k=1}^{\infty}\sqrt{2}A_{\text{eff}k}\cos(k\omega_f t-\theta_k) \tag{11.6.2}$$

要計算週期性函數$F(t)$之有效值 $F_{\text{eff}}$，可由第六章 6.2 節的公式求出如下:

$$F_{\text{eff}}=\sqrt{\frac{1}{T}\int_0^T[F(t)]^2dt} \tag{11.6.3}$$

或

$$F_{\text{eff}}^2=\frac{1}{T}\cdot\int_0^T[F(t)]^2dt$$
$$=\frac{1}{T}\cdot\int_0^T[a_0+\sum_{k=1}^{\infty}\sqrt{2}A_{\text{eff}k}\cos(k\omega_f t-\theta_k)]^2dt \tag{11.6.4}$$

在 (11.6.4) 式等號右側做一個週期 $T$ 積分的結果，可由單純的餘弦函數積分一個週期爲零，以及餘弦函數相乘正交的關係予以化簡。例如: $a_0$ 除了與自己相乘積分一個週期再除以週期之值等於 $a_0^2$ 不爲零外，其餘與任何 $k$ 次餘弦項相乘積分一個週期之結果必等於零，這是因爲受餘弦一個週期平均值爲零的影響。又如第 $k$ 諧波量$\sqrt{2}A_{\text{eff}k}$ $\cos(k\omega_f t-\theta_k)$除了與自己相乘積分一個週期再除以週期之值等於 $A_{\text{eff}k}$不等於零外，其餘與直流量或任何非 $k$ 次諧波量相乘積一週期之結果必等於零，這是因爲前者會受餘弦一個週期平均值爲零的影響，後者會受非同樣頻率的餘弦項相乘形成正交函數的影響。因此 (11.6.4) 式之化簡結果爲:

$$F_{\text{eff}}^2=a_0^2+A_{\text{eff1}}^2+A_{\text{eff2}}^2+\cdots=a_0^2+\sum_{k=1}^{\infty}A_{\text{eff}k}^2 \tag{11.6.5}$$

或

$$F_{\text{eff}} = \sqrt{a_0^2 + A_{\text{eff1}}^2 + A_{\text{eff2}}^2 + \cdots} = \sqrt{a_0^2 + \sum_{k=1}^{\infty} A_{\text{eff}k}^2} \qquad (11.6.6)$$

(11.6.6) 式說明了一個週期性函數當含有直流量及各次諧波量時，其有效值爲直流量的平方加上各次諧波量有效值平方之和，然後再取該值之平方根。

當該週期性函數$F(t)$爲一個電壓量$v(t)$時，則$v(t)$可表示爲：

$$\begin{aligned} v(t) &= V_0 + \sqrt{2}V_{\text{eff1}}\cos(\omega_f t - \theta_1) \\ &\quad + \sqrt{2}V_{\text{eff2}}\cos(2\omega_f t - \theta_2) + \cdots \\ &= V_0 + \sum_{k=1}^{\infty} \sqrt{2}V_{\text{eff}k}\cos(k\omega_f t - \theta_k) \quad \text{V} \end{aligned} \qquad (11.6.7)$$

其電壓有效值爲：

$$\begin{aligned} V_{\text{eff}} &= \sqrt{V_0^2 + V_{\text{eff1}}^2 + V_{\text{eff2}}^2 + \cdots} \\ &= \sqrt{V_0^2 + \sum_{k=1}^{\infty} V_{\text{eff}k}^2} \quad \text{V} \end{aligned} \qquad (11.6.8)$$

同理，當該週期性函數$F(t)$爲一個電流量$i(t)$時，則$i(t)$可表示爲：

$$\begin{aligned} i(t) &= I_0 + \sqrt{2}I_{\text{eff1}}\cos(\omega_f t - \theta_1) + \sqrt{2}I_{\text{eff2}}\cos(2\omega_f t - \theta_2) + \cdots \\ &= I_0 + \sum_{k=1}^{\infty} \sqrt{2}I_{\text{eff}k}\cos(k\omega_f t - \theta_k) \quad \text{A} \end{aligned} \qquad (11.6.9)$$

其電流有效值爲：

$$I_{\text{eff}} = \sqrt{I_0^2 + I_{\text{eff1}}^2 + I_{\text{eff2}}^2 + \cdots} = \sqrt{I_0^2 + \sum_{k=1}^{\infty} I_{\text{eff}k}^2} \quad \text{A} \qquad (11.6.10)$$

**【例 11.6.1】** 若一個負載兩端之電壓爲：

$$\begin{aligned} v(t) &= 3.8 + 4.2\cos(\omega t - 12^\circ) + 1.2\cos(2\omega t + 30^\circ) \\ &\quad + 0.9\cos(3\omega t + 10^\circ) + \cdots \quad \text{V} \end{aligned}$$

流入電壓$v(t)$正端之電流爲：

$$\begin{aligned} v(t) &= 100 + 39.8\cos(\omega t + 10^\circ) + 20.0\cos(2\omega t - 98^\circ) \\ &\quad + 1.98\cos(\omega t - 10^\circ) + \cdots \quad \text{A} \end{aligned}$$

求該負載電壓與電流之有效值。

【解】電壓有效值爲:

$$V_{\text{eff}}=\sqrt{(3.8)^2+(\frac{4.2}{\sqrt{2}})^2+(\frac{1.2}{\sqrt{2}})^2+(\frac{0.9}{\sqrt{2}})^2}=4.938\text{ V}$$

電流有效值爲:

$$I_{\text{eff}}=\sqrt{(100)^2+(\frac{39.8}{\sqrt{2}})^2+(\frac{20.0}{\sqrt{2}})^2+(\frac{1.98}{\sqrt{2}})^2}=104.852\text{ A}$$

其中弦波電壓或電流之峰值，均爲有效值的$\sqrt{2}$倍。◎

【例 11.6.2】如圖 11.6.1 所示之週期性電壓波形，求：(a)複數型式之傅氏級數，(b)利用傅氏級數之結果求有效值，(c)利用基本週期性函數之有效值公式求解該波形之有效值。

圖 11.6.1　例 11.6.2 之波形

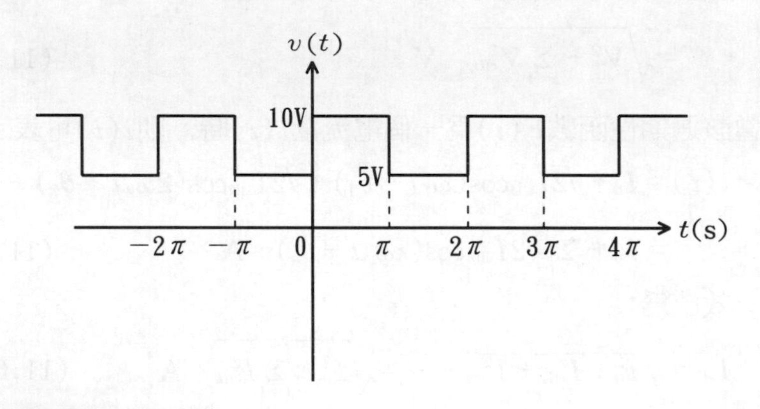


【解】$T=2\pi$，$\omega_f=\dfrac{2\pi}{T}=1$ rad/s

$$\begin{aligned}c_k&=\frac{1}{T}\int_0^T F(t)e^{-jkt}=\frac{1}{2\pi}\left[\int_0^{\pi}10e^{-jkt}dt+\int_{\pi}^{2\pi}5e^{-jkt}dt\right]\\&=\frac{1}{2\pi}\left(\frac{10}{-jk}e^{-jkt}\Big|_0^{\pi}+\frac{5}{(-jk)}e^{-jkt}\Big|_{\pi}^{2\pi}\right)\\&=\frac{1}{2\pi}\left[\left(\frac{10}{-jk}\right)(e^{-jk\pi}-1)+\left(\frac{5}{-jk}\right)(e^{-j2k\pi}-e^{-jk\pi})\right]\\&=\frac{5}{2\pi(-jk)}(e^{-jk\pi}-2+e^{-j2k\pi})\end{aligned}$$

$$= \frac{5}{-j2\pi k}(e^{-jk\pi} - 1) = \frac{5}{jk\pi},\ k\ 爲奇數$$

$$= 0,\quad k\ 爲偶數$$

$$c_0 = a_0 = \frac{1}{2\pi}\left[\int_0^{\pi} 10dt + \int_{\pi}^{2\pi} 5dt\right] = \frac{1}{2\pi}[10\pi + 5\pi] = \frac{15}{2}$$

$$\therefore v(t) = \sum_{k=-\infty}^{\infty} c_k e^{jkt} = \cdots + \frac{5}{-3j\pi}e^{-j3t} + \frac{5}{-j\pi}e^{-jt} + \frac{5}{2} + \frac{5}{j\pi}e^{jt} + \frac{5}{j3\pi}e^{j3t} + \cdots$$

(b) $\because c_k = \dfrac{a_k - jbk}{2}$，又 $A_k = \sqrt{a_k^{\,2} + b_k^{\,2}}$

$$\therefore |c_k| = \left|\frac{a_k - jb_k}{2}\right| = \frac{\sqrt{a_k^{\,2} + b_k^{\,2}}}{2} = \frac{A_k}{2}$$

故　$A_k = 2|c_k| = \sqrt{2}A_{effk}$，$A_{effk} = \dfrac{2|c_k|}{\sqrt{2}}$

$$V_{eff} = \sqrt{(\frac{15}{2})^2 + (\frac{5}{\pi}\times\frac{2}{\sqrt{2}})^2 + (\frac{5}{3\pi}\times\frac{2}{\sqrt{2}})^2 + \cdots} = 7.866\ \text{V}$$

(c) $V_{eff}^2 = \dfrac{1}{T}\displaystyle\int_0^T F(t)^2 dt = \dfrac{1}{2\pi}\left[\int_0^{\pi}(10)^2 dt + \int_{\pi}^{2\pi} 5^2 dt\right]$

$$= \frac{1}{2\pi}(100\pi + 25\pi) = 62.5$$

$\therefore V_{eff} = \sqrt{62.5} = 7.90569\ \text{V}$　◎

## 【本節重點摘要】

(1)將正弦項與餘弦項屬於同一個諧波頻率的量合成為一個等效餘弦項，則傅氏級數的表示式就會變成只有直流項與餘弦項的相加合成的結果，其型式重寫如下：

$$F(t) = a_0 + A_1\cos(\omega_f t - \theta_1) + A_2\cos(2\omega_f t - \theta_2) + \cdots$$

$$= a_0 + \sum_{k=1}^{\infty} A_k\cos(k\omega_f t - \theta_k)$$

(2)週期性函數 $F(t)$ 之有效值為：

$$F_{eff} = \sqrt{a_0^2 + A_{eff1}^2 + A_{eff2}^2 + \cdots} = a_0^2 + \sum_{k=1}^{\infty} A_{effk}^2$$

一個週期性函數當含有直流量及各次諧波量時，其有效值為直流量的平方加上各次諧波量有效值平方之和，然後再取該值之平方根。

(3)當週期性函數$F(t)$為一個電壓量$v(t)$時，則$v(t)$可表示為：

$$v(t)=V_0+\sum_{k=1}^{\infty}\sqrt{2}V_{\text{eff}k}\cos(k\omega_f t-\theta_k)\quad \text{V}$$

其電壓有效值為：

$$V_{\text{eff}}=\sqrt{V_0^2+V_{\text{eff1}}^2+V_{\text{eff2}}^2+\cdots}=V_0^2+\sum_{k=1}^{\infty}V_{\text{eff}k}^2\quad \text{V}$$

(4)當週期性函數$F(t)$為一個電流量$i(t)$時，則$i(t)$可表示為：

$$v(t)=I_0+\sum_{k=1}^{\infty}\sqrt{2}I_{\text{eff}k}\cos(k\omega_f t-\theta_k)\quad \text{A}$$

其電流有效值為：

$$I_{\text{eff}}=\sqrt{I_0^2+I_{\text{eff1}}^2+I_{\text{eff2}}^2+\cdots}=I_0^2+\sum_{k=1}^{\infty}I_{\text{eff}k}^2\quad \text{A}$$

【思考問題】

(1)非正弦波的功率消耗，是否滿足功率重疊定理？試由有效值說明。
(2)非正弦波的平均值計算是否一定爲零？
(3)非正弦波的絕對平均值計算如何表示？
(4)非正弦波的實功率、虛功率以及視在功率如何計算？
(5)非正弦波的等效電路是什麼？有沒有確切的電路參數？

## 11.7 非正弦波所產生的功率因數

當一個電路元件兩端的電壓爲非正弦波時，且流入該電壓正端之電流亦爲非正弦波時，則該電路元件所消耗的功率以及功率因數該如何計算呢？本節將應用傅氏級數的觀念做一番分析。

假設一個電路元件兩端的非正弦電壓，以傅氏級數的餘弦式表示如下：

$$\begin{aligned}v(t)&=V_0+\sqrt{2}V_{\text{eff1}}\cos(\omega_f t-\theta_1)\\&\quad+\sqrt{2}V_{\text{eff2}}\cos(2\omega_f t-\theta_2)+\cdots\\&=V_0+\sum_{k=1}^{\infty}\sqrt{2}V_{\text{eff}k}\cos(k\omega_f t-\theta_k)\quad \text{V}\end{aligned}\tag{11.7.1}$$

假設流入該電壓正端之非正弦波電流，以傅氏級數之餘弦式表示如

下:

$$i(t)=I_0+\sqrt{2}I_{\text{eff1}}\cos(\omega_f t-\phi_1)+\sqrt{2}I_{\text{eff2}}\cos(2\omega_f t-\phi_2)+\cdots$$

$$=I_0+\sum_{k=1}^{\infty}\sqrt{2}I_{\text{eff}k}\cos(k\omega_f t-\phi_k)\quad \text{A} \tag{11.7.2}$$

因此該電路元件所吸收的瞬時功率$p(t)$爲 (11.7.1) 式之瞬時電壓以及 (11.7.2) 式之瞬時電流兩式的乘積,表示如下:

$$p(t)=v(t)\cdot i(t)$$

$$=\left[V_0+\sum_{k=1}^{\infty}\sqrt{2}V_{\text{eff}k}\cos(k\omega_f t-\theta_k)\right]\cdot$$

$$\left[I_0+\sum_{k=1}^{\infty}\sqrt{2}I_{\text{eff}k}\cos(k\omega_f t-\phi_k)\right]\quad \text{W} \tag{11.7.3}$$

該電路元件所消耗或吸收的平均功率可由瞬時功率$p(t)$對時間 $t$ 積分一個週期$T$ 再除以週期數$T$ 而得,表示如下:

$$P_{\text{av}}=\text{average}[p(t)]=\frac{1}{T}\int_0^T p(t)dt$$

$$=\frac{1}{T}\int_0^T v(t)\cdot i(t)dt\quad \text{W} \tag{11.7.4}$$

(11.7.4) 之積分式,會受餘弦函數積分一個週期爲零,以及非相同諧波頻率餘弦量相乘積分一個週期爲零的正交關係影響,其結果會只剩下直流項的電壓與電流乘積所得的功率 $P_0$,以及同一個 $k$ 次諧波頻率下的電壓與電流餘弦函數乘積所得的功率之值$P_k$,分別表示如下:

$$P_0=\frac{1}{T}\int_0^T V_0\cdot I_0 dt=V_0 I_0\quad \text{W} \tag{11.7.5}$$

$$P_k=\frac{1}{T}\int_0^T \sqrt{2}V_{\text{eff}k}\cos(k\omega_f t-\theta_k)\cdot\sqrt{2}I_{\text{eff}k}\cos(k\omega_f t-\phi_k)dt$$

$$=\frac{1}{T}(2V_{\text{eff}k}\cdot I_{\text{eff}k})\int_0^T\cos(k\omega_f t-\theta_k)\cos(k\omega_f t-\phi_k)dt$$

$$=\frac{1}{T}(2V_{\text{eff}k}\cdot I_{\text{eff}k})\int_0^T\frac{1}{2}[\cos(2k\omega_f t-\theta_k-\phi_k)$$

$$+\cos(-\theta_k+\phi_k)dt]$$

$$= \frac{1}{T}(2V_{\text{eff}k} \cdot I_{\text{eff}k})\frac{T}{2}\cos(-\theta_k + \phi_k)$$

$$= V_{\text{eff}k} \cdot I_{\text{eff}k}\cos(\phi_k - \theta_k)$$

$$= V_{\text{eff}k} \cdot I_{\text{eff}k}\cos(\theta_k - \phi_k) \quad \text{W} \tag{11.7.6}$$

(11.7.5)式的 $P_0$ 表示直流量的消耗功率；(11.7.6)式的 $P_k$ 則爲第 $k$ 次諧波頻率下由電壓電流相乘所消耗的諧波功率，其中的相角差 $\theta_k - \phi_k$ 爲該 $k$ 次諧波下電壓與電流的相位差值。第 $k$ 次諧波電壓及電流所形成的視在功率 $S_k$ 及功率因數 $\text{PF}_k$ 可以由(11.7.6)式之結果表示如下：

$$S_k = V_{\text{eff}k} \cdot I_{\text{eff}k} \quad \text{VA} \tag{11.7.7}$$

$$\text{PF}_k = \cos(\theta_k - \phi_k) \tag{11.7.8}$$

因此，(11.7.6) 式可以改寫如下：

$$P_k = S_k \cdot \text{PF}_k \quad \text{W} \tag{11.7.9}$$

將 (11.7.5) 式及 (11.7.6) 式兩式代入 (11.7.4) 式的平均功率中，則總平均功率爲：

$$P_{\text{av}} = V_0 I_0 + V_{\text{eff1}} I_{\text{eff}k}\cos(\theta_1 - \phi_1) + V_{\text{eff2}} I_{\text{eff2}}\cos(\theta_2 - \phi_2) + \cdots$$

$$= V_0 I_0 + \sum_{k=1}^{\infty} V_{\text{eff}k} \cdot I_{\text{eff}k}\cos(\theta_k - \phi_k)$$

$$= P_0 + P_1 + P_2 + \cdots \quad \text{W} \tag{11.7.10}$$

由 (11.7.10) 式得知，當一個電路元件之兩端的電壓及通過的電流爲非正弦波時，它所消耗的平均功率爲直流量的平均功率以及交流量各次諧波平均功率的和。

功率因數之超前或落後的關係，在各次諧波量可能受電壓以及電流的差角不同而有差別，但是諧波量的大小關係，是當 $k$ 值越小時，諧波量的值越大。因此功率因數的超前或落後一般多以最大的諧波量來考慮，例如電力系統上常以第 3 次諧波下的電壓與電流相角差值特性，做爲諧波功因超前或落後的評估。

**【例 11.7.1】** 若一個網路兩端的電壓為：

$$v(t)=80+25\sqrt{2}\cos(t+25^\circ)+10\sqrt{2}\cos(3t+9^\circ)$$
$$+4.2\sqrt{2}\cos(5t+80^\circ)\quad \text{V}$$

流入電壓 $v(t)$ 正端之電流為：

$$i(t)=20+4.9\sqrt{2}\cos(t+30^\circ)+2\sqrt{2}\cos(3t-45^\circ)$$
$$+0.5\sqrt{2}\cos(5t+10^\circ)\quad \text{A}$$

試求該網路(a)各次諧波之功率因數與視在功率，(b)總平均功率。

**【解】** (a)①基本波：$S_1=25\times4.9=122.5$ VA

$PF_1=\cos(25^\circ-30^\circ)=0.9962$　leading

②三次諧波：$S_3=10\times2=20$ VA

$PF_3=\cos(9^\circ+45^\circ)=0.58778$　lagging

③五次諧波：$S_5=4.2\times0.5=2.1$ VA

$PF_5=\cos(80^\circ-10^\circ)=0.342$　lagging

(b)$P_{av}=V_0I_0+\sum_{k=1,3,5}S_k\cdot PF_k$

$=80\times20+122.5\times0.9962+20\times0.58778+2.1\times0.342$

$=1734.5$ W　◎

## 【本節重點摘要】

(1)假設一個電路元件兩端的非正弦電壓，以傅氏級數的餘弦式表示如下：

$$v(t)=V_0+\sum_{k=1}^{\infty}\sqrt{2}V_{effk}\cos(k\omega_f t-\theta_k)\quad \text{V}$$

假設流入該電壓正端之非正弦波電流，以傅氏級數之餘弦式表示如下：

$$i(t)=I_0+\sum_{k=1}^{\infty}\sqrt{2}I_{effk}\cos(k\omega_f t-\phi_k)\quad \text{A}$$

※電路元件所吸收的瞬時功率 $p(t)$ 為：

$$p(t)=v(t)\cdot i(t)$$
$$=\left[V_0+\sum_{k=1}^{\infty}\sqrt{2}V_{effk}\cos(k\omega_f t-\theta_k)\right]\cdot$$
$$\left[I_0+\sum_{k=1}^{\infty}\sqrt{2}I_{effk}\cos(k\omega_f t-\phi_k)\right]\quad \text{W}$$

(2)電路元件所消耗或吸收的平均功率可由瞬時功率 $p(t)$ 對時間 $t$ 積分一個週期

$T$ 再除以週期數 $T$ 而得，表示如下：

$$P_{av}=\text{average}[p(t)]=\frac{1}{T}\int_0^T p(t)dt=\frac{1}{T}\int_0^T v(t)\cdot i(t)dt \quad \text{W}$$

※非正弦波下的平均消耗功率 $P_{av}$ 會受餘弦函數積分一個週期為零，以及非相同諧波頻率餘弦量相乘積分一個週期為零的正交關係影響，其結果會只剩下直流項的電壓與電流乘積所得的功率 $P_0$，以及同一個 $k$ 次諧波頻率下的電壓與電流餘弦函數乘積所得的功率之值 $P_k$，分別表示如下：

$$P_0=\frac{1}{T}\int_0^T V_0\cdot I_0 dt=V_0 I_0 \quad \text{W}$$

$$P_k=V_{effk}\cdot I_{effk}\cos(\theta_k-\phi_k) \quad \text{W}$$

$P_0$ 表示直流量的消耗功率；$P_k$ 則為第 $k$ 次諧波頻率下由電壓電流相乘所消耗的諧波功率，其中的相角差 $\theta_k-\phi_k$ 為該 $k$ 次諧波下電壓與電流的相位差值。

(3)第 $k$ 次諧波電壓及電流所形成的視在功率 $S_k$ 及功率因數 $PF_k$ 可以表示如下：

$$S_k=V_{effk}\cdot I_{effk} \quad \text{VA}$$

$$PF_k=\cos(\theta_k-\phi_k)$$

第 $k$ 次諧波的消耗功率可以表示如下：

$$P_k=S_k\cdot PF_k \quad \text{W}$$

(4)非正弦波下的總平均功率為：

$$\begin{aligned}P_{av}&=V_0I_0+V_{eff1}\cdot I_{eff1}\cos(\theta_1-\phi_1)+V_{eff2}I_{eff2}\cos(\theta_2-\phi_2)+\cdots\\&=V_0I_0+\sum_{k=1}^{\infty}V_{effk}\cdot I_{effk}\cos(\theta_k-\phi_k)\\&=P_0+P_1+P_2+\cdots \quad \text{W}\end{aligned}$$

故一個電路元件之兩端的電壓及通過的電流為非正弦波時，它所消耗的平均功率為直流量的平均功率以及交流量各次諧波平均功率的和。

## 【思考問題】

(1)非正弦波下的無效功率如何計算?

(2)非正弦波下的總功率因數與各諧波下的功率因數有何關係?

(3)直流成份對總功率消耗與總功率因數會不會造成誤差？要不要考慮進去?

⑷一般的功因表或瓦特表有沒有量測或修正諧波所造成的誤差？

⑸能否由非正弦波所合成的電壓相量與電流相量差角直接推算功率因數？

## 習　題

/11.1 節、11.2 節、11.3 節/

1.試求圖 P11.1 之傅氏級數。

圖 P11.1

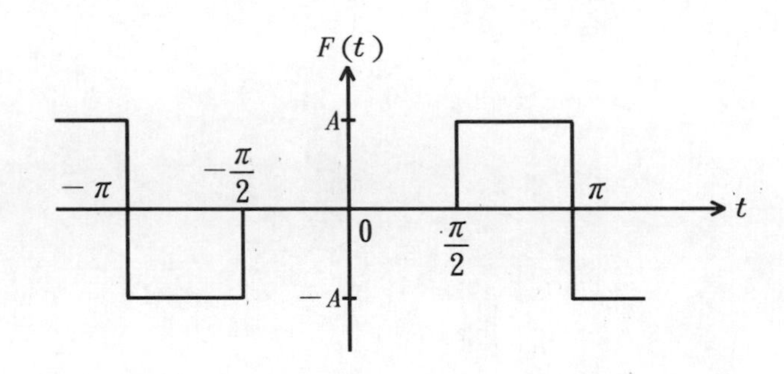


2.試求$F(t)=|\sin t|$，$0\leq t\leq\pi$ 之傅氏級數。

3.試求$F(t)=|\cos t|$，$-\frac{\pi}{2}\leq t\leq\frac{\pi}{2}$之傅氏級數。

4.試求$F(t)=\frac{t^2}{4}$，$-\pi\leq t\leq\pi$ 之傅氏級數。

/11.4 節/

5.一個串聯 $RL$ 電路，其輸入方波如圖 P11.5 所示，試求該電路受該方波影響下之穩態電流值。

6.一個並聯 $RC$ 電路受一個輸入方波電流源影響，如圖 P11.6 所示，試求輸出電壓$v(t)$之穩態解。

圖 P11.5

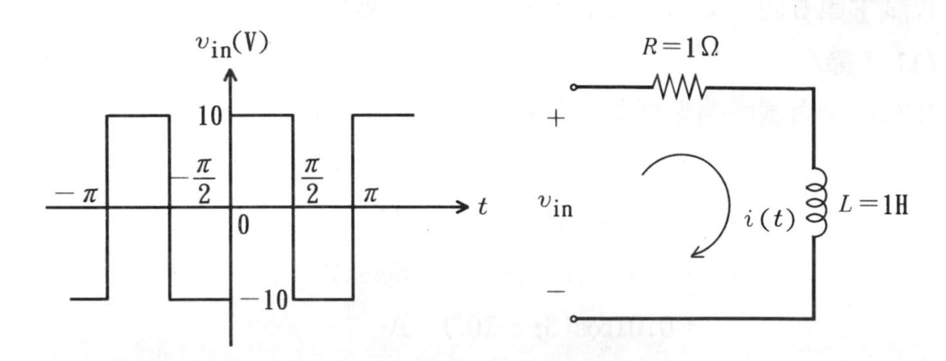


圖 P11.6

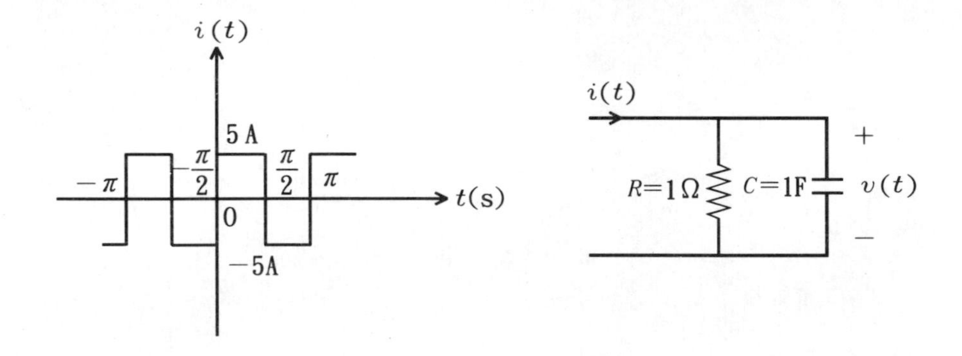


/11.5 節/

7.試以傅氏級數之複數型式展開$F(t)=|\sin\pi t|$，$0\leq t\leq 1$ 之波形。

8.試以傅氏級數之複數型式展開$F(t)=Ae^{t}$，$-\pi\leq t\leq\pi$ 之波形。

/11.6 節/

9.某一個負載兩端電壓與流入之電流均爲非正弦波，其利用傅氏級數展開如下：

$$v(t)=48+3.9\cos(\omega t+10°)+0.2\cos(3\omega t+40°)$$
$$+0.07\cos(5\omega t+20°)\quad \text{V}$$
$$i(t)=2.0+0.9\cos(\omega t-10°)+0.05\cos(3\omega t+58°)$$
$$+0.004\cos(5\omega t+80°)\quad \text{A}$$

試求$v(t)$及$i(t)$之有效值。

10.試求第 5 題、第 6 題及第 7 題$F(t)$之有效值。

/11.7 **節**/

11.若一個負載兩端電壓及流入電流之函數分別為：

$$v(t)=50+38.2\cos(t+20°)+10\cos(2t-15°)+0.5\cos(3t+50°) \quad V$$

$$i(t)=2+6.8\cos(t-10°)+0.5\cos(2t+20°)+0.01\cos(3t-10°) \quad A$$

試求該負載：(a)各次諧波之功率因數及視在功率，(b)總平均功率。

12.若$v(t)$及$i(t)$改為第 9 題之函數，重做第 11 題。

# 第伍部份

# 其他電路補充教材

# 第十二章　共振電路與濾波器

共振電路（the resonant circuits），或稱諧振電路，是交流弦式穩態電路分析上一種相當重要的電路。舉凡我們日常生活上的一些電器產品，例如收音機、電視機等，這類設備其內部電路上均有此類選擇特定頻率的電路，以提供我們選擇想收聽或想收看的電臺或節目。因此簡單地講，共振電路就是一種具有頻率選擇功能的電路。因爲它具有選擇特定頻率的功能，因此，它也就有能力阻擋我們不想要的某些頻率範圍，具有這樣功能的電路，有時也稱爲濾波器（the filters），因爲它「濾掉了」一些我們所不想要的頻率。整體而言，共振電路是以頻率來做分析的，因此本章是以頻域（the frequency domain）做爲分析的基礎。在簡單的電路元件上，只有兩種基本元件與頻率有關，就是電感器與電容器，而電阻器在共振電路上也是一種重要的基本元件，它會影響共振電路品質的好壞，這三種電路基本元件，如何構成一個共振電路，對共振電路會造成什麼影響，我們將分以下數節一一介紹。

## 12.1　共振電路的基本條件

要讓一個電路變成一個共振電路，需要具備某些條件，才能達到電路的共振現象，我們稱這些條件爲共振條件（the resonance conditions）。基本上，含有電阻器、電感器以及電容器等三種電路元件的電路，就能構成共振電路，這些基本電路元件可以是簡單的串聯或並聯連接，甚至是串並聯或並串聯的組合。在共振電路上，兩種重要的共振現象常會發生，因此以下面兩種特性定義共振條件：

**(1)電路的純電阻性（或純電導性）**

如圖 12.1.1 所示，一個交流弦波電源加在某一個網路兩端，其電壓相量爲 **V**，流入電壓正端之電流相量爲 **I**，由電源端看入之阻抗(導納）爲 $\overline{Z}_{in}$（$\overline{Y}_{in}$。若由電源端之電壓相量與電流相量爲同相位時，也就是說，由電源端看入之阻抗（或導納）爲純電阻性（或純電導性），致使電壓相位與電流相位完全相同。此時，由電源端看入的結果，看不到電感性元件之電感抗（或電感納），也看不到電容性元件之電容抗（或電容納），雖然它們都存在於電路中，卻只看得到網路所呈現的等效電阻特性而已，這種純電阻性或純電導性的電路，其電壓與電流相位相同，功因角爲零度，故功率因數爲 1，電源只送入實功，無虛功輸入，因此這種共振又稱爲單位功因共振（unity-power-factor resonance），以方程式表示如下：

$$\overline{Z}_{in}=\frac{\mathbf{V}}{\mathbf{I}}=R_{in}+jX_{in}=R_{in}+j0\quad\Omega \tag{12.1.1}$$

$$\overline{Y}_{in}=\frac{1}{\overline{Z}_{in}}=\frac{\mathbf{I}}{\mathbf{V}}=G_{in}+jB_{in}=G_{in}+j0\quad\text{S} \tag{12.1.2}$$

圖 12.1.1 一個電源加在一個 *RLC* 電路兩端

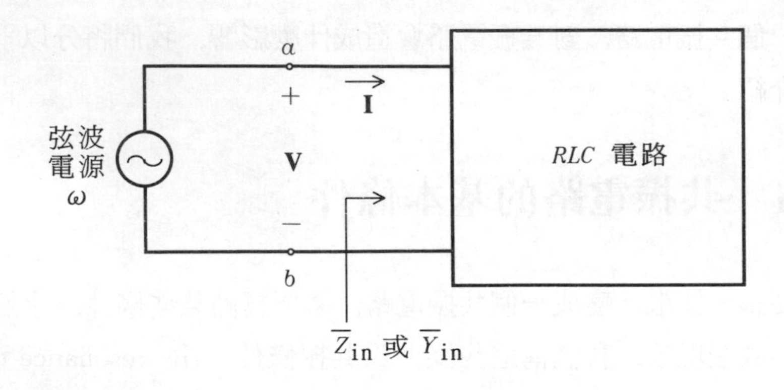

或寫成

$$\mathrm{Im}(\overline{Z}_{in})=0 \tag{12.1.3}$$

$$\mathrm{Im}(\overline{Y}_{in})=0 \tag{12.1.4}$$

**(2)最大或最小的阻抗（或導納）特性**

當電路頻率由極低數值慢慢增加到某一極大數值的過程中，除了零頻率及無限大頻率外，電路阻抗（或導納）的數值大小（magnitude）會呈現出一個最大或最小的值，發生該最大或最小阻抗值（或導納值）的特性，即爲共振現象。

若電路以電壓源驅動，當由電源流入電路的電流在共振下會發生最大值時，則由電壓源看入之阻抗爲最小值（或導納爲最大值）；若該電流在共振下爲最小值，則由電壓源看入之阻抗爲最大值（或導納爲最小值）。相同的道理，若電路以電流源驅動，則電路兩端的電壓在共振下會發生最大值時，則由電流源看入之阻抗爲最大值（或導納爲最小值）；若電壓在共振下爲最小值，則由電流源看入之阻抗爲最小值（或導納爲最大值）。

這種阻抗（或導納）數值大小關係，可隨著電路參數之變動而轉變，因此發生最大阻抗（或導納）大小之特性可由阻抗（或導納）大小對電路參數之偏微分關係令其爲零表示之，如下面兩式所示：

$$\frac{\partial}{\partial \xi}(|\overline{Z}_{in}|)=0 \tag{12.1.5}$$

$$\frac{\partial}{\partial \xi}(|\overline{Y}_{in}|)=0 \tag{12.1.6}$$

(12.1.5) 式及 (12.1.6) 式兩式中的參數 $\xi$，可以是電路的電源頻率 $\omega$（除了零及無限大頻率外）、電阻器 $R$、電感器 $L$ 或電容器 $C$ 的數值等，以提供做爲調整電路參數達到共振條件選擇的參考。(12.1.5) 式及 (12.1.6) 式兩式也表示了另一項訊息，它們說明了當參數 $\xi$ 變動時，阻抗大小或導納大小之變動曲線在共振點之斜率恰好爲零。若以參數 $\xi$ 爲橫座標，$|\overline{Z}_{in}|$ 或 $|\overline{Y}_{in}|$ 爲縱座標，則 (12.1.5) 式或 (12.1.6) 式恰爲一條水平的切線切過該阻抗或導納

大小變化特性線，如圖 12.1.2(a)、(b)所示。

雖然(1)、(2)兩種共振現象的條件可以清楚明瞭，但是要注意的是，並非每一個共振電路在發生共振現象時，都是同時呈現(1)及(2)的特性。如後面數節中會發現的，圖 12.1.3(a)、(b)的簡單三元件（電阻器 $R$、電感器 $L$、電容器 $C$）串聯與並聯電路，會呈現(1)和(2)的特性在同一個共振頻率下，但是圖 12.1.4(a)、(b)雖然也是簡單三元件（電阻器 $R$、電感器 $L$、電容器 $C$）的串並聯或並串聯組合，然而(1)或(2)的特性發生，卻可能不會同時出現在相同一個頻率，此點將會在本章最後慢慢說明。

圖 12.1.2 (a)阻抗大小(b)導納大小對參數 $\xi$ 變化之特性

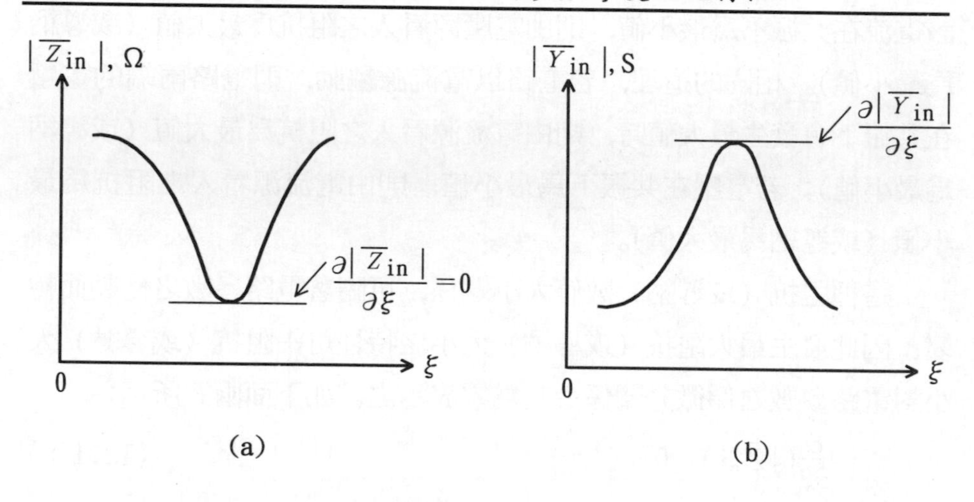


圖 12.1.3 簡單的串聯與並聯 $RLC$ 共振電路

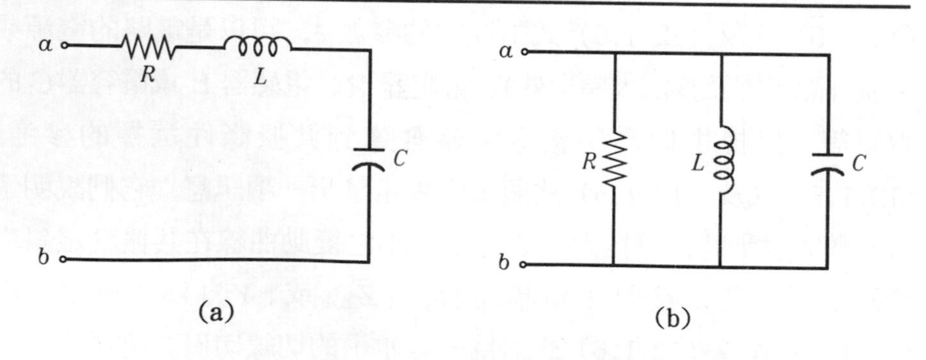

圖 12.1.4　串並聯或並串聯 $RLC$ 共振電路

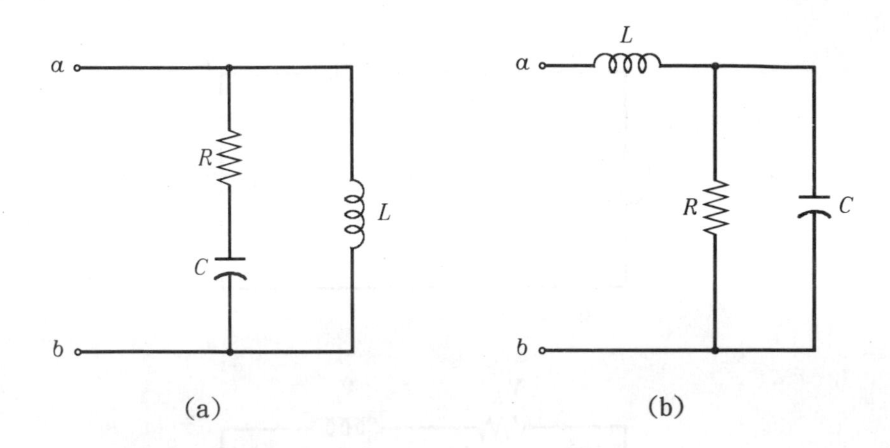


## 12.2　串聯 $RLC$ 電路之共振分析

圖 12.2.1(a)所示，爲時域下的簡單的 $RLC$ 串聯共振電路。電壓源電壓爲 $v_S(t)$，其角頻率爲 $\omega$，跨接於電阻器 $R$、電感器 $L$、電容器 $C$ 之串聯電路 $a$、$b$ 兩端，電流 $i(t)$ 流經該串聯電路，三個串聯元件兩端產生的電壓分別爲 $v_R(t)$、$v_L(t)$ 及 $v_C(t)$。將圖 12.2.1(a)之時域表示電路轉換至頻域之等效電路，示在圖 12.2.1(b)中。

圖 12.2.1(b)中各個量分別爲：電阻值 $R$、電感抗 $jX_L$、電容抗 $-jX_C$、電壓源電壓相量 $\mathbf{V}_S$、迴路電流相量 $\mathbf{I}$、電阻電壓相量 $\mathbf{V}_R$、電感器兩端電壓相量 $\mathbf{V}_L$ 以及電容器兩端電壓相量 $\mathbf{V}_C$。三個電路元件 $R$、$L$、$C$ 中，只有電感器 $L$ 之電感抗 $jX_L$ 以及電容器 $C$ 之電容抗 $-jX_C$ 與角頻率 $\omega$ 有關，分別呈現與角頻率 $\omega$ 成正比例與成反比例的關係。

由電源端看入之串聯總阻抗爲：

$$\begin{aligned}\overline{Z}_{\text{in}} &= R + jX_L - jX_C = R + j\left(\omega L - \frac{1}{\omega C}\right) \\ &= R + jX_{\text{net}} = |\overline{Z}_{\text{in}}| \angle \phi^\circ \quad \Omega \qquad (12.2.1)\end{aligned}$$

圖 12.2.1 (a)時域(b)頻域下之串聯 $RLC$ 共振電路

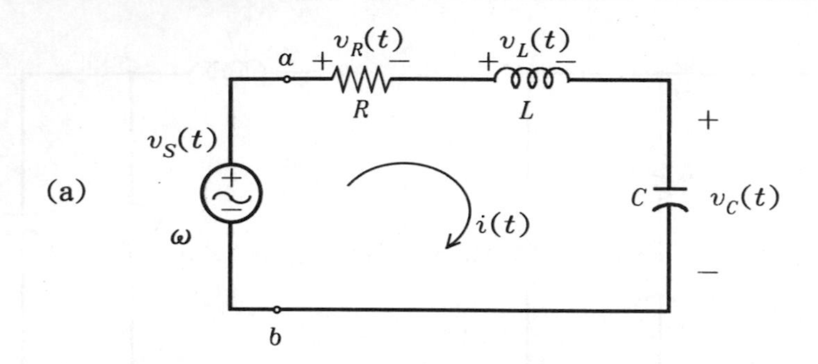


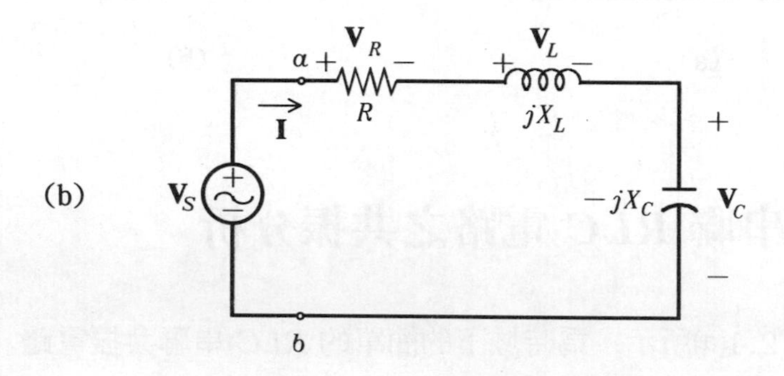


式中

$$X_{net} = X_L - X_C = \omega L - \frac{1}{\omega C} \quad \Omega \tag{12.2.2}$$

$$|\overline{Z}_{in}| = \sqrt{R^2 + X_{net}^2} \quad \Omega \tag{12.2.3}$$

$$\phi° = \tan^{-1}(\frac{X_{net}}{R}) \tag{12.2.4}$$

分別爲電源端看入之淨值電抗量、總阻抗大小以及總阻抗的相角，三者均爲角頻率 $\omega$ 之函數。當角頻率發生變動時，除了電阻值 $R$ 不受角頻率 $\omega$ 影響外，$X_{net}$、$|\overline{Z}_{in}|$以及 $\phi°$均會受 $\omega$ 的變化而改變。受電源角頻率變動的影響，串聯 $RLC$ 共振電路的特性會發生下列三種情形：

(A)當 $X_L = X_C$ 時，$X_{net}$爲零，電感抗與電容抗相互抵銷，電路爲純電阻性，滿足 12.1 節中共振條件(1)的特性：

$$\text{Im}(\overline{Z}_{\text{in}}) = \text{Im}(R + jX_{\text{net}}) = X_{\text{net}} = X_L - X_C = \omega L - \frac{1}{\omega C} = 0$$

(12.2.5)

令 (12.2.5) 式中之角頻率 $\omega$ 爲電路之共振頻率 $\omega_0$，則：

$$\omega_0 L - \frac{1}{\omega_0 C} = 0 \quad \Leftrightarrow \quad \omega_0 L = \frac{1}{\omega_0 C} \quad \Omega \tag{12.2.6}$$

將 (12.2.6) 式等號右側分母的 $\omega_0$ 移至左側與 $\omega_0$ 相乘，並將等號左側的 $L$ 移至等號右側與分母的 $C$ 相乘，則電路的共振頻率 $\omega_0$ 可計算如下：

$$\omega_0^{\,2} = \frac{1}{LC} \quad \Rightarrow \quad \omega_0 = \frac{1}{\sqrt{LC}} \quad \text{rad/s} \tag{12.2.7}$$

或表示成以 Hz 爲單位的共振頻率爲：

$$f_0 = \frac{\omega_0}{2\pi} = \frac{1}{2\pi\sqrt{LC}} \quad \text{Hz} \tag{12.2.8}$$

在共振條件下，由電源端看入的阻抗特性分別爲：

$$\overline{Z}_{\text{in}}(\omega_0) = R + j0 = R\angle 0° \quad \Omega \tag{12.2.9}$$

$$|\overline{Z}_{\text{in}}(\omega_0)| = |\overline{Z}_{\text{in}}(\omega)|_{\min} = R \quad \Omega \tag{12.2.10}$$

$$\phi°(\omega_0) = 0° \tag{12.2.11}$$

(12.2.10) 式中，第一個等號右側的阻抗大小下標 min，表示電路在電源角頻率 $\omega$ 達到共振頻率 $\omega_0$ 的條件時，由於淨値電抗 $X_{\text{net}}$ 等於零，使得總阻抗大小在所有正値的工作角頻率 $\omega$ 範圍內呈現串聯共振電路阻抗最小的量，其値恰等於電阻器電阻値 $R$ 的大小。亦即，除了共振條件下的共振頻率 $\omega_0$ 外，在其他工作頻率 $\omega$ 下由電源端看入的總阻抗大小均會大於 $R$。因此就整個電源可能的工作頻率範圍而言，總阻抗大小値對頻率的變化關係會呈現一個下凹的曲線，而下凹的谷點頻率就是共振頻率 $\omega_0$，谷點的阻抗値就是電阻器 $R$ 的數値。

由 12.1 節共振條件第⑵點得知，總阻抗大小若隨電路參數變動，則總阻抗大小變化曲線切線斜率爲零的點必爲共振點，若以角頻率

$\omega$ 爲變動參數，則該共振點之條件應爲：

$$\frac{\partial}{\partial\omega}|\overline{Z}_{\text{in}}| = \frac{\partial}{\partial\omega}\sqrt{R^2 + [\omega L - \frac{1}{(\omega C)}]^2}$$
$$= (\frac{1}{2})\{R^2 + [\omega L - \frac{1}{(\omega C)}]^2\}^{-(1/2)} \cdot$$
$$2[\omega L - \frac{1}{(\omega C)}] \cdot [L - (\frac{1}{C})(-1)\omega^{-2}]$$
$$= 0 \qquad (12.2.12)$$

使（12.2.12）式等於零的條件有四個，除了零頻率及無限大的頻率會使（12.2.12）式第二個等號右側第一項爲零外，第二項及第三項爲零的條件分別爲：

$$[\omega L - \frac{1}{(\omega C)}] = 0 \qquad (12.2.13)$$

及

$$[L - (\frac{1}{C})(-1)\omega^{-2}] = [L + \frac{1}{(\omega^2 C)}] = 0 \qquad (12.2.14)$$

扣除零頻率及無限大頻率不考慮外，由（12.2.14）式所解出之角頻率會得到不合理的虛數，應不予考慮：

$$\omega^2 = -\frac{1}{(LC)} \;\Rightarrow\; \omega = j\,\frac{1}{\sqrt{LC}} \qquad (12.2.15)$$

而（12.2.13）式之角頻率解恰與（12.2.7）式之共振頻率結果相同，因此簡單的 $RLC$ 串聯電路共振頻率能同時滿足 12.1 節所述的第(1)與第(2)兩點的特性。

(B)當 $X_L > X_C$ 時，$X_{\text{net}}$爲正值，由電源端看入的電感抗值超過電容抗值，電路是以電感性爲主，因此總阻抗大小值必大於共振條件時的最小阻抗值 $R$。而總阻抗相角亦必大於零，介在 $+90°$（$\omega$ 趨近於極高頻之無限大值時）到 $0°$（共振發生且只剩下純電阻 $R$ 之效應時）之間。

$$X_{\text{net}} = X_L - X_C = \omega L - \frac{1}{\omega C} > 0 \;\;\Omega \qquad (12.2.16)$$

$$\overline{Z}_{in}=R+jX_{net}=R+j(\omega L-\frac{1}{\omega C})\quad\Omega \tag{12.2.17}$$

$$|\overline{Z}_{in}|=\sqrt{R^2+[\omega L-\frac{1}{(\omega C)}]^2}>|\overline{Z}_{in}|_{min}=R\quad\Omega \tag{12.2.18}$$

$$90^\circ>\phi^\circ=\tan^{-1}[\frac{\omega L-1/(\omega C)}{R}]>0^\circ \tag{12.2.19}$$

(C)當 $X_L<X_C$ 時，$X_{net}$為負值，由電源端看入的電容抗值大於電感抗值，電路是以電容性為主，雖然 $X_{net}$為負值，但是總阻抗大小值亦必大於共振時的最小阻抗值 $R$，而總阻抗的相角必介在 $-90^\circ$（$\omega$ 接近於零頻率之直流或極低頻時）到 $0^\circ$（共振發生且只剩下純電阻 $R$ 之效應時）之間。

$$X_{net}=X_L-X_C=\omega L-\frac{1}{\omega C}<0\quad\Omega \tag{12.2.20}$$

$$\overline{Z}_{in}=R+jX_{net}=R+j(\omega L-\frac{1}{\omega C})\quad\Omega \tag{12.2.21}$$

$$|\overline{Z}_{in}|=\sqrt{R^2+[\omega L-\frac{1}{(\omega C)}]^2}>|\overline{Z}_{in}|_{min}=R\quad\Omega \tag{12.2.22}$$

$$0^\circ>\phi^\circ=\tan^{-1}[\frac{\omega L-1/(\omega C)}{R}]>-90^\circ \tag{12.2.23}$$

圖 12.2.2(a)、(b)、(c)分別為淨值電抗 $X_{net}$、總阻抗大小 $|\overline{Z}_{in}|$、總阻抗相角 $\phi^\circ$隨角頻率 $\omega$ 由零頻率到接近無限大頻率之變化曲線。圖 12.2.3 則為上述(A)、(B)、(C)三種情況下由電源端看入總阻抗之阻抗三角形變化。注意：圖 12.2.3(a)中的阻抗三角形不含垂直邊，這是因為共振條件下的淨值電抗值恆為零的緣故。

雖然（12.2.22）式及（12.2.18）式兩式之總阻抗大小表示法相同，但是在圖 12.2.2(b)之曲線上，前者是由共振條件下的最小值 $R$ 向左上方隨頻率減少而增大，後者則是由共振頻率點的最小阻抗值 $R$ 向右上方隨頻率增加而加大。由該圖可以發現，在一個特定的總阻抗大小$\sqrt{2}R$（即 1.414 倍共振下的阻抗大小），所對應的角頻率分別為 $\omega_1$ 及 $\omega_2$，其總阻抗相角分別為 $-45^\circ$及 $+45^\circ$，前者是處在低於共振頻率、以電容性為主的電路特性下（$\omega_1<\omega_0$ 且 $X_L<X_C$），後者

則是處在高於共振頻率、以電感性爲主的電路特性下（$\omega_2 > \omega_0$ 且 $X_L > X_C$）。

這兩個重要的頻率 $\omega_1$ 及 $\omega_2$，決定了一個共振電路所能允許通過的頻率範圍。爲了要求出這兩個重要的頻率值，我們可以由總阻抗相角的已知數據：$-45°$ 及 $+45°$，與其他 $R$、$L$、$C$ 參數的關係求出。先由（12.2.23）式來看，可以令 $\omega = \omega_1$，$\phi° = -45°$，可得 $\omega_1$ 的關係式如下：

$$-45° = \tan^{-1}\left[\frac{\omega_1 L - 1/(\omega_1 C)}{R}\right] \tag{12.2.24a}$$

或

$$\tan(-45°) = -1 = \frac{\omega_1 L - 1/(\omega_1 C)}{R} \tag{12.2.24b}$$

或

$$\omega_1 L - \frac{1}{\omega_1 C} = -R \tag{12.2.24c}$$

將（12.2.24c）式整理一下，並將等號兩側同時乘以（$\omega_1/L$），再將等號右側的項移至左側，可以得到下面的方程式：

$$(\omega_1)^2 + \frac{R}{L}\omega_1 - \frac{1}{LC} = 0 \tag{12.2.25}$$

該式之角頻率 $\omega_1$ 解爲：

$$\begin{aligned}\omega_1 &= \frac{-(R/L) \pm \sqrt{(R/L)^2 - 4\cdot 1\cdot[-1/(LC)]}}{2\cdot 1}\\ &= \frac{-R}{2L} \pm \sqrt{\frac{R^2}{4L^2} + \frac{1}{LC}}\end{aligned} \tag{12.2.26}$$

式中 ± 號之負號爲不合理，因爲開平方根項的值會大於〔$-R/(2L)$〕，負號的結果會產生負頻率，與實際電路的角頻率應用不合，因此只有正號會造成合理的正值頻率。故知頻率 $\omega_1$ 之眞正解爲：

$$\omega_1 = \frac{-R}{2L} + \sqrt{\frac{R^2}{4L^2} + \frac{1}{LC}} = \frac{R}{2L}\left(\sqrt{1 + \frac{4L}{R^2 C}} - 1\right) \quad \text{rad/s} \tag{12.2.27}$$

**圖 12.2.2　淨值電抗、總阻抗大小以及總阻抗相角對角頻率之變化曲線**

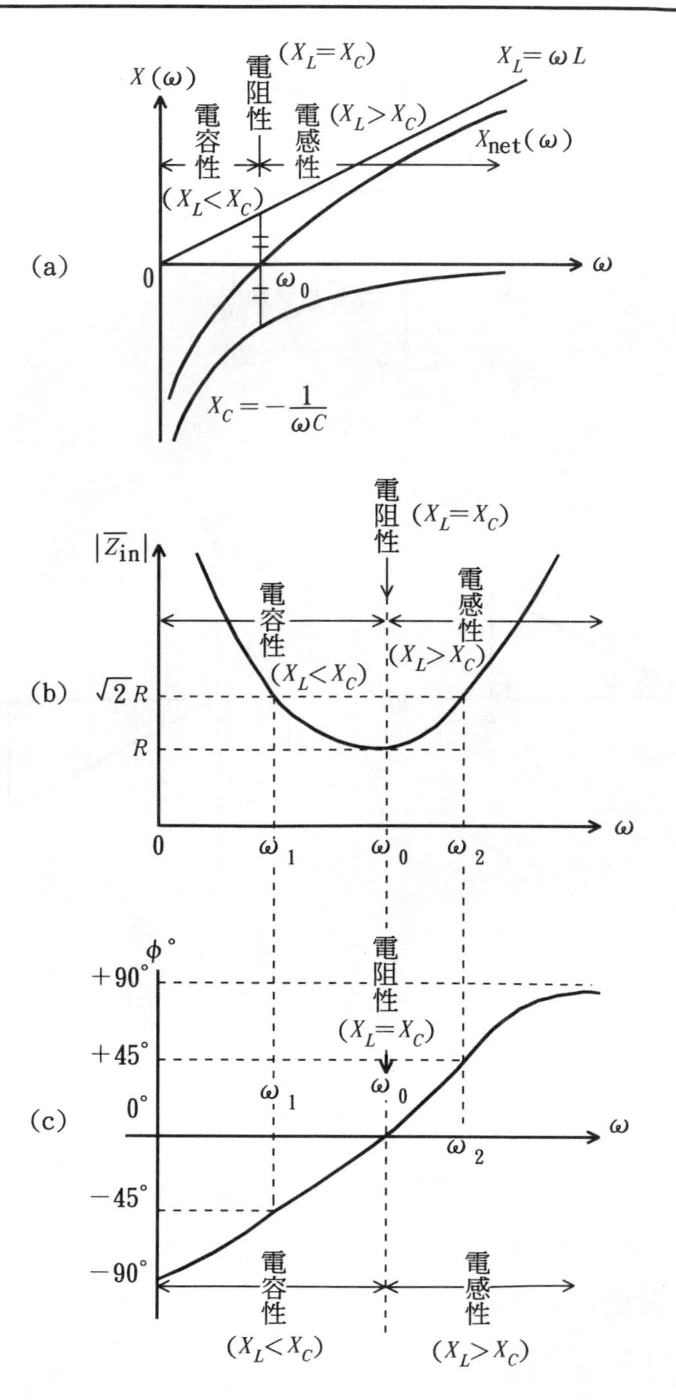

圖 12.2.3 (a)$X_L = X_C$(b)$X_L > X_C$(c)$X_L < X_C$ 之阻抗三角形

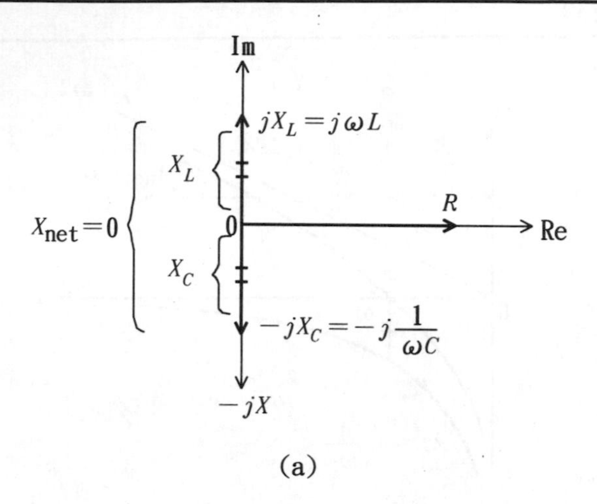


(a)

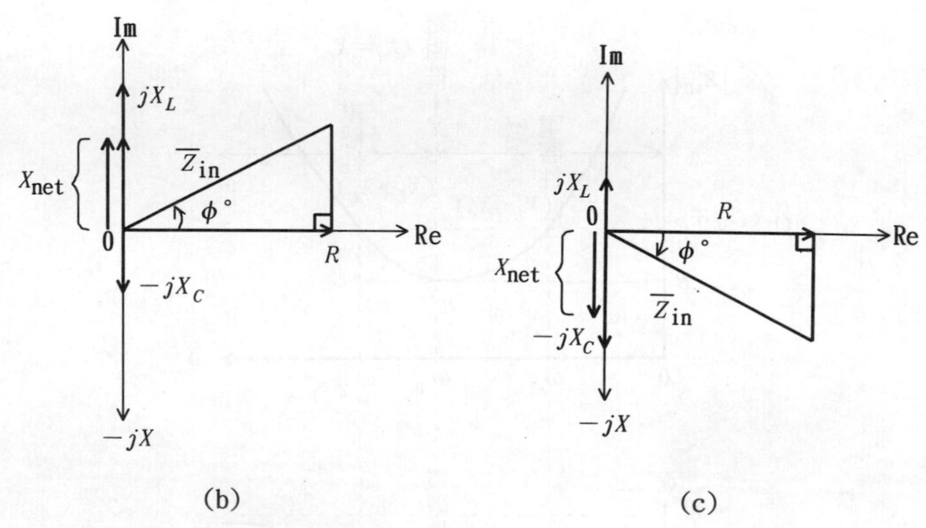


(b) (c)

若將（12.2.24c）式代入（12.2.22）式可得：

$$|\overline{Z}_{in}| = \sqrt{R^2 + [\omega_1 L - 1/(\omega_1 C)]^2}$$

$$= \sqrt{R^2 + (-R)^2} = \sqrt{2R^2} = \sqrt{2}R \quad \Omega \qquad (12.2.28)$$

此數據與圖 12.2.2(b)中 $\omega_1$ 所對應的總阻抗大小的數值相同。

同理，我們可由（12.2.19）式，令 $\omega = \omega_2$，$\phi° = 45°$，可得 $\omega_2$ 之關係式如下：

$$45° = \tan^{-1}\left[\frac{\omega_2 L - 1/(\omega_2 C)}{R}\right] \tag{12.2.29a}$$

或

$$\tan(45°) = 1 = \frac{\omega_2 L - 1/(\omega_2 C)}{R} \tag{12.2.29b}$$

或

$$\omega_2 L - \frac{1}{\omega_2 C} = R \tag{12.2.29c}$$

將 (12.2.29c) 式等號兩側同時乘以 $(\omega_2/L)$，再將等號右側的項移至左側，可以得到下面的方程式：

$$(\omega_2)^2 - \frac{R}{L}\omega_2 - \frac{1}{LC} = 0 \tag{12.2.30}$$

該式之解爲：

$$\begin{aligned}\omega_2 &= \frac{(R/L) \pm \sqrt{(R/L)^2 - 4\cdot 1\cdot[-1/(LC)]}}{2\cdot 1} \\ &= \frac{R}{2L} \pm \sqrt{\frac{R^2}{4L^2} + \frac{1}{LC}}\end{aligned} \tag{12.2.31}$$

式中 ± 號之負號爲不合理，因爲開平方根項的值會大於 $[R/(2L)]$，結果會產生負頻率，因此只有正號會造成合理的正值頻率。故頻率 $\omega_2$ 之眞正解爲：

$$\omega_2 = \frac{R}{2L} + \sqrt{\frac{R^2}{4L^2} + \frac{1}{LC}} = \frac{R}{2L}\left(\sqrt{1 + \frac{4L}{R^2 C}} + 1\right) \quad \text{rad/s} \tag{12.2.32}$$

若將 (12.2.29c) 式代入 (12.2.18) 式可得：

$$\begin{aligned}|\overline{Z}_{\text{in}}|(\omega_2) &= \sqrt{R^2 + [\omega_2 L - 1/(\omega_2 C)]^2} \\ &= \sqrt{R^2 + R^2} = \sqrt{2R^2} = \sqrt{2}R \quad \Omega\end{aligned} \tag{12.2.33}$$

此數據與圖 12.2.2(b)中在頻率爲 $\omega = \omega_2$ 時所對應的總阻抗大小數值相同。

串聯共振電路所對應的這兩個頻率，究竟是如何影響電路動作的特性呢？我們可以將圖 12.2.1(b)原串聯 $RLC$ 共振電路中的電阻器 $R$ 與電容器 $C$ 對換，變成如圖 12.2.4 所示的電路，由於串聯電路的緣故，圖 12.2.4 與原圖 12.2.1(b)的動作特性完全相同，只是我們改以電阻器兩端的電壓相量 $\mathbf{V}_R$ 做爲輸出相量 $\mathbf{V}_{out}$。由圖 12.2.4，我們可將電壓源電壓相量 $\mathbf{V}_S$ 視爲一個電壓大小固定，但是頻率可變的弦波訊號源，則此時輸出訊號相量 $\mathbf{V}_{out}$ 可用分壓定理求出，也可以先計算電流相量 $\mathbf{I}$，再應用歐姆定理計算輸出電壓相量，如下面的方程式所示：

$$\mathbf{V}_{out}=\mathbf{V}_R=\mathbf{I}_R\cdot R=\frac{\mathbf{V}_S}{Z_{in}}R=\frac{\mathbf{V}_S}{R+j[\omega L-1/(\omega C)]}R \quad \text{V} \tag{12.2.34}$$

故輸出電壓相量的大小數值爲：

$$|\mathbf{V}_{out}|=|\mathbf{I}|R=\frac{|\mathbf{V}_S|}{|Z_{in}|}R=\frac{|\mathbf{V}_S|}{\sqrt{R^2+[\omega L-1/(\omega C)]^2}}R \quad \text{V} \tag{12.2.35}$$

圖 12.2.4　將圖 12.2.1 之 $R$、$C$ 互換後的等效電路

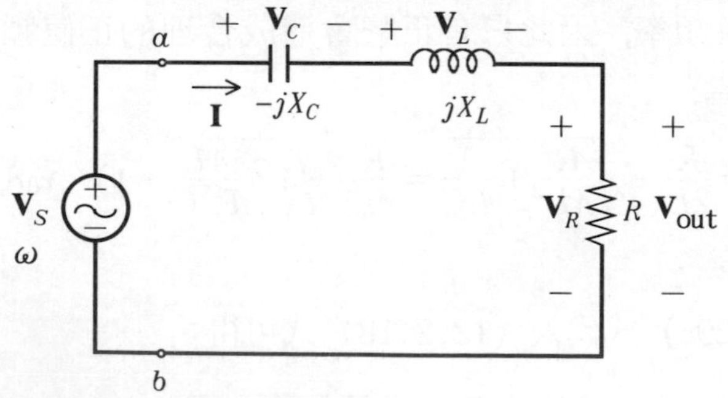

由（12.2.35）式可以明確得知，輸出訊號的大小與固定電壓源大小成正比，與總阻抗大小成反比，而串聯共振電路之電流大小與總阻抗大小成反比。因此由電阻器 $R$ 兩端之電壓相量做爲輸出訊號，也可以做爲串聯電路之共同電流大小訊號（因爲串聯電路之電流通過電路中的每一個串聯元件），兩者僅差 $R$ 倍的關係。此兩者的特性都是可以由阻抗大小的反比曲線來獲得，如圖 12.2.5 所示。在圖 12.2.5

中，我們選用了角頻率 $\omega$ 爲橫座標，以電流大小及輸出訊號（或電阻兩端的電壓）大小爲縱座標，由圖 12.2.5 中得知，共振頻率 $\omega_0$ 下以及兩個頻率 $\omega_1$、$\omega_2$ 下之輸出電壓大小分別爲：

$$|\mathbf{V}_{out}|(\omega_0) = |\mathbf{I}|(\omega_0)\cdot R = \frac{|\mathbf{V}_S|}{\sqrt{R^2+0^2}}\cdot R$$

$$= |\mathbf{V}_S| = |\mathbf{V}_{out}|_{max} \quad \text{V} \tag{12.2.36}$$

$$|\mathbf{V}_{out}|(\omega_1) = |\mathbf{I}|(\omega_1)\cdot R = \frac{|\mathbf{V}_S|}{\sqrt{R^2+R^2}}\cdot R = \frac{|\mathbf{V}_S|}{\sqrt{2}} \quad \text{V} \tag{12.2.37}$$

$$|\mathbf{V}_{out}|(\omega_2) = |\mathbf{I}|(\omega_2)\cdot R = \frac{|\mathbf{V}_S|}{\sqrt{R^2+R^2}}\cdot R = \frac{|\mathbf{V}_S|}{\sqrt{2}} \quad \text{V} \tag{12.2.38}$$

由（12.2.36）式知，在共振頻率下，電感抗與電容抗互相抵銷，變成等效短路，因此輸入電壓源電壓直接出現於電阻器兩端，此時輸出電壓爲最大值；（12.2.37）式及（12.2.38）式兩式同時說明了在這兩個重要頻率下的輸出電壓特性，其大小恰爲最大值的（$1/\sqrt{2}$）倍(或 0.707 倍)。

**圖 12.2.5　圖 12.2.4 之頻率響應曲線**

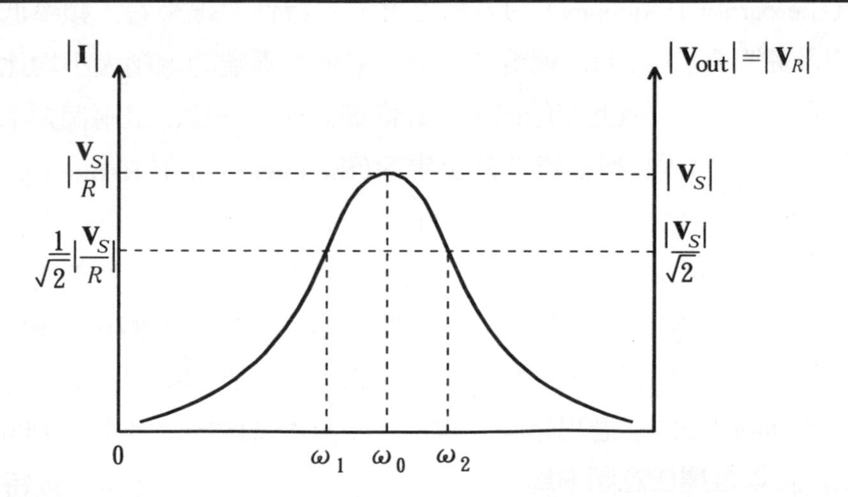

以電阻器（這是串聯共振電路中唯一能消耗實功的元件）消耗的平均功率而言，在這三個頻率下之電阻器功率分別為：

$$P_R(\omega_0)=\frac{|\mathbf{V}_S|^2}{R}=P_{R,\max}\quad \text{W} \tag{12.2.39}$$

$$P_R(\omega_1)=P_R(\omega_2)=(\frac{|\mathbf{V}_S|}{\sqrt{2}})^2\cdot\frac{1}{R}$$
$$=\frac{1}{2}\cdot\frac{|\mathbf{V}_S|^2}{R}=0.5P_R(\omega_0)\quad \text{W} \tag{12.2.40}$$

(12.2.39) 式及 (12.2.40) 式兩式也說明了這兩個重要的頻率 $\omega_1$ 及 $\omega_2$ 的觀念，在這兩個頻率下所消耗的功率，受電阻器電壓大小為共振時最大電壓的 0.707 倍影響，僅是在共振下消耗最大功率時的一半。因此這兩個頻率又稱為半功率點（the half-power points）頻率。又功率降低為最大值的一半，以分貝（decibel，dB）為單位表示時，變成$10\log_{10}(0.5)\approx-3$ dB，或以電壓降至為最大值的（$1/\sqrt{2}$）倍表示為$20\log_{10}(1/\sqrt{2})\approx-3$ dB。不論是以功率或是以電壓表示，兩者的 dB 值均比 0 dB 約小了三個 dB 大小，因此又稱這兩個頻率為 3 dB 點（the 3-dB points）頻率。在波德圖（the Bode plot）上，這兩個頻率恰位於大小（或增益）的特性曲線轉角的頻率點，因此又稱為轉角頻率（the cornor frequency）。以圖 12.2.5 之特性曲線來看，頻率低於 $\omega_1$ 以及頻率高於 $\omega_2$ 時，總電流大小或電阻器兩端的電壓大小均比共振點的量小很多，故此時輸出訊號好像被截斷了一樣，這兩個頻率因其頻率高低之不同，稱$\omega_1$為低截止頻率（the lower cutoff frequency），稱 $\omega_2$ 為高截止頻率（the upper cutoff frequency）。以上介紹的這些名詞，均是給這兩個頻率使用的，足見它們在共振電路上的重要性。

由圖 12.2.5 的輸出電壓大小與電流大小對輸入電壓頻率變化的曲線發現，它好像是一個給特定寬度火車大小通過的山洞，這寬度即是 $\omega_1$ 到 $\omega_2$ 的範圍。意思是說，電壓訊號源本身的頻率雖然未予明確規定，可以選擇任意頻率為其輸入，但是受 $RLC$ 串聯電路參數特性的影響，送到電阻器 $R$ 兩端的電壓若要選定在大於或等於訊號源電壓的 0.707 倍當做有效應用的輸出範圍的話，只有 $\omega_1$ 到 $\omega_2$ 的輸入頻率範圍能滿足此點要求，因此輸出訊號是被此 *RLC* 共振電路選擇過的，換句話說，此共振電路「濾掉」了不想要的訊號頻率，保留了特定想要的頻率範圍，因此一般稱 *RLC* 共振電路爲濾波器的主因在此，並聯共振電路之特性與此串聯共振電路類似，將在下一節中說明。本節串聯共振電路因爲只允許某一段頻率範圍的訊號通過，因此該類濾波器通稱爲帶通濾波器（the bandpass filter，BPF），其他的濾波器，還包括帶拒濾波器（the band-rejection filter，BRF）、高通濾波器（the high-pass filter，HP）、低通濾波器（the low-pass filter，LP）等類。由於所有特性均以輸入頻率做爲考量，因此圖 12.2.5 也稱爲該電路之頻率響應曲線（the frequency-response curve），或稱爲該串聯共振電路的選擇性曲線（the selectivity curve）。

接著，讓我們對一個串聯 *RLC* 共振電路定義其頻率響應上的基本特性。一個串聯 *RLC* 共振電路之共振頻率爲 $\omega_0$，其低截止頻率爲 $\omega_1$，高截止頻率爲 $\omega_2$，則該電路有效運用的頻率範圍定義爲頻帶寬（bandwidth），簡稱頻寬，以符號 BW 表示如下：

$$\mathrm{BW} \triangleq \omega_2 - \omega_1 \quad \mathrm{rad/s} \tag{12.2.40a}$$

或

$$\mathrm{BW} \triangleq \frac{\omega_2}{2\pi} - \frac{\omega_1}{2\pi} = f_2 - f_1 \quad \mathrm{Hz} \tag{12.2.40b}$$

將（12.2.27）式及（12.2.32）式代入（12.2.40a）式，可得以 *R*、*L*、*C* 參數表示的頻寬如下：

$$\begin{aligned}\mathrm{BW} &= \frac{R}{2L}\left(\sqrt{1+\frac{4L}{R^2C}}+1\right) - \frac{R}{2L}\left(\sqrt{1+\frac{4L}{R^2C}}-1\right) \\ &= \frac{R}{L} \quad \mathrm{rad/s}\end{aligned} \tag{12.2.41}$$

由（12.2.41）式得知，頻寬與電阻值 *R* 成正比，與電感值 *L* 成反比，但是與電容值的關係未出現，因爲在頻率相減時被銷去了。

接著，再定義一個 *RLC* 串聯共振電路的品質因數（the quality

factor)，以符號 $Q$ 表示。品質因數 $Q$ 代表了一個具有選擇特定頻率通過電路的選擇能力或功能的指標，以下列方程式表示：

$$Q \triangleq \frac{\omega_0}{\mathrm{BW}} = \frac{\omega_0}{\omega_2 - \omega_1} = \frac{f_0}{f_2 - f_1} \tag{12.2.42}$$

由（12.2.42）式知，$Q$ 與頻寬 BW 成反比，與共振頻率 $\omega_0$ 成正比，亦即 $Q$ 越大，頻寬 BW 越窄，選擇性（抑制雜訊的能力）越強，品質越佳，通過的頻率越接近共振頻率 $\omega_0$；反之，若 $Q$ 越小，則頻寬 BW 越大，選擇特定頻率訊號通過之能力越弱，致使一些偏離共振頻率點甚大的頻率訊號也能通過。一般而言，一個電路在 $Q \geq 10$ 時就可視爲高值的品質因數，此電路稱爲高 $Q$ 電路。品質因數 $Q$ 若以電路元件 $R$、$L$、$C$ 參數表示時，可將（12.2.41）式代入（12.2.42）式，得到如下的表示：

$$Q = \frac{\omega_0}{(R/L)} = \frac{\omega_0 L}{R} = \frac{1}{\omega_0 CR} \tag{12.2.43a}$$

$$= \frac{1}{\sqrt{LC}}\frac{L}{R} = \frac{1}{R}\sqrt{\frac{L}{C}} \tag{12.2.43b}$$

(12.2.43a)式應用了共振條件 $\omega_0 L = 1/(\omega_0 C)$ 的方程式，(12.2.43b)式則採用了共振頻率的公式 $\omega_0 = 1/\sqrt{LC}$。

對於品質因數的定義，不同的書有不同的解釋。若以複數功率中的實功率及虛功率來表示共振條件下的 $Q$ 值，則可以將（12.2.43a）修改表示爲：

$$Q = \frac{|\mathbf{I}(\omega_0)|^2 \cdot \omega_0 L}{|\mathbf{I}(\omega_0)|^2 \cdot R} = \frac{|(\mathbf{V}_S/R)|^2 \cdot \omega_0 L}{|(\mathbf{V}_S/R)|^2 \cdot R} = \frac{Q_L(\omega_0)}{P_R(\omega_0)} \tag{12.2.44a}$$

式中因爲 $\omega_0 L$ 爲共振條件下的電感抗，將它乘以共振下通過電感抗的電流平方，即得共振發生時電感抗所吸收的虛功 $Q_L(\omega_0)$，此虛功值與電容器在共振時所放出的虛功 $Q_C(\omega_0)$ 相同，即 $Q_L(\omega_0) = Q_C(\omega_0)$，因此虛功在這兩個儲能元件間變換，相互抵銷，故電源無須供應任何虛功給共振下的電抗性元件。由（12.2.44a）式知，品質因數 $Q$ 又可表示爲共振條件下，電路中電感器所吸收的虛功對該電路電阻器所消耗實功的比值。因此一個高品質的電路，其電阻器在共振下不應消耗太多實功，而電感器要有足夠的容量吸收虛功。若將電感器所吸收的虛功改用能量的觀點來看，則品質因數 $Q$ 可表示如下：

$$Q = 2\pi \frac{W_{S,\text{peak}}}{P_D \cdot T} = 2\pi \frac{\frac{1}{2}L(I_m)^2}{\frac{1}{2}R(I_m)^2 \cdot \frac{2\pi}{\omega_0}} = \frac{\omega_0 L}{R} \tag{12.2.44b}$$

式中 $W_{S,\text{peak}}$代表電路儲存能量的峰值，$P_D$ 代表電路平均消耗的功率，$T$ 則代表電源頻率的週期。以串聯 $RLC$ 電路來說，共振發生時，電感器與電容器能量互換，其峰值能量均相同（本節的後面會證明），若選擇電感器的峰值能量表示，則 $W_{S,\text{peak}}$應等於$\frac{1}{2}L(I_m)^2$，$I_m$ 爲電路共振時電流的峰值；由於電路中僅有電阻器會消耗功率，電路共振時之平均功率爲$\frac{1}{2}R(I_m)^2$；共振時的電源頻率週期 $T$，可由共振時之角頻率表示爲 $T=\frac{2\pi}{\omega_0}$。經過代入運算後，其品質因數 $Q$ 仍與前面所述相同。(12.2.44b) 式也淸楚地說明了一個高 $Q$ 電路的特性，它應該是在較低的平均功率損耗下，具有較高的峰值儲能。

將兩個截止頻率 $\omega_1$ 及 $\omega_2$ 以 BW 及 $Q$ 配合共振頻率$\omega_0$ 表示，可以更容易瞭解共振電路的特性，其確切表示法可由（12.2.27）式與(12.2.32) 式中的 $R$、$L$、$C$ 參數改用 BW 及 $Q$ 的關係表示如下：

$$\begin{aligned}\omega_{1,2} &= \frac{1}{2}\cdot\frac{R}{L}\left[\sqrt{1+4\left(\frac{1}{R}\sqrt{\frac{L}{C}}\right)^2} \pm 1\right] = \frac{\text{BW}}{2}\left(\sqrt{1+4Q^2} \pm 1\right) \\ &= \frac{\text{BW}}{2}\cdot 2Q\sqrt{\frac{1}{4Q^2}+1} \pm \frac{\text{BW}}{2} \\ &= \omega_0\sqrt{1+\frac{1}{4Q^2}} \pm \frac{\text{BW}}{2} \quad \text{rad/s}\end{aligned} \tag{12.2.45}$$

式中 ± 符號的負號及正號，分別對應於頻率 $\omega_1$ 及 $\omega_2$。對於實際電路上以高 $Q$（$Q \geq 10$）爲主的情況而言，（12.2.45）式第三個等號右側開平方根號內的$1/(4Q^2)$ 比 1 小得很多，可以予以忽略，因此簡

化成下式:

$$\omega_{1,2} \approx \omega_0 \pm \frac{\mathrm{BW}}{2} = \omega_0 \pm \frac{\omega_0}{2Q} = \omega_0(1 \pm \frac{1}{2Q}) \quad \mathrm{rad/s} \qquad (12.2.46)$$

(12.2.45) 式是眞正計算兩個截止頻率之公式, 而 (12.2.46) 式則是高 $Q$ 電路中計算這兩個頻率的近似公式。由 (12.2.46) 式的計算式知, 兩截止頻率 $\omega_1$ 及 $\omega_2$ 恰位於共振頻率 $\omega_0$ 左右兩側對稱的點, 亦即以 $\omega_0$ 為中心, 減去一半的頻寬即得 $\omega_1$; 加上一半的頻寬即得 $\omega_2$。此種簡單計算, 雖然僅適用於高 $Q$ 電路, 但在設計濾波電路時, 也是一項重要的工具。

一般家用收音機中所使用的選擇電臺電路, 可以使用本節的方法來做。簡單地說, 家中的收音機選擇電臺的旋鈕為一個可變電容器, 而收音機內部的電感器值在出廠前, 多已被設定完成 (調整電感值的鐵粉心用蠟封住, 以固定其電感值), 因此當我們選擇電臺時, 事實上是在改變電容器的值, 配合固定量的電感值, 以使共振頻率得以變動。當我們選擇到某一個電臺頻率, 而且清楚地出現在喇叭輸出端時, 此刻就是收音機由天線多種不同頻率的電波中, 恰好選擇到了某一個電臺所發射的頻率。利用共振電路的選擇頻率作用, 再將該微小的訊號加以放大, 經過內部特別設計過的數級音頻放大電路, 我們就可以清楚地聽到電臺節目的聲音。

至此, 我們已經大致瞭解了串聯 $RLC$ 共振電路的特性, 但是讀者是否回想起第七章中的電路分析, 都是按照正弦穩態的求解技巧去做的呢? 我們也可以試著利用該方法分析串聯 $RLC$ 共振電路的電壓相量及電流相量, 看一看究竟會發生什麼樣的結果。假設電壓源電壓的角頻率 $\omega$, 被適當地調整為串聯 $RLC$ 電路的共振頻率 $\omega_0$, 因此電源電壓可以表示為:

$$v_S(t) = \sqrt{2}V_S\sin(\omega_0 t + \theta°) \quad \mathrm{V} \quad \Leftrightarrow \quad \mathbf{V}_S = V_S\angle\theta° \quad \mathrm{V} \qquad (12.2.47)$$

式中 $\theta°$ 為電壓在 $t = 0$ s 時的相角, 假設為正值, 該相量表示是由水平軸以逆時鐘方向前移的角度。串聯 $RLC$ 共振電路受到外加電源以共振頻率做激發，因此由電源看入的阻抗為：

$$\overline{Z}_{in} = R + j(\omega_0 L - \frac{1}{\omega_0 C}) = R + j0 = R\angle 0^\circ \quad \Omega \qquad (12.2.47)$$

式中的電感抗與電容抗受共振頻率激發的影響，互相抵銷為零，因此總輸入阻抗為一個純實數 $R$，電感抗與電容抗形成等效的短路。將電壓相量除以由電源看入的阻抗，可得串聯電路中流動的電流相量：

$$\mathbf{I} = \frac{\mathbf{V}_S}{\overline{Z}_{in}} = \frac{V_S\angle\theta^\circ}{R\angle 0^\circ} = \frac{V_S}{R}\angle\theta^\circ \quad \text{A} \qquad (12.2.48)$$

再利用歐姆定理將電流相量分別乘以三個電路元件的阻抗，可得電阻器、電感器以及電容器兩端的電壓相量分別如下：

$$\mathbf{V}_R = \mathbf{I}\cdot R(\frac{V_S}{R})\angle\theta^\circ\cdot R\angle 0^\circ = V_S\angle\theta^\circ = V_S \quad \text{V} \qquad (12.2.49)$$

$$\mathbf{V}_L = \mathbf{I}\cdot jX_L = (\frac{V_S}{R})\angle\theta^\circ\cdot\omega_0 L\angle 90^\circ = V_S(\frac{\omega_0 L}{R})\angle 90^\circ+\theta^\circ$$

$$= QV_S\angle 90^\circ+\theta^\circ \quad \text{V} \qquad (12.2.50)$$

$$\mathbf{V}_C = \mathbf{I}\cdot(-jX_C) = (\frac{V_S}{R})\angle\theta^\circ\cdot[\frac{1}{(\omega_0 C)}]\angle -90^\circ$$

$$= V_S[1/(\omega_0 CR)]\angle -90^\circ+\theta^\circ$$

$$= QV_S\angle -90^\circ+\theta^\circ \quad \text{V} \qquad (12.2.51)$$

(12.2.51)式利用了 $Q = (\omega_0 L)/R = 1/(R\omega_0 C)$ 的關係式，這是因為在共振條件下，$\omega_0 L = 1/(\omega_0 C)$ 的緣故。這三個電壓相量以及電源電壓相量、電流相量均示在圖 12.2.6 中。值得我們特別關注的是 (12.2.50) 式及 (12.2.51) 式之電感器與電容器電壓大小，其值恰為電源電壓大小的 $Q$ 倍：

$$|\mathbf{V}_L| = |\mathbf{V}_C| = QV_S = Q|\mathbf{V}_S| \quad \text{V} \qquad (12.2.52)$$

這是極為重要的結果，因為在高 $Q$ 串聯 $RLC$ 電路共振發生時，電流流經每一個電路元件，電流相量皆相同。但是電感器以及電容器兩端的電壓互相反相 180°，以彼此相互抵銷，形成等效短路，使得電阻器兩端的電壓相量爲電源電壓相量，而電感器及電容器兩端電壓大小則分別爲電源電壓大小的 $Q$ 倍。若電源電壓爲 110 V，$Q$ 爲 100，則電感器與電容器兩端的電壓則爲(110)(100) = 11000 V = 11 kV 的高壓，在實驗共振電路時極爲危險。因此選擇電感器及電容器的耐壓值(額定電壓)，須特別注意，避免發生高壓打穿或絕緣破壞的危險。然而，將 KVL 方程式應用在此共振的電路時，是否仍成立呢？讓我們繞電路寫一圈寫出 KVL 方程式看看：

$$-\mathbf{V}_S+\mathbf{V}_R+\mathbf{V}_L+\mathbf{V}_C=-\mathbf{V}_S+\mathbf{V}_R+\mathbf{V}_{LC}=-\mathbf{V}_S+\mathbf{V}_R+0 = 0 \quad \text{V} \tag{12.2.53}$$

式中

$$\mathbf{V}_{LC}=\mathbf{V}_L+\mathbf{V}_C=QV_S\angle 90^\circ+\theta^\circ-QV_S\angle -90^\circ+\theta^\circ = 0 \quad \text{V} \tag{12.2.54}$$

爲電感器兩端電壓與電容器兩端電壓互銷爲零，變成等效短路的情況。(12.2.53) 式確實說明了 $RLC$ 串聯共振電路之電壓相量在共振下的 KVL 應用。

圖 12.2.6 串聯 $RLC$ 共振電路之電壓電流相量

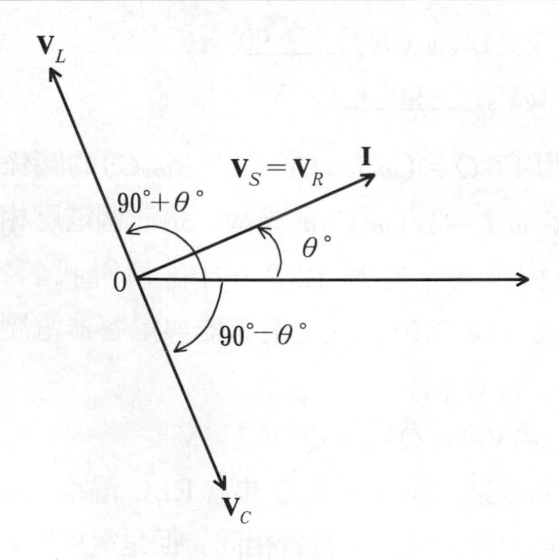

至於共振條件下，電感器與電容器的能量，它們間的重要關係如何呢？我們可以由（12.2.48）式的電流相量以及（12.2.51）式的電容器電壓相量，分別改寫爲時域表示式如下：

$$i(t)=\sqrt{2}\,\frac{V_S}{R}\sin(\omega_0 t+\theta^\circ)\quad \text{A} \tag{12.2.55}$$

$$v_C(t)=\sqrt{2}QV_S\sin(\omega_0 t+\theta^\circ-90^\circ)\quad \text{V} \tag{12.2.56}$$

因此電感器能量與電容器能量的瞬時表示分別爲：

$$\begin{aligned} w_L(t)&=\frac{1}{2}L[i(t)]^2=\frac{1}{2}L[\sqrt{2}\,\frac{V_S}{R}\sin(\omega_0 t+\theta^\circ)]^2\\ &=L(\frac{V_S}{R})^2\sin^2(\omega_0 t+\theta^\circ)\\ &=\frac{1}{2}L(\frac{V_S}{R})^2-\frac{1}{2}L(\frac{V_S}{R})^2\cos(2\omega_0 t+2\theta^\circ)\quad \text{J} \end{aligned} \tag{12.2.57}$$

$$\begin{aligned} w_C(t)&=\frac{1}{2}C[v_C(t)]^2=\frac{1}{2}C[\sqrt{2}QV_S\sin(\omega_0 t+\theta^\circ-90^\circ)]^2\\ &=C(QV_S)^2\sin^2(\omega_0 t+\theta^\circ-90^\circ)\\ &=\frac{1}{2}C(QV_S)^2-\frac{1}{2}C(QV_S)^2\cos(2\omega_0 t+2\theta^\circ-180^\circ)\quad \text{J} \end{aligned} \tag{12.2.58}$$

由（12.2.57）式與（12.2.58）式知，因爲正弦函數（或餘弦函數）的數值範圍介在 0 與 1 之間，其平方後的值亦介在 0 與 1 之間，因此電感器儲能的峰值與電容器儲能的峰值分別爲：

$$w_{Lm}=L(\frac{V_S}{R})^2\quad \text{J} \tag{12.2.59}$$

$$w_{Cm}=C(QV_S)^2\quad \text{J} \tag{12.2.60}$$

將（12.2.60）式的電容器儲能峰值關係，利用 $Q=\dfrac{\omega_0 L}{R}=\dfrac{1}{R\omega_0 C}$ 以及 $\omega_0^2=\dfrac{1}{LC}$，可以轉換成（12.2.59）式的電感器儲能峰值關係式：

$$w_{Cm}=C(QV_S)^2=C(\frac{\omega_0 L}{R}V_S)^2=C(\frac{1}{R\omega_0 C}V_S)^2$$

$$=\frac{C}{(\omega_0 C)^2}(\frac{V_S}{R})^2=\frac{1}{(\omega_0)^2 C}(\frac{V_S}{R})^2$$

$$=\frac{1}{[1/(LC)]C}(\frac{V_S}{R})^2=L(\frac{V_S}{R})^2=w_{Lm} \quad \text{J} \qquad (12.2.61)$$

由此證明了（12.2.44b）式的品質因數 $Q$ 中所利用的電感器儲能峰值與電容器儲能峰值相等的關係式。將（12.2.57）式與（12.2.58）式之電感器與電容器瞬時能量關係式，取出其平均值，則兩者的平均儲存能量，配合（12.2.61）式之結果，亦可得知為相同：

$$W_{L,\text{av}}=W_{C,\text{av}}=\frac{1}{2}L(\frac{V_S}{R})^2=\frac{1}{2}C(QV_S)^2 \quad \text{J} \qquad (12.2.62)$$

由於（12.2.57）式與（12.2.58）式第三個等號右側第二項的時變關係剛好相差 180°，相加之後必為零，因此將這兩式的電感器儲能與電容器儲能瞬時值相加，只剩下平均能量常數項相加的結果，而這兩個平均能量由（12.2.62）式得知又相等，因此在共振條件下，電感器與電容器瞬時能量的和必為常數，且為電感器或電容器平均能量的兩倍：

$$w_L(t)+w_C(t)=2W_{L,\text{av}}=2W_{C,\text{av}}=L(\frac{V_S}{R})^2$$

$$=C(QV_S)^2 \quad \text{J} \qquad (12.2.63)$$

配合複功率中虛功與平均儲能的關係，則輸入串聯 $RLC$ 共振電路的複功率也可以表示為：

$$S=P+jQ=\frac{(V_S)^2}{R}+j2\omega(W_{L,\text{av}}-W_{C,\text{av}})$$

$$=\frac{(V_S)^2}{R}+j0 \quad \text{VA} \qquad (12.2.64)$$

圖 12.2.7 所示，則為共振現象發生時的電感器與電容器瞬時能量波形圖，由該圖知，共振時的能量是以兩倍的共振頻率做改變的，也就是說，電感器與電容器在電壓或電流波形每四分之一個週期時做能量改變，可能是由吸收能量改為放出能量，或是由釋放量改為儲存能量，這些能量僅在這兩個儲能元件中互換，由於這兩個理想元件是無

能量損失的元件，因此與會發生能量損耗的電阻器無關，獨立形成一個特殊能量變化的特性，值得有興趣的讀者深入研究。

圖 12.2.7　共振條件下的電感器與電容器能量變化

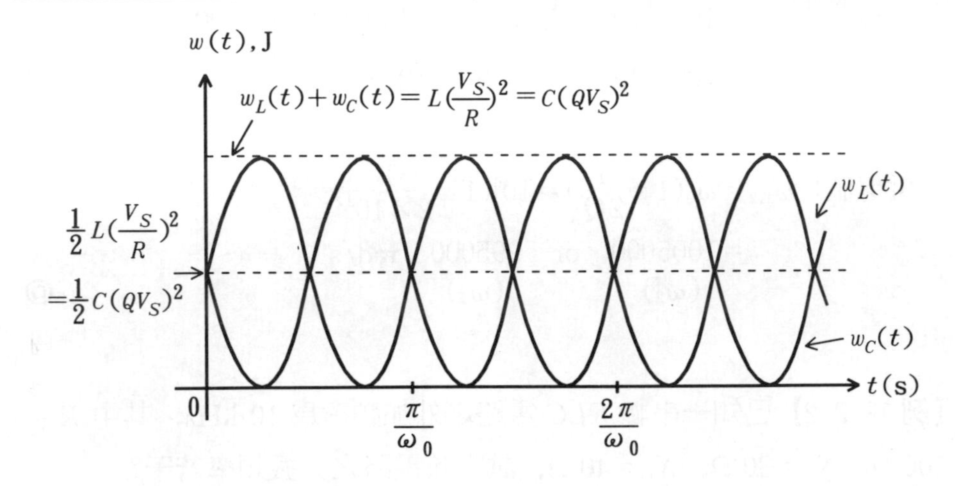


【例 12.2.1】一個簡單串聯 $RLC$ 電路，已知 $R=100\ \Omega$，$L=10$ mH，$C=100$ pF，電源為 100 V 之交流電源，試求共振時之：(a)頻率，(b)迴路電流，(c)分別跨於 $R$、$L$、$C$ 兩端之電壓，(d)$Q$、BW，(e)$\omega_1, \omega_2$ 之眞正值與近似值。

【解】(a)$\omega_0=\dfrac{1}{\sqrt{LC}}=\dfrac{1}{\sqrt{10\times10^{-3}\times100\times10^{-12}}}=1\times10^6=1$ Mrad/s

或 $f_0=\dfrac{\omega_0}{2\pi}=159154.94$ Hz $=159.154$ kHz

(b)$I=\dfrac{V}{R}=\dfrac{100}{100}=1$ A

(c)$V_R=I\cdot R=1\times100=100$ V

$V_L=X_L\cdot I=1\times10^6\times10\times10^{-3}\times1=10\times10^3=10$ kV

$V_C=X_C\cdot I=\left[\dfrac{1}{(10^6\times100\times10^{-12})}\right]\times1=10\times10^3=10$ kV

(d)$Q=\dfrac{\omega_0 L}{R}=\dfrac{10^6\times10\times10^{-3}}{100}=100$

$$\text{BW}=\frac{\omega_0}{Q}=\frac{10^6}{100}=10^4\ \text{rad/s}=10\ \text{krad/s}$$

(e)眞正值：$\omega_{1,2}=\omega_0\sqrt{1+\frac{1}{4Q^2}}\pm\frac{\text{BW}}{2}$

$$=10^6\sqrt{1+\frac{1}{4\times10^4}}\pm\frac{10^4}{2}=1000012.5\pm5000$$

$$=1005012.5\ (\omega_2)\quad\text{or}\quad 995012.5\ (\omega_1)\quad\text{rad/s}$$

近似值：$\omega_{1,2}=\omega_0(1\pm\frac{1}{2Q})=10^6(1\pm\frac{1}{2\times10^2})$

$$=1005000\ (\omega_2)\quad\text{or}\quad 995000\ (\omega_1)\quad\text{rad/s}$$

◎

**【例 12.2.2】** 已知一串聯 $RLC$ 電路之外加頻率爲 10 kHz，其中 $R=100\ \Omega$，$X_L=30\ \Omega$，$X_C=40\ \Omega$，試求該電路之共振頻率若干？

**【解】**

$$\omega_0=\frac{1}{\sqrt{LC}}=\sqrt{\frac{1}{\omega L}\cdot\frac{1}{\omega C}\cdot\omega^2}=\omega\sqrt{\frac{X_C}{X_L}}=10\times10^3\times2\pi\times\sqrt{\frac{40}{30}}$$

$$=11547(2\pi)=36275.98\ \text{rad/s}=36.276\ \text{krad/s}$$

或 $f_0=11547\ \text{Hz}=11.547\ \text{kHz}$ ◎

**【例 12.2.3】** 一個串聯電路由電阻器、線圈及一個無損失電容所構成。已知在外加頻率爲 20 kHz 時，該串聯電路爲電容性，線圈阻抗值爲 $100\angle40^\circ\ \Omega$；外加 400 V 電壓，線圈兩端電壓爲 $60\angle0^\circ$ V，輸入功率 100 W。試求：(a)共振頻率，(b)$Q$，(c)BW。

**【解】** (a)迴路電流爲：

$$\mathbf{I}=\frac{60\angle0^\circ}{100\angle40^\circ}=0.6\angle-40^\circ\ \text{A}$$

迴路串聯總電阻

$$R_T=\frac{P}{I^2}=\frac{100}{(0.6)^2}=277.7778\ \Omega$$

線圈阻抗

$$Z_L = 100\angle 40^\circ = 76.6044 + j64.278\ \Omega$$

∴電阻器值

$$R = R_T - 76.6044 = 201.17338\ \Omega$$

$$X_L = 64.278\ \Omega$$

總阻抗大小

$$|Z_T| = \frac{400}{0.6} = 666.6667\ \Omega$$

輸入複功率

$$S = V \cdot I = 400 \times 0.6 = 240\ \text{VA}$$

$$\theta = \text{阻抗角} = \text{功因角} = -\cos^{-1}\frac{100}{240} = -65.375^\circ$$

$$|Z_T|\angle\theta = 666.6667\angle -65.375^\circ = 277.7778 + j(X_L - X_C)$$

$$\therefore X_C = -666.6667\sin(-65.375^\circ) + 64.278 = 670.314\ \Omega$$

$$\therefore \omega_0 = \omega\sqrt{\frac{X_C}{X_L}} = 20\times 10^3 \times 2\pi\sqrt{\frac{670.314}{64.278}}$$

$$= 2\pi \times 64585.93 = 405.805\ \text{krad/s}$$

或　$f_0 = 64585.93\ \text{Hz}$

(b) $Q = \dfrac{X_L}{R_T} = \dfrac{64.278\times(64585.93/20\times 10^3)}{277.7778} = 0.74726$

(c) $\text{BW} = \dfrac{\omega_0}{Q} = \dfrac{405.805\times 10^3}{0.74726} = 543057.3\ \text{rad/s}$　◎

## 12.3　並聯 *RLC* 電路之共振分析

圖 12.3.1(a)所示，為時域下簡單的 *RLC* 並聯共振電路。電流源 $i_S(t)$，角頻率為 $\omega$，連接於電阻器 $R$、電感器 $L$、電容器 $C$ 之並聯電路 $a$、$b$ 兩端，電壓 $v(t)$跨在該並聯電路兩端，流經三個電路元件的電流分別為 $i_R(t)$、$i_L(t)$以及 $i_C(t)$。將圖 12.3.1(a)之時域電路轉換至頻域等效電路，示在圖 12.3.1(b)中。

圖 12.3.1 (a)時域(b)頻域下之並聯 $RLC$ 電路

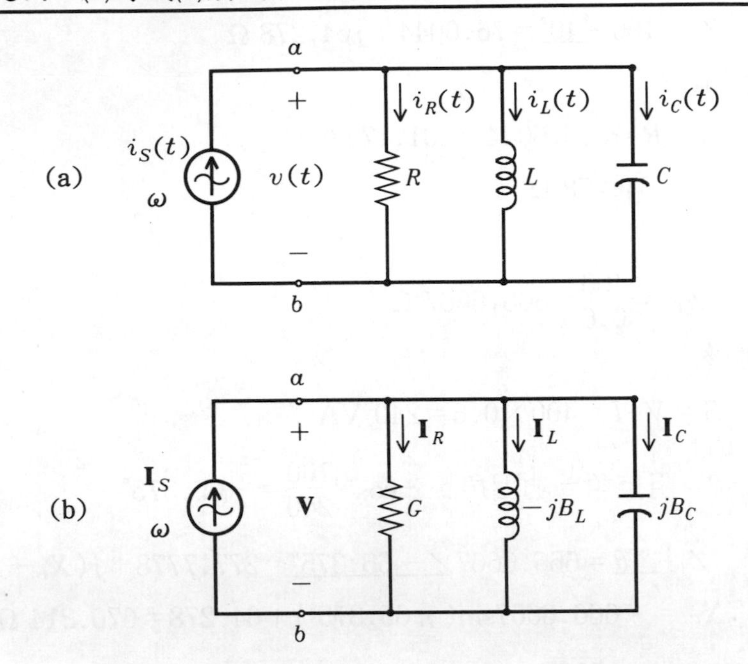


圖 12.3.1(b)中各個量分別爲：電導 $G$、電感納 $-jB_L$、電容納 $jB_C$、電流源相量 $\mathbf{I}_S$、電壓相量 $\mathbf{V}$、電阻器電流相量 $\mathbf{I}_R$、電感器電流相量 $\mathbf{I}_L$、電容器電流相量 $\mathbf{I}_C$。三個電路元件 $R$、$L$、$C$ 中，只有電容器之電容納 $jB_C$ 及電感器之電感納 $-jB_L$ 與角頻率 $\omega$ 有關，分別呈現與角頻率成正比例與成反比例的關係。

由電流源端看入之並聯總導納爲：

$$\overline{Y}_{in} = G - jB_L + jB_C = G + j\left(\omega C - \frac{1}{\omega L}\right)$$

$$= G + jB_{net} = |\overline{Y}_{in}|\angle\phi° \quad \text{S} \tag{12.3.1}$$

式中

$$B_{net} = B_C - B_L = \omega C - \frac{1}{\omega L} \quad \text{S} \tag{12.3.2}$$

$$|\overline{Y}_{in}| = \sqrt{G^2 + B_{net}^2} \quad \text{S} \tag{12.3.3}$$

$$\phi° = \tan^{-1}\left(\frac{B_{net}}{R}\right) \tag{12.3.4}$$

分別爲由電源端看入之淨值電納量、總導納大小以及總導納相角，三者均爲角頻率 $\omega$ 之函數。當角頻率發生變動時，除了電導值 $G$ 不受角頻率 $\omega$ 影響外，$B_{net}$、$|\overline{Y}_{in}|$ 及 $\phi°$ 均會受 $\omega$ 的變化而改變。受電流源角頻率 $\omega$ 變動的影響，並聯 $RLC$ 電路特性會有下列三種情形發生：

(A)當 $B_C = B_L$ 時，$B_{net}$ 爲零，電容納與電感納相互抵銷，電路爲純電導（或純電阻）性，滿足 12.1 節中共振條件(1)的特性：

$$\mathrm{Im}(\overline{Y}_{in}) = \mathrm{Im}(G + jB_{net}) = B_{net} = B_C - B_L = \omega C - \frac{1}{\omega L} = 0 \quad \mathrm{S} \tag{12.3.5}$$

令（12.3.5）式之角頻率 $\omega$ 爲共振頻率 $\omega_0$，則：

$$\omega_0 C - \frac{1}{\omega_0 L} = 0 \quad \mathrm{S} \quad \Leftrightarrow \quad \omega_0 C = \frac{1}{\omega_0 L} \quad \mathrm{S} \tag{12.3.6}$$

將（12.3.6）式等號右側分母的 $\omega_0$ 移至左側與 $\omega_0$ 相乘，並將等號左側的 $C$ 移至等號右側分母與 $L$ 相乘，則共振頻率 $\omega_0$ 可計算如下：

$$\omega_0^2 = \frac{1}{LC} \quad \Rightarrow \quad \omega_0 = \frac{1}{\sqrt{LC}} \quad \mathrm{rad/s} \tag{12.3.7}$$

或表示成以 Hz 爲單位的共振頻率爲：

$$f_0 = \frac{\omega_0}{2\pi} = \frac{1}{2\pi\sqrt{LC}} \quad \mathrm{Hz} \tag{12.3.8}$$

注意：（12.3.7）式與（12.3.8）式兩式之共振頻率與第 12.2 節中串聯 $RLC$ 共振頻率表示式完全相同。

在共振條件下，由電源端看入的導納特性分別爲：

$$\overline{Y}_{in}(\omega_0) = G + j0 = G\angle 0° \quad \mathrm{S} \tag{12.3.9}$$

$$|\overline{Y}_{in}|(\omega_0) = |\overline{Y}_{in}|_{min} = G \quad \mathrm{S} \tag{12.3.10}$$

$$\phi°(\omega_0) = 0° \tag{12.3.11}$$

（12.3.10）式中，第一個等號右側項的下標 min，表示在電路達到共振時，由於淨值電納值 $B_{net}$ 等於零，使得總導納大小在所有正值

的角頻率 $\omega$ 工作範圍內呈現並聯共振電路導納最小的量，其值等於電導值 $G$ 的大小。亦即，除了共振頻率 $\omega_0$ 以外，在其他的工作頻率 $\omega$ 下由電源端看入的總導納大小均會大於 $G$。因此就整個電源可能的工作頻率範圍而言，總導納大小值對頻率的變化關係會呈現一個下凹的曲線，而下凹的谷點頻率就是共振頻率 $\omega_0$，谷點的導納值就是電阻器的電導值 $G$。

再由第 12.1 節共振特性第(2)點得知，總導納大小若隨電路參數變動，則總導納大小隨參數變化曲線在切線斜率爲零的點就是該電路的共振點。若以角頻率 $\omega$ 爲變動參數，則該共振點之條件應爲:

$$\begin{aligned}\frac{\partial}{\partial\omega}|\overline{Y}_{\text{in}}| &= \frac{\partial}{\partial\omega}\sqrt{G^2+[\omega C-1/(\omega L)]^2}\\ &= (1/2)\{G^2+[\omega C-1/(\omega L)]^2\}^{-(1/2)}\\ &\quad\cdot 2[\omega C-1/(\omega L)]\cdot[C-(1/L)(-1)\omega^{-2}]\\ &= 0 \end{aligned} \tag{12.3.12}$$

使 (12.3.12) 式等於零的條件有四個，除了零頻率及無限大的頻率會使 (12.3.12) 式第二個等號右側第一項爲零外，第二項及第三項爲零的條件分別爲:

$$[\omega C-1/(\omega L)]=0 \tag{12.3.13}$$

以及

$$[C-(1/L)(-1)\omega^{-2}]=[C+1/(\omega^2 L)]=0 \tag{12.3.14}$$

去除零頻率及無限大頻率不考慮外，由 (12.3.14) 式所解出之角頻率會得到不合理的虛數，也應不予考慮:

$$\omega^2=\frac{-1}{LC} \quad\Rightarrow\quad \omega=j\,\frac{1}{\sqrt{LC}} \tag{12.3.15}$$

而 (12.3.13) 式之角頻率解恰與 (12.3.7) 式之共振頻率結果相同，因此簡單的 $RLC$ 並聯電路的共振頻率，能同時滿足第 12.1 節所述的第(1)與第(2)兩點特性。

(B)當 $B_C > B_L$ 時，$B_{\text{net}}$爲正值，由電源端看入的電容納超過電感納，電路以電容性為主，因此總導納大小必大於共振時的最小導納值 $G$。而總導納的相角必大於零，介在 $+90°$（$\omega$ 趨近於極高頻之無限大值時）到 $0°$（共振發生且只剩下純電導 $G$ 之效應時）之間。

$$B_{net}=B_C-B_L=\omega C-\frac{1}{\omega L}>0 \quad S \tag{12.3.16}$$

$$\overline{Y}_{in}=G+jB_{net}=G+j\left(\omega C-\frac{1}{\omega L}\right) \quad S \tag{12.3.17}$$

$$|\overline{Y}_{in}|=\sqrt{G^2+[\omega C-1/(\omega L)]^2}>|\overline{Y}_{in}|_{min}=G \quad S \tag{12.3.18}$$

$$90°>\phi°=\tan^{-1}\left[\frac{\omega C-1/(\omega L)}{G}\right]>0° \tag{12.3.19}$$

(C)當 $B_C<B_L$ 時，$B_{net}$為負值，由電源端看入的電感納大於過電容納，電路以電感性為主，雖然 $B_{net}$為負數，但是總導納大小必為大於共振時的最小導納值 $G$。而總導納的相角必介在 $-90°$($\omega$ 接近於零頻率之直流或極低頻時)到 $0°$(共振發生且只剩下純電導 $G$ 之效應時)之間。

$$B_{net}=B_C-B_L=\omega C-\frac{1}{\omega L}<0 \quad S \tag{12.3.20}$$

$$\overline{Y}_{in}=G+jB_{net}=G+j\left(\omega C-\frac{1}{\omega L}\right) \quad S \tag{12.3.21}$$

$$|\overline{Y}_{in}|=\sqrt{G^2+[\omega C-1/(\omega L)]^2}>|\overline{Y}_{in}|_{min}=G \quad S \tag{12.3.22}$$

$$0°>\phi°=\tan^{-1}\left[\frac{\omega C-1/(\omega L)}{G}\right]>-90° \tag{12.3.23}$$

圖 12.3.2(a)、(b)、(c)分別為淨值電納 $B_{net}$、總導納大小 $|\overline{Y}_{in}|$、總導納相角 $\phi°$隨角頻率 $\omega$ 由零頻率到接近無限大頻率之變化曲線。圖 12.3.3 則分別為上述(A)、(B)、(C)三種情況下總導納之導納三角形變化。注意：圖 12.3.3(a)中的導納三角形不含垂直邊，這是因為並聯 $RLC$ 電路在共振條件下的淨值電納值恆為零的緣故。

雖然（12.3.22）式及（12.3.18）式兩式之總導納大小表示法相同，但是在圖 12.3.2(b)之曲線上，前者是由共振頻率下的最小值 $G$ 向左上方隨頻率減少而增大，後者則是由共振頻率點的最小導納值

圖 12.3.2 淨值電納、總導納大小以及總導納相角對角頻率之變化曲線

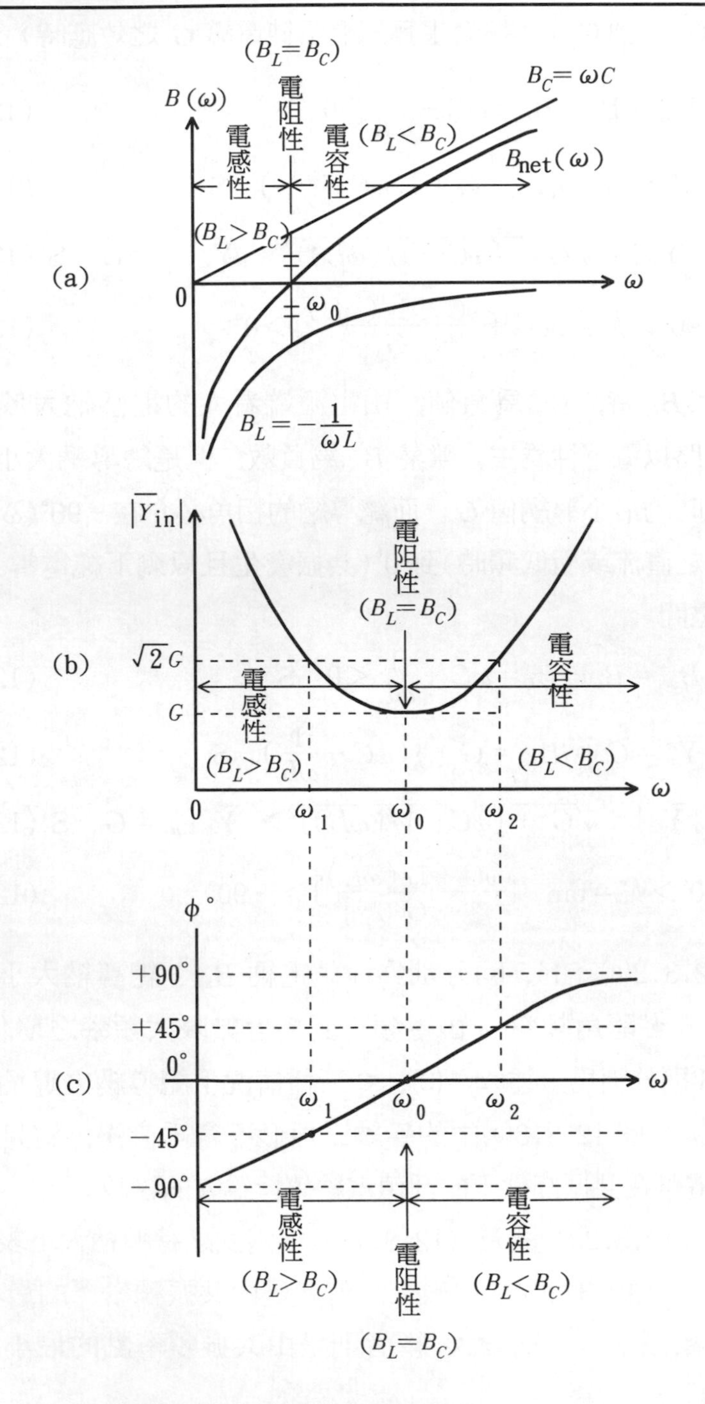

圖 12.3.3　(a)$B_C = B_L$(b)$B_C > B_L$(c)$B_C < B_L$ 之導納三角形

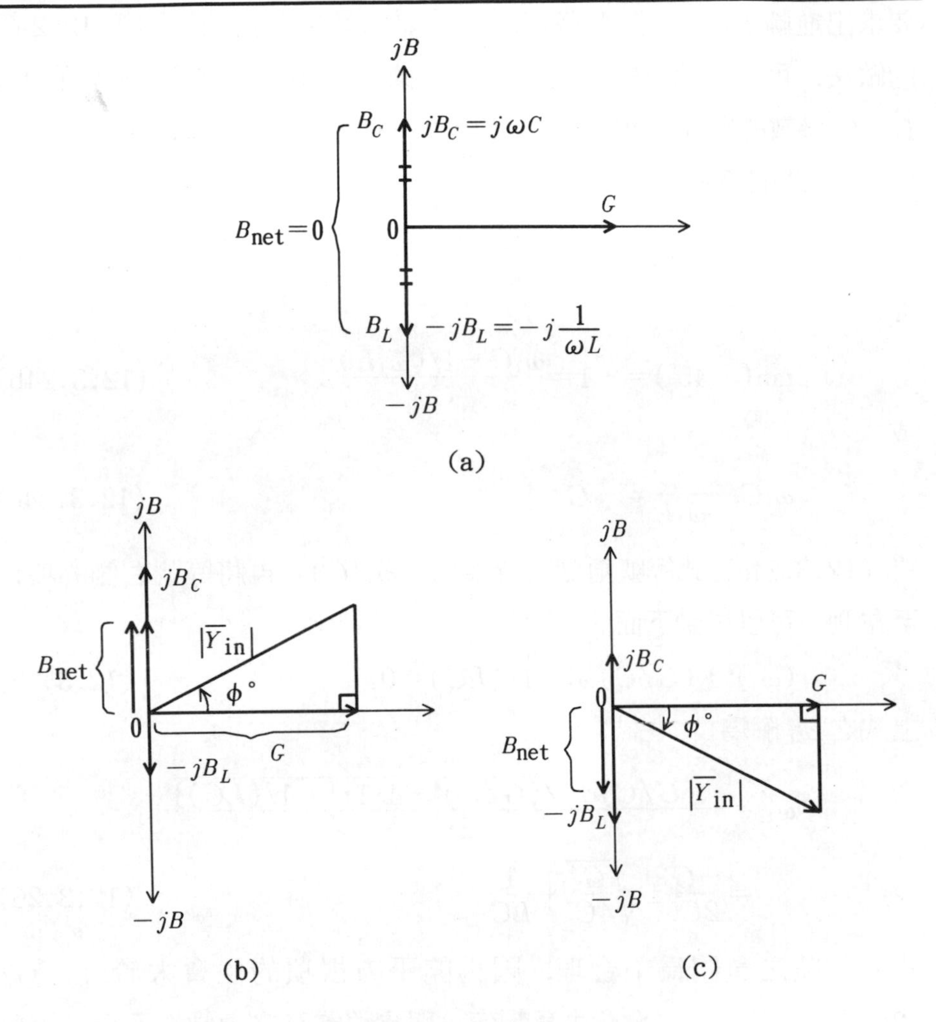


$G$向右上方隨頻率增加而變大。由該圖可以發現在一個特定的總導納大小$\sqrt{2}G$(即1.414倍的共振下的導納大小)，所對應的角頻率分別爲 $\omega_1$ 及 $\omega_2$，此時的總導納相角分別爲 $-45°$及 $+45°$，前者是處在低於共振頻率、以電感性爲主的電路特性下（$\omega_1 < \omega_0$ 且 $B_C < B_L$)，後者則是處在高於共振頻率下、以電容性爲主的電路特性下（$\omega_2 > \omega_0$ 且 $B_C > B_L$)。

這兩個重要的頻率 $\omega_1$ 及 $\omega_2$，與第 12.2 節的串聯 $RLC$ 共振電路相同，亦決定了並聯 $RLC$ 共振電路所能允許通過的頻帶範圍。爲了要求出並聯 $RLC$ 共振電路這兩個重要的頻率，我們仿照第 12.2 節的做法，可以由總導納相角的已知數據：$-45°$及$+45°$，與其他 $R$、$L$、$C$ 參數的關係求出。先由（12.3.23）式令 $\omega=\omega_1$，$\phi°=-45°$，可得 $\omega_1$ 的關係式如下：

$$-45°=\tan^{-1}\left[\frac{\omega_1 C-1/(\omega_1 L)}{G}\right] \qquad (12.3.24a)$$

或

$$\tan(-45°)=-1=\frac{\omega_1 C-1/(\omega_1 L)}{G} \qquad (12.3.24b)$$

或

$$\omega_1 C-\frac{1}{\omega_1 L}=-G \qquad (12.3.24c)$$

將（12.3.24c）式等號兩側同時乘以（$\omega_1/C$），再將等號右側的項移至左側，可以得到下面的方程式：

$$(\omega_1)^2+(G/C)\omega_1-1/(LC)=0 \qquad (12.3.25)$$

上式之 $\omega_1$ 解爲：

$$\omega_1=\frac{-(G/C)\pm\sqrt{(G/C)^2-4\cdot1\cdot[-1/(LC)]}}{2\cdot1}$$

$$=\frac{-G}{2C}\pm\sqrt{\frac{G^2}{4C^2}+\frac{1}{LC}} \qquad (12.3.26)$$

式中 ± 號之負號爲不合理，因爲開平方根項的值會大於〔$-G/(2C)$〕，負號的結果會產生負頻率，與實際電路之角頻率不合，因此只有正號會造成合理的正值頻率。故頻率 $\omega_1$ 之眞正解爲：

$$\omega_1=\frac{-G}{2C}+\sqrt{\frac{G^2}{4C^2}+\frac{1}{LC}}=\frac{G}{2C}\left(\sqrt{1+\frac{4C}{G^2L}}-1\right) \quad \text{rad/s} \qquad (12.3.27)$$

若將（12.3.24c）式代入（12.3.22）式可得：

$$|\overline{Y}_{in}|(\omega_1)=\sqrt{G^2+[\omega_1 C-1/(\omega_1 L)]^2}$$

$$=\sqrt{G^2+(-G)^2}=\sqrt{2G^2}=\sqrt{2}G \quad \text{S} \qquad (12.3.28)$$

此數據與圖 12.3.2(b)中 $\omega_1$ 所對應的總導納大小的數值相同。

同理，我們可由（12.3.19）式令 $\omega = \omega_2$，$\phi^\circ = 45^\circ$，以計算 $\omega_2$ 之關係式如下：

$$45^\circ = \tan^{-1}\left[\frac{\omega_2 C - 1/(\omega_2 L)}{G}\right] \tag{12.3.29a}$$

或

$$\tan(45^\circ) = 1 = \frac{\omega_2 C - 1/(\omega_2 L)}{G} \tag{12.3.29b}$$

或

$$\omega_2 C - \frac{1}{\omega_2 L} = G \tag{12.3.29c}$$

將（12.3.29c）式等號兩側同時乘以（$\omega_2/C$），再將等號右側的項移至左側，可以得到下面的方程式：

$$(\omega_2)^2 - (G/C)\omega_2 - 1/(LC) = 0 \tag{12.3.30}$$

上式之解為：

$$\omega_2 = \frac{(G/C) \pm \sqrt{(G/C)^2 - 4\cdot 1\cdot[-1/(LC)]}}{2\cdot 1}$$

$$= \frac{G}{2C} \pm \sqrt{\frac{G^2}{4C^2} + \frac{1}{LC}} \tag{12.3.31}$$

式中 ± 號之負號為不合理，因為開平方根項的值會大於〔$G/(2C)$〕，結果會產生負頻率，因此只有正號會造成合理的正值頻率。故頻率 $\omega_2$ 之真正解為：

$$\omega_2 = \frac{G}{2C} + \sqrt{\frac{G^2}{4C^2} + \frac{1}{LC}} = \frac{G}{2C}\left(\sqrt{1 + \frac{4C}{G^2 L}} + 1\right) \quad \text{rad/s} \tag{12.3.32}$$

若將（12.3.29c）式代入（12.3.18）式可得：

$$|\overline{Y}_{in}|(\omega_2) = \sqrt{G^2 + [\omega_2 C - 1/(\omega_2 L)]^2}$$

$$= \sqrt{G^2 + G^2} = \sqrt{2G^2} = \sqrt{2}G \quad \text{S} \tag{12.3.33}$$

此數據與圖 12.3.2(b)中在 $\omega = \omega_2$ 時所對應的總導納大小的數值相同。

並聯共振電路所對應的這兩個頻率，究竟是如何影響該電路動作的特性呢？我們可以將圖 12.3.1(b)之原並聯 $RLC$ 中的電阻器 $G$ 與

電容器 $C$ 互換，變成如圖 12.3.4 所示的電路，由於電路元件並聯的緣故，圖 12.3.4 與原圖 12.3.1(b)動作特性完全相同，只是我們選擇流過電阻器之電流相量 $\mathbf{I}_R$ 做為輸出訊號 $\mathbf{I}_{\text{out}}$。由圖 12.3.4 之電路，我們可將電流源相量 $\mathbf{I}_S$ 視為一個電流大小固定，但是頻率可變的弦波訊號源，則輸出訊號 $\mathbf{I}_{\text{out}}$ 可用分流定理求出，或先計算電壓相量 $\mathbf{V}$ 再應用歐姆定理計算求出，如下表示：

$$\mathbf{I}_{\text{out}} = \mathbf{I}_R = \mathbf{V}G = \frac{\mathbf{I}_S}{\overline{Y}_{\text{in}}}G = \frac{\mathbf{I}_S}{G + j[\omega C - 1/(\omega L)]}G \quad \text{A} \tag{12.3.34}$$

故輸出電流相量大小數值為：

$$|\mathbf{I}_{\text{out}}| = |\mathbf{V}|G = \frac{|\mathbf{I}_S|}{|\overline{Y}_{\text{in}}|}G = \frac{|\mathbf{I}_S|}{\sqrt{G^2 + [\omega C - 1/(\omega L)]^2}}G \quad \text{A} \tag{12.3.35}$$

圖 12.3.4 將圖 12.3.1 之 $G$、$C$ 互換後的等效電路

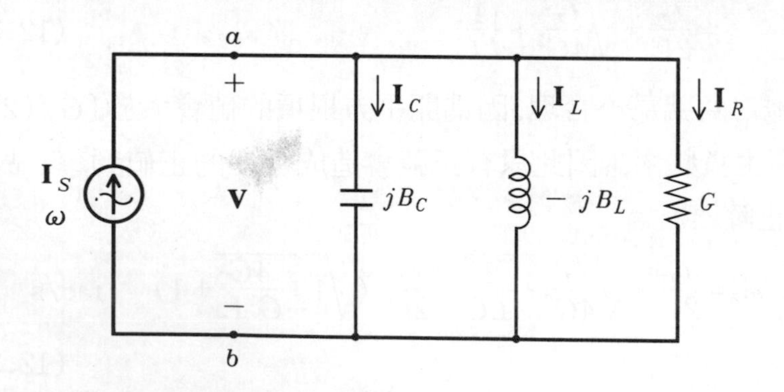


由（12.3.35）式得知，輸出訊號的大小與固定電流源的大小成正比，與總導納大小成反比，而並聯共振電路之電壓大小亦與總導納大小成反比。因此以通過電導器 $G$ 之電流相量做為輸出訊號，可以同時做為並聯共振電路之共同電壓大小訊號（並聯電路之電壓跨於電路中每一個電路元件兩端），兩者僅差 $G$ 倍的關係。此兩者的特性都是可以

由導納大小的反比曲線來獲得，如圖 12.3.5 所示。在圖 12.3.5 中，我們選用了以角頻率爲橫座標，以電壓相量大小及輸出訊號（或電導器的電流）相量大小爲縱座標。由圖 12.3.5 中得知，在共振頻率 $\omega_0$ 下以及兩個頻率 $\omega_1$、$\omega_2$ 下之輸出電流大小分別爲：

$$|\mathbf{I}_{out}|(\omega_0) = |\mathbf{V}|(\omega_0)\cdot G = \frac{|\mathbf{I}_S|}{\sqrt{G^2+0^2}}\cdot G = |\mathbf{I}_S| = |\mathbf{I}_{out}|_{max} \quad \text{A} \tag{12.3.36}$$

$$|\mathbf{I}_{out}|(\omega_1) = |\mathbf{V}|(\omega_1)\cdot G = \frac{|\mathbf{I}_S|}{\sqrt{G^2+G^2}}\cdot G = \frac{|\mathbf{I}_S|}{\sqrt{2}} \quad \text{A} \tag{12.3.37}$$

$$|\mathbf{I}_{out}|(\omega_2) = |\mathbf{V}|(\omega_2)\cdot G = \frac{|\mathbf{I}_S|}{\sqrt{G^2+G^2}}\cdot G = \frac{|\mathbf{I}_S|}{\sqrt{2}} \quad \text{A} \tag{12.3.38}$$

由（12.3.36）式知，在共振頻率下，電容納與電感納互相抵銷，變成等效的開路，因此輸入的電流源電流直接通過電導器 $G$，此時輸出電流爲最大值；（12.3.37）式及（12.3.38）式兩式說明了在兩個重要頻率下的輸出電流特性，其大小恰爲最大值的（$1/\sqrt{2}$）倍（或 0.707 倍）。以電導器（這是並聯共振電路中唯一能消耗實功的元件）消耗的功率而言，在這三個頻率下之電導器功率分別爲：

圖 12.3.5　圖 12.3.4 之頻率響應曲線

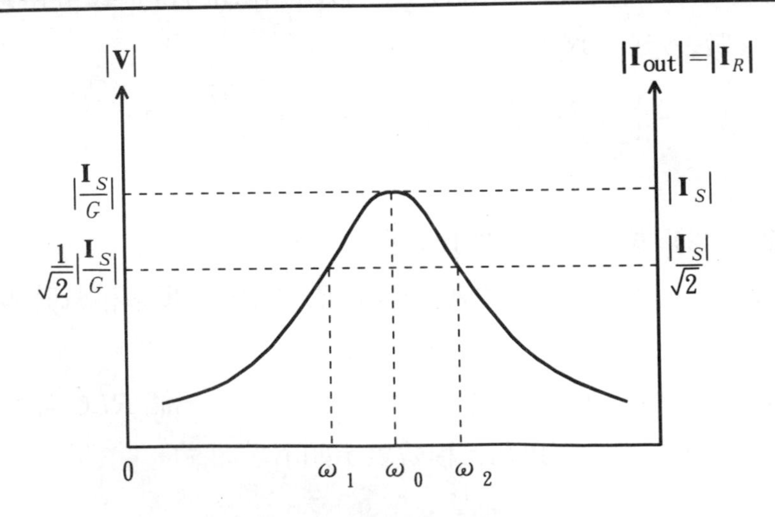

$$P_G(\omega_0)=\frac{|\mathbf{I}_S|^2}{G}=P_{G,\max}\quad \text{W} \tag{12.3.39}$$

$$P_G(\omega_1)=P_G(\omega_2)=(\frac{|\mathbf{I}_S|}{\sqrt{2}})^2\cdot\frac{1}{G}=\frac{1}{2}\cdot\frac{|\mathbf{I}_S|^2}{G}$$
$$=0.5P_G(\omega_0)\quad \text{W} \tag{12.3.40}$$

(12.3.39) 式及 (12.3.40) 式兩式說明了這兩個重要的頻率 $\omega_1$ 及 $\omega_2$ 的觀念，它們所消耗的功率，受電導器電流大小爲共振時最大電流 0.707 倍的影響，僅是電導器在共振下消耗最大功率時的一半。因此這兩個頻率又稱爲半功率點頻率、3 dB 點頻率、轉角頻率或截止頻率（$\omega_1$ 爲低截止頻率，$\omega_2$ 爲高截止頻率)。這些名詞均是給這兩個頻率使用的，可以參考第 12.2 節中的說明。

現在，讓我們對一個並聯 $RLC$ 共振電路定義其頻率響應上的基本特性。一個並聯 $RLC$ 共振電路之共振頻率爲 $\omega_0$，低截止頻率爲 $\omega_1$，高截止頻率爲 $\omega_2$，則該電路有效運用的頻率範圍定義爲頻寬，以符號 BW 表示如下:

$$\text{BW}\triangleq\omega_2-\omega_1\quad \text{rad/s} \tag{12.3.41a}$$

或

$$\text{BW}\triangleq\frac{\omega_2}{2\pi}-\frac{\omega_1}{2\pi}=f_2-f_1\quad \text{Hz} \tag{12.3.41b}$$

將 (12.3.27) 式及 (12.3.32) 式代入 (12.3.41a) 式可得以 $R$、$L$、$C$ 參數表示的頻寬如下:

$$\text{BW}=\frac{G}{2C}(\sqrt{1+\frac{4C}{G^2L}}+1)-\frac{G}{2C}(\sqrt{1+\frac{4C}{G^2L}}-1)=\frac{G}{C}\quad \text{rad/s} \tag{12.3.42}$$

由 (12.3.42) 式得知，頻寬 BW 與電導值 $G$ 成正比，與電容值 $C$ 成反比，但是與電感值 $L$ 的關係未出現，因爲在頻率相減時被銷去了。

接著，與串聯 $RLC$ 共振電路相同的定義，一個 $RLC$ 並聯共振電路的品質因數 $Q$，可以用方程式表示如下:

$$Q \triangleq \frac{\omega_0}{\mathrm{BW}} = \frac{\omega_0}{\omega_2 - \omega_1} = \frac{f_0}{f_2 - f_1} \qquad (12.3.43)$$

一般而言，$Q \geq 10$ 時就可視爲高值的品質因數，此時電路稱爲高 $Q$ 電路。$Q$ 以 $R$、$L$、$C$ 參數表示時，可將(12.3.42)式代入(12.3.43)式得到如下的表示：

$$Q = \frac{\omega_0}{(G/C)} = \frac{\omega_0 C}{G} = \frac{1}{\omega_0 LG} = \frac{R}{\omega_0 L} \qquad (12.3.44a)$$

$$= \frac{1}{\sqrt{LC}}\frac{C}{G} = \frac{1}{G}\sqrt{\frac{C}{L}} = R\sqrt{\frac{C}{L}} \qquad (12.3.44b)$$

(12.3.44a) 式應用了共振條件 $\omega_0 L = 1/(\omega_0 C)$，而 (12.3.44b) 式則採用了共振頻率的公式 $\omega_0 = 1/\sqrt{LC}$。若以複數功率的實功率及虛功率來表示共振條件下的 $Q$ 值，則可以將 (12.3.44a) 修改表示爲：

$$Q = \frac{|\mathbf{V}(\omega_0)|^2 \cdot \omega_0 C}{|\mathbf{V}(\omega_0)|^2 \cdot G} = \frac{|(\mathbf{I}_S/G)|^2 \cdot \omega_0 C}{|(\mathbf{I}_S/G)|^2 \cdot G} = \frac{Q_C(\omega_0)}{P_G(\omega_0)} \qquad (12.3.45a)$$

式中因爲 $\omega_0 C$ 爲共振條件下的電容納，將它乘以共振下跨過它兩端電壓大小的平方，即得共振下電容納所放出的虛功 $Q_C(\omega_0)$，此虛功與電感器在共振時所吸收的虛功 $Q_L(\omega_0)$ 相同，即 $Q_C(\omega_0) = Q_L(\omega_0)$，虛功在這兩個儲能元件間相互抵銷，電源因此不必供應任何的虛功給共振下的電路。由 (12.3.45a) 式知，品質因數 $Q$ 又可表示爲共振條件下，電容器所放出虛功對電導器所消耗實功的比值，因此一個高品質的電路，其電導器在共振下不應消耗太多實功，而電容器要有足夠的容量放出虛功，與串聯 $RLC$ 共振電路的說法一致。若將電容器所放出的虛功改以能量表示，則品質因數 $Q$ 可以表示爲：

$$Q = 2\pi \frac{W_{S,\text{peak}}}{P_D \cdot T} = 2\pi \frac{\frac{1}{2}C(V_m)^2}{\frac{1}{2}G(V_m)^2 \cdot \frac{2\pi}{\omega_0}} = \frac{\omega_0 C}{G} = R\omega_0 C = \frac{R}{\omega_0 L} \qquad (12.3.45b)$$

式中的 $V_m$ 代表電路共振時，各元件兩電壓的峰值，因此 $\frac{1}{2}C(V_m)^2$

就是電容器儲能的峰值，它將會與電感器儲能的峰值相等，故 $W_{S,\text{peak}}$ 就代表了一個電路儲能的峰值；電容器與電感器是儲能元件，不會消耗實功率，因此電路中唯一會消耗實功率的元件就是電阻器，共振下的平均功率消耗爲$\frac{1}{2}G(V_m)^2$，若將該平均功率乘以共振下電壓或電流的週期 $T=2\pi/\omega_0$，就代表一個週期內的平均能量損耗。將電路峰值儲存的能量除以電路一個週期內平均損耗的能量，再乘以 $2\pi$，就是 $Q$ 值在（12.3.45a）式的定義，其結果與（12.3.45a）式完全相同。因此一個高 $Q$ 電路應具有極高的峰值儲能，且具有極小的平均能量損耗。

將兩個截止頻率 $\omega_1$ 及 $\omega_2$，以 BW 及 $Q$ 配合共振頻率 $\omega_0$ 表示，可以更容易瞭解共振電路的特性，其表示法可由（12.3.27）式與（12.3.32）式中的 $R$、$L$、$C$ 參數改以 BW 及 $Q$ 的關係表示如下：

$$\begin{aligned}\omega_{1,2} &= \frac{1}{2}\cdot\frac{G}{C}\left[\sqrt{1+4\left(\frac{1}{G}\sqrt{\frac{C}{L}}\right)^2}\pm 1\right] = \frac{\text{BW}}{2}\left(\sqrt{1+4Q^2}\pm 1\right)\\ &= \frac{\text{BW}}{2}\cdot 2Q\sqrt{\frac{1}{4Q^2}+1}\pm\frac{\text{BW}}{2}\\ &= \omega_0\sqrt{1+\frac{1}{4Q^2}}\pm\frac{\text{BW}}{2}\quad \text{rad/s}\end{aligned} \tag{12.3.46}$$

式中 ± 符號的負號及正號分別對應於截止頻率 $\omega_1$ 及 $\omega_2$。對於實際電路上以高 $Q$（即 $Q\geq 10$）爲主的情況，（12.3.46）式第三個等號右側開平方根號內的$1/(4Q^2)$比 1 小得很多，可以予以忽略，因此簡化成下式：

$$\omega_{1,2}\approx\omega_0\pm\frac{\text{BW}}{2}=\omega_0\pm\frac{\omega_0}{2Q}=\omega_0\left(1\pm\frac{1}{2Q}\right)\quad \text{rad/s} \tag{12.3.47}$$

（12.3.46）式是眞正計算兩個截止頻率的公式，而（12.3.47）式則是計算這兩個頻率的近似公式。由（12.3.47）式的結果得知，兩截止頻率 $\omega_1$ 及 $\omega_2$ 在高 $Q$ 電路下恰位於共振頻率 $\omega_0$ 左右兩側對稱的點，亦即以 $\omega_0$ 爲中心，減去一半頻寬，即得 $\omega_1$；加上一半頻寬，即

得 $\omega_2$。此種簡單計算法，與串聯 $RLC$ 共振電路相同，非常適用於高 $Q$ 電路，在設計濾波電路時，也是一項重要的工具。

目前我們大致瞭解了並聯 $RLC$ 共振電路的特性，我們也可以試著利用第七章中正弦穩態分析的方法來分析並聯 $RLC$ 共振電路的電壓相量及電流相量，看一看結果如何。假設電流源之角頻率 $\omega$ 被調整爲並聯 $RLC$ 電路的共振頻率 $\omega_0$，因此電流表示式爲：

$$i_S(t)=\sqrt{2}I_S\sin(\omega_0 t+\theta^\circ)\ \text{A} \Leftrightarrow \mathbf{I}_S=I_S\underline{/\theta^\circ}\ \text{A} \tag{12.3.48}$$

式中 $\theta^\circ$ 爲電流在 $t=0$ s 時的相角，假設爲正値，該量表示由水平軸以逆時鐘方向前移的角度。並聯 $RLC$ 共振電路受到外加電源以共振頻率 $\omega_0$ 做激發，因此由電源看入的總導納爲：

$$\overline{Y}_{in}=G+j(\omega_0 C-\frac{1}{\omega_0 L})=G+j0=G\underline{/0^\circ}\ \text{S} \tag{12.3.49}$$

式中的電容納與電感納受共振頻率激發的影響，互相抵銷爲零，亦即電容納與電感納形成等效開路，因此總輸入導納爲一個純實數 $G$，此即爲電導器的電導值。將電流源相量除以由電源端看入的總導納，可得並聯電路中兩端共用的電壓相量：

$$\mathbf{V}=\frac{\mathbf{I}_S}{\overline{Y}_{in}}=\frac{I_S\underline{/\theta^\circ}}{G\underline{/0^\circ}}=\frac{I_S}{G}\underline{/\theta^\circ}\ \text{V} \tag{12.3.50}$$

利用歐姆定理將電壓相量分別乘以三個電路元件之導納，可得電導器、電容器以及電感器通過的電流相量分別如下：

$$\mathbf{I}_G=\mathbf{V}\cdot G=(I_S/G)\underline{/\theta^\circ}\cdot G\underline{/0^\circ}=I_S\underline{/\theta^\circ}=I_S\ \text{A} \tag{12.3.51}$$

$$\begin{aligned}\mathbf{I}_C&=\mathbf{V}\cdot jB_C=(I_S/G)\underline{/\theta^\circ}\cdot\omega_0 C\underline{/90^\circ}\\&=I_S(\omega_0 C/G)\underline{/90^\circ+\theta^\circ}=QI_S\underline{/90^\circ+\theta^\circ}\ \text{A}\end{aligned} \tag{12.3.52}$$

$$\begin{aligned}\mathbf{I}_L&=\mathbf{V}\cdot(-jB_L)=(I_S/G)\underline{/\theta^\circ}\cdot[1/(\omega_0 L)]\underline{/-90^\circ}\\&=I_S[1/(\omega_0 LG)]\underline{/-90^\circ+\theta^\circ}\\&=QI_S\underline{/-90^\circ+\theta^\circ}\ \text{A}\end{aligned} \tag{12.3.53}$$

(12.3.52) 式及 (12.3.53) 式均利用了 (12.3.44a) 式中的關係式。

這三個電流相量以及電流源電流相量，電壓相量均示在圖 12.3.6 中。值得我們特別關注的是（12.3.52）式及（12.3.53）式之電容器與電感器電流大小，其值恰爲電流源電流大小的 $Q$ 倍：

$$|\mathbf{I}_C| = |\mathbf{I}_L| = QI_S = Q|\mathbf{I}_S| \quad \text{A} \tag{12.3.54}$$

這是極爲重要的結果，因爲在高 $Q$ 的並聯 $RLC$ 共振電路發生共振時，每一個電路元件兩端皆並聯在一起，電壓皆相同，但是通過電容器的電流以及電感器的電流互相反相 180°，彼此相互抵銷，形成等效開路，因此電導器通過的電流即爲電流源電流，而通過電容器及電感器的電流則分別爲電流源電流的 $Q$ 倍。若電流源電流爲 100 A，$Q$ 爲 100，則通過電容器及電感器的電流則爲(100)(100) = 10000 = 10 kA 的大電流，在實驗並聯共振電路時極爲危險，因此選擇電容器與電感器的耐電流值（額定電流值），必須特別注意，避免發生高電流燒壞的危險。

然而，KCL 定理在應用於此並聯 $RLC$ 共振電路時，是否仍成立呢？讓我們在電路節點 $a$ 寫出 KCL 的關係式看看：

圖 12.3.6　並聯 $RLC$ 共振電路的電壓電流相量圖

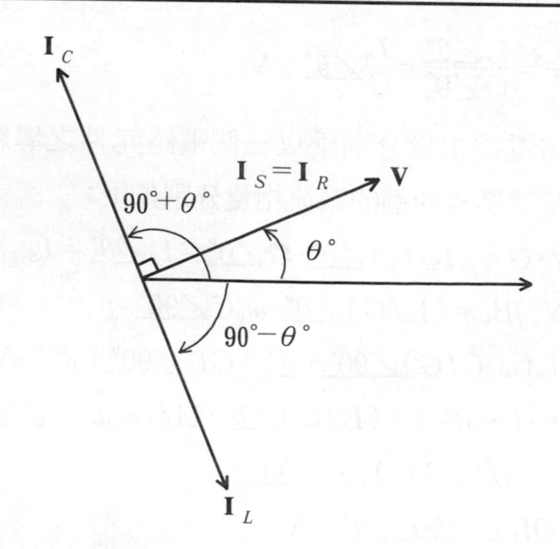

$$-\mathbf{I}_S+\mathbf{I}_G+\mathbf{I}_C+\mathbf{I}_L=-\mathbf{I}_S+\mathbf{I}_G+\mathbf{I}_{CL}=-\mathbf{I}_S+\mathbf{I}_G+0$$
$$=0 \quad \text{A} \qquad (12.3.55)$$

式中

$$\mathbf{I}_{CL}=\mathbf{I}_C+\mathbf{I}_L=QI_S\angle 90^\circ+\theta^\circ-QI_S\angle -90^\circ+\theta^\circ$$
$$=0 \quad \text{A} \qquad (12.3.56)$$

爲電容器電流與電感器電流互銷爲零，變成等效開路的情況。(12.3.55) 式確實說明了並聯 $RLC$ 共振電路之 KCL 應用。

本節最後，讓我們分析看看在共振條件下，電容器與電感器能量的重要關係。我們分別將 (12.3.50) 式及 (12.3.53) 式之電壓相量與電感器電流相量，改換至時域表示如下：

$$v(t)=\sqrt{2}\,\frac{I_S}{G}\sin(\omega_0 t+\theta^\circ) \quad \text{V} \qquad (12.3.57)$$

$$i_L(t)=\sqrt{2}QI_S\sin(\omega_0 t+\theta^\circ-90^\circ) \quad \text{A} \qquad (12.3.58)$$

因此電容器與電感器的瞬間儲能分別表示式爲：

$$w_C(t)=\frac{1}{2}C[v(t)]^2=\frac{1}{2}C\left[\sqrt{2}\,\frac{I_S}{G}\sin(\omega_0 t+\theta^\circ)\right]^2$$
$$=C\left(\frac{I_S}{G}\right)^2\sin^2(\omega_0 t+\theta^\circ)$$
$$=\frac{1}{2}C\left(\frac{I_S}{G}\right)-\frac{1}{2}C\left(\frac{I_S}{G}\right)^2\cos(2\omega_0 t+2\theta^\circ) \quad \text{J} \qquad (12.3.59)$$

$$w_L(t)=\frac{1}{2}L[i_L(t)]^2=\frac{1}{2}L\left[\sqrt{2}QI_S\sin(\omega_0 t+\theta^\circ-90^\circ)\right]^2$$
$$=L(QI_S)^2\sin^2(\omega_0 t+\theta^\circ-90^\circ)$$
$$=\frac{1}{2}L(QI_S)^2-\frac{1}{2}L(QI_S)^2\cos(2\omega_0 t+2\theta^\circ-180^\circ) \quad \text{J}$$
$$(12.3.60)$$

由於正弦函數或餘弦函數的值，介在 0 與 1 之間，其平方後的值亦介在 0 與 1 之間，因此 (12.3.59) 式與 (12.3.60) 式所表示的電容器與電感器瞬時能量，其峰值應分別爲：

$$w_{Cm}=C\left(\frac{I_S}{G}\right)^2 \quad \text{J} \qquad (12.3.61)$$

$$w_{Lm} = L(QI_S)^2 \quad \text{J} \tag{12.3.62}$$

利用 $Q = \dfrac{1}{\omega_0 LG} = R\omega_0 C$ 以及 $\omega_0^2 = \dfrac{1}{LC}$，我們可以將（12.3.62）式的電感器儲能峰值轉換為（12.3.61）式的電容器儲能峰值：

$$\begin{aligned} w_{Lm} &= L(QI_S)^2 = L\left(\frac{1}{\omega_0 LG} I_S\right)^2 = \frac{1}{(\omega_0^2)L}\left(\frac{I_S}{G}\right)^2 \\ &= \frac{1}{[1/(LC)]L}\left(\frac{I_S}{G}\right)^2 = C\left(\frac{I_S}{G}\right)^2 = w_{Cm} \quad \text{J} \end{aligned} \tag{12.3.63}$$

由此證明了品質因數 $Q$ 在（12.3.45b）式中，電容器儲能峰值等於電感器儲能峰值的關係。將（12.3.59）式與（12.3.60）式之瞬間能量關係式，取其平均值，配合電感器與電容器峰值儲能相等的關係，我們可以得知其平均儲能亦必相同：

$$W_{L,\text{av}} = W_{C,\text{av}} = \frac{1}{2}C\left(\frac{I_S}{G}\right)^2 = \frac{1}{2}L(QI_S)^2 \quad \text{J} \tag{12.3.64}$$

若將電感器與電容器之瞬時儲能相加，則由於（12.3.59）式與（12.3.60）式第三個等號右側第二項剛好反相 180°，故相加後必互銷為零，因此只剩下第一項的平均能量相加，從而得知，在共振條件下的電感器與電容器瞬間儲能的和必為常數，且為電感器或電容器平均儲能的兩倍：

$$\begin{aligned} w_C(t) + w_L(t) &= 2W_{C,\text{av}} = 2W_{L,\text{av}} = C\left(\frac{I_S}{G}\right)^2 \\ &= L(QI_S)^2 \quad \text{J} \end{aligned} \tag{12.3.65}$$

而由電路輸入的複功率可由平均能量表示如下：

$$\begin{aligned} S &= P + jQ = \left(\frac{I_S}{G}\right)^2 + j2\omega_0(W_{L,\text{av}} - W_{C,\text{av}}) \\ &= \left(\frac{I_S}{G}\right)^2 + j0 \quad \text{VA} \end{aligned} \tag{12.3.66}$$

電感器與電容器瞬間的個別儲能以及儲能總和的時間響應關係，示在圖 12.3.7 中。

圖 12.3.7 所示的瞬時能量變化，是以兩倍的電源共振頻率做改變的，因此電容器或電感器的能量是以電源頻率每四分之一個週期做

能量的吸收或放出的改變，這些能量的吸收或釋放僅在電感器與電容器之間互換，與電阻器及電源的能量變換無關，形成特殊的獨立能量變換電路，但是這種情況只有在共振條件下才會發生，讀者可自行做分析。

圖 12.3.7　共振條件下電容器與電感器的能量變化

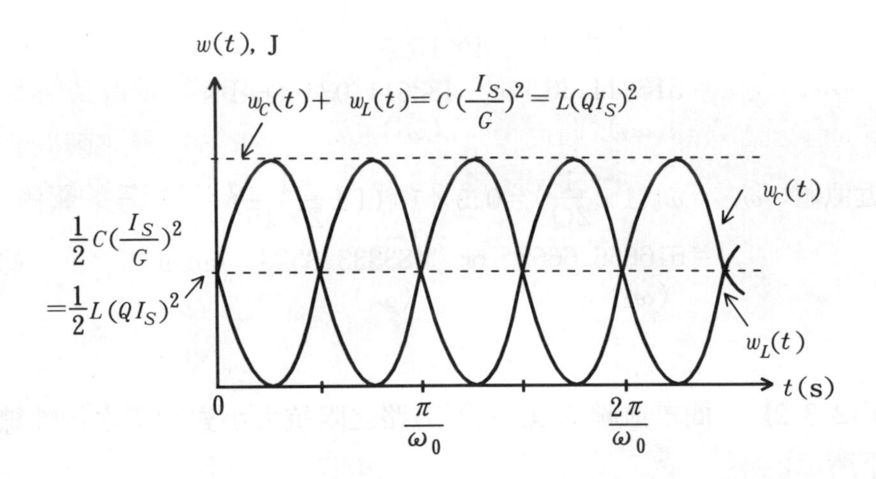


【例 12.3.1】一個簡單並聯 $RLC$ 電路，已知外加電流源爲 10 A，$R = 300\ \text{k}\Omega$，$L = 40$ mH，$C = 100$ pF，試求共振時之：(a)頻率，(b)並聯兩端的電壓，(c)流過 $R$、$L$、$C$ 支路之電流，(d)$Q$ 及 BW，(e)$\omega_{1,2}$ 之眞正値與近似值。

【解】(a)$\omega_0 = \dfrac{1}{\sqrt{LC}} = \dfrac{1}{\sqrt{40\times10^{-3}\times100\times10^{-12}}} = 500000 = 0.5\ \text{Mrad/s}$

(b)$V = I\cdot R = 10\times300\times10^3 = 3000\ \text{kV}$

(c)$I_R = \dfrac{V}{R} = \dfrac{3000\times10^3}{300\times10^3} = 10\ \text{A}$

$$I_L = \frac{V}{X_L} = \frac{3000\times10^3}{40\times10^{-3}\times0.5\times10^6} = 150\ \text{A}$$

$$I_C = \frac{V}{X_C} = -3000\times10^3\times0.5\times10^6\times100\times10^{-12} = 150\ \text{A}$$

(d) $Q = R\sqrt{\dfrac{C}{L}} = 300\times10^3\sqrt{\dfrac{100\times10^{-12}}{40\times10^{-3}}} = 15$

$\text{BW} = \dfrac{\omega_0}{Q} = \dfrac{0.5\times10^6}{15} = 33333.3333 \text{ rad/s}$

(e)真正值：$\omega_{1,2} = \omega_0\sqrt{1+\dfrac{1}{4Q^2}} \pm \dfrac{\text{BW}}{2}$

$= 0.5\times10^6\sqrt{1+\dfrac{1}{4\times15^2}} \pm \dfrac{33333.3333}{2}$

$= \underset{(\omega_2)}{516944.36}$ or $\underset{(\omega_1)}{483611.034}$ rad/s

近似值：$\omega_{1,2} = \omega_0(1 \pm \dfrac{1}{2Q}) = 0.5\times10^6(1\pm\dfrac{1}{2\times15})$

$= \underset{(\omega_2)}{516666.6667}$ or $\underset{(\omega_1)}{483333.3333}$ rad/s ◎

**【例 12.3.2】** 一簡單並聯 *RLC* 共振電路之阻抗大小對頻率之特性線如下所示：

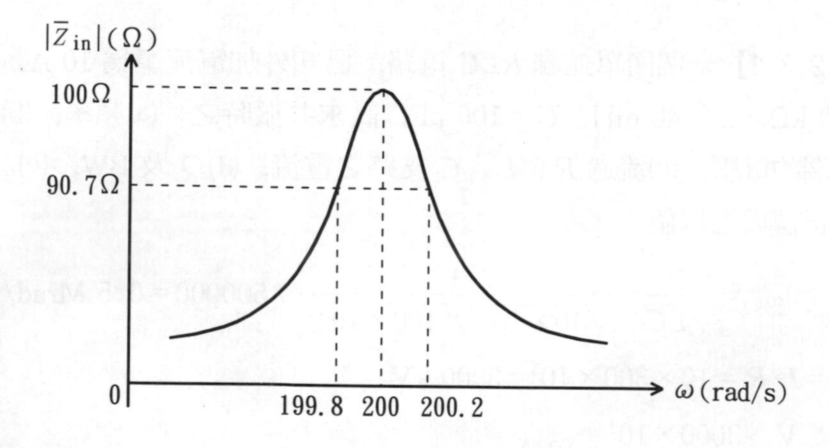


(a) 試求 $R$、$L$、$C$ 之值。(b)若重新設計，欲使共振頻率 $\omega_0 = 40\text{krad/s}$ 得到相同特性 $Q$ 且 $|\overline{Z}_{in}|_{max} = 1\ \text{M}\Omega$，試求新的 $R$、$L$、$C$ 之值。

**【解】** (a) $\omega = \omega_0 = 200$ rad/s 時

$|\overline{Z}_{in}| = |\overline{Z}_{in}|_{max} = R = 100\ \Omega$

$$BW = 200.2 - 199.8 = 0.4 \text{ rad/s} = \frac{\omega_0}{Q}$$

$$Q = \frac{\omega_0}{BW} = \frac{200}{0.4} = 50$$

又 $Q = \omega_0 \cdot RC$

$$\therefore C = \frac{Q}{\omega_0 \cdot R} = \frac{50}{200 \times 100} = 2.5 \times 10^{-3} = 2500\ \mu F$$

又 $\omega_0 = \dfrac{1}{\sqrt{LC}}$

$$\therefore L = \frac{1}{\omega_0^2 C} = \frac{1}{200^2 \times 2500 \times 10^{-6}} = 0.01 = 10\ mH$$

(b) $Q$ 相同，$Q = 50$

$$R = |Z_{in}|_{max} = 1\ M\Omega,\quad \omega_0 = 40\ krad/s$$

$$Q = \omega_0 RC$$

$$\therefore C = \frac{Q}{\omega_0 R} = \frac{50}{40 \times 10^3 \times 1 \times 10^6} = 1250\ pF$$

$$\omega_0 = \frac{1}{\sqrt{LC}}$$

$$\therefore L = \frac{1}{\omega_0^2 \times C} = \frac{1}{(40 \times 10^3)^2 \times 1250 \times 10^{-12}} = 0.5 = 500\ mH$$ ◎

# 12.4　實際串聯 $LC$ 共振電路分析

如圖 12.4.1 所示之電路，可視爲一個實際 $LC$ 串聯共振電路，其中將電感器視爲理想元件，其電感量爲 $L$，且無內電阻存在（或可視爲電感器之內電阻已與電源之等效電阻合併）；而電容器爲非理想元件，它的等效電路爲一個洩漏電阻器 $R$ 與一個理想電容器 $C$ 並聯在一起。將理想電感器 $L$ 與等效電容器之 $R$ 與 $C$ 合併，則形成一個串並聯等效電路。該電路兩端點 $a$、$b$ 則與一個理想電壓源串聯，其電壓相量爲 $\mathbf{V}_S$，該電源的角頻率爲 $\omega$，電流相量 $\mathbf{I}$ 由電源電壓正端流入該串並聯電路。

圖 12.4.1 一個實際串聯 $LC$ 電路

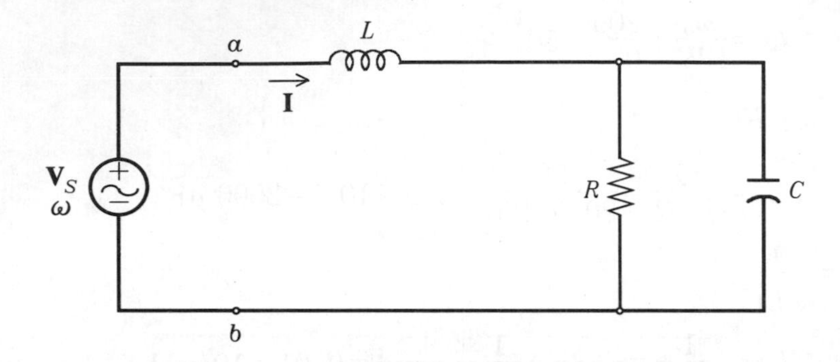


由電壓源端點 $a$、$b$ 看入之總阻抗爲：

$$\overline{Z}_{\text{in}} = j\omega L + R \,/\!/\, [-j1/(\omega C)] = j\omega L + \frac{R[-j1/(\omega C)]}{R - j[1/(\omega C)]} \tag{12.4.1a}$$

$$= j\omega L + \frac{R[-j1/(\omega C)]R + j[1/(\omega C)]}{R - j[1/(\omega C)]R + j[1/(\omega C)]} \quad \text{(通分處理)} \tag{12.4.1b}$$

$$= j\omega L + \frac{R/(\omega C)^2 - jR^2/(\omega C)}{R^2 + [1/(\omega C)]^2} \tag{12.4.1c}$$

$$= j\omega L + \frac{R/(\omega C)^2 - jR^2/(\omega C)}{R^2 + [1/(\omega C)]^2}\frac{(\omega C)^2}{(\omega C)^2} \tag{12.4.1d}$$

$$= j\omega L + \frac{R - jR^2\omega C}{1 + R^2\omega^2C^2} \tag{12.4.1e}$$

$$= \frac{R}{1 + R^2\omega^2C^2} + j\omega L - j\,\frac{R^2\omega C}{1 + R^2\omega^2C^2} \tag{12.4.1f}$$

$$= R_{\text{eq}} + j\omega L - j\,\frac{1}{\omega C_{\text{eq}}} \tag{12.4.1g}$$

$$= R_{\text{eq}} + j(\omega L - j\,\frac{1}{\omega C_{\text{eq}}}) \quad \Omega \tag{12.4.1h}$$

式中

$$R_{\text{eq}} = \frac{R}{1 + R^2\omega^2C^2} = R\,\frac{1}{1 + R^2\omega^2C^2} \quad \Omega \tag{12.4.2}$$

$$\frac{1}{\omega C_{\text{eq}}} = \frac{R^2\omega C}{1 + R^2\omega^2C^2} \quad \Omega \tag{12.4.3}$$

$$C_{eq}=\frac{1+R^2\omega^2C^2}{R^2\omega^2C}=C(1+\frac{1}{R^2\omega^2C^2})\quad \text{F} \tag{12.4.4}$$

由（12.4.1g）式知，可以視這種實際串聯 $LC$ 電路爲一個等效串聯 $RLC$ 共振電路，如圖 12.4.2 所示，但是圖中的等效電容器 $C_{eq}$及等效電阻器 $R_{eq}$均爲角頻率 $\omega$、$C$ 及 $R$ 的函數。

圖 12.4.2　圖 12.4.1 之串聯 $RLC$ 等效電路

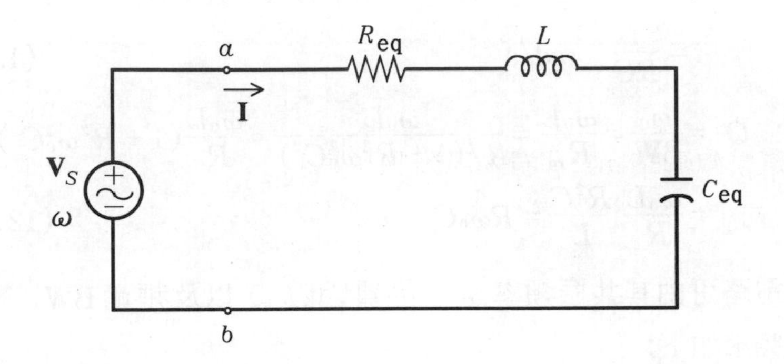


由第 12.1 節的共振條件(1)知，輸入阻抗的虛部爲零，或當電感抗等於電容抗時爲共振條件，故：

$$\omega L=\frac{1}{\omega C_{eq}}=\frac{R^2\omega C}{1+R^2\omega^2C^2} \tag{12.4.5a}$$

$$1+R^2\omega^2C^2=R^2(C/L) \tag{12.4.5b}$$

則共振頻率爲：

$$\omega_0=\omega=\sqrt{[R^2(C/L)-1]/(R^2C^2)}$$

$$=\sqrt{1/(LC)-1/(RC)^2}\quad \text{rad/s} \tag{12.4.6}$$

在（12.4.6）式第二個等號右側中，若開根號內的$1/(LC)\gg 1/(RC)^2$，會使得根號內的第二項趨近於零，則共振頻率 $\omega_0$ 與串聯 $RLC$ 電路的共振頻率 $1/\sqrt{LC}$相同。將（12.4.6）式代入（12.4.1g）式，可得共振下由電源看入的阻抗：

$$\overline{Z}_{in}|_{\omega_0}=R_{eq}=\frac{R}{1+R^2\omega^2C^2}\quad \Omega \tag{12.4.7}$$

將（12.4.5b）式代入（12.4.7）式之分母可得：

$$\overline{Z}_{in}|_{\omega_0}=\frac{R}{CR^2/L}=\frac{L}{CR}\quad\Omega \tag{12.4.8}$$

利用第 12.2 節中串聯 $RLC$ 共振電路的基本觀念，可將圖 12.4.2 之等效串聯 $RLC$ 共振電路之頻寬 BW 以及品質因數 $Q$ 計算如下：

$$\begin{aligned}\mathrm{BW}&=\frac{R_{eq}}{L}=\frac{R/(1+R^2\omega_0^2C^2)}{L}=\frac{R}{L}\,\frac{1}{1+R^2\omega_0^2C^2}=\frac{R}{L}\,\frac{L}{R^2C}\\&=\frac{1}{RC}\quad \mathrm{rad/s}\end{aligned} \tag{12.4.9}$$

$$\begin{aligned}Q&=\frac{\omega_0}{\mathrm{BW}}=\frac{\omega_0L}{R_{eq}}=\frac{\omega_0L}{R/(1+R^2\omega_0^2C^2)}=\frac{\omega_0L}{R}(1+R^2\omega_0^2C^2)\\&=\frac{\omega_0L}{R}\,\frac{R^2C}{L}=R\omega_0C\end{aligned} \tag{12.4.10}$$

該共振電路可由其共振頻率 $\omega_0$、品質因數 $Q$ 以及頻寬 BW，求出高低截止頻率如下：

$$\omega_{1,2}=\omega_0\sqrt{1+\frac{1}{4Q^2}}\pm\frac{\mathrm{BW}}{2} \tag{12.4.11}$$

對於一個高 $Q$ 電路而言，($Q\geq10$)，則由（12.4.10）式可得：

$$(\omega_0L)^2\gg R_{eq}^2 \tag{12.4.12}$$

$$(\omega_0C)^2\gg(1/R)^2 \tag{12.4.13}$$

將（12.4.5b）式等號兩側同時除以 $R^2$，再將（12.4.13）式代入，可得：

$$\frac{1}{R^2}+\omega_0^2C^2=\frac{C}{L}\quad\Rightarrow\quad(\omega C)^2\approx\frac{C}{L} \tag{12.4.14}$$

故共振頻率可由（12.4.14）式近似為：

$$\omega_0L\approx\frac{1}{(\omega_0C)}\quad\Omega \tag{12.4.15}$$

$$\omega_0=\omega\approx\frac{1}{\sqrt{LC}}\quad\mathrm{rad/s} \tag{12.4.16}$$

此結果與一個串聯 $RLC$ 共振電路之共振頻率相同。在此高 $Q$ 電路特性下，由電源端看入的總阻抗可由（12.4.15）式近似為：

$$\overline{Z}_{\text{in}}\Big|_{\omega_0}=\frac{L}{RC}=\frac{\omega_0 L}{R}\ \frac{1}{R\omega_0 C}R\approx\frac{1}{R\omega_0 C}\ \frac{1}{R\omega_0 C}R=\frac{R}{Q^2} \tag{12.4.17}$$

由（12.4.17）式之近似公式知，此實際串聯 $LC$ 電路在共振頻率之阻抗極小，因此共振時電流極大。

由第 12.1 節之共振條件第(2)定義，可以由電源端看入之阻抗大小對角頻率偏微分令其爲零求得下式：

$$\begin{aligned}\frac{\partial}{\partial\omega}|\overline{Z}_{\text{in}}| &= \frac{\partial}{\partial\omega}\sqrt{R_{\text{eq}}^2+[\omega L-1/(\omega C_{\text{eq}})]^2}\\ &= \frac{1}{2}[R_{\text{eq}}^2+(\omega L-\frac{1}{\omega C_{\text{eq}}})^2]^{(-1/2)}\cdot\\ &\quad [2R_{\text{eq}}\cdot\frac{\partial}{\partial\omega}(R_{\text{eq}})+2(\omega L-\frac{1}{\omega C_{\text{eq}}})\cdot\frac{\partial}{\partial\omega}(\omega L-\frac{1}{\omega C_{\text{eq}}})]\\ &= 0\end{aligned} \tag{12.4.18}$$

請讀者注意：（12.4.18）式第二個等號右側中的 $R_{\text{eq}}$及 $C_{\text{eq}}$均爲角頻率 $\omega$ 的函數，我們可以令中括號中的量爲零即可解出共振條件下的共振頻率：

$$2R_{\text{eq}}\cdot\frac{\partial}{\partial\omega}[R_{\text{eq}}]+2[\omega L-\frac{1}{\omega C_{\text{eq}}}]\cdot\frac{\partial}{\partial\omega}[\omega L-\frac{1}{\omega C_{\text{eq}}}]=0 \tag{12.4.19}$$

此共振頻率解相當複雜，請有興趣的讀者自行推導，但是此共振頻率與（12.4.6）式利用第 12.1 節之共振第(1)定義所得的共振頻率不會相同。

在共振條件下，電感器及電容器兩端的電壓分別爲：

$$V_L=I\cdot X_L=\frac{V_S}{L/(RC)}\cdot\omega_0 L=V_S\cdot(\omega_0 RC)=Q\cdot V_S\quad \text{V} \tag{12.4.20}$$

$$\begin{aligned}V_C &= I\cdot\frac{1}{\sqrt{(1/R)^2+(\omega_0 C)^2}}\approx\frac{V_S}{L/(RC)}\cdot\frac{1}{\omega_0 C}\\ &= V_S\cdot\frac{R}{\omega_0 L}=V_S(R\omega_0 C)=QV_S\quad \text{V}\end{aligned} \tag{12.4.21}$$

此結果恰與串聯 $RLC$ 共振電路電感器與電容器兩端電壓之特性相同，均為電源電壓大小之 $Q$ 倍。

由以上分析結果得知，在高 $Q$ 電路下，一個實際 $LC$ 串聯電路之特性，與簡單的串聯 $RLC$ 共振電路特性相當，因此可以利用串聯 $RLC$ 共振電路的特性來分析其結果。

## 12.5 實際並聯 LC 共振電路分析

如圖 12.5.1 所示之電路，可視為一個實際 $LC$ 並聯共振電路，其中電容器為理想元件，其電容量為 $C$，且無內部並聯洩漏電阻存在（或可視電容器之內部洩漏電阻已經與電源等效電阻合併）；電感器為一個非理想元件，它的等效電路為其內部電阻器 $R$ 與一個理想電感器 $L$ 串聯。將理想電容器 $C$ 與等效電感器之 $R$ 與 $L$ 合併，形成一個並串聯等效電路，該電路的兩個端點 $a$、$b$ 則連接一個理想電流源，其電流相量為 $\mathbf{I}_S$，電源之角頻率為 $\omega$，電壓相量 $\mathbf{V}$ 跨在電路節點 $a$、$b$ 兩端。

由電流源端點看入之總導納為：

圖 12.5.1 一個實際並聯 $LC$ 電路

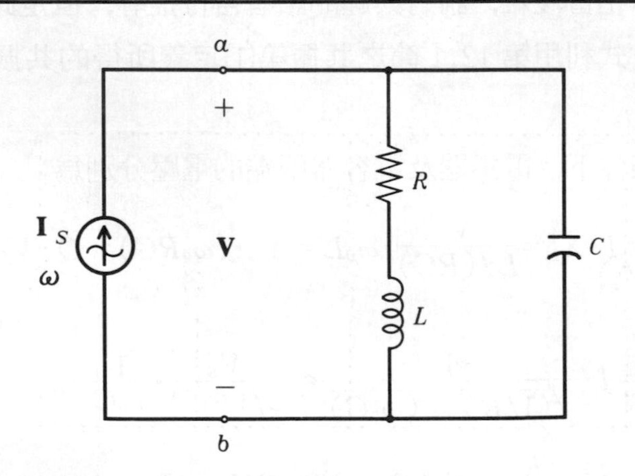

$$\overline{Y}_{\text{in}} = j\omega C + \frac{1}{R + j\omega L} \tag{12.5.1a}$$

$$= j\omega C + \frac{1}{R + j\omega L}\frac{R - j\omega L}{R - j\omega L} \quad \text{(通分處理)} \tag{12.5.1b}$$

$$= j\omega C + \frac{R - j\omega L}{R^2 + (\omega L)^2} \tag{12.5.1c}$$

$$= \frac{R}{R^2 + (\omega L)^2} + j\omega C - j\frac{\omega L}{R^2 + (\omega L)^2} \tag{12.5.1d}$$

$$= G_{\text{eq}} + j\omega C - j\frac{1}{\omega L_{\text{eq}}} \tag{12.5.1e}$$

$$= G_{\text{eq}} + j\left(\omega C - \frac{1}{\omega L_{\text{eq}}}\right) \quad \text{S} \tag{12.5.1f}$$

式中

$$R_{\text{eq}} = \frac{1}{G_{\text{eq}}} = \frac{R^2 + (\omega L)^2}{R} = \frac{1}{R}[R^2 + (\omega L)^2] \quad \Omega \tag{12.5.2}$$

$$\frac{1}{\omega L_{\text{eq}}} = \frac{\omega L}{R^2 + (\omega L)^2} \quad \text{S} \tag{12.5.3}$$

$$L_{\text{eq}} = \frac{R^2 + (\omega L)^2}{\omega^2 L} = \frac{1}{\omega^2 L}[R^2 + (\omega L)^2] \quad \text{H} \tag{12.5.4}$$

由 (12.5.1f) 式之表示得知，我們可以視這種實際並聯 $LC$ 電路爲一個等效並聯的 $RLC$ 共振電路，如圖 12.5.2 所示，但是圖中的 $L_{\text{eq}}$ 及 $R_{\text{eq}}$ 均爲角頻率 $\omega$、$L$ 及 $R$ 的函數。

**圖 12.5.2　圖 12.5.1 之等效並聯 *RLC* 電路**

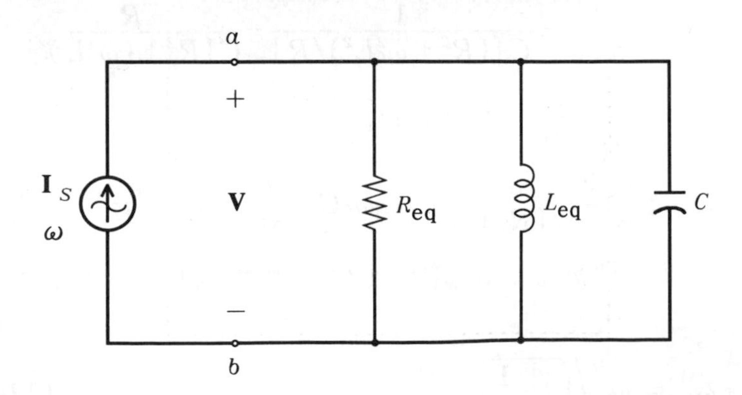

由第 12.1 節共振條件第(1)點得知，電路的總輸入導納虛部爲零，或當電感納等於電容納時，爲共振的條件，故：

$$\omega C=\frac{1}{\omega L_{eq}}=\frac{\omega L}{R^2+(\omega L)^2}\quad \mathrm{S} \tag{12.5.5a}$$

$$R^2+(\omega L)^2=\frac{L}{C} \tag{12.5.5b}$$

則共振頻率可由（12.5.5b）式求出爲：

$$\omega_0=\omega=\sqrt{[(L/C)-R^2]/(L^2)}$$
$$=\sqrt{1/(LC)-(R/L)^2}\quad \mathrm{rad/s} \tag{12.5.6}$$

若(12.5.6)式第二個等號右側開平方根號內的$1/(LC)\gg(R/L)^2$，會使得根號內的第二項趨近於零，則共振頻率 $\omega_0$ 與簡單的串聯 $RLC$ 電路或簡單的並聯 $RLC$ 電路之共振頻率 $1/\sqrt{LC}$ 相同。

將（12.5.6）式代入（12.5.1g）式，可得共振條件下由電源看入的總導納：

$$\overline{Y}_{in}\big|_{\omega_0}=G_{eq}=\frac{R}{R^2+(\omega L)^2}\quad \mathrm{S} \tag{12.5.7}$$

將（12.5.5b）式代入（12.5.7）式之分母可得：

$$\overline{Y}_{in}\big|_{\omega_0}=\frac{R}{L/C}=\frac{RC}{L}\quad \mathrm{S} \tag{12.5.8}$$

利用圖 12.5.2 之並聯等效 $RLC$ 共振電路，可得圖 12.5.1 實際並聯 $LC$ 電路之頻寬 BW 以及品質因數 $Q$ 如下：

$$\mathrm{BW}=\frac{1}{R_{eq}C}=\frac{1}{C[(R^2+\omega_0^2L^2)/R]}=\frac{R}{C[R^2+(\omega_0 L)^2]}$$
$$=\frac{R}{C}\frac{1}{L/C}=\frac{R}{L}\quad \mathrm{rad/s} \tag{12.5.9}$$

$$Q=\frac{\omega_0}{\mathrm{BW}}=\frac{\omega_0}{1/(R_{eq}C)}=R_{eq}\omega_0 C=\frac{L}{RC}\omega_0 C=\frac{\omega_0 L}{R} \tag{12.5.10}$$

我們可由其共振頻率 $\omega_0$、品質因數 $Q$ 以及頻寬 BW，求出高低截止頻率如下：

$$\omega_{1,2}=\omega_0\sqrt{1+\frac{1}{4Q^2}}\pm\frac{\mathrm{BW}}{2} \tag{12.5.11}$$

對於一個高 $Q$ 電路（$Q\geq 10$），則由（12.5.10）式可得：

$$(\omega_0 L)^2 \gg R^2 \tag{12.5.12}$$

$$(\omega_0 C)^2 \gg (1/R_{eq})^2 \tag{12.5.13}$$

將（12.5.12）式代入（12.5.5b）式，可得：

$$R^2+\omega_0^2 L^2=\frac{L}{C} \quad \Rightarrow \quad (\omega_0 L)^2 \approx \frac{L}{C} \tag{12.5.14}$$

或

$$\omega_0 L \approx \frac{1}{(\omega_0 C)} \quad \Omega \tag{12.5.15}$$

故共振頻率可由（12.5.15）式近似爲：

$$\omega_0 \approx \frac{1}{\sqrt{LC}} \quad \text{rad/s} \tag{12.5.16}$$

此結果恰與一個並聯 $RLC$ 共振電路之共振頻率相同。在此高 $Q$ 電路特性下，由電源端看入的總導納可由（12.5.15）式近似爲：

$$\begin{aligned}\overline{Y}_{in}\big|_{\omega_0}&=\frac{RC}{L}=\frac{\omega_0 C}{R}\,\frac{1}{(\omega_0 L/R)}R\approx\frac{1}{(\omega_0 L/R)}\,\frac{1}{(\omega_0 L/R)}\,\frac{1}{R}\\&=\frac{1}{Q^2 R}\end{aligned} \tag{12.5.17}$$

由（12.5.17）式之近似公式知，此實際並聯 $LC$ 電路在高 $Q$ 條件下，其在共振頻率時之導納值極小或阻抗值極大，因此共振時兩個端點的電壓值相當高。

由第 12.1 節共振條件第(2)個定義之，可以將由電源端看入的導納大小對角頻率偏微分令其爲零求得下式：

$$\begin{aligned}\frac{\partial}{\partial\omega}|\overline{Y}_{in}|&=\frac{\partial}{\partial\omega}\sqrt{G_{eq}^2+[\omega C-\frac{1}{\omega L_{eq}}]^2}\\&=\frac{1}{2}\{G_{eq}^2+[\omega C-\frac{1}{\omega L_{eq}}]^2\}^{(-1/2)}\cdot\\&\quad[2G_{eq}\cdot\frac{\partial}{\partial\omega}(G_{eq})+2(\omega C-\frac{1}{\omega L_{eq}})\cdot\frac{\partial}{\partial\omega}(\omega C-\frac{1}{\omega L_{eq}})]\\&=0\end{aligned} \tag{12.5.18}$$

請讀者注意：（12.5.18）式第二個等號右側中的 $G_{eq}$與 $L_{eq}$均爲角頻率 $\omega$ 之函數，我們可以令中括號中的量爲零即可解出共振條件下的共振頻率：

$$2G_{eq}\cdot\frac{\partial}{\partial\omega}(G_{eq})+2(\omega C-\frac{1}{\omega L_{eq}})\cdot\frac{\partial}{\partial\omega}(\omega C-\frac{1}{\omega L_{eq}})=0 \quad (12.5.19)$$

此共振頻率解非常複雜，留給有興趣的讀者自行推導，但是該共振頻率與（12.5.6）式利用共振條件第(1)點所得的結果不會相同。

在共振條件下，通過電感器及電容器的電壓流分別爲：

$$I_C=V\cdot B_C=\frac{I_S}{(RC)/L}\cdot\omega_0 C=I_S\cdot(\frac{\omega_0 L}{R})=Q\cdot I_S \text{ A} \quad (12.5.20)$$

$$I_L=V\cdot\frac{1}{\sqrt{(R)^2+(\omega_0 L)^2}}\approx\frac{I_S}{(RC)/L}\cdot\frac{1}{\omega_0 L}=I_S\cdot\frac{1}{(\omega_0 CR)}$$

$$=I_S(\omega_0 L/R)=QI_S \text{ A} \quad (12.5.21)$$

恰與並聯 $RLC$ 共振電路通過電感器與電容器電流之特性相同，均爲電源電流大小之 $Q$ 倍。

由以上分析結果得知，在高 $Q$ 電路下，一個實際 $LC$ 並聯電路的特性，與一個簡單並聯 $RLC$ 共振電路相當，可以利用並聯 $RLC$ 共振電路的特性來分析其結果。

## 12.6 其他 *RLC* 共振電路(I)

第 I 型爲 $RC$ 串聯再與 $L$ 並聯之共振電路。

如圖 12.6.1 所示之電路，可視爲一個實際 $LC$ 並聯共振電路，其中電感器爲理想元件，其電感量爲 $L$，且無內部串聯電阻存在；而電容器爲一個非理想元件，它的等效電路爲內部電阻 $R$ 與一個理想電容器 $C$ 串聯。將理想電感器 $L$ 與等效電容器之 $R$ 與 $C$ 合併，形成一個串並聯等效電路。假設該電路的兩端點 $a$、$b$ 與一個理想電流源並聯，其電流相量爲 $\mathbf{I}_S$，電源之角頻率爲 $\omega$，電壓相量 $\mathbf{V}$ 跨在電路節點 $a$、$b$ 兩端。

由電流源兩端看入之總導納爲：

$$\overline{Y}_{in}=\frac{1}{R-j[1/(\omega C)]}+\frac{1}{j\omega L} \tag{12.6.1a}$$

$$=\frac{1}{R-j[1/(\omega C)]}\,\frac{R+j[1/(\omega C)]}{R+j[1/(\omega C)]}-j\,\frac{1}{\omega L}\quad(\text{通分處理}) \tag{12.6.1b}$$

$$=\frac{R+j[1/(\omega C)]}{R^2+[1/(\omega C)]^2}-j\,\frac{1}{\omega L} \tag{12.6.1c}$$

$$=\frac{R}{R^2+[1/(\omega C)]^2}+j\,\frac{1/(\omega C)}{R^2+[1/(\omega L)]^2}-j\,\frac{1}{\omega L} \tag{12.6.1d}$$

$$=G_{eq}+j\omega C_{eq}-j\,\frac{1}{\omega L} \tag{12.6.1e}$$

$$=G_{eq}+j\left(\omega C_{eq}-\frac{1}{\omega L}\right)\quad \text{S} \tag{12.6.1f}$$

式中

$$R_{eq}=\frac{1}{G_{eq}}=\frac{R^2+[1/(\omega C)]^2}{R}$$

$$=\frac{1}{R}[R^2+1/(\omega C)^2]\quad \Omega \tag{12.6.2}$$

**圖 12.6.1　其他 $RLC$ 共振電路第 I 型**

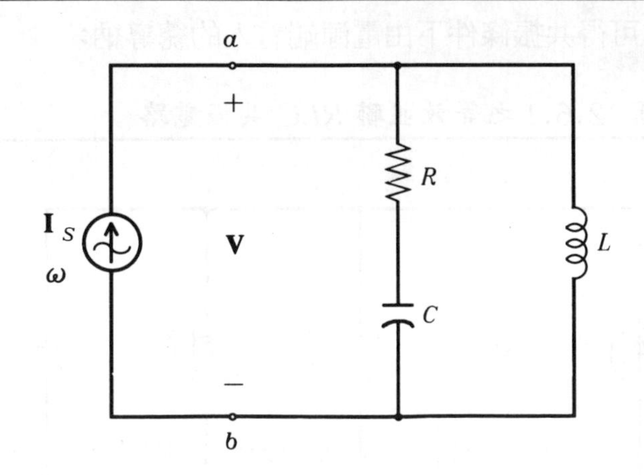

$$\omega C_{eq}=\frac{1/(\omega C)}{R^2+[1/(\omega C)]^2}\quad \text{S} \tag{12.6.3}$$

$$C_{eq}=\frac{1}{\omega^2 C[R^2+1/(\omega C)^2]}=\frac{C}{1+\omega^2C^2R^2}\quad \text{F} \tag{12.6.4}$$

由（12.6.1f）式之表示式得知，這種混合並串聯 $RLC$ 電路可以等效爲一個並聯 $RLC$ 共振電路，如圖 12.6.2 所示，但是圖中的 $C_{eq}$及 $R_{eq}$均爲角頻率 $\omega$、$C$ 以及 $R$ 的函數。

由第 12.1 節的共振條件第(1)點得知，由電源端看入的總導納虛部爲零，或當電感納等於電容納時爲共振條件，故：

$$\omega C_{eq}=\frac{1}{\omega L}=\frac{1/(\omega C)}{R^2+1/(\omega C)^2}\quad \text{S} \tag{12.6.5a}$$

$$R^2+1/(\omega C)^2=(L/C) \tag{12.6.5b}$$

則共振頻率爲：

$$\omega_0=\omega=\frac{1}{\sqrt{[(L/C)-R^2]C^2}}=\frac{1}{\sqrt{(LC)-(RC)^2}}\quad \text{rad/s} \tag{12.6.6}$$

在（12.6.6）式第二個等號右側中，若開平方根號內的$(LC)\gg(RC)^2$，會使得根號內的第二項趨近於零，則共振頻率 $\omega_0$ 與並聯 $RLC$ 共振電路的共振頻率 $1/\sqrt{LC}$ 相同。將（12.6.6）式代入（12.6.1f）式可得共振條件下由電源端看入的總導納：

圖 12.6.2 圖 12.6.1 之等效並聯 $RLC$ 共振電路

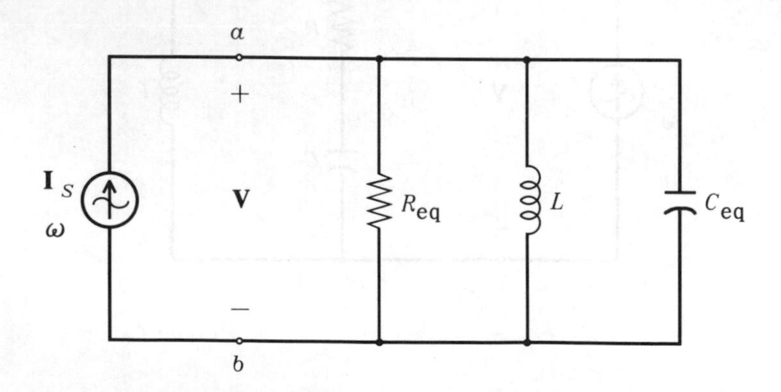

$$\overline{Y}_{in}|_{\omega_0}=G_{eq}=\frac{R}{R^2+1/(\omega C)^2}\quad S \tag{12.6.7}$$

將（12.6.5b）式代入（12.6.7）式之分母可得:

$$\overline{Y}_{in}|_{\omega_0}=\frac{R}{L/C}=\frac{RC}{L}\quad S \tag{12.6.8}$$

利用圖 12.6.2 之並聯 $RLC$ 共振等效電路，可得該串並聯 $RLC$ 共振電路之頻寬 BW 以及品質因數 $Q$，分別計算如下:

$$\begin{aligned}\text{BW}&=\frac{1}{R_{eq}C_{eq}}=\frac{1}{C/[1+\omega^2C^2R^2][L/(RC)]}\\&=\frac{RC[1+\omega^2R^2C^2]}{CL}=\frac{R[(L/C)(\omega_0C)^2]}{L}\\&=\omega_0^2CR\quad \text{rad/s}\end{aligned} \tag{12.6.9}$$

$$\begin{aligned}Q&=\frac{\omega_0}{\text{BW}}=\frac{\omega_0}{1/(R_{eq}C_{eq})}=R_{eq}\omega_0C_{eq}=\frac{L}{RC}\omega_0C_{eq}=\frac{L}{RC}\frac{1}{\omega_0L}\\&=\frac{1}{R\omega_0C}\end{aligned} \tag{12.6.10}$$

該串並聯 $RLC$ 共振電路可由共振頻率 $\omega_0$、品質因數 $Q$ 以及頻寬 BW，求出高低截止頻率如下:

$$\omega_{1,2}=\omega_0\sqrt{1+\frac{1}{4Q^2}}\pm\frac{\text{BW}}{2} \tag{12.6.11}$$

對於一個高 $Q$ 電路（$Q\geq10$），則由（12.6.10）式可得:

$$\left(\frac{1}{\omega_0RC}\right)^2\gg1\quad 或\quad \frac{1}{(\omega_0C)^2}\gg R^2 \tag{12.6.12}$$

$$(\omega_0C_{eq})^2\gg\left(\frac{1}{R_{eq}}\right)^2 \tag{12.6.13}$$

將（12.6.12）式代入（12.6.5b）式，可得:

$$R^2+\frac{1}{(\omega_0C)^2}=\frac{L}{C}\quad\Rightarrow\quad\frac{1}{(\omega_0C)^2}\approx\frac{L}{C} \tag{12.6.14}$$

故共振頻率可由（12.6.14）式近似為:

$$\omega_0L\approx\frac{1}{(\omega_0C)}\quad\Omega \tag{12.6.15}$$

$$\omega_0 \approx \frac{1}{\sqrt{LC}} \quad \text{rad/s} \tag{12.6.16}$$

此結果與一個簡單並聯 $RLC$ 共振電路之共振頻率相同。在此高 $Q$ 電路特性下，由電源端看入的總導納可由（12.6.15）式近似為：

$$\overline{Y}_{\text{in}}\big|_{\omega_0} = \frac{RC}{L} = \frac{\omega_0 CR}{1}\ \frac{1}{(\omega_0 L/R)}\ \frac{1}{R} \approx \frac{\omega_0 CR}{1}\ \frac{\omega_0 CR}{1}\ \frac{1}{R}$$

$$= \frac{1}{Q^2 R} \quad \text{S} \tag{12.6.17}$$

由（12.6.17）式之近似公式得知，此種串並聯 $RLC$ 共振電路在共振頻率下之導納值極小或阻抗值極大，因此共振現象發生時兩端點 $a$、$b$ 的電壓相當高。

由第 12.1 節共振條件第(2)點，可以將由電源端看入之導納大小對角頻率偏微分令其為零求得下式：

$$\frac{\partial}{\partial\omega}|\overline{Y}_{\text{in}}| = \frac{\partial}{\partial\omega}\sqrt{G_{\text{eq}}^2 + [\omega C_{\text{eq}} - 1/(\omega L)]^2}$$

$$= \left(\frac{1}{2}\right)\left\{G_{\text{eq}}^2 + \left[\omega C_{\text{eq}} - \frac{1}{(\omega L)}\right]^2\right\}^{(-1/2)} \cdot$$

$$\left[2G_{\text{eq}} \cdot \frac{\partial}{\partial\omega}(G_{\text{eq}}) + 2\left(\omega C_{\text{eq}} - \frac{1}{\omega L}\right) \cdot \frac{\partial}{\partial\omega}\left(\omega C_{\text{eq}} - \frac{1}{\omega L}\right)\right]$$

$$= 0 \tag{12.6.18}$$

式中第二個等號右側中的 $G_{\text{eq}}$ 與 $C_{\text{eq}}$ 均為角頻率 $\omega$ 的函數，我們可以令中括號中的量為零即可解出共振條件(2)下的共振頻率：

$$2G_{\text{eq}} \cdot \frac{\partial}{\partial\omega}(G_{\text{eq}}) + 2\left(\omega C_{\text{eq}} - \frac{1}{\omega L}\right) \cdot \frac{\partial}{\partial\omega}\left(\omega C_{\text{eq}} - \frac{1}{\omega L}\right) = 0 \tag{12.6.19}$$

此共振頻率解也是非常複雜，請讀者自行推導，但是該共振頻率與（12.6.6）式中利用共振條件第(1)個定義所得的共振頻率解不會相同。

在共振條件下，通過電感器及電容器的電流分別為：

$$I_L = V \cdot B_L = \frac{I_S}{(RC)/L} \cdot \frac{1}{\omega_0 L} = I_S \cdot \frac{1}{\omega_0 CR} = Q \cdot I_S \quad \text{A} \tag{12.6.20}$$

$$I_L = V \cdot \frac{1}{\sqrt{R^2 + 1/(\omega_0 C)^2}} \approx \frac{I_S}{(RC)/L} \cdot \omega_0 C = I_S \cdot \frac{\omega_0 L}{R}$$

$$= I_S \left[ \frac{1}{(\omega_0 CR)} \right] = QI_S \quad \text{A} \qquad (12.6.21)$$

恰與並聯 $RLC$ 共振電路通過電感器與電容器電流之特性相同，均爲電源電流之 $Q$ 倍。

由以上分析結果得知，在高 $Q$ 電路下的其他 $RLC$ 共振電路第 I 型，與一個簡單 $RLC$ 並聯共振電路相當，我們可以利用並聯 $RLC$ 共振電路的特性來分析其結果。

## 12.7　其他 *RLC* 共振電路(II)

第 II 型爲 $RL$ 並聯再與 $C$ 串聯之共振電路。

如圖 12.7.1 所示之電路，爲一個實際 $LC$ 串聯共振電路，其中電容器視爲理想元件，其電容量爲 $C$，且無內部電阻存在；而電感器爲非理想元件，它的等效電路爲一個洩漏電阻器 $R$ 與一個理想電感器 $L$ 並聯在一起。該電路的兩個端點 $a$、$b$ 則連接了一個理想電壓源，其電壓相量爲 $\mathbf{V}_S$，電源的角頻率爲 $\omega$，電流相量 $\mathbf{I}$ 由電壓源正端流入該電路。

圖 12.7.1　其他 *RLC* 共振電路第 II 型

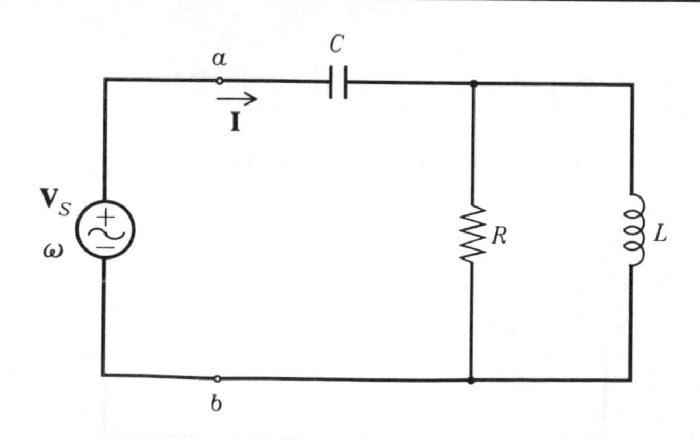

由電壓源端點看入之總阻抗爲：

$$\overline{Z}_{in}=\frac{1}{j\omega C}+R\,/\!/\,(j\omega L)=-j\,\frac{1}{\omega C}+\frac{R(j\omega L)}{R+j\omega L} \qquad (12.7.1a)$$

$$=-j\,\frac{1}{\omega C}+\frac{R(j\omega L)}{R+j\omega L}\,\frac{R-j\omega L}{R-j\omega L} \qquad \text{(通分處理)}\ (12.7.1b)$$

$$=-j\,\frac{1}{\omega C}+\frac{R(\omega L)^2+jR^2(\omega L)}{R^2+(\omega L)^2} \qquad (12.7.1c)$$

$$=\frac{R(\omega L)^2}{R^2+(\omega L)^2}+j\omega\,\frac{R^2L}{R^2+(\omega L)^2}-j\,\frac{1}{\omega C} \qquad (12.7.1d)$$

$$=R_{eq}+j\omega L_{eq}-j\,\frac{1}{\omega C} \qquad (12.7.1e)$$

$$=R_{eq}+j\left(\omega L_{eq}-\frac{1}{\omega C}\right)\quad \Omega \qquad (12.7.1f)$$

式中

$$R_{eq}=\frac{R(\omega L)^2}{R^2+(\omega L)^2}=R\,\frac{(\omega L)^2}{R^2+(\omega L)^2}\quad \Omega \qquad (12.7.2)$$

$$\omega L_{eq}=\frac{R^2(\omega L)}{R^2+(\omega L)^2}\quad \Omega \qquad (12.7.3)$$

$$L_{eq}=\frac{R^2L}{R^2+(\omega L)^2}=L\left[\frac{R^2}{R^2+(\omega L)^2}\right]\quad \text{H} \qquad (12.7.4)$$

由 (12.7.1f) 式之表示式得知，這種混合串並聯 $RLC$ 電路可以等效爲一個串聯 $RLC$ 共振電路，如圖 12.7.2 所示，但是圖中的 $R_{eq}$以及 $L_{eq}$均爲角頻率 $\omega$、$L$ 與$R$ 的函數。

圖 12.7.2　圖 12.7.1 之等效串聯 $RLC$ 共振電路

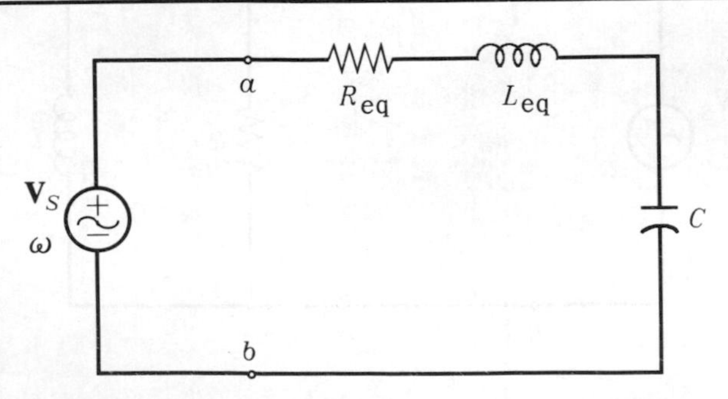

由第 12.1 節的共振條件第(1)點得知，輸入阻抗虛部爲零，或是當電感抗等於電容抗時爲共振條件，故：

$$\omega L_{eq}=\frac{R^2(\omega L)}{R^2+(\omega L)^2}=\frac{1}{\omega C} \tag{12.7.5a}$$

$$R^2+(\omega L)^2=R^2\omega^2 LC=R^2(\omega L)(\omega C) \tag{12.7.5b}$$

則共振頻率爲：

$$\omega_0=\omega=\sqrt{R^2/[R^2(LC)-L^2]}$$

$$=1/\sqrt{(LC)-(L/R)^2}\quad \text{rad/s} \tag{12.7.6}$$

(12.7.6) 式第二個等號右側中，若開平方根號內的$LC\gg(L/R)^2$，使得根號內的第二項趨近於零，則共振頻率 $\omega_0$ 與串聯 $RLC$ 共振電路之共振頻率 $1/\sqrt{LC}$相同。將 (12.7.6) 式代入 (12:7.1f) 式，可得共振條件下由電源端看入的阻抗：

$$\overline{Z}_{in}|_{\omega_0}=R_{eq}=\frac{R(\omega L)^2}{R^2+(\omega L)^2}\quad \Omega \tag{12.7.7}$$

將 (12.7.5b) 式代入 (12.7.7) 式之分母可得：

$$\overline{Z}_{in}|_{\omega_0}=\frac{R(\omega L)^2}{R^2\omega^2 LC}=\frac{L}{RC}\quad \Omega \tag{12.7.8}$$

利用圖 12.7.2 之等效串聯 $RLC$ 共振電路，可得該串並聯 $RLC$ 共振電路之頻寬 BW 以及品質因數 $Q$，分別表示如下：

$$\text{BW}=\frac{R_{eq}}{L_{eq}}=\frac{R(\omega L)^2/(R^2+\omega^2L^2)}{(R^2L)/(R^2+\omega^2L^2)}=\frac{\omega^2 L}{R}=\frac{\omega R_{eq}}{1/(\omega C)}$$

$$=\omega^2R_{eq}C\quad \text{rad/s} \tag{12.7.9}$$

$$Q=\frac{\omega_0}{\text{BW}}=\frac{\omega_0 L_{eq}}{R_{eq}}=\frac{\omega_0R^2L/(R^2+\omega^2L^2)}{R(\omega_0L)^2/(R^2+\omega^2L^2)}=\frac{R}{\omega_0 L}=\frac{1}{R_{eq}\omega_0 C} \tag{12.7.10}$$

該串並聯 $RLC$ 共振電路可由共振頻率 $\omega_0$、品質因數 $Q$ 以及頻寬 BW，求出高低截止頻率如下：

$$\omega_{1,2}=\omega_0\sqrt{1+\frac{1}{4Q^2}}\pm\frac{\text{BW}}{2}\quad \text{rad/s} \tag{12.7.11}$$

對於一個高 $Q$ 電路（$Q \geq 10$），則由（12.7.10）式可得：

$$(R)^2 \gg (\omega_0 L)^2 \tag{12.7.12}$$

$$(\omega_0 C)^2 \ll (1/R_{eq})^2 \tag{12.7.13}$$

將（12.7.5b）式等號兩側同時除以 $R^2$，再將（12.7.13）式代入，可得：

$$1+\omega_0^2 L^2/R^2 = \omega_0^2 LC \quad \Rightarrow \quad 1 \approx \omega_0^2 LC \tag{12.7.14}$$

故共振頻率可由（12.7.14）式近似爲：

$$\omega_0 L \approx \frac{1}{(\omega_0 C)} \quad \Omega \tag{12.7.15}$$

$$\omega_0 = \omega \approx \frac{1}{\sqrt{LC}} \quad \text{rad/s} \tag{12.7.16}$$

此結果與一個串聯 $RLC$ 共振電路之共振頻率相同。在此高 $Q$ 電路特性下，由電源端看入的總阻抗可由（12.7.16）式近似爲：

$$\overline{Z}_{in}\big|_{\omega_0} = \frac{L}{RC} = \frac{\omega_0 L}{R}\,\frac{1}{R\omega_0 C}\,R \approx \frac{\omega_0 L}{R}\,\frac{\omega_0 L}{R}\,R = \frac{R}{Q^2} \quad \Omega \tag{12.7.17}$$

由（12.7.17）式之近似公式得知，在此種串並聯 $RLC$ 共振電路在高 $Q$ 條件下，其共振頻率下之阻抗值極小或導納極大，因此共振時的電流相當大。

由第 12.1 節共振條件第(2)個定義，我們可以將由電源端看入的阻抗大小對角頻率偏微分令其爲零求得下式：

$$\begin{aligned}\frac{\partial}{\partial\omega}|\overline{Z}_{in}| &= \frac{\partial}{\partial\omega}\sqrt{R_{eq}^2+[\omega L_{eq}-1/(\omega C)]^2} \\ &= (\frac{1}{2})\{R_{eq}^2+[\omega L_{eq}-\frac{1}{(\omega C)}]^2\}^{(-1/2)}\cdot \\ &\quad [2R_{eq}\cdot\frac{\partial}{\partial\omega}(R_{eq})+2(\omega L_{eq}-\frac{1}{\omega C})\cdot\frac{\partial}{\partial\omega}(\omega L_{eq}-\frac{1}{\omega C})] \\ &= 0\end{aligned} \tag{12.7.18}$$

式中第二個等號右側中的 $R_{eq}$ 與 $L_{eq}$ 均爲角頻率 $\omega$ 的函數，我們可以令中括號內的量爲零即可解得共振條件(2)下的共振頻率：

$$2R_{\text{eq}}\cdot\frac{\partial}{\partial\omega}(R_{\text{eq}})+2(\omega L_{\text{eq}}-\frac{1}{\omega C})\cdot\frac{\partial}{\partial\omega}(\omega L_{\text{eq}}-\frac{1}{\omega C})=0 \tag{12.7.19}$$

此共振頻率解相當複雜，讀者可自行推導，但是該共振頻率與(12.7.6)式利用共振條件第(1)點所得的結果不會相同。

在共振條件下，電容器及電感器兩端的電壓分別爲：

$$V_C=I\cdot X_C=\frac{V_S}{L/(RC)}\cdot\frac{1}{\omega_0 C}=V_S\cdot\frac{R}{\omega_0 L}=Q\cdot V_S \quad \text{V} \tag{12.7.20}$$

$$\begin{aligned} V_L &= I\cdot\frac{1}{\sqrt{(1/R)^2+1/(\omega_0 L)^2}}\approx\frac{V_S}{L/(RC)}\cdot\omega_0 L \\ &= V_S\cdot\omega_0 RC=V_S\cdot\frac{R}{\omega_0 L}=QV_S \quad \text{V} \end{aligned} \tag{12.7.21}$$

恰與串聯 $RLC$ 共振電路中電感器與電容器兩端電壓之特性相同，均爲電源電壓之 $Q$ 倍。

由以上分析得知，在高 $Q$ 電路下，其他 $RLC$ 共振電路第Ⅱ型，與一個簡單 $RLC$ 串聯共振電路相當，因此我們可以採用串聯 $RLC$ 共振電路的特性來做分析。

## 12.8　低通濾波器與高通濾波器

前面數節中的電路，均是以三個電路基本元件：電阻器 $R$、電感器 $L$ 以及電容器 $C$ 來構成，其電路輸出訊號（電壓或電流）對輸入頻率 $\omega$ 的響應關係多呈現了帶通濾波器（BP）的特性，只允許以共振頻率 $\omega_0$ 爲中心、高低截止頻率 $\omega_1$、$\omega_2$ 範圍爲頻寬的訊號頻率通過，該類濾波器輸出對輸入轉移函數 $H(j\omega)$ 的振幅特性 $|\mathbf{H}|$ 隨頻率 $\omega$ 變化的關係，如圖 12.8.1(a)所示，其中直線爲理想帶通濾波器的特性，而曲線則爲實際帶通濾波器的特性，其中振幅的刻度已經適當地調整爲正規化的量，以 1 個單位爲其峰值。我們可以回顧一下串聯

*RLC* 電路與並聯 *RLC* 電路的特性，並對照圖 12.8.1(a)的頻率響應曲線：

(1)**串聯 *RLC* 電路**

以電壓源驅動，共振時阻抗值最小（或導納值最大），故迴路電流在共振時最大，電阻器兩端的電壓也最大，圖 12.8.1(a)之特性曲線可以是導納值的大小、電流大小或是電阻器電壓的大小。

(2)**並聯 *RLC* 電路**

以電流源驅動，共振時導納值最小（或阻抗值最大），故節點電壓在共振時最大，通過電阻器的電流也最大，圖 12.8.1(a)之特性曲線可以是阻抗值的大小、電壓大小或是電阻器電流的大小。

圖 12.8.1　(a)帶通濾波器(b)帶拒濾波器轉移函數之振幅對頻率特性

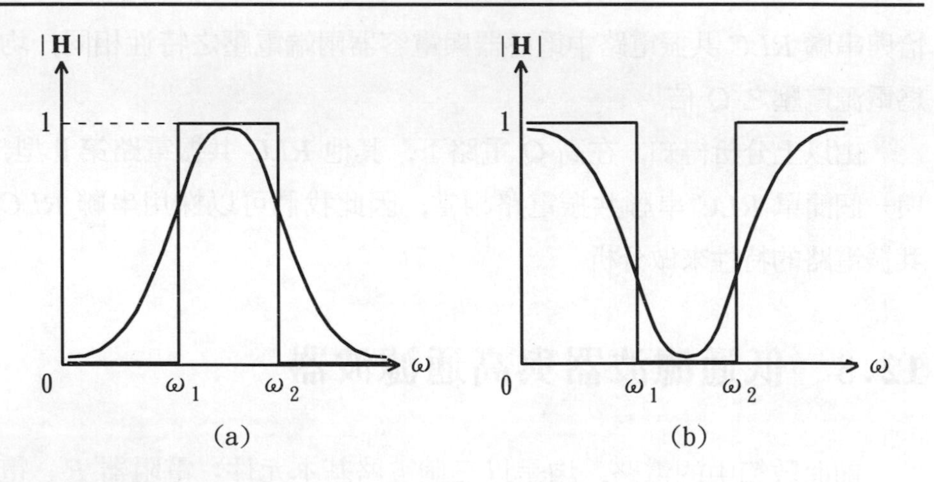


另一種與帶通濾波器相反特性的濾波器稱爲帶拒濾波器（BR），顧名思義，它是一種拒絕某一個頻帶訊號通過的濾波器，該類濾波器輸出對輸入轉移函數的振幅特性隨頻率變化的關係，則如圖 12.8.1(b)所示，其中直線爲理想帶拒濾波器的特性，而曲線則爲實際帶拒濾波器的特性。由圖中我們可以發現，由頻率 $\omega_1$ 到 $\omega_2$ 範圍的訊號會被拒絕在該類濾波器之外，而頻率由 0 到 $\omega_1$ 以及頻率由 $\omega_2$ 到無限大的訊號均能順利通過。

圖 12.8.2　(a)低通濾波器(b)高通濾波器轉移函數之振幅對頻率特性

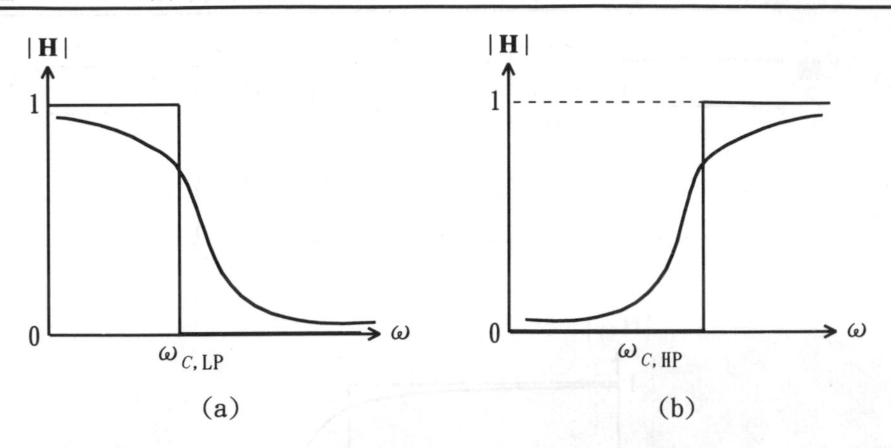


帶拒濾波器是不是也可以由 *RLC* 電路來構成呢？答案是肯定的。讓我們先來看一看低通與高通濾波器的特性，再來瞭解帶拒濾波器與帶通濾波器的組成。圖 12.8.2(a)與(b)分別爲低通濾波器（LP）與高通濾波器（HP）轉移函數振幅對頻率響應的特性，曲線爲實際濾波器的特性，直線則爲理想濾波器的特性，其中振幅的刻度也已經適當地調整爲正規化的量，以 1 個單位爲其峰值。在圖 12.8.2(a)及(b)中，有一個重要的頻率決定了輸入訊號頻率能否順利通過或者有效地拒絕，該頻率稱爲截止頻率（the cutoff frequency）。在低通濾波器中，因爲是只允許低頻通過，故輸入訊號頻率小於截止頻率 $\omega_{C,LP}$的，皆能順利通過；反之，輸入訊號頻率大於截止頻率的，皆予以有效拒絕。在高通濾波器的特性則相反，因爲它是只允許高頻訊號通過的，故輸入訊號頻率大於截止頻率 $\omega_{C,HP}$的，皆能順利通過；反之，輸入訊號頻率小於截止頻率的，皆予以有效拒絕。

若將圖 12.8.2 中低通濾波器的截止頻率 $\omega_{C,LP}$與高通濾波器的截止頻率 $\omega_{C,HP}$適當地加以選擇，並將兩個濾波器做適當地連接，則帶通濾波器（BP）與帶拒濾波器（BR）便可以獲得：

(1)令 $\omega_{C,LP} > \omega_{C,HP}$，且將低通濾波器與高通濾波器串聯在一起形成一個合併的濾波器，可以將低通濾波器的輸入端做爲外加訊號輸入，

圖12.8.3 帶通濾波器由低通與高通濾波器的構成與特性

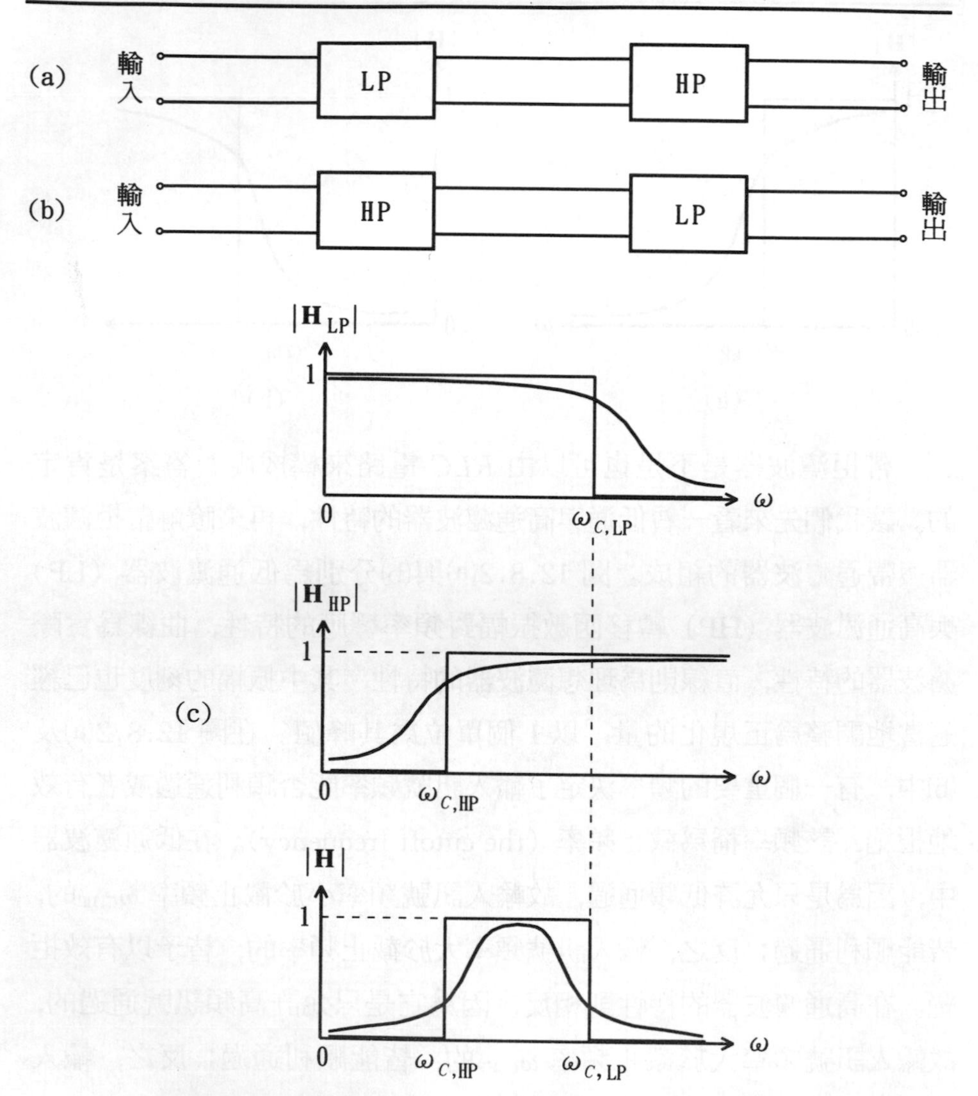


其輸出端連接高通濾波器的輸入，並將高通濾波器的輸出做爲整體濾波器的輸出，如圖 12.8.3(a)所示，或將前面所說的低通濾波器與高通濾波器調換，變成如圖 12.8.3(b)所示之架構。由於輸入訊號是經過串聯的濾波器，因此圖 12.8.3(a)與(b)的輸出對輸入特性是一樣的，其個別濾波器的振幅與整體濾波器的振幅對頻率的響應曲線示在圖12.8.3(c)中，我們可以明顯發現，其特性線只有

在 $\omega_{C,\text{HP}} < \omega < \omega_{C,\text{LP}}$的範圍中是低通與高通濾波器振幅特性重疊的區域，兩者同時可以具有輸出，因此訊號能順利通過；其餘的頻率範圍如 $0 < \omega < \omega_{C,\text{HP}}$，只有低通濾波器可以通過，高通濾波器卻無法通過，而在 $\omega_{C,\text{LP}} < \omega < \infty$的範圍，只有高通濾波器可以通過，低通濾波器卻無法通過，因爲兩個濾波器是串聯的，兩個濾波器只要有一個無法動作，訊號就無法通過（類似數位電路的 AND 邏輯閘），此特性曲線與圖 12.8.1(a)之特性曲線圖形一致。

(2)令 $\omega_{C,\text{HP}} > \omega_{C,\text{LP}}$，且將低通濾波器與高通濾波器並聯在一起形成一個合併的濾波器，可以將低通濾波器與高通濾波器的輸入端並聯在一起，做爲外加訊號輸入，兩個濾波器輸出端也適當地並聯在一起，做爲整體濾波器的輸出，如圖 12.8.4(a)所示，其個別濾波器振幅與整體濾波器振幅對頻率的響應曲線示在圖 12.8.4(b)中。由該圖我們可以明顯發現，其特性線只有在 $0 < \omega < \omega_{C,\text{LP}}$以及 $\omega_{C,\text{HP}} < \omega < \infty$的範圍中具有輸出，前者恰好是低通濾波器的特性，訊號會經由低通濾波器通過；後者恰好是高通濾波器的特性，訊號會經由高通濾波器通過，其餘範圍的頻率均不屬於這兩個濾波器動作的頻率範圍，故訊號均無法順利通過，此特性與圖 12.8.1(b)之特性曲線圖形一致。

一般簡單的低通濾波器與高通濾波器均可由基本電路元件中的電阻器 $R$ 與電感器 $L$，或是電阻器 $R$ 與電容器 $C$ 來構成，因此前面談到的帶通濾波器是由低通與高通濾波器串聯，帶拒濾波器是由低通與高通濾波器並聯，兩者皆是配合了適當地選擇截止頻率而獲得的，我們可以得知在第 12.2 節到第 12.7 節的 $RLC$ 串聯電路或 $RLC$ 並聯電路，甚至是 $RLC$ 的串並聯或 $RLC$ 並串聯電路，均可看成是由低通濾波器與高通濾波器結合而成的結果。爲什麼由 $RC$ 或 $RL$ 就可構成我們所想要的高通或低通濾波器呢？道理很簡單，因爲含有電感器或電容器的電路，其等效阻抗或導納必爲外加頻率的函數。若將電感器串聯在訊號源的輸入端，由於電感抗與頻率成正比，因此外加的輸入

圖 12.8.4 帶拒濾波器由低通與高通濾波器的構成與特性

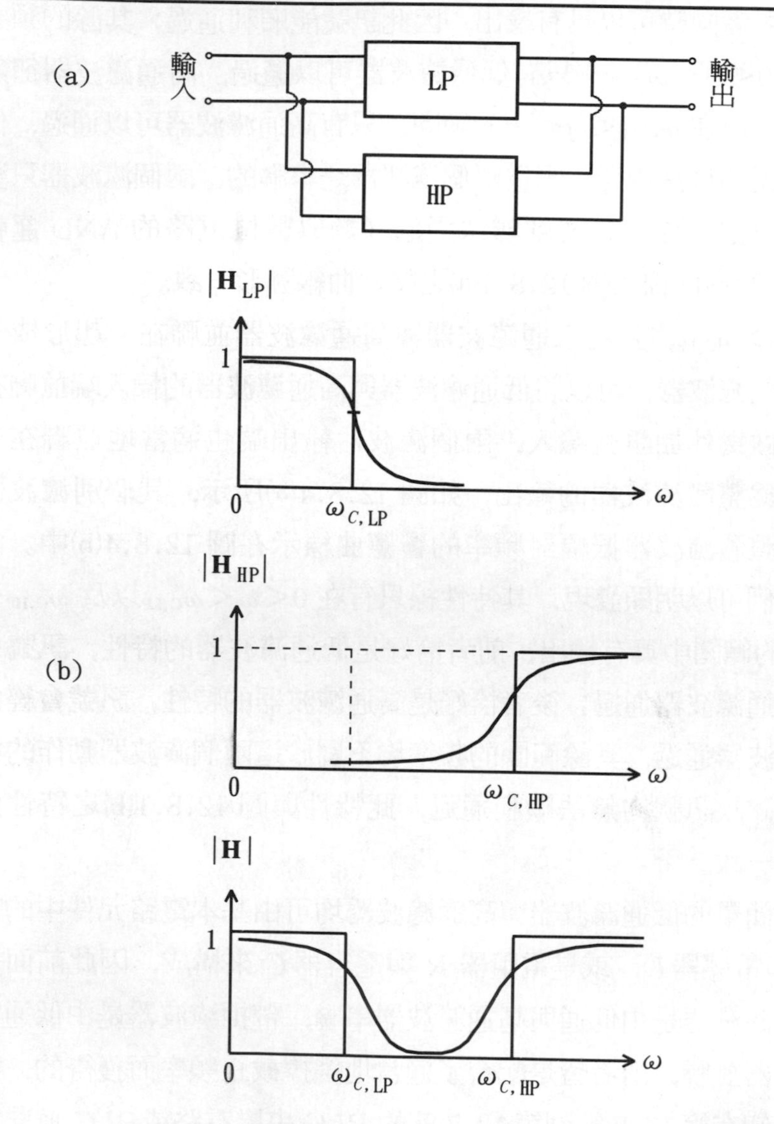


訊號頻率只有在某一個選擇的低頻下才會順利通過電感器到達負載端，不會被電感抗阻擋，因此串聯電感器自然形成低通濾波器；反之，若電感器並聯在負載端，則由於電感納與頻率成反比，因此外加的輸入訊號頻率只有在某一個高頻下才不會被電感納旁路掉，而會順利地到達負載端，因此輸出端的並聯電感器自然形成高通濾波器。

若將電容器串聯在訊號源的輸入端，由於電容抗與頻率成反比，因此外加的輸入訊號頻率只有在某一個選擇的高頻下才會順利通過電容器到達負載端，不會被電容抗阻擋，因此串聯電容器自然形成高通濾波器；反之，若電容器並聯在負載端，則由於電容納與頻率成正比，因此外加的輸入訊號頻率只有在某一個低頻下才不會被電容納旁路掉，而會順利地到達負載端，因此輸出端的並聯電容器自然形成低通濾波器。以下，我們就來看一看這兩類濾波器由 $RL$ 與 $RC$ 所構成電路對頻率響應的特性。

## 12.8.1　低通濾波器

### (1)由串聯 $LR$ 電路所構成的低通濾波器

如圖 12.8.5(a)所示之電路，是由簡單的電感器 $L$ 與電阻器 $R$ 串聯而成，由節點 $a$、$b$ 兩端連接一個輸入的訊號源 $\mathbf{V}_S$，以電阻器兩端的電壓 $\mathbf{V}_O$ 做為輸出。圖 12.8.5(a)輸出電壓 $\mathbf{V}_O$ 對輸入電壓 $\mathbf{V}_S$ 之轉移函數為：

$$\mathbf{H}=\frac{\mathbf{V}_O}{\mathbf{V}_S}=\frac{R}{R+j\omega L}=\frac{1}{1+j\omega(L/R)}=|\mathbf{H}|\angle\mathbf{H} \qquad (12.8.1)$$

式中

$$|\mathbf{H}|=\frac{1}{\sqrt{1+(\omega L/R)^2}} \qquad (12.8.2)$$

圖 12.8.5　由(a)串聯 $LR$(b)串聯 $RC$ 電路所構成的低通濾波器

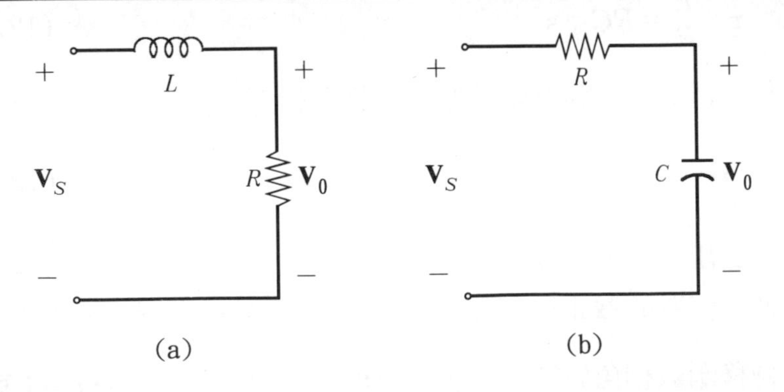

$$\angle\mathbf{H}=0°-\tan^{-1}(\frac{\omega L}{R})=-\tan^{-1}(\frac{\omega L}{R}) \qquad (12.8.3)$$

### ⑵由串聯 RC 所構成的低通濾波器

如圖 12.8.5(b)所示之電路，是由簡單的電阻器 $R$ 與電容器 $C$ 串聯而成，由節點 $a$、$b$ 兩端連接一個輸入的訊號源 $\mathbf{V}_S$，以電容器兩端的電壓 $\mathbf{V}_O$ 做爲輸出。圖 12.8.5(b)輸出電壓 $\mathbf{V}_O$ 對輸入電壓 $\mathbf{V}_S$ 之轉移函數爲：

$$\mathbf{H}=\frac{\mathbf{V}_O}{\mathbf{V}_S}=\frac{[1/(j\omega C)]}{R+[1/(j\omega C)]}=\frac{1}{1+j\omega RC}=|\mathbf{H}|\angle\mathbf{H} \qquad (12.8.4)$$

式中

$$|\mathbf{H}|=\frac{1}{\sqrt{1+(\omega RC)^2}} \qquad (12.8.5)$$

$$\angle\mathbf{H}=0°-\tan^{-1}(\omega RC)=-\tan^{-1}(\omega RC) \qquad (12.8.6)$$

### ⑶低通濾波器的振幅與相角對頻率的關係

比較（12.8.1）式～(12.8.3)式與（12.8.4）式～(12.8.6)式之數據，我們可以明顯發現，只要串聯 $LR$ 電路的（$L/R$）值與串聯 $RC$ 電路的（$RC$）值相同，則兩個低通濾波器輸出對輸入訊號轉移函數 $H$ 的振幅與相角對頻率的關係完全一致。值得我們注意的是，($L/R$)的值恰好是一般簡單串聯或並聯 $RL$ 電路的時間常數，($RC$)的值恰好是一般簡單串聯或並聯 $RC$ 電路的時間常數。因此令時間常數在圖 12.8.5(a)與(b)之值相同：

$$\tau=\frac{L}{R}=RC \quad \text{s} \qquad (12.8.7)$$

則兩個低通濾波器之轉移函數振幅與相角對頻率的關係同爲：

$$|\mathbf{H}|=\frac{1}{\sqrt{1+(\omega\tau)^2}} \qquad (12.8.8)$$

$$\angle\mathbf{H}=-\tan^{-1}(\omega\tau) \qquad (12.8.9)$$

該類低通濾波器的截止頻率 $\omega_{C,LP}$，其值恰位於轉移函數振幅值等於 $\frac{1}{\sqrt{2}}$，或轉移函數相角值等於 $-45°$時的頻率，也就是 $\omega_{C,LP}\cdot\tau=1$ 或

$$\omega_{C,\mathrm{LP}} = \frac{1}{\tau} = \frac{R}{L} = \frac{1}{RC} \quad \mathrm{rad/s} \tag{12.8.10}$$

圖 12.8.6(a)(b)所示，分別爲（12.8.8）式與（12.8.9）式對頻率響應之曲線。

**圖 12.8.6　低通濾波器之(a)振幅(b)相角對頻率之響應曲線**

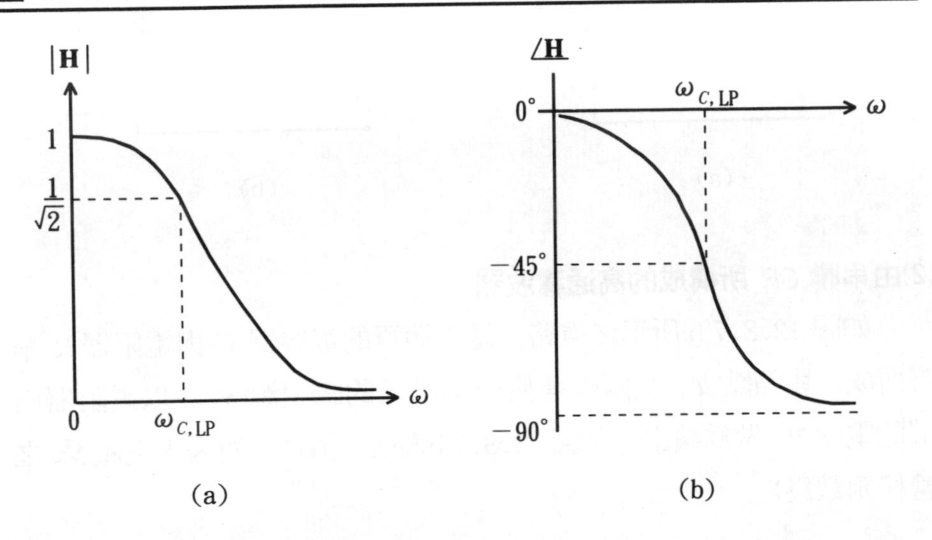


## 12.8.2　高通濾波器

### (1)由串聯 *RL* 所構成的高通濾波器

如圖 12.8.7(a)所示之電路，是由簡單的電阻器 $R$ 與電感器 $L$ 串聯而成，由節點 $a$、$b$ 兩端連接一個輸入的訊號源 $\mathbf{V}_S$，以電感器兩端的電壓 $\mathbf{V}_O$ 做爲輸出。則圖 12.8.7(a)輸出電壓 $\mathbf{V}_O$ 對輸入電壓 $\mathbf{V}_S$ 之轉移函數爲：

$$\mathbf{H} = \frac{\mathbf{V}_O}{\mathbf{V}_S} = \frac{j\omega L}{R + j\omega L} = \frac{1}{1 - j[R/(\omega L)]} = |\mathbf{H}|\angle\mathbf{H} \tag{12.8.11}$$

式中

$$|\mathbf{H}| = \frac{1}{\sqrt{1 + [R/(\omega L)]^2}} \tag{12.8.12}$$

$$\angle\mathbf{H} = 0° + \tan^{-1}\left[\frac{R}{(\omega L)}\right] = \tan^{-1}\left[\frac{R}{(\omega L)}\right] \tag{12.8.13}$$

圖12.8.7 由(a)串聯 $RL$(b)串聯 $CR$ 電路所構成的高通濾波器

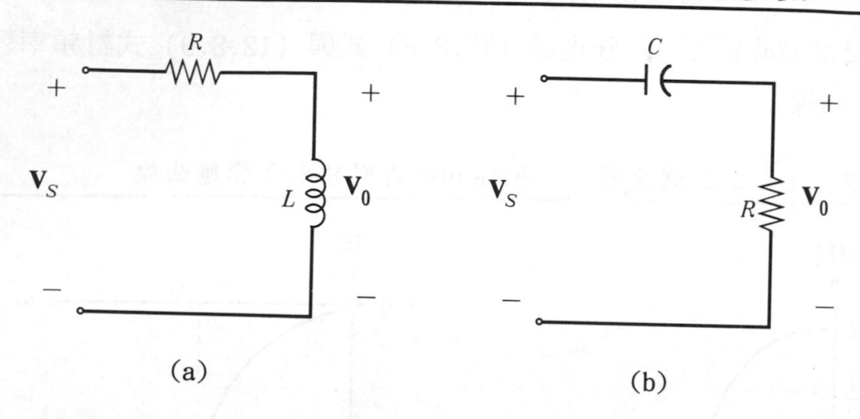


**(2)由串聯 $CR$ 所構成的高通濾波器**

如圖 12.8.7(b)所示之電路，是由簡單的電容器 $C$ 與電阻器 $R$ 串聯而成，由節點 $a$、$b$ 兩端連接一個輸入的訊號源 $\mathbf{V}_S$，以電阻器兩端的電壓 $\mathbf{V}_O$ 做爲輸出。則圖 12.8.7(b)輸出電壓 $\mathbf{V}_O$ 對輸入電壓 $\mathbf{V}_S$ 之轉移函數爲：

$$\mathbf{H}=\frac{\mathbf{V}_O}{\mathbf{V}_S}=\frac{R}{R+[1/(j\omega C)]}=\frac{1}{1-j[1/(\omega RC)]}=|\mathbf{H}|\angle\mathbf{H} \qquad (12.8.14)$$

式中

$$|\mathbf{H}|=\frac{1}{\sqrt{1+[1/(\omega RC)]^2}} \qquad (12.8.15)$$

$$\angle\mathbf{H}=0^\circ+\tan^{-1}\left[\frac{1}{(\omega RC)}\right]=\tan^{-1}\left[\frac{1}{(\omega RC)}\right] \qquad (12.8.16)$$

**(3)高通濾波器的振幅與相角對頻率的關係**

比較(12.8.11)式～(12.8.13)式與(12.8.14)式～(12.8.16)式之數據，我們可以明顯發現，只要串聯 $RL$ 電路的（$L/R$）值與串聯 $CR$ 電路的（$RC$）值相同，則兩個高通濾波器輸出對輸入訊號轉移函數 $H$ 的振幅與相角對頻率的關係完全一致。事實上如前面所述的，（$L/R$）的值恰好是一般簡單串聯或並聯 $RL$ 電路的時間常數，（$RC$）的值恰好是一般簡單串聯或並聯 $RC$ 電路的時間常數。因此可令時間常數在圖 12.8.7(a)與(b)之值相同：

$$\tau = \frac{L}{R} = RC \quad \text{s} \tag{12.8.17}$$

則兩個高通濾波器之轉移函數振幅與相角對頻率的關係同為：

$$|\mathbf{H}| = \frac{1}{\sqrt{1 + [1/(\omega\tau)]^2}} \tag{12.8.18}$$

$$\angle\mathbf{H} = \tan^{-1}\left[\frac{1}{(\omega\tau)}\right] \tag{12.8.19}$$

該類高通濾波器的截止頻率，其值恰位於轉移函數振幅值等於$\frac{1}{\sqrt{2}}$，或轉移函數相角值等於 +45°時的頻率，也就是 $\omega_{C,\mathrm{HP}} \cdot \tau = 1$ 或

$$\omega_{C,\mathrm{HP}} = \frac{1}{\tau} = \frac{R}{L} = \frac{1}{RC} \quad \text{rad/s} \tag{12.8.20}$$

則 12.8.8(a)(b)所示，分別為（12.8.18）式與（12.8.19）式對頻率響應之曲線。

圖 12.8.8　高通濾波器之(a)振幅(b)相角對頻率之響應曲線

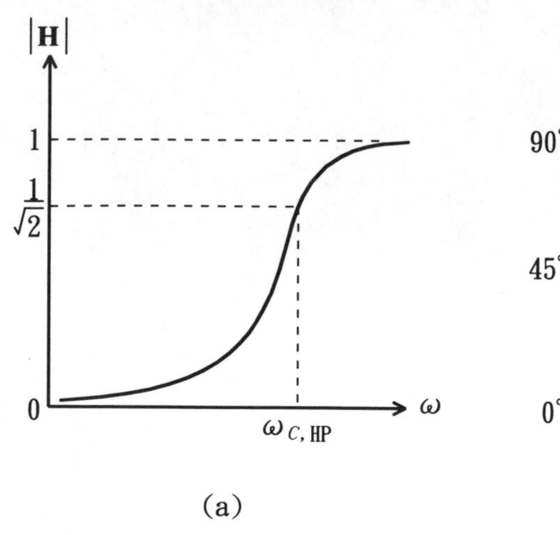


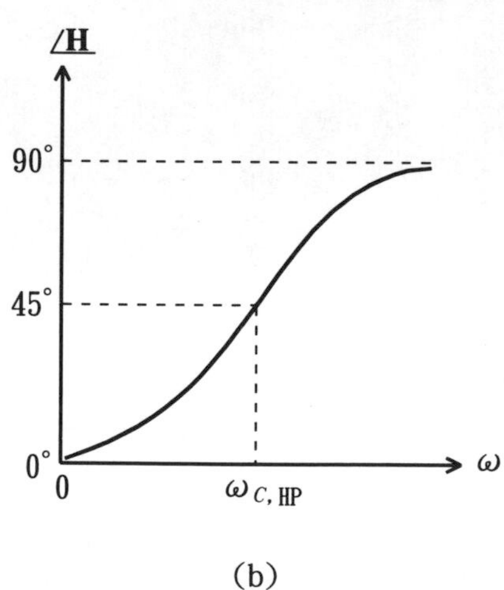

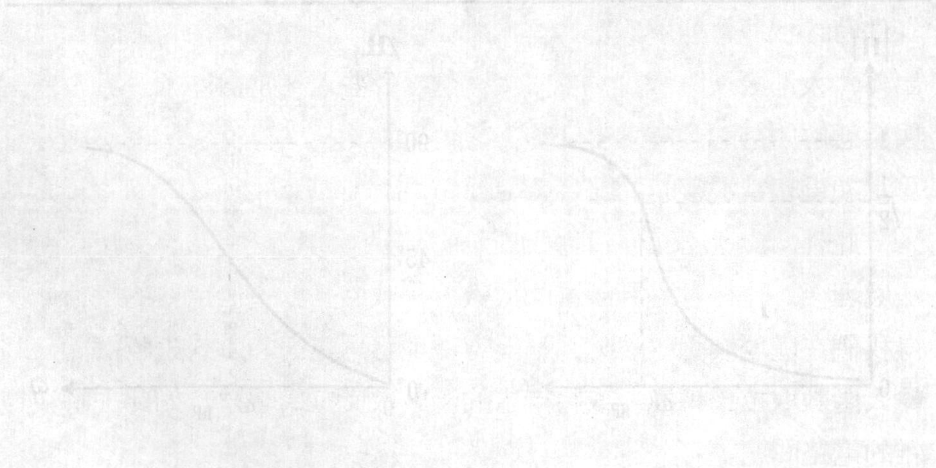

# 第十三章　拉氏轉換法及其在電路上之應用

拉氏轉換法又稱爲拉普拉斯轉換法(the Laplace transformation)，是在工程分析上一項重要的工具。本章將簡要說明拉氏轉換法之基本，並將這種重要的工具應用於電路分析上。

簡單來說，拉氏轉換法可將一般線性 (linear)、集成 (lumped)、非時變 (time-invariant) 網路 (簡稱爲 LLTI 網路)，包含了電容器或電感器等含有初值能量元件的初值條件，一併由拉氏轉換法求出答案。與微分方程式解法不同的是，以往電路具有外加電源又含有初值條件時，一些暫態解的答案表示式中，除了特性根可由特性方程式求出外，大都必須先假設一些未知常數。此些未知常數必須等到暫態解與穩態解所得的全解求得之後，才可以利用初值條件求出。這樣在計算上顯得相當浪費時間而且容易出錯。

此外，由電路元件特性所表示的微分項與積分項在經由拉氏轉換法處理後，往往會得到簡單的代數方程式，基於這個重要的特性，使得我們在處理複雜電路時，都能方便地應用查表的方式去瞭解如何將輸入函數取拉氏轉換，或將待求的函數取反拉氏轉換，如此去解決複雜的電路問題。

本章的前大半部份，將先介紹基本的拉氏轉換與反轉換技巧，後半部份再將這些技巧應用於電路分析上，以利讀者瞭解如何應用拉氏轉換之重要特點於電路分析上。

## 13.1 拉氏轉換與反拉氏轉換的定義

令一個時間函數$f(t)$，經過取拉氏轉換後變成為複數頻率 $s=\sigma+j\omega$ 下的函數 $F(s)$；若將函數$F(s)$取反拉氏轉換（inverse Laplace transform），則可以轉換回函數$f(t)$，我們稱$f(t)$與$F(s)$為拉氏轉換對（Laplace transform pairs），其轉換式分別如下：

拉氏轉換 $$F(s)=\mathscr{L}[f(t)]=\int_{0^-}^{\infty}f(t)\varepsilon^{-st}dt \tag{13.1.1}$$

反拉氏轉換 $$f(t)=\mathscr{L}^{-1}[F(s)]=\frac{1}{2\pi j}\int_{\sigma-j\infty}^{\sigma+j\infty}F(s)\varepsilon^{st}ds \tag{13.1.2}$$

式中$\mathscr{L}[\cdot]$與$\mathscr{L}^{-1}[\cdot]$分別表示取 · 的拉氏轉換與反拉氏轉換。

### (1)拉氏轉換式

由（13.1.1)式之方程式表示式可以得知，被積分項是函數$f(t)$與 $\varepsilon^{-st}$相乘再對時間$t$ 積分，其結果必為 $s$ 的函數。對時間 $t$ 的積分區間是由下限的 $0^-$積分至上限的無限大，因此 $t=0$ 的積分結果已被包含進去。但是想要使拉氏轉換存在，必須滿足下式：

$$\int_{0^-}^{\infty}|f(t)|\varepsilon^{-st}dt<\infty \tag{13.1.3}$$

若函數$f(t)$隨著時間 $t$ 不斷地增大，以致於當時間 $t$ 趨近於無限大時，$f(t)$亦趨近於無限大，則該函數將不具有拉氏轉換的結果。

(13.1.3) 式拉氏轉換式存在的關係，也透露出一項重要的關係，亦即複數頻率 s 的數值範圍可能存在拉氏轉換式無法收斂的區間，必須適當地選擇複數頻率的條件，才可以使拉氏轉換存在，其基本條件為：

$$\mathrm{Re}\{s\}=\sigma>\sigma_C \tag{13.1.4}$$

式中 $\sigma_C$ 為由函數 $f(t)$所決定之常數。故在複數平面上，凡是複數頻率實部 $\sigma$ 大於實軸上$\sigma_C$ 點所圍成的區間皆可視為拉氏轉換式之收斂區間。若（13.1.4）式成立，拉氏轉換式方可收斂，$F(s)$才會存在。

### (2)反拉氏轉換式

由(13.1.2)式之方程式表示式可以得知，被積分項是函數$F(s)$與$\varepsilon^{st}$相乘再對複數頻率$s$積分，其結果必為時間$t$的函數。積分的工作是由複數頻率$s$的下限的$\sigma-j\infty$積分至上限$\sigma+j\infty$，故角頻率$\omega$範圍在$-\infty<\omega<\infty$，複數頻率實部$\sigma$的條件與（13.1.4）式相同，也必須大於$\sigma_C$，如此反拉氏轉換式才能成立。

觀察（13.1.1）式與（13.1.2）式後，我們發現一項重要的訊息，那就是拉氏轉換的結果$F(s)$，若收斂時會與$f(t)$在$t\geq0$的表示式有關，但對於$t<0$時的$f(t)$函數，不在拉氏轉換考慮的範圍。反之，由反拉氏轉換式知，$F(s)$經反拉氏轉換若收斂時，其值必為$f(t)$值，此時間範圍是$t\geq0$；但若$F(s)$取反拉氏轉換結果收斂至0，則應在$t<0$的時間範圍。

一般電路的動作也是這樣，當開關未閉合前，無外加訊號供給電路；當開關閉合後，訊號加入電路，使電路動作。因此電路的外加訊號若為$f(t)$，則考慮以拉氏轉換法處理該電路響應時，多半將$f(t)$乘以$u(t)$，因為$u(t)$在$t<0$時為零，在$t>0$時為1，因此$f(t)u(t)$恰好能表示在$t>0$後的函數$f(t)$，與模擬一個開關動作的情形相同。

以下我們將以幾個例子來說明（13.1.4）式的$\sigma_C$值。

**【例 13.1.1】** 試求$f(t)=1$之拉氏轉換式$F(s)$。

**【解】**

$$F(s)=\mathscr{L}[f(t)]=\int_{0^-}^{\infty}1\cdot\varepsilon^{-st}dt=\frac{-1}{s}\int_{0^-}^{\infty}\varepsilon^{-st}d(-st)$$

$$=\frac{-1}{s}\varepsilon^{-st}\Big|_{0^-}^{\infty}=\frac{-1}{s}(0-1)=\frac{1}{s}$$

注意：在本例中，若$s<0$，則在$t\geq0$條件下，會使$(-st)>0$，因此$\varepsilon^{-st}$必在$t$趨近於無限大時違背了（13.1.3）式，故知$s>0$為本例題之基本條件，而（13.1.4）式之$\sigma_C=0$。　◎

【例 13.1.2】 試求$f(t)=\varepsilon^{kt}$之拉氏轉換式$F(s)$，其中$k$為常數。

【解】
$$F(s)=\mathscr{L}[f(t)]=\int_{0^-}^{\infty}\varepsilon^{kt}\cdot\varepsilon^{-st}dt=\int_{0^-}^{\infty}\varepsilon^{-(s-k)t}dt$$
$$=\frac{-1}{(s-k)}\int_{0^-}^{\infty}\varepsilon^{-(s-k)t}d(s-k)t=\frac{-1}{(s-k)}\varepsilon^{-(s-k)t}\Big|_{0^-}^{\infty}$$
$$=\frac{-1}{(s-k)}(0-1)=\frac{1}{s-k}$$

本例中若$(s-k)<0$，則在$t\geq 0$條件下，會使$-(s-k)t>0$，因此必在$t$趨近於無限大時違背了（13.1.3）式，故知$(s-k)>0$或$s>k$為本例題之基本條件，而（13.1.4）式之$\sigma_C=k$。◎

茲將有關拉氏轉換與反拉氏轉換常用重要的關係分別建成表 13.1.1 與表 13.1.2，以利讀者參考。

**表 13.1.1 重要常用的拉氏轉換關係式**

| $f(t)$ | $\mathscr{L}[f(t)]=F(t)$ | $f(t)$ | $\mathscr{L}[f(t)]=F(s)$ |
|---|---|---|---|
| $v(t)$ | $V(s)$ | $i(t)$ | $I(s)$ |
| $\Sigma v(t)=0$ | $\Sigma V(s)=0$ | $\Sigma i(t)=0$ | $\Sigma I(s)=0$ |
| $\delta(t)$ | $1$ | $\varepsilon^{\pm kt}$ | $\dfrac{1}{s\mp k}$ |
| $u(t)$ | $\dfrac{1}{s}$ | $\sin(\omega t)$ | $\dfrac{\omega}{s^2+\omega^2}$ |
| $t$ | $\dfrac{1}{s^2}$ | $\cos(\omega t)$ | $\dfrac{s}{s^2+\omega^2}$ |
| $t^m$ | $\dfrac{m!}{s^{m+1}}$ | $\sinh(zt)$ | $\dfrac{z}{s^2-z^2}$ |
| $t\varepsilon^{\pm at}$ | $\dfrac{1}{(s\mp a)^2}$ | $\cosh(zt)$ | $\dfrac{s}{s^2-z^2}$ |
| $\dfrac{df(t)}{dt}$ | $sF(s)-f(0^-)$ | $\int_0^t f(\tau)d\tau$ | $\dfrac{F(s)}{s}$ |
| $\sin(\omega t+\theta°)$ | $\dfrac{s\cos\theta°+\omega\cos\theta°}{s^2+\omega^2}$ | $\cos(\omega t+\theta°)$ | $\dfrac{s\cos\theta°-\omega\sin\theta°}{s^2+\omega^2}$ |
| $\varepsilon^{\pm at}\sin(\omega t)$ | $\dfrac{\omega}{(s\mp a)^2+\omega^2}$ | $\varepsilon^{\pm at}\cos(\omega t)$ | $\dfrac{s\mp a}{(s\mp a)^2+\omega^2}$ |

表 13.1.2　重要常用的反拉氏轉換關係式

| $F(s)$ | $\mathscr{L}^{-1}[F(s)]=f(t)$ | $F(s)$ | $\mathscr{L}^{-1}[F(s)]=f(t)$ |
|---|---|---|---|
| $\dfrac{1}{s}$ | $1$ | $\dfrac{1}{s\mp k}$ | $\varepsilon^{\pm kt}$ |
| $\dfrac{1}{s^2}$ | $t$ | $\dfrac{1}{s^2+a^2}$ | $\dfrac{\sin(at)}{a}$ |
| $\dfrac{1}{s^{n+1}}$ | $\dfrac{t^n}{n!}$ | $\dfrac{s}{s^2+a^2}$ | $\cos(at)$ |
| $\dfrac{1}{s^2-b^2}$ | $\dfrac{\sinh(bt)}{b}$ | $\dfrac{s}{s^2-b^2}$ | $\cosh(bt)$ |
| $\dfrac{1}{(s\mp k)^n}$ | $\dfrac{t^{n-1}\varepsilon^{\pm kt}}{(n-1)!}$ | $\dfrac{1}{(s\pm a)(s\pm b)}$ | $\dfrac{\varepsilon^{\mp at}-\varepsilon^{\mp bt}}{b-a}$ |
| $\dfrac{1}{s(s\pm c)}$ | $\dfrac{1}{c(1-\varepsilon^{\mp ct})}$ | $\dfrac{1}{s(s\pm d)^2}$ | $\dfrac{1}{d^2[1-(1+dt)\varepsilon^{\mp dt}]}$ |

# 13.2 拉氏轉換的重要定理與特性

茲將拉氏轉換法的基本特性與重點，分為以下數點說明之：

**(1)線性轉換**

若兩個時間函數 $f_1(t)$ 及 $f_2(t)$，其拉氏轉換分別為 $F_1(s)$ 及 $F_2(s)$，則兩時間函數的相加與相減後取拉氏轉換的關係如下：

$$\mathscr{L}[af_1(t)\pm bf_2(t)]=aF_1(s)\pm bF_2(s) \qquad (13.2.1)$$

式中 $a$、$b$ 均為常數。

**【例 13.2.1】** (a)一個串聯電路，由電壓源 $v_S(t)$ 及 $n$ 個電路元件所構成，其 KVL 方程式為：

$$v_S(t)=v_1(t)+v_2(t)+\cdots+v_n(t) \quad \text{V}$$

試求其拉氏轉換式。

(b)一個並聯電路，由電流源 $i_S(t)$ 及 $n$ 個電路元件所構成，其 KCL 方程式為：

$$i_S(t)=i_1(t)+i_2(t)+\cdots+i_n(t) \quad \text{A}$$

試求其拉氏轉換式。

**【解】** (a) $\mathscr{L}[v_S(t)=v_1(t)+v_2(t)+\cdots+v_n(t)] \Rightarrow$

$$V_S(s)=V_1(s)+V_2(s)+\cdots+V_n(s) \quad \text{V}$$

(b) $\mathscr{L}[i_S(t)=i_1(t)+i_2(t)+\cdots+i_n(t)] \Rightarrow$

$$I_S(s)=I_1(s)+I_2(s)+\cdots+I_n(s) \quad \text{A}$$

◎

**(2)對時間 $t$ 微分之拉氏轉換**

若一個時間函數$f(t)$之拉氏轉換式爲$F(s)$，則$f(t)$對時間$t$之一次微分與兩次微分拉氏轉換分別爲：

$$\mathscr{L}[\frac{df(t)}{dt}]=sF(s)-f(0^-) \tag{13.2.2}$$

$$\mathscr{L}[\frac{d^2f(t)}{dt^2}]=s^2F(s)-sf(0^-)-\frac{df}{dt}(0^-) \tag{13.2.3}$$

若將（13.2.2）式與（13.2.3）式擴展爲函數$f(t)$對時間$t$之$n$次微分拉氏轉換式，可得：

$$\mathscr{L}[\frac{d^nf(t)}{dt^n}]=s^nF(s)-s^{n-1}f(0^-)-s^{n-2}\frac{df}{dt}(0^-)-\cdots-\frac{d^{n-1}f}{dt^{n-1}}(0^-) \tag{13.2.4}$$

**【例 13.2.2】** 若一個電路以電壓爲變數所寫出的微分方程式爲：

$$\frac{d^2v(t)}{dt^2}-5\frac{dv(t)}{dt}+6v(t)=0$$

其電壓函數之已知初值條件爲$v(0^-)=1$ V 以及$\frac{dv}{dt}(0^-)=0$ V/s 。試用拉氏轉換法求解電壓$v(t)$。

**【解】** $\mathscr{L}[\frac{d^2v(t)}{dt^2}-5\frac{dv(t)}{dt}+6v(t)=0]$

$$\Rightarrow \quad [s^2V(s)-sv(0)-\frac{dv}{dt}(0)]-5[sV(s)-v(0)]+6V(s)=0$$

$$\Rightarrow \quad [s^2V(s)-s-0]-5sV(s)+5+6V(s)=0$$

$$\Rightarrow \quad (s^2-5s+6)V(s)=s-5$$

$$V(s)=\frac{s-5}{s^2-5s+6}=\frac{s-5}{(s-2)(s-3)}=\frac{(3/1)}{s-2}+\frac{(-2/1)}{s-3}$$

(利用 13.3 節之部份分式法求出分子係數)

$$v(t)=\mathscr{L}^{-1}[V(s)]=\mathscr{L}^{-1}[\frac{(3/1)}{s-2}+\frac{(-2/1)}{s-3}]$$

$$=(\frac{1}{3}\varepsilon^{2t}-2\varepsilon^{3t})u(t) \quad \text{V}$$

答案$v(t)$中的函數$u(t)$是表示由 $t=0$ 開始動作。◎

### (3)對時間 $t$ 積分之拉氏轉換

若一個時間函數$f(t)$之拉氏轉換式爲$F(s)$，則$f(t)$對時間 $t$ 之一次積分拉氏轉換爲：

$$\mathscr{L}[\int_{0^-}^{t} f(\tau)d\tau]=\frac{F(s)}{s} \qquad (13.2.5)$$

若將 (13.2.5) 式擴展爲函數$f(t)$對時間 $t$ 之 $n$ 次積分拉氏轉換式，可得：

$$\mathscr{L}[\int_{0^-}^{t_1}\int_{0^-}^{t_2}\cdots\int_{0^-}^{t_n} f(\tau)d\tau_n d\tau_{n-1}\cdots d\tau_2 d\tau_1]=\frac{F(s)}{s^n} \qquad (13.2.6)$$

**【例 13.2.3】** 一個並聯 $RLC$ 電路以電壓爲變數所寫出的方程式爲：

$$\frac{dv(t)}{dt}+6v(t)+8\int_0^t v(\tau)d\tau=u(t)$$

初值條件爲$v(0^-)=0$ V。試利用拉氏轉換法求解$v(t)$。

**【解】** $\mathscr{L}[\frac{dv(t)}{dt}+6v(t)+8\int_0^t v(\tau)d\tau=u(t)]$

$$\Rightarrow \quad sV(s)-v(0^-)+6V(s)+\frac{8}{s}V(s)=\frac{1}{s}$$

$$\Rightarrow \quad (s^2+6s+8)V(s)=1$$

$$\Rightarrow \quad V(s)=\frac{1}{s^2+6s+8}=\frac{1}{(s+4)(s+2)}=\frac{-\frac{1}{2}}{s+4}+\frac{\frac{1}{2}}{s+2}$$

$$v(t)=\mathscr{L}^{-1}[V(s)]=\mathscr{L}^{-1}[\frac{-\frac{1}{2}}{s+4}+\frac{\frac{1}{2}}{s+2}]$$

$$=\frac{1}{2}(\varepsilon^{-2t}-\varepsilon^{-4t})u(t) \quad \text{V}$$ ◎

(4)$t$ **軸位移定理**(t-axis shift theorem)**或時間延遲**(time delay)

若一個時間函數$f(t)$之拉氏轉換式爲$F(s)$,則當$T>0$時,$f(t-T)$代表函數$f(t)$之波形向時間軸左移 $T$ 秒;反之,當 $T<0$ 時,$f(t-T)$代表函數$f(t)$之波形向時間軸右移 $T$ 秒。配合步階函數$u(t-T)$只有在 $t>T$ 時函數值爲 1 的關係使用,則:

(a)$\mathscr{L}[f(t-T)u(t-T)]=\varepsilon^{-sT}F(s)$,當 $T>0$ 時 (13.2.7a)

(b)$\mathscr{L}[f(t)u(t-T)]=\varepsilon^{-sT}\mathscr{L}[f(t+T)]$,當 $T>0$ 時 (13.2.7b)

**【例 13.2.4】** (a)一個 $RL$ 並聯電路由一個電流源驅動,已知該電流源之函數表示式爲:

$$i(t)=t \quad \text{A}, \qquad 0<t<t_x$$

試求該電流源的拉氏轉換式。

(b)試由(13.2.7a)式證明(13.2.7b)式。

**【解】** (a)由於電流僅在時間軸的 $0<t<t_x$ 區間存在,其餘時間之值爲零,故可先用步階函數表示電流如下:

$$i(t)=t[u(t)-u(t-t_x)]=tu(t)-tu(t-t_x)$$

$$=tu(t)-(t-t_x)u(t-t_x)-t_xu(t-t_x)$$

取電流$i(t)$之拉氏轉換結果爲:

$$I(s)=\mathscr{L}[i(t)]$$

$$=\mathscr{L}[tu(t)-(t-t_x)u(t-t_x)-t_xu(t-t_x)]$$

$$=\frac{1}{s^2}-\frac{\varepsilon^{-t_x s}}{s^2}-\frac{t_x\varepsilon^{-t_x s}}{s}\quad \mathrm{A}$$

(上式第三個等號右側第二項用到了 $t$ 軸位移定理)

(b)先定義 $f^*(t)=f(t+T)$，則令 $x=t+T$，使得 $t=x-T$，因此：

$$f(x)=f^*(x-T)$$

再令上式 $x=t$，則：

$$f(t)=f^*(t-T)$$

將 $f^*(t-T)$ 代入（13.2.7a）式，可得：

$$\mathscr{L}[f^*(t-T)u(t-T)]=\varepsilon^{-Ts}\mathscr{L}[f^*(t)]$$

最後將 $f^*(t-T)=f(t)$ 以及 $f^*(t)=f(t+T)$ 代入上式可得：

$$\mathscr{L}[f(t)u(t-T)]=\varepsilon^{-Ts}\mathscr{L}[f(t+T)]$$

此式即爲（13.2.7b）式之結果。 ◎

### (5) $s$ 軸移位定理（s-axis shift theorem）

若一個時間函數 $f(t)$ 之拉氏轉換式爲 $F(s)$，則

$$\mathscr{L}[\varepsilon^{\pm s_0 t}f(t)]=F(s\mp s_0) \qquad (13.2.8)$$

**【例 13.2.5】** 試利用 $s$ 軸移位定理求 $\varepsilon^{at}u(t-t_x)$ 之拉氏轉換式。

**【解】** 令（13.2.8）式中的 $s_0=a$，$f(t)=u(t-t_x)$，則原

$$F(s)=\mathscr{L}[f(t)]=\mathscr{L}[u(t-t_x)]=\frac{\varepsilon^{-t_x s}}{s}$$

再令上式中的 $s$ 以 $s-a$ 取代，可得：

$$\mathscr{L}[\varepsilon^{at}u(t-t_x)]=F(s-a)=\frac{\varepsilon^{-t_x(s-a)}}{s-a}$$ ◎

### (6)時間與頻率之刻度變換（time scaling and frequency scaling）

若一個時間函數 $f(t)$ 之拉氏轉換式爲 $F(s)$，則：

$$\mathscr{L}[f(at)]=\frac{1}{a}F\left(\frac{s}{a}\right) \qquad (13.2.9a)$$

或

$$\mathscr{L}[f(\frac{t}{b})] = bF(bs) \qquad (13.2.9b)$$

式中 $a$、$b$ 均為正實數。

**【例 13.2.6】** (a)試利用（13.2.9a）式求（$10t$）$^2$ 之拉氏轉換式並驗證之。(b)證明（13.2.9a）式。

**【解】** (a)令 $f(t) = t^2$，$F(s) = \frac{2}{s^3}$，$a = 10$，則

$$\mathscr{L}[(10t)^2] = \frac{1}{10}F(\frac{s}{10}) = \frac{1}{10}\frac{2}{(s/10)^3} = \frac{200}{s^3}$$

驗證：$\mathscr{L}[(10t)^2] = \mathscr{L}[100t^2] = 100\mathscr{L}[t^2] = 100\frac{2}{s^3} = \frac{200}{s^3}$

(b)$\mathscr{L}[f(t)] = F(s) = \int_{0^-}^{\infty} f(t)\cdot\varepsilon^{-st}dt$

$$\mathscr{L}[f(at)] = \int_{0^-}^{\infty} f(at)\cdot\varepsilon^{-st}dt$$

令 $x = at$，則 $t = x/a$，$dt = dx/a$，代入上式之積分項中，可得：

$$\mathscr{L}[f(at)] = \mathscr{L}[f(x)] = \frac{1}{a}\int_{0^-}^{\infty} f(x)\cdot\varepsilon^{-(s/a)x}dx = \frac{1}{a}F(\frac{s}{a}) \quad ◎$$

**(7)函數除以 $t$ 倍或 $t^n$ 倍**

若一個時間函數 $f(t)$ 之拉氏轉換式為 $F(s)$，且 $\lim_{t\to\infty}\frac{f(t)}{t}$ 存在，則

$$\mathscr{L}[\frac{f(t)}{t}] = \int_{s}^{\infty} F(\bar{\omega})d\bar{\omega} \qquad (13.2.10)$$

若將(13.2.10)式之 $f(t)$ 除以 $t$ 倍改為 $f(t)$ 除以 $t^n$ 倍，則

$$\mathscr{L}[\frac{f(t)}{t^n}] = \underbrace{\int_{s}^{\infty}\int_{s}^{\infty}\cdots\int_{s}^{\infty}}_{n\text{ 項}} F(\bar{\omega})\underbrace{d\bar{\omega}\,d\bar{\omega}\cdots d\bar{\omega}}_{n\text{ 項}} \qquad (13.2.11)$$

【例 13.2.7】試證明（13.2.10）式。

【解】

$$\int_s^{\infty} F(\bar{\omega})\,d\bar{\omega} = \int_s^{\infty}\left[\int_{0^-}^{\infty} f(t)\cdot\varepsilon^{-st}dt\right]d\bar{\omega}$$

$$= \int_{0^-}^{\infty}\left[\int_s^{\infty} f(t)\cdot\varepsilon^{-\bar{\omega}t}d\bar{\omega}\right]dt$$

$$= \int_{0^-}^{\infty} f(t)\left[\int_s^{\infty}\varepsilon^{-\bar{\omega}t}d\bar{\omega}\right]dt$$

$$= \int_{0^-}^{\infty} f(t)\left[\frac{-1}{t}\int_s^{\infty}\varepsilon^{-\bar{\omega}t}d(-\bar{\omega}t)\right]dt$$

$$= \int_{0^-}^{\infty} f(t)\left[\frac{-1}{t}\varepsilon^{-\bar{\omega}t}\Big|_s^{\infty}\right]dt$$

$$= \int_{0^-}^{\infty} f(t)\cdot\frac{\varepsilon^{-st}}{t}dt = \int_{0^-}^{\infty}\frac{f(t)}{t}\cdot\varepsilon^{-st}dt$$

$$= \mathscr{L}\left[\frac{f(t)}{t}\right]$$

◎

⑻**函數乘以 $t$ 倍或 $t^n$ 倍**

若一個時間函數 $f(t)$ 之拉氏轉換式爲 $F(s)$，則

$$\mathscr{L}[tf(t)] = (-1)\frac{d}{ds}F(s) \qquad (13.2.12)$$

若將（13.2.12）式之 $f(t)$ 乘以 $t$ 倍改爲 $f(t)$ 乘以 $t^n$ 倍，則

$$\mathscr{L}[t^n f(t)] = (-1)^n\frac{d^n}{ds^n}F(s) \qquad (13.2.13)$$

【例 13.2.8】⒜試利用（13.2.12）式求 $\frac{t}{2\omega}\sin\omega t$ 之拉氏轉換式。

⒝證明（13.2.12）式與（13.2.13）式。

【解】⒜令 $f(t)=\sin\omega t$，則：

$$F(s) = \mathscr{L}[\sin\omega t] = \frac{\omega}{s^2+\omega^2}$$

$$\frac{dF(s)}{ds} = \frac{-2\omega s}{(s^2+\omega^2)^2}$$

故 $\mathscr{L}[\frac{t}{2\omega}\sin\omega t] = \mathscr{L}[\frac{1}{2\omega} t\sin\omega t] = \frac{1}{2\omega}(-1)\frac{-2\omega s}{(s^2+\omega^2)^2}$

$$= \frac{s}{(s^2+\omega^2)^2}$$

(b)因爲$F(s) = \int_{0^-}^{\infty} f(t)\cdot\varepsilon^{-st}dt$，故知：

$$\frac{dF(s)}{ds} = \frac{d}{ds}\int_{0^-}^{\infty} f(t)\cdot\varepsilon^{-st}dt = \int_{0^-}^{\infty}\frac{d\varepsilon^{-st}}{ds}\cdot f(t)dt$$

$$= \int_{0^-}^{\infty} -t\varepsilon^{-st}\cdot f(t)dt = -\int_{0^-}^{\infty} tf(t)\cdot\varepsilon^{-st}dt$$

$$= (-1)\mathscr{L}[tf(t)]$$

以上證明了（13.2.12）式，這是在$t^n f(t)$，$n=1$時的情況。

若假設令 $n=k$ 時，原方程式成立：

$$\mathscr{L}[t^k f(t)] = \int_{0^-}^{\infty}[t^k f(t)]\cdot\varepsilon^{-st}dt = (-1)^k\frac{d^k}{ds^k}F(s)$$

則將上式對 $s$ 再微分一次可得：

$$\frac{d}{ds}\int_{0^-}^{\infty}[t^k f(t)]\cdot\varepsilon^{-st}dt = (-1)^k\frac{d^{k+1}F(s)}{ds^{k+1}}$$

$$\Rightarrow\quad (-1)\int_{0^-}^{\infty}[t^{k+1}f(t)]\cdot\varepsilon^{-st}dt = (-1)^k\frac{d^{k+1}F(s)}{ds^{k+1}}$$

$$\Rightarrow\quad \int_{0^-}^{\infty}[t^{k+1}f(t)]\cdot\varepsilon^{-st}dt = (-1)^{k+1}\frac{d^{k+1}F(s)}{ds^{k+1}}$$

由以上推導得知，當 $n=k+1$ 時，原方程式亦成立。綜合上述，可由數學歸納法得證：

$$\mathscr{L}[t^n f(t)] = (-1)^n\frac{d^n F(s)}{ds^n}$$ ◎

### (9)週期性函數之拉氏轉換

若一個週期性函數$f(t)$，其週期等於 $T$，且$f(t)$在 $0\leq t<T$ 範圍內之函數表示爲$f(t+T)=f(t)$，則該週期性函數$f(t)$之拉氏轉換爲：

$$\mathscr{L}[f(t)]=\frac{1}{1-\varepsilon^{-Ts}}\int_0^T f(t)\cdot\varepsilon^{-st}dt \qquad (13.2.14)$$

**【例 13.2.9】** (a)試求一個峰值爲 $V_m$ (V)、角頻率爲 $\omega$ (rad/s) 的正弦波，分別經過理想的半波與全波整流器後之輸出電壓拉氏轉換式。(b)證明 (13.2.14) 式。

**【解】** (a)①半波整流：

・原正弦波的週期$T$爲：$T=\dfrac{2\pi}{\omega}$ s，經過理想的半波整流器後，週期相同，其電壓表示式爲：

$$v(t)=V_m\sin(\omega t)\ \ \text{V} \qquad 0\leq t\leq\pi/\omega$$
$$=0\ \ \text{V} \qquad \pi/\omega\leq t\leq 2\pi/\omega$$

・$v(t)$之拉氏轉換式爲：

$$V(s)=\mathscr{L}[v(t)]=\frac{1}{1-\varepsilon^{-Ts}}\int_0^T v(t)\cdot\varepsilon^{-st}dt$$
$$=\frac{V_m}{1-\varepsilon^{-2\pi s/\omega}}\int_0^{\pi/\omega}\sin(\omega t)\cdot\varepsilon^{-st}dt$$

・利用$\varepsilon^{j\omega t}=\cos(\omega t)+j\sin(\omega t)$，將上式中的$\sin(\omega t)$以$\varepsilon^{j\omega t}$取代，只要在計算的結果中取出虛部即可。故上式積分項變成：

$$\int_0^{\pi/\omega}\varepsilon^{j\omega t}\cdot\varepsilon^{-st}dt=\int_0^{\pi/\omega}\varepsilon^{(j\omega-s)t}dt=\frac{1}{j\omega-s}\varepsilon^{(j\omega-s)t}\Big|_0^{\pi/\omega}$$
$$=\frac{1}{j\omega-s}[\varepsilon^{(j\omega-s)\pi/\omega}-1]$$
$$=\frac{-s-j\omega}{s^2+\omega^2}[\varepsilon^{j\pi}\varepsilon^{-s\pi/\omega}-1]$$

・由於$\varepsilon^{j\pi}=\cos\pi+j\sin\pi=-1+j0=-1$，代入上式，再代入$V(s)$，則$v(t)$之拉氏轉換結果爲：

$$V(s)=\text{Im}\left[\frac{V_m}{1-\varepsilon^{-2\pi/\omega}}\frac{-s-j\omega}{s^2+\omega^2}(-\varepsilon^{-s\pi/\omega}-1)\right]$$
$$=\text{Im}\left[\frac{V_m}{1-\varepsilon^{-2\pi/\omega}}\frac{s+j\omega}{s^2+\omega^2}(1+\varepsilon^{-s\pi/\omega})\right]$$
$$=\frac{V_m}{1-\varepsilon^{-2\pi s/\omega}}\frac{\omega(1+\varepsilon^{-s\pi/\omega})}{s^2+\omega^2}=\frac{V_m\cdot\omega}{(s^2+\omega^2)(1-\varepsilon^{-s\pi/\omega})}$$

②全波整流：

・原正弦波的週期$T$爲：$T=\frac{2\pi}{\omega}$ s，經過理想的全波整流器後，週期變成一半，即 $T=\frac{\pi}{\omega}$ s，其電壓表示式爲：

$$v(t)=V_m\sin(\omega t)\ \ \text{V} \qquad 0\leq t\leq \pi/\omega$$

・$v(t)$之拉氏轉換式爲：

$$V(s)=\mathscr{L}[v(t)]=\frac{V_m}{1-\varepsilon^{-\pi s/\omega}}\int_0^{\pi/\omega}\sin(\omega t)\cdot\varepsilon^{-st}dt$$

上式之表示除了第二個等號右側第一項不同外，積分式與半波整流完全相同，故可取用半波整流的結果代入上式變成：

$$V(s)=\frac{V_m}{1-\varepsilon^{-\pi s/\omega}}\frac{\omega(1+\varepsilon^{-\pi s/\omega})}{s^2+\omega^2}=\frac{V_m\cdot\omega}{s^2+\omega^2}\frac{1+\varepsilon^{-\pi s/\omega}}{1-\varepsilon^{-\pi s/\omega}}$$

$$=\frac{V_m\cdot\omega}{s^2+\omega^2}\left(\frac{\varepsilon^{-\pi s/(2\omega)}}{\varepsilon^{-\pi s/(2\omega)}}\right)\left(\frac{\varepsilon^{\pi s/(2\omega)}+\varepsilon^{-\pi s/(2\omega)}}{\varepsilon^{\pi s/(2\omega)}-\varepsilon^{-\pi s/(2\omega)}}\right)$$

$$=\frac{V_m\cdot\omega}{s^2+\omega^2}\coth\left(\frac{\pi s}{2\omega}\right)$$

(b)根據週期函數的定義：$f(t)=f(t+kT)$，$k=1,2,\cdots$
故$f(t)$之拉氏轉換爲：

$$F(s)=\mathscr{L}[f(t)]=\int_{0^-}^{\infty}f(t)\cdot\varepsilon^{-st}dt$$

$$=\int_0^T f(t)\cdot\varepsilon^{-st}dt+\int_T^{2T}f(t)\cdot\varepsilon^{-st}dt+$$

$$\int_{2T}^{3T}f(t)\cdot\varepsilon^{-st}dt+\cdots$$

式中若令第三個等號右側第一項積分式之 $t=\tau$，第二項積分式之 $t=\tau+T$，第三項積分式之 $t=\tau+2T$，第 $k$ 項積分式之 $t=\tau+(k-1)T$，依此類推，則會將全部的積分項全部改用 $\tau$ 爲變數，積分的上下限全部與第一項相同，變成由零積分至 $T$，其整個表示式變爲：

$$F(s)=\int_0^T f(\tau)\cdot\varepsilon^{-st}d\tau+\int_0^T f(\tau)\cdot\varepsilon^{-s(\tau+T)}d\tau+$$

$$\int_0^T f(\tau)\cdot\varepsilon^{-s(\tau+2T)}d\tau+\cdots$$

$$= [1+\varepsilon^{-sT}+\varepsilon^{-2sT}+\cdots]\int_0^T f(\tau)\cdot\varepsilon^{-sT}d\tau$$

$$= \frac{1}{1-\varepsilon^{-Ts}}\int_0^T f(\tau)\cdot\varepsilon^{-sT}d\tau \quad (限制條件: s>0)$$

式中應用了 $1+x+x^2+x^3+\cdots=\frac{1}{1-x}$，$|x|<1$ 的關係。最後若令上式積分項中的 $\tau=t$，則可證得（13.2.14）式。◎

⑽**初值定理**（the initial value theorem）

若一個時間函數 $f(t)$ 之拉氏轉換式爲 $F(s)$，且 $f(t)$ 對時間 $t$ 之一次微分式 $\frac{df(t)}{dt}$ 拉氏轉換存在且極限值也存在，則初值定理可表示如下：

$$f(0^+)=\lim_{t\to 0^+}f(t)=\lim_{s\to\infty}sF(s) \qquad (13.2.15)$$

**【例 13.2.10】** 已知一個電路之電壓拉氏轉換式爲 $V(s)=\frac{s+3}{s^2+2s+2}$，試求 $v(t)$ 在 $t=0$ 時之值，並驗證之。

**【解】** $v(0^+)=\lim_{s\to\infty}s\cdot\frac{s+3}{s^2+2s+2}=\lim_{s\to\infty}\frac{s^2+3s}{s^2+2s+2}=1$

驗證：$v(t)=\mathscr{L}^{-1}[\frac{s+3}{s^2+2s+2}]=\mathscr{L}^{-1}[\frac{s+1}{(s+1)^2+1}+\frac{2}{(s+1)^2+1}]$

$$=\varepsilon^{-t}\cos t+2\varepsilon^{-t}\sin t$$

故　$v(0^+)=1$ ◎

⑾**終值定理**（the final value theorem）

若一個時間函數 $f(t)$ 之拉氏轉換式爲 $F(s)$，且當 $sF(s)$ 表示式之分母爲零時所解得的根不含正實數或純虛數時，則終值定理可表示如下：

$$f(\infty)=\lim_{t\to\infty}f(t)=\lim_{s\to 0}sF(s) \qquad (13.2.16)$$

【例 13.2.11】試用終值定理求當時間 $t$ 趨近於無限大時，下面兩個函數的值：(a)$F(s)=\frac{1}{s+2}$，(b)$F(s)=\frac{1}{s^2+4}$。

【解】(a)$\lim_{t\to\infty}f(t)=\lim_{s\to 0}sF(s)=\lim_{s\to 0}\frac{s}{s+2}=0$

注意：$sF(s)$分母為零所得的根為 $-2$，故終值定理可以適用。或利用：

$$f(t)=\mathscr{L}^{-1}\left[\frac{1}{s+2}\right]=\varepsilon^{-2t}$$

當時間趨近於無限大時，$f(t)$趨近於零，與終值定理結果相同。

(b)由於$sF(s)=\frac{s}{s^2+4}=\frac{s}{s^2+2^2}$，分母為零時所得的根為 $\pm j2$，位在複數平面的虛軸上，故不適用終值定理。或利用：

$$f(t)=\mathscr{L}^{-1}[F(s)]=\sin(2t)$$

得知當時間 $t$ 趨近於無限大時，正弦函數之值亦為未定數。◎

⑿**複數乘積或實數積分轉換**（complex multiplication or real convolution）

若兩個時間函數$f_1(t)$及$f_2(t)$，其拉氏轉換分別為$F_1(s)$及$F_2(s)$，則$F_1(s)$及$F_2(s)$之複數函數乘積結果，可用$f_1(t)$及$f_2(t)$先做時域下的積分轉換再取拉氏轉換求得：

$$\begin{aligned}F_1(s)\cdot F_2(s)&=\mathscr{L}\left[\int_{0^-}^{t}f_1(\tau)f(t-\tau)d\tau\right]\\&=\mathscr{L}\left[\int_{0^-}^{t}f_2(\tau)f_1(t-\tau)d\tau\right]\\&=\mathscr{L}[f_1(t)*f_2(t)]\qquad(13.2.17)\end{aligned}$$

式中

$$\begin{aligned}f_1(t)*f_2(t)&=\int_{0^-}^{t}f_1(\tau)\cdot f_2(t-\tau)d\tau\\&=\int_{0^-}^{t}f_2(\tau)\cdot f_1(t-\tau)d\tau\qquad(13.2.18)\end{aligned}$$

稱爲實數積分轉換（real convolution）或其他書上所說的迴旋積分或施捲積分，符號 $*$ 代表該積分轉換運算子。實數積分轉換的其他特性如下：

(a) $f_1(t) * f_2(t) = f_2(t) * f_1(t)$　(13.2.19a)

(b) $f(t) * [g_1(t) + g_2(t)] = f(t) * g_1(t) + f(t) * g_2(t)$　(13.2.19b)

(c) $[f_1(t) * f_2(t)] * f_3(t) = f_1(t) * [f_2(t) * f_3(t)]$　(13.2.19c)

**【例 13.2.12】** 若一個電路的輸入訊號轉移函數爲 $\frac{1}{s}$，該電路的輸出對輸入的轉移函數爲 $\frac{1}{s^2+\omega_0^2}$，$\omega_0$ 爲常數，試利用實數積分法求出該電路之輸出響應。

**【解】** 令輸入訊號 $E(s) = \frac{1}{s}$，轉移函數 $H(s) = \frac{1}{s^2+\omega_0^2}$，故輸出響應轉移函數爲：

$$R(s) = H(s)E(s) = \frac{1}{s^2+\omega_0^2} \cdot \frac{1}{s}$$

再令

$$f_E(t) = \mathscr{L}^{-1}[\frac{1}{s}] = 1$$

$$f_H(t) = \mathscr{L}^{-1}[\frac{1}{s^2+\omega_0^2}] = \frac{1}{\omega_0}\sin(\omega_0 t)$$

則輸出響應 $f_R(t)$ 爲：

$$f_R(t) = f_E(t) * f_H(t) = \int_0^t f_E(\tau) f_H(t-\tau) d\tau$$

$$= \int_0^t 1 \cdot \frac{1}{\omega_0} \sin[(\omega_0)(t-\tau)] d\tau$$

$$= \frac{1}{\omega_0^2} \int_0^t \sin[\omega_0(t-\tau)] d[\omega_0(t-\tau)]$$

$$= \frac{1}{\omega_0^2} \cos[\omega_0(t-\tau)] \Big|_0^t = \frac{1}{\omega_0^2}[1-\cos(\omega_0 t)]$$　◎

【例 13.2.13】試利用拉氏轉換法的實數積分特性，求解下面的方程式：

$$y(t)=t+\int_{0}^{t} y(\tau)\sin[2(t-\tau)]\,d\tau$$

【解】將該方程式取拉氏轉換可得：

$$Y(s)=\frac{1}{s^2}+\mathscr{L}[y(t)]\mathscr{L}[\sin(2t)]=\frac{1}{s^2}+Y(s)\frac{2}{s^2+4}$$

故 $$Y(s)[1-\frac{2}{s^2+4}]=\frac{1}{s^2} \quad \text{或} \quad Y(s)\frac{s^2+2}{s^2+4}=\frac{1}{s^2}$$

$$\Rightarrow \quad Y(s)=\frac{s^2+4}{(s^2+2)s^2}=\frac{2}{s^2}+\frac{-1}{s^2+2}$$

故該方程式之解為：

$$y(t)=\mathscr{L}^{-1}[Y(s)]=2t-\frac{1}{\sqrt{2}}\sin\sqrt{2}t$$ ◎

⒀**實數乘積或複數積分轉換**（real multiplication or complex convolution）

若兩個時間函數$f_1(t)$及$f_2(t)$，其拉氏轉換分別為$F_1(s)$及$F_2(s)$，則$f_1(t)$及$f_2(t)$之實數函數乘積取拉氏轉換的結果，可用$F_1(s)$及$F_2(s)$先做複數頻域下的積分轉換求得：

$$\begin{aligned}\mathscr{L}[f_1(t)\cdot f_2(t)]&=\frac{1}{2\pi j}\int_{\sigma-j\infty}^{\sigma+j\infty}F_1(\omega)F_2(s-\omega)\,d\omega\\&=\frac{1}{2\pi j}\int_{\sigma-j\infty}^{\sigma+j\infty}F_2(\omega)F_1(s-\omega)\,d\omega\\&=F_1(s)*F_2(s)\end{aligned} \qquad (13.2.20)$$

式中

$$\begin{aligned}F_1(s)*F_2(s)&=\frac{1}{2\pi j}\int_{\sigma-j\infty}^{\sigma+j\infty}F_1(\omega)F_2(s-\omega)\,d\omega\\&=\frac{1}{2\pi j}\int_{\sigma-j\infty}^{\sigma+j\infty}F_2(\omega)F_1(s-\omega)\,d\omega\end{aligned} \qquad (13.2.21)$$

稱爲複數積分轉換（complex convolution），符號 * 代表該積分轉換運算子。由於該定理較少用，在此僅提供其方程式之表示。

## 13.3　以部份分式法求反拉氏轉換

反拉氏轉換的工作，對於以拉氏轉換法來求電路時相當重要，一般的方法大多是先將具有分子與分母的拉氏轉換結果，以部份分式展開成相加的各個獨立項，再按各項取其反拉氏轉換，還原爲時域的表示式。本節將介紹如何以部份分式展開的技巧，分析不同的拉氏轉換式，以說明如何應用於反拉氏轉換上。

假設一個電路或某一運算式在經過拉氏轉換後，已將待求之變數表示爲分數的$F(s)$：

$$F(s)=\frac{N(s)}{D(s)} \qquad (13.3.1)$$

式中$N(s)$代表分子（numerator）的項式，$D(s)$則代表分母（denominator）的多項式，兩者均爲拉氏運算子 $s$ 的函數，其中假設分母$D(s)$含有 $s$ 之最高階數比分子$N(s)$含有 $s$ 之最高階數大。

根據（13.3.1）式分母的不同型態，可分爲以下數個不同處理反拉氏轉換的方式：

**(1)當分母$D(s)$中含有不重覆的（$s\pm a$）項時**

函數$F(s)$可以適當地修改表示爲：

$$F(s)=\frac{K}{(s\pm a)}+R_1(s) \qquad (13.3.2)$$

式中$R_1(s)$爲$F(s)$扣除$\frac{K}{(s\pm a)}$項後所得的剩餘結果，$a$ 與$K$ 均爲常數。故此時$F(s)$之反拉氏轉換爲：

$$f(t)=\mathscr{L}^{-1}[F(s)]=K\varepsilon^{\mp at}+\mathscr{L}^{-1}[R_1(s)] \qquad (13.3.3)$$

常數 $K$ 之值可由下式求出：

$$K=(s\pm a)\frac{N(s)}{D(s)}\bigg|_{s=\mp a}=\frac{N(\mp a)}{D_R(\mp a)} \quad (13.3.4)$$

式中$D_R(s)$爲將$D(s)$函數中提出（$s\pm a$）項後的多項式，(13.3.4)式此種求出係數的方法即爲哈維賽定理（Heaviside's theorem）。

【例 13.3.1】試求$F(s)=$ (a) $\frac{2s}{(s+5)}$，(b) $\frac{(s-6)}{(s+7)}$之反拉氏轉換$f(t)$。

【解】(a) $f(t)=\mathscr{L}^{-1}\left[\frac{2s}{(s+5)}\right]=\mathscr{L}^{-1}\left[\frac{K}{s+5}+R_1(s)\right]$

$$K=(s+5)\frac{2s}{(s+5)}\bigg|_{s=-5}=2\times(-5)=-10$$

$$\therefore R_1(s)=\frac{2s}{s+5}-\frac{-10}{s+5}=\frac{2(s+5)}{s+5}=2$$

$$\therefore f(t)=\mathscr{L}^{-1}\left[\frac{-10}{s+5}+2\right]=(-10e^{-5t}+2)u(t)$$

(b) $f(t)=\mathscr{L}^{-1}\left[\frac{(s-6)}{(s+7)}\right]=\mathscr{L}^{-1}\left[\frac{K}{(s+7)}+R_1(s)\right]$

$$K=(s+7)\frac{(s-6)}{(s+7)}\bigg|_{s=-7}=-7-6=-13$$

$$\therefore R_1(s)=\frac{s-6}{s+7}-\frac{-13}{s+7}=\frac{s+7}{s+7}=1$$

$$\therefore f(t)=\mathscr{L}^{-1}\left[\frac{-13}{s+7}+1\right]=(-13e^{-7t}+1)u(t)$$

注意：本例之(a)(b)分子階數與分母階數相同，故$R_1(s)$必不爲零，要記得找出$R_1(s)$方可。 ◎

**(2)當分母$D(s)$中含有不重覆的$(s\pm b_1)(s\pm b_2)\cdots(s\pm b_n)$項時**

與(1)的情況類似，函數 $F(s)$ 可以適當地修改表示爲：

$$F(s)=\frac{K_1}{(s\pm b_1)}+\frac{K_2}{(s\pm b_2)}+\cdots+\frac{K_n}{(s\pm b_n)}+R_2(s) \quad (13.3.5)$$

式中$R_2(s)$爲$F(s)$扣除$\frac{K_1}{(s\pm b_1)}+\frac{K_2}{(s\pm b_2)}+\cdots+\frac{K_n}{(s\pm b_n)}$項後所得的剩餘結果，$b_i$ 與$K_i$，$i=1,2,\cdots,n$ 均爲常數。故此時$F(s)$之反拉氏轉換爲：

$$\begin{aligned} f(t) &= \mathscr{L}^{-1}[F(s)] \\ &= K_1\varepsilon^{\mp b_1 t}+K_2\varepsilon^{\mp b_2 t}+\cdots+K_n\varepsilon^{\mp b_n t}+\mathscr{L}^{-1}[R_2(s)] \\ &= \sum_{i=1}^{n}K_i\varepsilon^{\mp b_i t}+\mathscr{L}^{-1}[R_2(s)] \end{aligned} \tag{13.3.6}$$

常數 $K_i$ 之值可由下式求出：

$$K_i=(s\pm b_i)\frac{N(s)}{D(s)}\bigg|_{s=\mp b_i}=\frac{N(\mp b_i)}{D_{Ri}(\mp b_i)} \tag{13.3.7}$$

式中$D_{Ri}(s)$爲將$D(s)$函數中提出$(s\pm b_i)$項後的多項式。

【例 13.3.2】 試求$F(s)=\frac{s+4}{s^3+s^2-6s}$之反拉氏轉換。

【解】

$$F(s)=\frac{s+4}{s^3+s^2-6s}=\frac{s+4}{s(s^2+s-6)}=\frac{s+4}{s(s+3)(s-2)}$$

$$=\frac{K_1}{s}+\frac{K_2}{s+3}+\frac{K_3}{s-2}$$

$$K_1=s\frac{s+4}{s(s+3)(s-2)}\bigg|_{s=0}=\frac{s+4}{(s+3)(s-2)}\bigg|_{s=0}$$

$$=\frac{4}{3(-2)}=\frac{-1}{6}$$

$$K_2=(s+3)\frac{s+4}{s(s+3)(s-2)}\bigg|_{s=-3}=\frac{s+4}{s(s-2)}\bigg|_{s=-3}$$

$$=\frac{-3+4}{(-3)(-3-2)}=\frac{1}{15}$$

$$K_3=(s-2)\frac{s+4}{s(s+3)(s-2)}\bigg|_{s=2}=\frac{s+4}{s(s+3)}\bigg|_{s=2}$$

$$=\frac{2+4}{2(2+3)}=\frac{3}{5}$$

$$f(t)=\mathscr{L}^{-1}[F(s)]=(\frac{-1}{6}+\frac{1}{15}\varepsilon^{-3t}+\frac{3}{5}\varepsilon^{2t})u(t)$$ ◎

**(3)當分母$D(s)$含有重覆的$(s\pm c)^m$項時**

函數$F(s)$可以適當地修改表示爲：

$$F(s)=\frac{K_m}{(s\pm c)^m}+\frac{K_{m-1}}{(s\pm c)^{m-1}}+\cdots+\frac{K_1}{(s\pm c)}+R_3(s) \tag{13.3.8}$$

式中$R_3(s)$爲$F(s)$扣除$\frac{K_m}{(s\pm c)^m}+\frac{K_{m-1}}{(s\pm c)^{m-1}}+\cdots+\frac{K_1}{(s\pm c)}$項後所得的剩餘結果，$c$ 與$K_i$，$i=1,2,\cdots,m$ 均爲常數。故此時$F(s)$之反拉氏轉換爲：

$$\begin{aligned} f(t)&=\mathscr{L}^{-1}[F(s)]\\ &=\varepsilon^{\mp ct}\left[K_m\frac{t^{m-1}}{(m-1)!}+K_{m-1}\frac{t^{m-2}}{(m-2)!}+\cdots+K_1\right]\\ &\quad+\mathscr{L}^{-1}[R_3(s)] \end{aligned} \tag{13.3.9}$$

常數 $K_i, i=1,2,\cdots,m$ 之值可由下式求出：

$$K_m=(s\pm c)^m\frac{N(s)}{D(s)}\bigg|_{s=\mp c}=\frac{N(\mp c)}{D_R(\mp c)} \tag{13.3.10a}$$

$$\begin{aligned} K_i&=\frac{1}{(m-i)!}\frac{d^{m-i}}{ds^{m-i}}\left[(s\pm c)^m\frac{N(s)}{D(s)}\right]\bigg|_{s=\mp c}\\ &=\frac{1}{(m-i)!}\frac{d^{m-i}}{ds^{m-i}}\left[\frac{N(s)}{D_R(s)}\right]\bigg|_{s=\mp c}\\ &\quad(i=1,2,\cdots,m-1) \end{aligned} \tag{13.3.10b}$$

式中$D_R(s)$爲將$D(s)$函數中提出$(s\pm c)^m$項後的多項式。

**【例 13.3.3】** 試求$F(s)=\frac{s^2-3s+1}{(s-1)^3}$之反拉氏轉換$f(t)$。

**【解】**

$$F(s)=\frac{s^2-3s+1}{(s-1)^3}=\frac{K_3}{(s-1)^3}+\frac{K_2}{(s-1)^2}+\frac{K_1}{(s-1)}$$

$$\begin{aligned} K_3&=(s-1)^3\frac{s^2-3s+1}{(s-1)^3}\bigg|_{s=1}=(s^2-3s+1)\bigg|_{s=1}\\ &=1-3+1=-1 \end{aligned}$$

$$K_2=\frac{1}{(3-2)!}\left[\frac{d}{ds}(s-1)^3\frac{s^2-3s+1}{(s-1)^3}\right]\bigg|_{s=1}$$

$$= [\frac{d}{ds}(s^2-3s+1)]\Big|_{s=1} = (2s-3)\Big|_{s=1} = 2-3 = -1$$

$$K_1 = \frac{1}{(3-1)!}[\frac{d^2}{ds^2}(s-1)^3\frac{s^2-3s+1}{(s-1)^3}]\Big|_{s=1}$$

$$= \frac{1}{2}[\frac{d}{ds}(2s-3)]\Big|_{s=1} = \frac{1}{2}(2) = 1$$

$$f(t) = \varepsilon^t[\frac{(-1)t^{3-1}}{(3-1)!} + \frac{(-1)t^{3-2}}{(3-2)!} + \frac{1t^{3-3}}{(3-3)!}]u(t)$$

$$= \varepsilon^t[(\frac{-t^2}{2}) + (-t) + 1]u(t)$$ ◎

**(4)當分母$D(s)$含有不重覆的複數 $(s-s_0)$ 項時**

若 $s_0=\sigma_0+j\omega_0$ 爲多項式$D(s)$之根，則 $s_0^*=\sigma_0-j\omega_0$ 亦必爲其另一根（因爲多項式$D(s)$之係數均爲實數，$D(s)=0$ 之解必爲實數或共軛複數）。故分母$D(s)$必含有$(s-s_0)(s-s_0^*)=(s-\sigma_0-j\omega_0)(s-\sigma_0+j\omega_0)=[(s-\sigma_0)^2+\omega_0^2]$之項。函數$F(s)$可以適當地修改表示爲：

$$F(s) = \frac{K_1s+K_2}{(s-\sigma_0)^2+\omega_0^2} + R_4(s) \tag{13.3.11}$$

式中$R_4(s)$爲$F(s)$扣除$\frac{K_1s+K_2}{(s-\sigma_0)^2+\omega_0^2}$項後所得的剩餘結果，$\sigma_0$ 與 $\omega_0$、$K_1$ 與 $K_2$ 均爲常數。故此時$F(s)$之反拉氏轉換爲：

$$f(t) = \mathscr{L}^{-1}[F(s)]$$

$$= \frac{1}{\omega_0}\varepsilon^{\sigma_0 t}[K_c\cos(\omega_0 t) + K_s\sin(\omega_0 t)] + \mathscr{L}^{-1}[R_4(s)] \tag{13.3.12}$$

常數 $K_c$ 與$K_s$ 之值可由下式求出：

$$K_s + jK_c = [(s-\sigma_0)^2+\omega_0^2]\frac{N(s)}{D(s)}\Big|_{s=\sigma_0+j\omega_0}$$

$$= \frac{N(\sigma_0+j\omega_0)}{D_R(\sigma_0+j\omega_0)} \tag{13.3.13a}$$

$$= K_1(\sigma_0+j\omega_0) + K_2 \tag{13.3.13b}$$

式中$D_R(s)$爲將$D(s)$函數中提出$[(s-\sigma_0)^2+\omega_0^2]$項後的多項式。由(13.3.13a) 式與 (13.3.13b) 式兩式，可以得到 $K_s$ 與 $K_c$ 之結果如下：

$$K_s = K_1\sigma_0 + K_2 \tag{13.3.14}$$

$$K_c = K_1\omega_0 \tag{13.3.15}$$

由 (13.3.15) 式可得：

$$K_1 = \frac{K_c}{\omega_0} \tag{13.3.16}$$

將 (13.3.16) 式代入 (13.3.14) 式可得：

$$K_2 = K_s - \frac{K_c\,\sigma_0}{\omega_0} \tag{13.3.17}$$

再將 (13.3.16) 式與 (13.3.17) 式代回 (13.3.11) 式，可得：

$$\begin{aligned}F(s) &= \frac{(K_c/\omega_0)s+(K_s-K_c\sigma_0/\omega_0)}{(s-\sigma_0)^2+\omega_0^2}+R_4(s)\\ &= \frac{(K_c/\omega_0)(s-\sigma_0)+(1/\omega_0)K_s}{(s-\sigma_0)^2+\omega_0^2}+R_4(s)\\ &= \frac{1}{\omega_0}\left[\frac{K_c(s-\sigma_0)}{(s-\sigma_0)^2+\omega_0^2}+\frac{K_s}{(s-\sigma_0)^2+\omega_0^2}\right]+R_4(s)\end{aligned} \tag{13.3.18}$$

上式之反拉氏轉換即是 (13.3.12) 式，因此我們可以直接利用 (13.3.12) 式與 (13.3.13a) 式獲得反拉氏轉換的答案。

**【例13.3.4】** 試求$F(s)=$ (a)$\dfrac{s+2}{s^2+2s+2}$, (b)$\dfrac{4+10s}{5s^2+2s+1}$之反拉氏轉換$f(t)$。

**【解】** (a)$F(s)=\dfrac{s+2}{s^2+2s+2}=\dfrac{s+2}{(s+1)^2+1^2}$

$$=\frac{s+1}{(s+1)^2+1^2}+\frac{1}{(s+1)^2+1^2}$$

$$f(t)=(\varepsilon^{-t}\cos t+\varepsilon^{-t}\sin t)u(t)=\varepsilon^{-t}[\cos t+\sin t]u(t)$$

(b)$F(s)=\frac{4+10s}{5s^2+2s+1}=\frac{4+10s}{5[s^2+(2/5)s+(1/5)]}$

$$=\frac{(4/5)+2s}{[s+(1/5)]^2+[(1/5)-(1/25)]}$$

$$=\frac{(4/5)+2s}{[s+(1/5)]^2+(4/25)}=\frac{(4/5)+2s}{[s+(1/5)]^2+[(2/5)]^2}$$

$$K_s+jK_c=[(s+\frac{1}{5})^2+(\frac{2}{5})^2]\frac{(4/5)+2s}{[s+(1/5)]^2+(2/5)^2}\Bigg|_{s=-\frac{1}{5}+j\frac{2}{5}}$$

$$=\frac{4}{5}+2(\frac{-1}{5}+j\frac{2}{5})=\frac{2}{5}+j\frac{4}{5}$$

$$f(t)=\frac{1}{(2/5)}\varepsilon^{-(1/5)t}[\frac{4}{5}\cos\frac{2}{5}t+\frac{2}{5}\sin\frac{2}{5}t]u(t)$$

$$=\varepsilon^{-(1/5)t}[2\cos\frac{2}{5}t+\sin\frac{2}{5}t]u(t)$$ ◎

# 13.4　拉氏轉換法在電路分析上的基本應用

利用拉氏轉換法求解電路具有以下兩個優點:

(1)一次基本運算就可求得電路的全解，不必像微分方程式解電路的方法那麼複雜。

(2)電路儲能元件的初值條件在一開始解電路方程式時，就已經被併入解答的步驟中，因此答案中就包含了初值條件對電路的影響。

讓我們回顧一下利用微分方程式求解電路的步驟。第一步必須先由特性方程式之根決定通解之型式，並假設通解的未知常數；接著再利用外加電源的型式求出電路響應的特解；最後將通解與特解合成爲全解後，配合電路儲能元件的初值條件解出通解的未知常數，如此才獲得電路響應的全解。拉氏轉換法的重要關鍵在第(2)點已經明確地說明，初值條件如果能在一開始解電路時就併入分析，可以節省相當多的時間，尤其是當電路非常複雜，例如同時含有兩個儲能元件的 *RLC* 暫態電路中就是一個很好的明證。

本節利用拉氏轉換技巧分析電路之基本步驟如下：

(1)使用基本的迴路電流分析或節點電壓分析法寫出電路的微分與積分方程式的關係。

(2)將(1)的方程式取拉氏轉換，轉變成爲代數方程式。

(3)將所要求的電壓或電流變數以複頻率 $s$ 表示。

(4)將複頻率下的電壓或電流函數取反拉氏轉換，轉變成時域下的結果。

若在(1)的步驟中，若不用微分與積分方程式表示電路的關係，也可將電路元件轉換爲等效電路而得到迴路或節點代數方程式，此將在本附錄下一節說明。以下我們將分別舉兩個迴路分析法與兩個節點電壓分析法的例子做拉氏轉換應用的介紹。

**【例 13.4.1】** 如圖 13.4.1 所示的簡單 $RC$ 串聯電路，開關 SW 在 $t=0$ 閉合，試利用拉氏轉換法求解 $v_C(t)$、$v_R(t)$ 與 $i(t)$。

圖 13.4.1　例 13.4.1 之電路

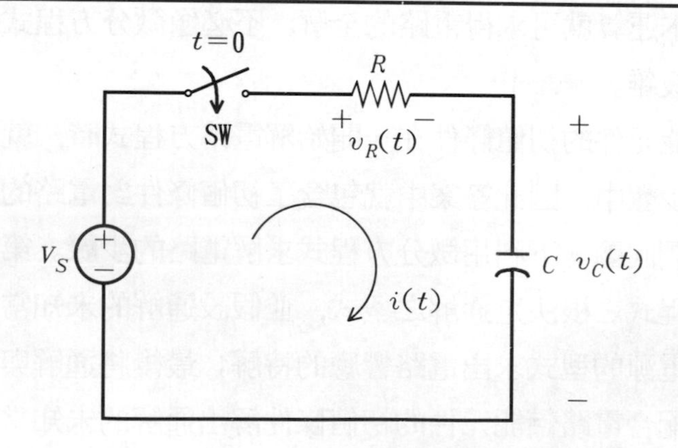


**【解】** 迴路之 KVL 方程式爲：

$$Ri(t)+\frac{1}{C}\int_0^t i(\tau)d\tau+v_C(0^-)=V_S$$

取拉氏轉換爲：

$$RI(s)+\frac{1}{sC}I(s)+\frac{v_C(0^-)}{s}=\frac{V_S}{s}$$

或
$$I(s)\left[R+\frac{1}{sC}\right]=\frac{1}{s}\left[V_S-v_C(0^-)\right]$$

故$I(s)$之表示式爲：

$$I(s)=\left[V_S-v_C(0^-)\right]\frac{1}{s\left[R+1/(sC)\right]}$$

$$=\left[V_S-v_C(0^-)\right]\frac{1/R}{\left[s+1/(RC)\right]}$$

取$I(s)$之反拉氏轉換爲：

$$i(t)=\mathscr{L}^{-1}[I(s)]=\left[V_S-v_C(0^-)\right](1/R)\varepsilon^{-t/(RC)}\quad \text{A}$$

故$v_R(t)$、$v_C(t)$之表示式分別爲：

$$v_R(t)=i(t)R=\left[V_S-v_C(0^-)\right]\varepsilon^{-t/(RC)}\quad \text{V}$$

$$v_C(t)=V_S-v_R(t)=V_S\left[1-\varepsilon^{-t/(RC)}\right]+v_C(0^-)\varepsilon^{-t/(RC)}\quad \text{V}$$

◎

**【例 13.4.2】** 如圖 13.4.2 所示具有兩個迴路的簡單 *RLC* 電路，電源電壓$v_S(t)=4$ V，電感器初值電流爲$i_L(0^-)=1$ A，電容器之初值電壓爲$v_C(0^-)=1$ V，當開關 SW 在 $t=0$ s 時閉合，試求由電源流出的電流響應。

圖 13.4.2　例 13.4.2 之電路

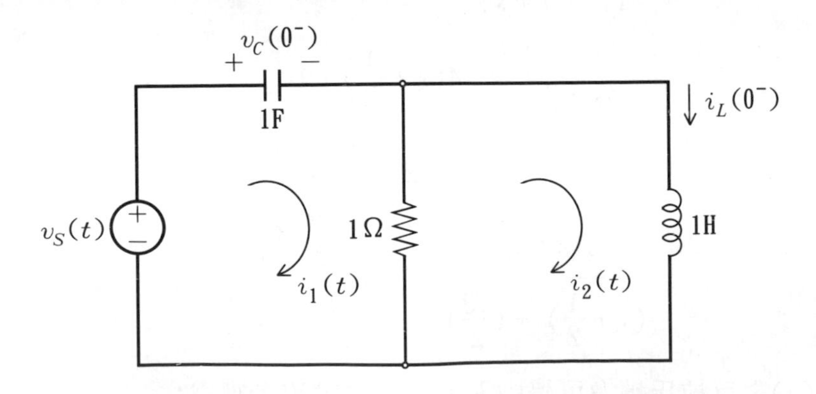

**【解】** 假設左右兩個迴路電流分別爲$i_1(t)$與$i_2(t)$，其迴路電壓方程式分別爲：

$$\begin{cases} -4+\frac{1}{1}\int_0^t i_1(\tau)d\tau+v_C(0^-)+1(i_1-i_2)=0 \\ 1(i_2-i_1)+1\frac{d}{dt}i_2(t)=0 \end{cases}$$

取上面兩式之拉氏轉換結果爲：

$$\begin{cases} \frac{-4}{s}+\frac{1}{s}I_1(s)+\frac{1}{s}v_C(0^-)+I_1(s)-I_2(s)=0 \\ I_2(s)-I_1(s)+sI_2(s)-i_2(0^-)=0 \end{cases}$$

將初值條件$i_2(0^-)=i_L(0^-)=1\text{ A}$，$v_C(0^-)=1\text{V}$代入上面兩式，整理後可得：

$$\begin{cases} (1+\frac{1}{s})I_1(s)-I_2(s)=\frac{4}{s}-\frac{1}{s}=\frac{3}{s} \\ -I_1(s)+(1+s)I_2(s)=1 \end{cases}$$

利用魁雷瑪法則求出$I_1(s)$如下：

$$\Delta=\begin{vmatrix} 1+(1/s) & -1 \\ -1 & 1+s \end{vmatrix}=1+s+\frac{1}{s}+1-1=1+s+\frac{1}{s}$$

$$I_1(s)=\begin{vmatrix} \frac{3}{s} & -1 \\ 1 & 1+s \end{vmatrix}\frac{1}{\Delta}=(\frac{3}{s}+4)\frac{1}{\Delta}=\frac{(3/s)+4}{1+s+(1/s)}$$

$$=\frac{4s+3}{s^2+1s+1}=\frac{4(s+\frac{1}{2})+1}{(s+\frac{1}{2})^2+(\frac{\sqrt{3}}{2})^2}$$

$$=\frac{4(s+\frac{1}{2})}{(s+\frac{1}{2})^2+(\frac{\sqrt{3}}{2})^2}+\frac{\frac{\sqrt{3}}{2}\cdot\frac{2}{\sqrt{3}}}{(s+\frac{1}{2})^2+(\frac{\sqrt{3}}{2})^2}$$

取$I_1(s)$之反拉氏轉換可得由電源流出之電流響應爲：

$$i_1(t)=\mathscr{L}^{-1}[I_1(s)]=e^{-\frac{t}{2}}[4\cos\frac{\sqrt{3}}{2}t+\frac{2}{\sqrt{3}}\sin\frac{\sqrt{3}}{2}t]u(t)\quad \text{A}$$ ◎

**【例 13.4.3】** 如圖 13.4.3 所示的簡單 $RL$ 並聯電路，電感器之初值電流爲$i_L(0^-)$，開關 SW 於 $t=0$ s 開啓，試利用拉氏轉換法求$i_R(t)$、$i_L(t)$以及$v(t)$。

**圖 13.4.3　例 13.4.3 之電路**

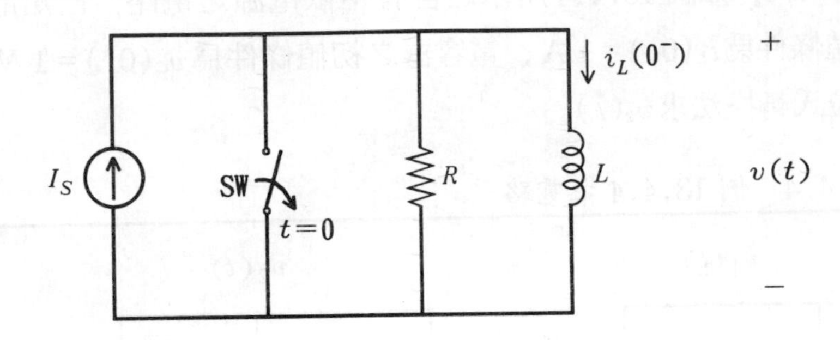


**【解】** 迴路之 KCL 方程式爲：

$$\frac{v(t)}{R}+\frac{1}{L}\int_0^t v(\tau)d\tau+i_L(0^-)=I_S$$

取拉氏轉換爲：

$$\frac{V(s)}{R}+\frac{V(s)}{sL}+\frac{i_L(0^-)}{s}=\frac{I_S}{s}$$

或

$$V(s)[\frac{1}{R}+\frac{1}{sL}]=\frac{I_S}{s}-\frac{i_L(0^-)}{s}$$

故$V(s)$之表示式爲：

$$V(s)=[I_S-i_L(0^-)]\frac{1}{s[(1/R)+1/(sL)]}$$

(分子與分母同乘以 $R$)

$$=[I_S-i_L(0^-)]\frac{R}{(s+R/L)}$$

取$V(s)$之反拉氏轉換爲：

$$v(t)=\mathscr{L}^{-1}[V(s)]=[I_S-i_L(0^-)]R\varepsilon^{-t/(L/R)} \quad \text{V}$$

故$i_R(t)$、$i_L(t)$之表示式分別為：

$$i_R(t)=\frac{v(t)}{R}=[I_S-i_L(0^-)]\varepsilon^{-t/(L/R)} \quad \text{A}$$

$$\begin{aligned} i_L(t)&=I_S-i_R(t)\\ &=I_S[1-\varepsilon^{-t/(L/R)}]+i_L(0^-)\varepsilon^{-t/(L/R)} \quad \text{A} \end{aligned}$$

◎

**【例 13.4.4】** 如圖 13.4.4 所示之含有相依電源之電路，已知電感器之初值條件為$i_L(0^-)=1$ A，電容器之初值條件為$v_C(0^-)=1$ V。試利用拉氏轉換法求$v_2(t)$。

圖 13.4.4　例 13.4.4 之電路

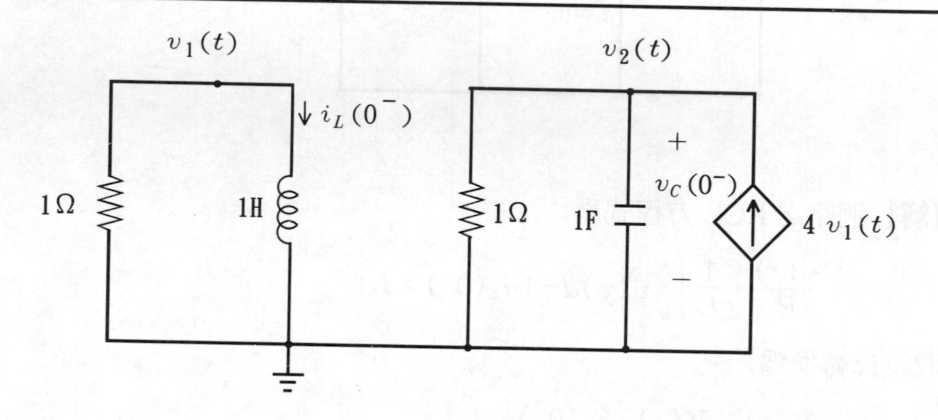


**【解】** 由 KCL 分別寫出節點 1、2 之方程式為：

$$\begin{cases} \dfrac{v_1(t)}{1}+\dfrac{1}{1}\displaystyle\int_0^t v_1(\tau)d\tau+i_L(0^-)=0 \\ \dfrac{v_2(t)}{1}+1\cdot\dfrac{dv_2(t)}{dt}=4v_1(t) \end{cases}$$

取上面兩式之拉氏轉換並將初值條件代入，整理後可得：

$$\begin{cases} V_1(s)+\dfrac{V_1(s)}{s}+\dfrac{1}{s}=0 \quad \Rightarrow \\ \qquad (1+\dfrac{1}{s})V_1(s)+0V_2(s)=-\dfrac{1}{s} \\ V_2(s)+sV_2(s)-1=4V_1(s) \quad \Rightarrow \\ \qquad -4V_1(s)+(1+s)V_2(s)=1 \end{cases}$$

利用魁雷瑪法則求出$V_2(s)$如下:

$$\Delta=\begin{vmatrix} 1+\dfrac{1}{s} & 0 \\ -4 & 1+s \end{vmatrix}=1+s+\frac{1}{s}+1=s+2+\frac{1}{s}$$

$$V_2(s)=\begin{vmatrix} 1+\dfrac{1}{s} & \dfrac{-1}{s} \\ -4 & 1 \end{vmatrix}\frac{1}{\Delta}=(1+\frac{1}{s}-\frac{4}{s})\frac{1}{\Delta}=\frac{1-\dfrac{3}{s}}{s+2+\dfrac{1}{s}}$$

$$=\frac{s-3}{s^2+2s+1}=\frac{s+1-4}{(s+1)^2}=\frac{1}{s+1}-\frac{4}{(s+1)^2}$$

取$V_2(s)$之反拉氏轉換，可得$v_2(t)$如下:

$$v_2(t)=\mathscr{L}^{-1}[V_2(s)]=(\varepsilon^{-t}-4t\varepsilon^{-t})u(t)$$
$$=\varepsilon^{-t}(1-4t)u(t) \quad \text{V}$$

◎

【例 13.4.5】一個簡單的 $RC$ 電路如下圖所示，會有兩個獨立電源: $V_S=E\delta(t)$、$I_S=Iu(t)$，其中 $E$ 與 $I$ 均爲常數，而電容器無初值存在。試求$v(t)$之響應。

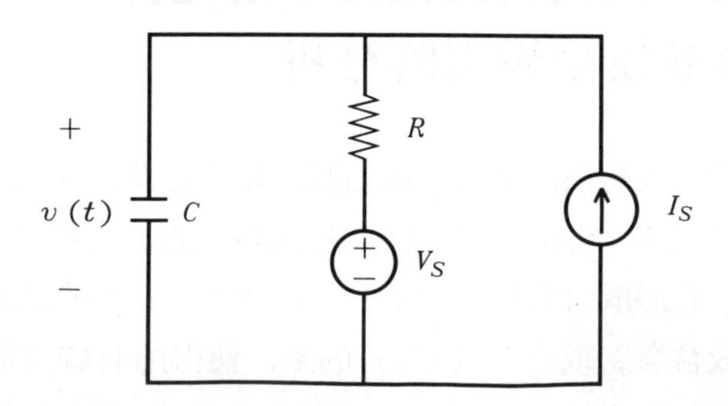

【解】利用重疊定理:

(a) $V_S$ 單獨作用時，$I_S$ 開路，令 $v(t)=v_1(t)$，故:

$$v_1(t)+RC\frac{dv}{dt}=V_S=E\delta(t)$$

取拉氏轉換:

$$V_1(s)(1+RCs)=E$$

$$\therefore V_1(s)=\frac{E/RC}{s+\frac{1}{RC}}$$

$$v_1(t)=\frac{E}{RC}e^{-t/RC}u(t)\quad \text{V}$$

(b) $I_S$ 單獨作用，$V_S$ 關閉時，令 $v(t)=v_2(t)$ 則:

$$C\frac{dv_2}{dt}+\frac{v_2}{R}=I_S=Iu(t)$$

取拉氏轉換可得:

$$(Cs+\frac{1}{R})V_2(s)=\frac{I}{s}$$

$$\therefore V_2(s)=\frac{I/C}{s(s+\frac{1}{RC})}=\frac{IR}{s}-\frac{IR}{s+\frac{1}{RC}}$$

$$\therefore v_2(t)=IR(1-e^{-t/RC})u(t)\quad \text{V}$$

故 $$v(t)=v_1(t)+v_2(t)=\left[\frac{E}{RC}e^{-t/RC}+IR(1-e^{-t/RC})\right]u(t)$$

$$=\left[IR+(\frac{E}{RC}-IR)e^{-t/RC}\right]u(t)\quad \text{V}$$ ◎

# 13.5 利用拉氏轉換後的電路元件等效模型做電路分析

前一節的拉氏轉換法應用於電路時，是將電路的節點電壓或迴路電流關係以各電路元件的電壓電流關係式表示的。我們可以發現在這些方程式中，會形成含有微分或積分的關係項。但是在經過拉氏轉換後，完全變成含有 $s$ 或含有 $(1/s)$ 的量，使得所有聯立的方程式不再出現微分與積分項，反而變成代數的方程式，甚至連電感器或電容器等儲能元件的初值條件也一併加入了方程式中。因此魁雷瑪法則可以應用於求解這些在複數頻率 $s$ 下的線性聯立代數方程式，最後再將待求的電壓或電流變數取反拉氏轉換，一個電路的響應因而求得。

值得我們注意的是由微分、積分項轉變成含有 $s$ 或含有（$1/s$）的量以及初值條件的關係，如果各電路元件能將含有 $s$ 或含有（$1/s$）的量以及這些初值條件變換成爲等效電路，那麼我們可以直接由轉換後的等效電路寫出代數方程式，不必再經由寫出冗長繁瑣的微積方程式，然後再求拉氏轉換結果了。以下我們將按各電路基本元件包含獨立電源、相依電源、電阻器、電感器、電容器以及互感電路的順序，先寫出它們拉氏轉換後的方程式，再繪出它們各別的等效電路，最後再舉幾個電路應用的例子做說明。

## 13.5.1　獨立電源

**(1)直流電源**

(a)直流電壓源：

$$V_S \quad \Rightarrow \quad \mathscr{L}[V_S] = \frac{V_S}{s} \tag{13.5.1}$$

拉氏轉換後之等效電路如圖 13.5.1(a)所示。

**圖 13.5.1　(a)直流電壓源(b)直流電流源之拉氏轉換電路**

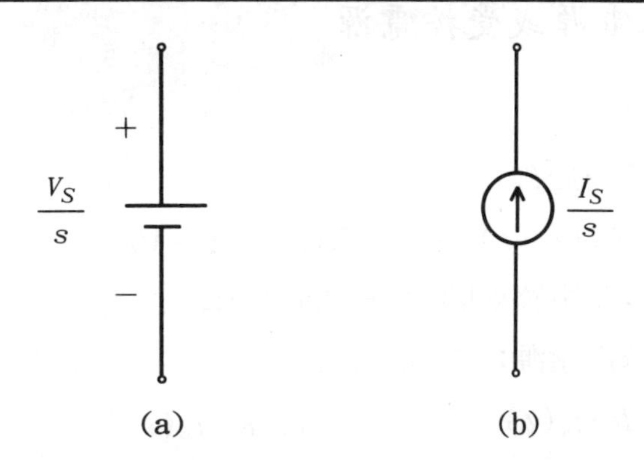

(b)直流電流源：

$$I_S \Rightarrow \mathscr{L}[I_S]=\frac{I_S}{s} \tag{13.5.2}$$

拉氏轉換後之等效電路如圖 13.5.1(b)所示。

**(2)交流電源或訊號源**

(a)交流（或訊號）電壓源：

$$v_S(t) \Rightarrow \mathscr{L}[v_S(t)]=V_S(s) \tag{13.5.3}$$

拉氏轉換後之等效電路如圖 13.5.2(a)所示。

(b)交流（或訊號）電流源：

$$i_S(t) \Rightarrow \mathscr{L}[i_S(t)]=I_S(s) \tag{13.5.4}$$

拉氏轉換後之等效電路如圖 13.5.2(b)所示。

圖 13.5.2 (a)交流電壓源(b)交流電流源之拉氏轉換電路

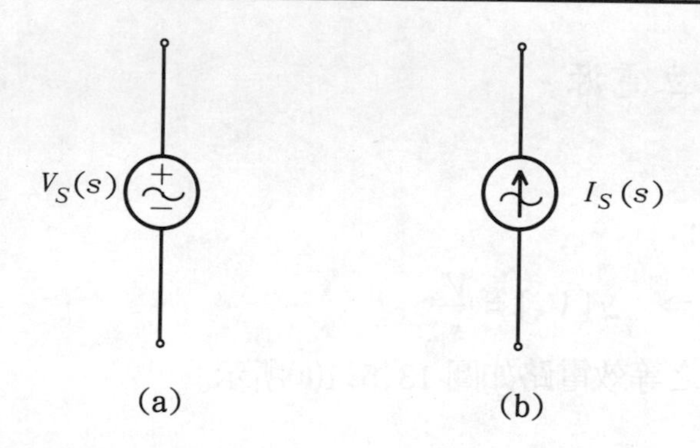


## 13.5.2 相依電源或受控電源

**(1)相依電壓源**

(a)電壓控制之相依電壓源：

$$v_S(t)=A_V\cdot v_C(t) \Rightarrow V_S(s)=A_V\cdot V_C(s) \tag{13.5.5}$$

拉氏轉換後之等效電路如圖 13.5.3(a)所示。

(b)電流控制之相依電壓源：

$$v_S(t)=R\cdot i_C(t) \Rightarrow V_S(s)=R\cdot I_C(s) \tag{13.5.6}$$

拉氏轉換後之等效電路如圖 13.5.3(b)所示。

圖 13.5.3　(a)電壓控制(b)電流控制之相依電壓源拉氏轉換電路

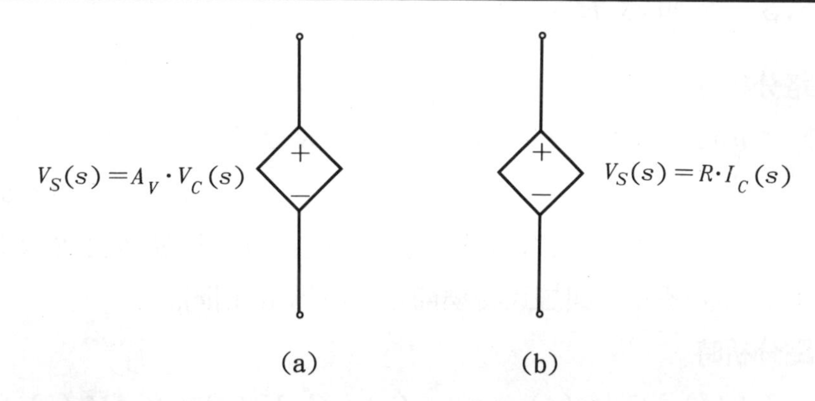


(2)**相依電流源**

(a)電壓控制之相依電流源：

$$i_S(t)=G \cdot v_C(t) \quad \Rightarrow \quad I_S(s)=G \cdot V_C(s) \tag{13.5.7}$$

拉氏轉換後之等效電路如圖 13.5.4(a)所示。

(b)電流控制之相依電流源：

$$i_S(t)=A_i \cdot i_C(t) \quad \Rightarrow \quad I_S(s)=A_i \cdot I_C(s) \tag{13.5.8}$$

拉氏轉換後之等效電路如圖 13.5.4(b)所示。

圖 13.5.4　(a)電壓控制(b)電流控制之相依電流源拉氏轉換電路

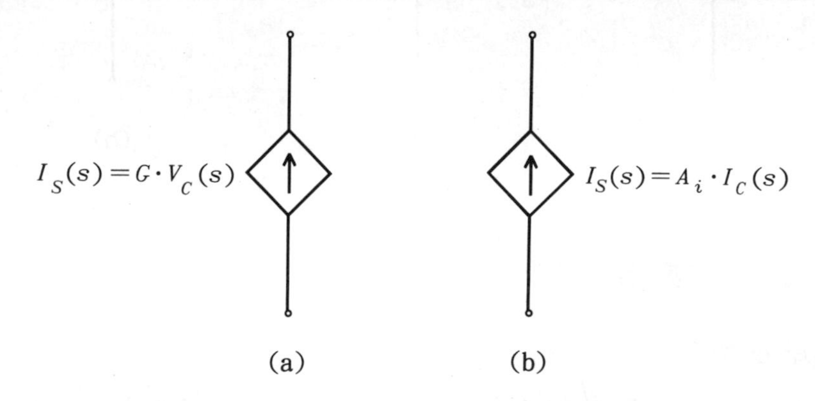

## 13.5.3 電阻器 $R$

**(1)迴路分析時**

$$v_R(t)=R\cdot i_R(t) \quad\Rightarrow\quad V_R(s)=R\cdot I_R(s)=Z_R\cdot I_R(s) \tag{13.5.9}$$

式中 $Z_R$ 即為拉氏轉換後的電阻器等效阻抗。拉氏轉換後之等效電路如圖 13.5.5(a)所示，與拉氏轉換前之電阻器 $R$ 相同。

**(2)節點分析時**

$$i_R(t)=G\cdot v_R(t) \quad\Rightarrow\quad i_R(s)=G\cdot V_R(s)=Y_R\cdot V_R(s) \tag{13.5.10}$$

式中 $Y_R$ 即為拉氏轉換後的電阻器等效導納。拉氏轉換後之等效電路如圖 13.5.5(b)所示，與拉氏轉換前電阻器 $R$ 之倒數 $G$ 相同。

圖 13.5.5 電阻器在(a)迴路(b)節點分析時之拉氏轉換電路

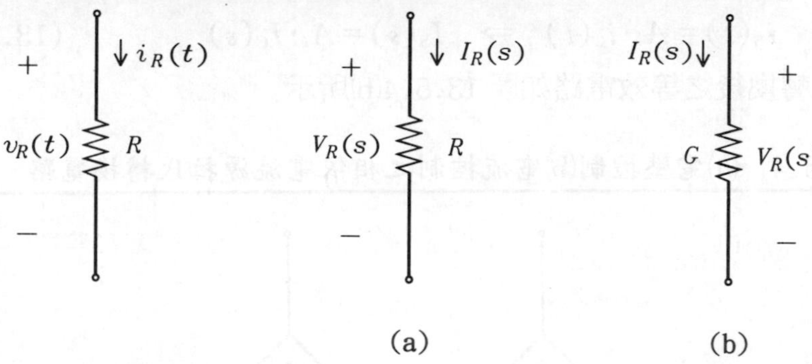

## 13.5.4 電感器

**(1)迴路分析時**

$$v_L(t)=L\cdot\frac{d}{dt}[i_L(t)] \quad\Rightarrow\quad V_L(s)=L\cdot[sI_L(s)-i_L(0^-)]$$
$$=Z_L\cdot I_L(s)-L\cdot i_L(0^-) \tag{13.5.11}$$

式中 $Z_L = sL$ 即爲拉氏轉換後的電感器等效阻抗，$L \cdot i_L(0^-)$則可視爲一個電壓源，其極性與 $V_L(s)$ 相反。拉氏轉換後之等效電路如圖 13.5.6(a)所示，爲阻抗 $Z_L$ 與一個定值電壓源 $L \cdot i_L(0^-)$串聯。

(2)**節點分析時**

$$i_L(t) = \frac{1}{L}\int_0^t v_L(\tau)d\tau + i_L(0^-)$$

$$\Rightarrow I_L(s) = \frac{1}{sL}V_L(s) + \frac{i_L(0^-)}{s} = Y_L \cdot V_L(s) + \frac{i_L(0^-)}{s} \qquad (13.5.12)$$

式中 $Y_L = \frac{1}{(sL)}$即爲拉氏轉換後的電感器等效導納，$\frac{i_L(0^-)}{s}$則可視爲一個電流源，其方向與 $I_L(s)$ 相同。拉氏轉換後之等效電路如圖 13.5.6(b)所示，爲導納 $Y_L$ 與一個定值電流源 $\frac{i_L(0^-)}{s}$並聯。

圖 13.5.6　電感器在(a)迴路(b)節點分析時之拉氏轉換電路

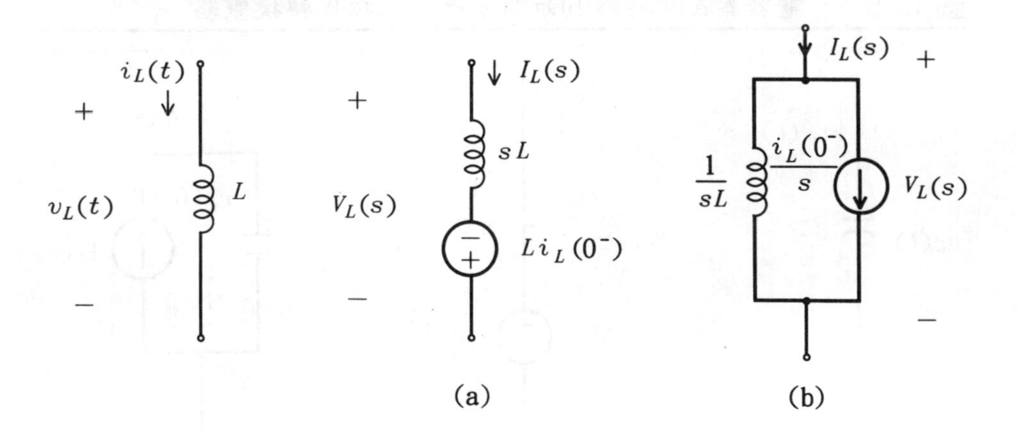


## 13.5.5　電容器

(1)**迴路分析時**

$$v_C(t) = \frac{1}{C}\int_0^t i_C(\tau)d\tau + v_C(0^-)$$

$$\Rightarrow \quad V_C(s) = \frac{1}{sC}I_C(s) + \frac{v_C(0^-)}{s} = Z_C \cdot I_C(s) + \frac{v_C(0^-)}{s} \quad (13.5.13)$$

式中$Z_C = 1/(sC)$即爲拉氏轉換後的電容器等效阻抗，$\frac{v_C(0^-)}{s}$則可視爲一個電壓源，其方向與$V_C(s)$相同。拉氏轉換後之等效電路如圖13.5.7(a)所示，爲阻抗$Z_C$與一個定值電壓源$\frac{v_C(0^-)}{s}$串聯。

**(2)節點分析時**

$$i_C(t) = C\cdot\frac{d}{dt}[v_C(t)] \Rightarrow I_C(s) = C\cdot[sV_C(s) - v_C(0^-)]$$
$$= Y_C\cdot V_C(s) - C\cdot v_C(0^-) \tag{13.5.14}$$

式中 $Y_C = sC$ 即爲拉氏轉換後的電容器等效導納，$C\cdot v_C(0^-)$則可視爲一個電流源，其方向與$I_C(s)$相反。拉氏轉換後之等效電路如圖13.5.7(b)所示，爲導納 $Y_C$ 與一個定值電流源$C\cdot v_C(0^-)$並聯。

圖 13.5.7 電容器在(a)迴路(b)節點分析時之拉氏轉換電路

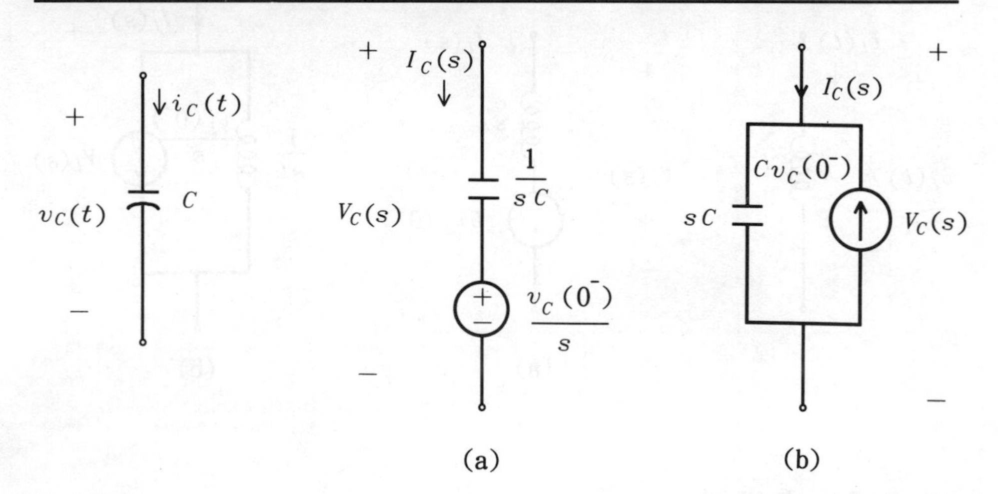


## 13.5.6 互感電路

**(1)迴路分析時**

$$v_1(t) = L_1\frac{d}{dt}[i_1(t)] \pm M\frac{d}{dt}[i_2(t)]$$

$$\Rightarrow \quad V_1(s) = L_1[sI_1(s) - i_1(0^-)] \pm M[sI_2(s) - i_2(0^-)]$$

$$= L_1 sI_1(s) \pm MsI_2(s) - [L_1 i_1(0^-) \pm Mi_2(0^-)]$$

(13.5.15)

$$v_2(t) = \pm M\frac{d}{dt}[i_1(t)] + L_2\frac{d}{dt}[i_2(t)]$$

$$\Rightarrow \quad V_2(s) = \pm M[sI_1(s) - i_1(0^-)] + L_2[sI_2(s) - i_2(0^-)]$$

$$= \pm MsI_1(s) + L_2 sI_2(s) - [\pm Mi_1(0^-) + L_2 i_2(0^-)]$$

(13.5.16)

式中 ± 符號上面的正號是減極性線圈使用的，負號則是加極性線圈使用。$L_1 i_1(0^-) \pm Mi_2(0^-)$與 $\pm Mi_1(0^-) + L_2 i_2(0^-)$可分別視爲一個電壓源，其極性分別與$V_1(s)$及$V_2(s)$相反。拉氏轉換後之等效電路如圖 13.5.8(a)所示，分別爲阻抗 $sL_1$、$sL_2$ 與一個定值的電壓源$L_1 i_1(0^-) \pm Mi_2(0^-)$、$\pm Mi_1(0^-) + L_2 i_2(0^-)$串聯。

⑵**節點分析時**

在尚未取拉氏轉換前，先由（13.5.15）式與（13.5.16）式兩式的微分方程式部份，來推導互感線圈電流$i_1(t)$、$i_2(t)$以電壓$v_1(t)$、$v_2(t)$爲變數所表示的方程式，以下符號 ± 或 ∓ 中，上面的符號是減極性繞組使用的，下面的符號則是加極性繞組使用的。首先將（13.5.16）式等號兩側同時除以 $L_2$，整理出電流$i_2(t)$對時間的微分式如下：

$$\frac{di_2(t)}{dt} = \frac{v_2(t)}{L_2} + \frac{\mp M}{L_2}\frac{di_1(t)}{dt} = \frac{1}{L_2}[v_2(t) \mp M\frac{di_1(t)}{dt}] \quad \text{A/s}$$

(13.5.17)

將（13.5.17）式代入（13.5.15）式的 $\frac{di_2(t)}{dt}$中，可得：

$$v_1(t) = L_1\frac{di_1(t)}{dt} \pm \frac{M}{L_2}(v_2(t) \mp M\frac{di_1(t)}{dt})$$

$$= (L_1 - \frac{M^2}{L_2})\frac{di_1(t)}{dt} \pm \frac{M}{L_2}v_2(t)$$

$$= (\frac{L_1 L_2 - M^2}{L_2})\frac{di_1(t)}{dt} \pm \frac{M}{L_2}v_2(t) \quad \text{V} \qquad (13.5.18a)$$

圖 13.5.8　互感電路在(a)迴路(b)節點分析時之拉氏轉換電路

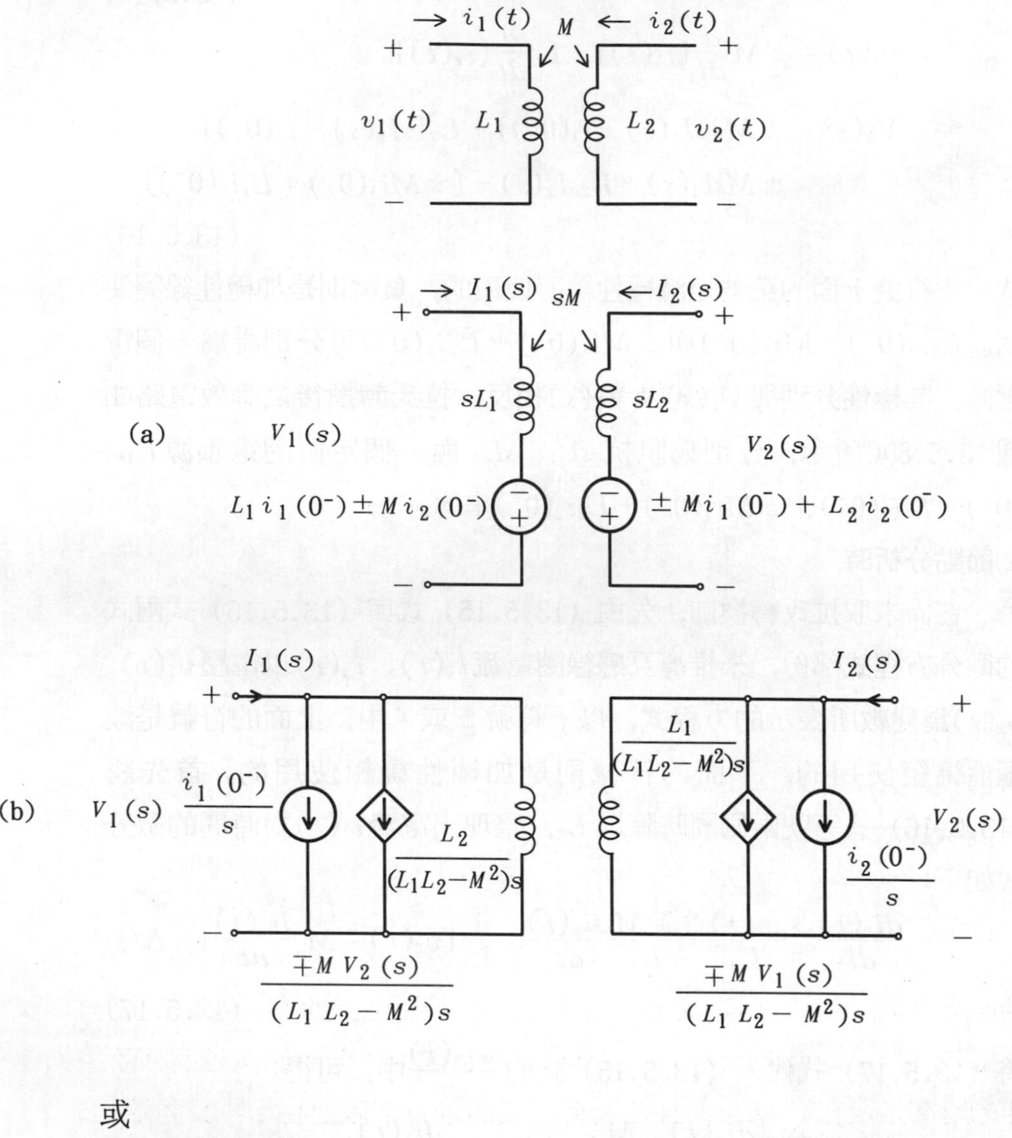


或

$$\frac{di_1(t)}{dt} = \frac{L_2}{L_1L_2 - M^2} v_1(t) + \frac{\mp M}{L_1L_2 - M^2} v_2(t) \quad \text{A/s}$$

(13.5.18b)

將上式等號兩側對時間積分，可得電流$i_1(t)$以$v_1(t)$和$v_2(t)$兩變數之表示式爲：

$$i_1(t)=\frac{L_2}{L_1L_2-M^2}\int_{-\infty}^{t}v_1(\tau)d\tau+\frac{\mp M}{L_1L_2-M^2}\int_{-\infty}^{t}v_2(\tau)d\tau+i_1(-\infty)\quad \text{A} \qquad (13.5.19)$$

同理可將（13.5.15）式等號兩側同時除以 $L_1$，整理出電流 $i_1(t)$ 對時間的微分式如下:

$$\frac{di_1(t)}{dt}=\frac{v_1(t)}{L_1}\mp\frac{M}{L_1}\frac{di_2(t)}{dt}=\frac{1}{L_1}[v_1(t)\mp M\frac{di_2(t)}{dt}]\quad \text{A/s} \qquad (13.5.20)$$

將（13.5.20）式代入（13.5.16）式中，可得:

$$\begin{aligned}v_2(t)&=\pm\frac{M}{L_1}[v_1(t)\mp M\frac{di_2(t)}{dt}]+L_2\frac{di_2(t)}{dt}\\&=(L_2-\frac{M^2}{L_1})\frac{di_2(t)}{dt}\pm\frac{M}{L_1}v_1(t)\\&=(\frac{L_1L_2-M^2}{L_1})\frac{di_2(t)}{dt}\pm\frac{M}{L_1}v_1(t)\quad \text{V} \qquad (13.5.21a)\end{aligned}$$

或

$$\frac{di_2(t)}{dt}=\frac{\mp M}{L_1L_2-M^2}v_1(t)+\frac{L_1}{L_1L_2-M^2}v_2(t)\quad \text{A/s} \qquad (13.5.21b)$$

將上式等號兩側對時間積分，可得電流 $i_2(t)$ 以 $v_1(t)$ 和 $v_2(t)$ 兩變數之表示式為:

$$i_2(t)=\frac{\mp M}{L_1L_2-M^2}\int_{-\infty}^{t}v_1(\tau)d\tau+\frac{L_1}{L_1L_2-M^2}\int_{-\infty}^{t}v_2(\tau)d\tau+i_2(-\infty)\quad \text{A} \qquad (13.5.22)$$

請讀者注意（13.5.19）式與（13.5.22）式兩式之電壓積分項的時間下限是 $-\infty$，因此要配合 $t=-\infty$ 時之初值電流，但由於一般電路動作的時間是選在 $t=0$，而且拉氏轉換式的積分下限是由 $t=0^-$ 開始，因此可將這兩式改寫成以 $t=0$ 為積分下限，並將初值條件改為 $t=0^-$ 的值，其修改後的表示式與拉氏轉換結果分別如下:

$$i_1(t)=\frac{L_2}{L_1L_2-M^2}\int_{0}^{t}v_1(\tau)d\tau+\frac{\mp M}{L_1L_2-M^2}\int_{0}^{t}v_2(\tau)d\tau+i_1(0^-)$$

$$\Rightarrow \quad I_1(s)=\frac{L_2}{(L_1L_2-M^2)s}V_1(s)+\frac{\mp M}{(L_1L_2-M^2)s}V_2(s)+\frac{i_1(0^-)}{s} \quad \text{A} \tag{13.5.23}$$

$$i_2(t)=\frac{\mp M}{L_1L_2-M^2}\int_0^t v_1(\tau)d\tau+\frac{L_1}{L_1L_2-M^2}\int_0^t v_2(\tau)d\tau+i_2(0^-)$$

$$\Rightarrow \quad I_2(s)=\frac{\mp M}{(L_1L_2-M^2)s}V_1(s)+\frac{L_1}{(L_1L_2-M^2)s}V_2(s)+\frac{i_2(0^-)}{s} \quad \text{A} \tag{13.5.24}$$

由（13.5.23）式之電流表示式知，線圈 1 之電流$I_1(s)$可以由三個量來構成：第一項是個導納$\frac{L_2}{(L_1L_2-M^2)s}$；第二項是個由$V_2(s)$控制的電流源，其轉移導納為$\frac{\mp M}{(L_1L_2-M^2)s}$；第三項為一個電流源$\frac{i_1(0^-)}{s}$，三個元件並聯在$V_1(s)$兩端。同理，由（13.5.24）式之電流表示式知，線圈 2 之電流 $I_2(s)$可以由三個量來構成：第一項是個由 $V_1(s)$ 控制的電流源，其轉移導納為$\frac{\mp M}{(L_1L_2-M^2)s}$；第二項是個導納$\frac{L_1}{(L_1L_2-M^2)s}$；第三項為一個電流源$\frac{i_2(0^-)}{s}$，三個元件也是以並聯方式連接在$V_2(s)$兩端。其拉氏轉換後之等效電路如圖 13.5.8(b)所示。

## 13.5.7 克希荷夫電壓與電流定律之拉氏轉換

### (1)克希荷夫電壓定律（KVL）

對於一個電路任何一個封閉的迴路而言，假設某迴路共有 $n$ 個元件，其中第 $i$ 個元件兩端的電壓為 $v_i(t)$，則繞該迴路一圈之電壓代數和為零，其拉氏轉換式為：

$$\sum_{i=1}^{n} v_i(t)=0 \quad \Rightarrow \quad \sum_{i=1}^{n} V_i(s)=0 \quad \text{V} \tag{13.5.25}$$

⑵**克希荷夫電流定律**（KCL）

對於一個電路任何一個節點或切集而言，假設某節點或切集共有 $m$ 個元件，其中第 $i$ 個元件通過的電流為 $i_i(t)$，則注入（或流出）該節點之電流代數和為零，其拉氏轉換式為：

$$\sum_{i=1}^{m} i_i(t) = 0 \quad \Rightarrow \quad \sum_{i=1}^{m} I_i(s) = 0 \quad \text{A} \tag{13.5.26}$$

## 13.5.8 拉氏轉換電路的電路分析應用

由以上各電路元件的拉氏轉換等效電路，與基本的KVL與KCL方程式關係，我們可以發現電路元件方程式在經過拉氏轉換後，除了互感電路顯得比較複雜外，其餘元件的等效電路關係非常單純。以下我們分別舉迴路分析法與節點分析法的例子來說明這些等效電路的應用。

**【例 13.5.1】** 試將圖 13.5.9 之電路，以拉氏轉換等效電路取代，並寫出其迴路電流方程式。

**圖 13.5.9 例 13.5.1 之電路**

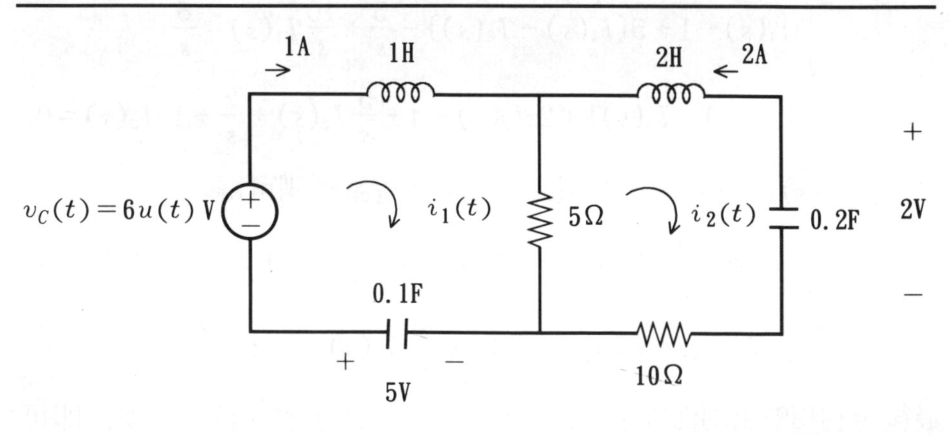


**【解】** 除電阻器 5 Ω 與 10 Ω 不變外，其餘電路元件以等效電路取代變成：

電壓源：$v_S(s)=6u(t) \quad \Rightarrow \quad V_S(s)=\dfrac{6}{s}$

電感器：1 H, 1 A 初值 ⇒ $s$ 阻抗串聯 1 V 電壓源

2 H, 2 A 初值 ⇒ $2s$ 阻抗串聯 4 V 電壓源

電容器：0.1 F, 5 V 初值 ⇒ $10/s$ 阻抗串聯 $5/s$ 電壓源

0.2 F, 2 V 初值 ⇒ $5/s$ 阻抗串聯 $2/s$ 電壓源

其拉氏轉換等效電路圖如下所示：

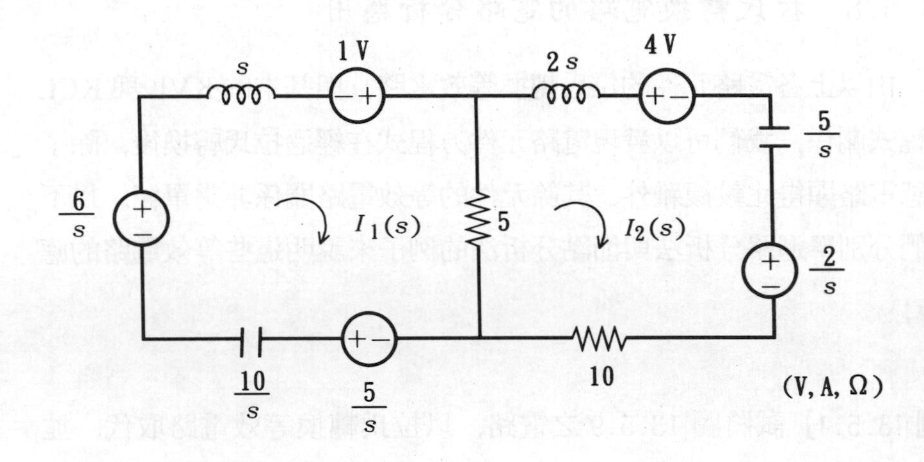


故迴路 1、2 之方程式分別爲：

$$\begin{cases} sI_1(s)-1+5[I_1(s)-I_2(s)]-\dfrac{5}{s}+\dfrac{10}{s}I_1(s)=\dfrac{6}{s} \\ 5[I_2(s)-I_1(s)]+2sI_2(s)+4+\dfrac{5}{s}I_2(s)+\dfrac{2}{s}+10I_2(s)=0 \end{cases}$$

將變數$I_1(s)$、$I_2(s)$與電源項分別整理到等號兩側可得：

$$\begin{cases} \left[s+5+\dfrac{10}{s}\right]I_1(s)+[-5]I_2(s)=\dfrac{6}{s}+\dfrac{5}{s}+1=\dfrac{11}{s}+1 \\ [-5]I_1(s)+\left[5+2s+10+\dfrac{5}{s}\right]I_2(s)=-4-\dfrac{2}{s} \end{cases}$$

最後再利用魁雷瑪法則求出$I_1(s)$或$I_2(s)$，然後取反拉氏轉換，即可求出$i_1(t)$及$i_2(t)$。◎

【例 13.5.2】試將圖 13.5.10 之電路，以拉氏轉換等效電路取代，並寫出其節點電壓方程式。

圖 13.5.10 例 13.5.2 之電路

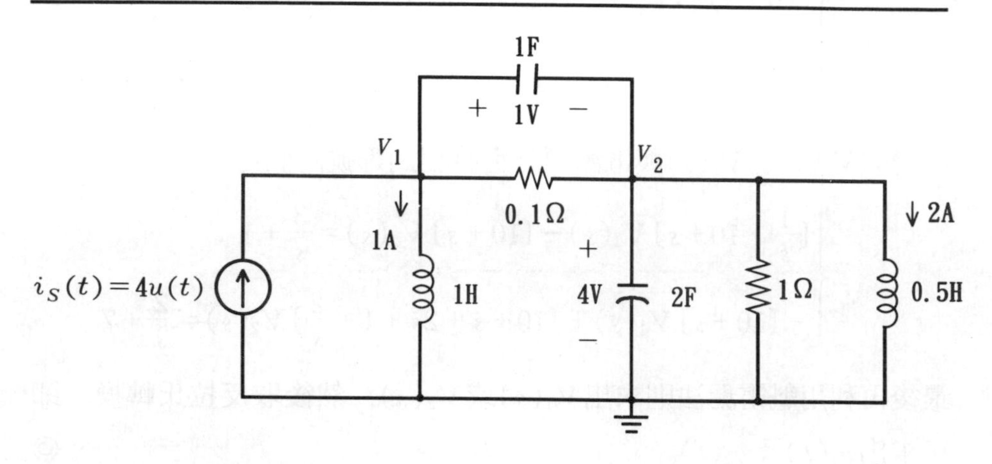


【解】電路元件以等效電路取代變成：

電流源：$i_S(s)=4u(t) \;\Rightarrow\; I_S(s)=\dfrac{4}{s}$

電阻器：$0.1\,\Omega \;\Rightarrow\; 10$ (S)；$1\,\Omega \;\Rightarrow\; 1$ (S)

電感器：1 H，1 A 初值 ⇒ $1/s$ 導納並聯 $1/s$ A 電流源

0.5 H，2 A 初值 ⇒ $2/s$ 導納並聯 $2/s$ A 電流源

電容器：1 F，1 V 初值 ⇒ $s$ 導納並聯 1 A 電流源

2 F，4 V 初值 ⇒ $2s$ 導納並聯 8 A 電流源

其等效電路圖如下圖所示：

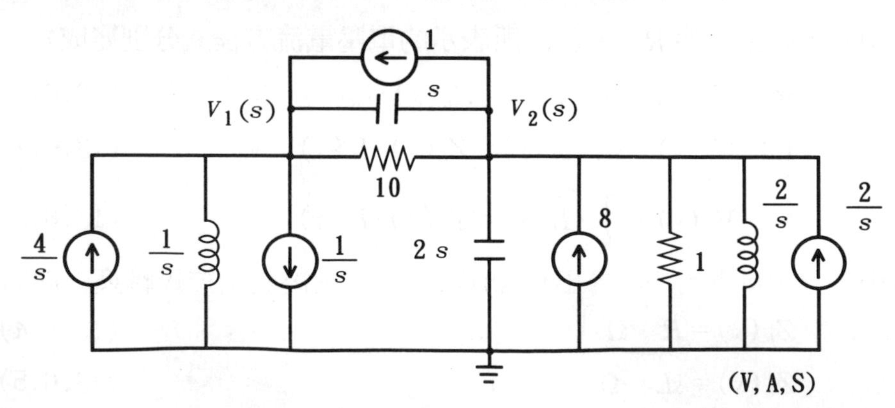

故節點 1、2 之方程式分別為:

$$\begin{cases} \frac{1}{s}V_1(s)+(10+s)[V_1(s)-V_2(s)]=\frac{4}{s}+1-\frac{1}{s}=\frac{3}{s}+1 \\ (10+s)[V_2(s)-V_1(s)]+(2s+1+\frac{2}{s})V_2(s)=\frac{2}{s}+8-1 \\ \qquad =\frac{2}{s}+7 \end{cases}$$

將變數 $V_1(s)$、$V_2(s)$ 與電源項分別整理到等號兩側可得:

$$\begin{cases} [\frac{1}{s}+10+s]V_1(s)-[10+s]V_2(s)=\frac{3}{s}+1 \\ -[10+s]V_1(s)+[10+s+2s+1+\frac{2}{s}]V_2(s)=\frac{2}{s}+7 \end{cases}$$

最後再利用魁雷瑪法則求出 $V_1(s)$ 或 $V_2(s)$, 然後取反拉氏轉換, 即可求出 $v_1(t)$ 及 $v_2(t)$。 ◎

## 13.6 拉氏轉換後的阻抗、導納以及迴路、節點方程式

由前面一節所推導出來的各種電路元件電壓、電流的關係式中, 若不考慮初值條件, 亦即電感器與電容器均無初始能量, 則此時電路所分析的目標在於零態響應 (zero-state response)、強迫響應 (forced response) 或稱激發響應, 這些名詞在第五章中已做過說明, 則 13.5 節中基本電路元件 $R$、$L$、$C$ 所表示的電壓電流方程式分別變成:

$$R:\ V_R(s)=R\cdot I_R(s)=Z_R(s)\cdot I_R(s)\quad \text{V} \tag{13.6.1}$$

$$L:\ V_L(s)=sL\cdot I_L(s)=Z_L(s)\cdot I_L(s)\quad \text{V} \tag{13.6.2}$$

$$C:\ V_C(s)=\frac{1}{sC}\cdot I_C(s)=Z_C(s)\cdot I_C(s)\quad \text{V} \tag{13.6.3}$$

式中

$$Z_R(s)=R\quad \Omega \tag{13.6.4}$$

$$Z_L(s)=sL\quad \Omega \tag{13.6.5}$$

$$Z_C(s)=\frac{1}{sC}\quad \Omega \tag{13.6.6}$$

分別代表電阻器 $R$、電感器 $L$、電容器 $C$ 在複數頻率 $s$ 下的阻抗，也稱爲一般化阻抗（the generalized impedances）。而（13.6.1）式～(13.6.3) 式三式就是三個電路基本元件電壓電流的基本式——歐姆定理（Ohm's law），其通式爲：

$$V(s)=Z(s)\cdot I(s)\quad \text{V} \tag{13.6.7}$$

式中 $I(s)$ 的方向是由電壓 $V(s)$ 的正端流入。若令 $s=\sigma+j\omega=0+j\omega$，則（13.6.1）式～(13.6.3)式就是本書第六章中的弦波穩態分析，所有的電源電壓或電流波形完全是弦式的，沒有呈現指數的上升或下降，我們此時可以用相量（phasor）來分析電路，而（13.6.4）式～(13.6.6)式的阻抗就分別變成弦波穩態下的阻抗，其表示式爲：

$$Z_R(s)=R\quad \Omega \tag{13.6.8}$$

$$Z_L(s)=j\omega L\quad \Omega \tag{13.6.9}$$

$$Z_C(s)=\frac{1}{j\omega C}=-j\,\frac{1}{\omega C}\quad \Omega \tag{13.6.10}$$

除了電阻器 $R$ 與頻率無關外，電感器與電容器之阻抗均是頻率的函數。比較複數頻率 $s$ 下的阻抗與弦波穩態 $s=j\omega$ 下的阻抗後，只要將所得的阻抗取倒數，就可獲得導納的表示式。基本電路元件 $R$、$L$、$C$ 所表示的電流電壓方程式分別變成：

$$R：I_R(s)=(\frac{1}{R})\cdot V_R(s)=Y_R(s)\cdot V_R(s)\quad \text{A} \tag{13.6.11}$$

$$L：I_L(s)=(\frac{1}{sL})\cdot V_L(s)=Y_L(s)\cdot V_L(s)\quad \text{A} \tag{13.6.12}$$

$$C：I_C(s)=(sC)\cdot V_C(s)=Y_C(s)\cdot V_C(s)\quad \text{A} \tag{13.6.13}$$

式中

$$Y_R(s)=(\frac{1}{R})=G=\frac{1}{Z_R(s)}\quad \text{S} \tag{13.6.14}$$

$$Y_L(s)=[\frac{1}{(sL)}]=\frac{1}{Z_L(s)}\quad \text{S} \tag{13.6.15}$$

$$Y_C(s) = (sC) = \frac{1}{Z_C(s)} \quad \text{S} \tag{13.6.16}$$

分別代表電阻器 $R$、電感器 $L$、電容器 $C$ 在複數頻率 $s$ 下的導納，也稱爲一般化導納（the generalized admittances）。而（13.6.11）式～(13.6.13)式三式也是三個電路基本元件電流電壓的基本式——歐姆定理，其通式爲：

$$I(s) = Y(s) \cdot V(s) = \frac{1}{Z(s)} \cdot V(s) \quad \text{A} \tag{13.6.17}$$

式中$I(s)$的方向也是由電壓$V(s)$的正端流入，而

$$Y(s) = \frac{1}{Z(s)} \quad \text{S} \tag{13.6.18}$$

同於阻抗的分析，若令 $s = \sigma + j\omega = 0 + j\omega$，則（13.6.11）式～(13.6.13) 式就是本書第六章中的弦波穩態分析，所有的電源電壓或電流波形完全是弦式的，而（13.6.14）式～(13.6.16)式的導納就分別變成弦波穩態下的導納，其表示式爲：

$$Y_R(s) = \frac{1}{R} = G \quad \text{S} \tag{13.6.19}$$

$$Y_L(s) = \frac{1}{j\omega L} = -j\frac{1}{\omega L} \quad \text{S} \tag{13.6.20}$$

$$Y_C(s) = j\omega C \quad \text{S} \tag{13.6.21}$$

由電路任兩個節點電壓$V(s)$與流入電壓$V(s)$正端的電流$I(s)$，兩者取其比值可得驅動點阻抗（the driving-point impedance）$Z_{DP}(s)$與驅動點導納（the driving-point admittance）$Y_{DP}(s)$之關係分別如下：

$$Z_{DP}(s) = \frac{V(s)}{I(s)} \quad \Omega \tag{13.6.22}$$

$$Y_{DP}(s) = \frac{I(s)}{V(s)} \quad \text{S} \tag{13.6.23}$$

由於元件串聯是阻抗直接相加，元件並聯則是導納直接相加，因此若有 $m$ 個電路元件做串聯，則由端點看入之總串聯驅動點阻抗爲各元

件阻抗之代數和:

$$Z_{DP}(s)=Z_1(s)+Z_2(s)+\cdots+Z_m(s)=\sum_{i=1}^{m}Z_i(s)\quad \Omega \tag{13.6.24}$$

若有 $n$ 個電路元件做並聯, 則由端點看入之總並聯驅動點導納爲各元件導納之代數和:

$$Y_{DP}(s)=Y_1(s)+Y_2(s)+\cdots+Y_n(s)=\sum_{i=1}^{n}Y_i(s)\quad \mathrm{S} \tag{13.6.25}$$

(13.6.24) 式與 (13.6.25) 式兩式可用圖 13.6.1(a)、(b)分別來說明。這些電路元件的串聯與並聯, 與弦波穩態下的元件串聯與並聯相同, 只是現在全部以複數頻率 $s$ 取代弦波穩態下的單一頻率 $j\omega$。

圖 13.6.1 電路元件的(a)串聯(b)並聯

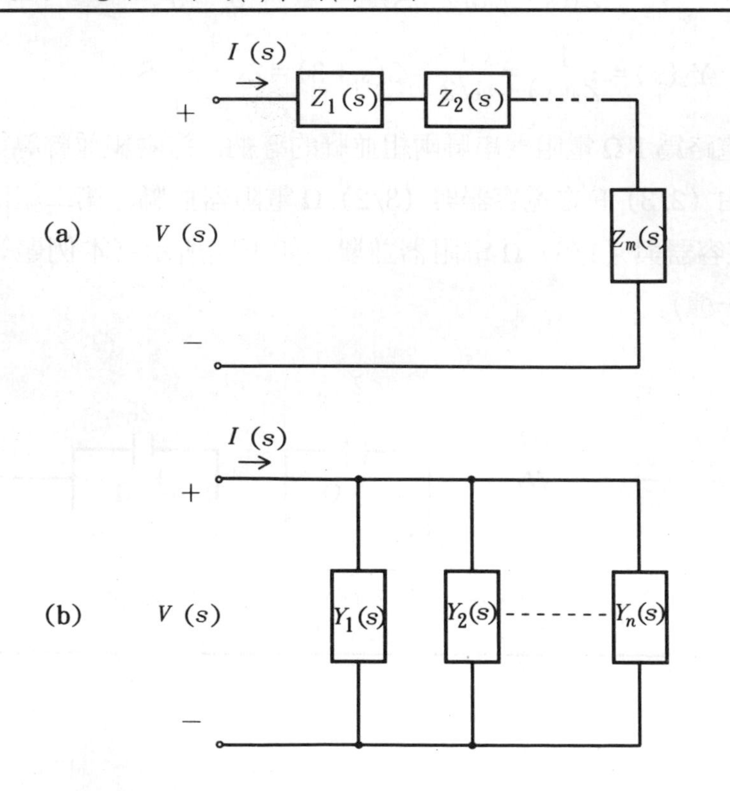

利用（13.6.24）式與（13.6.25）式兩式，可以做簡單的單埠(one-port）網路合成（network synthesis)，以下舉兩個例子分別做介紹。

**【例 13.6.1】** 試將由兩端看入的阻抗函數 $Z(s)=\dfrac{(s+2)(s+4)}{(s+1)(s+3)}$ 以 $R$、$L$、$C$ 元件合成，並求出其數值。（注意：$R$、$L$、$C$ 參數必須爲正值。）

**【解】**

$$Z(s)=\frac{(s+2)(s+4)}{(s+1)(s+3)}=\frac{s^2+6s+8}{s^2+4s+3}=1+\frac{2s+5}{(s+1)(s+3)}$$

$$=1+\frac{(3/2)}{s+1}+\frac{(1/2)}{s+3}=1+Z_1(s)+Z_2(s)\quad \Omega$$

$$Y_1(s)=\frac{1}{Z_1(s)}=\frac{s+1}{3/2}=\frac{2}{3}(s+1)=\frac{2s}{3}+\frac{2}{3}\quad \text{S}$$

$$Y_2(s)=\frac{1}{Z_2(s)}=\frac{s+3}{1/2}=2(s+3)=2s+6\quad \text{S}$$

其等效電路爲 1 Ω 電阻器串聯兩組並聯的導納，這兩組並聯導納中第一組是由（2/3）F 之電容器與（3/2）Ω 電阻器並聯，第二組則是由 2 F 之電容器與（1/6）Ω 電阻器並聯，如下圖所示（本例題等效電路不只一種)。

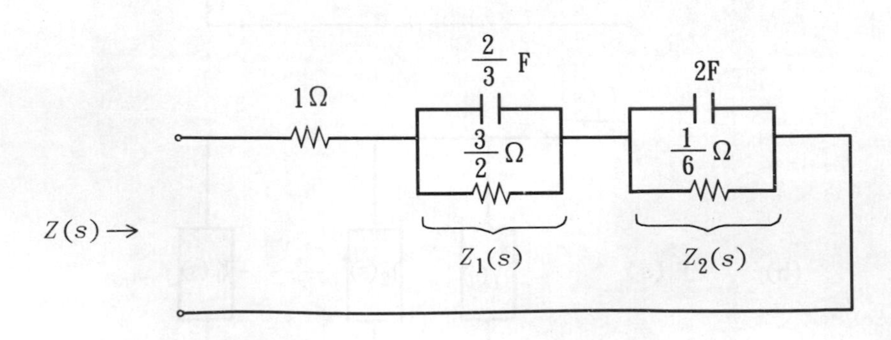


◎

【例 13.6.2】試將由兩端看入的導納函數$Y(s)=\dfrac{s+2}{s^2+4s+3}$以 $R$、$L$、$C$ 元件合成，並求出其數值。(注意：$R$、$L$、$C$ 參數必須爲正值。)

【解】

$$Y(s)=\frac{s+2}{s^2+4s+3}=\frac{s+2}{(s+3)(s+1)}=\frac{1/2}{s+3}+\frac{1/2}{s+1}$$

$$=Y_1(s)+Y_2(s)\quad \text{S}$$

$$Z_1(s)=\frac{1}{Y_1(s)}=\frac{s+3}{1/2}=2(s+3)=2s+6\quad \Omega$$

$$Z_2(s)=\frac{1}{Y_2(s)}=\frac{s+1}{1/2}=2(s+1)=2s+2\quad \Omega$$

其等效電路爲兩組導納並聯，第一組是由 2 H 之電感器與 6 Ω 之電阻器串聯，第二組則是由 2 H 之電感器與 2 Ω 之電阻器串聯，如下圖所示 (本例題等效電路亦不只一種)。

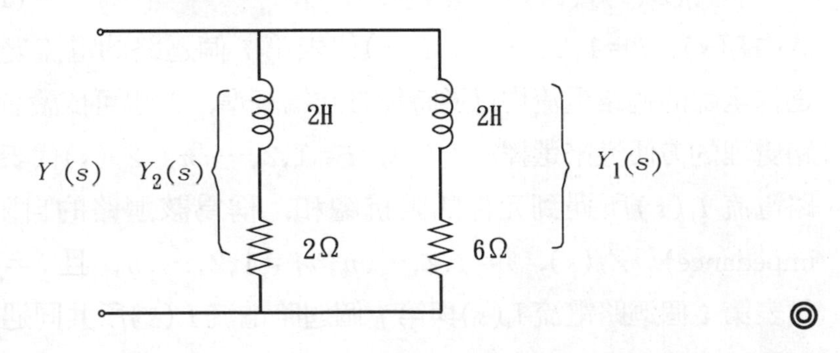


◎

## • 拉氏轉換後的迴路電流方程式與節點電壓方程式

由前一節的拉氏轉換等效電路的例子中，我們可以發現一些寫出基本電路方程式的規則，雖然那些例子是先將電路元件以拉氏等效電路取代，然後再以迴路的 KVL 或節點的 KCL 方程式表示，但是這些規則在直流電路或是弦波穩態電路中我們其實早就已經非常熟悉了，那就是將含有待求變數的項一律放在等號左側，其他的電源常數則放在等號右側。值得我們注意的是等號右側的電源常數項中，除了電路本身原有的外加電源外，還包括了由電感器以及電容器的初值條件所構成的電源。如果這些規則我們已經知道了，那麼可以推導出一

般化的迴路電流方程式與節點電壓方程式如下:

**⑴拉氏轉換後的迴路電流方程式**

假設一個平面電路含有 $n$ 個網目, 不含任何相依或受控電源, 獨立電源均爲電壓源, 若以 $n$ 個網目的電流爲變數, 則其網目電流方程式可表示爲:

$$\begin{bmatrix} Z_{11}(s) & Z_{12}(s) & \cdots & Z_{1n}(s) \\ Z_{21}(s) & Z_{22}(s) & \cdots & Z_{2n}(s) \\ \cdots & \cdots & \cdots & \cdots \\ Z_{n1}(s) & Z_{n2}(s) & \cdots & Z_{nn}(s) \end{bmatrix} \begin{bmatrix} I_1(s) \\ I_2(s) \\ \cdots \\ I_n(s) \end{bmatrix} = \begin{bmatrix} V_{S1}(s) \\ V_{S2}(s) \\ \cdots \\ V_{Sn}(s) \end{bmatrix} \quad \text{V} \tag{13.6.26a}$$

或

$$[Z(s)][I(s)] = [V_S(s)] \quad \text{V} \tag{13.6.26b}$$

式中$I_i(s)$, $i=1,2,\cdots,n$。$I_i(s)$代表第 $i$ 個迴路的電流變數, 一般選擇全部的迴路電流均以逆時鐘方向爲基準, 但也可依讀者喜好或電路處理的方便性來選擇。$Z_{ii}(s)$, $i=1,2,\cdots,n$。$Z_{ii}(s)$代表第 $i$ 個迴路電流 $I_i(s)$所遇到元件的阻抗總和, 稱爲該迴路的自阻抗 (self impedance)。$Z_{ij}(s)$, $i=1,2,\cdots,n$, $j=1,2,\cdots,n$, 且 $i\neq j$。$Z_{ij}(s)$代表第 $i$ 個迴路電流 $I_i(s)$與第 $j$ 個迴路電流 $I_j(s)$所共同遇到元件的阻抗總和的負值, 稱爲這兩個迴路的共阻抗(common impedance)或互阻抗(mutual impedance)。$V_{Si}(s)$, $i=1,2,\cdots,n$。$V_{Si}(s)$代表第 $i$ 個 迴路內電壓源之總電壓和, 其極性以驅動$I_i(s)$流動爲正號, 反對$I_i(s)$流動爲負號。此部份包含了外加電源以及電感器與電容器初值條件所構成的項。

**⑵拉氏轉換後的節點電壓方程式**

假設一個電路含有 $m+1$ 個節點, 不含任何相依或受控電源, 且獨立電源均爲電流源, 若選定其中一個節點爲該電路的共同參考點, 以剩下的 $m$ 個節點對參考點的相對電壓做爲變數, 則其節點電壓方程式可表示爲:

$$\begin{bmatrix} Y_{11}(s) & Y_{12}(s) & \cdots & Y_{1m}(s) \\ Y_{21}(s) & Y_{22}(s) & \cdots & Y_{2m}(s) \\ \cdots & \cdots & \cdots & \cdots \\ Y_{m1}(s) & Y_{m2}(s) & \cdots & Y_{mm}(s) \end{bmatrix} \begin{bmatrix} V_1(s) \\ V_2(s) \\ \cdots \\ V_m(s) \end{bmatrix} = \begin{bmatrix} I_{S1}(s) \\ I_{S2}(s) \\ \cdots \\ I_{Sm}(s) \end{bmatrix} \quad \text{A} \tag{13.6.27a}$$

或

$$[Y(s)][V(s)] = [I_S(s)] \quad \text{A} \tag{13.6.27b}$$

式中$V_i(s)$，$i=1,2,\cdots,m$。$V_i(s)$代表第 $i$ 個節點對參考點的電壓變數，第 $i$ 個節點電壓為正端，參考點為負端。$Y_{ii}(s)$，$i=1,2,\cdots,m$。$Y_{ii}(s)$代表與第 $i$ 個節點連接元件的總導納和，稱為該節點的自導納（self admittance）。$Y_{ij}(s)$，$i=1,2,\cdots,m$，$j=1,2,\cdots,m$，且 $i\neq j$。$Y_{ij}(s)$代表第 $i$ 個節點與第 $j$ 個節點共同連接元件之導納總和的負值，稱為這兩個節點的共導納（common admittance）或互導納（mutual admittance）。$I_{Si}(s)$，$i=1,2,\cdots,m$。$I_{Si}(s)$代表第 $i$ 個節點所連接電流源之電流總和，以注入該節點為正號，流出該節點為負號。此部份包含了外加電源以及由電感器與電容器初值條件所構成的項。

由以上的方程式得知，只要電路中不含任何相依電源，電路元件在經過拉氏轉換等效電路取代後，便可以直接利用上面的（13.6.26）式或（13.6.27）式處理，接著利用魁雷瑪法則計算待求變數之表示式，然後再取反拉氏轉換，即可得到時域下的結果。若在迴路電流分析法中，某一個迴路含有獨立電流源時，可以假設通過該電流源的迴路電流與電流源的值相同，如此便可以減少一個電流變數。相同的，若在節點電壓分析法中，某節點與參考點間含有獨立電壓源時，可以假設跨在該電壓源兩端的節點電壓與電壓源的值相同，如此也可以減少一個電壓變數。這些分析方法的技巧，請參考本書在直流電路與弦波穩態電路中有關這兩個分析的說明。

## 13.7 螺旋式相量對含有阻尼之弦波輸入電路分析

在第六章～第八章中的弦波穩態電路分析中，是以相量的方式來分析交流電路的特性，此種相量也稱爲旋轉相量(the rotating phasor)，因爲不論是正弦波或是餘弦波訊號均可用指數的關係表示:

$$f(t)=\sqrt{2}F_{rms}\cdot\sin(\omega t+\theta°)=\sqrt{2}F_{rms}\cdot\mathrm{Im}\{\varepsilon^{j(\omega t+\theta°)}\}$$

$$=\sqrt{2}F_{rms}\cdot\mathrm{Im}\ \{\varepsilon^{j\omega t}\varepsilon^{j\theta°}\} \quad (13.7.1)$$

或

$$f(t)=\sqrt{2}F_{rms}\cdot\cos(\omega t+\theta°)=\sqrt{2}F_{rms}\cdot\mathrm{Re}\{\varepsilon^{j(\omega t+\theta°)}\}$$

$$=\sqrt{2}F_{rms}\cdot\mathrm{Re}\{\varepsilon^{j\omega t}\varepsilon^{j\theta°}\} \quad (13.7.2)$$

式中 $F_{rms}$代表弦波函數$f(t)$之有效值或均方根值。(13.7.1) 式與 (13.7.2) 式兩式均可改用下面的相量表示:

$$\mathbf{F}=F_{rms}\angle\theta° \quad (13.7.3)$$

在 (13.7.3) 式中雖然只有採用均方根值 $F_{rms}$與相角 $\theta°$來表示相量，但是事實上整個電路受到電源頻率的影響，該相量是以角速度 $\omega$ 以及逆時鐘的方向在複數平面上旋轉，亦即將相量 $\mathbf{F}$ 乘以 $\varepsilon^{j\omega t}$，就是它的複數平面上旋轉的情形，其旋轉軌跡可如圖 13.7.1 所示的圓。

在圖 13.7.1 中，投影在實數軸上的量，就是 (13.7.2) 式的關係，投影在虛數軸上的量，就是 (13.7.1) 式的關係，這兩個實數與虛數的量隨著時間 $t$ 的增加不斷地改變，但是由於指數 $\varepsilon^{j\omega t}$的大小恆爲 1，亦即:

$$|\varepsilon^{j\omega t}|=|\cos\omega t+j\sin\omega t|=\sqrt{\cos^2(\omega t)+\sin^2(\omega t)}=1 \quad (13.7.4)$$

因此 $\mathbf{F}\varepsilon^{j\omega t}$之旋轉半徑大小並不隨時間$t$ 之增加而變，其值恆爲 $F_{rms}$的大小，沿著圖 13.7.1 之圓周軌跡逆時鐘前進，此種現象因而稱爲旋轉相量。若令 $s=j\omega$，則在複數平面上的旋轉相量可表示爲:

**圖 13.7.1 旋轉相量在複數平面上的關係**

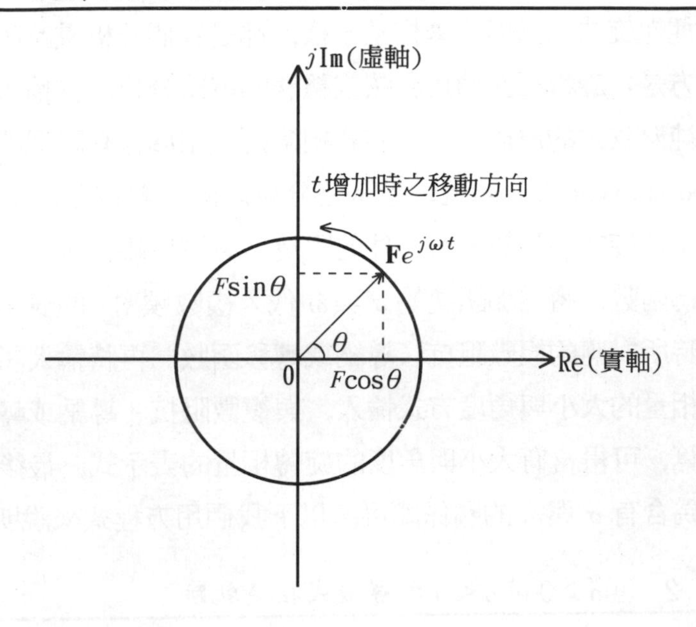


$$\mathbf{F}\varepsilon^{j\omega t} = \mathbf{F}\varepsilon^{st} \tag{13.7.5}$$

然而在拉氏轉換式中，複數頻率定義為：$s = \sigma + j\omega$，因此只要令（13.7.5）式中複數頻率 $s$ 的實部 $\sigma$ 為 0，就可表示在弦波穩態下的旋轉相量關係。但是當 $\sigma \neq 0$ 時，原圖 13.7.1 之固定半徑之圓形軌跡旋轉相量就不再成立，其軌跡之變化就要依照 $\sigma$ 的正值或負值以及大小量來決定，讓我們先看一看將 $s = \sigma + j\omega$ 代入（13.7.5）式等號右側旋轉相量的關係式的結果：

$$\mathbf{F}\varepsilon^{st} = \mathbf{F}\varepsilon^{(\sigma + j\omega)t} = \mathbf{F}\varepsilon^{j\omega t} \cdot \varepsilon^{\sigma t} \tag{13.7.6}$$

式中第二個等號右側第一項 $\mathbf{F}\varepsilon^{j\omega t}$ 與（13.7.5）式等號左側完全相同，也是如圖 13.7.1 所示，為一個隨時間 $t$ 的增加而以固定半徑的圓周為軌跡的逆時鐘旋轉相量，這個以圓為軌跡的量乘上 $\varepsilon^{\sigma t}$ 後，卻變成類似蝸牛外殼的螺旋形狀。因為當 $\sigma > 0$ 時，$\varepsilon^{\sigma t}$ 會隨時間 $t$ 的增加而變大，（13.7.6）式就會變成圖 13.7.2(a)所示的螺旋放大軌跡；當 $\sigma < 0$ 時，$\varepsilon^{\sigma t}$ 會隨時間 $t$ 的增加而變小，（13.7.6）式就會變成圖 13.7.2(b)所示的螺旋縮小軌跡，這樣的相量我們稱為螺旋式相量（spiraling phasor)，有別於 $\sigma=0$ 時的旋轉相量。

這種螺旋式相量與旋轉相量一樣，都是我們分析電路的工具，不同的地方是：旋轉相量適用於弦波穩態的電路分析，其輸入訊號爲純正弦或純餘弦式的波形；而螺旋式相量則適用於含有阻尼的弦式波形（damped sinusoidals）訊號輸入電路分析。兩者對電路的處理方式類似，只是螺旋式相量對電路元件的阻抗、導納或轉移函數，須以複數頻率 $s$ 爲函數，將外加訊號的 $\sigma$ 與 $\omega$ 代入複數頻率 $s$ 的表示式中，可求得此時所對應的複數阻抗、導納或轉移函數。再將輸入訊號改以類似旋轉相量的大小與角度方式輸入，與複數阻抗、導納或轉移函數做複數運算，可得含有大小與角度的旋轉相量的表示式，最後將此表示式還原爲含有 $\sigma$ 與 $\omega$ 的關係即可。以下我們用方程式來說明。

圖 13.7.2 (a)$\sigma>0$(b) $\sigma<0$ 之螺旋式相量軌跡

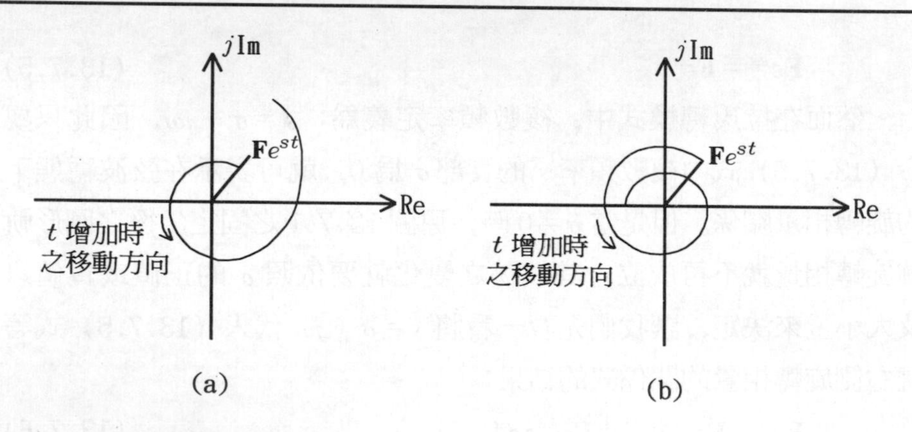


假設一個電路的輸入訊號 $e(t)$ 爲含有阻尼的弦式波形，其表示式爲：

$$e(t)=E_m\varepsilon^{\sigma t}\sin(\omega t+\theta_E{}^{\circ})=\mathrm{Im}\{E_m\varepsilon^{\sigma t}\varepsilon^{j(\omega t+\theta_E{}^{\circ})}\}$$

$$=\mathrm{Im}\{E_m\varepsilon^{j\theta_E{}^{\circ}}\cdot\varepsilon^{\sigma+j\omega}\}=\mathrm{Im}\{\mathbf{E}\varepsilon^{st}\} \tag{13.7.7}$$

或

$$e(t)=E_m\varepsilon^{\sigma t}\cos(\omega t+\theta_E{}^{\circ})=\mathrm{Re}\{E_m\varepsilon^{\sigma t}\varepsilon^{j(\omega t+\theta_E{}^{\circ})}\}$$

$$=\mathrm{Re}\{E_m\varepsilon^{j\theta_E{}^{\circ}}\cdot\varepsilon^{\sigma+j\omega}\}=\mathrm{Re}\{\mathbf{E}\varepsilon^{st}\} \tag{13.7.8}$$

式中 $\mathbf{E}=E_m\varepsilon^{j\theta_E^\circ}=E_m\underline{/\theta_E}^\circ$與一般的旋轉相量表示相同，而複數頻率 $s=\sigma+j\omega$。注意：$E_m$ 爲 $e(t)$之峰值，與弦波穩態分析不同，但也可取 $E_{rms}$之量。令輸出訊號對輸入訊號的比值（或稱爲轉移函數或網路函數）爲$H(s)=|H(s)|\underline{/H(s)}$，則輸出訊號相量 $R$ 爲：

$$R=R_m\underline{/\theta_R^\circ}=H(s)E=|H(s)|\underline{/H(s)}\cdot E_m\underline{/\theta_E^\circ} \quad (13.7.9)$$

式中

$$R_m=|H(s)|\cdot E_m \quad (13.7.10)$$

$$\theta_R^\circ=\underline{/H(s)}+\theta_E^\circ \quad (13.7.11)$$

分別爲輸出響應訊號的大小與相位，而複數頻率$s$須以外加訊號 $e(t)$ 之 $s=\sigma+j\omega$ 值取代。

由（13.7.9）式～(13.7.11)式知，輸出訊號相量 $R$ 之複數頻率 $s$ 與輸入訊號相同，且其輸出訊號的大小與相位須經由將輸入訊號的大小與相角與複數值$H(s)$相乘而得。

當由（13.7.9）式求得輸出訊號的大小與相位後，可以按照(13.7.7)式或(13.7.8)式之輸入弦波函數的差異，還原爲適當的弦波響應，若輸入訊號爲（13.7.7）式的含阻尼正弦波，則輸出響應爲：

$$r(t)=R_m\varepsilon^{\sigma t}\sin(\omega t+\theta_R^\circ) \quad (13.7.12)$$

若輸入訊號爲（13.7.8）式的含阻尼餘弦波時，則輸出響應爲：

$$r(t)=R_m\varepsilon^{\sigma t}\cos(\omega t+\theta_R^\circ) \quad (13.7.13)$$

**【例 13.7.1】** 一個簡單的並聯 $RLC$ 電路，其元件數值分別爲：$R=1\ \Omega$，$L=1$ mH，$C=1\ \mu$F，該電路兩端接到一個含有阻尼的弦波電壓源，其函數表示爲：

$$v_S(t)=100\varepsilon^{-0.2t}\cos(10^4t+20^\circ)\quad \text{V}$$

試求：(a)由該電源看到的電路導納值。(b)該電壓源注入電路的電流函數表示式。

【解】 (a) $Y_R(s)=\dfrac{1}{R}=1\ \text{S}$

$$Y_L(s)=\frac{1}{(sL)}=\frac{1}{(s\cdot 10^{-3})}\quad \text{S}$$

$$Y_C(s)=sC=s\cdot 10^{-6}\quad \text{S}$$

$$Y_T(s)=Y_R(s)+Y_L(s)+Y_C(s)=1+\frac{1}{(s\cdot 10^{-3})}+s\cdot 10^{-6}\quad \text{S}$$

令$s=-0.2+j10^4$，代入$Y_T(s)$，可得:

$$Y_T(-0.2+j10^4)=1+\frac{1}{10^{-3}(-0.2+j10^4)}+(-0.2+j10^4)\cdot 10^{-6}$$

$$=1+\frac{10^3(-0.2-j10^4)}{[(0.2)^2+(10^4)^2]}+(-0.2\cdot 10^{-6}+j10^{-2})$$

$$=1+(2\cdot 10^{-6}-j0.1)+(-2\cdot 10^{-7}+j10^{-2})$$

$$=1.0000018-j0.09$$

$$=1.0040436\underline{\angle -5.142^\circ}\quad \text{S}$$

(b) $I=Y_TV=1.0040436\underline{\angle -5.142^\circ}\cdot 100\underline{\angle 20^\circ}$

$$=100.40436\underline{\angle 14.858^\circ}\quad \text{A}$$

故$i(t)=100.40436\varepsilon^{-0.2t}\cos(10^4t+14.858^\circ)\quad \text{A}$ ◎

# 第十四章　網路函數與三端、四端網路以及雙埠網路

本章將介紹電路上常用的網路函數，它代表了一個電路輸出訊號對輸入訊號的關係，它可以在時域下分析，也可以在弦波穩態下分析，綜合前面兩者的分析情形，我們當然也可以在複數頻率 $s$ 下做分析，因此本章應該是在直流、交流弦波穩態以及拉氏轉換等章節詳細瞭解後的一個綜合分析結果。爲了讓讀者方便閱讀起見，在內容上也分爲直流、交流弦波穩態以及拉氏轉換複數頻率下的不同情況逐一介紹，使讀者能由淺入深地將網路函數應用於不同的電路上。

由網路函數所衍生的網路，一般分爲三端網路、四端網路以及雙埠網路，除了三端網路與四端網路可分別由網路的三個端點與四個端點觀察外，雙埠網路雖然也是四個端點的網路，但是它的定義比較嚴格，還必須確認每一個埠的電流出入是否相等的關係。以上這些網路的網路函數可由其不同端點電壓與電流的關係，決定出不同種類的網路函數，例如會有開路阻抗參數、短路導納參數、混合參數、反混合參數、傳輸參數、反傳輸參數等基本的六種不同網路函數，這些網路參數與它們間的相互轉換關係以及網路的不同連接，都將在各節中一一做介紹。

## 14.1 網路函數的定義

### 14.1.1 時域分析

若一個網路單一個輸入訊號爲$e(t)$，其單一個輸出訊號爲$r(t)$，則輸入與輸出訊號的關係可由下式表示：

$$r(t)=He(t) \tag{14.1.1a}$$

$$H=\frac{r(t)}{e(t)} \tag{14.1.1b}$$

式中$e(t)$的英文字$e$代表激勵（excitation）$r(t)$的英文字$r$代表響應（response），$H$在（14.1.1b）式中代表了輸出訊號對輸入訊號的比值，稱爲轉移函數（transfer function），也稱爲網路函數（network function）。（14.1.1a）式則說明了只要將輸入訊號乘以網路函數，即可得到輸出訊號。

要決定一個電路的網路函數，一般依照下面的數個步驟來進行：

(1)確認以那一個訊號爲輸入$e(t)$。

(2)確認以那一個訊號爲輸出$r(t)$。

(3)利用電路基本理論，如KVL或KCL等方法，由選定的輸入訊號$e(t)$，決定輸出訊號$r(t)$。

(4)將輸出訊號$r(t)$以輸入訊號$e(t)$的關係式表示，再由$r(t)$對$e(t)$之比值決定轉移函數或網路函數$H$。

**【例 14.1.1】** 一個電壓源$v_S(t)$跨在一個電阻器$R$的兩端，由電壓正端通過該電阻器的電流爲$i_R(t)$，以電壓源$v_S(t)$爲輸入訊號$e(t)$，$i_R(t)$做爲輸出訊號，求網路函數。

**【解】** 由歐姆定理知：

$$i_R(t)=\frac{v_S(t)}{R}\quad \text{A}$$

則網路函數爲:

$$H=\frac{i_R(t)}{v_S(t)}=\frac{1}{R}$$

單位是姆歐或S。 ◎

**【例 14.1.2】** 若將例 14.1.1 中的電阻器 $R$ 改爲 $n$ 個電阻器 $R_1$、$R_2$、…、$R_n$ 的串聯，以第 $i$ 個電阻器 $R_i$ 兩端的電壓 $v_i(t)$ 爲輸出訊號，求網路函數。

**【解】** 利用分壓器法則可以求得 $v_i(t)$ 之值爲:

$$v_i(t)=\frac{R_i\cdot v_S(t)}{(R_1+R_2+\cdots+R_n)}\quad \text{V}$$

故其網路函數爲:

$$H=\frac{v_i(t)}{v_S(t)}=\frac{R_i}{(R_1+R_2+\cdots+R_n)}$$

$H$ 是一個沒有單位的量。 ◎

## 14.1.2　弦波穩態分析

若一個網路單一個輸入爲弦波訊號，以相量表示爲 **E**，其單一個輸出弦波訊號以相量表示爲 **R**，則輸入與輸出訊號的關係可由下式表示:

$$\mathbf{R}=\overline{H}\mathbf{E} \tag{14.1.2a}$$

$$\overline{H}=\frac{\mathbf{R}}{\mathbf{E}} \tag{14.1.2b}$$

式中 $\overline{H}$ 在（14.1.2b）式中代表了輸出訊號相量 **R** 對輸入訊號相量 **E** 的比值，稱爲弦波穩態下的網路函數或轉移函數，它是一個複數而非相量。(14.1.2a）式則說明了只要將輸入訊號相量乘以弦波穩態下的網路函數，即可得到輸出訊號相量。

【例 14.1.3】一個電流源相量 $\mathbf{I}_S$ 流過一個阻抗負載阻抗 $\overline{Z}_L$，其兩端的電壓相量爲 $\mathbf{V}$，若以電流源相量 $\mathbf{I}_S$ 爲輸入訊號相量，兩端的電壓相量 $\mathbf{V}$ 爲輸出訊號相量，求網路函數。

【解】利用輸出的電壓相量除以輸入的電流相量可得網路函數爲：

$$\overline{H}=\frac{\mathbf{V}}{\mathbf{I}_S}=\overline{Z}_L \quad \Omega$$

◎

【例 14.1.4】若將例 14.1.3 的負載阻抗 $\overline{Z}_L$ 改爲 $m$ 個導納 $\overline{Y}_1$、$\overline{Y}_2$、…、$\overline{Y}_m$ 並聯，以通過第 $j$ 個導納的電流相量 $\mathbf{I}_j$ 爲輸出，求其網路函數。

【解】由分流器法則求得第 $j$ 個導納的電流相量 $\mathbf{I}_j$ 爲：

$$\mathbf{I}_j=\frac{\overline{Y}_j\cdot\mathbf{I}_S}{(\overline{Y}_1+\overline{Y}_2+\cdots+\overline{Y}_m)} \quad \text{A}$$

故其網路函數爲：

$$\overline{H}=\frac{\mathbf{I}_j}{\mathbf{I}_S}=\frac{\overline{Y}_j}{(\overline{Y}_1+\overline{Y}_2+\cdots+\overline{Y}_m)}$$

◎

### 14.1.3 複數頻率下的分析

若一個網路單一個輸入的訊號爲 $E(s)$，其單一個輸出訊號爲 $R(s)$，則輸入與輸出訊號的關係可由下式表示：

$$R(s)=H(s)E(s) \tag{14.1.3a}$$

$$H(s)=\frac{R(s)}{E(s)} \tag{14.1.3b}$$

式中在(14.1.3b)式中代表了輸出訊號 $R(s)$ 對輸入訊號相量 $E(s)$ 的比值，稱爲一般化的網路函數（generalized network function），它是一個複數頻率 $s$ 的函數，(14.1.3a) 式則說明了只要將輸入訊號乘以一般化的網路函數，即可得到輸出訊號。

(14.1.3) 式中的 $E(s)$ 也可以是將時域的輸入訊號 $e(t)$ 取拉氏

轉換後的表示式，則$R(s)$就是不考慮初值條件時網路零態響應的拉氏轉換式。這些拉氏轉換的結果均可以用多項式表示如下：

$$H(s)=\frac{R(s)}{E(s)}=\frac{R_n s^n+R_{n-1}s^{n-1}+\cdots+R_1 s+R_0}{E_m s^m+E_{m-1}s^{m-1}+\cdots+E_1 s+E_0} \quad (14.1.4a)$$

$$=K\frac{(s-z_1)(s-z_2)\cdots(s-z_n)}{(s-p_1)(s-p_2)\cdots(s-p_m)} \quad (14.1.4b)$$

式中表示了$E(s)$可以用 $m$ 階的多項式表示，令$E(s)=0$ 可以解得 $m$ 個網路函數的極點$p_1$、$p_2$、…、$p_m$；$R(s)$可以用 $n$ 階的多項式表示，令$R(s)=0$ 可以解得 $n$ 個網路函數的零點$z_1$、$z_2$、…、$z_n$，$K$ 則是$R(s)/E(s)$所提出的常數，$s$ 則是複數頻率：$s=\sigma+j\omega$。

讓我們回顧一下拉氏轉換式中，脈衝函數（impulse function）$\delta(t)$ 的拉氏轉換結果：

$$\mathscr{L}[\delta(t)]=1 \quad (14.1.5)$$

若一個網路以脈衝函數爲輸入訊號，則$e(t)=\delta(t)$，故$E(s)=\mathscr{L}[\delta(t)]=1$，代入（14.1.3a）式，可得：

$$R(s)=H(s)E(s)=H(s)\cdot 1=H(s) \quad (14.1.6)$$

由於前面提過當$E(s)$是將時域的輸入訊號$e(t)$取拉氏轉換後的表示式時，$R(s)$就是不考慮初值條件時網路零態響應的拉氏轉換式，因此取（14.1.6）式之反拉氏轉換，可得網路的零態響應如下：

$$r(t)=\mathscr{L}^{-1}[R(s)]=\mathscr{L}^{-1}[H(s)]=h(t) \quad (14.1.7)$$

式中$h(t)$稱爲網路的脈衝響應（impulse response），代表當輸入訊號爲脈衝函數時，輸出端的響應訊號。

**【例 14.1.5】** 一個簡單的 $RC$ 並聯電路，由一個電流源$i_S(t)$爲其激勵輸入，以並聯 $RC$ 兩端電壓 $v(t)$爲輸出，已知 $R=1\ \Omega$、$C=1$ F，求該網路之脈衝響應。

**【解】** 該電路之網路函數爲：

$$H(s)=\frac{V(s)}{I_S(s)}=\frac{[1/(sC)]\cdot R}{R+[1/(sC)]}=\frac{R}{1+R(sC)}=\frac{1}{1+s}$$

故其脈衝響應為:

$$h(t)=\mathscr{L}^{-1}[H(s)]=\mathscr{L}^{-1}\left[\frac{1}{1+s}\right]=\varepsilon^{-t}u(t)$$ ◎

### 14.1.4 轉移函數在迴路電流方程式的直接求法

在電路以迴路電流為變數所寫出的方程式中，可以配合魁雷瑪法則，求出某迴路電流對特定輸入的獨立電壓源或電流源的轉移函數，請看以下的說明。

假設一個電路含有 $m$ 個網目，我們可以假設該電路含有 $m$ 個迴路電流分別流過這些網目，其方向可以依順時鐘的方向選定（或由求解電路的方便選定）。假設該電路含有 $p$ 個獨立電壓源，$q$ 個獨立電流源，所有相依電源的方程式關係均以迴路電流的變數表示，因此所寫出的 $m$ 個聯立方程式可用矩陣表示如下（一般 $p+q\geq m$，若 $p+q=m$ 時有唯一解，若 $p+q>m$ 時仍可簡化為 $m$ 個方程式):

$$\begin{bmatrix} T_{11} & T_{12} & \cdots & T_{1n} & \cdots & T_{1m} \\ T_{21} & T_{22} & \cdots & T_{2n} & \cdots & T_{2m} \\ \cdots & \cdots & \cdots & \cdots & \cdots & \cdots \\ T_{n1} & T_{n2} & \cdots & T_{nm} & \cdots & T_{nm} \\ \cdots & \cdots & \cdots & \cdots & \cdots & \cdots \\ T_{m1} & T_{m2} & \cdots & T_{mm} & \cdots & T_{mm} \end{bmatrix}\begin{bmatrix} I_1 \\ \cdots \\ \cdots \\ I_n \\ \cdots \\ I_m \end{bmatrix}=\begin{bmatrix} S_1 \\ \cdots \\ V_{Sp} \\ I_{S1} \\ \cdots \\ I_{Sq} \end{bmatrix} \quad (14.1.8)$$

式中 $T_{ij}$，$i$、$j=1, 2, \cdots, m$，均為常數係數；$I_i$，$i=1, 2, \cdots, m$，為迴路電流變數；$V_{Si}$，$i=1, 2, \cdots, p$ 為獨立電壓源；$I_{Sj}$，$j=1, 2, \cdots, q$ 為獨立電流源。

當以（14.1.8）式的表示式，利用魁雷瑪法則求迴路電流變數 $I_n$，$n=1, 2, \cdots, m$ 時，其表示式應如下所示:

$$I_n = \begin{vmatrix} T_{11} & T_{12} & \cdots & V_{S1} & \cdots & T_{1m} \\ T_{21} & T_{22} & \cdots & \cdots & \cdots & T_{2m} \\ \cdots & \cdots & \cdots & V_{Sp} & \cdots & \cdots \\ T_{n1} & T_{n2} & \cdots & I_{S1} & \cdots & T_{nm} \\ \cdots & \cdots & \cdots & \cdots & \cdots & \cdots \\ T_{m1} & T_{m2} & \cdots & I_{Sq} & \cdots & T_{mm} \end{vmatrix} \frac{1}{\Delta} \tag{14.1.9}$$

第 $n$ 行

式中

$$\Delta = \begin{vmatrix} T_{11} & T_{12} & \cdots & T_{1n} & \cdots & T_{1m} \\ T_{21} & T_{22} & \cdots & T_{2n} & \cdots & T_{2m} \\ \cdots & \cdots & \cdots & \cdots & \cdots & \cdots \\ T_{n1} & T_{n2} & \cdots & T_{nn} & \cdots & T_{nm} \\ \cdots & \cdots & \cdots & \cdots & \cdots & \cdots \\ T_{m1} & T_{m2} & \cdots & T_{mn} & \cdots & T_{mm} \end{vmatrix} \tag{14.1.10}$$

(14.1.9) 式中的分子行列式值，可以由第 $n$ 行的各個元素值，乘以其餘因子 (cofactor) 而得，而第 $n$ 行的各個元素值恰爲 $p$ 個獨立電壓源與 $q$ 個獨立電流源的值，這也是該電路的輸入訊號。將迴路電流 $I_n$ 以這些獨立電壓源與電流源的關係表示如下：

$$I_n = \frac{1}{\Delta}(\underbrace{\Delta_{1n}\cdot V_{S1} + \Delta_{2n}\cdot V_{S2} + \cdots + \Delta_{pn}\cdot V_{Sp} +}_{p\ 項}$$

$$\underbrace{\Delta_{(p+1),n}\cdot I_{S1} + \Delta_{(p+2),n}\cdot I_{S2} + \cdots + \Delta_{mn}\cdot I_{Sq})}_{q\ 項}$$

$$= \underbrace{\frac{\Delta_{1n}}{\Delta}\cdot V_{S1} + \frac{\Delta_{2n}}{\Delta}\cdot V_{S2} + \cdots + \frac{\Delta_{pn}}{\Delta}\cdot V_{Sp} +}_{p\ 項}$$

$$\underbrace{\frac{\Delta_{(p+1),n}}{\Delta}\cdot I_{S1}+\frac{\Delta_{(p+2),n}}{\Delta}\cdot I_{S2}+\cdots+\frac{\Delta_{mn}}{\Delta}\cdot I_{Sq}}_{q\text{ 項}} \quad (14.1.11)$$

式中 $\Delta_{ij}$爲扣除（14.1.10）式行列式 Δ 之第 $i$ 列第 $j$ 行後，再乘以 $(-1)^{i+j}$所得的結果。

當我們希望找到迴路電流 $I_n$ 之響應或輸出與某一個輸入獨立電源間的轉移函數時，只要令其他的獨立電源關閉（獨立電壓源短路，獨立電流源開路）即可，而其轉移函數可由下式表示：

$$H=\frac{I_n}{V_{Sj}\text{ or }I_{Sj}}=\frac{\Delta_{jn}}{\Delta} \quad (14.1.12)$$

式中⑴若分母爲 $V_{Sj}$，且 $n=j$，則 $H$ 爲驅動點導納；

⑵若分母爲 $V_{Sj}$，且 $n\neq j$，則 $H$ 爲轉移導納；

⑶若分母爲 $I_{Sj}$，且 $n\neq j$，則 $H$ 爲電流轉移函數。

**【例 14.1.6】** 如圖 14.1.1 所示之簡單兩迴路電路，其迴路電流分別爲 $i_1$ 與 $i_2$，試求電流 $i_1$ 對電壓源 $V_{S1}$與 $V_{S2}$之轉移函數。

圖 14.1.1 例 14.1.6 之電路

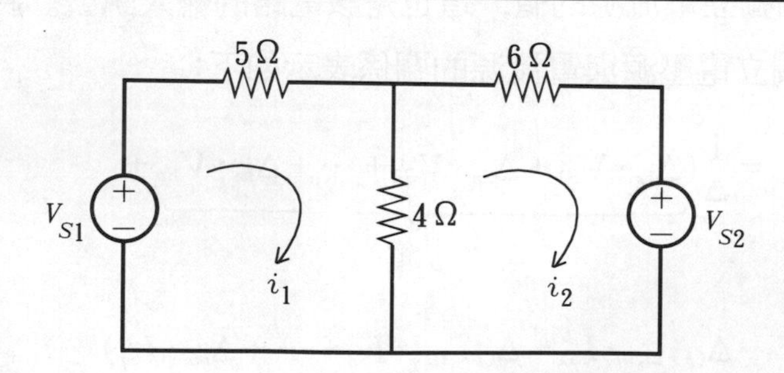


**【解】** 兩迴路方程式分別如下：

$$\begin{cases}(5+4)i_1+(-4)i_2=V_{S1} \quad \text{或} \quad 9i_1-4i_2=V_{S1}\\(-4)i_1+(6+4)i_2=-V_{S2} \quad \text{或} \quad -4i_1+10i_2=-V_{S2}\end{cases}$$

$$\Delta=\begin{vmatrix} 9 & -4 \\ -4 & 10 \end{vmatrix}=9\cdot 10-(-4)\cdot(-4)=90-16=74$$

(1)$\dfrac{i_1}{V_{S1}}=\dfrac{\Delta_{11}}{\Delta}=\dfrac{1}{74}(-1)^{1+1}|10|=\dfrac{10}{74}$

(此答案可由將 $V_{S2}$短路後，由 $V_{S1}$兩端向右看入之電導值而得，故該值爲驅動點導納：$1/[5+(4/6)]=10/74$ S。)

(2)$\dfrac{i_1}{-V_{S2}}=\dfrac{\Delta_{21}}{\Delta}=\dfrac{1}{74}(-1)^{2+1}|-4|=\dfrac{4}{74}$，故$\dfrac{i_1}{V_{S2}}=\dfrac{-4}{74}$

**註：本例雖然是一個電阻性電路的分析，只要將電阻器改爲阻抗，電源改爲弦波電壓源，電流變數改爲相量，則本例就可改用於弦波穩態分析。若將電阻器改爲複數頻率下的阻抗，電源改爲拉氏轉換後的電壓源，電流變數改爲複數頻率下的量，則本例就可改用於複數頻率的轉移函數分析。** ◎

## 14.1.5 轉移函數在節點電壓方程式的直接求法

與迴路電流法相對應的情形，在電路以節點電壓爲變數所寫出的方程式中，也可以配合魁雷瑪法則，求出某節點電壓對特定輸入的獨立電壓源或電流源的轉移函數，如以下的說明。

假設一個電路含有 $n+1$ 個節點，我們可以假設該電路含有一個零電位的參考點與對應於該參考點的 $n$ 個節點電壓變數。假設該電路也含有 $p$ 個獨立電壓源，$q$ 個獨立電流源，所有相依電源的方程式關係均以 $n$ 個節點電壓變數表示，因此所寫出的 $n$ 個聯立方程式可矩陣表示如下（一般 $p+q\geq n$，若 $p+q=n$ 時有唯一解，若 $p+q>n$ 時仍可簡化爲 $n$ 個方程式)：

$$\begin{bmatrix} U_{11} & U_{12} & \cdots & U_{1m} & \cdots & U_{1n} \\ U_{21} & U_{22} & \cdots & U_{2m} & \cdots & U_{2n} \\ \cdots & \cdots & \cdots & \cdots & \cdots & \cdots \\ U_{m1} & U_{m2} & \cdots & U_{mm} & \cdots & U_{mn} \\ \cdots & \cdots & \cdots & \cdots & \cdots & \cdots \\ U_{n1} & U_{n2} & \cdots & U_{nm} & \cdots & U_{nn} \end{bmatrix} \begin{bmatrix} V_1 \\ V_2 \\ \cdots \\ V_m \\ \cdots \\ V_n \end{bmatrix} = \begin{bmatrix} V_{S1} \\ \cdots \\ V_{Sp} \\ I_{S1} \\ \cdots \\ I_{Sq} \end{bmatrix} \tag{14.1.13}$$

式中$U_{ij}$, $i$、$j=1, 2, \cdots, n$, 均爲常數係數；$V_i$, $i=1, 2, \cdots, n$, 爲第$i$個節點對應於參考點的節點電壓變數；$V_{Si}$, $i=1, 2, \cdots, p$, 爲第 $i$ 個獨立電壓源；$I_{Sj}$, $j=1, 2, \cdots, q$, 爲第 $j$ 個獨立電流源。

當以 (14.1.13) 式的表示式，利用魁雷瑪法則，求第 $m$ 個節點對參考點的電壓變數 $V_m$, $m=1, 2, \cdots, n$ 時，其表示式應如下所示：

$$V_m = \begin{vmatrix} U_{11} & U_{12} & \cdots & V_{S1} & \cdots & U_{1n} \\ U_{21} & U_{22} & \cdots & \cdots & \cdots & U_{2n} \\ \cdots & \cdots & \cdots & V_{Sp} & \cdots & \cdots \\ U_{m1} & U_{m2} & \cdots & I_{S1} & \cdots & U_{mn} \\ \cdots & \cdots & \cdots & \cdots & \cdots & \cdots \\ U_{n1} & U_{n2} & \cdots & I_{Sq} & \cdots & U_{nn} \end{vmatrix} \frac{1}{\Delta} \tag{14.1.14}$$

第 $m$ 行

式中

$$\Delta = \begin{vmatrix} U_{11} & U_{12} & \cdots & U_{1m} & \cdots & U_{1n} \\ U_{21} & U_{22} & \cdots & U_{2m} & \cdots & U_{2n} \\ \cdots & \cdots & \cdots & \cdots & \cdots & \cdots \\ U_{m1} & U_{m2} & \cdots & U_{mm} & \cdots & U_{mn} \\ \cdots & \cdots & \cdots & \cdots & \cdots & \cdots \\ U_{n1} & U_{n2} & \cdots & U_{nm} & \cdots & U_{nn} \end{vmatrix} \tag{14.1.15}$$

(14.1.14) 式中的分子行列式值，可以由第 $m$ 行的各個元素值，乘以其餘因子而得，而第 $m$ 行的各個元素值恰為 $p$ 個獨立電壓源與 $q$ 個獨立電流源的值，這也是該電路的輸入訊號。將節點電壓 $V_m$ 以這些獨立電壓源與獨立電流源的關係表示如下：

$$
\begin{aligned}
V_m &= \frac{1}{\Delta}\ (\underbrace{\Delta_{1m}V_{S1}+\Delta_{2m}V_{S2}+\cdots+\Delta_{pm}V_{Sp}}_{p\text{ 項}}+\\
&\qquad \underbrace{\Delta_{(p+1),m}I_{S1}+\Delta_{(p+2),m}I_{S2}+\cdots+\Delta_{nm}I_{Sq})}_{q\text{ 項}}\\
&= \underbrace{\frac{\Delta_{1m}}{\Delta}V_{S1}+\frac{\Delta_{2m}}{\Delta}V_{S2}+\cdots+\frac{\Delta_{pm}}{\Delta}V_{Sp}}_{p\text{ 項}}+\\
&\qquad \underbrace{\frac{\Delta_{(p+1),m}}{\Delta}I_{S1}+\frac{\Delta_{(p+2),m}}{\Delta}I_{S2}+\cdots+\frac{\Delta_{nm}}{\Delta}I_{Sq}}_{q\text{ 項}}
\end{aligned}
\qquad (14.1.16)
$$

式中 $\Delta_{ij}$為扣除 (14.1.15) 式行列式 $\Delta$ 之第 $i$ 列第 $j$ 行後，再乘以 $(-1)^{i+j}$所得的結果。

當我們希望找到該電路節點電壓 $V_m$ 之響應或輸出與某一個輸入獨立電源間的轉移函數時，只要令其他的獨立電源關閉 (獨立電壓源短路，獨立電流源開路) 即可，而其轉移函數可由下式表示：

$$H=\frac{V_m}{V_{Si}\text{ or }I_{Si}}=\frac{\Delta_{im}}{\Delta} \qquad (14.1.17)$$

式中(1)若分母為 $V_{Si}$，且 $m\neq i$，則 $H$ 為電壓轉移函數；

(2)若分母為 $I_{Si}$，且 $m=i$，則 $H$ 為驅動點阻抗；

(3)若分母為 $I_{Si}$，且 $m\neq i$，則 $H$ 為轉移阻抗。

**【例 14.1.7】** 如圖 14.1.2 所示之簡單三節點電路，其節點電壓分別為 $v_1$ 與 $v_2$，試求電壓 $v_2$ 對電流源 $I_{S1}$與 $I_{S2}$之轉移函數。

圖 14.1.2 例 14.1.7 之電路

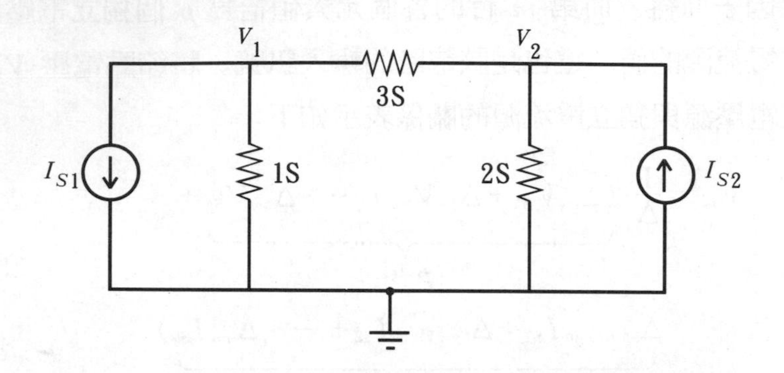


**【解】** 兩節點電壓方程式分別如下：

$$\begin{cases}(1+3)v_1+(-3)v_2=-I_{S1} \quad \text{或} \quad 4v_1-3v_2=-I_{S1}\\(-3)v_1+(3+2)v_2=I_{S2} \quad \text{或} \quad -3v_1+5v_2=I_{S2}\end{cases}$$

$$\Delta=\begin{vmatrix}4 & -3\\-3 & 5\end{vmatrix}=4\cdot 5-(-3)\cdot(-3)=20-9=11$$

(1) $\dfrac{v_2}{-I_{S1}}=\dfrac{\Delta_{12}}{\Delta}=\dfrac{1}{11}(-1)^{1+2}|-3|=\dfrac{3}{11}$ 或 $\dfrac{v_2}{I_{S1}}=\dfrac{-3}{11}$

(2) $\dfrac{v_2}{I_{S2}}=\dfrac{\Delta_{22}}{\Delta}=\dfrac{1}{11}(-1)^{2+2}|4|=\dfrac{4}{11}$

(此答案可由將 $I_{S1}$開路後，由 $I_{S1}$兩端向左看入之電阻值而得，故該值爲驅動點阻抗：〔$1+(1/3)$〕$/\!/(1/2)=(4/3)/\!/(1/2)=4/11\ \Omega$。)

**註：本例雖然也是一個電阻性電路的分析，只要將電阻器改爲阻抗，電源改爲弦波電流源，電壓變數改爲相量，則本例就可改用於弦波穩態分析。若將電阻器改爲複數頻率下的阻抗，電源改爲拉氏轉換後的電流源，電壓變數改爲複數頻率下的量，則本例就可改用於複數頻率的轉移函數分析。** ◎

## 14.2 三端網路、四端網路與雙埠網路的關係

由於不同的書上對網路函數的定義大同小異，本節將先綜合概述三端網路、四端網路與雙埠網路間的關係，然後再於下一小節以雙埠網路函數爲基礎，按不同網路的輸入、輸出訊號特性加以分類。

### 14.2.1 三端網路（three-terminal network）

三端網路可以簡單地以 3T 來代表，T 字表示端點（terminals），顧名思義，三端網路可用一個電路方塊來代表，該方塊內部可以是集成、線性、非時變（LLTI）等被動元件與獨立電源、相依電源等主動元件的組成，其外部僅留下三個端點與外界連接，其中有一個端點標示爲「0」的，可當做是該網路的參考點，端點「1」與「2」對應於端點「0」的電壓就分別爲 $V_1$ 與 $V_2$，由外界流入網路端點「1」與「2」的電流分別爲 $I_1$ 與 $I_2$。三端網路的基本端點電壓電流標示可如圖 14.2.1 所示。

圖 14.2.1 三端網路的基本電壓電流標示

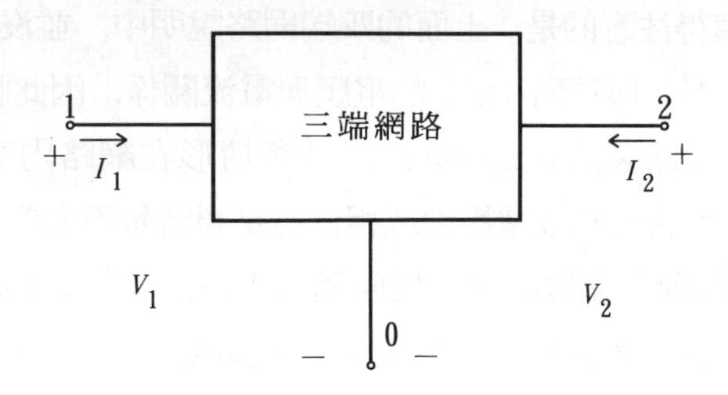


### 14.2.2 四端網路（four-terminal network）

仿照三端網路的說明，四端網路可以簡單地以 4T 來代表，該網

路也可用一個電路方塊來代表，該方塊內部可以是集成、線性、非時變（LLTI）等被動元件與獨立電源、相依電源等主動元件的組成，其外部僅留下四個端點與外界連接。其中有一對端點標示爲「1」與「1′」，另一對端點標示爲「2」與「2′」，端點「1」對端點「1′」的電壓爲 $V_1$，端點「2」對端點「2′」的電壓爲 $V_2$，由外界流入網路端點「1」與「2」的電流分別爲 $I_1$ 與 $I_2$，由端點「1′」與「2′」自網路流出的電流分別爲 $I_1'$ 與 $I_2'$。四端網路的基本端點電壓電流標示可如圖 14.2.2 所示。

**圖 14.2.2　四端網路的基本電壓電流標示**

由四端網路的架構得知，只要將端點「1′」與端點「2′」拉回網路內部並短路，並將該短路點令其爲端點「0」拉出，則三端網路就可以獲得。值得注意的是，上面的四端網路說明中，並沒有刻意去說明內部端點「1′」與端點「2′」的電壓與電流關係，因此將端點「1′」與端點「2′」短路來構成三端網路，此種情形在網路內部端點「1′」與端點「2′」間含有獨立電壓源或相依電壓源時是不允許的。

若將三端網路的端點「0」拉回網路內部，並以短路線引出，變成端點「1′」與「2′」拉出，然後將四個端點「1」、「1′」、「2」、「2′」，做爲四端網路的端點，如圖 14.2.3 所示，其中流入與流出該網路電流的關係式變成：

$$I_1 + I_2 = I_1' + I_2' \tag{14.2.1}$$

故，在端點「0」仍滿足基本 KCL 的關係。

圖 14.2.3　將三端網路改接成四端網路

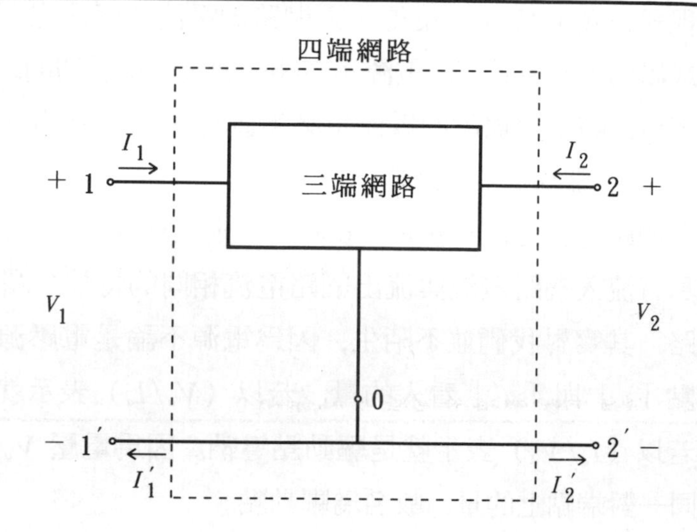


## 14.2.3　雙埠網路（two-port network）

在說明雙埠網路前，先讓我們看一看什麼是單埠網路（one-port network）。單埠網路可如圖 14.2.4 所示之網路，僅有一對端點「$a$」與「$a'$」與外界連接，端點「$a$」對端點「$a'$」之電壓為 $V_a$，流入端點「$a$」之電流為 $I_a$，自端點「$a'$」流出的電流為 $I_{a'}$。由該單埠網路架構得知，若一個電源接在端點「$a$」與「$a'$」間時，則 $I_a$ 必與 $I_{a'}$ 相同，也就是流入該網路的電流必與流出網路的電流相同：

$$I_a = I_{a'} \tag{14.2.2}$$

圖 14.2.4　單埠網路的架構

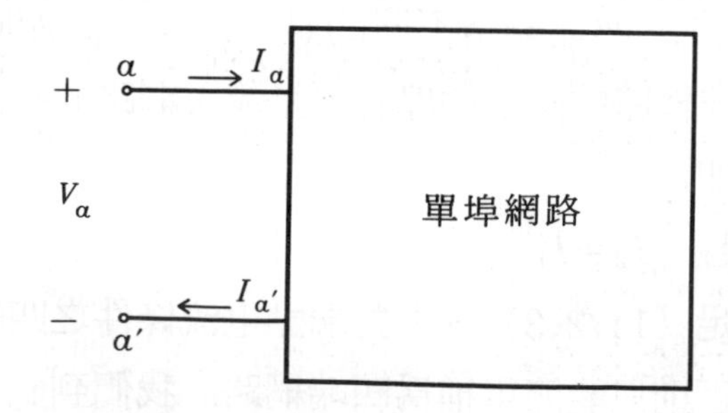

這種電流關係，也可將該網路方塊視爲一個超節點，則該超節點的電流方程式必滿足 KCL，使得流入網路的電流必與流出網路的電流相同。或以切集的方式，將電源與該網路連接的線段切開，變成兩個獨立的部份，該切開線段的電流也必須滿足 KCL，使得流入網路的電流必與流出網路的電流相同。

因此在網路分析上，一個埠（port）可定義爲網路的一對端點，該對端點具有流入網路電流與流出網路電流相同的特性。圖 14.2.4 所示的網路，其實對我們並不陌生，因爲電源不論是電壓源或電流源，由端點「$a$」與「$a'$」看入的量，若以（$V_a/I_a$）表示就是驅動點阻抗，若以（$I_a/V_a$）表示就是驅動點導納。因爲電壓 $V_a$ 與電流 $I_a$ 都是在同一對端點上的量，故名爲驅動點。

圖 14.2.5　雙埠網路的基本電壓電流標示

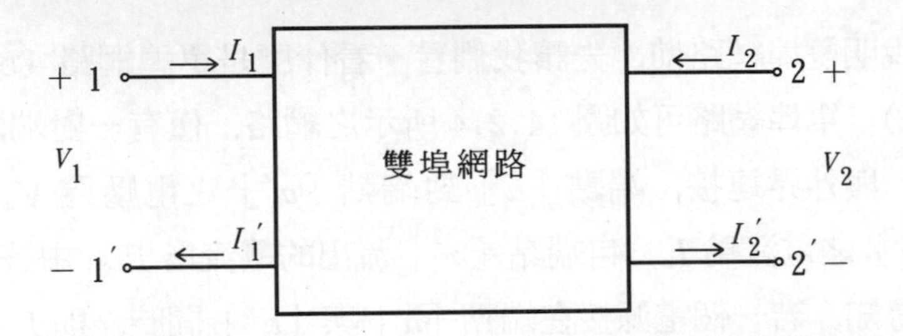


將單埠網路的觀念加以擴大，可以發展成雙埠網路，圖 14.2.5 所示就是一個雙埠網路，它的兩對端點「1」、「1′」與「2」、「2′」分別構成一個埠，由於是四個端點連接至網路外，因此它也是一個四端網路，但是與圖 14.2.2 四端網路不同的是電流條件，如同前面單埠網路定義所言，雙埠網路的任一個埠必須是流入網路的電流與流出網路的電流相同，亦即：

$$I_1 = I_1' \quad 且 \quad I_2 = I_1' \qquad (14.2.3)$$

因此，能夠滿足（14.2.3）式兩對端點電流條件之四端網路，才可稱爲雙埠網路，否則只能簡單稱爲四端網路。我們到此可以明顯發現，雙埠網路較四端網路要求嚴格，亦即雙埠網路一定是四端網路，四端網路不一定是雙埠網路。

最簡單的雙埠網路為如圖 14.2.6 所示之耦合電路，將耦合電路以方塊圍起來，由於兩個互感器的端點電流同時滿足（14.2.3）式，各繞組端點分別構成一個埠，故為雙埠網路。若將任何四端網路以圖 14.2.7 的頭、尾方式串接，前後四端網路分別連接一個電源或負載，則我們可用切集的觀念將中間的四端網路任一對連接前後網路的端點切開，所有切開的線段電流均會形成流入電流與流出電流相等的情形，因此每一個四端網路端點條件均同時滿足（14.2.3）式，故所有四端網路均為雙埠網路。

圖 14.2.6　以耦合電路做為雙埠網路的架構

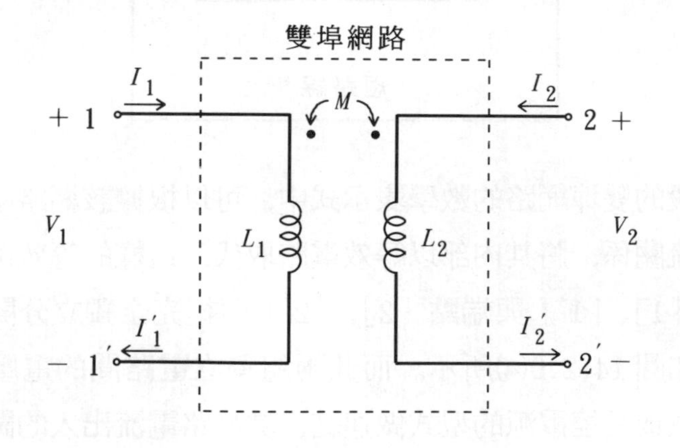


圖 14.2.7　數個四端網路的串接架構

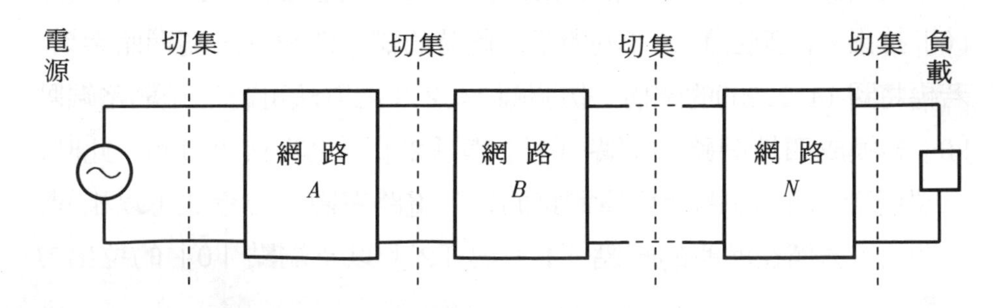

圖 14.2.8 所示的網路，雖然是一個四端網路，但是在網路外面的下方有短路線將端點「1′」與「2′」連接，若「1」、「1′」端連接電源，「2」、「2′」端連接負載，則電流 $I_1'$ 與 $I_2'$ 恆為零，在 $I_1$ 與 $I_2$ 不為零電流的情況下，該短路線會使圖中的網路無法成為雙埠網路，只能成為四端網路而已。

**圖 14.2.8　受短路線影響的四端網路**

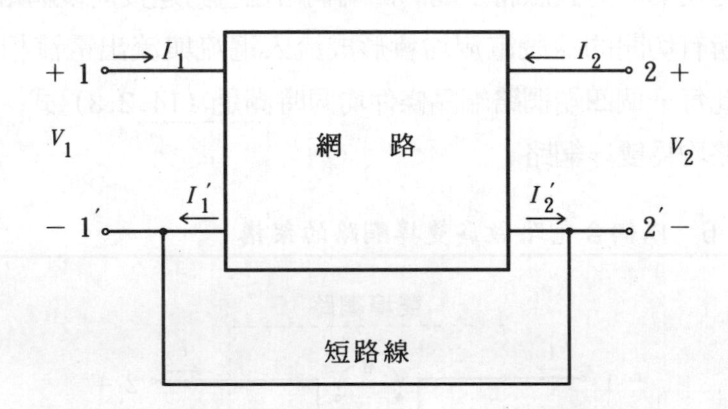


在一般的雙埠網路的數學表示式中，可以根據該網路兩對端點的電壓與電流關係，將其內部以等效電路取代，這樣的等效電路多半會形成端點「1」、「1′」與端點「2」、「2′」兩組完全獨立分開、不接觸的電路，如圖 14.2.9(a)所示。而此兩組獨立電路間的電壓、電流關係會以相依或受控電源的型式做連結，其網路電流出入的關係仍維持 (14.2.3) 式之表示，此可由圖 14.2.9(a)中簡易求得。若將圖 14.2.9(a)中的端點「1′」與「2′」不拉出去，而是連接在一起，形成端點「0」拉出去，如圖 14.2.9(b)所示，此時的網路即變成三端網路架構。若再將圖 14.2.9(b)的架構，仿照圖 14.2.3 之方法可將三端網路端點「0」轉換成四端網路的端點「1′」與「2′」，如圖 14.2.9(c)，此時，三端網路、四端網路與雙埠網路的等效電路與數學方程式可以相同，其間的差異僅在網路的端點「1′」與「2′」以及端點「0」的拉出方式而已。

圖 14.2.9　雙埠網路的(a)內部等效方塊(b)轉換成三端網路(c)轉換成四端網路

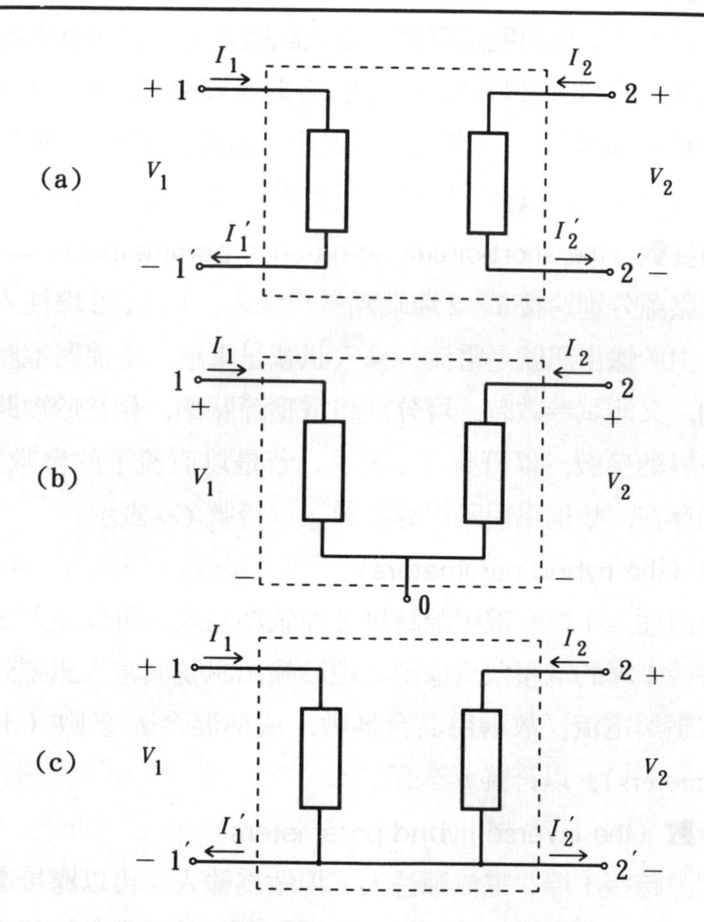


# 14.3　雙埠網路端點電壓電流的六種輸入輸出關係

前一節介紹了有關雙埠網路的端點電壓與電流的基本標示，我們發現定義雙埠網路的關鍵，主要在於電流在一個埠流入與流出的相等特性，含有兩組這種電流特性的網路就稱爲雙埠網路。但是雙埠網路對於端點電壓特性並未定義。按網路端點電壓與電流的特性，可分爲六種基本雙埠網路函數：

**⑴開路阻抗參數（the open-circuit impedance parameters）**

利用電流源分別注入 1、2 埠的端點做爲輸入，以 1、2 埠兩端的電壓爲輸出。由於輸出訊號是電壓，輸入訊號是電流，電壓對電流之比值即爲阻抗，又測試參數時，可分別將電流源關閉，相當於開路，因此稱爲開路阻抗參數，以符號 $Z_{OC}$表示。若是以直流下的參數表示，由於無電抗存在，故稱爲開路電阻參數，以符號 $R_{OC}$表示。

**⑵短路導納參數（the short-circuit admittance parameters）**

利用電壓源分別跨接 1、2 埠端點做爲輸入，以 1、2 埠注入的電流爲輸出。由於輸出訊號是電流，輸入訊號是電壓，電流對電壓之比值即爲導納，又測試參數時，可分別將電壓源關閉，相當於短路，因此稱爲短路導納參數，以符號 $Y_{SC}$表示。若是以直流下的參數表示，由於無電納存在，故稱爲短路電導參數，以符號 $G_{SC}$表示。

**⑶混合參數（the hybrid parameters）**

以電流源注入 1 埠、電壓源跨接 2 埠做爲輸入，再以注入 2 埠之電流以及跨接 1 埠的電壓做爲輸出。由於輸出訊號與輸入訊號分別是不同埠的電壓與電流，故稱爲混合參數，或稱混合 $h$ 參數（the hybrid-h parameters），以符號 $h$ 表示。

**⑷反混合參數（the inverse hybrid parameters）**

以電壓源跨接 1 埠、電流源注入 2 埠做爲輸入，再以跨接 2 埠之電壓以及注入 1 埠的電流做爲輸出。由於輸出訊號與輸入訊號分別是不同埠的電壓與電流，又輸入和輸出訊號均與混合參數的量相反，故稱爲反混合參數，或稱混合 $g$ 參數（the hybrid-g parameters），以符號 $g$ 表示。

**⑸傳輸參數（the chain or transmission parameters）**

以跨接 2 埠的電壓以及流出 2 埠的電流爲輸入，再以跨接 1 埠的電壓以及注入 1 埠的電流爲輸出。這樣的輸入與輸出特性好像是將功率由 1 埠傳送至 2 埠，故稱傳輸參數；又 1 埠與 2 埠好像被串在一起，故也稱爲串接參數。由於輸出對輸入的四個網路參數常用 $A$、

$B$、$C$、$D$ 符號表示，故又稱爲 $ABCD$ 參數，以符號 $T$ 表示。

⑹**反傳輸參數**（the inverse chain parameters）

以跨接 1 埠的電壓以及流入 1 埠的電流爲輸入，再以跨接 2 埠的電壓以及流出 2 埠的電流爲輸出。這樣的輸入與輸出特性好像是將功率由 2 埠傳送至 1 埠，與傳輸參數的輸入輸出特性相反，故稱反傳輸參數；又 1 埠與 2 埠好像被串在一起，故也稱爲反串接參數，以符號 $T'$表示。

以上六種網路函數將於以下各節分別做分析介紹。爲了方便歸納起見，茲將六種雙埠網路參數的電壓 $V_1$、$V_2$ 與電流 $I_1$、$I_2$ 關係列於表 14.3.1 中，請讀者自行參考。注意：表 14.3.1 中的輸出訊號與輸入訊號，可以是直流值、瞬時值、交流弦波穩態的值或是拉氏轉換後一般化的量，端賴我們研究電路的不同加以區別。

**表 14.3.1　六種雙埠網路的端點輸入輸出關係**

| 網路函數 | 輸出訊號 | 輸入訊號 |
|---|---|---|
| $Z_{OC}$ | $V_1$、$V_2$ | $I_1$、$I_2$ |
| $Y_{SC}$ | $I_1$、$I_2$ | $V_1$、$V_2$ |
| $h$ | $V_1$、$I_2$ | $I_1$、$V_2$ |
| $g$ | $I_1$、$V_2$ | $V_1$、$I_2$ |
| $T$ | $V_1$、$I_1$ | $V_2$、$-I_2$ |
| $T'$ | $V_2$、$-I_2$ | $V_1$、$I_1$ |

## 14.4　開路阻抗參數與短路導納參數

對於六種雙埠網路函數，本節先舉最前面兩種重要的網路函數：開路阻抗參數 $Z_{OC}$與以及短路導納參數 $Y_{SC}$做說明，最後再討論兩者彼此的關係與存在特性。

## 14.4.1 開路阻抗參數

如圖 14.4.1 所示之雙埠網路，端點「1」與「1′」連接了電流源 $I_1$，$I_1$ 由端點「1」注入，端點「1」對端點「1′」的電壓為 $V_1$；端點「2」與「2′」連接了電流源 $I_2$，$I_2$ 由端點「2」注入，端點「2」對端點「2′」的電壓為 $V_2$。假設雙埠網路內部為線性元件，僅包含了相依電源，獨立電源予以忽略。由於該線性的雙埠網路由兩組外加電流源激勵，因此可以利用重疊定理（the principle of superposition）將兩組電流源分別考慮它們對網路端點電壓 $V_1$ 與 $V_2$ 的影響，如圖 14.4.2(a)(b)所示。這種方法稱為正式的網路參數求法。

當只有電流源 $I_1$ 作用時，將電流源 $I_2$ 予以關閉或開路，$V_1$ 與 $V_2$ 的電壓分別為 $V_1' = Z_{11}I_1$ 與 $V_2' = Z_{21}I_1$；當只有電流源 $I_2$ 作用時，將電流源 $I_1$ 予以關閉或開路，$V_1$ 與 $V_2$ 的電壓分別為 $V_1'' = Z_{12}I_2$ 與 $V_2'' = Z_{22}I_2$。以各埠兩端輸出電壓對各埠注入的電流源所表示的方程式分別為：$Z_{11} = \left.\frac{V_1}{I_1}\right|_{I_2=0}$，$Z_{21} = \left.\frac{V_2}{I_1}\right|_{I_2=0}$，$Z_{12} = \left.\frac{V_1}{I_2}\right|_{I_1=0}$，$Z_{22} = \left.\frac{V_2}{I_2}\right|_{I_1=0}$。

注意：$Z_{ij}$ 代表網路開路阻抗參數，它是輸出電壓 $V_i$ 與注入電流 $I_j$ 比值的阻抗特性，單位是歐姆（Ω），在 $Z_{ij}$ 的下標中，第一個下標 $i$ 代表被影響的埠編號，第二個下標 $j$ 代表輸入埠的電流源編號，若 $i = j$ 代表 $Z_{ii}$ 是第 $i$ 個埠的驅動點阻抗，若 $i \neq j$ 表示 $Z_{ij}$ 是第 $i$ 個埠與第 $j$ 個埠間的轉移阻抗。將 $I_1$ 與 $I_2$ 對 $V_1$ 與 $V_2$ 的影響合成為下面兩式：

$$V_1 = V_1' + V_1'' = Z_{11}I_1 + Z_{12}I_2 \tag{14.4.1}$$

$$V_2 = V_2' + V_2'' = Z_{21}I_1 + Z_{22}I_2 \tag{14.4.2}$$

以矩陣表示為：

$$\begin{bmatrix} V_1 \\ V_2 \end{bmatrix} = \begin{bmatrix} Z_{11} & Z_{12} \\ Z_{21} & Z_{22} \end{bmatrix} \begin{bmatrix} I_1 \\ I_2 \end{bmatrix} \tag{14.4.3a}$$

或

$$[V] = [Z_{OC}][I] \tag{14.4.3b}$$

圖 14.4.1　雙埠網路開路阻抗參數之端點電壓與電流

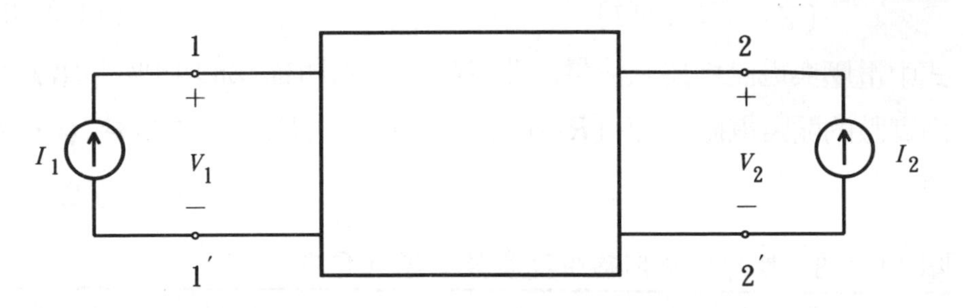


圖 14.4.2　開路阻抗參數的重疊定理求法

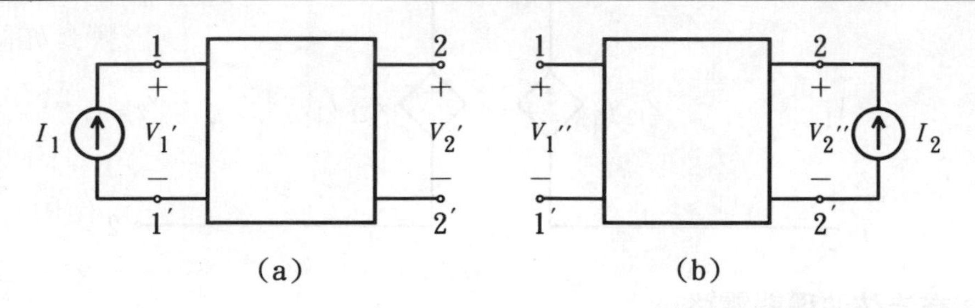


由於在求網路參數時，必須將電流源分別關閉或開路，又所得的參數是一種阻抗，因此稱爲開路阻抗參數。

另一種網路參數的求法屬於非正式的，是以我們所熟知的兩個基本網路分析定理 KVL 或 KCL，將電壓 $V_1$ 與 $V_2$ 分別以兩個輸入電流 $I_1$ 與 $I_2$ 表示成（14.4.1）式與（14.4.2）式兩式。以這種方法所求的參數必與重疊定理所得的參數相同，但是就經驗而言，此法求得的網路參數速度較快也比較簡單方便。將（14.4.1）式與（14.4.2）式兩式所表示的網路開路阻抗參數以等效電路繪出，可如圖 14.4.3 所示。

就本書電路電源的不同特性，（14.4.3a）式可分爲以下三種不同的表示式：

**(1)直流電路**

$$\begin{bmatrix} V_1 \\ V_2 \end{bmatrix} = \begin{bmatrix} R_{11} & R_{12} \\ R_{21} & R_{22} \end{bmatrix} \begin{bmatrix} I_1 \\ I_2 \end{bmatrix} \tag{14.4.4a}$$

或

$$[V]=[R_{OC}][I] \tag{14.4.4b}$$

式中電壓與電流均爲直流量，開路阻抗參數所構成的矩陣〔$Z_{OC}$〕已由實數的開路電阻矩陣〔$R_{OC}$〕取代，其中〔$R_{OC}$〕的元素均爲電阻值。

圖 14.4.3　雙埠網路開路阻抗參數之等效電路

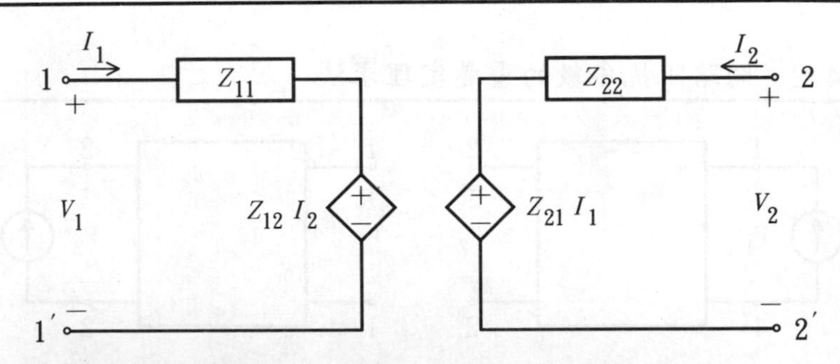


⑵**交流弦波穩態電路**

$$\begin{bmatrix}\mathbf{V}_1\\\mathbf{V}_2\end{bmatrix}=\begin{bmatrix}\overline{Z}_{11} & \overline{Z}_{12}\\\overline{Z}_{21} & \overline{Z}_{22}\end{bmatrix}\begin{bmatrix}\mathbf{I}_1\\\mathbf{I}_2\end{bmatrix} \tag{14.4.5a}$$

或

$$[\mathbf{V}]=[Z_{OC}][\mathbf{I}] \tag{14.4.5b}$$

式中電壓與電流均由相量表示，而且電流源 $\mathbf{I}_1$ 與 $\mathbf{I}_2$ 必須是同一個頻率下的電源，此時開路阻抗參數所構成的矩陣〔$Z_{OC}$〕爲一個由複數元素所構成的矩陣。

⑶**一般化的電路**

$$\begin{bmatrix}V_1(s)\\V_2(s)\end{bmatrix}=\begin{bmatrix}Z_{11}(s) & Z_{12}(s)\\Z_{21}(s) & Z_{22}(s)\end{bmatrix}\begin{bmatrix}I_1(s)\\I_2(s)\end{bmatrix} \tag{14.4.6a}$$

或

$$[V(s)]=[Z_{OC}(s)][I(s)] \tag{14.4.6b}$$

式中電壓與電流均用拉氏轉換後的量表示，而開路阻抗參數所構成的矩陣〔$Z_{OC}(s)$〕其元素亦改用一般化的阻抗表示。

## 14.4.2 短路導納參數

如圖 14.4.4 所示之雙埠網路，端點「1」與「1′」連接了電壓源 $V_1$，使得端點「1」對端點「1′」的電壓爲 $V_1$，電流 $I_1$ 由端點「1」注入；端點「2」與「2′」連接了電壓源 $V_2$，使得端點「2」對端點「2′」的電壓爲 $V_2$，電流 $I_2$ 由端點「2」注入。假設雙埠網路內部爲線性元件，僅包含了相依電源，獨立電源予以忽略。由於該線性的雙埠網路由兩組外加電壓源激勵，因此可以仿照開路阻抗參數正式網路參數的求法，利用重疊定理將兩組電壓源分別考慮它們對網路端點電流 $I_1$ 與 $I_2$ 的影響，如圖 14.4.5(a)(b)所示。

當只有電壓源 $V_1$ 作用時，將電壓源 $V_2$ 予以關閉或短路，$I_1$ 與 $I_2$ 的電流分別爲 $I_1{}'=Y_{11}V_1$ 與 $I_2{}'=Y_{21}V_1$；當只有電壓源 $V_2$ 作用時，將電壓源 $V_1$ 予以關閉或短路，$I_1$ 與 $I_2$ 的電流分別爲 $I_1{}''=Y_{12}V_2$ 與 $I_2{}''=Y_{22}V_2$。以各埠輸出的電流對各埠兩端的電壓源所表示的方程式分別爲：$Y_{11}=\left.\dfrac{I_1}{V_1}\right|_{V_2=0}$，$Y_{21}=\left.\dfrac{I_2}{V_1}\right|_{V_2=0}$，$Y_{12}=\left.\dfrac{I_1}{V_2}\right|_{V_1=0}$，$Y_{22}=\left.\dfrac{I_2}{V_2}\right|_{V_1=0}$。

注意 $Y_{ij}$ 代表網路輸出電流 $I_i$ 與輸入電壓 $V_j$ 比值的導納特性，單位是姆歐（℧）或 S，在 $Y_{ij}$ 的下標中，第一個下標 $i$ 代表受影響埠的編號，第二個下標 $j$ 代表作用電壓源埠的編號，若 $i=j$ 代表 $Y_{ii}$ 是第 $i$ 個埠的驅動點導納，若 $i\neq j$ 表示 $Y_{ij}$ 是第 $i$ 個埠與第 $j$ 個埠間的轉移導納。將網路輸入的電壓值 $V_1$ 與 $V_2$ 對輸入網路之電流 $I_1$ 與 $I_2$ 影響合成爲下面兩式：

$$I_1=I_1{}'+I_1{}''=Y_{11}V_1+Y_{12}V_2 \tag{14.4.7}$$

$$I_2=I_2{}'+I_2{}''=Y_{21}V_1+Y_{22}V_2 \tag{14.4.8}$$

或以矩陣表示爲：

$$\begin{bmatrix}I_1\\I_2\end{bmatrix}=\begin{bmatrix}Y_{11}&Y_{12}\\Y_{21}&Y_{22}\end{bmatrix}\begin{bmatrix}V_1\\V_2\end{bmatrix} \tag{14.4.9a}$$

或

圖 14.4.4　雙埠網路短路導納參數之端點電壓與電流

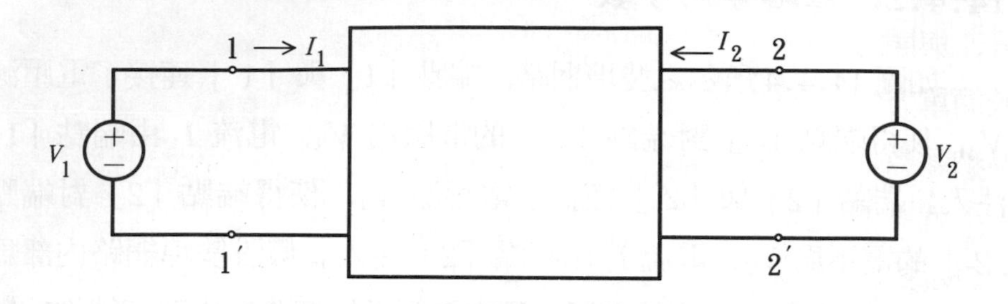


圖 14.4.5　短路導納參數的重疊定理求法

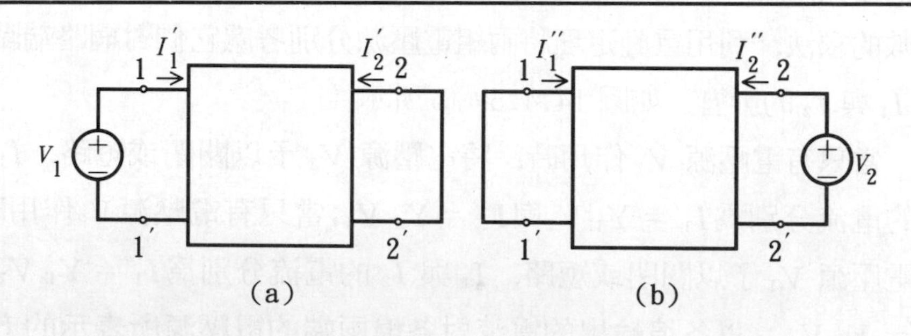


圖 14.4.6　雙埠網路短路導納參數之等效電路

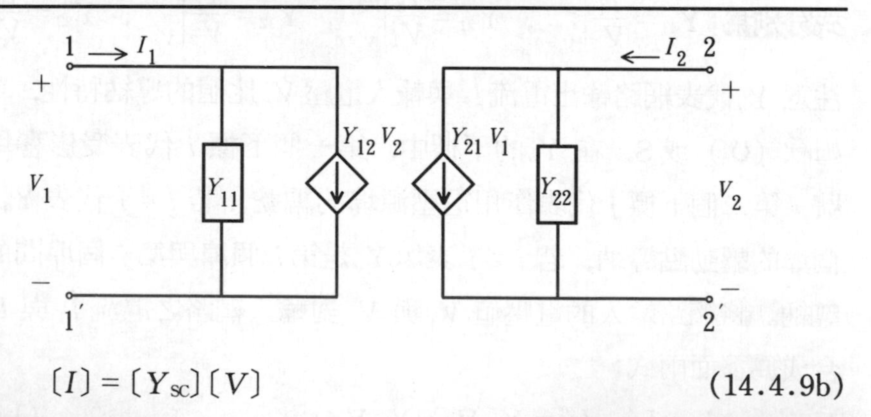


$$[I]=[Y_{SC}][V] \qquad (14.4.9b)$$

由於在求網路參數時，必須將電壓源分別關閉或短路，又所得的參數是一種導納，因此稱為短路導納參數。

另一種短路導納參數的求法，是以我們所熟知的兩個基本網路分析定理 KVL 或 KCL，將電流 $I_1$ 與 $I_2$ 分別以兩個輸入電壓 $V_1$ 與 $V_2$ 表示成（14.4.7）式與（14.4.8）式兩式，此是屬於非正式的求法。

以這種方法所求的參數也必與重疊定理所得的參數相同，就經驗而言，與開路阻抗參數求法相同，以此法求得的網路參數速度較快也比較簡單方便。將（14.4.7）式與（14.4.8）式兩式所表示的網路短路導納參數以等效電路繪出，可如圖 14.4.6 所示。

就本書電路電源的不同特性，(14.4.9a）式可分爲以下三種不同的表示式：

**(1)直流電路**

$$\begin{bmatrix} I_1 \\ I_2 \end{bmatrix} = \begin{bmatrix} G_{11} & G_{12} \\ G_{21} & G_{22} \end{bmatrix} \begin{bmatrix} V_1 \\ V_2 \end{bmatrix} \tag{14.4.10a}$$

或

$$[I] = [G_{SC}][V] \tag{14.4.10b}$$

式中電壓與電流均爲直流量，由短路導納參數所構成的矩陣〔$Y_{SC}$〕已由實數的短路電導矩陣〔$G_{SC}$〕取代，其中〔$G_{SC}$〕的元素均爲電導值。

**(2)交流弦波穩態電路**

$$\begin{bmatrix} \mathbf{I}_1 \\ \mathbf{I}_2 \end{bmatrix} = \begin{bmatrix} \overline{Y}_{11} & \overline{Y}_{12} \\ \overline{Y}_{21} & \overline{Y}_{22} \end{bmatrix} \begin{bmatrix} \mathbf{V}_1 \\ \mathbf{V}_2 \end{bmatrix} \tag{14.4.11a}$$

或

$$[\mathbf{I}] = [Y_{SC}][\mathbf{V}] \tag{14.4.11b}$$

式中電壓與電流均由相量表示，而且電壓源 $\mathbf{V}_1$ 與 $\mathbf{V}_2$ 必須是同一個頻率下的電源，此時由短路導納參數所構成的矩陣〔$Y_{SC}$〕，其元素均由複數所構成。

**(3)一般化的電路**

$$\begin{bmatrix} I_1(s) \\ I_2(s) \end{bmatrix} = \begin{bmatrix} Y_{11}(s) & Y_{12}(s) \\ Y_{21}(s) & Y_{22}(s) \end{bmatrix} \begin{bmatrix} V_1(s) \\ V_2(s) \end{bmatrix} \tag{14.4.12a}$$

或

$$[I(s)] = [Y_{SC}(s)][V(s)] \tag{14.4.12b}$$

式中電壓與電流均用拉氏轉換後的量表示，而短路導納參數所構成的矩陣$[Y_{SC}(s)]$，其元素亦改用一般化的導納表示。

### 14.4.3 開路阻抗參數與短路導納參數的關係與存在特性

將（14.4.3a）式與（14.4.9a）式兩式重新放在一起表示如下：

$$\begin{bmatrix} V_1 \\ V_2 \end{bmatrix} = \begin{bmatrix} Z_{11} & Z_{12} \\ Z_{21} & Z_{22} \end{bmatrix} \begin{bmatrix} I_1 \\ I_2 \end{bmatrix} \tag{14.4.13}$$

$$\begin{bmatrix} I_1 \\ I_2 \end{bmatrix} = \begin{bmatrix} Y_{11} & Y_{12} \\ Y_{21} & Y_{22} \end{bmatrix} \begin{bmatrix} V_1 \\ V_2 \end{bmatrix} \tag{14.4.14}$$

若上面兩式中的電壓$V_1$、$V_2$與電流$I_1$、$I_2$均相同，則兩式可以互換，並且可以使用魁雷瑪法則求出它們之間的關係，首先寫出（14.4.13）式以電流$I_1$、$I_2$爲變數，以電壓$V_1$、$V_2$爲電源輸入的解爲：

$$I_1 = \begin{vmatrix} V_1 & Z_{12} \\ V_2 & Z_{22} \end{vmatrix} \frac{1}{\Delta_{Z_{oc}}} = \frac{Z_{22}}{\Delta_{Z_{oc}}} V_1 + \frac{-Z_{12}}{\Delta_{Z_{oc}}} V_2 = Y_{11} V_1 + Y_{12} V_2 \tag{14.4.15}$$

$$I_2 = \begin{vmatrix} Z_{11} & V_1 \\ Z_{21} & V_2 \end{vmatrix} \frac{1}{\Delta_{Z_{oc}}} = \frac{-Z_{21}}{\Delta_{Z_{oc}}} V_1 + \frac{Z_{11}}{\Delta_{Z_{oc}}} V_2 = Y_{21} V_1 + Y_{22} V_2 \tag{14.4.16}$$

式中

$$\Delta_{Z_{oc}} = \begin{vmatrix} Z_{11} & Z_{12} \\ Z_{21} & Z_{22} \end{vmatrix} = Z_{11}Z_{22} - Z_{21}Z_{22} \tag{14.4.17}$$

同理，寫出（14.4.14）式以電壓$V_1$、$V_2$爲變數，以電流$I_1$、$I_2$爲電源輸入的解爲：

$$V_1 = \begin{vmatrix} I_1 & Y_{12} \\ I_2 & Y_{22} \end{vmatrix} \frac{1}{\Delta_{Y_{sc}}} = \frac{Y_{22}}{\Delta_{Y_{sc}}} I_1 + \frac{-Y_{12}}{\Delta_{Y_{sc}}} I_2 = Z_{11} I_1 + Z_{12} I_2 \tag{14.4.18}$$

$$V_2 = \begin{vmatrix} Y_{11} & I_1 \\ Y_{21} & I_2 \end{vmatrix} \frac{1}{\Delta_{Y_{sc}}} = \frac{-Y_{21}}{\Delta_{Y_{sc}}} I_1 + \frac{Y_{11}}{\Delta_{Y_{sc}}} I_2 = Z_{21} I_1 + Z_{22} I_2 \tag{14.4.19}$$

式中

$$\Delta_{Y_{sc}} = \begin{vmatrix} Y_{11} & Y_{12} \\ Y_{21} & Y_{22} \end{vmatrix} = Y_{11} Y_{22} - Y_{12} Y_{21} \tag{14.4.20}$$

由 (14.4.15) 式與 (14.4.16) 式兩式比較電壓 $V_1$、$V_2$ 前面的係數，就可以得知短路導納矩陣〔$Y_{SC}$〕的四個參數 $Y_{11}$、$Y_{21}$、$Y_{12}$、$Y_{22}$如何以開路阻抗矩陣〔$Z_{OC}$〕的四個參數 $Z_{11}$、$Z_{21}$、$Z_{12}$、$Z_{22}$以及矩陣的行列式 $\Delta_{Z_{oc}}$表示；同理，由 (14.4.18) 式與 (14.4.19) 式兩式比較電流 $I_1$、$I_2$ 前面的係數，就可以得知開路阻抗矩陣〔$Z_{OC}$〕的四個參數 $Z_{11}$、$Z_{21}$、$Z_{12}$、$Z_{22}$如何以短路導納矩陣〔$Y_{SC}$〕的四個參數 $Y_{11}$、$Y_{21}$、$Y_{12}$、$Y_{22}$以及矩陣的行列式 $\Delta_{Y_{sc}}$表示。

由 (14.4.15) 式與 (14.4.16) 式知，當 (14.4.17) 式之行列式值 $\Delta_{Z_{oc}}$爲零或開路阻抗矩陣〔$Z_{OC}$〕爲奇異矩陣 (singular matrix) 時，則電流 $I_1$、$I_2$ 之值無法求解，短路導納矩陣〔$Y_{SC}$〕之四個參數 $Y_{11}$、$Y_{21}$、$Y_{12}$、$Y_{22}$便無法存在。因此一個網路函數的短路導納矩陣參數存在的條件，完全由開路阻抗矩陣之行列式值是否爲零決定。同理，由 (14.4.18) 式與 (14.4.19) 式知，當 (14.4.20) 式之行列式值 $\Delta_{Y_{sc}}$爲零或短路導納矩陣〔$Y_{SC}$〕爲奇異矩陣時，則電壓 $V_1$、$V_2$ 之值無法求解，開路阻抗矩陣〔$Z_{OC}$〕之四個參數 $Z_{11}$、$Z_{21}$、$Z_{12}$、$Z_{22}$便無法存在。因此一個網路函數的開路阻抗矩陣參數存在的條件，完全由短路導納矩陣之行列式值是否爲零決定。而開路阻抗矩陣〔$Z_{OC}$〕與短路導納矩陣〔$Y_{SC}$〕之關係，基本上是互爲反矩陣的，因此兩矩陣內部的各元素可分別表示爲：

$$[Z_{OC}] = \begin{bmatrix} Z_{11} & Z_{12} \\ Z_{21} & Z_{22} \end{bmatrix} = [Y_{SC}]^{-1}$$

$$= \begin{bmatrix} Y_{11} & Y_{12} \\ Y_{21} & Y_{22} \end{bmatrix}^{-1} = \begin{bmatrix} \dfrac{Y_{22}}{\Delta_{Y_{sc}}} & \dfrac{-Y_{12}}{\Delta_{Y_{sc}}} \\ \dfrac{-Y_{21}}{\Delta_{Y_{sc}}} & \dfrac{Y_{22}}{\Delta_{Y_{sc}}} \end{bmatrix} \qquad (14.4.21)$$

$$[Y_{SC}] = \begin{bmatrix} Y_{11} & Y_{12} \\ Y_{21} & Y_{22} \end{bmatrix} = [Z_{OC}]^{-1}$$

$$= \begin{bmatrix} Z_{11} & Z_{12} \\ Z_{21} & Z_{22} \end{bmatrix}^{-1} = \begin{bmatrix} \dfrac{Z_{22}}{\Delta_{Z_{oc}}} & \dfrac{-Z_{12}}{\Delta_{Z_{oc}}} \\ \dfrac{-Z_{21}}{\Delta_{Z_{oc}}} & \dfrac{Z_{11}}{\Delta_{Z_{oc}}} \end{bmatrix} \qquad (14.4.22)$$

由以上分析知，並非所有雙埠網路的開路阻抗參數或短路導納參數均可同時存在，可能會有以下數種不同的情形發生：

(a) $[Z_{OC}]$ 與 $[Y_{SC}]$ 同時存在，故 $\Delta_{Z_{oc}} \neq 0$ 且 $\Delta_{Y_{sc}} \neq 0$。

(b) $[Z_{OC}]$ 存在，$[Y_{SC}]$ 不存在，故 $\Delta_{Z_{oc}} = 0$ 且 $\Delta_{Y_{sc}} \neq 0$。

(c) $[Z_{OC}]$ 不存在，$[Y_{SC}]$ 存在，故 $\Delta_{Z_{oc}} \neq 0$ 且 $\Delta_{Y_{sc}} = 0$。

(d) $[Z_{OC}]$ 與 $[Y_{SC}]$ 均不存在，故 $\Delta_{Z_{oc}} = 0$ 且 $\Delta_{Y_{sc}} = 0$。

**【例 14.4.1】** 試求下圖之開路阻抗參數。

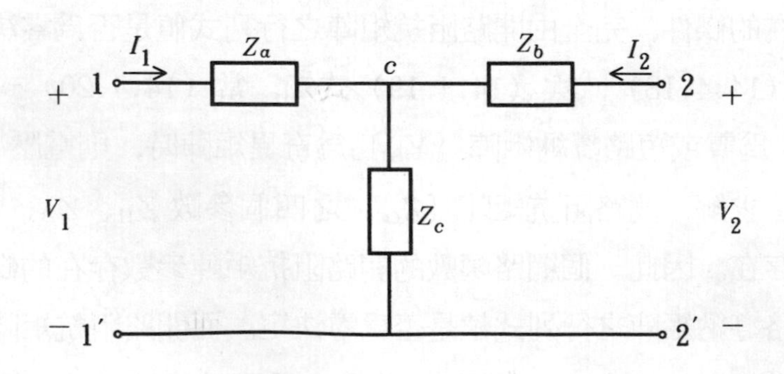


**【解】** (1)正式法：

①當 $i_1$ 作用，$i_2$ 關閉時，端點 2，2′開路

$$\therefore v_1' = (Z_a + Z_c)i_1, \quad v_2' = Z_c i_1$$

②當 $i_2$ 作用，$i_1$ 關閉時，端點 1、1′開路

$$\therefore v_1'' = Z_c i_2,\ v_2'' = (Z_b + Z_c) i_2$$

$$\therefore v_1 = v_1' + v_1'' = (Z_a + Z_c) i_1 + Z_c i_2$$

$$v_2 = v_2' + v_2'' = Z_c i_1 + (Z_b + Z_c) i_2$$

$$[Z_{OC}] = \begin{bmatrix} (Z_a + Z_c) & Z_c \\ Z_c & (Z_b + Z_c) \end{bmatrix}$$

(2)非正式法：利用 KVL 寫出方程式如下

$$v_1 = Z_a i_1 + Z_c (i_1 + i_2) = (Z_a + Z_c) i_1 + Z_c i_2$$

$$v_2 = Z_b i_2 + Z_c (i_1 + i_2) = Z_c i_1 + (Z_b + Z_c) i_2$$

$$\therefore [Z_{OC}] = \begin{bmatrix} Z_a + Z_c & Z_c \\ Z_c & Z_b + Z_c \end{bmatrix}$$

◎

**【例 14.4.2】** 如下圖所示之電路，試求其短路導納參數。

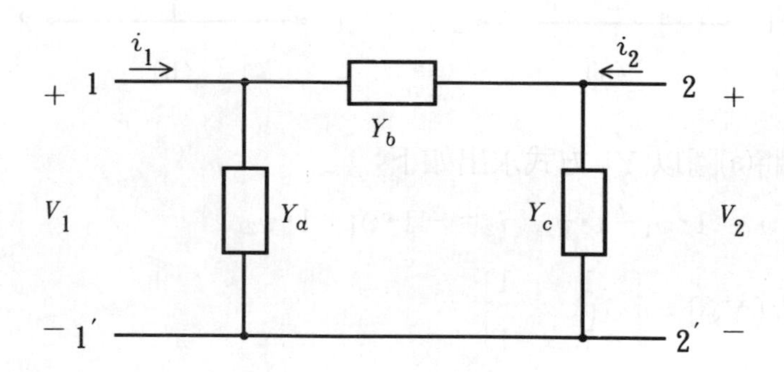


**【解】** (1)正式法：

①當 $v_1$ 作用，$v_2$ 關閉時，端點 2、2′短路

$$i_1' = (Y_a + Y_b) v_1,\quad i_2' = -Y_b v_1$$

②當 $v_2$ 作用，$v_1$ 關閉時，端點 1、1′短路

$$i_1'' = -Y_b v_2,\quad i_2'' = (Y_b + Y_c) v_2$$

$$\therefore i_1 = i_1' + i_1'' = (Y_a + Y_b) v_1 - Y_b v_2$$

$$i_2 = i_2' + i_2'' = -Y_b v_1 + (Y_b + Y_c) v_2$$

$$\therefore [Y_{SC}] = \begin{bmatrix} Y_a + Y_b & -Y_b \\ -Y_b & Y_b + Y_c \end{bmatrix}$$

(2)非正式法：利用 KCL 寫出方程式如下

$$i_1 = Y_a v_1 + Y_b(v_1 - v_2) = (Y_a + Y_b)v_1 - Y_b v_2$$

$$i_2 = Y_c v_2 + Y_b(v_2 - v_1) = -Y_b v_1 + (Y_b + Y_c)v_2$$

$$\therefore [Y_{SC}] = \begin{bmatrix} Y_a + Y_b & -Y_b \\ -Y_b & Y_b + Y_c \end{bmatrix}$$

◎

**【例 14.4.3】** 試求下面(a)圖與(b)圖之開路阻抗參數 $Z_{OC}$與短路導納參數 $Y_{SC}$之值，它們都存在嗎?

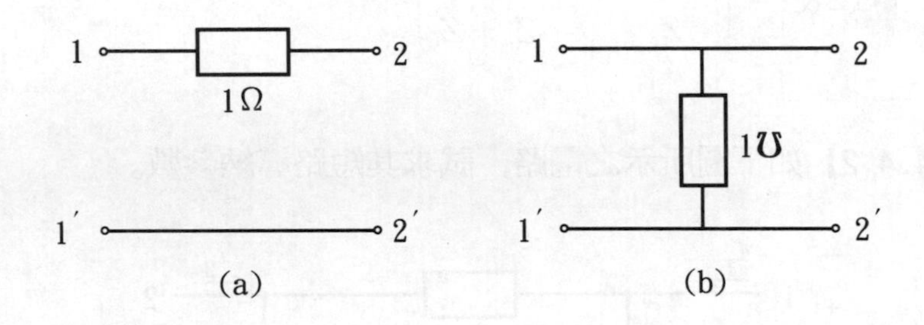


**【解】** (1)將(a)圖以 $Y_{SC}$方式求出如下：

$$i_1 = 1 \cdot v_1 - 1 \cdot v_2, \quad i_2 = -1 \cdot v_1 + 1 \cdot v_2$$

$$\therefore [Y_{SC}] = \begin{bmatrix} 1 & -1 \\ -1 & 1 \end{bmatrix}$$

但 $\Delta_{Y_{sc}} = 1 \cdot 1 - (-1)(-1) = 0$

故 $Z_{OC}$不存在。

(2)將(b)圖以 $Z_{OC}$方式求出如下：

$$v_1 = (i_1 + i_2) \cdot 1 = 1 \cdot i_1 + 1 \cdot i_2$$

$$v_2 = (i_1 + i_2) \cdot 1 = 1 \cdot i_1 + 1 \cdot i_2$$

$$[Z_{OC}] = \begin{bmatrix} 1 & 1 \\ 1 & 1 \end{bmatrix}, \text{ 但 } \Delta_{Z_{oc}} = 1 \cdot 1 - 1 \cdot 1 = 0$$

故 $Y_{SC}$不存在。

◎

**【例 14.4.4】** 下圖所示之網路稱爲晶格狀網路（the lattice network），它是一種典型的對稱網路，其中二水平臂阻抗爲 $Z_a$，二交叉臂阻抗爲 $Z_b$。試求該網路之 $Z_{OC}$參數，並將 $Z_a$ 與 $Z_b$ 以 $Z_{OC}$之參數表示出來。

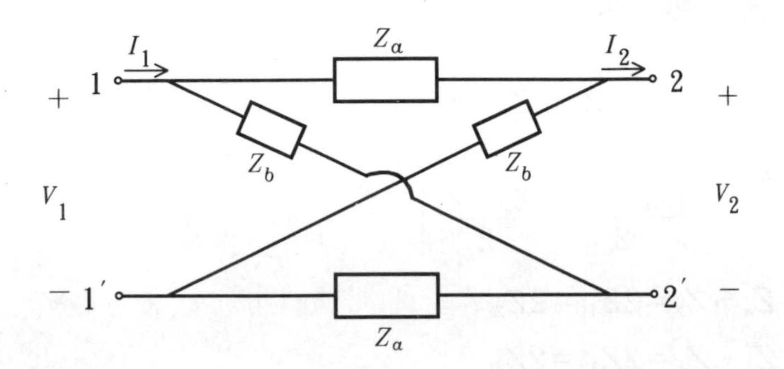


**【解】** 將晶格狀網路之 1′與 2′端點以順時鐘方向扭過來，可形成下面的平面狀架構：

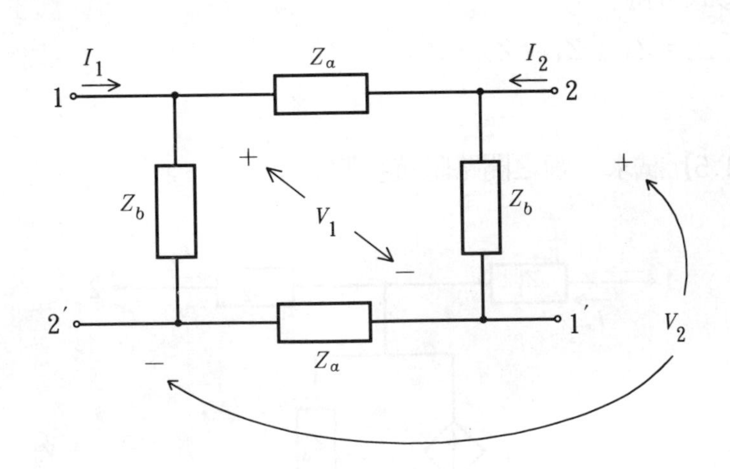


由 $V_1 = Z_{11} I_1 + Z_{12} I_2$，　$V_2 = Z_{11} I_1 + Z_{22} I_2$

$$\therefore Z_{11} = \left.\frac{V_1}{I_1}\right|_{I_2=0} = \frac{Z_a + Z_b}{2}$$ （兩組 $Z_a$ 串聯 $Z_b$ 的架構做並聯）

$$Z_{22} = \left.\frac{V_2}{I_2}\right|_{I_1=0} = \frac{Z_a + Z_b}{2}$$ （同上）

$$Z_{12} = \left.\frac{V_1}{I_2}\right|_{I_1=0} \quad \Rightarrow \quad V_1 = V_{12'} - V_{1'2'} = \frac{1}{2} I_2 Z_b - \frac{1}{2} I_2 Z_a$$

$$\therefore Z_{12}=\frac{Z_b-Z_a}{2}$$

$$Z_{21}=\left.\frac{V_2}{I_1}\right|_{I_2=0} \Rightarrow V_2=V_{21'}-V_{2'1'}=\frac{1}{2}I_1 Z_b-\frac{1}{2}I_1 Z_a$$

$$\therefore Z_{21}=\frac{Z_b-Z_a}{2}$$

$$\therefore Z_{OC}=\begin{bmatrix}\frac{Z_a+Z_b}{2} & \frac{Z_b-Z_a}{2}\\ \frac{Z_b-Z_a}{2} & \frac{Z_a+Z_b}{2}\end{bmatrix}$$

又 $Z_a+Z_b=2Z_{11}=2Z_{22}$ ①

$Z_b-Z_a=2Z_{12}=2Z_{21}$ ②

由①－②式可得

$$Z_a=Z_{11}-Z_{12}=Z_{22}-Z_{21}$$

由①＋②式可得

$$Z_b=Z_{11}+Z_{12}=Z_{22}+Z_{21}$$ ◎

**【例 14.4.5】** 試求下圖之開路阻抗參數。

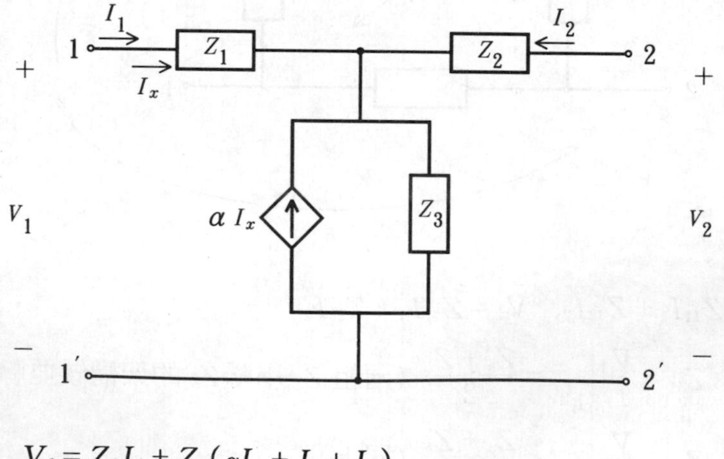

**【解】** $V_1=Z_1I_1+Z_3(\alpha I_x+I_1+I_2)$ ①

$V_2=Z_2I_2+Z_3(\alpha I_x+I_1+I_2)$ ②

$\because I_x=I_1$ 代入①、②式中，可得

$$V_1 = Z_1I_1 + Z_3[(1+\alpha)I_1 + I_2]$$
$$= [Z_1 + Z_3(1+\alpha)]I_1 + Z_3I_2$$
$$V_2 = Z_1I_2 + Z_3[(1+\alpha)I_1 + I_2]$$
$$= Z_3(1+\alpha)I_1 + (Z_2 + Z_3)I_2$$
$$\therefore [Z_{OC}] = \begin{bmatrix} Z_1 + Z_3(1+\alpha) & Z_3 \\ Z_3(1+\alpha) & Z_2 + Z_3 \end{bmatrix}$$ ◎

【例 14.4.6】試求下圖之短路導納參數。

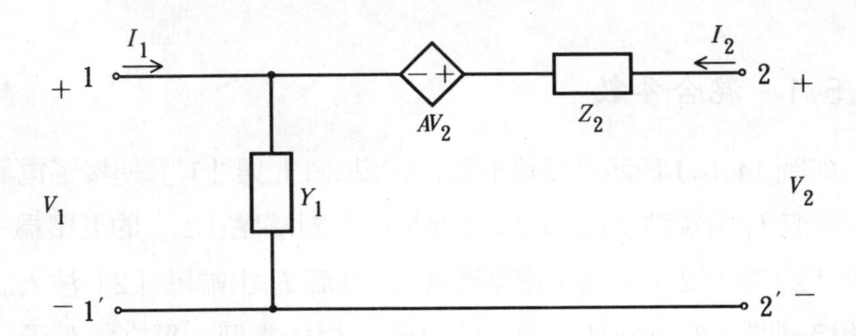


【解】節點1：$I_1 = Y_1V_1 + (-I_2)$ ①

右側迴路：

$$V_2 = Z_2I_2 + AV_2 + V_1$$ ②

$$\therefore I_2 = \frac{-V_1}{Z_2} + (1-A)\frac{V_2}{Z_2} = (-\frac{1}{Z_2})V_1 + (\frac{1-A}{Z_2})V_2$$
$$= Y_{21}V_1 + Y_{22}V_2$$ ③

將③式代入①式，可得

$$I_1 = Y_1V_1 - (-\frac{1}{Z_2})V_1 - (\frac{1-A}{Z_2})V_2$$
$$= (Y_1 + \frac{1}{Z_2})V_1 + (\frac{A-1}{Z_2})V_2 = Y_{11}V_1 + Y_{12}V_2$$

$$\therefore Y_{sc} = \begin{bmatrix} Y_1 + \frac{1}{Z_2} & \frac{A-1}{Z_2} \\ -\frac{1}{Z_2} & \frac{1-A}{Z_2} \end{bmatrix}$$ ◎

# 14.5 混合參數與反混合參數

混合參數（hybrid or mixed parameters）$h$ 以及反混合參數（inverse hybrid parameters）$g$ 是在半導體元件，例如雙載子接面電晶體（bipolar junction transistor，BJT）與場效應電晶體（field-effect transistor，FET）等模型上，最常被採用的網路函數，本節將討論兩者彼此的關係和存在特性以及與開路阻抗參數、短路導納參數的關係。

## 14.5.1 混合參數

如圖 14.5.1 所示之雙埠網路，端點「1」與「1′」連接了電流源 $I_1$，電流 $I_1$ 由端點「1」注入，端點「1」對端點「1′」的電壓爲 $V_1$；端點「2」與「2′」連接了電壓源 $V_2$，電流 $I_2$ 由端點「2」注入。假設雙埠網路內部爲線性元件，僅包含了相依電源，獨立電源予以忽略。由於該線性的雙埠網路由兩組外加電源激勵，因此可以利用重疊定理將兩組電源 $I_1$、$V_2$ 分別考慮它們對網路端點電壓 $V_1$ 與電流 $I_2$ 的影響，如圖 14.5.2(a)(b)所示。這種方法稱爲正式的網路參數求法。

當只有電流源 $I_1$ 作用時，將電壓源 $V_2$ 予以關閉或短路，$V_1$ 與 $I_2$ 的值分別爲 $V_1'=h_{11}I_1$ 與 $I_2'=h_{21}I_1$；當只有電壓源 $V_2$ 作用時，將電流源 $I_1$ 予以關閉或開路，$V_1$ 與 $I_2$ 的值分別爲 $V_1''=h_{12}V_2$ 與 $I_2''=h_{22}V_2$。以網路各埠的輸出訊號對各埠的輸入訊號所表示的方程式分別爲：$h_{11}=\left.\frac{V_1}{I_1}\right|_{V_2=0}$，$h_{21}=\left.\frac{I_2}{I_1}\right|_{V_2=0}$，$h_{12}=\left.\frac{V_1}{V_2}\right|_{I_1=0}$，$h_{22}=\left.\frac{I_2}{V_2}\right|_{I_1=0}$。注意：$h_{ij}$代表網路的混合參數，它是輸出的電壓或電流量與輸入電壓或電流量的比值，$h_{11}$代表埠 2 短路時，由埠 1 看入的驅動點阻抗，單位是歐姆；$h_{21}$代表埠 2 短路時，埠 2 電流對埠 1 電流的比值，它是一個電流增益，沒有單位；$h_{12}$代表埠1開路時，埠1電壓對埠2電

圖 14.5.1　雙埠網路混合參數之端點電壓與電流

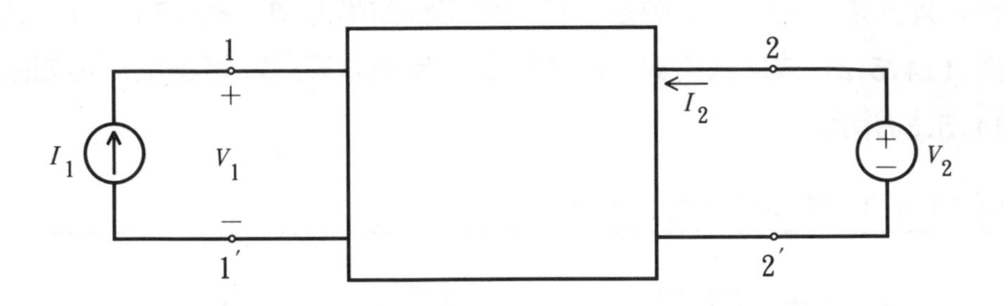


圖 14.5.2　混合參數的重疊定理求法

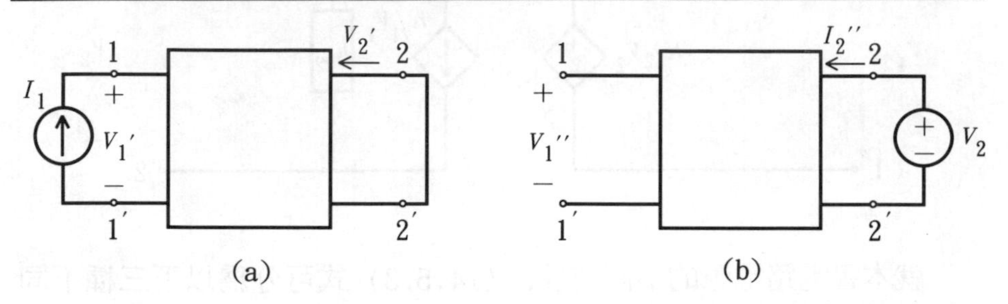


壓的比值，它是一個電壓增益，沒有單位；$h_{22}$代表埠 1 開路時，由埠 2 看入的驅動點導納，單位是姆歐或 S。將輸入電源 $I_1$ 與 $V_2$ 對輸出訊號 $V_1$ 與 $I_2$ 的影響合成為下面兩式：

$$V_1 = V_1' + V_1'' = h_{11}I_1 + h_{12}V_2 \tag{14.5.1}$$

$$I_2 = I_2' + I_2'' = h_{21}I_1 + h_{22}V_2 \tag{14.5.2}$$

以矩陣表示為：

$$\begin{bmatrix} V_1 \\ I_2 \end{bmatrix} = \begin{bmatrix} h_{11} & h_{12} \\ h_{21} & h_{22} \end{bmatrix} \begin{bmatrix} I_1 \\ V_2 \end{bmatrix} \tag{14.5.3}$$

由於在求網路參數時，必須將電流源或電壓源分別關閉，又所得的參數是一種含有阻抗、導納、電壓增益以及電流增益的混合量，因此稱參數 $h$ 為混合參數。

網路混合參數的另一種求法屬於非正式的，是以我們所熟知的兩個基本網路分析定理 KVL 或 KCL，將輸出的電壓 $V_1$ 與電流 $I_2$ 分別以兩個輸入訊號 $I_1$ 與 $V_2$ 表示成（14.5.1）式與（14.5.2）式兩式。

以這種方法所求的參數必與重疊定理所得的參數相同，以電路經驗而言，此法求得的網路參數速度較快也比較簡單方便。將（14.5.1）式與（14.5.2）式兩式所表示的網路混合參數以等效電路繪出，可如圖 14.5.3 所示。

圖 14.5.3　雙埠網路混合參數之等效電路

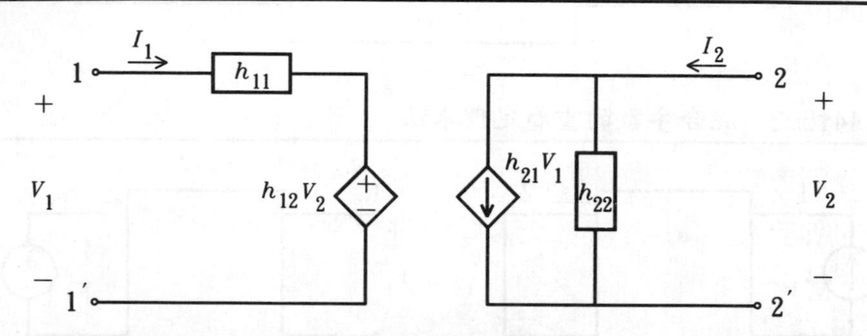


就本書電路電源的不同特性，（14.5.3）式可分為以下三種不同的表示式：

**(1)直流電路**

$$\begin{bmatrix} V_1 \\ I_2 \end{bmatrix} = \begin{bmatrix} h_{11} & h_{12} \\ h_{21} & h_{22} \end{bmatrix} \begin{bmatrix} I_1 \\ V_2 \end{bmatrix} \tag{14.5.4}$$

式中的電壓與電流均為直流量。

**(2)交流弦波穩態電路**

$$\begin{bmatrix} \mathbf{V}_1 \\ \mathbf{I}_2 \end{bmatrix} = \begin{bmatrix} h_{11} & h_{12} \\ h_{21} & h_{22} \end{bmatrix} \begin{bmatrix} \mathbf{I}_1 \\ \mathbf{V}_2 \end{bmatrix} \tag{14.4.5}$$

式中電壓與電流均由相量表示，而且電流源 $\mathbf{I}_1$ 與電壓源 $\mathbf{V}_2$ 必須是同一個頻率下的弦波電源。

**(3)一般化的電路**

$$\begin{bmatrix} V_1(s) \\ I_2(s) \end{bmatrix} = \begin{bmatrix} h_{11}(s) & h_{12}(s) \\ h_{21}(s) & h_{22}(s) \end{bmatrix} \begin{bmatrix} I_1(s) \\ V_2(s) \end{bmatrix} \tag{14.4.6}$$

式中電壓與電流均用拉氏轉換後的量表示。

## 14.5.2　反混合參數

如圖 14.5.4 所示之雙埠網路，端點「1」與「1′」連接了電壓源 $V_1$，電流 $I_1$ 由端點「1」注入；端點「2」與「2′」連接了電流源 $I_2$，端點「2」對端點「2′」的電壓爲 $V_2$，電流 $I_2$ 由端點「2」注入。假設雙埠網路內部爲線性元件，僅包含了相依電源，獨立電源予以忽略。由於該線性的雙埠網路是由兩組外加電源激勵，因此可以仿照混合參數中正式網路參數的求法，利用重疊定理將兩組獨立電源 $V_1$、$I_2$ 分別考慮它們對網路端點電流 $I_1$ 與電壓 $V_2$ 的影響，如圖 14.5.5 (a)(b)所示。

當只有電壓源 $V_1$ 作用時，將電流源 $I_2$ 予以關閉或開路，$I_1$ 與 $V_2$ 的值分別爲 $I_1' = g_{11}V_1$ 與 $V_2' = g_{21}V_1$；當只有電流源 $I_2$ 作用時，將電壓源 $V_1$ 予以關閉或短路，$I_1$ 與 $V_2$ 的值分別爲 $I_1'' = g_{12}I_2$ 與 $V_2'' = g_{22}I_2$。以各埠輸出訊號的量對各埠輸入電源訊號所表示的方程式分別爲：$g_{11} = \left.\frac{I_1}{V_1}\right|_{I_2=0}$，$g_{21} = \left.\frac{V_2}{V_1}\right|_{I_2=0}$，$g_{12} = \left.\frac{I_1}{I_2}\right|_{V_1=0}$，$g_{22} = \left.\frac{V_2}{I_2}\right|_{V_1=0}$。注意：$g_{ij}$ 代表網路的反混合參數，它是輸出電壓或電流量與輸入電壓或電流量的比值，$g_{11}$ 代表埠 2 開路時，由埠 1 看入的驅動點導納，單位是姆歐或 S；$g_{21}$ 代表埠 2 開路時，埠 2 電壓對埠 1 電壓的比值，它是一個電壓增益，沒有單位；$g_{12}$ 代表埠 1 短路時，埠 1 電流對埠 2 電流的比值，它是一個電流增益，沒有單位；$g_{22}$ 代表埠 1 短路時，由埠 2 看入的驅動點阻抗，單位是歐姆。將網路輸出的 $I_1$ 與 $V_2$ 以輸入網路之輸入電源 $V_1$ 與 $I_2$ 影響表示爲下面兩式：

$$I_1 = I_1' + I_1'' = g_{11}V_1 + g_{12}I_2 \tag{14.5.7}$$

$$V_2 = V_2' + V_2'' = g_{21}V_1 + g_{22}I_2 \tag{14.5.8}$$

或以矩陣表示爲：

$$\begin{bmatrix} I_1 \\ V_2 \end{bmatrix} = \begin{bmatrix} g_{11} & g_{12} \\ g_{21} & g_{22} \end{bmatrix} \begin{bmatrix} V_1 \\ I_2 \end{bmatrix} \tag{14.5.9}$$

由於在求網路參數時，必須將電壓源或電流源分別關閉，又所得的參數是一種含有阻抗、導納、電壓增益以及電流增益的混合量，恰與混合參數 $h$ 相反，因此稱為反混合參數。

圖 14.5.4　雙埠網路反混合參數之端點電壓與電流

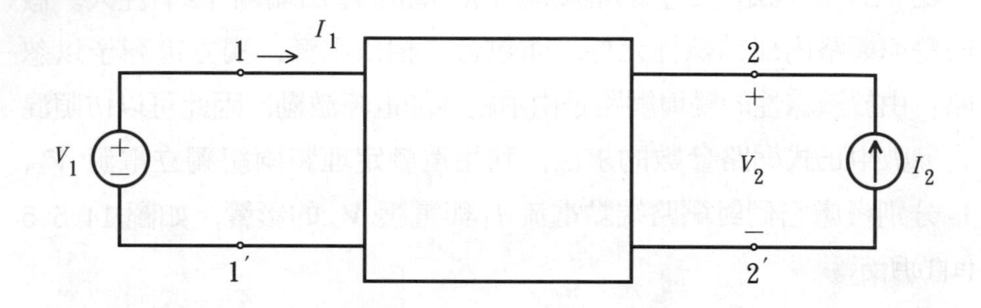


圖 14.5.5　反混合參數的重疊定理求法

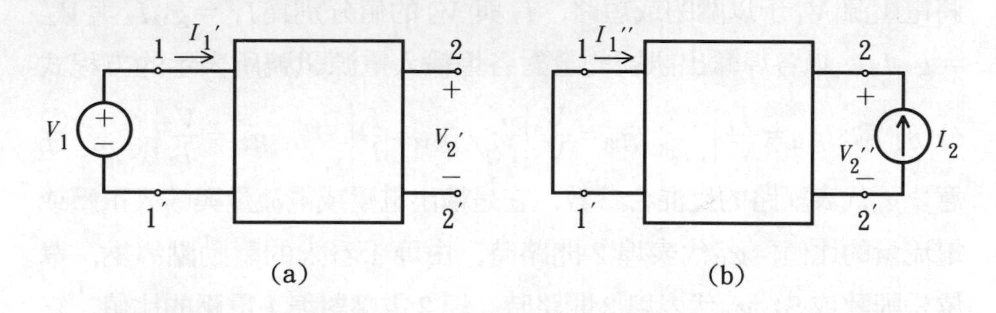


圖 14.5.6　雙埠網路反混合參數之等效電路

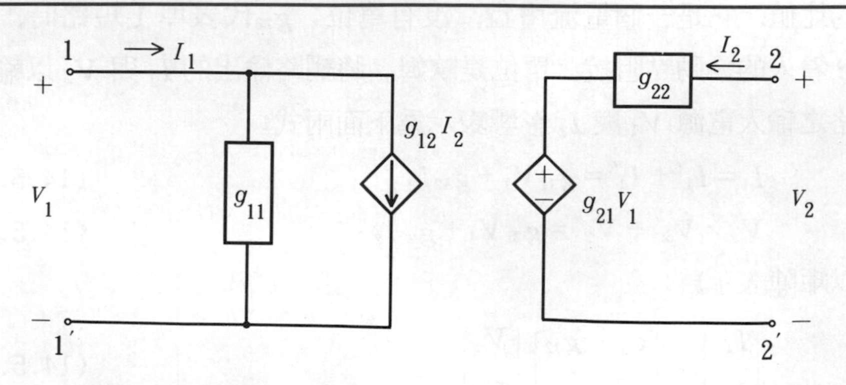

反混合參數的另一種求法，是以我們所熟知的兩個基本網路分析定理 KVL 或 KCL，將輸出的電流 $I_1$ 與電壓 $V_2$ 分別以兩個輸入電源量 $V_1$ 與 $I_2$ 表示成（14.5.7）式與（14.5.8）式兩式，此是屬於非正式的求法。以這種方法所求的參數也必與重疊定理所得的參數相同，就經驗而言，與混合參數求法相同，以此法求得的網路參數速度較快也比較簡單方便。將（14.5.7）式與（14.5.8）式兩式所表示的網路反混合參數以等效電路繪出，可如圖 14.5.6 所示。

就本書電路電源的不同特性，（14.5.9）式可分爲以下三種不同的表示式：

**(1)直流電路**

$$\begin{bmatrix} I_1 \\ V_2 \end{bmatrix} = \begin{bmatrix} g_{11} & g_{12} \\ g_{21} & g_{22} \end{bmatrix} \begin{bmatrix} V_1 \\ I_2 \end{bmatrix} \tag{14.5.10}$$

式中電壓與電流均爲直流量。

**(2)交流弦波穩態電路**

$$\begin{bmatrix} \mathbf{I}_1 \\ \mathbf{V}_2 \end{bmatrix} = \begin{bmatrix} g_{11} & g_{12} \\ g_{21} & g_{22} \end{bmatrix} \begin{bmatrix} \mathbf{V}_1 \\ \mathbf{I}_2 \end{bmatrix} \tag{14.5.11}$$

式中電壓與電流均由相量表示，而且電壓源 $\mathbf{V}_1$ 與電流源 $\mathbf{I}_2$ 必須是在同一個頻率下的弦波電源。

**(3)一般化的電路**

$$\begin{bmatrix} I_1(s) \\ V_2(s) \end{bmatrix} = \begin{bmatrix} g_{11}(s) & g_{12}(s) \\ g_{21}(s) & g_{22}(s) \end{bmatrix} \begin{bmatrix} V_1(s) \\ I_2(s) \end{bmatrix} \tag{14.5.12}$$

式中電壓與電流均用拉氏轉換後的量表示。

### 14.5.3　混合參數與反混合參數的關係與存在特性

將（14.5.3）式與（14.5.9）式兩式重新放在一起表示如下：

$$\begin{bmatrix} V_1 \\ I_2 \end{bmatrix} = \begin{bmatrix} h_{11} & h_{12} \\ h_{21} & h_{22} \end{bmatrix} \begin{bmatrix} I_1 \\ V_2 \end{bmatrix} \tag{14.5.13}$$

$$\begin{bmatrix} I_1 \\ V_2 \end{bmatrix} = \begin{bmatrix} g_{11} & g_{12} \\ g_{21} & g_{22} \end{bmatrix} \begin{bmatrix} V_1 \\ I_2 \end{bmatrix} \quad (c.5.14)$$

若上面兩式行向量中的 $V_1$、$I_2$ 與 $I_1$、$V_2$ 均相同，則兩式可以互換，並且可以使用魁雷瑪法則求出它們之間的關係，首先寫出（14.5.13）式以 $I_1$、$V_2$ 爲變數，以 $V_1$、$I_2$ 爲電源輸入的解爲：

$$I_1 = \begin{vmatrix} V_1 & h_{12} \\ I_2 & h_{22} \end{vmatrix} \frac{1}{\Delta_h} = \frac{h_{22}}{\Delta_h} V_1 + \frac{-h_{12}}{\Delta_h} I_2 = g_{11} V_1 + g_{12} I_2 \quad (14.5.15)$$

$$V_2 = \begin{vmatrix} h_{11} & V_1 \\ h_{21} & I_2 \end{vmatrix} \frac{1}{\Delta_h} = \frac{-h_{21}}{\Delta_h} V_1 + \frac{h_{11}}{\Delta_h} I_2 = g_{21} V_1 + g_{22} I_2 \quad (14.5.16)$$

式中

$$\Delta_h = \begin{vmatrix} h_{11} & h_{12} \\ h_{21} & h_{22} \end{vmatrix} = h_{11} h_{22} - h_{21} h_{12} \quad (14.5.17)$$

同理，寫出（14.5.14）式以 $V_1$、$I_2$ 爲變數，以 $I_1$、$V_2$ 爲電源輸入的解爲：

$$V_1 = \begin{vmatrix} I_1 & g_{12} \\ V_2 & g_{22} \end{vmatrix} \frac{1}{\Delta_g} = \frac{g_{22}}{\Delta_g} I_1 + \frac{-g_{12}}{\Delta_g} V_2 = h_{11} I_1 + h_{12} V_2 \quad (14.5.18)$$

$$I_2 = \begin{vmatrix} g_{11} & I_1 \\ g_{21} & V_2 \end{vmatrix} \frac{1}{\Delta_g} = \frac{-g_{21}}{\Delta_g} I_1 + \frac{g_{11}}{\Delta_g} V_2 = h_{21} I_1 + h_{22} V_2 \quad (14.5.19)$$

式中

$$\Delta_g = \begin{vmatrix} g_{11} & g_{12} \\ g_{21} & g_{22} \end{vmatrix} = g_{11} g_{22} - g_{12} g_{21} \quad (14.5.20)$$

由（14.5.15）式與（14.5.16）式兩式比較 $V_1$、$I_2$ 前面的係數，就可以得知反混合參數矩陣〔$g$〕的四個參數 $g_{11}$、$g_{21}$、$g_{12}$、$g_{22}$如何以混合參數矩陣〔$h$〕的四個參數 $h_{11}$、$h_{21}$、$h_{12}$、$h_{22}$以及矩陣的行列

式 $\Delta_h$ 表示；同理，由（14.5.18）式與（14.5.19）式兩式比較 $I_1$、$V_2$ 前面的係數，就可以得知混合參數矩陣〔$h$〕的四個參數 $h_{11}$、$h_{21}$、$h_{12}$、$h_{22}$如何以反混合參數矩陣〔$g$〕的四個參數 $g_{11}$、$g_{21}$、$g_{12}$、$g_{22}$以及矩陣的行列式 $\Delta_g$ 表示。

由（14.5.15）式與（14.5.16）式知，當（14.5.17）式之行列式值 $\Delta_h$ 爲零或混合參數矩陣〔$h$〕爲奇異矩陣（singular matrix）時，則 $I_1$、$V_2$ 之值無法求解，反混合參數矩陣〔$g$〕之四個參數 $g_{11}$、$g_{21}$、$g_{12}$、$g_{22}$便無法存在。因此一個網路函數的反混合參數存在的條件，完全由混合參數矩陣之行列式值是否爲零決定。同理，由（14.5.18）式與（14.5.19）式知，當（14.5.20）式之行列式值 $\Delta_g$ 爲零或反混合參數矩陣〔$g$〕爲奇異矩陣時，則 $V_1$、$I_2$ 之值無法求解，混合參數矩陣〔$h$〕之四個參數 $h_{11}$、$h_{21}$、$h_{12}$、$h_{22}$便無法存在。因此一個網路函數的混合參數存在的條件，完全由反混合參數矩陣之行列式值是否爲零決定。而混合參數矩陣〔$h$〕與反混合參數矩陣〔$g$〕之關係，基本上是互爲反矩陣的，因此兩矩陣內部的元素可以分別表示如下：

$$[h] = \begin{bmatrix} h_{11} & h_{12} \\ h_{21} & h_{22} \end{bmatrix}$$

$$= [g]^{-1} = \begin{bmatrix} g_{11} & g_{12} \\ g_{21} & g_{22} \end{bmatrix}^{-1} = \begin{bmatrix} \dfrac{g_{22}}{\Delta_g} & \dfrac{-g_{12}}{\Delta_g} \\ \dfrac{-g_{21}}{\Delta_g} & \dfrac{g_{11}}{\Delta_g} \end{bmatrix} \qquad (14.5.21)$$

$$[g] = \begin{bmatrix} g_{11} & g_{12} \\ g_{21} & g_{22} \end{bmatrix}$$

$$= [h]^{-1} = \begin{bmatrix} h_{11} & h_{12} \\ h_{21} & h_{22} \end{bmatrix}^{-1} = \begin{bmatrix} \dfrac{h_{22}}{\Delta_h} & \dfrac{-h_{12}}{\Delta_h} \\ \dfrac{-h_{21}}{\Delta_h} & \dfrac{h_{11}}{\Delta_h} \end{bmatrix} \qquad (14.5.22)$$

由以上分析知，並非所有雙埠網路的混合參數或反混合參數均可同時存在，可能會有以下數種不同的情形發生：

(a)〔$h$〕與〔$g$〕同時存在，故 $\Delta_h \neq 0$ 且 $\Delta_g \neq 0$。
(b)〔$h$〕存在，〔$g$〕不存在，故 $\Delta_h = 0$ 且 $\Delta_g \neq 0$。
(c)〔$h$〕不存在，〔$g$〕存在，故 $\Delta_h \neq 0$ 且 $\Delta_g = 0$。
(d)〔$h$〕與〔$g$〕均不存在，故 $\Delta_h = 0$ 且 $\Delta_g = 0$。

### 14.5.4 混合參數、反混合參數與開路阻抗參數、短路導納參數的關係

**(1)混合參數與開路阻抗參數的關係**

將（14.5.1）式與（14.5.2）式重寫如下：

$$V_1 = h_{11}I_1 + h_{12}V_2 \tag{14.5.23}$$

$$I_2 = h_{21}I_1 + h_{22}V_2 \tag{14.5.24}$$

先將（14.5.24）式各項全部除以 $h_{22}$，則 $V_2$ 可表示為電流 $I_1$ 與 $I_2$ 的關係如下：

$$V_2 = -\left(\frac{h_{21}}{h_{22}}\right)I_1 + \left(\frac{1}{h_{22}}\right)I_2 = Z_{21}I_1 + Z_{22}I_2 \tag{14.5.25}$$

將（14.5.25）式代入（14.5.23）式中的 $V_2$，則電壓 $V_1$ 亦可用電流 $I_1$ 與 $I_2$ 的關係表示如下：

$$\begin{aligned} V_1 &= h_{11}I_1 + h_{12}V_2 = h_{11}I_1 + h_{12}\left(\frac{-h_{21}}{h_{22}}\right)I_1 + h_{12}\left(\frac{1}{h_{22}}\right)I_2 \\ &= \left[\frac{(h_{11}h_{22} - h_{12}h_{21})}{h_{22}}\right]I_1 + \left(\frac{h_{12}}{h_{22}}\right)I_2 \\ &= \left(\frac{\Delta_h}{h_{22}}\right)I_1 + \left(\frac{h_{12}}{h_{22}}\right)I_2 = Z_{11}I_1 + Z_{12}I_2 \end{aligned} \tag{14.5.26}$$

由（14.5.26）式與（14.5.25）式兩式最後的表示項中，可以找到開路阻抗參數以混合參數表示的關係為：

$$\begin{bmatrix} Z_{11} & Z_{12} \\ Z_{21} & Z_{22} \end{bmatrix} = \begin{bmatrix} \dfrac{\Delta_h}{h_{22}} & \dfrac{h_{12}}{h_{22}} \\ \dfrac{-h_{21}}{h_{22}} & \dfrac{1}{h_{22}} \end{bmatrix} \tag{14.5.27}$$

同理，將（14.4.1）式與（14.4.2）式重寫如下：

$$V_1 = Z_{11}I_1 + Z_{12}I_2 \tag{14.5.28}$$

$$V_2 = Z_{21}I_1 + Z_{22}I_2 \tag{14.5.29}$$

先將（14.5.29）式各項全部除以 $Z_{22}$，則 $I_2$ 可表示為 $I_1$ 與 $V_2$ 的關係如下：

$$I_2 = -\left(\frac{Z_{21}}{Z_{22}}\right)I_1 + \left(\frac{1}{Z_{22}}\right)V_2 = h_{21}I_1 + h_{22}V_2 \tag{14.5.30}$$

將（14.5.30）式代入（14.5.28）式中的 $I_2$，則電壓 $V_1$ 亦可用 $I_1$ 與 $V_2$ 的關係表示如下：

$$\begin{aligned} V_1 &= Z_{11}I_1 + Z_{12}I_2 = Z_{11}I_1 + Z_{12}\left(\frac{-Z_{21}}{Z_{22}}\right)I_1 + Z_{12}\left(\frac{1}{Z_{22}}\right)V_2 \\ &= \left[\frac{(Z_{11}Z_{22} - Z_{12}Z_{21})}{Z_{22}}\right]I_1 + \left(\frac{Z_{12}}{Z_{22}}\right)V_2 \\ &= \left(\frac{\Delta_{Z_{oc}}}{Z_{22}}\right)I_1 + \left(\frac{Z_{12}}{Z_{22}}\right)V_2 = h_{11}I_1 + h_{12}V_2 \end{aligned} \tag{14.5.31}$$

由（14.5.31）式與（14.5.29）式兩式最後的表示項中，可以找到混合參數以開路阻抗參數表示的關係為：

$$\begin{bmatrix} h_{11} & h_{12} \\ h_{21} & h_{22} \end{bmatrix} = \begin{bmatrix} \dfrac{\Delta_{Z_{oc}}}{Z_{22}} & \dfrac{Z_{12}}{Z_{22}} \\ \dfrac{-Z_{21}}{Z_{22}} & \dfrac{1}{Z_{22}} \end{bmatrix} \tag{14.5.32}$$

比較（14.5.27）式與（14.5.32）式後，我們可以發現一個非常有趣的結果，那就是在這兩式中矩陣元素的下標除了行列式外，全部都相同，而且符號 $Z$ 與符號 $h$ 完全互換。

**(2)短路導納參數與混合參數的關係**

將（14.5.27）式等號兩側取反矩陣計算，可直接得到短路導納參數以混合參數表示的關係如下：

$$\begin{bmatrix} Y_{11} & Y_{12} \\ Y_{21} & Y_{22} \end{bmatrix} = \begin{bmatrix} Z_{11} & Z_{12} \\ Z_{21} & Z_{22} \end{bmatrix}^{-1} = \begin{bmatrix} \dfrac{\Delta_h}{h_{22}} & \dfrac{h_{12}}{h_{22}} \\ \dfrac{-h_{21}}{h_{22}} & \dfrac{1}{h_{22}} \end{bmatrix}^{-1}$$

$$=\frac{h_{22}^2}{\Delta_h+h_{12}h_{21}}\begin{bmatrix}\dfrac{1}{h_{22}} & \dfrac{-h_{12}}{h_{22}}\\ \dfrac{h_{21}}{h_{22}} & \dfrac{\Delta_h}{h_{22}}\end{bmatrix}=\frac{h_{22}}{h_{11}}\begin{bmatrix}\dfrac{1}{h_{22}} & \dfrac{-h_{12}}{h_{22}}\\ \dfrac{h_{21}}{h_{22}} & \dfrac{\Delta_h}{h_{22}}\end{bmatrix}$$

$$=\begin{bmatrix}\dfrac{1}{h_{11}} & \dfrac{-h_{12}}{h_{11}}\\ \dfrac{h_{21}}{h_{11}} & \dfrac{\Delta_h}{h_{11}}\end{bmatrix} \tag{14.5.33}$$

**(3)反混合參數與開路阻抗參數的關係**

將（14.5.32）式等號兩側取反矩陣計算，可直接得到反混合參數以開路阻抗參數表示的關係如下：

$$\begin{bmatrix}g_{11} & g_{12}\\ g_{21} & g_{22}\end{bmatrix}=\begin{bmatrix}h_{11} & h_{12}\\ h_{21} & h_{22}\end{bmatrix}^{-1}=\begin{bmatrix}\dfrac{\Delta_{Z_{oc}}}{Z_{22}} & \dfrac{Z_{12}}{Z_{22}}\\ \dfrac{-Z_{21}}{Z_{22}} & \dfrac{1}{Z_{22}}\end{bmatrix}^{-1}$$

$$=\frac{Z_{22}^2}{\Delta_{Z_{oc}}+Z_{12}Z_{21}}\begin{bmatrix}\dfrac{1}{Z_{22}} & \dfrac{-Z_{12}}{Z_{22}}\\ \dfrac{Z_{21}}{Z_{22}} & \dfrac{\Delta_{Z_{oc}}}{Z_{22}}\end{bmatrix}=\frac{Z_{22}}{Z_{11}}\begin{bmatrix}\dfrac{1}{Z_{22}} & \dfrac{-Z_{12}}{Z_{22}}\\ \dfrac{Z_{21}}{Z_{22}} & \dfrac{\Delta_{Z_{oc}}}{Z_{22}}\end{bmatrix}$$

$$=\begin{bmatrix}\dfrac{1}{Z_{11}} & \dfrac{-Z_{12}}{Z_{11}}\\ \dfrac{Z_{21}}{Z_{11}} & \dfrac{\Delta_{Z_{oc}}}{Z_{11}}\end{bmatrix} \tag{14.5.34}$$

比較（14.5.33）式與（14.5.34）式後，我們也可以發現一個非常有趣的結果，那就是在這兩式中矩陣元素的下標除了行列式外，全部都相同，而且符號 $Z$ 與符號 $h$、符號 $Y$ 與符號 $g$ 完全互換。

**(4)反混合參數與短路導納參數的關係**

將（14.5.7）式與（14.5.8）式重寫如下：

$$I_1=g_{11}V_1+g_{12}I_2 \tag{14.5.35}$$

$$V_2=g_{21}V_1+g_{22}I_2 \tag{14.5.36}$$

先將（14.5.36）式各項全部除以 $g_{22}$，則 $I_2$ 可表示爲電壓 $V_1$ 與 $V_2$

的關係如下：

$$I_2 = -\left(\frac{g_{21}}{g_{22}}\right)V_1 + \left(\frac{1}{g_{22}}\right)V_2 = Y_{21}V_1 + Y_{22}V_2 \qquad (14.5.37)$$

將（14.5.37）式代入（14.5.35）式中的 $I_2$，則電流 $I_1$ 亦可用電壓 $V_1$ 與 $V_2$ 的關係表示如下：

$$\begin{aligned} I_1 &= g_{11}V_1 + g_{12}I_2 = g_{11}V_1 + g_{12}\left(\frac{-g_{21}}{g_{22}}\right)V_1 + g_{12}\left(\frac{1}{g_{22}}\right)V_2 \\ &= \left[\frac{(g_{11}g_{22} - g_{12}g_{21})}{g_{22}}\right]V_1 + \left(\frac{g_{12}}{g_{22}}\right)V_2 \\ &= \left(\frac{\Delta_g}{g_{22}}\right)V_1 + \left(\frac{g_{12}}{g_{22}}\right)V_2 = Y_{11}V_1 + Y_{12}V_2 \end{aligned} \qquad (14.5.38)$$

由（14.5.38）式與（14.5.37）式兩式最後的表示項中，可以找到短路導納參數以反混合參數表示的關係為：

$$\begin{bmatrix} Y_{11} & Y_{12} \\ Y_{21} & Y_{22} \end{bmatrix} = \begin{bmatrix} \dfrac{\Delta_g}{g_{22}} & \dfrac{g_{12}}{g_{22}} \\ \dfrac{-g_{21}}{g_{22}} & \dfrac{1}{g_{22}} \end{bmatrix} \qquad (14.5.39)$$

同理，將（14.4.7）式與（14.4.8）式重寫如下：

$$I_1 = Y_{11}V_1 + Y_{12}V_2 \qquad (14.5.40)$$

$$I_2 = Y_{21}V_1 + Y_{22}V_2 \qquad (14.5.41)$$

先將（14.5.41）式各項全部除以 $Y_{22}$，則 $V_2$ 可表示為 $V_1$ 與 $I_2$ 的關係如下：

$$V_2 = -\left(\frac{Y_{21}}{Y_{22}}\right)V_1 + \left(\frac{1}{Y_{22}}\right)I_2 = g_{21}V_1 + g_{22}I_2 \qquad (14.5.42)$$

將（14.5.42）式代入（14.5.40）式中的 $V_2$，則電流 $I_1$ 亦可用 $V_1$ 與 $I_2$ 的關係表示如下：

$$\begin{aligned} I_1 &= Y_{11}V_1 + Y_{12}V_2 = Y_{11}V_1 + Y_{12}\left(\frac{-Y_{21}}{Y_{22}}\right)V_1 + Y_{12}\left(\frac{1}{Y_{22}}\right)I_2 \\ &= \left[\frac{(Y_{11}Y_{22} - Y_{12}Y_{21})}{Y_{22}}\right]V_1 + \left(\frac{Y_{12}}{Y_{22}}\right)I_2 \\ &= \left(\frac{\Delta_{Y_{sc}}}{Y_{22}}\right)V_1 + \left(\frac{Y_{12}}{Y_{22}}\right)I_2 = g_{11}V_1 + g_{12}I_2 \end{aligned} \qquad (14.5.43)$$

由（14.5.43）式與（14.5.42）式兩式最後的表示項中，可以找到反混合參數以短路導納參數表示的關係為：

$$\begin{bmatrix} g_{11} & g_{12} \\ g_{21} & g_{22} \end{bmatrix} = \begin{bmatrix} \dfrac{\Delta_{Y_{sc}}}{Y_{22}} & \dfrac{Y_{12}}{Y_{22}} \\ \dfrac{-Y_{21}}{Y_{22}} & \dfrac{1}{Y_{22}} \end{bmatrix} \tag{14.5.44}$$

比較（14.5.39）式與（14.5.44）式後，我們亦可以發現一個非常有趣的結果，那就是在這兩式中矩陣元素的下標除了行列式外，全部都相同，而且符號 $Y$ 與符號 $g$ 完全互換。此結果恰與開路阻抗參數與混合參數的關係類似，尤其是方程式的表示式更是幾乎完全一致。

**(5)開路阻抗參數以反混合參數表示的關係**

將（14.5.39）式等號兩側取反矩陣計算，可直接得到開路阻抗參數以反混合參數表示的關係如下：

$$\begin{bmatrix} Z_{11} & Z_{12} \\ Z_{21} & Z_{22} \end{bmatrix} = \begin{bmatrix} Y_{11} & Y_{12} \\ Y_{21} & Y_{22} \end{bmatrix}^{-1} = \begin{bmatrix} \dfrac{\Delta_g}{g_{22}} & \dfrac{g_{12}}{g_{22}} \\ \dfrac{-g_{21}}{g_{22}} & \dfrac{1}{g_{22}} \end{bmatrix}^{-1}$$

$$= \frac{g_{22}^2}{\Delta_g + g_{12}g_{21}} \begin{bmatrix} \dfrac{1}{g_{22}} & \dfrac{-g_{12}}{g_{22}} \\ \dfrac{g_{21}}{g_{22}} & \dfrac{\Delta_g}{g_{22}} \end{bmatrix} = \frac{g_{22}}{g_{11}} \begin{bmatrix} \dfrac{1}{g_{22}} & \dfrac{-g_{12}}{g_{22}} \\ \dfrac{g_{21}}{g_{22}} & \dfrac{\Delta_g}{g_{22}} \end{bmatrix}$$

$$= \begin{bmatrix} \dfrac{1}{g_{11}} & \dfrac{-g_{12}}{g_{11}} \\ \dfrac{g_{21}}{g_{11}} & \dfrac{\Delta_g}{g_{11}} \end{bmatrix} \tag{14.5.45}$$

**(6)混合參數以短路導納參數表示的關係**

將（14.5.44）式等號兩側取反矩陣計算，可直接得到混合參數以短路導納參數表示的關係如下：

$$\begin{bmatrix} h_{11} & h_{12} \\ h_{21} & h_{22} \end{bmatrix} = \begin{bmatrix} g_{11} & g_{12} \\ g_{21} & g_{22} \end{bmatrix}^{-1} = \begin{bmatrix} \dfrac{\Delta_{Y_{sc}}}{Y_{22}} & \dfrac{Y_{12}}{Y_{22}} \\ \dfrac{-Y_{21}}{Y_{22}} & \dfrac{1}{Y_{22}} \end{bmatrix}^{-1}$$

$$= \frac{Y_{22}^2}{\Delta_{Y_{sc}} + Y_{12}Y_{21}} \begin{bmatrix} \dfrac{1}{Y_{22}} & \dfrac{-Y_{12}}{Y_{22}} \\ \dfrac{Y_{21}}{Y_{22}} & \dfrac{\Delta_{Y_{sc}}}{Y_{22}} \end{bmatrix} = \frac{Y_{22}}{Y_{11}} \begin{bmatrix} \dfrac{1}{Y_{22}} & \dfrac{-Y_{12}}{Y_{22}} \\ \dfrac{Y_{21}}{Y_{22}} & \dfrac{\Delta_{Y_{sc}}}{Y_{22}} \end{bmatrix}$$

$$= \begin{bmatrix} \dfrac{1}{Y_{11}} & \dfrac{-Y_{12}}{Y_{11}} \\ \dfrac{Y_{21}}{Y_{11}} & \dfrac{\Delta_{Y_{sc}}}{Y_{11}} \end{bmatrix} \tag{14.5.46}$$

比較（14.5.45）式與（14.5.46）式後，我們也可以發現一個非常有趣的結果，那就是在這兩式中矩陣元素的下標除了行列式外，全部都相同，而且符號 $Y$ 與符號 $g$、符號 $Z$ 與符號 $h$ 完全互換。

**【例 14.5.1】** 如圖(a)所示之電路，爲一個雙極性接面電晶體（BJT）做爲一個放大器使用之偏壓電路，其小訊號模型如圖(b)所示。試求出(b)圖之混合參數值。

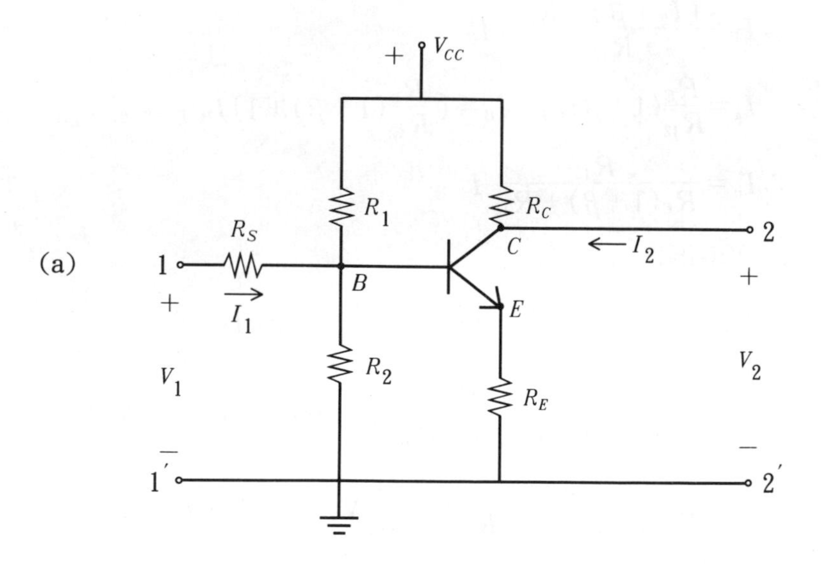

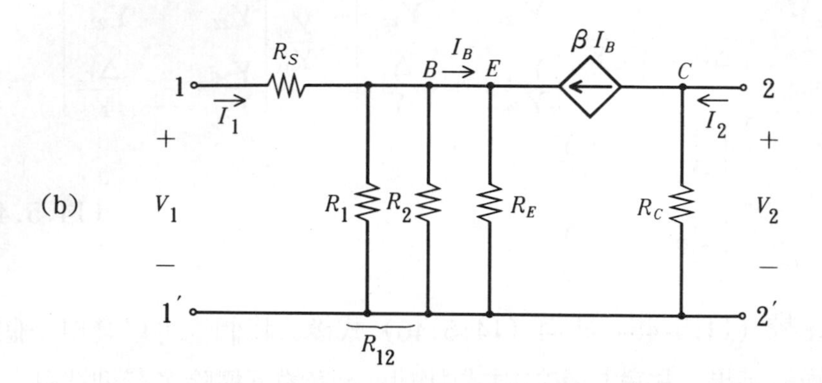


**【解】** 令 $R_1/\!/R_2=R_{12}$，以非正式法求出〔$h$〕參數如下：

$$V_1=R_S I_1+(I_B+\beta I_B)R_E \qquad ①$$

$$I_2=\frac{V_2}{R_C}+\beta I_B \qquad ②$$

在節點 $B$，$E$ 可寫出：

$$I_1-\frac{(I_B+\beta I_B)R_E}{R_{12}}=I_B \qquad ③$$

故 $$I_1=\frac{R_E}{R_{12}}(1+\beta)I_B+I_B=\left[\frac{R_E}{R_{12}}(1+\beta)+1\right]I_B$$

$$\therefore I_B=\frac{R_{12}}{R_E(1+\beta)+R_{12}}\,I_1$$

代入①，②可得：

$$V_1=R_S I_1+R_E(1+\beta)\frac{R_{12}}{R_E(1+\beta)+R_{12}}I_1$$

$$=\left[R_S+\frac{R_E(1+\beta)R_{12}}{R_E(1+\beta)+R_{12}}\right]I_1+0V_2=h_{11}I_1+h_{12}V_2$$

$$I_2=\beta\cdot\frac{R_{12}}{R_E(1+\beta)+R_{12}}I_1+\frac{1}{R_C}V_2=h_{21}I_1+h_{22}V_2$$

$$\therefore [h]=\begin{bmatrix} R_S+\dfrac{R_E(1+\beta)\cdot R_{12}}{R_E(1+\beta)+R_{12}} & 0 \\ \beta\dfrac{R_{12}}{R_E(1+\beta)+R_{12}} & \dfrac{1}{R_C}\end{bmatrix} \qquad ◎$$

【例 14.5.2】試求下圖之反混合參數 $g$。

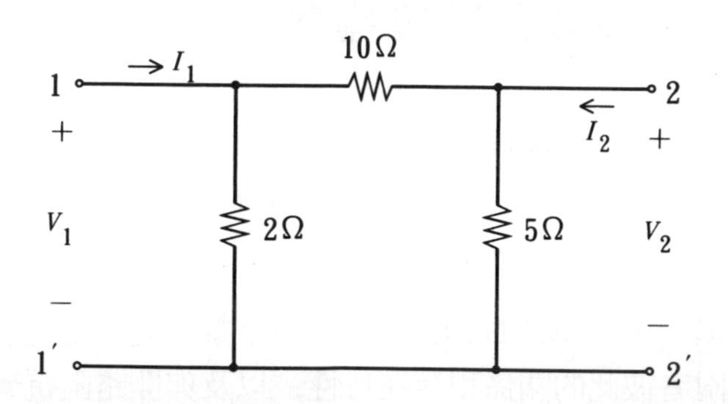


【解】利用正式之求法求出 $g$ 參數；在 1, 1′接上一個電壓源 $V_1$, 在 2, 2′端點接上一個電流源 $I_2$, 則

(1)當 $V_1$ 動作時, $I_2$ 關閉, 2, 2′端開路, 故:

$$I_1' = \frac{V_1}{2} + \frac{V_1}{10+5} = (\frac{1}{2} + \frac{1}{15})V_1 = \frac{17}{30}V_1$$

$$V_2' = \frac{5}{10+5}V_1 = \frac{1}{3}V_1$$

(2)當 $I_2$ 動作, $V_1$ 關閉, 1, 1′端短路時, 則:

$$I_1'' = \frac{-5}{5+10}I_2 = -\frac{1}{3}I_2$$

$$V_2'' = (10/\!/5)I_2 = \frac{50}{15}I_2 = \frac{10}{3}I_2$$

故知:

$$I_1 = I' + I_1'' = \frac{17}{30}V_1 + \frac{-1}{3}I_2$$

$$V_2 = V_2' + V_2'' = \frac{1}{3}V_1 + \frac{10}{3}I_2$$

$$\therefore [g] = \begin{bmatrix} \frac{17}{30} & \frac{-1}{3} \\ \frac{1}{3} & \frac{10}{3} \end{bmatrix}$$

◎

# 14.6　傳輸參數與反傳輸參數

傳輸參數（transmission parameters）（或稱 $ABCD$ 參數）也稱爲串接參數（chain parameters）與反傳輸參數（inverse chain parameters）（或稱 $b$ 參數）是電力系統傳輸網路中（例如：中程或長程距離輸電線路上、串聯電容補償等模型中），最常被採用的網路函數，本節將討論兩者彼此的關係和存在特性，以及與開路阻抗參數、短路導納參數和混合參數、反混合參數間的轉換關係。

## 14.6.1　傳輸參數

如圖 14.6.1 所示之雙埠網路，電流 $I_1$ 由端點「1」流入，端點「1」對端點「1′」的電壓爲 $V_1$；端點「2」對端點「2′」之電壓爲 $V_2$，電流 $I_2$ 自端點「2」流出。注意：此網路函數之電流 $I_2$ 與前面所述之四種網路函數方向不同，前面的四種網路函數〔$Z_{OC}$〕、〔$Y_{SC}$〕、〔$h$〕、〔$g$〕之電流 $I_2$ 均爲注入網路端點「2」。假設雙埠網路內部爲線性元件，僅包含了相依電源，獨立電源予以忽略。此時我們可將埠 1 的電壓 $V_1$ 與電流 $I_1$ 視爲相依變數，將埠 2 的電壓 $V_2$ 與電流 $-I_2$ 視爲獨立變數，可以利用重疊定理的觀念將 $V_2$、$-I_2$ 分別考慮它們對網路端點電壓 $V_1$ 與電流 $I_1$ 的影響。這種方法稱爲正式的網路參數求法。

當只有 $V_2$ 作用時，令 $-I_2=0$，$V_1$ 與 $I_1$ 的值分別爲 $V_1'=AV_2$ 與 $I_1'=CV_2$；當只有 $-I_2$ 作用時，令 $V_2=0$，$V_1$ 與 $I_1$ 的值分別爲 $V_1''=B(-I_2)$ 與 $I_1''=D(-I_2)$。以網路各埠的輸出訊號對各埠的輸入訊號所表示的方程式分別爲：$A=\left.\dfrac{V_1}{V_2}\right|_{-I_2=0}$，$C=\left.\dfrac{I_1}{V_2}\right|_{-I_2=0}$，$B=\left.\dfrac{V_1}{-I_2}\right|_{V_2=0}$，$D=\left.\dfrac{I_1}{-I_2}\right|_{V_2=0}$。注意：$A$、$B$、$C$、$D$ 代表網路的傳輸參數，它是網路輸出的電壓或電流量與網路輸入電壓或電流量的比值，

圖 14.6.1　雙埠網路傳輸參數之端點電壓與電流

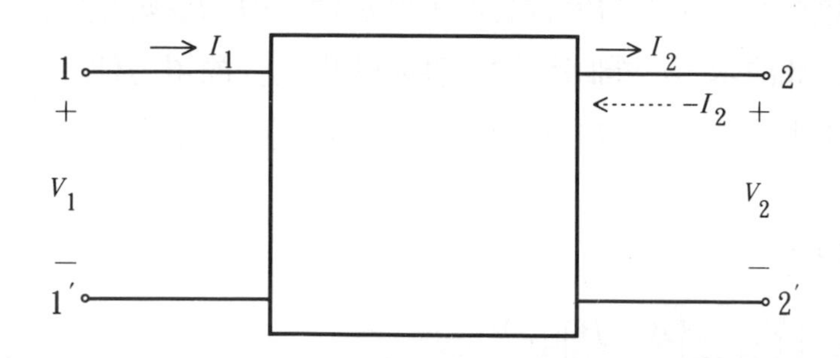


其中 $A$ 代表埠 2 開路時，埠 1 電壓對埠 2 電壓的比值，它是一個電壓增益，沒有單位；$C$ 代表埠 2 開路時，埠 1 流入電流對埠 2 兩端電壓的比值，它是一個轉移導納，單位是姆歐或 S；$B$ 代表埠 2 短路時，埠 1 兩端電壓對埠 2 流出電流的比值，它是一個轉移阻抗，單位是歐姆；$D$ 代表埠 2 短路時，埠 1 流入的電流對埠 2 流出的電流比值，它是一個電流增益，沒有單位。將輸入訊號 $V_2$ 與 $-I_2$ 對輸出訊號 $V_1$ 與 $I_1$ 的影響合成爲下面兩式：

$$V_1 = V_1' + V_1'' = AV_2 + B(-I_2) \tag{14.6.1}$$

$$I_1 = I_1' + I_1'' = CV_2 + D(-I_2) \tag{14.6.2}$$

以矩陣表示爲：

$$\begin{bmatrix} V_1 \\ I_1 \end{bmatrix} = \begin{bmatrix} A & B \\ C & D \end{bmatrix} \begin{bmatrix} V_2 \\ -I_2 \end{bmatrix} = [T] \begin{bmatrix} V_2 \\ -I_2 \end{bmatrix} \tag{14.6.3}$$

由於在求網路參數時，$V_1$ 與 $I_1$ 類似電源功率的輸入端，$V_2$ 與 $-I_2$ 類似電源功率的輸出端，好像功率經由埠 1 的端點進入網路，經過網路的傳輸後，再經由埠 2 端點釋放出去，因此稱〔$T$〕參數或 $ABCD$ 參數爲傳輸參數。又這種網路函數可以由網路端點直接串接成一連串，其結果爲數個〔$T$〕矩陣的相互乘積，因此該參數又稱爲串接參數。

網路傳輸參數的另一種求法屬於非正式的，是以我們所熟知的兩個基本網路分析定理 KVL 或 KCL，將輸出的電壓 $V_1$ 與電流 $I_1$ 分別

以兩個輸入訊號 $V_2$ 與 $-I_2$ 表示成（14.6.1）式與（14.6.2）式兩式。以這種方法所求的參數必與重疊定理所得的參數相同，以電路經驗而言，此法求得的網路參數速度較快也比較簡單方便。

就本書電路電源的不同特性，（14.6.3）式可分爲以下三種不同的表示式：

**(1)直流電路**

$$\begin{bmatrix} V_1 \\ I_1 \end{bmatrix} = \begin{bmatrix} A & B \\ C & D \end{bmatrix} \begin{bmatrix} V_2 \\ -I_2 \end{bmatrix} \tag{14.6.4}$$

式中的電壓與電流均爲直流量。

**(2)交流弦波穩態電路**

$$\begin{bmatrix} \mathbf{V}_1 \\ \mathbf{I}_1 \end{bmatrix} = \begin{bmatrix} A & B \\ C & D \end{bmatrix} \begin{bmatrix} \mathbf{V}_2 \\ -\mathbf{I}_2 \end{bmatrix} \tag{14.6.5}$$

式中電壓與電流均由相量表示，而且 $-\mathbf{I}_2$ 與 $\mathbf{V}_2$ 必須是在同一個頻率下的弦波。

**(3)一般化的電路**

$$\begin{bmatrix} V_1(s) \\ I_1(s) \end{bmatrix} = \begin{bmatrix} A(s) & B(s) \\ C(s) & D(s) \end{bmatrix} \begin{bmatrix} V_2(s) \\ -I_2(s) \end{bmatrix} \tag{14.6.6}$$

式中電壓與電流均用拉氏轉換後的量表示。

### 14.6.2 反傳輸參數

如圖 14.6.2 所示之雙埠網路，端點「1」對端點「1′」之電壓爲 $V_1$，電流入端點「1」之電流爲 $I_1$；注入端點「2」之電流爲 $-I_2$，端點「2」對端點「2′」的電壓爲 $V_2$。假設雙埠網路內部爲線性元件，僅包含了相依電源，獨立電源予以忽略。我們可以仿照傳輸參數中正式網路參數的求法，利用重疊定理將兩組輸入訊號電源 $V_1$、$I_1$ 分別考慮它們對網路端點電流 $-I_2$ 與電壓 $V_2$ 的影響。

當只有電壓 $V_1$ 作用時，令 $I_1=0$，$V_2$ 與 $-I_2$ 的值分別爲 $V_2{}'=$

圖 14.6.2　雙埠網路反傳輸參數之端點電壓與電流

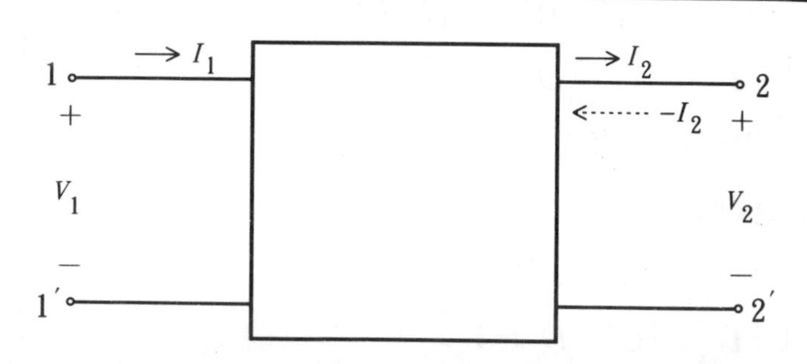


$A'V_1$ 與 $-I_2'=C'V_1$；當只有電流 $I_1$ 作用時，令 $V_1=0$，$V_2$ 與 $-I_2$ 的值分別爲 $V_2''=B'I_2$ 與 $-I_2''=D'I_2$。以各埠輸出訊號的電壓或電流量對各埠輸入訊號的電壓或電流所表示的方程式分別爲：$A'=\left.\frac{V_2}{V_1}\right|_{I_1=0}$，$C'=\left.\frac{-I_2}{V_1}\right|_{I_1=0}$，$B'=\left.\frac{V_2}{I_1}\right|_{V_1=0}$，$D'=\left.\frac{-I_2}{I_1}\right|_{V_1=0}$。注意：$A'$、$B'$、$C'$、$D'$代表網路的反傳輸參數，它是輸出電壓或電流量與輸入電壓或電流量的比值，其中 $A'$代表埠 1 開路時，埠 2 電壓對埠 1 電壓的比值，它是一個電壓增益，沒有單位；$C'$代表埠 1 開路時，埠 2 流出的電流對埠 1 兩端電壓的比值，它是一個轉移導納，單位是姆歐或 S；$B'$代表埠 1 短路時，埠 2 兩端電壓對埠 1 流入電流的比值，它是一個轉移阻抗，單位是歐姆；$D'$代表埠 1 短路時，埠 2 流出的電流對埠 1 流入的電流比值，它是一個電流增益，沒有單位。將網路輸出的 $V_2$ 與 $-I_2$ 以輸入網路之訊號 $V_1$ 與 $I_1$ 影響表示爲下面兩式：

$$V_2=V_2'+V_2''=A'V_1+B'I_1 \qquad (14.6.7)$$

$$-I_2=-I_2'-I_2''=C'V_1+D'I_1 \qquad (14.6.8)$$

或以矩陣表示爲：

$$\begin{bmatrix} V_2 \\ -I_2 \end{bmatrix}=\begin{bmatrix} A' & B' \\ C' & D' \end{bmatrix}\begin{bmatrix} V_1 \\ I_1 \end{bmatrix}=[T']\begin{bmatrix} V_1 \\ I_1 \end{bmatrix} \qquad (14.6.9)$$

就本書電路電源的不同特性，(14.6.9) 式可分爲以下三種不同的表示式：

⑴**直流電路**

$$\begin{bmatrix} V_2 \\ -I_2 \end{bmatrix} = \begin{bmatrix} A' & B' \\ C' & D' \end{bmatrix} \begin{bmatrix} V_1 \\ I_1 \end{bmatrix} \tag{14.6.10}$$

式中電壓與電流均爲直流量。

⑵**交流弦波穩態電路**

$$\begin{bmatrix} \mathbf{V}_2 \\ -\mathbf{I}_2 \end{bmatrix} = \begin{bmatrix} A' & B' \\ C' & D' \end{bmatrix} \begin{bmatrix} \mathbf{V}_1 \\ \mathbf{I}_1 \end{bmatrix} \tag{14.6.11}$$

式中電壓與電流均由相量表示，而且 $\mathbf{V}_1$ 與 $\mathbf{I}_1$ 必須是在同一個頻率下的弦波。

⑶**一般化的電路**

$$\begin{bmatrix} V_2(s) \\ -I_2(s) \end{bmatrix} = \begin{bmatrix} A'(s) & B'(s) \\ C'(s) & D'(s) \end{bmatrix} \begin{bmatrix} V_1(s) \\ I_1(s) \end{bmatrix} \tag{14.6.12}$$

式中電壓與電流均用拉氏轉換後的量表示。

### 14.6.3 傳輸參數與反傳輸參數的關係與存在特性

將 (14.6.3) 式與 (14.6.9) 式兩式重新放在一起表示如下：

$$\begin{bmatrix} V_1 \\ I_1 \end{bmatrix} = \begin{bmatrix} A & B \\ C & D \end{bmatrix} \begin{bmatrix} V_2 \\ -I_2 \end{bmatrix} \tag{14.6.13}$$

$$\begin{bmatrix} V_2 \\ -I_2 \end{bmatrix} = \begin{bmatrix} A' & B' \\ C' & D' \end{bmatrix} \begin{bmatrix} V_1 \\ I_1 \end{bmatrix} \tag{14.6.14}$$

若上面兩式行向量中的 $V_1$、$I_1$ 與 $V_2$、$-I_2$ 均相同，則兩式可以互換，並且可以使用魁雷瑪法則求出它們之間的關係，首先寫出 (14.6.13) 式以 $V_2$、$-I_2$ 爲變數，以 $V_1$、$I_1$ 爲電源輸入的解爲：

$$V_2 = \begin{vmatrix} V_1 & B \\ I_1 & D \end{vmatrix} \frac{1}{\Delta_T} = \frac{D}{\Delta_T} V_1 + \frac{-B}{\Delta_T} I_1 = A' V_1 + B' I_1 \tag{14.6.15}$$

$$-I_2 = \begin{vmatrix} A & V_1 \\ C & I_1 \end{vmatrix} \frac{1}{\Delta_T} = \frac{-C}{\Delta_T} V_1 + \frac{A}{\Delta_T} I_1$$

$$= C'V_1 + D'I_1 \tag{14.6.16}$$

式中

$$\Delta_T = \begin{vmatrix} A & B \\ C & D \end{vmatrix} = AD - BC \tag{14.6.17}$$

同理，寫出（14.6.14）式以 $V_1$、$I_1$ 爲變數，以 $V_2$、$-I_2$ 爲電源輸入的解爲：

$$V_1 = \begin{vmatrix} V_2 & B' \\ -I_2 & D' \end{vmatrix} \frac{1}{\Delta_{T'}} = \frac{D'}{\Delta_{T'}} V_2 + \frac{-B'}{\Delta_{T'}}(-I_2)$$

$$= AV_2 + B(-I_2) \tag{14.6.18}$$

$$I_1 = \begin{vmatrix} A' & V_2 \\ C' & -I_2 \end{vmatrix} \frac{1}{\Delta_{T'}} = \frac{-C'}{\Delta_{T'}} V_2 + \frac{A'}{\Delta_{T'}}(-I_2)$$

$$= CV_2 + D(-I_2) \tag{14.6.19}$$

式中

$$\Delta_{T'} = \begin{vmatrix} A' & B' \\ C' & D' \end{vmatrix} = A'D' - B'C' \tag{14.6.20}$$

由（14.6.15）式與（14.6.16）式兩式比較 $V_1$、$I_1$ 前面的係數，就可以得知反傳輸參數矩陣〔$T'$〕的四個參數 $A'$、$B'$、$C'$、$D'$ 如何以傳輸參數矩陣〔$T$〕的四個參數 $A$、$B$、$C$、$D$ 以及矩陣的行列式 $\Delta_T$ 表示；同理，由（14.6.18）式與（14.6.19）式兩式比較 $V_2$、$-I_2$ 前面的係數，就可以得知傳輸參數矩陣〔$T$〕的四個參數 $A$、$B$、$C$、$D$ 如何以反傳輸參數矩陣〔$T'$〕的四個參數 $A'$、$B'$、$C'$、$D'$ 以及矩陣的行列式 $\Delta_{T'}$ 表示。

由（14.6.15）式與（14.6.16）式知，當（14.6.17）式之行列式值 $\Delta_T$ 爲零或傳輸參數矩陣〔$T$〕爲奇異矩陣（singular matrix）時，則 $V_2$、$-I_2$ 之值無法求解，反傳輸參數矩陣〔$T'$〕之四個參數 $A'$、$B'$、$C'$、$D'$ 便無法存在。因此一個網路函數的反傳輸參數存在的條件，完全由傳輸參數矩陣之行列式值是否爲零決定。同理，由（14.6.18）式與（14.6.19）式知，當（14.6.20）式之行列式值 $\Delta_{T'}$

爲零或反傳輸參數矩陣〔$T'$〕爲奇異矩陣時，則 $V_1$、$I_1$ 之值無法求解，傳輸參數矩陣〔$T$〕的四個參數 $A$、$B$、$C$、$D$ 便無法存在。因此一個網路函數的傳輸參數存在的條件，完全由反傳輸參數矩陣之行列式值是否爲零決定。而傳輸參數矩陣〔$T$〕與反傳輸參數矩陣〔$T'$〕之關係，基本上是互爲反矩陣的，因此兩矩陣內部的元素可以分別表示如下：

$$[T]=\begin{bmatrix}A & B\\ C & D\end{bmatrix}$$

$$=[T']^{-1}=\begin{bmatrix}A' & B'\\ C' & D'\end{bmatrix}^{-1}=\begin{bmatrix}\dfrac{D'}{\Delta_{T'}} & \dfrac{-B'}{\Delta_{T'}}\\ \dfrac{-C'}{\Delta_{T'}} & \dfrac{A'}{\Delta_{T'}}\end{bmatrix} \quad (14.6.21)$$

$$[T']=\begin{bmatrix}A' & B'\\ C' & D'\end{bmatrix}$$

$$=[T]^{-1}=\begin{bmatrix}A & B\\ C & D\end{bmatrix}^{-1}=\begin{bmatrix}\dfrac{D}{\Delta_T} & \dfrac{-B}{\Delta_T}\\ \dfrac{-C}{\Delta_T} & \dfrac{A}{\Delta_T}\end{bmatrix} \quad (14.6.22)$$

由以上分析知，並非所有雙埠網路的傳輸參數或反傳輸參數均可同時存在，可能會有以下數種不同的情形發生：

(a)〔$T$〕與〔$T'$〕同時存在，故 $\Delta_T\neq 0$ 且 $\Delta_{T'}\neq 0$。

(b)〔$T$〕存在，〔$T'$〕不存在，故 $\Delta_T=0$ 且 $\Delta'_T\neq 0$。

(c)〔$T$〕不存在，〔$T'$〕存在，故 $\Delta_T\neq 0$ 且 $\Delta_{T'}=0$。

(d)〔$T$〕與〔$T'$〕均不存在，故 $\Delta_T=0$ 且 $\Delta_{T'}=0$。

### 14.6.4 傳輸參數、反傳輸參數與開路阻抗參數、短路導納參數的關係

**(1)傳輸參數與開路阻抗參數的關係**

將（14.6.1）式與（14.6.2）式重寫如下：

$$V_1 = AV_2 + B(-I_2) \tag{14.6.23}$$

$$I_1 = CV_2 + D(-I_2) \tag{14.6.24}$$

先將（14.6.24）式各項全部除以 $C$，則 $V_2$ 可表示爲電流 $I_1$ 與 $I_2$ 的關係如下：

$$V_2 = (\frac{1}{C})I_1 + (\frac{D}{C})I_2 = Z_{21}I_1 + Z_{22}I_2 \tag{14.6.25}$$

將（14.6.25）式代入（14.6.23）式中的 $V_2$，則電壓 $V_1$ 亦可用電流 $I_1$ 與 $I_2$ 的關係表示如下：

$$\begin{aligned} V_1 &= AV_2 + B(-I_2) = (\frac{A}{C})I_1 + (\frac{AD}{C})I_2 + (-B)I_2 \\ &= (\frac{A}{C})I_1 + (\frac{AD}{C} - B)I_2 \\ &= (\frac{A}{C})I_1 + (\frac{\Delta_T}{C})I_2 = Z_{11}I_1 + Z_{12}I_2 \end{aligned} \tag{14.6.26}$$

由（14.6.26）式與（14.6.25）式兩式最後的表示項中，可以找到開路阻抗參數以傳輸參數表示的關係爲：

$$\begin{bmatrix} Z_{11} & Z_{12} \\ Z_{21} & Z_{22} \end{bmatrix} = \begin{bmatrix} \frac{A}{C} & \frac{\Delta_T}{C} \\ \frac{1}{C} & \frac{D}{C} \end{bmatrix} \tag{14.6.27}$$

同理，將（14.4.1）式與（14.4.2）式重寫如下：

$$V_1 = Z_{11}I_1 + Z_{12}I_2 \tag{14.6.28}$$

$$V_2 = Z_{21}I_1 + Z_{22}I_2 \tag{14.6.29}$$

先將（14.6.29）式各項全部除以 $Z_{21}$，則 $I_1$ 可表示爲 $V_2$ 與 $-I_2$ 的關係如下：

$$I_1 = (\frac{1}{Z_{21}})V_2 + (\frac{Z_{22}}{Z_{21}})(-I_2) = CV_2 + D(-I_2) \tag{14.6.30}$$

將（14.6.30）式代入（14.6.28）式中的 $I_1$，則電壓 $V_1$ 亦可用 $V_2$ 與 $-I_2$ 的關係表示如下：

$$V_1 = Z_{11}I_1 + Z_{12}I_2 = (\frac{Z_{11}}{Z_{21}})V_2 + (\frac{Z_{11}Z_{22}}{Z_{21}})(-I_2) + Z_{12}I_2$$

$$=(\frac{Z_{11}}{Z_{21}})V_2+(\frac{Z_{11}Z_{22}}{Z_{21}}-Z_{12})(-I_2)$$

$$=(\frac{Z_{11}}{Z_{21}})V_2+(\frac{\Delta_{Z_{oc}}}{Z_{21}})(-I_2)=AV_2+B(-I_2) \qquad (14.6.31)$$

由（14.6.31）式與（14.6.30）式兩式最後的表示項中，可以找到傳輸參數以開路阻抗參數表示的關係為：

$$\begin{bmatrix}A & B\\ C & D\end{bmatrix}=\begin{bmatrix}\frac{Z_{11}}{Z_{21}} & \frac{\Delta_{Z_{oc}}}{Z_{21}}\\ \frac{1}{Z_{21}} & \frac{Z_{22}}{Z_{21}}\end{bmatrix} \qquad (14.6.32)$$

**(2)短路導納參數與傳輸參數的關係**

將（14.6.27）式等號兩側取反矩陣計算，可以直接得到短路導納參數以傳輸參數表示的關係如下：

$$\begin{bmatrix}Y_{11} & Y_{12}\\ Y_{21} & Y_{22}\end{bmatrix}=\begin{bmatrix}Z_{11} & Z_{12}\\ Z_{21} & Z_{22}\end{bmatrix}^{-1}=\begin{bmatrix}\frac{A}{C} & \frac{\Delta_T}{C}\\ \frac{1}{C} & \frac{D}{C}\end{bmatrix}^{-1}$$

$$=\frac{C^2}{AD-\Delta_T}\begin{bmatrix}\frac{D}{C} & \frac{-\Delta_T}{C}\\ \frac{-1}{C} & \frac{A}{C}\end{bmatrix}=\frac{C}{B}\begin{bmatrix}\frac{D}{C} & \frac{-\Delta_T}{C}\\ \frac{-1}{C} & \frac{A}{C}\end{bmatrix}=\begin{bmatrix}\frac{D}{B} & \frac{-\Delta_T}{B}\\ \frac{-1}{B} & \frac{A}{B}\end{bmatrix} \qquad (14.6.33)$$

**(3)反傳輸參數與開路阻抗參數的關係**

將（14.6.32）式等號兩側取反矩陣計算，可以直接得到反傳輸參數以開路阻抗參數表示的關係如下：

$$\begin{bmatrix}A' & B'\\ C' & D'\end{bmatrix}=\begin{bmatrix}A & B\\ C & D\end{bmatrix}^{-1}=\begin{bmatrix}\frac{Z_{11}}{Z_{21}} & \frac{\Delta_{Z_{oc}}}{Z_{21}}\\ \frac{1}{Z_{21}} & \frac{Z_{22}}{Z_{21}}\end{bmatrix}^{-1}$$

$$=\frac{Z_{21}^2}{Z_{11}Z_{22}-\Delta_{Z_{oc}}}\begin{bmatrix}\frac{Z_{22}}{Z_{21}} & \frac{-\Delta_{Z_{oc}}}{Z_{21}}\\ \frac{-1}{Z_{21}} & \frac{Z_{11}}{Z_{21}}\end{bmatrix}=\frac{Z_{21}}{Z_{12}}\begin{bmatrix}\frac{Z_{22}}{Z_{21}} & \frac{-\Delta_{Z_{oc}}}{Z_{21}}\\ \frac{-1}{Z_{21}} & \frac{Z_{11}}{Z_{21}}\end{bmatrix}$$

$$
= \begin{bmatrix} \dfrac{Z_{22}}{Z_{21}} & \dfrac{-\Delta_{Z_{oc}}}{Z_{12}} \\ \dfrac{-1}{Z_{12}} & \dfrac{Z_{11}}{Z_{12}} \end{bmatrix} \tag{14.6.34}
$$

**(4)反傳輸參數與短路導納參數的關係**

將（14.6.7）式與（14.6.8）式重寫如下：

$$V_2 = A'V_1 + B'I_1 \tag{14.6.35}$$

$$-I_2 = C'V_1 + D'I_1 \tag{14.6.36}$$

先將（14.5.35）式各項全部除以 $B'$，則 $I_1$ 可表示為電壓 $V_1$ 與 $V_2$ 的關係如下：

$$I_1 = -\left(\frac{A'}{B'}\right)V_1 + \left(\frac{1}{B'}\right)V_2 = Y_{21}V_1 + Y_{22}V_2 \tag{14.6.37}$$

將（14.6.37）式代入（14.6.36）式中的 $I_1$，則電流 $I_2$ 亦可用電壓 $V_1$ 與 $V_2$ 的關係表示如下：

$$
\begin{aligned}
I_2 &= -C'V_1 - D'I_1 = -C'V_1 + \left(\frac{A'D'}{B'}\right)V_1 - \left(\frac{D'}{B'}\right)V_2 \\
&= \left(\frac{A'D'}{B'} - C'\right)V_1 + \left(\frac{-D'}{B'}\right)V_2 \\
&= \left(\frac{\Delta_{T'}}{B'}\right)V_1 + \left(\frac{-D'}{B'}\right)V_2 = Y_{11}V_1 + Y_{12}V_2
\end{aligned} \tag{14.6.38}
$$

由（14.6.38）式與（14.6.37）式兩式最後的表示項中，可以找到短路導納參數以反傳輸參數表示的關係為：

$$
\begin{bmatrix} Y_{11} & Y_{12} \\ Y_{21} & Y_{22} \end{bmatrix} = \begin{bmatrix} \dfrac{\Delta_{T'}}{B'} & \dfrac{-D'}{B'} \\ \dfrac{-A'}{B'} & \dfrac{1}{B'} \end{bmatrix} \tag{14.6.39}
$$

同理，將（14.4.7）式與（14.4.8）式重寫如下：

$$I_1 = Y_{11}V_1 + Y_{12}V_2 \tag{14.6.40}$$

$$I_2 = Y_{21}V_1 + Y_{22}V_2 \tag{14.6.41}$$

先將（14.6.40）式各項全部除以 $Y_{12}$，則 $V_2$ 可表示為 $V_1$ 與 $I_1$ 的關係如下：

$$V_2 = -(\frac{Y_{11}}{Y_{12}})V_1 + (\frac{1}{Y_{12}})I_1 = A'V_1 + B'I_1 \qquad (14.6.42)$$

將（14.6.42）式代入（14.6.41）式中的 $V_2$，則電流 $-I_2$ 亦可用 $V_1$ 與 $I_1$ 的關係表示如下：

$$\begin{aligned} -I_2 &= -Y_{21}V_1 - Y_{22}V_2 \\ &= -Y_{21}V_1 + (\frac{Y_{22}Y_{11}}{Y_{12}})V_1 + (\frac{-Y_{22}}{Y_{12}})I_1 \\ &= (\frac{Y_{11}Y_{22}}{Y_{12}} - Y_{21})V_1 + (\frac{-Y_{22}}{Y_{12}})I_1 \\ &= (\frac{\Delta_{Y_{sc}}}{Y_{12}})V_1 + (\frac{-Y_{22}}{Y_{12}})I_1 = C'V_1 + D'I_1 \end{aligned} \qquad (14.6.43)$$

由（14.6.43）式與（14.6.42）式兩式最後的表示項中，可以找到反傳輸參數以短路導納參數表示的關係為：

$$\begin{bmatrix} A' & B' \\ C' & D' \end{bmatrix} = \begin{bmatrix} \frac{-Y_{11}}{Y_{12}} & \frac{1}{Y_{12}} \\ \frac{\Delta_{Y_{sc}}}{Y_{12}} & \frac{-Y_{22}}{Y_{12}} \end{bmatrix} \qquad (14.6.44)$$

**(5)開路阻抗參數以反傳輸參數表示的關係**

將（14.6.39）式等號兩側取反矩陣計算，可以直接得到開路阻抗參數以反傳輸參數表示的關係如下：

$$\begin{bmatrix} Z_{11} & Z_{12} \\ Z_{21} & Z_{22} \end{bmatrix} = \begin{bmatrix} Y_{11} & Y_{12} \\ Y_{21} & Y_{22} \end{bmatrix}^{-1} = \begin{bmatrix} \frac{\Delta_{T'}}{B'} & \frac{-D'}{B'} \\ \frac{-A'}{B'} & \frac{1}{B'} \end{bmatrix}^{-1}$$

$$= \frac{B'^2}{\Delta_{T'} - A'D'} \begin{bmatrix} \frac{1}{B'} & \frac{D'}{B'} \\ \frac{A'}{B'} & \frac{\Delta_{T'}}{B'} \end{bmatrix} = \frac{-B'}{C'} \begin{bmatrix} \frac{1}{B'} & \frac{D'}{B'} \\ \frac{A'}{B'} & \frac{\Delta_{T'}}{B'} \end{bmatrix}$$

$$= \begin{bmatrix} \frac{-1}{C'} & \frac{-D'}{C'} \\ \frac{-A'}{C'} & \frac{-\Delta_{T'}}{C'} \end{bmatrix} \qquad (14.6.45)$$

**(6)傳輸參數以短路導納參數表示的關係**

將（14.6.44）式等號兩側取反矩陣計算，可以直接得到傳輸參數以短路導納參數表示的關係如下：

$$\begin{bmatrix} A & B \\ C & D \end{bmatrix} = \begin{bmatrix} A' & B' \\ C' & D' \end{bmatrix}^{-1} = \begin{bmatrix} \dfrac{-Y_{11}}{Y_{12}} & \dfrac{1}{Y_{12}} \\ \dfrac{\Delta_{Y_{sc}}}{Y_{12}} & \dfrac{-Y_{22}}{Y_{12}} \end{bmatrix}^{-1}$$

$$= \frac{Y_{12}^2}{Y_{11}Y_{22} - \Delta_{Y_{sc}}} \begin{bmatrix} \dfrac{-Y_{22}}{Y_{12}} & \dfrac{-1}{Y_{12}} \\ \dfrac{-\Delta_{Y_{sc}}}{Y_{12}} & \dfrac{-Y_{11}}{Y_{12}} \end{bmatrix} = \frac{Y_{12}}{Y_{21}} \begin{bmatrix} \dfrac{-Y_{22}}{Y_{12}} & \dfrac{-1}{Y_{12}} \\ \dfrac{-\Delta_{Y_{sc}}}{Y_{12}} & \dfrac{-Y_{11}}{Y_{12}} \end{bmatrix}$$

$$= \begin{bmatrix} \dfrac{-Y_{22}}{Y_{21}} & \dfrac{-1}{Y_{21}} \\ \dfrac{-\Delta_{Y_{sc}}}{Y_{21}} & \dfrac{-Y_{11}}{Y_{21}} \end{bmatrix} \qquad (14.6.46)$$

## 14.6.5　傳輸參數、反傳輸參數與混合參數、反混合參數的關係

**(1)傳輸參數與混合參數的關係**

將（14.6.1）式與（14.6.2）式重寫如下：

$$V_1 = AV_2 + B(-I_2) \qquad (14.6.47)$$

$$I_1 = CV_2 + D(-I_2) \qquad (14.6.48)$$

先將（14.6.48）式各項全部除以 $-D$，則 $I_2$ 可表示為 $V_2$ 與 $I_1$ 的關係如下：

$$I_2 = (\frac{-1}{D})I_1 + (\frac{C}{D})V_2 = h_{21}I_1 + h_{22}V_2 \qquad (14.6.49)$$

將（14.6.49）式代入（14.6.47）式中的 $I_2$，則電壓 $V_1$ 亦可用電流 $I_1$ 與電壓 $V_2$ 的關係表示如下：

$$V_1 = AV_2 + B(-I_2) = AV_2 + (\frac{B}{D})I_1 - (\frac{BC}{D})V_2$$

$$= (\frac{B}{D})I_1 + (A - \frac{BC}{D})V_2 = (\frac{B}{D})I_1 + (\frac{\Delta_T}{D})V_2$$

$$= h_{11}I_1 + h_{12}V_2 \tag{14.6.50}$$

由（14.6.50）式與（14.6.49）式兩式最後的表示項中，可以找到混合參數以傳輸參數表示的關係為：

$$\begin{bmatrix} h_{11} & h_{12} \\ h_{21} & h_{22} \end{bmatrix} = \begin{bmatrix} \frac{B}{D} & \frac{\Delta_T}{D} \\ \frac{-1}{D} & \frac{C}{D} \end{bmatrix} \tag{14.6.51}$$

同理，將（14.5.1）式與（14.5.2）式重寫如下：

$$V_1 = h_{11}I_1 + h_{12}V_2 \tag{14.6.52}$$

$$I_2 = h_{21}I_1 + h_{22}V_2 \tag{14.6.53}$$

先將（14.6.53）式各項全部除以 $h_{21}$，則 $I_1$ 可表示為 $V_2$ 與 $-I_2$ 的關係如下：

$$I_1 = (\frac{-h_{22}}{h_{21}})V_2 + (\frac{-1}{h_{21}})(-I_2) = CV_2 + D(-I_2) \tag{14.6.54}$$

將（14.6.54）式代入（14.6.52）式中的 $I_1$，則電壓 $V_1$ 亦可用 $V_2$ 與 $-I_2$ 的關係表示如下：

$$\begin{aligned} V_1 &= h_{11}I_1 + h_{12}V_2 \\ &= (\frac{-h_{11}h_{22}}{h_{21}})V_2 + (\frac{-h_{11}}{h_{21}})(-I_2) + h_{12}V_2 \\ &= (h_{12} - \frac{h_{11}h_{22}}{h_{21}})V_2 + (\frac{-h_{11}}{h_{21}})(-I_2) \\ &= (\frac{-\Delta_h}{h_{21}})V_2 + (\frac{-h_{11}}{h_{21}})(-I_2) \\ &= AV_2 + B(-I_2) \end{aligned} \tag{14.6.55}$$

由（14.6.55）式與（14.6.54）式兩式最後的表示項中，可以找到傳輸參數以混合參數表示的關係為：

$$\begin{bmatrix} A & B \\ C & D \end{bmatrix} = \begin{bmatrix} \frac{-\Delta_h}{h_{21}} & \frac{-h_{11}}{h_{21}} \\ \frac{-h_{22}}{h_{21}} & \frac{-1}{h_{21}} \end{bmatrix} \tag{14.6.56}$$

### ⑵反混合參數以傳輸參數表示的關係

將（14.6.51）式等號兩側取反矩陣計算，可直接得到反混合參數以傳輸參數表示的關係如下：

$$\begin{bmatrix} g_{11} & g_{12} \\ g_{21} & g_{22} \end{bmatrix} = \begin{bmatrix} h_{11} & h_{12} \\ h_{21} & h_{22} \end{bmatrix}^{-1} = \begin{bmatrix} \frac{B}{D} & \frac{\Delta_T}{D} \\ \frac{-1}{D} & \frac{C}{D} \end{bmatrix}^{-1}$$

$$= \frac{D^2}{BC+\Delta_T}\begin{bmatrix} \frac{C}{D} & \frac{-\Delta_T}{D} \\ \frac{1}{D} & \frac{B}{D} \end{bmatrix} = \frac{D}{A}\begin{bmatrix} \frac{C}{D} & \frac{-\Delta_T}{D} \\ \frac{1}{D} & \frac{B}{D} \end{bmatrix} = \begin{bmatrix} \frac{C}{A} & \frac{-\Delta_T}{A} \\ \frac{1}{A} & \frac{B}{A} \end{bmatrix}$$

(14.6.57)

### ⑶反傳輸參數以混合參數表示的關係

將（14.6.56）式等號兩側反矩陣計算，可直接得到反傳輸參數以混合參數表示的關係如下：

$$\begin{bmatrix} A' & B' \\ C' & D' \end{bmatrix} = \begin{bmatrix} A & B \\ C & D \end{bmatrix}^{-1} = \begin{bmatrix} \frac{-\Delta_h}{h_{21}} & \frac{-h_{11}}{h_{21}} \\ \frac{-h_{22}}{h_{21}} & \frac{-1}{h_{21}} \end{bmatrix}^{-1}$$

$$= \frac{h_{21}^2}{\Delta h - h_{11}h_{22}}\begin{bmatrix} \frac{-1}{h_{21}} & \frac{h_{11}}{h_{21}} \\ \frac{h_{22}}{h_{21}} & \frac{-\Delta_h}{h_{21}} \end{bmatrix} = \frac{h_{21}}{-h_{12}}\begin{bmatrix} \frac{-1}{h_{21}} & \frac{h_{11}}{h_{21}} \\ \frac{h_{22}}{h_{21}} & \frac{-\Delta_h}{h_{21}} \end{bmatrix}$$

$$= \begin{bmatrix} \frac{1}{h_{12}} & \frac{-h_{11}}{h_{12}} \\ \frac{-h_{22}}{h_{12}} & \frac{\Delta_h}{h_{12}} \end{bmatrix} \qquad (14.6.58)$$

### ⑷反傳輸參數與反混合參數的關係

將（14.6.7）式與（14.6.8）式重寫如下：

$$V_2 = A'V_1 + B'I_1 \qquad (14.6.59)$$

$$-I_2 = C'V_1 + D'I_1 \qquad (14.6.60)$$

先將 (14.5.60) 式各項全部除以 $D'$，則 $I_1$ 可表示爲電壓 $V_1$ 與 $I_2$ 的關係如下：

$$I_1=\left(\frac{-C'}{D'}\right)V_1+\left(\frac{-1}{D'}\right)I_2=g_{11}V_1+g_{12}I_2 \tag{14.6.61}$$

將 (14.6.61) 式代入 (14.6.59) 式中的 $I_1$，則電壓 $V_2$ 亦可用電壓 $V_1$ 與電流 $I_2$ 的關係表示如下：

$$\begin{aligned}V_2&=A'V_1+B'I_1=A'V_1+\left(\frac{-B'C'}{D'}\right)V_1+\left(\frac{-B'}{D'}\right)I_2\\&=\left(A'-\frac{B'C'}{D'}\right)V_1+\left(\frac{-B'}{D'}\right)I_2\\&=\left(\frac{\Delta_{T'}}{D'}\right)V_1+\left(\frac{-B'}{D'}\right)I_2=g_{21}V_1+g_{22}I_2\end{aligned} \tag{14.6.62}$$

由 (14.6.62) 式與 (14.6.61) 式兩式最後的表示項中，可以找到反混合參數以反傳輸參數表示的關係爲：

$$\begin{bmatrix}g_{11} & g_{12}\\ g_{21} & g_{22}\end{bmatrix}=\begin{bmatrix}\dfrac{-C'}{D'} & \dfrac{-1}{D'}\\ \dfrac{\Delta_{T'}}{D'} & \dfrac{-B'}{D'}\end{bmatrix} \tag{14.6.63}$$

同理，將 (14.5.7) 式與 (14.5.8) 式重寫如下：

$$I_1=g_{11}V_1+g_{12}I_2 \tag{14.6.64}$$

$$V_2=g_{21}V_1+g_{22}I_2 \tag{14.6.65}$$

先將 (14.6.64) 式各項全部除以 $g_{12}$，則 $-I_2$ 可表示爲 $V_1$ 與 $I_1$ 的關係如下：

$$-I_2=\left(\frac{g_{11}}{g_{12}}\right)V_1+\left(\frac{-1}{g_{12}}\right)I_1=C'V_1+D'I_1 \tag{14.6.66}$$

將 (14.6.66) 式代入 (14.6.65) 式中的 $I_2$，則電流 $V_2$ 亦可用 $V_1$ 與 $I_1$ 的關係表示如下：

$$\begin{aligned}V_2&=g_{21}V_1+g_{22}I_2=g_{21}V_1+\left(\frac{-g_{22}g_{11}}{g_{12}}\right)V_1+\left(\frac{g_{22}}{g_{12}}\right)I_1\\&=\left(g_{21}-\frac{g_{11}g_{22}}{g_{12}}\right)V_1+\left(\frac{g_{22}}{g_{12}}\right)I_1=\left(\frac{-\Delta_g}{g_{12}}\right)V_1+\left(\frac{g_{22}}{g_{12}}\right)I_1\\&=A'V_1+B'I_1\end{aligned} \tag{14.6.67}$$

由（14.6.67）式與（14.6.66）式兩式最後的表示項中，可以找到反傳輸參數以反混合參數表示的關係為：

$$\begin{bmatrix} A' & B' \\ C' & D' \end{bmatrix} = \begin{bmatrix} \dfrac{-\Delta_g}{g_{12}} & \dfrac{g_{22}}{g_{12}} \\ \dfrac{g_{11}}{g_{12}} & \dfrac{-1}{g_{12}} \end{bmatrix} \tag{14.6.68}$$

⑸**混合參數以反傳輸參數表示的關係**

將（14.6.63）式等號兩側取反矩陣計算，可直接得到混合參數以反傳輸參數表示的關係如下：

$$\begin{bmatrix} h_{11} & h_{12} \\ h_{21} & h_{22} \end{bmatrix} = \begin{bmatrix} g_{11} & g_{12} \\ g_{21} & g_{22} \end{bmatrix}^{-1} = \begin{bmatrix} \dfrac{-C'}{D'} & \dfrac{-1}{D'} \\ \dfrac{\Delta_{T'}}{D'} & \dfrac{-B'}{D'} \end{bmatrix}^{-1}$$

$$= \frac{D'^2}{B'C' + \Delta_{T'}} \begin{bmatrix} \dfrac{-B'}{D'} & \dfrac{1}{D'} \\ \dfrac{-\Delta_{T'}}{D'} & \dfrac{-C'}{D'} \end{bmatrix} = \frac{D'}{A'} \begin{bmatrix} \dfrac{-B'}{D'} & \dfrac{1}{D'} \\ \dfrac{-\Delta_{T'}}{D'} & \dfrac{-C'}{D'} \end{bmatrix}$$

$$= \begin{bmatrix} \dfrac{-B'}{A'} & \dfrac{1}{A'} \\ \dfrac{-\Delta_{T'}}{A'} & \dfrac{-C'}{A'} \end{bmatrix} \tag{14.6.69}$$

⑹**傳輸參數以反混合參數表示的關係**

將（14.6.68）式等號兩側取反矩陣計算，可直接得到傳輸參數以反混合參數表示的關係如下：

$$\begin{bmatrix} A & B \\ C & D \end{bmatrix} = \begin{bmatrix} A' & B' \\ C' & D' \end{bmatrix}^{-1} = \begin{bmatrix} \dfrac{-\Delta_g}{g_{12}} & \dfrac{g_{22}}{g_{12}} \\ \dfrac{g_{11}}{g_{12}} & \dfrac{-1}{g_{12}} \end{bmatrix}^{-1}$$

$$= \frac{g_{12}^2}{\Delta_g - g_{11}g_{22}} \begin{bmatrix} \dfrac{-1}{g_{12}} & \dfrac{-g_{22}}{g_{12}} \\ \dfrac{-g_{11}}{g_{12}} & \dfrac{-\Delta_g}{g_{12}} \end{bmatrix} = \frac{-g_{12}}{g_{21}} \begin{bmatrix} \dfrac{-1}{g_{12}} & \dfrac{-g_{22}}{g_{12}} \\ \dfrac{-g_{11}}{g_{12}} & \dfrac{-\Delta_g}{g_{12}} \end{bmatrix}$$

$$= \begin{bmatrix} \dfrac{1}{g_{21}} & \dfrac{g_{22}}{g_{21}} \\ \dfrac{g_{11}}{g_{21}} & \dfrac{\Delta_g}{g_{21}} \end{bmatrix} \tag{14.6.70}$$

茲將六種雙埠網路的相互轉換關係，整理成表 14.6.1，在該表中以橫的一列爲轉換基準，各正方格方塊中的四個矩陣元素，表示相互對等的量：

**表 14.6.1　六種雙埠網路參數的相互對照關係**

| $\begin{matrix} Z_{11} & Z_{12} \\ Z_{22} & Z_{21} \end{matrix}$ | $\begin{matrix} \frac{Y_{22}}{\Delta_{Y_{sc}}} & \frac{-Y_{12}}{\Delta_{Y_{sc}}} \\ \frac{-Y_{21}}{\Delta_{Y_{sc}}} & \frac{Y_{11}}{\Delta_{Y_{sc}}} \end{matrix}$ | $\begin{matrix} \frac{\Delta_h}{h_{22}} & \frac{h_{12}}{h_{22}} \\ \frac{-h_{21}}{h_{22}} & \frac{1}{h_{22}} \end{matrix}$ | $\begin{matrix} \frac{1}{g_{11}} & \frac{-g_{12}}{g_{11}} \\ \frac{g_{21}}{g_{11}} & \frac{\Delta_g}{g_{11}} \end{matrix}$ | $\begin{matrix} \frac{A}{C} & \frac{\Delta_T}{C} \\ \frac{1}{C} & \frac{D}{C} \end{matrix}$ | $\begin{matrix} \frac{-1}{C'} & \frac{-D'}{C'} \\ \frac{-A'}{C'} & \frac{-\Delta_{T'}}{C'} \end{matrix}$ |
|---|---|---|---|---|---|
| $\begin{matrix} \frac{Z_{22}}{\Delta_{Z_{oc}}} & \frac{-Z_{12}}{\Delta_{Z_{oc}}} \\ \frac{-Z_{21}}{\Delta_{Z_{oc}}} & \frac{Z_{11}}{\Delta_{Z_{oc}}} \end{matrix}$ | $\begin{matrix} Y_{11} & Y_{12} \\ Y_{21} & Y_{22} \end{matrix}$ | $\begin{matrix} \frac{1}{h_{11}} & \frac{-h_{21}}{h_{11}} \\ \frac{h_{21}}{h_{11}} & \frac{\Delta_h}{h_{11}} \end{matrix}$ | $\begin{matrix} \frac{\Delta_g}{g_{22}} & \frac{g_{12}}{g_{22}} \\ \frac{-g_{21}}{g_{22}} & \frac{1}{g_{22}} \end{matrix}$ | $\begin{matrix} \frac{D}{B} & \frac{-\Delta_T}{B} \\ \frac{-1}{B} & \frac{A}{B} \end{matrix}$ | $\begin{matrix} \frac{\Delta_{T'}}{B'} & \frac{-D'}{B'} \\ \frac{-A'}{B'} & \frac{1}{B'} \end{matrix}$ |
| $\begin{matrix} \frac{\Delta_{Z_{oc}}}{Z_{22}} & \frac{Z_{12}}{Z_{22}} \\ \frac{-Z_{21}}{Z_{22}} & \frac{1}{Z_{22}} \end{matrix}$ | $\begin{matrix} \frac{1}{Y_{11}} & \frac{-Y_{12}}{Y_{11}} \\ \frac{Y_{21}}{Y_{11}} & \frac{\Delta_{Y_{sc}}}{Y_{11}} \end{matrix}$ | $\begin{matrix} h_{11} & h_{12} \\ h_{21} & h_{22} \end{matrix}$ | $\begin{matrix} \frac{g_{11}}{\Delta_g} & \frac{-g_{12}}{\Delta_g} \\ \frac{-g_{21}}{\Delta_g} & \frac{g_{11}}{\Delta_g} \end{matrix}$ | $\begin{matrix} \frac{B}{D} & \frac{\Delta_T}{D} \\ \frac{-1}{D} & \frac{C}{D} \end{matrix}$ | $\begin{matrix} \frac{-B'}{A'} & \frac{1}{A'} \\ \frac{-\Delta_{T'}}{A'} & \frac{-C'}{A'} \end{matrix}$ |
| $\begin{matrix} \frac{1}{Z_{11}} & \frac{-Z_{12}}{Z_{11}} \\ \frac{Z_{21}}{Z_{11}} & \frac{\Delta_{Z_{oc}}}{Z_{11}} \end{matrix}$ | $\begin{matrix} \frac{\Delta_{Y_{sc}}}{Y_{22}} & \frac{Y_{12}}{Y_{22}} \\ \frac{-Y_{21}}{Y_{22}} & \frac{1}{Y_{22}} \end{matrix}$ | $\begin{matrix} \frac{h_{22}}{\Delta_h} & \frac{-h_{12}}{\Delta_h} \\ \frac{-h_{21}}{\Delta_h} & \frac{h_{11}}{\Delta_h} \end{matrix}$ | $\begin{matrix} g_{11} & g_{12} \\ g_{21} & g_{22} \end{matrix}$ | $\begin{matrix} \frac{C}{A} & \frac{-\Delta_T}{A} \\ \frac{1}{A} & \frac{B}{A} \end{matrix}$ | $\begin{matrix} \frac{-C'}{D'} & \frac{-1}{D'} \\ \frac{\Delta_{T'}}{D'} & \frac{-B'}{D'} \end{matrix}$ |
| $\begin{matrix} \frac{Z_{11}}{Z_{21}} & \frac{\Delta_{Z_{oc}}}{Z_{21}} \\ \frac{1}{Z_{21}} & \frac{Z_{22}}{Z_{21}} \end{matrix}$ | $\begin{matrix} \frac{-Y_{22}}{Y_{21}} & \frac{-1}{Y_{21}} \\ \frac{-\Delta_{Y_{sc}}}{Y_{21}} & \frac{-Y_{11}}{Y_{21}} \end{matrix}$ | $\begin{matrix} \frac{-\Delta_h}{h_{21}} & \frac{-h_{11}}{h_{21}} \\ \frac{-h_{22}}{h_{21}} & \frac{-1}{h_{21}} \end{matrix}$ | $\begin{matrix} \frac{1}{g_{21}} & \frac{g_{22}}{g_{21}} \\ \frac{g_{11}}{g_{21}} & \frac{\Delta_g}{g_{21}} \end{matrix}$ | $\begin{matrix} A & B \\ C & D \end{matrix}$ | $\begin{matrix} \frac{D'}{\Delta_{T'}} & \frac{-B'}{\Delta_{T'}} \\ \frac{-C'}{\Delta_{T'}} & \frac{A'}{\Delta_{T'}} \end{matrix}$ |
| $\begin{matrix} \frac{Z_{22}}{Z_{12}} & \frac{-\Delta_{Z_{oc}}}{Z_{12}} \\ \frac{-1}{Z_{12}} & \frac{Z_{11}}{Z_{12}} \end{matrix}$ | $\begin{matrix} \frac{-Y_{11}}{Y_{12}} & \frac{1}{Y_{12}} \\ \frac{\Delta_{Y_{sc}}}{Y_{12}} & \frac{-Y_{22}}{Y_{12}} \end{matrix}$ | $\begin{matrix} \frac{1}{h_{12}} & \frac{-h_{11}}{h_{12}} \\ \frac{-h_{22}}{h_{12}} & \frac{\Delta_h}{h_{12}} \end{matrix}$ | $\begin{matrix} \frac{-\Delta_g}{g_{12}} & \frac{g_{22}}{g_{12}} \\ \frac{g_{11}}{g_{12}} & \frac{-1}{g_{12}} \end{matrix}$ | $\begin{matrix} \frac{D}{\Delta_T} & \frac{-B}{\Delta_T} \\ \frac{-C}{\Delta_T} & \frac{A}{\Delta_T} \end{matrix}$ | $\begin{matrix} A' & B' \\ C' & D' \end{matrix}$ |

(1)第一個橫列是以開路阻抗參數爲主，將開路阻抗矩陣〔$Z_{OC}$〕的四個參數 $Z_{11}$、$Z_{12}$、$Z_{21}$、$Z_{22}$以其他雙埠網路參數表示的結果。
(2)第二個橫列是以短路導納參數爲主，將短路導納矩陣〔$Y_{SC}$〕的四個參數 $Y_{11}$、$Y_{12}$、$Y_{21}$、$Y_{22}$以其他雙埠網路參數表示的結果。
(3)第三個橫列是以混合參數爲主，將混合參數矩陣〔$h$〕的四個參數 $h_{11}$、$h_{12}$、$h_{21}$、$h_{22}$以其他雙埠網路參數表示的結果。
(4)第四個橫列是以反混合參數爲主，將反混合參數矩陣〔$g$〕的四個參數 $g_{11}$、$g_{12}$、$g_{21}$、$g_{22}$以其他雙埠網路參數表示的結果。
(5)第五個橫列是以傳輸參數爲主，將傳輸參數矩陣〔$T$〕的四個參數 $A$、$B$、$C$、$D$ 以其他雙埠網路參數表示的結果。
(6)第六個橫列是以反傳輸參數爲主，將反傳輸參數矩陣〔$T'$〕的四個參數 $A'$、$B'$、$C'$、$D'$以其他雙埠網路參數表示的結果。

**【例 14.6.1】** 試求下圖(a)(b)理想變壓器之傳輸參數〔$T$〕。

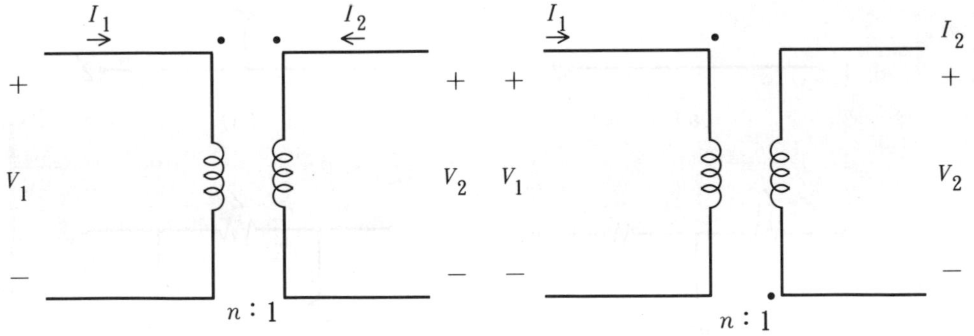

**【解】** (a) $V_1 : V_2 = n : 1$，$\therefore V_1 = nV_2$

$-I_2 : I_1 = n : 1$，$\therefore I_1 = \dfrac{1}{n}(-I_2)$

$$\begin{bmatrix} V_1 \\ I_1 \end{bmatrix} = \begin{bmatrix} A & B \\ C & D \end{bmatrix} \begin{bmatrix} V_2 \\ -I_2 \end{bmatrix} = \begin{bmatrix} n & 0 \\ 0 & \frac{1}{n} \end{bmatrix} \begin{bmatrix} V_2 \\ -I_2 \end{bmatrix}$$

$$\therefore \begin{bmatrix} A & B \\ C & D \end{bmatrix} = \begin{bmatrix} n & 0 \\ 0 & \frac{1}{n} \end{bmatrix}$$

(b) $V_1 : V_2 = -n : 1$, $\therefore V_1 = (-n) V_2$

$I_2 : I_1 = n : 1$, $\therefore I_1 = \frac{1}{n} I_2$

$$\begin{bmatrix} V_1 \\ I_1 \end{bmatrix} = \begin{bmatrix} A & B \\ C & D \end{bmatrix} \begin{bmatrix} V_2 \\ -I_2 \end{bmatrix} = \begin{bmatrix} -n & 0 \\ 0 & -\frac{1}{n} \end{bmatrix} \begin{bmatrix} V_2 \\ I_2 \end{bmatrix}$$

$$\therefore \begin{bmatrix} A & B \\ C & D \end{bmatrix} = \begin{bmatrix} -n & 0 \\ 0 & -\frac{1}{n} \end{bmatrix}$$ ◎

**【例 14.6.2】** 試求下面四種常用於電力傳輸系統網路之 $ABCD$ 參數。

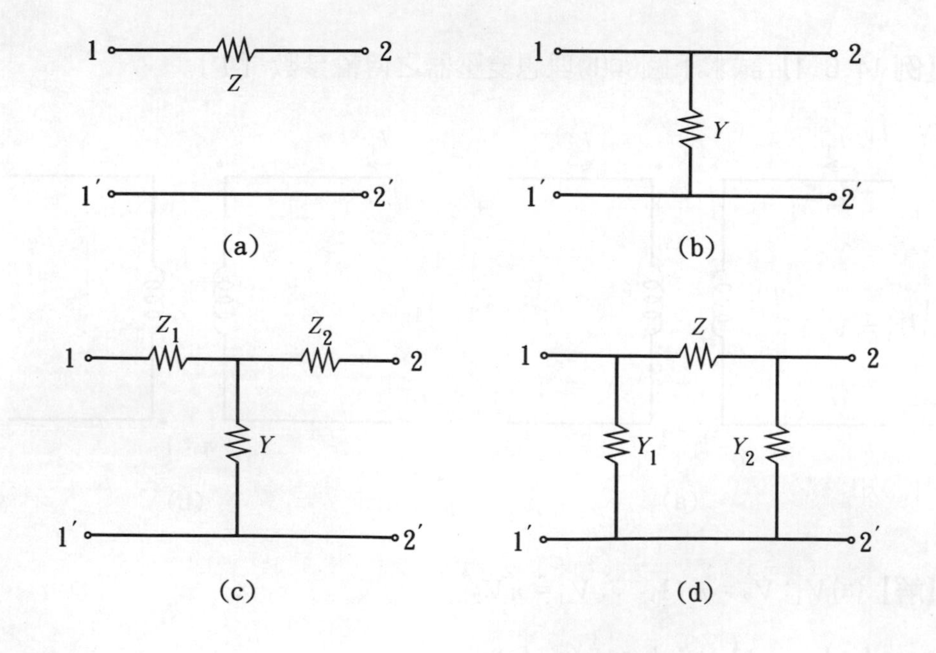


**【解】** (a) $V_1 = I_1 Z + V_2$, 又 $I_1 = -I_2$, $\therefore V_1 = V_2 - I_2 Z$

$$\begin{bmatrix} V_1 \\ I_1 \end{bmatrix} = \begin{bmatrix} 1 & Z \\ 0 & 1 \end{bmatrix} \begin{bmatrix} V_2 \\ -I_2 \end{bmatrix}, \quad \therefore A = 1,\ B = Z,\ C = 0,\ D = 1$$

(b) $V_1 = V_2$, $I_1 = V_2 Y - I_2$

$$\therefore \begin{bmatrix} V_1 \\ I_1 \end{bmatrix} = \begin{bmatrix} 1 & 0 \\ Y & 1 \end{bmatrix} \begin{bmatrix} V_2 \\ -I_2 \end{bmatrix}$$

$A = 1$, $B = 0$, $C = Y$, $D = 1$

(c) $V_1 = I_1 Z_1 + V_y$ ①

$V_2 = I_2 Z_2 + V_y \Rightarrow V_y = V_2 - I_2 Z_2$ ②

$V_y = (I_1 + I_2)(\frac{1}{Y}) \Rightarrow V_y \cdot Y - I_2 = I_1$ ③

$$\begin{aligned}\therefore V_1 &= (V_y \cdot Y - I_2) Z_1 + V_y = (1 + YZ_1) V_y - Z_1 I_2 \\ &= (1 + YZ_1)(V_2 - I_2 Z_2) - Z_1 I_2 \\ &= (1 + YZ_1) V_2 + [(1 + YZ_1) Z_2 + Z_1](-I_2)\end{aligned}$$

$$\begin{aligned}I_1 &= V_y \cdot Y - I_2 \\ &= Y(V_2 - I_2 Z_2) - I_2 = YV_2 + (Z_2 Y + 1)(-I_2)\end{aligned}$$

$$\therefore \begin{bmatrix} V_1 \\ I_1 \end{bmatrix} = \begin{bmatrix} 1 + YZ_1 & Z_1 + Z_2 + YZ_1 Z_2 \\ Y & 1 + YZ_2 \end{bmatrix} \begin{bmatrix} V_2 \\ -I_2 \end{bmatrix}$$

$A = 1 + YZ_1$, $B = Z_1 + Z_2 + YZ_1 Z_2$

$C = Y$, $D = 1 + YZ_2$

(d) $I_1 = V_1 Y_1 + (V_1 - V_2)\frac{1}{Z} = (Y_1 + \frac{1}{Z}) V_1 - \frac{1}{Z} V_2$ ①

$I_2 = V_2 Y_2 + (V_2 - V_1)\frac{1}{Z} = -\frac{1}{Z} V_1 + (\frac{1}{Z} + Y_2) V_2$ ②

由②知：$V_1 = (1 + Y_2 Z) V_2 + Z(-I_2)$，代入①

$$\begin{aligned}I_1 &= (Y_1 + \frac{1}{Z})[(1 + Y_2 Z) V_2 + Z(-I_2)] - \frac{1}{Z} V_2 \\ &= [\frac{(Y_1 Z + 1)(1 + Y_2 Z)}{Z} - \frac{1}{Z}] V_2 + (Y_1 Z + 1)(-I_2) \\ &= (Y_1 + Y_2 + Y_1 Y_2 Z) V_2 + (1 + Y_1 Z)(-I_2)\end{aligned}$$

$\therefore A = 1 + Y_2 Z$, $B = Z$, $C = Y_1 + Y_2 + Y_1 Y_2 Z$, $D = 1 + Y_1 Z$ ◎

# 14.7 雙埠網路的連接

雙埠網路的各種不同參數，包含開路阻抗參數、短路導納參數、混合參數、反混合參數、傳輸參數、反傳輸參數等，已經在前面數節中介紹過它們的定義與轉換關係。本節將介紹如何應用這些參數，將數個雙埠網路的不同連接方式，利用參數的運算予以表達出來。

雙埠網路的連接方式包含以下五種基本類型：

(1)串聯的連接（series connection）；

(2)並聯的連接（parallel connection）；

(3)串並聯的連接（series-parallel connection）；

(4)並串聯的連接（parallel-series connection）；

(5)貫串的連接（cascade connection）。

除了(3)、(4)的兩種連接是由(1)與(2)衍生出來的以外，(1)、(2)、(5)這三種是最常用的雙埠網路連接方式，本節也將集中在這三種連接上做分析。在以下的分析中，由於數個雙埠網路的不同連接，可能會影響獨立一個網路內部的參數，因此爲了避免不同的網路參數相互影響起見，有時會將欲連接的端點間加入匝數比爲 1：1 的理想隔離變壓器，該理想變壓器在連接後，網路間的電壓與電流均不會受影響，達到電氣隔離的目的。

## 14.7.1 串聯連接

如圖 14.7.1(a)所示之網路連接方式，稱爲串聯連接，兩個網路分別爲 $N_a$ 與 $N_b$。網路 $N_a$ 一共有四個端點：「$1_a$」、「$1_a'$」、「$2_a$」、「$2_a'$」，端點「$1_a$」、「$1_a'$」構成埠 1，電流 $I_{1a}$ 自端點「$1_a$」流入，自端點「$1_a'$」流出，端點「$1_a$」對端點「$1_a'$」的電壓爲 $V_{1a}$；端點「$2_a$」、「$2_a'$」構成埠 2，電流 $I_{2a}$ 自端點「$2_a$」流入，自端點「$2_a'$」流出，端點「$2_a$」對端點「$2_a'$」的電壓爲 $V_{2a}$。網路 $N_b$ 也有四個端點：

圖 14.7.1　雙埠網路的串聯連接

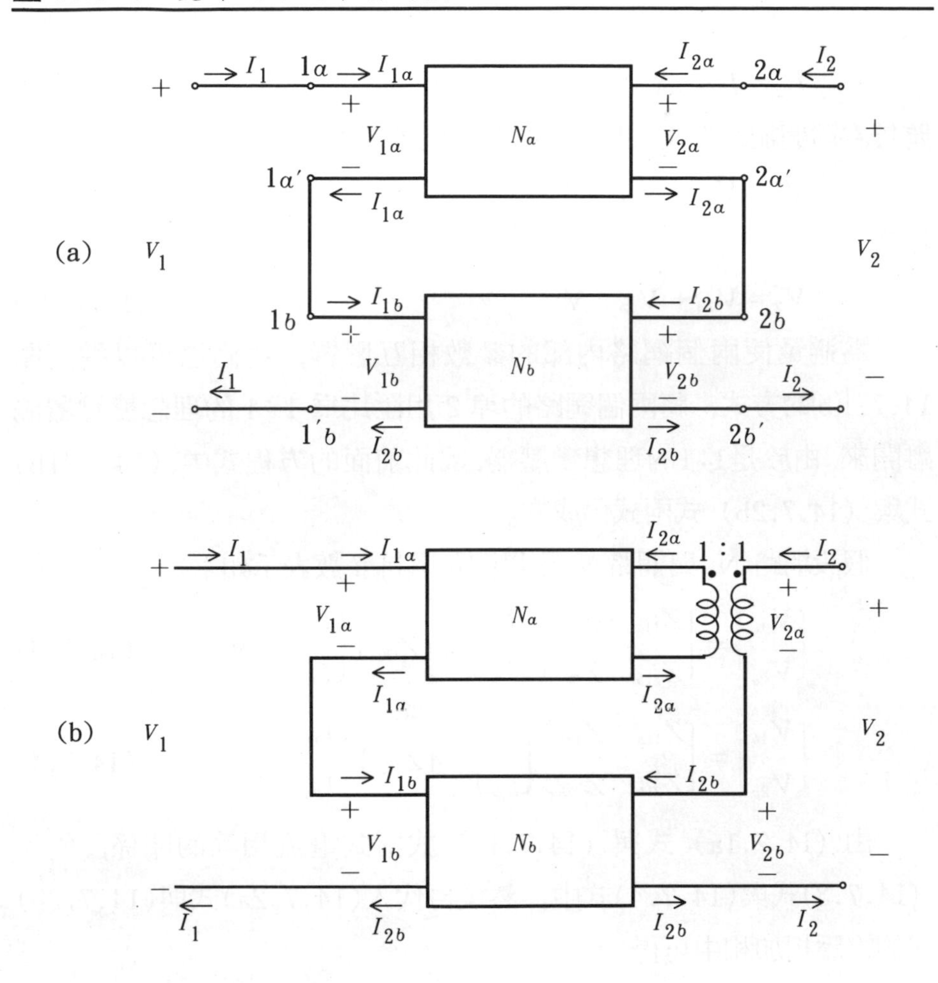


「$1_b$」、「$1_b'$」、「$2_b$」、「$2_b'$」，端點「$1_b$」、「$1_b'$」構成埠 1，電流 $I_{1b}$ 自端點「$1_b$」流入，自端點「$1_b'$」流出，端點「$1_b$」對端點「$1_b'$」的電壓爲 $V_{1b}$；端點「$2_b$」、「$2_b'$」構成埠 2，電流 $I_{2b}$ 自端點「$2_b$」流入，自端點「$2_b'$」流出，端點「$2_b$」對端點「$2_b'$」的電壓爲 $V_{2b}$。

將網路 $N_a$ 的端點「$1_a'$」與網路 $N_b$ 的端點「$1_b$」連接在一起，同時也將網路 $N_a$ 的端點「$2_a'$」與網路 $N_b$ 的端點「$2_b$」連接在一起，則形成串聯的網路。根據這兩個埠端點連接的關係，我們可以得到兩個埠電流的關係式分別爲：

$$I_{1a}=I_{1b} \quad \text{A} \tag{14.7.1a}$$

以及

$$I_{2a}=I_{2b} \quad \text{A} \tag{14.7.1b}$$

跨接在兩個網路埠 1 與埠 2 的電壓和分別爲:

$$V_1=V_{1a}+V_{1b} \quad \text{V} \tag{14.7.2a}$$

以及

$$V_2=V_{2a}+V_{2b} \quad \text{V} \tag{14.7.2b}$$

爲避免使兩個網路內部的參數相互影響，我們也可以採用圖 14.7.1(b)的方式，將兩個網路的埠 2 用匝比爲 1:1 的理想變壓器隔離開來。由於是1:1的理想變壓器,因此前面的方程式中,(14.7.1b)式與 (14.7.2b) 式兩式仍成立。

假設網路 $N_a$ 與網路 $N_b$ 均以開路阻抗參數表示如下:

$$\begin{bmatrix} V_{1a} \\ V_{2a} \end{bmatrix} = \begin{bmatrix} Z_{11a} & Z_{12a} \\ Z_{21a} & Z_{22a} \end{bmatrix} \begin{bmatrix} I_{1a} \\ I_{2a} \end{bmatrix} = [Z_{OC1}] \begin{bmatrix} I_{1a} \\ I_{2a} \end{bmatrix} \quad \text{V} \tag{14.7.3}$$

$$\begin{bmatrix} V_{1b} \\ V_{2b} \end{bmatrix} = \begin{bmatrix} Z_{11b} & Z_{12b} \\ Z_{21b} & Z_{22b} \end{bmatrix} \begin{bmatrix} I_{1b} \\ I_{2b} \end{bmatrix} = [Z_{OC2}] \begin{bmatrix} I_{1b} \\ I_{2b} \end{bmatrix} \quad \text{V} \tag{14.7.4}$$

由 (14.7.1a) 式與 (14.7.1b) 式兩式電流相等的關係，代入 (14.7.3)式與(14.7.4)式中，然後再代入(14.7.2a)式與(14.7.2b)式的電壓相加和中可得:

$$\begin{aligned}
\begin{bmatrix} V_1 \\ V_2 \end{bmatrix} &= \begin{bmatrix} V_{1a}+V_{1b} \\ V_{2a}+V_{2b} \end{bmatrix} \\
&= \begin{bmatrix} Z_{11a} & Z_{12a} \\ Z_{21a} & Z_{22a} \end{bmatrix} \begin{bmatrix} I_{1a} \\ I_{2a} \end{bmatrix} + \begin{bmatrix} Z_{11b} & Z_{12b} \\ Z_{21b} & Z_{22b} \end{bmatrix} \begin{bmatrix} I_{1b} \\ I_{2b} \end{bmatrix} \\
&= \begin{bmatrix} Z_{11a}+Z_{11b} & Z_{12a}+Z_{12b} \\ Z_{21a}+Z_{21b} & Z_{22a}+Z_{22b} \end{bmatrix} \begin{bmatrix} I_{1a} \\ I_{2a} \end{bmatrix} \\
&= \begin{bmatrix} Z_{11a}+Z_{11b} & Z_{12a}+Z_{12b} \\ Z_{21a}+Z_{21b} & Z_{22a}+Z_{22b} \end{bmatrix} \begin{bmatrix} I_{1b} \\ I_{2b} \end{bmatrix}
\end{aligned}$$

$$= \left[ \left[ Z_{OC1} \right] + \left[ Z_{OC2} \right] \right] \begin{bmatrix} I_1 \\ I_2 \end{bmatrix} \quad \text{V} \tag{14.7.5}$$

式中

$$I_1 = I_{1a} = I_{1b} \quad \text{A} \tag{14.7.6}$$

$$I_2 = I_{2a} = I_{2b} \quad \text{A} \tag{14.7.7}$$

分別代表網路 $N_a$ 與網路 $N_b$ 串聯合成後的等效網路，其等效埠 1 與埠 2 的注入電流值。由於兩個網路串聯之故，因此該合成網路的注入電流與網路各埠的電流值相同，而且合成的等效開路阻抗矩陣恰爲兩個網路開路阻抗矩陣的代數和。

將以上的串聯網路觀念由網路 $N_a$，$N_b$ 擴展到 $N_k$ 個網路的串聯連接，則等效合成的網路電壓電流關係以開路阻抗參數表示如下：

$$\begin{bmatrix} V_1 \\ V_2 \end{bmatrix} = \begin{bmatrix} Z_{11a} + Z_{11b} + \cdots + Z_{11k} & Z_{12a} + Z_{12b} + \cdots + Z_{12k} \\ Z_{21a} + Z_{21b} + \cdots + Z_{21k} & Z_{22a} + Z_{22b} + \cdots + Z_{22k} \end{bmatrix} \begin{bmatrix} I_1 \\ I_2 \end{bmatrix}$$

$$= \left[ \begin{bmatrix} Z_{11a} & Z_{12a} \\ Z_{21a} & Z_{22a} \end{bmatrix} + \begin{bmatrix} Z_{11b} & Z_{12b} \\ Z_{21b} & Z_{22b} \end{bmatrix} + \cdots + \begin{bmatrix} Z_{11k} & Z_{12k} \\ Z_{21k} & Z_{22k} \end{bmatrix} \right] \begin{bmatrix} I_1 \\ I_2 \end{bmatrix}$$

$$= \left[ \left[ Z_{OC1} \right] + \left[ Z_{OC2} \right] + \cdots + \left[ Z_{OCk} \right] \right] \begin{bmatrix} I_1 \\ I_2 \end{bmatrix} \quad \text{V} \tag{14.7.8}$$

式中 $V_1$ 與 $V_2$ 爲合成網路埠 1 與埠 2 的總電壓，$I_1$ 與 $I_2$ 爲合成網路埠 1 與埠 2 的注入電流。

由以上分析得知，當雙埠網路做串聯連接時，將各網路以開路阻抗參數表示最爲方便，其合成的開路阻抗網路參數結果恰爲各網路開路阻抗參數的代數和。

**【例 14.7.1】** 如圖所示之方塊，共有20個串聯在一起，每個方塊之 $Z_{OC}$ 參數均爲：$\begin{bmatrix} 1 \times 10^7 & 10^6 \\ 10^6 & 0.5 \times 10^7 \end{bmatrix}$，試求其等效開路阻抗參數。

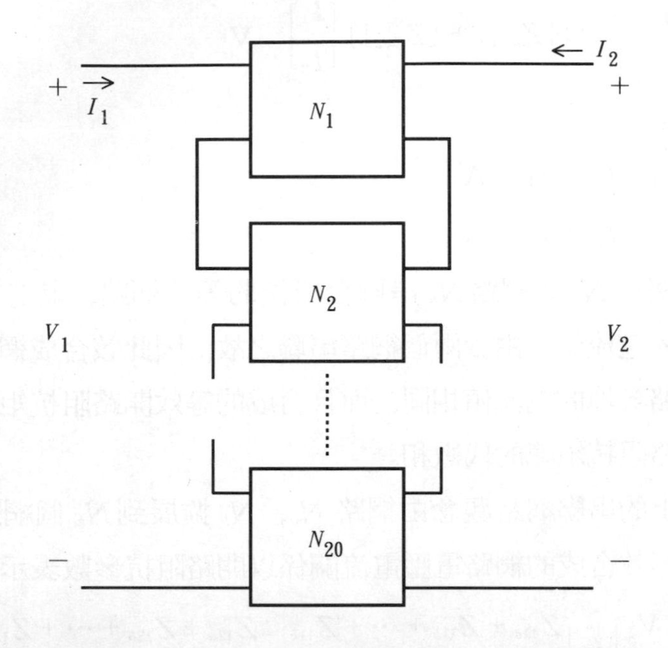


**【解】** $[Z_{OC}]_{eq}=[Z_{OC1}]+[Z_{OC2}]+\cdots+[Z_{OC20}]=20[Z_{OC1}]$

$$=20\begin{bmatrix}1\times10^7 & 10^6\\ 10^6 & 0.5\times10^7\end{bmatrix}=\begin{bmatrix}2\times10^8 & 2\times10^7\\ 2\times10^7 & 1\times10^8\end{bmatrix}\ \Omega \quad ◎$$

## 14.7.2 並聯連接

如圖 14.7.2(a)所示之網路連接方式，稱爲並聯連接，兩個網路分別爲 $N_a$ 與 $N_b$。網路 $N_a$ 一共有四個端點：「$1_a$」、「$1_a'$」、「$2_a$」、「$2_a'$」，端點「$1_a$」、「$1_a'$」構成埠 1，電流 $I_{1a}$ 自端點「$1_a$」流入，自端點「$1_a'$」流出，端點「$1_a$」對端點「$1_a'$」的電壓爲 $V_{1a}$；端點「$2_a$」、「$2_a'$」構成埠 2，電流 $I_{2a}$ 自端點「$2_a$」流入，自端點「$2_a'$」流出，端點「$2_a$」對端點「$2_a'$」的電壓爲 $V_{2a}$。網路 $N_b$ 也有四個端點：「$1_b$」、「$1_b'$」、「$2_b$」、「$2_b'$」，端點「$1_b$」、「$1_b'$」構成埠 1，電流 $I_{1b}$ 自端點「$1_b$」流入，自端點「$1_b'$」流出，端點「$1_b$」對端點「$1_b'$」的電壓爲 $V_{1b}$；端點「$2_b$」、「$2_b'$」構成埠 2，電流 $I_{2b}$ 自端點「$2_b$」流入，自端點「$2_b'$」流出，端點「$2_b$」對端點「$2_b'$」的電壓爲 $V_{2b}$。

圖 14.7.2　雙埠網路的並聯連接

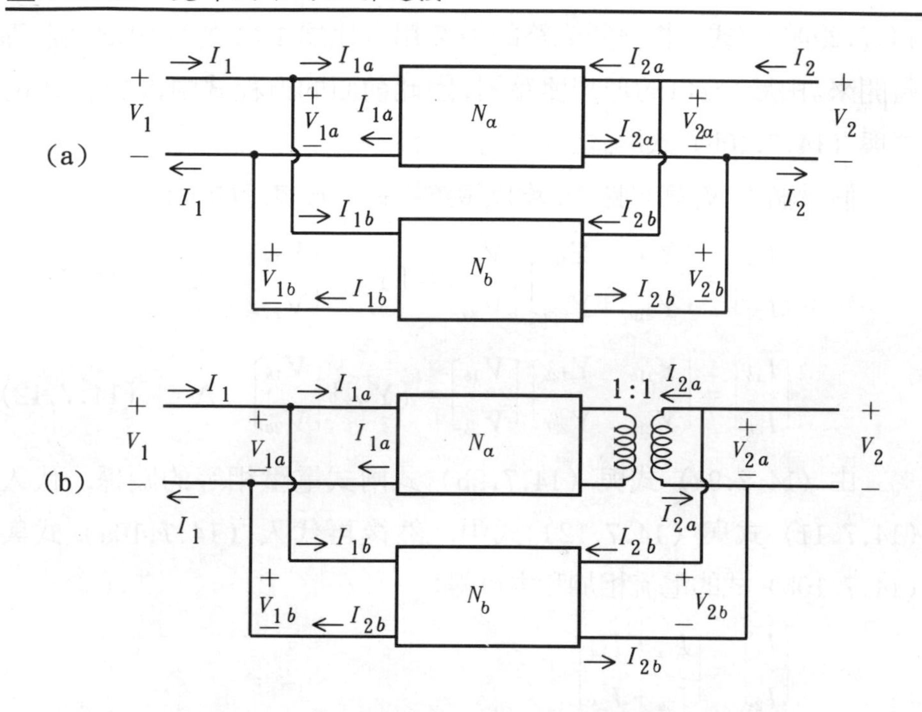


將網路 $N_a$ 的端點「$1_a$」與網路 $N_b$ 的端點「$1_b$」連接在一起，$N_a$ 的端點「$1_a'$」與網路 $N_b$ 的端點「$1_b'$」也連接在一起；同時也將網路 $N_a$ 的端點「$2_a$」與網路 $N_b$ 的端點「$2_b$」連接在一起，$N_a$ 的端點「$2_a'$」與網路 $N_b$ 的端點「$2_b'$」也連接在一起，則形成並聯的網路連接。根據這兩個網路各埠端點連接的關係，我們可以得到兩個埠電壓的關係式分別爲：

$$V_{1a} = V_{1b} \quad \text{V} \tag{14.7.9a}$$

以及

$$V_{2a} = V_{2b} \quad \text{V} \tag{14.7.9b}$$

注入兩個網路埠 1 與埠 2 的電流總和分別爲：

$$I_1 = I_{1a} + I_{1b} \quad \text{A} \tag{14.7.10a}$$

以及

$$I_2 = I_{2a} + I_{2b} \quad \text{A} \tag{14.7.10b}$$

爲避免使兩個網路內部的參數相互影響，我們也可以採用圖14.7.2(b)的方式，將兩個網路的埠 2 用匝比爲 1：1 的理想變壓器隔離開來。由於是1:1的理想變壓器，因此前面的方程式中，(14.7.9b）式與（14.7.10b）式兩式仍成立。

假設網路 $N_a$ 與網路 $N_b$ 均以短路導納參數表示如下：

$$\begin{bmatrix} I_{1a} \\ I_{2a} \end{bmatrix} = \begin{bmatrix} Y_{11a} & Y_{12a} \\ Y_{21a} & Y_{22a} \end{bmatrix} \begin{bmatrix} V_{1a} \\ V_{2a} \end{bmatrix} = [Y_{SC1}] \begin{bmatrix} V_{1a} \\ V_{2a} \end{bmatrix} \quad \text{A} \qquad (14.7.11)$$

$$\begin{bmatrix} I_{1b} \\ I_{2b} \end{bmatrix} = \begin{bmatrix} Y_{11b} & Y_{12b} \\ Y_{21b} & Y_{22b} \end{bmatrix} \begin{bmatrix} V_{1b} \\ V_{2b} \end{bmatrix} = [Y_{SC2}] \begin{bmatrix} V_{1b} \\ V_{2b} \end{bmatrix} \quad \text{A} \qquad (14.7.12)$$

由（14.7.9a）式與（14.7.9b）式兩式電壓相等的關係，代入（14.7.11）式與（14.7.12）式中，然後再代入（14.7.10a）式與（14.7.10b）式的電流相加和中可得：

$$\begin{aligned}
\begin{bmatrix} I_1 \\ I_2 \end{bmatrix} &= \begin{bmatrix} I_{1a} + I_{1b} \\ I_{2a} + I_{2b} \end{bmatrix} \\
&= \begin{bmatrix} Y_{11a} & Y_{12a} \\ Y_{21a} & Y_{22a} \end{bmatrix} \begin{bmatrix} V_{1a} \\ V_{2a} \end{bmatrix} + \begin{bmatrix} Y_{11b} & Y_{12b} \\ Y_{21b} & Y_{22b} \end{bmatrix} \begin{bmatrix} V_{1b} \\ V_{2b} \end{bmatrix} \\
&= \begin{bmatrix} Y_{11a} + Y_{11b} & Y_{12a} + Y_{12b} \\ Y_{21a} + Y_{21b} & Y_{22a} + Y_{22b} \end{bmatrix} \begin{bmatrix} V_{1a} \\ V_{2a} \end{bmatrix} \\
&= \begin{bmatrix} Y_{11a} + Y_{11b} & Y_{12a} + Y_{12b} \\ Y_{21a} + Y_{21b} & Y_{22a} + Y_{22b} \end{bmatrix} \begin{bmatrix} V_{1b} \\ V_{2b} \end{bmatrix} \\
&= \begin{bmatrix} Y_{11a} + Y_{11b} & Y_{12a} + Y_{12b} \\ Y_{21a} + Y_{21b} & Y_{22a} + Y_{22b} \end{bmatrix} \begin{bmatrix} V_1 \\ V_2 \end{bmatrix} \\
&= ([Y_{SC1}] + [Y_{SC2}]) \begin{bmatrix} V_1 \\ V_2 \end{bmatrix} \quad \text{A} \qquad (14.7.13)
\end{aligned}$$

式中

$$V_1 = V_{1a} = V_{1b} \quad \text{V} \qquad (14.7.14)$$

$$V_2 = V_{2a} = V_{2b} \quad \text{V} \qquad (14.7.15)$$

分別代表網路 $N_a$ 與網路 $N_b$ 並聯連接合成後的等效網路，其等效埠 1

與埠 2 兩端的電壓值。由於兩個網路並聯之故，因此該合成網路的電壓與網路各埠的電壓值相同，而且合成的等效短路導納矩陣恰為兩個網路短路導納矩陣的代數和。

將以上的並聯網路觀念由網路 $N_a$，$N_b$ 擴展到 $N_k$ 個網路的並聯連接，則等效合成的網路電壓電流關係以短路導納參數表示如下：

$$\begin{bmatrix} I_1 \\ I_2 \end{bmatrix} = \begin{bmatrix} Y_{11a}+Y_{11b}+\cdots+Y_{11k} & Y_{12a}+Y_{12b}+\cdots+Y_{12k} \\ Y_{21a}+Y_{21b}+\cdots+Y_{21k} & Y_{22a}+Y_{22b}+\cdots+Y_{22k} \end{bmatrix} \begin{bmatrix} V_1 \\ V_2 \end{bmatrix}$$

$$= \left[ \begin{bmatrix} Y_{11a} & Y_{12a} \\ Y_{21a} & Y_{22a} \end{bmatrix} + \begin{bmatrix} Y_{11b} & Y_{12b} \\ Y_{21b} & Y_{22b} \end{bmatrix} + \cdots + \begin{bmatrix} Y_{11k} & Y_{12k} \\ Y_{21k} & Y_{22k} \end{bmatrix} \right] \begin{bmatrix} V_1 \\ V_2 \end{bmatrix}$$

$$= [[Y_{SC1}] + [Y_{SC2}] + \cdots + [Y_{SCk}]] \begin{bmatrix} V_1 \\ V_2 \end{bmatrix} \text{ A} \qquad (14.7.16)$$

式中 $V_1$ 與 $V_2$ 為合成網路埠 1 與埠 2 的電壓，$I_1$ 與 $I_2$ 為合成網路埠 1 與埠 2 的總注入電流。

由以上分析得知，當雙埠網路做並聯連接時，將各網路以短路導納參數表示最為方便，其合成的網路短路導納參數結果恰為各網路短路導納參數的代數和。

**【例 14.7.2】** 試求下圖之 $Y$ 參數。

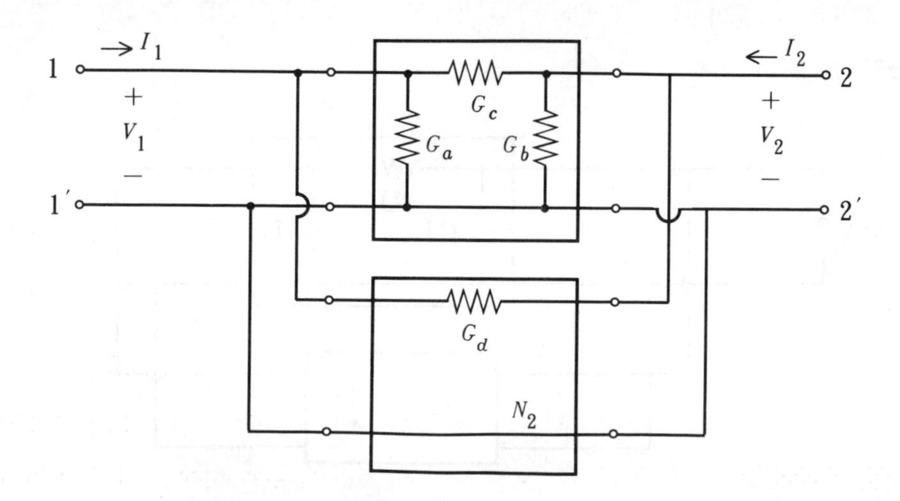

**【解】** $N_1$ 爲 π 型網路，其 $Y$ 參數爲：

$$[Y_{SC1}] = \begin{bmatrix} G_a + G_c & -G_c \\ -G_c & G_b + G_c \end{bmatrix}$$

$N_2$ 爲單一元件網路，其 $Y$ 參數爲：

$$[Y_{SC2}] = \begin{bmatrix} G_d & -G_d \\ -G_d & G_d \end{bmatrix}$$

故等效〔$Y_{SC}$〕參數爲：

$$[Y_{SC}] = [Y_{SC1}] + [Y_{SC2}] = \begin{bmatrix} G_a + G_c + G_d & -G_c - G_d \\ -G_c - G_d & G_b + G_c + G_d \end{bmatrix}$$ ◎

**【例 14.7.3】** 如下圖所示，已知 $[Y_{SC}] = \begin{bmatrix} 1 & 2 \\ 3 & 4 \end{bmatrix}$ V，試求 $V_1$ 之值。

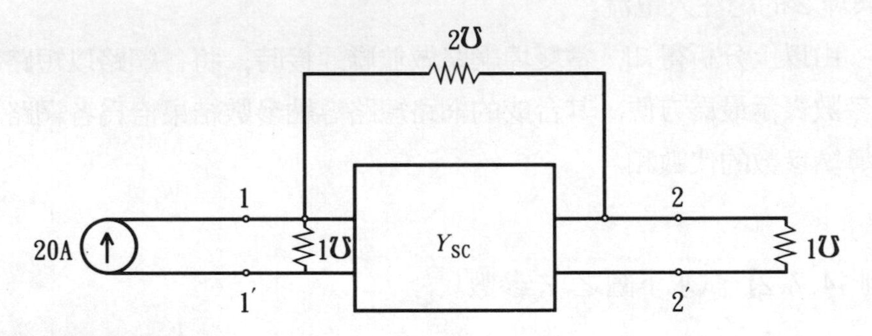


**【解】** 原圖可拆成：

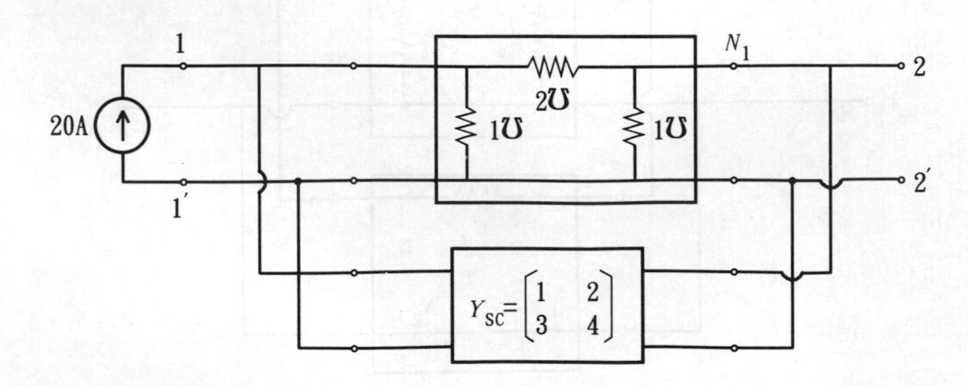

由 $N_1$ 知，其〔$Y_{SC1}$〕參數爲：

$$[Y_{SC1}]=\begin{bmatrix}1+2 & -2\\ -2 & 2+1\end{bmatrix}=\begin{bmatrix}3 & -2\\ -2 & 3\end{bmatrix}\ \text{V}$$

故合成之等效 $Y_{SC}$參數爲：

$$[Y_{SC}]=[Y_{SC1}]+[Y_{SC2}]=\begin{bmatrix}3 & -2\\ -2 & 3\end{bmatrix}+\begin{bmatrix}1 & 2\\ 3 & 4\end{bmatrix}$$

$$=\begin{bmatrix}4 & 0\\ 1 & 7\end{bmatrix}\ \text{V}$$

$$[Z_{OC}]=[Y_{SC}]^{-1}=\begin{bmatrix}4 & 0\\ 1 & 7\end{bmatrix}^{-1}=\frac{1}{28}\begin{bmatrix}7 & 0\\ -1 & 4\end{bmatrix}$$

$$=\begin{bmatrix}\frac{1}{4} & 0\\ -\frac{1}{28} & \frac{1}{7}\end{bmatrix}$$

$$\begin{bmatrix}V_1\\ V_2\end{bmatrix}=[Z_{OC}]\begin{bmatrix}I_1\\ I_2\end{bmatrix}=\begin{bmatrix}\frac{1}{4} & 0\\ -\frac{1}{28} & \frac{1}{7}\end{bmatrix}\begin{bmatrix}20\\ 0\end{bmatrix}=\begin{bmatrix}5\\ -\frac{5}{7}\end{bmatrix}\ \text{V}$$

$\therefore V_1=5$ V ◎

## 14.7.3　貫串連接

如圖 14.7.3 所示之網路連接方式，稱爲貫串連接，顧名思義，這兩個網路好像一個埠串接一個埠，也就是前一個網路的埠 2 連接該網路的埠 1，該網路的埠 2 連接下一個網路的埠 1，依此類推。但是這種貫串連接的方式與串聯連接方式不同，貫串的連接地方在於不同網路且不同埠的兩個端點，而串聯連接的地方在於不同網路且同一埠的一個端點。圖 14.7.3 所示的兩個網路分別爲 $N_a$ 與$N_b$，網路 $N_a$ 一共有四個端點：「$1_a$」、「$1_a'$」、「$2_a$」、「$2_a'$」，端點「$1_a$」、「$1_a'$」構成埠 1，電流 $I_{1a}$自端點「$1_a$」流入，自端點「$1_a'$」流出，端點「$1_a$」對端點「$1_a'$」的電壓爲 $V_{1a}$；端點「$2_a$」、「$2_a'$」構成埠 2，電流 $I_{2a}$自端點「$2_a$」流入，自端點「$2_a'$」流出，端點「$2_a$」對端點「$2_a'$」的電壓爲 $V_{2a}$。網路 $N_b$ 也有四個端點：「$1_b$」、「$1_b'$」、「$2_b$」、「$2_b'$」，端點「$1_b$」、「$1_b'$」構成埠 1，電流 $I_{1b}$ 自端點「$1_b$」流入，自端點「$1_b'$」流出，端點「$1_b$」對端點「$1_b'$」的電壓爲 $V_{1b}$；端點「$2_b$」、「$2_b'$」構成埠 2，電流 $I_{2b}$ 自端點「$2_b$」流入，自端點「$2_b'$」流出，端點「$2_b$」對端點「$2_b'$」的電壓爲 $V_{2b}$。

將網路 $N_a$ 的端點「$2_a$」與網路 $N_b$ 的端點「$1_b$」連接在一起，$N_a$ 的端點「$2_a'$」與網路 $N_b$ 的端點「$1_b'$」也連接在一起，則形成貫串的網路連接。根據這兩個網路各埠端點連接的關係，我們可以得到網路 $N_a$ 埠 2 與網路 $N_b$ 埠 1 這兩個埠電壓的關係式爲：

$$V_{2a} = V_{1b} \quad \text{V} \tag{14.7.17}$$

網路 $N_a$ 埠 2 與網路 $N_b$ 埠 1 這兩個埠電流的關係式爲：

$$I_{2a} = -I_{1b} \quad \text{A} \tag{14.7.18a}$$

或

$$I_{1b} = -I_{2a} \quad \text{A} \tag{14.7.18b}$$

假設網路 $N_a$ 與網路 $N_b$ 均以傳輸參數表示如下：

$$\begin{bmatrix} V_{1a} \\ I_{1a} \end{bmatrix} = \begin{bmatrix} A_a & B_a \\ C_a & D_a \end{bmatrix} \begin{bmatrix} V_{2a} \\ -I_{2a} \end{bmatrix} = [T_a] \begin{bmatrix} V_{2a} \\ -I_{2a} \end{bmatrix} \tag{14.7.19}$$

$$\begin{bmatrix} V_{1b} \\ I_{1b} \end{bmatrix} = \begin{bmatrix} A_b & B_b \\ C_b & D_b \end{bmatrix} \begin{bmatrix} V_{2b} \\ -I_{2b} \end{bmatrix} = [T_b] \begin{bmatrix} V_{2b} \\ -I_{2b} \end{bmatrix} \tag{14.7.20}$$

圖 14.7.3　雙埠網路的貫串連接

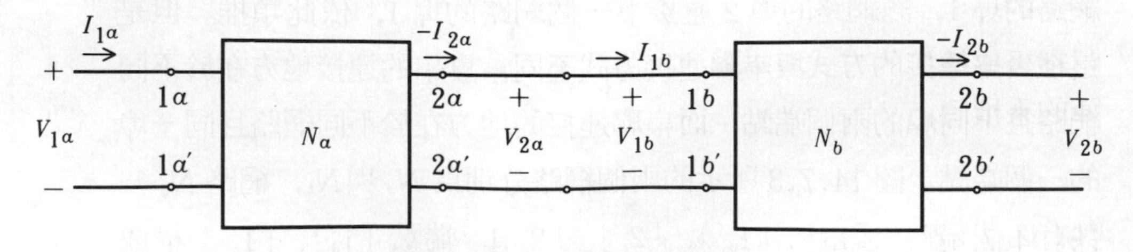

由（14.7.17）式與（14.7.18a）式或（14.7.18b）式在網路 $N_a$ 埠 2 與網路 $N_b$ 埠 1 的電壓與電流關係，可以直接將（14.7.20）式代入（14.7.19）式中，得到以下的結果：

$$\begin{bmatrix} V_{1a} \\ I_{1a} \end{bmatrix} = \begin{bmatrix} A_a & B_a \\ C_a & D_a \end{bmatrix} \begin{bmatrix} V_{2a} \\ -I_{2a} \end{bmatrix} = \begin{bmatrix} A_a & B_a \\ C_a & D_a \end{bmatrix} \begin{bmatrix} V_{1b} \\ I_{1b} \end{bmatrix}$$

$$= \begin{bmatrix} A_a & B_a \\ C_a & D_a \end{bmatrix} \begin{bmatrix} A_b & B_b \\ C_b & D_b \end{bmatrix} \begin{bmatrix} V_{2b} \\ -I_{2b} \end{bmatrix}$$

$$= [T_a][T_b] \begin{bmatrix} V_{2b} \\ -I_{2a} \end{bmatrix} \tag{14.7.21}$$

由於兩個網路貫串連接之故，因此該合成網路等效埠 1 的電壓與電流與第一個網路的埠 1 的電壓與電流值相同，等效埠 2 的電壓與電流與第二個網路的埠 2 的電壓與電流值相同，而且合成的等效傳輸參數矩陣恰爲兩個網路傳輸參數矩陣的乘積值。

將以上網路的貫串觀念由網路 $N_a$，$N_b$ 擴展到 $N_k$ 個網路的貫串連接，則等效合成的網路電壓電流關係以傳輸參數表示如下：

$$\begin{bmatrix} V_{1a} \\ I_{1a} \end{bmatrix} = \left[ \begin{bmatrix} A_a & B_a \\ C_a & D_a \end{bmatrix} \begin{bmatrix} A_b & B_b \\ C_b & D_b \end{bmatrix} \cdots\cdots \begin{bmatrix} A_k & B_k \\ C_k & D_k \end{bmatrix} \right] \begin{bmatrix} V_{2k} \\ -I_{2k} \end{bmatrix}$$

$$= [[T_a][T_b]\cdots\cdot[T_c]] \begin{bmatrix} V_{2k} \\ -I_{2k} \end{bmatrix} \tag{14.7.22}$$

式中 $V_{1a}$與$I_{1a}$爲合成網路埠 1 的兩端電壓與注入電流，$V_{2k}$與 $-I_{2k}$爲合成網路埠$k$ 的兩端電壓與流出的電流。

由以上分析得知，當雙埠網路做貫串連接時，將各網路以傳輸參數表示最爲方便，其合成的網路傳輸參數結果恰爲各網路傳輸參數矩陣的乘積值。

【例 14.7.4】一個電力傳輸線分爲二段，第一段如下面(a)圖所示，爲一個並聯導納 $Y$，第二段如下圖(b)所示，爲一個串聯阻抗 $Z$。當它們貫串在一起後之等效 $ABCD$ 參數爲何？

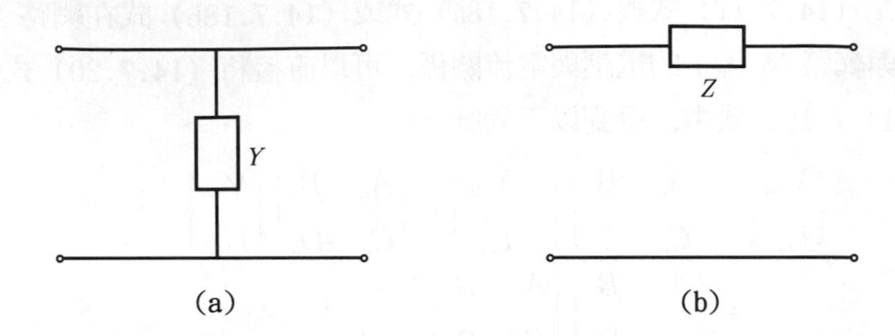


【解】由例 14.6.2 中知，(a)之 $ABCD$ 參數爲：

$$[T_1]=\begin{bmatrix}A_1 & B_1\\ C_1 & D_1\end{bmatrix}=\begin{bmatrix}1 & 0\\ Y & 1\end{bmatrix}$$

(b)之 $ABCD$ 參數爲：

$$[T_2]=\begin{bmatrix}A_2 & B_2\\ C_2 & D_2\end{bmatrix}=\begin{bmatrix}1 & Z\\ 0 & 1\end{bmatrix}$$

當(a)(b)貫串在一起後，等效 $ABCD$ 參數爲：

$$[T]_{eq}=[T_1][T_2]=\begin{bmatrix}1 & 0\\ Y & 1\end{bmatrix}\begin{bmatrix}1 & Z\\ 0 & 1\end{bmatrix}=\begin{bmatrix}1 & Z\\ Y & 1+YZ\end{bmatrix}$$ ◎

# 附錄A：本書各節對電路學基本量使用符號的索引

| 一般符號 | 說明 |
|---|---|
| $t, \tau$ | 時間變數,時間常數或積分運算用的虛擬時間變數 |
| $V, v$ 或 $v(t), \mathbf{V}$ | 電壓變數之等效直流值或穩態值,瞬時值,相量 |
| $I, i$ 或 $i(t), \mathbf{I}$ | 電流變數之等效直流值或穩態值,瞬時值,相量 |
| $P, p$ 或 $p(t)$ | 功率變數之等效直流值或穩態值,瞬時值 |
| $W, w$ 或 $w(t)$ | 能量變數之等效直流值或穩態值,瞬時值 |
| $Q, q$ 或 $q(t)$ | 虛功或電荷變數之等效直流值或穩態值,瞬時值 |
| $R, G, L, M, C$ | 電阻,電導,電感,互感,電容 |
| $X, B, Z, Y, j$ | 電抗,電納,阻抗,導納,虛數 $\sqrt{-1}$ 之表示 |
| $S$, PF | 複數功率,功率因數 |
| // | 電路元件的並聯 |
| $\rho, \sigma, \Omega$ | 電阻係數,電導係數,電阻單位 |
| $T, \alpha_T$ | 溫度或週期,電阻溫度係數 |
| $\lambda, \Phi, \vec{B}, H$ | 磁通鏈,磁通量,磁動勢,磁通密度,磁場強度 |
| $F_m, R_m, \mu, k, a$ | 磁動勢,磁阻,導磁係數,耦合係數,匝數比 |
| $\psi, \vec{F}, E, \varepsilon$ | 電通量,庫侖力,電場,介電常數或指數函數 |
| $t^-, t^+$ | 時間 $t$ 之前瞬間的量,時間 $t$ 之後瞬間的量 |
| $\nabla, \cdot, \times, \Sigma, \Pi$ | 梯度,點乘積,交叉乘積,數字的和,數字的乘積 |
| $\propto, \approx, \neq$ | 正比於…,近似於…,不等於… |
| $\Rightarrow, \Leftrightarrow$ | 轉換至…,轉換或互換 |
| $\frac{d}{dx}, \frac{\partial}{\partial y}, \int dz$ | 對變數 $x$ 微分,對變數 $y$ 偏微分,對變數 $z$ 積分 |
| 〔 〕, ! | 矩陣或向量,階乘 |
| $\zeta, \alpha, \omega, \theta$、$\phi$ | 阻尼比,阻尼係數,角頻率,相角、相位或相移 |
| Max( • ) | 取出 • 中最大的量 |
| Min( • ) | 取出 • 中最小的量 |
| Re〔 • 〕, Im〔 • 〕 | 取出複數 • 的實部,取出複數 • 的虛部 |
| \| • \| | 取出複數 • 的大小 |
| lim, $\infty$, → | 極限值,無限大,趨近於… |

| | |
|---|---|
| $p, s$ | 對時間 $t$ 微分之運算子或特性根，拉氏轉換運算子 |
| $\angle$ | 極座標角度符號 |
| **下標符號** | |
| 0 | 初始值的量 |
| $m$、max, pp | 最大值的量，峰對峰值的量 |
| $S$ | 電源的量 |
| $c$ | 控制訊號的量 |
| rms、eff, av | 均方根值、有效值的量，平均值的量 |
| ac, dc | 交流或動態的量，直流或靜態的量 |
| $R, L, C$ | 電阻器的量，電感器的量，電容器的量 |
| OC, SC | 開路的量，短路的量 |
| TH, $N$ | 戴維寧等效電路的量，諾頓等效電路的量 |
| $T$, eq | 總和的量，等效的量 |
| Y, Δ | Y 連接的量，Δ 連接的量 |
| $\phi$, $L$ 或 $l$ | 一相或一線對中性點的量，線間或線對線的量 |
| ss, tr | 穩態的量，暫態的量 |
| $V, I$ | 電壓的量，電流的量 |
| $Z, Y$ | 阻抗的量，導納的量 |
| **上標符號** | |
| °, r | 以度為單位的量，以弳為單位的量 |
| * | 取共軛複數 |
| **前置符號** | |
| Δ | 增量或三角形的量 |
| **上置符號** | |
| ⇀ | 向量的量 |
| — | 複數的量 |
| **其它符號** | |
| $a_0, a_k, b_k$ | 傅氏級數的直流項，餘弦項，正弦項係數 |
| $\omega_f$ | 傅氏級數的基本波角頻率 |

# 附錄B：電路學基本量的單位使用與其他單位互換一覽表

| 基本量與符號 | SI 單位與其他制的單位互換 |
|---|---|
| 長度 $l$ | SI 單位：米或公尺(meter, m)<br>A. 標準制：<br>1 公尺(m) = 10 公寸(decimeter, dm)<br>= 100 公分(centimeter, cm)<br>= 1000 公厘(millimeter, mm)<br>1 公里(kilometer, km) = 10 公引(hectometer, hm)<br>= 100 公丈(decameter, dm)<br>= 1000 公尺(m)<br>B. 市用制：<br>1 市里 = 15 市引 = 150 市丈 = 1500 市尺 = 500 台尺<br>= 0.5 公里<br>1 市尺 = 10 市寸 = 100 市分 = 1000 市厘<br>= 0.333 公尺 = 1.1 台尺<br>1 營照尺 = 0.96 市尺<br>C. 英美制：<br>1 英哩(mile, mi) = 8 浪(furlong, fur)<br>= 80 鎖(chain, ch)<br>= 320 桿(pole, pl)<br>= 880 㖊(fathom, fa)<br>= 1760 碼(yard, yd) |

| | |
|---|---|
| | 1 碼(yd)＝3 英呎(foot, ft)<br>1 英呎(ft)＝12 英吋(inch, in)<br>1 英吋(in)＝8 分<br>1 英哩(mi)＝1760 碼(yd)＝1.6093462 公里(km)<br>1 公尺(m)＝3.281 呎(ft)＝29.37 吋(in)<br>1 桿(pl)＝5.5 碼(yd)<br>1 海哩(浬)＝6076.1209 英呎(ft)<br>＝1.852 公里(km)<br><br>D. 日本制:<br><br>1 丈＝10 尺＝100 寸＝1000 分＝10000 厘<br>＝100000 毛<br>1 里＝36 町＝2160 間＝12960 尺<br>＝3927.27273 公尺≈4 公里<br>1 尺＝0.3030303 公尺<br>1 町＝109.09091 公尺≈110 公尺 |
| 質量或重量 | SI 單位:公斤或仟克(kilogram, kg)<br>A. 標準制:<br>1 公噸(ton, t)＝10 公擔(quintal, q)<br>＝100 公衡(myriagram, mag)<br>＝1000 公斤(kg)<br>1 公斤(kg)＝100 公兩(hectogram, hg)<br>＝100 公錢(decagram, dag)<br>＝1000 公克(gram, g)<br>1 公克(g)＝10 公銖(decigram, dg)<br>＝100 公毫(centigram, cg)<br>＝1000 公絲(milligram, mg) |

B. 台制:

1 台斤 = 16 台兩

1 台兩 = 10 台錢 = 100 台分 = 1000 台厘

1 台厘 = 10 台毫 = 100 台絲

C. 英制(常衡):

1 英噸(ton, t) = 20 英擔(hundred weight, cwt)
= 80 夸脫(quarter, qr)
= 2240 磅(pound, lb)
= 1216.1 公斤 = 1.12 美噸

1 公斤(kg) = 0.0685 斯拉格(slug) = 2.205 磅(lb)

1 磅(lb) = 10 盎司(ounce, oz)
= 160 打蘭(dram, dr)

1 打蘭 = 27.34375 克冷(grain, gr)

D. 美制(常衡):

1 美噸(t) = 20 美擔(cwt) = 80 夸脫(qr)
= 2000 磅(lb)
= 907.2 公斤 = (25/28)英噸

1 磅(lb) = 16 盎司(oz) = 256 打蘭(dr)

1 打蘭 = 27.34375 克冷(gr)

E. 英美制(金藥衡):

金衡:1 磅 = 12 盎司 = 240 英錢(penny weight)
1 英錢 = 24 克冷

藥衡:1 磅 = 12 盎司 = 96 打蘭
1 打蘭 = 3 司克路步(scruple) = 60 克冷

金藥衡 1 磅 = 常衡 0.82285714 磅
常衡 1 磅 = 金藥衡 1.2152777 磅

| | |
|---|---|
| | 金藥衡 1 盎司＝常衡 1.0971428 盎司<br>常衡 1 盎司＝金藥衡 0.91145833 盎司 |
| 時間 $t$ | SI 單位：秒(second, s)<br>1 小時(hour, h)＝60 分鐘(minute, min)<br>1 分鐘(min)＝60 秒(second, s) |
| 溫度 $T$ | SI 單位：凱氏溫度(°K)<br>℉(華氏溫度)＝32＋(9/5)℃(攝氏溫度)<br>°K(凱氏溫度)＝273＋℃(攝氏溫度) |
| 電荷 $Q$ 或 $q$ | 庫侖(coulomb, C)或安培·秒(A·s) |
| 電流 $I$ | 安培(或簡稱安)(ampere, A)或庫侖/秒(C/s) |
| 頻率 $f$ | 赫茲(Hertz, Hz)或 1/秒(1/s) |
| 角頻率 $\omega$ | 弳/秒(rad/s) |
| 速度與角速度 | SI 單位：米/秒(meter/s, m/s)<br>1 米/秒(m/s)＝3.6 公里/小時(km/h)<br>＝1.944 節(公制)<br>＝3.281 呎/秒(ft/s)<br>＝2.237 哩/時(mi/h)<br>＝1.943 節(英制)<br>1 轉/分鐘(rev/min, rpm)＝6 度/秒(degree/s)<br>＝0.1047 弳/秒(rad/s)<br>1 節(公制)＝1852m/h<br>1 節(英制)＝6080ft/h＝1853.2m/h<br>1 弳(rad)＝57.296° |
| 庫侖力 $F$ | SI 單位：牛頓(newton, N)或公斤·米/秒²(kg·m/s²) |

| | |
|---|---|
| | 1 牛頓(N) = 0.1 百萬達因(megadyname)<br>= 0.10197 仟克力(kgf)<br>= 0.2248 磅力(lbf)<br>= 7.233 磅達(pundal) |
| 轉矩 | SI 單位:牛頓・公尺(N・m)<br>1 牛頓・公尺(N・m) = 0.738 呎・磅(ft・lb) |
| 慣性矩 | SI 單位:公斤・公尺²($kg \cdot m^2$)<br>1 公斤・公尺²($kg \cdot m^2$) = 0.738 斯拉格・呎² = 23.7 磅・呎² |
| 壓力 | SI 單位:巴斯葛(pascal, Pa)或牛頓/米²($N/m^2$)<br>1 巴斯葛(Pa) = $10^{-5}$巴(bar)<br>= $1.0197 \times 10^{-5}$仟克/平方公分($kg/cm^2$)<br>= $1.450 \times 10^{-4}$磅力/平方吋($lbf/in^2$)<br>= $9.324 \times 10^{-6}$噸力/平方呎($tf/ft^2$)<br>= $9.896 \times 10^{-6}$大氣壓(atm)<br>= $7.501 \times 10^{-3}$米汞柱(m-Hg)<br>= $1.0197 \times 10^{-4}$米水柱(m-$H_2O$) |
| 能量 $W$ | SI 單位:焦爾(或簡稱焦)(joule, J)<br>1 焦爾(J) = 0.10197 仟克力米(kgf・m)<br>= 0.7376 呎磅力(lbf・ft)<br>= $2.778 \times 10^{-7}$仟瓦時(kW・h)<br>= $3.724 \times 10^{-7}$英馬力時(HP・h)<br>= 0.0002389 仟卡(kcal)<br>= 0.000948 英熱單位(Btu) |
| 電壓或電位 $V$ | 伏特(或簡稱伏)(volt, V)或焦爾/庫侖(J/C) |
| 功率或實功率 $P$ | SI 單位:瓦特(或簡稱瓦)(watt, W)或焦爾/秒(J/s)<br>1 馬力(horse power, hp 或 HP) = 746 瓦特(W)<br>1 瓦特(W) = $1.341 \times 10^{-3}$馬力(hp) |

| | |
|---|---|
| 虛功 $Q$ | 乏(volt-ampere-reactive, VAR) |
| 複數功率 $S$ | 伏安(volt-ampere, VA) |
| 電阻 $R$ | 歐姆(ohm, Ω)或伏特/安培(V/A) |
| 電導 $G$ | 姆歐(mho, 或 S)或安培/伏特(A/V) |
| 電感 $L$ 或互感 $M$ | 亨利(henry, H)或韋伯/安培(Wb/A) |
| 電容 $C$ | 法拉(farad, F)或庫侖/伏特(C/V) |
| 電抗 $X$ | 歐姆(ohm, Ω)或伏特/安培(V/A) |
| 電納 $B$ | 姆歐(mho, 或 S)或安培/伏特(A/V) |
| 阻抗 $Z$ | 歐姆(ohm, Ω)或伏特/安培(V/A) |
| 導納 $Y$ | 姆歐(mho, 或 S)或安培/伏特(A/V) |
| 電阻溫度係數 $\alpha_T$ | 1/(攝氏度數)或(℃)$^{-1}$ |
| 電阻係數 $\rho$ | 歐姆·米(ohm·meter, Ω·m) |
| 電導係數 $\sigma$ | (歐姆·米)$^{-1}$(ohm·meter)$^{-1}$, (Ω·m)$^{-1}$, Ω$^{-1}$·m$^{-1}$或 S/ |
| 介電常數 $\varepsilon$ | 法拉/米(farad/meter, F/m)<br>$\varepsilon_0 = 1/(36\pi\times10^9) = 8.85418\times10^{-9}$ F/m |
| 電通量 $\Psi$ | 庫侖(coulomb, C) |
| 電場 $E$ | 牛頓/庫侖(newton/coulomb, N/C)或伏特/米(m, V/m) |
| 磁動勢 $F_m$ | 安匝(ampere-turn, At) |
| 磁通量 $\Phi$ | SI 單位:韋伯(weber, Wb)或伏特·秒(V·s)<br>1 韋伯(Wb) = $10^8$ 馬克斯威爾(maxwell)<br>= $10^8$ 線(line) |
| 磁通鏈 $\lambda$ | 韋伯－匝(weber-turn, Wb-t) |
| 磁場強度 $H$ | SI 單位:安匝/米(ampere-turn/m, At/m)<br>1 安匝/米(At/m) = 0.0254 安匝/吋(At/in)<br>= 0.0126 奧斯特(Oersted) |

| | |
|---|---|
| 磁通密度 $B$ | SI 單位:韋伯/米$^2$(weber/meter$^2$, Wb/m$^2$)或<br>帖斯拉(tesla, T)<br>1 帖斯拉(T) = $10^4$ 高斯(gauss)<br>= $6.4516\times10^4$ 線/吋$^2$(lines/in$^2$) |
| 導磁係數 $\mu$ | 韋伯/安培·米〔weber/(ampere·meter)或 Wb/(A·m)〕<br>$\mu_0=4\pi\times10^{-7}$ Wb/(A·m) |
| 磁阻 $R_m$ | 安培-匝/韋伯(ampere-turn/weber, At/Wb) |
| 阻尼比 $\zeta$ | 無單位 |
| 阻尼係數 $\alpha$ | 1/秒($s^{-1}$) |
| 相角或相位 $\theta,\phi$ | 度(degree):$\theta^\circ,\phi^\circ$或弳(radian):$\theta^r,\phi^r$ |
| 照度 | 燭光(candela, cd) |
| 分子數 | 莫爾(mole, mol) |
| 面積 $A$ | SI 單位:平方公尺或平方米(米$^2$)(meter$^2$, m$^2$)<br>A. 標準制:<br>1 平方公里(square kilometer, km$^2$)<br>= 100 平方公引(hectare, ha 公頃)<br>= 10000 平方公丈(are, a 公畝)<br>1 平方公丈(a) = 100 平方公尺(centiare, ca 公釐)<br>= 10000 平方公寸<br>(square decimeter, dm$^2$)<br>= 1000000 平方公分(cm$^2$)<br>B. 台制:<br>1 坪 = 6 平方台尺 = 36 平方尺<br>1 甲 = 10 分 = 2934 坪 |

| | |
|---|---|
| | 1 分＝10 釐＝293.4 坪<br>1 釐＝10 毫＝29.34 坪<br>1 毫＝2.934 坪<br>C. 英美制:<br>1 平方哩(square mile)＝640 英畝(acre)<br>＝2560 路得(rood)<br>1 路得(rood)＝2.5 平方鎖(square chain)<br>＝40 平方桿(square pole)<br>＝1210 平方碼(square yard)<br>1 平方碼(square yard)＝9 平方呎(square foot)<br>＝1296 平方吋(square inch)<br>1 英畝(acre)＝40.468493 公畝(are)<br>≈40.5 公畝(are) |
| 體積 | SI 單位:立方米($m^3$)<br>A. 標準制:<br>1 立方公尺($m^3$)＝1 公秉(kilolitre, kl)<br>＝10 公石(hectolitre, hl)<br>＝100 公斗(decalitre, dal)<br>＝1000 公升(litre, l)<br>1 立方公寸($dm^3$)＝1 公升(l)<br>＝10 公合(decilitre, dl)<br>＝100 公勺(centilitre, cl)<br>1 立方公分($cm^3$)＝1 公勺(cl)<br>＝10 公撮(millilitre, ml)<br>B. 台制:<br>1 立方尺＝1000 平方寸＝1000000 平方分<br>1 石＝10 斗＝100 升＝1000 合＝10000 勺 |

C. 英美制(體積):

1 立方碼(cubic yard) = 27 立方尺(cubic foot)

1 立方呎(cubic foot) = 1728 立方吋(cubic inch)

D. 英美制(液體容量):

1 加侖(gallon, gall) = 4 夸爾(quart, qt)

1 夸爾(qt) = 2 品脫(pint, pt)

1 品脫(pt) = 4 及耳(gill, gi)

1 及耳(gi) = 5 盎司(ounce, oz)

1 加侖(英) = 277.274 立方吋 = 4.5459631 公升

1 加侖(美) = 231 立方吋 = 3.7853323 公升

E. 英美制(乾量容量):

1 浦式耳(蒲)(bushel, bu)
= 4 配克(呌)(peck, pk)

1 配克(pk) = 2 加侖(㗇)(gall)

1 加侖(gall) – 4 夸爾(呏)(qt)

1 夸爾(qt) = 2 品脫(哈)(pt)

1 品脫(pt) = 4 及耳(吋)(gi)

1 浦式耳(英) = 1.284352 立方呎($ft^3$)

1 浦式耳(美) = 1.244456 立方呎($ft^3$)

乾量 1 加侖(英) = 277.274 立方吋($in^3$)

乾量 1 加侖(美) = 268.803 立方吋($in^3$)

F. 日本制:

1 石 = 10 斗 = 100 升 = 1000 合 = 10000 勺

1 升 = 1.8039068 公升(litre)

# 附錄 C：電路學常用的三角函數關係式

## ⑴複角三角函數（$\theta$ 及 $\phi$ 為任意實數）

$$\cos(\theta \pm \phi) = \cos\theta\cos\phi \mp \sin\theta\sin\phi$$

$$\sin(\theta \pm \phi) = \sin\theta\cos\phi \pm \cos\theta\sin\phi$$

$$\tan(\theta \pm \phi) = \frac{\tan\theta \pm \tan\phi}{1 \mp \tan\theta\tan\phi}$$

## ⑵正弦與餘弦之積化和差之關係式（$\theta$ 與 $\phi$ 為任意實數）

$$\sin\theta\cos\phi = \frac{1}{2}[\sin(\theta + \phi) + \sin(\theta - \phi)]$$

$$\cos\theta\sin\phi = \frac{1}{2}[\sin(\theta + \phi) - \sin(\theta - \phi)]$$

$$\cos\theta\cos\phi = \frac{1}{2}[\cos(\theta + \phi) + \cos(\theta - \phi)]$$

$$\sin\theta\sin\phi = \frac{-1}{2}[\cos(\theta + \phi) - \cos(\theta - \phi)]$$

上面這兩式可以令 $\theta = \phi$，則電路上常用的餘弦平方項與正弦平方項分別爲：

$$\cos^2\theta = \frac{1 + \cos 2\theta}{2}$$

$$\sin^2\theta = \frac{1 - \cos 2\theta}{2}$$

## ⑶正弦與餘弦之和差化積之關係式（$\theta$ 與 $\phi$ 為任意實數）

$$\sin\theta + \sin\phi = 2\sin(\frac{\theta + \phi}{2})\cos(\frac{\theta - \phi}{2})$$

$$\sin\theta - \sin\phi = 2\cos(\frac{\theta + \phi}{2})\sin(\frac{\theta - \phi}{2})$$

$$\cos\theta+\cos\phi=2\cos\left(\frac{\theta+\phi}{2}\right)\cos\left(\frac{\theta-\phi}{2}\right)$$

$$\cos\theta-\cos\phi=-2\sin\left(\frac{\theta+\phi}{2}\right)\sin\left(\frac{\theta-\phi}{2}\right)$$

**(4)三角函數之倍角關係（$\theta$ 為任意實數，$k$ 為整數）**

$$\sin(2\theta)=2\sin\theta\cos\theta$$

$$\cos(2\theta)=\cos^2\theta-\sin^2\theta=2\cos^2\theta-1=1-2\sin^2\theta$$

$$\tan(2\theta)=\frac{2\tan\theta}{1-\tan^2\theta},\ \theta\neq k\pi\pm\frac{\pi}{4}$$

**(5)三角函數之半角關係（$\theta$ 為任意實數，$k$ 為整數）**

$$\sin\left(\frac{\theta}{2}\right)=\pm\sqrt{\frac{1-\cos\theta}{2}}$$

$$\cos\left(\frac{\theta}{2}\right)=\pm\sqrt{\frac{1+\cos\theta}{2}}$$

$$\tan\left(\frac{\theta}{2}\right)=\pm\sqrt{\frac{1-\cos\theta}{1+\cos\theta}},\ \theta\neq(2k+1)\pi$$

$$=\frac{1-\cos\theta}{\sin\theta}=\frac{\sin\theta}{1+\cos\theta},\ \theta\neq k\pi$$

式中的 $\pm$ 符號由 $\frac{\theta}{2}$ 所在的象限所決定。

**(6)三角函數之負角關係式（$\theta$ 為任意實數）**

$$\sin(-\theta)=-\sin\theta,\quad \csc(-\theta)=-\csc(\theta)$$

$$\cos(-\theta)=\cos\theta,\quad \sec(-\theta)=\sec(\theta)$$

$$\tan(-\theta)=-\tan\theta,\quad \cot(-\theta)=-\cot(\theta)$$

**(7)三角函數中互為餘函數之相移對等關係（$\theta$ 為任意實數，$k_{even}$ 為偶整數，$k_{odd}$ 為奇整數）**

$$\sin\left(k_{even}\cdot\frac{\pi}{2}\pm\theta\right)=\pm\sin\theta$$

$$\sin\left(k_{odd}\cdot\frac{\pi}{2}\pm\theta\right)=\pm\cos\theta$$

$$\cos(\frac{\pi}{2}-\theta)=\sin\theta$$

$$\tan(\frac{\pi}{2}-\theta)=\cot\theta,\cot(\frac{\pi}{2}-\theta)=\tan\theta$$

$$\sec(\frac{\pi}{2}-\theta)=\csc\theta,\csc(\frac{\pi}{2}-\theta)=\sec\theta$$

### (8)複數指數與正弦、餘弦的優勒等式及其他關係式（$\theta$ 為任意實數）

$$e^{\pm j\theta}=\cos\theta\pm j\sin\theta$$

$$\cos\theta=\frac{e^{j\theta}+e^{-j\theta}}{2}$$

$$\sin\theta=\frac{e^{j\theta}-e^{-j\theta}}{j2}$$

### (9)正弦與餘弦合併為餘弦表示式

$$X\cos\theta+Y\sin\theta=\sqrt{X^2+Y^2}\cos[\theta-\tan^{-1}(\frac{Y}{X})]$$

式中可視一個直角三角形，其水平邊長度爲 $X$，垂直邊長度爲 $Y$，斜邊長度則爲 $\sqrt{X^2+Y^2}$，相角 $\tan^{-1}(\frac{Y}{X})$則爲該直角三角形斜邊與水平邊的夾角。

# 附錄D：有關「電路學」課程之參考書籍

〔1〕 David R. Cunningham and John A. Stuller, *Circuit Analysis*, 2nd Edition, Houghton Mifflin Company, 1995.

〔2〕 David A. Bell, *Electric Circuits*, Prentice-Hall International, Inc., 1995.

〔3〕 David E. Johnson, John L. Hilburn, Johnny R. Johnson, and Peter D. Scott, *Basic Electric Circuit Analysis*, 5th Edition, Prentice-Hall International, Inc., 1995.

〔4〕 Sergio Franco, *Electric Circuits Fundamentals*, Saunders College Publishing, 1995.

〔5〕 Norman Balabanian, *Electric Circuits*, McGraw-Hill Book Company, Inc., 1994.

〔6〕 William H. Hayt, Jr. and Jack E. Kemmerly, *Engineering Circuit Analysis*, 5th edition, McGraw-Hill Book Company, Inc., 1993.

〔7〕 James W. Nilsson, *Electric Circuits*, 4th edition, Addison-Wesley Publishing Company, Inc., 1993.

〔8〕 S. A. Boctor, *Electric Circuit Analysis*, 2nd Edition, Prentice-Hall International, Inc., 1992.

〔9〕 Ken F. Sander, *Electric Circuit Analysis* (*Principles and Applications*), Addison-Wesley Publishing Company, Inc., 1992.

〔10〕 Lawrence P. Huelsman, *Basic Circuit Theory*, 3rd Edition, Prentice-Hall International, Inc., 1991.

〔11〕 Richard C. Dorf, *Introduction to Electric Circuits*, John Wiley & Sons, Inc., 1989.

〔12〕 Thomas L. Floyd, *Principles of Electric Circuits*, Merrill Publishing Company, 1989.

〔13〕 Robert L. Boylestad, *DC/AC: The Basics*, Merrill Publishing Company, 1989.

〔14〕 Shlomo Karni, *Applied Circuit Analysis*, John Wiley & Sons, Inc., 1988.

〔15〕 Thomas L. Floyd, *Electric Circuits Fundamentals*, Merrill Publishing Company, 1987.

〔16〕 Leon O. Chua, Charles A. Desoer, and Ernest S. Kuh, *Linear and Nonlinear Circuits*, McGraw-Hill Book Company, Inc., 1987.

〔17〕 Robert L. Boylestad, *Introductory Circuit Analysis*, 5th Edition, Merrill Publishing Company, 1987.

〔18〕 夏少非著,《電路學》(上冊:時域分析,下冊:頻域分析),國立編譯館出版,正中書局印行,中華民國75年12月修訂版。

〔19〕 William A. Blackwell and Leonard L. Grigsby, *Introductory Network Theory*, PWS Publishers, 1985.

〔20〕 Robert A. Bartkowiak, *Electric Circuit Analysis*, John Wiley & Sons, Inc., 1985.

〔21〕 John Choma, Jr., *Electrical Network (Theory and Analysis)*, John Wiley & Sons, Inc., 1985.

〔22〕 David E. Johnson and Johnny R. Johnson, *Introductory Electric Circuit Analysis*, Prentice-Hall International, Inc., 1981.

〔23〕 P. R. Adby, *Applied Circuit Theory* (*Matrix and Computer Methods*), Kai Fa Book Company, 1st Published in 1980.

〔24〕 Charles A. Deoser and Ernest S. Kuh, *Basic Circuit Theory*, 7th printing, McGraw-Hill Book Company, Inc., 1979.

〔25〕 Gabor C. Temes and Jack W. LaPatra, *Introduction to Circuit Synthesis and Design*, McGraw-Hill Book Company, Inc., 1977.

〔26〕 Shu-Park Chan, *Introductory To pological Analysis of Electrical Networks*, Kai Fa Book Company, 1974.

# 附錄 E:「電路學」常用專有名詞中英文對照

## A

abc phase sequence　abc 相序（正相序）

ABCD parameters　ABCD 參數

AC or ac (alternating current)　交流

AC (ac) resistance　交流電阻

acb phase sequence　acb 相序（負相序）

active power　有功功率

additive polarity　加極性

admittance　導納

admittance angle　導納角

admittance matrix　導納矩陣

admittance triangle　導納三角形

all-pass circuit　全通電路

almost periodic function　概週期性函數

ampere (A or a)　安培

amplifier　放大器

amplitude　振幅

analysis　分析

angular frequency　角頻率

aperiodic function　非週期性訊號

apparent power　視在功率

armature 電樞

asympototic stable 漸近穩定的

autotransformer 自耦變壓器

average power 平均功率

average value 平均值

## B

balanced three-phase loads 平衡三相負載

balanced three-phase system 平衡三相系統

band 頻率通帶（頻帶）

band-pass filter（BPF） 帶通濾波器

band-reject filter（BRF） 帶拒濾波器

bandwidth（BW） 頻帶寬（頻寬）

basic circuit theory 基本電路理論

battery 電池（電瓶）

bilateral circuit 雙向網路

bilateral element 雙向元件

block diagram 方塊圖

Bode plot 波德圖

branch 支路、分支

branch current 支路電流

branch voltage 支路電壓

break frequency 斷點頻率

breakdown voltage 崩潰電壓

bridge 電橋

British thermal units（Btu） 英制熱量單位

brush 電刷

Butterworth filter 巴特威士濾波器

bypass 旁路

# C

cable 電纜
calculator 計算器
capacitance 電容
capacitive 電容的、電容性的
capacitive reactance 電容抗（容抗）
capacitive susceptance 電容納（容納）
capacitor 電容器
capacitor current 電容器電流
capacitor voltage 電容器電壓
Cartesian form 卡提申型式
cascade connection 貫串連接
cell 電池
center frequency 中央頻率
centi- 釐（$10^{-3}$）
chain parameters 傳輸參數
characteristic equation 特性（特徵）方程式
characteristic polynomials 特性多項式
characteristic roots 特性根
characteristics 特性
circulating current 循環電流
closed path 封閉路徑
closed surface 封閉面
closely coupled 緊密耦合
coefficient 係數
coefficient of coupling 變壓器線圈繞組之耦合係數

cofactor of determinant　行列式的餘因子

coil　線圈

column matrix　行矩陣

column vector　行向量

common admittance　共導納

common conductance　共電導

common flux　共磁通

common impedance　共阻抗

complex convolution　複數施捲積分

complex frequency　複數頻率

complex multiplication　複數乘積

complex numbers　複數

complex plane　複數平面

complex power　複數功率

complex-conjugated　共軛複數的

conductively coupled equivalent circuit　傳導性耦合等效電路

connected graph　連接的圖形

connection　連接

constant　常數

controlled sources　受控電源

conventional　傳統的

conversion　轉換

converter　轉換器、換流器

convolution integral　積分轉換（施捲積分）

copper loss　銅損

core　鐵心

corner frequency　轉角頻率

correction　修正

cosine (cos) 餘弦

cosiunsoid 餘弦式

counter-EMF 反電動勢

coupled 耦合的

coupling coefficient 耦合係數

Cramer's rule 魁雷瑪法則

crest factor 波峰因數

cross product 交叉乘積

current 電流

current coil 電流線圈

current density 電流密度

current divider circuit 分流電路

current gain 電流增益

current ratio 變壓器之電流比

current source 電流源

current transformer (CT) 比流器

current-controlled current source (CCCS) 電流控制的電流源

current-controlled voltage source (CCVS) 電流控制的電壓源

current-division principle 分流器法則

curve 曲線

cutoff frequency 截止頻率

cycle 週率 (週波)

cycle per second (cps) 每秒之週波數

cylindrical rotor 同步機的圓柱型轉子

## D

damping 阻尼

damping coefficient 阻尼係數

damping factor 阻尼因數

damping ratio 阻尼比

datum node 電路之參考點

DC or dc (direct current) 直流

DC (dc) component 直流分量(成份)

DC (dc) term 直流項

decay 衰減

Decible (dB) 分貝

degree 度數、階數

degree Celsius 攝氏度數(℃)

degree Kelvin 凱氏度數(°K)

delta function (δ) 脈衝函數

delta (Δ) -connection Δ型(網型)連接

Δ-Δ connection 三相變壓器之Δ-Δ連接

Δ-Y connection 三相變壓器之Δ-Y連接

Δ-Y transformation Δ-Y轉換

denominator 分母

dependent current source 相依電流源

dependent source 相依電源

dependent voltage source 相依電壓源

determinant 行列式

deterministic signal 定性的訊號

device 元件

diagonal 對角的

diagram 圖形

differential equation 微分方程式

dimensionless 無單位(因次)的

diode (D) 二極體

direction 方向

discharge 放電

dot 變壓器極性黑點

dot product 點乘積

dotted marking 變壓器極性標註

double-subscript notation 雙下標表示

down scale 指針反偏

driver 驅動器

driving-point admittance 驅動點導納

driving-point characteristic 驅動點特性

driving-point impedance 驅動點阻抗

dual circuit 對偶電路

dual variable 對偶變數

duality 對偶性

dynamic model 動態模型

## E

earth 接地、大地

eddy current 渦電流（渦流）

eddy-current losses 渦流損

effective resistance 有效電阻

effective value 有效值

efficiency 效率

eigenvalue 特徵（固有）值

eigenvector 特徵（固有）向量

electric circuit 電路

electric degree 電角

electric field 電場

electrical network 電氣網路

electromagnet 電磁鐵

electromagnetic induction 電磁感應

electromotive force (EMF) 電動勢

element 元件

energy 能量

envelop 波形的包絡線

equation 方程式

equilibrium equation 平衡方程式

equilibrium point 平衡點

equivalence 圖形的等效性

equivalent admittance 等效導納

equivalent circuit 等效電路

equivalent impedance 等效阻抗

equivalent network 等效網路

equivalent resistance 等效電阻

equivalent source 等效電源

Euler's identity 優勒等式

even function 偶函數

even harmonics 偶次諧波

even symmetry 偶對稱

excitation 激勵

exciting current 變壓器之激磁電流

exciting response 激發響應

exponent 指數

exponential curve 指數曲線

# F

farad 法拉

Faraday's law 法拉第定律

feet 英呎(複數)

femto- $10^{-15}$

ferroresonance 鐵共振

field 場

field-effect transistor (FET) 場效應電晶體

filter 濾波器

final value 終值

final-value theorem 終值定理

finite value 有限值

first-order circuit 一階電路

first-order differential equations 一次(一階)微分方程式

flux 磁通量

flux linkage 磁通鏈

foot 英呎(單數)

force 力

form factor 波形因數

four-phase system 四相系統

four-terminal network 四端網路

four-wire syetem 四線系統

Fourier analysis 傅氏分析

Fourier series 傅氏級數

Fourier transformation 傅氏轉換

frequency 頻率

frequency domain 頻域

frequency response 頻率響應

frequency scaling 頻率刻度變換

full scale 滿刻度

full-load current 滿載電流

full-wave rectifier 全波整流器

function 函數

fundamental circuit 基本的迴路

fundamental component 基本波的量

fundamental cutset 基本的切集

fundamental frequency 基本波頻率

fundamental loop 基本的迴路

## G

gain 增益

gauss 高斯

generalized admittance 一般化導納

generalized impedance 一般化阻抗

generalized network function 一般化網路函數

generator 發電機

gradient 梯度

graph 圖形

ground 大地、接地

ground wire 接地線

grounded neutral 接地的中性線

## H

h (hybrid) parameters 混合參數

half-power points 半功率點

half-wave rectifier 半波整流器
half-wave symmetry 半波對稱
harmonic oscillator 諧波振盪器
harmonics 諧波
heat energy 熱能
Heaviside's theorem 哈維賽定理
hecto- 佰（$10^2$）
henry（H） 亨利
Hertz（Hz） 赫茲
high-order differential equations 高次（高階）微分方程式
high-pass filter（HP） 高通濾波器
high-Q circuit 高Q電路
horsepower（HP or hp） 馬力

# I

ideal diode 理想二極體
ideal transformer 理想變壓器
identity matrix 單位矩陣
imaginary number 虛數
imaginary part 複數的虛部
imaginary power 虛功率
immittance 阻抗（impedance）與導納（admittance）的一般用字
impedance 阻抗
impedance angle 阻抗角
impedance matrix 阻抗矩陣
impedance triangle 阻抗三角形
impulse function 脈衝函數
impulse response 脈衝響應

in phase 同相位（同相）
inch 英吋
independent current source 獨立電流源
independent source 獨立電源
independent voltage source 獨立電壓源
induced voltage 感應電壓
inductance 電感
inductance matrix 電感矩陣
induction 感應
induction generator（IG） 電應發電機
induction motor（IM） 感應電動機
inductive 感應的、電感的、電感性的
inductive reactance 電感抗（感抗）
inductive susceptance 電感納（感納）
inductor 電感器
initial conditions 初始條件
initial state 初始狀態
initial values 初始值
initial-value theorem 初值定理
input admittance 輸入導納
input impedance 輸入阻抗
input port 輸入埠
input resistance 輸入電阻
input terminal 輸入端
instability 不穩定度
instantaneous current 瞬時電流
instantaneous power 瞬時功率
instantaneous value 瞬時值

instantaneous voltage 瞬時電壓

insulator 絕緣體

internal 內部的

inverse chain parameters 反傳輸參數

inverse hybrid parameters 反混合參數

inverse Laplace transformation 反拉氏轉換

inverse phasor transformation 反相量轉換

inverter 反相器、變流器

inverting amplifier 反相放大器

inverting input 放大器之反相輸入端

iron core 鐵心

iron-core transformer 鐵心變壓器

isolated transformer 隔離變壓器

isolated-gate bipolar transistor (IGBT) 隔離閘極之雙極性電晶體

## J

jω-axis 複數平面之虛軸

joule 焦爾

## K

kilo- 仟 ($10^3$)

kilogram 公斤

kilowatt-hours (kWh) 仟瓦小時

kinetic energy 動能

Kirchhoff's current law (KCL) 克希荷夫電流定律

Kirchhoff's voltage law (KVL) 克希荷夫電壓定律

## L

lagging current 滯後（落後）電流

lagging power factor 滯後（落後）功因

lamination 疊片鐵心

lamp 電燈

Laplace transformation 拉氏轉換

Laplace transform pairs 拉氏轉換對

leading current 超前（引前）電流

leading power factor 超前（引前）功因

leakage current 洩漏電流

leakage flux 洩漏磁通

leakage resistance 洩漏電阻

left-half plane（LHP） 左半平面

left-hand side（LHS） 左側

leg 變壓器的腳

Lenz's law 楞次定律

limiter 限制器

line 線

line current 線電流

line terminal 線端

line voltage 線電壓

line-to-line voltage 線對線電壓

line-to-neutral voltage 線對中性點電壓

linear algebra 線性代數

linear circuit 線性電路

linear differential equations 線性微分方程式

linear graph 線性圖形

linear resistor 線性電阻器

linear second-order differential equation with constant coefficients 常係數二次（二階）線性微分方程式

linear transformer 線性變壓器

linearity 線性

linearized approximation 線性化近似

linearly dependent equation 線性相依方程式

linearly independent equation 線性獨立方程式

load 負載

load line 負載線

loading effect 負載效應

loop 迴路

loop analysis 迴路分析

loop current 迴路電流

loop equation 迴路方程式

loop impedance matrix 迴路阻抗矩陣

loosely coupled 稀疏耦合

loss 損失

lower cutoff frequency 低截止頻率

low-pass filter（LP） 低通濾波器

lumped 集成的

lumped-circuit elements 集成電路元件

## M

magnetizing current 磁化電流

magnetizing inductance 磁化電感

magnetomotive force（MMF） 磁動勢

magnitude 大小

match 匹配

mathematical model 數學模型

matrix 矩陣

maximally connected subgraph 最大連結的次圖形

maximum 最大的

maximum power transfer theorem 最大功率轉移定理

Maxwell 馬克斯威爾

measurement 量測

mechanical degree 機械角

mega- 百萬 ($10^6$)

mesh 網目

mesh analysis 網目分析

mesh current 網目電流

mesh impedance matrix 網目阻抗矩陣

mesh-connection 網型連接

meter 儀表、公尺

mho 姆歐

micro- 微 ($10^{-6}$)

Millman's theorem 密爾曼定理

mini- 毫 ($10^{-3}$)

minimum 最小的

minute 分鐘

MKS (meter-kilogram-second) system of units 公制單位系統

mode 模態（模式）

model 模型

modified node analysis (MNA) 修飾後的節點分析法

modified proper tree 修飾後的適合樹

motor 電動機（馬達）

mutual admittance 互導納

mutual flux 互磁通

mutual impedance 互阻抗

mutual inductance 互感

mutually coupled 相互耦合

mutually induced voltage 互感電壓

## N

nameplate 電機設備上的銘牌

nano- 奈 ($10^{-9}$)

natural frequency 自然頻率

natural logarithm (ln) 自然對數

natural response 自然響應

negative phase sequence 負相序

negative resistance 負電阻

neper frequency 奈波頻率

network 網路

network analysis 網路分析

network function 網路函數

network theorem 網路定理

network topology 網路拓樸學

neutral current 中性線電流

neutral line 中性線

neutral point (neutral) 中性點

Newton 牛頓

nodal analysis 節點分析

node 節點

node admittance matrix 節點導納矩陣

node analysis 節點分析

node equation 節點方程式

node-to-datum voltage 節點對參考點的電壓

node voltage 節點電壓

noise 雜訊

noncoupled 無耦合

noninverting input 非反相輸入端

nonlinear element 非線性元件

nonlinear load 非線性負載

nonlinear resistor 非線性電阻器

nonlinearity 非線性

nonmonotonic function 非單調函數

nonoriented graph 沒有方向性的圖形

nonsinusoidal waveform 非弦式波形

normalization 正規化

Norton impedance 諾頓阻抗

Norton's equivalent circuit 諾頓等效電路

Norton's theorem 諾頓定理

npn (NPN) bipolar transistor npn 型雙極性電晶體

null detector 零值檢測器

numerator 分子

## O

observable natural frequency 可觀察出來的自然頻率

odd function 奇函數

odd harmonics 奇次諧波

odd symmetry 奇對稱

off (OFF) 關閉、截止

offset current 抵補電流

offset voltage 抵補電壓

ohm 歐姆

ohmmeter 電阻計(歐姆表)

Ohm's law 歐姆定理

on (ON) 開啓、導通

one-line equivalent circuit 單線等效電路

one-port network 單埠網路

one-to-one function 一對一函數

open circuit (OC) 開路

open-circuit driving-point impedance 開路驅動點阻抗

open-circuit impedance 開路阻抗

open-circuit impedance matrix 開路阻抗矩陣

open-circuit impedance parameters 開路阻抗參數

open-circuit voltage 開路電壓

operating point 工作點

oriented graph 有方向性的圖形

orthogonal 正交的

orthogonality 正交性

outer mesh 外部的網目

outlet 插座

output current 輸出電流

output impedance 輸出阻抗

output port 輸出埠

output voltage 輸出電壓

overload 過載、超載

# P

parallel 並聯的

parallel circuit 並聯電路

parallel connection 並聯連接

parallel edge 並聯的圖形線段

parallel resonance 並聯共振

parallel-series circuit 並串聯電路

parameter 參數

partial differential equation 偏微分方程式

partial fraction expansion 部份分式展開

passband 通帶

passive circuit element 被動電路元件

passive network 被動網路

passive sign convention 傳統被動符號

passivity 被動性

path 路徑

path set 路徑集

peak value 峰值

peak-detector circuit 峰值檢測器

peak-to-peak value 峰對峰值

perfect coupling 完全耦合

period 週期

periodic function 週期性函數

permittivity 介電常數

phase 相

phase angle 相角

phase current 相電流

phase difference 相位差

phase inverter 反相位器

phase lagging 相位落後

phase leading 相位超前

phase plane 相位平面

phase sequence 相序

phase shift 相移

phase voltage 相電壓

phasor 相量

phasor analysis 相量分析

phasor diagram 相量圖

phasor domain 相量域

phasor representation 相量表示式

phasor transformation 相量轉換

physical circuit 實際電路

physical device 實際元件

piecewise-linear approximation 片斷線性近似

piecewise-linear circuit 片斷線性電路

pi (π) network π型網路

pico- 匹 ($10^{-12}$)

planar graph 平面圖形

planar network 平面網路

polar form 極型式

polarity 極性

polarization 極化

pole 極點，磁極

pole-zero cancellation 零點、極點互銷

polynomials 多項式

polyphase circuit 多相電路

port 埠

port current 埠電流

port voltage 埠電壓

positive feedback circuit 正回授電路

positive phase sequence 正相序

potential 電位

potential difference 位能差

potential energy 位能

potential transformer（PT） 比壓器

power 功率

power factor 功率因數（功因）

power factor angle 功因角

power source 電源

power system 電力系統

power triangle 功率三角形

practical source 實際電源

practical transformer 實際變壓器

predominantly capacitive circuit 以電容性爲主的電路

predominantly inductive circuit 以電感性爲主的電路

primary current 變壓器一次電流

primary voltage 變壓器一次電壓

primary winding 變壓器一次繞組

proper subgraph 適合次圖形

proper tree 適合樹

pulse 脈衝

pulse-width modulation（PWM） 脈衝寬度調變

purely capacitive circuit 純電容性電路

purely inductive circuit 純電感性電路
purely resistive circuit 純電阻性電路

## Q

Q－V characteristic 電荷—電壓特性
quadrant 象限
quadrature power 正交功率（虛功率）
quality factor（Q） 品質因數
quantity 數量

## R

radian 弳
ramp function 斜升函數
random 隨機的
random-access-memory（RAM） 隨機出入記憶體
rate 額定，率
rational function 有理函數
RC circuit 由 RC 等元件構成的電路
reactance 電抗
reactive power 虛功（無效功率）
real convolution 實數施捲積分
real multiplication 實數乘積
real number 實數
real part 複數的實部
real power 實功（有效功率）
reciprocal circuit 互易電路
reciprocity theorem 互易定理
rectangular coordinate 直角座標

reduced circuit 降階電路
reference axis 參考軸
reference direction 參考方向
reference node 電路的參考節點
reference point 參考點
reflected impedance 反射阻抗
relative permeability 相對導磁係數
relative permittivity 相對介電係數
relative sensitivity 相對靈敏度
residual flux 剩磁
resistance 電阻
resistance matrix 電阻矩陣
resistive 電阻的、電阻性的
resistive circuit 電阻電路
resistive power 電阻性的功率（實功）
resistor 電阻器
resonance 共振、諧振
resonance condition 共振條件
resonance frequency 共振頻率
resonant circuit 共振電路
response 響應
revolution per minuter（RPM or rpm） 每分鐘轉數
revolving field 旋轉磁場
right-half plane（RHP） 右半平面
right-hand side（RHS） 右側
rise time 上升時間
RL circuit 由 RL 等元件構成的電路
RLC circuit 由 RLC 等元件構成的電路

root locus 根軌跡

root-mean-square (RMS or rms) value 均方根值

rotating magnetic field 旋轉磁場

rotating phasor 旋轉相量

rotor 轉子

round rotor 同步機之圓柱型轉子

row matrix 行矩陣

row vector 列向量

## S

s plane 複數 s 平面

s-axis shift theorem s 軸位移定理

salient pole 同步機之凸式磁極

saturation 飽和

saturation function 飽和函數

saturation model 飽和模型

scale 刻度(變化)

Scott connection 史考特連接

second 秒

second-order circuit 二次(二階)電路

second-order system 二次(二階)系統

secondary current 變壓器二次電流

secondary voltage 變壓器二次電壓

secondary winding 變壓器二次繞組

selectivity curve 選擇性曲線

self admittance 自導納

self impedance 自阻抗

self inductance 自感

semiconductor 半導體
semiconductor devices 半導體元件
sensitivity 靈敏度
sensor 檢（感）知器
separable graph 分開的圖形
series 串聯的
series circuit 串聯電路
series connection 串聯連接
series edge 串聯的圖形線段
series resonance 串聯共振
series-parallel circuit 串並聯電路
settling time 安定時間
servo motor 伺服馬達
short circuit（SC） 短路
short-circuit admittance matrix 短路導納矩陣
short-circuit admittance parameters 短路導納參數
short-circuit conductance 短路電導
short-circuit current 短路電流
short-circuit driving-point admittance 短路驅動點導納
shunt resistor 並聯電阻器
SI units（International System of Units） 國際單位系統
siemen 電導的單位（S）
silicon controlled rectifier（SCR） 矽控整流器
sine（sin） 正弦
single-line equivalent circuit 單線等效電路
single-phase circuit 單相電路
single-phase equivalent circuit 單相等效電路
single-phase load 單相負載

single-phase source 單相電源

single-phase transformer 單相變壓器

single-subscript notation 單下標表示

single-valued function 單值函數

sinusoidal steady state 弦式穩態

sinusoidal steady-state analysis 弦式穩態分析

sinusoidal waveform 弦式波形

six-phase system 六相系統

skin effect 集膚效應

slip ring 直流機或感應機的滑環

small-signal analysis 小訊號分析

solar cell 太陽電池

solenoid 螺管線圈

source 電源

source conversion 電源轉換

spectrum 頻譜

spiraling phasor 螺旋式相量

square wave 方波

stability 穩定度

stable 穩定的

stable operating point 穩定工作點

standard form 標準型式

star-connection 星型連接

state variable 狀態變數

state-space analysis 狀態空間分析

stator 定子

steady state 穩態

step-down transformer 降壓變壓器

step-up transformer 升壓變壓器
stored energy 儲存的能量
stray capacitance 雜散電容
strength 強度
subgraph 次圖形
substitution theorem 取代定理
subsystem 次系統
subtractive polarity 減極性
superconductivity 超導性
superconductor 超導體
supermesh 超網目
supernode 超節點
superposition theorem 重疊定理
susceptance 電納
switch (SW) 開關
symmetrical components 對稱成份（分量）
symmetrical source 對稱電源
symmetry 對稱
synchronization 同步
synchronous capacitor 同步電容器
synchronous condensor 同步電容機
synchronous generator 同步發電機
synchronous motor 同步電動機
system 系統
system matrix 系統矩陣
system of units 單位系統
system response 系統響應
systematic method 系統式的方法

# T

T equivalent circuit　T型等效電路

t-axis shift theorem　t軸位移定理

T－π transformation　T－π轉換

tangent（tan）　正切

tapped transformer　有抽頭的變壓器

Taylor expansion　泰勒展開式

tee（T）-connected　星型或Y型連接

tee（T）network　星型或Y型網路

Tellegen's theorem　帖勒真定理

temperature　溫度

tera-　兆（$10^{12}$）

terminal　終端、端點

terminated one-port　具有終端連接的單埠網路

thermal resistance　熱阻

thermal resistor　熱阻體

thermal voltage　熱電壓

thermocouple　熱電偶

Thevenin impedance　戴維寧阻抗

Thevenin's equivalent circuit　戴維寧等效電路

Thevenin's theorem　戴維寧定理

three-dB（3dB）bandwidth　3dB頻寬

three-dB（3dB）frequency　3dB頻率

three-phase circuit　三相電路

three-phase four-wire connection　三相四線式連接

three-phase generator　三相發電機

three-phase network　三相網路

three-phase power 三相功率

three-phase system 三相系統

three-phase three-wire connection 三相三線式連接

three-phase transformer 三相變壓器

three-terminal network 三端網路

three-wattmeter method 三瓦特表法

thyristor 閘流體

time 時間

time constant 電路之時間常數

time delay 時間延遲

time domain 時域

time scaling 時間刻度變換

time-differentiation theorem 對時間微分定理

time-integration theorem 對時間積分定理

time-invariant 非時變的

time-shift theorem 時間位移定理

time-varying 時變的

topology 拓樸學

torque 轉矩

total impedance 總阻抗

total resistance 總電阻

trajectory 軌道、軌線

transfer admittance 轉導納

transfer function 轉移函數

transfer impedance 轉阻抗

transform 轉換

transformer 變壓器

transister 電晶體

transmission efficiency 傳輸效率

transmission line 傳輸（輸電）線

transmission matrix 傳輸矩陣

transmission parameters 傳輸參數

tree branch 樹的分支

triangle 三角形

trigonometrical identities 三角函數等式

turn ratio 匝數比（匝比）

two-phase three-wire system 兩相三線制系統

two-port network 雙埠網路

two-wattmeter method 兩瓦特表法

# U

unbalanced three-phase loads 不平衡三相負載

unbalanced three-phase system 不平衡三相系統

unconnected graph 不連接的圖形

undamped natural frequency 無阻尼之自然頻率

unipolar 單極性的

uniqueness property 唯一的特性

unit 單位

unit-impulse function 單位脈衝函數

unit-ramp function 單位斜升函數

unit-step function 單位步階函數

unity power factor 單位功因

unity-power-factor resonance 單位功因共振

unstable circuit 不穩定的電路

unstable equilibrium point 不穩定的平衡點

unstable mode 不穩定模態

up scale 指針正偏

upper cutoff frequency 高截止頻率

## V

V－I characteristic 電壓—電流特性

value 值（數值）

var（VAR） 乏（虛功的單位）

varhourmeter 乏時表

varmeter 乏表

vector 向量

vertex 圖形的點

vertex set 圖形的點集

virtual ground 虛接地

virtual short circuit 虛短路

volt 伏特（伏）

volt-ampere（VA） 伏安

volt-ampere-reactive（VAR） 乏

voltage 電壓

voltage coil 電壓線圈

voltage divider circuit 分壓電路

voltage drop 電壓降（壓降）

voltage gain 電壓增益

voltage ratio 變壓器電壓比

voltage reference direction 電壓參考方向

voltage regulation 電壓調整率

voltage rise 電壓升（壓升）

voltage source 電壓源

voltage stability 電壓穩定度

voltage triangle　電壓三角形

voltage-controlled current source (VCCS)　電壓控制的電流源

voltage-controlled voltage source (VCVS)　電壓控制的電壓源

voltage-division principle　分壓器法則

voltmeter　電壓表

V－V connection　三相電路中兩變壓器之V－V連接

## W

watt　瓦特（瓦）

watthourmeter　瓦時計

wattmeter　瓦特表

waveform　波形

winding　繞組

work　功

wye-connection　Y－連接

wye-delta transformation　Y－Δ轉換

## X

x-axis　x軸（水平軸或橫軸）

XY recorder　XY記錄器

## Y

$Y_{SC}$ parameters　短路導納參數

y-axis　y軸（垂直軸或縱軸）

Y-connected generator　Y連接發電機

Y－Δ connection　三相變壓器之Y－Δ連接

Y－Δ transformation　Y－Δ轉換

Y－Y connection　三相變壓器之Y－Y連接

## Z

$Z_{OC}$ parameters　開路阻抗參數

zero　零、零點

zero phase sequence　零相序

zero resistance　零電阻

# 三民科學技術叢書（三）

| 書名 | 著作人 | 任職 |
|---|---|---|
| 計算機概論 | 朱惠勇<br>黃煌嘉 | 成功大學<br>臺北市立南港高工 |
| 微算機應用 | 王明習 | 成功大學 |
| 電子計算機程式 | 陳澤生<br>吳建臺 | 成功大學 |
| 計算機程式 | 余政光 | 中央大學 |
| 計算機程式 | 陳　敬 | 成功大學 |
| 電工學 | 劉濱達 | 成功大學 |
| 電工學 | 毛齊武 | 成功大學 |
| 電機學 | 詹益樹 | 清華大學 |
| 電機機械（上）、（下） | 黃慶連 | 成功大學 |
| 電機機械 | 林料總 | 成功大學 |
| 電機機械實習 | 高文進 | 華夏工專 |
| 電機機械實習 | 林偉成 | 成功大學 |
| 電磁學 | 周達如 | 成功大學 |
| 電磁學 | 黃廣志 | 中山大學 |
| 電磁波 | 沈在崧 | 成功大學 |
| 電波工程 | 黃廣志 | 中山大學 |
| 電工原理 | 毛齊武 | 成功大學 |
| 電工製圖 | 蔡健藏 | 臺北技術學院 |
| 電工數學 | 高正治 | 中山大學 |
| 電工數學 | 王永和 | 成功大學 |
| 電工材料 | 周達如 | 成功大學 |
| 電工儀錶 | 陳聖 | 華夏工專 |
| 電工儀表 | 毛齊武 | 成功大學 |
| 儀表學 | 周達如 | 成功大學 |
| 輸配電學 | 王　載 | 成功大學 |
| 基本電學 | 黃世杰 | 高雄工學院 |
| 基本電學 | 毛齊武 | 成功大學 |
| 電路學（上）、（下） | 王　醴 | 成功大學 |
| 電路學 | 鄭國順 | 成功大學 |
| 電路學 | 夏少非 | 成功大學 |
| 電路學 | 蔡有龍 | 成功大學 |
| 電廠設備 | 夏少非 | 成功大學 |
| 電器保護與安全 | 蔡健藏 | 臺北技術學院 |
| 網路分析 | 李祖添<br>杭學鳴 | 交通大學 |

大學專校教材，各種考試用書。

# 三民科學技術叢書（六）

| 書名 | 著作人 | 任職 |
|---|---|---|
| 房屋結構設計 | 彭耀南<br>徐永豐 | 交通大學<br>高雄工專 |
| 建築物理 | 江哲銘 | 成功大學 |
| 鋼結構設計 | 彭耀南 | 交通大學 |
| 結構學 | 左利時 | 逢甲大學 |
| 結構學 | 徐德修 | 成功大學 |
| 結構設計 | 劉新民 | 前成功大學教授 |
| 水利工程 | 姜承吾 | 前成功大學教授 |
| 給水工程 | 高肇藩 | 成功大學 |
| 水文學精要 | 鄒日誠 | 榮民工程處 |
| 水質分析 | 江漢全 | 宜蘭農專 |
| 空氣污染學 | 吳義林 | 成功大學 |
| 固體廢棄物處理 | 張乃斌 | 成功大學 |
| 施工管理 | 顏榮記 | 成功大學 |
| 契約與規範 | 張永康 | 審計部 |
| 計畫管制實習 | 張益三 | 成功大學 |
| 工廠管理 | 劉漢容 | 成功大學 |
| 工廠管理 | 魏天柱 | 臺北技術學院 |
| 工業管理 | 廖桂華 | 成功大學 |
| 危害分析與風險評估 | 黃清賢 | 嘉南藥專 |
| 工業安全（工程） | 黃清賢 | 嘉南藥專 |
| 工業安全與管理 | 黃清賢 | 嘉南藥專 |
| 工廠佈置與物料運輸 | 陳美仁 | 成功大學 |
| 工廠佈置與物料搬運 | 林政榮 | 東海大學 |
| 生產計劃與管制 | 郭照坤 | 成功大學 |
| 生產實務 | 劉漢容 | 成功大學 |
| 甘蔗營養 | 夏雨人 | 新埔工專 |

**大學專校教材，各種考試用書。**